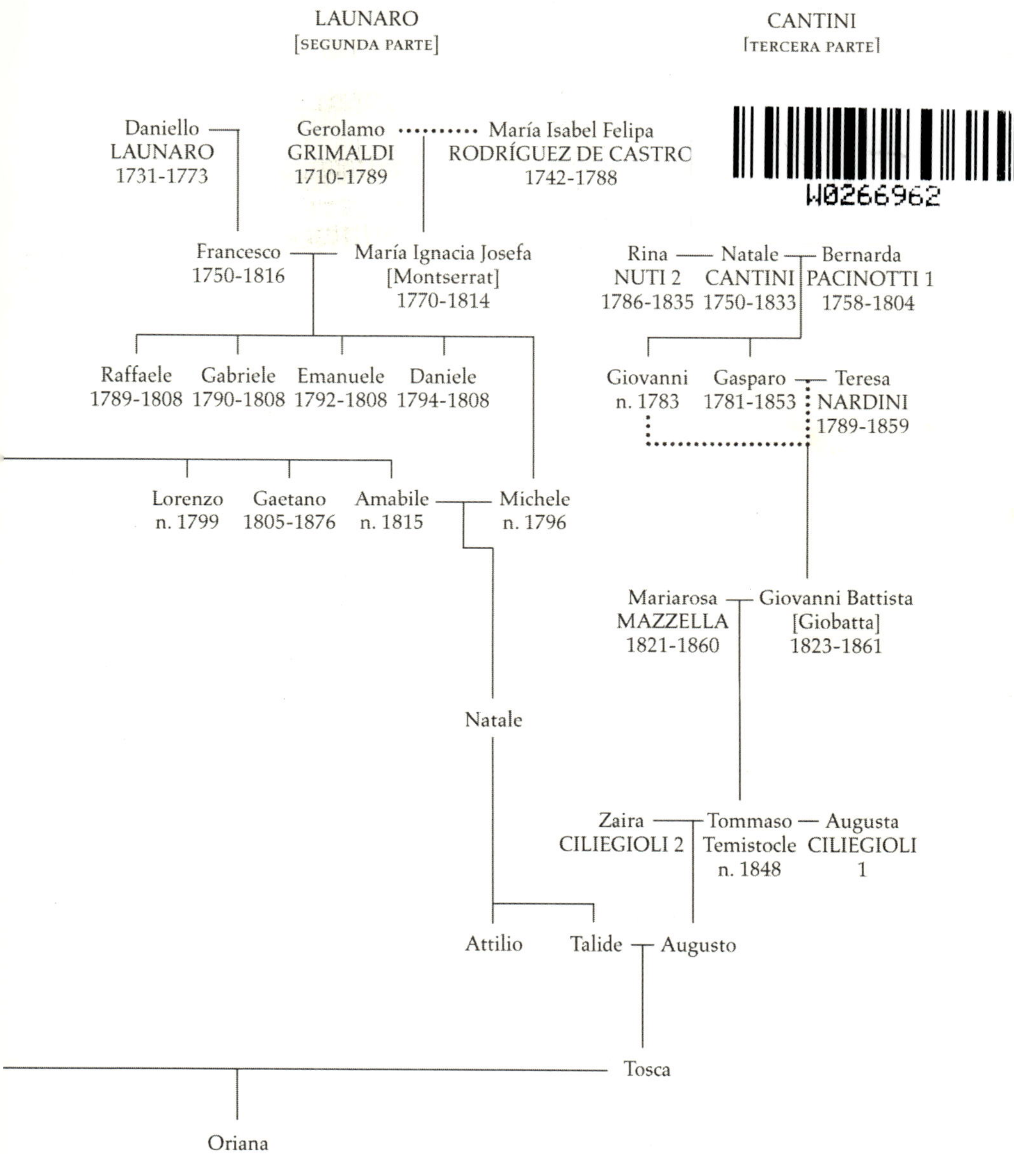

Árbol genealógico de los principales personajes de la novela que ilustra la descendencia directa hasta la autora. Las fechas de nacimiento y muerte se han tomado del texto de la novela. Las líneas de puntos indican los lazos extraconyugales. Los números 1 y 2, si se trata de primeras o de segundas nupcias.

UN SOMBRERO LLENO DE CEREZAS

Oriana Fallaci

UN SOMBRERO LLENO DE CEREZAS

UNA SAGA

Traducción
Isabel Prieto

Regalo de
mis hijos
por mi santo (28/1)
el año 2010

la esfera de los libros

Primera edición: octubre de 2009
Segunda edición: octubre de 2009

Cualquier forma de reproducción, distribución, comunicación pública o transformación de esta obra sólo puede ser realizada con la autorización de sus titulares, salvo excepción prevista por la ley. Diríjase a CEDRO (Centro Español de Derechos Reprográficos, *www.cedro.org*) si necesita fotocopiar o escanear algún fragmento de esta obra.

Título original: *Un cappello pieno di ciliege*

© Oriana Fallaci, 2008
© RCS Libri S.p.A., Milán. All rights reserved
© De la traducción: Isabel Prieto Palomo, 2009
© La Esfera de los Libros, S. L., 2009
Avenida de Alfonso XIII, 1, bajos
28002 Madrid
Tel.: 91 296 02 00 • Fax: 91 296 02 06
www.esferalibros.com

ISBN: 978-84-9734-875-1
Depósito legal: M. 39.853-2009
Fotocomposición: J. A. Diseño Editorial, S.L.
Fotomecánica: Unidad Editorial
Impresión: Anzos
Encuadernación: Méndez
Impreso en España-*Printed in Spain*

Índice

Prólogo

Entonces, cuando el futuro se había vuelto muy corto y se me escapaba de entre los dedos con la inexorabilidad con que cae la arena en una clepsidra, me sorprendía con frecuencia pensando en el pasado de mi existencia: buscando allí las respuestas con las que sería justo morir. Por qué había nacido, por qué había vivido, y quién o qué había plasmado el mosaico de personas que, desde un lejano día de verano, constituía mi Yo. Naturalmente, sabía de sobra que la pregunta «por qué he nacido» se la habían planteado ya millones de seres humanos y siempre en vano, que la respuesta pertenecía a ese enigma llamado Vida, que para fingir que la había encontrado tendría que recurrir a la idea de Dios. Recurso que nunca he entendido y que jamás he aceptado. Pero también sabía que las otras preguntas se escondían en la memoria de aquel pasado, en los acontecimientos y en las criaturas que habían acompañado el ciclo de mi formación, y lo desenterraba en un obsesivo viaje hacia atrás: exhumaba los sonidos y las imágenes de mi primera adolescencia, de mi infancia, de mi entrada en el mundo. Una primera adolescencia de la que lo recordaba todo: la guerra, el miedo, el hambre, el desgarro, el orgullo de combatir contra enemigo codo con codo junto a los adultos, y las heridas incurables que se derivaron de ello. Una infancia de la que recordaba mucho: los silencios, la disciplina excesiva, las privaciones, las peripecias de una familia indomable y comprometida en la lucha contra el tirano; por tanto, la ausencia de alegría y la falta de momentos relajados, despreocupados. Una entrada en el mundo de la que me parecía recordar el más mínimo detalle: la luz cegadora que, repentinamente, sustituyó a la oscuridad, el esfuerzo que implicaba respirar en el aire, la sorpresa ante el hecho de no estar ya sola en mi bolsa de agua, sino compartiendo el espacio con una multitud desconocida. La significativa aventura de ser bautizada a los pies de un fresco en el que, con un espasmo de dolor en la cara y una hoja de parra sobre el vientre, un hombre desnudo y una mujer desnuda abandonaban un hermoso jardín lleno de manzanas: la *Expulsión de Adán y Eva del Paraíso terrenal*, pintada por Masaccio en la iglesia del Carmen de Florencia. Exhumaba igualmente los sonidos y las imágenes de mis padres, sepultados desde hacía años en un parterre perfumado de rosas. Me los encontraba en todas partes. No de viejos, es decir, cuando los consideraba más mis hijos que mis padres, cuando al levantar en brazos a mi padre para acomodarlo en una butaca lo notaba tan leve, tan empequeñecido e indefenso que, al mirar su cabecita tierna y calva, apoyada confiadamente en mi cuello, me parecía tener entre los brazos a mi niño octogenario. Me los encontraba de jóvenes. Cuando eran ellos los que me levantaban y me sostenían a mí entre sus brazos. Fuertes, guapos, seguros de sí mismos. Y durante algún tiempo creí tener en la mano una llave capaz de abrir todas las puertas. Pero luego me di cuenta de que sólo abría algunas: ni el recuerdo de la primera adolescencia y de la infancia y de la entrada en el mundo ni los encuentros con aquellos dos jóvenes fuertes, guapos y seguros de sí mismos podían darme todas la respuestas que necesitaba. Atravesando las fronteras de aquel pasado, fui en busca de los acontecimientos y de las criaturas que lo habían precedido y fue como abrir una caja que contiene otra dentro y ésa otra, que a su vez contiene otra, y así hasta el infinito. Y el viaje hacia atrás se volvió un viaje sin freno.

Un viaje difícil, porque ya era tarde para hacerle preguntas a quienes nunca se las había hecho. Ya no quedaba nadie. Sólo una tía de noventa y cuatro años que, al oír mi súplica: «Dime, tía, dime», movió apenas las pupilas neblinosas y murmuró: «¿Eres el cartero?». Y junto a mi tía, ya *inútil*, la tristeza por la pérdida de un arcón del siglo XVI que, durante casi dos siglos, había custodiado los testimonios de cinco generaciones: libros antiguos, entre ellos una cartilla de aritmética y un abecedario del siglo XVIII; papeles rarísimos, entre ellos la carta de un tío lejano, enrolado en el ejército por Napoleón y sacrificado en Rusia; recuerdos raros y preciosos, entre ellos una funda de almohada gloriosamente manchada con una frase inolvidable, un par de gafas y un ejemplar de Beccaria* con una dedicatoria de Filippo Mazzei. Cosas que yo llegué a ver antes de que quedaran reducidas a cenizas, durante una terrible noche de 1944. Junto al arcón perdido, algún objeto salvado casualmente: un laúd sin cuerdas, una pipa de arcilla, una moneda de cuatro sueldos emitida por el Estado Pontificio, un vetusto reloj que estaba en mi casa del campo y que cada cuarto de hora daba unas campanadas iguales a las de Westminster. Por último, dos voces. La voz de mi padre y la voz de mi madre que narraban la historia de sus respectivos antepasados. Divertida e irónica la de él, siempre dispuesto a la risa, incluso en la tragedia. Apasionada y compasiva la de ella, siempre dispuesta a conmoverse, incluso en la comedia. Y ambas, tan remotas en la memoria que su consistencia era más tenue que una tela de araña. Pero a fuerza de evocarlas continuamente, y de conectarlas con la tristeza por la pérdida del arcón o con los pocos objetos salvados, la tela de araña se robusteció. Se fue volviendo más tupida, se convirtió en un tejido sólido, y las historias crecieron con tanto vigor que llegó un momento en el que me resultó imposible establecer si seguían perteneciendo a las dos voces o si se habían transformado en el fruto de mi imaginación. ¿Había existido realmente aquella legendaria antepasada sienesa que tuvo el valor de insultar en la cara a Napoleón? ¿Había existido realmente la misteriosa antepasada española que se casó exhibiendo un velero de cuarenta centímetros de alto y treinta de ancho sobre la peluca? ¿Había existido realmente el dulce antepasado campesino que llevaba su fervor religioso hasta el extremo de flagelarse, había existido realmente el rudo antepasado marinero que sólo abría la boca

* Cesare Beccaria (1738-1794). Escritor y jurista italiano, autor de *De los delitos y las penas*, obra leidísima en la Europa del siglo XVIII, en la que se defendía la abolición de la pena de muerte y de la tortura, prácticas muy extendidas durante el Antiguo Régimen. (*N. de la T.*)

para blasfemar? ¿Habían existido realmente los bisabuelos malditos, es decir, la republicana Anastasìa, cuyo nombre llevaba yo como segundo nombre, y el aristocratísimo señor de Turín, cuyo nombre, demasiado ilustre y demasiado poderoso, no se podía ni siquiera pronunciar por orden de la abuela? ¿Habían abandonado realmente en un hospicio para huérfanos a aquella pobre abuela mía, concebida por su enloquecida pasión? Ya nunca podría saberlo. Pero, al mismo tiempo, sabía que aquellos personajes no podían ser fruto de mi fantasía porque los sentía latir dentro de mí, condensados en el mosaico de personas que un lejano día de verano comenzaron a constituir mi Yo, y conducidos por los cromosomas que había recibido de dos jóvenes fuertes y guapos y seguros de sí mismos. ¿Las partículas de una semilla no son acaso iguales a las partículas de la semilla precedente? ¿No recorren acaso una generación tras otra, perpetuándose? ¿Nacer no es acaso un eterno volver a empezar y cada uno de nosotros no es acaso el producto de un programa establecido antes de que comenzáramos a vivir, el hijo de una miríada de padres?

Se desencadenó entonces otra búsqueda: la de las fechas, los lugares, las confirmaciones. Afanosa, frenética. No podía ser de otra forma: me apremiaba el futuro que se me escapaba de entre los dedos, la necesidad de darme prisa, el temor a dejar un trabajo a medias. Y, como una hormiga enloquecida por la urgencia de acumular comida, corrí a revolver entre los archivos, los catastros, los conjuntos de relieves topográficos o *cabrei*, los *Status Animarum*. Es decir, los Estados de Almas. Los registros en los que, con el pretexto de saber cuántos fieles estaban sujetos a los preceptos pascuales, el párroco enumeraba uno a uno a los habitantes de todas las parroquias y de todos los prioratos, reagrupándolos en núcleos familiares y anotando cuanto pudiera ayudarle a catalogarlos. El año o la fecha completa de nacimiento y de bautizo, de boda y de muerte, el tipo de trabajo y cuánto ganaba, el volumen de su patrimonio o de su indigencia, el nivel de educación o de analfabetismo. Unos censos rudimentarios, en una palabra. Escritos unas veces en latín y otras en italiano, con pluma de ave y tinta marrón. La tinta, secada con un polvillo brillante y plateado que el tiempo no había disuelto, al contrario, se había mezclado con las palabras, confiriéndoles un brillo tan fulgurante que cuando se te quedaba un granito en el dedo te parecía que acababas de robar una pizca de luz que era una pizca de verdad. Y paciencia si en algunas parroquias y en algunos prioratos los registros habían sido devorados por los ratones o destruidos por la desidia o mutilados por los salvajes que arrancan las páginas para vendérselas a los anticuarios; paciencia si por culpa de ello no encontré el rastro de los parientes más remotos. Por ejemplo, de aquellos que, según uno de los papeles del arcón perdido, habían abandonado Florencia en el año 1348, huyendo de la peste de la que habla Boccaccio en el *Decamerón*, y se habían refugiado en la región de Chianti. Los de las historias narradas por las dos voces existían, y los localicé desde el primero hasta el último. Con sus nietos y sus biznietos, me ocurrió lo mismo. En el caso de los nietos y los biznietos descubrí, incluso, detalles que las dos voces no me habían proporcionado, criaturas con las que podía identificarme hasta el paroxismo, de las que podía reproducir todos los gestos y todos los pensamientos, todos los sueños y todos los avatares. La búsqueda se convirtió, pues, en una saga que debía ser escrita, en un cuento de hadas que debía reconstruirse con la imaginación. Sí, fue entonces cuando la realidad comenzó a deslizarse hacia el terreno de la imaginación y la verdad se unió, primero, a lo inventable y, luego, a lo inventado: el uno, complemento del otro, en una simbiosis tan espontánea como imposible de escindir. Y todos aquellos abuelos, abuelas, bisabuelos, bisabuelas, tatarabuelos, tatarabuelas, antepasados y antepasadas, en una palabra, todos aquellos padres míos, se convirtieron en mis hijos. Porque ahora era yo la que los estaba pariendo a ellos, mejor dicho, devolviéndolos a la vida que ellos me habían dado.

* * *

La saga que debía ser escrita, el cuento de hadas que debía reconstruirse con la imaginación, comienza hace dos siglos: en los años en los que se fraguó la Revolución Francesa y que precedieron a la Revolución Americana, es decir, a la guerra de independencia declarada contra Inglaterra por las trece colonias que se habían formado en el Nuevo Mundo entre el año 1607 y el 1733. Parte de Panzano, un pueblecito situado frente a la casa en la que deseo morir, al que, antes de que comenzase mi búsqueda de hormiga enloquecida, solía mirar sin saber hasta qué punto le pertenecía, y sobre el que, ahora que va a iniciarse el relato, creo conveniente ofrecer alguna información para quienes no conozcan aquella época o aquel lugar.

Panzano está situado sobre una colina de la región de Chianti, a medio camino entre Siena y Florencia, y Chianti es la zona de Toscana que se extiende entre el río Greve y el río Pesa: trescientos kilómetros cuadrados compuestos de montañas y colinas de impresionante belleza. Las montañas están cubiertas de plantas y árboles siempre verdes, castaños, encinas, quejigos, pinos, cipreses, morales y helechos, y albergan un paraíso de fauna: liebres, ardillas, zorros, ciervos, jabalíes, además de muchísimas aves. Mirlos y paros carboneros y tordos y ruiseñores que cantan como los ángeles. Las colinas son escarpadas, pero impresionantemente armoniosas, cultivadas en gran parte por hileras de vides, de las que se extrae un vino muy reputado, y de olivos que producen un aceite muy sabroso y ligero. Antiguamente, se sembraban también el trigo, el centeno y la cebada, y la siega era uno de los dos acontecimientos con los que se medía el paso de las estaciones. El otro era la vendimia. Entre la siega y la vendimia florecían los jacintos, los campos se encendían de azul, y desde lejos parecían un mar agitado por gigantescas e inmóviles ondas. Después de la vendimia florecía la retama, los campos se rodeaban de muros amarillos, y junto al rosa de los brezos y el rojo de las bayas, todos los muros parecían una llamarada de fuego. Espectáculo del que todavía hoy puede gozarse en algunos puntos privilegiados, junto a unos atardeceres rojos y violetas que cortan el aliento. Hace dos siglos Panzano contaba con doscientos cincuenta habitantes, entre los que figuraban el boticario, el arriero, el buhonero, el casamentero, el cirujano que ayudaba a las vacas a parir y a la gente a morirse, y exceptuando a estos cinco, todos los demás eran campesinos. Aparceros o vecinos que trabajaban los latifundios del gran duque o de los señores o del ente eclesiástico y cuyo sueño era poseer un *livello*. Es decir, arrendar en enfiteusis una finca y sacudirse de encima al amo. Por lo general, un déspota al que pertenecía cada minuto de su jornada y sin cuyo permiso no podían siquiera dispararle a un faisán o casarse. Su alma, en cambio, pertenecía al cura. Curas, en Panzano, había dos: el viejo don Antonio Fabbri y el joven don Pietro Luzzi. El primero estaba en el priorato de la Asunción: en el centro del pueblo. El segundo, en la parroquia rural de San Leolino: en el camino hacia Siena. Además, existía un continuo ir y venir de frailes en busca de adeptos a los que controlar o agregar a la rigurosísima orden de franciscanos terciarios, y por todas partes podían encontrarse oratorios o capillas o santuarios o tabernáculos en los que se desarrollaban tediosas procesiones que, junto a las misas y a las vísperas, constituían el grueso de las distracciones de un campesino. En suma, pese a la fe en la razón y en el progreso que predicaba la Ilustración, pese a los ideales de libertad e igualdad que iban cobrando cuerpo, pese a los principios antirreligiosos y a las costumbres epicúreas que caracterizaban la época, en lo alto de aquella colina de Chianti dominaba la religión, despiadada, e imperaba la Iglesia: reina suprema y principal tirana.

La ciudad se encontraba lejos, aunque geográficamente estuviese cerca. Los ricos acudían a caballo o en carroza, los menos ricos en la calesa del arriero, los casi pobres en tartana, y los pobres a pie. Era así que los más se morían sin haber visto nunca Florencia, que distaba apenas veinte millas de Panzano, o Siena, que distaba apenas diecinueve. Los caminos eran estrechos y estaban en pésimas condiciones, un chaparrón era suficiente para dejarlos impracticables, y en invierno era frecuente quedarse aislados durante semanas o meses. Las casas, no: las casas eran casi siempre hermosas porque en las fincas reales el gran duque había ordenado que se reconstruyeran siguiendo modelos arquitectónicos llenos de gracia. Hermosos pórticos, hermosos torreoncillos y hermosos hornos para cocer el pan. Pero también contaban con establos, cochiqueras, apriscos, gallineros, que producían un hedor fortísimo, y, al igual que las de la ciudad, carecían de agua corriente. El agua se cogía en la fuente, se transportaba hasta las casas en cubos y se guardaba en botas o en unas jarras de cobre llamadas *mezzine*. La gente se lavaba poquísimo, digamos que una vez al mes o una vez al año, y las letrinas eran un lujo que consistía en un recipiente o en un agujero cerrado por una tapa. El *cariello*. También era un lujo la iluminación en las casas. Las lámparas de aceite eran muy caras y cuando caía la noche se encendía una vela o se iba uno a la cama. La gente se despertaba igual de pronto. En verano, a las cuatro de la mañana, para ir corriendo a trabajar al campo. Se trabajaba mucho. Unas quince horas al día, como media. Y, dejando a un lado la distracción de las misas, las vísperas o las procesiones, la única compensación eran las *veglie*. Es decir, las reuniones que se celebraban los domingos por la noche, en el establo o en la cocina, para contar historias pobladas de brujas y de diablos, de hadas y de fantasmas. La única diversión mundana, el mercado semanal o la feria que se celebraba cada estación en Greve y en Radda, los dos pueblos cercanos. El único verdadero consuelo era el amor permitido por la Iglesia, es decir, el amor conyugal. (Lo que no impedía los coitos frenéticos en los pajares e inconvenientes embarazos no deseados que debían repararse mediante el matrimonio.) ¿Algo más? Bueno, sí, los hijos hablaban de usted a los padres, en señal de respeto. También entre marido y mujer se empleaba el usted, como deferencia, y las mujeres contaban poco. No tenían derecho a la herencia, para casarse debían tener una dote y un ajuar, a falta de los cuales terminaban con frecuencia en el convento, y se mataban a trabajar con la pala y el azadón tanto como los hombres. No existían los hospitales. Aunque en Rada había un médico, en Panzano había que conformarse con el cirujano que ayudaba a las vacas a parir y a la gente a morirse. Una herida o una bronquitis bastaban para que te fueras al otro mundo. Tampoco existían los cementerios. Los muertos se enterraban bajo las losas de la parroquia de San Leolino y del priorato de Santa María de la Asunción, echando una poco de cal, ¡y hala! Ni que decir tiene que tampoco existían las escuelas. Sólo aprendías a leer un libro, a redactar una carta, a hacer cuentas, si el cura te enseñaba. Pero don Fabbri no tenía ganas de hacerlo, don Luzzi lo hacía sólo en casos excepcionales, y entre los campesinos el porcentaje de analfabetismo rozaba el ochenta y siete por ciento. Y, con todo, aquella colina a medio camino entre Florencia y Siena estaba considerada unánimemente como un rincón bendecido por Dios. Chianti era una de las regiones más admiradas y envidiadas de Europa, y su fama había llegado hasta Virginia: la primera de las trece colonias que estaban a punto de rebelarse contra Inglaterra.

Esto explica por qué la saga que debía ser escrita, el cuento de hadas que debía reconstruirse con la imaginación incluye al principio a tres personajes que no guardan parentesco alguno conmigo y que, sin embargo, estuvieron implicados en mi llegada al mundo. Thomas Jefferson, el principal artífice de la Declaración de Independencia Americana y tercer presidente de los Estados Unidos, que vivía en Virginia donde poseía muchas tierras de las que se ocupaba con el entusiasmo de un agrónomo. Benjamin Franklin, el genial científico, escritor y político de la colonia llamada Pensilvania, que, entre otras cosas, inventó el pararrayos y la estufa a combustión. Y el florentino Filippo Mazzei: médico, comerciante, memorialista, experto en agricultura, aventurero con clase, además de amigo de los dos primeros. Una implicación que nos lleva a reflexionar sobre lo cómico del destino y sobre qué poco oportuno es tomárselo demasiado en serio.

PRIMERA PARTE

1

En 1773, cuando Pedro Leopoldo de Habsburgo-Lorena era gran duque de Toscana y su hermana María Antonieta reina de Francia, corrí el riesgo más terrible que pueda amenazar a una persona que ama la vida y que, con tal de vivirla, está dispuesta a sufrir todas sus catastróficas consecuencias: el riesgo de no nacer. Como es lógico, ya lo había corrido numerosas veces, durante millones de años y todas y cada una de las veces en que uno de mis antepasados elegía a una de mis antepasadas o viceversa, pero fue justo ese año cuando estuve a punto de pagar con mi pellejo las consecuencias de ese principio biológico que afirma: «Cada uno de nosotros nace del óvulo en el que se han unido los cromosomas del padre y de la madre, nacidos a su vez de óvulos en los que se han unido los cromosomas de sus padres. Si varían el padre o la madre, varía la unión de los cromosomas y el individuo que podría haber nacido no llega a nacer. En su lugar, nace otro, y la descendencia resultante es distinta de la descendencia que podría haber sido». ¿Cómo ocurrió? Simple. Filippo Mazzei era comerciante en vinos en Londres y trataba con frecuencia a Benjamin Franklin, que estaba allí como representante de Pensilvania, y al que le había comprado dos de sus célebres chimeneas para la corte del Palacio Pitti. A través de Franklin había entrado en contacto con Thomas Jefferson, que hablaba italiano y lo sabía todo sobre la Toscana y, en los primeros meses de 1773, recibió de éste una proposición formulada, más o menos, en estos términos: «Querido Filippo, a mi parecer, el modelo de producción agrícola de Chianti debería transplantarse a Virginia. ¿Por qué no se traslada aquí y establece una hacienda agrícola destinada a la producción de vino y aceite? La tierra no escasea, es fértil y, según creo, idónea para el cultivo de la vid y el olivo. Pero nuestros colonos carecen de experiencia con estas plantas y no saben nada acerca del aceite y del vino. Si viene, tráigase consigo a una decena de campesinos toscanos». A Mazzei la idea se le antojó irresistible y, animado por Franklin, abandonó Londres y regresó a Florencia donde, a inicios del verano, empezó a organizar el viaje; para elegir a los diez campesinos se dirigió a la institución eclesiástica en la que había estudiado Medicina: el Regio Spedale di Santa Maria Nuova, el Hospital Real de Santa María Nueva, que poseía en Panzano grandes extensiones de tierra. El Regio Spedale delegó el asunto en algunos de los curas de la zona, entre los que se encontraba don Pietro Luzzi, y el candidato de don Luzzi fue un guapo rubiales de ojos azules e inteligencia avispada que sabía leer y escribir: Carlo Fallaci, futuro bisabuelo de mi abuelo paterno.

Carlo, por aquel entonces, tenía veinte años. Era el segundogénito del aparcero que trabajaba, en una finca llamada Vitigliano de Abajo, para los Da Verrazzano, los herederos de aquel Giovanni al que se debe el descubrimiento del río Hudson y de la bahía de Nueva York, y estaba considerado como la oveja negra de la familia. Más que de la familia, de una secta de irreductibles franciscanos terciarios, es decir de probos individuos caracterizados por una tétrica espiritualidad y una forma de vida trágicamente conventual. Penitencias, abstinencias, ayunos, crucifijos. Látigo de siete colas y en cada cola tres nudos para flagelarse mejor. Plegarias a golpe de doce paternóster y doce avemarías que debían rezarse por la mañana, al mediodía, al atardecer, por la noche, más un gloria o un *requiem aeternam* cada vez que tañían las campanas, y un rosario antes de acostarse. Castidad conyugal, es decir, orgasmos escasos y apresurados, encaminados sólo a la procreación. Rechazo de cualquier placer, cualquier alegría, cualquier diversión o broma o carcajada. Y, por supuesto, obediencia ciega a un fraile denominado padre visitador que, a finales de mes, caía como una tromba sobre la casa para controlar si sus moradores practicaban la humildad, la caridad, la frugalidad, la paciencia, el amor hacia los animales predicado por San Francisco de Asís. O comprobar si llevaban cilicio, si vestían ropas modestas y de color ceniza, completadas por el cíngulo, si rechazaban las malas compañías, las conversaciones indecentes, las canciones procaces, los bailes, las *veglie* nocturnas, las ferias, comer carne los días en que está prohibido, los miércoles, viernes, sábados y demás días preceptivos; y, por último, si hacían las obras de misericordia impuestas por las bulas papales. Por ejemplo, redimir a los extraviados, señalar con el dedo a los incrédulos, denunciar a los hermanos reos de alguna falta pero reacios a acusarse de ella. Y ¡ay! del que se extraviaba. Tras una triple amonestación se le terminaba expulsando con el siguiente anatema: «Que Dios te maldiga, te maldiga, te maldiga». Luca y Apollonia se plegaban a estas reglas igual que se pliega un soldado ante la disciplina militar: sostenidos por una fe sincera, y convencidos de que no existía otro camino para alcanzar el Paraíso o, por lo menos, el Purgatorio. La consecuencia era que, a sus cincuenta años, Luca parecía ya un anciano; la barba, que le llegaba hasta la cintura, la tenía completamente blanca; a los cuarenta y seis años, Apollonia parecía mayor que su marido, y, a la hora de confesarse, ninguno de los dos encontraba pecados de los que acusarse, salvo el de haber engendrado a un rebelde. Con Gaetano, el primogénito, más de lo mismo. Su observancia de las reglas de la orden era tan extrema que a los veintitrés años aparentaba cuarenta; su fervor religioso, tan excesivo que muchos lo tomaban por imbécil; su existencia, tan ascética que en el pueblo lo llamaban *Leccasanti*, «Meapilas». En cuanto a la tercera hija, Violante, de diecisiete años, no pensaba sino en meterse a monja y hasta en la muerte creía vislumbrar un regalo del Altísimo. El año anterior había muerto Aloisio, su hermanito de catorce años. Había tenido una muerte cruel, causada por una indigestión de higos, devorados para aplacar el hambre acumulada durante los ayunos de la cuaresma y, en vez de llorar, había sonreído. «Gracias, Señor, por haberlo acogido entre los ángeles».

Él, en cambio, no. Él había llorado con todas sus fuerzas y casi le arranca los ojos al padre visitador que, en sintonía con su hermana, a la que él ya había dado de bofetadas por aquel «gracias», acudió a consolarlos con estas palabras: «¡Exultad, exultad, porque ha subido al Cielo antes de cometer pecados graves!». Por otra parte, lo odiaba hasta tal punto que era verlo bajar desde Vitigliano de Arriba e inflamarse de rabia: «¡Por ahí viene el maldito esbirro! ¡Ya está aquí ese pájaro de mal agüero!». Y era inútil confiar en que cambiase, en que él también se hiciese terciario. El cilicio le horrorizaba, se quedaba dormido sólo con escuchar el rosario, jamás rezaba los doce paternóster y las doce avemarías con el gloria y el *requiem aeternam*, perdía los nervios ante la sola mención de las palabras «penitencia» o «abstinencia», y sólo asistía a misa los domingos, y rezongando. «¡Que conste que voy porque os quiero y porque sé que os daría mucha pena que no fuese!». Además, aprovechaba la más mínima ocasión para divertirse, el trabajo incluido, asistía a cualquier reunión o *veglia* a la que era invitado, no importa de quién procediese la invitación, acudía corriendo a todas las ferias, e infringía el precepto franciscano —por no hablar de la ley que prohibía la caza a los campesinos—, matando animales, a los que cazaba con red, con trampas o con cepos. Liebres, faisanes, conejos salvajes y, sobre todo, zorros, que vendía en el mercado de Greve, donde le llamaban *Rubacuori*, «Robacorazones» o «Rompecorazones», porque, a pesar de su estatura, algo escasa, era francamente atractivo. Rasgos agradables, que los cabellos rubios y los ojos azules hacían que pareciesen delicados —característica familiar totalmente venida a menos en Gaetano, al que sólo conseguía asemejarle a una coliflor marchita—, sonrisa contagiosa, contextura atlética. También era coqueto. Tenía una casaca de terciopelo marrón, una chaquetilla de lana azul, una camisa, un par de calzas blancas, un par de calzones verdes que se ponía con las calzas blancas, anudándoselos en la rodilla con un lazo rojo, además de un par de zapatos con hebilla de plata, un tabarro y un tricornio: un sombrero que los campesinos no usaban jamás porque se correspondía mejor con los lujos de la ciudad, en el campo se usaba una gorra *a paiolo*. Todas estas prendas maravillosas se las había comprado con el dinero que ganaba vendiendo zorros, y aprovechaba cualquier pretexto para lucirlas e irritar a los Da Verrazzano, a los que no les gustaba que un aparcero se vistiese como un señor. La tenía tomada con los Da Verrazzano. Los tildaba de explotadores, de pomposos, de egoístas, de ser los dignos nietos de un pirata que se daba aires de navegante pero que había sido incapaz de darle su nombre al río y a la bahía de Nueva York, y lo detestaba todo de ellos. Sobre todo, la casa en la que vivía. Una hermosa casa de dos pisos, con seis habitaciones y una amplia galería de piedra, un hermoso torreón y un hermoso horno, y buenos establos para los animales de labor y de corral. Pero llena de crucifijos, sin letrinas y sin cristales en las ventanas. En lugar de cristales había postigos que, apenas se cerraban para protegerse del frío o de la lluvia, sumían de golpe la casa en una oscuridad tan absoluta que había que encender una vela incluso si era de día. «¡Los nietos del pirata tienen cristales! ¡Tienen letrinas! ¡Y, además, todos estos crucifijos me deprimen! No te sientes viviendo en una casa. ¡Te sientes dentro de una tumba!». Apollonia sufría al oírle, Luca se desesperaba. «¡Señor todopoderoso, creador de los hombres y de las plantas y de los animales que mata mi hijo, ayúdale a cambiar! ¡Salva su ingrata alma!». Gaetano, en cambio, suspiraba: «Es un hereje. No entiendo cómo don Luzzi le ha cobrado afecto y le ha instruido».

Sí, había sido don Luzzi el que diez años antes le había instruido. «¿Te gustaría aprender a leer y escribir, niño?». «¡Oh, sí, señor párroco!». «En ese caso, ven a mi casa después de las vísperas, te enseñaré.» Una invitación a la que Luca se opuso con todas sus fuerzas. «Déjelo estar, señor párroco. Un campesino no necesita para nada saber leer y escribir. Leer provoca ideas, deseos, y bastantes tentaciones afligen ya al mundo.» Pero don Luzzi había insistido, afirmando que era un chico inteligente y que ya había bastantes ignorantes en la familia, y ahora todo el que tenía necesidad de redactar una carta iba a Vitigliano de Abajo. «Se acude a Carlo, se le pregunta a Carlo. ¡Ése sabe más que los curas!». Sus admiradores decían que hasta tenía nueve libros: algo inaudito en la época, porque los libros costaban una fortuna y sólo los poseían las personas cultas. Y, sin embargo, él los poseía. Tres, eran un regalo de don Luzzi: el Antiguo Testamento, el Nuevo Testamento, el Cantar de los Cantares. Seis, los había comprado a través del buhonero, siempre gracias al dinero obtenido vendiendo zorros en el mercado: el «Infierno», el «Purgatorio», el «Paraíso», es decir, la *Divina Comedia*, el *Orlando Furioso*, la *Jerusalén liberada* y el *Tesoro delle*

Campagne ovvero Manuale dell'Agricoltore Perfetto (Tesoro de los campos o Manual del perfecto agricultor). Los guardaba en su habitación, bien a la vista de todos, en una estantería que llamaba «mi biblioteca», junto a varios números de la *Gazzetta Patria* (Gaceta Patria): el periodiquillo que salía todos los sábados en Florencia. Y, ya fuera gracias a la *Gazzetta Patria,* ya gracias a don Luzzi, que seguía protegiéndolo sin escandalizarse ante sus extravagancias, sabía un montón de cosas. Para empezar, que Italia no existía desde hacía siglos, que estaba dividida en muchos reinos y virreinatos pertenecientes a los extranjeros: aquí, a los austriacos; allá, a los españoles; por aquí y por allá, a los franceses; en el centro, al Papa; y en el norte a unos tales Saboya que tan pronto se aliaban con los unos como con los otros. Que Toscana también pertenecía a los austriacos porque Pedro Leopoldo era un Habsburgo-Lorena, es decir, un hijo del emperador de Austria: se la habían apropiado gracias a una chapuza llamada Paz de Viena cuando murió el último de los Médicis. Que Pedro Leopoldo había subido al trono en el año 1765, es decir, hacía muy poco, con apenas dieciocho años y casado ya con la infanta de España, y que a su llegada no sabía ni una palabra de italiano. Que, pese a su corta edad y a las leyes mediante las que prohibía a los desgraciados que cazasen o se vistiesen como señores, era un buen monarca: un tipo lleno de ideas nuevas que estaba convencido de que podía reinar a la luz de la razón. No era casual que hubiese abolido el ejército y la pena de muerte, por lo que Toscana era el único lugar del mundo en el que nadie moría ni ahorcado ni en la guerra, y animaba a los campesinos a transformarse en pequeños propietarios tomando *a livello,* es decir, arrendando en enfiteusis las fincas de los latifundistas, machacados por sus reformas. Un hecho que había provocado que el misticismo de Luca se resquebrajase, dando lugar a una salida inesperada: «Antes de morir, me gustaría tener un *livello* y convertirme en el amo de mí mismo, que Dios bendiga a Leopoldo».

También sabía muchas cosas de las que en Panzano no había oído hablar casi nadie. Que Francia era un país no menos poderoso que Austria, por ejemplo, y que muchos fermentos del pensamiento provenían de allí. Razón por la que, antes o después, en ese país iba a suceder una hecatombe. Que una hermana del gran duque, una frívola jovencita llamada María Antonieta, se había casado con el futuro rey, un tal Luis, totalmente sordo a las nuevas ideas, y que el gran duque estaba un poco preocupado. Que Inglaterra no era menos poderosa que Francia, que en América había fundado numerosas colonias, y que éstas estaban habitadas por gente como él. Es decir, por individuos que, cansados de cazar zorros a escondidas para comprarse un libro o un tricornio, o hartos de vivir oprimidos por los que no dejaban de meter las narices en sus relaciones privadas con Dios, un buen día se habían embarcado en una nave y se habían ido a ocupar las tierras de otros desgraciados. Algo que a aquellos desgraciados, llamados indios o pieles rojas, no parecía gustarles mucho y contra lo que reaccionaban con cierta frecuencia desollando vivos a los intrusos. Pero ni estos conocimientos rudimentarios, ni los libros alineados en la estantería, ni la ropa de señor, ni sus diversas rebeldías le impedían ser un buen campesino. Tanto es así que en sus campos nunca se veía un lienzo sin cultivar o una zona cubierta de hierbajos, entendía tanto de vides y olivos que habría sido capaz de producir vino y aceite en el desierto del Sahara, y sentía una pasión innata por la agricultura. Don Luzzi, en definitiva, no se había equivocado al elegirlo como candidato e incluirlo en la lista de los diez campesinos solicitados por Filippo Mazzei. Tampoco se equivocaba al pensar que iba a aceptar. Cuando recibió la oferta, a mediados de julio, acompañada, además, de la noticia de que el señor Mazzei quería zarpar de Livorno hacia finales de agosto, Carlo le contestó en el acto: «Bien. Por mí, va bien». No se alteró tampoco cuando oyó que las relaciones entre los ingleses de las colonias y los de la madre patria no eran precisamente buenas, por lo que era muy probable que las desavenencias acabasen desencadenando una guerra. «Si estalla una guerra, se irá a la guerra», dijo. Luego añadió que su única preocupación era cómo decírselo a Luca y a Apollonia sin destrozarles el corazón.

* * *

Corazones destrozados aparte, en la familia nunca se había dado el caso de que uno de sus miembros abandonase la tierra de los abuelos. Ni siquiera en 1764, cuando la hambruna había doblegado la región de Chianti. Ni siquiera en 1709, cuando las heladas habían acabado con los olivos. Ni siquiera en 1635, cuando un hongo destruyó el trigo. Lo demostraba el *Status Animarum* que don Fabbri custodiaba en el priorato, devorado ya por los ratones, y una anécdota que Luca contaba sobre sus padres, Ambrogio y Giuseppa. A principios del siglo un viajero francés se había detenido unos días en Vitigliano de Abajo y les había preguntado desde cuándo vivían allí. Ambrogio, abriendo los brazos, había contestado: «¡Ah, señor mío, no se recuerda! Desde el día en que mi familia abandonó Florencia a causa de la peste, en 1348, nosotros siempre hemos nacido y muerto aquí». Pero Giuseppa había intervenido: «Se equivoca, marido. Todos saben que vuestro tatarabuelo Elia nació y murió en Vitigliano de Arriba». La frase con la que Carlo resolvió el problema, «a finales de agosto me voy a Virginia», cayó, pues, como una granizada sobre un viñedo listo para la vendimia. Y Luca se tambaleó.

—¿Qué es Virginia?

—Un lugar que está muy lejos —admitió Carlo.

—¿Muy lejos? ¿Dónde?

—En el otro lado del mundo. En América.

—¿Donde el señor Giovanni da Verrazzano descubrió un río?

—Sí, papá.

—¿Y por qué quieres irte al otro lado del mundo, a América?

—Porque quiero vivir en una casa con letrina y cristales en las ventanas. Y hacerme rico y sentirme más libre, más feliz.

—¿No eres feliz aquí? ¿No te sientes libre?

—No, papá.

—¿Y cuándo regresarás, si es que te vas?

—Nunca, papá.

Entonces Luca dejó escapar un gemido igual al de un animal al que están degollando y, sin preguntar ya nada más, subió a su habitación y se arrojó a los pies del gran crucifijo que dominaba su cama. Un armatoste de ochenta centímetros de ancho y un metro y medio de largo. Con el látigo de siete colas y tres nudos en cada cola empezó a flagelarse para pedir auxilio al Señor, suplicarle que perdonase a aquel hijo poseído por el diablo, y se hizo tanto daño que tuvieron que medicarle y acomodarlo después en su colchón que, más que un colchón, era un jergón de hojas secas. En cuanto a Apollonia, se desmayó. Violante no tardó en imitarla. El único que mantuvo la cabeza en su sitio fue Gaetano, que no era en absoluto el cretino por el que le tomaban en el pueblo y que entendía las cosas mejor que los que saben leer y escribir.

2

Si hacemos caso a la voz divertida e irónica, al relato de mi padre, Gaetano se multiplicó por cuatro para disuadir a su hermano. Después de reanimar a Apollonia y a Violante, se lo llevó a un aparte, lo condujo hasta la era y allí le lanzó un sermón que ha quedado en los anales como el único discurso largo que pronunció en toda su vida. Un discurso centrado, ante todo, en el tema que me afectaba de cerca: es decir, en el hecho de que todo individuo existe porque nace de una determinada pareja que, a su vez, ha nacido de dos parejas determinadas, es decir, que si cambia una de esas parejas también varían los cromosomas y ya no se nace más. Pero de qué libertad estaba hablando, de qué felicidad, de qué tonterías de que si uña casa con letrina y cristales en las ventanas, silogizó Gaetano. Estaba en juego algo mucho más serio: el futuro de la descendencia. ¿No había sido él mismo el que les había contado que en América los nativos, llamados indios o pieles rojas, desollaban vivos a los intrusos y que estaba a punto de estallar una guerra entre las colonias y la madre patria? Pues bien, si los nativos lo desollaban vivo o lo mataban en la guerra, en suma, si moría a los veinte años, sus hijos jamás llegarían a nacer. Y con ellos, los hijos de los hijos de sus hijos. Pero supongamos que salía con vida. Si salía con vida, fundaría una familia, ¿no? O sea, que se casaría con una americana. Y casándose con una americana, en vez de con una toscana, pondría en el mundo una descendencia completamente distinta. ¿Acaso no es verdad que un ternero es ese ternero porque ha estado concebido por un determinado toro y una determinada vaca, en vez de por otro toro y otra vaca? No, no tenía derecho a alterar su destino y el de tanta gente muriendo a los veinte años o casándose con una americana. Su destino estaba allí, en aquella colina en la que sus antepasados habían vivido y procreado desde siempre, y en la que estaba sepultado Aloisio. Una vez agotados los argumentos biológicos, de hecho, pasó al chantaje sentimental. Le recordó que Aloisio se había ido al Cielo y que desde hacía un año faltaba la promesa de sus brazos. «Si faltan también los tuyos, la finca se irá a la ruina. Piensa en el deber que tienes para con la familia y los animales. El mulo, por ejemplo, te obedece a ti y a nadie más. Yo no puedo ni acercarme a él. Si te vas, tendrá que ser papá el que se haga cargo de él: un esfuerzo añadido para el pobre viejo». Por último, intentó asustarlo con las dificultades con las que iba a encontrarse durante el viaje y a la llegada. Le dijo que tres meses en el mar son muchos, que en el mar se sufren mareos, que un mareo es más insoportable que un dolor de oídos o uno de muelas: lo sabía por don Fabbri. Le dijo que en el mar los corsarios atacaban los barcos, otra información suministrada por don Fabbri, y que raptaban a la gente que estaba a bordo para obligarla a remar amarrada a los remos o venderla en un mercado de esclavos. Le dijo que en América nadie hablaba toscano, todos hablaban americano, y que él no sabía americano. O sea, que sólo podría hablar con sus compañeros de desgracias: algo que desesperaría a cualquiera. Pero Carlo se mantuvo imperturbable. Y, superando el dilema que todos tenemos que afrontar cuando perseguimos un sueño que nos obliga a elegir entre nosotros mismos y las personas amadas, reaccionó dando una réplica que, desde el punto de vista lógico, no tenía vuelta de hoja, pero que prescindía totalmente de mis deseos de nacer.

Punto número uno, respondió, no era cierto que en América nadie hablase toscano. Lo hablaba el señor Jefferson, el del condado en el que el señor Mazzei quería establecerse con los campesinos, y de quien había partido la idea de producir aceite y vino en Virginia. Se lo había dicho don Luzzi, al que se lo había contado el notario del Regio Spedale, al que a su vez se lo había contado el señor Mazzei en persona, al cual se lo había contado el señor Franklin: el sabio que inventaba chimeneas y se las vendía al gran duque. «Tendrás un buen vecino», le había dicho don Luzzi. «El señor Jefferson es un hombre amable y de mucho talento. Ha aprendido nuestra lengua sin haberla escuchado nunca, lee en italiano textos de agricultura, y no te aburrirás en su compañía». Punto número dos, aprendería americano. Punto tres, lo de marearse le traía sin cuidado. Igual que los corsarios que querían raptarlo, igual que los nativos que querían desollarlo vivo, igual que esa guerra que lo mismo no estallaba jamás: si tuviéramos que tener en cuenta todas las dificultades que hay que afrontar en la vida no nos levantaríamos de la cama, es más, no vendríamos al mundo. Punto cuatro: la finca le importaba un bledo. No pertenecía a la familia: pertenecía a los nietos del pirata. Si se iba a la ruina, era problema de ellos. Punto cinco: en lo que respecta a sus deberes para con la familia y los animales pensaba en ello, mejor dicho, había pensado en ello hasta provocarse una jaqueca. Sobre todo por el mulo, que era un mulo difícil, traicionero: si no andabas con cuidado, te ganabas una coz en los intestinos y, en menos que canta un gallo, te encontrabas bajo las losas de la parroquia. El problema era que los pájaros dejan el nido en cuanto están listos para volar y que él ya estaba listo para volar: no iba a cortarse las alas por un mulo. En cuanto al discurso de que un toro nace de un determinado toro y de una determinada vaca, es decir, en cuanto a su futura descendencia, sí: lo sabía. Los hijos que engendraría si se casaba en Panzano y se casaba con una toscana no llegarían a nacer. Consecuentemente, tampoco los hijos de los hijos de esos hijos. ¿Y qué? Nacerían los hijos que tuviese con la americana. La vida es un juego de azar. Al que le toca, le toca, y a los que no, peor para ellos. Con esta frase dio por zanjada la conversación que me afectaba más de cerca y un mes después don Luzzi le informó de que el gran duque había concedido los permisos de expatriación: partirían de Livorno, a bordo del *Triumph,* un bergantín inglés al mando del capitán James Rogers, no más tarde del 2 de septiembre. Así pues, que empezase a prepararse. Y que el 25 de agosto, al mediodía, estuviese en Florencia donde el secretario del señor Mazzei lo recogería para acompañarlo al puerto junto a los otros de Chianti, a dos de Lucca y a un sastre piamontés. La cita era en la Plaza de la Señoría, junto a la Loggia de' Lanzi o Pórtico Lanzi: el que está lleno de hermosas estatuas, entre ellas el

Perseo de Benvenuto Cellini y el *Rapto de las sabinas* de Giambologna. Salvo que, obviamente, no hubiera cambiado de idea. ¿Cambiado de idea? Ardiendo de impaciencia, había preparado ya el hatillo y las alforjas. En el hatillo había metido los nueve libros de la biblioteca, alguna pieza de ropa blanca y el tabarro. En las alforjas, un queso *pecorino* y un cuchillo para cortarlo en lonchas, más todo el capital de que disponía en ese momento de su vida: veinte escudos de plata, tres liras, siete sueldos y seis cracias.

Fue así que la tarde del 24 de agosto se vistió con las calzas blancas, los pantalones verdes con el lazo rojo, los zapatos con la hebilla de plata, la chaquetilla de lana azul, la casaca de terciopelo marrón y el tricornio, y, tras abrazar a Apollonia, que lloraba, a Violante, que gemía mansamente, a Gaetano, que callaba humillado, a Luca que, pálido como un muerto, le tendía una medallita de San Francisco y un pan para que tuviese qué echarse a la boca durante el viaje, partió.

* * *

Partió a pie, abandonando Vitigliano de Abajo mucho antes de lo necesario: un cuarto de hora antes de la medianoche. Para cubrir a pie las veinte millas que separaban Panzano de Florencia bastaba con diez horas, pero él quería ganar tiempo para echarle un vistazo a aquella ciudad que no había visto nunca, ni volvería a ver jamás, y hervía de impaciencia tanto como de curiosidad. Viajando a una media de dos millas y media por hora y deteniéndose sólo un par de veces, en el Paso de los Pastores, para retomar el aliento, y en la Cartuja para comer un trozo del pan que le había dado Luca, llegó hacia las nueve de la mañana a la Puerta Romana: la puerta a través de la que se cruzaban las murallas de la ciudad si se venía desde el sur. Pasmado ante sus gigantescos batientes, altos como inmensos cipreses y reforzados por clavos con la cabeza tan gorda como una ciruela, embocó la homónima vía romana. Sin acusar siquiera el cansancio acumulado tras una noche caminando con el hatillo a la espalda y las alforjas en bandolera, y sin ceder ante el peso del equipaje, que lo oprimía cada vez más, llegó hasta una extraña plaza en rampa y en cuya cúspide se erguía un palacio tan enorme y majestuoso que al mirarlo sintió que se le cortaba el aliento; a duras penas, consiguió preguntar de qué edificio se trataba: descubrió que era el Palacio Pitti, la casa del gran duque. Sin notar el hambre que empezaba a roerle el estómago, sin hacer caso del sudor que lo empapaba, provocado por el calor estival y por sus ropas invernales, llegó hasta un hermoso puente hecho de pequeñas tiendas abarrotadas de joyas y llamado Ponte Vecchio (Puente Viejo) donde se detuvo para contemplar el Arno que le pareció inmenso y sin fin: una especie de lago con barcas, tan ancho como ocho ríos Greve y siete ríos Pesa. Reemprendió la marcha y, cuando se alejó del Arno, estuvo caminando al menos dos horas sin rumbo fijo, con su hatillo y sus alforjas, su hambre y su sudor, presa de un asombro que lo mantenía en un continuo estado de excitación y que se iba renovando a cada etapa. Ante otro puente, por ejemplo, mucho más bello que el anterior porque estaba formado por tres arcadas de turbadora elegancia y lo embellecían, además, cuatro estatuas que representaban las estaciones: el Puente de la Santa Trinidad. O ante la Plaza del Duomo, mientras miraba las Puertas de oro del Baptisterio, visitaba la mastodóntica y mística catedral, subía a la Torre de Giotto y observaba desde allí el inverosímil bosque de iglesias, de campanarios, de cúpulas, de monumentos, en resumen, de belleza concentrada en un único sitio. O, ya por último, ante ciertos detalles de la ciudad, no menos deslumbrantes que su belleza, y por los que se sorprendió preguntándose si era realmente sensato que emigrase a Virginia. Las calles pavimentadas de piedra berroqueña y llenas de lujosas carrozas tiradas por cuatro caballos. Las aceras repletas de gente que daba voces y se empujaba y se reía como si estuviera en una feria ciclópea. Las casas de cinco o seis pisos, tan pegadas las unas a las otras como las espigas en un campo de trigo, y todas con cristales en las ventanas. Las mujeres desenvueltas y escotadas que, según te cruzabas con ellas, te miraban fijamente a los ojos o incluso te dirigían una sonrisa. Y todas aquellas farolas que se encendían al caer la noche, todas aquellas tiendas rebosantes de mercancías que en América quizá no conocían siquiera. En una se vendían libros.

A docenas, a centenares. Entró, siguiendo un impulso y, aconsejado por el librero, compró dos para leer durante la travesía: *Los caballeros de la Mesa Redonda* y el *Decamerón*. Luego, con el hatillo más pesado y el capital reducido a dos escudos y tres cracias, alcanzó la Plaza de la Señoría: enésima maravilla que reforzó su anterior duda porque, se dijo, en el condado del señor Jefferson no podía existir, seguro, un lugar tan fastuoso y tan rico en obras de arte como aquél. Pero ya era demasiado tarde para arrepentirse, las campanas estaban tañendo a mediodía y, con paso decidido, se encaminó hacia el Pórtico Lanzi donde identificó enseguida a los nueve compañeros con los que iba a compartir el futuro que había elegido. Cargados de bártulos, estaban sentados sobre el poyete de una arcada y parecían muy confusos, inmensamente perdidos. Sobre todo el que los encabezaba: un cuarentón de San Casciano, experto en el transvase del vino. «Ah, ¿es usted el décimo? Venga, venga, que Dios nos la depare buena». El secretario del señor Mazzei, en cambio, todavía no había llegado. Y este retraso provocó el encuentro del grupo con un tal Masi, natural de Ponte a Rifredi, que acababa de regresar de las Antillas Francesas y que, por una broma del destino, se encontraba en esos momentos en la plaza.

—¿Quiénes sois? ¿A quién estáis esperando? —preguntó Masi, acercándose al grupo para charlar.

—Somos los que tienen que irse con el señor Mazzei, que Dios nos la depare buena —respondió el experto en el transvase del vino.

—¿Irse? ¿Dónde?

—A América, a Virginia, que Dios nos la depare buena.

—¿A hacer qué?

—A poner en marcha una hacienda agrícola destinada a la producción de vino y aceite.

Inmediatamente, un grito sacudió la plaza.

—¡Locos! ¿No os han dicho que en aquellas tierras las estrellas se precipitan desde el cielo y abrasan a los campesinos que trabajan los campos? ¡Huid! ¡Huid!

El propio Mazzei lo cuenta en sus *Memorias*, añadiendo que los diez se quedaron tan aterrorizados que echaron a correr en el sentido más literal de la palabra. Una huida que lo obligó a conformarse con los dos campesinos de Lucca y el sastre piamontés, a los que se añadieron un genovés cuyo oficio se desconoce y un florentino llamado Vincenzo Rossi, hijo del carnicero de Legnaia, que trabajaba de dependiente. Es decir, individuos que de vides y olivos no sabían nada de nada. Pero su versión contiene una grave inexactitud. Carlo no huyó. Al contrario, hizo cuanto estuvo en su mano para detener a sus compañeros. Le gritó a Massi que era un ignorante, un fanfarrón, un metomentodo que sólo hablaba por hablar. Les explicó que las estrellas a las que se refería ese zoquete eran las estrellas fugaces y que las estrellas fugaces no caen sobre la tierra: caen en el cielo sin quemar a nadie. Les dejó incluso muy claro que si escapan iban a quedar como unos papanatas y unos cobardes, que iban a dejar el buen nombre de Toscana a la altura del betún, y que por su culpa los virginianos se quedarían sin probar jamás un vaso de vino decente o sin comer una ensalada aliñada con aceite. Pero ellos huyeron de todas formas. Regresaron a casa. Y él se quedó aguardando a que llegara el secretario. Por miedo a que se le despistase, no se alejó de allí ni siquiera para beber un sorbo de agua en la fuente de Neptuno, distante apenas unos cincuenta pasos. Se quedó allí, siempre allí, con su hatillo y sus alforjas, paseando de un lado a otro entre las trágicas estatuas que son la principal característica del Pórtico Lanzi: Perseo, alzando la cabeza degollada de la Medusa y pisoteando el tronco decapitado; Ayax, sosteniendo el cadáver vacilante de Patroclo; Hércules, haciendo trizas al centauro Naso; las sabinas, forcejeando para intentar huir de sus raptores; Polixena, sollozando porque también ella ha sido raptada; el resto de personajes que mueren o se apuñalan o se retuercen agitados por Dios sabe qué penas del alma o de la carne. Tanto es así que, en un momento determinado, fue incapaz de seguir mirándolas y, augurándose que el condado del señor Jefferson le ofreciese visiones más alegres, le dio la espalda a aquella orgía de dolor y truculencia: se sentó sobre los escalones de la arcada central y, de cara hacia la plaza, se puso a leer el *Decamerón*. «Antes o después, llegará». El problema era que ninguno de los dos conocía al otro y que Carlo, ataviado con sus ropas de señor, lo parecía todo menos un campesino. Cuando el secretario llegó, ya por la tarde, y vio que en el Pórtico Lanzi sólo estaba un guapo rubiales vestido de ciudad, tocado con un tricornio y leyendo el *Decamerón,* no sospechó siquiera que se tratase del campesino elegido por don Luzzi. Sin mediar palabra, y sin darse cuenta de que éste llevaba un hatillo, pasó de largo y se apresuró en ir a decirle a Mazzei que los diez destripaterrones no se habían presentado a la cita. Carlo, mientras tanto, seguía esperando.

Siguió esperando durante toda la tarde y parte de la noche, pobre de él. Sólo cuando ya estaba bien entrada la noche, se levantó de los escalones para refugiarse en la cercana iglesia de San Esteban, cenar allí lo que le quedaba del queso y echarse sobre un banco para dormir. A las cinco de la mañana, sin embargo, regresó al Pórtico y siguió esperando: testarudo. Quizá el secretario había llegado y no lo había visto, pensaba. O quizá se había equivocado de día e iba a llegar hoy, ofreciéndole mil excusas. En momentos así es preciso mantener la cabeza fría: nada de desanimarse, nada de perder la esperanza. Sin embargo, poco a poco, empezó a perderla. Se desanimó completamente. Durante aquella espera interminable habían reaparecido imágenes que creía perdidas. Y éstas dieron cuerpo a la melancolía experimentada en el instante mismo en que se preguntó si sería realmente sensato emigrar a Virginia, de la que antes se había librado apenas escuchó las campanadas del mediodía. La imagen de las verdes montañas pobladas por un paraíso de liebres, ardillas, zorros, corzos, jabalíes, pájaros que cantaban como los ángeles. La imagen de las armoniosas colinas, con campos en los que florecían los lirios con tal abundancia que en verano se volvían azules y semejaban un mar agitado por gigantescas, inmóviles ondas. O la de las retamas que en otoño encendían de amarillo los muros, de forma tal que, junto al rosa de los brezos y el rojo de las bayas, parecían llamaradas de fuego. La imagen de Apollonia, que lloraba, de Violante, que gemía mansamente, de Gaetano, que callaba humillado, y, sobre todo, de Luca, que, pálido como un muerto, le tendía una medallita de San Francisco y un pan para que tuviese qué echarse a la boca durante el viaje. Era tan bueno... Tan comprensivo, tan indulgente, pese a su riguroso ascetismo. Imposible imaginarle dándote una bofetada, menos aún obligándote a ayunar o a rezar, o negándote el derecho a vivir a tu manera. De haberlo querido, podría haberle impedido que huyera a Virginia. Con veinte años, para casarse o emigrar, era preciso presentar la autorización paterna. Y él no había movido un dedo para imponerle su voluntad. Se había limitado a dejar escapar aquel gemido igual al de un animal al que están degollando y a flagelarse para invocar la ayuda del Señor, para suplicarle que perdonase a «ese hijo poseído por el demonio». Y cuando lo vio preparando el hatillo le dijo: «Escribe la autorización para que te la firme». Luego la había firmado. Con una cruz. Y también estaba muy cansado, consumido por las privaciones y los sacrificios. Sin más ayuda que la de Gaetano, ¿iba a ser capaz de sacar adelante la finca? Violante era un pan sin sal que sólo sabía bisbear la *Salve Regina*. Apollonia llevaba sobre sus hombros el peso de la casa, el gallinero, los conejos, el cerdo, la cerda. Para cavar, zapar, arar, sembrar, abonar, segar, etcétera, etcétera, no se podía contar prácticamente con ellas. Para vigilar al mulo, lo mismo. Más que cualquier otra cosa, le preocupaba aquel mulo al que Gaetano no se atrevía ni a acercarse. ¿Se acordaría su padre de que era un mulo difícil y traicionero, que soltaba una coz a la mínima y que nunca había que acercársele por la espalda? Quizá don Luzzi le había aconsejado mal. Quizá sí que estaba cometiendo un error abandonando la tierra de sus abuelos, trasladándose al condado del señor Jefferson, alterando su destino y el de su futura descendencia. Quizá su único destino estaba en las montañas y en las colinas de Chianti, con las abstinencias y las penitencias y las vejaciones impuestas por el padre visitador. Y eso sin contar con que el secretario del señor Maffei era un imbécil descomunal y que el señor Maffei quizá fuese un imbécil tan grande como su secretario. ¡Por Dios Santo! Un retraso de una hora es admisible. A veces, incluso uno de tres o de cuatro. Pero uno de diecinueve no. ¡Hacía diecinueve horas que aguardaba entre aquellas estatuas tristísimas de gente desnuda y desesperada! Se sentía ofendido. Y sin pensárselo dos veces, hacia las siete de la mañana, se puso en pie de un salto. Cogió su hatillo, abandonó el Pórtico Lanzi, la Plaza de la Señoría, enfiló la vía Vachereccia, giró en Por

Santa Maria, atravesó de nuevo el Ponte Vecchio, se encontró de nuevo en vía Guicciardini, en la Plaza Pitti, en la vía Romana, atravesó de nuevo la Puerta Romana, salió de la ciudad donde le habían ofendido y donde, a despecho de sus bellezas, no iba a volver a poner los pies. Y, restableciendo el curso de su destino y del mío, regresó a Vitigliano de Abajo.

Esta vez regresó a una velocidad de tres millas por hora, sin detenerse siquiera en la Cartuja o en el Paso de los Pastores. Y no sólo porque se sentía ofendido, desilusionado, sino porque una nueva angustia lo impulsaba a darse toda la prisa que pudiera. Un desasosiego que le roía por dentro y le infundía negros presentimientos. No se equivocaba. Cuando alcanzó su casa, se encontró con que el mulo le había dado una coz a Luca en el vientre y que Luca se estaba muriendo.

3

Yacía sobre el jergón de hojas secas, justo debajo del gran crucifijo que campeaba sobre su cama, y se quejaba de una forma desgarradora: torturado por espasmos cada vez más agudos y devorado por la fiebre, que lo cubría de sudor por entero, incluida su gran barba blanca. Era inútil confiar en que sobreviviese. Ya tenía los ojos vidriosos y los estertores se interrumpían sólo para dejarle emitir un reproche a sí mismo: «Ha sido culpa mía, ha sido culpa mía. Me he puesto a sus espaldas y le he tirado de la cola». Había sido precisamente por eso por lo que había ocurrido el incidente, el día anterior. «¡Vamos, hermano mulo, muévete!», lo había espoleado, tirándole suavemente de la cola. Y el hermano mulo había contestado destrozándole el intestino. Una desgracia tan irremediable que el médico de Radda ni se molestó en ir a verle. «¿Para qué voy a ir? No hay nada que hacer». En su lugar, acudió el cirujano de Panzano, el que ayudaba a las vacas a parir y a la gente a morirse, que sentenció en el acto: «Hay hemorragia interna. Avisad al cura». Pero aún se mantenía lúcido, la agonía todavía no había comenzado, y al vislumbrar a Carlo, que se acercaba al lecho, todo su ser cobró fuerzas de nuevo.

—¡Has vuelto!

—Sí, papá... —murmuró Carlo, llorando.

—¿Para quedarte o para verme morir?

—Para quedarme, papá, para quedarme...

—Alabado sea el Señor. Sabía que escucharía mis ruegos.

Junto al lecho se encontraba Apollonia con Gaetano y Violante, y ninguno de los tres lloraba: una reacción blasfema y prohibida por la orden de los franciscanos terciarios, como ya había demostrado sobradamente Violante cuando murió Aloisio. En una esquina estaban don Fabbri y el padre visitador; los dos cuchicheaban en voz baja: ambos reclamaban para sí el derecho de impartir la extremaunción y la absolución. «Me toca a mí porque soy su párroco», «no, me toca a mí porque soy su ministro».

—¡Hacedlo a medias, par de buitres! —gritó Carlo con un sollozo.

Pese a la palabra «buitres», el consejo fue aceptado y don Fabbri impartió la extremaunción. El padre visitador, la absolución. Alargándola todo lo que pudo, para fastidiar a su rival. «*Dominus Noster Jesus Christus, auctoritate ipsius ac beatorum apostolorum Petri et Pauli et Summi Pontificis, ego te absolvo ab omni peccato ac transgressione votorum tui Ordinis...*». Para fastidiarle más y mejor, pretendió incluso que Luca rezase la oración del terciario que entrega su alma a Dios. Y, obediente hasta el final, Luca la rezó.

«Hermana Muerte, yo os acepto de buen grado y os ofrezco esta agonía como homenaje a vuestra majestad y autoridad. Me regocijo en vos, hermana Muerte, y os doy las gracias desde lo más profundo de mi corazón por esta alegría». Pero apenas terminó de rezarla, su voz cambió de tono. «Ahora déjenme a solas con mi familia», les dijo a su carcelero y a don Fabbri. «Vayan abajo, a la cocina, que quiero despedirme de mis hijos y hablar con ellos de asuntos que no les conciernen».

Lo dijo en un tono de voz alto y claro: acababa de comenzar esa mejoría que precede a la muerte y habían cesado los estertores. Aguardó a que se fueran los dos, hechos una furia, y tanteó en busca de la mano de Carlo. Se la estrechó con amor.

—Tú y yo nunca hemos estado de acuerdo acerca de nada. Pero hay algo en lo que no puedo llevarte la contraria: es horrible trabajar la tierra de otros, tener un amo.

—Sí, papá... —sollozó Carlo.

—¿Recuerdas aquella vez en la que dije que, antes de morir, me gustaría tener un *livello*, convertirme en el amo de mí mismo?

—Sí, papá...

—Ése fue siempre mi sueño. Y, ahora que has vuelto, os lo dejo en herencia a Gaetano y a ti. Yo no lo he conseguido, pero vosotros lo haréis. Por mí.

—Sí, papá...

—Gaetano ya lo sabe. Con él ya he hablado de ello. Me he enterado de que el Regio Spedale quiere sacar *a livello* las dieciséis fincas de la factoría de Panzano y, entre éstas, hay una que me gusta mucho. La finca de San Eufrosino. Pero no la de San Eufrosino de Abajo, es decir, la que desciende hasta el barranco. La que me gusta es San Eufrosino de Arriba, la que llega hasta el camino y en la que está ahora ese blasfemo de Cecionesi, que Dios le perdone. ¿Me explico?

—Sí, papá...

—Es demasiado grande para trabajarla con sólo cuatro brazos, lo sé. Cecionesi tiene ocho y siempre se queja de que necesitaría el doble. De todas formas, cuando la pongan *a livello*, haceos con ella. Y poned mucho cuidado en no perderla. ¿Entendido?

—Sí, papá...

—También sé que una finca como San Eufrosino de Arriba vale, por lo menos, cinco o seis mil escudos, y que un *livello* no te lo dan de balde. Con todo, a la firma del contrato el notario sólo pide el laudemio, es decir, la señal para pagar la entrada, y ese dinero os lo puedo dejar. Mujer, tráigame el cántaro.

En silencio, Apollonia se acercó hasta un nicho excavado en la pared de enfrente. Una especie de tabernáculo que contenía un cántaro de terracota, lleno de flores de espliego para perfumar la habitación. Lo cogió, se lo llevó, y él hizo un movimiento para cogerlo. Pero hablar lo había dejado extenuado, la muerte avanzaba, y ya no era capaz ni de levantar una mano.

—Ocúpese usted, mujer —dijo jadeando.

Siempre en silencio, Apollonia quitó las flores de espliego del cántaro y lo volcó sobre el lecho, sobre el que cayó una cascada de escudos de oro.

—Son cien —dijo, jadeando más ostensiblemente aún—. Los llevo ahorrando desde años para el *livello*. Lira tras lira, cracia a cracia, dado que Violante tiene decidido meterse a monja y que las monjas no piden dote, ¿verdad, Violante?

—Verdad —asintió Violante, compungida.

—Deberían ser suficientes para el laudemio —prosiguió—. Del pago anual, os podréis hacer cargo vosotros. Siempre y cuando no os deis prisa en casaros. Casarse cuesta dinero. Y siempre y cuando tú no malgastes el dinero en ropa y libros. Los libros no son necesarios, la ropa no es necesaria. ¿Entendido?

—Sí, papá...

—En ese caso, ya sólo me queda daros algunos consejos: nunca dejéis de amar la tierra, nunca os avergoncéis de ser campesinos. La tierra es la que nos da de comer. Los campesinos son los que dan de comer al mundo. Y no seáis listillos, no penséis jamás que Dios no existe. Un listillo no es un hombre inteligente, y si Dios no existiese habría que inventarlo para no obligarme a morir más furioso que un perro rabioso. Porque, esperemos que San Francisco no se lo tome a mal y que esto no me cueste la absolución, morirse con cincuenta años es una desgracia.

Luego entró en coma, ya no volvió a hablar hasta justo un instante antes de exhalar el último suspiro. Suceso que ocurrió en el corazón de la noche, cuando abrió los ojos de par en par y, en un tono de voz casi atronador, gritó: «¡Perdonad al mulo!». Los funerales se celebraron de inmediato y de forma rápida, sin el más mínimo lujo, como los de todos los pobres. Un decreto emitido en 1748 por Francisco III establecía, de hecho, que sólo los nobles y los burgueses tenían derecho a exequias con cirios, catafalco, cánticos fúnebres, ornamentación: los pobres tenían que conformarse con cuatro antorchas y el sonido de las campanas tañendo a muerte. Una reciente ordenanza de Pedro Leopoldo, la misma que sólo permitía el uso de ataúdes a los obispos y a los señores, imponía que el entierro se efectuase a la mayor brevedad posible y con el máximo ahorro posible. Así pues, para no incurrir en castigos o admoniciones, lo envolvieron en una sábana vieja, lo ataron, como si fuera un fardo, con una cuerda en el cuello y otra en los pies, lo tendieron sobre una tabla de madera y, a la luz de cuatro antorchas, se lo llevaron. Las antorchas, sostenidas por Violante y Apollonia. La tabla, por Carlo y Gaetano. Y nada de flores, nada de séquito de familiares y vecinos. Precedidos por don Fabbri y por el padre visitador, todavía de morros porque los hubieran mandado a la cocina, el exiguo cortejo enfiló por el sendero que conducía desde Vitigliano de Abajo hasta Vitigliano de Arriba y Panzano. Mientras las campanas tañían a difuntos alcanzó la iglesia de la Asunción, en la que ya se había levantado una esquina del enlosado, y dos enterradores arrojaron enseguida el fardo a la fosa común. Pero, antes de que volvieran a cerrar el agujero, Carlo hizo algo que nadie se hubiera esperado de él. Agarró con fuerza el breviario del prior y murmurando entre dientes «pobre del que se oponga», «pobre del que intente interrumpirme», leyó entero el Oficio de difuntos, al que añadió cincuenta salmos con los doce paternóster, los doce avemarías, un *requiem aeternam*, un gloria. Y luego, ya en la casa, hizo algo más. Fue al establo, acarició al mulo, le dijo: «Yo te perdono». Subió a su cuarto, quitó la biblioteca, compuesta ya por once libros, de la estantería, sacó del armario la casaca de terciopelo marrón, la chaquetilla de lana azul, los calzones verdes, los zapatos con la hebilla de plata, el tricornio, y lo guardó todo en un arcón que no volvió a abrir durante años. Por último, bajó a la cocina, reunió a la familia y, con gesto sereno, concluyó: «De ahora en adelante, me comportaré como le hubiera gustado a papá. De ahora en adelante, el objetivo de mi vida será San Eufrosino de Arriba. Y que me ocurra una desgracia si me olvido de ello».

Llegados a este punto, hay que aclarar qué tenía de tan especial la finca en manos de «ese blasfemo de Cecionesi» como para encender el deseo de Luca hasta el punto de hacerle abjurar de su ascetismo acumulando cien escudos de oro.

* * *

En el siglo VI después de Cristo vivió un obispo de nombre Eufrosino que sólo se vestía con harapos, practicaba una abstinencia casi absoluta, dormía en el suelo y vivía con celestial mansedumbre. Un precursor de San Francisco, vamos. Un místico de primera clase. Las lenguas viperinas, qué se le va a hacer, aún seguían poniendo en duda su santidad, acusándolo de haber seducido a una doncella y de haber salvado el pellejo gracias al juicio de un recién nacido que, apenas salió del vientre materno, empezó a gritar en latín: «Eufrosino es inocente». *Euphrosinus sine culpa est*. Las personas de bien, al oír semejante calumnia, respondían que la maledicencia no conoce fronteras, que la envidia es incontrolable y, con profundo e íntimo orgullo, ligaban su nombre al de Panzano. A los ochenta y nueve años, de hecho, Eufrosino había ido a evangelizar Toscana, habitada en aquellos tiempos por gentes que veneraban a los mentirosos dioses. Y, vencido por la sed, según algunos, movido por un impulso sobrenatural, según otros, se había detenido justo en Panzano. Más exactamente, junto a un pozo situado en la vertiente orientada hacia el valle del Pesa. Es decir, la vertiente opuesta a la orientada hacia el valle del Greve y en la que se encuentra Vitigliano de Abajo. Allí se construyó con ramas un mísero refugio, allí convirtió a un montón de paganos y obró milagros de primera, como resucitar a los muertos o devolver la vista a los ciegos. Allí murió, a causa de los años y de las privaciones, y allí lo sepultaron. En una tumba toda para él, es decir, mejor que la de Luca. Luego erigieron un santuario sobre la tumba. Quizá a causa de una sacudida telúrica, o quizá por la maldición de la doncella seducida, el santuario se vino abajo, y durante siglos las venerables reliquias permanecieron bajo un cúmulo de cascotes cubiertos de hierbajos entre los que pastaban las ovejas. Tanto es así que para salvar su culto sus seguidores tuvieron que recurrir al pozo, difundir la voz de que sus aguas curaban la conjuntivitis y hacían que las mujeres que estaban criando tuvieran más leche. En 1441, sin embargo, los hierbajos fueron arrancados. Se quitaron los cascotes, las venerables reliquias salieron a la luz. Mediante una bula que prometía indulgencias a todo aquel que diese dinero para ello, el papa Eugenio IV ordenó que el santuario fuese reconstruido, y sobre el lugar surgió un hermoso templo de estilo gótico: el oratorio de San Eufrosino. Sí, el hermoso templo existía desde entonces. Y su fama se había extendido más allá de los límites de Chianti. No en vano contenía más tesoros que el priorato: frescos, tablillas votivas, candelabros de plata, un tríptico pintado por Mariotto di Nardo, un tabernáculo arnolfiano que custodiaba la urna de las reliquias, una estatua de yeso policromado que representaba al santo vestido de obispo y con la mitra cuajada de gemas e interrumpida por una ventanilla dentro de la cual se ocultaban algunos fragmentos del cráneo. Y, sobre el altar mayor, una espléndida Madonna de Giotto.

Pues bien: la finca que Luca había deseado hasta el punto de abjurar de su ascetismo acumulando cien escudos de oro rodeaba el oratorio como un anillo. La casa de los colonos distaba apenas cuarenta pasos de la fachada. Y quien habitaba en San Eufrosino de Arriba era el custodio de las llaves del sagrado edificio. En otras palabras, Madonna de Giotto o pozo taumatúrgico aparte, Cecionesi tenía a su entera disposición una iglesia en la que podía entrar y rezar a cualquier hora del día o de la noche. Para un blasfemo, un privilegio irrelevante. Para un franciscano terciario, en cambio, algo por lo que valía la pena vender el alma al diablo. Y Carlo iba a darse cuenta de ello muy pronto.

4

Cabe preguntarse qué trauma determinó el cambio drástico de Carlo, la inesperada conducta que condujo a su metamorfosis. ¿El dolor por el trágico final de Luca? ¿El sentimiento de culpa que, a causa del mulo, acompañaba dicho dolor? ¿La desilusión, mejor dicho, la humillación sufrida mientras aguardaba en vano bajo el Pórtico Lanzi? ¿Las tres cosas al tiempo o un anhelo religioso preexistente, pero sofocado hasta ese momento por su coetánea rebeldía, y escondido entre los pliegues de su alma? No se sabe. La voz divertida e irónica no decía nada al respecto. Sí se sabe, sin embargo, cuál fue la respuesta de Carlo cuando don Luzzi, rojo de indignación, fue a Vitigliano de Abajo y, sin darle siquiera el pésame, empezó a gritarle: «¿Por qué has vuelto, por qué?». «Porque todos nacemos con un destino asignado, señor párroco, y el mío no estaba en Virginia. Estaba aquí». Más o menos, lo mismo que hubiera contestado cuando Filippo Mazzei, en 1780, viajó a Florencia para convencer al gran duque para que estableciera contactos comerciales con las colonias rebeldes y sostuviera su lucha por la independencia, y don Luzzi se enteró de la suerte que habían corrido los cuatro que, junto al sastre piamontés, habían abandonado Livorno a bordo del *Triumph*. Ninguno de ellos había sido capturado por los corsarios, a ninguno de ellos lo habían desollado vivo los indios, ninguno había muerto en la guerra que, mientras tanto, había estallado contra los ingleses. Y Vincenzo Rossi, el hijo del carnicero de Legnaia, había hecho fortuna en el condado del señor Jefferson, donde se había casado con una adinerada virginiana. Antonio Giannini, uno de los dos de Lucca, había ganado tanto dinero que pudo ofrecer doscientos cincuenta cequíes por la compra de un pequeño trozo de tierra. «Señor párroco, lo que yo deseo no se encuentra en la tierra del señor Jefferson. Yo soy un árbol que no se puede transplantar». De hecho, no lamentó jamás haber regresado. Nunca volvió a pensar en subir a bordo de un barco, en retomar aquella oportunidad. Hasta la vejez continuó afirmando que el proyecto de establecerse en América había sido una locura de la que, gracias a Dios, le apartó la suerte, y en los cinco años siguientes a las exequias de Luca sólo vivió para cumplir con el compromiso sellado con él y consigo mismo: tomar en enfiteusis San Eufrosino de Arriba. Nada de litigios con los Da Verrazzano, nada de quejas y lloriqueos por la casa sin letrina y sin cristales en las ventanas, nada de *veglie* nocturnas o ferias o distracciones para compensar las inhumanas jornadas de trabajo a las que se sometía para incrementar los cien escudos de oro. Y nada de rebelarse contra el régimen de vida que observaba su familia. También él se había hecho franciscano terciario.

Aquí radica la característica más hiriente de su metamorfosis. Y sobre este punto la voz divertida e irónica sí decía mucho, empezando por los detalles concernientes a la prueba del noviciado. Un examen atroz. Duraba seis meses, multiplicaba por mil las crueldades del padre visitador, e incluía la obligación de flagelarse todas las noches. Veinte latigazos antes del rosario y veinte después. En la espalda, en el pecho, en el vientre. Pero él la superó de forma triunfal, y del triunfo emergió el hombre que sería ya durante el resto de su vida, a pesar de la mujer extraordinaria con la que se casó. (Atea, por añadidura). ¿Cómo definir a aquel hombre? Quizá como a alguien a medio camino entre un monje y un maniático, un santo digno de toda admiración y un rompe-pelotas que sólo se merece que le den un par de guantazos. No existían límites para su celo, para su ortodoxia. No contento con llevar cilicio, por ejemplo, mantenía el cíngulo en contacto con la piel y lo apretaba hasta hacerse heridas. No contento con ayunar los miércoles y los viernes y los sábados, más todo el periodo comprendido entre la Cuaresma y la Semana Santa, el Adviento y la Navidad, se mortificaba con sacrificios que nadie le exigía, como renunciar a un vaso de vino. «Beber despierta los deseos». No contento con haber vuelto a guardar en el arcón los once libros, incluidos el *Decamerón*, apenas iniciado, y *Los caballeros de la Mesa Redonda*, que se quedó sin abrir, no hojeaba más la *Gazzetta Patria* y no quería ya saber qué pasaba en el mundo. «Leer induce a caer en tentación». Naturalmente, ya no cazaba zorros, liebres, faisanes, conejos salvajes para venderlos en el mercado de Greve. «Matar animales es un fratricidio». Y, naturalmente, jamás miraba a una chica, jamás daba indicios de que notase el peso de la castidad, y en su habitación tenía un crucifijo que hacía palidecer al de Luca. Un armatoste de un metro de ancho y dos de largo que se había fabricado con sus propias manos y que turbaba hasta a Gaetano: «¡Venga, Carlo, tampoco hay que exagerar! ¡Como se nos caiga encima nos mata!». Por último, se había hecho amigo del padre visitador y en cuanto tenía un minuto libre se iba corriendo a San Eufrosino de Arriba para suplicarle a Cecionesi que le abriera el oratorio. Lo del oratorio se había convertido en una obsesión, y cada vez que iba allí a Cecionesi se lo llevaban los demonios. «¡Así te dé algo malo, pedazo de santurrón! ¡Eres peor que el meapilas de tu hermano, me cago en Dios!». Él, sin embargo, no pasaba jamás a la contraofensiva. «Rezaré una *Salve Regina* por usted, Cecionesi». Mientras, envejecía. Nadie lo llamaba ya *Rubacuori*. Su hermoso rostro de facciones redondeadas se iba volviendo descarnado, sus hermosos ojos azules iban perdiendo brillo, y había días en que lo hubieras tomado por un hombre de la edad de su padre. Sólo cuando el Regio Spedale se decidió a ofrecer en enfiteusis las fincas de la hacienda de Panzano, acontecimiento histórico que tuvo lugar en junio de 1778, volvió a mostrar algo de vivacidad.

—¡Alabado sea Dios! ¡Aleluya!

Fue don Luzzi el que le dio la noticia, añadiendo que no tenía un solo rival. Quizá fuera por aquella iglesia que parecía escrutarte el alma y hacer la lista de todos tus pecados, quizá fuera por la sombra que proyectaba su mole sobre la casa de los colonos, demasiado cercana, quizá fuera por la responsabilidad que implicaba custodiar las llaves y velar por los tesoros que encerraba el edificio, el caso es que nadie quería quedarse con San Eufrosino de Arriba. No era casual que el laudemio se hubiese rebajado desde los ciento cincuenta escudos iniciales a cien y luego a ochenta. El canon anual, a setenta y cuatro. Casi la mitad de lo que se pedía por San Eufrosino de Abajo, ya solicitado por el adinerado Girolamo Civili, tío del igualmente adinerado Giuseppe Civili: el molinero de Greve.

—¡Aleluya! ¡Aleluya!

Sin embargo, cuando se enteró de que era preciso ir a Florencia para firmar el contrato, se ensombreció de nuevo.

—Yo no vuelvo a poner los pies allí. —Y dirigiéndose a Gaetano—: Ve tú. Tú eres el mayor, el cabeza de familia.

—Y tú eres el que sabe leer y escribir, el que entiende de papeleos —protestó Gaetano.

—Para el contrato basta una firma. Y firmar sí sabes.

—No, se necesitan dos firmas: la mía y la tuya. Sin la tuya, lo pondrán a mi nombre y punto.

—Tú por eso, tranquilo, ya verás cómo el notario se las apaña para ponerlo a nombre de los dos. ¡Ve!

Y Gaetano fue, temblando de arriba a abajo y vestido de domingo desde la cabeza a los pies. Sombrero cónico, chaqueta de paño, calzones negros, chaquetilla negra, zapatos de vaqueta. Y en bandolera, la alforja con los ochenta escudos de oro que había que desembolsar en el acto para el laudemio. Fue en la diligencia que entonces llevaba desde Panzano a Florencia dos veces por semana y que partía a las cuatro de la mañana para llegar a las nueve a la Plaza del Duomo.

* * *

No se conservan detalles sobre aquel viaje que, dada la débil personalidad de Gaetano, es fácil imaginar carente de aventuras y asombros. Sí se conserva, en cambio, el contrato que firmó, extendido en la cancillería del Regio Spedale: una sala en la planta baja, no muy alejada de la cámara mortuoria en la que, ciento sesenta y seis años después, viví el episodio más escalofriante de mi adolescencia envenenada por la guerra y por el orgullo de estar combatiendo contra el enemigo codo con codo junto a los adultos. Y tengo la copia de ese contrato. Nueve páginas, escritas con una caligrafía casi ininteligible y en las que el nombre de Carlo está sustituido por la fórmula «los otros nombrados e incluidos», el nombre de Gaetano nunca está precedido por el apelativo «señor», reservado en todo momento para el notario y los testigos. Éste es el inicio, que he resumido en parte para que resulte menos oscuro: «*Dei nomine, amen*. En el día de hoy, 2 de julio de 1778, año de Nuestro Señor Jesucristo, reinando Su Santidad Pío VI, Sumo Pontífice Romano y Pedro Leopoldo, primer Príncipe Real de Hungría y Bohemia, Archiduque de Austria, IX Gran Duque de Toscana y, felizmente, Nuestro Soberano. Habiéndose sacado a subasta el arriendo de la finca de la hacienda de Panzano denominada San Eufrosino de Arriba, y no habiéndose encontrado postor competente, en presencia del Ilustrísimo Señor Francesco Maria Niccolini, noble patricio florentino y comisario del Regio Spedale di Santa Maria Nuova y del Señor notario Franco Figlinesi y de los testigos Señor Giuseppe Coniglietti y Señor Giuseppe Lotti, comparece Gaetano Fallaci, hijo del difunto Luca, que para sí y para los otros nombrados e incluidos se ofrece a tomar en arriendo la susodicha finca por un canon anual de sesenta y cuatro escudos que deberán pagarse en dos plazos semestrales y ochenta escudos de laudemio. Dicha finca está situada en el pueblo de la parroquia de San Leolino en Panzano y comprende una casa de labor de ocho habitaciones más un horno, tres establos, dos cochiqueras, un corral, una era, una cabaña independiente del resto, y un pórtico con otra edificación de cinco habitaciones unidas a la iglesia llamada Oratorio de San Eufrosino. Habitaciones a disposición del trabajador salvo en los días en los que se celebren en la iglesia fiestas o procesiones. San Eufrosino de Arriba tiene una extensión total de cincuenta y cinco fanegas: cuarenta fanegas de tierra de siembra dividida en diversos campos plantados de vides, olivos, moreras, frutales, y en lo restante pastos o bosques ricos en madera y frutos. En su calidad de comisario del Regio Spedale el Ilustrísimo Señor Francesco Maria Niccolini lo concede, pues, en enfiteusis, *ab infinito* y en perpetuidad, a Gaetano Fallaci, hijo del difunto Luca, y a los otros nombrados e incluidos, así como a sus descendientes (de éste y de éstos) varones [nacidos] de varón legítimo o natural, para ellos también *ab infinito* y a perpetuidad, hasta que dure la descendencia masculina de varón legítimo o natural…».

También se conserva el plano topográfico: dos encantadores y conmovedores *cabrei* que fueron realizados para el catastro por el agrimensor Valeriano Carniani en 1780. Encantadores, porque no parecen mapas sino paisajes pintados a colores: amarillos los campos con hileras moradas de vides y olivos; verdes los pastos y los cercados, los bosques con los árboles nítidamente dibujados y los arbustos apenas esbozados; marrones los senderos; blancos los edificios con los tejados rojos y las ventanas grises. Conmovedores porque San Eufrosino existe todavía, pero desfigurado por los siglos y las diversas reestructuraciones y éstos muestran cómo era entonces. El primero hace hincapié en el oratorio, entonces ceñido por una bella porticada de arcos y columnas de piedra, actualmente destruida, y embellecido por un hermoso rosetón, además de por un hermoso campanario sobre cuya aguja se yergue un pararrayos en forma de cruz. Alrededor del oratorio se ve un prado rectangular, orlado de cipreses. Y detrás de los cipreses orientados hacia la fachada, la casa de los colonos. Sobre el lado opuesto, la capillita con el pozo cuyas aguas curaban la conjuntivitis y hacían que las mujeres que estaban criando tuvieran más leche. El segundo, en cambio, hace hincapié en la casa: un agradable edificio de dos plantas y compuesto de varios elementos, incluido un macizo de cimentación que sobresale y que, a la derecha, cierra una especie de claustro en el que una escalera externa sube hasta la galería porticada del primer piso y, a la izquierda, limita con el patio anexo a los establos. Sobre el tejado de tejas, una graciosa chimenea de la que sale una nubecilla de humo que el viento empuja primero hacia el gallinero, las conejeras, las cochiqueras, luego hacia la carreterilla que, al sur, se dirige hacia San Eufrosino de Abajo y, al norte, hacia la vía Chiantigiana. Más allá de la carreterilla, la era con la cabaña. Este conjunto contiene, además, un recuadro que bajo las palabras «Finca arrendada a Gaetano Fallaci» enumera los diversos campos y bosques, midiendo la extensión en *canne* y la superficie en *stiora, panora, pugnora*. Descubrimos así que la finca tenía un perímetro de setenta y cinco *canne*, es decir, de un kilómetro y medio, y que en la zona orientada al mediodía había tres terrenos de siembra para vid, olivos o moreras de una extensión de 225 *stiora*, 8 *panora* y 9 *pugnora.** En la zona orientada al norte, dos terrenos para sembrar trigo, cebada, centeno y avena de una extensión de 26 *stiora* y 6 *panora*. Junto a éstos, un terreno boscoso con encinas y castaños y acebos de una extensión de 32 *stiora, 8 panora, 9 pugnora*. En la zona orientada a poniente, dos pastos de trébol y alholva de una extensión de 88 *stiora* y 3 *pugnora*. Total: 374 *stiora, 6 panora, 7 pugnora*. Es decir, las 110 *staiora* de las que habla el contrato y que, más o menos, equivalen a doce hectáreas de nuestra época. Pocas como para considerarse ricos. Demasiadas para que las trabajaran sólo dos hombres. Vitigliano de Abajo tenía la mitad de extensión.

Y esto sin tener en cuenta los chantajes y las amenazas que Gaetano había firmado temblando. Pobres de ellos si el arrendatario y los demás nombrados e incluidos no cuidaban bien de la finca e, incluso, no se aplicaban para mejorarla. Pobres de ellos si para los gastos necesarios para el mantenimiento y las mejoras se requerían subsidios o contribuciones del Regio Spedale. Pobres de ellos si con el pretexto de que tenían que comprar simiente, arneses, palos para las vides, abonos, o sustituir a los dos bueyes no incluidos en el contrato, pedían una rebaja en el canon o no pagaban con puntualidad. De cometer uno solo de esos delitos perderían no sólo la finca sino también el laudemio y el resto del dinero entregado. Si una época de carestía o una sequía o un terremoto provocaban la ruina de la finca, lo mismo. La única ventaja, que la casa contaba con letrina y cristales en las ventanas. Y que podían trasladarse en septiembre.

* Medidas agrícolas italianas sin correspondencia directa en lengua española. *(N. de la T.)*

5

No se trasladaron ese septiembre. Ni al siguiente, ni al siguiente ni al siguiente. Ciego de envidia, y decidido a hacerles la pascua, Cecionesi se negaba a irse. «¡¡¿¿Cómo que la finca es vuestra??!! Yo me quedo aquí hasta que me dé la gana, hatajo de meapilas». Lleno de rencor e incapaz de olvidar las persecuciones a las que le había sometido Carlo con sus visitas al oratorio, les prohibía hasta acercarse al prado de la iglesia o a los límites de la finca. Nada más verlos, los amenazaba con la horca de labranza. «No os quiero ver en lo que es mío, ¿entendido? Pero ¿quiénes os creéis ahora que sois? ¿El gran duque en persona? ¡Un hatajo de destripaterrones como yo, eso es lo que sois, me cago en Dios!». Tuvieron que aguardar tres años para ver realizado plenamente el sueño de Luca. Tres largos años durante los cuales no lograron poner el pie sobre una tierra que, bien o mal, les pertenecía, y menos mal que, a través de don Luzzi, consiguieron recibir la mitad de la cosecha que Cecionesi debía entregarles como aparcero. (Ingreso que, junto al de Vitigliano de Abajo, convertido ahora en un refugio en el que vivir la espera, les permitió sustituir a los dos bueyes no incluidos en el contrato y más costosos que la propia finca). El traslado se efectuó pues en el año 1781, antes de que empezase la recogida de la aceituna. «Aquí tenéis este cementerio que, según vosotros, os pertenece. Todo para vosotros. Yo me he buscado algo mejor», fue la frase con la que el enemigo rindió armas. E, inmediatamente, cargaron sobre una tartana los colchones, los crucifijos, las jaulas con los pollos y los conejos y los pichones. Se despidieron del mulo perdonado que, por desgracia, pertenecía a los Da Verrazzano, cogieron al cerdo y a la cerda, y, tomando el camino que conducía a Vitigliano de Arriba, luego a Panzano, luego a la vía Chiantigiana, alcanzaron la anhelada finca, frente a la cual dejaron escapar un gemido de desaliento.

—¡San Eufrosino, ayúdanos!

Y es que antes de irse el enemigo sólo se había preocupado de vendimiar para asegurarse su parte de vino: lo único que conservaba un aspecto mínimamente decente era la tina. El resto de la casa era una completa ruina. Puertas fuera de los goznes, vigas agrietadas, suelos con agujeros, ladrillos arrancados, persianas rotas. Estaba destrozado hasta el horno, quizá lo más importante de la casa, porque sin horno no se puede hacer pan y sin pan no se come. Estaba destrozado también el huerto, quizá tan importante como el horno, porque sin huerto no hay verduras y sin verduras no se puede hacer sopa. Lo habían devastado los jabalíes al faltar un cercado que les impidiera el paso. Y en el establo principal los costosos bueyes mugían de hambre y fiebre: las costillas marcadas bajo la piel por la desnutrición y la boca llena de babas por la enfermedad. En cuanto a los campos, la desidia los había convertido en una tundra. En los dos orientados al norte, las tormentas de agosto habían provocado que cediera el muro de contención del terreno en pendiente hacia el barranco, y estaban totalmente sin cultivar; los tres orientados al sur estaban casi abandonados: las vides, sin rodrigar, pendían entre un caos de hojarasca; los pastos orientados a poniente estaban invadidos de ortigas y era imposible atisbar siquiera un tallo de trébol o de alholva; los bosques estaban totalmente salvajes, hasta el punto de que las zarzas obstruían todos los senderos. Y quedaban todavía por realizar las faenas del otoño. Había que preparar la tierra para sembrar el trigo y ararla. Había que dejar en barbecho, es decir, cavar, limpiar y explanar aquélla en la que el trigo llevaba dos años sembrado. Había que quitar los hollejos de uva de las tinas y exprimirlos para sacar la *acquetta,* es decir el medio vino que consumían ellos en lugar del vino de verdad, el que se reservaba para la venta. Había que recoger las aceitunas que, gracias a Dios, ese año eran tan numerosas que las ramas se vencían por su peso, podían sacarse de seis a siete canastas por árbol, y llevarlas a la almazara. ¿Por dónde empezar, Dios Santo? Comenzaron por los bueyes, a los que Gaetano se apresuró a dar de comer y a medicar con una despiadada, pero eficacísima solución de vinagre y sal recomendada por el *Tesoro delle Campagne ovvero Manuale dell'Agricoltore Perfetto*. Prosiguieron con el horno, que repararon los dos juntos; con el huerto, en torno al cual levantaron un cercado; con las aceitunas que, ayudados por Violante, recogieron en menos de tres semanas. Y cargaron las canastas sobre la espalda, en vista de que el mulo perdonado se había quedado en Vitigliano de Abajo. Luego, hicieron todo lo demás, incluyendo la reparación de las puertas fuera de los goznes, de las vigas agrietadas, los suelos con agujeros, y la reconstrucción del muro que se había desmoronado en los dos campos orientados al norte. Trabajo que exigió bajar repetidas veces al barranco, buscar las piedras que habían rodado hasta allí, subirlas una por una, volverlas a limar, ensamblarlas. Piedras, con frecuencia, del tamaño de la cabeza de una ternera y tan pesadas como una viga.

Sí, lo hicieron todo. Y cuando llegó el invierno los dos campos estaban sujetos de nuevo por un sólido muro en terraza, los otros estaban roturados o arados o puestos en barbecho. Las vides estaban rodrigadas, desbrozadas, ligadas; el aceite se había puesto en las orzas, la casa se había reacomodado. Pero con el invierno llegaron también las faenas del invierno, porque no es cierto que el invierno fuese la estación en la que los campesinos descansaban. En diciembre había que sembrar el trigo, podar el mimbre, que se usaba para hacer cestos y atar las gavillas, proceder al trasvase del vino desde las tinas a los toneles. En enero y febrero tenían que volver a cavar, zapar, arar, explanar: el agotador trabajo que hoy se hace con máquinas. Y en primavera volvían a sembrar, a desbrozar, a cavar y a cavar y a cavar. La pala hay que hundirla profundamente en la tierra. Hay que empujarla con fuerza con el pie. Y a los terrones que se sacan hay que darles la vuelta, aplastarlos, desmenuzarlos con golpes decididos. Prueba a hacerlo y verás cómo se te quedan las piernas, los brazos, la espalda. Luego, con el verano, llegaron las faenas del verano. Es decir, la siega. En aquella época, sin la ayuda de las máquinas, la siega era un problema, y muy serio. Mucho más serio que la vendimia. Por eso se concluía con más rapidez que la vendimia, por el temor a que las tormentas de verano acabasen con las espigas recién segadas, y para concluirla con rapidez se necesitaba contar con mucha gente. Para contar con mucha gente había que acudir a la ayuda de los familiares, de los vecinos, de los jornaleros que en Vitigliano de Abajo no faltaban jamás porque estaban pagados por los Da Verrazzano. Al no tener parientes en los alrededores, y no pudiéndose permitir el lujo de contratar jornaleros, se dirigieron a los vecinos. Los aparceros del pudiente grevigiano que había tomado *a livello* San Eufrosino de Abajo, el señor Civili. «Ustedes nos ayudan a nosotros y nosotros les ayudamos a ustedes». Con tal de contar con ellos, se preocuparon hasta por preparar la fiesta con la que, tradicionalmente, se cerraba aquel deslome. Mataron cinco pollos, cinco conejos, hornearon dieciocho panes y pusieron a cocer seis ollas con alubias y salchichas, destaparon veinte botellas de vino del auténtico. Un derroche que se contradecía totalmente con el ascetismo al que estaban acostumbrados. Pero los aparceros del señor Civili se parecían a Cecionesi. En el último momento no se presentaron y Carlo y Gaetano tuvieron que segar, atar las gavillas, transportarlas a la era, batirlas con el mayal y poner a secar los sacos ellos solos. La única e irrisoria ayuda, la de Violante, que, deseando meterse a monja, trabajaba de mala gana y sin dejar de protestar: «¡Buf!, yo quiero irme ya al convento, ¡buf!». Y la de Apollonia que, herida por el desprecio que había sufrido con los de los pollos, los conejos, las alubias, las salchichas, el pan y las botellas destapadas, a cada gavilla atada, suspiraba: «¡Para que nos humillen, para eso es para lo que hemos venido aquí! ¡Anda que no estaríamos mejor en Vitigliano de Abajo!». O: «Ya estoy muy vieja para esto. Y además tengo que cuidar de la casa, de los animales, de vosotros. Ya no puedo trabajar en el campo. ¿Qué culpa tengo yo si os habéis empeñado en dar un paso más largo que vuestras piernas?». Al año siguiente, lo mismo. Y así los años sucesivos. Sin concederse jamás un segundo de descanso, sin salir jamás de aquella finca a la que estaban encadenados por la pesadilla del canon anual. Y sin retrasarse jamás en los pagos semestrales que, para no tener que ir a Florencia, le entregaban a don Luzzi.

Éste fue el periodo más heroico de sus vidas. El más admirable y, en cierto sentido, el más decisivo. Sobre todo para Carlo, que, durante el segundo año, sufrió un trauma tras el cual reconsideró su celo religioso y perdió su fe en el oratorio. El trauma se lo infligió el padre visitador, al que, inesperadamente, se le expulsó de la orden por haber dejado encinta a una joven franciscana terciaria. Nada más llegar a San Eufrosino de Arriba, Carlo se había adjudicado el privilegio de custodiar las llaves del oratorio. Para vigilarlo mejor, había hasta elegido como su habitación el oscuro cuarto que miraba hacia la fachada, e iba allí continuamente. A rezar, a comprobar que no faltase nada, a mirar la Madonna de Giotto y consolarse por sus desgracias. Descubrir que el hombre al que le había confiado su propia alma era un impostor y que su culpa era un calco de aquella de la que ya había sido acusado el santo, le hirió hasta el punto de suscitarle dudas sobre la famosa sentencia del recién nacido: «*Euphrosinus sine culpa est*». La sospecha de que éste hubiese seducido realmente a la joven doncella le generó una especie de rencor y, llevado de ese rencor, empezó a acudir al sagrado edificio con más parsimonia. Peor: su entusiasmo por custodiarlo fue disminuyendo, y el día en que don Luzzi le dijo que quería llevarse el tríptico pintado por Mariotto di Nardo para colocarlo en la parroquia de San Leolino no se opuso. Es más, intentó endosarle también el busto de yeso policromado con los fragmentos del cráneo y la urna con el resto de las reliquias. «A mí me basta con la Madonna». En el periodo heroico hasta dejó de llevar cilicio, de mantener el cíngulo muy estrecho y en contacto con la piel, de flagelarse. Y, reparando en que a sus treinta y seis años seguía siendo tan virgen como la Virgen María, comenzó a ser consciente de la casta soledad en la que entristecía. Con frecuencia, se iba a la cama mascullando qué bonito sería dormirse con una mujer al lado, una mujer que le diera algo de cariño y le hiciese un poco de compañía. Y una tarde, Gaetano se lo encontró recitando, en vez del rosario, los primeros versos del Cantar de los Cantares: «*¡Béseme con los besos de su boca! / Mejor que vino son tus caricias*».*

* *La Biblia*, traducción de Cantera Burgos y J. A. Pabón, Planeta, Barcelona, 1958. (*N. de la T.*)

El problema era que no podía olvidar las palabras de Luca: «Casarse cuesta dinero». Menos aún podía olvidar el hecho de que su miseria no necesitaba cargarse con otra boca a la que alimentar: de llevar la casa ya se ocupaban Violante y Apollonia. Realidad que comenzó a modificarse en el septiembre de 1784, cuando harta de reprimir sus deseos de meterse a monja, Violante los abandonó para ingresar en un convento de carmelitas descalzas del que no salió nunca más. Y cambió del todo tres meses después, cuando Apollonia murió.

* * *

Murió de una pulmonía, la pobre Apollonia, contraída por sembrar trigo en los campos orientados al norte. Eran campos expuestos al viento helado de los Apeninos, y en invierno nadie escapaba con salud de allí. Ella, de hecho, no quería ir. «¡Dejad que me quede en casa! ¡Tengo sesenta años y hace mucho frío!». Pero la siembra ya se había pospuesto dos semanas por culpa de la lluvia y, a fuerza de súplicas, la convencieron para que les echara una mano; dos días después, yacía sobre el jergón de hojas secas que todavía era su cama. Esta vez acudió a verla hasta el médico de Radda. Le hizo una sangría, le aplicó sobre el pecho un emplasto de mostaza e higos secos, y para la tos prescribió el curalotodo aconsejado por el farmacólogo Atanasio Kircher: reverendísimo padre de la Compañía de Jesús. Una mezcla infernal de ortigas, leche cocida con ajo, vino hervido con puerro, sangre de gallina y azufre que ella se tomó valientemente. Pero después de beberlo se sintió peor y, al atardecer, dijo: «No voy a llegar a ver el alba. En cuanto acabe de hablar, id a avisar a don Luzzi y pedidle que me dé la extremaunción; además, buscad a una comadre para que me amortaje». Luego dijo: «Yo no sé hacer discursos bonitos. Yo soy una pobre miserable que ha tenido que estar siempre callada, una andrajosa a la que sólo la han dejado ser una bestia de carga y punto. Nunca he contado para nada. Nunca he podido decir qué pensaba. Y nadie se ha dado nunca cuenta de que tenía una cabeza. Una vez le pregunté a vuestro padre por qué se había casado conmigo y me contestó: "Porque tiene usted dos brazos, dos piernas, buen corazón, y no es jorobada". Fue injusto. Además de los brazos y las piernas y el buen corazón tenía una cabeza. Pensaba. Y como he pensado mucho, antes de morir quiero daros un consejo. Dejad de una vez de rezar cada cinco minutos y de trabajar veinticuatro horas sobre veinticuatro. La vida también está hecha de sonrisas. Divertíos un poco. Casaros. Y traed al mundo a seres más felices que yo». Por último, dijo: «Yo no tengo cien escudos para dejaros como vuestro padre. Lo que ganaba con los animales de corral se lo daba a él. Pero vendiendo los huevos a escondidas, que Dios me perdone, he conseguido ahorrar en todos estos años diez escudos de plata. Y ésos os los puedo dejar. Están en la jarra que está al lado del cántaro. Tomad cinco para cada uno, quereros mucho, y no lloréis demasiado. Llorar daña la vista».

Carlo, sin embargo, lloró mucho. Lloró tanto como había llorado por Luca. Y sólo dos cosas lo consolaban un poco: no tener que envolverla en una sábana y listo, y no tener que ver cómo la arrojaban dentro de la fosa común. El año anterior, de hecho, Pedro Leopoldo había promulgado un decreto por el cual se prohibía inhumar los cadáveres bajo el suelo de las iglesias y se ordenaba construir cementerios en todas las ciudades y villas del gran ducado. En abril promulgó otro que permitía a todos el uso del ataúd y, con medio escudo, del que sobró una lira para comprar cuatro cirios (permitidos ahora también), él y Gaetano se lo compraron. Luego se encargaron de que la vistieran con el traje que se puso, en un lejano día de 1749, para casarse, y con el ataúd sobre los hombros la llevaron al cementerio recién inaugurado detrás de la parroquia de San Leolino. Un hermoso lugar en el que don Luzzi rezó todas las plegarias que podían rezarse y donde, a la luz de cuatro cirios, fue enterrada en una tumba sólo para ella. Concluidos los funerales, y siempre sin dejar de llorar, Carlo declaró que nunca iba a casarse. Ninguna mujer sustituiría a su madre en el gobierno de la casa. Pero el dolor induce a hacer promesas que luego no pueden mantenerse y, agotadas las lágrimas, los versos del Cantar de los Cantares volvieron a atormentarlo. Al mismo tiempo se dio cuenta de que los pollos y los conejos y las palomas se morían por falta de atención; que sin una mujer la casa se había convertido en una pocilga, y con esta excusa en Navidad le habló del tema a Gaetano.

—Aquí hace falta una mujer. Uno de los dos tiene que casarse, Gaetano.

—Cásate tú —concedió Gaetano, amablemente—. Yo puedo esperar.

Justo la respuesta que se esperaba. Por eso, a la edad de treinta y tres años y todavía tan virgen como la Virgen María, se decidió a dar el paso que, alrededor de un siglo y medio después, me regalaría la vida. Llamó al casamentero.

—¿Podría buscarme una esposa, si es tan amable?

El casamentero era un tipo listo y eficiente. El mejor que había en Chianti. Tanto es así que exigía unos honorarios más altos de lo acostumbrado. De la chica, el siete por ciento de la dote. Del jovenzuelo, dos sacos de trigo más una orza de aceite y un barril de vino. Y en la primavera de 1785 reapareció con buenas noticias.

—Creo que ya he encontrado lo que busca, compadre.

—¿De quién se trata? —preguntó Carlo con el corazón en un puño.

—Es la hija de un aparcero que vive en la provincia de Siena, en Montalcinello. Se llama Caterina Zani y tiene veinte años.

—¿Cómo es?

—Inteligente, trabajadora. Y yo no la encuentro fea. Pero...

—¿Pero?...

—Desciende de una familia que ha tenido problemas con la Inquisición. De herejes, vamos. Y ella también es hereje.

—No importa —replicó Carlo—. Todos pueden redimirse. Fíjese en mí.

6

En Toscana la Inquisición había sido abolida tres años antes. Es decir, en 1782, cuando Pedro Leopoldo había firmado un edicto durísimo mediante el cual, so pena de incurrir en su real desdén y en su aún más real furor, ordenó que se clausurasen los tribunales del Santo Oficio y se destruyesen todos los símbolos que pudieran recordar su existencia. De todas formas, en Florencia, pese a ser una ciudad tan beata que le había suministrado a la Iglesia tres papas y un número desorbitante de santos, los inquisidores nunca habían cometido los horrores de los que se habían manchado en España o en otros países de Europa, y su poder sólo se manifestó en 1566 con Pietro Carnesecchi: un ilustre hombre de cultura al que el pusilánime gran duque Cosme I permitió que apresaran y entregaran a la guardia pontificia. Encerrado en las cárceles de Roma con treinta y cuatro acusaciones en su contra, entre ellas la de haber definido a Lutero y a Calvino como «inocentes hermanos y amigos misericordiosos», Carnesecchi terminó en las garras del brazo secular que le torturó, procesó, condenó, decapitó y quemó. Naturalmente, en Florencia también existieron cárceles en las que se practicaron los conocidos horrores: la tortura que consistía en extender a la víctima sobre una tabla con palos en punta y obligarla a tragar a la fuerza ríos de agua salada, llamada tortura del agua; la que consistía en untarle los pies con tocino o con otra sustancia combustible y prenderle fuego, llamada tortura del fuego; y la que consistía en desarticular los miembros tirando de ellos con cuerdas. La así llamada tortura de la cuerda. También existió la costumbre de escarnecer al culpable o presunto culpable plantándole en la cabeza el sambenito —es decir, el ridículo capirote que en la China de Mao Zedong los guardias rojos adoptaron como propio, usándolo para reírse de sus profesores—, luego poniéndole encima una capa decorada con imágenes de diablos entre llamas y obligándole a arrodillarse delante del inquisidor. En compensación, sólo mataron a unos pocos herejes; para encontrar un episodio digno de relieve hay que saltar hasta 1641: el año en el que Jacopo Fantoni, un sacerdote bibliotecario que había tenido la pésima idea de autoelegirse consejero espiritual de un burdel y de llevarse a la cama a sus aconsejadas, terminó en una oscura celda en la que se consumió durante el resto de sus días. Desde 1641 hasta 1739: el año en el que el poeta Tommaso Crudeli tuvo problemas por dos versos del poema que escribió en honor de Filippo Buonarroti: «Él, que frenar solía / el tempestuoso vendaval del clero».* Al igual que Fantoni, Crudeli no salió muy mal librado del asunto: alguna que otra vejación, y la oscura celda. Pero en Siena fue todo lo contrario.

Sólo Pisa y Lucca sufrieron lo que sufrió Siena. Pero, mientras que en Pisa el flagelo se centró en los estudiosos de Filosofía, y en Lucca en los discípulos de la Reforma, en Siena cayó sobre todos: hombres y mujeres, intelectuales y analfabetos, ciudadanos y extranjeros. En 1567, por ejemplo, cuatro alemanes que estaban asistiendo a un curso universitario sobre Dante sufrieron la tortura de la cuerda porque fueron sorprendidos discutiendo el texto de Lutero *De libertate christiana*, y un pobre panadero que no sabía siquiera quién era Calvino se encontró sobre la tabla de los palos en punta, acusado de haber difundido su pensamiento. En lo que respecta a las mujeres, su calvario superó al de cualquiera y las persecuciones golpearon, sobre todo, a las más expuestas a ser acusadas de brujería: las comadronas, las herboristas definidas como médicas, las hechiceras, las mujeres humildes supersticiosas e ignorantes, además de las cocineras que no respetaban la prohibición de guisar carne durante los días de ayuno. En 1569 cinco mujeres fueron quemadas vivas por «haber embrujado a dieciocho niños y ha-

* *Ei che frenar solea / il tempestoso procellar del clero.* (*N. de la T.*)

ber estrechado alianza con el diablo». Cómo embrujaron a los dieciocho niños es algo que no está claro. En cambio, está clarísimo cómo estrecharon alianza con Satanás. Una lo hizo destilando un filtro de amor, compuesto a base de rosas silvestres y lagartijas cocidas en vino, que le hacía falta para calmar a su marido, que la molía a golpes. Otra, robando una hostia consagrada y engulléndola para liberarse del mal de ojo que le había lanzado su suegra. Otra, curando el dolor de tripa con emplastos sobre los que apoyaba el crucifijo. Otra, haciendo abortar a su hija, seducida por el patrón. Y otra, asando un costillar de cordero durante la Cuaresma. «¡Tened piedad de vuestro cuerpo y de vuestra alma! ¡Ahorraos estos sufrimientos! ¡Confesad!», les había aconsejado el inquisidor antes de que el matarife procediese a someterlas a la tortura del fuego, de la cuerda, del agua. Por lo que habían confesado. Pero las condenaron igual. Al espectáculo consistente en ver cómo las quemaban vivas en la plaza pública acudieron muchos *crocesignati*,* además de los familiares responsables de la denuncia que había conducido a su arresto. Porque el inquisidor de Siena, para que le resultase más fácil su tarea, había adoptado un método ideado por Torquemada e importado con éxito también a Lombardía: inducir a los familiares a denunciar el delito y recompensarlos concediéndoles la indulgencia plenaria, es decir, el perdón de todos los pecados que hubiesen cometido hasta ese momento. También empleaba a los *crocesignati*: una agrupación de canallas con el olfato muy fino y una cruz de paño cosida sobre la capa que, en los días de ayuno, huroneaban por la ciudad para descubrir quién guisaba o comía carne y quienes, apenas olfateaban el aroma de un asado, irrumpían en las casas aullando: «¡Herejía! ¡Herejía!». Luego entregaban al reo o a la rea al Santo Oficio. Así era como habían pescado a aquella desgraciadísima mujer que estaba asando un costillar de cordero durante la Cuaresma. Una nodriza llamada Ildebranda, madre de un muchacho llamado Lapo, mujer de un herrero llamado Ghisalberto Zani, y antepasada de Caterina Zani.

* Literalmente, «los que llevaban el signo de la cruz». (*N. de la T.*)

Sobre esta rama familiar no existen dudas. Un *Status Animarum* salvado de la desidia y de los ratones demuestra que ese año Ghisalberto huyó de Siena y se refugió en Montalcinello. Un pueblo en el valle de Merse, distante unas tres millas de Chiusdino, y situado en la cima de una colina perteneciente al feudo de Crescenzio Pannocchieschi. El obispo de Volterra. Pero a punto de pasar a los Médicis de Florencia.

* * *

Huyó con Lapo y con el objeto más querido por Ildebranda: un arcón de ajuar finamente tallado, de seis palmos de largo y tres de ancho, con los manillares de hierro y las patas en forma de garras de león. (El mismo arcón que custodió los recuerdos preciados de la familia hasta la terrible noche de 1944). Y se refugió en aquel pueblo con la esperanza de encontrar algo de paz, en definitiva, por pura desesperación: Montalcinello no era, desde luego, el lugar ideal para alguien que venía de la ciudad. Contaba con apenas doscientas veinticinco almas y no tenía nada que ofrecer, salvo un castillote rodeado por un foso de agua maloliente, una iglesucha del año 1100 llamada parroquia de San Magno, una plaza minúscula con la fuente infestada de mosquitos, un horno público en el que pagabas con harina, y alguna casa de piedra. La tierra no daba más que forraje para los caballos y un poco de trigo, un poco de vino, y casi nada de aceite. Lo único bueno eran los pastos, administrados por los frailes al servicio de Crescenzio Pannocchieschi, y los campesinos vivían en un estado de indigencia tal que en su relación a los Médicis el oidor del catastro había escrito: «En este lugar, si alguien posee una mínima porción de tierra o una casa, le conviene esforzarse mucho si quiere conservarlas». Sin embargo, la comunidad se gobernaba con un estatuto propio, los delitos civiles y penales eran competencia de un capitán de justicia que no toleraba los abusos de la Inquisición, los *crocesignati* no podían poner el pie allí, el Santo Oficio no había arrestado jamás a nadie, y las esperanzas de Ghisalberto no se vieron frustradas. Se estableció como vecino, más tarde como aparcero de los frailes; Lapo creció allí y allí se casó y murió; para sus descendientes Montalcinello fue lo mismo que Panzano para los nietos de Ambrogio y Giuseppa. Una patria en la que, si un viajero preguntaba desde cuándo vivían allí se le contestaba: «¡Ah, señor mío, no se recuerda! Desde el año en que mi familia abandonó Siena para no acabar en las hogueras de la Inquisición como la madre de Lapo, nosotros siempre hemos nacido y muerto aquí». De hecho, el recuerdo de la antepasada quemada viva por un simple asado nunca se extinguió y, junto al arcón, fue pasando de generación en generación con tal mimo que en 1785 sus descendientes hablaban del martirio de Ildebranda como si se tratase de una injusticia sufrida hacía unas pocas horas. Sobre todo Caterina, que la veneraba como otros veneran a la Virgen y odiaba a muerte a cualquier persona o cosa relacionada con la Santa Iglesia Romana. Y no desaprovechaba ninguna ocasión para demostrarlo. No acudía jamás a misa, no rezaba jamás una plegaria, soltaba un bufido cada vez que escuchaba las campanadas de las vísperas o del ángelus y, como era de esperar, comía en los días de ayuno y asaba cordero durante la Cuaresma. Y si don Bensi, el párroco de San Magno, le dirigía el más leve reproche, era todavía peor: se volvía contra él con la furia de una tigresa. «¡A callar, después de que ha quemado usted a la abuela! ¡Ocúpese mejor de su alma, que debe estar más negra que esa túnica negra que lleva, asesino! ¡Pirómano!». O: «Yo no tengo nada que ver con su Dios, ¿entendido? En mi altar hay sólo una santa: ¡Ildebranda!». En una palabra, era una hereje. Mejor dicho, una atea. A simple vista, la mujer menos indicada para Carlo.

7

Pero existían más motivos por los que, a simple vista, Caterina parecía la mujer menos indicada para Carlo. El primero obedecía al hecho de que, al ser huérfana de madre desde pequeña y al tener tres hermanos que aún estaban solteros, es decir, al pertenecer a una familia compuesta sólo de hombres, se había criado como un chico ella también. Cavaba mejor que un hombre, montaba mejor que un mulero, conducía una calesa mejor que el cochero, y, si hacía falta, blasfemaba. Todo lo contrario a la mujer con la que soñaba Carlo mientras recitaba el Cantar de los Cantares. El segundo motivo, consecuencia del primero, radicaba en los escasos deseos que le inspiraba la idea de procrear. Para un franciscano terciario, el único motivo que autoriza a suspender de vez en cuando la castidad conyugal. «Si los hombres quieren hijos, ¿por qué no se los hacen ellos solitos? ¿Por qué tenemos que ser las mujeres las que nos tiremos nueve meses con el barrigón y sufrir los dolores del parto?». El tercero, claramente indicado por el primero y el segundo, además de por los malos modos con los que trataba al bueno del párroco y de los detalles que ya conocemos, era su mal genio. O mejor, su total rechazo de las reglas, de cualquier norma que se le impusiera. Como las que exigían respetar las leyes suntuarias, por ejemplo.

Las leyes suntuarias, es decir, las normas feroces que, con la excusa de reprimir el despilfarro, reforzaban las barreras, ya de por sí insalvables, entre clases sociales, habían existido desde siempre. Y, desde siempre, la Iglesia se había servido de éstas, de forma inmisericorde. Al subir al trono, Pedro Leopoldo también recurrió a ellas y, en 1781, publicó un severísimo bando para reducir la elegancia de sus súbditas. «Su Alteza Real observa con sumo disgusto cómo desde hace algún tiempo se ha introducido un lujo excesivo en la Vestimenta, especialmente en la Vestimenta de las Mujeres. [En] aquellas que por su propia fortuna, o por la complacencia o riqueza de sus Maridos, retiran abundantes sumas que no gastan en objetos útiles y nobles sino que disipan en un ridículo tipo de vanidad, y [en] aquellas de bajo rango que, por el deseo de emulación típico de su sexo, hacen esfuerzos ruinosos para imitar a quienes son más que ellas. Este costoso capricho que la Moda introduce en la Capital se difunde por todos los lugares de la Provincia y con mayor daño todavía en los Campos...». ¡Ay!, por tanto, si una mujer humilde o una campesina se ponía un vestido de terciopelo o de damasco o de seda. ¡Ay!, si se adornaba la falda o el corpiño con festones, ribetes, flecos, borlas, lazos mayores de dos dedos, o si sus vestidos eran de colores alegres. ¡Ay!, si a eso se añadía la exhibición, o simplemente la posesión, de joyas de oro, de pendientes y alfileres y collares y anillos con perlas o diamante u otras gemas. Y, ¡ay!, si la desobediencia llegaba hasta el punto de usar sombreros, especialmente sombreros embellecidos con plumas o con penachos o con velos o con cualquier otro tipo de adorno. Las mujeres humildes y las campesinas sólo podían llevar vestidos de lana o de media lana, de sayal o de algodón. Y estos vestidos sólo podían ser negros o grises o marrones o azul fuerte, sin un solo adorno que fuese más allá del consabido encajito o del lacito. O el mandil blanco que había que llevar sobre la sotana como símbolo del estatus social. En cuanto a las joyas, sólo podían ser de plata o de plata falsa, de coral o de granates, siempre y cuando su valor total no fuese superior a tres escudos y medio, y para cubrirse la cabeza sólo se permitía el uso de la pañoleta o el chal. En el campo, un basto sombrero de paja para protegerse del sol. Pero Caterina hacía caso omiso de ello y, como sabía coser (en aquella época, una necesidad que ninguna plebeya se hubiese imaginado siquiera poder ignorar), poseía un montón de vestidos ilegales: de terciopelo, de damasco, de seda, con festones, ribetes, flecos, borlas, lazos mayores de tres y hasta cuatro dedos, y siempre de colores alegres. Al mínimo pretexto, se los ponía, orgullosa y valientemente, y junto a los vestidos exhibía joyas prohibidas, entre ellas los pendientes de oro que, si hacemos caso a la leyenda, habían pertenecido a Ildebranda y heredó Lapo, y luego el primogénito de Lapo, y luego el primogénito de aquel primogénito, etcétera. En cuanto a los sombreros, poseía una docena. De paja, de fieltro, de ala ancha, de ala corta, de cofia, de teja, adornados en verano con flores y frutas, y embellecidos en invierno con plumas y penachos. Se los confeccionaba ella misma, como los vestidos. Y si se le recordaba que esas transgresiones se castigaban con multas carísimas, reaccionaba gritando. «Yo me pongo en la cabeza lo que me da la gana, ¿entendido? ¡Ya podéis ir a decírselo a su grandísima Alteza Real, a ese metomentodo del gran duque!».

Y, sin embargo, el casamentero no se había equivocado al considerarla la mujer apropiada para Carlo. Pese a su mal genio, a sus extravagancias, a sus rebeldías, Caterina estaba en posesión de las principales virtudes que se le exigían en aquella época a la mujer de un campesino y que para él constituían una necesidad inderogable. La casa, de hecho, sabía llevarla y muy bien. Atendía sin protestar tanto a su padre como a sus hermanos, y jamás hubieras podido sorprenderla teniendo sucia una habitación o preparando mal una comida. En el campo trabajaba a diario, y duramente. Como ya hemos dicho, cavaba igual que un hombre, con igual pericia zapaba o sembraba o podaba, y con igual maestría cuidaba de los animales de corral. No era casual que los huevos que daban sus gallinas fueran tan grandes que el tratante se los pagaba al doble de lo normal. Estaba tan pletórica de salud que hubiera podido caminar descalza sobre la nieve sin enfermar, y su energía se ponía de manifiesto en todo lo que hacía. Por ejemplo, en vista de que también sabía bordar, en menos de dos años se había confeccionado un ajuar digno de ser la envidia de cualquier señora. Doce sábanas con festón de rosas bordadas en punto redondo, ocho con festón de espigas en punto pelota, y cuarenta fundas de almohada. Veinticuatro toallas a punto de cruz y con una franja, veinticuatro secamanos orlados con flores de lis, cinco colchas con rodada. Doce manteles y setenta y dos servilletas con las esquinas de nido de abeja, treinta y seis pañuelos con festón bordado, cuarenta y dos piezas de tela para remendar y cincuenta cañamazos. Algo que en San Eufrosino de

Arriba hacía una falta loca porque del mísero ajuar de Apollonia ya sólo quedaban dos toallas y dos pares de sábanas que se rompían con sólo mirarlas. Además, poseía una cualidad de la que en San Eufrosino de Arriba estaban todavía más necesitados que de sábanas y toallas: olfato para los negocios. Conocía el arte de buscarse la vida, en una palabra, y de tal manera que en su guardarropa ilegal no había un centímetro de tela que le hubieran regalado sus hermanos o su padre. La había pagado siempre de su propio bolsillo, con el dinero obtenido con los huevos y gracias a una iniciativa que la había hecho famosa en la feria de Rosìa, el pueblo cercano a Siena en el que dos veces al año se celebraba un gran mercado de ganado y de productos agrícolas y manufacturados. ¿Qué iniciativa? Bueno, pues se había dado cuenta de que los *tubi di decenza** (circunlocución con la que se indicaba la ropa interior femenina) eran una parte de la indumentaria tan solicitada como difícil de encontrar, así que los producía en serie. Y no eran *tubi di decenza* cualquiera, destinados a tapar las zonas bajas y punto, no: se trataba de prendas sofisticadísimas, con las cintas de seda, las perneras bordadas de azul y puntillas en los bordes. Es decir, idénticas a los *caleçons* que en 1533 su homónima Caterina o Catalina de Médicis, esposa del rey de Francia, había introducido en la corte, difundiendo así entre sus súbditas el uso de las primeras bragas. Un buen día se lo había comentado el tratante y ella, a fuerza de estudiar el asunto, había conseguido reconstruir el modelo, que fabricaba en tres medidas: delgada, ni gorda ni flaca, gorda. Luego los llevaba a la feria de Rosìa donde, voceando peor que un pregonero, los vendía a cinco liras y a diez sueldos el par. «¡Miren, señores, miren! ¡*Tubi di decenza* a imitación de los *caleçons* de la reina de Francia! ¡Cómprenlos y sus mujercitas les adorarán!». Además, era agradable de aspecto: algo que no molesta nunca. Quizá un poco alta de más. Sobre todo para Carlo, que era de escasa estatura. No era casual que muchos la llamasen «la Larga» o «la Gigantona». Pero tenía el cuerpo bien proporcionado, sin un gramo de grasa gracias

---

* Literalmente «tubos o cilindros de decencia». (*N. de la T.*)

al ejercicio continuo al que lo sometía, y el resto no era tampoco digno de desprecio. Largos cabellos color cobre que se recogía en una trenza alrededor de la cabeza o detrás de la nuca, formando un moño. Dentadura sana, ojos expresivos, nariz decidida. Y una expresión simpática, inteligente. Lo demostraba el rudo retrato sobre madera que alguien hizo de ella, cuando ya tenía cincuenta años, y que mis padres guardaron, por seguridad, en el arcón perdido durante la terrible noche de 1944.

Pero, sobre todo, el casamentero no se había equivocado por dos razones fundamentales. La primera, que nadie la quería por mujer; sólo con oír su nombre los jovenzuelos protestaban: «¡¿Quién?! ¿Esa bruja más bruja que todas las brujas juntas? ¡Si tendrían que quemarla también a ella! ¡Antes que casarme con ésa, me muero soltero!». La segunda, que Carlo se encontraba exactamente en la misma situación. Qué se le va a hacer, así era. No había sido nada fácil ofertarlo como marido. Su fama de tocapelotas que empezó de medio ateo y terminó siendo más cura que los propios curas había sobrepasado las fronteras de Panzano, y apenas se lo nombrabas al padre de una joven casadera la respuesta era: «¡¿Quién?! ¿Ese meapilas que se iba a ir a América y que ahora no viene ni a las *veglie*? ¡Antes que entregarle a una hija mía me corto los cojones!». Como no quería renunciar al siete por ciento de su porcentaje ni a los dos sacos de trigo, la orza de aceite y el barril de vino, el pobre se había recorrido medio Chianti. Había ido más allá de Greve y de Radda, había estado en San Casciano y en Chiocchio, en Mercatale y en Gaiole, en Castelnuovo Berardenga y en San Gusmè. Y en todas partes le habían dado la misma respuesta hasta que, por pura casualidad, oyó hablar de la hereje con la que nadie quería casarse. Por puro milagro, se dijo: «Hagamos un último esfuerzo. Quién sabe si no será ésa su alma gemela, lo mismo esta vez la nave llega a buen puerto». Por pura casualidad y puro prurito, en suma, había ido a Montalcinello y se había presentado ante Zani, que, milagro de los milagros, lo había acogido con los brazos abiertos. «¡Ojalá! Si Caterina acepta, le duplico la dote y le doy el arcón. A usted le erijo un monumento en la plaza y, además de pagarle la minuta, le doy una buena propina. Pidiéndole mil excusas al desgraciado que se casará con ella, se entiende». Ni que decir que con ella las cosas no fueron tan fáciles.

* * *

«Si tiene treinta y tres años, me parece ya muy mayor», había empezado. «Si su madre ha muerto y la hermana se ha metido a monja, la muy imbécil, el hermano y él tendrán la casa hecha una pocilga», había continuado. «Y si para encontrarle mujer ha venido usted a buscarme es que algo no funciona», había concluido. Y cuando se enteró de que la proposición le llegaba de parte de un franciscano terciario famoso por su exceso de celo, un grito de horror se extendió por la colina, llegando hasta el valle.

—¡Fueraaa!

Fue inútil intentar remediar el asunto enumerando las muchas cualidades del pretendiente.

—Es un hombre muy bueno, comadre. ¡Honrado, responsable!

—¡Fuera!

—Es muy trabajador y un campesino de primera. La finca parece un jardín.

—¡Fuera!

—El *livello* es suyo. Y además del *livello* tienes dos bueyes que valen una fortuna, el pelo rubio y los ojos celestes.

—¡Fuera!

Pero cuando añadió que, franciscano terciario y beaterías aparte, no se trataba de un tonto ni de un palurdo, que era un tipo instruido que sabía leer y escribir, Caterina se iluminó como un campo de trigo besado por el sol.

—¿Cómo ha dicho?

—Que sabe leer y escribir.

—¿Pero de verdad o sólo un poco, firmar y punto?

—De verdad. Tiene once libros.

Y, vencida por el asombro, la incredulidad, el respeto, Caterina capituló. Porque, he aquí el quid del asunto, ella no sabía leer y escribir. Era tan analfabeta que no conseguía ni estampar su firma.

Para firmar trazaba una cruz, y era inútil soñar con que esto fuera a cambiar. Una vez el párroco de San Magno le había pedido a Zani permiso para instruirla un poco y Zani se había enfadado. «¡Lo que nos faltaba, señor párroco! ¡Si me la educa, sí que termina en la hoguera!». Pero si existía algo en el mundo con lo que Caterina siempre había soñado, algo que anhelaba de forma angustiosa, era saber leer y escribir. Y por encontrar a alguien dispuesto a enseñarle hubiese vendido su alma a la Virgen. Además de renegar de Ildebranda.

—En ese caso, dígale que vaya a la feria de Rosìa, el 22 de mayo, y que me busque en el puesto de los *tubi di decenza* —fueron las palabras con las que expresó su rendición—. Allí estaré esperándolo. Para que me reconozca llevaré un sombrero lleno de cerezas.

8

Hacía más de doce años que Carlo vivía en el exilio en el que se había recluido tras la muerte de Luca. Otros tantos que no se ponía sus ropas de señor. En la medianoche del 21 de mayo reabrió, pues, el arcón en el que las había guardado, las sacó, les quitó el polvo con cuidado. Luego se dio un buen baño en el barreño que llamaba «mi cuarto de baño», se vistió, se puso el tricornio y a las dos de la mañana estaba ya en la plaza: ansioso por subir a la diligencia que ya cubría el trayecto desde Panzano a Siena y que salía a las cuatro para llegar a las diez. Nunca había subido a una diligencia, así que la espera despertó su curiosidad. Le hizo sentirse impaciente. Se subió el primero. Durante todo el trayecto permaneció maravillado, disfrutando de aquella extraordinaria aventura: viajar cómodamente sentado mientras los caballos corrían, y mirar el campo que huía de su vista como el viento, y al llegar a Siena lamentó tener que bajarse y continuar a pie. Sus tres buenas horas de caminata, si querías ahorrarte el gasto de la calesa: dos liras, ocho sueldos y tres cracias. Pero el azul del cielo, el amarillo del trigo ya casi maduro, el rojo de las amapolas que ya habían nacido y brotado, el mismo hecho de ser consciente de que estaba encaminándose a una cita de la que dependía su futuro y el de tantas criaturas por venir le parecían signos de buen augurio y caminaba con presteza. Sin acusar el cansancio de la noche en vela, sin notar el hambre que le roía el estómago vacío, sin advertir el sudor que le empapaba la camisa, la chaquetilla de lana, la casaca de terciopelo, los calzones anudados a la rodilla. Y sintiéndose profundamente feliz: con mucho más arrojo que la mañana en que fue a Florencia para unirse al grupo del señor Mazzei, llegar hasta Livorno, embarcarse en la nave que lo conduciría hasta Virginia. Sólo cuando pensaba en la muchacha que lo aguardaba con un sombrero lleno de cerezas su paso se ralentizaba y su arrojo disminuía, ambos frenados por una duda que hasta ahora había evitado plantearse: ¿y si la joven no le gustaba? Peor aún: ¿y si él no le gustaba a ella? Los trabajos y las amarguras afean, envejecen. Había veces en que, en vez de un joven agradable, al que en el pasado llamaban *Rubacuori*, le parecía ser un viejo mohoso. ¡Y ella tenía veinte años, Dios Santo!

Llegó a Rosìa hacia la una de la tarde y, según llegaba, sintió que la cabeza empezaba repentinamente a darle vueltas. No por el cansancio o porque tuviera el estómago vacío: se quedó aturdido por el barullo que lo recibió. Hacía demasiado tiempo que no se veía entre una muchedumbre, se había desacostumbrado al ruido, y de la plaza de la feria, atestada de gente, se elevaba un rumor ensordecedor, como un apocalíptico chirriar de cigarras. Un estruendo que ya no recordaba: el vocerío de los vendedores, los gritos de los compradores, las grescas de los intermediarios robándose los clientes unos a otros. Y, en medio de ese estruendo, un reclamo que se distinguía de los demás por su tono alegre, burlón. El de una mujer que animaba a que se admirase algo relacionado con la reina de Francia y que concluía con la exhortación: «¡Compren, señores, compren, y sus mujercitas les adorarán!». Se acercó a un intermediario que tenía pinta de saberlo todo. Le preguntó dónde estaba el puesto de Caterina Zani y éste reaccionó, primero, soltando una carcajada burlona, luego indicándole el puesto del que provenía aquel: «Compren, compren». «¿Acaso lleva cera en los oídos, compadre? ¿No oye sus gritos? ¡Ahí tiene a la encantadora de serpientes!». Se dirigió hacia allí abriéndose paso a codazos, alrededor de aquel puesto el gentío era mucho mayor que en otra partes, y cuando divisó el gran sombrero de paja lleno de cerezas el corazón le dio un vuelco. Cuando estuvo ante ella se quedó sin respiración. ¿Por qué era tan alta, Dios mío? Lo superaba casi un palmo. ¿Y por qué, a su parecer, era tan guapa? «Yo no la encuentro fea», había dicho el casamentero con el tono de quien quiere poner sobre aviso, como dándole sutilmente a entender que no se hiciera ilusiones sobre su aspecto físico. Y él no había ni pestañeado. Él estaba buscando a una mujer que durmiese en su cama, a una compañera que mantuviera limpia la casa y le pariese algún hijo, en definitiva, a una amiga que aliviase su soledad: no a un hada a la que exhibir en la corte del gran duque. Pero, por lo que parecía, el casamentero de mujeres entendía tirando a poco. Qué cara tan simpática, qué esbelta figura, qué elegancia de dama de ciudad. Desde la cabeza a los pies. Corpiño de seda verde esmeralda con las mangas abullonadas y un número de cintas suficiente como para terminar en la cárcel. Blusa blanca con solapas bordadas y un escote que ruborizaba. Falda de crespón escarlata, larga hasta los tobillos y alzada en uno de los laterales para exhibir las enaguas, también bordadas y también llenas de lazos prohibidos. Mandil de muselina transparente, chinelas con borlas y, para contravenir mejor las leyes suntuarias de Pedro Leopoldo, dos lujosos pendientes de oro. Con todo, lo que más le seducía no era la elegancia, ni la cara simpática, ni la figura esbelta o la imponente estatura. Era su seguridad. La intrépida arrogancia con la que llevaba el puesto. El valor con el que exhibía aquella impúdica profusión de bragas.

—A sus pies... Buenos días... —balbuceó, apenas recuperó el aliento. Y, en señal de respeto, se quitó el tricornio y esbozó una reverencia.

—Buenos días —contestó ella tajante, sin perder el tiempo en ceremonias.

—Es usted Caterina Zani, ¿no? —continuó para ganar tiempo.

—¿Y quién iba a ser, si no? ¿No ve los *tubi di decenza*? ¿No ve el sombrero lleno de cerezas? —respondió ella, provocativa. Pero mientras tanto lo examinaba, inspeccionaba sus ojos serios y celestes, su rostro pensativo y surcado por las fatigas, sus hombros vigorosos, sus manos ajadas, y, por la sonrisilla con que hacía su inspección, cabría suponer que le gustaba todo.

—Soy Fallaci, de San Eufrosino de Arriba, el campesino que ha pedido su mano —prosiguió, dándose valor.

—Es un placer —contestó ella, esta vez casi con amabilidad. Y, tras cubrir la mercancía con un paño, echó de allí a los curiosos que estaban observando el encuentro—. ¡Largo, malditos metomentodos, largo! ¡Fuera de mi vista, que a partir de ahora se suspende la venta de *caleçons* y no tenéis por qué enteraros de mis asuntos!

Luego se quitó el sombrero, arrancó una de las cerezas y se la ofreció a su pretendiente.

—¿Quiere una? Las he cogido esta mañana. Están frescas...

—No, gracias... —se disculpó Carlo, que tenía el estómago encogido por el turbador espectáculo de la larga trenza color cobre, todavía no enumerada en la lista de atractivos—. Y ya que ha suspendido usted la venta, ya que he venido hasta aquí para conocerla y para que usted me conozca, me gustaría explicarle...

Pero, ofendida porque él había rechazado la cereza, ella le interrumpió tendiéndole un librito ya abierto por una página marcada por una hoja de olivo.

—Las explicaciones me las da después. Ahora, lea.

—¿Por qué? ¿Qué es?

—El porqué se lo digo luego. Qué es se lo digo ahora mismo. Es un catecismo, maldita sea. El párroco no tenía otro libro que prestarme. Venga, lea lo que pone.

—¿Por la página que está abierta?

—Por la página que está abierta. Y ojo con hacer trampas, que sé lo que dice.

Lleno de estupor, ajeno a que estaba siendo sometido a un examen mucho más decisivo que el que acababa de pasar, Carlo obedeció.

—Aquí está escrito: «Los pecados capitales son siete. La soberbia, la avaricia, la envidia, la lujuria, la ira, la gula, la acidia o pereza. La soberbia es la estima excesiva de nosotros mismos. La avaricia es el amor desenfrenado por los bienes terrenales. La envidia es la tristeza que sentimos al ver los bienes del prójimo. La lujuria...».

Pero con un seco «basta, así está bien» ella volvió a interrumpirle. Le quitó el breviario de las manos y abrió un estuche que contenía una pluma de ave y una ampolla de tinta. Empapó la pluma de tinta y se la tendió junto a un trozo de papel.

—Escriba. Demuéstreme cómo hace su firma.

Dándose cuenta por fin de lo que le estaba ocurriendo, Carlo trazó rápidamente una firma bellísima, llena de florituras. Luego se la tendió a Caterina que estuvo observándola durante un par de minutos sin abrir la boca.

—¿No está bien? —preguntó Carlo, de hecho, preocupado por aquel silencio.

—Está bien, está bien —respondió ella en tono solemne—. El casamentero me dijo la verdad. Así que, abreviando: me caso con usted si me enseña a leer y escribir.

* * *

Se casaron nada más finalizar la siega, el 9 de julio de 1785. La boda se celebró en Montalcinello y, siempre ateniéndonos a la voz divertida e irónica, al relato de mi padre, la ceremonia fue memorable. Un acontecimiento del que se habló durante años en el valle de Merse. Sin terminar de creérselo, excitados ante la idea de ver cómo la hereje se arrodillaba delante de un altar y se tragaba una misa, los habitantes de Montalcinello acudieron por docenas a la parroquia de San Magno. Muchos acudieron también desde Chiusdino. Algunos, hasta de Rosìa. La iglesia estaba más llena de gente que un teatro en el que se estuviese representando una comedia de éxito, y con el barullo que se armó se rompieron dos bancos, dejando caer a los intrusos encima de los legítimos espectadores: el padre y los dos hermanos de Caterina, aterrorizados ante el peligro de que ésta cambiase de idea o montase una escena; los otros Zani descendientes de Ghisalberto e Ildebranda; y los jovenzuelos que la habían rechazado como esposa. El alboroto selló también la revancha del párroco, ya de por sí muy orgulloso por el préstamo del breviario, y perfectamente consciente del doble martirio al que se había sometido Caterina: dirigirse a un cura sin insultarlo y escuchar declamar e ilustrar varias veces los siete pecados capitales. Algo indispensable, este último punto, si quería aprenderse la página de memoria para comprobar que Carlo sabía realmente leer. Pero don Bensi era un buen hombre que siempre había demostrado una gran comprensión hacia aquella parroquiana salvaje y genial, y no explotó las posibilidades de su triunfo todo lo que hubiera podido. Se limitó a dedicarle una homilía en la que la definió como una «ovejilla descarriada» y a rociarla con tal cantidad de agua bendita que la ovejilla lanzó un grito: «¡Señor párroco! ¡Que ya me he bañado esta mañana! ¡Con tanta agua me va a estropear el vestido!». Caterina estaba radiante, feliz como si estuviese a punto de licenciarse en Filosofía y Letras en la Universidad de Siena. No se entristeció ni siquiera cuando tuvo que firmar con una cruz, y ese día hasta el casamentero la hubiese definido como una chica guapa. Más elegante que nunca, por añadidura. Apenas obtuvo de Carlo la promesa «le juro que le enseñaré a leer y escribir», se había comprado treinta palmos de prohibidísimo damasco color flor de lis. En menos que canta un gallo se había confeccionado un vestido lleno hasta desbordar de cintas y flecos, un sombrerito rebosante de rosas y plumas, y además de los pendientes de oro se había puesto un collar de perlas; al verla avanzar luciendo aquel despliegue de lujos, más de uno había exclamado: «Esta vez sí que la condenan a cadena perpetua». Carlo, en cambio, vestía el mismo conjunto de siempre, ya muy estropeado —el tricornio tenía hasta una mancha— y ofrecía un aspecto pésimo. Para ir y volver había alquilado una calesa con cochero, pero tirada por un pollino que había empleado diez horas en recorrer veinticinco millas y, a pesar de la alegría que le empañaba los ojos de lágrimas, no se tenía en pie. Por si eso fuera poco, estaba entristecido por el hecho de que ningún pariente o familiar estuviese siendo testigo de la única victoria de su vida; hasta Gaetano se había negado a acompañarlo. «¿Yo qué pinto ahí? ¿Para qué voy a ir? Prefiero quedarme y darle un limpiazo a la casa». El pobre Carlo sólo se animó al llegar el banquete.

El banquete fue fastuoso. En Montalcinello nadie había visto nunca tanta opulencia ni tanta prodigalidad. Pulardas rellenas, espetones de pollos, timbales de perdices y pichones, conejos en *salmì*, junto a los inevitables costillares de cordero en recuerdo de Ildebranda. Setas de todo tipo, verduras de toda clase, quesos de todas las características, además de pan recién horneado, dulces, crocantis, y vino a espuertas. Los asistentes eran multitud, podía entrar todo el que quisiera, y Carlo se lució ante ellos recitando un fragmento del Cantar de los Cantares: «*¡En verdad que eres hermosa, amada mía; / sí, eres hermosa! / Tus ojos son cual palomas / a través de* *tu velo. / Tu cabellera es cual rebaño de cabras / que bajan, al alba, del monte Galaad.* [...]».* Algo que impresionó profundamente a todos los comensales y les motivó a declarar: «¡¿Un campesino?! ¡Ni hablar! ¡Éste es un profesor!». Pero ellos dos se quedaron muy poco. La tradición exigía que la mujer pasase la primera noche en la casa del marido y a la una de la tarde ya estaban subidos en la calesa: sentados junto a dos lechones, una jaula con pollos, una cabra, dos ocas, y el arcón de Ildebranda. Los lechones, los pollos y la cabra eran un regalo de Zani, que, transportado por el alivio, se los había entregado a Carlo susurrándole: «Muchas gracias por llevársela. Pero quédesela, ¿eh? ¡Ni se le ocurra devolvérmela!». Las ocas eran un obsequio del párroco, que, conmovido ante la finalidad cultural de aquel matrimonio, se las había dado a Caterina cuchicheándole: «Recuerde que las plumas buenas son las que crecen en las partes central y final del ala, y que hay que secarlas, mojarlas, y luego volverlas a secar; además, hay que afilarlas siempre con un cuchillo puntiagudo; si no, la punta se astilla y no escribe». El arcón era el mismo que ya conocemos y contenía el ajuar. Casi un quintal de peso. Tanto, que el pollino no conseguía arrancar y el cochero quería descargarlo. «¡Con este peso matamos al caballo! ¡Y con él nos matamos nosotros, porque en la subida nos iremos para atrás y terminaremos en el barranco! ¡Yo lo descargo!». Pero Caterina resolvió el problema de otra forma: descargando al cochero. «Baje, maldito patán, y vuélvase a pie, que la calesa ya la conduzco yo». Luego, empuñó las riendas, se despidió de su padre y hermanos, a los que no volvió a ver jamás, y partió. A fuerza de amenazas y de gritos, «arre, mala bestia, arre o te deslomo a latigazos», condujo hasta San Eufrosino de Arriba adonde llegaron dos horas antes de lo previsto: a las nueve de la noche. Y donde se desencadenó en el acto la tragedia. Ni el casamentero ni Carlo le habían confesado que la finca rodeaba una iglesia y que ésta se encontraba a unos pocos pasos de la casa. «Mejor mantener la boca cerrada, que si no el barco no llega a buen puerto y yo me quedo sin mis honorarios y sin

---

* Traducción de Cantera Burgos y J. A. Pabón, *op. cit.* (*N. de la T.*)

propina», se había dicho el casamentero. «Mejor callar, no vaya a ser que se lo vuelva a pensar y no se case conmigo ni aunque le enseñe a leer y escribir en latín y en griego. Y, quién sabe, como obra de arte lo mismo le gusta», se había dicho Carlo. Pero no: apenas se perfiló el oratorio en la oscuridad de la noche, con sus cipreses, su campanario coronado por la cruz, su mole que dominaba la casa como una montaña, un grito hendió el aire, idéntico al grito de espanto que se esparció por la colina, llegando hasta el valle, cuando Caterina supo que su pretendiente era un franciscano terciario.

—¡Yo no bajooo! ¡Yo en esa casa no entrooo!

Se tardó una eternidad en calmarla. Y el esfuerzo lo realizó el bueno de Gaetano, que, al corriente de todo y haciéndose fuerte en una virtud que ya había demostrado poseer con Carlo, el respeto hacia las relaciones de los demás con Dios, al caer la noche se sentó a esperarlos delante del edificio sagrado, listo para restablecer la armonía si estallaba la tragedia. «Venga, venga...», dijo Gaetano con sus suaves maneras, «es sólo una iglesia, no el tribunal del Santo Oficio». Ahí los inquisidores no habían puesto el pie jamás, los *crocesignati* menos, y en vez del recuerdo de episodios horribles, sus muros custodiaban algo que al propio Satanás le encantaría tener: una Madonna de Giotto. Y junto a la Madonna había más recuerdos preciados, entre ellos un busto policromado y las reliquias de San Eufrosino: un santo que no le hizo daño alguno a su abuela Ildebranda y que, según las malas lenguas, durante su juventud frecuentó de muy buen grado la compañía de las chicas guapas. Para cortejarlas, no para quemarlas vivas. Además, no era una iglesia abierta a cualquiera y que funcionaba con un cura, campanas, etc. Las llaves las tenían ellos, las campanas no las tocaba nadie, cura no había y da gracias si don Luzzi aparecía por allí de vez en cuando para celebrar una misa o llevar una procesión. Podía bajar de la calesa. Podía entrar en la casa, su casa desde hoy, y encarar allí el futuro junto a su esposo y a su nuevo hermano. Sí, su nuevo hermano. Más que una cuñada, él la consideraba una hermana y, al igual que a Carlo, le daba igual que fuera hereje: Dios habita en el corazón de todas las criaturas y no hace distinciones entre los que creen y los que no creen. Esta última frase fue la que la sedujo y con la que consiguió convencerla para que se bajase de la calesa y entrase en la casa. Sin embargo, apenas estuvo dentro y vio la pocilga que ya se había imaginado cuando el casamentero fue a proponerle como marido al campesino de los once libros, y en la pocilga aquella cantidad de crucifijos que parecían estar indicando las tumbas de un cementerio, se cubrió la cara y lloró. ¡Digo, si lloró! Y mientras lloraba llegó a asegurar que no había nada malo en ser analfabetos: con frecuencia, los ignorantes son más inteligentes que las personas cultas, y si el precio que tenía que pagar por aprender a leer y escribir era pasarse el resto de su vida en aquella pocilga tristísima, prefería quedarse analfabeta, es decir, regresar a Montalcinello. Así que hubo que aplacarla de nuevo. Hazaña que esta vez culminó Carlo con un discurso muy breve.

—No me deje —dijo Carlo—. Ya sé que la casa no es digna de usted y que el oratorio le ataca los nervios. Pero yo la quiero mucho. Y si la pierdo, me ahorco.

Sus ojos, clavados en los de ella: ¿puede alguien resistirse ante semejante declaración de amor? Caterina no se resistió.

—De acuerdo, no le abandonaré —respondió, secándose las lágrimas y sonándose la nariz—. A mí también me parece que le quiero un poco.

9

Es lícito suponer que las consecuencias de aquellos «yo la quiero mucho», «a mí también me parece que le quiero un poco» fueron inmediatas. Es decir, que aquella noche Carlo se olvidó de rezar el rosario y Caterina de contener su ardor con su protesta preferida: «Si los hombres quieren hijos, ¿por qué no se los hacen ellos solitos?». Por el *Status Animarum*, es decir, por el cálculo del tiempo transcurrido entre la fecha de matrimonio y la del primer parto se deduce que se quedó enseguida encinta. Lo que no le impidió someter a una profunda transformación aquella casa que había definido como una pocilga tristísima; de entrada, quitando a la misma mañana siguiente el monstruoso crucifijo de un metro de ancho y dos de largo que Carlo tenía encima de la cama. Lo sustituyó por uno de veinte centímetros de ancho y treinta de largo que improvisó con dos ramas de olivo. También quitó los otros. Mejor dicho, todos menos el que estaba en la habitación de Gaetano que, en ese punto, no estaba dispuesto a dar pruebas de paciencia y tolerancia. «El mío, ni tocarlo». Los amontonó en el sótano, junto a la leña, y en su lugar colocó alegres guirlandas de pimientos rojos y ajos frescos. El ajo porque tenía la propiedad de expulsar al demonio cuando alguien se deshace de una imagen sagrada. Luego, una vez eliminados los crucifijos, se lanzó de lleno a desbrozar el basurero que el limpiazo del nuevo hermano apenas había rozado. Y a fuerza de rascar, frotar, fregar, sacar brillo, dejó las ocho habitaciones más relucientes que en tiempos de Violante y Apollonia. En un arranque de generosidad le dio un repaso hasta al oratorio. Algo de lo que nació una gran cercanía con la Madonna de Giotto, cuyos rasgos le recordaban a los que su imaginación le había adjudicado a la antepasada muerta en la hoguera. «Se parece a Ildebranda». (El busto de Eufrosino, en cambio, sólo le inspiró antipatía por culpa de la historia de las hermosas jóvenes a las que cortejaba y lo rebautizó como «la estatua del sátiro»). Por último, limpió a conciencia los establos, las tinas, la cabaña, las cochiqueras, el corral en el que las gallinas que nadie mató jamás por amor a San Francisco se habían muerto de viejas o a causa de la suciedad, las conejeras en las que los conejos se habían muerto por los mismos motivos, el palomar del que las palomas habían huido escapando del hambre y, *dulcis in fundo*, cambió de habitación. Se trasladó desde el tenebroso cuartucho que Carlo había elegido para vigilar de cerca el oratorio a una habitación orientada al sur, que daba sobre el luminoso paisaje del valle del Pesa, y que era contigua a otra que llegaría a convertirse en su reino: el estudio. Siempre había soñado con un estudio. El anhelo de saber leer y escribir siempre había estado acompañado del deseo de tener un estudio. Así que le dedicó un entusiasmo especial. Lo encaló, lo desinfectó con litros y litros de vinagre, lo adornó con unas bonitas cortinas en las ventanas. Colocó una hermosa mesa lisa, un hermoso quinqué, varias velas, dos sillas, un cesto para tirar papeles y los tesoros descubiertos en el arcón de Carlo: una pluma de ave bien secada y afilada, una pella de tinta sólida, una resma de papel carísimo, un precioso cuaderno de rayas, además de los once libros que tanto habían contribuido a que se produjese el encuentro de Rosìa. Los libros los colocó sobre una repisa de mimbre que Apollonia empleaba para dejar secar las uvas y obtener pasas y, tras aprenderse el título de cada uno de ellos, los alineó siguiendo el orden en el que pensaba leerlos en cuanto fuera capaz. Antes que nada, el «Infierno», el «Purgatorio», el «Paraíso», es decir, la *Divina Comedia*. Luego el *Orlando Furioso*, la *Jerusalén liberada*, el *Decamerón*. Luego el Cantar de los Cantares, *Los caballeros de la Mesa Redonda*, el *Tesoro delle Campagne ovvero Manuale dell'Agricoltore Perfetto*. Luego el Antiguo y el Nuevo Testamento. La impresionante trabajera, la transformación de la pocilga tristísima duró un mes. Y cuando la concluyó, ¡zas!, se dio cuenta de que estaba embarazada.

El descubrimiento de que estaba embarazada fue terrible. La víspera de la boda había ido a ver a la *mammana*, es decir, a la comadrona de Montalcinello, para enterarse de todo lo que había que hacer y no hacer para tener el asunto bajo control. Se hace esto así y esto otro de esta forma le había contestado la *mammana*, recomendándole también una purga a base de ortigas. Y ella había hecho puntualmente esto así y esto otro de esta forma, hasta se había tomado la purga. Puntualmente. Menos la primera noche. Darse cuenta de que el desastre había ocurrido justo durante la primera noche, por los descuidos causados por el intercambio de «la quiero mucho», «le quiero mucho», la llenó de rabia. ¡Embarazada justo ahora, cuando ya tenía arreglado el estudio y estaba lista para aprender a leer y escribir! No iba a usar jamás esa pluma de ave. No iba a conocer jamás las historias contenidas en aquellos once libros. No iba a convertirse jamás en una persona culta, en una mujer que sabe leer y escribir. Se moriría siendo una campesina que usa las manos y la vista para limpiar la suciedad de los demás y punto, cavar y zapar y punto. Como mucho, bordaría sábanas y ropa interior. La crianza de un hijo recién nacido es un oficio que no deja ni un minuto libre, le había dicho la *mammana*. Cada dos por tres hay que darle de mamar, lavarlo, dormirlo, darle otra vez de mamar, lavarlo de nuevo, dormirlo de nuevo, y da gracias si consigues dormir un poco por la noche. Luego, ídem. Porque luego hay que enseñarle a que se tenga en pie, a caminar, a hablar, a defenderse. ¡Maldito fuera aquel patán enamorado! ¡Maldita fuera su dulzura, malditos sus «la quiero mucho», «si la pierdo, me ahorco»! Y durante semanas se sintió tan burlada, timada, derrotada, que no le dijo nada a su marido. Se limitó a tratarlo mal, a rechazarlo, odiarlo, y ¡ay de él! si le preguntaba, mortificado, qué le pasaba. Le gruñía: «¡Tengo lo que me da la gana tener! ¡Ocúpese de sus asuntos!». Pero a inicios de septiembre, es decir, a finales del segundo mes, se impuso su sentido práctico. Era inútil lamentarse por la leche derramada. Ese niño iba a nacer y del desastre podía extraer una ventaja. ¿Cuánto emplea la gente normal en instruirse, un año, dos? Bueno, pues ella lo conseguiría en mucho menos: siete meses. El tiempo que tenía por delante antes de parir. Siempre y cuando empezase pronto, claro está. Esa misma noche. Y cuando Carlo regresó del campo con Gaetano, dispuso:

—Esta noche se inaugura el estudio.

—¿Esta noche? ¿Y por qué esta noche precisamente? —contestó Carlo, sorprendido.

—¡Porque me ha dejado encinta, ahí tiene usted el porqué! ¡Y si no aprendo antes de que su hijo nazca no aprenderé jamás! ¿Entendido?

* * *

La voz divertida e irónica no contaba cómo reaccionó Carlo al enterarse de la alegre noticia. Quizá no lo sabía. O quizá daba por descontado que en su rostro se dibujó una expresión de orgullosa felicidad. Sobre el resto, en cambio, lo contaba todo. Y esto nos permite reconstruir la escena que se desarrolló más tarde en el estudio, la forma en la que Carlo asumió su papel de maestro. Un papel dificilísimo: tenía nueve años cuando don Luzzi se dio cuenta de que sería conveniente enseñarle a leer y escribir y lo único que recordaba eran los muchos obstáculos que surgieron, amargándole la vida. El escaso entusiasmo de Luca, por ejemplo. «¡A los campesinos no nos sirve para nada estar instruidos! ¡El papel impreso es para los señores!». El esfuerzo de ir tres veces por semana desde Vitigliano de Abajo a la parroquia de San Leolino, con frecuencia bajo la lluvia o la nieve. El sacrificio de tener que pasarse las noches estudiando, porque durante el día tenía que trabajar en el campo. Se moría de sueño por las noches y Apollonia le regañaba porque gastaba muchas velas. «¡Las velas cuestan! ¡Apágala y vete a la cama, que mañana tienes que segar!». Las lecciones propiamente dichas eran un recuerdo confuso, impreso sobre el fondo de la sacristía. El de la primera clase, una neblina entre la que distinguía una mano que le colocaba la pluma de ave entre el dedo pulgar, el índice y el mediano. Luego, una hoja de papel cuajada de garabatos a tinta, una lágrima que caía sobre los garabatos, agrandándolos, un reproche indignado: «¡Mira lo que has hecho! ¡No sabes ni sujetar la pluma, niño!». El de las clases siguientes, una pesadilla de reprimendas y gritos:

«¡¿Pero cómo?! ¡¿Todavía no eres capaz de escribir bien *"acqua"* y *"soqquadro"*?!* ¡*"Acqua"* lleva una *c* y una *q*, *"soqquadro"* dos *q*!». O: «¡Me he equivocado al pensar que tenías talento! ¡Eres un borrico, mi querido niño, un borrico!». En cuanto al método adoptado por don Luzzi, su memoria retenía poquísimos detalles: el inicio, con puntitos y palotes, para aprender a poner en pie las letras; el paso a las cinco vocales; luego, las consonantes, las sílabas, las bisílabas, las trisílabas; el detalle de que, para ayudarle a reconocer una vocal o una consonante, don Luzzi le decía palabras que empezasen por la vocal o consonante en cuestión y cuyo sonido le evocasen la imagen de un objeto que le resultara familiar: «*A* como árbol, como arado, como altar. *B* como bosque, como baya, como burro...».

—Veamos, la pluma se sujeta así... —comenzó, poniéndosela entre el dedo pulgar, el índice y el mediano.

—Eso ya sé hacerlo —respondió Caterina, empuñándola perfectamente.

—¡Ah! En ese caso, podemos pasar enseguida a los puntitos y las líneas.

—Pasemos, pasemos.

—Los puntitos se hacen así: apoyando la pluma en la hoja. Con suavidad, si no se sale toda la tinta y se echa a perder el papel. Las líneas, en cambio, se hacen así: arrastrando la pluma de arriba a abajo. Si al principio le salen torcidas, o echa borrones de tinta, no se desanime.

—No, no —respondió tranquila. Luego marcó dos o tres bonitos puntos y, sin derramar siquiera una gota de tinta, trazó una serie de líneas tan derechas que el estupor de Carlo, admirado y humillado a un tiempo, se redobló. ¡Dios misericordioso! Para llegar a eso, él, veinticuatro años antes, había empleado un montón de días.

—Muy bien... Ya podemos pasar a las vocales.

—Pasemos, Pasemos.

—Las vocales son cinco: *a, e, i, o, u*. Pueden escribirse en mayúscula o minúscula. En mayúscula, cuando son la primera letra de un nombre propio o cuando se encuentran después de un punto, es

* «Agua» y «desorden, desbarajuste». (*N. de la T.*)

decir, al inicio de una frase. En minúscula, en los demás casos. Esta noche las haremos en minúscula y...

—¿Por qué?

—Porque son más frecuentes y más fáciles...

—De acuerdo —concedió prudentemente, aunque de mala gana.

—Ésta es la *a*: *a* como árbol, como arado, como altar...

—Entendido, entendido —le interrumpió, quitándole la pluma de la mano y trazando una *a* algo titubeante pero reconocible.

—Y ésta es la *e*: como era, como enebro, como Eufrosino...

—Como hereje y como herejía* —añadió, trazando una *e* menos titubeante y todavía más reconocible.

—Ésta, en cambio, es la *i*: como insecto, como iglesia, como infierno...

—Como Ildebranda y como Inquisición —añadió, trazando una *i* rabiosa pero totalmente aceptable.

—Ésta es la *o*: como ojo, como oreja, como oliva...

—Como oratorio y como oración —añadió, trazando una *o* despreciativa pero perfectamente clara.

—Y ésta es la *u*: como uña, como uva...

—¡Como *uggioso*!** ¿Quiere dejar ya de una vez de perder el tiempo con los ejemplos y las comparaciones? ¡Tenemos que darnos prisa! ¡Mañana por la noche tocan las mayúsculas!

—De acuerdo...

Al día siguiente, con las mayúsculas, fue igual de brusca y de provocativa. Sin embargo, también tenía a flor de boca aquella sonrisilla con la que lo había examinado en la feria de Rosìa, a veces lo miraba con una extraña luz en los ojos, y cuando acabó la lección cambió de tono.

—Me he portado muy mal con usted —murmuró—. Usted, en cambio, ha sido más bueno que nunca conmigo. De ahora en adelante, recordaré que también se puede decir *a* como amor.

---

* «*Eretica*» y «*eresia*» en italiano. (*N. de la T.*)

** Aburrido, pesado. (*N. de la T.*)

10

En aprender a reconocer y escribir bien las vocales mayúsculas y minúsculas empleó apenas cinco días, y en el transcurso de semejante maratón compuso incluso sus dos primeras palabras: el diptongo «*io*» (yo) y el triptongo «*aia*» (aya, institutriz). Al sexto día, pues, Carlo pudo afrontar las dieciocho consonantes. Entre mayúsculas y minúsculas, aspiradas y dentales, guturales y labiales, palatales y linguales y mudas, un esfuerzo que se condensó en un solo mes y en el que quedaron demostradas, desde un principio, las posibilidades contenidas en aquella salida imprevisible: «De ahora en adelante, recordaré que también se puede decir *a* como amor». Ya con la *b*, en efecto, él dijo: «*B* como bosque, como barba, como burro». Y ella corrigió: «*B* como beso o como *babbo*».* Con la *C*, él dijo: «*C* como casa, como campana, como cuchara». Y ella corrigió: «C como Carlo y como Caterina». A cada nueva lección, el rencor hacia aquel meapilas que la había dejado embarazada a la primera disminuía, el rechazo hacia su maternidad no deseada se atenuaba, y la situación se invertía con tal rapidez que al llegar a la letra *m* se produjo un prodigio. «*M* como manzana, como miel, como mosca», había dicho él. Y, acariciándole una mejilla, ella corrigió: «*M* como matrimonio, como marido, como mamá». Gracias a las palabras *babbo* y *mamma* fue también muy fácil explicarle las consonantes geminadas. Y gracias a la rapidez con la que aprendía, enseñarle a componer palabras bisílabas como «casa» y «perro» o trisílabas

* «Padre», «papá». (*N. de la T.*)

como «harina» y «cocina». Sin embargo, cuando llegaron los infernales grupos consonánticos *ch, gh, cq, gl, sp, sd*, etc., con aquellas palabras diabólicas, «*acqua*» y «*soqquadro*», que tanto habían hecho sufrir a Carlo de pequeño, el asunto cambió. Y a mediados de septiembre, tras semanas de esfuerzos inútiles, Caterina cogió el toro por los cuernos.

—Necesitamos un abecedario —dijo.

Conclusión lógica, pero sólo en apariencia. Incluso si vivías en la ciudad, en la mismísima Florencia, sin ir más lejos, en donde Pedro Leopoldo se enorgullecía de haber creado escuelas públicas en todos los barrios, hacerse con un abecedario suponía un problema enorme: para instruir a los analfabetos era muy raro que se usasen textos impresos. Si, encima, vivías en el campo, donde las escuelas públicas no existían y los libros eran una extravagancia que ni al tendero con más iniciativa se le ocurriría jamás ofrecerlo en su negocio, encontrarlo era una hazaña al filo de lo imposible. Y Carlo se desesperó. Como era natural, se dirigió a don Luzzi. Le pidió que le prestara el mismo con el que él había estudiado veinticuatro años atrás. Pero don Luzzi se sentía muy ofendido porque Caterina no sólo no se acercaba nunca a la parroquia a escuchar misa o asistir a vísperas, sino que jamás le había presentado los respetos que le debía como nueva parroquiana. Y, en vez de prestárselo, lo trató fatal. Se encaró con él, diciéndole con un silbido de rabia «pero qué consonantes ni que ocho cuartos...», su mujer haría mejor en rezar algún avemaría, en preocuparse por su alma que, a buen seguro, no debía estar muy limpia... Luego lo tildó de inconsciente, le acusó de ser un irresponsable que no le había pedido consejo o ayuda antes de casarse, un majadero que para fundar una familia se había puesto en manos de un rufián al que sólo le interesaba embolsarse su porcentaje sobre la dote. Por último, zanjó el tema con un discurso que jamás te hubieras esperado de alguien que quería enviar a la gente a Virginia. «Déjalo estar, pedazo de bobo. Las mujeres no necesitan para nada saber leer y escribir, y en San Eufrosino ya estás tú para manejar la pluma. Con uno en la familia es suficiente». Desilusionado ante esa catarata de rechazos, se dirigió al padre visitador, tan viejo ya y tan enfermo que no acudía más a visitar a nadie. Siempre a pie, para no gastar dinero en la calesa, se acercó hasta Poggibonsi, donde éste languidecía sobre el suelo raso, tan débil como un moribundo, y no le ocultó nada. Le confesó que había tomado como esposa a una mujer que, lejos de ser piadosa, veneraba a una antepasada muerta en la hoguera y que, con tal de aprender a leer y escribir, hubiese aceptado que la quemasen también a ella. Le explicó que la había elegido, a pesar de eso, porque todos pueden ser redimidos y redimir al prójimo es uno de los deberes de un buen franciscano terciario. Le desveló que su primogénito iba a nacer en primavera, es decir, que no había tiempo que perder. Hasta aquí, parecía que la reacción del santo hombre era de piadosa indulgencia, vamos, que estaba dispuesto a facilitarle el abecedario. Pero apenas comprendió que la hereje no se había redimido y que el recién nacido iba a criarse a los pechos de su herejía, la piadosa indulgencia se desvaneció. Y con ella, la debilidad del moribundo. Poniéndose en pie de un salto, le gritó que tener en casa a personas sujetas a excomunión era pecado mortal, que casándose con una se corría el riesgo de ser expulsados de la orden como perros tiñosos. Alzando el crucifijo, dijo con voz de trueno que una bula promulgada por el papa Eugenio IV en 1440 animaba a mantener la castidad conyugal e invitaba a observarla firmando un documento redactado ante notario; luego le despidió con estas palabras: «Los abecedarios son la antesala de los libros. Los libros son una amenaza para la virtud. Y la virtud crece con la ignorancia».

Abatido tras semejante escena, Carlo empezó entonces a solicitar la ayuda de los pocos laicos que conocía: el boticario, el buhonero, el intermediario, el cirujano, el cochero, el tratante que había reemplazado las palomas huidas además de los pollos y los conejos desaparecidos por desidia o vejez. Y la búsqueda pasó a una fase aún más angustiosa. Cada dos por tres iba a verlos y: «¡Por el amor de Dios, encuéntrenme un abecedario!». O: «Disculpen, ¿me han encontrado ya un abecedario?». O bien: «¡No se olviden de que me tienen que encontrar un abecedario!». La historia del abecedario empezó muy pronto a convertirse en una de las leyendas, de los cuentos folclóricos de Panzano. Todos hacían bromas sobre el tema.

En la plaza, en la iglesia, en el campo. «¿No os sabéis la última? Esa bruja con la que casó Carlo en la provincia de Siena se ha empeñado en aprender a leer y escribir y quiere un abecedario». Pero el abecedario seguía sin encontrarse, por lo que maestro y discípula seguían pasándose en vano las noches en el estudio. Él ya no era capaz de enseñar, ella ya no era capaz de aprender, y todos los esfuerzos concluían con un suspiro desconsolado o una pregunta acongojada: «¿Encontraremos alguna vez un abecedario?». Entre aquellos suspiros finalizó septiembre, llegó octubre y después de octubre, noviembre. Con aquella pregunta Caterina concluyó el tercer mes de embarazo y luego el cuarto, y todo parecía indicar que su sueño se había desvanecido. Hasta Gaetano, testigo imparcial del drama, sentía lástima e intentaba consolarla. «No se lo tome tan a pecho, hermana. Cuanto menos se sabe, menos se sufre». Pero una mañana de primeros de noviembre, mientras sobre San Eufrosino caía un temporal, desde el camino que bordeaba el prado del oratorio se escuchó elevarse una voz cascada. Era la del zapatero que en los días de lluvia, los únicos en los que estaba seguro de encontrar clientes, hacía la ronda por todas las fincas para vender su mercancía o lo que fuese. Siempre a precios escandalosos y siempre entonando a gritos una cancioncilla que él mismo había compuesto: «Graciosas mujeres, que tengáis un buen día y un año feliz / para obedeceros y serviros he venido yo hasta aquí. / Zapatos y botas, calzas y brocados / yo os traigo, hechos todos con mis manos / y con una horma que puede calzar cualquier pie. / Y eso no es todo, graciosas mujeres, / zapatero soy, mas tengo muchas más cosas que daros / clavos, clavitos, retazos de seda / naipes, purgantes, collares de ensueño / ¡Vamos, salid! ¡Venid y mirad! / Y si salir no podéis, dejadme pasar / sin vergüenza, sin temores / que soy yo hombre galante y cortés». Caterina se asomó a la puerta, dispuesta a echarlo con cajas destempladas. Durante una tormenta de agosto le había encasquetado un par de lazos que se habían roto enseguida, y desde entonces lo odiaba todavía más de lo que odiaba al padre visitador o a don Luzzi.

—¡Largo de aquí! ¡No quiero nada, usurero!

—Hay una cosa que sí que quiere —fue la respuesta—. Y yo tengo esa cosa.

—¿Pero qué dice, usurero? ¡Fuera, le he dicho! ¡Largo!

—Del abecedario. Hablo del abecedario.

—¿¡El abecedario!?

—Sí, comadre, el abecedario. Mire qué tesoro.

Se trataba de un fascículo raquítico que no tenía ni veinte páginas, escrito por un sacerdote de Apta Julia, publicado en la imprenta Pagliarini de Roma, y titulado así: *Metodo italiano per imparare speditamente a leggere nonché a scrivere senza compitare le lettere e per mezzo di cinquantaquattro figure diverse* (Método italiano para aprender rápidamente a leer y a escribir sin deletrear las letras y mediante cincuenta y cuatro imágenes distintas). En la contracubierta, la explicación: «El presente método es facilísimo, dado que lleva incorporada en sí mismo la forma en la que puede ser usado por cualquiera. No hay más que mirar las imágenes pronunciando su nombre en voz alta y luego mirar las palabras que explican cómo se escribe ese nombre. Ya que las palabras son el eco de las figuras, y que las cosas que se ven producen en la mente una impresión más fuerte que las que se escuchan, este sistema se acomoda a las capacidades de la persona menos inteligente. Puede ser incluso sorda y muda». Tras la explicación, las páginas con las imágenes: siempre dobles, para indicar el singular y el plural, y acompañadas de los correspondientes vocablos, además de las imágenes. «La hebilla, las hebillas. La trompeta, las trompetas. La llama, las llamas. La seta, las setas». Después de las páginas con las imágenes, dieciséis lecciones, entre ellas, una sobre los infernales grupos consonánticos. Por último, algunos ejercicios de lectura que hubiesen descorazonado a un santo. El primero, una frase tomada de las Actas del Concilio de Trento: «La vida cristiana debe ser una continua penitencia». El último, un fragmento de San Mateo. Quién sabe por qué, revisado y corregido, mejor dicho, exagerado hasta la exasperación, por el sacerdote de Apta Julia: «Bienaventurados los afligidos. Bienaventurados los infelices. Bienaventurados los indigentes. Bienaventurados los tullidos, los ciegos, los enfermos, los desgraciados que carecen de todo. Porque ellos obtendrán el reino de los cielos». Ignorando, afortunadamente, ese asunto, Caterina aferró el tesoro temblando de pies a cabeza.

—¿Cuánto pide?

—Siete escudos, comadre. Lo toma o lo deja.

Siete escudos, una cantidad alucinante. Y para entender hasta qué punto lo era basta recordar que Apollonia, vendiendo huevos hasta los sesenta años, sólo había conseguido ahorrar diez escudos y punto. O que un escudo valía cinco liras y diez sueldos, y que un segador o un recolector ganaban una lira y media al día. Una mujer que trenzaba paja para los sombreros, apenas cuatro sueldos al día. Pero Caterina los pagó sin titubear.

—Aquí los tiene, usurero.

* * *

Pese al fragmento que animaba a estar afligidos o a ser infelices, indigentes, tullidos, ciegos, enfermos, etc., en resumen, a sufrir lo más posible para alcanzar el Paraíso una vez muertos, el costosísimo abecedario resultó ser una compra muy sensata. Derribó de un solo golpe todos los obstáculos que ni él ni ella habían conseguido superar y, desde ese instante, las cosas fluyeron con total normalidad. A cada día que pasaba, Carlo la instruía con mayor eficacia y desenvoltura; a cada noche que pasaba, Caterina aprendía más y mejor, y el volumen de sus conocimientos aumentaba al ritmo del de su vientre. Sí, era como si llevase adelante dos gestaciones paralelas, una en el útero y otra en el cerebro, y como si ambas progresasen paralelamente: el hijo hecho de carne y el hijo hecho de conocimiento engordaban al mismo tiempo. A finales de noviembre podía ya deletrear los infernales grupos consonánticos y las diabólicas palabras «*acqua*» y «*soqquadro*». En Navidad podía ya descifrar con cierta rapidez los títulos de los once libros alineados en la repisa del estudio y preguntarse qué le anticipaban acerca del argumento. Para Reyes podía ya leer con aceptable velocidad la descorazonadora frase tomada de las Actas del Concilio de Trento, «La vida cristiana debe ser una continua penitencia». (Algo que la enfadó muchísimo.) Y para la Purísima, cuando la gestación del hijo hecho de carne había completado los seis meses, podía escribir sin errores la conjugación del verbo *avere*, tan antipática por todas esas *h* que nunca se sabe si hay que ponerlas o no. Ya no le quedaba más que hacer frente a los apóstrofes, la puntuación y demás exquisiteces, y con frecuencia estudiaba ella sola: fantaseando con ese futuro en el que se compraría incluso una cartilla de números, es decir, en el que aprendería también a hacer cuentas. Mientras tanto, sin embargo, el grueso cuaderno se había acabado. La pluma, afilada demasiadas veces, se había quedado cortísima, y la pella de tinta sólida había quedado reducido a una baya.

La tinta fue el problema menor. En 1743 un jesuita que descendía de Giovanni da Verrazzano, y que llevaba no sólo el apellido del antepasado sino también su nombre, había dejado una receta para fabricarla caseramente. Consistía en hacerse con algo de goma arábiga, en disolverla con vino de calidad, en añadir alguna cucharada de hollín purgado, por último en poner el líquido al sol o cerca del fuego y dejar que se secase. Y, en vista de que en la chimenea abundaba el hollín, de que la bodega estaba repleta de vino, y de que la goma arábiga se compraba en el boticario, Carlo fabricó enseguida una segunda pella. El problema de la pluma resultó más peliagudo: las que pagaron la cuenta fueron, sí, las ocas que les regaló el párroco de San Magno, pero de una forma mucho más cruel de lo que cabría suponer. Por un despiste de éste, ambas eran hembras. Por la desidia del tratante, nunca llegó un macho que fecundara los huevos, y éstas no proporcionaban herederos que comerse, mejor dicho, que desplumar. Las plumas para escribir se las arrancaba pues en vivo y, apenas se quedó demasiado corta la que había rescatado del fondo del arcón, empezó a torturarlas sin piedad. Cubriéndoles la cabeza para protegerse de los picotazos, las inmovilizaba, animándolas «vamos, vamos, es sólo un pequeño sacrificio, que no os voy a matar», y les arrancaba al menos una pluma por ala; desde el patio se elevaba un grito tan desgarrador que Carlo y Gaetano, en el campo, se preguntaban turbados: «¿Pero qué es eso? ¿De dónde sale?». Carlo tardó mucho en darse cuenta de que provenían del patio en el que su mujer desplumaba vivas a las ocas. Aunque ya había advertido que la pluma del estudio se había alargado misteriosamente y parecía nueva, sólo lo comprendió el día en el que se dio cuenta de que las pobrecillas tenían las alas cada vez más despeluchadas y de que revoloteaban con dificultad. Las consecuencias fueron una protesta enérgica, elevada en nombre de San Francisco: «Caterina, esto sí que no estoy dispuesto a permitírselo», y la tortura cesó. Pero para ese entonces Caterina ya contaba con una remesa suficiente como para abastecerla durante años: el problema de la pluma se había solventado.

Quedaba pendiente, en cambio, el del cuaderno, sumamente grave porque el papel costaba casi tanto como los libros. El boticario llegaba a venderlo al precio de una lira el folio y Caterina consumía una cantidad exagerada. Y era inútil decirle «intente gastar un poco menos». Pero ni siquiera este inconveniente consiguió arredrarla y la noche en la que se acabó también el papel del boticario una vez más resolvió el problema a su manera. Fue al arcón que custodiaba su extraordinario ajuar, cogió uno de los treinta y seis pañuelos con festón bordado y mientras Carlo la miraba fijamente, horrorizado, escribió encima la lección. La noche siguiente, lo mismo. Y lo mismo la siguiente noche. Y así durante días, durante semanas. Sin preocuparse por el hecho de que los pañuelos fuesen disminuyendo a ojos vista, de que se quedasen inservibles por la tinta que no había forma de eliminar por mucho que se lavasen. Una vez diezmados los bonitos pañuelos sintió unos escrúpulos momentáneos y pasó a las piezas para remendar y a los cañamazos. Pero la tela era demasiado basta, la pluma no corría bien, y los desechó enseguida. Comenzó entonces a diezmar las servilletas con las esquinas de nido de abeja, luego los secamanos orlados con flores de lis, y el día en que éstos también se volvieron inservibles agredió una de las fundas de almohada con festón de espigas en punto pelota. La misma que, junto a los demás recuerdos preciados guardados por la familia durante cinco generaciones, yo vi en el arcón, ya conocido como «el arcón de Caterina», antes de que saltase por los aires durante la terrible noche de 1944. Pero para cuando le llegó el turno a la funda, la gestación del hijo hecho de carne se había completado y las conquistas logradas gracias al abecedario habían sido sustituidas por el sueño de hacerse con una cartilla de números. Sin cometer el más mínimo error, con pulso firme y seguro, ya podía acometer las lapidarias palabras que escribió bajo el festón de espigas en punto pelota y que yo leería temblando ciento cincuenta y ocho años después, aunque entonces fuese una jovencita distraída por bien otros estupores. «Yo me llamo Caterina Zani. Soy una campesina y la mujer de un campesino que se llama Carlo Fallaci. En siete meses he aprendido a leer y escribir y pronto aprenderé también los números para hacer cuentas. San Eufrosino de Arriba, a ocho de abril de mil setecientos ochenta y seis».

11

Los dolores del parto comenzaron al alba del 9 de abril, y se la encontraron tan dispuesta a afrontarlos como si fuera un soldado preparado para encarar la más sangrienta de las batallas. Al preguntarle a la comadrona de Montalcinello qué había que hacer y qué no hacer para evitar quedarse encinta, había sido lo bastante precavida como para preguntarle también qué se hace si el niño se presentaba de todas formas. La comadrona se lo había dicho y, en vez de perder el tiempo con quejas o lamentos, se aprestó a seguir las instrucciones recibidas. Extendió sobre el suelo de la habitación una capa de hojas de maíz, la cubrió con los secamanos pintarrajeados, puso encima una sábana limpia, preparó las tijeras para cortar el cordón umbilical, además de las palanganas y los demás utensilios que le harían falta; por último, se puso a andar de un lado a otro para acelerar el desenlace de la batalla. Carlo, no hace falta ni decirlo, quería pedir ayuda a la mujer del aparcero que, a cuenta del pudiente Girolamo Civili, gestionaba San Eufrosino de Abajo y que, siguiendo la tradición, ya se había ofrecido para ello. «No se preocupe, yo me ocupo de todo». Pero Caterina conocía el desaire cometido por los émulos de Cecionesi el verano en que no se presentaron para la siega, por lo que Apollonia había matado cuatro pollos y cuatros conejos, además de hornear un montón de pan y de destapar un montón de vino para nada, y se lo prohibió. «No necesito a nadie, y menos a una palurda que se ha portado mal con usted. Ocúpese mejor de mantener encendido el fuego en la chimenea y el agua caliente en la olla, que hará falta mucha». Contaba con tener un parto rápido, aunque sabía que el primero siempre es más largo. Había tenido un embarazo perfecto y su orgullo rechazaba la idea de tener que emplear el mismo tiempo que necesitaban las demás mujeres. Sin embargo, estuvo sufriendo hasta que cayó la noche, momento en que comenzaron los dolores expulsivos y le dijo al asustadísimo Carlo: «Esto ya está a punto. Tráigame la palangana de agua caliente y márchese a rezarle a su santo, que éstas son cosas de mujeres y no le quiero en medio». Luego, apenas se quedó a solas con el agua caliente y con su estoicismo, se puso sobre la capa de hojas cubierta con los secamanos y la sábana. Se colocó de forma que pudiese coger la cabeza del bebé, ayudarlo a salir, y lo parió sin gritos ni incertidumbres. El único grito que Carlo escuchó en el oratorio, en el que aguardaba incapaz de rezar ni siquiera un avemaría, fue ese llanto, rabioso y glorioso al mismo tiempo, con el que todos entramos en el mundo, y cuando alcanzó, corriendo, la habitación, se encontró con que Caterina ya había cortado el cordón umbilical. También se había desecho ya de las hojas de maíz, de los paños sucios y de la placenta, y, arrodillada junto a la palangana, estaba lavando a una hermosa niña.

—Sí, ha ido todo bien. Y, en gran parte, el mérito ha sido suyo —murmuró antes de dejarse caer, exhausta, en la cama—. Para obtener una buena cosecha no basta con sembrar con la luna llena: es necesario que la semilla sea buena. Y yo he elegido una buena semilla.

La hermosa niña se le parecía, de hecho, como un grano de trigo se parece a otro grano de trigo. Los mismos ojos azules, los mismos rasgos delicados, la misma expresión pensativa. Era, en todos los sentidos, la hija del amor que ya unía a aquella mujer arisca y genial con aquel hombre dulce y mediocre, con el que se había casado sólo por conveniencia y algo de simpatía, y Carlo no lamentó ni por un instante que no hubiese sido un chico. Cosa que cualquier otro habitante de aquellas colinas habría considerado algo así como una derrota o una desgracia.

* * *

La bautizaron con el nombre de Teresa. Probablemente, el nombre de otra Zani que vivió manteniendo el culto a Ildebranda. Y, como el bautizo le fue administrado en la parroquia de San Leolino, Caterina conoció a don Luzzi. Para complacer a Carlo, llegó incluso a establecer con él una especie de *modus vivendi* que resistió hasta el día en que, con la excusa de ponerla a salvo y sustraerla a las rapiñas de Napoleón, se apropió de la Madonna de Giotto. «Bueno, yo he acudido a usted y ahora le toca a usted acudir a mí. Si de vez en cuando se digna a celebrar misa en el oratorio, yo la escucharé junto a mi marido», le dijo, fingiendo ignorar su descorazonadora frase, «Las mujeres no necesitan para nada saber leer y escribir», con la que había acompañado su rechazo a prestarles el abecedario. En cambio, recordando la escena en la que don Luzzi le tildó de inconsciente, de irresponsable, de majadero, y aventuró que el alma de Caterina «no debía estar muy limpia», Carlo lo trató con gran frialdad: nueva prueba de la complicidad que se había establecido entre la hereje y el meapilas. «En ese caso, será usted bienvenido —añadió— pero no olvide que ahora somos dos los que sabemos usar la pluma de escribir». Al bautizo le siguieron meses enteros de beatitud. Teresa mamaba cuando tenía que mamar, dormía cuando tenía que dormir, lloraba poquísimo, no enfermaba jamás, y Caterina se sentía tan orgullosa que hasta se había olvidado del ábaco. Es decir, de los números que tenía que aprender para hacer cuentas. Ni siquiera se quejaba por no poder dedicarse ya a educar su inteligencia: a la alegría de garabatear el ajuar o de hojear cualquiera de los once libros que ahora podría leer pero que no tenía tiempo para hacerlo. Una vez lo había intentado. Había regresado al estudio, en el que no había vuelto a poner los pies desde el parto, y había elegido un tomo de la *Divina Comedia*. El «Infierno», en vista de que el «Purgatorio» y el «Paraíso» le infundían ciertas sospechas. Con resolución, había leído tres versos que le parecieron admirables: «*Nel mezzo del cammin di nostra vita / mi ritrovai per una selva oscura / che la diritta via era smarrita*» (A mitad del camino de la vida / yo me encontraba en una selva oscura / con la senda derecha ya perdida).* Y le hubiera gusta-

* Traducción de Ángel Crespo, Seix Barral, Barcelona, 1971. Se trata del terceto con el que se inicia la *Divina Comedia* de Dante Alighieri. (*N. de la T.*)

do continuar hasta el final. Pero al iniciar el cuarto verso se dio cuenta de que tenía que darle el pecho a Teresa y volvió a colocar el libro en su sitio. «Qué se le va a hacer. Ella lo leerá por mí». En lo que respecta a Carlo, se sentía como Adán en el jardín del Edén y al darle gracias al Cielo por ello enumeraba para sí mismo los motivos. La finca iba bien: daba el dinero necesario para pagar los plazos semestrales, además de para comprar simiente, y en la próxima estación podrían incluso adquirir un burro. Gaetano parecía contento: no paraba de decir «qué maravilla, vivir en una casa limpia» y aceptaba con su habitual mansedumbre el hecho de que lo mantuvieran algo aparte. Caterina ya no protestaba a la mínima y cuando don Luzzi fue por fin a decir misa en el oratorio lo escuchó realmente: sentada junto a él y con sus hermosos cabellos cobrizos tapados por un pañuelo, como exigía el cura. Y aquella hermosa criatura que se le parecía como un grano de trigo se parece a otro grano de trigo completaba plenamente la felicidad anhelada en los años en los que el Cantar de los Cantares le ayudó a entender hasta qué punto se encontraba solo. Pero hacia mediados de septiembre, cuando Teresa tenía ya cinco meses y le estaba saliendo el primer diente, el jardín de Edén se acabó.

Una noche, de repente, empezó a llorar convulsamente. Ella, que no lloraba casi nunca y que para pedir el pecho se limitaba a dar dos o tres gritos festivos. Caterina se la puso inmediatamente al pecho, pero ella, en vez de mamar, apartó la boca. Volvió a llorar de forma convulsa. «Le dolerá la tripa», dijo Carlo, optimista. Luego bajó a encender el fuego y calentar agua, y aplicó sobre el diminuto vientre una compresa tibia. Pero no sirvió de nada y durante toda la noche aquel llanto estuvo destrozándoles los oídos. No cesó hasta llegar el alba, y fue para transformarse en una tos cavernosa, primero, y luego en una especie de débil sollozo. Como para echar de menos los aullidos de antes. «Habrá cogido un resfriado», dijo Carlo, todavía optimista. Pero Caterina dijo que no con la cabeza, ya presa de una sospecha angustiosa. La noche anterior, mientras la veía llorar con la boca abierta de par en par, le había entrevisto la garganta: roja como un tomate y con las amígdalas inflamadas, grisáceas. Ahora tenía inflamada también la lengua, tenía inflamado también el cuello, y la carita estaba caliente. El cuerpecito, lleno de sudor. Síntomas todos de una infección aguda. ¿Pero cuál? ¿Y cómo curarla? Cuando le explicó qué se hacía si el niño venía de todas formas, la comadrona de Montalcinello no le dijo qué se hace para reconocer una infección cuando enferman. Mucho menos cómo se cura. Ella sólo sabía que el dolor de garganta se llama anginas y que para curarlo hacía falta avisar al cirujano. Le pidió a Gaetano que fuera a buscarlo. Gaetano fue en su busca, pero el cirujano estaba en Greve atendiendo el parto de una vaca, y no pudo volver con él hasta la tarde. Mientras tanto, la fiebre le había subido alarmantemente, el débil sollozo se había transformado en un silbido afanoso, y la garganta estaba tan obstruida que el aire no pasaba sino con grandes dificultades. «Sí, son anginas —dictaminó el cirujano, tras lavarse lo mejor que pudo las manos, todavía manchadas de la sangre que había perdido la vaca— y la verdad es que no sé qué hacer. Si fuese una adulta, sugeriría una lavativa o una sangría. Es algo que funciona siempre. Pero con un pajarillo como éste, ni pensarlo. Prueben a aplicarle aceite caliente o agua salada en el cuello y avisen al médico». El médico estaba en Radda. Nada había cambiado desde la muerte de Luca, acaecida ya hacía tres años. Para encontrarlo, se necesitó todo un día; para que llegase, el mismo tiempo, y, aunque él sí se presentó con la manos limpias, su ignorancia era todavía mayor que la del cirujano. También él curaba a fuerza de lavativas y sangrías. Sólo renunciaba a ellas en favor de las cataplasmas a base de higos secos y salvado, o los ungüentos compuestos de jugo de moras e hiel de toro. Y, en casos excepcionales, en favor del bisturí que, en cualquier caso, no desinfectaba. Tras pronunciar una palabra que Carlo y Caterina no habían oído jamás, la palabra difteria, dijo que para ayudar a la niña a respirar podía practicarle una incisión en la campanilla y en el cuello. Pero Caterina se opuso a gritos, así que volvió a la cataplasma a base de higos secos y salvado, luego al ungüento compuesto de jugo de moras e hiel de toro. Por último, se fue murmurando: «Recen».

La agonía duró tres días más. Tres días en los que Carlo no hizo otra cosa sino rezar y en los que Caterina corrió el riesgo de volverse loca. En un determinado momento, le suplicó a Gaetano que fuera al pozo de San Eufrosino y le trajera de allí un frasco con el agua que les hacía bien a los bueyes y a las mujeres encinta, y que ella no había bebido jamás durante el embarazo. «Por lo que más quiera, Gaetano, ¡corra! ¡Si es buena para las mujeres encinta también será buena para sus criaturas!». Gaetano obedeció y ella intentó que Teresa tomase un poco. «¡Bebe, mi amor, bebe! ¡Es agua bendita, agua milagrosa!».

Pero Teresa ya no podía beber. Ya no podía alimentarse. Para beber, mamar, tragar, es necesario poder respirar. Es necesario tener la faringe abierta. En vano se exprimía Caterina el seno, en vano recogía en una cuchara las gotas de su leche, en vano se las vertía sobre los labios. «¡Bebe, mi amor, bebe!». En vez de descender hacia el esófago se le quedaban en la boca, amenazando con ahogarla. Ya ni siquiera lloraba. También para llorar es necesario poder respirar, es necesario tener la faringe abierta. Tan muda e inmóvil como una muñeca de trapo, se limitaba a mirar a aquella mujer que sollozaba, desesperada, y lo único vivo que había en ella era la mirada. Pero al cabo del tercer día cerró los ojos. Mientras el silbido se enrarecía se puso cianótica y Caterina perdió definitivamente la cabeza. Estrechándola contra su corazón se precipitó escaleras abajo, salió de la casa, atravesó el patio rodeado de cipreses, irrumpió en el oratorio en el que Carlo seguía rezando, y cayó de rodillas ante la Madonna de Giotto. Empezó a dirigirle a gritos un discurso inconexo. A pedirle perdón por sus pecados, a asegurar que se arrepentía de haber ofendido a la Iglesia y de haber defendido a Ildebranda, que Ildebranda era realmente una bruja y que habían hecho bien en quemarla en la hoguera. A prometer que si Dios no la castigaba, si no le arrebataba a Teresa, se convertiría en una buena cristiana. Que iría a todas las misas a las que hubiera que ir, que rezaría todas las oraciones que hubiera que rezar, que observaría todos los ayunos que hubiese que observar, que se pondría incluso un cilicio y que se flagelaría después. Luego se levantó y, siempre estrechando a Teresa contra su corazón que, mientras tanto, había dejado de emitir aquel silbido, rechazando a Carlo que le estaba diciendo algo que no conseguía entender, se arrojó a los pies de la estatua de Eufrosino. Le repitió lo mismo que le había dicho a gritos a la Madonna de Giotto. Dos, tres, cinco veces: hasta que Carlo logró que le entendiera.

—Ha muerto. Salga fuera, Caterina. Llevémosla a casa.

12

En aquella época, la muerte de un niño no era una tragedia. Se morían muchos. Sobre todo en el campo y cuando aún eran recién nacidos. La falta de hospitales, de médicos, de condiciones higiénicas, unida al hecho de que las mujeres, con frecuencia, parían solas o torpemente asistidas por una comadrona improvisada, acababa con ellos igual que la sequía o la falta de cuidados acaban con un retoño que brota entre los terrones. Si no morían de recién nacidos, tenían muchas probabilidades de hacerlo durante el primer año de vida: diezmados por las pulmonías que, en invierno, caían como un azote sobre las casas gélidas, por las epidemias que, en verano, explotaban a causa de la suciedad y de la negligencia con que se mantenían los pozos de agua, por las diversas enfermedades para las que no existía cura y para las que hasta el médico se limitaba a recetar sangrías o lavativas o cataplasmas de salvado e higos secos, jugo de moras e hiel de toro. Y nadie se escandalizaba por eso. Nadie perdía la cabeza cuando un niño moría: ése es el quid. «¿Ha muerto? Bueno, pues haremos otro». O bien: «Qué le vamos a hacer. La próxima vez tendremos más suerte». Pero Caterina sí perdió la cabeza. Y no sólo cuando se dio cuenta de que Teresa ya no respiraba y se precipitó hacia el oratorio para renegar de Ildebranda y suplicarle a la Madonna de Giotto y luego a la imagen de San Eufrosino, sino también durante los días y las semanas y los meses siguientes. Su locura, de hecho, duró un año entero. Fue una locura serena, compuesta, que explotó tras el entierro de Teresa en el Sepulcro de los Ángeles y que al principio se manifestó por su negativa a comer y hablar. Luego, por el cambio total de sus costumbres y de su personalidad. O lo que es lo mismo: por el estado de absoluta inercia, por la total apatía, física y mental, en la que se sumió. Arrumbado el amor que había descubierto sentir por Carlo, ya no dormía en su cama. Se apañó una yacija en el estudio y todas las noches se acostaba allí. «Así no nos arriesgamos a sufrir otro disgusto». Desvanecido el orgullo de haber aprendido a leer y escribir, ya no leía ni escribía más. Tampoco miraba la provisión de plumas y los once libros que tenía ante los ojos. Desaparecida la energía arrolladora que siempre la había caracterizado, permanecía sentada junto a la chimenea desde el alba hasta el atardecer: mano sobre mano y mirando fijamente el fuego, casi como si ella también quisiese morir. Ya no iba jamás a trabajar al campo, ya no cuidaba de los animales, no cocinaba, no hacía la colada, no limpiaba la casa y, a los tres meses, ésta volvió a convertirse en una pocilga tan insoportable que, a mediados de diciembre, Gaetano dijo: «Voy a tener que casarme yo también...». Luego acudió a don Luzzi, le pidió que le buscara una mujer, y don Luzzi se la encontró en un santiamén. En Chiocchio, un pueblecito situado en el camino hacia Impruneta.

Se llamaba Viola Calosi y era una franciscana terciaria, analfabeta pero con responsabilidades de ministra, es decir, de madre visitadora. Vestía únicamente ropas grises y tan apagadas como la expresión de su cara, tenía el aspecto dócil y desconfiado de una coneja enjaulada, y en Navidad iba a cumplir los treinta años. Algo que no le gustó mucho a Gaetano, acostumbrado ya a la juventud y el atractivo de su cuñada. Pero don Luzzi le replicó que si la Calosi iba a cumplir los treinta, él iba camino de los cuarenta, es decir que era un solterón en la misma medida en que ella era una solterona, que como novio tampoco es que tuviera mucho que ofrecer y da gracias si en la cama sabía por dónde se empezaba, añadió que vieja o joven, guapa o fea, tenía dos brazos para trabajar y un vientre para concebir, en suma, acabó de un plumazo con toda duda o protesta, y el 31 de diciembre se celebraron las bodas. Discretamente, dadas las indispensables prisas y el escaso entusiasmo del marido, y sin la presencia de Caterina que ni siquiera en esa ocasión se levantó de la silla junto a la chimenea. «No, no voy. ¿Qué pinto yo allí?». No se levantó tampoco de aquella silla cuando Viola se instaló en las dos habitaciones orientadas a poniente y, con la tarea de lavar, rascar, limpiar, cuidar de los animales, asumió también el gobierno de la casa. «Haga lo que quiera...». Tampoco lo hizo cuando, como buena franciscana terciaria, volvió a colgar los crucifijos descolgados un año antes y guardados bajo una sábana vieja. «Si tanto le importan...». O cuando en enero anunció que estaba embarazada, «alabado sea el Señor, cuya gracia no mira la edad», y empezó a exhibir una barriga que, poco a poco, terminó por ser monstruosamente grande. «Si usted está contenta...». A pesar del transcurso de los meses, nada parecía quebrar el letargo en el que Caterina había caído a causa de su loco dolor, y Carlo ya no sabía a qué santo dirigirse. Con frecuencia, a escondidas de todos, lloraba. Pero el día en que, con la ayuda de la aparcera de San Eufrosino de Abajo, nacieron dos gemelas que, para variar, murieron a los cinco minutos, el letargo cesó. Y cesó porque, al acabar el funeral en el Sepulcro de los Ángeles, Viola pronunció la frase «Qué le vamos a hacer. La próxima vez tendremos más suerte», y, azuzada por algo que actuó en su psique con la fuerza de un electro-shock, Caterina se levantó de la silla. Se acercó a Viola y le propinó un violento guantazo. Luego, en presencia de Gaetano, que no movió un dedo para detenerla, le escupió encima una catarata de insultos capaz de amilanar a un carretero: «Hipócrita, meapilas, blanqueadora de sepulcros, santurrona, a usted nunca le irá mejor, está muerta y muerta seguirá estando». Y recobró su energía y su genio. Los recobró hasta tal punto que esa misma noche quitó la yacija del estudio y, tras dejar las cosas muy claras, volvió a dormir en su cama con Carlo.

—Las cartas sobre la mesa, Carlo: ¿me quiere todavía?

—¡Oh, Caterina! —suspiró Carlo al que aquel año de abstinencia le había resultado más duro que la soledad en la que vivía antes de conocerla.

—Bien. Yo también le quiero, así que esta noche vuelvo a dormir con usted. Pero con una condición.

—Diga, Caterina.

—¡Que no me vuelva a dejar encinta!

—De acuerdo, Caterina.

A la mañana siguiente, estaba todavía más recuperada. Blandiendo la silla en la que durante docé meses había incubado su serena locura, convocó a Viola, todavía aterrorizada y con un carrillo hinchado por el guantazo. Y la destronó junto a los odiados crucifijos.

—¿Ve esta silla?

—Sí...

—¿Sabe para qué sirve?

—Para sentarse...

—Pues no, señora mía, no. Sirve para rompérsela sobre las costillas a las hipócritas astutas y sin corazón. ¿Quién le ha dado permiso para volver a colgar esos símbolos de dolor y muerte?

—Usted... Me dijo «si tanto le importan...».

—Lo que dije mientras estaba enferma y quería morirme no cuenta. Quítelos inmediatamente porque esas cosas yo no puedo ni verlas. ¿Es que no lo sabía?

—Sí, pero...

—¡Aquí no hay pero que valga! Yo he llegado primero, así que aquí mando yo: ¿comprendido? Yo mando y usted obedece: ¿me ha entendido bien?

En una palabra, siempre a su manera, retomó las riendas de la familia. Y en los dos años sucesivos, los que prepararon la Revolución Francesa y presenciaron la botadura de la Constitución Americana, además de otros sucesos célebres, se superó realmente a sí misma. Para empezar, se compró una cartilla de números. Fue el mismo zapatero de siempre quien se lo consiguió, junto a una resma de papel que salvó a las restantes fundas de almohada del ajuar, por un total de seis escudos. O sea, uno menos que el abecedario. Y con el ábaco, esta vez sin ayuda de nadie, afrontó la ciencia de hacer cuentas: empresa que le facilitaba el hecho de que ya conocía los números y de que, gracias a la venta de huevos, con las docenas se las arreglaba bastante bien hasta sesenta. Empleando poquísimo papel, aprendió, pues, a escribirlos y, en menos de un mes, pasó a la tabla de multiplicar. Ejercicio con el que martirizó a todo el mundo, porque mientras trabajaba, ya fuera en el campo, ya en casa, memorizaba las tablas en voz alta. «Uno por uno es uno... Dos por dos, cuatro... Tres por tres, nueve...». Así durante horas. Y, ¡ay del que intentara pararla! Un día Viola lo intentó y se libró de milagro del sillazo en las costillas. «Debería estarme agradecida por darle la oportunidad de aprender algo. ¡Maldita santurrona analfabeta!». Una vez aprendida la tabla de multiplicar (que en diciembre recitaba ya hasta el «diez por diez, cien»), pasó a las sumas, las restas, las divisiones: esfuerzo que la mantuvo ocupada hasta el verano porque el mecanismo de las divisiones le resultaba muy arduo de aprender, algo que, unido a las trampas de los decimales, le provocaba crisis de desánimo. «Es demasiado difícil, ¡no lo conseguiré jamás!». Con todo, no se rindió, y cuando llegó el tiempo de la siega sabía ya tanta aritmética como la que aprende un niño de hoy en día en cinco años de colegio: conquista que le resultó muy útil para el cómputo de las cosechas y las simientes, para el cálculo de las pérdidas y de las ganancias, para hacer aquel balance siempre amenazado por los inexorables pagos semestrales. En suma, para la administración de la finca, tarea hasta ese momento reservada a Carlo, que de números entendía más bien poco. No por nada, el estudio se transformó en una especie de oficina que ella gestionaba como un contable; los vecinos empezaron a llamarla «la profesora» y todo el que precisaba de ayuda o consejo acudía a ella. Por ejemplo, el aparcero de San Eufrosino de Abajo, a esas alturas ya perdonado. «Quiero vender ocho celemines de judías, profesora. A dos liras y doce sueldos el celemín, ¿cuánto gano, profesora?».

Al mismo tiempo, se sumergió en la lectura de los onces libros que no había vuelto a mirar tras el nacimiento y la muerte de Teresa. El primero que eligió fue la *Divina Comedia*: como sabemos, derecha interrumpida para dar de mamar a Teresa en el verso «*che la diritta via era smarrita*». Se leyó el «Infierno», que le gustó mucho, en apenas dos semanas. El «Purgatorio», que le gustó menos, en tres semanas. El «Paraíso», que le gustó tirando a poco, en cinco. Luego pasó al *Orlando Furioso*, que le encantó; a la *Jerusalén liberada*, que la dejó más bien fría; al *Decamerón*, que la subyugó.* Pero aunque

* Los libros que lee Caterina Zani son los clásicos que se leen, o se leían, en el bachillerato italiano. Esta parte de su educación —incluidas sus pre-

un libro le gustase menos que otro, el placer que obtenía de su lectura era, en cualquier caso, inmenso, y llegó un momento en el que decidió compartirlo con los demás: siguiendo una costumbre entonces muy frecuente en Toscana, inauguró una serie de *veglie* en las que leía para todos. Cantos del «Infierno», por lo general, con una especial predilección por el episodio de Paolo y Francesca.* «*Noi leggiavamo un giorno per diletto / di Lancialotto come amor lo strinse / soli eravamo e sanza alcun sospetto. / Per più fiate li occhi ci sospinse / quella lettura, e scolorocci el viso; / ma solo un punto fu quel che ci vinse. / Quando leggemmo il disiato riso / esse baciato da cotanto amante / questi, che mai da me non fia diviso, / la bocca mi baciò tutto tremante*» (Cómo el amor a Lanzarote hiriera / por deleite, leíamos un día: / soledad sin sospechas la nuestra era. / Palidecimos, y nos suspendía / nuestra lectura, a veces, la mirada; / y un pasaje, por fin, nos vencería. / Al leer que la risa deseada / besada fue por el fogoso amante, / éste, de quien jamás seré apartada, / la boca me besó todo anhelante).** Y todos se conmovían. La única que no disfrutaba con estas *veglie* y ese fragmento era Viola, que, recordando que había sido ministra, es decir, madre visitadora, una mañana se armó de valor y se lo dijo. La orden de los franciscanos terciarios prohibía las reuniones en las que no se rezaba, es decir, los saraos fútiles e indecorosos, le dijo. Prohibía también la posesión de libros pecaminosos y las lecturas dañinas para la virtud, y la historia de esa tal Francesca era una obscenidad. Como respuesta, se ganó tal sillazo en la cabeza que estuvo horas sangrando por la nariz; esta vez, hasta Gaetano se rebeló: «Caterina, se ha pasado de la raya, a mi mujer ni tocarla». Protesta a la que ella reaccionó dándo-

ferencias literarias— es, por lo tanto, un guiño continuo al lector italiano. (*N. de la T.*)

* El episodio de Paolo y Francesca, más conocido en España como el de Francesca da Rímini, es uno de los más famosos de la *Divina Comedia*. Paolo y Francesca son cuñados (Paolo es hermano del marido de Francesca) y se besan tras leer cómo Lanzarote (o Lancelot) del Lago inicia sus relaciones adúlteras con la reina Ginebra, esposa del rey Arturo. (*N. de la T.*)

** Traducción de Ángel Crespo, *op. cit.* (*N. de la T.*)

le la espalda y con una idea revolucionaria: aprenderse de memoria los fragmentos que le gustaban más y recitarlos en los campos mientras se segaba o se vendimiaba. «*Le donne, i cavalier, l'arme, gli amori / le cortesie, le audaci imprese io canto, / che furo al tempo che passaro i Mori / d'Africa il mare, e in Francia nocquer tanto...*» (Damas, armas, amor y empresas canto, / caballeros, esfuerzo y cortesía / d'aquel tiempo que a Francia dañó tanto / pasar moros el mar de Berbería).* O: «*Considerate la vostra semenza: / fatti nos foste a viver come bruti, / ma per seguir virtute e conoscenza*» (Considerad vuestra simiente / hechos no fuisteis para vivir como brutos / sino para perseguir virtud y conocimiento).** Tenía que desgañitarse para que su voz llegara hasta las hileras de olivos más alejadas. Pero su solución resolvió el problema de la mano de obra y potenció la vida social de la familia, hasta ese momento desconocida. Por último, se convirtió en curandera, experta en la ciencia de la herboristería y especializada en el diagnóstico de las enfermedades. Ésta fue, quizá, la manifestación más original de su genialidad.

Caterina había vuelto a la vida, sí, pero no por eso había borrado de su memoria la agonía de Teresa y el dolor sufrido por culpa del cirujano que sólo sabía cómo curar a las vacas, y más tarde por culpa de aquel inepto que sólo sabía prescribir sangrías o lavativas o cataplasmas sin ninguna base científica. Y se había jurado a sí misma que una tragedia así no volvería a repetirse. Así, en cuanto terminó de leer el decimoprimer libro, se puso a esperar a que la lluvia le llevase de nuevo al zapatero. Esta vez le encargó que le

---

* Traducción de Jerónimo de Urrea (1549), reedición en Cátedra, Madrid, 2002. Se trata de los versos con los que comienza el *Orlando Furioso* de Ludovico Ariosto, probablemente el poema épico más famoso de todo el Renacimiento europeo (su influencia, fuera de Italia, se extendió desde Lope de Vega, Góngora y Cervantes hasta Milton y lord Byron). Tanto el inicio «*Le donne, i cavalier...*» como el «*Nel mezzo del cammin...*» de Dante son para cualquier lector italiano el equivalente a «En un lugar de La Mancha...» para el lector español. (*N. de la T.*)

** *Divina Comedia*, «Infierno», canto XXVI. (*N. de la T.*)

buscase el mejor libro de medicina existente en el mercado y, gracias al hiperbólico desembolso de ocho escudos, seis liras y tres sueldos, el estudio se vio enriquecido con un nuevo volumen titulado *Obra quirúrgica anatómica conformada según el movimiento circular de la sangre y otros descubrimientos de los [autores] modernos. Con el añadido de un Tratado sobre la peste y de varias observaciones de Paolo Barbette, doctor francés que fuera celebérrimo en Ámsterdam*. Publicado en 1650, en flamenco, traducido al latín en 1729 y del latín al vulgar, es decir, muy antiguo y lleno de reinterpretaciones, no podía considerarse, qué duda cabe, el mejor libro de medicina existente en el mercado, pero estaba escrito con un estilo accesible, la parte diagnóstica estaba bastante cuidada, y contenía un extraordinario *corpus* de recetas a base de hierbas, que sólo en contados casos recomendaba mezclar con las consabidas porquerías. Y ella se sumergió de lleno en su lectura, empezando por el capítulo que Barbette titulaba «Investigación sobre el tumor en la garganta que impide tragar y respirar». Tras estudiar bien los síntomas, pasó a las recetas, y la primera que consiguió elaborar fue la que había que emplear apenas se inicia la enfermedad. Un jarabe compuesto por hiedra, raíz de malvavisco, hojas de malva, flores de eneldo y de manzanilla, semillas de amapola y zumo de granada, todo ello hervido en agua de cebada, y que, tras provocarse, a fuerza de ingerir pimienta, un fuerte ardor de garganta, experimentó sobre ella misma para cerciorarse de que no producía daño alguno. La segunda, algo dudosa, fue la que había que emplear en el caso de que el jarabe no hiciese efecto. Una cataplasma compuesta de mostaza, semillas de lino, pistilos de lirios blancos, aceite de nueces y de avellanas, palomino, nidos de golondrinas, cebollas cocidas en ceniza caliente, todo ello amalgamado con una onza de vino y pasado por el cedazo, que experimentó con Carlo: fortuitamente aquejado de unas fuertes anginas y ya más que acostumbrado a no asombrarse por nada. La cataplasma tampoco produjo efecto negativo alguno, y desde ese día nadie fue capaz de refrenarla.

Excitada por el hecho de que en Panzano y en sus alrededores siempre había algún enfermo dispuesto a someterse a los experimentos de la profesora, pasó del dolor de garganta a la tos. Molestia que combatía con una infusión de ortigas, menta, salvia, romero, bayas de enebro y jugo de yuyuba. De la tos, al dolor de oídos. Calamidad que curaba con un ungüento elaborado a base de leche cocida con ajo, clara de huevo, grasa de pato y puerros triturados en vino. Del dolor de oídos, al de cabeza, luego al de estómago, luego al de tripa, y siempre prescribiendo recetas que a veces, sí, incluían ingredientes asquerosos, como el palomino o los nidos de golondrina, pero que básicamente contenían sustancias de las que aún hoy se sirve la farmacología. Raíces, hojas, pétalos, semillas, pistilos. Además, entendía mucho de hierbas y flores. El decimoprimer libro, es decir, el *Manuale dell'Agricoltore Perfetto* la había aleccionado perfectamente en ese terreno. Además, encontraba todas las plantas que necesitaba tanto en el campo como en los bosques. Y llegó un momento en el que se pudo permitir transformar su nueva pasión en un negocio no menos floreciente que el de los *tubi di decenza* que ofreciera antaño en la feria de Rosìa. En vista de que los componentes eran prácticamente los mismos, se lanzó incluso a la producción de productos de belleza, que, junto a las medicinas, vendía todos los sábados en Greve, donde tenía un puesto con el cartel «La farmacia de Caterina» y en el que obtuvieron gran éxito tres productos no carentes de eficacia: «*Visobello*» (Rostro Hermoso), «*Manisane*» (Manos Sanas) y «*Acquabona*» (Agua Buena). El primero, un bálsamo para proteger el cutis, hecho a base de claveles triturados, gemas de saúco, pimpollos de lavanda, claras de huevo montadas a punto de nieve, vino blanco y gelatina de patas de ternera. El segundo, una pomada para curar las manos agrietadas por el frío y el trabajo, elaborada a base de judías secas trituradas en el mortero, yema de huevo seca, jugo de lechuga y de pepino, nata ácida y castañas, todo ello pulverizado. El tercero, una especie de perfume, obtenido cociendo flores de mejorana, albahaca, verbena, pétalos de rosa y flores de jazmín, además de semillas de anís y corteza de limón. Todo filtrado a través de un retal de lino, mantenido seis meses en un lugar a oscuras, y acompañado de un papel escrito a mano que no tuvo gran éxito dado que casi nadie podía leerlo: «Recordad que el *Acquabona* no sirve de nada si, al menos una vez al mes o, mejor aún, una vez a la semana, no os dais un buen baño en el barreño».

Y todo esto, sin olvidar la ciencia médica que, gracias a Barbette, estaba adquiriendo también en campo ajenos a la herboristería. La forma de curar una herida o enyesar una muñeca rota o un tobillo dislocado, por ejemplo. El sistema para extraer una muela o sajar una buba. Y la dieta que, según Barbette, influía en el sexo del feto: comida poco salada, carne, dulce, si quieres concebir una niña; comida muy salada, pescado, quesos, si quieres un chico. Información que le resultó preciosa cuando decidió infringir el pacto establecido con Carlo y concebir el hijo al que, en el arco de veinticinco años, le seguirían otros diez.

13

Todo ocurrió por culpa de Viola que, pese a su aspecto dócil y desconfiado de coneja enjaulada, sus pudores de franciscana terciaria, y la desconcertante calma con la que recibía sillazos en la cabeza, se reveló como una temible adversaria. Mejor dicho, como una enemiga sumamente peligrosa. A despecho de la edad y del fracaso del primer parto, en diciembre de 1788 parió (siempre con la ayuda de la comadrona de San Eufrosino de Abajo) a un lloroncete grácil y enfermizo al que se le impuso el nombre del rey de Francia: Luigi [Luis]. Distraída por sus estudios de aritmética, por las lecturas de la *Divina Comedia* y el *Orlando Furioso*, por la posesión de la *Obra quirúrgica anatómica* que acababa de proporcionarle el zapatero, Caterina reaccionó ante aquella sorpresa con la indiferencia de quien está demasiado seguro de sí mismo como para temer que alguien atente contra su supremacía. A mí qué más me da, se había dicho, esa boba no sabe hacer hijos que duren: el pobrecito niño no verá la Nochevieja de 1788. En cambio, en parte gracias a las cataplasmas y las tisanas que ella le administró, con incauta generosidad, para Nochevieja el pobrecito niño seguía vivo. Y lo mismo para la Cuaresma, lo mismo para Semana Santa, cuando la indiferencia se transformó en preocupación y el discurso «a mí qué me importa» se vio sustituido por otro completamente distinto. ¡Hasta aquí podíamos llegar! El asunto podría haberla traído sin cuidado si Luigi hubiese sido Luigia: en el gran ducado las mujeres no tenían derecho a heredar. Pero Luigi era un Luigi que a la muerte de Gaetano se quedaría con el *livello*, así que había que pasar a la contraofensiva. Es decir, a seguir la dieta de Barbette y parir lo antes posible a un varón.

La contraofensiva se inició con la «batalla de la sal»: durísima, porque la sal costaba más que el papel y a ella no le gustaba la comida muy salada. Pero con los ingresos obtenidos con la venta de los productos de belleza se compró un celemín de sal y, con su habitual fuerza de espíritu, empezó a consumirla a cantidades industriales. Prosiguió con la «batalla del pescado»: no menos dura que la anterior porque el pescado tampoco le gustaba y en la campiña toscana nadie lo consumía. Pero inspeccionando el barranco se dio cuenta de que el torrente era abundante en truchas y, en menos que canta un gallo, aprendió a pescarlas y comenzó a comérselas y, con el añadido del queso *pecorino*, que nunca faltaba en la casa, en menos de tres meses estuvo lista para desencadenar el contraataque propiamente dicho. Acontecimiento que se produjo a mediados de julio, si nos atenemos a la leyenda, justo el mismo día en que tuvo lugar la toma de la Bastilla. Mientras en París la multitud se lanzaba contra la cárcel real, ella se dio un hermoso baño en el barreño, se perfumó con *Acquabona* y, con el arrojo de un jacobino decidido a cambiar el mundo, le dijo a Carlo: «He cambiado de idea. Esta noche concebiremos a un heredero». El resto es historia. Carlo se puso contentísimo, el 14 de abril de 1790 nació un hermoso niño sobre las hojas de maíz al que pusieron por nombre Domenico, y, desde ese día, la guerra entre las dos cuñadas se desarrolló a golpe de hijos varones. Sin treguas, sin piedad y siempre coincidiendo con las diversas etapas de esa otra guerra que, con el nombre de Revolución Francesa, estaba socavando el orden establecido hasta entonces en Europa. Lo demuestran las fechas. En septiembre del mismo año, Viola, que no era tan bobalicona como parecía y que no sólo había descubierto por intuición la dieta de Barbette, sino que lo había hecho con un año de anticipación sobre Caterina, se quedó otra vez embarazada. Y entre el 20 y el 21 de junio de 1791, es decir, la noche en la que Luis XVI y María Antonieta fueron capturados en Varennes mientras intentaban huir, parió a un segundo varón grácil y enfermizo, al que se le impuso el nombre de Antonio. Entonces Caterina se enfadó de veras. Volvió a hacer lo mismo que había hecho para la toma de la Bastilla y, el 10 de agosto de 1792, es decir, el día en que se produjo el asalto definitivo a las Tullerías, parió a otro robusto niño al que llamaron Pietro. Un golpe bajo contra el que Viola reaccionó, el 20 de enero de 1793, es decir, veinticuatro horas antes de que Luis XVI fuese guillotinado, con un tercer varón, todavía más grácil y enfermizo, al que se llamó Giuseppe. Que el 17 de octubre, es decir, veinticuatro horas después de que María Antonieta fuese guillotinada, Giuseppe muriese de raquitismo, fue lo de menos. Apenas fue enterrado aquel fracaso, la terciaria se apresuró a repararlo y el 28 de julio de 1794, mientras las cabezas de Robespierre y de Saint-Just rodaban también hasta caer en el cesto, parió a un cuarto varón, bastante sano, al que se le puso el nombre de Silvestro, y al que Caterina respondió con el hermosísimo niño que nació el 15 de mayo de 1795: Eufrosino.

La del nacimiento de Eufrosino fue una fecha histórica, aunque aparentemente carezca de importancia, porque fue justo en aquel día cuando la ya cuarentona Viola, a esas alturas agotada por la inútil batalla, alzó la bandera blanca. La guerra que asolaba la finca desde hacía siete años tocó a su fin, y en los años sucesivos Caterina pudo continuar, sin molestias por parte de nadie, con su personal producción de varones, primero, y más tarde de chicas. Y, mientras tanto, dedicar su atención a un enemigo mucho más interesante que su cuñada: Napoleón Bonaparte. Porque, por aquel entonces, la guerra conocida como Revolución Francesa también había cesado. Sus defensores, guiados por la típica estupidez de los seres humanos, estaban a punto de reinventarse a un amo mucho menos dócil que el cretino al que habían asesinado, y también en Chianti cambiaron las cosas. Tras la muerte de su hermano, el emperador de Austria, Pedro Leopoldo había regresado a Viena, en el año 1790, para ceñir la corona de los Habsburgo. Allí murió, el 29 de febrero de 1792, es decir, un año, siete meses y dieciséis días antes que su hermana María Antonieta, y en el gran ducado reinaba ahora su hijo Fernando: una buena persona, pero sin la cabeza y el valor del padre. Y algo peor: nombrado comandante en jefe del ejército de Italia, Napoleón estaba entrando en Toscana para ocupar Livorno y desde allí saltar a Florencia, donde Caterina lo agrediría el 1 de julio de 1796.

* * *

La leyenda transmitida junto a la funda de almohada y el arcón contiene muchas lagunas. Pero no en el caso de aquel noble episodio, corroborado, por otra parte, por acontecimientos históricos e irrefutables. En junio de 1796, como todos saben, un joven Napoleón de veintisiete años tenía ya decidido adueñarse de Toscana, empezando por Livorno: en aquella época, una especie de Hong Kong abierto a cualquiera. Y pese a su bobaliconería, Fernando III era perfectamente consciente de ello, por lo que había enviado a Bolonia, donde el comandante en jefe del ejército de Italia había instalado su cuartel general, a tres comisarios encargados de hacerle cambiar de idea: el príncipe Corsini, el marqués Manfredini y el académico y escritor Lorenzo Pignotti. Experto conocedor del alma humana, Napoleón los recibió con suma cordialidad. Le dijo a Pignotti que su hermano Giuseppe [José Bonaparte] había sido alumno suyo en Pisa y que, por lo tanto, apreciaba su obra literaria de forma absoluta; a Corsini y a Manfredini que era un honor conocerlos y que nada podría enturbiar las buenas relaciones existentes entre Francia y Toscana; esperó a que aquellos tres gilipollas se fueran, los tres tan contentos y tan satisfechos, y, a la cabeza de una división, entró en Toscana. El 24 de junio invadió Pistoia, el 26 envió un mensaje a Fernando III mediante el que le informaba de que, como respuesta a las vejaciones sufridas a manos de los ingleses por los franceses residentes en Livorno, el Directorio le había pedido que ocupase dicha ciudad y el 27 la ocupó. Sin derramar una gota de sangre porque los ingleses huyeron en desbandada y los toscanos, aunque hubieran querido, no hubiesen podido oponer resistencia alguna. Además de la pena de muerte y de la Inquisición, Pedro Leopoldo, en su malinterpretado pensamiento ilustrado, había abolido también el Ejército, y para defender el gran ducado no se contaba más que con mil ochocientos soldados de Infantería, mal armados, y con una guardia civil compuesta por voluntarios que se entrenaban los domingos disparando a los faisanes.

Entre confiscaciones y saqueos y abusos de todo tipo, Napoleón permaneció en Livorno tres días. Luego dejó el mando en manos de Joaquín Murat y, con el pretexto de presentarle sus respetos a Su Alteza Real, en realidad con la intención de echarle un vistazo a las obras de arte que pretendía rapiñar apenas le fuera posible, la tarde del 30 de junio bajó a Florencia: escoltado por un regimiento de dragones y acogido con los mismos honores que, como veremos, la descendiente de nuestra heroína vería tributarles a Mussolini y a Hitler en 1938. Muerto de miedo, y sintiéndose más impotente que nunca, Fernando III puso a su disposición el palacio más hermoso de Borgo Pinti. Presa de una imprudencia de loco, se lo llevó a pasear por el palacio real y el jardín de Bóboli, y, durante veinticuatro horas, le enseñó los Uffizi, además de todas las iglesias y todos los museos que deseaba contemplar, mejor dicho, inspeccionar. Los cuadros, las estatuas, los mosaicos, los camafeos que ambicionaba, y el espléndido sarcófago etrusco que, junto a la espléndida *Venus Médicis*, terminaría en el Louvre años después. Por último, le agasajó con un suntuoso banquete. El mismo banquete en el que el huésped dijo: «Qué afortunado soy porque mis abuelos fueran originarios de la ínclita Florencia». Frase con la que aludía al hecho de que en 1500 los Bonaparte emigraron a Córcega desde Toscana. (Según algunos, desde San Miniato al Tedesco: un pueblecito situado en el camino hacia Pisa y en el que aún vivía un tío suyo. Según otros, desde el valle del Greve, más exactamente, desde el tramo comprendido entre Greve y San Casciano.) El problema fue que, aquel día, Caterina también se encontraba en Florencia: autonombrada ya administradora de los bienes familiares, era la responsable de ir dos veces al año al Regio Spedale para efectuar los pagos semestrales que antes le entregaban a don Luzzi. Y gracias a la *Gazzetta Patria,* el periodiquillo que el buhonero le llevaba todos los meses y le vendía por dieciséis sueldos, sabía hasta demasiadas cosas sobre Napoleón. Por ejemplo, que en nombre de la libertad y de la fraternidad se había adueñado ya de Piamonte, de Liguria y de Lombardía. Algo que le había gustado más bien tirando a poco. Por si eso no bastara, al dejar la diligencia había escuchado que el 27 de junio el muy infame se había apropiado de Livorno y que ahora estaba en Florencia. Algo que le gustó todavía menos. Llena de ira, iba caminando pues a lo largo de la calle que, veintitrés años antes, Carlo había recorrido para ir a la Plaza de la Señoría, cuando el destino quiso que llegase a la Plaza Pitti justo mientras Napoleón hacía su entrada en ella desde la vía Maggio para asistir al suntuoso banquete. Comprendió que se trataba de él porque viajaba en la carroza dorada de los Habsburgo-Lorena, escoltado por sus dragones uniformados con casaca verde, yelmo de cobre coronado con un penacho negro y botas de media caña. Y, nada más atisbarlo, se acercó a mirarle detenidamente la cara, preguntándose si, quizá, se trataba del gran hombre que sus partidarios afirmaban que era. Pero cuando vio a aquel jovencito arrogante, de mirada despectiva y enorme nariz aguileña, intuyó lo mismo que intuiría su descendiente cuando miró a aquellos otros dos en 1938. Es decir, que una gran desgracia estaba a punto de sumarse a la desgracia. Su ira se transformó en furor y, arrojándose contra la carroza, le gritó la breve pero profética requisitoria que sería transmitida de generación en generación junto a la funda de almohada y el arcón.

—¡Malditos seáis tú y la maldita puta que te parió! ¿Qué estatuas has venido a robarnos, qué guerras has venido a traernos, buitre carroñero?

Fue arrestada inmediatamente. Incidente del que, sin embargo, salió ilesa en menos de media hora, en parte porque se puso a gritar «¡Estoy encinta! ¡Pobres de vosotros como me toquéis!», y en parte porque el jefe de la gendarmería era tío de uno de Livorno que, un poco por piedad y otro poco por complicidad, zanjó el asunto con una reprimenda bonachona. Pero el odio hacia el «buitre carroñero» ya era una realidad imborrable que explotó en 1799, implicando también a Carlo y a Gaetano, y arrastrándolos hacia el único episodio combativo de toda su docilísima vida: la resistencia contra los franceses.

14

El hijo que Caterina llevaba en su seno mientras gritaba «¡Estoy encinta! ¡Pobres de vosotros como me toquéis!» era Donato: mi tatarabuelo paterno. Y nació el 2 de enero de 1797, un año tranquilo para San Eufrosino y para Toscana. Para San Eufrosino porque, como ya sabemos, Viola había renunciado a seguir librando la guerra de los varones y había dejado ya de parir. Para Toscana, porque en primavera Napoleón retiró las tropas de Livorno y firmó el armisticio de Loeben con Austria, en verano se consagró al trabajo de constituir la República Cisalpina, y en otoño se entretuvo con un par de cosillas más: el Tratado de Campoformio y el golpe de Estado que el 18 del mes Fructidor* hizo ejecutar por Augerau. En ese sentido, también fue tranquilo el año 1798, en el que la campaña de Egipto y la paliza que le dio Nelson en Abukir lo mantuvieron distraído de sus intereses hacia con la patria de sus abuelos, los que nacieron y vivieron no se sabe si en el valle del Greve o en San Miniato al Tedesco. Tanto es así que Caterina decidió quedarse embarazada por quinta vez. Pero en 1799, cuando el precario armisticio firmado con Austria se rompió y, ya conquistado el reino de Nápoles, los franceses se dieron cuenta de que para ir del norte al sur de Italia eran necesarios los caminos toscanos, todo cambió. En Florencia comenzaron a aparecer manifiestos con el lema «Libertad. Igualdad. Fraternidad»; con los manifiestos, el estandarte de la

* Decimosegundo mes del calendario republicano francés (del 18 de agosto al 16 de septiembre). (*N. de la T.*)

República, que en una mano sostenía el asta coronada con el gorro frigio y en la otra el haz de varillas atadas por un cordón, es decir, el mismo símbolo del poder que Mussolini adoptó ciento veinte años después, y el 23 de marzo el nuevo comandante en jefe del ejército de Italia, el general Schèrer, proclamó un bando que ponía fin a cualquier esperanza de paz.

Haciendo oídos sordos a las promesas de neutralidad con las que el pávido e impotente Fernando III intentaba hacer olvidar su parentesco con el emperador de Austria, lo que Schèrer proclamaba era, en efecto, que Toscana debía ser liberada por los franceses y que el general Gaultier ya estaba presto a hacerlo. Desde Bolonia, Gaultier anunció a sus tropas que se disponían a ocupar una de las regiones más hermosas de Italia, así que despacito con los saqueos; lleno de gratitud, Fernando III respondió a ello animando a sus súbditos a que respetasen a los huéspedes y se abstuviesen de hacer cualquier gesto que pudiese irritarlos, y el 24 de marzo (era Semana Santa) sucedió lo que la breve pero profética requisitoria de Caterina había anticipado. Precedido por varios regimientos de caballería, con los mosquetes empuñados y unos ramitos de olivo ridículamente metidos dentro de las bayonetas, y seguido por un interminable cortejo de cañones y de carros en los que se transportaba la artillería, Gaultier entró en la ciudad desierta y enmudecida. Se instaló en el Palacio Riccardi y, tras ordenarle al inexistente ejército del gran ducado que depusiera las armas, alzó la bandera francesa en el Palazzo Vecchio o Palacio Viejo. Luego envió a Fernando III un despacho mediante el cual le despedía y le conminaba a abandonar Toscana en el plazo de veinticuatro horas, orden que él cumplió sin decir esta boca es mía, y con sesenta fusileros, además de un escuadrón de cazadores a caballo, asedió la Cartuja. Arrestó al Papa, lo envió a Parma y de allí al Delfinado, donde murió encarcelado. Por último, nombró a una especie de gobernador, el comisario Reinhard, quien ordenó que en la Plaza de Santa Maria Novella, así como en la Plaza de la Señoría, rebautizada en el acto como Plaza Nacional, se plantasen sendos Árboles de la Libertad. Es decir, el árbol, por lo general un chopo o un álamo, que, imitando una costumbre surgida durante la guerra de Independencia Americana, los revolucionarios habían elegido como símbolo de la República. Reinhard se preocupó también de informar a los ciudadanos de que el calendario había cambiado y de que, de ahora en adelante, ya no podían contar los años y los meses como los habían contado siempre. Tampoco podían llamar a los meses como siempre los habían llamado, es decir, enero, febrero, marzo, abril, etcétera, de 1799, sino Nevoso, Pluvioso, Ventoso, Germinal, Floreal, etcétera, del Año Séptimo. Y mientras la ciudad desierta y enmudecida se llenaba de una multitud de pillos que voceaba: «¡Vivan los franceses!», mientras los partidarios de Napoleón y los oportunistas y los chaqueteros se ponían a su servicio, en otras palabras, se volvían unos colaboracionistas, pasó a emanar edictos. Esos terribles edictos que siempre comenzaban por las palabras «*Nous voulons*» [«Nosotros queremos»] y por las que los toscanos llamaron durante mucho tiempo a los franceses «*Nuvolòn*» o «*Nuvoloni*» [nubarrones].

El primer edicto de los *Nuvoloni* fue ordenar que se entregaran inmediatamente todas las vajillas de metales preciosos y todos los candelabros de oro y plata, además de los cuadros y las mejores estatuas que adornaban las iglesias, los oratorios, los conventos, cualquier lugar sagrado. Las vajillas y los candelabros para fundirlos en la ceca de Florencia y convertirlos en monedas. Los cuadros y las estatuas para enviarlos al Louvre, a donde Reinhard ya había mandado el espléndido sarcófago etrusco y los cuadros, los mosaicos y los camafeos a los que Napoleón ya había echado el ojo el mismo día en el que Caterina se lanzó contra su carroza al grito de: «¿Qué estatuas has venido a robarnos, qué guerras has venido a traernos, buitre carroñero?». Y donde, desde 1796, ya se encontraba el *Apolo Belvedere*, requisado en Roma como trofeo de guerra. El mismo *Apolo* al que, años después, le fue «otorgada en matrimonio» la *Venus Médicis*, en esos momentos puesta a salvo, es decir, escondida en Palermo.

El edicto se extendía al campo. Y éste fue el quid del asunto.

* * *

La invasión del campo no se produjo contemporáneamente a la de Florencia, y la noticia de que la capital había sido ocupada no llegó en el acto a San Eufrosino de Arriba porque, al ser Semana Santa, el 24 de marzo ni siquiera el buhonero se había dado su acostumbrada vuelta por la ciudad. Al día siguiente, fiesta de la *Pasquetta*, lo mismo. Durante dos días, pues, la familia ignoró totalmente lo sucedido y Caterina, pese a estar embarazada de siete meses, siguió cumpliendo sin interferencias con sus innumerables deberes de cabeza de familia. El único rasgo que compartió con Napoleón y que ahora incluía también la tarea de enseñar a leer y escribir a cuatro de los siete niños producidos durante la Guerra de los Varones: el primogénito Domenico, que ya tenía nueve años, el segundogénito, Pietro, que tenía siete, y sus primos, Antonio y Luigi. Este último ya contaba con once años y era tan débil de salud como falto de entendimiento. El 26 de marzo, sin embargo, el buhonero fue a Florencia y volvió. Y, al enterarse de que el «buitre carroñero» había tomado Florencia, expulsado al gran duque y arrestado al Papa, de que en el Palazzo Vecchio ondeaba la bandera francesa, y de que a partir de ahora en vez de enero febrero marzo etcétera, había que decir Nevoso Pluvioso Ventoso Germinal etcétera, explotó en un aullido cargado de amenazas.

—¡Ya lo había dicho yoooo!

A la semana siguiente, los *Nuvoloni*, los «nubarrones», llegaron a Greve, donde plantaron el inevitable Árbol de la Libertad, un chopo joven arrancado de los bosques de la parroquia, y abrieron una *Gendarmerie*, además de nombrar a un comisario provincial. Cargo para el que eligieron al nieto de aquel Girolamo Civili que se había hecho con San Eufrosino de Abajo, es decir, el rico molinero Giuseppe Civili. A su juicio, un jacobino sincero que creía realmente en los principios de la «*Liberté. Égalité. Fraternité*». A juicio de los habitantes de Greve, un sucio oportunista que sólo veía en aquellas tres palabras un medio para hacer carrera. Por indicación de Civili, una de cuyas responsabilidades era la de señalizar los puntos calientes de la zona, subieron a Panzano, en donde plantaron otro chopo joven y abrieron otra *Gendarmerie*. Dieciséis militares, cuatro de ellos de Caballería, perfectamente armados y a las órdenes de un sargento arrogante que lo primero que hizo fue instalarse en el priorato, obligando al viejo don Fabbri a dormir en el trastero. Lo segundo, ampliar su zona de mando hasta el municipio de Radda, para formar un triángulo que controlase todo Chianti. Un drama que hizo que Caterina explotase con un rugido más amenazador todavía.

—¡Hay que combatiiirrr!

Al día siguiente comenzaron los abusos y las vejaciones que los habitantes de la República Cisalpina y los ex Estados Pontificios conocían ya: robo de mulos, burros, terneras; confiscación de harina, vino, aceite, legumbres, animales de corral. A veces, llevada a cabo de la forma más brutal porque los soldados tenían que procurarse la comida por ellos mismos y cuando tenían hambre no perdían el tiempo con pamplinas: caían sobre una finca y arramblaban con todo lo que les hacía falta. A veces, de forma más suave, es decir, mediante ordenanzas escritas por Civili y colgadas en la plaza. Lo demuestra la que se conservó, hasta 1944, en el arcón de Caterina: «Libertad e Igualdad, en el día 20 del mes Germinal del Año Séptimo. ¡Ciudadanos! Se precisan urgentemente y sin dilación veinte pares de pulardas, diez pares de pichones y tres toneles de vino de la mejor calidad para el comedor de la tropa francesa. Lo que entregaréis bajo nuestra más estricta vigilancia no más tarde de mañana por la mañana. Comisario Giuseppe Civili, que os dice Salud y Fraternidad». Ordenanzas que provocaron que Caterina explotase con un alarido de tintes incluso homicidas.

—¡Muerte a los colaboracionistaaasss!

Pese a todo esto, en San Eufrosino de Arriba todavía no había ocurrido nada que despertase hasta el fondo el sentimiento patriótico de la familia y la empujase a luchar contra el invasor. Ni los campos ni los establos ni los toneles de vino ni el corral habían sufrido saqueos, las ordenanzas exigiendo la entrega de alimentos se habían quedado sin cumplir sin que ello les acarrease castigo alguno, y Caterina no había entregado ni siquiera un huevo. (Detalle que demostraba otro papel custodiado en el arcón, éste escrito en francés, se supone que por el sargento arrogante a Giuseppe Civili: «*Liberté, Égalité, Fraternité. Le premier Floréal de la Septième Année. Vu l'impossibilité de trouver des vivres au-dehors de Panzano, on demande au citoyen commissaire d'intervenir avec son autorité*» (Vista la imposibilidad de encontrar víveres más allá de Panzano, se pide al ciudadano comisario que intervenga con su autoridad). Pero cuando en el pórtico de la iglesia de Santa María de Panzano apareció una copia del edicto que ordenaba que se entregasen todos los objetos de valor que hubiera en las iglesias, en los oratorios, en los conventos, etcétera, todo cambió. Esta vez, de hecho, el grito fue proferido a cuatro voces.

—¡La Madonna de Giotto!

—¡El busto de San Eufrosino!

—¡Las reliquias!

—¡Los dos candelabros de plata!

Luego se escuchó una voz inesperadamente fría y decidida. La voz de Carlo.

—En mi opinión, el busto y las reliquias les traen sin cuidado. En mi opinión, candelabros aparte, lo que quieren es la Madonna.

Después de la voz de Carlo, se escuchó la de Gaetano. Tranquila, pero firme.

—Hay que ponerla a salvo.

No era tarea fácil. Se trataba de una tabla de madera de seis palmos de altura y cuatro de ancho, reforzada por detrás con barras de hierro y, por lo tanto, tan grande como pesada; además, ni la casa ni el oratorio contaban con un escondrijo seguro. El resto de la finca, tampoco. Si la ocultaban bajo la paja, por ejemplo, la descubrirían en un minuto. Si la enterraban en la cabaña o en un establo, lo mismo: al describir un saqueo sufrido en Radda, el buhonero había contado que los *Nuboloni* eran habilísimos a la hora de registrar los lugares más insospechados. «Han conseguido hasta encontrar una damajuana de aceite escondida dentro del pozo». Por otra parte, no se la podía dejar en la pared del altar mayor: en un radio de cien millas a la redonda todos sabían que en San Eufrosino de Arriba había una Madonna de Giotto, Civili mejor que nadie. Tras celebrar un angustioso pleno familiar, se llegó a la conclusión de que lo más indicado era confiársela a don Luzzi. Gaetano fue a avisarle, y don Luzzi se presentó allí en un santiamén: más enérgico y combativo que nunca. Sí, estaba de acuerdo con Carlo, dijo, mientras agarraba rápidamente los dos candelabros de plata, el busto de San

Eufrosino y las reliquias no corrían peligro alguno porque a esos ateos las cosas de ese tipo les traían sin cuidado. En cambio, sí que se apropiarían de un cuadro de Giotto, aunque el motivo fuese una imagen de la Virgen, y nadie lo sabía mejor que él, que en la parroquia de San Leolino tenía otra obra de arte que poner a salvo: la *Anunciación* de Ghirlandaio. Que se la llevasen allí inmediatamente: donde cabe una Virgen, caben dos, y el Buen Dios las salvaría a ambas de la rapacidad del extranjero. Eso, si sus humildes servidores no revelaban jamás cómo y en qué lugar la habían escondido.

—Jamás. ¿Entendido?

A Caterina la solución no le gustó mucho, llena de sospechas por la rapidez con la que el ex enemigo había aferrado los dos candelabros de plata. Pero Carlo y Gaetano le contestaron que no tener confianza en tu propio párroco era pecado mortal y, tras descolgar el cuadro de la pared, que dejó sobre ella una mancha blanca tan grande como para llamar la atención de un ciego, al caer la noche lo llevaron a la parroquia de San Leolino. Hazaña no menos difícil que la anterior porque los cuatro *Nuvoloni* a caballo patrullaban la zona a cualquier hora del día o de la noche, sus espías a sueldo surgían por todas partes, peor que las ortigas, y para no ser vistos había que cruzar el bosque: elegir senderos poco frecuentados y, por lo tanto, llenos de zarzas que bloqueaban el paso, y evitar los atajos. Con todo, lo consiguieron. A oscuras y atravesando zarzales, arrastraron el pesado y enorme bulto sin dejarse vencer por el cansancio o el miedo. A la mañana siguiente, se presentaron los de la *Gendarmerie*.

—*Réveillez-vous, réveillez-vous!* (¡Despertaos, despertaos!)

Llegaron al alba. Eran diez, seguidos por una carreta para cargar el botín, y al mando estaba el sargento arrogante. Dándose aires de saber perfectamente qué querían, ordenaron abrir el oratorio, irrumpieron dentro y, apenas vieron la gran mancha blanca, se pusieron hechos una furia: «*Où est la Vierge?*» (¿Dónde está la Virgen?). Como furias se lanzaron en su busca, y todo lo que en San Eufrosino de Arriba no había ocurrido aún ocurrió de golpe. Tras atar a Carlo y a Gaetano al pedestal de la pila de agua bendita, registraron la sacristía y las cinco habitaciones anexas. Destruyeron el pajar, destrozaron los toneles, los establos, las cochiqueras. Levantaron el suelo de la cabaña y, como era de esperar, pusieron la casa patas arriba. Aterrorizando a Viola, que no dejaba de dar gritos, y a los niños, que no dejaban de llorar, les dieron la vuelta a las camas. Rajaron los colchones. Rompieron los armarios, arrancaron los ladrillos. Por fin, regresaron a la iglesia. Desataron a Carlo y a Gaetano, los llevaron fuera. Y, ante la mirada de Caterina que, embarazada ya de ocho meses, había asistido sin reaccionar todavía a aquel escarnio, los arrojaron contra la pared del porche.

—*Où est la Vierge?* —le preguntó a Carlo el sargento arrogante.

—En el Cielo —contestó Carlo con expresión seráfica.

—*Où est la Vierge?* —le repitió la pregunta a Gaetano.

—Ya se lo ha dicho él: en el Cielo, con el Padre, el Hijo y el Espíritu Santo —le aclaró Gaetano, con una expresión aún más seráfica.

Siguió un interrogatorio aderezado con golpes. Los puñetazos en la cabeza y en el estómago, las patadas en las canillas y en los riñones, que, en unas circunstancias muy similares, llegarían a saberse tan bien sus descendientes, siglo y medio después. A cada nuevo golpe, la misma pregunta: «¿Dónde está la Virgen?». Y a cada repetida pregunta, la misma respuesta: «En el Cielo». O: «En el Cielo, con el Padre, el Hijo y el Espíritu Santo». Pero también se siguió la intervención de Caterina. Porque cuando el sargento arrogante empezó a gritar que si no cejaban en esa actitud los fusilaba y, para asustarlos, ordenó a los diez gendarmes que formaran el pelotón de fusilamiento, Caterina reaccionó. Blandió la guadaña que usaba para segar el trigo y, con su tripa de ocho meses, se arrojó contra él.

—¡Soy yo la que te voy a matar a ti, esbirro del buitre carroñero!

El «esbirro del buitre carroñero» casi no tuvo tiempo para detenerla y desarmarla. Luego, quizá fascinado ante el valor de aquella campesina encinta, quizá deseoso de batirse en retirada sin matar a nadie pero, al mismo tiempo, sin dejar de mantener el tipo, o quizá mejor persona de lo que parecía, les dijo a los diez que bajasen los fusiles y que supliesen la incautación llenando la carreta de pollos, conejos y damajuanas de vino. Por último, se fue con una media sonrisa en la cara.

—*Il faut reconnaître que vous avez du courage, ma bonne femme*. (Hay que reconocer que tiene usted valor, mi buena mujer).

15

El episodio en el que Caterina, con su tripa de ocho meses y la guadaña en la mano, se lanza contra el opresor y es felicitada por éste a causa de su valor, se consideró siempre la guinda del pastel de la dignidad familiar, además de un ejemplo de la lucha contra la tiranía. (Como ejemplo, ya lo veremos, sólo se vería superado por la audaz frase que mi madre pronunció ciento cuarenta y cinco años después. Es decir, el día en el que fue a buscar a mi padre, arrestado por los fascistas, y el jefe de los torturadores le dijo: «Señora, su marido va a ser fusilado mañana a las seis»). Pero en los tres meses que duró aún la ocupación, la conducta de Carlo y Gaetano fue igualmente heroica. Quizá con más mérito que en el caso de Caterina, porque lo que a ella le resultaba muy fácil, al ser una mujer sin ataduras religiosas y más inclinada a odiar que a perdonar, era casi imposible para ellos: dos hombres dóciles y religiosísimos, acostumbrados a rechazar el odio y a responder con el perdón. Antes de concluir esta parte de la saga, es preciso, pues, contar algo de la resistencia que, junto a ella, llevaron a cabo durante aquellos meses, y cuyo espontáneo inicio precedió a la revuelta que capitaneó el clero a mediados de mayo. Es decir, al día en que los campesinos, armados con horcas, hoces y guadañas, atacaron la cárcel francesa de Arezzo, luego la de Cortona, y, al grito de «¡Viva María! ¡Viva Jesús!», pusieron en fuga al invasor. Desde Florencia, el general Gaultier envió en su ayuda a la Legión Polaca, pero los campesinos de Casentino le cerraron el paso en Pontassieve; desde Siena, el general Macdonald promulgó dos ordenanzas cuya ferocidad superaba a la de los edictos disparados en esos mismos días por el comisario Reinhard. Uno, para informar a los rebeldes de que si no se rendían en un plazo de veinticuatro horas y le enviaban veinte rehenes destruiría ambas ciudades a cañonazos, pasaría por las armas a todos sus habitantes, saquearía e incendiaría todas las casas, y sobre las ruinas erigiría dos pirámides en las que podría leerse: «Castigados por la revuelta». Otro para informar a los pueblos toscanos de que todo aquel que fuese descubierto con un arma o una horca o una hoz o una guadaña sería ejecutado en el acto. Qué le vamos a hacer si en San Eufrosino de Arriba la lucha fue mucho menos épica que en Arezzo. Qué le vamos a hacer si no ha quedado ni rastro de ella en los libros de Historia. En su pequeña escala, en sus aspectos a veces cómicos, también tuvo tintes tirando a grandiosos. Suficientes, en cualquier caso, como para redoblar el valor de esa guinda en el pastel de la que ha arrancado el discurso.

El primer acto lo constituyó el sacrificio de los pollos y los conejos que no habían sido cargados sobre la carreta del sargento arrogante, además del vino que había quedado en los toneles y las tinas. Represalia que, durante la avanzada de Napoleón sobre Rusia, el general Kutuzov remedaría ordenando quemar los depósitos de víveres de Moscú, y a la que Viola intentó oponerse argumentando que, para eso, daba igual que se lo comiesen y bebiesen todo los franceses. Incapaces de matar con sus propias manos a tantas criaturas queridas por San Francisco, Carlo y Gaetano delegaron la tarea de exterminio en Caterina que, pollo tras pollo y conejo tras conejo, la ejecutó rezongando: «A mí no se me compra a fuerza de sonrisitas y elogios». Envalentonados por los cardenales que, después de la paliza, les cubrían de negro todo el cuerpo, desde la cabeza a los pies, Carlo y Gaetano se reservaron para sí el sacrificio del vino. Y, mientras suspiraban: «Así, si vuelven, esto por lo menos no se lo llevan», damajuana tras damajuana, tonel tras tonel, el fruto de las vendimias de muchos años terminó en el torrente, cuyas aguas se volvieron rojas durante horas y cuyos peces acabaron completamente borrachos. El segundo acto consistió en la ofensiva contra el Árbol de la Libertad, que Carlo había rebautizado como el Árbol de la Esclavitud. Protegido día y noche por dos *Nuvoloni*, el odiado símbolo no se podía ni talar ni arrancar. Sin embargo, estaba permitido acercarse a él para adornarlo con lazos y escarapelas y depositar flores a los pies del tronco, lo que le inspiró a Caterina la idea de envenenarlo lentamente con rociadas de ácido muriático diluido en aceite de Juglans: una nuez cuyo aceite acaba con cualquier planta. Dos veces por semana, iba pues a la plaza. Depositaba a los pies del tronco un bonito ramo de flores y mientras tanto, bajo las mismísimas narices de los *Nuvoloni* que no entendían por qué el joven chopo estaba cada vez más débil y marchito, derramaba un frasco de la infernal mezcolanza. El tercer acto consistió en la divulgación de una poesía antifrancesa que, bajo el título *L'inganno della Libertà spiegato ai popoli oppressi* (El engaño de la Libertad explicado a los pueblos oprimidos), se había impreso a escondidas en Florencia y que, con algunos cortes y algún que otro retoque, alguien había adaptado como un *stornello** toscano. Lo cantaban desde por la mañana hasta por la noche, se lo hacían cantar también a los niños, se lo enseñaban a cantar a todo el mundo. Y cuando veían pasar a la patrulla a caballo la entonaban a coro: «*Oh, che bella libertà / ci portó la gran nazione / che con sedici persone / conquistando il mondo va. / Oh, che scaltra libertà / Con un semplice arboscello / farci liberi pretende / tanti schiavi invece rende / al suo orgoglio e vanità. / Oh, che bella libertà / Oh, che trista libertà / che ingannevol libertà*» (Oh, qué hermosa libertad / nos trajo la gran nación / que con dieciséis personas / conquistando el mundo va. / Oh, qué taimada libertad / que con un simple arbolillo / hacernos libres pretende / pero que tantos esclavos, en cambio, rinde / a su orgullo y vanidad. / Oh, qué hermosa libertad / Oh, qué triste libertad / qué engañosa libertad). Por último, se procedió a atacar la Gendarmerie de Panzano.

El ataque a la Gendarmerie de Panzano fue una idea de don Luzzi: era su respuesta al edicto por el cual Reinhard les achacaba a los curas la responsabilidad de las revueltas y les hacía también a ellos la promesa de que serían fusilados en el acto. «Si voy a termi-

---

* Copla popular compuesta, generalmente, por un pentasílabo y dos endecasílabos, el primero y el tercero consonantes y el segundo asonante. (*N. de la T.*)

nar contra el paredón, mejor que sea dándoles un motivo». La idea consistía en prenderle fuego al Árbol de la Libertad-Esclavitud, ya medio muerto, pero protegido aún por los dos *Nuvoloni*, además de a la garita, no muy alejada de allí: una cabaña encumbrada por la bandera francesa y el estandarte de la República con las fasces. El asunto se encaraba tan difícil como peligroso, remedaba un asalto ya perpetrado en Arezzo y requería la presencia de Caterina: encinta ya de nueve meses y, por lo tanto, capaz de distraer a los dos *Nuvoloni* poniéndose a gritar: «¡Socorro! ¡Estoy a punto de parir! ¡Socorro!», es decir, fingiendo que tenía dolores de parto y provocando un tumulto que les permitiese a Carlo lanzarse hacia el árbol y a Gaetano entrar en la garita, a los dos incendiar sus respectivos objetivos con trapos empapados de petróleo y encendidos en el último momento. Convencerles para que lo llevasen a cabo constituyó una hazaña laboriosísima. Carlo se negaba por el riesgo que iba a correr Caterina, ya conocida por los franceses y, además, a punto de parir de verdad. No en vano se enfadó con don Luzzi y, por primera vez en su vida, lo trató mal. «Reverendo, vaya usted mismo a fingir que se ha puesto de parto». Gaetano no quería hacerlo por la violencia que implicaba aquella acción. «Reverendo, esto no es como cantar: "*Oh, qué hermosa libertad...*". Aquí se trata de hacer algo que podría costarle la vida a alguien». Pero don Luzzi los aturdió a fuerza de charlas y Caterina, pese a las sospechas que seguía alimentando con respecto a él, hizo causa común con el cura. Se desgañitó argumentando que las acciones emprendidas hasta ahora eran como panecillos calientes, simples bagatelas, que contra una ordenanza como aquélla, que amenazaba con fusilarlos por llevar una horca o una hoz o una guadaña, había que reaccionar con un golpe sustancioso, y que la elección era entre dos cosas: incendiar el árbol y la garita o matar a los Civiles. Gesto que podía llevar a cabo ella sola, con un cuchillo bien afilado. El chantaje funcionó, y el ataque se efectuó durante el último domingo de mayo, a la caída de la tarde: es decir, cuando la plaza estaba llena de gente que acudía a las vísperas. Fue un ataque rápido, preciso, seguro. Y mucho menos difícil de llevar a cabo de lo que habían pensado, porque los nueve meses de embarazo ya habían tocado a su fin y, mientras

Caterina gritaba: «¡Socorro! ¡Estoy a punto de parir! ¡Socorro!», las contracciones empezaron de verdad. En un santiamén, rompió aguas, el alegre acontecimiento tuvo lugar en mitad de la plaza, y tanto Carlo como Gaetano consiguieron encender el fuego sin que los viera nadie.

Pero fue una amarga victoria. A la mañana siguiente, la amiguita del sargento arrogante declaró que conocía al incendiario que había entrado en la garita. Con todo descaro, dio el nombre de un segador que, nada más ver la primera llamarada, había echado a correr para apagar el incendio, el sargento arrogante lo arrestó y, cuando la noticia llegó hasta San Eufrosino, ya no hubiese servido para nada exculparlo: por miedo a ser fusilado, se había ahorcado.

* * *

También fueron muy amargas las semanas que siguieron al nacimiento del hijo parido en la plaza. (El quinto varón, al que bautizaron Lorenzo, el nombre del segador inocente, y que marcó un intervalo intergenésico de cinco años). Y no sólo fueron amargas porque tras aquella desgracia Gaetano cayera en una depresión que, poco a poco, terminó llevándole a la tumba, sino también porque los nuevos acontecimientos les hicieron aprender la más triste de las lecciones: que el mal nunca está en una parte sola, y que el que lo combate lo produce o lo producirá a su vez. No raramente, en la misma medida y con los mismos medios. ¿Qué acontecimientos fueron éstos? Bueno, pues lo que ocurrió fue que por los mismos días en los que el general Macdonald se aprestaba a reconquistar Arezzo, saquearla, destruirla, pasar por las armas a sus habitantes, etcétera, los austriacos, flanqueados por los rusos, lanzaron la contraofensiva del norte. Macdonald retrocedió para acudir a Trebbia, donde, a mediados de junio, sufrió la famosa derrota; Gaultier y Reinhard se fueron con una veintena de rehenes, y en toda Toscana (salvo en Panzano, donde no hacía falta) fueron quemados los Árboles de la Libertad-Esclavitud. Y entonces, cuando ya no eran ni mártires ni rebeldes, los habitantes de Arezzo invadieron Florencia y las restantes ciudades. Capitaneados por unos patanes sanguinarios que no dejaban de aullar: «¡Viva María! ¡Viva Jesús!», cometieron tales atrocidades que se echó de menos a los franceses, y los que pagaron el pato fueron los desgraciados que habían creído de buena fe en el lema aquel de *Liberté. Égalité. Fraternité*. Piras humanas, saqueos, linchamientos, procesos. Treinta y dos mil procesos en quince meses. (Los mismos quince meses en los que la *Anunciación* de Ghirlandaio volvió a estar en el altar mayor de la parroquia de San Leolino, pero la Madonna de Giotto no volvió a estar en el altar mayor del oratorio, motivo por el que hasta Carlo y Gaetano rompieron las relaciones con don Luzzi y Caterina le montó una escena llamándole ladrón). Con todo, lo peor ocurrió en el año 1801 cuando, desencadenada la segunda campaña de Italia y vencidos los austriacos en Marengo, Napoleón se volvió a adueñar de Toscana para transformarla en el Reino de Etruria y, por el Tratado de Lunéville, regalársela a dos Borbones de tres al cuarto: el infante Luis y su mujer, María Luisa de España. A la lección acerca de que el mal nunca está en una parte sola, se añadió otra, quizá más triste todavía: una cosa es morir bajo una tiranía que te oprime con pelotones de fusilamiento, y otra vegetar bajo una tiranía que te oprime con la falsa benevolencia y el oportunismo de los conformistas. En el primer caso, en efecto, puedes empuñar una guadaña o un fusil y combatir. En el segundo no puedes hacer nada.

Luis era un epiléptico y un descerebrado que se pasaba los días haciendo gorgoritos y cantando con voz de tenor el *Tantum ergo* y el *Magnificat*. María Luisa, una mujercilla estúpida y vanidosa a la que lo único que le importaba era transformar el Palacio Pitti en una corte española. Recibidos por Joaquín Murat que, a lomos de un caballo blanco, exhibía el más hermoso de sus hermosos uniformes, y escoltados por los consabidos dragones que, esta vez, iban hasta con charanga, entraron en Florencia el 12 de agosto. Y los chaqueteros que durante los tres meses de la primera ocupación francesa se habían apresurado en imponer la República y el gorro frigio y el lema *Liberté. Égalité. Fraternité* se pusieron a sus pies. Les ayudaron, por ejemplo, a encontrar la *Venus Médicis* escondida en Palermo y que, junto a otras obras de arte robadas de los Uffizi, la mortecina pareja envió al «buitre carroñero» para darle las gracias por aquel reino que les había llovido del cielo. Luego, atacado por un enésimo ataque de epilepsia, acompañado de fiebre catarral, Luis acabó en el cementerio. María Luisa se convirtió en regente y acabó con lo poco que quedaba de Toscana. Con la ayuda del clero, que ahora le lamía el culo a Napoleón, intentó hasta restablecer la Inquisición. Y, ella, que dilapidaba el erario público dando fiestas pantagruélicas y derrochando doscientos cincuenta mil liras al año en ropa, reimplantó las leyes suntuarias. En lugar de los feroces edictos que mantenían aterrorizado al pueblo con la amenaza de la pena de muerte, graciosos edictos que animaban a los amadísimos súbditos y, de forma especial, a las amadísimas súbditas a vestir de forma acorde con la modestia cristiana. De nuevo, quedaban fuera de la ley las galas, los flecos, las telas preciadas, las joyas. Vilipendiados los hombres que lucían chaquetas adornadas con lazos o encajes. Denostadas las mujeres que «se servían de la vestimenta para atraer al sexo masculino y que tenían la indecente costumbre de llevar sombreros». Y subrayada la amenaza de castigar a quienes desobedeciesen. No fue casual que Caterina se pasase a la lucha contra la tiranía que oprime sin pelotones de fusilamiento y que, para llevarla a cabo, se impusiese un periodo de frivolidad inconcebible en esa estación de su vida. Renunció a las severas ropas que vestía ya desde hacía años y empezó a seguir la moda de los vestidos ultra escotados, en boga en París, es decir, a exhibir los senos hasta el pezón. Se cortó la larga trenza de la que estaba tan orgullosa y se peinó los cabellos cobrizos igual que se los peinaba la mujer de su enemigo, Joséphine o Josefina Beauharnais, es decir, con ricitos y flequillo y aritos delante de las orejas. Multiplicó el uso de sus afeites y sus perfumes, calzó incómodos zapatos de tacón alto y, sobre todo, se confeccionó los sombreros más irresistibles que tuvo jamás. En San Eufrosino de Arriba hasta se había olvidado de que le gustaban los sombreros. Los llevaba sólo en el campo, para protegerse de la lluvia o del sol, y aquél, lleno de cerezas frescas, que eligió para encontrarse con Carlo en la feria de Rosìa, se había convertido en un cesto para guardar huevos. Pero a raíz del edicto que los definía como «indecentes» volvió a lucirlos más que cuando vivía en Montalcinello. De paja, de fieltro, de terciopelo, de seda, con cofia, de dos picos, de tres picos, y enriquecidos por una orgía incluso grotesca de flores, frutas, plumas, borlas. Con los senos descubiertos hasta el pezón, los zapatos de tacón alto, los ricitos y el flequillo y los aritos a lo Joséphine Beauharnais, los exhibía cada vez que iba a Panzano o a Greve o a Florencia para pagar los plazos del *livello*. Y no dejó de hacerlo hasta que murió Gaetano, para vestir de luto.

Gaetano murió una tarde de noviembre del año 1804, con tan sólo cincuenta y cuatro años y de la forma menos dulce que el destino podía depararle: carbonizado por un rayo que cayó sobre el campanario del oratorio, al que se había subido para rescatar al gato de su sobrino Lorenzo. Más que de un desgraciado accidente, sin embargo, se trató de un suicidio: de una muerte querida y provocada por el sentimiento de culpa que le corroía desde que se enteró de que el segador inocente se había ahorcado. Muy pronto, de hecho, la depresión se había transformado en una enfermedad mental que le entristecía hasta el punto de anular en él todo instinto de supervivencia. Trabajaba poco y de mala gana, no se interesaba por nadie, no le importaba ya nada, y sólo abría la boca para rezar o para decir: «No lo han matado los franceses. No se ha quitado la vida a sí mismo. Lo he asesinado yo». O: «Fue culpa mía. Cometí un acto de violencia, ofendí a San Francisco, y otro lo ha pagado en mi lugar. Si Dios no me castiga, me castigaré yo». Y esa tarde lo hizo. Esa tarde se abatía sobre Chianti un gran temporal que levantando tejados, arrancando plantas de raíz, destruyendo la cosecha de uvas, había llegado hasta San Eufrosino de Arriba; asustado por los truenos, el gato de Lorenzo había salido huyendo y se había subido al campanario del oratorio, agarrándose a la cruz de hierro que hacía las veces de pararrayos. «Mi gato, mi gato...», lloriqueaba Lorenzo. Todos le regañaron: «¡Calla! ¿Quieres que alguien se mate por ir a buscarlo?». Gaetano, sin embargo, permanecía en silencio, sentado junto al hogar, casi como si no se hubiera enterado del pequeño drama familiar. Pero, de pronto, se levantó de golpe. «No llores, ahora mismo te lo traigo», le dijo a su sobrino. Y haciendo oídos sordos a las protestas de Viola, de Caterina, de Carlo, salió y se metió en medio del temporal, que en esos mismos momentos arreciaba violentamente. Atravesó lentamente el prado rodeado de cipreses, entró en el oratorio donde lo vieron arrodillarse ante el busto de San Eufrosino y la gran mancha blanca dejada por la Madonna de Giotto, desde la sacristía alcanzó el campanario y, cuando estuvo en el techo, gritó: «¡Lorenzo!». Lo gritó con tal desesperación que en vez de a su sobrino parecía estar dirigiéndose al segador inocente. Luego, olvidándose del gato, abrió los brazos como suplicándole a Dios que aprovechase esa oportunidad y elevó la mirada hacia el cielo.

El rayo lo carbonizó justo en ese instante, mientras elevaba la mirada hacia el cielo, y tanto Carlo como Caterina sufrieron tanto como sufrió Viola. Carlo porque sin aquel hermano bueno y generoso, con el que había compartido todos los sacrificios, todas las adversidades, se sentía tan mutilado como un árbol partido en dos. Caterina porque sin aquel cuñado dulce y silencioso que durante todos aquellos años (ella lo sabía) la había amado en secreto hasta el punto de permitirle que pegara a su esposa, se sentía más viuda que la viuda auténtica. Así, tras los funerales, le declaró a su marido: «Es necesario que Gaetano vuelva a nacer». Esa misma noche se quedó embarazada y, en agosto de 1805, puso en el mundo al sexto varón que fue llamado Gaetano, más tarde Gaetanino, y que abrió otra estación genésica. La interrumpida en 1810 cuando, animada por el Código Napoleónico que hacía extensible a las mujeres el derecho a heredar, Caterina cambió de dieta y dio inicio a la producción de chicas. Maria, Giovanna, Annunziata, Assunta y Amabile. Esta última nació en 1815, es decir, cuando la madre tenía cincuenta años. A esa edad, en efecto, se conservaba aún en perfecta forma, si nos atenemos a la leyenda apenas si representaba cuarenta años, y al mirarla te venían a la memoria lo que Mostesquieu escribió sobre las campesinas toscanas casi un siglo atrás. «Aunque hayan parido diez o doce veces son lozanas y esbeltas y graciosas como muchachas. Las de cincuenta parecen tener cuarenta, y las de cuarenta, veinte. Debe de ser la comida sana, la vida regular y el aire libre lo que las mantiene así». Pero Carlo tampoco debía de estar lo que se dice muy achacoso, si tenemos en cuenta que en 1815 tenía sesenta y tres años y que, siempre ateniéndonos a la leyenda, comentó el primer llanto de Amabile con las siguientes palabras: «Tenemos que parar, mujer. En caso contrario, nos vamos a encontrar con una guardería llena de niños de teta cuando seamos viejos».

16

La saga de Carlo y Caterina podría concluirse aquí. Es más, podría haberse concluido con el nacimiento de Donato, el antepasado del que desciende la rama familiar que me interesa. Pero merece la pena contar cómo se apagaron, muy viejos ya, y muy enamorados, a poca distancia el uno de la otra. Epílogo que arranca de los terribles años vividos bajo la pesadilla de tener que esconder a los hijos y a los nietos a los que Napoleón daba caza para llevárselos a morir en sus batallas, y que incluye una relación sumaria de cada uno de ellos, además de la triste historia de la forma en que acabó el *livello*. Helo aquí.

En diciembre de 1804 Napoleón se proclamó emperador. En mayo de 1805 se autonombró rey de Italia. En noviembre de 1807 despidió a la idiota de María Luisa y la reemplazó, quince meses más tarde, por su hermana Elisa Bonaparte, cuyo apellido de casada era Baciocchi, neo-duquesa de Lucca, princesa de Piombino, y tan idiota como su antecesora. En febrero de 1808 anexionó Toscana al Imperio. En mayo la dividió en tres departamentos llamados Arno, Ombrone y Mediterráneo, administrados por funcionarios franceses y con leyes francesas. En julio prohibió las quintas y ordenó que los tres departamentos le suministrasen quince mil reclutas para formar el 113° Regimiento de Infantería de línea y el 20° de Cazadores de Caballería, es decir, para reforzar, al menos en parte, su ejército desangrado por los treinta y siete mil muertos que le habían costado las victorias de Jena y Auerstädt y Preussisch Eylau. Todo aquel que tuviera dieciocho, diecinueve o veinte años (aunque tras los veintiún mil muertos de Essling, y los treinta y dos mil muertos de Wagram, la neo-duquesa princesa rebajó la edad de leva a los diecisiete años) se convirtió pues en un cordero listo para el sacrificio en las guerras de España y de Austria y en quién sabe en cuántas hecatombes venideras más. Un terrible drama para Carlo y Caterina y Viola, que en esos momentos tenían en casa a cuatros corderos listos para el sacrificio: Domenico, Pietro, Luigi y Antonio. Gracias al prefecto del Arno, monsieur Fuchet, rebautizados como Dominique, Pierre, Louis y Antoine. En San Eufrosino de Arriba no se libraron, pues, de sufrir el calvario que pasaron quienes, por negarse a dar la vida por un hombre que llegó parloteando a todas horas de progreso y libertad pero que luego se proclamó rey y emperador, se volvían reos de *insoumission*. Es decir, de resistirse a la leva. Y el primero que experimentó en sus propias carnes aquel calvario fue Luigi-Louis, que, apenas fue llamado a filas, cogió un par de tenazas, se encerró en el oratorio y, con un inesperado estoicismo, se arrancó todos los dientes. Luego esperó a que las encías le cicatrizaran y se presentó en la Oficina de Reclutamiento, de la que fue expulsado con apresurado desprecio: «*Allez, allez. Vous n'êtes pas digne de l'Armée Française*» (Fuera, fuera. No es usted digno del ejército francés). Palabras que, en vez de animarlo, fueron un anticipo de la tristeza de verse rechazado a partir de entonces por todas las mujeres a las que pidió en matrimonio y que contribuyeron no poco a la negra misantropía en la que transcurrió el resto de su vida.

El segundo fue Domenico-Dominique que pretendió imitar el gesto de su primo cortándose el pulgar y el índice de la mano derecha: recurso empleado por muchos insumisos hasta el día en que Pierre Lagarde, director general de la Seguridad Pública, comunicó que quienes se mutilasen serían enviados, para ser reformados, a trabajos forzados en Córcega o al frente, con las compañías de asistencia sanitaria, o al paredón junto a los desertores. En cualquier caso, Caterina se lo impidió, convenciéndole a gritos con el argumento de que si él se cortaba los dedos, ella le cortaba los cojones, y Carlo le ayudó a huir a la Maremma, donde estuvo trabajando en los pantanos, bajo nombre falso, hasta el año 1815. (Aventura que, gracias a lo poco que costaba la tierra en aquella malsana región, le permitió comprar un terreno pantanoso, bonificarlo, explotarlo, convertirse en un pudiente propietario de Cinigiano, y casarse con una guapa campesina con casas y fincas en Castiglioncello Bandini; a cambio, murió de malaria con sólo cuarenta y nueve años). El tercero fue Pietro-Pierre que pensó en otra escapatoria, también practicada por muchos, que consistía en pagar a un desgraciado para que se presentase en su lugar. Pero leyendo la *Gazzetta Universale* (Gaceta Universal), a la que Caterina estaba suscrita, Carlo descubrió que existía una cosa llamada «sustitución», es decir, la posibilidad de evitar el alistamiento desembolsándole al ejército una cantidad que oscilaba entre las novecientas liras y las dos mil seiscientas. Y, contrayendo una deuda disparatada con un usurero que le prestó mil quinientas liras (el equivalente a trescientos de los antiguos escudos), compró la salvación de su hijo. Sacrificio del que no se repuso durante años y del que Pietro siempre se avergonzó. El cuarto fue Antonio-Antoine. El más desafortunado de todos porque, al ser todavía más grácil y enfermizo que cuando nació, pensó que lo rechazarían igual que a su hermano Luigi-Louis y, haciendo oídos sordos a los ruegos de Viola, se presentó. Resultado: lo embutieron inmediatamente en el uniforme de 113º Regimiento de Infantería de línea. Lo enviaron a Polonia, luego a Austria, y su rastro se perdió hasta 1811, año en que hasta San Eufrosino de Arriba llegó una carta desgarradora, escrita quién sabe dónde. «Queridísima madre, queridísimo tío, queridísima tía, queridísimos hermanos y primos. Por la presente os envío noticias para contaros que los toscanos hemos entrado en batalla así que yo tenía mucho miedo pero en cambio me he portado con valor y he recibido los elogios del coronel francés que me ha dicho: *Mon cher soldat, dans les petits tonneaux il y a le bon vin*. Que es algo que en panzanés quiere decir "mi querido soldado, en los toneles pequeños hay buen vino". Confiemos en que el emperador se entere. También debo contaros que estar aquí es difícil porque los franceses hablan francés y punto, y cuando no son franceses son polacos que hablan polaco, y cuando no son polacos son húngaros que hablan húngaro, etcétera, y uno se entiende muy mal, y aunque hay otros toscanos yo me siento muy solo. A veces pienso que cuidado que tengo mala suerte, sentirme tan solo entre tanta gente con veinte años, y no saber siquiera si estaré vivo al día siguiente. Por favor, al rezar pedidle a San Francisco que me conserve la vida. Ahora me despido de vosotros, queridísima madre que está usted tan perdida sin papá, y queridísimo tío, que es usted tan bueno, y queridísima tía, que es usted tan simpática y que a fuerza de collejas me enseñó a leer y escribir para que hoy les pudiera enviar la presente, y queridísimos hermanos y primos, en los que pienso a todas horas y sólo de pensar en vosotros me entran ganas de llorar. *Priez, priez. Au revoir, votre Antoine*». Después de eso, nada, hasta el año 1813 en el que uno de los dos mil seiscientos treinta y siete italianos que escaparon con vida de la hecatombe de la campaña de Rusia le contó al buhonero que Antoine había combatido en Moscovia con el IV Cuerpo del Ejército del príncipe Eugenio Beauharnais y que había muerto de frío durante la retirada.

Dos tercios de los seiscientos mil hombres que Napoleón condujo a la muerte en Rusia no eran franceses, con una buena parte de los que sacrificó en las siguientes hecatombes ocurría lo mismo, y aquellos años fueron terribles también en San Eufrosino de Arriba. Entre el año 1811 y el 1813, Toscana sufrió cinco levas en las que se requisaron miles de reclutas y que golpearon, sobre todo, al departamento del Arno. Abolida la sustitución y neutralizadas las automutilaciones, el número de desertores se multiplicó y las medidas del prefecto Fuchet se endurecieron hasta el punto de extenderse a las familias: no era raro que los padres del *insoumis* fueran arrestados y retenidos en la cárcel hasta que el pobre desgraciado se entregaba. Se intensificó también la caza a los que se escondían en el campo y el comandante de la *Gendarmerie*, coronel Jubé, formó dos cuerpos especiales: el de las *Gardes Champêtres*, es decir, la guardia rural que buscaba a los fugitivos en las fincas, y el de los *Garnisaires*, es decir, los representantes de la policía militar que se plantaban en la casa o en el pueblo del *insoumis* exigiendo, además de comida y alojamiento gratis, una compensación económica llamada *ammenda*. Y eso sin contar con los espías, que cada vez que delataban a un fugitivo recibían un premio en francos franceses, y con los procesos, que con frecuencia terminaban con una condena a muerte. No es casual que la *Gazzetta Universale* y el *Giornale del Dipartimento dell'Arno* (Periódico del Departamento del Arno) no hiciesen sino publicar sentencias de muerte por fusilamiento. En 1811 Silvestro-Sylvestre, el benjamín de Gaetano y Viola, cumplía diecisiete años. Eufrosino-Euphrosyne, el tercero de Carlo y Caterina, los cumplía al año siguiente. Desafiando la cárcel y los abusos de los *Garnisaires*, la familia decidió que el primero se echase al monte y que el segundo se refugiase con sus tíos maternos en Montalcinello. Así se hizo, y Silvestro-Sylvestre huyó para esconderse, primero, en los bosques del cercano monte de San Michele, luego en los del monte Giove donde junto a doce desertores, entre ellos dos franceses, formó una banda armada que durante tres años destacó por los ataques a los municipios y las burlas a los *maires*, es decir, a los alcaldes nombrados por Fuchet. (Fue bastante famosa la que le hicieron al *maire* de Castiglion Fibocchi, que, durante una ceremonia pública, se encontró con un papel pegado en la espalda en el que se leía: «Soy un mentiroso aristócrata y un maldito ladrón al servicio de ese cerdo de Napoleón, y me dan mucho miedo los rebeldes que han jurado acabar conmigo»).

Menos emprendedor, y político nato, Eufrosino-Euphrosyne llegó a Montalcinello, donde se cuidó muy mucho de abandonarse a bravatas y donde se estableció, convirtiéndose en un hombre muy importante. Por los archivos del Estado sabemos que en 1825 figuraba entre los ciudadanos responsables de pagar el impuesto *comunicativo* y la tasa *predial*, es decir, entre los ricos; que en el año 1827 se casó con la hija de un señor y que como regalo de bodas le compró la gran casa situada junto a la parroquia de San Magno, es decir, la iglesia en la que se casaron Carlo y Caterina; que en 1830 era propietario de muchas más casas y tierras con un valoración catastral muy alta, y que en 1848 formaba parte del colegio electoral: privilegio reservado sólo a quienes tenían una renta considerable y cierta cultura, y gracias al cual votó para la Asamblea Constituyente Italiana, así como para la Asamblea Legislativa Toscana. También sabemos que en 1850 se presentó como candidato al Consejo general de Chiusdino, del que dependía Montalcinello, y que fue elegido con ciento veinte votos; que en 1860 fue elegido de nuevo con ciento cincuenta y tres votos, y que su octavo hijo, llamado Carlo, se convirtió en un reconocido magistrado de Florencia. (Información suministrada por la lápida de la tumba que se encuentra en mitad del minúsculo cementerio de Montalcinello, donde el ilustre magistrado quiso ser enterrado. Junto a la información, la fotografía de un dignísimo anciano con frac que se parece impresionantemente a la descendiente de su tío Donato y que, proyectando a través de las gafas una mirada llena de severa ironía, exhibe los bigotes más increíbles que pueda nadie imaginarse. Blancos como la nieve, rígidos y afilados como cuchillos, extendidos en sentido horizontal y cada parte midiendo, al menos, veinte centímetros).

* * *

El calvario que acarreó tanta suerte a Eufrosino y tanto sufrimiento a Antonio cesó en el año 1814: justo a tiempo para evitarme el riesgo que ya había corrido en 1773, cuando Carlo estuvo a punto de emigrar a Virginia con Filippo Mazzei y casarse allí con una mujer que no fuese Caterina. Es decir, el riesgo de no nacer. El 2 de enero de ese año mi tatarabuelo Donato cumplió los fatales diecisiete años que, según Elisa Bonaparte Baciocchi, eran suficientes para que te mataran en la guerra y, con el nombre de Donatien, fue alistado en el XIV *Régiment d'Infanterie Légère*. Pero a primeros de febrero la duquesa se vio obligada a abandonar Florencia, justamente perseguida por una muchedumbre que le arrojaba la primera inmundicia que encontraba a mano; traicionado vilmente por todos aquellos a los que había favorecido, y humillado por la derrota de Lipsia, además de por la caída de París el 6 de abril, Napoleón se vio obligado a abdicar, y para cuando reapareció en escena, en marzo de 1815, para dirigir su personal tragedia, Donato-Donatien ya había franqueado el peligro de terminar entre los cuarenta y un mil muertos franceses de Waterloo. Hacía cinco meses que Fernando se había vuelto a adueñar del gran ducado de Toscana, y Silvestro también había regresado del monte.

Pese a la enorme cantidad de personas que habían hecho quedarse pequeña a la casa, en vano ampliada con las habitaciones anexionadas al oratorio, los años siguientes fueron, pues, de paz y prosperidad en San Eufrosino de Arriba. Tanto es así que el préstamo pedido al usurero para pagar la sustitución de Pietro se devolvió íntegramente y, asentada sobre un justo equilibrio entre bocas a las que dar de comer y brazos con los que trabajar, es decir, trabajada por cinco jóvenes, en vez de por el setentón Carlo y el adolescente Gaetanino, la finca produjo una cantidad insólita de trigo, vino y aceite. Tras parir a la última chica, Caterina pudo lanzarse a nuevas iniciativas: introducir la cría de gusanos de seda para vender la seda a las fábricas de Florencia, poner en marcha un negocio de paja trenzada para los sombreros que Inglaterra adquiría por quintales, comprarse un hermoso caballo y, a los cincuenta y seis años, volver a montar a pelo.

Vestida de hombre y con el fusil en bandolera para hacer frente a los bandidos que ahora infestaban Toscana, una vez llegó cabalgando hasta Montalcinello, donde el ya importante Eufrosino dio una fiesta en su honor y obligó a sus viejos enemigos a que le besaran la mano. Otra vez llegó hasta Castiglioncello Bandini, donde pidió que la dejaran examinar el catastro para comprobar que Domenico era realmente rico. Luego se compró una calesa con la que empezó a recorrer los pueblos de Chianti, irrumpiendo en ellos a toda velocidad y gritándole al hermoso caballo: «Vamos, rocín sin nervios, vamos», y contrató a un aprendiz llamado Gasparo con el que se atrevió a cultivar patatas. Un alimento que en aquella época no le gustaba a nadie, o una planta exótica que sólo crecía en el jardín de Bóboli como adorno. Junto a las patatas, los tomates, que en aquella época gustaban todavía menos y que sólo se sembraban en el Jardín Botánico con carácter experimental. (Pero ella descubrió que cocinados con sal, pimienta, aceite y albahaca tenían un sabor exquisito, y empezó a preparar salsas que vendía en frascos con el letrero «Salsa para entendidos»). Sí, el periodo posterior a Napoleón fue muy feliz, sobre todo para Caterina, y sólo se vio turbado por dos o tres disgustos, mejor dicho, fastidios: el suicidio de Luigi, que, harto de estar desdentado y de que todas las mujeres a las que les pedía matrimonio le rechazaran, se ahogó en el torrente, pobre Luigi; la muerte de Viola que, destrozada por aquella enésima desgracia, dejó de comer y murió de inanición, pobre Viola; y el atroz descubrimiento de que, calladitos, calladitos, los cuatro hijos que quedaban en casa se habían hecho franciscanos terciarios. De hecho, los abofeteó uno por uno y le montó una escena a Carlo: «¡La culpa es suya! ¡Es usted el que les ha dado mal ejemplo!». Poco a poco, sin embargo, logró resignarse. Y el día en que Gaetanino extendió su fervor religioso hasta el extremo de decidir ingresar en el seminario, de hacerse sacerdote, se limitó a expresar tranquilamente su desaprobación. «Hubiese preferido que te metieran en la cárcel por asesino o ladrón». A continuación, se dedicó en exclusiva a sus hijas. «No me gustaría que me traicionasen, como sus hermanos, metiéndose a monjas o algo semejante».

La paz y la prosperidad duraron hasta que la familia se multiplicó de forma monstruosa con los matrimonios y los nacimientos. Desastre que, junto a otras calamidades, provocó la pérdida del *livello*, y que se entiende leyendo los datos recogidos por el sucesor de don Luzzi (fallecido sin decirle a nadie dónde diablos había escondido la Madonna de Giotto). En 1823, Donato se casó con una franciscana terciaria de Greve, Marianna Bucciarelli, que en un abrir y cerrar de ojos puso en el mundo a ocho hijos, entre ellos a mi bisabuelo Ferdinando. En 1824 se casó Silvestro, que murió de cáncer con apenas poco más de treinta años, dejando dos hijos; la viuda se consoló inmediatamente con Pietro, que la hizo parir a otros siete. En 1825 se casó Lorenzo, que tuvo seis hijos, y en pocos años la casa, que ya se había quedado pequeña, se vio atestada por cuarenta personas, entre ellas veintitrés niños que, sumados a las niñas de Carlo y Caterina, daban como resultado veintiocho bocas a las que dar de comer pero no otros tantos brazos para trabajar. Luego bajaron los precios del trigo y del vino a causa de la competencia extranjera; en Florencia las fábricas de seda cerraron las puertas; en los puertos, Inglaterra gravó con unos impuestos escandalosos los sombreros de paja; las cinco niñas se convirtieron en cinco mujeres en edad casadera y, ya que ninguna de ellas tenía ganas de traicionar a su madre haciéndose monja, Carlo y Caterina tuvieron también que proveer a su dote. La relación gastos-ingresos se desequilibró cada vez más; en un *crescendo* inexorable, el dinero empezó a faltar; los plazos del *livello* se convirtieron en una pesadilla que les impedía conciliar el sueño; y el error cometido por Pedro Leopoldo, en su ingenuidad de ilustrado, animando a los campesinos a tomar en enfiteusis los latifundios desmembrados, salió a la luz junto a la trampa en la que había caído Caterina produciendo aquel futuro nido de ratones para asegurarse una herencia inexistente. ¿Qué trampa, qué error? Simple. El *livello* era una propiedad que no era una auténtica propiedad, o no más de lo que lo es un objeto comprado a plazos, con la salvedad de que, a diferencia de un objeto comprado a plazos, representaba un yugo perpetuo. El canon exigido no sólo era excesivo para un campesino que, sin disponer de capital, tenía que pagar de su bolsillo las semillas, los arneses agrícolas, los abonos, los bueyes, los mulos, los animales de corral, los transportes, además de hacer frente a las carestías y los saqueos: si la familia crecía hasta el punto de anular el equilibrio entre bocas a las que dar de comer y brazos para trabajar, si además incluía a muchas mujeres a las que había que proveer de dote, si variaban los gustos y los precios en el mercado, las consecuencias eran peores que si se producían cien saqueos o cien carestías. Te volvías insolvente, terminabas viéndote expulsado de allí como un inquilino que no paga el alquiler, y perdías todo lo que habías desembolsado hasta ese momento. El sacrificio de décadas, en definitiva; a veces, de generaciones enteras. Se deduce por el contrato firmado por Gaetano con el Regio Spedale; por otra parte, salvo en las zonas de la Maremma donde el malsano terreno costaba poco y la deuda se saldaba rápidamente, esto fue lo que le ocurrió a todos los que tenían un *livello*.

Para no declararse insolvente, a sus ochenta años, Carlo volvió a romperse la espalda en el campo. Con la ayuda de Pietro, de Donato y de Lorenzo, roturó una parte del bosque, amplió la finca, duplicó la cosecha de trigo que ahora se pagaba muy poco. Caterina vendió la calesa y el hermoso caballo, abandonó la cría de gusanos de seda y el negocio de la paja trenzada —las dos empresas ya no le reportaban ganancias—, despidió a Gasparo, renunció al placer de cultivar aquellas patatas que no quería nadie y aquellos tomates que no había conseguido imponer en el mercado ni siquiera con los frascos de salsa, y un día se plantó. Reunió a toda su tribu en la era y le gritó que sí, que la culpa era suya porque, salvo con dos excepciones, sólo había parido a un hatajo de gilipollas, incapaces de hacer otra cosa que no fuera dejar preñadas a otras tantas gilipollas. Pero el mal ya estaba hecho y, de ahora en adelante, pobre del que no se aplicase a remediarlo. En otras palabras, o arrimaban todos el hombro o les disparaba un escopetazo en el culo a uno por uno. Y ellos obedecieron. Pero el mal ya estaba demasiado avanzado y para pagar el canon fue preciso acudir a los dos hermanos ricos. Es decir, a Domenico, que se negó a acceder a la petición con un seco «ese asunto no es de mi incumbencia», y a Eufrosino, que saldó en el acto un montante de siete plazos. Eufrosino pagó también los siguientes. Pagó durante años. El problema fue que llegó un momento en que se hartó, «ya está bien, de ahora en adelante arreglaos vosotros solitos», y el *livello* se disolvió. Algo que Carlo y Caterina no llegaron a saber jamás porque, gracias a Dios, murieron antes de que esto ocurriese.

* * *

Carlo murió el 31 de diciembre de 1839, a los ochenta y siete años y con la dignidad que conviene a un buen franciscano terciario. Cuando comprendió que iba a irse mandó llamar a su hijo Gaetanino, sacerdote en Siena, y llamándole respetuosamente «padre» le pidió que le impartiera la extremaunción. «Se lo ruego, padre, absuelva a este viejo que le engendró». Luego reunió a toda la familia y, purificado de los pecados que no había cometido jamás, se despidió con las siguientes palabras: «Nos vemos en el Cielo. Procurad portaros bien para llegar allí». Pero apenas se quedó a solas con Caterina olvidó que un buen franciscano terciario debe recibir a la muerte con los brazos abiertos, ignorando lazos, pasiones, añoranzas, y le dirigió un adiós completamente distinto. Le dijo que moría amándola mucho más de cuanto la había amado en más de medio siglo de matrimonio porque con el tiempo su amor había cobrado cuerpo como un buen vino viejo bien conservado. Le dijo que se alegraba de no haber emigrado a Virginia con el señor Mazzei porque allí no la habría conocido y sin ella hubiese sido pobre aunque se hubiera vuelto rico. Le dijo que el día en que fue a buscarla a la feria de Rosìa había sido un día bendito, un regalo del Señor, y que por lo tanto le daba las gracias por todo: por haberlo aceptado, por haberse casado con él, por haberle alegrado la vida con su energía y su mal genio, además de por haberle arrancado de las manos de los franceses que querían fusilarlo y de haberle ayudado a quemar el Árbol de la Esclavitud. Por último, le dijo que había sido la única mujer de su vida, la única a la que había deseado y había tocado, que las otras mujeres era como si jamás hubiesen existido, y que le parecía ser Adán despidiéndose de Eva: la compañera insustituible, irrepetible, absoluta. Caterina lo escuchó llorando. Y, llorando, le contestó que él también había sido el único hombre de su vida, el único al que había deseado y había tocado, a pesar de que fuese un maldito santurrón y un meapilas. También ella le daba las gracias por todo: por haberla elegido, por haberla comprendido, por haberla aguantado, por haberle enseñado a leer y escribir. También ella lo amaba más de cuanto lo había amado en más de medio siglo de matrimonio porque con el tiempo su amor había cobrado cuerpo como un buen vino viejo bien conservado. Es más, dado que al inicio el vino no era vino sino agua, con el tiempo su vino se había convertido en un licor tan embriagador que no podía dejar de tomarlo: no sabía vivir sin él. Luego sacó del bolsillo del delantal una redoma con ácido muriático diluido en el aceite de Juglans, patético recuerdo de la resistencia contra los franceses, y sollozó: «Basta con tomar un sorbo. Espere, y moriremos juntos».

Pero no tomó aquel sorbo. Haciendo acopio de sus últimas fuerzas, Carlo consiguió arrancarle la redoma de las manos y tirarla al suelo: «No, gracias, amor mío». Pero sólo le sobrevivió un año, hasta la primavera. Quince meses en los que se marchitó igual que el chopo envenenado por la infernal mezcolanza. En el plazo de dos o tres estaciones, su cuerpo, hasta entonces tieso y vigoroso, se acartonó y curvó, quedando reducida su estatura a un tercio; sus hermosos cabellos cobrizos empezaron a cubrirse de canas y a caerse como hojas secas; la extraordinaria energía desapareció del todo, el corazón enfermó, y se convirtió en la imagen opuesta de sí misma. Una viejecita triste, silenciosa, calmada. Sólo su inteligencia permanecía intacta. No en vano se había comprado unas gafas y se pasaba las tardes en el estudio, leyendo periódicos o un libro escrito por un tal Silvio Pellico y titulado *Mis prisiones*,* y sabía todo lo que ocurría en el mundo, más allá de los angostos límites de San Eufrosino de Arriba. Sabía, por ejemplo, que el nuevo gran duque, Leopoldo II, era un buen hombre, pero incapaz de asumir el papel que le había asignado el destino; que en Véneto y Lombardía el gobierno austriaco había reprimido ferozmente el movimiento de los carbonarios,** pero que la lucha continuaba, imparable, y que un patriota llamado Giuseppe Mazzini*** había fundado una asociación revolucionaria llamada *La Giovine Italia* [La Joven Italia], cuyos adeptos eran fusilados por docenas; que un audaz marino, llamado Giuseppe Garibaldi, había conseguido escapar antes de que le arrestasen y que ahora estaba combatiendo en Sudamérica; en definitiva, que el país era un hervidero de ideas nuevas y que se aprestaba a echar al extranjero y a cambiar la sociedad. Algo que le gustaba muchísimo y que a veces la impulsaba a romper su negro mutismo con la salida: «Si no fuese tan vieja, dejaba plantados a los gilipollas de mis hijos y me iba a luchar junto a los que quieren cambiar el mundo». También le interesaba el nacimiento del ferrocarril, es decir, de ese prodigioso medio de transporte llamado tren, que, mediante la combustión de leña o carbón, corría sin necesidad de caballos. «Cada vez que pienso que mi Carlo iba a pie desde Panzano a Florencia y yo en diligencia». Pero eran las últimas llamas

* Obra autobiográfica de Silvio Pellico, defensor de la independencia italiana, en la que narra sus años de cautiverio en una cárcel austriaca. Obra emblemática del Risorgimento, leidísima en toda Europa, de *Le mie prigioni* se dijo que fue más efectiva que todas las batallas del Risorgimento para lograr la independencia de Italia. (*N. de la T.*)

** Sociedad secreta fundada en Nápoles y de carácter liberal, cuyos miembros luchaban por la independencia de Italia. (*N. de la T.*)

*** Uno de los grandes ideólogos del Risorgimento; considerado, junto a Garibaldi y Cavour, uno de los tres grandes artífices de la independencia italiana. (*N. de la T.*)

de un fuego que, en realidad, ya no quería seguir encendido o que se había extinguido, prácticamente, en el instante mismo en que dijo, sollozando: «...Espere, y moriremos juntos». Muy pronto, empezó a quedarse dormida encima de los periódicos y el libro, y si le decían «despierte, abuela», contestaba, abriendo a duras penas los párpados: «¿Para qué? Estoy muy cansada y ya no le sirvo a nadie». El 26 de marzo sufrió un ataque al corazón que acabó con ella en dos días, igual que acabó el fuego con el chopo marchito. Pero sin domarla. Se llamó a Gaetanino, que esta vez se presentó hasta con los santos olios; pero, apenas se acercó a ella para impartirle la extremaunción, y comenzó a recitar: «*Ego te absolvo in nomine Patris et Filii et Spiritus Sancti...*», Caterina le interrumpió, enfadadísima y abriendo los ojos de par en par. «Ni se te ocurra, chaval», rugió. «A mis setenta y seis años me voy del mundo con un buen acerbo de sabiduría y sabiendo perfectamente dos cosas: que no he hecho nada que debáis perdonarme ni tu Dios ni tú, y que tu Dios no tiene tiempo para mí. Ni yo para él». Luego dijo: «Ya voy, Carlo, ya voy». Y expiró.

El arcón de Ildebranda se lo quedó Gaetanino, que, a pesar de todo, guardó en él, escrupulosamente, los once libros, el abecedario, el ábaco, el texto de medicina del doctor Barbette, la funda de almohada con la maravillosa frase «Me llamo Caterina Zani...», la carta del primo muerto de frío en Rusia, *Mis prisiones*, las gafas, y se lo llevó a Siena. Allí permaneció hasta que, no se sabe por qué motivo, se volvió a enviar a Chianti, a mi tatarabuelo Donato, que se lo dejó en herencia a mi bisabuelo Ferdinando, que, a su vez, se lo dejó a mi abuelo Antonio, que, en julio de 1944, se lo entregó a mi padre. Pero ésta es otra historia. Y aún muy lejana. Ahora hay que escuchar a la otra voz, a la voz apasionada y compasiva, la voz de mi madre, mientras relata la historia de Francesco y de Montserrat: los dos antepasados contemporáneos de Carlo y Caterina con los que jamás corrí el riesgo de no nacer. Porque nada, absolutamente nada en el mundo, hubiese podido impedir el encuentro de sus respectivas desdichas.

SEGUNDA PARTE

1

El barco en el que Carlo tendría que haber viajado a Virginia con Filippo Mazzei se llamaba *Triumph*. Era un navío de tres mástiles, de doscientas veinte toneladas, que el armador William Rogers de Londres le había comprado a la Armada británica para transformarlo en un barco mercante y poner al mando a su hermano James, en el que, generalmente, sólo se solía enrolar a súbditos de su británica Majestad. Procedente de Lisboa, llegó a Livorno el 3 de agosto de 1773 y permaneció allí treinta días: el tiempo necesario para descargar cuarenta cajas de azúcar destinadas a la compañía Porther and Ady, efectuar trabajos de calafateo, reparar una vela que el lebeche había rasgado frente a la isla Gorgona, y cargar el increíble equipaje que Mazzei llevaba consigo para poner en marcha la hacienda agrícola que le habían aconsejado fundar Thomas Jefferson y Benjamin Franklin. Cientos y cientos de plantones de olivo y de esquejes de vid, sacos y más sacos de maíz para sembrar, azadas, palas, traíllas, arados, podones. Orzas de aceite, barriles de *vinsanto* y de malvasía, encellas para quesos parmesanos, piezas de estofa, zapatos, vestidos, indumentaria de todo tipo. Papel pautado, muchísimos libros, entre ellos numerosos ejemplares de *De los delitos y de las penas* de Beccaria, sus maletas, las de los cuatro valientes que, junto al sastre piamontés, partían en lugar de Carlo y de los nueve campesinos huidos ante el temor de terminar carbonizados por las estrellas fugaces, además de dos ovejas: los únicos animales que, tras ponerle el veto a un zoo de mulos y de bueyes y de pichones y de perros guardianes y de caza, el capitán había permitido que subieran a bordo. Uno de los mayores problemas que pesaban sobre las travesías atlánticas era el del agua dulce. No se podía llevar más de cierta cantidad, y las reservas contenidas en los doce toneles para los que había cabida en la bodega del *Triumph* ya corrían el riesgo de menguar demasiado con el riego de los esquejes de vid y los plantones de olivo.

Durante aquellos treinta días, un joven marinero de mirada oscura como la noche, cabellos larguísimos y negros como ala de cuervo, cuchillo al cinto y un llamativo pendiente en el lóbulo izquierdo no dejó de dar vueltas por el puerto con el aspecto del que aguarda algo o a alguien. No se movió de allí, siempre escrutando el horizonte, siempre clavando la vista en los veleros que entraban en el puerto, siempre indagando sobre la llegada de una fragata llamada *Bonne Mère* y de un bergantín llamado *General Murray*. No se alejaba ni siquiera cuando lo trataban a patadas y Mazzei, reparando en él, preguntó quién era. El hijo de un pescador al que capturaron los piratas berberiscos hace veinte años, le respondieron, y que desde entonces era esclavo en Argel. En mayo los frailes trinitarios de la Redención habían firmado con el argelino Alí bajá* un acuerdo para liberar a catorce esclavos toscanos, trocarlos por catorce esclavos turcos detenidos en Livorno. En junio la *Bonne Mère* había partido con estos últimos a bordo para realizar el intercambio. En julio, Pedro Leopoldo había rescatado en nombre del emperador de Austria a ciento cuatro alemanes, también esclavos en Argel, y había enviado el *General Murray* para recogerlos. Paralelamente, se había difundido la noticia de que Alí bajá había añadido a los ciento cuatro alemanes, como propina, a tres livorneses y, animado por la esperanza de que su padre se encontrase en uno de los dos barcos, el muy ingenuo estaba esperando su regreso. Por otro lado, siempre que corría la noticia de que se había producido un rescate o un intercambio hacía lo mismo. Desentendiéndose de las oportunidades que perdía de enrolarse, se plantaba en el puerto

---

* Bajá (o pachá). Título otorgado a los gobernadores generales y los visires. El nombramiento de los bajá de los estados berberiscos dependía del sultán. Del turco *pasha*. (*N. de la T.*)

a esperar, y verlo cuando los repatriados bajaban a tierra era una escena que partía el corazón. «¡Daniello Launaro, Daniello Launaro! ¿Alguno de vosotros es Daniello Launaro?», gritaba. Luego corría a su encuentro, sorteando a los guardias que contenían a la muchedumbre, les aferraba por el brazo a uno por uno y: «¿Eres Daniello Launaro? ¡Dime que te llamas Daniello Launaro!». Era inútil que le repitieran que no debía hacerse ilusiones, que los intercambios sólo se acordaban para rescatar a personas ricas o importantes, nunca, o muy raramente, a un pobre pescador. En vano le subrayaban que veinte años eran muchos, que nadie había regresado jamás tras veinte años de cautiverio, que su padre, por lo tanto, seguramente estaría ya muerto... Con cabezonería replicaba que no, que su padre aún estaba vivo, y que si no lo rescataban los frailes o el gran duque lo haría él en persona. Con su dinero. Alí bajá, cuando el esclavo era de poco valor, se contentaba con cuatrocientas piastras, es decir, con trescientos escudos de plata, ¿verdad o no? A fuerza de ahorrar, de apretarse el cinturón, había reunido ya ciento cuarenta. Y si vendía el pendiente de oro, un objeto muy caro, pronto contaría con la cifra exigida y se la llevaría a aquel bandido. Un detalle desgarrador: no se acordaba de su padre. En junio de 1753, fecha en la que fue capturado mientras pescaba en la costa de Cerdeña, él era un niño de apenas tres años.

La *Bonne Mère* regresó el 31 de agosto y, apenas descendieron a tierra los catorce toscanos, se elevó el ya habitual grito: «¡Daniello Launaro, Daniello Launaro! ¿Alguno de vosotros es Daniello Launaro?». Apenas desfilaron ante la jubilosa multitud, se repitió la ya habitual escena: «¿Eres Daniello Launaro? ¡Dime que te llamas Daniello Launaro!». Pero tampoco esta vez Daniello Launaro se encontraba entre los repatriados. Los trinitarios que habían descendido con ellos se llevaron más tarde al joven marinero a un aparte. Le explicaron por qué no merecía la pena que se quedase esperando también la llegada del *General Murray*, con los tres livorneses de propina. Daniello Launaro había sobrevivido, sí: en el mes de marzo estaba picando piedra en una cantera; se fijaron en él porque les pareció tan viejo, tan inapropiado para realizar un trabajo tan duro... Cabellos blancos, barba blanca, espalda curvada, cuerpo macilento: un octogenario. No en vano se acercaron a él para preguntarle cuántos años tenía y se quedaron de piedra cuando él les contestó: «Cuarenta y dos». Al día siguiente fueron otra vez a verlo. Hablaron con él largo rato, y por eso conocían todos los detalles de su calvario. La captura, acaecida cerca de las costas de Cerdeña mientras pescaba corales junto a seis compañeros de desgracias. El desembarco en la cruel ciudad, las muñecas atadas y el cuello ceñido por una traílla que no le dejaba apenas respirar. La marcha forzada a través de las calles atestadas de gente que se burlaba de él, que le escupía encima, que le gritaba «perro infiel, perro infiel». La llegada al baño de los esclavos,* la crueldad de los guardianes que habían sustituido inmediatamente la traílla por un collar de hierro y luego le habían encadenado los pies a unos grilletes de los que arrastraba una bola pesadísima. Y, por celda, un foso lleno de ratones. Por comida, un poco de cuscús; por trabajo, piedra que picar. Sin esperanza alguna de volver a ver Livorno, a su mujer, a su hijo, todavía tan pequeño; sin ningún consuelo, salvo el de encomendarse al Señor. Era un buen cristiano, de hecho, un hombre muy piadoso. Rezaba siempre sus paternóster, sus avemarías, si el *guardián bajì* permitía que se celebrase una misa él acudía entusiasmado, y nunca había imitado a los cobardes que, para atenuar sus tormentos, se convertían al islam. Nunca había consentido en llevar turbante, nunca había renegado de la Santa Iglesia Romana. Tanto era así que pensaron en deslizar su nombre en la próxima lista de rescatandos. El problema fue que, a mediados de la prima-

---

* «Baño» o «baño de esclavos», en castellano en el original a lo largo de todo el capítulo. El término «baño» como sinónimo de cárcel aparece recogido en el *Diccionario de Autoridades* (1726): «Una como mazmorra de que se sirven los moros para tener los cautivos principales que son de rescate, llamado así por ellos». Según algunos, proviene del árabe *bâniya*, «cimientos de un edificio»; según otros, del hecho de que la primera cárcel de este tipo estuvo situada en unos antiguos baños romanos, en Estambul. Probablemente, el término se popularizó, en castellano, en toda Europa, a través de Cervantes (*Los baños de Argel* y, sobre todo, la historia del cautivo en el *Quijote*). (*N. de la T.*)

vera, lo trasladaron al puerto y lo pusieron a trabajar con las cuadrillas que estaban construyendo el nuevo muelle. Con aquel va y viene de navíos extranjeros, el puerto era una tentación a la fuga, y él cedió muy pronto a ella. Nadie sabe cómo, logró librarse de los grilletes, arrojarse al mar, dirigirse hacia un jabeque veneciano e incluso subir a bordo. Creía que el capitán lo protegería, lo llevaría de regreso a Italia. Ignoraba, incauto, que desde 1764 existía un tratado inviolable entre la República de Venecia y los países de Berbería. Un tratado que obligaba a los barcos venecianos a no acoger a los esclavos huidos, a devolverlos para que fuesen castigados. Y el capitán lo restituyó, así concluyeron la historia. Los verdugos de Alí bajá lo castigaron. «Lo degollaron, hijo... Que Dios los perdone».

—Dios quizá lo haga. Francesco Launaro no lo hará jamás —respondió el joven marinero, sin derramar una sola lágrima—. Os juro que llegará el día en que habré degollado a veinte argelinos. Uno por cada año que mi padre pasó entre grilletes.

Luego se presentó ante el capitán Rogers, ya listo para zarpar, y le ofreció sus servicios. «Llévenme con usted, por favor».

Fiel a la regla que establecía no enrolar a extranjeros y con la tripulación ya al completo, el capitán Rogers se negó. Pero Filippo Mazzei intervino. Lo convenció para que cambiara de idea y, así, la mañana del 2 de septiembre quien partió a bordo del *Triumph* fue, en vez de Carlo Fallaci, el bisabuelo de mi abuelo paterno, Francesco Launaro, el bisabuelo de mi abuelo materno. Y éste es el punto al que quería llegar. Si no hubiese sido por aquel enrolamiento fuera de programa, nunca hubiera encontrado lo que encontré ciento setenta y un años después en el arcón de Caterina. Nunca hubiera conocido la historia de Francesco y de Montserrat. Porque en los tres meses que duró la travesía Livorno-Inglaterra-Williamsburg sucedió algo. Y lo que sucedió fue que en el trópico una calma chicha frenó las velas, se ralentizó la marcha, y las provisiones de agua empezaron a escasear. Para limitar su consumo, el capitán Rogers ordenó reducir al máximo las raciones, suspender el riego de los esquejes y de los plantones de olivo, no abrevar más a las dos ovejas, que, aunque estaban colocadas en una esquina fresca del puente de proa, siempre tenían sed, y muy pronto los pobres animales empezaron a quejarse. Sus balidos parecían los gemidos de una parturienta. Pero un día los balidos cesaron. Mazzei fue corriendo para ver si se habían muerto y se encontró con que estaban mejor que él porque Francesco les había dado de beber con su ración. A partir de ahí surgió una amistad cuya huella inequívoca custodió, hasta la terrible noche de 1944, el arcón de Caterina: la huella era *De los delitos y de las penas*, el libro del que había numerosos ejemplares en el equipaje. Y en la portada, una dedicatoria: «A Francesco Launaro, en recuerdo de una escudilla de agua, de su admirador Filippo Mazzei. A bordo del *Triumph*, en el año 1773».

* * *

Cuando lo encontré, el libro estaba junto al laúd y el velero de papel maché, guardado en una gran caja sobre cuya tapa destacaba un amenazador: «No tocar», y entre las páginas sin guillotinar se escondía otro objeto precioso: el pasaporte catalán de Montserrat. Pero ni ese nombre ni el de Francesco me decían nada, mi madre nunca había aludido a ellos. Sólo sabía quién era Mazzei. Así pues, fue la dedicatoria en el libro de Beccaria lo que despertó mi curiosidad: quién era Francesco, quién era Montserrat, qué pintaba Mazzei en todo aquello. La curiosidad se extendió al velero de papel maché, al laúd, y las preguntas surgieron a borbotones. La voz apasionada y compasiva me contó lo que no le había contado jamás a nadie. Y hablar de sus antepasados se convirtió en una costumbre, en un tic que durante los últimos años de su vida rozó la manía: para añadir detalles, a veces para repetirse. Yo me rebelaba: «¡Me lo has contado ya más de mil veces, mamá!». Lo extraordinario es que, aparte de aquellos objetos que volaron por los aires junto al arcón de Caterina y toda la vía Guicciardini, toda la vía de'Bardi y todos los puentes de Florencia menos el Ponte Vecchio, para reconstruir y reinventar la saga de Francesco y Montserrat no cuento ahora más que con el eco de aquella voz. Esta vez, nada de documentos escritos con pluma de ave y tinta marrón. Nada de ese polvillo brillante y plateado, nada de esos granitos que, cuando se te quedaba uno en el dedo, te parecía que acababas de robar una pizca de luz que era una pizca de verdad. Los *Status Animarum* que las injurias del tiempo y la barbarie humana no han destruido registran a docenas de personas apellidadas Launaro que vivieron en el siglo XVIII en Livorno o en las costas del mar Tirreno. En la segunda mitad del siglo, tres, al menos, se llamaban Francesco, pero ninguno de esos tres nació en 1750. Tampoco coinciden los datos sobre las fechas de boda, los hijos, el año en que murieron. La oscuridad sólo empieza a aclararse con los nietos y los biznietos. En cuanto a Montserrat, tenía un apellido ilustre: Grimaldi. Y aunque en el siglo XVIII vivieron innumerables Grimaldi, muchísimos en Italia, muchos en España, algunos en Francia, otros en los países del norte de Europa, sé de qué rama se trata. Pero esa rama se ha extinguido, y la partida de bautismo de María Ignacia Josefa, llamada Montserrat, se perdió durante la Guerra Civil española: en el incendio que destruyó la catedral de Santa María del Mar en Barcelona. Por lo demás, su infancia estuvo tan rodeada por el secreto, como luego veremos, que intentar demostrar con pruebas irrefutables su existencia sería una estupidez. En el curso de mis inútiles investigaciones, llegué incluso a preguntarme si las alteraciones que siempre acompañan a las sagas transmitidas oralmente no le habrían entregado a mi madre un cuento fantástico con pocas apoyaturas en la realidad: su relato procedía de un tal tío Attilio que afirmaba haberlo recibido, habérselo oído contar a su padre, Natale, que, a su vez, sostenía que lo había escuchado de labios de su padre, Michele, y cualquiera de ellos podía haberlo alterado. O desnaturalizarlo, falsificarlo. Pero ante esa sospecha, mi reacción siempre ha sido la misma: decirme que no, que era imposible, que el relato era demasiado preciso, se ajustaba demasiado a los acontecimientos y a los personajes históricos de la época. Y aquellos recuerdos preciados, aquel libro con la dedicatoria de Mazzei, aquel pasaporte, aquel laúd, aquel velero de papel maché no eran imaginaciones mías. Eran objetos concretos que yo vi, cogí con mis manos, toqué. A la duda debía oponerle un acto de fe.

Y, además, sí que tengo la confirmación negada por los *Status Animarum* y los archivos de la catedral de Santa María del Mar, sí que tengo las pruebas reemplazadas por el recuerdo y un acto de fe, y las tengo en una medida mucho mayor de lo que me gustaría. Están en una especie de memoria genética, de certeza animal e instintiva que rechazo en vano, contra la que lucho en vano: con una mezcla de malestar y de rencor. Porque esa pareja infeliz, desafortunada e infeliz, habita dentro de mí como un peso: como un huésped no deseado. Cada vez que algo me va mal, me digo «éste es el legado de Francesco, éste es el legado de Montserrat», y su historia me causa miedo. Es con miedo, pues, cómo me dispongo a parirla, comenzando por él y por la ciudad a la que pertenecía.

2

En aquella época, Livorno era la segunda ciudad más importante de Toscana y en el resto del mundo era tan famosa como Florencia. No en vano constituía una etapa obligatoria en el *grand tour* que los viajeros extranjeros hacían por Italia y existían varias traducciones de su nombre: prerrogativa reservada a las metrópolis y a las capitales. Leghorn, en inglés; Livourne, en francés; Liburna o Liorna, en español. También era uno de los puertos más famosos y más concurridos del Mediterráneo, el segundo después de Marsella, y el lugar más cosmopolita en el que uno podía vivir. Una babilonia de lenguas, razas, costumbres, religiones. La patria de todos. Perseguidos políticos o religiosos, aventureros, desheredados, prófugos, individuos sin escrúpulos, criminales o ex criminales. Para dotarla de una población estable y desarrollar su puerto, destinado a sustituir al de Pisa, devorado por el mar, Fernando de Médicis había dictado una ley, en 1590, que garantizaba a sus residentes unos privilegios inusuales: exención de pagar impuestos, vivienda gratuita y acompañada de un almacén o una tienda para los pescadores o los marineros que tuvieran familia, cancelación de las deudas inferiores a quinientos escudos, condonación de las penas impuestas en la patria salvo que éstas estuvieran motivadas por herejía, por atentar contra la lesa majestad o por acuñar moneda falsa. Y en 1593, una segunda ley que, ampliando la bicoca a cualquier forastero dispuesto a convertirse en residente, añadía las siguientes concesiones: derecho de asilo, libertad de oficio y de culto, régimen judiciario conforme a las costumbres y leyes del país de origen, franquicia de todas sus mercancías depositadas en la aduana, permiso para exportar sin impuestos ni tributos los productos importados con una anterioridad inferior a doce meses, además de protección frente a los piratas para los que viajaban por las rutas de los Caballeros de San Esteban, es decir, por las rutas del Mediterráneo. Resultado: en unos pocos años, Livorno se llenó de luqueses, de florentinos, de genoveses, de napolitanos, de pisanos, de venecianos, de sicilianos, de judíos huidos o expulsados de España y Portugal. En unas pocas décadas, se llenó también de ingleses, franceses, alemanes, suizos, holandeses, escandinavos, rusos, persas, griegos, armenios, el puerto se desarrolló mucho más de lo que Fernando I hubiera osado esperarse, y desde hacía casi dos siglos ofrecía un espectáculo único en el mundo. Podían verse amarrados bergantines, fragatas, polacras, tartanas, chalupas, pincos, veleros de todo tipo. Tan numerosos, tan apretados unos contra otros que, cuando plegaban las velas, sus mástiles parecían los troncos de un bosque sin hojas. Navíos que entraban o salían de la rada a velas desplegadas, cargados de toneladas y toneladas de riqueza: vino y aceite de Chianti, bacalao y arenques de Terranova, pescado curado de Noruega, caviar de Rusia, azúcar de Cuba, trigo de Ucrania y de Virginia, marfil de África, alfombras de Persia, opio y drogas de Constantinopla, incienso y especias de las Indias Orientales. Y en el puerto, a lo largo de los muelles, un hormigueo de descargadores, marineros, mercaderes, intermediarios, pasajeros con tricornio, con turbante, con peluca, con chilaba, con astracanes. Una algazara de sonidos, ruidos, peleas, carcajadas, insultos proferidos en todos los idiomas. Una mezcla de olores agradables y asfixiantes, de hedor a pescado y a fango junto a aromas de frutas y flores. Una bacanal de vida.

En el año 1773, con sus cuarenta y cuatro mil habitantes, cifra que no incluía a los extranjeros en tránsito y a los marineros que vivían a bordo de los barcos, también era asombrosa la ciudad dentro de las murallas: hasta 1500 un pueblo de pescadores y una penitenciaría para los *fiscalini*, es decir, los esclavos condenados a remar en las galeras. Rodeada por un majestuoso foso de agua salada, el Foso Real, y, en la zona llamada Nueva Venecia, surcada por hermosos canales cruzados por puentes llenos de gracia, parecía una isla que hubiese surgido en medio de la tierra por arte de magia.

Todo era allí una expresión de novedad, de excentricidad, de bienestar. Las casas, de una altura de al menos seis pisos, todas con cristales en las ventanas y dotadas de servicios higiénicos, bordeaban los canales junto a los palacetes, unas veces rosados, otras azules, igual que en Venecia. (La única variación radicaba en el hecho de que estaban separadas por calles llamadas *scali* y cerradas por un pretil). Los almacenes a pie de calle, asomados a los canales y lamidos por las aguas; las pequeñas embarcaciones que anclaban junto a los almacenes para cargar o descargar mercancías y que, a través de canales conectados con el río Arno, iban y venían desde Pisa y Florencia. La estructura racional que los arquitectos de los Médicis le habían dado al resto del conjunto urbano, con calles paralelas o perpendiculares para agilizar el tráfico y, en particular, la amplia vía Ferdinanda (o vía Grande) que iba derecha hasta el puerto desde la Puerta de Pisa. Alrededor de unos setecientos pasos de adoquinado, sobre el que carros y carrozas corrían como flechas en dos sentidos, pasando ante edificios suntuosos, casas de comida limpísimas, tiendas repletas de exquisiteces. Luego, la gran plaza central, la Plaza de Armas, que, embellecida por la catedral, tenía una extensión de más de trescientos sesenta pasos de longitud y ciento diez de ancho. Los macizos bastiones que, rodeando el Foso Real, se erguían acabando en inmensas terrazas por las que se podía pasear y disfrutar de la vista de la bahía, con el faro, la redonda Torre de Matilde, el rojo baluarte de la Fortaleza Vieja, el santuario de Montenero, las exquisitas villas de los ingleses y los holandeses. Y junto a eso, el inigualable espectáculo de las mezquitas y las sinagogas, de las iglesias católicas y protestantes, coptas y greco-ortodoxas: el símbolo de una tolerancia y de una capacidad de convivencia entonces desconocidas en cualquier otra parte. En Livorno no había guetos. Pese a que existían barrios en los que los distintos grupos étnicos mantenían vivas sus costumbres, el barrio griego, el barrio judío, el barrio armenio, no se toleraban los prejuicios raciales o las prácticas discriminatorias. Tampoco se respetaban las leyes suntuarias. Ricos y pobres podían vestirse igualmente con trajes de terciopelo o de seda o de brocado, llevar flecos y lazos y sombreros y plumas, y, junto al lujo, también estaban permitidas muchas otras cosas. Los juegos de azar, por ejemplo. El libertinaje, los burdeles. En las otras ciudades del gran ducado las mujeres públicas eran arrestadas y expuestas en la picota como los jugadores, los libertinos, los adúlteros. En Livorno, en cambio, circulaban y atraían a sus clientes sin problemas. El propio vicario de la Inquisición lo permitía «en señal de deferencia para con los extranjeros y los marineros que se detienen en este sitio durante algún día o alguna semana».

Por último, aunque no hubiera universidad y la vida cultural se concentrase en Pisa, Florencia y Siena, florecía el comercio de libros. A mediados de siglo, en efecto, había surgido un círculo de literatos decididos a difundir las ideas de la Ilustración, el tipógrafo Marco Coltellini había fundado una editorial junto al impresor Giuseppe Aubert, y las primeras ediciones italianas de las principales obras del pensamiento ilustrado se debieron a ellos. Fueron Coltellini y Aubert quienes publicaron, en 1764, *De los delitos y de las penas* de Beccaria. Y, en 1763, habían publicado las *Meditaciones sobre la felicidad* de Pietro Verri;* en 1771, las *Meditaciones sobre la economía política*; dos años después, el *Discurso sobre la índole del placer y del dolor*. En 1770 se habían propuesto, incluso, imprimir íntegramente la *Encyclopédie*: considerada por la Iglesia una obra herética y escandalosa, sólo se había publicado en Francia y en San Petersburgo. Y eso no era todo. En la trastienda de Coltellini se podían encontrar también los textos, imposibles de hallar, del pensamiento libertino: los opúsculos y panfletos que el no menos audaz librero Pietro Molinari imprimía en Londres y luego expedía a Livorno, Génova, Civitavecchia, Nápoles, Mesina. *La materia Dio* (La materia Dios), *L'inferno spento* (El infierno apagado); *Il paradiso annichilato* (El paraíso aniquilado); *Il purgatorio fischiato* (El purgatorio chiflado); *I santi banditi dal Cielo* (Los santos expulsados del Cielo); *Spaccio de la Bestia Trionfante* (El colmado de la Bestia Triunfante): algo como para quitarle el sueño al mismísimo Satanás. No es casual que, en 1765, cuando Mazzei vino de Londres, oficialmente para

---

* Pietro Verri (1728-1797). Amigo de Cesare Beccaria y uno de los principales escritores de la Ilustración italiana. (*N. de la T.*)

comprar en Venecia un *stock* de perlas orientales, en realidad para traer varias cajas de textos de ese tipo, tuviera serios problemas. Acusado por el Santo Oficio de introducir de contrabando libros perniciosos, es decir, contrarios a la religión y a las buenas costumbres, y de comercializarlos en cantidad suficiente como para infestar todo el país, tuvo que huir a Nápoles y permanecer allí durante tres meses. En cuanto a Marco Coltellini, Giuseppe Aubert, Pietro Molinari, corrieron el riesgo de acabar en la cárcel para el resto de sus días. Pero, ¡ojo!, no vayamos a creer en quimeras. La inmensa mayoría de los cuarenta y cuatro mil habitantes con los que contaba la ciudad en 1773 no se parecía en nada a estos personajes. Los libros los compraban sólo unos pocos, las refinadas rarezas intelectuales las lucían sólo unos poquísimos, y para averiguar cuál era la reputación de Livorno en aquella época basta con leer el juicio que hace sobre ella Pedro Leopoldo en sus *Relaciones sobre el gobierno de la Toscana*. Es éste, recién revisado y corregido para hacer más comprensible su italiano, no precisamente perfecto: «Los forasteros sólo están allí por interés personal, sin cultivar ningún tipo de apego al país, y no tienen otras miras que ganar mucho dinero de forma lícita o ilícita para gastarlo en lujos o caprichos o establecerse en otro lugar con las ganancias. Entre ellos reina la discordia, la maldad, el espíritu partidista, y cualquier medio para hacer dinero rápido se considera bueno: escrituras falsas, cuentas simuladas o alteradas, cartas y calumnias para desacreditarse recíprocamente... Los procuradores, los escribanos, etc. siguen su ejemplo. Los sacerdotes son ignorantes. El pueblo es ignorantísimo, poco religioso, supersticioso, fanático, pendenciero, entregado a las riñas, al robo, al juego, al libertinaje, y tiene necesidad de ser tratado con gran rigor».

Salvo en lo del robo y el juego, los únicos pecados de los que no tuvo que acusarse jamás, la última frase parece el retrato robot de Francesco.

* * *

Así es, sí, para qué negarlo: el joven marinero que con sus desgracias y su escudilla de agua dejó fascinado a Mazzei era todo menos un santo. Justo lo contrario del dulce y piadoso Carlo. Para zanjar un debate recurría al cuchillo, para expresar su opinión empleaba los puños, la agresividad y la rebeldía constituían para él un sistema de vida y se notaba sólo con mirarlo. Tenía siempre los nudillos despellejados a causa de los puñetazos que propinaba, la nariz siempre rota por los que se llevaba, la espalda marcada por los latigazos recibidos por indisciplinado, y en las mejillas y en los hombros tenía grabadas las cicatrices que le dejó una vuelta de quilla. Un castigo que se aplicaba en los veleros en los casos de delincuencia o de desobediencia grave y que consistía en atar las piernas y los brazos del culpable, arrojarlo al mar colgado de dos cables larguísimos, accionados por una garrucha, arrastrarlo con éstos hasta el fondo del barco, tenerlo allí durante un buen rato y, por último, tirar de él para sacar lo que había quedado. Por lo general, un cadáver desgarrado por los clavos y la quilla. Pero a él lo sacaron vivo. Y se curó en un abrir y cerrar de ojos, con unas simples compresas de sal y ron. Su fortaleza física vencía cualquier enfermedad o tortura, y gracias a su duro pelaje podía permanecer sobre la cofa, es decir, sobre la plataforma más alta del palo mayor, veinticuatro horas seguidas sin quedarse dormido y sin precipitarse contra la cubierta. También era muy mal educado, excesivamente orgulloso, exageradamente vengativo. Nunca le sonreía a nadie, jamás pedía excusas por algo, no se concedía jamás unos segundos de amabilidad. Y la respuesta con la que había reaccionado al «...Que Dios los perdone» de los trinitarios, «Dios quizá lo haga. Francesco Launaro no lo hará jamás», formaba parte de su naturaleza de vengador implacable. La promesa de degollar a veinte argelinos, uno por cada año que Daniello había transcurrido encadenado, a su mala costumbre de lavar las ofensas con sangre. Además, era todavía más analfabeto que los livorneses timbrados así por Pedro Leopoldo —para firmar cuando se enrolaba dibujaba una barca—, y más ateo que los libertinos que habían escrito *L'inferno spento* o *Il paradiso annichilato* o *Il purgatorio fischiato*. Jamás se le veía entrar en una iglesia, susurrar una plegaria, en las tormentas se negaba a encomendarse al Señor, y apenas vislumbraba a un sacerdote o a un rabino o a un muecín perdía los nervios. «¡Charlatanes, impostores!». En cuanto al libertinaje, se arrojaba en él de cabeza como un demonio, favorecido por el hecho de que les gustaba tanto a las prostitutas que le ofrecían sus servicios gratis. «Nada de pagar, mi guapo marinero. Debería pagarle yo a usted». No es que fuese guapo, entendámonos. Con aquella nariz rota, aquellas cicatrices en las mejillas, aquel manto de cabellos negros como ala de cuervo, parecía la imagen misma del mal. Sin embargo, tenía un cuerpo atlético y agradable a la vista, de su rostro hundido y quemado por el sol emanaba una misteriosa seducción, de su aspecto salvaje un encanto casi irresistible, y su mirada hubiese conmovido a una fiera. Brillante, profunda, derrotada, y cargada de una tristeza aterradora.

Pobre Francesco, tenía motivos de sobra. Y tampoco le faltaban para ser un demonio. Para empezar, a sus veintiún años estaba más solo que un pez capturado con anzuelo y arrojado a un tarro vacío: su madre también había muerto cuando él era pequeño, en la epidemia de tifus petequial de 1763. Hermanos o hermanas no tenía porque antes de que raptaran a su padre sólo había nacido él. Parientes tampoco porque los otros Launaro de Livorno no le ofrecían lazos de consanguinidad y hacían la vida por su cuenta. Lazos sentimentales, menos, porque no podía hacerle frente al gasto de casarse y para gozar de algo de amor tenía que recurrir a las prostitutas que le servían gratis. Amigos, lo mismo, porque su carácter le impedía llevarse bien con quien fuese, y apenas encontraba a alguien dispuesto a aguantarle terminaba liándose a golpes con él. Y por si todo esto no bastase, era marinero desde el día en que, con apenas once años, se embarcó como grumete en una chalupa en la que olvidó enseguida la infancia y, ¿hace falta decirlo?, en aquella época trabajar como marinero no contribuía precisamente a transformar al hijo de un pobre pescador en un señorito educado, culto, amable y temeroso de Dios. Se permanecía en alta mar durante meses y más meses, a veces durante un año o dos. Se atracaba en los puertos sólo para cargar y descargar; por lo general, el capitán no te permitía bajar a tierra, y estar tanto tiempo a bordo te destrozaba. Bellísimos por fuera, airosos, adornados con entalladuras y dorados, los barcos por dentro eran pozos llenos de inmundicias: unas cloacas en las que pululaban ratones, cucarachas, chinches, piojos. Si no perecías en un naufragio, o engullido por las olas que barrían la cubierta, impulsadas por el viento, te mataba alguna desagradable enfermedad. Sarna, tiña, lepra, peste, cólera. En el mejor de los casos, escorbuto. Enfermedad que atacaba por comer siempre el mismo rancho, es decir, habas podridas y judías con gusanos, tocino rancio y tasajo mohoso, galletas que eran un hormigueo de insectos. El agua, estancada en los toneles, también terminaba volviéndose putrefacta. Siempre sucios, siempre hediendo, se dormía en cubierta o en asquerosas hamacas. Se renunciaba a todo rasgo de civilización, se convivía con una chusma formada por desechos del patíbulo o borrachos reclutados en las tabernas. A veces, por la fuerza. A los grumetes se los maltrataba sistemáticamente. Se les pegaba, humillaba, los usaban para cualquier fin, incluido el sexual. Y lo único que aprendían de sus torturadores era a blasfemar, pelearse, masticar tabaco. El capitán se portaba como un señor absoluto. Tenía derechos de vida y muerte sobre la tripulación y, como si se mostraba indulgente se arriesgaba a que ésta se amotinase, imponía unos castigos feroces por cualquier nadería. El que tardaba un segundo en obedecer una orden, o la cumplía de forma imperfecta, se ganaba de treinta a cien latigazos en la espalda. El que robaba un sorbo de agua o fumaba en pipa o escupía contra el viento era atado y arrojado al mar, donde permanecía durante horas, a merced de los tiburones. El que hería a alguien en una riña era castigado a una vuelta de quilla o lo clavaban por las palmas de las manos al palo mayor, con su propio cuchillo. Nueve de cada diez veces, perdía una de las manos. Al que mataba a alguien en una pelea se le metía en un saco junto al cadáver y se los arrojaba juntos al fondo del mar. El que se amotinaba era ahorcado, y con excepción de lo del saco y lo de la horca, Francesco ya había pasado por todo lo demás.

Pero no era esto, o al menos no sólo esto, lo que lo había convertido en un demonio con la mirada cargada de una tristeza aterradora. Era, ante todo, el odio que se lo comía vivo desde el día en que, siendo todavía un crío, se enteró de que era el hijo de un esclavo. Un odio ciego, negro, invencible: alimentado año tras años con las esperas inútiles, las inútiles esperanzas. Y condensado, concentrado sobre un enemigo muy preciso: los piratas que habían raptado a su padre.

3

El cine y la literatura juvenil nos han acostumbrado a ver en los piratas a unos simpáticos malandrines con la pata de palo y un parche en el ojo, la bandera con la calavera ondeando en la proa y un tesoro escondido en alguna isla del Caribe. Los han convertido, en resumidas cuentas, en un episodio prácticamente inocuo de nuestro pasado. Pero la realidad fue muy distinta. Durante mil años, prácticamente hasta las primeras décadas del siglo XIX, la piratería fue un flagelo que sembró muerte y destrucción, sangre y lágrimas, y alimentó la infamia más rentable que haya ensuciado jamás al planeta Tierra: la trata de esclavos. La ignorancia y la desmemoria nos han hecho también olvidar que ese flagelo golpeó, sobre todo, al Mediterráneo: es decir, al mar sobre el que asomaban las tres ciudades de África Septentrional, la Berbería anexionada al Imperio otomano, que florecieron gracias a ese comercio y que sobre éste basaban su existencia. Trípoli, Túnez, Argel. (Tánger, en Marruecos, las imitaba con escaso éxito). El Mediterráneo, entonces, era un manto de miedo. Todo el que navegase por él o viviese en la costa corría el riesgo de acabar como Daniello. El tráfico de esclavos negros en América no fue sino el capítulo siguiente de aquella infamia. Antes de que éste empezase, sólo en Argel se vendían de diez mil a catorce mil esclavos blancos al año. Los así llamados nazarenos* o perros infieles. A principios de 1600, en la ciudad había más

---

* Acepción recogida por el Diccionario de la RAE de 1869: «El Cristiano. Llamábanle así los árabes por desprecio». (*N. de la T.*)

de treinta mil esclavos encadenados, ocho mil de ellos convertidos al islam, y, el año en el que Daniello fue raptado, el *dey** de la flota argelina le había dicho a un fraile español que estaba negociando un rescate: «Para nosotros, los berberiscos, este mar es una bendición. Está lleno de barcos a los que abordar, de nazarenos a los que capturar, y nuestro oficio nos proporciona inmensas ganancias».

Para eso surgieron las torres vigía, los fortines de avistamiento que aún hoy pueden verse a lo largo de las costas del Tirreno, del Jonio, del Adriático. Para eso se crearon las flotas corsarias, es decir, las flotas romanas, venecianas, genovesas, maltesas, inglesas, francesas, castellanas, catalanas, que, con el consentimiento, dado por escrito, de sus respectivos gobiernos o soberanos y con embarcaciones dotadas de cañones infestaban las aguas mediterráneas. Sí, depredaban a su vez, acumulaban botines sobre los que sus respectivos gobiernos o soberanos aplicaban el *quinto*, es decir, se quedaban con un porcentaje, pero, al mismo tiempo, luchaban contra los piratas: les daban pan a cambio de harina. Basta con recordar a Francis Drake, a Walter Raleigh, a Jean Bart. En el gran ducado de Toscana se creó la flota de los Caballeros de San Esteban: una milicia compuesta por voluntarios laicos consagrados a la defensa del catolicismo cuyas hazañas se convirtieron en leyenda. Nadie fue tan inexorable como ellos. Con sus cruces rojas, sus expediciones de castigo, sus galeras rebautizadas como galeras del Gran Diablo, aterrorizaron el enemigo más de cuanto lo hicieran Francis Drake, Walter Raleigh o Jean Bart: espoleando y abordando el primer barco tunecino o tripolitano o argelino con el que se encontraban, ahorcando al *rais*** del palo mayor, pasando a cuchillo a la tripulación o vendiéndola como esclavos, según la ley del ojo por ojo y diente por diente. Con la esperanza de eliminar el problema, llegó un momento en el que empezaron a combatir contra el mismo Im-

---

* *Dey*. Jefe o comandante en los estados berberiscos; a diferencia del bajá, no estaba nombrado por el sultán de Estambul, sino que lo elegían las corporaciones de corsarios y los jenízaros. (*N. de la T.*)

** *Rais*. Jefe corsario. (*N. de la T.*)

perio otomano: el obvio protector e instigador de la piratería berberisca. En 1606, por ejemplo, el general Alessandro Fabbroni acabó con los cuarenta y cuatro bajeles de la famosa Caravana de Alejandría e hizo tantos prisioneros que los grilletes con que contaba a bordo no bastaron más que para encadenar a un millar de ellos: los otros fueron pasto de los peces. Casi contemporáneamente, el almirante Jacopo Inghirami llevó su furia hasta las plazas fuertes turcas de Laiazzo, Namur, Finica: destruyó las tres y, en la última, mató al *agá** y raptó a su mujer y a su hija. En 1626, el nuevo almirante, Barbolani di Montauto, llegó a penetrar en el estrecho de los Dardanelos e incendió las fragatas del sultán de Constantinopla. Los Caballeros de Malta, sus rivales directos, no les fueron a la zaga. Las flotas de Venecia y del Estado Pontificio, igual. Centenares de libros lo atestiguan, miles de documentos en los que aparecen nombres prestigiosos. El nombre del maltés Gabriel de Chambres Boisbaudran, caído en la batalla de Rodas; los de los venecianos Gerolamo Morosini y Luigi Mocenigo. Pero, pese a todo, el flagelo siguió golpeando: impertérrito. El manto de miedo no se aligeró, la infamia no vino a menos ni siquiera durante un año, una estación, un día. Y, pese a las victorias, los países europeos tuvieron que rebajarse a pactar: uno tras otro, firmaron pactos o tratados como aquél por el que el capitán del jabeque veneciano entregó a Daniello al verdugo de Alí bajá. Unos pactos inútiles, por otra parte. Traicionados por los berberiscos a las pocas horas. Nada más firmar un acuerdo con el Estado Pontificio, los argelinos desembarcaron en San Felice Circeo para raptar al papa Benedicto XIII que estaba pescando en el lago Fogliano. Como no lo lograron, saquearon el pueblo y se llevaron a todos sus habitantes. Los ancianos y los recién nacidos incluidos.

De acuerdo: también había esclavos en Livorno. Durante siglo y medio las Galeras del Gran Diablo estuvieron descargándolos regularmente en los muelles del puerto y, tanto el Foso Real como los

---

* *Agá* (o *agha*). Título otorgado al comandante del cuerpo de los jenízaros y a otros dignatarios de alto rango. (*N. de la T.*)

canales de la Nueva Venecia los construyeron ellos. No es casual que en la dársena vieja se hubiese erigido, en 1617, el Monumento a los Cuatro Moros: los espléndidos y trágicos bronces que representan a cuatro berberiscos o turcos encadenados en las esquinas del pedestal sobre el que apoya la estatua de Fernando I de Médicis vestido de caballero de San Esteban. No lejos del monumento, el baño que en 1602 Fernando construyó para ellos y para los *fiscalini*, es decir, los galeotes, los presos que cumplían su pena amarrados a los remos de las galeras. Salvo la mujer y la hija del *agá*, liberadas muy pronto porque las mujeres constituían una embarazosa molestia y la Iglesia no quería que fuesen hechas prisioneras, los numerosos cautivos de Fabbroni y de Inghirami acabaron allí. Por supuesto, no para ser tratados con guante de seda. «Ayer hice ahorcar a un esclavo sin saber si una acción así está permitida. Lo hice para que cese la costumbre, iniciada hace algunos meses, de herirse o matarse a sí mismos», se lee en una carta, fechada el 15 de mayo de 1644 y escrita por el almirante florentino Ludovico da Verrazzano, otro descendiente de aquel Giovanni que descubrió el río Hudson y la bahía de Nueva York. Luego explica que el esclavo en cuestión, un barbero, había solicitado ser recibido por él para quejarse de un carcelero que lo atormentaba con sus injurias y sus pretensiones excesivas. Tomándolo por borracho, lo había rechazado, peleándose con él, y, vencido por el desánimo, el infeliz había recurrido a la navaja de afeitar. Se había cortado la garganta. «Muerto por muerto, se me ocurrió pues la idea de que acabara en manos de un verdugo, también éste esclavo. Y para dar una lección, intentar que esta canalla deje de practicar semejante costumbre, ordené que lo ahorcaran como arriba he dicho. Una pena, porque se trataba de un buen esclavo, remaba sin fatigarse en la nave capitana». El caso es significativo. Sin embargo, los turcos y los berberiscos retenidos en Livorno no dejaban de ser piratas, enemigos capturados en la batalla, nunca desgraciados como Daniello, raptados con fines de lucro. Eran considerados prisioneros de guerra, más que esclavos, y, por tanto, recibían mejor trato que los *fiscalini*. A diferencia de los *fiscalini*, no llevaban ni collar de hierro ni una bola atada a los pies. Si trabajaban excavando o remando su paga era catorce veces superior a la de éstos, los días de fiesta comían el mismo rancho que los marineros que estaban en tierra, y en los días laborables tres libras de pan con bacalao o sopa de verduras. Tampoco estaban pobremente vestidos. Todas las primaveras se les renovaba el vestuario con dos camisas, dos pares de pantalones, cuatro de calzas, una chaqueta de vellón, un gorro del mismo paño, zapatos herrados y un abrigo llamado *schiavina*, esclavina. El valor total, de ocho a diez escudos. La misma cantidad que consiguió ahorrar Apollonia en toda una vida vendiendo los huevos de sus gallinas. En cuanto a su vida cotidiana, no era tan mala. Para dormir tenían catres con colchón; para lavarse, agua dulce y jabón; si enfermaban contaban con un hospital separado del de los *fiscalini*, con los que no querían tener contacto alguno. Podían observar los preceptos del islam, es decir, interrumpir el trabajo cinco veces al día para rezar, frecuentar a las prostitutas, ejercer el pequeño comercio. Es decir, fabricar por cuenta propia productos artesanales como cotas de malla, cinturones de tipo moro, cestos de mimbre, dulces, bizcochos, y venderlos en casetas-bazares dentro y fuera del puerto. Además, podían trabajar en la ciudad como mozos de cuerda, aguadores; gestionar o poseer tiendas de café, tabaco y carnicerías de carne ovina.

También hay que subrayar que, con el paso del tiempo, la afluencia de esclavos capturados por los Caballeros de San Esteban disminuyó. En 1608 el baño contaba con tres mil; en 1648 con ochocientos cuarenta y uno; en 1737 con doscientos cuarenta y cuatro. En 1747 con doscientos veintiuno (cuarenta y cuatro turcos de Egipto, noventa y siete argelinos, cincuenta y siete tunecinos, veintitrés tripolitanos) que fueron enviados de nuevo a Constantinopla para sellar el tratado de paz firmado ese año con los otomanos. Sólo se quedaron quince tenderos convertidos al catolicismo y diez criados domésticos demasiado viejos ya para viajar; los *fiscalini* fueron trasladados a las cárceles de Pisa y Portoferraio y el baño se cerró. Sólo fue reabierto veinticinco años después cuando, exasperado por las continuas traiciones del acuerdo de 1749 cometidas por los berberiscos, Pedro Leopoldo volvió a combatir contra ellos y a apresarlos. Pero entonces los nuevos llegados pidieron y obtuvieron concesiones más generosas aún: el derecho a constituir sociedades, dirigirse a un abogado, citar en los tribunales a quien les causase algún perjuicio y, *dulcis in fundo,* comprar su libertad con su propio dinero. Y, una vez recuperada ésta, si querían, obtener la ciudadanía y casarse. En otras palabras, pese a la canallada cometida por Ludovico da Verrazzano, una cosa era ser esclavo en Livorno y otra, muy distinta, serlo en Túnez o en Trípoli o en Argel. Sobre todo en Argel.

* * *

El relato mediante el cual los trinitarios le habían revelado a Francesco el calvario sufrido por Daniello no contenía un átomo de falsedad o de exageración: en Argel los nazarenos sufrían realmente las vejaciones y torturas que él había sufrido desde el momento en el que lo desembarcaron. Traílla, escupitajos e insultos aparte, tras lavarlos, afeitarlos y vestirlos de harapos, los conducían al *bajalik:* la residencia del gobernador. Allí los interrogaban, a bofetadas y a patadas, y los clasificaban y separaban según la clase social a la que pertenecían; basándose en ésta establecían si merecía la pena o no pedir un rescate. Las personas ricas o importantes, es decir, dignas de un rescate, se ahorraban la humillación de ser vendidas igual que si fuesen caballos o dromedarios. Mientras llegaba el dinero, los acogía el cónsul de su país o los alojaba el propio bajá en su corte. Los otros iban derechos al *basistán,* el mercado. Y aquí ocurría lo mismo que ocurría u ocurriría en América con los esclavos negros destinados a trabajar en las plantaciones. Peor aún. El *guardián bají* los desnudaba, así desnudos los exhibía sobre una tarima, y: «¡Macho para el trabajo! ¡Hembra para el placer! ¡Mirad qué pechos, qué nalgas! ¡Mirad qué músculos, qué dientes!». Los compradores se acercaban, los palpaban, les examinaban los pechos, las nalgas, los músculos, los dientes, luego ofrecían una cantidad o participaban en la subasta. Los compraban individualmente o por lotes. A veces para alquilarlos o revenderlos, someterlos de nuevo al mismo ultraje, la misma vergüenza. Las mujeres muy guapas terminaban en los harenes, las menos guapas en los prostíbulos. Las feas y las viejas, de fregonas, barrenderas o cosas similares. Los niños, en casas en las que crecían como criados. Los adolescentes guapos, en prostíbulos también ellos o al servicio de un amo que los convertía en sus pajes, es decir, en sus amantes. Los menos guapos y los hombres, no importa su edad, haciendo trabajos forzados. O sea, picando piedra, excavando pozos, limpiando cloacas, tirando del arado o de los carricoches como si fueran un burro o un mulo. Dieciocho horas al día, siempre con cepos en el cuello y en los pies, durmiendo como ya hemos descrito: en fosos cerrados por una reja, con una escala para subir y bajar. Nada de catres, obviamente. Nada de jabón para lavarse, de hospitales en los que curarse, de prostitutas con las que consolarse, de pausas para recobrar el aliento, y nada de pagas. Como compensación, castigos comparables a los que sufrían los marineros en los barcos. Más duros, que quede claro, y aplicados con duplicada crueldad. Cien golpes con una fusta en las plantas de los pies si dejabas de trabajar para recobrar el aliento. Cien bastonazos en la espalda si te derrumbabas por el cansancio. Doscientos si osabas rebelarte. Si robabas una fruta o un puñado de cuscús, te cortaban la mano; si tocabas a una argelina, la cabeza; si intentabas escaparte, te degollaban. De hecho, los esclavos morían a cientos, sobre todo durante el primer y segundo año de cautiverio. Raramente sobrevivían muchos años, como Daniello.

Como era de esperar, existía una forma para poner fin a ese calvario: convertirse al islam. Si te convertías en musulmán se acababan los trabajos forzados, adquirías el derecho a llevar turbante, a casarte, a tener un puesto en el bazar o un negocio similar a los que tenían los esclavos de Livorno, a asumir cargos gubernativos y hasta a abrazar el oficio de pirata. Si tenías un golpe de suerte, hasta podías terminar convirtiéndote en *rais*, en jefe corsario. En la historia de la piratería berberisca no faltan los nombres de piratas ingleses, franceses, malteses, griegos, italianos. Uno de ellos fue el célebre Alí *Piccinin*, hijo de un renegado nacido en Venecia, que poseía un baño en Argel, con seiscientos nazarenos, y una respetadísima escuela de ladrones. Si te negabas a convertirte al islam, te quedaban tres vías de salida: la fuga, el intercambio y el rescate. La primera ofrecía escasas esperanzas. Aunque en Sicilia existían diversos «empresarios de fugas» que, con pequeñas barcas y muchísimo valor, iban a buscarte y te sacaban de allí, casi todas las intentonas terminaban fracasando. Para que no fracasasen era preciso que la fuga estuviese muy bien organizada desde dentro, por cómplices dispuestos a arriesgar su pellejo, que el fugitivo trabajase en el puerto o en la ciudad, no en una mina de los alrededores, que él solo, o ayudado por un guardián compasivo, consiguiese liberarse de las cadenas y lanzarse al agua, que supiese nadar y que lograse llegar hasta donde le aguardaban los «empresarios», escondidos detrás de algún escollo o dentro de una gruta, y, sobre todo, que la hazaña se desarrollase en Túnez: la ciudad más cercana a las costas sicilianas y a la isla Pantelleria. Desde Trípoli, con una pequeña embarcación, lograrlo era tarea imposible. Desde Argel, ni pensarlo. En cuanto al intercambio, poco se podía contar con él. Los argelinos, partiendo de la base de que un musulmán valía lo que tres cristianos, se negaban a negociar cambios de uno por uno, salvo en casos excepcionales. El intercambio de la *Bonne Mére*, catorce a cambio de otros catorce, había sido uno de éstos. Por lo tanto, la única vía de salida real era el rescate. Los rescates sí se efectuaban a cientos. Lo demuestran los registros de las instituciones de caridad y las hermandades religiosas que llevaban a cabo las negociaciones, y las relaciones de los cónsules y de los agentes que los países europeos mantenían en Berbería con el único fin de recuperar a sus ciudadanos. He aquí algunos ejemplos: entre el año 1690 y el 1721 los franciscanos de la orden tercera rescataron a ochocientos doce nazarenos. En 1720 el convento trinitario de San Fernando rescató a ciento sesenta y uno. En 1769 los mercedarios calzados rescataron a quinientos quince. En 1771, junto al príncipe de Paternò, por el que su familia desembolsó la desorbitante cantidad de quinientas mil piastras, la Obra Palermitana del Santo Redentor rescató a ochenta. El importe, de trescientas a cuatrocientas *pezze* cada uno. Si tenemos en cuenta que las *pezze* eran monedas de oro, múltiplos de las piastras, y que valían cada una dos escudos toscanos, y que durante tres siglos sólo los frailes trinitarios rescataron a novecientos mil cristianos, se entiende por qué ese sórdido negocio aportaba a las arcas de Argel más beneficios que todos los botines y todos los desgraciados vendidos en masa en el *basistán*.

Y una última aclaración: no era nada fácil efectuar el rescate. Las negociaciones duraban años, exigían un profundo conocimiento del protocolo local, y no se acababan con el desembolso de la suma requerida. De hecho, pobre de ti si, tras entregarle el dinero al bajá, no le dabas una comisión al *dey*, pobre de ti si, tras darle su comisión al *dey*, no le dabas otra al primer ministro, pobre de ti si, tras dársela al primer ministro no le dabas una al *guardian bají*, otra al *rais* que había llevado a cabo la captura, otra al intérprete que había hecho de traductor, otra al escribano que había extendido el acuerdo, otra a los diversos guardianes y carceleros. Las negociaciones se interrumpían en seco. O se quedaban estancadas porque, en un acceso de redoblada codicia, el bajá aumentaba el precio. En el año 1760 un pobre párroco siciliano, don Gasparo Bongiovanni, había reunido y llevado a Argel veinte mil piastras: una cifra que bastaba de sobra para rescatar a cuatrocientos pescadores capturados en el recorrido entre Caltanissetta y Ragusa*. Pero el bajá se rio a carcajadas en su cara. «Quiero cuarenta mil». Y, ahora, volvamos a Francesco.

* Actual Dubrovnik. (*N. de la T.*)

4

Con la hermosa dedicatoria sobre el libro que no podía leer, ni leería jamás, y con el corazón más henchido que cuando partió, Francesco reaparece en la historia el 29 de marzo de 1774: el día en el que el *Triumph* volvió a atracar en Livorno para descargar noventa cajas de tabaco y cincuenta sacos de algodón. En parte por la calma chicha que en los trópicos ralentizó la marcha y retrasó la llegada a Norfolk, en parte por la fortísima fiebre que, justo en el momento de regresar, atacó al capitán, obligándole a desembarcar y a permanecer en tierra hasta Navidad, en parte por las tormentas invernales que, al regreso, obligaron a efectuar dos paradas no programadas, una en las Canarias y otra en Gibraltar, el viaje emprendido por desesperación había durado siete meses: tiempo más que suficiente para aplacar, o al menos aliviar, cualquier dolor. Pero el suyo no. Alimentado por el odio, en aquellos siete meses su dolor había crecido como una planta perfectamente abonada y regada. Como un niño al que jamás le ha faltado leche que mamar. Y, al crecer, había consolidado el compromiso contraído ante los trinitarios descalzos, «juro que llegará el día en que habré degollado a veinte argelinos», y no pensaba en otra cosa. Bastaba con mirarlo para comprenderlo. Su aspecto era igual de torvo, su mirada más triste que nunca, los momentos de descanso los ocupaba en afilar el cuchillo, y era inútil intentar arrancar de su mente aquella idea fija. Inútil decirle que, con veintiún años, el futuro es un don que no hay que desaprovechar con represalias. O aconsejarle que atendiera a otros estímulos. Que se propusiera otros objetivos. Mazzei lo había intentado. Le había enumerado con todo lujo de detalles las oportunidades que el Nuevo Mundo les ofrecía a los emigrantes, y le había sugerido que cambiase de oficio: que se convirtiese en campesino, que se estableciese en Virginia. Pero él había contestado: «No, gracias, tengo una cuenta pendiente que saldar». Indirectamente, también lo había intentado el capitán Rogers. Durante la parada en Gibraltar le había propuesto que se quedara en el *Triumph*, que, después de recalar en Livorno, iba a ir a Bombay para recoger una partida de té y especias. «Es usted un buen marinero. Si acepta, le daré seis libras esterlinas al mes». Seis libras esterlinas al mes era un sueldo de lujo. Por lo general, los armadores no daban más de cuatro o cinco. Y James Rogers era una buena persona, un tipo que detestaba los castigos crueles. El *Triumph*, un velero bastante limpio en el que no se comía mal. Pero, una vez más, su respuesta fue: «No, gracias, tengo una cuenta pendiente que saldar». Lo más desconcertante es que no sabía cómo ni dónde podía hacerlo. Sólo lo supo, mejor dicho, lo descubrió, la mañana en la que desembarcó, al hablar con el posadero que le alquilaba la miserable habitación en la que vivía entre viaje y viaje. Así fue como ocurrió.

* * *

Por aquel entonces, las galeras del Gran Diablo habían dejado de existir. En 1737, con la muerte de Juan Gastón, es decir, del último Médicis, los Habsburgo-Lorena se habían apropiado del gran ducado y las habían sustituido por veleros. Y sin aquellos largos remos que parecían sables, sin aquel larguísimo espolón o tajamar que parecía una lanza a punto de ensartarte, es más, que te ensartaba para proceder al abordaje, los veleros daban muy poco miedo. Y desde el año 1737 tampoco existían, prácticamente, los Caballeros de San Esteban. Al prohibir el voluntariado en sus milicias y al reorganizarlos según los criterios de la razón, el nuevo gran duque, es decir, el padre de Pedro Leopoldo, había acabado de tal forma con su ardor y su místico arrojo que, aunque disparasen balas de cañón, daban menos miedo que un guardia de la circulación. Peor aún: en 1765 el pacifismo del ilustrado Pedro Leopoldo, entonces recién subido al trono, había reducido lo que quedaba de aquella gran flota corsaria a una exigua flotilla compuesta por dos cañoneras y dos bergantines de nombre ridículo: *Alerione* (Ave sin pico ni garras) y *Rondinella* (Golondrinita). Luego le había confiado el mando a un noble inglés sin una pizca de espíritu guerrero: John Acton. No es casual que las tripulaciones de los barcos mercantes y de pesca hubiesen aprendido a defenderse solas, plantando donde podían los cañones y las bombardas; a los piratas argelinos y tunecinos y tripolitanos se les habían incorporado los marroquíes; en Berbería el comercio de esclavos se había centuplicado; y los acuerdos firmados con los Habsburgo-Lorena habían acabado en humo. Sin embargo, mientras todo esto ocurría, en el horizonte se había perfilado otro John Acton: el sobrino del primero. Y, una tras otra, las cosas fueron cobrando distinto matiz. A la muerte de sus padres, el joven Acton había llegado a Toscana para vivir con su tío y estudiar en la Universidad de Pisa, pero pronto se dio cuenta de que le gustaba mucho más navegar que estudiar. En un abrir y cerrar de ojos se había convertido en capitán de bajel y su tío le confió el mando del *Rondinella*. ¿Abuso de poder? ¿Nepotismo puro y duro? No. Al mando del *Rondinella*, John júnior, conocido ya como *Giovannino* [Juanito], había capturado enseguida un jabeque al que no había forma de echar el guante y que tenía aterrorizado a todo aquel que viajaba entre Cerdeña y Gorgona; luego, se había hecho con una embarcación que los ridiculizaba desde hacía tiempo penetrando en la rada de Livorno; animado ante aquellos éxitos, Pedro Leopoldo enriqueció la exigua flota con una fragata bautizada con el austero nombre de *Etruria*. A ésta se le había añadido recientemente la fragata *Austria*, un regalo personal de la emperatriz María Teresa, que seguía desde Viena, con ojos vigilantes, los esfuerzos para gobernar de su hijo. La fragata *Austria* le fue adjudicada al capitán de la *Rondinella*, por lo que, cuando se mencionaba a John Acton, ya nadie lo hacía refiriéndose al viejo Acton —apartado del mando, por otra parte, debido a falsas acusaciones, y enfermo a raíz de ello de una mortal melancolía—. Lo hacía refiriéndose a la nueva estrella: *Giovannino*. Y, gracias a él, en los siete meses que Francesco pasó a bordo del *Triumph*, se presenciaron algunas jugadas de campeonato.

—Ha hecho mal en embarcarse el 2 de septiembre, Launaro. Se ha perdido usted grandes satisfacciones —le dijo el posadero.

Luego le contó que, semanas después de la partida del *Triumph*, Su Alteza Serenísima había autorizado a John Acton a emprender acciones de castigo como en los buenos tiempos, los de las galeras. John Acton había dotado al *Austria* de cincuenta y cuatro cañones suplementarios, se había dirigido al puerto de Túnez, había penetrado en él y, sin perder ni un solo marinero ni una sola vela, había destruido once embarcaciones enemigas. Y la cosa no acababa aquí. Al día siguiente había salido en busca de nuevas víctimas y el 14 de octubre las había encontrado: dos corbetas marroquíes que navegaban cerca del cabo Spartel. Con una acabó inmediatamente, abordándola y capturando a los ochenta y cuatro miembros de la tripulación, además de a los cuatro oficiales y al *rais*. A la otra la persiguió hasta empujarla contra los escollos de Arzilla, donde naufragó en un abrir y cerrar de ojos.

—¿Y dónde está ahora ese tal Acton? —preguntó Francesco.

—Dando unas cuantas leccioncillas en aguas de Argel.

—¿Cuándo regresa?

—Pronto. Por lo general, llega, golpea y se vuelve.

—¿Y qué hace falta para enrolarse con él?

—Presentarse ante el oficial de reclutamiento y decirle: «Soy Fulano de Tal y quiero enrolarme». Pero la paga es baja. Unos pocos escudos de los que, además, te descuentan el coste del uniforme. Y, a la hora de repartir el botín, a los marineros sólo les tocan las migajas.

—No importa. Ya no me hace falta el dinero.

Ya no le hacía falta el dinero, pero aún le quedaban por vencer dos obstáculos para dar ese paso. Dos obstáculos que en su caso parecían infranqueables. El primero, la disciplina militar a la que debían plegarse las tripulaciones de la Armada, la obediencia ciega y total a una serie de reglas que en los barcos mercantes eran inconcebibles. Prohibido blasfemar, pelearse, masticar tabaco, permanecer medio desnudos o descalzos, orinar o defecar sobre la red del bauprés. Y nada de llevar el pelo hasta la cintura, nada de pendientes, nada de cuchillos o de armas que no fueran las reglamentarias.

El segundo, la increíble gazmoñería religiosa que condicionaba el enrolamiento. Pese al porcentaje que se embolsaba sobre el botín, Pedro Leopoldo tenía en mucho que las hazañas de su flota corsaria estuviesen legitimadas con el nombre de Cristo: en presentar a ésta como la heredera espiritual de la de los Caballeros de San Esteban. Para dirigirla el viejo Acton había tenido que convertirse, calladito, calladito, al catolicismo, y para asumir el mando del *Austria* Giovannino había abjurado de la Iglesia Anglicana en una ceremonia pública. Los marineros sólo podían enrolarse si quedaba suficientemente probado que eran católicos: si demostraban que se sabían las oraciones, si declaraban que iban a misa y a las vísperas. Y antes que traicionarse a sí mismo, antes que traicionar su orgulloso rechazo de Dios, Francesco se echaría para atrás. Pero el odio es, realmente, un sentimiento tan fuerte como el amor. Al igual que el amor puede, realmente, desviar el curso de los ríos y mover montañas. Y si brota de una gran injusticia sufrida, de un gran dolor, puede obrar milagros que ni siquiera el amor conoce. Cuando el *Austria* regresó, a finales de abril, entre la multitud que lo recibió, entre aplausos, se encontraba también Francesco. Decidido a mentir, resuelto, ansioso por hacerlo. Consciente de que debía convencer al oficial de reclutamiento, había incluso memorizado diez salmos y diez letanías. Luego había robado una cruz de siete centímetros de alto y se la había colgado del cuello.

—Me llamo Francesco Launaro y quiero enrolarme.

—¿Por qué?

—Porque creo en Dios, en la Virgen y en los santos.

—¿Vas a misa, a vísperas? ¿Conoces las oraciones?

—Sí, excelencia. Mejor que un cura.

—Veamos si te sabes la *Salve Regina*.

—Dios te salve, reina y madre de misericordia, vida y dulzura, esperanza nuestra, Dios te salve. A ti clamamos los desterrados, hijos de Eva...

—Así está bien. ¿Y ese pelo?

—Me lo cortaré, excelencia.

—¿Y el pendiente?

—Ahora mismo lo tiro.

—¿Y ese cuchillo de carnicero?

—Es una reliquia, excelencia, un recuerdo bendecido. Si deja que me lo quede, le prometo no usarlo ni para pelar una manzana.

Al día siguiente estaba a bordo. Con el pelo corto, sin pendiente y con permiso para llevar el cuchillo. El corsario más obediente, más decoroso, más respetuoso y, aparentemente, más religioso con que contó jamás la flota toscana. Antes de que el *Austria* y el *Etruria* iniciasen la expedición de castigo, que duraría todo el verano, quiso hasta asistir a la misa solemne que el obispo de Livorno ofició en la colegiata para implorarle a la Virgen que les suministrase muchos enemigos a los que matar. Dios sabe cómo confesó y comulgó; y al ver el fervor con el que rezaba, algunos hubo que hasta se conmovieron.

—¡Qué joven más devoto!

La expedición no resultó digna de tanto sacrificio. Humillado por la correría en la que se habían destruido once embarcaciones, ese verano el *dey* de Túnez propuso renovar los acuerdos que habían acabado en humo y redujo las incursiones de sus piratas. Asustado por la pérdida de sus dos corvetas, el sultán de Marruecos hizo lo mismo, es más, se ofreció a sellar el nuevo pacto con el obsequio de seis purasangres árabes y de damascos preciosos. El único que mantuvo con vida la audacia de John Acton fue Alí bajá y, pese a la misa oficiada por el obispo, el *Austria* sólo consiguió capturar a treinta y cuatro argelinos. Una victoria, además, que para ellos casi fue una derrota porque los enemigos se rindieron en el acto y no se les pudo tocar ni un pelo. Y, sin embargo, Francesco obtuvo lo que buscaba. Convencido de que la Gran Oportunidad le iba a llegar, se impuso el esperarla, y el verano siguiente le llegó con el desembarco de los españoles en Argel. Por ironías del destino, un acontecimiento deseado y capitaneado por el hombre con cuya hija se casaría trece años después. O sea, el padre de Montserrat.

5

Aquel hombre se llamaba Gerolamo [Jerónimo] Grimaldi y era marqués y duque de Grimaldi, además de grande de España. De entre todos los habitantes de este planeta, la persona con menos posibilidades de emparentar con un pobre marinero analfabeto, hijo de un esclavo que había muerto degollado. Aristócrata por los cuatro costados, famoso en todas las cortes europeas por su cultura y su elegancia, sus gustos refinados y su *savoir-faire*, pertenecía a una de las familias más ilustres de Génova. Seis dogos, siete cardenales, *condottieri* a mansalva. Además era rico, poderoso, temido, y había logrado alcanzar semejante estatus gracias también a su astucia y sagacidad. A su muy bien calculada ambición. Acariciando el sueño de convertirse en Papa, a los catorce años había abrazado la carrera eclesiástica. Tras triunfar en los salones romanos, y sirviéndose de un tío purpurado, a los diecinueve años ya había alcanzado la categoría de abad. Luego, un pequeño escándalo de carácter sexual le obligó a cambiar de dirección y, a los veintiséis años, se trasladó a Madrid para dedicarse a la carrera diplomática, ponerse al servicio del rey de España. En Madrid fue nombrado, inmediatamente, consejero del heredero al trono y desde ese momento, favorecido por el hecho de que su aspecto físico era tan seductor que todos le llamaban «el lindo abad»,* su éxito fue imparable. En 1746, fue como enviado especial a Viena para acordar una paz separada con María Teresa y resolver el lío en el que se había metido Felipe V intervi-

---

* En castellano en el original. (*N. de la T.*)

niendo en la guerra de sucesión austriaca. En 1749, fue embajador en Estocolmo. En 1752, en Londres; en 1755, en La Haya; en 1759, en Copenhague; en 1761, en París, donde negoció y firmó el Pacto de Familia. Es decir, la famosa alianza entre los Borbones reinantes en Francia, en España, en Parma y en Nápoles. En 1763, ministro de Estado,* o sea, primer ministro de Carlos III: el rey cuya hermana, la infanta María Luisa, se había casado con Pedro Leopoldo. La aristocracia española lo odiaba, sí, ¿pero qué importaba eso? ¿Qué importaba que su mayor enemigo, el conde de Aranda, lo hubiese definido como «un maricón y renegado de su patria»?** Carlos III vivía pendiente de cuanto salía de sus labios y aprobaba todas sus decisiones, todas sus iniciativas. Incluida la idea de desembarcar en Argel para castigar a Alí bajá, cuyos barcos habían violado el puerto del que zarpaban los corsarios españoles, la base del peñón de Vélez, hundiendo dieciséis bajeles y llevándose a cien marineros. Incluido el consejo de pedirle a su cuñado Pedro Leopoldo que participase en la empresa con el *Austria* y con el *Etruria*.

El retrato que el pintor Xavier dos Ramos, también conocido como Antonius de Maron, nos ha dejado de él, una tela pintada al óleo de 1,89 por 2,76 metros, fue realizado tres o cuatro años después del desembarco en Argel y representa a un hombre de unos sesenta y pico años, alto y delgado, que está de pie junto a una mesa, atestada de papeles, y alarga el brazo para dejar en ella un sobre en el que está escrito: «Por el Rey».*** En el lugar sobre el que está a punto de depositarlo, una hoja en la que se lee: «Pacto de Familia. Tratado entre España y Francia, el año 1762. Grimaldi, Choiseul».**** A sus espaldas, una butaca rococó. Al fondo, una hornacina que contiene la estatua de una oronda Minerva, y entre los cortinajes un fresco con el blanco Palacio de Aranjuez. Tiene un aspecto muy, muy elegante. Lleva una lisa peluca gris que se

* En castellano en el original. (*N. de la T.*)
** En castellano en el original. (*N. de la T.*)
*** En castellano en el original. (*N. de la T.*)
**** En castellano en el original. (*N. de la T.*)

abomba sobre las orejas con tres grandes rizos, viste el rico uniforme de los embajadores españoles, y es éste el que monopoliza nuestra atención: como si fuese el auténtico protagonista del cuadro. Una casaca larguísima de paño o de terciopelo turquesa con el forro y los puños de muaré rojo fuego; tanto la casaca como los puños, llenos de festones dorados; en la solapa izquierda de la casaca, una estrella de diamantes cuyo diámetro no debe ser inferior a los diez o doce centímetros: la distinción del Toisón de Oro. Debajo, semiescondida, otra similar, aunque algo más pequeña: la de los Caballeros del Santo Espíritu. Chaleco también de muaré rojo fuego, igualmente largo e igualmente lleno de rutilantes festones dorados. Esta vez, con un motivo de hojas de hiedra y bayas. Un espadín que asoma por abajo, mostrando una empuñadura exquisita. Calzones cerrados en la rodilla, siempre de muaré rojo fuego, calzas de seda clara que ciñen unas piernas largas y bien torneadas, zapatos adornados con hebillas muy elaboradas. Amplia faja de muaré color celeste, y en el cuello, rodeado por una chorrera de encaje, el lazo rosa que sostiene la distinción de Carlos III: un asombroso *collier* formado por un colgante de perlas y brillantes del que cuelga un gigantesco zafiro rectangular (de unos 3 por 4 centímetros, aproximadamente), luego un segundo colgante desbordante de gemas... Sólo al llegar a este detalle, la mirada se eleva para indagar cómo son los rasgos del hombre que exhibe esa orgía de lujo, ese escaparate de ostentación. Frente despejada. Ojos grises, acuosos, sin pestañas. Nariz maciza. Mejillas afiladas. Los labios, lívidos y delgados. La barbilla, marcada por un profundo hoyuelo. Vistos en su conjunto, los detalles componen un rostro antipatiquísimo. El rostro de un viejo vanidoso y ambiguo, de un embaucador que, bajo su aspecto distinguido, oculta algo perverso. Un egoísmo desenfrenado, diría yo, y una maldad intrínseca. Además de muchos pecados, de los que quizá se avergüenza y por los que sufre en secreto. De hecho, cada vez que lo observo pienso: «No me gusta, no me gusta». Y confío en que el relato transmitido a mi madre sea una mentira.

No me gusta tampoco la forma en que llevó a cabo el desembarco que le deparó a Francesco la Gran Oportunidad. El buen éxito de la empresa se basaba en tres puntos esenciales: la exactitud de las informaciones, que los preparativos se llevaran en secreto, la elección del comandante más apropiado. Y fallaron los tres. El primero, porque Gerolamo se creyó las mentiras de un tal don Elete, capellán de los esclavos españoles en Argel, según el cual el ejército de Alí bajá contaba sólo con algunos miles de inútiles, prácticamente desarmados y concentrados detrás de las murallas. En cambio, se componía de ciento veinte mil soldados, distribuidos a lo largo de toda la costa y armados hasta los dientes: espadas, cimitarras, fusiles, bombardas, quinientos dieciocho cañones, tres mil caballos y seis mil dromedarios. El segundo porque los preparativos en el puerto de Cartagena, el más cercano a Argel, duraron tres meses, desde febrero hasta junio, y en esos tres meses nadie tuvo la boca cerrada. Empezando por él. «Yo soy el alcázar del secreto»,* decía bajo cualquier pretexto, como dando a entender que se estaba cocinando algo gordo. Pero luego las ganas de hablar y de presumir le podían, el alcázar se derrumbaba y, para transmitirles el secreto a los argelinos, bastaba con frecuentar las cortes y salones de Madrid: los bailes, los conciertos, los banquetes en los que los diplomáticos y las damas y los chichisbeos cotilleaban detrás de los abanicos. El único que, paradójicamente, ignoraba los planes del señor duque, era el ministro del Interior, que recibió la noticia de labios de un cónsul francés que se había enterado de ella en Marsella, a través de un marroquí amigo de un mercader judío de Granada. (Lo sostienen los periódicos de la época). Por otra parte, también en Livorno se hablaba del tema sin observar la más mínima prudencia. A la petición de participar con el *Austria* y el *Etruria*, Pedro Leopoldo había contestado que sí; John Acton, apenas fue encargado de la misión, comenzó a someter a las tripulaciones a un entrenamiento especial; y que los toscanos se aprestaban a atacar al enemigo junto a los españoles era algo que sabían hasta los niños. «¡Vamos a atacarles por sorpresa! ¡Vamos a darles una paliza!». En cuanto al tercero, falló porque Gerolamo le confió el mando a un inepto ins-

* En castellano en el original. (*N. de la T.*)

pector de Infantería con el que acudía a misa y al que ya le había concedido el grado de mariscal, además del título de conde: el irlandés Alexander O'Reilly. El tal O'Reilly como soldado no valía ni tres cuartos, y como comandante, todavía menos. Su experiencia militar se reducía a una batalla en la que recibió una herida de bala que lo dejó cojo, la batalla de Camposanto, en México, y de barcos no sabía nada de nada. Y, pese a ello, Gerolamo lo puso al mando de la expedición: le confió a veintiún mil hombres, la flor y nata de la juventud española, y trescientos navíos. Un convoy formado por ocho bergantines, ocho fragatas, veinticuatro jabeques, setenta y ocho barcos mercantes para el transporte de los víveres y de las armas, ciento ochenta embarcaciones más, entre falúas, tartanas y *bragozzi** para desembarcar a las tropas, más el *Austria* y el *Etruria*, recién llegados con trescientos marineros y trescientos voluntarios toscanos, entre ellos muchos cirujanos y muchos camilleros para recoger a los heridos.

Que don Elete era un imbécil y que Alí bajá estaba perfectamente informado gracias a la vanidad del primer ministro, a los cotilleos de corte y de salón, a las fanfarronadas de los livorneses, se descubrió apenas la expedición llegó a destino. A lo largo de al menos cinco leguas, la costa estaba atestada de soldados aguardando, y hasta desde lejos podían vislumbrarse las tiendas de sus campamentos, los recintos de los caballos y de los dromedarios, los cañones apuntados, las espadas y las cimitarras brillando al sol. Y que Gerolamo no había podido hacer peor elección se vio claro cuando, en vez de desembarcar inmediatamente, O'Reilly ordenó que arriasen las velas. «Mejor esperar».** «¡No, señor, no! ¡El vino está echado y es menester beberlo!»,*** contestó el conde Fernán Núñez, uno de sus ayudantes de campo. Pero él, asustado, negó con la cabeza, y durante una semana tuvo a los veintiún mil hombres parados, esperando a que el vino se convirtiese en vinagre. Peor

* Barco de dos palos, usado sobre todo para pesca y transporte. (*N. de la T.*)
** En castellano en el original. (*N. de la T.*)
*** En castellano en el original. (*N. de la T.*)

aún: el día en el que por fin se decidió a desplegar de nuevo las velas, el viento había cambiado y lo tenían de contra, por lo que no lograron alcanzar el punto en el que tenía que producirse el desembarco. Una bahía llamada Mala Mujer, distante tres leguas del centro de la ciudad y oportunamente llena de gargantas en las que poner a salvo a las tropas en caso de contraataque inmediato. Siempre desoyendo a Núñez y a los otros ayudantes de campo, se dirigió hacia una playa situada entre los ríos Jarache y Argel: bien protegida por milicias escogidas y sin defensa alguna para los que venían desde el mar.

Y aquí es donde vuelve a aparecer Francesco y, con él, su atroz venganza.

* * *

Debo confesarlo: durante la mayor parte de mi vida el episodio de los veinte argelinos degollados me pareció inverosímil, oscuro, irreal. Sobre el acontecimiento histórico en el que estaba inscrito mi madre no contaba nada, por lo que carecía hasta de un escenario sobre el que situarlo. «Bajaron desde la cresta de la montaña. Los oficiales con yelmo y chilabas blancas, los soldados con turbante y el torso descubierto...». Sí, muy bien, ¿pero dónde había ocurrido exactamente la canallada? ¿En qué circunstancias había saldado Francesco su cuenta pendiente? Pero cuando comenzó mi viaje hacia atrás en el tiempo, mi búsqueda encaminada a entender quién era y de quién venía, me atrapó la curiosidad por saber lo que no sabía. Empecé a revolver en las bibliotecas, a estudiar testimonios, además de la reconstrucción proporcionada en el siglo XIX por Ferrer del Río, y ahora lo tengo todo claro. Ahora todo me parece verdadero y real.

Precedido por un furioso fuego de artillería, que no sirvió para nada porque los barcos disparaban desde demasiado lejos y las balas de cañón terminaban siempre en el agua, el desembarco comenzó al alba del 9 de julio de 1775, con una primera oleada de castellanos al mando de don Agustín de Villiers: transportados por siete columnas de falúas y de tartanas y de *bragozzi*, junto a centenares de bombardas, morteros, cajas de municiones. Un error que se reveló fatal apenas don Agustín pisó tierra. La playa estaba en pendiente y era muy arenosa, los soldados se hundían hasta el tobillo a cada paso que daban, las bombardas y los morteros se encallaban hasta la mitad de las ruedas y para desencallarlos, sacarlos de allí, no bastaba ni con un par de cuerdas tiradas por catorce brazos. No había dunas o rocas tras las que apostarse, protegerse, se estaba expuesto al enemigo en cualquier lugar, y a seiscientos metros de la orilla se alzaba una cresta de colinas escarpadas y boscosas que la rodeaban como una muralla redonda, convirtiéndola casi en un pozo semicircular. La orden de ataque partió para tomar justo esas colinas. Partió del almirantazgo, con un toque de pífanos, trompetas y tambores, es decir, de los instrumentos que se usaban para comunicarse a distancia, y don Agustín cumplió la orden de la única forma posible: enviando a una muerte segura a dos mil de los ocho mil hombres. Los soldados escondidos en los bosques, de hecho, les dejaron subir por la pendiente y luego los mataron a todos. Entonces don Agustín ordenó subir a otros tres mil, que consiguieron llegar hasta un claro del bosque y establecer allí una cabeza de puente, pero al hacerlo se dieron cuenta de que más allá del claro, bordeado por tupidas manchas de vegetación y por montículos, estaban apostados algunos batallones de argelinos, a pie y a caballo. Los de a pie surgieron precedidos por docenas y docenas de dromedarios que formaban una especie de muralla móvil: un gigantesco escudo de carros armados vivientes que, incluso heridos por los escopetazos, avanzaban arrollando, pisoteando, aplastando. En escasos minutos, la cabeza de puente se convirtió en un puré sanguinolento y los supervivientes tuvieron que regresar a la playa, en la que, siempre a través de un toque de pífanos y trompetas y tambores, O'Reilly transmitió la orden, hacia las nueve de la mañana, de excavar trincheras y de concentrarse allí: aguardando el momento propicio para efectuar un nuevo asalto. El problema era que sólo podían excavar trincheras en la arena, tan fina y tan seca que a la mínima se resquebrajaba, volviendo a llenar de tierra las galerías excavadas, ya de por sí poco profundas: concentrarse allí fue como ofrecerse al enemigo en bandeja. Animados ante un blanco tan fácil y, además, concentrado en un solo punto, los argelinos los masacraron a cañonazos; O'Reilly reaccionó al desastre enviando a una segunda oleada de hombres. Ocho mil, entre castellanos y catalanes y andaluces, esta vez al mando del marqués de la Romana, al que se le había ordenado que no moviese un dedo hasta que desembarcase la caballería. Y, tras ellos, las chalupas del *Austria* y del *Etruria*. Y, a bordo de una de estas chalupas, Francesco. A la espalda, el fusil reglamentario; al cinto, el cuchillo que había prometido no usar ni siquiera para pelar una manzana.

No dispongo de muchos detalles sobre el martirio de la segunda oleada. Los testimonios se limitan a decir que la caballería no desembarcó entonces ni nunca: sin informar a nadie, O'Reilly tomó la decisión de no efectuar más asaltos, de evacuar la playa lo antes posible y de regresar a España. Resultado: los ocho mil castellanos y catalanes y andaluces permanecieron allí durante horas, recibiendo, inermes, los cañonazos junto a los toscanos. Murieron a millares, mientras don Agustín se desesperaba y el marqués de la Romana daba rugidos de rabia: «¿Por qué el cobarde nos tiene en esa trampa para [no] hacer nada y morir por nada? ¡Somos soldados del Rey, no vacas para matar!».* En cuanto a Ferrer del Río, sólo dice que en un determinado momento los cañones callaron y que desde las colinas comenzaron a descender hordas de guerreros, armados con espadas y cimitarras, que cayeron sobre las trincheras, dando lugar a un feroz combate cuerpo a cuerpo en el que los soldados atrapados en aquella trampa se batieron con gran heroísmo, perdiendo con frecuencia la cabeza junto a la vida. Alí bajá había prometido un doblón de oro a todo aquel que le llevase la cabeza de un español o de un toscano, meros trofeos de guerra para exponer en el bazar, es decir, para venderlos al mejor postor, y entre las cabezas que allí se exhibieron figuró la del marqués de la Romana. Luego las hordas regresaron a las colinas y al atardecer comenzó la retirada de los supervivientes. Durante toda la tarde y toda la noche las falúas y las tartanas y los *bragozzi* estuvieron yendo y viniendo entre la playa y la flota para llevarlos a bordo, esfuerzo en el que se

* En castellano en el original. (*N. de la T.*)

distinguieron los voluntarios del *Austria* y del *Etruria*: los cirujanos y los camilleros alistados para recoger a los heridos. Rescataron aproximadamente a cuatro mil, y lo más asombroso es que nadie les interrumpió. Quizá a aquellos valientes guerreros les parecía imposible que O'Reilly se hubiese presentado allí con tantos hombres y tantos barcos sólo para intentar tomar dos veces las colinas, observa Ferrer del Río. Quizá creyeron que aquel movimiento de barcas era para desembarcar refuerzos y no les atacaron para tener más cabezas que cortar por la mañana. Por lo tanto, concluye el discurso y ni siquiera él añade nada más sobre el martirio de la segunda oleada. Pero lo que cuenta hasta ese momento es un apoyo más que suficiente para valorar el atroz relato que, mucho tiempo después, cuando ya era un viejo aniquilado por la enésima e inconmensurable desgracia que le había impuesto el destino, tan inconmensurable que para soportarla buscaba la raíz de la misma en las culpas de su pasado, Francesco le contó a su hijo Michele. Y que Michele le contó a su hijo Natale, y que Natale le contó a su vez a su hijo Attilio, y que Attilio le contó a su nieta Tosca, es decir, a mi madre, y que mi madre me contó a mí. Atroz y de un precioso valor. Porque explica, mejor que cualquier otro argumento, la metamorfosis de la que surgió el hombre con el que nos volveremos a encontrar dentro de trece años, el hombre con el que se casó Montserrat.

«Bajaron desde la cresta de la montaña. Los oficiales con yelmo y chilabas blancas, los soldados con turbante y el torso descubierto. En la mano llevaban la cimitarra y un saco vacío que nadie sabía para qué era. "¡Los moros! ¡Que vienen los moros! ¡Los moros!",* gritó el teniente español, empuñando el sable. Luego gritó: "¡Santiago y tierra de España!".** Y saltó desde la trinchera, les salió al encuentro con el sable desenvainado. Yo le seguí, junto a un pescador de Livorno y un estudiante de Pisa, y me sentía muy contento porque llevábamos ya demasiadas horas allí, deshojando

* En castellano en el original. (*N. de la T.*)
** En castellano en el original. (*N. de la T.*)

la margarita: aguardando a que los pífanos y las trompetas y los tambores nos ordenasen atacar. Casi me había resignado a morir sin saldar mi cuenta pendiente. El cuerpo a cuerpo fue una carnicería. Los moros manejan como diablos la cimitarra, te parten por la mitad de un solo tajo, antes de que te dé tiempo a decir "¡ay!", y nosotros, los del *Austria*, sólo teníamos la bayoneta del fusil reglamentario. Un artilugio que sólo sirve para ensartar y punto. Yo llevaba también mi cuchillo, sí, pero como un amuleto. Me desagradaba faltar a la palabra dada y pensaba: calma, es casi lo mismo. Pero cuando me partieron por la mitad al pescador de Livorno cambié de idea. Era un buen muchacho, se había enrolado por pura generosidad, me parecía ver en él a mi padre de joven. Se abrió en dos como un albaricoque, maldita sea, y tiré la bayoneta en el acto. Empuñé el cuchillo y desde ese momento empecé a degollarlos. Me arrojaba sobre ellos por la espalda, les sujetaba el cuello desde atrás, y los iba contando. Uno... dos... tres... cuatro... cinco... Actuaba con rapidez: degollé a cinco sólo en esa remesa. Luego, siempre con aquellos sacos a cuestas, que nadie sabía para qué eran, subieron otra vez hasta la cresta de la montaña. Se alejaron para descansar. Yo también descansé, y en la siguiente remesa degollé a seis. En la tercera, a cuatro. Regresaron varias veces, sin que ese cerdo de O'Reilly se dignase a ayudarnos. Con la caballería, por ejemplo, que estaba detenida en los barcos o con algún cañonazo. Y aquello duró hasta la caída del sol, cuando ellos dejaron de atacarnos y el cerdo ordenó la retirada. Los demás se pusieron muy contentos con la retirada. Con tal de salvarse habrían vendido hasta a su propia madre, no les importaba siquiera dejar atrás aquella alfombra de compañeros muertos. Yo, en cambio, me llevé un gran disgusto porque sólo había degollado a diecinueve moros, no a veinte, y eso me daba tanta rabia que, con la esperanza de degollar al vigésimo, estuve esperando hasta la salida del alba: subí en la última chalupa. Subí con el estudiante de Pisa y el teniente español, los dos estaban heridos y los dos se esforzaban por consolarme. Uno me decía que seguro que había contado mal, otro que tenía que incluir también a los que había ensartado con la bayoneta: palabras vanas, porque yo los había contado perfectamente y no quería incluir a los que había ensartado con la bayoneta. Pero apenas llegamos a cuatro nudos de la orilla, sucedió algo. Sucedió que una docena de moros descendió de nuevo, con los sacos en la mano, y el teniente español sollozó: "¡Oh, Virgen Santísima! ¡Madre de Dios! ¡Ahora comprendo! ¡Mirad lo que hacen, mirad!".* Miré, y yo también entendí entonces para qué querían los sacos. Me extraña que no me hubiese dado cuanta antes. Los querían para meter dentro las cabezas de nuestros compañeros muertos. Se las cortaban y se las llevaban. Salté de la chalupa. Mientras los otros me gritaban: "¡Estás loco! ¿Dónde vas?", alcancé a nado la playa. Me costó un poco llegar. Cuando salí del agua sólo quedaba uno. Me bastaba con ése. Cuando lo degollé, aferré su cimitarra. Así saldé mi cuenta pendiente. Hoy no la saldaría. Sé que la venganza acarrea la desgracia, que aquellos veinte argelinos me han acarreado la desgracia. Pero entonces no lo sabía, y para el que ha pasado un infierno la venganza es una gran medicina. Al cumplirla sentí alivio y descubrí por fin la paz».

* * *

La descubrió de verdad. Lo veremos más tarde. Su futuro suegro, en cambio, descubrió justo lo contrario. Al regresar con diez mil heridos, la mitad de ellos agonizantes, O'Reilly tuvo la desfachatez de pronunciar la palabra éxito y de declarar que el número de bajas sólo había ascendido a seiscientos hombres. Cifra a la que le faltaba un cero. La indignación, consecuentemente, llegó hasta las estrellas y el que pagó los platos rotos fue Gerolamo, al que todos consideraban el auténtico responsable del desastre. «*Que por fin todo se errase, / Que la función se perdiese, / Que la gente pereciese / Porque Dios lo quiso así, / Eso sí; / Pero querer persuadirnos / En cada error un acierto, / Que no han muerto los que han muerto. / Y que miente quien lo vio / Eso no*»,** se leía en una sátira que le dedicó

* En castellano en el original. (*N. de la T.*)

** Antonio Ferrer del Río, *Historia del reinado de Carlos III en España*, Imprenta de los señores Matute y Compagni, Madrid, 1856. La cita original a Gerolamo la *Gaceta de Madrid* y que se repetía en todas las ciudades del reino. Lo llamaron también inepto protector de ineptos, «pintor de su afrenta».* Los más indignados le pidieron a Carlos III que lo condenase a la horca o al garrote vil; los más serenos que lo expulsara del país. Carlos III no les hizo caso. Es más, defendió al señor duque con tanta obstinación que se ganó que le definieran como «su esclavo en grillos de oro».** Pero Gerolamo sí les hizo caso. Y cuando algunos meses después el conde de Aranda desencadenó contra él una revuelta popular que por un pelo no acabó en linchamiento, presentó su dimisión como primer ministro. Solicitó, y obtuvo, ser nombrado embajador de España ante la Santa Sede, y se trasladó a Roma, donde permaneció hasta el año 1785: el año en que regresó a Génova, donde falleció en 1789, dejando un testamento según el cual moría siendo soltero.

Una mentira, y de las gordas, porque mujer sí que había tenido: María Isabel Felipa Rodríguez de Castro, la madre de su hija Montserrat. Es preciso, pues, que ahora retrocedamos unos instantes hasta el año 1769, antes de ocuparnos de Francesco y Montserrat.

---

se ha tomado de la edición digital de la obra (Biblioteca Virtual Cervantes), reeditada por la Consejería de Cultura de la Comunidad de Madrid (1988). (*N. de la T.*)

* En castellano en el original. (*N. de la T.*)

** En castellano en el original. (*N. de la T.*)

6

No existen pruebas sobre la homosexualidad de Gerolamo. Ni siquiera Giacomo Casanova, que era un cotilla impresionante y que en sus *Memorias*, en la parte relativa a sus estancias en España, adjudica esa característica a varios personajes de la corte madrileña, entre ellos al embajador veneciano, alude mínimamente a ello. Si realmente fue lo que el conde de Aranda aseguraba de él, «un gran maricón», supo ocultarlo muy bien. Lo que sí es seguro es que, maricón o no, tenía un éxito enorme entre las mujeres. Tanto en la corte como en los salones, donde deslumbraba con su elegancia, su cultura, su atractivo, su poder, las ricas aristócratas en edad casadera revoloteaban a su alrededor peor que perras en celo. Para que pusiera fin a su obstinado celibato, es decir, para que se casara con ellas, hubieran caído de rodillas a sus pies, y María Isabel Felipa no contaba con ningún requisito que le permitiese competir con semejantes rivales. Miedosa, tímida, huérfana de padres y sin un solo pariente en el mundo, trabajaba como ayudante del ama de llaves en el palacio que el señor duque tenía en la calle de San Miguel. Era, para entendernos, una camarera y poco más, riquezas no poseía en absoluto, y de sangre azul no tenía ni una gota. El único blasón del que podía enorgullecerse era el de ser hija de un hidalgo: título que, desde hacía al menos dos siglos, sólo indicaba decadencia, pobreza, ruina. En Madrid los hidalgos se contaban por centenares y, en nueve de cada diez casos, se ganaban la vida con oficios humildes o poco rentables. Sastres, zapateros, posaderos. Como mucho, escribanos. Además, en 1769 la pobrecilla tenía veintisiete años, una edad que autorizaba a considerarla una solterona, y nadie la hubiera juzgado, ni en sueños, como una belleza arrebatadora. Rasgos anodinos, una carita apagada, a la que apenas si imprimían algo de vida sus suaves ojos color avellana, cuerpo demasiado delgado que no contribuían precisamente a resaltar los poco favorecedores delantales que vestía, y sobre los que pendía un eterno manojo de llaves. Llaves de la despensa, de los armarios, de la bodega, de las habitaciones prohibidas: cada una de ellas, el símbolo de su estado servil y la garantía de su fidelidad. Pero sabía leer y escribir, era tan buena que parecía boba, y adoraba al señor duque de una forma rayana en la devoción. «Excelencia, por Usted yo podría morir».* Y una de las noches de ese verano Gerolamo se la llevó a la cama. La dejó encinta. Quizá hasta se enamoriscó de ella.

Uso la palabra «quizá» porque si se trató de amor o de un capricho pasajero o de un vulgar coito, es algo que no sé. La voz apasionada y compasiva tampoco se detenía sobre ese detalle. Sólo contaba que a finales de octubre María Isabel Felipa se dio cuenta de que estaba embarazada y que a Gerolamo la noticia le sentó muy mal. Aunque llevarse a la cama a la camarera era algo que entraba dentro de las costumbres, tener un hijo con ella siempre constituía un problema y lo último que necesitaba el señor duque era que se difundiera la noticia de que había seducido a una huérfana treinta y dos años más joven que él. De acuerdo: sobre su cabeza ya pendía la acusación de que era «un maricón». Pero su éxito con las mujeres la desmentía, o al menos le hacía de contrapeso, homosexuales había muchos en la ciudad, y una cosa es ser víctima de una acusación y otra ofrecer en bandeja la prueba viviente de tu culpa. El conde de Aranda se hubiese chupado los dedos al enterarse. El rey, tan aquejado de santurronería que, para respetar su viudedad, se había impuesto la más estricta castidad, se hubiese quedado horrorizado. El Vaticano, que ya le había perdonado una calaverada, aquella por la que se desvaneció su sueño de convertirse en Papa, se habría enfurecido. Y, por si todo ello no bastase, en la situación se implicaban también sus escrúpulos de católico practi-

* En castellano en el original. (*N. de la T.*)

cante: sus angustias de hombre, probablemente, no exento de principios éticos y al que, en cualquier caso, le aterrorizaba la idea del infierno. A la angustia o a la rabia siguió pues la búsqueda febril de una escapatoria que le ayudase a salvar su alma y, al mismo tiempo, evitar el escándalo. Pidió consejo a su confesor y éste le sugirió que se casase en secreto. Un remedio perfecto por tres motivos. Primero, al ser válido para la Iglesia, le permitía lavar su conciencia y traer al mundo a un hijo que no fuese fruto del pecado. Segundo, al no ser válido para la sociedad, le eximía de cualquier obligación civil o jurídica. Tercero, al celebrarse de forma clandestina, lo liberaba del peso de un enlace tan público como indigno de su ilustre apellido. El secreto del matrimonio secreto era, de hecho, absoluto, el rigor con el que éste se observaba, inviolable, y si se echa un vistazo a los textos de la época se entiende por qué. La boda tenía lugar a puertas cerradas, en una parroquia o en una capilla elegida por el arzobispo que había concedido el permiso, los dos testigos juraban sobre el crucifijo que no revelarían jamás lo que habían visto y firmado, y la partida de matrimonio quedaba bajo custodia del mismo arzobispo, que lo ocultaba en una especie de caja fuerte de su curia: perfectamente sellado dentro de un arca cuya llave guardaba él mismo y que no abría jamás a nadie. El rey incluido. En cuanto a los cónyuges, vivían en casas separadas, a veces hasta en regiones distantes entre sí. La esposa no podía exigir ni que la mantuviera el marido ni heredarle, y no tenía derecho a llevar su apellido. Los hijos, tampoco. A veces, sí, se daba el caso de que al apellido materno alguien añadiese el del padre: en el siglo XVIII no existían registros civiles, los nacimientos se le comunicaban sólo al cura que celebraba el bautismo, y con un poco de astucia no costaba mucho sortear el obstáculo. Pero la identidad del padre no se revelaba bajo ninguna circunstancia. Como consecuencia, ese niño reconocido por Dios y punto era considerado un hijo ilegítimo. O, empleando el lenguaje de la Iglesia, un bastardo.

La proposición de celebrar un matrimonio secreto se la hizo el confesor. E, inclinando la cabeza, la mirada fija en aquel manojo de llaves que eran el símbolo de su estado servil y la garantía de su fidelidad, María Isabel Felipa aceptó. «¿Qué otra cosa podía hacer?», suspiraba la voz apasionada y compasiva. «No tenía otra elección y, además, le quería». Por impotencia o por amor, aceptó también abandonar Castilla y trasladarse a Cataluña, a Barcelona: a una ciudad en la que no conocía a nadie y en la que hablaban un idioma distinto. Gerolamo remedió este inconveniente confiándola a un joven sacerdote catalán que le había sido recomendado por el arzobispo y que, apenas le notificó el asunto un enviado, acudió corriendo a Madrid: don Julián Manent. El mismo personaje al que se le entregaría también, año tras año, el importe de una pensión vitalicia y, antes de la partida, la suma de dinero suficiente para comprar una casa en la nueva patria. Todo, a condición de que María Isabel Felipa no regresase jamás, no le escribiera jamás a su esposo, no lo buscase jamás y por ningún motivo. Ni siquiera para decirle si había sido niño o niña. El señor duque no quería saberlo.

Y, ahora, vamos con la boda.

* * *

La boda se celebró una mañana de mediados de diciembre, en una capilla privada de Toledo. Testigos, el mismo confesor de siempre y don Julián Manent. La celebró el vicario del arzobispo, un viejo malvado y deseoso de quitarse de encima lo antes posible semejante quebradero de cabeza, y fue la boda más triste y escuálida que incluso una pobre mujer que se casaba por miedo habría podido esperarse. La capilla era fría, húmeda, angosta y tan oscura que sólo a duras penas conseguías ver qué había en ella. Sobre el altar, desnudo y polvoriento, un fresco en el que se veía a Dios sobre una nube, tan blanca como su barba, ocupado en lanzar saetas contra siete ángeles caídos que, retorciéndose con gestos de terror, se precipitaban dentro de una gran grieta en la tierra. Debajo, una gran urna de cristal que contenía el esqueleto de un santo y una docena de calaveras. En la pared derecha, el cuadro de un San Sebastián saeteado que daba alaridos de dolor. Junto a la pared izquierda, la imagen de una Virgen muy fea que lloraba ante un crucifijo. En el pasillo central, algunos bancos con reclinatorio. Vacíos, no hace falta decirlo. Aquí y allá, un candelabro y poquísimas velas encendidas. En cuanto a Gerolamo, no parecía lo que se dice feliz por la decisión tomada: vestido de negro de la cabeza a los pies, sin joya alguna, lo que parecía era un mártir que está padeciendo un castigo inmerecido. No era casual que hubiera llegado con mucho retraso y que, al entrar en la capilla, sólo le hubiese dirigido a María Isabel Felipa un gélido e imperceptible saludo con la cabeza, como si fuese una extraña o una enemiga con la que te encuentras en el teatro. Ella, en cambio, llegó con mucha anticipación; por miedo a no llegar a tiempo se presentó en Toledo en mitad de la noche, estaba esperándolo desde hacía horas y parecía un caracol refugiado en su concha para sufrir mejor. En lugar de la concha, un manto gris con capucha que, tapándola desde la cabeza a los pies, disimulaba su embarazo, ya de cinco meses. Nada de sonrisas. Nada de destellos de felicidad. El gélido e imperceptible saludo con la cabeza la había intimidado de tal forma que, tras responderle con una respetuosísima inclinación, se había puesto a su lado temblando, procurando no rozarlo siquiera, no molestarlo, y llorando desde ese mismo instante. A escondidas, secándose las lágrimas con movimientos rápidos y furtivos, lamiéndoselas incluso. Lloró hasta cuando el vicario pronunció las palabras: «Yo os declaro marido y mujer ante Dios y la Iglesia»,* y durante la ceremonia sólo abrió la boca para decir: «Sí». Gerolamo, igual. No cruzaron palabra ni siquiera una vez. No intercambiaron una sola mirada. Tras firmar el acta matrimonial que el arzobispo guardaría inmediatamente en la inviolable arca de la inviolable especie de caja fuerte, se dieron la espalda y, siempre en silencio, siempre sin intercambiar una sola mirada, salieron por separado de la iglesia para no volver a verse jamás. María Isabel Felipa regresó sola a Madrid. Sólo se detuvo en la calle de San Miguel, donde la servidumbre creía que se iba de la casa para casarse con un tendero que había conseguido seducirla por bobalicona, para recoger las maletas. Un pequeño baúl con la ropa blanca, la peluca que no usó en Toledo, los libros de oraciones y el regalo de su marido: un cuadro que representaba a la Virgen de Montserrat, patro-

* En castellano en el original. (*N. de la T.*)

na de Cataluña, con el Niño Jesús entre los brazos. Luego, seguida por una escolta de soldados a caballo, que Gerolamo había contratado para protegerla de los bandidos, partió junto a don Julián.

Hay una frase que sirve de comentario a su viaje hasta Barcelona. La frase que, dieciocho años después, pronunció en su lecho de muerte, rompiendo el secreto con Montserrat: «Las bodas fueron tristes, pero el viaje fue trágico».* Y para entenderla es preciso conocer los inconvenientes y molestias que implicaba un viaje como aquél, sobre todo para una mujer embarazada. (Algo en lo que Gerolamo no pensó, o no quiso pensar). Los caminos eran pésimos, rara vez estaban alisados y, en cualquier caso, siempre estaban llenos de socavones o de piedras; las ruedas daban saltos sobre ellos, o se hundían, zarandeando sin cesar a los viajeros. También estaban infestados de bandidos que, con frecuencia, no se quedaban satisfechos con robarles y los asesinaban. Las ventanillas de las carrozas no tenían cristales, por lo que el polvo, la lluvia, el barro, la nieve, te azotaban sin piedad. Las posadas en las que te detenías al atardecer carecían de higiene y de cualquier comodidad. Una comida pésima, chinches o piojos a mansalva, y para dormir, unas sábanas mugrientas y una manta asquerosa. (Tanto es así que muchos viajaban con sus propias sábanas y su propia manta.) Para lavarte y hacer tus necesidades, una jarra de agua fría y un orinal, cuyo contenido se arrojaba luego al pozo negro o al campo. Para protegerte del frío invernal, un brasero o una pequeña estufa que, al carecer del tubo inventado por Benjamin Franklin, te dejaba ciego con el humo. Además, la puerta de la alcoba no se podía cerrar desde dentro: los funcionarios de la Inquisición exigían tener libertad para irrumpir en ella por sorpresa y descubrir si estabas cometiendo adulterio u otro pecado, lo que te dejaba a merced de los ladrones o de cualquiera que quisiera agredirte. Se dormía hasta las tres de la mañana, se reemprendía el camino a las cuatro. Y como los caballos no cubrían más de diez leguas, es decir, cuarenta kilómetros al día, para ir de Madrid a Barcelona se requerían dos semanas como mínimo.

---

* En castellano en el original. (*N. de la T.*)

Para éste se precisaron tres y en cada etapa se produjo una desgracia. Entre Guadalajara y Sigüenza, por ejemplo, los bandidos les atacaron y, aunque la escolta de soldados a caballo los obligó a huir, María Isabel Felipa se llevó un susto de muerte y, para evitar que abortase, don Julián la hizo permanecer tres días en reposo. En los montes de la Meseta donde, a causa del hielo, la carroza patinó y volcó, la obligó a hacer lo mismo. Tras dejar Zaragoza, un posadero le robó la peluca y un montón de ropa blanca y, cuando llegaron a Barcelona, la pobrecilla estaba en un estado tan lamentable que las monjas del convento en el que se alojó temporalmente estuvieron a punto de rehusar la responsabilidad de hospedarla. Su único consuelo: nada más llegar, se encontró enseguida la casa para la que Gerolamo había entregado el dinero a don Julián y que don Julián escogió en el barrio del Born. Una bonita villa de dos pisos, con un patio* todavía más bonito, y nueve habitaciones bien acondicionadas. El precio, tres mil *lluras* o liras catalanas. No era poco.

Desbordante de gratitud hacia aquel marido no marido que, aunque la hubiese enviado al exilio, la trataba con tanta generosidad, María Isabel Felipa se instaló allí en enero de 1770 junto a tres criadas: una cocinera, una lavandera y una doncella. Y fue allí donde, a mediados de abril, nació la preciosa niña que, en homenaje a la Virgen del cuadro, fue llamada Montserrat, pero a la que en la catedral de Santa María del Mar don Julián hizo bautizar como María Ignacia Josefa Rodríguez de Castro y Grimaldi: hija de madre casada y de padre desconocido.

---

* En castellano en el original en toda la novela. (*N. de la T.*)

7

Para reconstruir los dieciocho años siguientes, los que se corresponden con la infancia y la adolescencia de Montserrat, en un determinado momento fui a Barcelona. Busqué la pequeña villa de las tres mil *lluras* y creí encontrarla en el carrer del Bonaire: una antigua calle del barrio del Born. Así lo creí, y así lo creo aún, porque el edificio, ahora abandonado y cubierto de hierbajos que han crecido sobre el tejado formando un jardín salvaje en el que se alza un arbolillo, evocó en mí arcanos recuerdos: casi como si hubiese vivido allí en un pasado muy lejano pero aún no extinguido. Siguiendo el hilo de la memoria podía, de hecho, reconocer todos los detalles: la estructura rectangular, la fachada con el balcón de pequeñas columnas, las ventanas cuadradas con las persianas azules, el macizo portón con tachuelas... Aunque el portón estaba cerrado, podía incluso entrar dentro y volver a ver el bonito patio en medio del cual había una fuentecilla y un estanque decorado con teselas; las cuatro habitaciones de la planta baja que se abrían bajo una especie de pórtico; las cinco de la planta superior, alineadas a lo largo de un balcón corrido protegido por una barandilla de hierro; y las camas con dosel, los muebles, los cortinajes. Pero, sobre todo, podía verla a ella, a María Isabel Felipa. Y de su fantasma emanaba una tristeza tan profunda, una melancolía tan incurable que sus vaharadas llegaban hasta mí. Me rozaban, me acariciaban de una forma tremenda, casi me hacían llorar.

Pobre María Isabel Felipa: nunca dejó de amar a Gerolamo. Como una perra fiel que le perdona a su amo cualquier daño que le haga, cualquier injusticia, ni siquiera en aquel exilio le dirigió un reproche, le acusó de algo. Tampoco renunció jamás a la gratitud que alimentaba su resignación. «Es un hombre muy generoso, un señor de verdad»,* le decía a don Julián, señalando hacia la cocinera, la lavandera, la doncella, las nueve habitaciones bien acondicionadas. Y hasta pocos días antes de morir no hizo nada que pudiese poner en peligro el compromiso asumido con aquel pacto feroz. No lo buscó jamás, no le escribió jamás, no pronunció jamás su nombre, y no dejó jamás que se escapase de sus labios la más mínima insinuación por la que pudiera ser identificado. Pero, ¡a qué precio!, ¡a cambio de qué clase de vida! Por miedo a traicionarse, a poner en peligro su secreto, sólo veía a don Julián. No aceptaba más que su presencia y era inútil insistirle para que recibiera a alguien más: para que tuviera algún contacto con el mundo. Por miedo a perder su dignidad, parecer que no se merecía su nuevo estatus, no se concedía ninguna frivolidad. Ninguna diversión. Evitaba cuidadosamente las ferias y los teatros. Vestía austeras ropas marrones que, sobre su cuerpo flacucho, parecían sayales monacales. Se cubría la cabeza con tupidos chales y sólo salía de casa para acudir a misa o a vísperas en la cercana Santa María del Mar. Pasaba horas desgranando letanías en la oscuridad de la catedral, luego regresaba junto a la preciosa niña sobre la que vertía sus raros momentos de dicha. Sus raras sonrisas. ¿Qué otra cosa hubiera podido hacer, por otro lado, para disminuir su tristeza y su melancolía? Durante los días en que estuve buscando la pequeña villa, intenté entender qué era Barcelona en aquella época. Releí a Casanova y me di cuenta de que de Barcelona habla poquísimo: aparte de las ferias y los teatros, la ciudad ofrecía muy poco. Leí *Calaix de sastre*, el célebre diario del barón Rafael de Maldà, y descubrí que sólo refería sucesos truculentos o carentes de importancia. La llegada de una compañía de cómicos de la legua, la de un regimiento; el descubrimiento de un sepulcro que contenía los huesos de un santo llamado padre Nolasco; una cantidad alucinante de ceremonias religiosas y de ejecuciones públicas por ahorcamiento; la historia de una mujer humilde

* En castellano en el original. (*N. de la T.*)

que parió un monstruo con dos cabezas y cuatro brazos, es decir, a unos siameses. Luego miré los cuadros y los mapas de la época, y por estos últimos supe que toda la ciudad se concentraba alrededor de las tétricas construcciones del Barrio Gótico. Además, estaba encerrada dentro de unas murallas altísimas que impedían la visión del puerto, el festivo espectáculo de sus cientos y cientos de veleros, del hermoso muelle, de la encantadora bahía. En cuanto a los cuadros, siempre la reproducen inhóspita y oscura: muy distinta a la actual. De gris plomo las casas, los techos, los palacios, las agujas y campanarios de sus sombrías iglesias. De gris ceniza, el bastión que, a la manera de un escudo interminable, la separaba del mar. Las calles, angostas; los callejones, apretados. Todo lo contrario de la centelleante Madrid. A alguien acostumbrado a vivir en Madrid, con sus amplias y luminosas avenidas, sus blancos palacios y sus lujosas iglesias, su vitalidad, no debía resultarle fácil vivir en Barcelona. Y eso sin tener en cuenta que la madrileña María Isabel Felipa tenía un problema añadido con el idioma, ese catalán mucho más cercano al dialecto genovés que al castellano. De hecho, nunca llegó a aprenderlo bien. Todos los esfuerzos de don Julián, que jamás dejó de enseñárselo con amorosa paciencia, fueron inútiles.

En el edificio ahora abandonado y cubierto de hierbajos me reencontré también con don Julián. Y el arcano recuerdo me entregó la imagen de un joven sacerdote, inteligente y enérgico, que no acudía al carrer del Bonaire sólo para enseñarle catalán a María Isabel Felipa, llevarle la mensualidad de la pensión vitalicia y resolver los problemas de orden práctico, sino sobre todo para estar con ella: para tenerla a su lado. Advertí en su mirada un interés especial, una ternura que iba más allá de la misericordia evangélica. Al entrar en la casa le sonreía con una sonrisa que era como una caricia; al salir, se despedía de ella casi con añoranza, y mi sospecha es que aquellas tristes bodas, más el trágico viaje que sufrieron juntos, más el trato diario que mantenían, encendieron en su corazón un arrebato que tenía mucho de terrenal. El mismo que, con un punto de resentimiento hacia el señor duque, le indujo a añadir el apellido Grimaldi a la partida de bautismo de Montserrat. Mucho me temo, en resumen, que estaba enamorado en silencio de la insignificante pero dulcísima mujer que le habían confiado, y que tratándola, protegiéndola, se sentía algo más que su hermano en Cristo. No se explican, si no, la asiduidad con que iba a verla, la diligencia y la constancia con las que asumió su papel durante dieciocho años. Un papel, casi, de casto cónyuge y de padre adoptivo, si se tiene en cuenta que durante esos dieciocho años fue él quien llenó el vacío dejado por el auténtico cónyuge, el auténtico padre, y él quien imprimió un sentido familiar a sus vidas. Fue él quien cuidó de Montserrat y vigiló su crecimiento, organizó su futuro. Fue él quien la arrancó de aquella casa en la que nunca se escuchaba una risa y en la que la mimaban como a un perrito faldero, es decir, en la que estaba creciendo en un magma de amor maternal pero sin la compañía de otros niños y sin una educación que la ayudase a desarrollar su inteligencia, y la envió a estudiar al Monestir de Junqueras: un sofisticado colegio de monjas benedictinas en el que no sólo se enseñaba a bordar y a hacer reverencias correctamente. Una especie de academia para chicas en la que, por muy rudimentarias que fuesen las nociones, se impartían clases de Historia, de Geografía, de Filosofía, de Literatura; se aprendía a tocar al menos un instrumento y a hablar al menos un idioma extranjero. Por último, o sobre todo, fue él quien, cuando concluyó la educación de Montserrat, convenció a María Isabel Felipa de que rompiese el secreto con su hija, casi adulta, y la liberase de la necesidad, ya obsesiva, de saber quién era ese padre del que sólo le habían dicho siempre una misma cosa y punto: «Está muerto».* Para la preciosa niña, para el mimado perrito faldero, ese problema nunca había existido. Gracias al aislamiento que la entontecía, no se imaginaba siquiera qué sentido tenía la palabra «padre», es más, pensaba que ésta sólo hacía referencia a don Julián. ¿Acaso no lo llamaban «padre» la cocinera, la lavandera y la doncella? «Buen día, padre; buenas tardes, padre».** Hasta su mamá, que normalmente empleaba el confidencial «don Julián», o «Julián» a secas, había veces en que lo llamaba «padre».

---

* En castellano en el original. (*N. de la T.*)

** En castellano en el original. (*N. de la T.*)

«Quiero confesarme, padre».* Luego le explicaron que en el caso de don Julián la palabra significaba «sacerdote», que el padre-padre era una especie de madre añadida y vestida de hombre, y que el suyo había muerto. Una noticia ante la que reaccionó con la típica indiferencia infantil. ¿Para qué sirve un padre, si ya se tiene a una madre? ¿Y qué querrá decir eso de que está muerto? En el colegio, en cambio, el tema empezó a atormentarla: a plantearle unas preguntas dramáticas. ¿Por qué no le hablaban nunca de aquel padre que había muerto? ¿Por qué en sus documentos figuraba el apellido Grimaldi y en los de su madre no? ¿De dónde provenía aquel añadido, Grimaldi, de quién? Ése era el quid.

Montserrat entró en el Monestir de Junqueras en el otoño de 1778, es decir, con poco más de ocho años. Salió en el otoño de 1787, o sea, con diecisiete años y medio, y al regresar a casa demostró qué clarividente había sido don Julián. Hablaba perfectamente tanto castellano como catalán, bastante bien francés e italiano, sabía que Sócrates había bebido un líquido mortal llamado cicuta, que en Francia estaba estallando una Revolución, que en América las colonias rebeldes habían ganado la guerra contra Inglaterra, y conocía la obra de Cervantes, además de alguna que otra poesía de Alfieri. Además, tocaba muy bien el laúd, improvisando preludios y fugas, o ejecutando suites de Luis Milán, Enríquez de Valderrábano, Sebastian Bach. Y, *dulcis in fundo*, se había convertido en una belleza deslumbrante. Cuerpo esbelto y perfecto, un rostro que parecía robado de una estatua de Canova, el mismo encanto por el que Gerolamo se había ganado de joven el apelativo de «el lindo abad». También había heredado la alta estatura de Gerolamo, su elegancia innata, su *savoir-faire*. Pero en lo que respecta al carácter, ¡ay!, era una fotocopia de María Isabel Felipa. Como ella, era tímida, buena, tendía a infravalorarse y a someterse, a sufrir. Además, estaba destrozada por el complejo originado por las dramáticas preguntas: el complejo de ser una huérfana espuria, del «quién era mi padre, quién era». Y don Julián se dio cuenta de ello muy pronto. Y, según

* En castellano en el original. (*N. de la T.*)

se dio cuenta, decidió que era necesario romper el secreto y así se lo dijo a María Isabel Felipa que, justo ese otoño, había descubierto que tenía un cáncer. Enfermedad que en Cataluña se denominaba el *mal dolent*. Mejor dicho, el *mal molt dolent*.

* * *

De no haber sido por el *mal dolent*, mejor dicho, por el *mal molt dolent*, es probable que don Julián nunca hubiese conseguido convencerla. Montserrat nunca hubiese abandonado Barcelona, conocido a Francesco, y, de nuevo, yo no habría nacido. Pero los caminos del destino son realmente infinitos y, en su perfidia, el *mal dolent* incluye algo positivo: un tiempo de espera, por lo general bastante largo, antes de cruzar la inevitable barrera llamada Muerte. Una antecámara del más allá, si quieres. Un intervalo o un limbo en el que la Muerte, ya en camino, avanza en ralentí, por lo que mientras la esperas y observas cómo viene hacia ti poco a poco, tienes todo el tiempo del mundo para hacer dos cosas. Apreciar la vida, es decir, darte cuenta de lo hermosa que es hasta cuando es horrible, y reflexionar sobre ti mismo y sobre los demás: sopesar el presente, el pasado, lo poco que te queda del futuro. Sé de qué me hablo. Quizá María Isabel Felipa no se dio cuenta de que la vida es hermosa hasta cuando es horrible: admitirlo requiere una suerte de gratitud de la que ella carecía. La gratitud hacia nuestros padres y abuelos y bisabuelos y tatarabuelos, en resumen, hacia quienes nos han dado la oportunidad de vivir esta aventura extraordinaria y tremenda que se llama Existencia. Sin embargo, sí reflexionó mucho después de que don Julián le dijera «Montserrat debe conocer la verdad». Gracias al lado positivo del *mal dolent* sopesó bien el presente, el pasado y lo poco que le quedaba del futuro. Y lo que comprendió de sí misma fue que había sido una estúpida aceptando aquel injusto ostracismo, aquel pacto cruel. Y lo que comprendió de Gerolamo fue que su generosidad era totalmente falsa porque con aquel pacto cruel sólo estaba defendiendo sus privilegios y punto, su poder y punto, su conciencia católica y punto. De don Julián comprendió que había estado siempre a su lado por un sentimiento amoroso del que provenía su afecto por Montserrat y que, desaparecido el objeto de aquel sentimiento amoroso, su papel de padre adoptivo iba a ir a menos hasta inducirle a casarla con el primer buen hombre que encontrara. De Montserrat comprendió que, pese a su belleza, su elegancia, su *savoir-faire* y los nueve años transcurridos en el Monestir de Junqueras, era una bobalicona sin voluntad igual que ella, incapaz de matar una mosca. Además de revelarle la identidad de su padre era preciso, pues, asegurarle un porvenir menos incierto que el que la amenazaba, es decir, enviarla junto a Gerolamo. Algo muy fácil de hacer ya que hasta los más ignorantes sabían que desde 1785 el ex primer ministro se había retirado a Génova, donde vivía con un sobrino en el Palacio Grimaldi. Y un día de mayo, ya a punto de cruzar la inevitable barrera, María Isabel Felipa llevó a cabo el único acto de valor de su medrosa vida. Se alzó del lecho en el que languidecía, se arrastró hasta el escritorio, y escribió la fatal carta que Gerolamo no llegó a recibir jamás. La reconstruyo de memoria, sin saber, obviamente, si la versión transmitida a lo largo de los siglos es exacta, pero el fantasma que vi en el carrer del Bonaire me asegura que es la verdadera. Y los cromosomas me lo confirman.

«¡Mi señor!* No me juzgue mal por este acto de desobediencia. Lo realizo en mi lecho de muerte, en nombre de la hija de la que nunca le he dicho nada y por la que vos jamás me habéis preguntado. Sí, fue una niña. La parí a pesar del atroz viaje que hice hasta llegar a Barcelona. Le puse por nombre Montserrat, como la Virgen del cuadro que, con exquisita amabilidad, me regalasteis, y don Julián la bautizó como María Ignacia Josefa. Por apellidos le dio tanto el mío como el suyo: Rodríguez de Castro y Grimaldi. No, no se aíre, mi Señor: en la partida de bautismo Su primer nombre no aparece, a los ojos del mundo el secreto nunca se ha roto. Pero me dispongo a romperlo en nombre de nuestra hija, mi Señor,** y a enviárosla junto a esta misiva. Pronto se quedará sola, y don Julián no puede asumir la responsabilidad de su custodia. Imaginarla bajo

---

* En castellano en el original. (*N. de la T.*)

** En castellano en el original. (*N. de la T.*)

Vuestro techo me ayuda a morir en paz y quiero que parta inmediatamente después de mis funerales, apenas se venda la casa que Su generosidad nos compró. Acójala, se lo suplico. Tiene buen corazón, un aspecto agradable, una excelente educación. Se Os asemeja. Además es una buena cristiana y no precisa de títulos ni riquezas: sólo precisa de un padre, su padre, para que la guíe y proteja. Con esto me despido de Vos para siempre, mi Señor.* Respetuosamente, reverentemente, Vuestra María Isabel Felipa que tanto os amó».

Luego la metió dentro de un sobre dirigido al señor duque Gerolamo Grimaldi, Palacio Grimaldi, República de Génova, y se la tendió a Montserrat.

—Ha llegado el momento de confesártelo todo, hija mía.

Como respuesta, escuchó un susurro entrecortado.

—¿Sobre mi apellido, mamá?

—Sí. Esta carta es para tu padre.

—¿Para... mi... padre, mamá?

—Sí, no ha muerto. Léela, hija mía.

Montserrat se desvaneció tras leerla.

No dispongo de más detalles sobre aquel patético día de mayo. La voz apasionada y compasiva no los suministraba y los arcanos recuerdos sólo me sugieren la imagen de una adolescente encantadora que yace desvanecida sobre el suelo, de una mujer consumida por la enfermedad que llama pidiendo ayuda, entre sollozos, de la doncella que irrumpe gritando: «¿Qué pasa,** señora? ¡Oh, *Mare de Deu*!». Luego levanta a la adolescente encantadora, la acomoda sobre un diván y acerca a su bonita nariz un frasco de sales. Pero sé que, apenas Montserrat volvió en sí, María Isabel Felipa se lo confesó todo de verdad: la imprevista e imprevisible noche de amor en el palacio de la calle San Miguel, la elección del matrimonio secreto y los términos en los que éste se llevó a cabo, la triste ceremonia de Toledo, la huida con la escolta de los soldados a caballo, el desmedido

* En castellano en el original. (*N. de la T.*)

** En castellano y catalán en el original. (*N. de la T.*)

afecto de don Julián, la ambigüedad de su partida de su bautismo. Callándose lo que había comprendido demasiado tarde acerca de Gerolamo, justificó el dolor de aquel exilio inclemente y el silencio al que había sido condenada. «Era un grande de España, hija mía. No podía comprometerse con una criada. Al casarse conmigo en secreto fue igualmente generoso. Se negó a sí mismo la posibilidad de contraer matrimonio con una aristócrata digna de su rango, y por eso es ahora un viejo solitario que vive con un sobrino». Se lo describió como un hombre sin culpa alguna, un padre del que podía estar orgullosa. Y la persuadió para que dejara Barcelona, para que se fuese a vivir con él. Luego llamó a don Julián. Le informó que había tomado una decisión más drástica que lo que le había aconsejado, le encargó que vendiera la pequeña villa al mejor precio posible y que le entregara el dinero a Montserrat, que le organizara el viaje y le proporcionara el pasaporte. Luego escribió la carta de garantía, documento entonces indispensable para viajar, que un siglo y medio después yo encontraría en el arcón de Caterina. «Declaro que doña María Ignacia Josefa Rodríguez de Castro y Grimaldi es mi hija, que tiene dieciocho años, que es soltera y no está comprometida en matrimonio. Declaro que por motivos familiares la autorizo a ir a Génova y, de ser necesario, a otras ciudades de Italia. A las autoridades y a las personas misericordiosas les dirijo la súplica de que le presten el auxilio que su juventud e inexperiencia demandan». Murió al día siguiente, y sus funerales fueron aún más tristes que sus tristes bodas. Como carecía de amigos y no conocía a nadie, detrás de la carroza con el féretro sólo iban Montserrat y don Julián con la cocinera y la doncella y la lavandera. Pero el resto se desarrolló tal y como ella había pedido: don Julián vendió la pequeña villa por cuatro mil *lluras*, se las entregó a Montserrat junto a la mensualidad, le organizó el viaje y le proporcionó el pasaporte. Documento este que recuerdo palabra por palabra y en español porque lo releí muchas veces, mi curiosidad siempre atraída por un detalle sorprendente: que no se mencionase la edad, que sólo se proporcionase el retrato físico y punto. «Talla, casi seis pies. Colorido, rosado. Ojos, grisoazul [sic]. Cabellos, rubios. Nariz, pequeña. Dientes, sanos. Marcas características, un lunar sobre el labio superior».

Expedido el 10 de junio de 1788 por el Excelentísimo Señor Ministro de la Policía y en nombre de Su Católica Majestad Carlos III, el pasaporte la autorizaba a viajar por tierra y por mar. Don Julián prefirió que Montserrat viajase por mar y, para no exponerla a los ataques de los piratas, eligió un barco danés: el *Europa*. En 1780, de hecho, Dinamarca había estipulado con los países de Berbería el único acuerdo que éstos llegaron a respetar y sus veleros contaban con un especial salvoconducto argelino que, renovado año tras años mediante riquísimos regalos al sucesor de Alí bajá, evitaba que fueran abordados y saqueados. El *Europa* era un modesto bergantín de doscientas toneladas, construido por los armadores Christian Oldenburg y Jurden Rode de Altona y, pese al salvoconducto, sólo solía transportar mercancías en los mares del norte. No disponía más que de un camarote minúsculo que ofrecerle a un eventual pasajero y, por lo general, cubría siempre el recorrido Hamburgo-Gotemburgo-Copenhague-Danzig-Helsinki-Estocolmo. O: Hamburgo-Ámsterdam-Rotterdam-Portsmouth-Londres-Le Havre-Brest. Esta vez, en cambio, había partido de Hamburgo rumbo al Mediterráneo y, con un cargamento de pejepalo, había atracado en Barcelona en la segunda quincena de junio. Desde allí proseguiría viaje hacia Marsella, Génova, Livorno; por cierto: su capitán se llamaba Johan Daniel Reymers. Su contramaestre, Francesco Launaro.

8

Desde que los veleros habían reemplazado a las embarcaciones a remo, las galeras, el contramaestre era un personaje muy importante. Más importante que los oficiales, que, de hecho, recibían un salario muy inferior al suyo. Casi la mitad. Y lo era porque constituía el eslabón entre el capitán y la tripulación, es decir, porque era él quien daba órdenes a la tripulación y él quien realizaba las maniobras, controlaba el rumbo, pronosticaba las tormentas. Uno no llegaba a ser contramaestre por casualidad o por suerte, ni lo hacía antes de llegar a la madurez. Tenías que haber pasado, como mínimo, de la treintena, y poseer una gran experiencia como marinero, además de unas cualidades realmente especiales. Para empezar, ser capaz de saber cuándo iba a llegar una tormenta y qué alcance iba a tener basándose exclusivamente en una ráfaga de viento o en la forma de una nube o en el vuelo de un pájaro. Para continuar, ser capaz de manejar el timón mejor que el timonero, de subir a la cofa mejor que el gaviero, saber rizar las velas mejor que el portaestandarte,* de conocer el barco mejor que el capitán: de reparar cualquier crujido o chirrido inusual, cualquier anomalía. Además, tenías que ser capaz de mantenerte firme en tu papel de líder, de hacerte respetar y obedecer por los marineros, de infundirles miedo, castigarlos si era preciso y, al mismo tiempo, tutelar sobre ellos, defenderlos, cuidarlos: curarles la escrófula o la diarrea, sacarles una muela picada, amputarles una pierna si se les gangrenaba.

* Marinero que guarda o cuida de las vergas.

También era un personaje que estaba muy solo. No tenía el rango de oficial, pero tampoco era un marinero: vivía, por lo tanto, en una autonomía física y psicológica que lo convertía en un extraño para unos y para otros. Por ejemplo, dormía en la proa, con el resto de la tripulación, pero por su cuenta: en un camarote igual al de los oficiales y desplazado hacia el puente. Comía la misma comida que el capitán, bebía la misma cerveza y el mismo aguardiente que él, pero por su cuenta: recostado sobre el palo de la mesana o sobre una claraboya, sitios que le permitían no perder de vista ni el rumbo ni a la tripulación. Y todas estas cosas, es decir, la soledad, la versatilidad, la responsabilidad, lo hacían ser un hombre muy sensato. Muy reflexivo. Casi el sabio de a bordo: una característica que, atribuida a Francesco, puede parecer una incongruencia. Pero el contramaestre del *Europa* se parecía ya muy poco al pintoresco diablo que observamos en Livorno, mientras aguardaba a la *Bonne Mère*, o en el *Triumph*, mientras afilaba el cuchillo con el que iba a cumplir su venganza. Mucho menos al implacable vengador al que perdimos de vista el 9 de julio de 1775, en la playa de Argel, mientras degollaba a la vigésima víctima y le cortaba la cabeza con la cimitarra. El tiempo le había hecho madurar como a un buen vino que, al envejecer, se libera de sus impurezas y cambia de color, muda de sabor.

Así era. Ya era un treintañero afianzado, un adulto juicioso y equilibrado. Ya no se pegaba con nadie en las tabernas, no discutía ya a navajazos, no hervía de esa ira que conduce a una vuelta de quilla. Del pintoresco diablo que había sido sólo le quedaban las cicatrices, la presencia física, los cabellos negros como ala de cuervo y la mirada negra como la noche. (Negra y recorrida de una tristeza aterradora. «Creo que en 1788 Francesco debía de ser un tipo así», me dijo una vez mi madre, alargándome una fotografía de Natale, su abuelo materno. Y la fotografía reproducía a un hombre guapo de rostro hundido, uno de esos rostros que parecen trazados a golpe de machete, en cuyos ojos anidaba una tristeza aterradora). Del vengador implacable sólo le quedaban la disciplina militar y la paciencia infinita. Ya no odiaba a nadie. Su ansia homicida se había extinguido en aquella playa, y los hechos lo demostraban. El bienio siguiente al desastre perpetrado por O'Reilly había sido muy glorioso para el *Austria* y el *Etruria*: la pequeña flota de Pedro Leopoldo había realizado hazañas admirables en su lucha contra los berberiscos. Francesco, sin embargo, no había destacado por su entusiasmo y cuando John Acton, debido a una intriga cortesana, había tenido que dejar Toscana y ponerse al servicio del rey de Nápoles, él se había ido también. Volvió a navegar a bordo de barcos mercantes, convirtiéndose en contramaestre, y en 1785 se enroló en el *Europa* porque recorría rutas alejadas de los mares en los que seguían activos sus ex enemigos. «Ya está bien de barcos corsarios, de matanzas, de guerras. Desde que saldé mi cuenta cazar moros me hastía». La transformación, por otra parte, no se había limitado a eso. Gracias al capellán del *Austria* su irreductible ateísmo había empezado a debilitarse: durante las tormentas esbozaba la señal de la cruz y si no ocurrían desgracias se permitía algún titubeo agnóstico. «Quién sabe. Lo mismo Dios existe». Gracias a un oficial filántropo casi había aprendido a leer y escribir: su registro de cuentas no tenía excesivas faltas de ortografía, y a veces se daba el caso de que le prestase sus inciertas dotes de escribano a alguien necesitado de escribir una carta a su casa. «Queridísimos padres, con ésta os informo de que mi salud es buena...». Y gracias al excelente sueldo, además de al porcentaje sobre las mercancías que cobraban los contramaestres, ya no era pobre. En un banco de Livorno tenía depositada una suma suficiente como para asegurarse un cómodo porvenir, en la posada de la vía Amore tenía una habitación fija, y cuando estaba en tierra vestía con tanta elegancia que hasta sus viejos conocidos le llamaban señor Launaro. (Chaqueta de terciopelo azul, pantalones de terciopelo azul, calzas de seda blanca. Camisa con encajes, sombrero alto con penacho, bastón con empuñadura de marfil). Sólo existía un punto sobre el que no había cambiado: su condición de soltero decidido a no dejar de serlo jamás. En esos trece años no se había casado; ahora, en vez de a las prostitutas, pedía consuelo a sus amantes, que, reconociendo su misoginia, coleccionaba por todas partes: en Hamburgo, en Rotterdam, en Copenhague, en Le Havre, en Brest... «Yo sólo voy con mujeres para lo que voy. Nunca he perdido la cabeza por una, fuera de la cama me resultan antipáticas, y las decentes me dan miedo».

Por lo tanto, cuando en Barcelona se enteró de que iba a embarcar una joven con dirección a Génova, se sintió aterrado. E intentó, casi con desesperación, que el capitán Reymers cambiase de idea. Las mujeres a bordo traen mala suerte, le dijo, y si son guapas, el problema se duplica. Supongamos que ésta, además de joven, fuera guapa o simplemente pasable: desde el primer día lo iban a tener duro. ¿Cómo sofocar los deseos famélicos de los marineros, señor capitán, cómo mantenerla al margen de sus soeces comentarios y de su rudeza, cómo evitar que se horrorizase cada vez que los viera bajarse los calzones y defecar sobre la red del bauprés? Y aunque ella decidiera quedarse encerrada en el camarote, esperanza vana porque el camarote era un agujero y el viaje a Génova duraba casi tres semanas, ¿quién atendería a sus necesidades cotidianas? ¿Quién la serviría, quién cuidaría de ella cuando vomitase? ¿Quién le vaciaría el orinal? «Tiemblo sólo de imaginarlo, señor capitán. Piénselo, señor capitán». El hecho es que el señor capitán ya se lo había pensado, pero sus dudas se acabaron de golpe ante las cuatrocientas *lluras* que le ofreció don Julián y, sin perder la compostura, le respondió a Francesco que no sabía si era guapa o fea o pasable: el cura sólo le había dicho que viajaba a Génova por motivos familiares, que se trataba de una pasajera de cierto rango, y que había que protegerla. En cualquier caso, la tarea de mantener a raya los deseos famélicos, los comentarios soeces, las rudezas y las defecaciones en público de la tripulación era competencia suya. En cuanto al resto, bueno: de servirla ya se ocuparía el grumete; de atenderla mientras vomitaba, el Padre Eterno, y el orinal se lo vaciaría ella misma, arrojando el contenido por la escotilla. «¿Las mujeres a bordo traen mala suerte, contramaestre? Por cuatrocientas *lluras* merece la pena desafiar el mal de ojo. Y si usted no quiere hacerlo, tápese los ojos». Consecuentemente, cuando Montserrat subió a bordo, Francesco no se encontraba en el puente para recibirla. «Cuanto más tarde en verla, mejor será».

* * *

Subió a bordo el 29 de junio, el mismo día en que, según mis cálculos, el *Europa* zarpó de Barcelona, y el que la recibió en el puente fue el capitán Reymers, que nada más verla comprendió cuánta razón llevaba el contramaestre con sus temores. ¿Taparse los ojos? Desde el pálido rostro, tan delicado como un camafeo, hasta los esbeltos tobillos de los que, según la moda española, el vestido dejaba al menos diez centímetros al descubierto, aquella joven irradiaba un encanto tan irresistible que hasta un ciego se hubiera pasado la vida mirándola fijamente. Además, estaba llorando, ¿y quién es capaz de resistirse a una joven bellísima que llora? Pero de consolarla ya se estaba ocupando don Julián, que no dejaba de maldecirse por haber cedido al deseo de María Isabel Felipa, y que no lograba calmarla. Aferrándose a su sotana, no dejaba de suplicarle: «No deje que me vaya, no deje que me vaya», y era inútil prometerle que si algo iba mal él acudiría corriendo a recogerla. «Busca un alojamiento, escríbeme y yo iré enseguida». «¡Pero yo no conozco Génova!». «Ya la conocerás, querida, ya la conocerás». «¡No sabré dónde buscar alojamiento!». «Lo sabrás, querida, lo sabrás. El contramaestre es italiano y te ayudará». La desolada despedida duró mucho. Todo el tiempo que se precisó para cargar el abundante equipaje que la «pasajera de cierto rango» llevaba consigo: dos grandes baúles, uno con la ropa y otro con el ajuar; cinco maletas; tres cajas de sombreros y dos de pelucas; el cuadro de la Virgen y el estuche del laúd que había aprendido a tocar en el Monestir de Junqueras. (También recuerdo ese objeto. Era un laúd piriforme, muy pequeño y muy ligero, con la caja ovoide, formada por trece listones de madera de cerezo, de colores alternos, y un mástil larguísimo con incrustaciones de nácar). Luego, don Julián descendió del barco, el *Europa* soltó amarras, Montserrat se encerró en el camarote a derramar más lágrimas, y desde ese preciso instante su historia me resulta más clara que un teorema demostrado. Puedo reconstruirla sin esfuerzo alguno siguiendo el hilo de la imaginación.

Porque no es fácil cambiar de vida, mudarse a un país que no se conoce, ignorando qué nos aguarda y completamente solos. No lo es ni siquiera para un espabilado adulto actual. Y para una adolescente de hace dos siglos, una bobalicona ingenua e incapaz de matar una mosca, debió de ser peor que si la catapultaran en un cohete hacia la estratosfera: prisionera en una cápsula que se dirige a la luna. Claro que lloraba. Ahora que Barcelona desaparecía de su vista, se deshacía en la neblina, todo provocaba sus lágrimas. Todo. El mar que, visto desde lejos, siempre le había parecido un componente azul e inocuo del paisaje, un amigo, y que visto de cerca se convertía en un enemigo: una infinita extensión de líquido negro, listo para engullirla. El barco que cabeceaba y se balanceaba, que a cada cabeceo o balanceo era como si el estómago se le subiese a la boca: como si le dieran la vuelta. Los marineros medio desnudos que la habían mirado en el puente como los lobos miran a un conejo al que van a devorar. La idea de tener que compartir con ellos y durante semanas aquella cápsula que se dirigía a la luna. Ella, que tanto en casa como en el colegio sólo había vivido entre mujeres, que el único hombre al que conocía era a don Julián. La idea de ir en busca de un padre que no había querido ni conocerla, que nunca le había enviado unas palabras de afecto o de saludo, que la había arrojado de su lado cuando aún estaba en el vientre de su madre, y que era lo bastante viejo como para ser su abuelo. ¡Setenta y ocho años, había dicho don Julián, Dios Santo! ¿Cómo la acogería ese padre negligente y desconocido, ese viejo tan viejo como para ser su abuelo? Peor: ¿la acogería o volvería a arrojarla de su lado? «Busca un alojamiento, escríbeme y yo iré enseguida». Sí, pero la perspectiva de volverse atrás no la consolaba. Volverse atrás significaba rendirse, casarse con el primer chacal ansioso por embolsarse las cuatro mil *lluras* que, transferidas a una carta de crédito, estaban a buen recaudo bajo su corpiño. O acabar en un convento. No quería acabar en un convento. No quería caer en las zarpas de un tipo ávido de dinero. Quería formar una familia feliz, amar a un hombre que la amase, redimir, desquitarse de las desgracias de su madre. Naturalmente, también lloraba por su madre. Y, llorando, la volvía a ver en el patio donde se pasaba las horas, con sus ropas marrones y la cabeza cubierta por un tupido chal, luego en el lecho en el que languidecía consumida por el *mal dolent*, y esto redoblaba sus sollozos. «¡Oh, mamá! ¡Mamita, mamá!».* Pero, sobre todo, lloraba de miedo. Tenía tanto miedo... Y tanta necesidad de decírselo a alguien. De confiarse, de abrir de par en par su corazón.

Permaneció cinco días derramando lágrimas en el camarote. Sin permitirse el dar siquiera dos pasos por la cubierta, sin responderle siquiera al capitán Reymers, que, muy preocupado, le rogaba que saliese. La animaba a que tomase un poco de aire fresco, a que cenase con él y los oficiales. «¡Venga, cálmese, doña María Ignacia Josefa!». Sin escuchar llamada alguna, sólo abría la puerta para dejar entrar al grumete que le llevaba la comida. Durante esos días, de hecho, Francesco no la vio jamás. Escuchó sus sollozos y punto. Pero el verano es tórrido en las costas del Mediterráneo, el bochorno se aguanta mal dentro de un agujero lleno de baúles y maletas, y a los dieciocho años la llamada de la vida es irresistible. Al sexto día, derrotada por el calor y la autosegregación, salió. Con aire furtivo, subió hasta el castillo de popa y se sentó sobre un rollo de cabos para disfrutar de la brisa y del excitante espectáculo del barco que, bordeando el tramo comprendido entre el cabo Creus y Carcassonne, avanzaba a velas desplegadas hacia el golfo de Lyon. Y fue entonces cuando su atención se vio atraída por un hombre alto y vigoroso, que, de espaldas a ella, parecía observar la única mancha que interrumpía el azul uniforme del cielo: un mechón de nubes muy ligeras que hacia el norte se estriaban en haces de un blanco algo sucio. Se sintió atraída por aquello y porque de su poderosa figura emanaba un no sé qué de familiar. Un fluido que inspiraba seguridad, confianza, y que la empujaba a mirarle la cara: a averiguar quién era. Entonces se levantó y, olvidándose de su timidez, se asomó a la barandilla.

—¡Qué nubes tan bonitas! ¿Verdad, señor?**

Casi como si le hubieran disparado un escopetazo por la espalda, el hombre se encogió sobre sí mismo y durante algunos segundos permaneció inmóvil: congelado en esa postura. Luego se dio la

* En castellano en el original. (*N. de la T.*)

** En castellano en el original. (*N. de la T.*)

vuelta, lentamente. Alzando el rostro hundido, los negros ojos en los que anidaba una tristeza aterradora, la miró fijamente durante otro par de segundos: los labios entreabiertos en una especie de estupor que parecía dejarle sin aliento. Por fin, le contestó. En perfecto castellano y con un tono pretendidamente distante.

—Son cirros, señora. Y no son bonitos. Son nefastos.

—¿Nefastos, señor?

—Nefastos, señora. Traen el mistral. Un viento malo, peligroso. Delante de Carcassonne nos daremos cuenta.

—¡Oh, Virgen Santa! ¿Y quién es usted, señor?*

—El contramaestre, señora.

Dicho esto, volvió a darle la espalda y, para dejarle claro que la conversación había acabado, bajó a la bodega. Pero el hielo ya se había roto, el imposible encuentro ya se había producido, y como atraído por un imán que vuelve inútil cualquier resistencia, reapareció al poco rato. Subió hasta el castillo de popa, se excusó por haber sido tan brusco, se detuvo unos minutos para hablar sobre los cirros que traen un viento malo, peligroso. Más tarde, fue a buscarla al camarote. Comprobó que el equipaje estuviese bien sujeto, que la lámpara de aceite funcionase, que no faltase agua potable, le habló otro poco. Con tono protector la animó a que aceptase las invitaciones a cenar del capitán, le anunció que en sus ratos libres él también le haría algo de compañía, y a la mañana siguiente se la hizo. Impresionándola mucho, ganándose muchas sonrisas y exclamaciones extasiadas, le describió su oficio. La entretuvo con el relato de sus numerosos viajes. A la tarde siguiente, igual: mientras, la cercanía entre ambos crecía, inevitable e inexorable. A la tarde siguiente, de hecho, llevó la conversación hacia ella. Le preguntó por qué motivo había estado llorando durante días. Y, empujada por la necesidad de confiarse a alguien, subyugada por el fluido que inspiraba seguridad, confianza, Montserrat se lo dijo. Le reveló hasta que el padre al que nunca había conocido se llamaba Gerolamo Grimaldi: un nombre que él conocía muy bien de la época del

* En castellano en el original. (*N. de la T.*)

desembarco en Argel y que, al oírlo, le sobresaltó como si el asunto le molestara. Aquel cuarto encuentro fue muy largo. Ya era de noche cuando se separaron. Ella, totalmente enternecida y pensando cuánto le gustaría amar a un hombre así. Serio, comprensivo, arrojado, interesante. Él, totalmente nervioso y pensando que, si las mujeres decentes le daban miedo, ésta le aterrorizaba. ¡Porque era demasiado joven, Dios! Demasiado bella, demasiado de lujo. Nada menos que la hija del señor duque. ¡Y porque no podía permitirse el hacer de galán enamorado, distraerse con estúpidos idilios de adolescente al que le basta con una mirada para caer rendido de amor! El *Europa* estaba pasando delante de Perpiñán, en resumen, estaban ya en el golfo de Lyon, la temperatura había descendido y el viento había cambiado de dirección. En vez de inflar las velas ahora las aflojaba o las azotaba por la izquierda. Es decir, soplaba desde noroeste.

9

El mistral viene desde el noroeste, y se origina en las depresiones térmicas que empujan el aire frío desde el noreste de Francia hacia el suroeste. Tras recorrer todo el valle del Ródano, es decir, el único paso en el que no se ve frenado por barreras montañosas, irrumpe en el Mediterráneo a través de la garganta de Carcassonne, por lo que el golfo de Lyon es el primero en sufrir sus embates. Nunca coge por sorpresa. Se anuncia siempre por un descenso de la temperatura, y un buen marinero prevé su llegada por dos indicios: los cirros estriados que Montserrat había definido como «nubes bonitas» y la brisa que estaba disfrutando en el castillo de popa. Una brisa que en las horas cálidas del día puede camuflar depresiones térmicas. Es realmente peligroso: sus ráfagas pueden alcanzar los ochenta o los cien nudos, es decir los ciento cincuenta o los doscientos kilómetros por hora y provocar olas de hasta nueve o diez metros de altura, desgarrar las velas como si fueran trozos de papel, arrancar los árboles de raíz como si fueran pajas. Francesco, pues, tenía sus buenas razones para abominar de su súbito enamoramiento. Enamorarse distrae de tus obligaciones, te impide gobernar bien el barco. Y el *Europa* era un barco fuerte, sí, capaz de resistir las tormentas, pero aquel golfo era un cementerio de veleros y para navegarlo el capitán Reymers confiaba más en el contramaestre que en sí mismo. De ahora en adelante, el contramaestre iba a precisar de toda su lucidez, y pobre de él si perdía de vista una vela o un trinquete o un cabo, pobre de él si se distraía un solo segundo: hasta Marsella no había puertos en los que refugiarse.

Durante la noche no hubo tormenta. Tras dejar Perpiñán los golpes de viento que azotaban desde el noroeste se fueron haciendo cada vez menos frecuentes hasta cesar del todo, el *Europa* volvió a bordear la costa con el viento de popa, se dio permiso a la tripulación para que se fuese a dormir y el mismo capitán Reymers se retiró a dar una cabezada. Sólo Francesco se quedó montando guardia, con los marineros que estaban de turno y el segundo oficial que no dejaba de repetirle, perplejo: «Quizá se ha equivocado, contramaestre. Quizá va a pasar de largo. Quizá nos ha alarmado usted para nada». En cuanto a Montserrat, se durmió como una bendita, en ese estado de beatitud que con frecuencia acompaña al nacimiento de un amor. Descansó sin pesadillas, probablemente soñando con el hombre serio, comprensivo, arrojado, interesante que había sido capaz de extinguir su desesperación. Pero al término del alba, entre Carcassonne y la desembocadura del Aude, las cosas cambiaron. Poco a poco, el cielo empezó a oscurecerse, el mar se espesó, y en un *crescendo* de fuerza, treinta nudos que inmediatamente fueron cuarenta cincuenta sesenta, el mistral llegó. También ella se despertó. ¿¡Virgen Santa,* qué pasaba!? Esto ya no eran los habituales cabeceos y balanceos: azotado como por gigantescos golpes de martillo, el *Europa* daba saltos, viraba, se ladeaba, y a cada salto o ladeo o viraje se movía todo, las cosas se le caían encima. Los baúles, las maletas, las cajas, el cuadro de la Virgen, la silla, la lámpara de petróleo... Temblando de miedo, se vistió y salió del camarote. Tambaleándose, resbalando, llegó hasta el pasillo que conducía al puente central, se detuvo en el umbral, ¡y *Mare de Deu*! Nunca hubiese creído poder presenciar esa escena apocalíptica, nunca. Las olas eran tan altas y espesas, tan compactas, que parecían murallones de hierro: gigantescas paredes negras que avanzaban para desmoronarse sobre el barco, explotar dando un golpe que amenazaba con partirlo en dos. Entre pared y pared, un abismo en el que el barco se hundía por la proa, de cabeza, como una ballena enloquecida, para emerger de nuevo, siempre como una ballena enloquecida; entonces, trombas de agua, espumeante y rabiosa, se llevaban por delante cualquier cosa, a cualquier persona que no estuviera

* En castellano en el original. (*N. de la T.*)

bien agarrada a algo. Rollos de cuerda, barriles, marineros. Y, mientras, el viento seguía embistiendo las velas con gigantescos mazazos, abatiéndose en paralelo a su superficie las golpeaba con tal furia que a cada mazazo los trinquetes parecían ser arrancados, los mástiles partirse, y de esa escena apocalíptica se elevaba un fragor infernal. Golpes, chirridos, crujidos, reventones, estallidos, mugidos. Y, en medio del fragor infernal, un borbotón de gritos misteriosos, de órdenes dadas con ira, con impaciencia.

«¡Los hombres al centro, al centrooo! ¡A bordo, subid a bordooo!».

«¡Cargad las velas mayores, los foques, la trinquetillaaa!».

«¡Arriad las velas menores, izad la trinquetilla de fortunaaa!».

«¡Soltad a barlovento la cangreja, el juanete, el sobrejuaneteee!».

Y junto al borbotón de gritos misteriosos, el eco lacerante de un silbato que traducía las órdenes a sonidos preestablecidos, el silbato del contramaestre, y la impresionante actividad de la tripulación, batiéndose contra aquel enemigo hecho de aire y agua. Uno, agarrado a un saliente o atado a la empavesada, recuperaba los objetos o a los compañeros arrastrados por el viento. Otro, fijado al estay, trabajaba sobre el bauprés, medio ahogándose cada vez que la ballena enloquecida se hundía en el abismo. Otro, sacudido por los golpes de viento, trepaba hasta los flechastes, es decir, las escalas de cuerda que llevan hasta los trinquetes. Otro, en vilo sobre las maromas, arriaba las velas que, empapadas y endurecidas por la sal, no podían plegarse. El capitán Reymers estaba en el castillo de popa, junto al timonel, para controlarlo mejor. «¡Aprieta a orza, aprieta a orza!». Desde el umbral del pasillo, Montserrat no podía verlo pero podía oírlo: las órdenes dadas con ira, con impaciencia, las daba él. Francesco, en cambio, estaba sobre el puente central, podía verlo perfectamente desde el umbral, y al mirarlo sentía una especie de orgullo: casi como si su naciente amor fuese ya una relación establecida, como si ya estuviese autorizada a considerarlo como algo suyo. Se le veía tan resuelto, tan seguro de sí mismo. El silbato, por ejemplo, lo usaba con una calma gélida, sin que se alterara ni por un segundo la firme expresión de su cara, y, con excepción de Reymers, era el único que no estaba atado o agarrado a algo. De pie bajo el palo mayor, conseguía mantener el equilibrio sin apoyo alguno, y no se movía ni un palmo cuando una ola o un trueno amenazaban con llevárselo por delante. Se limitaba a alargar la mano hacia los obenques y sujetarse con éstos. Pero, de repente, su gélida calma desapareció. Su rostro se contrajo en una mueca de terror, su voz retumbó con angustia.

—¡Los hombres del sobrejuanete de maestra, bajad! ¡Rápido! ¡Bajaaad!

»¡La driza del sobrejuanete se esta deshilachando!

»¡Hay que echar un lazo de cable al trinquete, ya me encargo yooo!

Empuñó un rollo de cuerda, se lo ató al torso y, apenas descendieron los hombres, se lanzó hacia el primer flechaste. Alcanzó la gavia, subió hasta el segundo flechaste, desde éste ascendió hasta el sobrejuanete en el que había visto deshilacharse la driza, es decir, la cuerda que sostiene el trinquete más alto y lo asegura a la cofa, y al llegar aquí se puso pálido. Las cosas estaban peor de lo que se temía. El golpeteo continuo de las velas, el violento roce causado por sus revoloteos en el aire, el peso de los marineros que habían estado demasiado tiempo sobre las maromas la habían deshecho casi del todo: lo único que sostenía el trinquete eran unos pocos hilos de cáñamo corroído. Muy pronto se romperían también éstos y el trinquete cedería, arrastrando con él al mástil y partiendo el barco en dos, provocando el naufragio. Tenía que subirse encima, ponerse a horcajadas sobre él, gravarlo con su peso: no existía otra forma de reparar el daño y evitar una tragedia. Lo hizo. Poco a poco, se subió encima, con un cable atado a las caderas se encadenó al mástil y, proyectado sobre el vacío, empezó a anudar alrededor de los hilos de cáñamo corroídos una nueva driza. Una nueva cuerda. Empleó mucho tiempo en anudarla. Una eternidad. O eso les pareció a los que, desde cubierta, seguían aquella operación imposible con el corazón detenido: el capitán Reymers, los oficiales, la tripulación y, sobre todo, Montserrat ,que para verlo mejor había cruzado el umbral del pasillo, arriesgándose a acabar en el agua, había llegado hasta la escalera que conducía al castillo de popa y, agarrada a una columnita, le rezaba a la Virgen, pidiéndole que se lo devolviera sano y salvo. Parecía tan frágil, tan indefenso, allí arriba, a cincuenta metros de altura: encadenado al palo mayor y proyectado sobre el vacío. El mistral lo sacudía como si fuese una hoja que en cualquier momento puede caerse del árbol. Para que no se lo llevase el viento tenía que sujetarse con el brazo izquierdo y maniobrar, por lo tanto, con una mano sola y con frecuencia tenía que interrumpir su trabajo. Pero no fallaba un solo movimiento, no cedía jamás al miedo. Detrás de sus actos había una experiencia de treinta años y el valor de toda una vida. El mismo valor con el que, de niño, se hizo grumete y aguantó todos los abusos, todos los actos de violencia, todas las vejaciones a las que eran sometidos los grumetes. El mismo con el que le hizo frente a los latigazos y a la vuelta de quilla, con el que se deslomó para reunir las cuatrocientas piastras que pensaba enviarle a Alí bajá. Y el mismo con el que se había convertido en corsario, había desembarcado en la playa de Argel para degollar a veinte argelinos. Sólo había una cosa que le hacía temblar de ansiedad, que le asustaba: vislumbrar a aquella joven que, agarrada a una columnita, estaba rezando, arriesgándose a acabar en el agua, y a la que le hubiera gustado gritarle: «¡Al camarote, métase en el camarote, por Dios!». Tanto es así que reforzó el trinquete perfectamente. Y con igual perfección se desató del mástil, bajó a la cofa, la aseguró a los extremos de la nueva driza, volvió a ganar los flechastes y descendió. Nada más llegar abajo, sin embargo, cometió una torpeza: en vez de ir corriendo junto al capitán Reymers, se dirigió hacia Montserrat.

—Ya ha pasado lo peor, doña María Ignacia Josefa: ahora podemos enfilar hacia Marsella y refugiarnos allí. Pero usted debe regresar al camarote y permanecer en él hasta que cese la tormenta, ¿entendido? Quedarse fuera es demasiado peligroso, y si a usted le pasa algo malo yo me mato.

La tormenta duró hasta el atardecer siguiente, y les costó mucho alcanzar Marsella. Lo hicieron capeando, es decir, usando sólo las velas menores, a veces yendo incluso a la deriva. A Génova, en cambio, llegaron sin problemas: la mañana del 19 de julio, un bonito y soleado día. El problema era que Montserrat, en vez de mostrarse aliviada, parecía la estampa misma de la tristeza. Ni siquiera el maravilloso espectáculo que la ciudad le ofrecía desde el mar, con el azul cobalto de su cielo, el verde esmeralda de sus montañas, dispuestas como una aureola, la armonía de sus soberbios edificios, consiguió arrancarle una sonrisa. Y ya no era por los temores, las angustias con las que había subido a bordo.

* * *

A estas alturas, es ocioso preguntarse por qué estaba tan triste. Ver cómo su héroe, proyectado sobre el vacío, reparaba la avería y salvaba el barco había sido algo fatal para ella. Le había hecho dejar a un lado los temores y las angustias con las que había subido a bordo, había enardecido su naciente amor y la frase «si a usted le pasa algo malo yo me mato» había desencadenado su pasión. El viaje desde Marsella a Génova la había consolidado y dejado en manos de las ilusiones de sus dieciocho años listos para inflamarse. Tras dejar Marsella, de hecho, los encuentros en el castillo de popa se habían reanudado. Francesco se había rendido a la fuerza de ese imán que hace que sea inútil toda resistencia y, siempre dentro de la castidad y el pudor que caracterizaban aquellos bonitos tiempos en los que enamorarse era un asunto muy serio, ambos se habían abandonado a su amor sin preguntarse si éste tenía futuro. Pero, a la vista de Génova, la verdad explotó con la fuerza de un estornudo reprimido desde hace mucho rato, y él la aceptó, pero ella no.

—Al pan, pan, y al vino, vino, doña María Ignacia Josefa: podría pedirle que no baje del barco y llevarla conmigo a Livorno. Pero algo así ni se me pasa por la cabeza. Los perros vagabundos no se acoplan con los lebreles. Así que tenemos que hacer como si nunca nos hubiéramos conocido.

—No diga eso, no lo diga...

—Lo digo y lo repito. Aquí le aguarda una vida cómoda, privilegiada, digna de usted. Debe llevarle esa carta a su padre y olvidarse de mi existencia.

—Eso es imposible, imposible...

—No lo es, y ahora mismo la acompaño a tierra. La ayudo a pasar la aduana, la dejo alojada en un hotel para gente bien, me voy, y sólo le permito que se acuerde de mí si su padre no la quiere con él. Si no sabe dónde ir, a quién dirigirse. ¿Entendido? El *Europa* se quedará aquí hasta el 2 de agosto...

—Sí... sí...

La dejó en el Croce di Malta [Cruz de Malta], el que se consideraba el mejor hotel de la ciudad. Buen servicio, buena comida, habitaciones bien acondicionadas. No en vano los viajeros lo preferían al más famoso De Cerf, veinte años antes se habían alojado allí Casanova y Tobias Smollet, y en el XIX acogería a personajes no menos ilustres: Wolfgang Goethe, Henri Stendhal, Richard Wagner, Alexandre Dumas, Gustave Flaubert, Mark Twain. Estaba situado en el paseo marítimo llamado Ripa, en una hermosa torre medieval llamada Torre Marchi, y, además de estos dos méritos, contaba con dos ventajas: estaba en el puerto, justo delante de la dársena en la que había atracado el *Europa*, y distaba pocas manzanas del Palacio Grimaldi.

10

Para revivir la etapa de Génova, hice un día lo mismo que ya había hecho en Barcelona para reconstruir los dieciocho años siguientes al matrimonio secreto, y fui en busca tanto del uno como del otro. Cosa fácil, esta vez, porque la Torre Marchi existe todavía: el almenaje y los dos últimos pisos, con sus ventanas ojivales, casi intactos; el resto, tan destrozado y en ruinas que, a través de las persianas rotas, las palomas entran y salen sin que las moleste nadie. En las habitaciones vacías y desconchadas tienen sus nidos. También existe todavía el Palacio Grimaldi, escarnecido por las modificaciones y los atropellos que la ignorancia y el cinismo le han infligido junto a las bombas de la Segunda Guerra Mundial, y, como es lógico, me costó aceptar la idea de que el banal edificio, actualmente dividido en pequeños apartamentos, fuese la ex residencia del señor duque. Era tan difícil de creer como que la torre con las persianas y las palomas hubiese sido el famoso hotel que ilustres personajes preferían al De Cerf. Y, sin embargo, el fantasma de Montserrat estaba allí, asomado a una ventana del último piso, tan visible y perceptible como el de María Isabel Felipa en el carrer del Bonaire. E, igual que aquél, me asaltaba con vaharadas de una melancolía que ni siquiera los siglos habían podido diluir, me daba casi ganas de llorar. Montserrat nunca me ha resultado muy simpática. Su físico esplendoroso, su pasividad, su simpleza, no me han hecho amarla en la misma medida en la que amo a Caterina. Sin embargo, siempre he sentido por ella una compasión infinita, una ternura angustiosa, y no sólo por la terrible tragedia que la destrozó al final de su vida, sino por los sufrimientos que el destino le impuso a lo largo de toda su existencia. En la etapa de Génova, por ejemplo. Sentía que aquel fantasma en el balcón era tan infeliz... Tan doloroso. No dejaba de escrutar el barco anclado en la dársena de enfrente, de buscar con la mirada al hombre al que debía olvidar, y le traía sin cuidado conocer al padre que había deseado durante años. Ya sólo estaba dispuesta a ir a buscarlo para obedecer a Francesco y punto, plegarse ante los consejos que éste le había dado al dejarla en el Croce di Malta. «Póngase su mejor vestido, arréglese para parecer todavía más hermosa de lo que ya es. Vaya en carroza, entre con el aire de una reina que está de visita oficial, no les dé a los criados su nombre completo. Hable exclusivamente con el señor duque y entréguele la carta sólo a él». No en vano tardó tres días en decidirse y, sin entusiasmo alguno, se puso su mejor vestido: un traje princesa de brocado color tórtola, escotado y adornado con pasamanerías de seda cruda. Sin alegría, se arregló para estar más hermosa que nunca, se puso al cuello una graciosa gorguera de encaje francés, en la cabeza una elaborada peluca blanca, en el seno una coquetuela rosa de tul; luego fue en carroza hasta el Palacio Grimaldi. Y cuando, siguiendo el hilo de la imaginación, la miro cometer las torpezas que, por suerte para mí, cometió, se me encoge el corazón.

El octogenario Gerolamo vivía con un sobrino llamado Francesco Maria. Es decir, el hijo de su hermano Raniero, casado, con dos hijas y, a falta de descendencia legítima, el futuro beneficiario de su título y de sus riquezas. Propiedades en Sestri Levante y en Sampiaderna, casas, empresas comerciales, entre ellas un par de herrerías, cuentas corrientes en el banco de San Carlo, en Génova, el Banco de España, en Madrid, el Lloyd Bank de Londres. Además de obras de arte, cuadras, objetos de oro y plata, joyas del tipo del *collier* con el que el pintor Xavier dos Ramos lo retrató después del desastre de Argel. Y tanto Francesco Maria como su mujer, Laura, vigilaban con sumo cuidado que no se le acercase nadie que pudiese poner en peligro el patrimonio que pensaban heredar: casi nadie podía ver a su precioso tío que, enfermo de gota y reúma, arteriosclerosis y cirrosis, pasaba los días dictando el prolijo testamento a cuya redacción le dedicaría también los trece meses que le quedaban de vida. Un ejército de criados impedía el paso a cualquier extraño, incluso los amigos tenían bloqueada la entrada al Palacio, y sólo tres personas estaban autorizadas a subir las escaleras que, jalonadas de los retratos de los antepasados, conducían a sus aposentos: el confesor, el médico y el notario. Pero cuando el portero tuvo delante a aquella maravillosa aparición en brocado y gorguera y peluca y rosa de tul, a aquel ángel que, con la gracia aprendida en el Monestir de Junqueras, solicitaba ser recibida por el señor duque, no preguntó siquiera a quién tenía que anunciar. Intimidado y boquiabierto, la dejó en manos de un obsequioso lacayo que la condujo por las escaleras prohibidas y, con el aire de una reina que está de visita oficial, Montserrat hizo su entrada en el centelleante salón en el que, en una orgía de espejos y de lampadarios y de cristales, el mayordomo recibía a los escasísimos visitantes. El problema fue que el mayordomo sí le hizo la pregunta que el portero no le había hecho y que ella, en vez de contestar como le había aconsejado Francesco, dijo su nombre completo; en vez de comunicárselo al señor duque, el mayordomo se lo refirió a la señora Laura, y se armó la de San Quintín. Palafreneros que corrían de una habitación a otra para descubrir quién la había dejado pasar, reproches, exclamaciones, susurros nerviosos. ¿Doña María Ignacia Josefa Rodríguez de Castro y Grimaldi? ¿Quién era ésa? ¿Qué quería? A la de San Quintín, le siguió un grave silencio y en el centelleante salón irrumpió un hombre de unos treinta y cinco años vestido con traje de montar. Botas de cuero, espuelas, calzones de montar, chaqueta de terciopelo rojo, fusta. Tras inspeccionarla con una larga y sorprendida ojeada, esbozó una sonrisa, la invitó a sentarse, se sentó a su vez, cruzando las piernas, y empezó a dar golpecitos con la fusta sobre la bota. Tac-tac, tac-tac.

—Doña María Ignacia Josefa Rodríguez de Castro y Grimaldi, me han dicho.

—Sí, señor.*

—¿Habla italiano?

* En castellano en el original. (*N. de la T.*)

—Sí, señor.

—Soy Francesco Maria, el sobrino del duque. ¿Un pariente vuestro, acaso?

—Sí, señor.

Montserrat había comprendido que olvidar el consejo de Francesco de no dar su nombre completo a los criados había sido un error en cuanto se armó la de San Quintín, y, de no haber escuchado el nombre de «Francesco», no hubiese cometido más tonterías. (Eso, al menos, era lo que decía la voz apasionada y compasiva, que siempre encontraba disculpas para aquella tatarabuela gilipollas). Había algo, en efecto, que no terminaba de gustarle en aquel individuo vestido de jinete: un peligro que hasta su desesperante ingenuidad conseguía intuir. Los ojos astutos y malignos, quizá. La falsa amabilidad con la que la trataba, el ávido interés con el que la estudiaba. No era el interés con el que un hombre observa a una hermosa mujer a la que quiere conquistar: era el interés con el que el gato observa al ratón que pretende devorar mientras aguarda el momento más idóneo para alargar una zarpa y abatirlo. Pero escuchar aquel sonido amado y respetado, Francesco, le pareció una garantía tal que todos sus instintos de defensa se desvanecieron. Y, junto al deseo inconsciente de perder la partida, de tener un buen motivo para acudir al barco anclado hasta el 2 de agosto, su simplicidad se impuso.

—¿En qué grado?

—Primos, señor.

—¡Oh! Lejanos, supongo.

—No, no, señor. El duque es mi padre.

¡Tac! La fusta se cayó al suelo. En los ojos astutos y malignos se dibujó una expresión turbada, mejor dicho, aterrorizada.

—¿¡¿Vuestro... padre?!?

—Sí, señor. Por eso estoy aquí y he solicitado verlo. ¿Puede conducirme hasta él, por favor? Debo entregarle la carta que mi madre le escribió antes de morir.

Luego abrió su bolsito y, para que la creyera, sacó el sobre, que la zarpa del gato se apresuró en aferrar.

—¿No contáis con nada más que demuestre la verdad de lo que afirmáis?

—No, señor. El de mis padres fue un matrimonio secreto: no se puede demostrar. Y en mi partida de bautismo no figura el nombre de mi padre. Él no sabe siquiera que yo existo. Mi carta, por favor.

Avanzó. Hizo un tímido e indeciso intento de recuperarla. Pero el gato fingió no darse cuenta.

—¡Oh! Ya entiendo entonces su ansia por reunirse con él, abrazarlo. Desgraciadamente, hoy no se encuentra en casa. ¿De dónde venís, querida? ¿Dónde os alojáis? ¿Con alguna familia amiga, en algún convento?

—No, señor. Vengo de Barcelona, acabo de llegar. Sola. Me alojo en el Croce di Malta y no conozco a nadie en Génova. Mi carta, por favor.

Avanzó de nuevo. Hizo un segundo intento por recuperarla. Menos tímido, esta vez, más decidido. Pero la carta ya había desaparecido dentro de la chaqueta roja y, sintiéndose salvado por aquellas preciosas informaciones, el gato no tenía la más mínima intención de devolvérsela.

—No os preocupéis, querida: el duque la recibirá. Se la entregaré yo en persona. Y de seguro os llamará. Esperad en el Croce di Malta. Ahora, por desgracia, tengo que irme a dar mi paseo diario a caballo. Mayordomo, acompañe a la señora, ya se marcha.

Y mientras ella lo miraba fijamente, atónita, incapaz de protestar y de recuperar lo que le pertenecía, él hizo una graciosa reverencia y se esfumó.

* * *

Si nos atenemos al relato transmitido de generación en generación a lo largo de dos siglos, Gerolamo nunca llegó a ver la carta de María Isabel Felipa. Nunca supo que la hija repudiada había venido desde España para entregársela, pedirle asilo, y que, a la espera de que la mandase llamar, se alojaba a pocos pasos de él. Francesco Maria se cuidó muy mucho de decírselo y de entregarle el único documento que probaba que era el padre de María Ignacia Josefa Rodríguez de Castro y Grimaldi. No una adversaria, dado que en aquella época las mujeres estaban excluidas de la herencia, pero sí una rival que podía dejar menguado el patrimonio recibiendo un suculento legado. ¿Verdadero? ¿Falso? No lo sé. Pero tanto la intuición como la lógica me inducen a pensar que sí fue así como ocurrió. En caso contrario, no sabría explicarme la página 60 del testamento que, el 4 de agosto de 1789, es decir, casi un mes antes de expirar, Gerolamo ultimó, y cuya copia tengo ahora ante mis ojos.

No es el testamento de un viejo malvado, de un bribón sin escrúpulos y sin caridad. Si acaso, es el retrato de un aristócrata obtuso: de un ciego que acepta ciegamente las injusticias de su época y no sabe imaginarse un mundo distinto a aquel en el que vive, de un sordo que, pese a haber transcurrido su vida haciendo política, no oye siquiera los gritos de la Revolución Francesa. Un tipo al que no han rozado las ideas de la Ilustración, en resumen, y que pese a considerarse un intelectual no ha leído una sola línea de la *Encyclopédie* o, mejor, de Voltaire, de Beccaria, de los hermanos Verri. (O, si la ha leído, no ha reflexionado ni siquiera un poco sobre ella). Se deduce por la insistencia con la que repite que de los futuros herederos del sobrino vestido de jinete deben ser excluidos «todos aquellos que no hayan nacido de un matrimonio legítimo, y todos aquellos que hayan contraído matrimonio con mujeres que no sean nobles o cuya nobleza no esté reconocida». El estribillo que se repite en todas las páginas es «primogenitura masculina». Legítima, noble y masculina. No en vano le reprocha a Laura que sólo haya tenido dos hijas, y le concede tres mil liras genovesas anuales si pare al varón que aún no ha sido capaz de darle a su marido. Como retrato, el testamento es también la involuntaria autocaricatura de un mojigato aterrado ante la idea de acabar en el infierno, por lo que intenta ganarse, al menos, el purgatorio, comprando la benevolencia de todos y halagando a todo titirimundi: a Dios, a la Iglesia, a la República de Génova, a los familiares, a los amigos, a los conocidos, a los escribientes, a los criados, a los pobres de los que tiene conocimiento. A Dios le dirige un profundo acto de contrición: le confiesa que ha sido un gran pecador, se declara arrepentido por haberle ofendido y, para obtener su perdón, implora misericordia a Jesucristo, a la Virgen, a los santos, a las santas, hasta a su ángel de la guarda. A la Iglesia le deja un montón de dinero y el encargo de celebrar tres mil misas por su alma. O sea, una misa al día durante casi nueve años. A la República de Génova le deja seiscientas mil liras para construir dos calles encarriladas, una en la ribera de Levante y otra en la ribera de Poniente, o para armar a la flota que lucha contra los piratas berberiscos. A los amigos y familiares les prohíbe toda forma de luto y, aunque nombra a Francesco Maria heredero del título y del patrimonio, les deja a todos un recuerdito. A Laura, por ejemplo, una biblioteca repleta de libros y de manuscritos antiguos. (Ésta, no condicionada por el nacimiento de un varón). Al abogado, un reloj de oro y una tabaquera de oro. Al notario, una *Madonna con el Niño* de la Escuela de Rafael y una *Anunciación* obra de un discípulo del mismo. A los escribientes, en cambio, seis onzas de chocolate extrafino: de por vida y una vez al año, naturalmente. A los criados de Génova, las libreas, los sombreros, los zapatos, la ropa que visten pero que pertenece a la casa, más sumas de dinero que oscilan entre las cuatrocientas y las seiscientas liras por cabeza. A los de Roma y Madrid, la misma cifra. A su lacayo, mil liras más sus ropas y encajes. A los pobres de los que tiene conocimiento, por último, el importe total de lo que se obtenga de la subasta de las joyas, los objetos de oro y plata, las piedras preciosas. Pidiéndoles, es obvio, que a cambio recen por su alma y asistan a las tres mil misas. En resumen: no es posible que un moribundo tan atento al recuerdo de sí mismo y tan temeroso del castigo eterno hubiese rechazado o ignorado, voluntariamente, a una hija que parecía enviada por Dios para facilitarle el acceso al purgatorio. La culpa sólo puede ser del gato.

En cualquier caso, Montserrat aguardó una semana en el Croce di Malta; qué hizo durante esa semana es algo que nunca he tenido claro. ¿Permaneció allí todo el tiempo, desesperándose al pensar en la carta arrebatada, preguntándose si habría sido entregada, esperando que el padre la mandase llamar? ¿O se pasó los días alegrándose por cómo habían ido las cosas y confiando en que nunca la mandase llamar? La voz apasionada y compasiva no decía nada al respecto, y el fantasma de la Torre Marchi tampoco. Después del desaguisado que había cometido, también seguía viéndola asomarse a la ventana del último piso y mirar el barco anclado en la dársena de enfrente, buscar con la mirada al hombre al que debía olvidar. Pero de forma distinta, casi como si el centelleante salón con la orgía de espejos y de lampadarios y de cristales hubiese provocado en ella sentimientos enfrentados: por una parte, una especie de irritación que avivaba la nostalgia de Francesco y, por otra, una especie de seducción que la debilitaba. Hay algo, sin embargo, sobre lo que no existen dudas: el orgullo es un gran salvavidas, y con frecuencia las criaturas dóciles viven grandiosos momentos de rebelión. Relámpagos de rebeldía que disparan milagros. Al finalizar la semana, es decir, poco antes de que el *Europa* zarpase, Montserrat comprendió que tenía que averiguar si Gerolamo iba o no a recibirla. Se puso de nuevo el traje de brocado color tórtola, la gorguera de encaje francés, la peluca blanca, la rosa de tul, y regresó al Palacio Grimaldi. Esta vez, el portero, ya convenientemente aleccionado, la echó enseguida de allí, «el señor duque no está, su señor sobrino tampoco, váyase o se la tomarán conmigo», y el orgullo emergió. El milagro se produjo. Con tal grandiosidad, además, que a veces me pregunto, confusa, si Montserrat sería realmente la medrosa joven que mi madre me pintaba: si bajo su superficie de mansedumbre y debilidad no se escondía una mujer fuerte, a su manera, valiente, a su modo. (Sospecha que volverá a asaltarme). Porque, en vez de abandonarse a los consabidos llantos, volvió al hotel con la cabeza muy alta y le escribió una carta a don Julián que era una auténtica declaración de independencia. Es una pena que no disponga del texto, que tenga que resumirla basándome en el recuerdo del relato transmitido: «Querido don Julián, mi padre no me ha recibido y no me recibirá. Por lo tanto, ahora soy yo la que lo tacho de mi vida y de mis pensamientos, yo la que no quiero volver a oír su nombre y la que lamenta llevar su apellido. Por favor, infórmele usted de que mi madre ha muerto y, al hacerlo, añada que yo también estoy muerta. Con esto, me despido de usted, le doy las gracias y le comunico una buena noticia: no tiene que venir a buscarme. He conocido a un hombre que vale más que mil duques y marqueses juntos, le amo, y sé que desde hoy será él el que me proteja». Luego mandó llamar a Francesco que, naturalmente, llegó como un rayo. Y que lo resolvió todo sin perder ni un segundo.

—Escúcheme bien —sentenció— usted tiene dieciocho años y es una gran señora. La hija de un noble rico y poderoso. Yo tengo casi cuarenta y no soy más que un marinero. El hijo de un esclavo que murió degollado. Y que los perros vagabundos no se acoplan con los lebreles ya se lo dije. Pero si me quiere, si se contenta con lo que hay, le pido al capitán Reymers que la deje volver a embarcar en el *Europa*. La llevo a Livorno y me caso con usted.

11

Es asombroso cómo, llegados a este punto, su historia parece un cuento de hadas con final feliz, cómo nada deja adivinar las desventuras y desgracias que iban a perseguir a aquel matrimonio, ni la tragedia que, recalcando de forma escalofriante el fallido naufragio en el golfo de Lyon, lo hará trizas veinte años después. Del cuento de hadas con final feliz tiene hasta el clásico de los buenos que salen victoriosos y los malos que salen perdiendo, además de las típicas señales que anuncian un futuro venturoso. El clásico, porque Francesco Maria, cegado por su pasión por los caballos y las apuestas, dilapidó la herencia en un abrir y cerrar de ojos y murió en la miseria. Las señales, porque el domingo 10 de agosto, cuando el *Europa* llegó a Livorno, los negros nubarrones que durante dos semanas habían ensombrecido el Tirreno se esfumaron de golpe. El sol volvió a brillar y el cielo parecía tan transparente como un cristal limpio. Nos los cuenta el cronista Pietro Bernardo Prato, que, desde el año 1764 al 1813, redactó con su pluma de ave un rudo pero meticuloso diario del puerto y de la ciudad y que, en la página 68 del tomo 590, informa de la llegada del barco danés, enumerando las diversas etapas que había cubierto, desde Gibraltar en adelante, y citando al capitán Johan Daniel Reymers.

La voz apasionada y compasiva llamaba a esta etapa «el breve paréntesis de felicidad», y es con una sonrisa alegre cómo puedo mirarlos por fin mientras desembarcan bajo ese sol. Él, borracho de amor y orgulloso de que le vean con la gran señora a la que la gente lanza miradas de admiración. «¡Qué reina! ¡Qué diosa! ¿¡¿Dónde la habrá encontrado el *sor* Launaro?!?». Ella, loca de alegría por poseer al hombre que vale más que mil duques y marqueses juntos, y aturdida por esa bacanal de vida con que la está acogiendo su nueva patria. Todo le parece una promesa de felicidad, todo. El hedor a pescado y putrefacción que se eleva desde la dársena, el estruendo ensordecedor, los cargadores que maldicen, las prostitutas que buscan clientes, la babilonia de lenguas que jamás había oído. Árabe, griego, armenio, copto, yiddish. El revoltijo de indumentarias que jamás habría podido ni imaginar que existieran. Astracanes, tafetanes, chilabas, turbantes, fez, babuchas con la punta enrollada sobre sí misma y rematada con una cómica borla. Y, ya fuera del puerto, una barahúnda tan alegre que, a su lado, Barcelona parecía la antesala de un cementerio. La misma Génova, un sitio tranquilo. Carrozas, sillas de mano, literas, landós. Bueyes que tiran de carros repletos de mercancías, burros que llevan a los costados barriles de agua que se vende a un sueldo el vaso, tiendas repletas de todo don del cielo. Y eso sin contar con los hermosos canales que te llevan el mar hasta debajo de casa, las hermosas barquichuelas, los graciosos puentes, y los muros tapizados por carteles en los que se comunica una noticia increíble: el próximo vuelo de un globo *montgolfier* que mide ochenta brazos. «Nobilísimos señores, la feliz ascensión de la Máquina Aerostática salida de las manos de los inmortales Montgolfier ha llevado a las naciones más civilizadas a confirmar, mediante el estudio y la experiencia aplicada, la utilidad del descubrimiento. Los experimentos con un pequeño globo llevados a cabo en Florencia han despertado en celosos sujetos el deseo de inventar una gran máquina capaz de elevar a tres personas, y no para satisfacer la curiosidad de los presentes, sino para efectuar exactas y filosóficas meditaciones aconsejadas por el célebre filósofo americano Benjamin Franklin, que ha confiado al susodicho experimento sus famosas investigaciones. Con este fin ha sido elegido el maquinista Carmine Fedele...». ¡Maravilla de las maravillas! Cuatro años atrás, las tentativas de un tal Giuseppe Batacchi, de profesión cirujano pero de vocación aeronauta, habían fracasado. La primera vez, el globo no se elevó; la segunda, se elevó sólo para caer sobre un tejado; la tercera, para acabar dentro de una alcantarilla, y el gobernador Barbolani di Montauto había prohibido lo que calificaba de juego de niños: «Peligrosísimo a causa del fuego que el globo lleva consigo». Pero ahora que el experimento había tenido éxito en Florencia, la prohibición había sido revocada. La audaz hazaña iba a repetirse el 31 de agosto y para facilitarla los organizadores animaban a la ciudadanía a que cooperase con generosas sumas de dinero, y Carmine Fedele era un viejo amigo de Francesco. «Quizá nos deje subir por unos cincuenta escudos, y el vuelo en globo será nuestro viaje de bodas», dijo éste al dejarla alojada en la posada Dell'Aquila Nera [Águila Negra].

* * *

Esta vez la dejó alojada en la posada Dell'Aquila Nera: un establecimiento que durante la ocupación napoleónica se convirtió en el Hotel de l'Aigle Noir, muy caro pero cercano a la posada en la que él tenía una habitación fija. Y lo hizo dejando muy claro que esta vez lo pagaría de su bolsillo. «De ahora en adelante, sus gastos son cosa mía, y no me hable de dotes porque sus cuatro mil *lluras* yo no las quiero. No las querré jamás y no las tocaría ni aunque estuviese muriéndome de hambre». Al día siguiente regresó a bordo, cobró su paga, informó a un estupefacto capitán Reymers de que no volvía a embarcar en el *Europa* porque iba a casarse con la pasajera española y, sin nostalgia alguna, abandonó el barco en el que había pasado el periodo menos doloroso de su dolorosísima existencia. Junto al barco, las cómodas rutas por los mares del norte y las amantes de Hamburgo, Rotterdam, Copenhague, Le Havre, Brest. (Pobrecillas, todavía lo están esperando). Luego fue a ver al párroco de la iglesia de San Antonio: la misma en la que, Dios sabe cómo, había confesado en 1774, además de comulgar, para embarcarse en el *Austria,* y la única en la que había puesto los pies. Le enseñó la carta de garantía por la que María Isabel Felipa declaraba que Montserrat era soltera y no estaba comprometida, los documentos escritos que demostraban que él estaba igualmente libre, consiguió los demás papeles que necesitaba para casarse, y las dos semanas siguientes las dedicó a un triple esfuerzo: organizar la boda, que quería que fuese por todo lo alto, convencer a Carmine

Fedele de que lo subiera junto a su mujer en el globo, y comprar una casa digna de la hija de un duque. Un gran problema, lo tercero. En 1788 Livorno contaba con cuarenta y cuatro mil habitantes, la afluencia de extranjeros dispuestos a pagar cualquier cifra por un buen alojamiento había multiplicado el precio de los inmuebles, y la compra amenazaba con comerse todo, o casi todo, el dinero que tenía depositado en el banco: los ahorros acumulados gracias a su duro trabajo como contramaestre. Pero el tema no lo asustaba y, tras buscar mucho, compró un palacete de dos pisos, con tres habitaciones por piso, que daba al canal que fluía a lo largo de los Scali del Monte Pio: en el barrio de Nueva Venecia y a unos pocos pasos de la vía Borra. La zona de los ricos. Se la compró a un mercader inglés, dueño también de un almacén al pie del canal, y la eligió porque le parecía que se correspondía con la descripción de la pequeña villa del carrer del Bonaire. Aunque no tenía patio, ya estaba decorada y con una cierta elegancia. En la habitación principal había un bonito dormitorio con cortinas de encaje veneciano y en el vestidor un lampadario cuyas velas iluminaban tres grandes espejos más dos divanes de terciopelo que, a su juicio, recordaban incluso los lujos del Palacio Grimaldi. El problema es que el mercader inglés no vendía a plazos ni hacía descuentos a los enamorados. La compra se comió realmente casi todo el dinero que tenía en el banco y lo poco que le quedó se lo tragaron los otros gastos: la cuenta del hotel, contratar a una criada llamada Alfonsa y a una doncella llamada Ester, y ofrecerle a Carmine Fedele cincuenta escudos que éste aceptó sin garantizarle que fuera a efectuarse el vuelo. La paga recién cobrada se le fue, en cambio, en la decoración de la iglesia, en el banquete de bodas, en su traje y en el de Montserrat. Y en lo que le costó traer desde Florencia al famoso peluquero Gasparo Filistrucchi y asignarle la tarea de peinarla según una moda de la época. Es decir, con un peinado coronado por un velero de papel maché. (Sí, el mismo que mi madre tuvo guardado, hasta la terrible noche de 1944, en el arcón de Caterina: dentro de la gran caja sobre cuya tapa destacaba un amenazador: «No tocar»).

¡Oh, el velero de papel maché! Me sedujo siempre tanto aquel velero de papel maché que cuando empecé a reflexionar sobre el pasado de mi existencia, a preguntarme quién o qué había plasmado el mosaico de personas que, desde un lejano día de verano, constituía mi Yo, mis pesquisas sobre Francesco y Montserrat las comencé por ahí. ¿Es posible que mi antepasada se lo pusiera como un tocado, pensaba, que imperase semejante moda? Rebusqué en todo lo rebuscable para estar segura de ello. Rebusqué hasta descubrir que en el año 1785 María Antonieta dio en Versalles un gran baile en honor de Jean-François Lapérouse, que acababa de recibir el encargo, por parte de Luis XVI, de explorar las costas americanas y asiáticas del Pacífico septentrional, y que en esa ocasión se presentó con un extraño adorno sobre la cabeza: el modelo, de cuarenta y tres centímetros de ancho por dieciséis de alto, de la *Belle Poule*. La fragata con la que Lapérouse había navegado durante años al servicio del rey. El peinado tuvo un enorme éxito, con el nombre de Coiffure Belle Poule [Peinado Belle Poule] o Coiffure Marie Antoinette invadió todos los salones de Europa, y en Florencia Filistrucchi lo hacía tan bien que sus servicios eran requeridos hasta en Venecia: una ciudad en la que existían más de ochocientas cincuenta peluquerías de señora. El Belle Poule o Marie Antoinette era, de hecho, dificilísimo de hacer. Y lo era, sobre todo, porque no podía usarse una peluca: dadas las dimensiones y el peso del modelo, la peluca terminaba cayéndose o torcida. Para que se sostuviese había que combinar los cabellos naturales con postizos de medio metro, y esto exigía una habilidad fuera de lo común. Se deduce por las instrucciones contenidas en los textos de la época. «Dividir los cabellos con una raya que, rodeando toda la nuca, vaya de sien a sien; dejar colgando los mechones frontales y laterales y traseros; trazar por delante una segunda raya, perpendicular a la primera, de tres centímetros aproximadamente. Trenzar los cabellos de la coronilla, construir con ellos una base y poner allí el soporte de hierro llamado castillete. Unir los mechones de atrás a los postizos, enrollarlos alrededor del castillete, colocar ahí el velero. Tomar la mitad de los mechones laterales y llevarlos a proa con una amplia voluta, a popa con una voluta estrecha. Rizar horizontalmente la otra mitad, tres bucles a la derecha y tres bucles a la izquierda y con éstos disimular la quilla...». Luego hacía falta subir hasta arriba los bucles frontales, rizarlos y empolvarlos, ponerles laca, reforzar la estabilidad del conjunto con lazos de seda e hilos de perlas, por último disponer velos azules o verdosos que imitasen las olas: diez horas de trabajo como mínimo. Y, concluido el trabajo, comenzaba el martirio de la pobrecilla que llevaba semejante artilugio sobre la cabeza. Mucho cuidado con darte la vuelta de golpe, mucho cuidado con inclinarte, mucho cuidado con no caminar muy despacio, con no mantenerte más derecha que un palo. No en vano Filistrucchi salió de Florencia tres días antes de la boda, viajando a caballo llegó a Livorno el atardecer antes de la vigilia, al día siguiente trabajó desde las seis de la mañana hasta las seis de la tarde, y esa noche Montserrat no se fue a la cama. «Se sentó en una butaca y allí se quedó hasta el alba. Sin mover nunca la cabeza, sin apoyarla en ningún momento», narraba la voz apasionada y compasiva. Pero no explicaba los motivos que indujeron a un hombre serio como Francesco a imponerle semejante sacrificio. ¿El ansia de demostrarle que para él era realmente una reina, su María Antonieta? ¿El deseo de recordar el barco en el que se habían conocido? Quizá. El velero que estaba en el arcón de Caterina era un tres mástiles similar al *Europa* y en la verga maestra tenía dos banderitas. La de Cataluña, cuatro franjas rojas sobre campo amarillo, y la del gran ducado de Toscana. Dos franjas rojas sobre campo blanco con el escudo de los Lorena y las bolas de los Médicis.

Se casaron el 30 de agosto, y en la iglesia de San Antonio, adornada con trescientas azucenas, estaban todos los conocidos que el *sor* Launaro tenía en el puerto y en la ciudad. Marineros, descargadores, prostitutas, pescadores, mendigos, cocheros de punto, ex galeotes y dos esclavos convertidos. El público, consecuentemente, no iba muy elegante. Él, en cambio, sí: chaqueta ajustada y pantalones a la rodilla de raso violeta, calzas rosa, camisa adornada con una gigantesca chorrera, chaleco lila del que pendía un reloj de oro, y un peluquín que ocultaba los cabellos tan negros todavía como ala de cuervo. Un pescador, de hecho, dijo al verlo: «Parece un chichisbeo. Esa mujer va a ser su ruina». En cuanto a Montserrat, a pesar de la noche en vela, cortaba el aliento más que nunca. Ni siquiera el velero de papel maché conseguía afearla, ni siquiera las dos banderitas conseguían que pareciera ridícula. La lentitud y la rigidez con las que el peinado la obligaba a caminar aumentaban su aire principesco, y el vestido que, junto a los honorarios de Filistrucchi, tanto había contribuido a vaciar los bolsillos del novio, hacía que pareciese el doble de hermosa. (Un *robe à l'anglaise* de gro verde agua, con el corpiño escotado hasta la mitad de los senos, mangas estrechas que, a partir del codo, se ampliaban con ricos volantes de encaje de Valenciennes, la falda muy amplia en los costados y el dorso resaltado por un aderezo que acababa en una cola de setenta centímetros, según he oído siempre contar). La ceremonia fue digna de la asombrosa *toilette*. Además de la decoración con azucenas, Francesco quería una misa cantada, «pero cantada como Dios manda, porque mi futura mujer sabe de música y no es cosa de hacer el ridículo», así que el párroco había escogido a lo mejor de lo mejor. El organista era el joven Filippo Gragnani, hijo del lutier livornés Antonio Gragnani y un músico muy prometedor; el coro estaba formado por treinta jovencitos, además de un célebre *castrato*, y los fragmentos escogidos incluían muchas arias de Bach. Al escucharlas, hasta el pescador que había dicho «esa mujer va a ser su ruina» lloró de emoción. Igualmente suntuoso fue el banquete, a base de caldereta de pescado y champán de la abadía de Hautvillers, que tuvo lugar en la posada Dell'Aquila Nera con un grupo de invitados cuidadosamente seleccionados para evitar situaciones embarazosas. Entre éstos figuraban el cónsul español, De Silva, el mercader inglés, un sobrino del librero Coltellini, y a la hora del brindis alguien recitó una poesía de la que recuerdo los primeros versos porque mi madre los cantaba con frecuencia, adaptados a la rima de un *stornello* toscano: «*Coppia felice / che il dolce amore unì / con salde e indissolubili catene / Pura come la luce, lei / vergine bella / forte come una roccia lui / eroe del mare / Giorno di gioia è questo / e di piacer*» (Pareja feliz / que el dulce amor unió / con recias e irrompibles cadenas. / Pura como la luz ella es, / virginal y hermosa. / Fuerte como una roca es él, / héroe del mar. / Día feliz es éste / y de placer). Lo único que salió mal fue el proyectado viaje de novios en globo. El domingo 31 de agosto, de hecho, los recién casados se prepararon en vano para volar con Carmine Fedele. Igualmente en vano los livorneses atestaron las casas, las ventanas, los tejados, los bastiones, la plaza de armas desde la que la máquina aerostática tan bien considerada por el «célebre filósofo americano Benjamin Franklin» debía elevarse con tres personas a bordo. El gobernador, Barbolani di Montauto, había puesto un montón de restricciones, a tenor de éstas las sumas de los ciudadanos no habían sido generosas, y en el último momento la audaz hazaña se canceló. Francesco perdió los cincuenta escudos. Con todo, el dormitorio con las cortinas de encaje veneciano le ayudó a no amargarse demasiado, y a aquella pequeña decepción le siguió una extática luna de miel, de la que Montserrat salió embarazada, y que duró un mes entero. O sea, hasta el día en que Francesco se dio cuenta de que, como se decía en Panzano, había dado un paso más largo que sus piernas y estaba sin blanca.

12

Descubrir que se había quedado sin blanca le desesperó. El ritmo de vida que Francesco había establecido en el palacete de los Scali del Monte Pio exigía que tuviera unas ganancias considerables y, si no quería recurrir a la dote de su mujer («...no quiero sus cuatro mil *lluras*. No las querré jamás y no las tocaría ni aunque estuviese muriéndome de hambre»), no le iba a bastar con enrolarse en un barco cualquiera. Lo primero que hizo, así pues, fue empeñar a escondidas el reloj de oro, además del bastón con la empuñadura de marfil y del conjunto de raso violeta. Lo segundo, pedir un préstamo al banco en el que había mantenido durante años la cuenta que acababa de fundirse. Lo tercero, buscar un barco en el que pudiese ganar una fortuna. Y los únicos barcos que entraban dentro de esta categoría eran los que compraban esclavos a lo largo de las costas africanas para llevarlos a América, donde los propietarios de las plantaciones los pagaban a peso de oro. Dicho de otra forma, los barcos negreros.

El tráfico de los barcos negreros duraba desde hacía un siglo: en el Atlántico el comercio con esclavos negros no tenía nada que envidiar al de esclavos blancos que teñía de horror el Mediterráneo. Incluso era peor, porque no contemplaba rescates ni intercambios, intervenciones de los trinitarios ni represalias de las naves corsarias, y porque los que lo mantenían en pie no eran los piratas berberiscos: eran los propios africanos. Los reyes de las diversas tribus, los ministros, los jefes de clan. A veces, los propios familiares: los padres y los hermanos de las criaturas que vendían. Tanto es así que sus guerras, muchas veces, no tenían otra finalidad que capturar prisioneros, es decir, esclavos que vender, y en los intervalos de paz sus guerreros conseguían víctimas robándolas de las aldeas indefensas o cazándolas con redes y trampas en la selva. (Algo que hoy en día se olvida con frecuencia). Aquel tráfico era todavía peor porque era más lucrativo que el comercio sobre el que florecían los estados berberiscos gracias a los esclavos blancos: hacia finales del XVIII sólo Gambia exportaba a América tres mil esclavos anuales. Sólo Senegal, cuatro mil aproximadamente. Costa de Oro y Costa de Marfil, seis mil por cabeza. Y en época de guerra o de carestía, el doble. Se calcula que Costa de Oro y Costa de Marfil ingresaban por ello más que lo que sacaba Toscana con el aceite y el vino, Suecia con el bacalao, Noruega con el pescado curado y la India con las especias. Como es lógico, los beneficios variaban según el sexo, la edad y la salud del producto. Pero el precio de los distintos tipos de «mercancía» era más o menos constante. Las «piezas de Indias», es decir, los jóvenes sanos y robustos valían casi siempre cuarenta y cinco piezas de tela cada uno. (Seda de Nîmes o algodón de Ruán). Una pareja con las mismas cualidades, lo que dos piezas de India más veinte rollos de tabaco. Cuatro adolescentes aún vírgenes, lo que media pieza de India más ocho barriles de aguardiente. Un hombre o una mujer de unos treinta años, pero sin enfermedades y con la dentadura sana, más o menos lo mismo. ¿Algo más? Bueno, sí, los trámites de venta eran idénticos a los que se padecían en Berbería: para que la «mercancía» resultara más atractiva los vendedores los rasuraban, los ungían de aceite, los exhibían desnudos, y animaban a los compradores a que les palpasen los músculos o les mirasen la boca o les examinaran los diversos orificios corporales. El embarque y el transporte, no: ésos eran especialmente atroces. Atados de dos en dos con un cepo que aprisionaba ambas cabezas, por lo tanto más incómodo que la traílla que los argelinos le pusieron a mi antepasado Daniello, los arrojaban a la bodega, donde los colocaban espalda contra espalda: como sardinas en lata. Si intentaban suicidarse o rebelarse, les disparaban con cañoncitos cargados con sal y garbanzos y lentejas. Si se negaban a comer, le metían a la fuerza la comida por la boca con el *speculum oris*: una especie de embudo que se vendía en los puertos de Londres, Bristol, Liverpool.

Hablemos ahora de los marineros que, por voluntad propia o ajena, terminaban en los barcos negreros.

Los barcos negreros partían casi todos de Londres o de Bristol o de Liverpool. Si querías enrolarte en alguno, tenías que ir allí. Si no querías, hacías bien en no acercarte por allí ni de lejos. Los marineros, con frecuencia, eran embarcados mediante engaños o por la fuerza, sobre todo los borrachuzos, que tenían muchas probabilidades de despertar a bordo sin saber muy bien cómo habían acabado allí, y a partir de ese momento tenían motivos de sobra para maldecir el hecho de haber nacido. Capitanes brutales y crueles que a los consabidos latigazos, las consabidas torturas, las consabidas vueltas de quilla, añadían un látigo de nueve cuerdas, llamado «gato de nueve colas», y sobre las heridas infectadas echaban pimienta. Una comida todavía más asquerosa que la que se engullía en los mercantes normales, poquísima agua potable, nada de hamacas para dormir. Enfermedades multiplicadas por el clima tórrido y húmedo: fiebre amarilla, disentería, oftalmia purulenta, viruela, mortalidad a mansalva. Interminables escalas frente a las costas africanas, paradas de dos o tres meses, hasta que la «mercancía», aún no capturada, les fuera llevada en piraguas por los proveedores. (Y ojo con bajar a tierra. En muchas aldeas se practicaba el canibalismo y te arriesgabas a acabar en una olla o enfilado en un pincho y dando vueltas sobre el fuego). Agotadores turnos de vigilancia sobre la entrada de la bodega, desagradables inspecciones de aquella especie de fosa común de la que se desprendía un nauseabundo olor a vómito y heces. Quitando el gato de nueve colas, el contramaestre sufría los mismos horrores que la tripulación, mejor dicho, el doble. En los barcos negreros el contramaestre no era ese personaje especial que hemos visto hasta ahora. No comía la misma comida que el capitán, no disponía de un camarote, no disfrutaba de los privilegios de su estatus. Vivía con la tripulación e igual que la tripulación. Pero gestionaba la «mercancía». Era él el que la recibía, la inspeccionaba, la palpaba, la juntaba espalda contra espalda, la castigaba con los cañonazos de sal y garbanzos y lentejas, la alimentaba con el *speculum oris*. Y gracias a ello ganaba un montón de dinero. Además de la paga mensual, muy cercana a la del capitán, un porcentaje del dos por ciento sobre cada esclavo revendido y, de propina, una pieza de India para vender en Norfolk o en Charleston o en Savannah. Es decir, en los puertos americanos donde normalmente se efectuaba la reventa. Si se tiene en cuenta que en un barco de doscientas toneladas se podían estibar hasta cuatrocientos esclavos, y sobre uno de quinientas hasta mil, que en Norfolk o en Charleston o en Savannah el precio de un esclavo no bajaba nunca de los treinta escudos toscanos, se deduce que el contramaestre se embolsaba doscientos cuarenta cada cuatrocientos esclavos. Seiscientos, cada mil. Y eso sin contar la paga y la pieza de India. Así, a mediados de octubre, Francesco partió. Aunque Montserrat estaba encinta fue a Liverpool y se enroló. Regresó en septiembre del siguiente año, cuando su primer hijo tenía ya cuatro meses. Peor: pasó casi nueve años a bordo de los barcos negreros. Los años en los que nacieron sus hijos. (Cinco chicos, todos guapísimos salvo el quinto. Fuertes, bien constituidos, con los ojos gris-azul de ella y el cabello negro de él o con los ojos negros de él y el cabello rubio de ella, además de simpáticos e inteligentes). «Se iba dejándola embarazada, permanecía fuera un año o dos, volvía con el dinero, se encontraba con el niño ya en el mundo, se quedaba dos o tres semanas, y volvía a irse, dejándola otra vez encinta», decía en tono de reproche la voz apasionada y conmovida.

Un reproche que no comparto. Siempre he visto en esos nueve años un acto de infinito amor, la prueba de que por amor se puede hacer realmente todo. Incluso traicionarse a uno mismo. Pensémoslo: a un hombre que era hijo de un esclavo, que había ido a la guerra a causa de la esclavitud, que se había envenenado la existencia por ella, no debió de resultarle nada fácil pasarse nueve años cargando y descargando y maltratando a unas criaturas que le parecían la copia carbón de su padre. De hecho, no lo contó jamás a nadie que se ganaba el pan en los barcos negreros. Montserrat no supo nunca que para mantenerla como a una señora se degradaba en un trabajo ignominioso. La verdad salió a la superficie mucho después de la terrible tragedia y de la muerte de ella, cuando ya viudo y sin familia se la confesó al único hijo que le quedaba vivo y, al confesársela, reveló el desgarramiento que le produjo traicionarse a sí mismo. «Yo no revendía la pieza de India, no. Apenas llegábamos a puerto le daba la libertad y algo de dinero para que se comprase ropa y comiera. Yo no empleaba el *speculum oris*, no. Si alguno se negaba a comer le metía la comida en la boca con mis manos. Y sal, en el cañoncito, metía muy poca. Igual que metía pocos garbanzos, pocas lentejas. ¡Maldita sea! Cada vez que disparaba me parecía que estaba disparando a mi padre, torturando a mi padre. Y me avergonzaba de mí mismo. ¿Por qué seguía haciéndolo, por qué permanecía en aquellos jodidos barcos? Porque no existía nada que yo no fuera capaz de hacer por tu madre, muchacho. Nada. La quería demasiado».

Oh, sí: más que escandalizarme, ese Francesco me conmueve.

* * *

Pero también me conmueve la Montserrat por la que él se degradaba con un trabajo ignominioso: la joven esposa que durante esos nueve años lo tuvo a su lado dos o tres semanas al año y punto, un total de cinco o seis meses y punto, mientras su hermoso cuerpo se inflaba, se desinflaba, se volvía a inflar, se desinflaba de nuevo. Un hijo en brazos y otro en el vientre, otro hijo en los brazos y otro en el vientre. Lo demuestra la lista de la que sólo me gusta el curioso sucederse de las estaciones y la todavía más curiosa elección de los nombres, todos acabado en ele. El primogénito, Raffaele, nació en la primavera de 1789. El segundo, Gabriele, en el otoño de 1790. El tercero, Emanuele, en el invierno de 1792. El cuarto, Daniele, en la primavera de 1794. Y el quinto, Michele, en verano: el 29 de junio de 1796.

Me conmueve porque la maternidad se convirtió en la finalidad de su vida, la redención de todas sus desgracias, el oficio mediante el que expresó su auténtica naturaleza: su condición de mujer que hasta ese momento no parecía poseer talento alguno y que, en cambio, sí que poseía uno. El talento de criar hijos, cuidarlos, educarlos, adorarlos. De la bobalicona incapaz de matar una mosca emergió una madre excepcional, tan admirable que para sus descendientes esa cualidad suya llegaría a ser legendaria; cuando quería elogiarse, mi madre decía: «Soy tan buena madre como Montserrat». Si quería criticarse decía: «No soy tan buena madre como Montserrat». Y luego me conmueve por la soledad en la que vivió las interminables ausencias de su marido, la espera eterna de su llegada. Durante la luna de miel, el breve paréntesis de felicidad, no tuvo tiempo de cultivar amistades. Además, su timidez no la ayudaba a relacionarse con la gente y las personas que conoció en el banquete de bodas podían contarse con los dedos de la mano: el cónsul Da Silva, que era demasiado importante para tratarla; el sobrino del librero Coltellini, que estaba demasiado ocupado para ir a verla; el músico Filippo Gragnani, que se había trasladado a París; el mercader inglés que les había vendido el palacete y que se pasaba de vez en cuando por los Scali del Monte Pio para echar un vistazo al almacén. Con excepción de Alfonsa y Ester, las dos criadas que la ayudaban a parir, no tenía a nadie a quien dirigirse. En el vestidor del lampadario y los tres espejos y el diván de terciopelo no entraba un alma, y sus jornadas, niños aparte, se parecían mucho a las de María Isabel Felipa: no salía más que para comprar o ir a misa. Todo lo más, se acercaba al santuario de la Madonna de Montenero para ofrecerle un exvoto a la patrona de los marineros. Interrumpida la relación epistolar con don Julián, símbolo de un pasado que debía ser olvidado, no se enteró siquiera de que en aquellos años murió Gerolamo y de que su primo dilapidó el patrimonio. A veces me pregunto si llegó a enterarse de que María Antonieta terminó en la guillotina y de que Robespierre también: el único interés paralelo a su compromiso materno era el laúd, que seguía tocando con gran maestría, y lo que pasaba en el mundo le traía sin cuidado. Igual que lo que pasaba en Livorno. En julio de 1789, por ejemplo, llegaron once fragatas españolas al mando del vicealmirante Texada. Cuando atracaron fueron saludadas por ciento tres disparos de cañón desde la Fortaleza Vieja, a los que Texada contestó con otros ciento seis, y a esto le siguió una fiesta memorable. Para asistir al impresionante desfile que se celebró en la Plaza de Armas y participar en el baile de máscaras que tuvo lugar en el Teatro degli Avvalorati, vino hasta Pedro Leopoldo, acompañado de su amante y de la gran duquesa. Pero dudo que Montserrat se encontrase entre la multitud que atestaba las calles. Entre otras cosas, Raffaele estaba recién nacido. En mayo de 1790 se produjo una revuelta popular por el cierre arbitrario de tres iglesias, la de Santa Julia, la de Santa Ana y la de la Purificación, y por la venta a los comerciantes judíos de sus objetos de oro y plata. La revuelta arrastró a centenares de mujeres y duró varios días. Las rebeldes volvieron a abrir las iglesias, invadieron las tiendas de los comerciantes judíos, se llevaron los objetos sagrados, los volvieron a poner sobre los altares, y hasta Ester estuvo entre ellas. Pero dudo que se encontrara Montserrat. Entre otras cosas, estaba embarazada de Gabriele.

Por último, me conmueve porque cuando la veo volcada en parir, dar el pecho, acunar, enseñar a comer al bebé, esperar esperar esperar, advierto en ella un enorme miedo. Miedo a que un niño enferme. Miedo a que el nuevo embarazo termine en un aborto. Miedo a que en la casa, sin un hombre que la proteja, la ataque alguien. Miedo a que Francesco la olvide o muera en un naufragio, no regrese... En aquella época no se recibía noticias de un barco mientras estaba navegando. Tampoco se sabía la fecha de regreso, que estaba siempre condicionado por las tormentas y los diversos desastres o imprevistos. Un buen día se escuchaba gritar: «¡El barco Tal está entrando en el puerto, el barco Tal ya ha entrado!», el puerto se llenaba de una multitud de desgraciadas que se desgañitaban llamando a gritos al hijo o al marido o al padre, acaso muertos o capturados por los berberiscos, y amén. Para enterarse de que había ocurrido un naufragio, además, era frecuente que hubiese que esperar años. Que François Lapérouse nunca completó la exploración de las costas americanas y asiáticas del Pacífico septentrional porque en 1788 naufragó contra la escollera de la isla Vanikoro y fue devorado por los indígenas, junto a toda la tripulación, sólo se supo, por ejemplo, en 1827: treinta y nueve años después. En cuanto al correo, no funcionaba mejor que en la actualidad. Para recibir una carta desde Liverpool se tardaba un par de meses. Para recibirla desde América, al menos tres o cuatro. Y de las costas africanas no llegaba ni el viento. De todas formas, lo que más me impresiona de esta Montserrat es el drama que la arrolló en 1796, es decir, el año en el que Napoleón invadió su nueva patria.

13

En 1796 los planes militares y estratégicos de Napoleón, entonces comandante supremo del ejército francés en Italia, incluían dos puntos: la reconquista de Córcega, la turbulenta isla que, veintiocho años antes, la República de Génova había cedido a Francia pero que, desde 1793, luchaba por su independencia con la ayuda de los ingleses, y la plaza fuerte de Livorno. La segunda le interesaba porque, además de asegurarle el transporte de trigo hasta Provenza, el puerto le servía para controlar el Tirreno, el mar en manos de su acérrimo enemigo, Horatio Nelson, y en el que el rey de Nápoles favorecía a Inglaterra hasta tal punto que su primer ministro era un inglés: el ya célebre John Acton. Y el nuevo gran duque de Toscana, Fernando III, es decir, el hijo de Pedro Leopoldo, lo sabía muy bien. Igual que sabía muy bien que Livorno era una ciudad anglófila, que adoraba su nombre en inglés, Leghorn, que la mayoría de sus firmas de importación y exportación eran inglesas, igual que la mitad de los barcos anclados y de las hermosas villas del paseo marítimo y que, con independencia de un grupo de intelectuales seducidos por las ideas jacobinas, sus habitantes detestaban a muerte a los franceses. Los llamaban cortacabezas, hez de verdugo, violadores, en los procesos se negaban a testificar a su favor, en las tabernas se peleaban con ellos, a veces les impedían atracar en la dársena. Y, como lo sabía tan bien y era un hombre más que asustadizo, no se olvidaba nunca de expresarle a Francia sus deseos de amistad y hacía todo lo posible por mantener la neutralidad. En febrero había incluso rechazado la propuesta de su hermano, el emperador de Austria, de instalar en la Fortaleza Vieja una guarnición de hombres escogidos por John Acton y formada por napolitanos. En marzo, sin embargo, dio un resbalón de aúpa. Nombró gobernador de Livorno al marqués Spannocchi, conocido por su antipatía hacia los franceses, y como secretario de Estado al conde Serratti: el mejor amigo que los ingleses tenían en Florencia. Y no sólo: en mayo le permitió a lord Nelson que anclase en la rada cuarenta y una naves de guerra, más el barco almirante *Agamemnon* con quinientos hombres a bordo y armado con sesenta y cuatro cañones. El 23 de junio llegó, pues, una carta al Palacio Pitti por la que Napoleón informaba a Fernando III de que su paciencia había llegado a su límite. «¡Alteza Serenísima! Para hacer respetar el honor de la bandera francesa, dentro de cuatro días mis tropas entrarán en Livorno».

Qué ocurrió en aquellos cuatro días nos lo cuenta el diario de Pietro Bernardo Prato, en las páginas que transcribo a continuación, parcialmente y expurgándolas de los términos más incomprensibles: «A las siete horas del día de hoy, se ha hecho oficial que una columna de tropas francesas, llegadas por la carretera de Módena, ha entrado en Toscana y se ha acuartelado en Pistoia. La noticia ha causado gran alarma entre la nación inglesa que aquí mora y, rápidamente, ésta ha comenzado a proceder con gran prisa al embalaje de sus efectos personales y a cargarlos sobre las embarcaciones listas para desplegar velas. El temor y la alarma han cundido también entre el pueblo livornés, especialmente entre las mujeres que ahora mismo se encuentran en estado de extrema agitación...». Sábado, 25 de junio: «Crece en la nación inglesa que aquí mora gran prisa por disponer la partida, y a las tres de la tarde se han pegado carteles, en los habituales lugares, con la siguiente notificación: "¡Ciudadanos! Habiendo tenido noticia de que en la ciudad y el puerto cunden la alarma y el ruido a causa de falsas o equívocas nuevas acerca de las tropas francesas acuarteladas en Pistoia y con destino a Livorno, el ilustrísimo marqués Gaetano Spannocchi, nuestro gobernador, hace saber que en días anteriores Su Alteza Serenísima le ha informado de que, a pesar de la proximidad de las tropas, la neutralidad de Toscana será respetada..."». Domingo, 26 de junio: «Aunque sea día de fiesta, que los protestantes ingleses guardan al igual que los católicos, este domingo se ha observado un gran tráfico de efectos personales y mercancías y muebles hacia las embarcaciones con el fin de sustraerlos al peligro de la llegada de los franceses a esta nuestra ciudad, que la nación inglesa considera suya en espíritu. Al ponerse el sol todos los miembros de dicha nación han subido a bordo con lo poco que han podido coger, dadas las premuras de tiempo, y las primeras embarcaciones ya navegan hacia Córcega, donde buscarán refugio...». Lunes, 27 de junio: «A la hora una de la tarde ha llegado a esta nuestra ciudad la caballería francesa. Enterado de que ésta estaba cerca de la Puerta de Pisa, el pueblo livornés ha cerrado todas las tiendas y todas las entradas a las casas. En la vía Grande no ha quedado abierta ni la Almoneda Pública, y la confusión es total. Formadas por medias compañías de soldados y al mando de un teniente, las patrullas, a pie o en carros, se han desplegado por muchos barrios y, en número de trescientas, han atravesado la vía Grande para vivaquear en la Plaza de Armas. En número de ciento cincuenta, y sin detenerse un punto, un destacamento de caballería ha recorrido la susodicha vía para dirigirse al puerto donde se ha apoderado de la Fortaleza Vieja y donde, a las cinco y tres cuartos, ha comenzado a mover guerra contra los últimos barcos ingleses que abandonaban nuestra playa. Hacia las siete y media de la tarde han llegado también treinta dragones con Napoleone Buonaparte, comandante supremo de los Ejércitos franceses en Italia. Junto a su oficialidad y guardia personal, el general se ha detenido en la explanada de la Puerta de Pisa, donde ha convocado sin demora al Señor Gobernador y Marqués Spannocchi...».

Lo que ocurrió a continuación está relatado en las *Memorie Patrie* (Memorias patrias) de Giovan Battista Santoni, y en las menos patrias de Marcelin Pellet, el cónsul francés en Livorno. Los ciento cincuenta soldados de caballería que se dirigieron al puerto estaban bajo el mando de Joaquín Murat y tenían la misión de bloquear la salida a los barcos ingleses que aún se encontraban en la rada. En concreto, al barco que transportaba el dinero retirado de los bancos y doscientos cuarenta bueyes destinados al matadero, con los que la tropa podría alimentarse durante semanas. Pero se hicieron a la mar antes de que Murat llegase al muelle. Atacadas en vano a cañonazos por las baterías de la Fortaleza Vieja, y perfectamente protegidas por las fragatas de Nelson que respondían al fuego, se alejaron, y el que pagó el pato fue el valiente Spannocchi. En vez de presentarse con el uniforme de gala y seguido por la escolta de las grandes ocasiones, lo hizo vestido de civil y sin más séquito que un simple secretario. Con el sombrero en la mano, pero apoyándose despreocupadamente sobre su bastón, le preguntó a Napoleón para qué estaba allí, para qué lo había convocado, y a Napoleón se le fue la cabeza. Ya enfurecido con Murat, que había dejado que se le escapase el barco con el dinero y los doscientos cuarenta bueyes, gritó que había venido a proteger al pueblo de Livorno, mejor dicho, a liberarlo de la esclavitud en la que vivía bajo un gobernador imbécil. Amenazándolo con darle de bofetadas, añadió que lo había convocado para decirle que, además de un imbécil, era un delincuente que se merecía la guillotina, un *coquin*,* y cuando Spannocchi le respondió: «Yo soy un hombre de honor y aquí el único delincuente que se merece la guillotina es usted», lo arrestó. En estado de arresto, lo dejó en las garras de un jacobino fanático, el negociante Mario Perù, que lo cubrió de golpes. Inmediatamente después, echó de allí al obispo de Pisa, que, con ruin cobardía, había acudido corriendo a presentarle sus respetos. «Decidle que vuelva mañana y que se ponga a la cola con los demás». Nombró como gobernador al general Lavillette, se instaló en el palacio del gran duque, se lavó, se cambió de ropa, fue al teatro, montó una escena porque el público no le aplaudía, regresó envenenado de rabia al palacio. Firmando edictos, ordenando incautaciones robos saqueos, en resumen, sentando las bases de la ocupación, se quedó allí hasta la tarde del miércoles 29 de junio. Es decir, hasta que dejó Livorno para acercarse a San Miniato al Tedesco y pasar unas horas con un tío, don Filippo Bonaparte, que, gracias a tamaño sobrino, confiaba en ver beatificado a cierto antepasado suyo, llamado Bonaventura. Desde allí, llegó a Florencia, donde, como ya sabemos, Fernando III le dio alojamiento en Borgo Pinti, le enseñó las galerías de arte que saqueó tres años más tarde, lo agasajó con un banquete suntuoso,

* Pillo, tunante. En francés en el original. (*N. de la T.*)

escuchó servilmente su discurso acerca del privilegio que suponía para él tener antepasados toscanos. Y donde Caterina, embarazada de mi tatarabuelo paterno, Donato, se arrojó contra su carroza gritando: «¿Qué estatuas has venido a robarnos, qué guerras has venido a traernos, buitre carroñero?».

Francesco faltaba desde diciembre de 1795 y, tras una tormentosísima parada ante una aldea de Costa de Marfil, había anclado en Charleston, donde, mientras ocurría todo esto, estaba descargando a setecientos esclavos para revendérselos a los plantadores de tabaco de Virginia. Raffaele tenía entonces siete años; Gabriele, seis; Emanuele, cuatro; Daniele, dos, y Montserrat estaba en el séptimo mes de embarazo. El niño que esperaba era mi tatarabuelo materno, Michele.

* * *

El embarazo estaba yendo sin problemas. Siempre tenía unos embarazos de libro, se ponía incluso más guapa, y, gracias a la fortaleza de sus veintiséis años, éste lo estaba llevando con especial naturalidad, aguardando con bovina placidez la llegada del quinto niño. Que quede claro: esta vez sí se había enterado de lo que estaba pasando. Durante cuatro días había estado mirando los cortejos de *barrocci* y las procesiones de barquichuelas que, repletas de enseres, se dirigían hacia el puerto, los barcos protegidos por lord Nelson y listos para huir a Córcega. El sábado por la tarde, además, el mercader inglés que tenía el almacén al pie del canal se había ido con la mitad de la mercancía. «*I take the most I can*» (Cojo todo lo que puedo). *Farewell* (adiós), señora Launaro». Pero al día siguiente, Ester había dicho que, en los bandos, el gobernador Spannocchi hablaba de falsas y equívocas noticias, es más informaba a los ciudadanos de que sabía por el gran duque que a Toscana no le iban a tocar un pelo, y desde las ventanas del palacete, bastante alejado de la Puerta de Pisa, ese lunes por la mañana no se advertía nada preocupante. Concluido el flujo de fugitivos, el barrio parecía inmerso en una calma densa de buenos pronósticos. Sin un solo titubeo, se envolvió, pues, en el mantón de blonda con el que disimulaba su embarazo, dejó la guardería al cuidado de las criadas y salió a hacer la compra. Sin sospechas ni temores, comenzó a andar a lo largo de los Scali del Monte Pio, giró a la izquierda, bordeó los Scali del Ponte di Marmo, entró en la vía Borra. Sin fijarse en que las calles estaban demasiado desiertas, llegó a la vía Traversa, es decir, al callejón que conducía al mercado de los Scali del Pesce. Atontolinada por su bovina placidez de embarazada, no se preguntó siquiera por qué todas las casas tenían las persianas echadas y las puertas con candado, y sólo cuando vio que el mercado de los Scali del Pesce estaba cerrado comenzó a preocuparse. ¿Se habría equivocado el gobernador al hablar de falsas y equívocas nuevas? ¿Tanta calma se debería a la llegada de los franceses? ¡En ese caso, se imponía encontrar una tienda abierta, comprar al menos el pan y leche para los niños! Y, con esta idea en la cabeza, siempre encontrándose a su paso con persianas echadas y puertas con candado, siguió caminando. Llegó hasta la vía del Corso, giró a la derecha, atravesó la vía dei Lavatoi donde le pareció oír un gran rumor que subía desde la Plaza de Armas, luego la vía della Doganetta, donde le pareció escuchar también un eco de tambores, luego la vía de las Galeras, donde le pareció que el eco se redoblaba, recorrió la vía de los Griegos, surcada por un estruendo misterioso que procedía de la perpendicular vía Grande, un retumbar de pasos y de herraduras, se encontró en la vía Grande y, *Mare de Deu*!, los franceses. ¡Habían llegado los franceses! A centenares y centenares, estaban avanzando con carros, mulos, cañones, y tocando los tambores. El tramo comprendido entre la Puerta de Pisa y la vía de los Griegos estaba obstruido por los soldados, y los precedían dos escuadrones de caballería que, al mando de un deslumbrante oficial con la chaqueta adornada de alamares de oro (Joaquín Murat), corrían a rienda suelta en dirección al puerto. En su carrera, arrollaban cuanto encontraban a su paso, perros, gatos, cestas, vehículos abandonados, y les gritaban a los escasos transeúntes que se apartaran.

—*Déblayez le chemin, parbleu, déblayez le chemin!* (¡Despejen el camino, diablos, despejen el camino!).

Se detuvo, perdida. Se aplastó contra el muro, se llevó las manos al vientre como para protegérselo. ¿Y ahora? ¿Qué hacía ahora? ¿Volvía atrás por el camino largo pero sin franceses, o proseguía por la vía Grande hasta desembocar en la Plaza de Armas, ya muy cercana, y tomar allí la vía del Porticciolo que distaba pocos pasos de los Scali del Monte Pio, es decir, escogía el camino corto pero infestado de franceses? Mejor el segundo, decidió. Total, estaba embarazada, ¿quién iba a meterse con una mujer embarazada? Y, sin pensar que el mantón de blonda le disimulaba la tripa, que la soldadesca fuera de control no se detiene ante minucias, no se fija en si una está embarazada o no, prosiguió por vía Grande. Desembocó en la Plaza de Armas, enfiló hacia la vía del Porticciolo y estaba a punto de llegar a ella, cuando un grupo de soldados que estaba acampado allí la rodeó.

—*Regarde ce que nous avons ce soir!* (¡Mira lo que tenemos esta tarde!).

—*Où vas-tu, jolie femme?* (¿Dónde vas, guapa?).

—*Viens ici, laisse-toi baiser!* (¡Ven aquí, deja que te bese!).

Luego empezaron a tocarla, a manosearla, a traquetearla. La encerraron dentro de un círculo de risotadas soeces, la tiraron al suelo, e ignoro qué le hicieron. La voz apasionada y compasiva se limitaba a contar que, de repente, se escuchó un disparo de pistola, que un teniente la salvó de lo peor a base de disparos de pistola. En cualquier caso, la voz apasionada y compasiva aquí no me sirve. El vuelo de la imaginación, tampoco. Porque un intento de violación también es una violación. Si la violencia no ultraja tu cuerpo, ultraja tu mente, te la ensucia, te la deja herida con una pesadilla que no puedes olvidar. Y porque en el lugar de Montserrat veo a una mujer joven que no se parece a ella, que lo único que ha heredado de ella y de su marido son los genes del *mal dolent*, y que ciento setenta y cuatro años después sufre la misma abominable vejación en Saigón. Ya es de noche, ciento setenta y cuatro años después en Saigón. El toque de queda ha comenzado y las calles están tan desiertas como en Livorno el 27 de junio del año 1796. Nadie, salvo los militares, puede transitar por la ciudad. Pero la mujer joven está allí como corresponsal de guerra: con su mochila a la espalda acaba de regresar del frente, una camioneta acaba de dejarla en Rue Pasteur, y es por esa calle por la que está caminando para regresar al hotel. Camina pensativa, distraída a causa del cansancio y de los horrores que ha vivido durante la batalla. En su corazón late una gran compasión hacia los seres humanos, sobre todo hacia aquellos que llevan uniforme. «Pobres chicos. Mañana les tocará a ellos matar o que los maten», se dice mientras pasa delante de un campamento de soldados vietnamitas. Y los saluda con una breve inclinación de cabeza. Entonces los «pobres chicos» dejan el campamento. De dos en dos saltan sobre unas motocicletas que ella, en la oscuridad de la noche, no había visto. Con éstas empiezan a dar vueltas a su alrededor, la encierran dentro de un círculo móvil que le arrebata toda posibilidad de huida. Mientras, lanzan risotadas groseras, «*Regarde ce que nous avons ce soir!, Où vas-tu, jolie femme? Viens ici, laisse-toi baiser!*». Luego el recinto móvil se convierte en un recinto inmóvil. Bajan de las motocicletas y empiezan a tocarla, a manosearla, a traquetearla. Sus manos y brazos parecen los tentáculos de un pulpo hambriento. Ella se defiende. A puñetazos, a patadas, con la ira que brota de la rabia y de la impotencia. Pero la mochila le estorba, le pesa como un embarazo de siete meses, y no se la puede quitar. No se la quitaría aunque pudiera, por otra parte: contiene su trabajo. Las cintas que ha grabado, las páginas que ha escrito, las fotografías que ha tomado. Eso le impide defenderse bien, y los tentáculos del pulpo son demasiados. Todos juntos la agarran, la inmovilizan, la tiran al suelo, intentan desnudarla. La salvarán dos americanos que, en un *jeep*, patrullan por Rue Pasteur. Por casualidad. Después de salvarla, la acompañarán incluso al hotel. Con su preciosa mochila. Montserrat, en cambio, volvió sola a casa. Sin americanos, sin jeep, sin el mantón de blonda. (Señal de que habían visto el tripón). Y, en vez de con una mochila a la espalda, con un hijo en el vientre. Un hijo al que había que salvar.

—Llevadme a la cama. Tengo miedo de romper aguas.

En la vía del Porticciolo, de hecho, había notado una amenazadora contracción en la ingle. Y en las escaleras del palacete, otra. Nadie mejor que ella sabía que las contracciones uterinas preceden a la rotura de aguas, al parto, y que si éste se producía el niño sería prematuro. En aquella época era muy raro que un niño prematuro sobreviviese. Por lo general, morían durante el alumbramiento.

* * *

Mientras Raffaele y Gabriele y Emanuele y Daniele lloraban aterrorizados porque en el puerto continuaba el intercambio de cañonazos y el estruendo les asustaba, Alfonsa y Ester la acostaron. Con la esperanza de que no rompiera aguas, la cuidaron a base de avemarías, paternóster e infusiones de manzanilla. Tampoco podían hacer nada mejor. La soldadesca descontrolada había invadido el barrio, en los Scali del Monte Pio se la oía alborotar y cantar la *Marsellesa, Ça ira, ça ira,* y salir en busca de ayuda hubiese sido una locura. Al alba, las contracciones se calmaron. La soldadesca se alejó, Ester fue a buscar al médico. Pero no consiguió encontrarlo, hasta los médicos estaban escondidos, y volvió a casa sólo para llevar malas noticias. Napoleón había colocado la artillería pesada sobre las terrazas de los bastiones, dijo, y había cerrado las calles principales. Además, había ordenado incautar los bienes de los ingleses, de los austriacos y de los rusos, es decir, de sus aliados, y con la ayuda de los jacobinos locales estaba cometiendo un sinfín de abusos. Vaciaban las cuadras, saqueaban el mercado, robaban los catres de los hospitales. Registraban las trastiendas para llevarse las mercancías que se habían dejado los fugitivos, se adueñaban de las villas situadas en las colinas o en el paseo marítimo para que se alojasen allí los oficiales. Mientras, importunaban a las mujeres, en la vía Borra ella también había tenido problemas, y corría la voz de que muchas se estaban preparando para escabullirse de allí disfrazadas. Pero eso no era lo peor: con la promesa de hacerlos saltar por los aires al mínimo gesto de revuelta o de desobediencia, habían minado los almacenes de los extranjeros. Delante del que estaba al pie del canal habían colocado ya los barriles de pólvora, por lo que el palacete estaba a merced de una mecha que corría el riesgo de ser encendida en cualquier momento. Y al oír esto, Montserrat olvidó toda cautela. Sollozando «no es posible, no es posible», saltó de la cama. Corrió afuera para cerciorarse, se resbaló por la pendiente que descendía hasta el canal, y rompió aguas. Pero los dolores del parto no comenzaron entonces: comenzaron unos espasmos que estuvieron torturándola todo el día, toda la noche, toda la mañana siguiente. Dando inicio a una larguísima espera que disminuía las ya de por sí escasas esperanzas de que el niño se salvara. Porque si, a partir del momento en que se rompen aguas, el parto no se desarrolla entre las doce y las veinticuatro horas, como máximo, es peligrosísimo. El útero se dilata y, al dilatarse, expone el líquido amniótico a los gérmenes que antes no llegaban hasta él y, casi siempre, el feto se infecta. Y la madre con él. Montserrat era consciente de ello, y con aquella angustia estuvo desgarrándose hasta el mediodía del miércoles: la hora en la que los espasmos se convirtieron en los dolores del parto. Pero hasta las nueve de la noche, treinta y ocho horas después de romper aguas, no lanzó el grito que la liberaba:

—¡Llega, llegaaa!*

Nació un niño pequeñito, pequeñito. Tan pequeñito que no medía ni cuarenta centímetros y no pesaba ni kilo y medio. Y tan asfíxico, tan cianótico que al ver la luz no dio un grito siquiera. Emitió un murmullo imperceptible y punto. Pero tenía los ojos abiertos de par en par, como alguien que está decidido a vivir, dos bellísimos ojos color celeste en los que latían unas ganas desesperadas de conseguirlo, y mientras le cortaba el cordón umbilical, Ester exclamó: «¡Me parece a mí que esta pizca nos entierra a todos!». Luego lo sumergió en un baño de agua tibia, lo masajeó con dulzura, consiguió que cobrara algo de color, y de los minúsculos pulmones salió un débil llanto. El pío-pío de un pajarillo que acaba de salir del cascarón. Se inventó para él también una especie de incubadora: una caja de zapatos forrada de lana y rodeada de ladrillos ardiendo en la que lo tuvo durante seis semanas. De hecho, necesitó seis semanas para alcanzar los dos kilos y medio que le aseguraban la supervivencia, pobre tatarabuelo Michele. Y en las

---

* En castellano en el original. (*N. de la T.*)

tres primeras lo alimentaron con la punta de un paño empapada en leche, gotita a gotita, porque no era capaz de chupar. En cuanto a Montserrat, una vez expulsada la placenta, sufrió una hemorragia que casi la manda al Cielo. A ésta le siguió una fiebre fortísima, debida a la septicemia que contrajo durante las treinta y ocho horas y, cuando el médico llegó por fin, dijo que no iba a poder tener más hijos.

14

Los franceses se quedaron diez meses. Diez meses que fueron un infierno. Incautaciones diarias de los productos alimenticios que pronto dejaron a la ciudad sin pan. Delaciones y venganzas de los jacobinos locales, ignominias al lado de las cuales los abusos cometidos en Greve, en Chianti, por Giuseppe Civili, eran meras cortesías. Violaciones cada vez más numerosas, edictos absurdos, como uno mediante el cual se conminaba a entregar todos los objetos cortantes, incluidos los cuchillos de cocina y las tijeras. Toque de queda al atardecer, arrestos, represalias, condenas a trabajos forzados y a la picota. (Pena que consistía en ser expuestos en la plaza con un cartel en el cuello que advertía: «Ha osado rebelarse contra el ejército francés y el Gobierno democrático»). Suicidios de los comerciantes obligados a desembolsar cinco millones de liras para evitar que el invasor inspeccionase sus libros de cuentas y sus cuentas bancarias. El erario público desangrado por los gastos para mantener a las tropas, gasto totalmente a cargo de las arcas municipales. El puerto bloqueado por Nelson, que, una vez que dejó a los fugitivos en Córcega, reapareció para echar el ancla y no dejar entrar o salir ni siquiera a los barcos de pesca. Si alguno lo intentaba, sus barcos disparaban unos cañonazos que llegaban hasta el Puente de Mármol, es decir, la esquina con los Scali del Monte Pio. Y, en el caso de Montserrat, también la pesadilla del almacén minado: epicentro de todas las angustias. Pretextos para prender los barriles de pólvora hubo tres. El primero, no entregar los objetos cortantes, delito que fue Ester la que se animó a cometerlo con la célebre frase: «El pan no se corta en rodajas con la cuchara». Un jacobino de la vía Borra había asumido el encargo de inspeccionar el vecindario, casa por casa, y además de los cuchillos de cocina encontró también las tijeras que habían servido para cortarle a Michele el cordón umbilical, y la incauta no acabó con el cartel al cuello de puro milagro. El segundo, la fiesta que el nuevo gobernador celebró el 14 de julio para conmemorar la toma de La Bastilla: un palco levantado en la Plaza de Armas, trofeos con el letrero «*Liberté. Égalité. Fraternité*», Estatua de la Libertad con el *fascio* en el puño, discursos del comisario Garrau, es decir, el fraile franciscano que había peleado para mandar a la guillotina a Luis XVI y a María Antonieta y luego había pasado al servicio del Directorio, además de la orden de iluminar las ventanas con velas o antorchas. La adorable Ester reaccionó levantando los hombros, «las velas cuestan», el jacobino se enfadó, y sólo las fiebres puerperales de Montserrat le indujeron a pronunciar la benigna frase: «La próxima vez le corto la cabeza». El tercero, la aparición del cadáver de un soldado francés, asesinado a golpes de sable, y abandonado justo al lado del almacén minado. Un reguero de sangre iba desde la orilla del canal hasta la posada situada en los Scali del Monte Pio, tanto el posadero como el mozo fueron arrestados, y en el palacete se salvaron porque en el último momento se descubrió que había muerto en una riña entre conmilitones.

Mientras tanto, gracias al amor de Montserrat y a la sabiduría de Ester, Michele crecía. Mal, entendámonos: siempre aquejado de bronquitis e inapetencia y anemia, con un cabezón enorme que se bamboleaba como la corola de una flor marchita, y la espalda jorobada. Pero crecía. En septiembre pesaba tres kilos y medio; en noviembre, cinco; en diciembre, seis, y el día en que se fueron los franceses casi había alcanzado ya los nueve kilos. Se fueron el 14 de mayo del año 1797, exigiéndole una indemnización de dos millones a Fernando III en persona. En junio, Francesco regresó, y me gustaría que la saga de la más desafortunada e infeliz de las parejas concluyese aquí.

* * *

Pero no concluye aquí. Por desgracia, lo peor está aún por llegar. Y cuando pienso en ellos, la sospecha de que pesaba una especie de maldición sobre ambos, de que su mala estrella está en la base de todo cuanto se ha torcido en mi existencia, se reafirma. Se reaviva el miedo al que aludía al principio. Con el corazón encogido me dispongo, pues, a contar el resto. Hago un rápido resumen de los doce años que precedieron a la tragedia final, los explico con un par de episodios y punto, y empiezo por decir que el regreso de Francesco no fue precisamente jubiloso. Cuando vio a aquel niño con la espalda jorobada y el cabezón enorme que se bamboleaba como la corola de una flor marchita y escuchó después lo que le había ocurrido a Montserrat, derramó todas las lágrimas que no había derramado jamás y sus cabellos negros se volvieron grises de golpe. El trauma, con todo, tuvo de bueno que lo arrancó de los barcos negreros y lo retuvo en casa durante más de año y medio, cuidando de la familia de la que no había cuidado durante demasiado tiempo y disfrutando del dinero que había ganado con las copias carbón de su padre. El segundo semestre del año 1797, 1798, y los primeros meses de 1799 fueron, de hecho, bastante tranquilos. Montserrat, sí, abortaba cada vez que se quedaba encinta, confirmando lo que el médico había predicho. Michele, sí, seguía siendo un pajarillo enfermizo y deforme. Pero Raffaele, Gabriele, Emanuele y Daniele compensaban todas sus amarguras. «Con cuatro hijos así uno se olvida de cualquier desgracia». Lo malo fue que en marzo de 1799, como ya sabemos, los franceses invadieron de nuevo Toscana. En Livorno se instalaron al mando del general Miollis, volvieron a cometer abusos con redoblada arrogancia y, lejos de olvidar cualquier desgracia, Francesco recordó lo que le habían hecho a su mujer y a su quinto hijo. Exhumando el odio que sintiera hacia los argelinos, se unió a la resistencia que hervía en la cercana Viareggio, reclutó allí a tres jóvenes agricultores a los que cobró mucho afecto, los hermanos Pietro, Lorenzo y Luigi Marchetti, los arrastró a la revuelta de finales de abril, y...

La revuelta de Viareggio fue hermosa: mucho más noble y heroica que las sublevaciones que explotaron en mayo en Arezzo y en Cortona con los «¡Viva María!». Una vez quemados los árboles de la falsa libertad y expulsados los oportunistas vestidos de jacobinos, los insurrectos desarmaron a toda la guarnición y conquistaron la fortaleza sin causar una sola muerte, con excepción del caballo de un oficial. Pero eran pocos. Los que se sacrifican para luchar contra las tiranías siempre son pocos. Al cuarto día Miollis consiguió doblegarlos y veintiún de ellos, entre los que se contaban los hermanos Marchetti, fueron capturados, conducidos con cadenas a Livorno, enviados a juicio junto a cinco rebeldes contumaces. El proceso tuvo lugar el 16 Pradial,* es decir, el 4 de junio, a puerta cerrada y en una sala improvisada: la Casa del Refugio de los Pobres. Lo celebró un tribunal de la Comisión Militar, estuvo presidido por un tal coronel Pinot y lo formaban seis obtusos que, al igual que él, no sabían una palabra de italiano: los capitanes Coquerant, Santvaille, Guy; el teniente Danos; el sargento mayor Albesia; el canciller Arnaud. Como los imputados no sabían francés duró sólo medio día, y en cualquier caso la sentencia ya estaba escrita. Siete condenas a tres años en cadenas y una hora en la picota, ocho a cinco meses de cárcel, dos absoluciones y diez condenas a muerte «por el intento de homicidio de un caballero francés y la muerte del caballo de éste». De los diez, sólo cinco se encontraban en la sala: el barquero Saverio Belli, el marinero Luigi Soldini, el campesino Giovanni Catturi y Pietro y Lorenzo Marchetti. Los fusilaron a la mañana siguiente, con la teatralidad que tanto le gustaba a Napoleón. A toque de tambor, el jefe de brigada Varas los llevó desde el Palacio Pretorio a la Plaza de Armas donde los aguardaban cien soldados de infantería cisalpinos, cien piamonteses, cien de la *Garde National*, sus oficiales con uniforme de gala, la Compañía de la Misericordia, y el siniestro capuchón con que les cubrirían la cara. Precedido por una banda que tocaba la marcha fúnebre, el cortejo llegó a la vía Grande. La recorrió lentísimamente, se dirigió hacia el bastión de San Cosme, el lugar elegido para ajusticiarlos, y tanto Belli como Soldini y Catturi se portaron con asombroso valor. Hi-

* Noveno mes del calendario republicano francés (20 de mayo-19 de junio). (*N. de la T.*)

cieron todo el recorrido con la cabeza alta y gritando: «¡Morimos por una causa que las generaciones futuras entenderán! ¡Morimos por haber intentado liberarnos y liberaros del yugo extranjero! ¡Abajo los usurpadores de Italia, abajo ese cerdo de Napoleón!». Pietro y Lorenzo Marchetti, no. Todo lo contrario. Se negaban a caminar, se resistían haciendo fuerza con los pies, rechazaban al capellán Mantovan, que, mostrándoles el crucifijo, les repetía: «Sed fuertes, pronto estaréis en el Cielo», intentando consolarles. Gritaban desesperados: «¡Socorro, gente, socorro! ¡Decídselo vosotros a los franceses, decidles que no queremos morir! ¡Decidles que no hemos matado a nadie, que sólo le hemos disparado al caballo!». Y, escondido entre la multitud, Francesco lo vio todo, lo escuchó todo. Con consecuencias desastrosas. Porque el remordimiento causado por haber sido él el que los reclutó y haberse salvado aniquiló completamente al indomable personaje al que ni las desventuras ni las iniquidades sufridas habían conseguido poner de rodillas jamás. Abandonada la lucha, cayó en un estado de abulia que extinguió en él todo orgullo, toda chispa de voluntad. Incluso su presencia física empezó a declinar, su pasión por Montserrat a languidecer, y en unos pocos meses se convirtió en la ruina de sí mismo. Un viejo amargo, un derrotado que sólo abría la boca para denostarse.

—Ha sido culpa mía, culpa mía. Todo lo que toco se estropea o muere.

En resumen, en 1799 ya estaba listo para la tragedia final que empezó a delinearse cinco años después. Es decir, cuando trabajaba de nuevo como contramaestre a bordo de modestas falucas que iban a Sicilia a cargar sal, y cuando en Toscana, transformada en el Reino de Etruria y regalada a los Borbones por Napoleón, reinaba María Luisa: la estúpida mujer de la que el destino se sirvió para dar el pistoletazo de salida a aquella tragedia. ¿Cómo? Se cuenta en un santiamén. En 1804 llegó a Livorno un bajel español, el *Ana María Toledana*, cuya carga incluía treinta plumas de avestruz para el guardarropa de María Luisa. El bajel venía de Veracruz, donde se habían dado algunos casos de fiebre amarilla, y ya había extendido el contagio en los puertos de Cádiz y de Barcelona. Según las leyes sanitarias, debería haber permanecido en cuarentena al menos un mes. Pero la estúpida mujer quería ya mismo sus plumas de avestruz, indispensables, según parece, para el sobretodo de un traje de gala: ordenó que el mes se redujese a tres días y la epidemia explotó, matando a seiscientas personas, entre ellas a Alfonsa. Entonces Francesco envió a las montañas de Sarzana a sus tres hijos pequeños junto a Montserrat y Ester. A los dos mayores los subió a bordo de su faluca, los mantuvo allí hasta que pasó la epidemia, y de no haber sido por esto ni Raffaele ni Gabriele hubiesen tenido nunca ocasión de descubrir si navegar les gustaba o no. Montserrat los había mandado a un colegio que ofrecía acceso a la Universidad, y el primero planeaba licenciarse en Derecho en Pisa. El segundo, en Medicina en Florencia. Sin embargo, gracias a María Luisa y a la fiebre amarilla, vivieron aquella inesperada experiencia. Navegar con ese padre que en tierra no tenía nada que decirles, pero que a bordo se lo podía enseñar todo, les sedujo, y cuando regresaron las dos licenciaturas ya no entraban en sus planes. «Queremos tener el mismo oficio que papá», anunciaron. Francesco no se opuso, es más, lo aprobó complacido. ¿Quién es tan imbécil como para preferir un tribunal o un hospital a un velero? En cuanto a Montserrat, no consiguió disuadirles por mucho que lloró y protestó, y en 1806 le llegó el turno a Emanuele. «A mí también me gusta el mar». En 1807 le tocó a Daniele, que, a fuerza de alborotar «¿por qué ellos sí y yo no?», se hizo grumete, y en unas pocas estaciones la casa en los Scali del Monte Pio se despobló para entregarle al viejo amargo y derrotado cuatro hijos sanos y robustos. A Montserrat no le quedó más remedio que consolarse con su jorobadito, Michele: a los once años todavía enfermizo y con menos peso y menos estatura de lo normal, pero con la cabeza ya derecha, y tan bueno como inteligente. «No se aflija por mí, mamita.* Quizá el Señor me ha hecho así para que yo no vaya al mar y le haga compañía cuando mis hermanos no están».

Raffaele, Gabriele, Emanuele y Daniele adoraban a Michele. Lo trataban como si fuese guapísimo y pegaban a todo el que hicie-

* En castellano en el original en toda la segunda parte del libro. (*N. de la T.*)

se alguna insinuación acerca de su enfermedad. También se querían mucho entre ellos. No embarcaban si no los enrolaban a los cuatro juntos y no se separaban jamás. «O todos, o ninguno». En el puerto de Livorno, se estaba convirtiendo en una leyenda lo de los cuatro jóvenes Launaro que siempre embarcaban y desembarcaban juntos y no se separaban jamás. Y verlos llegar y partir, del brazo o en fila detrás del padre, era un espectáculo que ensanchaba el corazón. A cada día que pasaba más sanos, más rebosantes de vida, más simpáticos, parecían el uno la copia del otro: la imagen misma de la concordia. Algo que llenaba de orgullo a Montserrat. Su única cruz, que pasaban muy poco tiempo a su lado. Las habitaciones semivacías sólo volvían a estremecerse de vida cuando se escuchaba desde las escaleras el alegre grito: «Ya hemos vuelto, ya estamos aquí», sus jovenzuelos irrumpían en la casa, sembrando alegría, y ella, loca de felicidad, volvía a ocuparse de toda la familia. Le encantaba echar una mano a Ester, sustituir a Alfonsa, la doncella muerta de fiebre amarilla. «¡Siete platos, siete!»,* canturreaba siempre que ponía los platos en la mesa. Luego llegó el año 1808. En Toscana, ahora anexionada al Imperio francés, explotó el drama de las levas con las que Napoleón se abastecía de carne de cañón para sus guerras y mientras los veinteañeros atestaban los cuarteles, mientras los *Garnisaires* arrestaban a los insumisos y los tribunales militares los condenaban a muerte, en Livorno se difundió la noticia de que a inicios de 1809 la edad de leva se iba a rebajar hasta los veinte y los diecinueve años. Ya lo hemos visto en la saga de Carlo y Caterina. El rumor bastó para que los cónyuges Launaro se angustiasen igual que los Fallaci de San Eufrosino o que cualquiera que tuviese un hijo en edad de leva: en 1809 Raffaele y Gabriele tendrían, respectivamente, veinte y diecinueve años. Para evitar el reclutamiento, Francesco decidió llevárselos a Gibraltar y desde allí a América, a Charleston o a Savannah, donde conocía a gente importante y dispuesta a acogerlos. «Yo os acompañaré». El problema era que Raffaele y Gabriele se negaban a separarse de sus dos herma-

* En castellano en el original en toda la segunda parte del libro. (*N. de la T.*)

nos. Objetando que había que ser más previsores, es decir, que se debía poner a salvo también a Emanuele y a Daniele, declararon que sin ellos no estaban dispuestos a partir, y el por aquel entonces bonachón Francesco se dejó convencer. Peor aún. Como nunca era fácil encontrar un mercante que aceptase la condición de «o todos, o ninguno», firmó en un frágil pinco de ochenta toneladas que estaba buscando, precisamente, a un contramaestre y a cuatro marineros: el *Santa Speranza*.

Al mando de un capitán eternamente borracho y apodado por eso *Padron Trinca* («Patrón empina el codo»), el *Santa Speranza* tenía previsto zarpar el 17 de diciembre y, maravilla de las maravillas: para llegar a Gibraltar iba a repetir, a la inversa, la ruta seguida por el *Europa* en el crucial viaje del año 1788. Génova, Marsella, Barcelona. Lo que incluía, obviamente, atravesar el golfo de Lyon. El insidioso golfo de Lyon, el cementerio de veleros sobre el que caía el mistral con furia asesina y en el que Francesco había evitado por los pelos que el *Europa* naufragase.

15

La elección aterró a Montserrat. La inolvidable noche en la que comprendió que amaba a aquel demonio fascinante, en vilo sobre la cima del palo mayor, había quedado impresa en su memoria con la ambigüedad de un recuerdo maravilloso y monstruoso a partes iguales, por lo que imaginarlos a los cinco en el golfo de Lyon le encogía el corazón. Además, Marsella estaba en Francia, Barcelona y el resto de España pertenecían ya a Napoleón, que, justo esos días, estaba allí haciendo correrías para domar las rebeliones, Francesco tenía casi cincuenta y ocho años y desde hacía algún tiempo estaba aquejado por algún mal que le adelgazaba sin motivo. «Tengo miedo. No suba a ese pinco. No los lleve allí, se lo suplico», le dijo a su marido, enumerando todos los factores en contra. Pero él le replicó que un marinero no se detiene a causa del viento, que en Marsella y Barcelona sus jovenzuelos no correrían peligro porque todavía no estaban en edad de leva, que él, por último, no era todavía más viejo que Matusalén ni estaba moribundo. Y Raffaele, Gabriele, Emanuele y Daniele lo apoyaron, argumentando que cincuenta y ocho años o no, mal misterioso o no, era el mejor contramaestre del mundo: capaz de gobernar cualquier trasto y de remediar los errores de cualquier aguachirle. Parecían muy excitados. La idea de salvar el pellejo viviendo una aventura, de ir a Charleston o a Savannah, les divertía; repetir a la inversa el viaje en el que se habían enamorado sus padres, les enternecía; y desafiar el mistral les preocupaba menos que terminar en Austria o en Prusia, dando la vida por el tirano. Además, iban a regresar, ¿no? Bonaparte no era eterno y ellos no tenían ningunas ganas de establecerse en América y renunciar a su bellísima madre. Así pues, el intento de detenerlos fracasó, los acelerados preparativos impidieron que se reabriera el debate, y llegó el 16 de diciembre: día en el que Montserrat preparó una gran comida de despedida, puso la mesa con su mejor vajilla y, en vez de canturrear «siete platos, siete», le murmuró a Francesco: «Presiento que no voy a volver a verlos. ¿Está seguro de que no tienen intención de establecerse en América?». Al día siguiente los acompañó al puerto. Nunca lo había hecho. Nunca había tenido el valor de verlos partir. Pero esta vez lo tuvo. Y no lloró en ningún momento, ella, que lloraba por cualquier cosa. Caminando sin perder la compostura, los siguió hasta el *Santa Speranza*; pálida como una muerta, pero sin una sola lágrima en los ojos, se detuvo en el muelle para esperar que empezasen a levar anclas, y ni siquiera entonces se concedió un sollozo o un lamento o un gesto que aliviase su gélida desesperación. Durante la larga espera sólo se movió un par de veces. Una para toser y otra para estremecerse. Hacía frío, ese día. Sobre las montañas de Apua había caído la nieve y en la ciudad estaban casi bajo cero. Antes de que retiraran la pasarela, Raffaele y Gabriele, Emanuele y Daniele bajaron a darle un abrazo. Siempre sin derramar una lágrima, los estrechó contra sí uno por uno, y les dijo a cada uno de ellos: «Regresa, amor mío. Aunque te cases en América, aunque hagas fortuna allí, regresa. Si no te vuelvo a ver, enloqueceré». Inmediatamente después, llamó a Raffaele. Le señaló a Francesco que, de pie junto al palo mayor, le estaba enseñando algo a un hombrecillo con aspecto atontado, el *Padron Trinca*, y le dijo: «Ha envejecido mucho, está muy cambiado. No debería seguir navegando. Tú eres el mayor: lo dejo en tus manos». Dándole un gran beso, Raffaele respondió: «No se preocupe, mamita, se lo devolveré sano y salvo», luego volvió a subir a bordo. Se colocó junto a sus hermanos, que, asomándose desde la empavesada, estaban ondeando sus pañuelos, y todos a una se despidieron de ella con un jubiloso ¡hurra!

—¡Por nuestra bellísima madre! ¡Hip, hip, hurra!

Nunca volverían a verla, nunca volvería a verlos, jamás. Esto fue lo que ocurrió.

* * *

La mercancía cargada en Livorno pesaba poco. Té, café, nuez moscada, canela, pimienta, otras especias. En vista de eso, tuvieron que llenar la bodega con un montón de lastre. Sacos de arena, cajas de tierra, piedras, basura que tirarían apenas llegasen a Génova y cargasen cien barriles de aceite y cien de vino. Pero a Génova llegaron con retraso, una borrasca invernal les obligó a permanecer dos días en el puerto de La Spezia, y el *Padron Trinca* no quiso tirar ni un alfiler. Gritando que el tiempo es oro, ordenó que colocaran los barriles de vino y aceite bajo la cubierta, que los ataran con trincas a los anillos de los mamparos internos y, en su perpetua borrachera, no cayó en la cuenta de que el *Santa Speranza* tenía dos puntos negativos de cara a su estabilidad: la popa muy alta y el casco más bien plano, por lo tanto con una capacidad de inmersión reducida. Olvidó hasta que la base del trinquete se encontraba justo debajo de cubierta: si uno de los anillos cedía, los barriles chocarían contra el mástil, provocando la rotura de los obenques. Y, en vez de recordárselo, de convencerle para que se deshiciera del lastre, Francesco se limitó a refunfuñar: «¡Capitán, para no perder tiempo nos estamos arriesgando a perder la vida!». Llegaron con retraso también a Marsella, una segunda borrasca había aminorado la marcha mientras doblaban las islas Hyères, así que el borrachuzo tampoco quiso deshacerse del lastre en Marsella y trasladar la carga a la bodega. Y tampoco en Marsella Francesco intentó imponerse. Es más, pese a las protestas de su hijos, «rebélese, papá, rebélese», consintió en colocar bajo cubierta más carga pesada, entre otras cosas, siete docenas de tonelitos de ajenjo. Con ese ulterior peligro, volvieron a partir, costearon el golfo de Lyon; mientras *Padron Trinca* dormía, borracho como una cuba, alcanzaron el tramo comprendido entre la desembocadura del Aude y Carcassonne. El mistral los atrapó aquí, exactamente en el mismo punto en el que veinte años antes atrapó al *Europa*, y a la misma velocidad: treinta nudos que inmediatamente fueron cuarenta, cincuenta, sesenta. Esta vez cayó sobre ellos por la derecha. Y lo que fue peor, acompañado de un temporal aterrador. Truenos, rayos, relámpagos. Es ocioso contar otra vez la pesadilla que ya conocemos: sobre aquel frágil pinco sí que parecían las olas murallones de hierro, gigantescas paredes negras que avanzaban para desmoronarse sobre el barco. Con la inestabilidad agravada por el peso bajo cubierta, el barco sí que daba saltos, viraba, se ladeaba, sí que se hundía en el abismo por la proa, como una ballena enloquecida. Raffaele estaba al timón. Cada vez que la ballena enloquecida volvía a emerger, perdía el control. Los mástiles oscilaban, los obenques cedían, los golpes los chirridos los crujidos los reventones se multiplicaban, y no servía de nada que Francesco se desgañitase.

—¡Orza, Raffaele, orza con toda la barraaa!

—¡A bordo, subid a bordooo!

—¡Arriad las velas mayores, los foques, la trinquetillaaa!

—¡Izad la trinquetilla de fortuna! ¡Arriad las velas menoreeesss!

—¡Soltad a barlovento la cangreja, el juanete, el sobrejuaneteee!

Las mismas órdenes que, veinte años atrás, había dado el capitán Reymers y que él había transmitido con el silbato. Cuando el mistral cayó sobre ellos soplando por la derecha. Francesco había comprendido que la situación era idéntica a la de 1788. No en vano había ido corriendo a despertar al borrachuzo y, al no lograrlo, había asumido él el mando. Pero el hecho es que el riesgo era muy superior al que corrió en 1788 el fuerte bergantín *Europa*: la tormenta era demasiado indomable. El *Santa Speranza* demasiado vulnerable. Apenas los sesenta nudos se convirtieron en setenta, ochenta, la amarra que sujetaba la cangreja se rompió. La cangreja se rasgó, sujeta sólo por dos o tres jirones, su verga empezó a dar vueltas, segando cualquier obstáculo que surgiese en su camino y, destapando la bajocubierta, segó también el entablado del puente. Luego, cayó sobre la empavesada en la que Raffaele y Gabriele, Emanuele y Daniele habían lanzado su jubiloso ¡hurra! «¡Por nuestra bellísima madre! ¡Hip, hip, hurra!». Partió un gran trozo, abrió una gruesa vía de agua y, penetrando por la vía de agua, luego por el entablado roto, el mar irrumpió en la bajocubierta: entre los barriles de vino y aceite y los tonelitos de ajenjo. Irrumpió con tal vehemencia que los anillos de los mamparos internos cedieron, las trincas con las que la carga estaba sujeta a los anillos se desataron, los barriles y los tonelitos empezaron a rodar y a golpear contra la base del trinquete. ¡Bang! ¡Bang! ¡Bang! Lo que Francesco había previsto cuando refunfuñaba: «¡Capitán, para no perder tiempo nos estamos arriesgando a perder la vida!».

—¡La vía! ¡Tapad la víaaa!

—¡La bajocubierta! ¡Achicad el agua bajocubiertaaa!

—¡Los barriles, los toneles! ¡Atadlos, bloqueadlooosss!

—¡Rápido, hatajo de tortugas, rápido, gilipollas, rápidooo!

Las órdenes se volvieron impacientes, rabiosas. Una rabia injusta, por otra parte, porque la vía de agua la taparon, y perfectamente. Una cuadrilla, en la que estaba Daniele, embutía trozos de tela empapadas de grasa en los bordes de la rotura, y con éstos contenía bastante bien el torrente de agua. Pero a los pocos minutos, el mar volvía a abrirlos, el agua entraba de nuevo, y se imponía volver a empezar desde el principio. También bombeaban perfectamente el lago que se había formado bajo cubierta, sumergiéndola: un trabajo que dirigía Gabriele, que había bajado allí junto a otros marineros. Pero eran bombas manuales, todas las bombas de los veleros eran así, y aspirar con ellas el agua de aquel lago era como pretender vaciar el golfo de Lyon con una cuchara. En cuanto a los barriles y a los tonelitos, también intentaban atarlos y bloquearlos. Pero muchos se habían roto, junto al vino y al ajenjo se había derramado el aceite, y, al estar cubiertos de aceite, resbalaban de entre las manos. Volvían a golpear contra la base del trinquete. Bang, bang, bang. Esto fue lo que originó la tragedia. De repente, los obenques de la verga baja y de la verga central se partieron, para sostener el mástil sólo se quedaron los obenques de esta última y, sometidos a un esfuerzo excesivo, una se deshilachó. Igual que había ocurrido veinte años atrás. Y, al igual que ocurriera veinte años atrás, Francesco gritó «¡yo me encargo!», al igual que veinte años atrás agarró un rollo de cuerda, se lo pasó alrededor del tronco, ascendió por los flechastes. El problema era que Montserrat no se había equivocado al afirmar que había envejecido mucho, que estaba muy cambiado, que ya no debería seguir navegando. Sobre sus piernas también pesaban las penas que, tras el fusilamiento de los hermanos Marchetti, lo habían convertido en la ruina de sí mismo, sobre sus manos también pesaba la debilidad que le había llevado a aceptar dócilmente las estúpidas decisiones de un capitán perpetuamente borracho, y todo su cuerpo acusaba los efectos de aquel mal misterioso que le adelgazaba, intensificando una decadencia ya irremediable. Al llegar al sexto flechaste, se resbaló. Se cayó rodando y Raffaele se dio cuenta: dejó el timón inmediatamente, acudió a auxiliar a su padre. «Tú eres el mayor: lo dejo en tus manos». «No se preocupe, mamita, se lo devolveré sano y salvo». Lo puso de nuevo en pie, le quitó el rollo de cuerda, se lo pasó él alrededor del torso, comenzó a subir por los obenques. Pero él no era un marinero experto en ocuparse de las vergas. No conocía el arte de trepar con ligereza, mantenerse en equilibrio sobre los cables, equilibrar el peso, medir cada movimiento. Trepó mal. Se colocó mal sobre los cables, equilibró mal el peso, hizo una serie de movimientos equivocados sobre la verga, y los obenques que permanecían intactos cedieron. La verga cayó, arrastrándolo con ella, rompiéndole el cráneo. Y el trinquete, sin sujeción alguna, se resquebrajó, se precipitó contra la empavesada del jubiloso ¡hurra!, causando otra hendidura. Otra vía de agua. Irrumpiendo por las dos vías, el mar se volcó sin contención alguna sobre el *Santa Speranza*, se abatió contra los mástiles de mesana y de maestra, inundó la cubierta y la bodega, y comenzó el naufragio.

—¡Bajad los botes, abandonad el barcooo!

Fue el *Padron Trinca*, que se había despertado de repente de su sueño plúmbeo, el que dio aquella orden inútil. Los botes ya se los habían llevado las apocalípticas olas, y abandonar el barco servía de poco: la proa ya se había sumergido, la popa estaba elevándose, y el naufragio se verificaba con inexorable rapidez. Murieron todos, salvo Francesco. Raffaele, Gabriele, Emanuele, Daniele de forma especialmente atroz. Raffaele fue engullido por una ola que destrozó el puente mientras intentaban arrastrarlo hasta un punto menos peligroso. (Aunque es obvio que hubiera muerto de todas formas. La herida en el cráneo era demasiado profunda y su cuerpo exánime apenas respiraba). Gabriele se quedó aprisionado entre los barriles y los tonelitos bajo cubierta y murió en aquel lago sucio de vino y de aceite y de ajenjo que en vano había intentado bombear.

Emanuele se ahogó. Al oír el grito del *Padron Trinca* se arrojó al agua con la esperanza de agarrarse a una tabla que flotaba no muy lejos de allí, pero al ser un pésimo nadador no consiguió alcanzarla y desapareció entre las olas. En cuanto a Daniele, habría podido salvarse. Paralizado por el pánico y la inexperiencia de sus quince años, había permanecido casi todo el rato al lado de su padre, por lo que saltaron juntos al agua. Juntos alcanzaron la tabla hasta la que Emanuele no había conseguido llegar. Pero, apenas unos instantes después, el *Santa Speranza* se hundió en el abismo y la corriente se lo llevó. Se lo tragaron las profundidades mientras un grito inhumano rasgaba el aire.

—¡Papááá!

Durante el resto de su vida, Francesco se preguntó por qué la corriente no se lo llevó también a él, por qué el abismo no se lo tragó también a él. ¿Porque estaba mejor sujeto a la tabla? ¿Porque era más pesado, porque el Padre Eterno no le había perdonado la historia de los veinte argelinos degollados y los nueve años a bordo de los barcos negreros? ¿Porque el destino existe y el suyo quería que apurase hasta la última gota el veneno del dolor? Durante tres días y tres noches estuvo a la deriva, como un corcho impulsado por el viento, sin fuerzas siquiera para dejarse deslizar hasta el agua y ahogarse, es más, saboreando con oscura voluptuosidad el alivio de apagarse poco a poco: asesinado por el hambre, la sed, el frío. Luego la tabla llegó a la playa de Carcassonne. Lo recogieron, lo curaron, le subieron a bordo de una nave francesa que iba a Livorno, donde bajó a tierra a mediados de marzo: atontado, esquelético, con el pelo y la barba y el bigote ya no grises, sino blancos, y aterrorizado ante la idea de enfrentarse a su mujer. De hecho, se quedó toda una semana dando tumbos por el puerto, durmiendo en el muelle. Sólo cuando un viajero lo confundió con un mendigo y le puso en la mano una moneda de veinte sueldos, se decidió. Cabizbajo, se encaminó hacia los Scali del Monte Pio, llegó al palacete, se hizo la señal de la cruz e, invocando por primera vez en su vida la ayuda de Dios, entró en la casa y pronunció las terribles palabras que provocaron el inicio de la locura de Montserrat.

16

—Han muerto los cuatro —dijo.

Se siguió un largo, larguísimo silencio durante el cual sólo se escucharon los gemidos ahogados de Ester. Luego Montserrat abrió los labios.

—No es verdad* —respondió con una sonrisa serena.

—Han muerto en el mar. Delante de mis ojos.

—No es verdad —repitió, siempre con una sonrisa serena—. Se fueron a Gibraltar en el *Santa Speranza*, y de Gibraltar se han ido a América. Ahora mismo estarán en Charleston o en Savannah.

—No han llegado a América, Montserrat. Y tampoco a Gibraltar. El *Santa Speranza* se ha hundido en el golfo de Lyon.

—Si se ha hundido pero usted está aquí, quiere decir que ellos también lo están. Dentro de poco los volveré a ver —rebatió sin descomponerse. Luego, canturreando «siete platos, siete», puso siete platos en la mesa y empezó a esperarlos.

Incapaz de oír los sollozos de Ester y las súplicas de su marido, «Montserrat no me haga esto, no me haga esto», los siguió esperando durante todo el día y toda la noche: la mirada perdida en el vacío y la serena sonrisa congelada en los labios. Al amanecer, se movió. Más tranquila que nunca, quitó la mesa, se fue a la cama, se durmió y, apenas se levantó, volvió a poner la mesa. Canturreando de nuevo «siete platos, siete», colocó los siete platos en la mesa

* En castellano en el original en todo el capítulo. (*N. de la T.*)

y volvió a esperarlos. Al atardecer, lo mismo. Al día siguiente, también. Al día siguiente cambió incluso las sábanas en las habitaciones de Raffaele y Gabriele, Emanuele y Daniele, lavó y planchó la ropa que no se habían llevado, les preparó una opípara cena con sus platos preferidos. Los días sucesivos, lo mismo. Era como si el rechazo a aceptar su muerte hubiese hecho retroceder el reloj de su memoria a los tiempos en los que se escuchaba desde las escaleras el alegre grito: «Ya hemos vuelto, ya estamos aquí», y sus jovenzuelos irrumpían en la casa, sembrando alegría. Un delirio casi feliz, lleno de actividad, y cada vez más ajeno a la realidad. Poco a poco, su subconsciente eliminó, mejor dicho, enterró todo recuerdo que pudiese reconducirla a la frase: «Han muerto los cuatro». El recuerdo de las levas napoleónicas, de la extensión de éstas a los jóvenes de diecinueve y veinte años, del enrolamiento en el *Santa Speranza*, de la huida a Gibraltar, del adiós en el muelle. Y el delirio empezó a producir espejismos que, para su mente enferma, tenían consistencia física, empezó a vivir con la certeza de que Raffaele y Gabriele, Emanuele y Daniele no se habían ido jamás. Comenzó a verlos en la casa, a portarse como si los tuviera allí, junto a ella. Les servía la comida en el plato, por ejemplo, y sin darse cuenta de que ésta se quedaba intacta o de que Ester la tiraba al cubo de la basura, los miraba mientras comían. Hablaba con ellos. «Comed un poco más de pollo, pasadme la sal». Una noche fue a cerciorarse de que estaban durmiendo plácidamente. Se inclinó sobre las cuatro camas para acariciar un rostro que ya no existía y luego exclamó: «Qué alegría tenerlos aquí, conmigo. Tengo que llevarle un exvoto a la Madonna de Montenero para darle las gracias». A Michele, en cambio, no lo veía. O lo veía y no lo reconocía. «¿Y tú quién eres, pequeñín? ¿Qué te pasa en la espalda?». Y era inútil que él se desesperase, protestase: «¡Soy yo, mamá, su Michele! ¿Ya no se acuerda de que soy jorobado?». Francesco llamó al médico. Le preguntó qué debía hacer y, con muchas dudas, «es mejor no llevarle la contraria», «es mejor dejar que se crea lo que ella quiera creerse», el médico lo autorizó a decirle que sus cuatro hijos habían partido. «Pero, ¡ojo!, con mucha cautela, con delicadeza. Nada de darle detalles que puedan provocarle un razonamiento inesperado, un recuerdo súbito. Reconducirla a la realidad de forma brusca podría resultar muy, muy peligroso». Llegó así el día en que se dio cuenta de que la comida de los cuatro platos terminaba en el cubo de la basura y elevó un gesto de sorpresa.

—¡Virgen Santa!* ¿Por qué la tira?

—Porque no se la han comido —respondió Francesco.

—¿Y por qué no se la han comido?

—Porque no están aquí —respondió Francesco.

—¿Y por qué no están?

—Porque se han ido —respondió Francesco.

—¿Y por qué se han ido?

—Porque los he enviado a América —respondió Francesco, olvidando la recomendación sobre los detalles que pudieran provocarle un razonamiento inesperado, un recuerdo súbito. Y, de golpe, en su pobre mente enferma relampagueó un atisbo de luz, casi la débil llama de una vela que busca sin saber qué busca.

—A América...

—Sí. Vía Gibraltar, en el *Santa Speranza* —especificó Francesco. Y entonces la vela iluminó el escondrijo en el que había enterrado el recuerdo del adiós en el muelle. Un recuerdo confuso, incierto, y desanclado de la frase «han muerto los cuatro». Pero que bastó para convencerla de que sí, de que se habían ido.

—Tiene usted razón... Pero me extraña que no me hayan escrito desde Gibraltar. A menos que no le hayan dado la carta al capitán. ¿Cuándo regresa el *Santa Speranza*?

—No lo sé, Montserrat.

—Mañana voy al puerto a preguntarlo.

Francesco hizo filigranas para impedírselo. Le recordó que los barcos nunca tenían fecha fija de regreso y que, por lo tanto, nadie iba a poder darle esa información. La retuvo en el palacete, durante semanas no se separó de ella ni un minuto, intentó quitarle la idea de la cabeza. Pero no lo logró, y una tarde tuvo que salir, dejarla al cuidado de Ester. «No deje que salga aunque se esté quemando la

* En castellano en el original. (*N. de la T.*)

casa». Pero Ester, distraída con Michele, la perdió unos segundos de vista, y Montserrat salió. Fue al puerto.

—¿Cuándo regresa el *Santa Speranza*?

Se lo dijo un tipo sin pelos en la lengua.

—¿El *Santa Speranza*? ¿¡¿En qué mundo vive, señora mía?!? El *Santa Speranza* naufragó el pasado enero, mientras se dirigía a Gibraltar. Murieron todos, menos el contramaestre. Los cuatro hermanos Launaro, es decir, sus hijos, incluidos. ¿Es que no lo sabía?

* * *

Algunos psiquiatras denominan a la crisis que acompaña el paso de una locura tranquila a una locura violenta «el rugido del ratón». Pero el de Montserrat no fue el rugido de un ratón: fue el rugido de una tigresa sedienta de sangre. Porque el brusco regreso a la realidad reabrió la herida que había cerrado diciendo «no es verdad», y al reabrirla le devolvió a la memoria los recuerdos enterrados junto al adiós en el muelle, y éstos le ofrecieron en bandeja al chivo expiatorio al que acusar procesar condenar. La presa sobre la que caer para hacerla trizas. Francesco. ¡Sí, él era el culpable! ¡Él había sido quien, con la excusa de la fiebre amarilla, apartó a Raffaele y a Gabriele de la Universidad, se los llevó al mar, los indujo a enamorarse de su peligroso oficio! ¡Él había sido quien, no satisfecho con haber cometido semejante locura, le había arrebatado también a sus otros dos hijos guapos y sanos, dejándola sola con el pajarillo deforme! ¡Había sido él quien, a pesar de sus lágrimas, sus «tengo miedo, no suba a ese pinco, no los lleve allí, se lo suplico», los había embarcado en aquel trasto viejo al mando de un borracho y los había llevado al cementerio de los veleros! ¡Y él se había salvado, él había regresado! Lo que le parecía imperdonable era, sobre todo, que él sí se hubiera salvado, que él sí hubiera regresado. Y su inmensa dulzura, su infinita bondad se extinguieron. La pasión por el hombre al que había amado tanto se transformó en un odio feroz, injusto, brutal.

—¡Los ha matado usted, asesino!

Fue esto lo que le gritó, apenas llegó a casa y lo tuvo delante. Luego empuñó el hacha que usaban para partir leña, intentó asestarle un golpe en el corazón, le hirió un brazo y, ni siquiera cuando Ester la desarmó, se aplacó su furor. La locura violenta ya se había desencadenado y, al igual que el mistral, se abatía sobre cualquier objeto o persona que encontraba a su paso: el lampadario de cristal, los espejos, el diván del salón, las cortinas del dormitorio, los vecinos que, al oír el escándalo, acudieron corriendo a ofrecer su ayuda, el mismo Michele que, diciendo entre lágrimas «no, mamá, no», intentaba defender a su padre. Tuvieron que llamar a la Compañía de la Misericordia para inmovilizarla, llevarla desde la casa destrozada al Santa Bárbara y allí socorrerla. ¿Socorrerla? El Santa Bárbara era el único hospital en el que se atendía a las mujeres y a los locos, y en el que la ignorancia estaba más estrechamente unida a la crueldad. A los enfermos mentales se les consideraba criaturas de Satanás. Réprobos presa de espíritus malignos, malvados que debían ser castigados. Y para castigarlos les pegaban, les insultaban, se mofaban de ellos. Los tenían junto a los enfermos de tiña y sarna, los trataban siguiendo el método denominado *Fame et Vinculis et Plagis*, es decir, ayuno y cadenas y golpes, los arrojaban dentro de sucias bañeras llenas de hielo o de agua hirviendo. Así fue como la socorrieron. La ataron por las muñecas y los tobillos a un catre, y allí permaneció durante cuatro meses, pidiendo ayuda o gritando que su marido era un asesino y que había matado a sus cuatro hijos. En las visitas, Francesco no podía ni acercarse a ella: tenía que conformarse con mirarla de lejos, escondido detrás de una columna del pasillo, con el brazo herido y la muerte en el corazón. Para averiguar si le pegaban demasiado, la golpeaban demasiado, si la tenían demasiado tiempo en ayunas, se llevó un día a Michele. «Intenta preguntárselo». Pero la pobre mente estaba dormida de nuevo, las torturas habían vuelto a sumirla en la oscuridad, y la estratagema no dio resultado. «¿Quién eres, enanito? ¿Qué quieres?» «¡Soy su hijo, mamá! He venido a preguntarle...». «Yo no tengo hijos. Mis hijos han muerto, asesinados por su padre. Vete». Luego Francesco descubrió que en Florencia existía un hospital único en el mundo: el Instituto de San Bonifacio.

Y era único porque estaba dirigido por un estudioso, Vincenzio Chiarugi, que sostenía que la demencia no debía considerarse un crimen que debe ser castigado, sino una enfermedad que debe curarse con los métodos de una ciencia nueva llamada psiquiatría. Tesis meridianamente expresada en los reglamentos que Chiarugi redactó en el año 1789, cuando se fundó el San Bonifacio, bajo los auspicios de Pedro Leopoldo. «El respeto a la persona física y moral del enfermo es un supremo deber médico y humano. Que ningún cirujano o médico o boticario o asistente o criado o mozo ose jamás golpear o insultar o provocar a los faltos de juicio durante sus ataques de ira o antes o después. Bajo ninguna razón y bajo ningún pretexto. Que, lejos de estar encadenados, éstos dispongan de libertad para moverse y relacionarse con los demás, para circular por nuestros locales y nuestros jardines, para ocuparse con algún trabajillo. Que a aquellos que sean incapaces de alimentarse por sí mismos se les atienda amorosamente y se les dé la comida en la boca, que las medicinas se les administren en la dosis y frecuencia establecidas, que también las dietas duras incluyan un huevo bebido, que la carne sea de la mejor calidad y el pan sea reciente y el vino puro, que el servicio se lleve a cabo sin estrépito y sin ruido. Que ninguna ventana esté cerrada con rejas...».

La acompañó en un cómodo carruaje tirado por cuatro caballos, junto a Ester y a Michele, y para que ella no lo viera se quedó todo el rato en el pescante, junto al cochero. Fue el viaje más difícil de su vida. Cada poco rato, Montserrat tenía arrebatos de cólera, debatiéndose entre los brazos de Ester amenazaba con arrojarse por la ventanilla, y Michele tenía que sedarla hasta las cejas con una mezcla de láudano y valeriana. «Bébaselo, mamá, bébaselo». «¡No soy tu mamá!». «Bébaselo de todas formas, señora». A veces era preciso detenerse, buscar una posada en la que no era infrecuente que le cerraran el paso. «¡Aquí no se admiten locos!». En dos días les ocurrió tres veces: en Pontedera, en Empoli, en Scandicci. ¡Dios!, ¡qué alivio fue llegar por fin a Florencia: entrar en la vía San Gallo, la calle en la que estaba el San Bonifacio, ver aquel hermoso edificio con arcadas y balcones de piedra serena y ventanas sin rejas! ¡Qué consuelo dejarla allí, sabiendo que de ahora en adelante la iban a atender en un sitio civilizado! Sí: civilizado. En el hermoso edificio las salas del manicomio estaban perfectamente aisladas de las de los tiñosos y los sarnosos, y los pacientes del primero nunca estaban en contacto con los segundos. En la parte trasera, además, tenía unos huertos encantadores y amplios jardines por los que pasear. En el interior, salas luminosas y pasillos limpios, además de varias habitaciones de pago. Y, en todas partes, ofrecía los cuidados de un personal perfectamente capacitado que incluía a cuarenta monjas con título de enfermeras. Diez, destinadas a la Sala de Agitados; diez, a la Sala de Dementes, es decir, de enfermos aquejados de amnesia o alucinaciones o delirios; diez, a la Sala de Melancólicos; y diez, a los casos especiales. La instalaron en una habitación de pago. «Que tenga lo mejor de lo mejor, me da igual lo que cueste», había dicho Francesco, depositando cuatrocientos escudos pedidos en préstamo al Monte de Piedad. La confiaron a los cuidados de una monja destinada a los casos especiales, sor Cunegonda, y fue asignada a la Sala de Agitados. Una elección inevitable porque, entre otras cosas, no dejaba de dar gritos asegurando que era la hija de un gran duque y que iba a heredar el título de gran duquesa, que era así cómo debían dirigirse a ella, aunque se hubiese casado con el hijo de un esclavo, y, al no estar ya encadenada, no paraba de autolesionarse con las uñas o con el primer objeto que encontraba a mano. Su bellísimo rostro estaba siempre cubierto de arañazos, desfigurado. Pero en 1811 sus arrebatos de furor se transformaron en crisis místicas. Empezó a identificarse con Santa Teresa de Ávila, a consumirse en plegarias, a dirigirle cartas de amor a Jesús, y la trasladaron a la Sala de Dementes. De allí a la Sala de Melancólicos donde, junto a su legendaria belleza, recuperó algún atisbo de lucidez y dijo un día: «Quiero mi laúd».

Lo obtuvo. Se lo llevó Francesco que, una vez al mes, iba a Florencia para informarse de cómo estaba y llevarle un anónimo ramo de lirios. «Que no se entere nunca de quién se los manda, por caridad». Y recobrarlo casi la volvió feliz. Todavía lo tocaba muy bien, cuando interpretaba suites de Bach hasta los locos frenéticos se quedaban escuchándola, y sor Cunegonda exclamaba: «¡Con ese laúd podrías resucitar a los muertos!». Fue esto lo que acabó con ella, la noche de Navidad del año 1814, a los cuarenta y cuatro años. Lisonjeada por aquel cumplido, había tomado la costumbre de tocar frente a la sala mortuoria que estaba al fondo del jardín. Daba igual si era invierno o verano, si llovía o lucía un sol espléndido, ella iba allí a resucitar a los muertos, y el diciembre de 1814 fue especialmente frío en Florencia. Durante dos semanas el termómetro marcó quince grados bajo cero, nevó durante otra, y hubo muchos casos de congelación. «Que ningún paciente abandone las habitaciones caldeadas», había ordenado el profesor Chiarugi. Y con sor Cunegonda fue aún más preciso: «No pierda de vista a la señora Launaro. Vigile que no salga, que no vaya a resucitar a los muertos». Pero en la nochebuena sor Cunegonda la perdió de vista. Con la excusa del frío, se tomó una copa de más, se quedó tan dormida como el *Padron Trinca*, y Montserrat cogió su laúd y salió al jardín. Descalza y medio desnuda, fue corriendo a tocar para su público preferido, a resucitar a los muertos. La encontraron al alba, congelada. Parecía una bellísima estatua de hielo caída sobre la nieve.

* * *

Francesco se enteró la última semana de enero, cuando se acercó al San Bonifacio con el habitual ramo de lirios para efectuar su visita mensual. Tras prescindir de los servicios de Ester y vender el palacete en los Scali del Monte Pio, ahora se ganaba el dinero necesario para ir tirando y pagar la habitación de Montserrat trabajando como barquero entre Pisa y Livorno. En la barquichuela comía, dormía, tenía a Michele, por lo que carecía de una dirección fija y, tras la desgracia, no habían podido localizarlo. «Llévelas al cementerio», le dijeron al verlo con las flores. «Ha muerto hace un mes». El dolor lo destruyó hasta tal punto que su salud terminó por quebrantarse del todo, no vivió siquiera dos años más. Los años en los que le contó a Michele lo que yo he contado hasta ahora. Pero ni siquiera durante esos dos años dejó de trabajar, de deslomarse, y gracias a la barquichuela volvió a encontrarse con Filippo Mazzei, que, ya de regreso a la patria, vivía en Pisa, donde escribía sus Memorias y donde, muy orgulloso de sus conocimientos sobre agricultura, se presentaba con el nombre de Pippo *l'Ortelano* (Pippo *el Hortelano*). Se lo reencontró de casualidad, un día en que fue a entregarle una carta que le había llegado a Livorno desde Norfolk. (Probablemente, la carta que le escribió Thomas Jefferson, el 19 de agosto de 1815, para informarle de que enviarle a Toscana el dinero obtenido con las venta de sus propiedades en Virginia era un problema, debido a la bancarrota sufrida por numerosos bancos americanos. La misma en la que expresaba una inesperada piedad hacia Napoleón, derrotado en Waterloo y a punto de ser enviado a Santa Elena). «¡*Sor* Mazzei, tiene correo de América!», fueron las palabras con las que, medio siglo después, Francesco saludó al hombre que le había ayudado a embarcarse en el *Triumph*, a superar la muerte de su padre. Y, ateniéndonos a la voz apasionada y compasiva, el más que octogenario Mazzei tardó unos minutos en reconocer en aquel sesentón decrépito al gallardo marinero del cuchillo al cinto y el pendiente de oro en el lóbulo izquierdo que, en los trópicos, les dio de beber a las ovejas con su escudilla de agua; luego lo abrazó y le entretuvo durante horas con el relato de sus felices aventuras. La Revolución Americana, en la que había participado, la Revolución Francesa, que había presenciado de cerca, sus encuentros con Washington y Lafayette y Robespierre y el zar de Rusia y el rey de Polonia, a cuyo servicio estuvo. Un monólogo autocomplaciente, que excluía cualquier interés hacia lo que le había ocurrido a Francesco mientras tanto, y que concluyó con una pregunta.

—¿Llegó a leer *De los delitos y de las penas* de Beccaria, el libro que le regalé dedicado?

Francesco negó con la cabeza.

—*Sor* Mazzei —respondió—, delitos los he cometido a toneladas, y penas he sufrido tantas que no he tenido ni la necesidad ni las ganas de leerme los y las de Beccaria.

Luego se dio la vuelta y regresó a la barquichuela.

Su historia acaba aquí. Sobre los acontecimientos que se produjeron tras aquella salida lapidaria sólo se sabe que murió el 17 de enero de 1816 y que, al morir, descubrió cuál era el mal misterioso que redoblaba sus infinitas desdichas desde 1799: el *mal dolent*. El despiadado mal que había acabado con María Isabel Felipa, que, a través de sus genes y los de Montserrat acabaría con tanta gente en la familia y que, antes o después, también acabará conmigo. A él le atacó en la garganta. En cuanto a Michele, en 1816 un joven de veinte años, sensible y dispuesto a hacerle frente a las maldades de la vida, abandonó enseguida la barquichuela. Llevándose consigo el laúd que se había quedado junto a la bellísima estatua de hielo, se estableció en Pisa y, con las cuatro mil *lluras* (las intactas cuatro mil *lluras* a las que Francesco se negó a recurrir incluso cuando estaba en la miseria), abrió una tienda de instrumentos musicales. Se convirtió en un experto lutier. Pero nunca dejó de ser un jorobado, pobre tatarabuelo Michele. Un enano con joroba, raquítico y feo. Lo único bonito que tuvo siempre fueron los grandes ojos color celeste en los que Ester leyó que iba a sobrevivir, que los enterraría a todos. Junto a los ojos, el valor con el que se casó con una joven de un metro setenta y nueve de altura, es decir, tan valiente como él, y continuó la progenie.

TERCERA PARTE

1

Sólo recuerdo las huellas de su ardor patriótico, de su fiebre revolucionaria cuando busco en la memoria los recuerdos dejados por los Cantini y custodiados en el arcón de Caterina. Una bandera tricolor desgastada y remendada, un pañuelo rojo descolorido y mohoso, un fajo de cartas escritas antes y después de la batalla de Curtatone y Montanara (tesoro del que, a Dios gracias, conservo la copia que hice de escolar para una redacción sobre las guerras de la Independencia), y varias hojas de propaganda del Risorgimento, entre ellas una inolvidable invectiva llena de tacos. «*Austria, puta, que no nos dejas ni respirar / Muerte a ti, zorra asquerosa / Muerte a tus esbirros manchados de fango / Viva Italia / Viva la sangre del Pueblo / al que siempre dan por el culo, pero que terminará triunfando*».* Los pobres muy pobres, los auténticos desechos de la sociedad no dejan en herencia fundas de almohada bordadas ni laúdes con incrustaciones de madreperla. Libros con una dedicatoria de Filippo Mazzei y restos de un peinado a lo María Antonieta. Como los desahucian hasta de los cementerios, con frecuencia no dejan ni los huesos. Y mis antepasados que lucharon por la patria, la justicia, la libertad, los sueños que los mentirosos actuales manipulan para trepar hasta el Poder o para detentarlo, eran muy pobres. Unos auténticos desechos de la sociedad. Tan pobres que, a su

---

* «*Austria puttana che ci levi il respiro / Morte a te, brutta troia / Morte ai tuoi sbirri sozzi di fango / W l'Italia / W la sangue del Popolo / che se la piglia sempre in culo ma tronferà*».

lado, los Fallaci de Panzano podían considerarse unos señores, los Launaro de los Scali di Monte Pio, unos marajás. Tan al margen de la sociedad que su mismo compromiso político terminaría jodiéndolos, sus mismas esperanzas en un mundo mejor traicionándolos, y el hambre los acompañó durante generaciones. Hasta llegar, incluyéndolo, a mi abuelo Augusto, es decir, al padre de mi madre, que se extinguió, en 1947, en un sucio hospital y estrujando entre las manos todo cuanto poseía: una pipa de arcilla, un par de quevedos, un inquietante retrato a lápiz del tatarabuelo Giobatta a los quince años, su carné de anarquista y cinco liras. Las cinco liras, acompañadas de la siguiente nota: «Os ruego que se las entreguéis a sor Veronica, de la Sala de Diabéticos, que es tan buena y que a escondidas me daba ración doble de sopa». (Debe de ser por esto por lo que experimento hacia el dinero una mezcla de rencor y desagrado, hacia la miseria una mezcla de odio y repugnancia, hacia los falsos apóstoles de la igualdad un desprecio ilimitado). Y, por cierto: es la voz del abuelo Augusto la que voy a escuchar para reconstruir las vidas que viví en aquel pasado de paria. Una voz cálida y amarga, muy seductora, que empleaba con frecuencia para entonar himnos subversivos.

«*¡Mientras como ovejas nos comportemos justo será que hayaaa / una hatajo de rufianes que leyes no deje de decretar! / Y si no resplandece el Sol de la Anarquíaaa / por todas partes os dejaréis matar...*».

La invectiva llena de tacos y las cartas escritas antes y después de la batalla de Curtatone y Montanara eran de Giobatta. La bandera tricolor, el pañuelo rojo, las hojas de propaganda del Risorgimento eran de su presunto tío Giovanni: el antepasado con el que abro la saga de los Cantini. Una saga con pocos misterios, esta vez. Ya en mil seiscientos los *Status Animarum* los registran como habitantes de San Jacopo in Acquaviva, un arrabal situado extramuros de Livorno en el que vivían las clases populares más retrógradas de la región. Sé, pues, que, el 8 de junio de 1774, Natale, de veinticuatro años, carretero y arrendatario de un huerto llamada Huerta del Fabbri, se casó con Bernarda Pacinotti, de dieciséis años y de oficio fregona. Que el 23 de noviembre de 1775 tuvo una hija a la que se le puso el nombre de Margherita; el 2 de julio de 1781, un chico al que se llamó Gasparo; el 6 de diciembre de 1783, otro chico al que se llamó Giovanni; el 29 de marzo de 1789, otra chica a la que se llamó Vigilia. Sé que el 13 de marzo de 1804 Bernarda murió en la epidemia de fiebre amarilla causada por las plumas de avestruz llegadas desde Veracruz para la estúpida reina de Etruria; que al año siguiente el vivales de Natale la reemplazó con Rina Nuti, de diecinueve años y de oficio trapera; y que el 4 de febrero de 1814 Gasparo, de treinta y tres, se casó con Teresa Nardini, de veinticinco años y de profesión modista. Existe hasta el certificado de boda de Gasparo y Teresa, documento que demuestra que ambos eran incapaces hasta de hacer su firma. (El patético manchurrón que, con una *i* mal puesta, destaca a pie de página es del padre y suegro: «Na*i*tale Cantin»). De Giobatta, parido por Teresa en 1823, existe hasta la partida de nacimiento. Con una inexactitud, qué le vamos a hacer, se atribuye la paternidad al legítimo consorte. En la familia no era ningún secreto que las cosas no habían sido así. «¡Pero qué Gasparo ni qué gaitas! ¡Nosotros descendemos de Giovanni!», le gritaba el abuelo Augusto a todo el que fingía ignorar el hecho. Luego, para reforzar su aclaración, le repetía lo que Teresa le reveló a Giobatta en su lecho de muerte: «No puedo irme sin confesarte la verdad, hijo. Tu padre no era tu padre. Tu padre era tu tío». Haciendo oídos sordos a las protestas de los parientes a los que les molestaba el tema, pregonaba hasta los detalles más íntimos del adulterio. A su entender, una gran historia de amor. No, no se había tratado de un vulgar asunto de cuernos, decía. El fuego se había iniciado mucho antes de que Teresa se convirtiese en la mujer de Gasparo, y durante casi diez años los dos enamorados habían intentado sofocarlo evitando encontrarse o mirándose de reojo. Pero un fatal día de invierno aquel imbécil redomado de Gasparo los envió juntos a Lucca y...

—Amigos míos, nadie escapa a su destino...

San Jacopo in Acquaviva. Oh, no me resulta difícil volver a ver aquel arrabal en la época en la que yo era Giovanni. Y hacerlo me estremece. Porque allí no disfrutabas del encanto de los canales cruzados por puentes de mármol, de las casas de cinco pisos, de las calles llenas de gente e iluminadas con antorchas. No gozabas del espectáculo del mar y del puerto repleto de barcos, de la bacanal de colores y de olores y de sonidos que había embrujado a Montserrat a su llegada. El paisaje estaba compuesto exclusivamente por campos en los que crecían las hortalizas que se vendían en la Plaza de las Hierbas, el puerto ni se vislumbraba, el silencio se estañaba junto a la melancolía, y nada de canales. Nada de antorchas, nada de calles, nada de casas. En su lugar, unos tugurios en los que, nada más entrar, se te revolvía el estómago. Unas sucias chozas en las que un campesino de Chianti no habría guardado ni a los cerdos. De apenas un par de metros de altura, angostas, sin ventanas y, por lo tanto, sin aire, sin luz. En la de los Cantini no había ni puerta. ¿Para qué la necesitaban, por otro lado? ¿Para ponérselo difícil a los ladrones? Salvo la carreta que, por prudencia, Natale aparcaba todas las tardes en el agujero que llamaba «dormitorio», la única posesión de un cierto valor era el orinal que Bernarda había llevado como dote junto a dos toallas, una palangana y un jabón. De mayólica portuguesa, de diez pulgares de ancho y una profundidad de siete, pintado con pequeñas flores celestes, y usado no para los fines para los que fue fabricado, sino como adorno, colocado encima de la mesa de la cocina. (Total, las necesidades las hacías fuera, al aire libre). En la cocina había alguna que otra olla, es cierto. Algún que otro plato de madera, algún que otro cubierto de aluminio. Aparte de la mesa con el orinal, no había más mobiliario que seis taburetes y tres estantes. En el así llamado dormitorio (el mismo para todos, por lo que cada vez que Natale se acostaba con Bernarda tanto los hijos como las hijas asistían al evento), sólo los jergones donde dormían y los clavos de los que colgaba la ropa. ¿Ropa? Para las mujeres, una falda de vellón, una blusa de algodón o de lana, un mantón para protegerse de la lluvia o del sol. Para los hombres, una chaqueta de fustán, una camisa de felpa, un par de pantalones sujetos con frecuencia por un cordel. Y en los pies, zuecos. (Los pobres muy pobres no llevaban zapatos. Llevaban zuecos. O iban descalzos). En cuanto a la comida, ¡Dios! De lunes a viernes, sopa de verduras cocidas sin aceite ni sal. (El aceite costaba demasiado. La sal, una fortuna). El domingo, polenta amarilla con bacalao y arenques. Las fiestas importantes, morralla o despojos que los pescaderos o los carniceros te daban a cambio de las hortalizas. Pescado fresco y carne de buena calidad, nunca. Pan y huevos, muy de tarde en tarde. En la Huerta del Fabbri no se cultivaba trigo y criar gallinas estaba prohibido porque picoteaban los pimpollos. Al no tener gallinas, no tenías huevos. Al no tener trigo, no tenías harina. Al no tener harina, no tenías pan. Y el panadero te lo cobraba a diez cracias la libra. Casi la paga diaria de un obrero.

¿Algo más? Ah, sí: la fe en Dios, saber leer y escribir. Los preciosos alimentos de la mente y del alma, las riquezas espirituales que deberían compensar las penas del cuerpo. Pero a los Cantini de San Jacopo in Acquaviva les traía sin cuidado lo de educar su mente y salvar su alma. Los archivos de la parroquia demuestran que en la iglesia sólo entraban para bautizarse, es decir, para estar inscritos en el registro civil, y el certificado de boda de Gasparo y Teresa (el manchurrón «Naitale Cantin» no cuenta) que eran analfabetos. La única excepción, Giovanni. Empujado por quién sabe qué impulso de civilidad, en 1793 Natale había enviado a Gasparo, de doce años, y a Giovanni, de diez, a la escuela pública de los frailes barnabitas. Y Gasparo se había cubierto de todo, menos de gloria. A las tres o cuatro semanas, el maestro lo había puesto de patitas en la calle gritándole: «¡Vuelve a llevar el carro, so borrico! ¡Tienes menos seso que un asno!». Giovanni, por el contrario, había aprendido a leer en un solo semestre. Eso sí, a leer y punto. En las escuelas públicas no se seguía el método empleado por Carlo con Caterina: ponerte enseguida la pluma en la mano, enseñarte al mismo tiempo a leer y a escribir. Primero te enseñaban a leer, esfuerzo que duraba dos años, luego a escribir. Esfuerzo que duraba tres. Y los niños pobres, en esa época, trabajaban. No podían permitirse el lujo de asistir tanto tiempo a la escuela. Por eso, culminada la hazaña, el genio de la familia tuvo que batirse en retirada. Sin embargo, quince años después, en los registros aparece junto a su nombre tanto la *L* de «Lee», como la *E* de «Escribe». Detalle por el que deduces que, sabe Dios cómo, en 1808 sabía también escribir.

* * *

Estamos en 1808, el año en el que las levas napoleónicas pusieron patas arriba San Eufrosino de Arriba y la casa en los Scali del Monte Pio. Italia, ¿recuerdas?, forma parte del Imperio francés. Livorno es la capital del Departamento del Mediterráneo, la Plaza de Armas, la Place Napoléon, la vía Grande, la Rue Napoléon, y Giovanni es un joven de veinticinco años que odia a muerte al *Nappa*. Apodo con el que se conoce a Napoleón en Toscana. Su aspecto es descarnado, desnutrido. No es casual que lo llamen *Stecco* [Palillo], y si se quita la camisa puedes contarle las costillas. En compensación, mide un metro setenta y nueve, tiene la dentadura sana, atractiva planta de seductor y ninguna enfermedad. De carácter es inquieto, retraído, huraño. El típico tipo que habla poco y rezonga mucho. No puedo reprochárselo: saber escribir no le sirve para nada, saber leer sólo le sirve para descifrar los edictos y los bandos con los que el Nappa tortura a sus súbditos, y para subsistir se desloma dieciséis horas diarias. Al amanecer, descarga verduras en la Plaza de las Hierbas, donde Natale y Gasparo llevan el puesto de hortalizas de Fabbri; por las mañanas, recoge en las cuadras la mierda de los caballos; por la tarde, prepara cal para Onorato Nardini, un albañil tirando a acomodado que vive en el antiguo arrabal de Salviano, y al atardecer barre las calles. Trabajos con los que no saca ni para pagarse una tarde en la hostería o unos minutos en el burdel. Novia no tiene. Su sueño es casarse con Teresa, la preciosa hija de diecinueve años de Onorato Nardini: desde que la conoció, se consume de amor por ella, «buenos días, Teresa; a sus pies, Teresa», y hasta un ciego se daría cuenta de que ella le corresponde... ¡Le echa cada mirada! A veces, se pone colorada. Pero Teresa lleva zapatos. Vive en una casa con puerta y ocho ventanas, trabaja como modista, se viste como una señora. (Hasta tiene un sombrero). Y cuando llevas zuecos, cuando vistes como un pordiosero, cuando apestas a mierda de caballo, cuando vives en un tugurio con un orinal colocado sobre la mesa de la cocina, ¿en qué rincón de tu corazón encuentras el valor necesario para decirle: «Teresa, me gusta usted mucho, quiero casarme con usted»? ¿En qué bolsillo encuentras el dinero necesario para formar una familia? Se lo pregunta a diario, pobre Giovanni. Con esas preguntas se duerme, se despierta, trabaja, y, ahora mismo, se ha detenido para leer el bando que hoy, 22 de julio, tapiza las paredes de la ciudad. «¡Toscanos! Napoleón I, emperador de los franceses y rey de los italianos por la gracia de Dios y de las Constituciones, ha decretado en los tres departamentos una leva de mil doscientos reclutas, nacidos entre el 1 de enero y el 31 de diciembre de 1788, y que trescientos cincuenta de éstos procedan del Departamento del Mediterráneo. Es así que también los jóvenes de vuestra región serán depositarios de la Grandeza Nacional y que, más afortunados que los franceses que les precedieron, se unirán a las Gloriosas Falanges justo ahora, cuando la época de los peligros ya ha pasado y sólo les aguardan fáciles éxitos. ¡Toscanos! Dentro de poco, vosotros también formaréis parte de las Legiones Triunfantes que cubren Europa y a las que ya les basta con aparecer para resultar vencedoras. ¡Toscanos! ¡Dentro de poco, los franceses os concederán el título de Hermanos!».

Junto al bando, un aviso del prefecto Louis Chapelle. «¡Livorneses! Al hacer este llamamiento a los hijos que como a tales ha adoptado recientemente, Su Majestad el Emperador y Rey de Italia, se conduce como un afectuoso Padre. Pero si osáis hacer caso omiso a Su voluntad, él empleará el lenguaje de un Padre severo y terrible. Inevitables castigos caerán sobre los insumisos, los desertores, los fugitivos. La cárcel, además de multas de mil quinientos francos, arresto de los familiares cercanos, condenas que se harán públicas en todos los municipios, grandes y pequeños: ésa es la suerte que aguarda a los que ultrajen el honor de la Patria».

2

Lo leyó con una extraña mezcla de indignación y envidia. ¿¡¿Padre?!? Pasaba de llamar padre a ese verdugo, a ese tirano al que se le llenaba la boca hablando de libertad e igualdad y fraternidad, pero que, entre cháchara y cháchara, se había puesto una corona en la cabeza y estaba sembrando el terror por medio mundo. ¿¡¿Hermanos?!? Tampoco es que le sedujese la idea de llamar hermanos a esos maleantes, a esos ladrones, a esos lechuguinos que tan pronto te acosaban a Margherita y a Vigilia, como te robaban los nabos y las cebollas o te requisaban la carreta de Fabbri. «*Allez-allez, ça sert à l'Armée*». [Vamos, vamos, esto le sirve al ejército]. Y, sin embargo, lamentaba con toda su alma no haber nacido entre el 1 de enero y el 31 de diciembre de 1788. El que lleva remiendos hasta en el culo no puede andarse con sutilezas, maldita sea. Y, en vista de que la época de los peligros había pasado y de que a las Gloriosas Falanges sólo les aguardaban ya fáciles éxitos, él, de tener veinte años, se hubiera presentado corriendo. ¡Corriendo! Comían tan bien, los soldados del Nappa... Pan blanco por la mañana y por la tarde, carne de buey regada con vino, de guarnición verduras cocidas con sal y aceite, quesos. Exquisiteces que en San Jacopo in Acquaviva no te imaginabas ni en sueños. Además, se alojaban en cuarteles que parecían palacios. Catres con sábanas, letrinas con cubo, palanganas para lavarse... Calzaban unas botas que cortaban el aliento, vestían unos uniformes tan llenos de alamares y cordones y botones que nunca sabías si eran soldados rasos o generales, y recibían una paga que era como para perder la cabeza. ¡Una lira al día! ¿Puedes creerlo? ¡El doble de lo que ganaba él en época de vacas gordas! Una lira al día son treinta liras al mes, entiéndelo. Treinta liras al mes son trescientas sesenta liras al año, el equivalente a cincuenta escudos y un bayoco. Sin tener que pagarte ni la comida ni la ropa, ¿sabes cuántos gustos puedes darte con cincuenta escudos y un bayoco? Para empezar, ponerle puerta al tugurio de tu padre. Luego, dejar de mirar la cracia. Por último, o sobre todo, poder pronunciar la fatal frase: «Teresa, me gusta usted mucho». Y, una vez licenciado, casarse.

La indignación le duró sólo unas pocas horas. La envidia, menos de una semana. Hasta al miércoles 27 de julio, cuando apareció un segundo aviso en la ciudad que, tras los consabidos preámbulos, decía: «Quedan exentos de la leva los jóvenes que midan menos de un metro cincuenta y cuatro, que tengan mal la dentadura o sean de salud débil, que carezcan del vigor necesario o tengan defectos incompatibles con las exigencias del ejército. Quedan exentos, además, los que sean huérfanos de ambos padres o el que sea hijo único y mantenga con su trabajo a una madre viuda o a un padre octogenario; el que haya contraído matrimonio antes de la presente fecha, el que pertenezca a alguna orden religiosa, el que esté a punto de convertirse en diácono. Todos los demás, gemelos también, serán incluidos en las listas que se harán públicas antes del domingo 31 de julio: fecha en la que los llamados a filas deberán presentarse en el lugar indicado por el señor Prefecto para proceder aquí al sorteo, efectuándose la extracción por su propia mano. Para demostrar que la ley es imparcial, que no admite favoritismos o injusticias, el reclutamiento se dejará, de hecho, en manos de la suerte, y serán los propios llamados a filas los que decidan su destino, extrayendo la papeleta a ciegas, de una urna. Cada papeleta estará numerada, y a los que les toque un número bajo partirán enseguida. A los que les toque un número alto permanecerán en Livorno y tendrán muchas posibilidades de quedarse. Se admitirá la sustitución, es decir, el intercambio de un número bajo por un número alto. Intercambio que deberá realizarse en el acto, mediante acuerdo privado entre dos reclutas de la misma estatura y del mismo distrito». Hasta aquí, nada extraordinario. Esas precisiones no le atañían. Pero, inmediatamente después, el aviso contenía algo que sí que le afectaba de cerca: un apéndice destacado en negrita. «Las normas arriba mencionadas interesan también a los ciudadanos que, al no haber nacido entre el 1 de enero y el 31 de diciembre de 1788, están excluidos del enrolamiento pero que desean ofrecerse como sustitutos. Y a éstos el señor Prefecto les facilita las siguientes informaciones. 1) La sustitución consiste en la delegación del alistamiento en un voluntario que no esté sujeto a leva y que, tras compensación económica efectuada ante notario, ocupe el puesto del recluta. 2) Para la sustitución no es necesario que el Sustituto tenga la misma estatura que el Sustituido ni que viva en su mismo distrito. Será suficiente con que pertenezca al mismo departamento y con que su edad esté comprendida entre los veintiún y los veintiséis años cumplidos. 3) Además de tener la susodicha edad, será preciso que el Sustituto enseñe un certificado de penales que demuestre que no ha sufrido condenas de ningún tipo y documentos que verifiquen que está en posesión de los requisitos exigidos a un recluta normal. Certificado médico, estado civil. En cuanto a la estatura, en este caso debe superar el metro sesenta y cuatro. No serán admitidos los Sustitutos que midan menos de un metro sesenta y cinco».

Sí, en efecto: la escapatoria mediante la que Carlo y Caterina salvaron a su segundo hijo de las campañas napoleónicas. El cruel recurso por el que, a despecho de la imparcialidad de la ley y del lema *Liberté. Égalité. Fraternité,* se favorecía a los ricos a expensas de los pobres: a los primeros les ayudaba a salvar el pellejo, a los segundos los enviaba al matadero. (La sustitución ya existía en la época de la Revolución Francesa, Napoleón sólo lo había perfeccionado). Pese a todo ello, Giovanni se sintió como si acabara de rozar el cielo con un dedo. ¿Qué más podía pedirle al destino? Esa apostilla parecía hecha a su medida, junto a las ventajas de comer bien, calzar botas, vestir un bonito uniforme y recibir de paga una lira al mes, ¡le aseguraba una «compensación económica efectuada ante notario»! Con la de ricachones que había en la ciudad, seguro que no le costaba nada encontrar a uno que estuviese deseando que su hijo delegase la obligación de hacer el servicio militar en un desgraciado harto de llevar zuecos. E, ignorando que la compensación tenía tarifas muy precisas, que en Francia rozaban los cuatro mil francos, es decir, las cinco mil liras toscanas, y en el Departamento del Mediterráneo al menos las dos mil seiscientas o las tres mil, emprendió la búsqueda de un cliente al que venderle su vida. Algo que en su familia desencadenó un concierto de quejas y advertencias y desconsuelo. ¡Por todos los diablos!, si hasta los niños sabían que con sus charlatanerías acerca de los fáciles éxitos y los pasados peligros el bando del Nappa sólo pretendía embaucar a los ingenuos. Lo sabían hasta los más ignorantes, que esta leva formaba parte de un reclutamiento general en toda Europa, promovido para rapiñar a ciento sesenta mil víctimas a las que enviar a España. ¡En el mercado no se hablaba de otra cosa! El 2 de mayo, en Madrid, se había producido una sangrienta revuelta popular. En menos que canta un gallo, ésta se había extendido al resto del país, luego a Portugal, y ahora toda la península Ibérica estaba luchando contra Su Majestad el Emperador. Peor aún: Inglaterra apoyaba a los rebeldes, a lo largo de las costas de Cataluña un tal almirante Cochrane bombardeaba sin tregua los presidios, en Extremadura un tal general Wellesley avanzaba con miles de soldados de infantería, por lo que estaban buscando soldados para Napoleón hasta debajo de las piedras. Las carnicerías eran para ponerte los pelos de punta. «¿¡¿Estás borracho, Stecco?!? ¿¡¿Quieres convertirte en carne de cañón?!?», gritó Natale. Y Gasparo suplicó: «Piénsatelo, Stecco, piénsatelo»; Margherita y Vigilia sollozaron: «Hazles caso, Stecco, escúchalos»; su madrastra, Rina, sentenció: «A mi parecer, eres un imbécil rematado». Pero fue en vano. Provisto de sus documentos, no dejaba de dar vueltas por los barrios ricos: «¿No hay nadie que quiera un sustituto?». O acudía a las iglesias, a las sinagogas: «*Sor* párroco, *sor* rabino, si conoce a alguien que necesite un sustituto aquí tiene mi dirección». Al final, el mensaje llegó a destino y el 31 de julio, cuando se publicó la lista de reclutas a los que iban a sortear, un distinguido señor vestido con frac apareció delante del tugurio sin puerta. El caballero Isacco Ventura, comerciante en joyas y padre del veinteañero Beniamino Ventura. Mirando el orinal como si no pudiera creerse lo que veía, cruzó el umbral, se presentó y formuló la deseada pregunta.

—¿Es aquí donde vive el sustituto?

—Aquí lo tiene —respondió Giovanni, irguiéndose en todo su metro y setenta y nueve de estatura.

Se siguió un murmullo titubeante.

—Talla tiene... Pero lo encuentro un poco delgado.

—Es la delgadez de la salud, *sor* Ventura —respondió Giovanni, ondeando el certificado médico.

Se siguió un suspiro de alivio.

—¿Y los demás papeles, los otros requisitos?

—Los tengo, *sor* Ventura, los tengo —respondió Giovanni, enseñando su dentadura sana, el certificado de penales, el estado civil.

Se siguió un borboteo complacido.

—Bien. Si sustituye a mi hijo, le daré mil liras.

Se siguió un grito de éxtasis.

—¿¡¿Mil?!?

—Mil. A pagar en cinco plazos. El primero, apenas pase el reconocimiento médico, es decir, en cuanto la sustitución haya sido aceptada por parte de las autoridades. Los otros cuatro, uno cada doce meses y mediante un depósito bancario. Siempre y cuando se comprometa a renovar el alistamiento voluntario después del primer bienio: ¿queda claro?

—Clarísimo...

—Y mañana iremos al notario. A firmar.

Bueno: si tenemos en cuenta que la tarifa mínima era de dos mil seiscientas liras, ofrecer mil rozaba el robo. En cuanto a los términos del acuerdo, constituían una auténtica canallada. Pero Giovanni, repito, no conocía las tarifas. Y para él mil liras eran una cifra tan desorbitaba, tan hiperbólica, que la idea de que podía pedir el doble, mejor dicho, el triple, ni se le pasó por la cabeza. Tampoco que pudiera rechazar el pago a plazos y la renovación del alistamiento. Así que le extendió la mano, feliz.

—¡Trato hecho, *sor* Ventura!

Los reconocimientos médicos tuvieron lugar entre el 9 y el 11 de agosto, en la iglesia de los Dominicos, para la ocasión llena de gendarmes y desnudada de todo adorno sacro. Fuera los crucifijos, fuera los cuadros y las imágenes de los santos, fuera la custodia; el fresco que representaba a Santo Domingo recibiendo la corona de santo de la Virgen se había cubierto con una gran bandera francesa. El presbiterio, transformado en una especie de gimnasio. En el centro, la urna con las papeletas que había que extraer. Al fondo, la tarima con el gálibo marcado en el metro cincuenta y cuatro. En los laterales, las mesas de los funcionarios: el prefecto Chapelle, los secretarios, los escribanos, los médicos que realizaban el reconocimiento médico. Los reclutas y sus familiares estaban en un recinto situado en la nave central, y muchos de ellos lloraban o maldecían desesperadamente. «¡Desgraciado de mí!», «¡Infeliz de mí!», «¡Vete al infierno, maldito Nappa!». Nos lo cuentan los diarios redactados con pluma de ave. Un gendarme francés los iba llamando a uno por uno, por orden alfabético; según los nombraban, abandonaban el recinto e iban al presbiterio. A los gemidos y las imprecaciones se unían las frases encaminadas a desearles suerte: «Toca madera», «cruza los dedos», «tócate las pelotas», y el nombrado se acercaba a la urna de las papeletas. Temblando de pies a cabeza, extraía el número, se lo pasaba a los secretarios, que a su vez se lo pasaban a los escribanos, y se desnudaba. Se subía a la tarima con el gálibo marcado en el metro cincuenta y cuatro y si no la rozaba con la cabeza estaba a salvo. Fuese el que fuese el número que había extraído, lo echaban de allí con tantas prisas que apenas si tenía tiempo para volver a vestirse. «*Sortez, sortez! Nous n'avons pas besoin de nains*» (¡Fuera, fuera! No necesitamos enanos). Si, en cambio, su cabeza rozaba el gálibo o lo superaba, y si, además de disfrutar de buena salud, había extraído un número bajo, iba listo. Tras echarle un vistazo a la dentadura, los médicos se lo cedían a Chapelle, que lo declaraba apto y lo asignaba a uno de los dos regimientos toscanos que ya se encontraban en el frente español: el 20º de Cazadores de Caballería y el 113ª de Infantería de Línea. Al llegar a ese punto era cuando la infame jurisprudencia te ofrecía la escapatoria, es decir, cuando era perfectamente legal sustituir el número bajo por un número alto o proponer al sustituto que, a una indicación del prefecto, avanzaba con los documentos en la mano para someterse al reconocimiento médico. Y esto fue lo que ocurrió en la tarde del jueves 11 de agosto: el día en el que Beniamino Ventura, un hermoso joven de estatura media y excelente salud, al que le había tocado un desafortunado número 7, fue declarado apto y se le asignó al 113° de Infantería de Línea. Giovanni avanzó con los papeles en la mano, se desnudó, subió a la tarima, exhibió la irrefutable prerrogativa de su metro setenta y nueve, y paciencia si su extrema delgadez dejó perplejo a más de uno. Paciencia si algunos médicos pronunciaron las palabras «insuficiencia torácica» y si el más crítico añadió: «Yo no lo declararía apto». Chapelle rebatió que ya engordaría con los filetes que iban a darle en el Ejército y, con el tono de quien no admite réplicas, le instó a que dentro de las próximas doce horas, es decir, a la mañana siguiente, partiera hacia Parma. La ciudad en la que los reclutas eran agrupados, entrenados, y donde se esperaba la próxima semana a los pertenecientes al Departamento del Mediterráneo.

¡Dios santo!, doce horas son muy pocas horas. En doce horas apenas si tienes tiempo para cobrar las doscientas liras del primer plazo, entregárselas a tu padre, aliviar su tristeza haciéndole observar que de ahora en adelante ya no tendrá que mirar la cracia. Puedes enjugar las lágrimas de Margherita y las de Vigilia mientras gimotean, desconsoladas: «Piénsatelo mejor, Stecco, piénsatelo». Puedes echarle la charla a Gasparo, que él solo no sabe ni dar dos pasos seguidos: aconsejarle que tenga cabeza, que se case con una buena chica, no con una que vaya detrás del dinero del cuñado. Pero no puedes solucionar el dilema atroz en el que te debates desde que has comprendido que el Nappa va en serio y que a España te mandan de verdad. ¿Ir o no ir a Salviano, donde la Nardini? ¿Pronunciar o no la fatal frase: «Teresa, me gusta usted mucho»? Porque pronunciarla son palabras mayores. Pronunciarla implica que ella se comprometa, que se quede unida a él por una promesa de matrimonio. «Me he vendido al *sor* Ventura, sobre todo, por usted, para formar una familia con usted, Teresa. Espéreme, que apenas vuelva nos casamos». ¿Y si luego no vuelves o lo haces sin un brazo, sin una pierna? ¿Qué haces, la conviertes en viuda mientras aún está soltera? ¿La obligas a casarse con un manco o un cojo? Pero también puedes volver. Y entero. Si no te comprometes con ella, te arriesgas a encontrártela a la vuelta casada con un rival... En una palabra: las doce horas se las pasó preguntándose «voy o no voy, se lo digo o no se lo digo». A la mañana siguiente, partió sin haberle dicho nada, sin haberse despedido siquiera de ella, y el viaje hasta Parma lo hizo con aquella pena en el corazón. Un viaje que duraba ocho días. Y que hizo a pie. Con zuecos.

* * *

En Parma lo destinaron a los granaderos del 2º Batallón, a las órdenes del coronel Casanova. (Los granaderos tenían que ser altos y la mayoría de los reclutas no alcanzaban el metro sesenta, así que a los gigantones como él Casanova los cogía con los ojos cerrados. Insuficiencia torácica o no). Y, tras destinarlo a los granaderos, le dieron un rancho tan sustancioso que sufrió una indigestión. La primera indigestión de su vida. Le dieron un catre, con colchón y sábanas, el primer colchón y las primeras sábanas de su vida, le dieron un par de zapatos con unas polainas hasta la rodilla, los primeros zapatos de su vida, y un uniforme que cortaba el aliento. Chaqueta de paño azul con el forro blanco, manoplas rojas, hombreras rojas, botones dorados. Chaleco blanco, calzas blancas, cinturón rojo, bufanda azul, gorro *colbac*. De pelo negro, con un penacho de plumas negras, las orejeras provistas de brillantes láminas metálicas, baberas enriquecidas con un cordoncillo plateado. Cosas que le distrajeron de su pena y mitigaron el odio que sentía hacia el Nappa. Pero muy pronto le hicieron jurar fidelidad a la bandera del regimiento. Un cuadrado de seda francesa con los colores franceses, los lemas franceses, las insignias francesas. (A la derecha, dos triángulos rojos. A la izquierda, dos triángulos azules. En el centro, un rombo blanco en el que, en un lado, se leía la consigna «*Valeur et Discipline*»; en el otro, la inscripción «*L'Empereur des Français au Cent-treizième Régiment d'Infanterie de ligne*». En lo alto del asta, el águila con las alas abiertas y las garras aferrando el haz de rayos napoleónicos). Le pusieron en la mano un fusil con piedra de chispa, empezaron a volverle imbécil con los ejercicios de tiro y los asaltos con la bayoneta y los «¡presenteeennn armas!». Por último lo asignaron a un contingente formado por ochocientos cuarenta hombres, entre fusileros y granaderos y voltígeros;* los granaderos, al mando del capitán livornés Trieb, y el 8 de septiembre le dejaron sordo con un berrido que reverdeció el odio mitigado por los zapatos y el uniforme: «¡Formen filas! ¡En marcha!». De nuevo a pie, y esta vez cargando con una mochila que habría partido en dos a un buey, dejó Parma. Inició la interminable marcha que, atravesando el valle del Po, luego Liguria, luego Provenza, luego las zonas costeras del Languedoc, Montpellier, Béziers, Narbona, lo condujo hasta Perpiñán, es decir, a la frontera con Cataluña. La región en la que el general Reille, comandante en jefe del VII Cuerpo del Ejército, reunía y entrenaba a las tropas del recién creado Reino de Italia.

Llegó a Perpiñán el 30 de octubre. Y, nada más llegar, descubrió que el contingente suministrado precedentemente por el *Centtreizième* había perdido justo a ochocientos cuarenta hombres, es decir, que el suyo había llegado para sustituir a los muertos. Por un pisano que se había salvado de la masacre y que ahora estaba descansando en un cuartel de la ciudad supo lo que Casanova y Trieb se habían cuidado muy mucho de revelarles: que si existía en el mundo un matadero en el que te liquidaban sin darte tiempo ni a decir «¡ay!», ése era Cataluña. Montañas boscosas y boscosas colinas en las que se escondían millares de guerrilleros, o sea, un enemigo capaz de convertirse en la peor de las pesadillas para cualquier ejército entrenado para las batallas campales y no para el combate de guerrillas. Falta absoluta de carreteras, caminos impracticables por los que era imposible transportar la artillería pesada. Gargantas y quebradas en las que siempre se agazapaba algún peligro, ríos y torrentes que no se podían cruzar porque sus aguas eran demasiado turbulentas o profundas. Frágiles puentes que se derrumbaban como castillos de arena bajo el peso de los carros militares y que si los reconstruías sólidamente eran destruidos en un santiamén. Costas infestadas por la flota inglesa, con la consiguiente imposibi-

* Soldados napoleónicos de Infantería ligera. (*N. de la T.*)

lidad de recibir refuerzos y suministros por el mar, por lo que la comida había que conseguirla requisándola o mediante el saqueo. «¡Y a qué precio —exclamó el pisano—, a qué precio!». Semanas antes una patrulla de voltígeros había ido a requisar víveres a la aldea de San Miguel y, tocando las campanas al vuelo, los paisanos* habían avisado a El Verdugo.** Un jefe guerrillero que sólo hacía prisioneros para eliminarlos a golpe de hacha, para decapitarlos. Por eso lo llamaban El Verdugo. Pues bueno, al oír las campanas, El Verdugo había salido con sus fieles del bosque. Había caído sobre los voltígeros, los había matado a todos, y por cierto: ¿se había dado cuenta, en Parma, de que el fusil del 113° no servía para nada? ¡No se hacía blanco a más de ciento cincuenta o doscientos metros, por Dios Santo! A los trescientos metros, fallaba nueve veces de cada diez, a los cuatrocientos ni lo alcanzaba, ¿me explico? Y si a los del Verdugo no les aciertas desde lejos, te vas al cielo sin que te dé tiempo a recargar. En cuanto a la población, mejor mantenerte alejado de ella. Mujeres y ancianos y niños incluidos. A mediados de junio, Reille había asediado Zaragoza, a primeros de julio Girona, y, ¿puedes creértelo?, después de meses de resistencia, sostenida también por las mujeres, por los ancianos, por los niños, tanto en Zaragoza como en Girona, los asediados irrumpieron fuera de las murallas. Obligaron a huir a los asediadores. Gente dura, ¿me explico? Indómita e indomable, dispuesta a pagar como sea el precio de la libertad. De hecho, a veces se sorprendía pensando ¡maldita sea, éste sí que es un pueblo que lucha por su libertad! Y cuanto más pensaba en ello, más se daba cuenta de que estaba combatiendo en una guerra injusta. Y cuanta más cuenta se daba, más a desgana combatía, con un malestar que rozaba el remordimiento. ¡Ah, si no fuera militar de carrera! ¡Ah, si pudiese librarse de esto!

—Granadero, ¿tú eres un sustituto?

—Pues sí —respondió Giovanni.

—¿¡¿Y por qué has hecho semejante estupidez?!?

---

* En castellano en el original. (*N. de la T.*)

** En castellano en el original en todo el texto. (*N. de la T.*)

—Porque, como dice mi madrastra, soy un imbécil rematado —respondió Giovanni.

Pero ya era tarde para lamentarse por ser un imbécil rematado o para consumirse de remordimientos por estar participando en una guerra injusta, añadió. Lamentarse no cambiaba las cosas y el remordimiento le parecía un lujo muy peligroso. Por lo que había entendido mientras hacía la instrucción en Parma, en la guerra se obedece a la ley del «o tú o yo». Al que te dispara, se le dispara, vamos. Sea justo o injusto. Y, arrinconadas las lamentaciones, los problemas de conciencia, los escrúpulos, se aprestó a afrontar un calvario que se extendería a Alemania y que no cesó hasta el verano del año 1814.

3

La voz cálida y amarga no contaba casi nada de aquel calvario. Cuando describía a Giovanni el abuelo Augusto prefería subrayar el drama de su obsesivo amor por Teresa, el nacimiento de su fervor político, las etapas de su doloroso compromiso revolucionario, y hacía escasas alusiones a su periodo español, salvo cuando contaba la historia del mechón de cabellos blancos. «Ocurrió apenas llegaron a Cataluña, durante el bautismo de fuego del 2º Batallón en Selva del Mar: un pueblo situado en la costa. Apoyados por El Verdugo, los ingleses habían desembarcado para instalar las baterías en lo alto de una colina, desde allí hacer fuego sin cesar contra el presidio francés, y la tarea de desalojarlos le tocó al coronel Casanova, que decidió ordenar un asalto con bayonetas. "Muchachos, hay que tomar esa colina. Lanzaos al asalto y demostradles que no les tenemos miedo". Convencido de que iba a vérselas con los ingleses y punto, Giovanni se lanzó al asalto y, a mitad de la colina, ¿con quién se encontró? Con El Verdugo en persona. Con el hacha en la mano. Resultado, el miedo hizo que en la sien izquierda se le quedara completamente blanco un gran mechón de pelo. Mechón que le hacía reconocible hasta a una milla de distancia y que en su época de carbonario se teñía con tinta o con ceniza para no llamar la atención de los esbirros». Y nada más. En compensación, las crónicas de la época suministran muchos datos acerca del 113º de Infantería formado con la leva del año 1808. Unos testimonios preciosos. Gracias a ellos puedo suplir ese vacío, y al suplirlo pienso: ¿pero cómo conseguiría el pobre Stecco salir con vida de aquello?

Se trata de crónicas alucinantes, de testimonios que demuestran que durante seis años el 2º Batallón fue realmente carne de cañón. La colina, en efecto, la tomaron al tercer día. Aun al precio de numerosas bajas y numerosos heridos, desalojaron a los ingleses. Y con los ingleses, a El Verdugo. Pero a partir de ese instante el general Reille no les concedió un segundo de respiro y los usó de la siguiente manera. De Selva del Mar los envió a Rosas para conquistar un punto de apoyo defendido por tres mil españoles del ejército regular, la fortaleza de El Botón y, sin preocuparse por las bajas, los mantuvo allí hasta que por fin consiguieron abrir una brecha y obligar al enemigo a rendirse. De Rosas los envió a Barcelona para socorrer al presidio, que había caído en manos de los insurrectos y, siempre sin preocuparse por las bajas, le obligó a luchar hasta que lo liberaron. De Barcelona (estamos ya en enero de 1809) los mandó a Castellón de Ampurias para recuperar veinte cañones capturados en Rosas por El Verdugo y, con éstos, los obligó a cruzar un río en plena crecida, ahogándose toda una compañía de voltígeros. De Castellón de Ampurias, mejor dicho, del río en plena crecida, los mandó a Girona para volver a asediar la ciudad, empresa que les mantuvo ocupados dos meses y en la que, aparte de las bajas habituales, sufrieron una epidemia de cólera. De Girona los mandó a Bañolas; donde, enfurecido por la recuperación de los veinte cañones, El Verdugo cargó sobre ellos por la retaguardia con cinco mil guerrilleros, causando una masacre. De Bañolas los catapultó a Castilla, donde un tercio de los supervivientes murió en Talavera de la Reina: la famosa batalla en la que, arrollando y desbaratando a las tropas del mariscal Victor, Arthur Wellesley se ganó el título de duque de Wellington. Es inútil añadir el resto, inútil explicar lo que le ocurría mientras tanto al 1er Batallón, usado con idéntico cinismo: para el 113º, 1809 fue un año tan terrible que de los mil seiscientos ochenta hombres, el total de los efectivos que partieron de Parma, en septiembre sólo quedaban quinientos. No es casual que el propio Nappa se apiadase de ellos y ordenase que los enviaran a Francia, a Orleans, con un permiso de seis semanas. Vino y prostitutas a placer. Lo malo fue que, al volver de Orleans, les añadieron un refuerzo de mil trescientos reclutas frescos, es decir, enrolados en la nueva leva, y en 1810 todo volvió a empezar desde el principio. En Cataluña, en Castilla. En Asturias, ahora también; en León. Provincia en la frontera con Portugal y, por lo tanto, sometida a los ataques del reciente duque de Wellington. (Uno en Benavente, uno en Zamora, uno en Puebla de Sanabria, donde, junto a dos batallones de suizos y tres compañías de polacos, fueron rodeados por seis mil hombres, entre españoles y portugueses). En 1811 tuvieron también encima, a partir de mayo, a los guerrilleros a caballo del general Castaños. Unos tipos que no eliminaban deprisa y corriendo a los prisioneros, con un hacha, como El Verdugo. Los mataban poco a poco, cortándoles las piernas y los brazos y dejándoles que se desangraran.

El Diario de las Operaciones revela que en 1811 martirizaron al 113°. «Jueves, 2 de mayo. Los guerrilleros-caballeros* de Castaños atacaron a los granaderos del 2° Batallón, que, al mando del capitán Trieb, se dirigen hacia la ciudad de Astorga. Seis muertos, seis heridos, dieciséis prisioneros desangrados mediante la amputación de las articulaciones». «Sábado, 4 de mayo. Los guerrilleros-caballeros de Castaños atacan al 1er Batallón, que, con un tren de carros, atraviesa el valle de Vegamián. Durante un día y una noche, se ven implicadas las ocho compañías, que, formando en cuadrado, consiguen rechazarlos, pero una compañía es arrollada y, a la mañana siguiente, de los prisioneros sólo se encuentra el tronco». «Domingo, 12 de mayo. Los guerrilleros-caballeros de Castaños atacan una patrulla de doce soldados de infantería que buscan víveres en las afueras de Balaguer. Agotados los cartuchos, los doce se refugian en el campanario de una iglesia, pero son descubiertos y asesinados mediante el suplicio habitual». «Martes, 21 de mayo. Los guerrilleros-caballeros de Castaños atacan a tres compañías de 2° que se dirigían a Alcamar y se llevan prisionero a un escuadrón de voltígeros para matarlos de la forma consabida». Y en junio tiene lugar la masacre de Villadangos: cien fusileros, a las órdenes de un tal teniente Bertini, se defienden durante veinticuatro horas

* En castellano en el original en todo el texto. (*N. de la T.*)

de los guerrilleros-caballeros, pero, uno tras uno, terminan muriendo todos. Cincuenta en combate, cincuenta por lo que el cronista llama «el suplicio habitual» o «la forma consabida». (Bertini, afortunado de él, de un balazo en la boca). En julio se produce la matanza de Torre Hermada: otros cincuenta granaderos que son sorprendidos con dos bueyes requisados y a los que adivina qué les pasa. En los meses siguientes tienen también lugar la batalla de El Ortigo, la batalla de Dueñas, la batalla de Magaz. Todas concluyen en una carnicería tal que, pese al envío de un refuerzo de tres mil nuevos reclutas, el coronel Casanova sufre una aguda crisis depresiva y es trasladado a París; para consolar a los supervivientes, el general Corsini pronuncia un elogio fervoroso. Un largo discurso en el que compara al 113º con las legiones más gloriosas del Imperio y lo define como un cuerpo de héroes. El mariscal Bessières solicita incluso pasar revista al batallón y darles personalmente las gracias a «los intrépidos hijos de Toscana». Con todo, el año peor fue el 1812, el último que pasaron en España. Porque en enero de 1812 el duque de Wellington conquistó Ciudad Rodrigo: el importantísimo nudo estratégico que en julio lo conduciría a Salamanca, luego a Valladolid y, el 12 de agosto, a Madrid. Y el 1er Batallón se desvaneció como una bocanada de humo. La mitad de los hombres murieron defendiendo Ciudad Rodrigo calle por calle y casa por casa, la otra mitad fueron capturados y deportados a Inglaterra en los barcos de Cochrane, de donde no regresaron jamás. (No sólo: su rastro se perdió totalmente, jamás se supo qué fue de ellos). El 2º Batallón, en cambio, fue empleado por Marmont en la desastrosa batalla de Arapiles, y el 22 de julio formó parte de la retirada que algunos historiadores comparan con la que ocurriría en Rusia tres meses después. Que consideran, mejor dicho, el preludio de los reveses napoleónicos.

¿Retirada? «Abrasados por el sol que ardía desde al alba hasta el atardecer, sofocados por la sed y el calor, destrozados por el cansancio y el odio [de la población], avanzábamos en un espantoso y vergonzoso desorden. Hambrientos y heridos, maleados, vivíamos de robos y saqueos. Con frecuencia nos alimentábamos con la carne cruda de los mulos y los caballos que, ante la falta de forraje, había que sacrificar. Hordas sin esperanza y sin disciplina, fieras olvidadas de lo que significa ser soldado, llegamos así a las costas del Mediterráneo, a la lejana ciudad de Valencia», dice el trágico desahogo de un protagonista. Y varios documentos confirman que, la compañía de Giovanni incluida, los toscanos del 2º Batallón no se portaron mejor que las «hordas sin esperanza y sin disciplina». Robos, deserciones, homicidios. Violencia, brutalidad, sodomía con sus propios compañeros. En Arapiles habían perdido a cuatro quintos de la oficialidad, incluido el capitán Trieb, que, casi moribundo, viajaba en camilla, y no había nadie para guiarles y poner límites a la degradación. Sólo se salvaron, y a duras penas, de la total disgregación física y moral cuando llegaron al norte, desde Valencia, y Reille los dejó en manos del general Caffarellì, del Languedoc pero de origen italiano, que empezó a usarlos para tapar agujeros: en la cordillera Cantábrica para escoltar convoyes, en los alrededores de Burgos para perseguir a los bandidos, en Santander para impedir el desembarco de Wellington que ya había abandonado Madrid y que, de nuevo en Portugal, preparaba el ataque final. Lo llamaban el *Régiment Passe-partout*, de hecho. No hace falta decir que no formaban siquiera un regimiento. Ya no eran ni siquiera un batallón. De los siete mil hombres enviados desde 1808 en adelante, refuerzo tras refuerzo, sólo quedaban ciento noventa. Los afortunados restos con los que, el 28 de febrero del año 1813, Giovanni abandonó finalmente España. El extenuado y raquítico grupo con el que Giovanni llegó por última vez a Orleans donde, un año antes, el coronel Casanova había vuelto a formar el 113º bis disuelto en Rusia, y donde, gracias a los ochocientos diez reclutas recién rastreados y rapiñados por Elisa Bonaparte Baciocchi al rebajar la edad de leva a los dieciocho años, se estaba formando el 113º tres. Pobre Giovanni. En Orleans deberían haberlo licenciado. Pero, como si a ciento noventa criaturas les sumas ochocientas diez obtienes la cifra redonda de mil reses a las que enviar al matadero, el extenuado y raquítico grupo fue inmediatamente agregado al 113º tres. A éste se le agregaron también dos batallones bávaros de mil soldados de infantería, más dos mil romanos de caballería y, en marzo, el recompuesto rebaño partió hacia Alemania. En junio entró en Würzburg. El principado en el que Fernando III de Habsburgo-Lorena vivía en el exilio al que le había condenado el Nappa en 1799, la ciudad en la que tendría lugar la fase final de su calvario.

El abuelo Augusto tampoco hablaba mucho de Würzburg. Cuando lo hacía era sólo para contar que fue allí donde ascendieron a Giovanni a sargento y allí donde empezó a alardear de un anillo de brillantes y rubíes destinado a Teresa. «Brillantes auténticos, ¿eh? Rubíes auténticos. Un sienés lo había garrafiñado, durante el asedio de Ciudad Rodrigo, y él se lo había ganado jugando a la ruleta rusa. El juego que consiste en poner una sola bala en el tambor, girarlo al azar, y apuntar el revolver contra la sien. O te salvas o te matas. ¿Y sabes por qué? Porque quería ese anillo para regalárselo a Teresa. Y como el sienés sostenía que sólo unos pocos tienen valor suficiente como para jugar a la ruleta rusa, él había dicho: "Yo me atrevo, si no me toca la bala me quedo con el anillo". ¡Ah, Teresa, Teresa! En todos aquellos años no le habían faltado oportunidades para quitársela de la cabeza. España desbordaba de chicas guapas y Orleans de prostíbulos. Y, sin embargo, nunca había superado el dolor de haberla dejado sin pronunciar las palabras fatales: "Teresa, me gusta usted mucho, en cuanto vuelva nos casamos". Pese a ello, pensaba que a su vuelta se la encontraría todavía soltera, lista para convertirse en su novia, y... Para prometerse en matrimonio hace falta un anillo, ¿no?». Nada más. Con todo, también existen testimonios preciosos acerca del 113° tres, con ellos puedo suplir de nuevo la laguna, y esto es lo que he descubierto. En Würzburg, durante algunos meses, los tres mil no lo pasaron del todo mal. Se libraron hasta de la terrible batalla de Lipsia, aquella en la que, desde el 16 hasta el 19 de octubre, los ejércitos de la alianza entre Austria, Prusia, Rusia, Suecia e Inglaterra pusieron de rodillas a Napoleón y lo obligaron a batirse por enésima vez en retirada. Pero el 20 de octubre las cosas cambiaron. Para cerrarle el paso al ejército en marcha hacia la frontera noroccidental, impedirle que regresara a Francia entrando por el valle del Aine, el general austriaco von Schwarzenberg situó a seis divisiones en los alrededores de Fráncfort y Mannheim. Con una de ellas asedió la cercana Würzburg, y tanto los mil soldados bávaros de infantería, como los mil romanos de caballería, se pasaron inmediatamente a su bando. Los mil del 113° tres, en cambio, le opusieron una resistencia feroz. Bajo el fuego de ochenta cañones que concentraban el fuego sobre la ciudadela de Marienberg, la fortaleza en la que se habían enrocado, mantuvieron a raya durante tres días a quince mil prusianos. Y, al parecer, entre los combatientes más aguerridos, hubo un sargento con un mechón de pelo blanco en la sien izquierda. «No quería rendirse, no», refiere el anónimo narrador. «Como un loco, saltaba de baluarte en baluarte, y si veía a sus compañeros desfallecer de cansancio o desánimo, les gritaba: "*Ne cédez pas, ne cédez pas! Démontrez au monde que nous sommes du Cent-treizième!*"» (¡No cedáis, no cedáis! ¡Demostradle al mundo que somos del 113°!). Lo demostraron. El primer día murieron doscientos. El segundo, trescientos. El tercero, cuatrocientos. Al cuarto día, los cien supervivientes le comunicaron al enemigo que estaban dispuestos a rendirse sólo si les rendían armas, petición que fue aceptada, y salieron de la ciudadela desfilando entre dos filas de austriacos que los saludaban con el «¡presenteeennn armas!». El alférez, sosteniendo la bandera cuadrada con los colores franceses y las insignias francesas y la consigna «*Valeur et Discipline*», además de la inscripción «*L'Empereur des Français au Cent-treizième Régiment d'Infanterie de ligne*».

Al día siguiente, sin embargo, los encerraron en los sótanos de un castillo abandonado, llenos de ratas que se los comían vivos a mordiscos. Y, pese a las súplicas elevadas a Fernando III, «Alteza Serenísima, somos toscanos, ayúdenos usted, dígale a Su hermano, el emperador, que nos envíe a un cuartel», permanecieron allí seis meses. Hasta que Napoleón capituló y firmó el Tratado de Fontainebleu. Sólo entonces, para ser exactos, el 23 de abril de 1814, fueron excarcelados y trasladados a Estrasburgo, donde el sargento del mechón de pelo blanco en la sien izquierda fue licenciado e inició el viaje de regreso. Una marcha interminable en la que atravesó Alsacia, Suiza, Piamonte, Liguria, y que concluyó la última semana de agosto. Un regreso a la patria del que la voz cálida y amarga lo contaba todo.

* * *

Tenía treinta y un años cuando regresó, decía. Se había convertido en un hombre guapo y atlético, al que a nadie se le ocurriría ya apodar Stecco, hablaba francés mejor que italiano, además del francés un excelente español, un pasable alemán, y en su rostro se había quedado impresa una mueca de perdido estupor. El estupor del que ya no entiende nada y ha perdido el rumbo. Santo Dios, el mundo se había vuelto del revés mientras él languidecía en los sótanos con las ratas que se lo comían vivo a mordiscos y luego durante la marcha interminable. Al volverse del revés, él se había caído desde la sartén al fuego, y la nueva realidad le parecía una alucinación. ¿Quién hubiera imaginado que las cosas iban a acabar así? Ahora el Nappa vivía exiliado en la isla de Elba, los soberanos a los que había expulsado se estaban repartiendo Italia otra vez, los que había instalado o tolerado participaban con cinismo en el banquee, y en Viena se estaba organizando un congreso (lo sabían hasta los perros y los gatos) que pretendía sancionar, mejor dicho, agravar el escarnio. Véneto y Lombardía, para los austriacos, que, apoyados por los ingleses, se comportaban ya como dueños y señores. Piamonte, a los Saboya, que, naturalmente, conservaban Niza y Cerdeña, pero querían también Liguria. El Lacio, Las Marcas, Umbría, Romaña y Bolonia, para el Papa, es decir, para el Estado Pontificio. El Reino de Nápoles, es decir, Campania, Los Abruzos, Calabria para Joaquín Murat, que, con tal de quedarse con el trono que le había regalado el Nappa, había seguido el ejemplo de Bernardotte en Suecia y se había pasado al bando de los vencedores. Sicilia, para los Borbones que, calladitos, calladitos, confiaban en zamparse también el plato de Murat. Y Toscana, obvio, otra vez para los Habsburgo-Lorena, es decir, para ese gilipuertas de Fernando III, que no tenía ni siquiera el valor suficiente como para abandonar Würzburg. «La isla de Elba está a un tiro de piedra del granducado. Mejor tomárselo con calma, no correr riesgos».

A su regreso vestía el uniforme que, pese a haberse licenciado, no conseguía quitarse, y no fue directamente a Livorno. Aunque le apremiaba ver cuanto antes a Teresa, comprobar que seguía soltera, regalarle el anillo de brillantes y rubíes, en definitiva, casarse con ella, antes de ir quería aclararse las ideas. Se detuvo, pues, en Viareggio, en casa de un antiguo compañero que había llegado antes que él porque viajaba a caballo, y éste le contó unas cosas que eran como para añorar los tiempos de Chapelle. De acuerdo, Fernando seguía en Würzburg con sus dudas. ¡Pero había enviado en representación suya al príncipe Giuseppe Rospigliosi, un tipo corto de mente y negro de alma que le mantenía la corona caliente con el *Buongoverno*! Es decir: con una policía que sin procesos públicos, sin tribunales, sin instrucciones, sin testigos, sin abogados defensores, sin pruebas, condenaba los gestos y los discursos y los pensamientos contra la Iglesia o el régimen recién restaurado. ¡Hasta los pensamientos, Cantini, hasta los pensamientos! Amigo mío, los esbirros mandaban ahora en Toscana. La mayoría no se atrevía ni a abrir la boca, y si no te lo creías, bastaba con recordar el chiste que se contaba desde hacía meses en el campo y en las ciudades. «Perdone, ¿qué hora es?», le pregunta una señora a un transeúnte. «Las cinco, señora. Pero no se lo diga a nadie, por lo que más quiera, que me compromete», le responde el transeúnte. El problema más grave, con todo, no era la prepotencia de los esbirros. Era el hecho de que todos habían reaccionado, o estaban reaccionando, a la nueva realidad cambiando de chaqueta. Adivina quién estaba a la cabeza del *Buongoverno*, quién castigaba los gestos y los discursos y los pensamientos: Aurelio Puccini, el ex gobernador jacobino que en 1799 había impuesto el lema «*Liberté. Égalité. Fraternité*». Y adivina quién estaba preparando los festejos que se iban a celebrar el día en el que Fernando se decidiese volver a poner los pies en su gran ducado: ¡Girolamo Bartolommei, el ex alcalde napoleónico, el revolucionario que antes te arrestaba sólo por mirar de reojo hacia la bandera francesa! Ahora no podía ni oír palabras como *bonjour* o *merci*. Para saludarte, te soltaba un *guten morgen*, para darte las gracias *danke*, y para evitar equívocos le había encargado a la Academia de Bellas Artes un fresco en el que el gran duque aparecía sentado en una lujosa carroza tirada por cuatro divinidades mientras pisoteaba con el talón del zapato una escarapela blanca, roja y azul. En cuanto al pueblo, qué voy a decirte: más chaquetero que los mismos señores. Sobre todo en Livorno. Después de la batalla de Lipsia, ¿quién había ido corriendo a la Plaza de Armas a quitar el cartel de Place Napoléon y a la vía Grande para hacer lo mismo con el de Rue Napoléon? ¿Quién había arrancado las insignias que adornaban las fachadas de los edificios públicos, las águilas con las alas abiertas y las garras aferrando el haz de rayos napoleónicos, los bajorrelieves con el perfil del Nappa? ¿Quién se había puesto a gritar en contra de su hermana Elisa Baciocchi: «Baciocca, puta, a tres sueldos la Baciocca»? Y el pasado abril, cuando el general austriaco Stahremberg llegó a Toscana con sus tropas, ¿quién lanzó pedradas contra las ventanas de los livorneses que se negaron a festejar su llegada con velas? ¿Quién había gritado: «¡Sacad las antorchas, maricones, sacad las velas!»? La misma chusma que después de las batallas de Austerlitz o Wagram se lanzaba a las calles a gritar: «¡Viva el Nappa!, ¡Bravo, Nappa!», evidentemente. ¡Los cocheros, los aguadores, los mozos de cuerda que tras cada victoria suya iban corriendo a la dársena para ofrecerles sus servicios a los marineros franceses, es decir, proporcionarles putas! Ya se daría cuenta, al volver a casa. Y para no cambiar de tema: no pretendería presentarse en Livorno con el uniforme, ¿¡¿no?!?

—Claro —respondió Giovanni—. ¿Por qué no iba a hacerlo?

Porque a los veteranos del Nappa no podía verlos nadie, concluyó su antiguo camarada, y Livorno era el centro de todas sus desgracias. La chusma no dejaba de insultarles, de escarnecerlos, de escupirles encima, y el oídor Serafini, es decir, el jefe de la policía los perseguía de mil formas. Por ejemplo, los convocaba al amanecer en su oficina, los tenía esperando de pie, durante horas, con la esperanza de ser recibidos, y luego los despedía con un brusco «vuelva usted mañana»: maldad llamada Castigo de la Humillación. O bien los empleaba en trabajos degradantes, como recoger el pescado podrido o la basura, les negaba el pasaporte para emigrar, vigilaba cada paso que daban y los arrestaba bajo cualquier pretexto. En la Fortaleza Vieja estaban encadenados unos veinte. Uno por haberle soltado entre dientes la siguiente frase al marqués Spannocchi, reelegido como gobernador: «La otra vez te echaron los franceses, esta vez te echaremos nosotros». Otro por haber señalado en dirección a la isla de Elba y susurrar: «Estábamos mejor cuando estábamos peor». Vigilaba también que no cometieran faltas contra la Iglesia, y si los pillaba blasfemando o dando indicios de ateísmo los castigaba vivos o muertos. Vivos, con quince latigazos en la espalda. Muertos, prohibiendo que fuesen enterrados en tierra sagrada. En el hospital de San Antonio, en julio, un teniente, superviviente de la retirada de Rusia, había expirado sin recibir los santos sacramentos. Los había rechazado. «Reverendo —le había dicho al cura— yo ya no creo en nada y no acepto nada de su Jesucristo. Déjeme morir en paz». El cura le había referido el hecho al obispo, el obispo al oídor Serafini, y el cadáver del rebelde había sido enterrado en el *Mulinaccio*. Es decir, en el vertedero.

—Hazme caso, Cantini. Cómprate un par de calzones, una chaqueta, y viste de civil.

Pero él negó con la cabeza. Le parecía inverosímil que Serafini tratase a los veteranos de esa forma. Le parecía inconcebible que la chusma, o sea, el pueblo, los insultase, los escarneciese, les escupiese encima. Y durante el calvario había acariciado demasiadas veces la ilusión de regresar a casa de uniforme. Exhibiendo el orgullo, la sensación de revancha, de autoestima, de dignidad, que el uniforme le proporcionaba. Miradme. Quizá me he equivocado vendiendo mi vida por mil liras, echando a perder mi juventud en una guerra injusta, sirviendo a la megalomanía del Nappa. Pero hace seis años era un paria que llevaba zuecos en los pies, un pordiosero que sólo sabía tirar del carricoche o recoger la mierda de los caballos, y ahora soy un soldado. Sé tomar al asalto una fortaleza, sé marchar durante meses bajo el frío o el calor, sé hacerle frente a fieras como El Verdugo y los guerrilleros-caballeros de Castaños, sé mantener a raya a quince mil prusianos que están atacándome con ochenta cañones, y el general Corsini me ha llamado héroe. El mariscal Bessières me ha definido como un intrépido hijo de Toscana, el príncipe Schwarzenberg me ha rendido armas. Me merezco respeto, me merezco consideración. Así que a Livorno regresó con su uniforme de granadero. Peor aún: nada más llegar a la Puerta de Pisa, en vez de quedarse fuera de las murallas e ir directamente a San Jacopo in Acquaviva, entró en la ciudad. Llevado del deseo de volver a ver el puerto enfiló la vía Grande y...

El primero fue un anciano que pedía limosna.

—¡Siervo del Nappa, se te ha acabado la ganga!

El segundo fue un pilluelo.

—Al corro, al corrooo / el Nappa ha perdido el mundooo / se ha quedado sin soldadooosss / están todos muertos o licenciadooosss.

Después del pilluelo, dos prostitutas.

—Te lo has hecho en los pantalones, ¿eh, maricón? ¡Se te ha quedado el pelo blanco!

Después de las dos prostitutas, un panadero al que le quiso comprar una rosca de pan.

—¿Qué quiere?

—Una rosca de pan.

—Aquí a los franceses y a los afrancesados no les vendemos ni pan ni companaje, ¿entendido?

Después del panadero, el escupitajo. Lanzado quién sabe por quién junto a un triple insulto.

—¡Mercenario! ¡Esbirro! ¡Jacobino!

No llegó al puerto. Después del escupitajo, se desvió por una serie de callejones medio desiertos y, protegido por la oscuridad del anochecer, salió por la Puerta de los Capuchinos. Enfiló el sendero que a través del campo conducía a la Huerta de Fabbri. Sólo cuando se encontró allí logró vencer el trauma del ultraje y de su confirmación, decirse que no valía la pena pensar más en ello. Pronto estaría en casa, por Dios bendito. Una casa con puerta y puede que hasta remozada. En cuanto saludara a su familia iría corriendo a Salviano, a buscar a Teresa, que sin duda seguía soltera (de pronto sentía que era así con todas las fibras de su corazón), y vería su sueño realizado. ¡Aunque Serafino persiguiese a los veteranos, aunque el pueblo los maltratase, aunque Rospigliosi mandase y triunfara el chaqueteo, ya podía permitírselo! En sus alforjas tenía la paga de seis años, dos mil francos franceses, el equivalente a dos mil trescientas liras toscanas, y en algún banco le aguardaban las ochocientas liras de Isacco Ventura. O, al menos, la parte de éstas que no hubieran gastado en su casa. Y, con una valiente sonrisa, se lanzó a través de las hileras de nabos, de cebollas, de judías.

—¡Papá! ¡He vuelto, papá!

—¡Gasparo! ¡He vuelto, Gasparo!

—¡Margherita, Vigilia, Rina, estoy aquí!

Gasparo no estaba, qué raro. En cuanto a la casa, quitando la puerta, todo estaba igual que el día en que se fue. Orinal incluido. Y después de los besos, los abrazos, las lágrimas de alegría, Natale le explicó por qué.

—Nunca se pagaron los plazos.

—¿¡¿Nunca?!?

—Nunca. En 1809 todos los Ventura murieron de tifus, ¡y no les puedes reclamar una deuda a los que están bajo tierra!

Se siguió un largo y turbado silencio. Luego reapareció la valiente sonrisa.

—¿Y dónde está Gasparo?

—Gasparo ya no vive con nosotros. Se ha casado, vive con su mujer en casa del suegro.

—¿Casado? ¡Ésa sí que es una buena noticia! ¿Cuándo?

—Hace seis meses, el 4 de febrero.

—Me alegro. ¿Y con quién?

—Con una de Salviano. La hija de Onorato Nardini.

—¿¡¿La hija de Onorato Nardini?!? ¿¡¿Teresa?!?

Sí, señor, Teresa, le confirmó Natale. Y no le extrañaba que se hubiese quedado estupefacto: se trataba de una joven que habría podido casarse con un Adonis o con un cerebrín o con un ricachón de la vía Borra. Guapa hasta decir basta, elegante, graciosa, siempre vestida a la moda, con zapatos y sombrero. Y espabilada, con cabeza, aunque no supiese ni leer ni escribir. Era modista, y para ser modista hace falta tener buena cabeza, ¿no? Gasparo, en cambio... ¡Pobre Gasparo! A los treinta y tres años cumplidos, ocho más que su mujer, era todavía lo que el maestro de escuela sentenció en 1793. Un borrico, un gilipuertas tan descomunal que si le dabas un huevo se comía la clara y tiraba la yema. De dinero, mejor no hablar, y en cuanto al físico, qué decir: con aquel aire macilento y aquella cara de tortuga, no destacaba precisamente por su apostura. Pero, a cambio, ¡era tan bueno! El hombre más dulce, más dócil, más calmado que una mujer pudiese desear. Un pedazo de pan, un santo más santo que todos los santos del calendario. Jamás se rebelaba, jamás desobedecía, jamás te negaba un favor, jamás te daba un disgusto. Estando con él se te olvidaban sus defectos y, desde 1809, el año en que Onorato Nardini lo había contratado como empleado fijo, Teresa había pasado muchos ratos con él. Había apreciado su bondad hasta el más mínimo detalle. No es que se hubiesen hecho novios en un santiamén, entendámonos. Durante casi un lustro no habían ni pensado en ello. Teresa no quería casarse con nadie, quién sabe por qué razón rechazaba a todos los que la cortejaban, ¿y te imaginas a Gasparo dando una serenata? El pasado enero, sin embargo, se había dicho: «¿Y si lo intento? ¿Y si a mí me contestase que sí? Haría feliz a mi hermano. Antes de irse me aconsejó que tuviera cabeza, que me casase con una buena chica, ¿y dónde voy a encontrar a una chica mejor que Teresa?». Luego se declaró; dejándolos a todos de piedra, Teresa dijo que sí, y ahora estaba encinta de cinco meses. Que fuese a verla, a comprobarlo personalmente. Iba a alegrarse muchísimo cuando se enterase de que Stecco no había muerto. Porque en aquellos años no había parado de preguntarle: «*Sor* Cantini, ¿se sabe algo de Stecco? *Sor* Cantini, ¿hay noticias de Stecco?». Hasta en el ayuntamiento, el día de la boda, se lo había preguntado. Y al oír el enésimo «no» había dejado caer una lágrima. Luego había suspirado: «¡Sin duda está muerto!».

4

«Cuerpo ágil y esbelto. Cuello largo y rasgos delicados. Grandes ojos, tan negros como el pelo, que se peinaba a lo Josefina [Bonaparte], es decir, con flequillo y rizos pequeños. Piel blanquísima, manos exquisitas que no conseguían estropear ni los trabajos más rudos. Guapa, sí, y agraciada con una elegancia que trascendía a su indumentaria. Nunca la hubieras tomado por una chica de arrabal, por la hija de un albañil. Carácter tranquilo, intravertido. La típica persona que siempre habla en voz baja, que se ríe poco, que nunca se descompone y que no deja jamás adivinar sus pensamientos o sus sentimientos. Y algo especial debía de tener si Giovanni estuvo enamorado de ella toda su vida». Así describía a Teresa el abuelo Augusto, y la imagen es muy precisa. Debería bastarme para reconstruir al personaje, recordar la existencia que tuve a través de ella. Y, sin embargo, su auténtica identidad se me escapa, y cada vez que intento contarme quién era yo cuando era ella me pierdo en una neblina de interrogantes. ¿Qué se ocultaba tras su gracia de maneras, tras su compostura? ¿Era una paloma o una tigresa? ¿Una criatura tímida e indefensa o una persona fuerte y segura de sí misma? ¿Qué la impulsó a conformarse con un bobo que se comía la clara y tiraba la yema, qué la empujó a concluir con semejante elección los seis años que se pasó aguardando, absurdamente, a que regresara el atractivo pretendiente que no le había pedido que lo esperara? ¿Fue aquella bondad angelical, que tanto admiraba Natale en Gasparo, o fue una especie de masoquismo, surgido del convencimiento de que Stecco había muerto y acompañado de la idea de que casándose con su hermano le era fiel? ¿Y cómo reaccionó cuando descubrió que estaba vivo, cuando volvió a verlo? ¿Se echó a llorar, se desmayó, lo saludó amablemente pero manteniendo las distancias? (La tercera hipótesis es la más probable. Casi con toda seguridad, consiguió controlarse, y da gracias si en sus grandes ojos negros relampagueó una chispa de alegría junto a la tristeza). Ni idea. De la neblina sólo emergen dos certezas: el romántico amor en el que ella también se meció durante su absurda espera, y el trágico error que cometió cuando se convirtió de todas formas en la señora Cantini. Porque, digámoslo cuanto antes, de aquel matrimonio insensato no salió nada positivo. Ni siquiera los hijos que, a juzgar por lo pertinaz de sus embarazos, deseaba realmente. Maria Domenica, la primogénita, de la que estaba encinta en agosto de 1814, nació el 30 de diciembre y murió inmediatamente por un defecto cardiaco. Antonio, el segundo, nació el 26 de octubre de 1815 y murió al día siguiente a causa de una caseosa pulmonar. La tercera, Natalia, murió con la misma rapidez, en 1817, así como el cuarto, Cesare, en 1819, la quinta, Eufemia, en 1821, el sexto, Eligio, en 1822. Entre ambos cónyuges existía una incompatibilidad genética por la que los hijos venían al mundo tarados por alguna anomalía que acababa con ellos en un abrir y cerrar de ojos.

No, no entiendo a Teresa. Cada vez que intento contarme quién era yo cuando era ella me siento como si estuviese persiguiendo a un fantasma que no quiere ser molestado, a una parte de mí misma que no quiere ser revelada. Y la existencia que tuve a través de ella me resulta oscura, indefinible, como un objeto que apenas si se intuye en la oscuridad. En cambio, la que tuve con Giovanni me resulta tan clara como un espejo de agua en el que ves nítidamente hasta el fondo, las piedras y los detritos que yacen en la profundidad, y entiendo incluso qué hizo tras su decepcionante regreso. ¿Y qué fue lo que hizo? Bueno, para empezar decidió mantenerse alejado de Salviano: evitar cuidadosamente aquellos grandes ojos negros que quizá lo habían mirado con una chispa de alegría junto a la tristeza. Luego juró que no se casaría jamás. (Juramento que mantuvo hasta el final de sus días). Apretó los dientes y se las organizó para vivir sin una mujer al lado, sin un uniforme encima, sin el dinero que Isacco Ventura jamás llegó a desembolsar. Vendió el anillo de brillantes y rubíes, con ese dinero, más los dos mil francos de la paga, alquiló una habitación y una cuadra en la vía del Aceite, es decir, dentro de las murallas, se compró dos caballos y un hermoso carruaje y se puso a trabajar de cochero. Un trabajo que le permitía esquivar con relativa facilidad los controles de Serafini y que le autorizaba a tener un salvoconducto para desplazarse de ciudad en ciudad. Pero, sobre todo, empezó a hacer lo que el *Buongoverno* prohibía con tanta ferocidad: pensar. Razonar sobre la nueva realidad, buscar su propia conciencia, pensar. No es casual que ese mismo otoño empezase a ir con frecuencia a la tienda del licorista Ginesi, a sentar las bases del arduo camino que lo condujo a las filas de la Carbonería y más tarde a las de los *Veri Italiani* (los Auténticos Italianos, la asociación rival de La Joven Italia.) La tienda de Ginesi era un nido de francmasones bonapartistas. Allí iban los ex jacobinos y los nostálgicos, que, con la excusa de tomarse un chupito de ajenjo, se intercambiaban los escritos procedentes de la isla de Elba, invocaban la revancha de su ídolo en el exilio. Y no me extraña encontrármelo allí. Italia, descuartizada totalmente tras el Congreso de Viena, ya no existía. (Reino de Véneto y Lombardía, Reino de Cerdeña con el Piamonte, Reino de las Dos Sicilias, gran ducado de Toscana, Estados Pontificios y cinco pequeños Estados controlados por los austriacos: el ducado de Parma y Plasencia, el ducado de Módena y Reggio, el ducado de Massa y Carrara, el ducado de Lucca, la República de San Marino). Y triunfaba la Restauración. Pero del calvario sufrido mientras combatía bajo la bandera blanca, roja y azul del *Centrezième* a Giovanni le había quedado algo que ningún hombre que está buscando su propia conciencia puede ignorar: las ideas que, pese a los títulos nobiliarios y los tronos distribuidos entre sus familiares y amigos como si fueran caramelos, pese a las guerras injustas y las masacres llevadas a cabo por su ambición y su megalomanía, el Nappa, paradójicamente, había difundido, mejor dicho, dejado grabadas en el alma de sus víctimas las ideas de libertad, de progreso. Los principios revolucionarios, los conceptos de unidad y de independencia que en la tienda de Ginesi habían desembocado en el brindis: «Por nuestra patria, desde los Alpes hasta el mar Jonio». Que se convirtió en bonapartista, por otro lado, lo demuestra la frase por la que fue vapuleado al regreso de Fernando III.

—¿Por qué aplaudís, hatajo de imbéciles? *Espéce de cons, balourds*! (¡Especie de gilipuertas, palurdos!). Vale más el Nappa cuando está dormido que ese cretino del gran duque cuando está despierto.

Con todo, no tengo apenas detalle alguno sobre los inicios de su arduo camino. Es decir, sobre su compromiso político tras la huida de su ídolo de Elba, tras los Cien Días, tras Waterloo, en resumen, durante el primer bienio de la Restauración. De esta época sólo queda el recuerdo de un manifiesto escrito en 1816, el año en que el Nappa se encontraba ya en Santa Elena, heredado de Cantini en Cantini y custodiado junto a los pobres recuerdos que mi madre guardó en el arcón de Caterina. Un manifiesto escrito en francés: «*Vive Napoléon! Vive l'union du peuple toujours prêt à suivre ses ordres!*» (¡Viva Napoleón! ¡Viva la unión del pueblo siempre dispuesto a seguir sus órdenes!). Tampoco dispongo de dato alguno acerca de las aventuras amorosas o los lazos afectivos con los que alivió su soledad durante aquellos años, con los que intentó quitarse a Teresa de la cabeza. Un tema que el abuelo Augusto dejaba zanjado con una breve salida. «Pero qué aventuras, ni que lazos, ni que... Las calles estaban llenas a rebosar de putas y un hombre con el corazón destrozado se conforma con poco». Sobre su paso del bonapartismo a la Carbonería, en cambio, no ahorraba detalles y ofrecía un preciso relato. En 1818, decía, Giovanni iba con frecuencia a Pisa: una ciudad a la que, con el carruaje de doble tiro, se llegaba en un par de horas desde Livorno. En Pisa buscaba clientes en el Tre Donzelle [Tres Doncellas], un hotel que gustaba mucho a los forasteros, y en mayo de 1818 llegó al Tre Donzelle una simpática pareja inglesa: Percy Bysshe Shelley y su mujer, Mary. La de *Frankenstein*. «¿Está disponible, buen hombre?», le preguntó Shelley que hablaba bastante bien italiano. «Para el *Buongoberno*, no. Para usted, sí», respondió Giovanni. Y como con esta aclaración los dos se entendieron plenamente, permaneció dos meses a su servicio. Se lo llevó consigo también a los Baños de Lucca. Pero no para que llevara las riendas del carruaje y punto: en calidad de secretario para todo, de persona de confianza con la que te entiendes perfectamente. *Sor* Shelley aquí, *sor* Shelley allá. *Sor* Giovanni aquí, *sor* Giovanni allá. Lo que se dice íntimos, ¿entiendes? Tan íntimos que, si no llovía, o si Mary no le acompañaba, se sentaba junto a él en el pescante. Empezaba a hablarle de política y de cosas de ese tipo. Y, bueno, si durante dos meses vas en coche junto a un tipo jovial que, además de ser un gran poeta, la tiene tomada con los tiranos y te habla de la Constitución, te explica quiénes son los carbonarios, pues aprendes a pensar mejor que en la tienda de Ginesi. Y si mientras piensas, mejor dicho, mientras escuchas cosas que nunca habías oído, por ejemplo, que los manifiestos «*Vive Napoléon! Vive l'union du peuple toujours prêt à suivre ses ordres!*» no sirven para nada, que no servirían para nada ni aun en el caso de que el Nappa hubiera vencido en Waterloo, porque la libertad hay que ganársela solos, dejas de ir a la tienda de Ginesi. Luego Shelley se fue a Venecia, a ver a su amigo Byron, de allí a Roma y a Florencia y a quién sabe qué más sitios, y dejó a su nuevo discípulo inmerso en un mar de dudas. Al año siguiente, sin embargo, reapareció, y en junio se instaló con Mary en Livorno para pasar allí todo el verano. Giovanni volvió a viajar en coche con él, a escucharle y, escuchándole, se convenció de que la libertad había que ganársela solos, y entró en la Carbonería.

El abuelo Augusto contaba muchas más cosas sobre la conmovedora amistad entre el gran poeta y el tosco cochero. Que los dos sólo dejaron de tratarse en julio de 1822, es decir, cuando Shelley, con apenas veintinueve años, naufragó con su *schooner* frente a las costas de La Spezia; que cuando se encontró su cadáver en la playa de Viareggio, Giovanni, destrozado, lloró como una mujer; que para honrar su memoria aprendió algo de inglés y que en inglés recitaba siempre una estrofa de uno de sus poemas... (¿Qué estrofa, de qué poema? Quizá porque contiene el término *van* que, en determinados casos, quiere decir «carroza», sospecho que se trataba del epílogo de *Liberty*. «*From spirit to spirit, from nation to nation, / from city to hamlet thy dawning is cast, / and tyrants and slaves are like shadows of night, / in the van of the morning light*». Intraducible, inimitable canto que, con el debido rubor, me atrevo a verter así: «*Di anima in anima, di paese in paese, / di città in villaggio / la tua alba* *si spande, / e schiavi e tiranni divengono ombre nella notte, / dentro la carrozza del luminoso mattino»* (De espíritu a espíritu, de nación a nación / desde la ciudad hasta la aldea / el amanecer se vislumbra ya, / y tiranos y esclavos como sombras en la noche son, / dentro de la carroza de la luz matutina).* A veces se divertía contando también que, en 1821, Shelley le presentó a Byron, que acababa de llegar a Pisa con una corte de criados, aves exóticas, otros animales, entre ellos numerosos monos, y que Byron no le había caído bien. Le pareció un maleante con modales exquisitos. Pero su relato se centraba en los dos meses que maestro y discípulo pasaron juntos después de su encuentro en el Tre Donzelle, durante el verano siguiente, es decir, el verano en que el discípulo disipó todas sus dudas, y en el paso que dio llegado ese momento. Esto me autoriza a llegar a la conclusión de que en 1819 Giovanni ya era carbonario. En cuanto al año siguiente, tengo la prueba irrefutable. La que encontré casualmente en los inmensos archivos del *Buongoberno* y por la que sé que el 27 de julio de 1820 el juez Paoli, el sucesor de Serafini, recibió una demencial autodenuncia acompañada de una chapucera retahíla de amenazas en verso: «*¿Contra quienes piden la Constitución / cárcel e injurias empleas, felón? / Tiembla por incitarnos a la venganza / y si sigues así, una muerte cruel te aguarda*». Bajo un triángulo celeste, rojo y negro, los colores de la Carbonería en su primera época, la demencial autodenuncia enumera, de hecho, quince nombres de carbonarios livorneses. Junto a los nombres, proporciona el número de prosélitos que cada uno de ellos ha ganado para la causa en las ciudades toscanas, y en el décimo segundo lugar está él, que cuenta con catorce prosélitos en Lucca.

«Cantini Giovanni. Lucca: 14».

* * *

La palabra carbonario se asocia a la idea del martirio. Evoca el recuerdo de la horca, de pelotones de fusilamiento, de cárceles inhu-

* Traducción del inglés de J. T. y A. Roth. (*N. de la T.*)

manas, de patriotas que mueren gritando Viva Italia. Y también el del perverso rigor con el que la sociedad secreta mantenía la disciplina entre sus miembros, de la crueldad con la que castigaba a todo aquel que infringiese sus preceptos. Al que ejecutaba mal una orden, por ejemplo. Al que no se plegaba a sus absurdos rituales, al que se le escapaba un gesto equivocado, al que no ayudaba a sus compañeros cuando estaban en peligro, al que se volvía un perjuro o resultaba ser un cobarde. Una puñalada en el vientre, un navajazo en la garganta, y fuera. Al cementerio. Me explico: en nombre de la libertad, los carbonarios aceptaban normas despiadadas, se sometían a unos sacrificios monstruosos. Y, sobre todo, se arriesgaban a terminar ante la corte marcial, los tribunales especiales. Cuando era pequeña, estallaba de orgullo cada vez que pensaba que mi antepasado Giovanni había sido uno de ellos. Presumía de ello, me sentía la descendiente de un héroe. Hoy no, hoy el asunto me impresiona bastante menos, y la demencial autodenuncia del 27 de julio de 1820 me arranca una sonrisa. Porque 1820 es el año en el que, en Lombardía, fue descubierta la célula carbonaria de Silvio Pellico y Pietro Maroncelli y ambos terminaron en la cárcel, además de ser el año en el que los carbonarios napolitanos hicieron una revolución y obtuvieron que se promulgara la Constitución. En Toscana, en cambio, no ocurrió nada. El año 1821 fue en el que aquella revolución fue domada, aquella Constitución derogada, y aquellos carbonarios desmembrados. También fue el año en el que los carbonarios piamonteses se alzaron en armas al verse traicionados por Carlos Alberto, los carbonarios milaneses fueron arrestados junto a Federico Confalonieri, y tanto en la Italia del Norte como en la Italia del Sur se alzaron los primeros patíbulos. En Toscana, en cambio, no ocurrió nada. El año 1822 fue en el que se desencadenó la represión y, en Palermo, nueve carbonarios fueron decapitados, metieron sus cabezas dentro de jaulas de hierro y las expusieron en la plaza pública como advertencia; en Módena, otros nueve fueron condenados a la horca; en Verona, treinta y tres; en Nápoles, treinta, entre ellos los instigadores de la revuelta, los subtenientes Michele Morelli y Giuseppe Silvati, cuyos cadáveres, siempre a modo de advertencia, estuvieron pendiendo de la horca seis días. Además, fue el año en el que Pellico y Maroncelli fueron encarcelados en el Spielberg. Una cárcel en la que para morirte no necesitabas al verdugo. En Toscana, en cambio, no ocurrió nada. Y podríamos seguir: el año 1823 fue en el que la represión se consolidó con diez fusilados en Nápoles, tres ahorcados en Catanzaro, tres en Capua, cinco en Palermo, siete en Verona. En Toscana, en cambio...

No se ahorcaba a nadie, no se decapitaba a nadie, no se fusilaba a nadie. Ni siquiera existía la pena de muerte. Pese a los abusos judiciales, la prepotencia de los esbirros, el *Buongoverno* no era sanguinario. Y, pese a los lazos familiares, las pretensiones de Viena, Fernando III no era un tirano. No se merecía el desprecio expresado por Giovanni con la salida: «Vale más el Nappa cuando está dormido que ese cretino del gran duque cuando está despierto». Nada más regresar había desposeído de toda autoridad al nefasto príncipe Rospigliosi, había prohibido que se persiguiese a los ateos, a los veteranos, a los disidentes, y, desde entonces, hacía malabarismos para no convertirse en el procónsul de su hermano, Francisco I, emperador de Austria. En 1820 Francisco había ordenado al conde de Fiquelmont, el embajador austriaco, que se presentase ante Fernando con una lista de los toscanos que debían ser arrestados. Y, tras arrancársela de las manos y arrojarla al fuego, él había contestado: «Dígale usted a su monarca, al igual que yo se lo diré a mi hermano, que de mis súbditos sólo me ocupo yo. Infórmele, al igual que yo le informaré, de que incluso los rebeldes cuyos nombres acabo de quemar son mis amadísimos hijos». No sólo eso sino que ofendido por la petición, ordenó que se acogiese a todos los exiliados que buscasen refugio en el gran ducado. Era por esto por lo que, tras verse implicado con los carbonarios de Ravena y en la conjura dirigida por el padre de su amante, Teresa Gamba Guiccioli, Byron se trasladó a Pisa. Era por esto por lo que Shelley prefería Pisa y Livorno y Florencia a Nápoles o Roma o Venecia. Era por esto por lo que Toscana era llamada el Paraíso de los Exiliados, el País de Jauja. En cuanto a los carbonarios, a los que se había unido Giovanni, sería inexacto afirmar que se sometían a normas despiadadas o que destacaban por su valor excepcional o por su predisposición al martirio. Tengo ante mí el informe redactado por la policía sobre el interrogatorio efectuado a treinta y nueve detenidos y el único caso admirable es el del poeta extemporáneo Francesco Benedetti que, por miedo a «cantar», huyó de la prisión y se suicidó en una posada. Junto a los nombres de los demás siempre aparece un humillante «reo confeso con sinceridad y arrepentimiento», «reo confeso con ingenuidad y tristeza». Más aún: dieciséis de ellos fueron liberados inmediatamente y entregados a la custodia de sus familias. Veinte, procesados, pero condenados a penas leves: tres o cuatro, encarcelados sin recibir un solo latigazo; cinco o seis, condenados a arresto domiciliario o al exilio en la Maremma. Y, *dulcis in fundo*: del dosier en el que está contenida se deduce que la demencial autodenuncia del 27 de julio de 1820 no tuvo consecuencia alguna. En vez de una orden de arresto, lo que se le adjuntó fue un lacónico «Compruébese» del juez Paoli y una lista de advertencias para los funcionarios encargados de llevar a cabo la comprobación. «Recordad que los adeptos a la susodicha secta llevan con frecuencia corbata negra y un paraguas verde con la punta afilada. Objeto que usan como arma. Recordad que para saludarse llevan a cabo un ritual grotesco. El que saluda se quita el sombrero con la mano izquierda, se lo pasa por los labios, lo baja, se lo restriega por la pierna y, mientras tanto, tiende la mano derecha. El que recibe el saludo hace lo mismo y, al estrechar la mano del hermano, le rasca la palma con el índice. El que saluda, en cambio, oprime el músculo aductor, es decir, la base del pulgar. Por último, pronuncian su consigna. "Fe", susurra el que saluda. "Esperanza", susurra el que recibe el saludo. "Caridad", susurran al unísono. Y se abrazan». (Advertencias que, por otro lado, nos llevan inevitablemente a preguntarnos: ¿a aquellos héroes fallidos no les faltaría un tornillo?).

Pero el heroísmo no es la medida con la que se juzga a un hombre, el martirio no es un requisito necesario para juzgar su valor, los rituales grotescos no son suficientes para ridiculizar un sueño. Y el mérito de Giovanni no disminuye porque los esbirros no se tomaran en serio su desafío, o porque en Toscana no se ahorcase ni decapitase ni fusilase a los carbonarios. Tampoco porque aceptaran observar costumbres absurdas y de sobra conocidas por la policía o porque la mayoría de ellos demostrase poco valor. Pobre Giovanni, a su manera sí que contribuyó al sueño. Se deduce por los manifiestos que estaban dentro del arcón de Caterina, por esos patéticos y desgarradores panfletos en los que se leía «Libertad o Muerte», «Constitución o Muerte». (Los otros no los recuerdo, pero rebuscando entre las copias custodiadas en los archivos del *Buongoverno* he reconocido el texto de dos de ellos, dirigidos a los militares. Uno, en verso, como las amenazas dirigidas a Paoli: «Ahora que derechos humanos la Constitución nos indica / renace a una nueva vida / el que ni un esclavo ni un cobarde es. / ¿Y al lisonjero grito dormido el toscano guerrero / y mano sobre mano está?». Otro, en forma de proclama: «¡Soldados toscanos, movilizaos! ¡No tengáis miedo en pedir la Constitución! ¡No tengáis miedo de Austria, que tiene que ocuparse de sus propios asuntos!»). Eran los llamamientos con los que la Carbonería creía posible atizar en el gran ducado el fuego de los movimientos revolucionarios que ya habían estallado en Italia del Norte e Italia del Sur, y seamos sinceros: País de Jauja o no, Paraíso de los Exiliados o no, se arriesgaban a acabar en la cárcel por difundirlos. Y, sin embargo, según parece, él lo hacía con tanta audacia como descaro: lanzándolos desde el gallinero del Teatro Carlo Lodovico, pegándolos a la entrada de los burdeles y de las iglesias, arrojándolos delante de los cuarteles y luego despareciendo a toda velocidad con la carroza de doble tiro... Por lo demás, ejecutaba al dedillo todas las misiones que le encomendaban y, si hacemos caso de la voz cálida y amarga, sólo falló una vez: el 16 de junio de 1822, cuando no logró asesinar a Carlos Alberto de Saboya. Tras haber apoyado los movimientos piamonteses y (en calidad de regente) haber promulgado la Constitución, además de llamar al patriota Santorre di Santarrosa para que formara parte del gobierno, Carlos Alberto había huido de Turín. En un alarde de cinismo, había dejado a los insurgentes a merced de la ira de los monárquicos, apoyados por Austria, y junto a su joven mujer, María Teresa de Habsburgo-Lorena, la última hija de Fernando III, se había refugiado en Florencia. Es decir, bajo las alas de su suegro el gran duque. Ofendido por sus galanteos, con los que humillaba continuamente a su hija, Fernando, sin embargo, no le había proporcionado ni siquiera una guardia de corp. Lo trataba como a un huésped cualquiera, dejaba que fuese por toda Toscana sin escolta o protegido únicamente por un escudero octogenario. Y ese año un grupo de carbonarios decidió vengar a los compañeros caídos encargándoles al livornés Giovanni Cantini y al genovés Giuseppe Malatesta que lo eliminasen en Pisa, donde, mezclado con la multitud, asistía todos los 16 de junio a las luminarias en honor del santo patrono, San Rainieri. «Un trabajo facilísimo —decía el abuelo Augusto—. ¿Qué cuesta darle una navajazo en el vientre o en la espalda a un imbécil que, mezclado con la multitud, está mirando las luminarias? Lo malo fue que, antes de que cayera la noche, Malatesta, un maldito indeciso agobiado por el sentimiento de culpa, se lo volvió a pensar. Entró en el Duomo, se dirigió a un confesionario y se lo soltó todo al cura. El cura se lo soltó todo al arzobispo, el arzobispo al gobernador y el gobernador a Su Alteza, que fue a mirar las luminarias rodeado de policías y desde una barca en mitad del Arno, por lo que adiós navajazo. Si no lo crees, lee los *mea culpa* que Malatesta entonó de viejo».

Lo creo, lo creo. Siempre lo he creído. Y hasta tal punto que cuando iba al colegio no desaprovechaba una sola ocasión para presumir de ellos delante de los profesores: «¡Soy la descendiente del carbonario que debía haber asesinado a Carlos Alberto!». (Palabras a las que ellos respondían, fríamente: «¡Avergüénzate de ello!»). Siempre me he preguntado, además, qué giro hubiese tomado la historia de Italia si cuando yo era Giovanni hubiese podido asesinar en paz al Saboya especializado en cambiar de chaqueta. Pero, llegados aquí, está a punto de ocurrir algo que me interesa más que contestar a esa pregunta. Porque estamos en el año 1823, qué diablos. El año en el que Giovanni se rindió ante su tozudo amor por Teresa, Teresa a su tozudo amor por Giovanni, y se consumó el adulterio sin el cual hubiese faltado un eslabón indispensable en la cadena a la que le debo mi paso por el Tiempo.

5

Oh, habían cambiado tantas cosas desde que el mundo se había vuelto del revés para volver a sentar en el trono a los antiguos dueños... El 5 de octubre de 1818, por ejemplo, en el puerto de Livorno había aparecido un barco del que salía una gran columna de humo. «¡El barco está ardiendo, el barco está ardiendo!», había gritado toda la ciudad. Y el capitán del puerto había armado un barco de pesca para dominar el incendio que, evidentemente, los marineros que estaban a bordo no conseguían extinguir. Pero el barco no se estaba quemando. Alimentado por una extraña caldera llena de agua hirviendo, el humo salía de una chimenea, y el barco era el primer piróscafo a vapor que surcaba el Mediterráneo. Lo habían botado en junio en Nápoles, con el nombre de *Ferdinando I* (*Fernando I*), en presencia del rey. Para atravesar mares y océanos ya no necesitabas el viento. Así de simple. Ya no usabas los hermosos veleros sobre los que Francesco Launaro vivió las pocas alegrías y las muchas tragedias de su existencia. Ahora empleabas piróscafos a vapor, mucho menos vulnerables a los naufragios, y sinónimo de una velocidad alucinante. De Europa a América se tardaba tres semanas, en vez de cuatro meses. De Europa a las Indias Orientales, un mes o dos, en vez de un año. Por eso se estaban aprestando para usar el vapor también en los viajes por tierra y, después de la botadura del *Ferdinando I*, un exaltado redactor de la *Gazzetta Universale* había escrito: «La fuerza motriz del agua que, al hervir, se volatiliza e impulsa el barco sin necesidad de desplegar las velas es un invento superior al del fuego y la rueda. El Hombre tiene ya en sus manos el poder de mil caballos, y ya es en verdad el Señor del Cosmos. Sepa el amable público que algunos científicos ingleses y americanos acarician la idea de instalar largos raíles de hierro, llamados *railways*, o sea, "caminos de hierro", para deslizar sobre ellos una fila de carruajes tirados no por cuadrúpedos, sino por el vapor. ¡Númenes del Paraíso! Aunque la realización de semejante prodigio parezca inverosímil, nadie osa descartar la hipótesis de que dentro de una década el prodigio se haya materializado».

¿El prodigio? Ya no se contaban los prodigios, los proyectos de prodigios, los experimentos, los cambios. Además de lo que un día se conocería como tren, se estaba estudiando la forma de sustituir las antorchas y las velas por gas. Una materia invisible e impalpable que, quién sabe en virtud de qué sortilegio, podía inflamarse y, apenas se inflamaba, iluminaba tanto como el sol. Se estudiaba también la forma de explotar el invento del telégrafo eléctrico: un prodigio de duendes que consistía en un hilo que, al tocarlo, daba una terrible sacudida o hasta podía carbonizarle a uno, pero que, en compensación, hacía que el mensaje llegara en unos pocos minutos. Y la cosa no acababa aquí. En Alemania, el señor Drais von Sauerbronn había construido un vehículo individual con un par de ruedas y un manillar. Un artefacto que, de momento, sólo permitía desplazarse estando sentados, pero que, en el futuro, con el añadido de dos pedales, se convertiría en el biciclo, es decir, en el padre de la bicicleta. En Francia, el señor Jacques Daguerre se había dado cuenta de que, mediante un proceso químico asociado a la luz, se podían fijar las imágenes sobre una lámina de metal, por lo que aseguraba que pronto sería capaz de retratar a las personas, los objetos y los paisajes tal y como eran en la realidad y no como los interpretaba el capricho o la inexactitud de un pintor. En tres países, al menos, se intentaba hacer realidad un viejo sueño de los sastres, la máquina de coser, y maravilla de las maravillas: tanto el francés Eugène Souberain, como el inglés George Guthrie, como el alemán Justus Liebig aseguraban haber descubierto un soporífero capaz de anestesiar a los que se sometían a operaciones quirúrgicas. O sea, el cloroformo. (Para hacerse una idea de hasta qué punto era importante este descubrimiento basta con recordar que, hasta entonces, si te amputaban una pierna o te abrían la tripa o te trepanaban el cráneo, sólo te atontaban con un poco de ron y punto). En cuanto a la moda, que ya había cambiado a principios de siglo con el declive y luego la desaparición de las pelucas, los corpiños, los lunares artificiales, no se reconocía siquiera. En vez del tricornio, los hombres llevaban sombrero de copa. En vez de los calzones que, con impúdico descaro, revelaban hasta el calibre de los genitales, vestían dignos y rígidos pantalones de tubo. Y en vez de los coquetuelos vestidos lanzados por la línea Imperio, con sus escotes de vértigo, sus mangas cortas, sus livianos tejidos que dejaban transparentarse las piernas, las mujeres vestían trajes casi monacales. Cerrados hasta el cuello, con las mangas largas y la falda reforzada por las enaguas, el cinturón a la altura del estómago para disimular las formas del cuerpo. En la cabeza, *nizzarde** o pamelas atadas con un gran lazo en la garganta. También había cambiado, mejor dicho, estaba cambiando la agricultura. Los campesinos más audaces (ya lo hemos visto con Caterina) empezaban a cultivar patatas y tomates, alimentos destinados a revolucionar el arte culinario. Pero había algo que no había cambiado y que jamás cambiaría: el tozudo amor de Giovanni por Teresa y de Teresa por Giovanni. Drama que me hace sentir perdida, que me enternece, que me conmueve.

Me hace sentirme perdida porque catorce años (tantos habían transcurrido desde que se perdieron el uno al otro hasta que se reencontraron...) no son pocos. Porque es difícil, muy difícil, mantener con vida durante tanto tiempo un amor que no se alimenta del trato o de la esperanza. Me enternece porque en 1823 Giovanni era un cuarentón endurecido por las penas y los sinsabores, amargado por la soledad, distraído por su compromiso político. Teresa, una mujer de treinta y cuatro años, probablemente consumida por las renuncias, las insatisfacciones y, sin duda, agotada por la inutilidad de sus embarazos, por el desgarro de concebir niños que sólo nacían para morirse en un abrir y cerrar de ojos. Ya no eran los mismos de antes. Ya no tenían la energía necesaria para abandonarse a una pasión, para soportar sus alegrías y sus suplicios, para pa-

* Sombreros de paja sin copa para las mujeres. (*N. de la T.*)

gar el precio. Me conmueve porque en el drama está incluido Gasparo. El bueno de Gasparo, el imbécil de Gasparo, Gasparo que, ajeno a todo, no entendía, no sospechaba ni sospecharía nada jamás. De hecho, me acerco a aquel suceso fatídico casi con timidez, temiendo herir a alguno de los tres, y en Gasparo no veo a un cornudo del que haya que burlarse ni en ellos dos a unos adúlteros que deban ser condenados: veo a una víctima de la que hay que sentir piedad y a dos amantes dignos de todo respeto. Respeto y, en mi caso, gratitud. Queridos, desventurados, patéticos antepasados míos cuyas tristezas y cromosomas llevo conmigo: me gustaría abrazarlos justo ahora, cuando están a punto de reencontrarse y de contribuir a mi futura existencia, a mi arduo paso por el Tiempo. Es un sábado de mediados de febrero. Sin entusiasmo alguno, Giovanni va hoy a Lucca donde le aguardan las críticas de los prosélitos de fuera. Con él, va Teresa, ¿y quién dice que los caminos del Señor no son infinitos? Desde hace meses hacen furor las mangas de jamón: largas y amplias en la juntura, abullonadas en el antebrazo, estrechas en las muñecas. Complicadísimas. El pasado enero Teresa aceptó el encargo de hacer un vestido con las mangas de jamón para una clienta de Lucca que va muy poco por Livorno, y el miércoles pasado se dio cuenta de que el modelo es un rompecabezas: tiene que hacer una prueba de inmediato. Vencida por el pánico, ha solicitado, por tanto, el pasaporte para Lucca y ha reservado un asiento en la diligencia que cubre a diario el trayecto que separa a ambos Estados, y, justo mientras se disponía a ir, se ha presentado Gasparo. «¿¡¿La diligencia?!? Tarda un siglo, y Giovanni tiene que ir el sábado a Lucca. En menos de cuatro horas la deja allí». Teresa, obviamente, se ha negado. «No, no le moleste, no hace falta, prefiero ir yo sola». Giovanni, obviamente, ha intentado negarse. «No sé si podré, quizá tenga que llevar a un viajero, es mejor que coja la diligencia». Pero él ha seguido insistiendo hasta que ambos han claudicado. Pobre Gasparo, tiene tanto interés en darles la oportunidad de que se hagan amigos, de que cese la antipatía que los separa... Antipatía, sí. Quién sabe por qué, Giovanni trata a Teresa como si fuese su enemiga. Nunca le dirige una sonrisa, una mirada cariñosa, un cumplido. Y Teresa trata a Giovanni como si fuese un extraño. Lo evita, le saluda con fría educación, casi ni lo mira. Sólo en el funeral del sexto niño muerto nada más nacer se portaron de forma completamente distinta. Mientras acariciaba el minúsculo ataúd, ella sollozaba: «Basta, seis son ya demasiados, basta...», y, de repente, lanzó un grito inexplicable: «¡Oh, Giovanni, Giovanni!». Entonces Giovanni le rodeó los hombros y la consoló.

—No llore —le dijo—. El próximo vivirá.

Recuerdo bien aquel sábado de mediados de febrero. De la neblina de la memoria esta vez emerge incluso Teresa, que, consumida o no, hoy tiene un aspecto más seductor que nunca y está realmente elegante. Un vestido *princesse* gris claro y capa gris oscuro, ropa hecha a base de los retales sobrantes, pero confeccionada con su buen gusto y su pericia, zapatos de piel con tacón, los mismos que llevaba cuando se casó pero que todavía están nuevos, y en la cabeza una pamela de terciopelo rosa con el ala forrada de encaje por dentro. Al cuello, un enorme lazo de tafetán, también de color rosa: un color que le sienta maravillosamente, combinado con el negro de sus cabellos y de sus pupilas. Si no fuese por la enorme caja con el vestido que tiene que probar, la tomarías por una señora. Giovanni, además, también viste hoy con elegancia. Pantalones color tabaco, chaqueta negro carbón, camisa de seda, botas con las polainas amarillas. En la cabeza, un bonito sombrero de copa de diez pulgadas de alto, y qué más da si lo compró todo ayer mismo, en el Monte de Piedad, y si aún apesta a naftalina. Han salido muy temprano. Los dos quieren estar de regreso antes de la medianoche. Y, al despedirlos, Gasparo estaba restallante de felicidad y orgullo. La alegría, el orgullo de haber propiciado un acercamiento tan necesario entre los dos. Incluso les ha animado a que se lo tomen con calma. «¡Da igual si no podéis volver esta noche! ¡Si volvéis mañana, mejor!». Propuesta a la que Teresa ha respondido con una mirada llena de tristeza y Giovanni con una palabrota: «*Merde!*». Llevarla consigo le produce más desasosiego que la idea de tener que reunirse con los prosélitos de fuera, después de comprarse el conjunto que apesta a naftalina ha comprendido que aún es vulnerable al deseo de gustarle, por lo que ha decidido que la salvación radica en pasar el menor tiempo posible a su lado, y en Salviano estaba muy nervioso. Sólo le ha dicho un escueto «buenos días» antes de emprender el camino. Peor: como entre el interior de la carroza y el pescante del cochero no hay comunicación alguna y el trayecto, no muy largo, puede cubrirse sin paradas, no se han visto ni hablado durante el mismo. Ella ha permanecido todo el tiempo en el interior de la carroza, imaginándoselo con las riendas en las manos y el viento en la cara; él ha permanecido fuera todo el rato, consumiéndose y soñando con llevarla a su lado igual que llevaba al señor Shelley cuando éste se subía al pescante para debatir con él acerca de la libertad. Sólo rompen el silencio al llegar a la garita en la que la policía de fronteras controla los pases de los cocheros y los pasaportes de los viajeros. Giovanni baja del pescante, se acerca a la portezuela y: «Hemos llegado, Teresa. Enséñeles ese papel». Luego, finalizados los trámites de la aduana, vuelve a tomar las riendas. Entra en la ciudad, la lleva hasta la casa de la clienta y, tendiéndole la gran caja, se despide de ella.

—Estaré ocupado hasta el atardecer...

—Sí...

—Pasaré a buscarla como a eso de las seis...

—Sí...

—Buena suerte con las mangas de jamón...

—Sí...

Nada que anuncie la explosión del arrebato amoroso, nada que indique que el acercamiento propiciado por Gasparo va a tener éxito. Si el destino lo hubiera dispuesto así, la oportunidad se habría echado a perder. Pero el destino no lo ha dispuesto así. Debe nacer un hijo de ambos. Y del hijo, un nieto, y de éste, un biznieto, y de éste, mi madre, y de mi madre, yo. Como consecuencia, el encuentro con los prosélitos de fuera dura más de lo previsto: a las seis de la tarde, el carbonario Cantini Giovanni no se presenta a la hora establecida. Tampoco a las siete, ni a las ocho. Ya se ha hecho completamente de noche y Teresa no sabe a qué santo encomendarse. Como una mariposa enloquecida va de un lado al otro de la acera con su enorme caja, aguza el oído cada vez que oye el trote de un tiro de caballos, el corazón le da un vuelco cada vez que se acerca una carroza, se desespera cuando ésta se aleja, y sus grandes ojos negros están cuajados de lágrimas. No sólo por el frío, que esta noche es muy intenso y la tiene aterida; no sólo por el hambre, cada vez más rabiosa; no sólo por el cansancio que, después de las horas que se ha pasado ajustando las malditas mangas de jamón y aguantando las quejas de la clienta, le dobla las rodillas. Es, sobre todo, por el miedo a que a Giovanni le haya ocurrido algo malo. ¡Dios! En casa todos saben que no siente simpatía alguna hacia el régimen restaurado. Todos saben que no acude al Teatro Carlo Lodovico para escuchar música, sino para arrojar panfletos subversivos, que le gustaría hacerle algo malo al futuro rey de Piamonte y de Cerdeña, que a Pisa fue para eso y que en el ducado de Lucca tiene asuntos poco claros. Se ha dado cuenta de ello hasta Gasparo, que, a veces, tiene unos sorprendentes atisbos de inteligencia, y que ayer mismo dijo: «A saber a qué va mi hermano a Lucca. Para mí, que es algo relacionado con la secta esa de los de los paraguas verdes. Si mañana lo pillan los esbirros, vuelva en la diligencia». ¿Y si hubiese ocurrido eso? Supongamos que ha ido a Lucca para ver a los que la tienen tomada con los alemanes y sueñan con la revolución, se repite, supongamos que los esbirros lo han sorprendido en medio de alguna reunión clandestina... Y cuando lo ve llegar, bajar de un salto del pescante, pierde todo control. Deja caer al suelo la enorme caja, corre a su encuentro con los brazos abiertos, se arroja entre los suyos...

—¡Giovanni, Giovanni, creía que le habían metido en la cárcel!

También él pierde el control. También él deja de lado la farsa que lleva interpretando desde hace casi dos lustros. Con voz tierna, le pide disculpas, le explica que no: se ha entretenido por un imprevisto. Con ternura, se aparta de sus brazos, la empuja hacia la carroza, allí la envuelve en una manta. Le quita los zapatos, le da un masaje en los pies helados, y al diablo con Carlos Alberto. Al diablo con los carbonarios, con los compromisos solemnes, con la patria, con las promesas, con los deberes...

—Ha cogido usted frío, ha cogido usted frío...

—Está agotada, exhausta...

—Tiene que comer algo, descansar y entrar en calor...

Luego la lleva a una buena casa de comidas. La que se encuentra en la pequeña posada en la que se aloja cuando se queda en Lucca: la posada del Filon d'Oro, que en la planta baja tiene el comedor y en la superior las habitaciones. Una elección peligrosa, comprende. Comprenden. Una impudencia que, más que el abrazo, más todavía que el masaje en los pies, amenaza con echar por tierra todos los esfuerzos realizados en esos años. Pero en cuanto coman algo se irán, piensan los dos. Este paréntesis se cerrará y, para no empeorar las cosas, será suficiente con esquivar ciertas conversaciones, con evitar mirarse a la cara. Sin titubeos, bajan de la carroza y, llevando consigo la patética y enorme caja, entran en el comedor. Otra vez contenidos, vigilantes, dueños de sí mismos, se sientan en una esquina escasamente iluminada. Cambian de sitio las velas que, al estar en el centro de la mesa, les dan demasiada luz, y voluntariamente callados, con la cabeza inclinada sobre el plato, empiezan a comer. El problema es que el posadero del Filon d'Oro ha reconocido al parroquiano del mechón de pelo blanco y mientras comen callados, callados, con la cabeza inclinada sobre el plato, se acerca para ofrecerles dos vasos de vino espumoso.

—¡A la salud de su bella esposa, *sor* Cantini!

—¡A la salud de su guapo marido, *sora* Cantini!

Giovanni palidece. Acepta el ofrecimiento con una semisonrisa, no aclara el malentendido. Teresa enrojece y hace lo mismo. Pero, oprimida por el silencio que ahora se ha vuelto tan pesado como una capa de plomo, vencida por la necesidad de aclarar lo que ha ocurrido en la calle, no tarda en abrir los labios. Le hace una pregunta que es como arrojar una cerilla encendida a un bosque listo para quemarse hasta la última hoja.

—¿Por qué no se ha casado, por qué no se casa, Giovanni?

—Usted sabe de sobra el porqué —responde, decidido, Giovanni. Luego extiende la mano hacia la vela que ha movido de sitio. La vuelve a colocar en el centro de la mesa.

Por fin se miran a la cara. Por fin se observan frente a frente, como dos adultos que saben lo que va a ocurrir. Con un mudo reproche, los ojos de Giovanni acarician el ajado rostro de la insustituible mujer que le embrujó cuando era un tímido joven de veinticinco años, y que ni siquiera la guerra y el fervor político y el paso del tiempo y las muchas aventuras amorosas a las que, sin duda, se ha abandonado han podido arrancar de su cabeza y de su corazón. Con abierta tristeza, los de Teresa miran fijamente el endurecido rostro del insustituible hombre que la fascinó cuando era una ingenua joven de diecinueve años, y que ni siquiera la pérdida de seis niños ha logrado que le resulte indiferente. La barrera que habían vuelto a levantar entre ellos se derrumba, y, más impetuosa que la corriente de un río cuando hay crecida, la verdad que él tenía que confesarle se desborda. ¡Dios! De joven hubiese vendido su alma a cambio de decirle: «Teresa, me gusta usted mucho». Eran sus zuecos, su torpeza, su miseria, lo que se lo impedía. ¡Dios! ¡Se enroló en el ejército del Nappa sólo por ella! ¡Por ella se vendió a ese piojo de Isacco Ventura, a ese miserable avaro que con tal de no pagarle las cuotas prefirió terminar bajo tierra con toda su familia! ¡Por ella fue a luchar contra El Verdugo y Castaños y lord Wellington y los quince mil prusianos de Würzburg! Se fue sin despedirse, sí, sin pronunciar las palabras: «Teresa, espéreme, que apenas vuelva nos casamos». Le faltó el valor necesario y, en su inmensa estupidez, se hizo la ilusión de que ella iba a esperarlo de todas formas. ¡Dios! ¿¡¿Para quién creía que era aquel anillo de brillantes y rubíes con el que compró los caballos y la carroza?!? ¿¡¿Para quién?!? De acuerdo, no se puede pretender que una chica espere seis años a un tipo que se ha ido sin decir esta boca es mía, y el miedo inconfesado a que se casase con otro existió siempre. ¡Pero nunca se imaginó que se la encontrase casada con su propio hermano, nunca! ¡Oh, Dios! ¡Dios, Dios! ¿¡¿Por qué se había casado justo con Gasparo, por qué?!? Y aquí Teresa le interrumpió. Casi como si no quisiera oír la tremenda pregunta para la que no tiene respuesta, frena ese aluvión de amor y dolor oponiéndoles los suyos. No, murmura, mientras sus lágrimas caen a pequeñas gotas sobre el plato, no se puede pretender que una joven espere seis años a uno que se ha ido sin decir esta boca es mía. Y, sin embargo, durante seis años, ella lo había esperado. Sin escuchar a quienes le insinuaban: «Stecco debe de haber muerto», «Por lo que se ve, Stecco ha muerto», había desperdiciado su juventud esperándole y se habría casado con él aunque se hubiera quedado cojo. O manco o ciego. Pero llegó un momento en el que fue ella la que creyó que había muerto realmente, y las grandes desgracias empujan con frecuencia a tomar decisiones equivocadas. Lo único que tenía que decir de su matrimonio con Gasparo es que había sido un error irreparable. Un despropósito cuyas consecuencias pagaba continuamente, de mil formas. Sometiéndose a unos deberes conyugales tristes y molestos. Soportando una convivencia desagradable. Deseándole a él a todas horas... Con las ganas continuas de verlo, escucharle, tocarlo. Hasta de pasarle las manos por el mechón de pelo blanco. Y, sobre todo, lo pagaba con los minúsculos ataúdes que cada uno o dos años acompañaba al cementerio.

—¡Oh, Giovanni, Giovanni! ¿Será que el Señor me los quita para castigarme por amar al hermano de mi marido?

Entonces Giovanni aferra las hermosas manos que no conseguían estropear ni los trabajos más rudos. Se las pasa por el mechón de pelo blanco, por la cara, por el corazón. Luego le dice que a Livorno regresarán mañana y le pide al posadero una habitación para su mujer y para él. Algo factible, pese al control que ejerce la policía sobre la moral pública, porque los salvoconductos y los pasaportes son muy prolijos suministrando datos acerca de las señas personales, del oficio y del domicilio, pero no especifican el estado civil. El de él no dice si está soltero o casado, el de ella está a nombre de Teresa Nardini, domiciliada con los Cantini, y punto. Ya es casi medianoche. Pero el cansancio se les ha pasado. El frío es muy intenso. Pero el vino les ha hecho entrar en calor y en la habitación hay una gran chimenea con el fuego encendido. Entran como si fueran dos esposos de luna de miel. Durante una noche, se aman como ni siquiera soñaron con amarse cuando eran jóvenes. Mi tatarabuelo Giovanni Battista, conocido luego como Giobatta, nacerá el 18 de noviembre de 1823. A los nueve meses exactos del viaje a Lucca.

* * *

El niño que nació a los nueve meses exactos del viaje a Lucca fue un niño sano y robusto. Nada de defectos cardiacos, nada de insuficiencias pulmonares, nada de anomalías congénitas. Y, cuando lo vio, Gasparo se sintió en la gloria, todos los Cantini y todos los Nardini lanzaron gritos de júbilo ante el milagro, algunos fueron corriendo a ofrecerle un exvoto de plata a la Madonna de Montenero. También era un niño muy guapo. Tenía los grandes ojos negros y el indefinible encanto de la madre, las piernas largas y los rasgos del padre (idéntica nariz, idéntica boca, idéntica estructura facial), y, por lo tanto, no se parecía en nada al infeliz que creía haberlo engendrado. Pero la única que se dio cuenta de ello fue Rina, la madrastra. «Qué extraño. ¡Parece el hijo de su tío, en vez del hijo de su padre!». Los demás no lo notaron y no sospecharon jamás que detrás de aquel milagro había un adulterio. En cuanto a Giovanni y a Teresa, bueno: el feliz acontecimiento no les produjo una satisfacción absoluta, una alegría infinita. Ante todo, porque seguir adelante con la farsa de los cuñados que se llevan bien les resultó mucho más difícil que interpretar el papel de los cuñados que se detestan. Rina, la madrastra, observaba todos y cada uno de sus movimientos, anotaba cada mirada, cada sonrisa, y si no medían sus pasos corrían el riesgo de encender nuevamente sus sospechas. Luego, porque Gasparo se apropió del hermoso niño y, arrastrado por el orgullo, perdió su docilidad y su mansedumbre. Si Giovanni iba a Salviano a ver al sobrino, a tenerlo un poco entre sus brazos, se ponía celoso. «No lo beses, no lo manosees, pero ¿qué quieres?, ya lo viste ayer». O: «¡Devuélvemelo! ¡Es mío!». Por último, porque el hermoso niño les arrebató a los padres la posibilidad de volver a gozar del éxtasis vivido en la habitación con el fuego encendido, es decir, de volver a dormir juntos. Con un niño al que dar de mamar, cuidar, criar, una mujer pobre no puede permitirse el lujo de citas amorosas, que, con la excusa de las mangas de jamón, pueden durar desde por la noche hasta la mañana. No puede concederse esmerados y románticos *tête-à-tête*. Esclava de los deberes maternos que las mujeres ricas delegan en las niñeras, no puede ni sustituir la posada del Filon d'Oro por la habitación que el hombre amado tiene alquilada en la vía del Aceite. Lo máximo que puede concederse y concederle a él es un furtivo abrazo. Un encuentro fugaz, un coito rápido. (Seguramente, la noche de Lucca fue la única noche de amor de toda su vida). Y sin embargo, o precisamente por eso, entre ambos amantes se estableció una profunda complicidad: un vínculo que iba más allá de los límites del deseo, de la pasión. Casi como si quisiese compensar la ausencia de intimidad física, después del nacimiento de Giobatta el carbonario Cantini Giovanni no le ocultó nada más a Teresa. No le escondió su compromiso patriótico, los encargos que recibía, los peligros a los que se enfrentaba. Y, poco a poco, ella se convirtió en una especie de prosélita, en una compañera, en la depositaria de sus sueños y sus secretos.

La casta, o casi casta relación basada en el mutuo y profundo entendimiento duró una década, hasta el año 1834. El año en que, destrozado por los sufrimientos y los disgustos, por las derrotas y las desilusiones, Giovanni abandonó la lucha y desapareció de Livorno sin dejar rastro. Sin molestarse siquiera en quemar las pruebas de su pasado revolucionario. Entre ellas, un estandarte que, inspirado en el blanco, rojo y azul de la bandera francesa, la República Cispadana había enarbolado en 1796 para pedir una Italia unida y oponerse a las tesis federalistas del Directorio, que había perdido su significado bajo el dominio del Nappa, que había sido abolido y prohibido con la Restauración, que en la revolución del 21 había reaparecido en Piamonte y Romaña. Y que muchos subversivos usaban ahora como símbolo de unidad y de independencia nacional, de la lucha contra el yugo extranjero. Una bandera blanca, roja y verde. La desvaída y remendada bandera tricolor que estaba en el arcón de Caterina. (Se la había cosido Teresa con los consabidos retales sobrantes. Lo comprendí al observarla. Porque la franja verde era de lana, la blanca de tela, la roja de seda).

6

Es preciso remontarse a los acontecimientos que marcaron la historia de Toscana durante aquellos años para comprender el drama que impulsó a Giovanni a abandonar la lucha y a desaparecer sin dejar rastro, desentendiéndose hasta de aquella bandera. Acontecimientos que, al principio, le proporcionaron nuevos descubrimientos, nuevos entusiasmos, pero que luego le hicieron enloquecer como a un caballo que, harto de recibir latigazos, un día se libera de las riendas y huye. En 1824, Fernando III murió de malaria, contraída mientras inspeccionaba los trabajos de bonificación de la insalubre Maremma. Le sucedió su igualmente apacible hijo, Leopoldo, por lo que el gran ducado en el que no se ahorcaba a nadie, no se decapitaba a nadie, no se fusilaba a nadie, siguió siendo lo que muchos denominaban el País de Jauja. Basta recordar la tolerancia con la que Leopoldo trataba a los intelectuales. En esa época triunfaba en Florencia la publicación mensual que el editor Pietro Vieusseux había fundado con ayuda de Gino Capponi, la *Antologia*, y las mejores cabezas de la cultura italiana colaboraban en ella con ensayos o artículos que, pese al uso de sobreentendidos, no eran ciertamente del agrado del poder. También triunfaba el gabinete científico-literario que Vieusseux tenía en la Plaza de la Sagrada Trinidad, en el Palacio Buondelmonti. Una especie de club refinadísimo en el que los colaboradores y los viajeros de paso se reunían a diario para discutir y chismorrear. Entre los colaboradores figuraba un escritor milanés que había ido a Florencia para «aclarar la ropa»* en el Arno de

* «*Risciacquare i panni*», es decir, limar, pulir su italiano. Se recuerda al

cara a una novela en la que nunca se cansaba de trabajar y que había titulado *Los novios*. Alessandro Manzoni. Un erudito dálmata que estaba a punto de publicar un genial *Diccionario de sinónimos* y que, en el año 1848, se convertiría en el héroe del Risorgimento veneciano. Niccolò Tommaseo. Un literato jorobado, nacido en Recanati, que se pasaba el día tocando las pelotas con sus melancolías, su pésima salud, su escaso éxito con las mujeres, pero que era muy admirado por sus inspiradas poesías. Giacomo Leopardi. Un filólogo placentino que la duquesa de Parma y Plasencia (María Luisa de Habsburgo, la segunda mujer del Nappa) había procesado y expulsado. Pietro Giordani. Entre los viajeros de paso, Henri Beyle: un docto francés que quería ser cónsul en Trieste o Civitavecchia y que firmaba sus libros con el seudónimo de Stendhal. Además, una extravagante escritora parisina, que se vestía como un hombre y usaba un nombre masculino, George Sand, amiga de los patriotas y, en aquella época, amante de un joven poeta llamado Alfred de Musset. Unos distanciadamente, otros con pasión, en el gabinete de Vieusseux discutían y chismorreaban acerca de todo. Y, principalmente, hablaban mal de los austriacos, de los Saboya, del Papa, de los diversos tiranos y tiranuelos, de los propios Lorena. Y, sin embargo, Leopoldo se cuidaba muy mucho de castigarlos o perseguirlos, y de igual forma se comportaba en el resto del gran ducado. En Pisa, por ejemplo, donde a los estudiantes extranjeros se les consideraba unos rebeldes porque en el café dell'Usero recitaban los versos de Ugo Foscolo, un poeta muerto hacía poco en Londres, en el exilio y en la miseria. No en vano Alphonse Lamartine, entonces embajador de Francia en Florencia, escribiría en sus Memorias: «Nunca vi tanto liberalismo como durante aquellos años en Toscana».

El así llamado País de Jauja parecía, en resumidas cuentas, un plácido estanque apenas agitado por el viento de las ideas moderadas. Un limbo ajeno a las audaces revueltas y las negras tragedias que estaban ensangrentando Italia. Y, con todo, algo empezaba a

---

lector español que lo que se conoce por italiano es, en realidad, el toscano culto. Manzoni era milanés y, por lo tanto, su lengua materna era el dialecto o idioma de Lombardía. (*N. de la T.*)

cocerse también allí, y la olla de ese algo era precisamente Livorno: ya no era la ciudad que había acogido con aplausos a Fernando III y con insultos a los veteranos de 113° de Infantería o del 20° de Cazadores de Caballería. Livorno se estaba despertando, y no sólo para declamar los versos de Ugo Foscolo, y punto. No sólo para atacar o chismorrear sobre el poder con sobreentendidos, y punto. Aunque Leopoldo la favoreciese con notables privilegios y notables obras públicas (la demolición de las antiguas murallas, la inclusión de los antiguos arrabales dentro de las nuevas, la abolición de los impuestos de aduana sobre las mercancías que llegaban por vía marítima), era frecuente escuchar el término que, en otras partes, se consideraba una blasfemia. El término república. También era allí donde se publicaba el *Indicatore livornese* (Indicador livornés), bisemanal parecido al *Indicatore genovese* (Indicador genovés), que hablaba sin tapujos de la república en los artículos enviados por el carbonario Giuseppe Mazzini. Y los que lo hacían eran tres jóvenes amigos de este último. Francesco Domenico Guerrazzi, Giovanni La Cecilia, Carlo Bini. El primero, un abogado consumido de fervor político y literario, demasiado insolente y jactancioso, pero muy sagaz. El segundo, un periodista expulsado de Nápoles tras la revolución del 21, con excesivo descaro, pero lleno de un sincero entusiasmo. El tercero, un autodidacta lo bastante bueno como para traducir a Byron y a Schiller, excesivamente dócil, pero lo bastante audaz como para arriesgar el pellejo todas las noches yendo por las tabernas a aleccionar al pueblo. Y, además, éste era el quid, en Livorno vivía un discípulo de Filippo Buonarroti. El célebre revolucionario toscano que, en 1796, había participado en la conjura de Babeuf, es decir, había intentado suprimir el Directorio e instaurar un régimen comunista llamado República de los Iguales. El irreductible amotinado que, desde su exilio en Bruselas, seguía difundiendo las teorías en las que, medio siglo después, se inspiraría el marxismo y que, ya con setenta años, pero con la vitalidad de un chaval, conseguía controlar el ala izquierda de la Insurgencia europea. Se llamaba Carlo Guitera, aquel discípulo. Era el segundogénito de un noble corso que poseía en Livorno grandes inmuebles, tenía fama de calavera, y muchos lo consideraban un *enfant gâté*. Un inofensivo hijo de papá. Pero se había estudiado a conciencia los escritos de Buonarroti, y tenía más ardor revolucionario que los tres jóvenes amigos del carbonario Mazzini juntos. «Los enemigos del pueblo no son los soldados que, con sus bayonetas, niegan la libertad. Son los señores que, con sus privilegios, niegan la justicia», decía. «El auténtico patriota no se limita a luchar contra el extranjero: combate por una república democrática, exige un orden social gestionado por el pueblo y no por los aristócratas o los burgueses». O: «Son dañinas las ideas moderadas de los que piden la Constitución y punto, el voto y punto, la igualdad jurídica y punto. Retrasan la marcha de los oprimidos. La bloquean. Es preciso que todos seamos conscientes de que sin igualdad económica, sin justicia social, la libertad, al igual que la unidad y la independencia, sólo beneficiarán a los que ya tienen el estómago lleno». Y Giovanni se puso de su lado con el entusiasmo del neófito que por fin ha encontrado a su apóstol.

—Estoy con él.

Ocurrió en 1830. Fecha que me sorprende porque 1830 es el año en el que las barricadas de París expulsaron del trono a Carlos X y lo sustituyeron por el liberal Luis Felipe de Orleans, el año en el que el nuevo monarca declaró que Francia se opondría a quienes reprimiesen otros movimientos constitucionalistas o independentistas, y en el que éstos volvieron a prender en todas partes, desembocando en las sangrientas revueltas del 31. Me sorprende, sobre todo, porque en 1830 Carlo Guitera tenía apenas veintidós años. Muy pocos para lograr que se desvíe de su camino un hombre de cuarenta y siete, que había consagrado al sueño de la unidad y la independencia, además de la Constitución, entendida como panacea de todos los males, todas sus energías de adulto, que nunca se sintió muy inclinado a creer en utopías y que, encima, tenía la cabeza ocupada por un desastroso problema familiar. De hecho, me he preguntado con frecuencia cuál fue el resorte que, a la edad de las primeras canas, le impulsó a abrazar ideas tan extremistas y ajenas a aquéllas en las que había creído hasta entonces, es decir, al culto a la patria y a la libertad *tout-court*. ¿El tugurio en el que había nacido y crecido y en el que aún vivía su padre? ¿La imagen del orinal colocado sobre la mesa de la cocina, el recuerdo de los zuecos y de su vida vendida a cambio de mil liras? ¿El detalle de que, descontando a Carlo Bini, los mazzinianos mantenían al pueblo a distancia y de que el carbonario genovés había impartido al respecto unas disposiciones quizá necesarias pero odiosas? («La responsabilidad de la lucha no debe ni puede hacerse extensible a quienes no saben leer y escribir. Los ignorantes deben ser usados con cautela y a los analfabetos debe prohibírseles la tarea de la propaganda»). ¿Ser consciente de que de los mártires aristócratas o burgueses se hablaba siempre, pero que de los que tenían el estómago vacío no se decía nada casi nunca, desde hacía siglos? ¡Dios! Todo el país había estado en ascuas por la suerte de Federico Confalonieri y Silvio Pellico y Piero Maroncelli, pero de los pobres que, por la misma época, el Santo Padre, es decir, León XII, había decapitado en Ravena y en Roma y en Faenza apenas si se sabía su nombre. (Angelo Targhini: cocinero. Luigi Zanoli: zapatero. Angelo Ortolani: panadero. Leonida Montanari: barbero. Gaetano Rambelli: sombrerero. Abramo Forti: mercero. Domenico Zauli: dependiente). Fuese lo que fuese lo que pasó, una cosa es cierta: descubrir que a la palabra Libertad había que añadir la palabra Justicia, a las palabras Unidad e Independencia la palabra Igualdad, lo dejó tan fulminado como se quedó San Pablo en el camino de Damasco. Y, en 1831, cuando Mazzini fundó La Joven Italia, se cuidó muy mucho de adherirse a ella. Por el contrario, cuando Buonarroti fundó la Società dei Veri Italiani [Sociedad de los Auténticos Italianos] y Carlo Guitera abrió en Livorno la sección llamada *Famiglia Diciasette* (Familia Diecisiete), entró a formar parte de ella sin titubeos. Incluso pidió que le asignaran el sector denominado *Quinto Reparto* (Quinta Sección), célula armada y compuesta fundamentalmente por analfabetos. Carniceros, vinateros, marineros, estibadores y cargadores del puerto.

La *Famiglia Diciasette* no valía gran cosa. Carlo Guitera la dirigía a ratos perdidos, como segundo había nombrado a un tal Alessandro Foggi que por las mañanas estaba siempre algo achispado y por las noches completamente borracho, y si no hubiese existido hubiera dado lo mismo. El *Quinto Reparto*, en cambio, desbordaba vitalidad. A Giovanni le entusiasmaba ocuparse de los ignorantes todavía más ignorantes que él, adiestrarlos en el manejo de los fusiles o de las pistolas con las que un día eliminarían a reyes y a reinas, a condes y a condesas, a banqueros y a latifundistas, además de instaurar el paraíso terrenal que Buonarroti llamaba República de los Iguales. Para cumplir con su misión, los reunía en la Granja del Limón, una finca situada en la cima de las colinas de Montenero que tenía alquilada el cónsul griego y correligionario Bartolomé Palli. Los disfrazaba de cazadores y, enarbolando un pañuelo rojo, objeto por el que sentía un especial apego porque se contaba que en las barricadas de París los insurrectos de 1830 habían alzado los estandartes rojos con los que el 10 de agosto de 1792 el pueblo había asaltado las Tullerías, los conducía por el bosque. A expensas de las liebres y los faisanes, les enseñaba a disparar. (Lo confirman los archivos de la policía. En concreto, un informe que habla de «extraños individuos que se dedican a actividades cinegéticas, escoltados por un extraño ojeador con un aún más extraño trapo rojo, quizá el mismo cochero que hace ahora cuatro lustros era un habitual de la tienda de Ginesi»). También le gustaba instruirlos, enseñar a los ignorantes todavía más ignorantes que él. Y para esto los subía a bordo de la barca de un pescador de ostras que se hacía llamar *Ammazzasbirri* (Mataesbirros), se los llevaba a alta mar, es decir, lejos de los oídos indiscretos, y les recitaba los escritos de Guitera. «¡Despierta, oh Pueblo! Mira a tu alrededor. ¿Crees que los liberales, los moderados, los burgueses quieren liberarte de la miseria? A ellos les han tocado en suerte los trabajos cómodos, la buena comida, el respeto. A ti, los esfuerzos, las lágrimas, la servidumbre. ¡Piensa, oh Pueblo! Renuncia a tu paciencia. Te bastaría con poseer un pequeño terreno para sobrevivir, pero si te atreves a solicitarlo se ríen de ti. Si lo tomas, te arrojan al calabozo, y el único trozo de tierra con el que puedes contar es el rectángulo en el que te enterrarán. Rebélate, oh Pueblo...». O bien los llevaba a su habitación en la vía del Aceite y, con la ayuda de una frasca de vino, agitando el pañuelo rojo, les ilustraba a su manera acerca de los principios de babuvismo. «¡Debéis dejar de una vez de escuchar a los egoístas que sólo hablan de la patria y de la libertad! ¿Para qué queréis una libertad que os dejará con el estómago vacío, los zuecos en los pies y remiendos hasta en el culooo?».

Fuera de las fronteras de Toscana, además, estaban sucediendo cosas muy gordas. En los Estados Pontificios y en los ducados aquellos «egoístas» habían desarmado a las tropas de Gregorio XVI, a las de María Luisa, a las del infame Francisco IV. Conquistaban las ciudades, izaban el tricolor, lo declaraban la bandera nacional. Desentendiéndose del principio expresado por Francia, el principio de la no intervención, los austriacos acudían corriendo en auxilio de los tiranos. Reconquistaban las ciudades para ellos, y una nueva oleada represiva se había desencadenado por todas partes. Condenas a muerte, como la de Ciro Menotti, ahorcado junto a Vincenzo Borelli en los bastiones de Módena; exilios forzados, como el de Giuseppe Mazzini, que, absuelto en el proceso de Génova, fue obligado a exiliarse igualmente y que ahora deambulaba entre Ginebra y Marsella; vejaciones; cierres de periódicos. (La *Antologia* y el *Indicatore livornese* incluidos). Pero él sólo pensaba en el *Quinto Reparto*, en la *Famiglia Diciassette*, en la quimera del paraíso en la tierra por la que Babeuf había acabado en la guillotina, y en esos años nada lo apartó de su pañuelo rojo. Nada. Ni siquiera la llegada del general Johann Joseph Radetzky, enviado por Viena para asumir el mando de los ciento cinco mil soldados con los que Austria tenía sojuzgado el Lombardo-Véneto y apoyaba a los aliados. Ni siquiera la subida al trono del odiado Carlos Alberto y la facilidad con la que aquel canalla fusilaba a los liberales, por ejemplo, al furrier Giuseppe Tamburelli, acusado de leer las publicaciones de La Joven Italia y el teniente Efisio Tola, acusado de difundirlas. Ni siquiera la relación con Teresa y la presencia del hermoso niño que cuanto más crecía más se parecía a él. Ni siquiera la muerte del más que octogenario Natale, que, el 18 de enero de 1833, se apagó en el tugurio de San Jacopo in Acquaviva susurrando una pregunta atroz. «Giovanni, ¿es cierto lo que piensa Rina? Giovanni, ¿de quién es hijo Giobatta?».

Luego llegó la crisis. Y con la crisis, la desaparición. La fuga.

* * *

Llegó por dos desilusiones que, casi de golpe, acabaron con su fervor político, decía el abuelo Augusto. La primera, se la infligieron Buonarroti y Mazzini. La segunda, sus propios compañeros analfabetos. Al fundar La Sociedad de los Auténticos Italianos, Buonarroti había solicitado un pacto de hermandad con La Joven Italia. Mazzini había accedido, estaba de acuerdo en que había que establecer un frente común. «El ideal republicano nos une». Pero, nada más firmar el pacto, estalló un altercado ideológico a cuenta del término Igualdad. Más que un altercado, una pelea acompañada de recíprocos «robos» de adeptos, recíprocos insultos, recíprocas calumnias y acusaciones. «Tú eres una reliquia del pasado, un arrogante, un tirano como Robespierre». «Tú eres el típico producto del presente, un miedoso, un listillo protector de la aristocracia». Y en julio de 1833 la seudo hermandad se rompió, y el entusiasmo de Giovanni empezó a vacilar. Maldita sea, ¿qué tipo de lucha era una lucha en la que los jefes se peleaban entre ellos como perros rabiosos? ¿Qué sentido tenía sacrificarse si desde sus seguros refugios en el extranjero aquellos fatuos se dedicaban a sembrar cizaña y alimentar mezquinas rivalidades? Dos meses después, puesta sobre aviso por una pálida carta en la que Mazzini ordenaba a los toscanos que se alzasen en armas, la policía irrumpió en las casas de aquellos a los que el *Buongoberno* tenía catalogados como «*teste calde*» (cabezas calientes). No es que fuera un episodio dramático, entendámonos. En el *Buongoberno* mandaba en esos momentos un buen hombre, el jurista Gianni Bologna, que sólo condenaba basándose en pruebas y, en cualquiera de los casos, sin emplear mano dura. El problema fue que, junto a los mazzinianos Carlo Bini y Francesco Domenico Guerrazzi, en Livorno arrestaron también, parece ser que por error, a Alessandro Foggi. Y que, con independencia de su perpetuo estado de embriaguez, Foggi era un auténtico cretino. En vez de defenderse, protestar «yo qué tengo que ver con La Joven Italia», denunció a Carlo Guitera. Declaró que pertenecía a un movimiento creado para derrocar a Leopoldo e instaurar un régimen colectivista. Peor aún: animó a los afiliados a que lo confirmasen y muchos lo hicieron. «Sí, sí, ése no sólo la tiene tomada contra los austriacos. Quiere cortarles la cabeza a los Cristos y a las Vírgenes, a los papas y a los grandes duques. Quedarse con su dinero, sus tierras, sus joyas, y convertirnos a todos en señores». Resultado, Bini y Guerrazzi salieron más o menos bien librados: doce semanas en la isla de Elba. Castigo dulcificado aún más por las cómodas celdas acondicionadas por un tapicero, la comida abundante y regada con vino, las visitas de parientes y amigos, en definitiva, los miramientos dispensados a los *teste calde* que sólo cometían pecados veniales. Guitera, en cambio, fue encadenado, conducido a Florencia, arrojado a los siniestros calabozos del Bargello donde, pese a los valientes «no lo sé, y aunque lo supiera no os lo diría», permaneció diez meses, a pan y agua y sufriendo interrogatorios feroces; por último, fue sometido a un proceso en el que, por primera vez en la historia del gran ducado, el Ministerio Público pidió la pena de muerte. Pena a la que se opuso el propio Leopoldo, obligando al juez a pronunciar una sentencia en comparación muy leve: dos lustros de cárcel, en condiciones durísimas, en Volterra. Pero para Giovanni esto no fue suficiente, concluía el abuelo Augusto. Vencido por la indignación y el dolor, por la ira hacia los traidores, abandonó la política. Renunció a lo que se había convertido en la finalidad de su vida, el consuelo a su soledad, la redención de sus desgracias. Y eso lo destruyó. Lo volvió un hombre árido y vacío, un misántropo que sólo pensaba en emigrar, olvidar, irse. Lo desmoronó hasta tal punto que si se le acercaba un ex compañero la emprendía a golpes con él y renegaba de sí mismo.

—¡Fuera, delator, cobarde, fueraaa! ¡No quiero seguir en vuestro estercolero! ¡No quiero volver a oír vuestras pamplinas sobre la jodida patria, la jodida igualdad, el jodido pueblo! Con el pañuelo rojo me sueno los mocos, con el tricolor me limpio los zapatos, ¿¡¿entendidooo?!?

Una teoría verosímil, sí. El que se entrega a la política de buena fe y no por ansia de poder o de gloria, el que piensa que a través de la política puede realizar el sueño inalcanzable de conseguir un mundo realmente libre y justo no se expone sólo al peligro de acabar en la cárcel o en el patíbulo. Se arriesga también a padecer el no reconocido martirio llamado Desilusión. Y la desilusión nos vuelve áridos. Desmorona. Tanto si te la impone un individuo o un grupo, como si te la inflige una esperanza o una idea, te aniquila. (Es una pena que la retórica del heroísmo nunca lo haya tenido en cuenta, es una pena que junto a los monumentos al Soldado Desconocido en las plazas de este mundo no haya un monumento al Soldado Desilusionado). Y, sin embargo, creo que lo que destruyó a Giovanni fue otra cosa, algo de lo que la voz no hablaba jamás: la comezón en la que se consumió desde que nació Giobatta. Lo creo porque me lo susurra la memoria encerrada en los cromosomas que he heredado de él, el recuerdo de cuando una parte de mí misma existía a través de él, era él, y con el corazón lleno de angustia miraba cómo crecía aquel hijo que me llamaba tío. Sufría tanto oyéndome llamar tío por Giobatta, no pudiéndole responder: «Llámame papá. Soy tu papá»... Sufría más que ocultando mi amor por Teresa, más que reprimiendo mi rencor hacia Gasparo. El idiota de Gasparo que, pese a las insinuaciones de Rina, seguía sin sospechar nada, y que se había apropiado de Giobatta en todos los sentidos. Y que no me lo mandaba al colegio. «Somos gente humilde. ¿Para qué necesitamos ir al colegio?». Era inútil explicarle que a los ignorantes no los respeta nadie, que a los pobres les hace más falta saber leer y escribir que a los ricos. Te replicaba: «El padre soy yo, así que yo decido. Va a llevar el carro de todas formas, y si eso no te gusta, asunto tuyo. Ten tus propios hijos». Al final, me derrumbé. Caí en una crisis que me hizo trizas. Caí en ella en 1833: el año en el que Natale murió susurrando aquella pregunta atroz (¿le respondí o no?) y en el que los dos fatuos se enzarzaron el uno contra el otro igual que dos perros rabiosos, el año en el que aquel Judas de Foggi denunció a Guitera y lo imitaron no pocos. ¿Me equivoco? Quizá me equivoque. Quizá la auténtica crisis estalló en 1834, es decir, el año en que Guitera casi acaba en la horca y en que yo llegué a la conclusión de que los pobres no son mejores que los ricos, que ricos o pobres los seres humanos no se merecen un carajo, que luchar por ellos es de ingenuos o de imbéciles. Luego llegó el 1835. Yo tenía entonces cincuenta y un años cumplidos, en 1835, y aunque cincuenta y un años no sean muchos, me habían salido tantas canas por vivir en aquella comezón continua que el mechón de pelo blanco ya no se distinguía del resto. Era como si tuviese la cabeza cubierta de nieve, Dios santo. Y también me habían envejecido el alma y las partes bajas, ya sabes. Teresa me parecía ahora una hermana y ya no la deseaba más. Cuando me la encontraba le daba la mano. Así que, empecé a pensar: pero ¿qué hago yo aquí? ¿Qué me retiene en Livorno? ¿Un hijo que me llama tío y sobre el que no tengo derecho alguno? ¿Una amante que ya me parece una hermana? ¿Un ideal que se ha roto en mil pedazos? Y una mañana de marzo fui a darle un último abrazo a Giobatta, a estrecharle por última vez la mano a Teresa. Mientras ella sollozaba: «Le entiendo, amor mío, le entiendo», vendí la carroza y los caballos, dejé la habitación de la vía del Aceite, fui al puerto y me embarqué.

¿En qué barco, con destino a qué país? Eso no lo recuerdo. (O prefiero no recordarlo: me garantiza algo de paz el inexplicable misterio que rodea mi desaparición). Según un mozo de cuerda que me reconoció, porque era uno de los imbéciles a los que les entregaba mi tiempo en la época del Sueño, se trataba de un vapor con destino a Bona, en Argelia. Algo probable, ya que los piratas berberiscos eran ya una pesadilla del pasado, una leyenda para contar en las *veglie*. En 1816 los ingleses habían destruido su flota y obligado a los gobernadores otomanos a liberar a los esclavos; en 1830, los franceses habían completado la limpia conquistando Argel, tanto es así que el *dey* Hussein bajá vivía con su harén en Livorno, y a Argelia se iba cuando se quería. Sobre todo a Bona, donde Buonarroti tenía algunos adeptos. Sin embargo, al mes siguiente un marinero pisano aseguró que me había visto delante de la mezquita de Rabat, en Marruecos, un comerciante luqués pregonó a los cuatro vientos que me había sorprendido en un burdel en Gibraltar (dos hipótesis que no deben ser descartadas, ya que los exiliados hartos de sacrificarse en vano solían terminar por aquellos lugares), y el hermano de la cuñada de Foggi juró que yo le había pegado en un *saloon* de Nueva York. Algo todavía más probable, porque cualquier pariente de Foggi me parecía merecedor de una paliza, y porque en aquellos años Nueva York acogía a muchísimos desterrados italianos. Allí había huido, por ejemplo, el futuro inventor del teléfono, el florentino Antonio Meucci; en 1833 se había establecido allí Piero Maroncelli, el carbonario condenado y más tarde indultado junto a Silvio Pellico. Y fue, precisamente, en 1835 cuando el nuevo emperador de Austria, además de rey de Lombardía y del Véneto, Fernando I, concedió una amnistía a los prisioneros políticos que estuvieran dispuestos a exiliarse a América. Amnistía de la que se aprovecharon muchos, entre ellos el conde Federico Confalonieri. Puede ser, por lo tanto, que tuvieran razón los cuatro: el mozo de cuerda, el marinero, el comerciante y el pariente de Foggi. Es posible, en definitiva, que de Livorno fuese a Bona, de Bona a Rabat, de Rabat a Gibraltar, de Gibraltar a Nueva York. O no. ¿Y? Lo único cierto es que desde aquel día no se volvió a saber nada de mí. Ni siquiera cuándo y dónde ocurrió mi muerte. Ningún documento proporciona la fecha y el nombre del lugar en el que abandoné este valle de lágrimas y de engaños en el que había dejado, ¡ay!, la semilla de mi infelicidad.

Y pasemos ahora a Giobatta.

7

Tengo el retrato a lápiz de Giobatta a los quince años. El pequeño e inquietante retrato que, junto al carné de anarquista, la pipa de arcilla, los quevedos, las cinco liras acompañadas de la nota para sor Veronica, el abuelo Augusto estrujaba entre las manos mientras expiraba en un sucio hospital. Y me describe el rostro de un adolescente guapísimo, de un pequeño dios descendido del Olimpo para seducir sin piedad alguna a todo aquel que se cruzase en su camino. Frente alta y despejada, acariciada por los cabellos muy claros y muy luminosos. Nariz recta, perfectamente moldeada, mejillas lisas y exquisitamente cinceladas. Labios que incitan a ser besados, y unos ojos maravillosos. Brillantes, enormes, tan claros como los cabellos, maravillosos. Pero hay algo en ese rostro, en esos ojos, que me turba. Porque es algo que me pertenece, en lo que me reconozco y que no me gusta. Mi relación con la Muerte. Yo odio la Muerte. La aborrezco más que al sufrimiento, más que a la maldad, a la estupidez, a todo lo que estropea el milagro y la alegría de haber nacido. Me repugna mirarla, tocarla, olerla y no la entiendo. Quiero decir: no sé resignarme a que sea inevitable, a su legitimidad, a su lógica. No sé rendirme ante el hecho de que para vivir sea preciso morir, que vivir y morir sean dos aspectos de la misma realidad, el uno necesario para el otro, el uno consecuencia del otro. No sé plegarme ante la idea de que la Vida sea un camino hacia la Muerte y nacer una condena a muerte. Y, sin embargo, la acepto. Me inclino ante su ilimitado poder y, animada por una oscura curiosidad, la estudio, la analizo, la disecciono. Empujada por un tétrico respeto, la cortejo, la desafío, la canto, y, en los momentos de excesivo dolor, la invoco. Le pido que me libere del cansancio y del dolor de existir, la llamo el don de los dones, el fármaco que cura cualquier mal. Entre ella y yo, en definitiva, existe una relación sombría y ambigua. Un entendimiento equívoco y oscuro. Y es ese lazo el que descubro en el rostro, en los ojos de Giobatta. Ese entendimiento. En su caso, exasperado por la familiaridad que tuvo con la Muerte desde niño. Y, quizá, aguzado por la consciencia de que iba a ofrecerle muy pronto una doble victoria. (Tenía sólo treinta y ocho años cuando se le entregó, en una calle de Livorno. Treinta y siete cuando dejó que le arrebatase a la otra parte de sí mismo, a la tatarabuela Mariarosa.) Y, aclarado este punto, volvamos a 1835.

Estamos en la segunda mitad del año 1835. Giovanni ha desaparecido desde hace seis meses y a Livorno ha llegado el cólera, que, durante la represión de las revueltas de Varsovia, el ejército ruso llevó a Polonia, de Polonia se extendió a Alemania, de Alemania a Francia y al resto de Europa. Ha llegado el 9 de agosto, con un barco procedente de Marsella. En pocas semanas ha segado la vida de miles de víctimas y, aunque su furia ya se esté aplacando, la Muerte aún sigue visible por todas partes. Sobre las aceras, donde los sepultureros, con la cara cubierta por una caperuza, recogen los cadáveres y se los llevan en carros tapados por un trapo negro; en la iglesias, donde siempre hay un ataúd y las campanas no dejan de tocar con los sordos tañidos que anuncian un nuevo fallecimiento; en los lazaretos, donde el nuevo fallecimiento se recibe con alivio porque se queda una cama libre, es decir, se puede acostar a un enfermo que hasta ese momento yacía en el suelo; en los edificios públicos, donde el hedor a vinagre, esparcido para desinfectar, te atufa en vano. De repente, vomitas; al vómito le sigue una gran diarrea, luego una serie de dolorosisímos espasmos que te contraen de forma grotesca los brazos y las piernas, el cuerpo se congela como si se convirtiera en hielo, y te vas volando al Cielo. Sobre todo si fluctúas en la miseria y la ignorancia, que, es obvio, favorecen el contagio. Noventa y nueve ricos sobre ciento han huido a Pisa o a las colinas de Montenero o a las montañas de Carrara. En la ciudad sólo se han quedado los parias que no se lavan, no hierven el agua, no leen los carteles con los que la Oficina de Higiene da consejos y recomendaciones, y la epidemia se ha cebado en ellos. En agosto ha muerto Rina, la madrastra. Y a primeros de septiembre han muerto Onorato Nardini y su mujer: los padres de Teresa. Teresa no deja de llorar y tiene sus motivos: junto a sus padres, ha perdido también el relativo bienestar con el que vivía. Una casa por la que no pagaba alquiler, por ejemplo. El empleo de Gasparo que, ¿recuerdas?, ayudaba a Nardini, comida y alojamiento incluidos. Incapaz de sacar adelante la modesta empresa del suegro, el pobre imbécil ha vuelto a trabajar descargando verduras en el mercado y da gracias si por las noches vuelve a casa con algún nabo o alguna cracia. Si Giobatta no llevase la tartana, no tendrían dinero para el alquiler. De acuerdo: ella sigue trabajando como modista. Pero con el cólera al acecho y las señoras en Pisa o en Montenero o en Carrara, ¿quién te encarga ahora un vestido? Tres, incluso, se han escapado sin pagar la cuenta; una ha terminado en el cementerio, dejándole un mantón de terciopelo celeste que no consigue vender ni siquiera por debajo de su precio, y la clientela se ha reducido a un puñado de pobretones que sólo le llevan trapos para remendar. Por si eso no bastase, ahora tienen una cuarta boca que alimentar. Mariarosa Mazzella, una huérfana de edad incierta (¿trece, catorce, quince años?) que el prior de Salviano le propuso que acogiera, el enero pasado, como si le hiciera un gran favor. «Acójala. Es buena, afectuosa, trabajadora. Y muy habilidosa dando puntadas por debajo, además de una zurcidora excepcional». Mariarosa forma ya parte de la familia, ¡no la van a echar porque la economía ande por los suelos!

Sí, la tristeza se corta a tiras en casa de los Cantini. El único consuelo es Giobatta. ¡Ah, Giobatta, Giobatta! Todavía no ha cumplido los doce años y ya es verlo y enamorarte de él. Mariarosa, por ejemplo, no deja nunca de mirarlo. Una puntada por debajo, y una mirada, una puntada por debajo, y otra mirada. Y eso sin contar los piropos que le echa, las atenciones con las que le colma. No puedes reprochárselo. Con independencia de lo guapo que es, es un niño tan especial... Quiere ser escultor de mayor, imagínate, y para llegar a serlo pretende copiar las estatuas de los Cuatro Moros. Con miga de pan, con la cera de las velas, con el barro de los campos.

Es inútil regañarle, «Giobatta, no te ensucies de barro», «Giobatta, el pan es para comérselo», «Giobatta, las velas cuestan dinero». Te rebate con una sonrisa que corta el aliento y, lo quieras o no, de sus pequeñas manos terminan saliendo rudimentarias figuritas de hombres que luchan por romper sus cadenas. También es muy vivaz, muy curioso. Teresa tiene miedo de que descubra la cesta en la que ha guardado los objetos abandonados en la vía del Aceite. La bandera blanca, roja y verde, el pañuelo rojo, los manifiestos anti-austriacos, los escritos de Guitera y el uniforme del *Cent-treizième*. Si los encontrase, crecería con esas ideas en la cabeza y él también terminaría arruinando su vida. Pero, sobre todo, es inteligente. Se nota por lo que dice y por la perseverancia con la que intenta convertir en realidad el sueño que le inculcó su tío: ir al colegio. ¡Cuánto le gustaría aprender a leer y escribir! Tanto como a Caterina. El problema es que Gasparo sigue haciendo oídos sordos, y que tiene en contra un cúmulo de obstáculos objetivos: de veintisiete mil habitantes entre los siete y los catorce años (son ésos los censados dentro de las murallas de la ciudad) sólo trescientos cuarenta y cuatro están inscritos en la escuela primaria, y sólo doscientos asisten regularmente a clase. Aquí los niños trabajan tanto como los adultos, y si trabajas ¿¡¿de dónde sacas tiempo para ir al colegio?!? La escuela dura seis años. El curso empieza el 11 de noviembre y acaba el 30 de septiembre, sólo te deja cinco semanas y media libres en doce meses. Además, se va a clase por la mañana y por la tarde. Por las mañanas desde las ocho hasta la una. Por las tardes, desde las dos hasta la hora de las vísperas, es decir, las cinco pasadas. Todos los días. Menos en la que llaman la escuela del Camposanto Viejo.

* * *

—Mamá, ¿cuándo vuelve el tío?

—No lo sé, Giobatta...

—Es que el tío decía siempre que a los ignorantes no los respeta nadie, que a los pobres les hace más falta saber leer y escribir que a los ricos, ¡y papá no me lleva!

—Lo sé, Giobatta, lo sé...

—¿¡¿Por qué no me lleva, mamá?!?

—Porque el que va al colegio no trabaja, Giobatta...

—¡Puedo ir a ésa en la que sólo se estudia por las mañanas, mamá!

—No hay ninguna escuela en la que sólo se estudie por las mañanas, Giobatta...

—¡Sí la hay, mamá! ¡La hay! ¡La escuela del Camposanto Viejo!

La escuela del Camposanto Viejo la llevaban con mano de hierro los frailes barnabitas. Se llamaba así por un motivo muy preciso y tenía una característica horripilante. Expulsados por el pensamiento ilustrado de Pedro Leopoldo y readmitidos por la beatería de Fernando III, en 1814 los barnabitas habían vuelto a hacerse cargo de la enseñanza pública y habían obtenido permiso para construir una escuela en los terrenos del denominado Camposanto Viejo: abarrotado ya de restos humanos y, por lo tanto, en vías de demolición. Peor aún. Junto al permiso habían obtenido el arriendo de la rentable cámara mortuoria (medio escudo por cadáver) que se encontraba en el recinto del cementerio. Como consecuencia, las tumbas se habían vaciado y los huesos trasladados al Camposanto Nuevo, pero la cámara, en cambio, había permanecido allí y... Para ahorrarse gastos de edificación, los canallas le habían anexionado las aulas. Es fácil imaginar cuáles eran los resultados. Están perfectamente explicados en una de las cartas que el maestro de escuela Lombardi, profesor de lectura del primer curso, enviaba todos los años al gobernador. «Su Ilustrísima Señoría, estando perpetuamente afligido de dolor de estómago y caquexia, enfermedades que quedan demostradas por el certificado médico adjunto y debidas a las circunstancias por Usted conocidas, me atrevo una vez más a quejarme de los pútridos efluvios que hacen de este desventurado lugar un sitio insalubre. Créame, Excelencia: más o menos tolerables dependiendo del número de los cadáveres, de la estación del año, de la dirección en la que sopla el viento, tales efluvios son dramáticamente nocivos para mi salud y para la de mis alumnos. Su Ilustrísima Señoría, la escuela tiene cabida para cincuenta escolares y no acuden más de veinte o treinta, ya que, además de no soportar el hedor y de tener continuas ganas de vomitar, a los infelices párvulos les repugna estar todos los días en un lugar que a su juventud le recuerda la humana destrucción. Les aterra, Excelencia, la idea de estar junto a los fríos cuerpos que yacen en la Cámara de los Muertos». Pero Giobatta desconocía ese detalle, y para un niño pobre aquel desdichado lugar tenía la ventaja de que sólo funcionaba por las mañanas. Es decir, que podía trabajar de la una en adelante.

—¿Estás seguro, Giobatta?

—¡Sí, mamá, sí! ¡Me lo ha asegurado el prior de Salviano!

—¿Y dónde está esa escuela?

—Donde antes estaba el cementerio. Entre la iglesia de San Andrés y la de San José.

—¿Has estado allí? ¿La has visto?

—Sí, de lejos. ¡Parece nueva!

—Hum... ¿No será una escuela para ricos?

—¡No, mamá, no! Es gratuita, es pública. ¡Dígaselo a papá!

—Se lo diré, Giobatta...

—¡Dígale también que recuperaré las horas trabajando hasta noche cerrada!

—Se lo diré, Giobatta...

Y el último domingo de octubre, cuando en Livorno el cólera cesó de golpe y los ricos huidos a Pisa o a Montenero o a Carrara regresaron, devolviéndole a Teresa la clientela que le permitía pagar el alquiler, Gasparo cedió. Sin informarse, claro está. Sin preguntar de qué escuela se trataba. Total, era el párroco el que se iba a ocupar de firmar los papeles, de inscribir al chico.

—Papá ha dicho que sí, Giobatta...

—¡Oh, mamá!

—Pero durante un año sólo. Dos le parecen demasiados...

—¡No importa, mamá, no importa! ¡Aprenderé en un año! ¡El tío aprendió en un semestre!

—¿Cuándo empieza ese colegio, Giobatta?

—¡El 11 de noviembre, mamá!

Míralo, aquella mañana del 11 de noviembre. Su primer día de colegio. Míralo bien porque no asistirá durante un año a la escuela.

No irá ni siquiera una semana. Es miércoles, dice el calendario, y llueve a cántaros. Las calles están inundadas, señal de mal augurio, y por la ciudad circula un opúsculo, escrito por los contribuyentes, en el que se pide la abolición de la enseñanza pública: demasiado costosa y causa de impuestos suplementarios. «¡No es justo que nos obliguen a desembolsar dinero para instruir a la chusma! ¡No es justo quitarle el dinero a quien lo tiene para dárselo al que no lo tiene! Procediendo así, se llegará a la igualdad». Además, esta mañana Gasparo ha hecho una de las suyas. En vez de compartir la alegría de su hijo, de animarle, le ha dicho que en el colegio te zurran. Que el maestro te pega. «¡Verás qué bastonazos, qué palizas! ¡Negro de cardenales vas a volver, negro!». Pero él se protege de la lluvia con el paraguas verde de su tío. El opúsculo le trae sin cuidado, no sabe ni que existe. Lo de los bastonazos no se lo cree por el sencillo motivo de que no entiende por qué iba a pegarle el maestro, dejarle negro de cardenales. Y todo contribuye a su felicidad. La sensación de triunfo que ha experimentado nada más despertarse, «he ganado yo, he ganado yo». El baño que se ha dado en la tina para respetar la norma que impone el municipio a los escolares pobres: no oler mal, no tener costras ni piojos, las uñas sucias y chinches. El bonito conjunto que su madre le ha confeccionado deprisa y corriendo, con el terciopelo celeste del mantón de la cliente muerta en la epidemia. (Chaquetilla con levita y cuello alto, chalequillo cerrado por siete botones, pantaloncitos ahusados. Tan elegante, tan glamoroso, que hoy sí que no lo tomarías jamás por un carretero). Por último, los dos llamativos regalos de Mariarosa: un quinterno casi nuevo, que Dios sabe dónde lo habrá encontrado, y una pluma de ave que a saber a quién se la ha quitado. «Tome, y aprenda por mí». «¡Oh, Mariarosa! ¡Gracias, Mariarosa!». Pobre Giobatta, nadie le ha dicho que el absurdo método que se sigue en la escuela separa el aprendizaje de la lectura del de la escritura. Que durante dos años aprendes sólo a leer, que sólo al tercer año te ponen la pluma en la mano. Cree, el muy iluso, que va a aprender a escribir enseguida y, loco de impaciencia, aguarda a oír las campanadas que, a las ocho menos cuarto, desde la iglesia de San Sebastián, llaman a los escolares. Las campanas de San Sebastián son muy pesadas, más que repicar, dejan caer un tañido lento y amenazador. Dun-dun... Dun-dun... Cuando lo escuchan, los niños se echan a temblar, los adultos cruzan los dedos. «¡Anuncian desgracias, maldita sea, anuncian desgracias!». A él, en cambio, siempre le han sonado a música celestial, más alegres que el din-don que, en Semana Santa, anuncia la Resurrección y, apenas le golpean los tímpanos, explota en un grito de júbilo.

—¡Las campanas, mamá, las campanas!

Luego abre su paraguas verde. Con el ímpetu de un pequeño halcón que, con las alas desplegadas, salta del nido y vuela buscando el azul del cielo, sale del umbral de la casa, se arroja de lleno dentro del aguacero. ¡Din-don! Un año de escuela, Jesús, un año de escuela. Después de un año de escuela podrá descifrar las direcciones, los nombres de las calles y de las personas. Podrá leer el *Lunario del Barbanera* (Almanaque de Barbanegra), el *Almanacco* (Almanaque) de Sesto Caio Baccelli, los periódicos, las revistas, los avisos, los edictos que ahora mira fijamente preguntándose «qué dirán, qué querrán». ¡Din-don, din-don! Podrá firmar los papeles que ahora firma el párroco, anotar los mensajes, sus pensamientos, sus recuerdos: escribir. Porque leer es una cosa muy importante, hay que reconocerlo. Proporciona un montón de informaciones, satisface un montón de curiosidades, y sirve para descubrir lo que piensa o quiere la gente. Pero escribir sirve para expresar lo que piensas tú, lo que quieres tú. Sirve para que seas tú el que da las informaciones. El que satisface las curiosidades. Y para hablar con quien no está, para hacer confidencias y desahogarte y estar en contacto con gente a la que no conoces o vive lejos. Con el tíc, por ejemplo, que en marzo desapareció como un gato en la noche, pero que en cualquier momento podría volver a dar señales de vida: enviarte unas señas y preguntar por ti. ¿Te imaginas qué alegría, ser capaz de escribirle una carta al tío? «Queridísimo tío, por la presente le comunico que mamá ha conseguido convencer a papá y que he aprendido a leer y a escribir, que ya no soy un ignorante y que me siento respetado. Queridísimo tío, tengo que contarle que en Livorno ha habido cólera y que éste se ha llevado a muchos cristianos, entre ellos a los abuelos Nardini y a Rina, la madrastra, y a la señora del mantón, pero que a mamá, a papá, a Mariarosa y a mí no nos ha pasado nada. No hemos tenido ni un escalofrío ni un solo dolorcillo de tripa ni una sola caca líquida: gracias a esa suerte estamos vivos y yo estoy creciendo. Estoy creciendo tan deprisa que, los pantalones hechos con el mantón de la señora, mamá los ha cosido con dobladillo doble, para alargarlos, y con las mangas de la chaqueta ha hecho lo mismo. Me gustaría que lo viera. Queridísimo tío, le echo de menos. Desde que se ha ido todos tienen la cara larga, y la única que sonríe es Mariarosa. Mamá sólo abre los labios para suspirar y papá para decirme, gruñendo, que el maestro pega. ¡Vuelva, se lo suplico, vuelva! Su sobrino, que tanto le quiere, Cantini Giobatta». Y soñando con esos razonamientos, esas fantasías, corre hacia su Paraíso. Chapoteando en los charcos, cruzándose con otros escolares que acuden a la llamada de las campanas, llega a la escuela a la que hasta hoy no se había acercado siquiera. Irrumpe en el recinto, din-don, din-don, y nada más entrar la felicidad se extingue, sofocada por algo que corta la respiración. Un olor extraño olor, nauseabundo, sale de las ventanas del edificio al que está adosada la escuela. ¿Qué habrá ahí dentro?

—La Habitación de los Muertos —le contestan los otros escolares.

¿¡¿La Habitación de los Muertos?!? ¡Jesús! Eso no se lo esperaba, no se lo imaginaba. Y no le gusta. Porque sabe de sobra que la Muerte es algo muy malo: la desgracia de las desgracias, el fin de todo. En los frescos y en los cuadros de las iglesias está retratada como un esqueleto que, armado de una guadaña, persigue a la gente para entregársela a los diablos, y le tiene tanto miedo que durante la epidemia de cólera, cuando los sepultureros pasaban con los carros, volvía la cabeza para no verlos. Cuando murió el abuelo Natale hizo lo mismo y cuando murieron los abuelos Nardini, también. Se detiene, confuso, sin saber si seguir adelante o volverse atrás. Se tapa la nariz, se pregunta sobre las hipotéticas desgracias que quizá vayan de la mano de esa desagradable sorpresa. ¿Y si su padre tuviera razón? ¿Y si, además de lo de los muertos, aquí te dan palizas, bastonazos que te dejan negro de cardenales? ¿Y si su Paraíso fuese un Infierno? Mejor renunciar, en ese caso, mejor batirse en retirada y seguir siendo un ignorante. Luego se recobra. Maldiciéndose por ese paréntesis de debilidad, entra en el aula del profesor Lombardi que entiende enseguida qué le pasa y acude a su encuentro. Le da ánimos.

—Ven, muchacho, ven. Te acostumbrarás poco a poco. En cuanto a lo demás, no tengas miedo. Yo no soy de los que pega, de los que emplean castigos físicos.

Es cierto. Lo malo es que en la escuela del Camposanto Viejo no manda el profesor Lombardi. Manda un barnabita que se llama don Agostino. Y es él el que castiga, él el que inflige castigos físicos y no físicos. Con tal saña, tal crueldad que (lo cuentan las crónicas de Livorno), el año pasado, uno de sus alumnos, de nueve años, se ató una piedra al cuello y se arrojó al Foso Real. Se ahogó.

8

Mi madre tenía en los dedos de las manos un mosaico de cicatrices. Largas, finas, rosáceas, atenuadas por la vejez al final de su vida, pero aún visibles. Un día le pregunté de qué eran y, sin perder la calma, me contestó: «Son de los palmetazos que me llevé de niña en el colegio». Sí, así es. Hasta bien entrado el siglo XX los maestros pegaban a los alumnos. En cuanto al siglo XIX, por una vez Gasparo no había dicho una idiotez: en aquella época castigo físico era sinónimo de escuela. Era una práctica sin edad y sin fronteras, que se había consolidado siglos atrás cuando la Iglesia la impuso como pena a los alumnos pobres que no podían pagar las multas recibidas por malas notas o mal comportamiento. «Que en el caso de que no se produzca el desembolso, el preceptor castigue al párvulo con la verga. Que el párvulo sepa que sufrirá el castigo de la verga si no salda con dinero la pena que se le ha impuesto», se lee en el texto pedagógico *De pueris ad Christum trahendis*, escrito en 1402 por el teólogo francés Jean le Charlier de Gerson. Y, cien años después, el estatuto del colegio católico de Tours dice lo mismo, es más, lo subraya: «Que los párvulos que no puedan desembolsar el dinero requerido por sus culpas sean castigados con la verga. Que el número de golpes se duplique en el caso de que los gritos turben la paz de la zona, para que el castigado calle o se desmaye». En el siglo XVII, además, la práctica se hizo extensible a los alumnos de todas las clases sociales. Los aristócratas incluidos. Los preceptores ingleses lo consideraban el único medio existente para forjar el carácter y fomentar el autocontrol; los alemanes, el único instrumento capaz de acostumbrar al alumno a las durezas de la vida y a tener valor; los italianos, la base de cualquier tipo de disciplina; y sólo en el XVIII (gracias a la Ilustración y a la Revolución Francesa) empezó a atenuarse ligeramente aquel horror. Pero con la Restauración se volvió al mismo punto de antes, y para entender cómo funcionaban las cosas en la época de Giobatta bastaría con leer *La causa dei ragazzi di Piacenza* (La causa de los muchachos de Plasencia). Es decir, la requisitoria que Pietro Giordani publicó en 1819 para desterrar «la execrable costumbre a resultas de la cual muchos niños mueren y otros quedan mutilados». Además de este texto, las furibundas cartas que les enviaba a los magistrados del ducado. «En nuestras escuelas la carne humana recibe peor trato que la carne de los cerdos. Porque a los cerdos los matan de un golpe y sólo porque es necesario. Nuestros escolares, en cambio, son torturados continuamente y sólo por escarnio. Es preciso detener la crueldad de la vil e ignorante canalla que tortura al sector más digno de respeto del género humano: los niños».

En Toscana ocurría lo mismo, o casi. Tengo ante mí la *Guida dell'Educatore* (Guía del Educador), la publicación bimestral fundada por Pietro Vieusseux, y nueve números de cada diez se abren con un ensayo sobre el tema de los castigos físicos. Pero no siempre para condenarlos, no. La mayoría de las veces es para debatir sobre el tema. Para analizar su necesidad o utilidad, su cantidad y la forma. ¿Los golpes son realmente una barbarie o, como se sostiene en Inglaterra, reflejan una exigencia objetiva?, se pregunta un anónimo articulista en febrero de 1836. Luego llega a la conclusión de que si la maldad del niño es incurable, si ningún comportamiento civilizado consigue domar al rebelde y ningún gesto amable logra apaciguarlo, los golpes son oportunos y eficaces. «Todos sienten el dolor físico, todos ceden ante él. Sólo cuando la carne está domada reconoce un reo su culpa». En el número de julio-agosto, en cambio, se habla de un chico que no estudia porque se siente perseguido y de un maestro que intenta, en vano, enderezarlo con razonamientos a los que el chico hace caso omiso, y entonces... «¡Ay!, el bribón respondía a cualquier argumento con frases indecentes o iracundas. No quería, decididamente, apartarse del mal camino. Hasta que una mañana el maestro le cerró la boca de un manotazo;

el gesto fue tan rápido y apropiado, estaba tan justificado, que a los otros alumnos también les pareció merecido y lo aplaudieron». En los números siguientes el tono no varía. Se aconseja a los maestros que no dejen de cumplir sus amenazas porque, de hacerlo, su autoridad se vería mermada y los alumnos los considerarían «mujercitas de corazón blando». Se estudian las diversas formas de castigo, se evalúan los efectos positivos y negativos, se sugiere que se empleen con más frecuencia los castigos psicológicos porque al culpable le causan vergüenza, sensación de ridículo y miedo. «Humillan. Y, al humillar, corrigen». Sí, lo sé, en la publicación colaboraban también pedagogos que sostenían teorías completamente opuestas. Enrico Mayer, para empezar, el creador de las guarderías y de la Scuola di Mutuo Insegnamento. Sí, en lugar de los castigos Enrico Mayer recomendaba los premios y los elogios. «Premiad en vez de castigar. Elogiad en vez de reprobar. Y os sorprenderá vuestro éxito». Sí, contra la canalla de la que hablaba Giordani luchaba todo aquel que creía en un mundo civilizado. Pero muy pocos les escuchaban. Y, mientras que en el ducado de Parma y Plasencia se había aprobado una ley que prohibía pegar a los escolares, en Toscana triunfaba el abuso, al igual que en el resto de Italia y Europa. Sobre todo en Livorno, y muy especialmente en la escuela del Camposanto Viejo, en la que, a raíz de sus excesos, don Agostino había sido rebautizado como Belcebú el Carnicero.

Belcebú el Carnicero tenía una figura esquelética, una cara pálida y seca, una voz que parecía un silbido de hielo y dos látigos de piel de buey. El denominado látigo inglés, muy elástico y, por lo tanto, muy adecuado para dar golpes en las manos, y el denominado látigo moscovita: muy rígido y, por lo tanto, muy adecuado para azotar en la espalda y en los glúteos. También tenía una gran debilidad por la belleza infantil, la de los niños, no la de las niñas, y además de dirigir la escuela enseñaba el catecismo. Los sábados, en el primer curso. Los sábados sustituía al profesor Lombardi y obligaba a los alumnos a recitar, durante toda la mañana, salmos, letanías, oraciones, listas de pecados veniales o mortales, y pobre de él si algún incauto reaccionaba ante el aburrimiento con un bostezo o un chispazo de vitalidad. Empuñaba los látigos de buey y: «Extiende las manos. Bájate los calzones». Pero había algo que atizaba su ira todavía más que los bostezos o los chispazos de vitalidad: la eventual atracción que, aumentando sus ya ingentes probabilidades de acabar en el infierno, ejercían algunos niños sobre su pedofilia. En resumidas cuentas, si un alumno le gustaba demasiado, lo destrozaba: con culpa o sin ella. Le infligía tanto castigos físicos, como las vejaciones definidas como castigos psicológicos. Y fue exactamente eso lo que ocurrió el 14 de noviembre, es decir, el sábado en que se encontró ante Giobatta.

* * *

Crueldades del destino: pese al gran disgusto que se llevó al enterarse de que durante dos años la pluma ni se tocaba, por lo que no podría escribir la carta soñada aunque el tío les enviase su dirección, aquel sábado Giobatta aún se sentía un niño feliz. El hedor procedente de la Habitación de los Muertos no había cesado, de acuerdo, y no era la única cosa desagradable que turbaba su hipotético Paraíso. Por ejemplo, el hecho de ser el mayor de la clase y de que sus compañeros lo mirasen por eso con cierto recelo, excluyéndolo incluso del jaleo al que se abandonaban nada más llegar a clase. O el detalle de que la pared principal del aula estuviese entristecida por el crucifijo más desgarrador que había visto nunca: un Cristo con el estómago abierto y la cara retorcida de dolor. Pero, a cambio, el profesor Lombardi era realmente bueno. Buen profesor y buena persona. Durante aquellos tres días no le había dado ni siquiera una bofetada y le había enseñado un montón de cosas maravillosas. Que existen las vocales y las consonantes, que para aprender a leer hace falta memorizar los caracteres que se corresponden con el sonido de las vocales y las consonantes. Que las vocales son *a, e, i, o, u*. Que la *a* se pronuncia abriendo la boca como cuando se respira, la *e* entreabriendo los labios como cuando se esboza una sonrisa, la *i* estirándolos como cuando algo nos fastidia, la *o* abriéndolos como cuando algo nos asombra, la *u* poniéndolos como cuando se da un beso... Les había contado también la historia del fuego y de la rueda, explicándoles que el fuego y la rueda constituyen dos etapas de la humanidad. Y durante las próximas semanas iba a hablarles de las consonantes, de las mayúsculas, de las minúsculas, de los números, de geografía y de los distintos países, entre ellos de América. Un tema que a él le interesaba muchísimo porque siempre que se hablaba del tío su padre decía entre dientes: «Para mí que se ha ido a América». Hoy no, por desgracia. Hoy, en sustitución del profesor Lombardi estaba el profesor de catecismo, un tal don Agostino del que la gente hablaba tan mal que hasta lo habían rebautizado como Belcebú el Carnicero. Pero la gente siempre exagera, y después del sábado viene el domingo. ¡Ah!, mañana iba a ser un domingo maravilloso. Como el 18 de noviembre, es decir, el día en que había nacido, caía en miércoles, iban a celebrar mañana su cumpleaños. Con pollo, imagínate. Pollo, y un tercer regalo de Mariarosa. Una bola de arcilla para modelar. «¡Así no tendrás que estropear el pan y las velas!». Sin esperarse nada malo, incluso pletórico de optimismo, entró, pues, en el aula. Esa mañana, más ruidosa que de costumbre: carcajadas, gritos, abecedarios que volaban de pared a pared. Sin darse cuenta de que alguien había movido el crucifijo y de que ahora el Cristo pendía cabeza abajo, se sentó en su pupitre; justo al mismo tiempo, una figura esquelética se perfiló en el umbral. Un fraile de rostro pálido y seco avanzó hacia la mesa del profesor, depositó sobre ella dos látigos de piel de buey, y un silbido de hielo rasgó el aire.

—¿Quién ha sido?

Se produjo un temeroso silencio. Luego se elevó un coro de negaciones, «yo no he sido», «yo no he sido», y el silbido volvió a oírse.

—Si no ha sido nadie, castigaré al mayor. ¿Quién es?

El coro de negaciones se transformó en un estruendo acompañado de brazos extendidos, de índices señalando hacia Giobatta. «¡Él, él! ¡Es él!». Con su chaquetilla y sus pantalones de terciopelo celeste, con su peligrosa belleza, Giobatta se puso de pie. Se ofreció a la debilidad de don Agostino, que lo envolvió en una mirada intensa, hambrienta, y durante unos segundos el silbido pareció dulcificarse.

—Bien. Acércate, bien. ¿Te sabes el *Confiteor*?

Se lo sabía, a Dios gracias. Lo había aprendido de su madre, que lo rezaba con frecuencia, ni que tuviera alguna culpa que hacerse perdonar. Y, sonriendo, creyendo que se iba a salvar gracias a eso, se acercó.

—Sí, señor. *Confiteor, Deo omnipotenti et vobis, frates, quia...*[*]

Pero el silbido le interrumpió.

—Calma, jovencito, calma. Antes coloca otra vez bien el crucifijo.

Lo volvió a colocar bien. Sin dejar de sonreír, sin dejar de confiar en su encanto, retomó la oración desde el punto en el que la había dejado.

—*... quia peccavi nimis cogitatione, verbo, opere et omissione: mea culpa, mea culpa, mea maxima culpa...* [**]

Pero el silbido lo interrumpió de nuevo.

—Calma, jovencito, calma. Antes extiende las manos. Y chitón.

Desconcertado, decepcionado, pero resignado a su papel de chivo expiatorio, las extendió. Y el látigo inglés se abatió diez veces sobre los pequeños dedos. A cada golpe, una franja morada que escupía sangre, un gemido reprimido, un borbotón de lágrimas que caían a gotas sobre la camisa. ¡Plof! ¡Plof! ¡Plof! Luego el látigo inglés volvió a ser depositado encima de la mesa y don Agostino empuñó el látigo moscovita.

—Ahora bájate los calzones y apóyate contra la pared.

Rojo de vergüenza, de turbación, de ira, se los bajó. Se apoyó contra la pared y el látigo moscovita se abatió diez veces sobre las

---

[*] «Yo confieso ante Vos, Dios omnipotente, y ante vosotros, hermanos, que...». Se recuerda al lector que en el Concilio de Trento la Iglesia Católica prohibió la lectura privada de la Biblia, así como la circulación de traducciones que no fueran la de San Jerónimo al latín (*Vulgata*), y que el latín era el idioma oficial de la liturgia. Los fieles, por tanto, rezaban en esta lengua aunque fueran analfabetos. (*N. de la T.*)

[**] «... que he pecado mucho, de pensamiento, palabra, obra y omisión. Por mi culpa, por mi culpa, por mi gran culpa...». (*N. de la T.*)

pequeñas nalgas. A cada golpe, otra franja morada que escupía sangre, otro gemido reprimido, otro borbotón de lágrimas que caían a gotas sobre la camisa. ¡Plof! ¡Plof! ¡Plof! Luego el látigo moscovita también volvió a ser depositado encima de la mesa y don Agostino dejó escapar una carcajada sarcástica y satisfecha.

—Bien, culito bonito, bien. Vuelve a vestirte que ha llegado el momento de recitar hasta el final la plegaria del remordimiento.

Volvió a vestirse. Convencido de que ya había acabado el suplicio, se dispuso a obedecer, pero Belcebú el Carnicero le advirtió:

—No, culito bonito, no. Aquí no. En la Habitación de los Muertos.

Lo agarró por un brazo. Lo arrastró hasta la cámara mortuoria, lo arrojó dentro, lo dejó allí y...

Ese sábado había una docena de cadáveres. Yacían desnudos sobre las mesas de mármol, como estatuas olvidadas y tiradas sobre el suelo, y Giobatta le tenía un miedo horroroso a la Muerte: ¿recuerdas? Creía que era realmente un esqueleto que, armado de una guadaña, perseguía a la gente, no la conocía en carne y hueso. Se negaba a mirarla. Por eso, apenas estuvo dentro, cerró los ojos y se juró no abrirlos. Pero al poco rato la curiosidad le pudo, los abrió, ¡y Jesús! ¿¡¿Quién hubiera imaginado que los muertos eran algo así?!? ¡En los frescos y en los cuadros parecían individuos llenos de vida y energía! Corrían, se agitaban, luchaban contra los diablos que pretendían quemarlos o ensartarlos con la horca y, a juzgar por sus bocas, abiertas de par en par, gritaban con todas la fuerza de sus pulmones. Éstos, en cambio, no hacían nada, no decían nada. Dormían y punto, hedían y punto. Y con aquellos rostros compuestos, aquellos párpados cerrados, aquellos brazos y piernas colocados en rígida posición de firmes, parecían los seres más inofensivos del mundo. Los más indefensos, los más incapaces de hacerte daño. Y, sin embargo, desde debajo de los párpados parecían escrutarte con odio, su silencio celaba una desconfianza hostil, y de su inmovilidad emanaba tal sensación de amenaza que al observarlos te entraban ganas de escapar. Inspeccionó la habitación, sintiéndose perdido. ¿Escapar? La puerta estaba cerrada desde fuera, las ventanas estaban a una altura de dos metros como poco: no podía escapar.

Sólo podía hacer lo que debía, es decir, rezar hasta el final la plegaria del remordimiento y, dominando el escozor que sentía en las manos y en los glúteos, lo intentó. Se arrojó de rodillas, unió las palmas de las manos, reemprendió hasta tres veces la oración interrumpida, pero fue en vano. Una aguda y repentina sospecha le apagó inmediatamente la voz en la garganta. ¿Y si don Agostino lo tenía allí encerrado todo el día, toda la noche? Con independencia del hedor, con tanto tiempo a su disposición los muertos podrían despertarse. Podrían bajarse de las mesas de mármol, perseguirlo como el esqueleto armado con una guadaña perseguía a la gente en los frescos y en los cuadros, y entonces adiós Giobatta. Se levantó de golpe. En un *crescendo* de pánico, se puso a buscar un taburete, algo que le permitiera llegar hasta una ventana, huir por aquella única vía de salida. No lo encontró y, en vista de eso, desesperado, decidió usar la mesa más cercana a la pared en la que se abrían las ventanas. Una mesa en la que yacía el cadáver de un viejo que se había suicidado tres días antes. Se subió a ella, consiguiendo esquivar el cadáver, se alzó sobre la punta de los pies y llegó hasta el antepecho de la ventana, se izó sobre él, empezó a subirse. Pero, justo mientras se subía, perdió el equilibrio. Se resbaló hacia atrás, cayó sobre algo atrozmente blando, atrozmente fétido, atrozmente gélido, y las náuseas le hicieron desmayarse.

* * *

Estaba todavía desmayado y tendido sobre el cadáver del suicida cuando don Agostino fue a buscarlo, y no sé qué ocurrió entonces. (Probablemente, nada fuera de lo corriente. Un par de bofetadas para que volviera en sí, una patada en el culo para obligarle a caminar, un «pobre de ti como no te calles» para silenciar sus sollozos). Pero sé que regresó a casa con fiebre muy alta, que la fiebre no tardó en provocarle delirios, y que durante una semana la familia creyó que había perdido la razón. Cada dos por tres se levantaba de un salto de la cama, corría hasta la ventana gritando: «¡Socorro, socorro!», intentaba subirse a ella, y a la pregunta «pero ¿qué te ha pasado?» reaccionaba recitando el estribillo del *Confiteor*. «*¡Mea* *culpa, mea culpa! ¡Mea maxima culpa!*». Gasparo quería avisar a un exorcista, Teresa al médico, y sólo les hizo desestimar la idea el precio que ambos exigían. Luego, gracias a los cuidados de Mariarosa, que con emplastos de aceite caliente le curó el alma y las heridas, al sábado siguiente la fiebre desapareció. El delirio cesó y, mientras las campanas de la iglesia de San Sebastián difundían su tétrico dun-dun, una voz triste y decidida se elevó desde la cama.

—¿Para qué tañen? No pienso volver a la escuela.

No volvió jamás.

Con todo, como afirma el dicho, no hay mal que por bien no venga. Cuando en la ciudad se supo que Belcebú el Carnicero se había superado a sí mismo, más de uno sintió compasión. Entre ellos, el escultor Paolo Emilio Demi, que, tras informarse sobre quién era Giobatta, lo mandó llamar.

—¿Es verdad que modelas figuras con pan y con cera?

—Sí, señor Demi.

—¿Te gustaría cincelar el mármol y la piedra conmigo?

—¡Oh, señor Demi!

—Estoy buscando a un aprendiz de escultor que, a cambio de unas pocas monedas, me sirva también de mozo; que, además de aprender el oficio, transporte el trabajo con el carro. Si te interesa, el puesto es tuyo.

—¡Oh, señor Demi!

—Te pagaré una lira al día. Empiezas mañana.

9

Un texto de la época define a Paolo Demi como «un livornés impetuoso y generoso, sentimental y salvaje, tan propenso a la bondad como a la ira». Y un apunte de su contemporáneo Pasquale Romanelli corrobora este juicio. Rostro rudo y alargado, que los bigotazos de foca y la barba de chivo hacen parecer severo. Sonrisa tierna y a la vez dura, una mirada extraña inundada de una dulzura infinita junto a la imperiosa necesidad de recurrir a los puños. En 1835 tenía treinta y siete años, diez ayudantes y un taller de cuatro salas en la vía Borra. Sus conciudadanos los llamaban «el tosco Fidias», Stendhal «un auténtico artista», y estaba en la cumbre de su fama. Restallantes de gratitud por los beneficios concedidos a Livorno por Leopoldo II y Fernando III, los ricos habían decidido erigirles un monumento a cada uno de los dos, y el concurso para el de Fernando III lo había ganado el florentino Francesco Pozzi por seis de los nueve votos. El concurso para el de Leopoldo, Demi, con nueve votos del total de nueve. Al triunfo le habían seguido, claro, las críticas de los cortesanos a los que no les gustaba el boceto, en el que Leopoldo aparecía sentado y sin cetro ni corona de laurel. A las críticas, claro, les había seguido una escena de Demi, que amenazó con retirarse del proyecto. Pero luego el boceto fue modificado y al gran duque se le puso de pie, se le dotó de un cetro, se ciñó su cabeza con una corona de laurel y se le envolvió en una toga real. La polémica se dio por concluida y ahora, a la espera de convertirse en mármol, el modelo en escayola dominaba el primer local del taller. Un gigante de más de cuatro metros de altura y humanizado por dos detalles geniales que a los cretinos se les habían pasado por alto:

los brazos caídos, en un gesto de cansado abandono, y la cabeza inclinada, como pidiendo excusas.

En el primer local podías encontrar también las obras en las que Demi estaba trabajando en 1835. La estatua de Galileo Galilei, encargada por el Ateneo de Pisa para el congreso científico que pronto iba a reunir en la ciudad a las mejores mentes de Italia; la estatua de Dante Alighieri, encargada por el Ayuntamiento de Florencia para los soportales de los Uffizi; los bronces encargados por el Parlamento brasileño, es decir, las alegorías de la Verdad, la Fidelidad, la Firmeza y la Discreción; y la que, todavía hoy, está considerada como su obra maestra: el grupo de la *Madre educadora,* compuesto por una encantadora figura femenina que está hablando, por un hermoso niño que lleva el abecedario bajo el brazo y por una hermosa niña que apoya el abecedario sobre el corazón. En el segundo local, en cambio, podías encontrar una exquisita pareja besándose, el grupo conocido como *Amor y Armonía,* y una fiesta de jubilosas estatuas que hacían que te dieran ganas de gritar: «¡Viva la Vida!». Procaces náyades que, hinchando los pechos y estirando las piernas, incitaban al pecado; arrogantes guerreros que, sin más atuendo que un yelmo y una hoja de parra, apuntaban la flecha en el arco o desenvainaban la espada; caballos piafando; niños riendo; ángeles con las alas briosamente desplegadas. Fueron esos locales los que vio Giobatta el día que Demi lo llamó para contratarlo y consolarlo. El problema era que en el tercero y en el cuarto, situados en la parte trasera y, por tanto, medio ocultos, te encontrabas con algo muy distinto. Cruces, cipos, lápidas, columnas rotas, antorchas apagadas. Bustos de difuntos, bajorrelieves de cráneos y tibias. En el mejor de los casos, estatuas de viudas sollozantes y de ángeles con las alas cerradas en señal de dolor. En otras palabras, material para los cementerios. Porque el taller de la vía Borra, como cualquier otro taller de escultura, florecía gracias a las obras destinadas a los cementerios, no a las estatuas jubilosas o a los encargos prestigiosos. El motivo es sencillo. Abolida la costumbre de arrojar los cadáveres dentro de las fosas comunes de los cementerios, de abandonarlos allí, anónimos y mezclados unos con otros, sin una palabra que los recordase, en el XIX los cementerios se habían vuelto a poner de moda. Al ponerse otra vez de moda, habían vuelto a lanzar el culto a los muertos, y tener una tumba individual era ya el deseo de cualquiera. Con la tumba, un epitafio en el que, debajo del nombre, se enumerasen las virtudes auténticas o presuntas del difunto y se subrayase la pena de los inconsolables familiares. Con el epitafio, al menos un adorno que atrajese las miradas de quienes se dedicaban a pasear entre las tumbas. Había surgido así un nuevo y rentable arte, se había desarrollado una lóbrega industria de la que ningún escultor o marmolista o cantero osaba prescindir. Sobre todo en Livorno, donde los cementerios existían desde siempre (el Cementerio de los Ingleses, el de los Holandeses, el de los Judíos, el de los Turcos, el de los Armenios, el de los Griegos, el de los Católicos), y donde, gracias al puerto, los monumentos sepulcrales se exportaban a mansalva. A América, a Inglaterra, a Francia, a Escandinavia, a Rusia, a Polonia. Con independencia del aprendizaje, el nuevo mozo servía en el tercer y cuarto local.

—Chico, lleva el cráneo con las tibias al Camposanto.

—Chico, lleva el busto del muerto al barco que va a zarpar rumbo a Londres.

Estoico, heroico Giobatta. Superó ese segundo trauma en un abrir y cerrar de ojos. Y no tanto por la lira diaria (una cantidad desorbitante, si se tiene en cuenta que un adulto con experiencia ganaba tres liras), como por las esperanzas que aquel empleo suministraba a su optimismo. Esfumado el sueño de ir a la escuela, le quedaba el deseo de convertirse en escultor, entiéndelo, y para verlo realizado no podría haber encontrado un lugar mejor. En el taller de la vía Borra había montañas de arcilla. Y estaban las explicaciones de Demi y de los diez ayudantes, los descubrimientos cotidianos y asombrosos. Que la arcilla se emplea para modelar el boceto de la estatua o del bajorrelieve que se va a esculpir, por ejemplo. Que sobre el modelo de arcilla se vacía el yeso líquido, que así se logra un molde que se corta y se vuelve a vaciar en yeso, que el resultado de este proceso es la forma que hay que llevar al mármol... Que el mármol tiene las mismas características que las personas, que tan pronto es tierno como es duro, tan pronto tosco como preciado, además de ser de numerosos colores: blanco, negro, amarillo, verde, rosa, rojo, veteado... Que, al igual que el cuerpo humano, tiene venas, en su caso llamadas vetas, que las vetas se rompen muy fácilmente y que si se rompen estás listo: el trozo no se vuelve a unir. Que antes de esculpirlo, hay que cortarlo, redondearlo, esbozarlo. La piedra también... Entre viaje y viaje con el carro, «chico, lleva el cráneo con las tibias», aprendió hasta a cortar redondear esbozar. Y para cortar sólo disponía de una sierra manual. Para redondear, sólo del torno accionado por una rueda que daba vueltas como un mulo atado a la rueda de un molino. Para esbozar, sólo el pesado mazo con el que se golpea el cincel. Dios, qué trabajo. Es un trabajo hercúleo, esbozar. Una tortura. A fuerza de dar golpes, los brazos se entumecen, las muñecas se vuelven insensibles, los dedos se hinchan, y las palmas de las manos se desollan hasta hacerse uno sangre. Por las noches, Mariarosa tiene que curártelas con aceite caliente o con vinagre, con lo que escuece, vendártelas, y casi te desmayas del dolor. Pero, al mismo tiempo, también es una felicidad. Porque al ver cómo la forma se va dibujando bajo el cincel te parece estar insuflándole vida a una piedra, regalándole el pensamiento y el aliento. Te parece ser un dios, te sientes como si fueras ya un artista capaz de crear maravillas como las que hace el señor Demi. Como la del bello anciano que, con la mano izquierda, sostiene la Tierra y, con la derecha, la señala para decir: «Y, sin embargo, se mueve». Como la de la hermosa señora que enseña a los niños con el abecedario, qué suerte la suya. Como las procaces náyades, los arrogantes guerreros, los caballos piafando, en definitiva, las jubilosas esculturas del segundo local. Las esculturas destinadas a los vivos. Oh, fue una buena época, su época de aprendiz. Distraído por la felicidad, ni siquiera se dio cuenta de que el taller salía adelante gracias a las estatuas destinadas a los muertos, que las estatuas destinadas a los vivos no las compraba casi nadie y se quedaban allí, cubriéndose de polvo, como el gigantesco Leopoldo, en cuya cabeza inclinada y brazos caídos alguien había reparado por fin, por lo que el permiso para convertirlo en mármol no llegaba nunca, y el dinero tampoco. Pero, ¡ay!, apenas finalizó el periodo de aprendizaje, apenas el mozo se convirtió en ayudante, el equívoco se aclaró.

—Chico, haz una columna rota.

—A la orden, señor Demi.

—Chico, haz una antorcha apagada.

—A la orden, señor Demi.

—Chico, haz una cruz copta.

—A la orden, señor Demi.

—Y, si no se te rompe, te doy un premio.

—¿¡¿De verdad, señor Demi?!?

—Sí, te dejo grabar los epitafios.

Conmovedor Giobatta, siempre perseguido por el mal fario. Tenía quince años, la edad en la que nadie sabe quién hizo el retrato del bellísimo adolescente con la Muerte en la mirada (¿sería el propio Demi?), cuando empezó a hacer columnas rotas y antorchas apagadas. Tenía dieciséis cuando pasó a las cruces. (Mucho más complicadas que las antorchas y las columnas porque tienden a romperse en el punto en el que se encuentran los segmentos). Tenía diecisiete cuando cruzó la anhelada meta de los epitafios y grabó el que, después de muchas averiguaciones, encontré sobre un sarcófago del Cementerio de los Griegos. Cuarenta palabras en estilo lapidario romano, es decir, en letras mayúsculas, cubiertas de musgo y semiescondidas por las ramas de un hermoso árbol que ha crecido al lado.

«MARGHERITA ARGISI DE LIVORNO / CONSORTE DE ALESSANDRO PATRINO / INVENCIBLE YA / PARA EL MARIDO SABIA Y AFECTUOSA / PARA LOS HIJOS MADRE AMANTE / RELIGIOSA Y CARITATIVA / DE CASTAS COSTUMBRES SE APAGÓ / EL CUATRO DE ABRIL DE MIL OCHOCIENTOS CUARENTA / FIAT VOLUNTAS DEI».

Tras interminables averiguaciones, sí. En mi familia se decía que Giobatta grabó su primer epitafio para una tal Margherita Argisi que estaba enterrada en el Cementerio de los Judíos, así que lo busqué allí. Nombre por nombre, tumba por tumba, obstinadamente. En cambio, estaba bajo el árbol del Cementerio de los Griegos, donde lo descubrí por casualidad, una lluviosa tarde de octubre, y al mirarlo sentí un nudo en la garganta. El mismo que siento ahora. Las cuarenta palabras tuvo que dibujárselas Demi, o un ayudante de Demi, ¿y qué humillación le supondría trabajar en ellas sin comprender su significado? En 1840 era todavía analfabeto, maldita sea. A duras penas, distinguía las vocales y quizá ni siquiera eso, dado que en sus tres días de colegio el profesor Lombardi sólo tuvo tiempo de enseñarle a intuirlas en los caracteres en minúscula del alfabeto ordinario. Además, no es fácil grabar a mano sobre el mármol o la piedra. Sobre la O, la U, la B, la C, la D, la G, la P, la Q, la R, las letras redondas, en una palabra, el cincel se resbala con facilidad. Con mucha más facilidad que sobre la A, la E, la I, la F, las letras angulosas. Si te equivocas al dar un golpecito, si te sales de los contornos trazados por Demi o por su ayudante, no puedes corregir o enmendar. Aunque hayas llegado ya al FIAT VOLUNTAS DEI, tienes que rascarlo todo. Tienes que allanar, es decir, rebajar toda la superficie, alisarla otra vez, volver a empezar desde el principio. Y en el vaniloquio de la señora Argisi las letras redondas no son precisamente cuatro. Sólo para hacernos una idea, hay dieciocho O y catorce S y diecisiete R. Dios sabe cuántas veces se equivocó y tuvo que rascarlo todo. Allanar, rebajar, alisar de nuevo, volver a empezar desde el principio. Es muy probable que, al tener que volver a empezar tantas veces, incluso rompiese la lápida. Que se ganase una colleja y una retahíla de insultos, «imbécil, inútil, idiota», que se quedase sin un mes de sueldo. «El que rompe, paga». Y, sin embargo, la lápida del Cementerio de los Griegos es perfecta. Si arrancas una ramita del árbol y limpias con ella las letras llenas de musgo, descubres que ni siquiera las letras redondas tienen defectos o rebabas. Las O parecen trazadas con compás, las curvas de la B destacan por su exactitud, los arcos de las S por su seguridad. Y esto explica la fama que tuvo toda su vida como grabador de epitafios. Porque un verdadero escultor no llegó a serlo jamás. Pese a la facilidad con la que modelaba de pequeño y el entusiasmo con que esbozaba de adolescente, como escultor se distinguió poco y mal. Algún que otro bajorrelieve bastante logrado, algún busto bastante conseguido y, por último, las patéticas estatuillas de alabastro que vendía a los turistas para no morirse de hambre. Como grabador de epitafios, en cambio, nadie lo superó ni en calidad ni en cantidad. Toneladas de inigualables AQUÍ YACE, AQUÍ REPOSA, AQUÍ DUERME, kilómetros de irreprochables elegías. (De una que, con las oportunas variantes, usaba para los que fallecían ahogados en el mar tengo el texto completo, y leerlo es como para caer en una depresión. «¡Oh, hijo mío! ¡Oh, mi único hijo que a los veintitrés años, siendo bueno, siendo querido, y estando prometido en matrimonio, fuiste engullido por el mar! Durante meses y meses supliqué a las crueles olas que me devolvieran tus huesos, que me dejaran depositarlos en un sepulcro en el que llorar todos los días abrazada a la cruz! ¡Oh, Señor Omnipotente y Omnisciente! ¡Háblame, dime con qué fin siegas las flores recién brotadas!»). En el taller de la vía Borra lo llamaban «el Canova del gimoteo» y, que yo sepa, sólo una vez se dio la satisfacción de ejercer su arte para una persona viva. Fue en 1846, cuando se acabaron las polémicas sobre la cabeza inclinada y los brazos caídos del Leopoldo de yeso y a Demi se le concedió el anhelado *nihil obstat* para esculpir la estatua en mármol y a él el privilegio de grabar el epígrafe que adornaba el pedestal.

«LEOPOLDO II / CON SABIDURÍA Y SUMO CELO / TUTELÓ EL COMERCIO Y AMPLIÓ Y EMBELLECIÓ / ESTE EMPORIO / CONVIRTIÓ EN TIERRA FÉRTIL LOS PANTANOS / INSUFLÓ NUEVA VIDA A LOS PUEBLOS LA AGRICULTURA Y LA INDUSTRIA».

Epígrafe, por otro lado, que él mismo destrozó en 1849, en un acceso de furia revolucionaria provocado por un mitin de Mazzini, y que ya no existe. En su lugar, estúpidos y vulgares grafitis que el Ayuntamiento no se preocupa de eliminar. «Viva la Juve». «Viva el coño». «Francesco hijo de puta». «El Pisa es una mierda». «Jenny llama al 236323». «Mario te llamé ayer y no estabas».

* * *

Lo realmente extraordinario es que fue precisamente a través de los epígrafes como derrotó al analfabetismo, vio cumplido el sueño al que había renunciado por culpa de don Agostino. Gracias a aquellos kilómetros de elegías, gracias a aquellas toneladas de AQUÍ YACE, AQUÍ REPOSA, AQUÍ DUERME, entró en contacto con el alfabeto. Se familiarizó con las consonantes, las sílabas, entendió qué sonidos se correspondían con los misteriosos signos cuyo significado ignoraba, y, memorizando la grafía de las palabras que salían con más frecuencia, aprendió a reconocerlas. Es decir, a darse cuenta de lo que escribía, mecánicamente, con el mazo y el cincel. Nombres, apellidos, palabras, verbos. Por ejemplo, si le preguntaban «¿por dónde vas?», ya no contestaba «por la tercera línea» o la cuarta o la quinta. Ya respondía: «Voy por la O del verbo llorar. Estoy en la F de la palabra flor». Luego, el día en que cumplió los dieciocho años, intentó trazar con el lápiz que le había regalado Mariarosa un AQUÍ YACE. Lo logró, mejor que peor, poco a poco fue ganando habilidad, y en algunas semanas aprendió a dibujar las letras que debía grabar. Sólo en mayúsculas, es decir, en los caracteres del estilo lapidario romano, se entiende: en las minúsculas del alfabeto ordinario, recuerdas, distinguía a duras penas el *a, e, i, o, u* del profesor Lombardi. Pero con la ayuda de Demi (que hasta el drama del epígrafe destrozado siguió siendo su amigo y protector) suplió pronto aquella angustiosa laguna y, en 1842, ya era capaz de escribir una frase con mayúsculas y minúsculas. En 1844 podía leer correctamente un periódico y un libro, además de escribir una nota sin demasiados fallos, y en 1846 compuso el pequeño manifiesto que estaba en el arcón de Caterina. «*Austria, puta, que no nos dejas ni respirar. / Muerte a ti, zorra asquerosa. / Muerte a tus esbirros manchados de fango. / Viva Italia / Viva la sangre del Pueblo / al que siempre dan por el culo, pero que terminará triunfando*». De no haber sido por los epitafios y los cementerios, en resumidas cuentas, nunca se habría demostrado a sí mismo cuánta verdad había en el lema de su tío: «Un ignorante menos es un patriota más». Quizá no hubiese seguido su camino, no se hubiera convertido en el revolucionario en el que se convirtió. Y no hace falta decir que a esto contribuyó de forma decisiva Mariarosa. La única mujer de su vida, la única mujer a la que amó.

10

¡Ah, Mariarosa! Desgraciadamente, tengo muy pocos datos sobre los orígenes de mi querida y simpática tatarabuela Mariarosa. Hasta su fecha de nacimiento es dudosa. Según un rudimentario censo, hecho en el gran ducado a mediados de siglo, vino al mundo el 17 de febrero de 1820. Según los registros parroquiales, fue el 17 de febrero de 1821. Según la partida de matrimonio, el 17 de diciembre de 1822. (En cualquier caso, yo siempre oí decir que tenía dos o tres años más que Giobatta, por lo que pienso que la fecha de 1821 es la correcta). También es dudoso su apellido de soltera. En el rudimentario censo se lee Mazzetti. En los archivos parroquiales, Mazzelli. En la partida de matrimonio, Mazzella. «Mariarosa Mazzella, hija del difunto Pasquale y de la difunta Lucia Mendoli». En cuanto a sus padres, sólo me consta que eran campesinos y que habían emigrado a Livorno desde un pueblo de Liguria en busca de fortuna, que él había muerto de tifus y ella de parto. Por eso la pobrecilla se había criado en una institución de monjas de la que, a inicios de 1835, la sacó el prior de Salviano para confiársela a Teresa. Al desconocer el nombre de la institución, ni siquiera tengo una pista desde la que reconstruir su infancia. Con todo, dispongo de los datos necesarios para entender por qué Giobatta la amó tantísimo y por qué fue la única mujer de su vida.

Guapa no era, no, decía siempre el abuelo Augusto. Quitando la dentadura sana y los ojos avispados, marrones y brillantes como los ojos de un hurón, desde el punto de vista físico dejaba mucho que desear. Carota demasiado redonda, nariz demasiado chata y pequeña, mejillas demasiado rollizas y, ¡ay!: doble papada y un cuerpo anormalmente gordo. (Una disfunción glandular transformaba en grasa todo lo que comía y lo que no comía y, aunque era de escasa estatura, de jovencita ya pesaba ochenta kilos). Además, estaba casi calva por encima de la sien derecha. En aquella época los remiendos invisibles se hacían con cabellos humanos. Breves puntadas de pelo blanco o negro o gris o pelirrojo o castaño que le comprabas al mercero a diez cracias la docena. Para no gastar dinero, y en vista de que los suyos eran de un rubio desvaído, es decir, idóneos para diversos tipos de tela, se los arrancaba sin piedad y estaba cada día más despeluchada. Pero pobre de ti si le decías que se tapase la calva con otro mechón o con un peinado apropiado. «¡Es el emblema de mi oficio! ¡Se llama alopecia de las remendonas!». Aunque emplease palabras como «emblema» y «alopecia», no era tampoco un pozo de conocimientos. En el orfelinato las monjas sólo le habían enseñado a coser y no sabía leer, no sabía escribir, para firmar trazaba una raya, o sea, la silueta de una aguja. En compensación, era muy inteligente. Además de una memoria prodigiosa, tenía la sagacidad que brota del sentido común y de la intuición, se entregaba a su trabajo con la sensibilidad de un artista, y en lo que se refiere a los remiendos se merecía realmente los elogios del prior: «Excepcional, fenomenal». Tanto si el tejido era de tosca lana como si era de delicadísima seda, ella lo reparaba en un santiamén y con tal perfección que no quedaba ni rastro del agujero o del desgarrón. No era casual que Teresa le permitiese tener una clientela privada, y que ésta incluyese a los exigentes turistas del Hotel Peverada: el más lujoso de la ciudad. ¿No fue en el Peverada, además, donde en 1846 vivió la lisonjera aventura de la que se hablaba en la familia con mal disimulado orgullo? «Ha llegado una pareja de extranjeros que tienen un montón de ropa que remendar. Sube al tercer piso, habitación 38, y procura que se queden contentos», le ordenó el portero. Ella subió, y adivina quiénes eran los extranjeros: Robert Browning y Elizabeth Barrett, casados desde hacía poco y recién llegados a Livorno, vía Le Havre-París-Lyon-Marsella-Génova, para establecerse en Toscana. Según la historia que oí de niña, Robert le entregó hasta siete camisones, rotos por los coitos de la luna de miel. Elizabeth, hasta siete bragas desfondadas y seis corsés desgarrados. Y, sin embargo, en un par de días, toda la ropa volvió a estar como nueva. Y los recién casados se quedaron tan impresionados que le propusieron que los acompañara a Pisa, donde tenían intención de pasar el invierno, y que trabajara para ellos como gobernanta: para que les dejara a punto todo el guardarropa. Un honor que ella rechazó para no alejarse de Giobatta, pero del que presumió toda su vida.

—Yo, de jovencita, gocé de la estima de los poetas y de las poetisas.

También era alegre, jovial, agraciada con ese eterno buen humor que con frecuencia caracteriza a las personas gordas. Su carota redonda nunca se veía triste, a cada contrariedad o desgracia reaccionaba con una carcajada festiva, «el mundo hay que aceptarlo como es», y cantaba a todas horas. Arias de Rossini, Donizetti, Bellini. De *La Cenerentola* (La Cenicienta), por ejemplo. «*Cenerentola, vien qua, Cenerentola va' là / Cenerentola va' su / Cenerentola va' giù...*» (Cenicienta, ven aquí, Cenicienta ve allá / Cenicienta sube / Cenicienta baja...). De *Lucia di Lamermoor*: «*Verranno a te sull'aureee i miei sospiri ardeeentiii...*» (Llegarán hasta ti por el aire mis suspiros ardienteeesss...). Y de *La sonnambula* (La sonámbula), de la que le gustaba el detalle de que Amina, la protagonista, fuese una joven feliz. «*Care compagne e voi teneri amici / che alla gioia mia tanta parte prendete*» (Queridas compañeras y vosotros, tiernos amigos / que tanta parte tenéis en mi alegría...). O bien fragmentos de las óperas de un joven músico al que los críticos consideraban un inepto, un corruptor de la melodía, y que volvía al público loco de entusiasmo: Giuseppe Verdi. En aquellos años hacía furor su *Nabuconodosor*, más tarde rebautizado como *Nabucco*. En la tragedia de los antiguos judíos oprimidos por los asirios el público había captado plenamente la metáfora, es decir, la tragedia de los italianos oprimidos por los extranjeros, el coro del tercer acto se había convertido en un himno patriótico, y ella no paraba de gorjearlo. «*Va', pensierooo, sull'ali doraaateee...*» (Ve, pensamiento, sobre las alas doradas...). También hacía furor *I Lombardi* (Los lombardos), el drama sobre los primeros cruzados que fueron a liberar el Santo Sepulcro. El coro del acto cuarto no era menos significativo y, en cuanto terminaba con el *Va' pensiero*, atacaba ése. «*Oh, Signor che dal tettooo natiooo...*» (Oh, Señor, que del techo nativo...). Tenía, de hecho, una espléndida voz de soprano ligera, le gustaba la música casi de forma maniática, y en cuanto contaba con ocho cracias (lo que costaba una entrada de gallinero) iba corriendo al Teatro Carlo Lodovico o al Teatro degli Avvalorati para disfrutar escuchando una ópera. Y, gracias a su prodigiosa memoria, aprendérsela de cabo a rabo. Pero también le atraía la ciencia, los descubrimientos que estaban perfilando el futuro y, con el corazón en un puño, seguía la evolución de los dos que más la entusiasmaban: el sorprendente vehículo que los ingleses llamaban *railway*, los franceses *train*, es decir, arrastre o tren, los toscanos *velocifero*, y el asombroso ingenio que los ingleses llamaban *Sewing Machine*, los alemanes *Nähmaschine*, los franceses *machine a coudre*, los toscanos *cucitora di ferro*. En una palabra, la máquina de coser. Oh, lo sabía todo sobre la máquina de coser. Sabía que los primeros intentos los había llevado a cabo, en 1755, un tal Karl Weisenthall, y en 1790 un tal Thomas Saint, ambos defensores de la aguja de doble punta y ambos derrotados por su incapacidad para lograr costuras resistentes. Que, en 1830, un tal Barthélemy Thimonnier había patentado una con la aguja en forma de garfio, con la que se había puesto a producir uniformes militares con las costuras igualmente débiles, y que, mientras se disponía a corregirla, los sastres que se habían visto reemplazados por la aguja en forma de garfio se habían vengado de él incendiando su laboratorio. Que, a partir de ese momento, las investigaciones se habían trasladado a América, donde Walter Hunt, el padre del imperdible, había ideado sin éxito una aguja de uso horizontal. Sabía, incluso, que el problema de la aguja estaba a punto de ser resuelto por un tal Isaac Singer de Boston, y si entre los turistas del Peverada había alguno procedente de esta ciudad, iba inmediatamente a su encuentro para asaetearlo a preguntas.

—*Mister*, ¿cómo va el señor Singer?

—*Mister*, ¿está ya lista la «suin maschín» del señor Singer?

En cuanto al *velocifero*, ¡Dios santo!: había crecido, vivía, pendiente del *velocifero*. En 1826, el industrial Ginori Lisci le había presentado a Leopoldo un proyecto para construir el camino de hierro entre Livorno y Pisa, y Su Alteza había contestado con una mueca de disgusto. «Yo no malgasto el dinero en extravagancias». En 1837, cuando los Borbones se disponían a inaugurar el Nápoles-Castellamare di Stabia, es decir, la primera línea ferroviaria de Italia, el economista Luigi Serristori y el ingeniero Carlo Dini Castelli volvieron a la carga con el proyecto llamado «Leopolda», es decir, con la línea Livorno-Florencia, vía Pisa-Cascina-Pontedera-Empoli. Con los mapas y las cuentas en la mano, se habían encerrado con él en su despacho del Palazzo Vecchio y durante semanas le habían explicado los beneficios que se derivarían de ello. El de reducir a tan sólo cinco horas la duración de un viaje que, con una carroza tirada por cuatro caballos, duraba desde el alba hasta el atardecer, a veces hasta la medianoche. El de recibir o enviar en el mismo arco de tiempo las mercancías que, desde hacía siglos, se transportaban por el río Arno, o sea, con lentísimas barquichuelas. El de poder, pues, multiplicar los intercambios, las ganancias. Y, de nuevo, Su Alteza había contestado con una mueca de disgusto. «Cuesta demasiado». (El gasto previsto era de treinta millones de liras, el equivalente a cuatro millones y medio de escudos de oro). Pero entonces intervinieron el banquero Emanuele Fenzi y Pietro Senn, el nieto de Pietro Vieusseux, declarándose dispuestos a fundar una sociedad anónima: a conseguir el dinero. Ante ese golpe de efecto, Su Alteza reaccionó esta vez firmando un *motu proprio* que autorizaba la formación de la empresa, los trabajos dieron inicio, y en Toscana ya no se hablaba de otra cosa. Con el ceño fruncido, claro está. Con la maledicencia y la rabia que acompañaban por doquier el avance del tren. En Livorno, sobre todo, y en la campiña entre Livorno y Pisa, los que se oponían se contaban a centenares, a miles. Barqueros, cocheros, propietarios de tierras, campesinos, gente con ideas localistas. Los barqueros y los cocheros porque, como había previsto Giovanni, el *velocifero* les iba a dejar sin trabajo, es decir, arrebatarles el pan. (No en vano lo llamaban *Lucifero*).* Los propietarios

* Lucifer. (*N. de la T.*)

porque en nombre del interés público les expropiaban o les obligaban a vender a un precio miserable las fincas situadas a lo largo del recorrido del ferrocarril. Los campesinos porque con las fincas perdían las casas, los establos, el ganado, y tenían que emigrar a la ciudad o a zonas desconocidas para ellos. Los localistas porque el gran duque les había adjudicado la obra a dos ingleses, Robert Stephenson y William Hoppner, que se habían traído consigo a docenas de compatriotas y que, con la excusa de la lengua, no contrataban a los ingenieros locales. Muchos, de hecho, no se limitaban a rezongar o a maldecir. Se organizaban en bandas, armadas con garrotes, escopetas, explosivos, y libraban una guerra sin cuartel contra el nuevo enemigo. Les daban garrotazos a los trabajadores, les disparaban. Destruían los macizados, las vías. O bien la emprendían contra el *Imbarcatojo-Sbarcatojo* [Embarcadero-Desembarcadero] de Livorno, es decir, la estación que Hoppner estaba construyendo fuera de la Puerta de San Marcos. Cristales rotos, techumbres partidas. Muros tirados, adoquinados levantados. Sabotajes de todo tipo. Y a Mariarosa se la llevaban todos los diablos.

—¡Retrógrados, pelucones, reliquias del pasado!

—¡Cabezas huecas, reaccionarios, enemigos del progreso!

—¡Os merecéis la mierda de los caballos, pordioseros!

En resumidas cuentas, mucho ojo con tocarle el futuro. En ese sentido, se parecía a Caterina. Pero más que el *velocifero* y la *cucitora di ferro,* más que la *suin mascìn,* más que la música, más que a Verdi, a Rossini, a Donizetti y a Bellini, Mariarosa amaba a Giobatta.

Lo amaba desde que él era un adolescente de doce años, vestido de terciopelo celeste, y ella una chica de catorce (o quince o trece) que acababa de entrar a formar parte de la familia Cantini: ya lo sabemos. Una puntada por debajo, y una mirada, una puntada por debajo, y otra mirada. Lo amaba desenfrenadamente, incondicionalmente, y no como una hermana mayor, es decir, con afecto fraternal. Como una mujer. Con el ardor, el deseo, los apetitos carnales de una mujer. Algo que, por otra parte, no ocultaba, que jamás se había preocupado por ocultar. Al contrario, exhibía su amor, hacía ostentación de él ante todo el mundo (Teresa incluida) con gritos jubilosos.

—¡Ah, si no fuese una barrigona!
—¡Ah, si no fuese un adefesio!
—¡Ah, si no fuese un vejestorio!
—¡Me lo comería a usted a besos! ¡Me casaría con usted ahora mismo!

Al llegar aquí es preciso hacer una aclaración.

* * *

Teresa nunca le había concedido importancia a aquellos gritos jubilosos. Quizá distraída por falta de agudeza, quizá cegada por un orgullo excesivo, siempre los había considerado inofensivos estallidos de exuberancia o el homenaje debido al pequeño dios descendido del Olimpo para seducir sin piedad alguna a todo aquel que se cruzase en su camino. Por las mismas razones, nunca se había opuesto al aluvión de regalos y mimos que su casi hija adoptiva dejaba caer sobre Giobatta, nunca había dicho nada en contra de la tierna complicidad que se había establecido desde un principio entre los dos. Así que ahora, cuando el pequeño dios se había convertido en un joven espléndido, ya en edad de echarse novia, seguía sin preocuparse. Bueno, de vez en cuando sí que oía campanas de alarma: es cierto. Aguzaba la vista, los oídos, y, con la intuición de las madres que, a su vez, también están enamoradas, rumiaba alguna que otra sospecha. Santo Dios, ¿y si en vez de homenajes debidos o de inofensivos estallidos de exuberancia se trataba de llamaradas amorosas? ¿Y si, pese a las autorecriminaciones de barrigona, adefesio, vejestorio, Mariarosa acariciaba realmente el sueño de casarse con él? Peor aún: ¿y si Giobatta le seguía el juego y el juego encerraba un inconfesado arrebato sentimental? Indicios no faltaban, por todos los diablos. Las ganas con las que él la llamaba, la buscaba, bajo cualquier pretexto. «¿Mariarosa, dónde está? ¿Mariarosa, puede venir aquí?». La solicitud con la que todos los domingos se ofrecía a acompañarla. «Mariarosa, yo la llevo a misa», «Mariarosa, yo la acompaño al teatro». Y el detalle mismo de que ni siquiera mirase a las demás chicas. Algo realmente extraño, porque Livorno desbordaba de chicas guapas, en Salviano las que estaban en edad casadera revoloteaban a su alrededor como abejas atraídas por la miel, y en la vía Borra se decía que hasta la primogénita de Demi iba detrás de él. Inmediatamente después, recapacitaba. Movía la cabeza, y llegaba a la siguiente conclusión: imposible. Mariarosa era como una especie de hermana para él, ¿y qué soltero con un mínimo de buen gusto iba a ir detrás de una pobrecilla que carecía hasta tal punto de atractivos físicos? Luego, ya más tranquila, les dejaba que estuvieran juntos, que fueran juntos a misa o al teatro, y sólo cuando los gritos se volvían demasiado insistentes o la complicidad demasiado tierna, intervenía. Los reprehendía bonachonamente.

—Mariarosa, no digas tonterías.

—Mariarosa, no exageres.

—Y tú no la animes, Giobatta.

Pero el hecho es que el adulto Giobatta no veía en Mariarosa a una especie de hermana o a una pobrecilla que no tenía nada que hacer ante la primogénita de Demi, las enamoradas de Salviano, las guapas chicas de la ciudad. En ella veía la vida. Veía el optimismo que triunfa sobre el desánimo, la inteligencia que triunfa sobre la estupidez, a la compañera que le hacía falta para confiar en el mañana y olvidar el ayer. A los don Agostini, las habitaciones de los muertos, las cruces, los cipos, las columnas rotas, las antorchas apagadas, los epitafios AQUÍ YACE, AQUÍ REPOSA, AQUÍ DUERME. Y le importaba un bledo que estuviese gorda, que fuese fea, que estuviera medio calva. A él le gustaba así, la amaba así. Cada vez que oía sus «me lo comería a usted a besos», «me casaría con usted ahora mismo», sentía que se le ensanchaba el corazón y llevaba años esperando a que se presentase el momento adecuado para decírselo.

Un momento que (gracias a ella, no hace falta subrayarlo) se presentó a los cuatro días de la inauguración de la línea Livorno-Pisa-Livorno. El tramo inicial de la Leopolda.

11

La línea Livorno-Pisa-Livorno fue inaugurada el miércoles 13 de marzo de 1844. Una sola vía sobre la que se podía viajar rozando la increíble velocidad de veinticinco millas por hora y, pese a las ralentizaciones impuestas por las curvas, cubrir las once millas del trayecto en apenas quince minutos. Algo para dejarte sin aliento. El *velocifero* (algunos extranjerizantes ya empezaban a llamarlo tren) partió de Pisa, conducido por los propios Robert Stephenson y William Hoppner. Llevaba como pasajeros a ochocientos invitados, elegidos con todo cuidado, y estaba compuesto por cuatro vagones de primera clase, ocho de segunda y uno de tercera. En los vagones de primera iban las autoridades políticas y religiosas. En los de segunda, los ciudadanos distinguidos. En el de tercera, la banda municipal de aficionados que interpretaba fragmentos de *La Gazza Ladra* [*La urraca ladrona*] y *Semiramide* [*Semíramis*] de Rossini. El viaje fue excelente, no se produjo un solo contratiempo. Para evitar los ataques de los facinerosos, Leopoldo había ordenado que durante todo el trayecto el tren estuviese defendido por las tropas del gran ducado, y a lo largo de las once millas se alineaban casi tres mil soldados, así que nadie pudo tirar siquiera una pedrada. También se produjo sin incidente alguno la llegada al *Imbarcatojo-Sbarcatojo* de la Puerta de San Marcos. Aquí, para prevenir tumultos, el gobernador había colocado a mil guardias armados con sable, y cuando la locomotora se detuvo muchos gritaron: «¡Viva el *velocifero*! ¡Viva la civilización!». Al día siguiente, empezó a funcionar regularmente. Salía de Pisa a las 7.00 y a las 9.00, luego a las 14.00 y las 16.00. De Livorno, a las 8.00 y a las 10.00, luego a las 15.00 y a las 17.00. (Domingos incluidos). El precio del billete, sólo tres *paoli*, es decir, ocho cracias en primera clase. En segunda, sólo dos *paoli*. En tercera, sólo un *paolo*. Pero en cuanto la línea empezó a funcionar regularmente, se descubrió que lo del bajo precio era un timo. La diferencia entre clases era despiadada, para subrayarla los vagones de primera clase salían cinco minutos antes que los de la segunda, los de segunda clase cinco minutos antes que el de la tercera, y comprar un billete de tres *paoli* no te garantizaba un asiento en primera. Y comprarlo por dos *paoli* no te garantizaba un asiento en segunda. ¿Sabes por qué? Pues porque en primera sólo te dejaban entrar si tenías «buena presencia». Es decir, si además de buena ropa y, por supuesto, zapatos, llevabas guantes y sombrero, bastón y bolsa de viaje. En segunda, sólo si te faltaban los guantes, el bastón y la bolsa de viaje. Todo el que llevase zuecos o tuviese pinta de pobre terminaba en tercera. Como si con eso no bastase, los vagones de primera estaban techados y provistos de ventanillas con cristales y asientos acolchados. Sobre los asientos acolchados, blondas y encajes de Bruselas. Los vagones de segunda estaban techados pero no tenían cristales en las ventanillas y los asientos eran de madera. Los vagones de tercera estaban descubiertos y los asientos eran bancos de hierro. Llegabas a destino con la espalda hecha pedazos y, si llovía, empapado de agua. Para empaparte un poco menos, tenías que viajar con el paraguas abierto. Pero la eventualidad de la lluvia no era la molestia mayor. Lo peor eran las chispas que en tercera, como la caldera funcionaba con leña y no con carbón, te asaetaban desde la cabeza hasta los pies. A veces, produciéndote quemaduras gravísimas o incendiándote el pelo, los bigotes, la barba. Pero ni siquiera eso desanimó a Mariarosa, que, al sábado siguiente, compró dos billetes de ida y vuelta en tercera clase. Uno para ella y otro para Giobatta.

—Mañana nos vamos los dos a Pisa.

Fueron con el tren que, con los retrasos obligados, salía de Livorno a las 8.00 y regresaba desde Pisa a las 16.00. (Detalle que conozco por dos billetes que encontré entre las astillas del arcón, del tamaño, aproximadamente, de un billete de dólar actual, con una bonita orla en los bordes, y la inscripción: «En el día de hoy,

17 de marzo de 1844. Camino de hierro Leopolda. Vagón de Tercera Clase. Coche Número Uno. Livorno, 8 horas *ante meridiam*. Pisa, 4 horas *post meridiam*»). ¡Y qué aventura, Jesús, qué aventura! Porque ese día no llovió, ¿sabes? Lucía el cielo más azul que el Buen Dios envió jamás sobre Toscana. Por tanto, hoy no te arriesgabas a terminar empapado y el *Imbarcatojo* estaba desbordante de gente. Hombres, mujeres, niños. Familias enteras que, aprovechando que era domingo, querían probar el discutido vehículo; grupos que, aprovechando que hacía sol, querían visitar Pisa, ahora tan cerca; y tras las cancelas protegidas por los guardias armados con sables, una turba de exaltados que pretendían viajar gratis. «¡Pero qué billete ni qué porras! ¡Queremos entrar!». La atravesaron a duras penas, entre los insultos y las maldiciones de los que los tomaban por pasajeros de segunda clase. Para estar a la altura de tamaño acontecimiento, se habían vestido con sus mejores galas; él llevaba un excelente gabán de paño gris, con boina del mismo color y zapatos de cuero. Ella, un gracioso conjunto de hilo de vellón azul, con la falda acampanada y capa de cuello alto. En la cabeza, una *nizzarda* amarilla anudada en el cuello con un lazo. Tras atravesarla, llegaron hasta los vagones de tercera; abriéndose paso a patadas y codazos, subieron al Coche Número Uno, donde consiguieron sitio en dos asientos laterales con buena vista, y aquí vivieron la primera emoción. Antes de cada viaje, la locomotora tenía que hacer una prueba sin estar todavía enganchada a los vagones, y, sin avisar a nadie, el maquinista la puso en marcha, se alejó envuelto en una negra nube de humo, y ambos temieron que los hubiera dejado plantados. «¡Se ha ido solo! ¡Se ha olvidado de nosotros!». Pero, tras recorrer unos cien metros, se paró. Accionó la marcha atrás, retrocedió, enganchó la locomotora a los vagones y: «¡Taraaa-tarataaaa!». El jefe de estación tocó la corneta que daba la señal de partida. A esto le siguieron exclamaciones de júbilo, viajeros agitando sus pañuelos, nerviosos «adiós, hasta la vista, adiós». Un largo silbido, otra densa nube de humo negro, y el *velocifero* empezó a moverse; mientras la turba de exaltados redoblaba sus maldiciones, salió del *Imbarcatojo*. Irrumpió en la campiña, donde empezó a bombardearles con una lluvia de chispas; una de ellas cayó

en la *nizzarda*, haciéndole un agujero que no tenía arreglo. Otra, en el gabán de paño gris, estropeándolo para siempre. Pero no hace falta decir que ninguno de los dos lo lamentó. Él estaba demasiado ocupado en disfrutar del paisaje que desaparecía ante sus ojos, del viento que los azotaba, del ruido que los ensordecía; ella, en expresar cantando su felicidad.

—*Queridas compañeras y vosotros, tiernos amigos / que tanta parte tenéis en mi alegríaaa...*

Nunca habían estado en Pisa, nunca se habían aventurado más allá de las murallas de Livorno. Pero sabían que por Pisa pasaba el Arno, algo muy importante, porque en Livorno sólo había canales y los dos querían saber qué era exactamente un río. Sabían que en la Plaza de los Milagros había un magnífico Duomo, un magnífico baptisterio, una famosa torre inclinada, un célebre Camposanto monumental, y que en el patio de la Universidad se podía admirar el *Galileo* de mármol de Demi; que delante del Hotel Tre Donzelle el tío Giovanni había conocido a un simpático poeta inglés llamado Percy B. Shelley. Llenos de entusiasmo, pues, descendieron del Coche Número Uno: negros de hollín y medio carbonizados, se subieron a una calesa que por diez cracias llevaba de paseo a los turistas, les enseñaba las bellezas de la ciudad. Menos el Camposanto monumental, al que se negaron a acercarse oponiendo un férreo «no, cementerios, no», lo vieron todo, y ¡Jesús! ¡Qué de sorpresas, Jesús! ¿¡¿Quién hubiera podido imaginarse que un río era una especie de lago larguísimo, a cuyo lado los canales de Livorno eran simples riachuelos?!? ¿¡¿Quién hubiera podido sospechar que la Plaza de los Milagros fuese tan impresionante y que la torre inclinada estuviese tan inclinada de verdad?!? Por un par de cracias más, el cochero los llevó también a que vieran el Tre Donzelle y la estatua de *Galileo* de mármol, luego a descansar un rato a una posada en la que servían un vino que, al segundo vaso, te llevaba derecho al Paraíso. Un paseo en calesa inolvidable, créeme. Pero la Gran Ocasión, el momento que Giobatta aguardaba, llegó luego. Porque, arrebatada por el segundo vaso de vino y olvidándose de su peso, Mariarosa quiso subir a la Torre después del paseo: lanzarse escaleras arriba, por los doscientos noventa y cuatro empinados escalones, en espiral, de los siete pisos. Boqueando, jadeando, quedándose sin aliento a cada nuevo escalón, consiguió llegar hasta arriba y... En lo alto de la Torre hay una terraza. Un balcón rodeado por una barandilla más bien baja y, en la zona de mayor pendiente, muy peligroso. Quizá calculadamente, quizá por imprudencia, fue a recobrar el aliento justo allí, y en tono ambiguo balbuceó: «La verdad es que soy realmente una barrigona indigna de usted, casi debería tirarme», y Giobatta cogió la pelota al vuelo. Arrancándola de la barandilla y estrechándola en un abrazo muy poco fraternal, le dijo que barrigona o no, para él era la Vida. La mujer más bella del mundo, mejor dicho, la única mujer del mundo, la Vida. Le dijo que la amaba con todo su cuerpo y con toda su alma, que la necesitaba, que de no ser por ella se hubiera muerto de tedio y de tristeza. Y, acto seguido, se comprometieron.

—¿Quiere casarse conmigo, Mariarosa?

—¡Qué pregunta, Giobatta! Ahora mismo.

¿Ahora mismo? Sin el permiso de los padres, en aquella época, un hombre no podía casarse antes de haber cumplido los treinta años. (Una mujer, los cuarenta). En marzo de 1844 Giobatta tenía sólo veintiuno, y cuando se enteró de lo que había ocurrido en lo alto de la torre inclinada, Teresa sufrió un desmayo. «¿¡¿Novios?!?». ¿Prometidos, novios, el niño de sus ojos y la pelagatos esa que pesaba más de cien kilos, a la que había recogido y seguía teniendo en su casa por caridad cristiana? ¡Así que no se equivocaba al tener sospechas, no! ¡No se equivocaba al alarmarse, al oler a chamusquina! ¡Y pensar que les había dejado irse a Pisa con una sonrisa en los labios, «id, id, pasároslo bien y no cojáis frío»! ¡Estúpida, idiota, loca! «Pero el permiso no os lo doy, ¿entendidooo? ¡No os lo doy, no os lo doyyy!». También se lo tomó a mal Gasparo, ya totalmente gagá y sometido en todo a su mujer. «Tu madre tiene razón, muchacho. Con la cantidad de pollitas apetecibles que hay por ahí, es de imbéciles casarse con ese tonel despeluchado. Ese grillo cantarín». Durante algunos días, el tonel despeluchado, el grillo cantarín, corrió incluso el riesgo de ser expulsado de la comunidad. «Vuelve con tus monjas, desvergonzada». «Vuelve a tu institución, ingrata». Y para impedirlo Giobatta tuvo que recurrir a las amenazas.

—Si la echáis, si se va de aquí, yo me voy con ella.

Por lo tanto, de boda no se volvió a hablar hasta 1847.

* * *

Hasta el año 1847, sí. Fueron necesarios tres años para que Teresa comprendiese que oponerse era inútil e injusto. Tres años sobre los que no dejó de pesar, no lo olvidemos, la rigurosa castidad que entonces iba unida a un noviazgo. («¡Tan virgen como Giobatta antes de casarse con Mariarosa! ¡Tan virgen como Mariarosa antes de casarse con Giobatta!», decía el abuelo Augusto para describir un objeto intonso o a una persona inmaculada). Pero ni siquiera esto los desanimó. Es más, reforzó aquel amor ridiculizado, humillado y, cogidos de la mano, vivieron esperando a que llegara el momento de casarse. Con la espera, acontecimientos que les consolaron. La extensión de la Leopolda, que desde Pisa ya llegaba hasta Florencia y se ramificaba hacia Lucca, Montecatini, Pistoia, por ejemplo. Cada nuevo tramo les ofrecía el pretexto para ir corriendo al *Imbarcatojo* de la Puerta de San Marcos, repetir la aventura, y paciencia si Teresa suspiraba todas las veces: «Dónde iréis, locos, dónde iréis...». La implantación del telégrafo eléctrico, el excitante prodigio que, gracias a los palos y los hilos colocados a lo largo de las vías del tren, retransmitía a la velocidad del rayo unos extraños mensajes llamados telegramas, y paciencia si ellos no le enviaban telegramas a nadie. Paciencia si nadie se los enviaba a ellos... La llegada de la luz de gas, arrebatador sortilegio que prometía acabar con las fétidas antorchas y las tétricas velas... ¡Oh, la iluminación de gas! En el verano de 1844 un ingeniero de la firma francesa Cottin, Tumel, Mongolfier y Bodin, Eugène du Plessis, había iniciado los trabajos para sustituir por mil seiscientas farolas de luz incandescente los doscientos cincuenta faroles de aceite que en las noches sin luna iluminaban las calles de Livorno. Anunciando que gracias al gas se podría leer un libro a dieciséis brazos de distancia, el 10 de abril de 1845 hizo la prueba con diez, precisamente en Salviano, y adivina quién capitaneaba a la multitud de espectadores incrédulos. Para comprobar si el *sor* «Duplessì» contaba mentiras o decía la verdad,

Mariarosa hasta se había comprado un libro: una novela que, según la gente bien informada, narraba las peripecias de otra pareja de novios que no conseguía casarse. Unos tales Renzo y Lucia, unos novios lombardos. Cuando las diez farolas se encendieron se lo alargó a Giobatta, Giobatta lo abrió por la primera página, ¡y Jesús! Sin ningún esfuerzo, empezó a leer: «Aquel ramal del lago de Como que, torciendo hacia el sur entre dos cordilleras de montes...».* Pero, sobre todo, cogidos de la mano, se encaminaron por la senda del tío Giovanni. Senda que descubrieron en 1846 y que jamás habían pensado recorrer.

---

* Inicio de *Los novios* (*I promessi sposi*) de Alessandro Manzoni, clásico fundamental de la literatura italiana. La novela, ambientada en el siglo XVII, cuando Lombardía estaba bajo el dominio español, narra las vicisitudes de dos jóvenes aldeanos, Renzo y Lucia, a los que un noble español, don Rodrigo, les impide casarse porque está encaprichado de Lucia. Como en el caso de *Nabucco* y la identificación de los judíos esclavizados con los italianos oprimidos, la denuncia de los abusos cometidos por los españoles en el XVII se entendió como una solapada denuncia de los que cometían en esos momentos los austriacos; es decir, además de ser la primera gran novela de la literatura italiana, *Los novios* fue una obra emblemática del Risorgimento. (*N. de la T.*)

12

No habían pensado jamás en recorrerla porque el yugo bajo el que languidecía Italia les había parecido siempre una calamidad natural, como las enfermedades y los terremotos. Una desgracia irremediable, como la miseria y la muerte. Habían nacido dentro de esa calamidad, de esa desventura. Habían crecido con ella. Y lo que era peor, ignoraban que se pudiese luchar en contra: en 1846 no sabían ni siquiera que el tío Giovanni había sido carbonario y que el canasto de las sobras custodiaba una bandera tricolor. De política, de hecho, no se hablaba nunca en casa. Temiendo que le arrebatase también a su hijo, Teresa evitaba hasta pronunciar la palabra «patria» y, creyendo que así la complacía, el tonto de Gasparo censuraba hasta los inocentes «*Va pensiero sull'ali dorate*» de Mariarosa. «¡Buf, qué lata! ¿Pero qué quiere decir eso?». En la vía Borra, lo mismo. La estatua de Leopoldo estaba todavía sin colocar y, pese a sus ideas liberales, Demi se cuidaba muy mucho de proporcionarles pretextos a sus enemigos, y si hacías alguna alusión al yugo te mandaban callar en el acto. «¡Cierra el pico, idiota! ¿No te has enterado de que vivimos en el País de Jauja?». En otras palabras, los dos habían carecido del estímulo necesario para que salte el resorte que despierta la conciencia política, y no olvidemos que el País de Jauja tampoco es que ofreciese muchos motivos para rebelarse. Nada de horcas, como siempre. Nada de patíbulos, nada de pelotones de fusilamiento. En lugar de eso, un gran duque que parecía enviado por el Buen Dios. Ni siquiera se consideraba a sí mismo austriaco. «Yo soy florentino y Toscana es mi adorada patria, el italiano mi lengua», decía. En secreto, detestaba la tierra de sus antepasados y durante aquellos años no notabas su estrecho parentesco con los Habsburgo de Viena. Que era primo del emperador Fernando I. Además, reconozcámoslo, era un buen hombre. Un bonachón incapaz de vivir entre la pompa y el boato y de tratar al prójimo con altanería. Caminaba por las calles de Florencia a pie y sin escolta, acompañaba a su mujer a misa, cuando acudía al teatro se sentaba en platea, en medio del resto del público, en vez de en el palco real. Con paciencia infinita, dejaba que se le acercase todo aquel que quería exponerle una queja o pedirle un favor, y sus distracciones eran tan sencillas como su alma. Le gustaba hacer trabajos de tipografía, por ejemplo, y había impreso él solo una espléndida recopilación de las obras de Lorenzo el Magnífico, y le gustaba todavía más hacer trabajos de carpintería. En cuanto tenía un rato libre, salía del Palacio Pitti, se iba a hurtadillas a la vía Mayo, entraba en el taller de su amigo Lorenzo Parrini, un ebanista, y se quedaba allí durante horas, fabricando muebles o enmarcando cuadros. Los intelectuales, de acuerdo, no podían ni verlo. Lo acusaban de ineficacia, de tener poca agilidad mental, de falta de carácter, de mediocridad. «Dos rodillas dobladas que salen de repente de un traje negro y, sobre el cuello del traje, una cabeza de quita y pon», escribía en un cruel retrato Carlo Collodi, el futuro autor de *Pinocho*. Lo ridiculizaban con los motes de *Grand'Oca* (Gran Oca o Gran Ganso), *Gran Ciuco* (Gran Burro), *Gran Grullo* (Gran Bobo), *Canapone* (Gran Cáñamo). (Este último porque medía casi dos metros y tenía los cabellos amarillos como el cáñamo). Le reprochaban su modestia, su mansedumbre, le increpaban por los impuestos que imponía para hacer frente a las obras públicas. «*El Toscano Morfeo viene despacito, despacito / ceñido de adormideras y de lechuga, / él, que por el deseo de pasar a la posteridad, deja secos / pantanos y bolsillos*»,* comenzaba una no menos cruel poesía de Giusti. El

* «*Il Tòsco Morfeo vien lemme lemme / di papaveri cinto y di lattuga, / ei che per smania d'eternarsi asciuga / tasche e maremme*». Giusti juega, quizá, con el doble sentido del término *lattuga*, que significa «lechuga», pero también «gorguera, chorrera». (*N. de la T.*)

pueblo, en cambio, le quería. Lo respetaba, le llamaba *Babbo* (Papá), y ojo con tocárselo.

—A nosotros el *Babbo* nos gusta como es.

Por si eso no bastase, después de 1835 la senda del tío Giovanni se había quedado sin jefes y sin mordiente. La sociedad de Los Auténticos Italianos se había disuelto, La Joven Italia también. Filippo Buonarroti había muerto de viejo. Carlo Bini, fulminado por un infarto. Carlo Guitera había sido excarcelado, pero se le había obligado a exiliarse a Francia, donde vegetaba en la renuncia a sus ideales. Francesco Domenico Guerrazzi estaba neutralizado por su carrera pública y sus ambiciones personales. Giuseppe Mazzini, exiliado en Londres, inmerso y recluido en la crisis definida por él mismo como «la tempestad de la duda». En 1840, es cierto, Mazzini había reconstituido lo mejor que había podido La Joven Italia, y en 1843 había presenciado tres insurrecciones. Una en Salerno, otra en Savigno y la tercera en Imola. En marzo de 1844, es cierto, una cincuentena de valientes había proclamado la Constitución en Cosenza, y en junio dos oficiales venecianos de la Armada austriaca, los hermanos Attilio y Emilio Bandiera, habían desembarcado en Calabria para iniciar una rebelión republicana. Pero todos esos tentativos no habían conducido más que a condenas a muerte; cantando «el que muere por la Patria ha vivido largamente», los hermanos Bandiera fueron también fusilados, junto a siete compañeros, y, lejos de volver a avivar el fuego, esto desencadenó el rencor contra el único líder que quedaba. «Ese fanático que, desde Londres, continúa organizando conjuras, inmolando a nuestros jóvenes. Ese exaltado que pretende capitanearnos mientras sigue en el extranjero y que con sus cartitas, sus charlatanerías, sus errores, sólo nos lleva a la cárcel y al patíbulo. ¡Basta de sacrificios inútiles! ¡Basta de martirios a cualquier coste!». Tras las nuevas rebeliones, tras los nuevos derramamientos de sangre, se produjo, en definitiva, un replanteamiento general. Ahora a los revolucionarios se les llamaba exaltados, fanáticos, y se le oponía el partido de los moderados, es decir, de aquellos que querían actuar de forma pacífica, y en el escenario de la gran tragedia habían aparecido nuevos actores. Personajes muy alejados del pobre mundo de Giobatta y de Mariarosa. El filósofo Vincenzo Gioberti, que, con su *Primato morale e civile degli italiani* (Primacía moral y civil de los italianos), proponía una federación de Estados independientes regidos por la Iglesia; el conde Cesare Balbo, que, con su *Delle speranze d'Italia* (De las esperanzas de Italia) proponía la misma federación, pero entregándole el mando a los Saboya; el marqués Massimo d'Azeglio, que le secundaba publicitando las discutibles virtudes de Carlos Alberto... Y, en Florencia, el conde Gino Capponi, el marqués Cosimo Ridolfi, el jurista Vincenzo Salvagnoli, que, tan hartos de derrotas como los anteriores, proponían cautelosas reformas llevadas a cabo con el beneplácito de Leopoldo.

En Toscana tampoco se usaba ya el tricolor. Los propios liberales lo consideraban peligroso, nocivo. «¡Santo Cielo! ¿Os habéis vuelto idiotas? ¿No os dais cuenta de que al hacerlo provocáis a los austriacos, duplicáis su interés por el gran ducado?», escribía Pietro Vieusseux a los amigos a los que les hubiera gustado exhumarlo. En Toscana, la olla sólo seguía más o menos en el fuego en Pisa y en Livorno. En Pisa, gracias a los profesores y alumnos de la Universidad, que se reunían en el café dell'Ussero para recitar poesías de Ugo Foscolo o gritar «¡Fuera el extranjero!». En Livorno, gracias a un fabricante de embutidos que, además de soñar con echar a los austriacos, quería hacer limpieza general de ricos y dirigía un pequeño partido llamado Società dei Progressisti [Sociedad de los Progresistas]: Enrico Bartelloni, llamado el *Gatto*. (Según parece, a causa de su cuerpo, ágil y felino, de su silenciosa forma de caminar y de sus ojos, que brillaban en la oscuridad igual que los de un gato).

Pero Giobatta y Mariarosa no es que tuvieran mucho trato con los profesores y los estudiantes, y con Bartelloni todavía menos. «Es un Cristo al que terminarán crucificando junto a todo aquel que le siga. Es mejor mantenerse lejos de él», decía Demi. Luego llegó el año 1846, mejor dicho, el verano de 1846. Gregorio XVI, el Santísimo Padre que ahorcaba o decapitaba a los patriotas, entregó su alma al Creador. Pese al veto de Viena, fue elegido como nuevo Papa el cardenal Mastai Ferretti, un manso y benévolo romañol al que no le desagradaban las ideas de Gioberti, con el nombre de Pío IX. Nada más ser elegido, concedió una amnistía por la que fueron excarcelados todos los presos políticos y se permitió el regreso de los exiliados, además de anunciar una serie de reformas que, en los meses siguientes, animaron a Leopoldo y a Carlos Alberto a seguir su ejemplo, por lo que, sin imaginarse siquiera las desagradables sorpresas que, con su mansedumbre, tenía reservadas en la manga, los cambios de chaqueta de los que era capaz con su benevolencia, todos se enamoraron de él. Borrachos de entusiasmo, arrastrados por el mito del Papa liberal, mito que los propios mazzinianos aceptaron con los ojos cerrados, todos se pusieron a gritar «¡Viva Pío Nono!». Todos se apresuraron en ondear la bandera blanca y amarilla del Estado Pontificio. Laicos, come-curas, meapilas. Exaltados, moderados, indiferentes. También en Pisa. También en Livorno donde, por primera vez Giobatta y Mariarosa comprendieron que el yugo bajo el que languidecía Italia no era una calamidad natural ni una desgracia irremediable, sino una infamia contra la que se debía luchar, una vergüenza con la que había que acabar. Entre las banderas del Estado Pontificio reapareció hasta el tricolor. El peligroso tricolor que, gracias a los prudentes, ya no se usaba más. Y una tarde de otoño, mientras buscaba un trozo de tela para confeccionarse una escarapela blanca y amarilla, Mariarosa descubrió el que había cosido Teresa en los tiempos de la gran pasión.

—¡Giobattaaa! ¡Mire lo que he encontrado, Giobattaaa!

Roído por las polillas y comisqueado por los ratones, yacía en el fondo del canasto de las sobras que, ¿recuerdas?, lo ocultaban junto a los otros objetos abandonados en la vía del Aceite. El pañuelo rojo, los manifiestos anti-austriacos, las proclamas de Guitera, y en la familia nadie ignoraba que Giovanni había vestido el uniforme del *Cent-treizième*. Queriéndolo o no, Teresa tuvo que admitir que se trataba de objetos que habían pertenecido al tío. Al admitirlo, se desencadenaron las preguntas, los «cuenta, mamá, cuenta» y, procurando no traicionarse, es decir, levantar sospechas sobre los motivos por los que se sabía tan bien la historia de su cuñado, la infeliz habló. Reveló que el tío había sido carbonario, que con esa bandera tricolor desafiaba a la policía y a los espías, que con aquel pañuelo capitaneaba en el bosque a los camaradas a los que enseñaba a disparar. Contó que esos manifiestos los pegaba en las puertas de las iglesias y de los burdeles o bien los arrojaba desde la carroza o desde el gallinero del Teatro Lodovico. Explicó que esas proclamas se las leía a los ignorantes a bordo de la barca del pescador de ostras. No omitió nada, y ocurrió lo inevitable. Giobatta y Mariarosa comprendieron que la lucha no podía limitarse a los «hosanna» en honor a Pío IX, buscaron a Enrico Bartelloni, se hicieron seguidores suyos, y en el año 1847 irrumpieron en la escena convertidos ya en revolucionarios. Él, enarbolando el viejo estandarte zurcido y remendado; ella, gorjeando la canción con la que inauguró su nuevo repertorio musical.

*«El blanco es la fe que nos encadenaaa, / el rojo la alegría de nuestros corazoneeesss. / Le pondré una hoja de verbenaaa / que yo misma regué con agua frescaaa. / ¡Y le diré que el blanco y el rojo y el verdeee / es un terno en los dados al que si se juega no se pierdeee!».**

* * *

1847 fue el año en el que la fiebre revolucionaria los devoró al unísono. El año en el que lucharon juntos y vivieron arrastrados por la misma vorágine. Demostraciones públicas, provocaciones, manifestaciones. Altercados, alborotos, peleas. Y, gracias al milagro realizado por Giobatta aprendiendo a leer con los epitafios, gracias a la inspiración con la que Mariarosa ponía remedio al hecho de ser analfabeta, desafíos como el desafío de la palabra escrita. En el mes de febrero, de hecho, Bartelloni los agregó a la Banda della Domenica [la Banda o Cuadrilla del Domingo]: la turbulenta cuadrilla que, todos los domingos, invadía las calles para caldear la ciudad, distribuir folletos subversivos, tirar piedras contra la residencia del

* *«Il candido è la fè che c'incatena, / il rosso è l'allegria de' nostri cuori. / Ci metterò una foglia di verbena / ch'io stessa alimentai di freschi umori. / E gli dirò che el bianco e il rosso e il verde / gli è un terno che si gioca e non si perde!».* Canción compuesta hacia 1846-1848, en honor de la futura bandera italiana, y puesta en boca de una mujer que se dirige a su prometido. El equivalente al *«Banderita, tú eres roja, / banderita, tú eres gualda».* Durante el fascismo se hizo un uso abusivo de la misma. (*N. de la T.*)

cónsul austriaco, Tausch. Distribuyendo los folletos subversivos se dieron cuenta de que la palabra escrita tenía más fuerza que las pedradas, y fue entonces cuando compusieron el rabioso manifiesto que estaba dentro del arcón de Caterina: «*Austria, puta, que no nos dejas ni respirar / Muerte a ti, zorra asquerosa / Muerte a tus esbirros manchados de fango / Viva Italia / Viva la sangre del Pueblo / al que siempre dan por el culo, pero que terminará triunfando*». En el mes de agosto, el canciller Klemens von Metternich envió al conde Dietrichstein la famosa carta en la que declaraba que Italia era una mero término geográfico, una palabra que debía usarse sólo con referencia a la lengua, una palabra carente de todo significado político. El asunto se supo y fue entonces cuando compusieron la malhablada pero eficaz invectiva que, en 1848, marcó el paso de los voluntarios toscanos en marcha hacia los campos de batalla lombardos. «*Yo querría que a* Metternicche / *le arrancaran los intestinos; / con ellos hicieran unos tirantes / para los calzones de su rey. / Yo querría que a* Metternicche / *le cortaran los cojones; / con ellos hicieran botones / para la chaqueta de su rey. / Yo querría que a* Metternicche / *le cortaran la cabeza; / con ella hicieran potaje / para la mesa de su rey*».* En el mes de mayo Leopoldo dio inicio a las reformas. Haciendo oídos sordos a los alarmados despachos de Viena, «Alteza Serenísima no escuche a esos bribones que quieren acabar con la monarquía e instaurar esa perfidia llamada democracia», atenuó la censura y permitió publicar periódicos políticos. En Livorno se reaccionó ante aquello con una tumultuosa manifestación que acabó siendo dispersada por las bayonetas de los soldados; fue entonces cuando compusieron juntos el genial llamamiento que he encontrado en los archivos del *Buongoverno*. «¡Soldados, no nos peguéis, por favor! ¡No nos ataquéis con las bayone-

* «*Io vorrei che a* Metternicche / *gli strappassero le budella; / ne facessero bretella / per le brache del su' re. / Io vorrei che a* Metternicche / *gli segassero i coglioni; / ne facessero bottoni / per la giacca del su' re. / Io vorrei che a* Metternicche / *gli tagliassero la testa; / ne facessero minestra / per la mensa del su' re*».

tas! Por Dios Santo, ¿nadie os ha dicho que vosotros también sois italianos, que vosotros también sois el Pueblo, y que muy pronto combatiremos a vuestro lado contra los enemigos de nuestra patria?». En el mes de julio, en cambio, se distinguieron por los eslóganes. Porque en julio Pío IX concedió a los romanos la *Guardia Civica* [Guardia Civil], es decir, la ambicionada milicia que delegaba en los ciudadanos la defensa armada del orden público, el comandante en jefe de las fuerzas austriacas en Italia, el general Radetzky, respondió ocupando Ferrara, ¿y quién difundió el lema con el que la Banda della Domenica desencadenó los tumultos ordenados por Bartelloni? «*Si el vil alemán / no deja Ferrara / que prepare el ataúd / que salvación no tendrá*».* En agosto, lo mismo. Porque en agosto Livorno se rebeló para reclamar lo mismo que ya habían obtenido los romanos, ¿y quiénes proporcionaron el grito que durante días incendió la ciudad?

—¡Arde, arde, arde! ¡Hay que vencer o morir!

1847 fue también el año en el que el Leopoldo de Demi fue colocado en la plaza del Voltone y durante doce inolvidables horas los ilusos creyeron que habían vencido. La ceremonia tuvo lugar, de hecho, el 8 de septiembre, setenta y dos horas después de la conquista de la *Civica*, todos aprovecharon la ocasión para abandonarse al júbilo, ¡y Jesús!, ¡qué fiesta, Jesús! Calles llenas de gente, llegada hasta del campo, campanas que no dejaban de repicar a fiesta, flores y bizcochos y confites de cilantro** que volaban desde las ventanas, banderas de todo tipo, incluidas las amarillo y rojo de los Lorena y las blancas rojas y verdes del sueño... Y, en la plaza, una muchedumbre como para dar miedo. Sobre el palco erigido junto al monumento, tapado desde hacía una semana por una gran sábana, las autoridades con los invitados. El alcalde, el gobernador, el obispo, el arzobispo, las personalidades llegadas desde Florencia, los diversos cónsules excepto Tausch. Además de Demi, que lloraba de alegría,

---

* «*Se il vile tedesco / non lascia Ferrara / prepari la bara / che scampo non ha*».

** Los dulces de cilantro (*coriandoli*) se arrojaban antiguamente a las máscaras durante el Carnaval. (*N. de la T.*)

«se han decidido, por fin se han decidido», y de dos caballeros, con una bufanda tricolor al cuello que se habían subido a hurtadillas: el profesor Giuseppe Montanelli y el profesor Francesco Ferrucci, conocidos alborotadores del ateneo pisano. Delante del palco, Bartelloni, que, con una extraña sonrisa, les lanzaba miradas de complicidad. A los pies del monumento, Giobatta, que, junto al segundo y tercer marmolista, debía descubrir la estatua. Y entre el gentío, Mariarosa, que, loca de orgullo, gritaba: «¡La inscripción la ha grabado mi novio! ¡Veréis qué obra maestra, qué maravilla!». La sábana se quitó a las seis de la tarde, cuando se encendieron las mil seiscientas farolas de gas junto a las dos mil antorchas regaladas por los florentinos, y apenas emergió el coloso de mármol, en toda su plástica magnificencia, el gentío explotó en tal aplauso que el gobernador consiguió pronunciar a duras penas su discurso, así como el arzobispo impartir la trina bendición. «¡Viva el *Babbo*! ¡Viva el *Babbo*! ¡Viva nuestro gran duque!». En ese preciso instante, sin embargo, los dos caballeros con la bufanda tricolor al cuello dieron un paso adelante. Se quitaron las bufandas y, rapidísimos, las arrojaron al brazo derecho de la estatua, concretamente a la mano que sostenía el cetro. Bartelloni gritó con voz atronadora un «¡Viva Italia!» que desvió el rumbo del entusiasmo, las banderas blancas rojas y verdes se impusieron sobre las amarillas y rojas de los Lorena, y la fiesta se transformó en una bacanal revolucionaria. Gritos de «¡Abajo *Radeschi*!, ¡Abajo *Metterniche*!, ¡Fuera el extranjero!, ¡Unidad e Independencia!». Besos, abrazos, corros frenéticos. Bailes improvisados, fuegos artificiales, luces. Por último, el impresionante desfile de antorchas encabezado por el joven que había grabado el epígrafe y por una simpática gorda, que, con toda la fuerza de sus pulmones, cantaba: «*¡Y la bande-e-e-ra de tres colo-o-o-res / siempre ha sido la más bella! / ¡Nosotros siempre querremos ésa, / nosotros queremos la libertad!*».* Pero, sobre todo, 1847 fue el año en que Teresa

---

* «*E la bandiera di tre colori / è stata sempre la più bella! / Noi vogliamo sempre quella, / noi vogliam la libertà!*». La segunda estrofa de la canción antes mencionada. (*N. de la T.*)

comprendió que era inútil oponerse a su amor. El año en que se rindió y les concedió el deseado permiso.

—De acuerdo, casaos.

En su presencia y la de Gasparo, en la de toda la Banda della Domenica, oficiando como testigos Bartelloni y Demi, que, con la estatua ya colocada, podía por fin permitirse el lujo de admitir sus ideas liberales, se casaron el sábado 9 de octubre, en la iglesia de San Pedro y San Pablo. Y no fue una jornada lo que se dice apacible. Mariarosa llegó al altar luciendo el traje más descaradamente patriótico que Livorno había presenciado jamás. Falda verde, blusa blanca, corpiño rojo, además de un ramo de camelias blancas y rojas rodeadas de una guirnalda de hojas verdísimas. Giobatta, luciendo una escarapela tricolor tan grande como una hogaza de pan y el pañuelo rojo del tío Giovanni. Algo que no le gustó al párroco que empezó a gritar: «Pero ¿qué carnavaladas son éstas? No estamos en mitad de la plaza, ¡estamos en el templo del Señor!»; luego se encerró en la sacristía. «Buscad a otro sacerdote». Y, pese a las súplicas de Teresa, las protestas de los testigos, los insultos de los invitados, tuvieron que buscarse a otro de verdad. Tuvieron, incluso, que conseguir una dispensa del obispo que autorizase la sustitución, y el que los unió en matrimonio fue un joven cura revolucionario que, en secreto, pertenecía a la Sociedad de los Progresistas, es decir, era amigo de Bartelloni. Don Battista Maggini. Con tres horas de retraso, sin embargo, y sin misa. Sin órgano, sin ningún tipo de ritual. Desde la sacristía llegaban unos gritos furibundos, «¡daos prisa, bribones!, ¡salid pronto de mi iglesia, pedazos de Robespierre!», y el ritual tanto tiempo esperado duró unos pocos minutos. El tiempo justo para escuchar la pregunta: «Giobatta Cantini, ¿aceptas a la señorita Mariarosa Mazzella como legítima esposa? Y tú, Mariarosa Mazzella, ¿aceptas al señor Giobatta Cantini como legítimo esposo?», responder que sí, intercambiar deprisa y corriendo los anillos, firmar deprisa y corriendo en el registro. (Ella, trazando la raya que parecía la silueta de una aguja.) Luego, no hubo ni banquete de boda. La semana anterior el ducado de Lucca había sido anexionado al gran ducado de Toscana, acontecimiento que había disgustado profundamente al duque de

Módena, que lo quería para sí. Con la esperanza de aplacar su ira, Leopoldo le había prometido una fracción de territorio contigua a la frontera con Módena, es decir, las ciudades de Pontremoli y de Fivizzano, impaciente por ocuparlas el muy infame se había dirigido a los austriacos y, justo mientras don Maggini pronunciaba el «*Ego vos coniungo in nomine Patris et Filii et Spiritus Sancti*», alguien apareció con la noticia de que Radetzky estaba a punto de intervenir. Adiós banquete. Guiados por Bartelloni y con la Banda della Domenica en los talones, se fueron volando a la plaza a lanzar pedradas. «Pontremoli y Fivizzano son nuestras y pobre del que las toque». «Nos infravaloras, Radetzky, ¡ánimo!, atrévete a avanzar con tus alemanes». Fueron corriendo también a la residencia de Tausch, donde arrollaron a los guardias, amainaron la bandera amarilla y negra con el águila bicéfala de los Habsburgo, y la quemaron. Por la tarde, peor. Porque el sábado 9 de octubre en el Teatro degli Avvalorati se estrenaba una nueva ópera de Verdi, *Macbeth*, y ambos sabían que en *Macbeth* se narraba la historia de un tirano contra el que se rebelaban los escoceses. En marzo, en la Pérgola de Florencia, había sido la premier, dirigida por el propio Verdi, y el coro que abría el acto cuarto se había hecho casi tan famoso como el de *Los lombardos* o el *Nabucco*. «*Patria oprimida, patria oprimida, el dulce nombre no, de madre no puedes tener*».* Además, en el repertorio de Mariarosa estaba ya incluido un himno cuya letra, escrita por un tal Goffredo Mameli, discípulo de Mazzini, parecía concebida para organizar un buen jaleo en el teatro. Así, esa noche, se compraron sus dos entradas habituales de gallinero, en el acto cuarto se pusieron de pie, se aclararon la garganta, y ¡hala!

—*¡Hermanos de Italia, Italia se ha despertado / del yelmo de Escipión se ha ceñido la cabeza!***

---

* «*Patria oppressa, patria oppressa, il dolce nome no, di madre aver non puoi*».

** «*Fratelli d'Italia, l'Italia s'è desta! / Dell'elmo di Scipio s'è cinta la testa...*». Se trata del inicio del actual himno de Italia. (*N. de la T.*)

Fueron arrestados en el acto por alboroto en un lugar público, identificados como la pareja que había quemado esa tarde la bandera del consulado, y encerrados en los sótanos de la Fortaleza Vieja. Él con los ladrones y ella con las prostitutas. Ahí permanecieron durante cinco días con sus cinco noches, hasta que Demi consiguió que les sacaran y, por lo tanto, no consumaron el matrimonio hasta el jueves siguiente. (Detalle conmovedor si se tiene en cuenta que en los tres años de noviazgo no habían pasado de darse tímidos abrazos a escondidas de Teresa). Con todo, a estos incidentes les siguió una intensa luna de miel, en la que Mariarosa se quedó embarazada, y el bisabuelo Tommaso era ya un embrión de seis semanas cuando sobre Italia y sobre Europa se abatió el año 1848. El fatal 48 cuya tempestad revolucionaria barrió el orden establecido por el Congreso de Viena y dio el pistoletazo de salida a las guerras de la Independencia. El loco 48 del que surgieron las expresiones «ha pasado un *quarantotto*», «ha sido una *quarantottata*», «es un tipo *quarantottesco*».* El heroico 48 que, en el Liceo, mi profesor de Historia nos explicaba rugiendo: «¡Quitaos el sombrero y abrid bien las orejas, ignorantes! ¡Vamos a hablar de 48!». Y pobre de ti si no te aprendías de memoria las fechas, pobre de ti si no te sabías al dedillo todos los hechos. Miércoles, 12 de enero: revolución en Palermo, donde los insurrectos encierran a los soldados borbónicos en las fortalezas y obligan a Fernando II, el rey de las Dos Sicilias, a proclamar la Constitución que firmará el 7 de febrero. Martes, 8 de febrero: asustado ante el ejemplo de Palermo, Carlos Alberto encarga a sus ministros que extiendan por escrito la carta constitucional que, el 4 de marzo, emanará con el nombre de Estatuto Albertino. Viernes, 11 de febrero: Leopoldo concede *motu proprio* la Constitución. Martes, 22 de febrero: revolución en París donde Luis Felipe de Orleans pierde el trono y, tras nombrar a Lamartine presidente, es instaurada la

* De *quarantotto*, cuarenta y ocho en italiano. La primera expresión es equivalente a «se lio la de San Quintín», «se armó la gorda»; etc. Los otros términos son similares a «quijotada» y «quijotesco». (*N. de la T.*)

Segunda República. Lunes, 13 de marzo: revolución en Viena; dimisión de Metternich que abandona el país y se refugia en Londres. Miércoles, 15 de marzo: revolución en Berlín; el rey de Prusia jura la Constitución. El día antes, en Roma, Pío IX la había firmado. Sábado, 18 de mayo: comienzan las *Cinque giornate di Milano* [las Cinco Jornadas de Milán], durante las cuales el pueblo, armado tan sólo con arcabuces napoleónicos, bastones, cuchillos de cocina, espadas robadas de los museos, consigue expulsar durante cuatro meses a los austriacos. Lunes, 20 de marzo: ante las revueltas, el duque de Módena huye de Módena y el duque de Parma huye de Parma. Miércoles, 22 de marzo: tras abandonar Milán, Radetzky se retira al cuadrilátero Peschiera-Mantua-Legnago-Verona. Carlos Alberto concentra el ejército a lo largo del Ticino y, tras superar sus habituales dudas, sus habituales incertidumbres, su habitual doble juego, se prepara para entrar en Lombardía. Siempre el miércoles, 22 de marzo: en Venecia la *Guardia Civica* ocupa el arsenal, los austriacos abandonan la ciudad, y Daniele Manin instaura la República de San Marcos. Miércoles, 22 de marzo de nuevo: Leopoldo renuncia a los títulos de archiduque de Austria, príncipe imperial de Austria, príncipe real de Hungría y Bohemia, y, con un bando increíble, anima a sus súbditos a que combatan contra la tierra de sus antepasados. «¡Toscanos! ¡La Santa Causa de la Independencia de Italia se está decidiendo en los campos de batalla de Lombardía! ¡Toscanos! ¡Los milaneses ya han conquistado su libertad con su propia sangre, los piamonteses avanzan hacia la gran batalla! ¡Italianos, herederos de antiguas glorias, no podéis permanecer adormecidos en un vergonzoso ocio!». Así pues, en el gran ducado se abrieron oficinas de reclutamiento y se presentaron los primeros voluntarios. Jueves, 23 de marzo: Carlos Alberto se decide. Declara la guerra a Austria, cruza el Ticino y...

* * *

El abuelo Augusto nunca hablaba de estos días y los archivos de la policía no contienen material que me ayude a fantasear. Pero sé que el 23 de marzo Giobatta se enroló junto a don Maggini (este último en calidad de capellán) en el cuerpo de voluntarios toscanos, que el 2 de abril ya estaba a mitad de camino hacia Lombardía, y que allí participó en la tremenda batalla de Curtatone y Montanara.

Lo sé por sus cartas. Las preciosas cartas que estaban guardadas en el arcón de Caterina y cuyo texto existe aún, gracias a Dios, porque un año antes de que el arcón saltase por los aires tuve la buena idea de transcribirlas en mi cuaderno escolar.

13

Aquí están. Todas dirigidas a Mariarosa, que, según parece, se las daba a Demi para que se las leyera, y, desgraciadamente, expurgadas de las faltas de ortografía que contenían, además de dotadas de una puntuación inexistente en el original. (Tropelía que cometí con la autorización de mi madre, incluso animada por ella. «¿Tú qué dices, mamá, pongo algún punto y coma? ¿Tú qué dices, mamá, corrijo esta frase, esta palabra? ¿Cambio este condicional por un subjuntivo?». «Sí, sí, corrígelas un poco. Púlelas. Si no, se van a dar cuenta de que aprendió a escribir con el cincel, y vamos a quedar a la altura del betún»). Una está fechada en Pontremoli, otra en Reggio Emilia, otra en Marcaria sull'Oglio, tres en Curtatone, la última en Brescia. Y para entender plenamente la tragedia que narran, con tanto candor, es preciso hacer un pequeño preámbulo.

Armados de espadas herrumbrosas y de unos miserables fusiles con piedra de chispa, por toda artillería nueve cañoncitos y unas veinte metrallas, los tres mil ciento sesenta y un voluntarios toscanos partieron en unas pocas horas, sin haber recibido el más mínimo entrenamiento. La mayoría no sabía ni enfocar la mira y apretar el gatillo. Partieron también sin víveres, sin mantas, sin calzas de lana, sin calzado militar. En la mayoría de los casos, incluso sin mochilas y sin uniformes. En vez de mochilas llevaban hatillos de campesino o bolsas para hacer la compra; en vez de uniformes, viejas casacas austriacas o francesas a las que les habían arrancado los alamares, y Giobatta llevaba la del tío Giovanni con las insignias del *Cent-treizième*. Sesenta de ellos desertaron durante el viaje.

Doscientos solicitaron y obtuvieron ser licenciados apenas estuvieron delante de Mantua o cuando recibieron la noticia de que Pío IX se había negado a entrar en guerra con Austria y había ordenado que regresaran los voluntarios pontificios, en una palabra, que los había traicionado. (Sólo se quedaron, de hecho, dos mil novecientos). Como jefe tenían a un imbécil, el general D'Arco Ferrari, que fue sustituido demasiado tarde por el validísimo De Laugier. Como motivo de depresión, una población que en el campo estaba de parte de los austriacos y que escupía a la bandera tricolor. Para aumentar sus sufrimientos, al mando piamontés, que los trataba casi con desprecio. Los plantó justo debajo de la nariz del enemigo, en Curtatone y Montanara precisamente, no los proveyó ni siquiera de un cartucho, durante la batalla no les envió los refuerzos prometidos, y, observándolos a una prudente distancia con el catalejo, permitió que los mataran a todos como a ganado. Con todo, es cierto que se portaron de una forma heroica, que su heroísmo provocó los elogios del propio Radetzky: «Pensé que eran al menos diez o quince mil», que su sacrificio le permitió a Carlos Alberto vencer en Goito y más tarde en Peschiera. Y semejante sacrificio incluye también el de Giobatta, que regresó de Curtatone y Montanara con su bellísimo rostro desfigurado.

* * *

«En el día de hoy, domingo, 2 de abril. Mi adorada esposa, que llevas en el vientre a nuestro niño, hoy hemos llegado a Pontremoli y, como mañana hay que cruzar los Apeninos, el mayor Belluomini ha dicho: «Muchachos, a descansar». Santas palabras, porque llevamos muchos días caminando sin parar. En Fivizzano muchos protestaban, *sor* mayor, nos duelen los pies, queremos parar, y llegó un momento en el que se pararon de verdad. Se tiraron al suelo y a Pontremoli han llegado por su cuenta, cada uno cuando ha podido. Yo no. Yo quería ser digno del tío Giovanni, que en España se metía unas caminatas como para quedarse seco, y para olvidarme del dolor de pies me he puesto a cantar. Primero, tu canción contra *Metternicche*, con la que se marca el paso estupendamente, y luego una canción nueva que seguro que conoces mejor que yo. "Adiós, guapa mía, adiós, que el ejército se va, y si no me fuera yo, sería una cobardía". Esposa mía, me impresiona mucho estar en Pontremoli. Me acuerdo de que el feliz día de nuestra boda estábamos en la plaza gritando Pontremoli y Fivizzano son nuestras, pobre del que las toque, de que luego fuimos corriendo a Villa Tausch para quemar la bandera blanca y negra de los cerdos de los Habsburgo, luego al Teatro de los Avvalorati a gritar *Fratelli d'Italia, l'Italia s'è desta*, y que en vez de en la cama terminamos en celdas separadas en la Fortaleza Vieja. Pontremoli es un sitio bonito. Tiene unas murallas más antiguas que las de Livorno y la gente es buena. Cuando hemos entrado, nos ha lanzado flores y caramelos, ha gritado Vivan los Voluntarios Toscanos, Viva Pío Nono, y yo me he sentido muy orgulloso por ir a combatir por nuestra Patria: por estar listo para unirme a los piamonteses y despelucar a los austriacos. Pero estamos al lado de las montañas y hace frío. Con la excusa de la primavera, que empieza el 21 de marzo, no nos han dado mantas ni ropa de lana, y la casaca del tío Giovanni me calienta el corazón y nada más. Menos mal que está don Maggini. Por la noche pego mi espalda contra la suya y así tiemblo menos. El único inconveniente es que él, en vez de dormir, reza por Bartelloni. No nos han dado ni siquiera botas de soldado. Los zapatos que llevaba cuando salí se han roto y ayer vi a uno que caminaba con el dedo gordo fuera. De comer, poco. Por el día, una rodaja de bacalao con pan; por la noche, una sopa que es todo agua; así que hay muchos que están arrepentidos de haber acudido al llamamiento. Otros se largan y, de hecho, esta carta te la mando con un livornés que, calladito, calladito, se vuelve a casa. Es inútil explicarle que amar a la Patria exige mucha paciencia. Pero ahora tengo que dejarte, esposa mía, porque escribiendo se cansa uno más que grabando en mármol. Por favor, saluda a mis padres de mi parte, cuida mucho del vientre que custodia a nuestro niño y, por cierto: si es niño, ¿te importaría que se llamase Pío? Tu devoto y amante marido Cantini Giobatta.

»P. D. *Sor* Demi, gracias por leerle mis palabras a Mariarosa, a sus pies. Viva Italia».

«En el día de hoy, sábado 15 de abril. Esposa mía, madre de mi hijo, también esta vez la carta le va a llegar gracias a uno que se larga y al que yo le ruego que no trate mal. Pobre chaval, él creía que esto iba a ser un paseo y ponerse enseguida a dar gritos de ¡Viva! ¡Italia se ha liberado de los bárbaros! ¡Viva! Luego se ha dado cuenta de que en la guerra no te dan pollo de comida, se ha desanimado, y la verdad sea dicha: si no fuese por el amor a la Patria y la rabia en el cuerpo, nos volveríamos todos a casa. Muchos tienen ya gastada la suela de los zapatos y caminan con trapos atados a los pies, a muchos se les han roto los pantalones y van en calzoncillos, los uniformes todavía no nos los han dado, todavía no nos han enseñado a disparar, y las últimas dos semanas han sido un infierno. Piensa sólo que desde Pontremoli teníamos que haber ido derechos a Parma cruzando los Apeninos por el Paso de la Cisa. Pero el gobierno de Parma envió a decirnos que en Parma no nos quería, así que mi coronel tuvo que ir hacia Reggio Emilia, o sea, cruzar los Apeninos por el Paso del Cerretto, y para eso tuvo que volvernos a llevar a Fivizzano. Treinta millas hechas de golpe. Mejor dicho, de golpazo, porque algunos emplearon dieciocho horas. En Fivizzano nos tomamos el rancho a medianoche, y da gracias a que los buenos de los habitantes nos dejaron dormir en sus casas. El Paso del Cerretto fue un horror. Un esfuerzo tal que me pregunto si el tío Giovanni sufrió tanto cruzando los Pirineos. Los senderos estaban tan empinados que cuando se iba de subida no había forma de tirar de los carros, por si eso no bastase, llovía, soplaba un fuerte viento, y muchos se sintieron mal. Don Maggini se desmayó y tuve que construirle una especie de trineo, arrastrarlo con una cuerda hasta Castelnovo. Ahora estamos en Reggio, una ciudad en la que las mujeres te salen al encuentro con un café con leche y los hombres con la bandera tricolor. Son buena gente, los de Reggio. Todos los días nos dan queso reggiano y *pastasciutta*, y como no tenemos tiendas para montar un campamento nos alojan en las iglesias, y apenas pueden nos animan dándonos buenas noticias. Por ejemplo, que Mazzini ya no está en el exilio, que desde el 7 de abril está en Milán, y que en Milán la gente está siempre delante de su hotel aplaudiéndole. Pero nosotros seguimos en la misma situación que ya te he contado, y si no llegamos pronto a Lombardía, si no nos entregan pronto los uniformes, si no aprendemos pronto a disparar, habrá problemas. Y con esto te abrazo muy, muy fuerte, te doy saludos como siempre para mis padres, las gracias como siempre al *sor* Demi, y como siempre firmo como tu devoto y amante marido Cantini Giobatta.

»P. D. En vista de lo bien que nos han acogido en Reggio, que es una ciudad pontificia, si nuestro hijo es niño le ponemos Pío, seguro».

«En el día de hoy, 22 de abril, vísperas de Pascua. Mi amadísima esposa, el que va a llevarte la carta de hoy es un zángano y un caradura descomunal. No ve el momento de largarse, no deja de repetirme "date prisa, date prisa", ni que se le estuviera quemando el culo. Así que te tengo que resumir a uña de caballo todo lo que tengo que contarte y lo primero es que ya hemos llegado a Lombardía. ¡Sí, a Lombardía, por fin estamos en Lombardía! Delante de Mantua, y al completo. Dos batallones de florentinos, dos de livorneses y de *viareggini,* uno de sieneses, uno de luqueses, uno de estudiantes pisanos, y con nosotros los 4.615 del ejército regular que se habían puesto en marcha por su cuenta. Lo segundo es que nos han dado uniformes. ¡Sí, uniformes, por fin tenemos uniformes! Casaca azul con solapas blancas y cinturón, pantalones azules ahusados, gorro con visera, mocasines. Así que, ya no parecemos un hatajo de pordioseros, parecemos auténticos soldados. Lo tercero es que han empezado a adiestrarnos. Ya sabemos cargar el fusil, embrazarlo, apuntar y también ir al asalto con la bayoneta. Así que, soy feliz. Noto un hormigueo en el estómago y me siento como si fuera un cruzado que se dispone a liberar Jerusalén. Marcaria sull'Oglio, el pueblecito en el que estamos acuartelados con los *viareggini* y los estudiantes pisanos, es interesante. Los soldados lombardos que están desertando del ejército austriaco para pasarse a nuestras filas están deseando contarnos cosas, así que he recogido un montón de información. Para empezar, que en el ejército austriaco los peores son los croatas. Que mientras se retiraban hacia Mantua, Peschiera, Verona y Legnago, el cuadrilátero en el que se ha parapetado Radeschi, han cometido todo tipo de barbaridades.

Incendios, homicidios, violaciones, rapiñas. Que los húngaros son mejores, que muchos no quieren pertenecer al Imperio austrohúngaro y que Radeschi no puede ni verlos. Que los austriacos de verdad nos la tienen jurada a muerte a los toscanos porque nos consideraban como a unos medio hermanos, por Leopoldo, y que no nos perdonan que hayamos entrado en guerra. Que a los voluntarios nos llaman la Briganta Nera [la Banda Negra], que a los soldados regulares los llaman, en cambio, la Briganta Bianca [la Banda Blanca]. Además, me he enterado de que los campesinos de aquí no se parecen en nada a los milaneses y que la bandera tricolor no es de su agrado. Pero esto no me lo quiero creer demasiado porque se me acabaría la alegría. Y con esto me despido de ti, esposa mía, porque el zángano ya me está tirando de la casaca para meterme prisa. Quiere levar anclas ya, no me deja seguir, así que sólo tengo tiempo para añadir una cosa: ¡adivina quiénes están entre los estudiantes pisanos! El profesor Ferrucci y el profesor Montanelli, los dos que cuando se inauguró la estatua tiraron las bufandas blancas, rojas y verdes al cetro de Leopoldo e iniciaron el follón. Lo he descubierto de casualidad y, créeme, me he emocionado. Besos y abrazos de tu devoto y amante marido, Cantini Giobatta.

»P. D. Esperemos que la alegría nos dure. Se lo he dicho a don Maggini, que, para conjurar la mala suerte, ha rezado un avemaría».

«En el día de hoy, miércoles, 3 de mayo. Esposa mía, te escribo desde un sitio que se llama Curtatone y le voy a dar la carta a uno que vuelve a casa con permiso del coronel. A pesar del uniforme, cada vez son más los que quieren volver a casa y, para evitar que deserten, el coronel les firma un papel en el que pone: "Exento por Motivos Familiares Graves". Mejor así, si no, ¿cómo iba a mandarte noticias con libertad? El correo normal lo censuran, así que cada vez que tengo ganas de escribirte pregunto: ¿no hay nadie que se vaya, nadie que se escape? Curtatone es un pueblo pequeñito, pequeñito, con alguna que otra casa de colonos y nada más. Está a un tiro de escopeta de Mantua, a casi cuatro kilómetros, y al lado de un lago lleno de cañaverales, por lo que los mosquitos nos comen vivos. Menos mal que no estamos en verano. En verano los cañaverales se pudren, las aguas se vuelven pestilentes, y te agarras fiebres palúdicas que duran cinco o seis años. Me lo ha contado uno de los sieneses a los que han mandado aquí con nosotros, con los livorneses. Y las fiebres se agarran también por culpa del foso que está a nuestras espaldas, un foso largo, ancho y profundo que se llama Osone, y por los pantanos, muy numerosos por la parte del lago. Por la parte de Mantua, no: por ahí no hay pantanos. Pero hay campos de trigo, y dentro del trigo el enemigo puede esconderse para atacarnos. En Montanara, lo mismo. Montanara es el otro pueblecito ocupado por los toscanos. Está a dos kilómetros al sur de Curtatone, y allí han emplazado a los florentinos con los luqueses y ciento cincuenta voluntarios de Nápoles. A los estudiantes pisanos, en cambio, los han mandado al puesto de mando de Le Grazie: un arrabal que está a un kilómetro y medio por detrás, junto al río Mincio. Los han mandado allí porque son muy jóvenes, pobrecillos. Algunos no tienen ni los dieciséis cumplidos y sus padres han pedido que tengan mucho cuidado con ellos. Esposa mía, este sitio no le gusta a nadie y, de hecho, nosotros no tendríamos que estar aquí: de Macaria sull'Olio partimos para ir derechos a Mantua y arrebatársela a los extranjeros. Pero en la encrucijada nos dispararon a cañonazos y el general Ulisse d'Arco Ferrari, es decir, nuestro comandante en jefe, se lo hizo encima. Nos ordenó retroceder, nos condujo a Curtatone y Montanara. Este general es un desastre. En primer lugar, es miedoso. Sabe que en el cuadrilátero Radeschi no tiene bastantes hombres ni armas ni víveres, sabe que está esperando refuerzos de Viena, que sin refuerzos le costaría mucho defenderse, pero no nos ordena que ataquemos. Nos tiene aquí excavando trincheras y lo único que le preocupa es tener una carroza siempre a punto para ponerse a salvo si llega el enemigo. En segundo lugar, es idiota. ¡Con decirte que habría que segar el trigo de los campos de trigo, y junto al trigo algunos bosquecillos que no son menos peligrosos, pero que no nos autoriza a hacerlo porque teme que se enfaden los propietarios! Por el mismo motivo no nos deja construir un puente sobre el Osone, donde sólo existe una pasadera estrecha, estrecha, y es inútil explicarle que en caso de retirada tendríamos que pasar por allí. En tercer lugar, está mayor. No como lo está Radeschi, que, a sus ochenta y dos años cumplidos, que Dios lo maldiga, tiene la energía de un veinteañero y se mantiene sobre la silla mejor que un jovenzuelo. Mayor como lo están los viejos realmente viejos. Siempre tiene sueño, en la silla se mantiene a duras penas, y si no lo sostienen se cae. En cuanto a los piamonteses, nadie los ha visto todavía. Están cerca, sí. *Re Tentenna* [el Rey Vacilante],* alias Carlos Alberto, ha acampado junto al Mincio, entre Goito y el lago de los mosquitos. Pero sólo piensan en tomar Peschiera y de nosotros no recuerdan ni que existimos. Nos tratan como si no existiéramos o como si sólo fuéramos un escudo entre ellos y Mantua. Y tras esto me callo, esposa mía. El resto no te lo cuento porque te echarías a llorar. Dale las gracias a Demi, saludos a la familia, besos y abrazos de tu devoto y amante marido Cantini Giobatta.

»P. D. Vuelvo a abrir la carta, esposa mía, para advertirte algo de máxima urgencia e importancia: si nuestro hijo es un chico, ni se te ocurra ponerle Pío. Justo mientras te estaba escribiendo nos ha llegado la noticia de que el pasado 29 de abril el Papa ha declarado que no tenía intención de entrar en guerra contra Austria, así que ha ordenado al general Durando, es decir, al jefe de sus voluntarios, que disuelva las filas, y aunque Durando no haya disuelto nada a mí se me llevan los diablos. ¡Maldito Judas, infame traidor! ¿Quién lo hubiera imaginado cuando nos quedábamos sin voz de tanto gritar "¡Viva Pío IX!"? Ya no me fío de ningún gobernante, incluido *Re Tentenna,* que apostaría algo a que ha acampado en el Mincio para apropiarse de toda Italia: sentar a los Saboya en el trono de los Habsburgo, de los Borbones, etc., apiamontesarnos, afrancesarnos, meternosla doblada. ¡Porque a mí no se me olvidan las cabronadas que hasta hace dos días les ha hecho a los liberales! ¡Yo no me olvido de los patriotas a los que ha ordenado fusilar! ¡Yo no olvido que habla y escribe en francés! Esposa mía, llegado a este punto me pregunto, incluso, si podemos fiarnos de los italianos, y como tengo ganas de desahogarme, ¡te cuento lo que quería ocultarte! ¡Es ver-

* Apodo que le dio el poeta D. Carbone a Carlos Alberto de Saboya. (*N. de la T.*)

dad, es verdad que los campesinos lombardos no se parecen a los milaneses! ¡Es verdad, es verdad que no se llevan bien con la bandera tricolor! Si les pedimos que nos vendan un huevo, nos escupen a la cara, si los saludamos con un educado "buenos días" nos contestan sacándonos la lengua. Sólo se acercan a nosotros para espiarnos, para ir a contarles luego a los austriacos cuántos somos y cuántos no somos, qué armas tenemos o cuáles no tenemos, ¿y sabes qué cantan? "Viva *Radeschi* y viva *Metternìk*, que *Radeschi* me ha salvado la vida y *Metternìk* el bolsillo". Pero ¿¡¿qué italianos son éstos?!? ¿¡¿Por quiénes hemos venido a morir?!?».

«En el día de hoy, sábado, 27 de mayo. Amadísima esposa, no te he vuelto a escribir porque ya no se escapa nadie. Los caraduras se han ido ya todos y esta carta te la envío con don Maggini, que ha pillado las fiebres palúdicas. No consigue curarse, y el coronel le ha dicho: "Capellán, vuélvase a Livorno, que ya tenemos bastantes problemas y entenderse con Dios podemos hacerlo solos". Pobre don Maggini. Se ha quedado muy mal y yo también. Tenerlo aquí suplía un poco la ausencia de Bartelloni. Amadísima esposa, hoy tengo muchas cosas que contarte, y la primera es que el 4, por la mañana, tuvimos nuestro bautismo de fuego. El hambre volvió valientes a los austriacos y nos atacaron para robarnos la comida, y yo maté a un croata. Lo dejé seco de un disparo y si quieres saber qué sentí, ahora mismo te lo digo. Nada más matarlo, un gran alivio, porque él pretendía matarme a mí y si no se moría él, me moría yo. Luego, una especie de vergüenza y de disgusto, porque, croata o no, era un hombre igual que yo. Hasta se me parecía, ¿puedes creerlo? La misma altura, la misma contextura, la misma edad. Unos veinticinco años, vamos. Así que, al verlo muerto con mis propias manos me pareció que me había suicidado. De todas formas, el ataque fue rechazado, y luego capturamos a un húngaro herido que hablaba perfectamente italiano. En italiano gritaba "¡No me matéis, por piedad, no soy alemán, soy húngaro, en mi casa también odiamos a los alemanes y mi novia es de Monza!". Así que, en vez de matarlo, le curamos las heridas. Le dimos una sopa de judías y le dejamos que se fuera. "Vete a Monza, anda...". La segunda es que al alba del 13 nos atacaron de nuevo. De nuevo conseguimos rechazar el ataque, pero desde entonces no paran de tirarnos cañonazos y cada dos por tres alguien acaba bajo tierra o en la enfermería. La tercera es que ayer el general Ulisse d'Arco Ferrari fue sustituido por el general *elbano** Cesare De Laugier, y que De Laugier nos gusta mucho. Es valiente, de inteligencia rápida, entiende de guerras porque estuvo en España, donde se ganó un montón de medallas, y no llega a los sesenta años. Nos ha gustado también la respuesta con la que le ha cerrado el pico a D'Arco Ferrari cuando D'Arco Ferrari ha gruñido "A ver qué sabe usted hacer, a ver...". Escucha qué respuesta: "Más y mejor que usted, sin duda, eximio colega". La cuarta, bueno, la cuarta es que, desgraciadamente, Radeschi ha recibido refuerzos de Viena. Ya dispone de cincuenta y tres mil hombres bien alimentados y bien armados y dispuestos a saltarnos encima, y nosotros estamos muy preocupados. Porque aquí, en Curtatone y Montanara, los voluntarios no llegamos a tres mil, ¿sabes?, sólo hay dos mil cuatrocientos soldados de infantería del ejército regular, y encima están en Le Grazie, y los piamonteses siguen sin podernos ni ver. No nos prestan ni siquiera un fusil con percutor, un cartucho, y nuestras armas dan asco. Con decirte que todavía tenemos los espadones y las escopetuchas que nos dieron cuando partimos... De artillería, los mismos nueve cañoncitos y las mismas diez metrallas. De caballería, cien petimetres gran ducales, que para mí que van a salir corriendo a la primera. A esto añádele los malditos campos de trigo y los bosquecillos que, por respeto a los propietarios, el idiota no nos permitió cortar. Añádele el Osone, es decir, el foso largo, ancho y profundo que está a nuestras espaldas con la pasadera estrecha y punto. Añádele que ya no tenemos tiempo para remediar nada de esto, que ni siquiera De Laugier puede hacer algo... En el campo corre la voz de que la batalla es inminente, quizá mañana o pasado mañana, y hoy el teniente nos ha dicho: "Muchachos, éstas van a ser nuestras Termópilas". Luego nos ha explicado que las Termópilas son un sitio que había en la antigüedad en el que trescientos griegos, bajo el

* Natural de la isla de Elba. (*N. de la T.*)

mando de un tal Leónidas, les cerraron el paso a treinta mil persas al mando de un tal Jerjes, y que murieron todos. ¡Bueno! En ese caso, esperemos que las generaciones futuras hablen de nosotros con gratitud y respeto. Esperemos que sean conscientes de cuánto nos costó unificar Italia, liberarla, lograr su independencia. Y en lo que respecta a nosotros dos, esposa mía, si muero recuerda que te he querido muchísimo. Que para mí no ha habido nunca otra mujer, que me has gustado siempre tal y como eres. Guapa gorda y más buena que el pan y fuerte y cantarina. Y a nuestro hijo dile que se me partía el corazón cada vez que pensaba que iba a morir sin llegar a conocerlo, pero que, cuando está en juego la patria, no se puede ni huir ni pedir la Exención por Motivos Familiares Graves. Y con esto, te mando un beso y otro para él, besos también a mi padre, a mi madre y a Demi, y me despido de ti, tu fiel marido Cantini Giobatta, que entre otras esperanzas tiene la de salir con vida de esto.

»P. D. ¡Viva Italia!».

«En el día de hoy, lunes 12 de junio. Brescia. Esposa mía, te escribo para decirte que estoy vivo. Con la cara quemada y desfigurada por un cohete que cayó sobre un cajón de pólvora, matando a docenas de hombres, pero vivo. Muy desilusionado y muy humillado, pero vivo. La batalla ya ha sido y la hemos perdido. Aquí, para consolarnos, nos dicen que la hemos ganado porque detuvimos a Radeschi, que creía que iba a darnos un codazo, pasar en un santiamén y sorprender a los piamonteses, mandarlos de vuelta a Turín. Dicen que hemos sido tan heroicos como los griegos de Leónidas en las Termópilas y cuando llegamos a Brescia, una ciudad al noroeste de Milán, nos recibieron con la guardia a caballo, el alcalde en la puerta del ayuntamiento, colgantes en las ventanas y sopa caliente, además de una gran bandera tricolor con la siguiente inscripción: "Las Mujeres Milanesas a los Heroicos Voluntarios Toscanos". De acuerdo: a Radeschi lo detuvimos. Se quedó allí durante siete horas y, gracias a eso, Re Tentenna pudo tomar Goito y Peschiera. Pero la batalla la hemos perdido de todas formas y muchos de nosotros han muerto. Por ejemplo, el profesor Francesco Ferrucci, el de la bufanda. Muchos han quedado mutilados, muchos han sido hechos prisioneros o están desaparecidos, el profesor Montanelli incluido, y yo estoy como te he dicho antes. Ocurrió a los dos días de enviarte la carta con don Maggini, afortunado de él, que no ha visto nada. Los rumores que corrían por el campo eran ciertos y el lunes 29 de mayo Radeschi cayó sobre nosotros con cuarenta y tres batallones y cincuenta y cuatro escuadrones, hay quien dice que eran veintiún mil hombres y hay quien habla de treinta y cinco mil, más ciento cincuenta y un cañones de calibre 16 y una caterva de cohetes a la Congreve, que son una nueva arma. Una especie de fuegos artificiales que explotan gracias al fósforo. Ahora te lo cuento todo. De repente, a las nueve y media de la mañana, se escuchó un vocerío atronador. "¡Puerca Italia, puerca Italia! ¡Rufianes, rufianes!". Y los vimos salir de los campos de trigo, donde estaban escondidos. A centenares. Centenares. Pero no nos acobardamos. Porque al oír cómo insultaban a nuestra Patria y nos llamaban rufianes, se nos subió la sangre a la cabeza. Subimos a la cima de la colina detrás de la que estábamos agazapados y, replicando "¡Hijos de puta! ¡Viva Italia! ¡Hijos de puta!", les disparamos con nuestros fusiles de chispa. De Laugier no quería que disparásemos así, ¿sabes? Loco de rabia, sin preocuparse por las balas que silbaban a su alrededor, corría de un lado a otro con su caballo y nos gritaba: "¡Imbéciles! ¡Disparad a cubierto, imbéciles!". Pero nosotros nos sentíamos demasiado ofendidos, estábamos demasiado cabreados, y sólo nos pusimos a cubierto cuando los rechazamos. Entonces empezamos a esperar los refuerzos piamonteses que, cuando se inició el ataque, nos prometió el general Bava, es decir, el hombre de confianza del Re Tentenna, con las siguientes palabras: "Vosotros mantenedlos a raya, que yo me ocupo de enviaros auxilios". Pero los auxilios no llegaron nunca, y al mediodía los austriacos volvieron a salir de los campos de trigo. Puerca Italia, puerca Italia. Rufianes, rufianes. Los rechazamos de nuevo, hijos de puta, hijos de puta, ¡y a cuántos de ellos matamos, esposa mía! Sobre todo a oficiales, ¿sabes? De Laugier nos había dicho que disparásemos a los oficiales. "los oficiales son los que llevan capote y sable", así que nosotros les disparamos sobre todo a ellos y yo también me cargué a un par. Sin notar nada de lo que noté el 4 de mayo, cuando maté al croata, ¿puedes creerlo? Después de matar al primero, te acostumbras, y en la batalla un hombre no me parece un hombre. Me parece una diana, una cosa. Luego, como habíamos matado a tantos, dejamos que los curas alemanes se los llevaran en carretas, junto a los heridos. Y empezamos a esperar de nuevo a los piamonteses. Pero los piamonteses, de nuevo, no llegaron. En vez de enviarnos tropas, Bava nos envió a un capitán, que cuando De Laugier le preguntó: "¿Dónde están los refuerzos, dónde están?", contestó: "¿Qué refuerzos? A mí sólo me han dado este mensaje: resistid. Resistid con todas vuestras fuerzas". El tercer ataque se produjo a las tres de la tarde, y empezó con un bombardeo tan fuerte que sólo de acordarme se me revuelve el estómago. Tiendas y pajares en llamas, árboles partidos en dos como si fueran palillos de dientes. Un estruendo como para quedarse sordos, gritos de "mamá, me han dado, mamá". Piernas y brazos que salían despedidos por el aire como si fueran briznas de paja, hombres convertidos en antorchas vivientes que rodaban por el suelo sollozando "apagad el fuego, por caridad, apagadlo". Nuestra artillería, volatilizándose. Treinta cañonazos por minuto, ¿entiendes?, y treinta a la Congreve por segundo. Fue entonces cuando el maldito cohete cayó sobre el cajón de pólvora, mató a docenas de hombres y yo me quedé desfigurado. ¡Qué llamaradas, esposa mía, qué llamaradas! Menos mal que no me ha pasado nada en los ojos. Los cerré instintivamente, así que sólo tengo un poco quemados los párpados. El bombardeo finalizó a las tres. Y las fuerzas austriacas avanzaron inmediatamente después. Hay quien habla de diez mil hombres y hay quien habla de quince mil. Esta vez avanzaron en silencio. Nada de "puerca Italia", nada de "rufianes, rufianes". Pero lo que sucedió a partir de entonces no lo recuerdo bien. Cada vez que me viene a la memoria aquel enjambre silencioso se me hiela la sangre y sólo consigo recordar escenas sueltas. A De Laugier, que, de pie sobre los estribos, nos grita: "¡Resistiiiddd! ¡Aun a costa de morir, resistiiiddd!". Al coronel Campia, que, empuñando la pistola, sale al encuentro del enemigo y, tras dar unos pocos pasos, cae al suelo gritando: "¡Maldición, me muero, maldición!". Al furrier Gaspari, que, completamente desnudo y negro de hollín por culpa del cohete que le ha arrancado la ropa, dispara con el último cañoncito y, a cada disparo, aúlla: "¡Así se os meta por el culo, alemanes de mierda!". Al coronel Chigi, que, agitando un muñón sanguinolento, balbucea: "Mi mano, mi mano, he perdido mi mano". Una voz ronca que grita: "¿Dónde están los cien petimetres de caballería?". Y una voz áspera que dice, riéndose sarcásticamente: "¡Escondidos en la alameda! El teniente nos ha avisado de que ellos no van al matadero". A De Laugier, de nuevo, ordenando a su ayudante que vaya a por los estudiantes pisanos bloqueados en la encrucijada de Le Grazie por deferencia hacia sus padres: "¡Los quiero también a ellos! ¡Ellos también sirven!". Al ayudante que parte al galope y vuelve enseguida diciendo: "¡Mi general, ya no están! ¡Hace media hora el profesor Ferrucci y el profesor Montanelli los han traído y siete de ellos ya han muerto, junto a Ferrucci, pobrecillos!". Se combatía a la buena de Dios, me explico. Cada uno a su manera, como cojones le parecía. Incluido yo, que, atontado por el dolor de las quemaduras, fallaba casi siempre al apuntar y desperdiciaba un montón de municiones. Y no olvidemos que estábamos diezmados por las pérdidas, extenuados de cansancio y de hambre, ya que no comíamos desde hacía horas. No olvidemos que con frecuencia teníamos que defendernos usando la bayoneta. Y, todo, mientras los piamonteses miraban. A las cuatro nos vimos rodeados. A las cinco recibimos la orden de retirarnos por la única salida posible, es decir, por el foso de Osone, y fue un desastre. ¿Sabes por qué? Porque los cien petimetres se lanzaron los primeros sobre la estrecha pasadera y con los caballos nos arrollaron a todos. Hasta a De Laugier, que, con la espada desenvainada, jadeaba: "Cobardes, cobardes", y quería ensartar al teniente. Lo pisotearon, lo abandonaron allí, inconsciente, ¡y menos mal que Radeschi no nos persiguió! Más que caminar, yo me arrastraba y cuando llegué a Le Grazie, no me quedaban fuerzas ni para buscar a un enfermero. Me dormí a los pies de un árbol y la cara me la curaron a la tarde siguiente, en el fortín de Goito, que mientras tanto había sido tomado por Re Tentenna. Me la limpiaron, ya sabes. Me la untaron, me la vendaron dejándome dos agujeros libres para los ojos y otro para la boca, así que ahora parezco una momia. Luego nos trasladaron de Goito aquí, a Brescia, donde estoy en el hospital, alimentándome con una paja, y me siento mejor. El problema es que, como tardaron demasiado en volvérmelas a limpiar, las quemaduras se me han infectado. Desde el cráneo hasta el cuello soy todo yo una herida, y las heridas apestan. La gente me rehúye. Además, por la noche no hago más que soñar con muertos, odio la guerra, y, como en cuanto estamos mejor nos mandan otra vez al frente, esta mañana me he quitado las vendas. He ido sin vendas a ver al furrier que se ocupa de los licenciamientos y le he pedido el Permiso por Graves Motivos Familiares. "¿Qué motivos?", me ha preguntado tapándose la nariz y mirando hacia la pared. "A mediados de julio nace mi hijo —he contestado— y míreme a la cara". Me ha mirado, ha enrojecido, y ha dicho: "¿Para qué quieres el permiso? ¿No te ha explicado el médico que la cara tardará un año en curársete y que en esas condiciones no te pueden reenviar al frente? Piensa mejor en curarte". En eso pienso. Un año, esposa mía, un año. Besos y abrazos de tu marido, Cantini Giobatta, que regresa a casa, te lo advierto, con una rabia enorme metida en el cuerpo».

* * *

La noticia de la batalla perdida llegó a Livorno al alba del jueves 1 de junio, con un telegrama desde Florencia que dio enseguida la vuelta a la ciudad. «Jornada de luto. El gobierno ha sabido que el lunes pasado en Curtatone y Montanara nuestras tropas fueron atacadas por un ejército muy superior y que nuestros voluntarios han sido masacrados». Casi al mismo tiempo, las campanas empezaron a tocar a muerto, en todos los edificios públicos se colocaron paños negros y las banderas a media asta, en todas las iglesias se elevaron inmensos catafalcos con la inscripción «Adiós, mártires, adiós», y desde el balcón del Palacio Pretorio el alcalde declaró que no había supervivientes. Al día siguiente, es cierto, el *Corriere Livornese* le corrigió, publicando que las pérdidas sumaban mil ochocientos sesenta y dos hombres, es decir, casi un millar de supervivientes. Pero nadie proporcionó la lista de los caídos, durante casi un mes el gobierno la mantuvo oculta, y el correo tardaba una eternidad en llegar desde Brescia. Hasta finales de junio, por lo tanto, también Mariarosa y Gasparo y Teresa se consumieron de desesperación. Y cuando Giobatta regresó con su rabia en el cuerpo...

Pobre Giobatta. Con la cara vendada como si fuera la de una momia y, bajo las vendas, todavía cubierto de heridas, costras, ampollas acuosas, se parecía muy poco al espléndido joven de veinticinco años que había partido en marzo con el sueño de liberar a la patria. (Nunca volvería a parecérsele, por otra parte. En las mejillas y en la nariz le quedaron para siempre unas cicatrices tan desagradables a la vista que, para que nos hiciéramos una idea de cómo eran, el abuelo Augusto decía: «Ni que hubiera tenido la lepra...»). Pero todavía menos se parecía al amable jovenzuelo de las cartas con los besos y los abrazos. «Si os doy asco, me voy a vivir por mi cuenta, pero no me toquéis los cojones con lloriqueos», fue el saludo que pronunció nada más cruzar el umbral de la casa. Y ni siquiera el nacimiento del niño que Mariarosa parió el 18 de julio y que, a la semana siguiente, don Maggini bautizó con el nombre compuesto de Tommaso Temistocle, más tarde abreviado como Tommaso, consiguió aplacarlo. Pocos días después se peleó con Gasparo que había dicho, refunfuñando, una de sus imbecilidades: «Mientras haya que comer, ¿qué más da Austria o España?», y, haciendo oídos sordos a las súplicas de Teresa, dejó la casa de Salviano. Cargó a su mujer, a su hijo y sus trastos en una carreta, y se trasladó a dos habitacionzuchas en la vía San Carlos 15. Una calle detrás del puerto, es decir, alejada de la calma de las afueras y cercana a las plazas donde la rabia en el cuerpo podía desahogarse en los tumultos diarios que ya sacudían la ciudad. Durante su ausencia, de hecho, en Livorno la cosa se había vuelto a poner al rojo vivo. Ya antes de Curtatone y Montanara el precio del pan había subido de un sueldo a dos la libra. Los demócratas se habían hecho con el mando con Guerrazzi, Bartelloni había fundado un Circolo del Popolo [Círculo del Pueblo], ¡y ríete tú de la Banda della Domenica! Los del Circolo del Popolo no se andaban con chiquitas. E introducían una novedad importante. Al ardor patriótico le habían acoplado las reivindicaciones sociales, y Bartelloni gestionaba su Circolo de maravilla. Celebraba asambleas vespertinas, reunía en ellas a obreros y a artesanos, les instruía acerca de los derechos de los pobres, les leía la prensa subversiva, que desde que Leopoldo había abolido la censura incendiaba el gran ducado. El *Stenterello*, por ejemplo. El *Popolano*, la *Vespa*. En particular, el *Alba*, que traducía y publicaba los artículos de la *Neue Rheinische Zeitung*: una revista dirigida por un tal Carlos Marx y un tal Friedrich Engels, autores de un libro publicado en Inglaterra con el título de *Manifiesto del Partido Comunista*. No es casual que en aquellas asambleas se pronunciasen extrañas palabras, términos jamás oídos, como «proletarios, masas trabajadoras, lucha de clases, huelga». No es casual que sobre la fachada del Circolo se exhibiese el amenazador estandarte con el que los jacobinos habían asaltado las Tullerías en 1792 y los insurrectos de febrero se habían subido a las barricadas de la Segunda República Francesa. En definitiva, la bandera roja.

Aquí comenzaron los diez meses que contemplaron la transformación de él en un revolucionario feroz, en un hombre sin respeto alguno por el adversario, en un fanático que, en nombre de la patria o de los oprimidos, pega y arrasa y asesina. Un Giobatta del que me avergüenzo. Ella, reducida a una criatura apagada e incolora. Una pobre mujer recluida en su papel de madre y esposa, una Mariarosa que ya no canta, ya no lucha. Un personaje que ya no tiene nada que decir. «¿Pero ella qué hacía mientras?», le pregunté un día al abuelo Augusto, que al llegar a este punto del relato sólo hablaba de Giobatta. Respuesta: «¿Qué querías que hiciese? Dar de mamar y coser, coser y llorar. Con un recién nacido en brazos no puedes ir a la plaza. Y con un marido cuyo único oficio conocido es ser un fascista rojo, se te quitan las ganas de cantar».

14

¡Dios, qué de archivos he consultado, a cuántas bibliotecas he ido, cuántos antiguos documentos he hojeado para explicarme al Giobatta del que me avergüenzo! Entraba en aquellas salas inmóviles y mudas, en donde el crujido de una página al pasar parece un cañonazo, me sentaba delante de aquellas pilas de papeles que durante siglo y medio habían estado durmiendo en su lecho de polvo, y jamás me cansaba de buscarlo en el interior de los tristes acontecimientos que, desde el verano de 1848 hasta la primavera de 1849, alimentaron su rabia y, como consecuencia, desencadenaron su agresividad. El 25 de julio Carlos Alberto fue derrotado en Custoza. Perseguido por Radetzky, se retiró de los territorios ocupados tras Curtatone y Montanara; en Milán fue derrotado de nuevo, y el 9 de agosto firmó el armisticio. El humillante armisticio de Salasco, con el que prácticamente terminó la primera guerra de Independencia. (Pronto se retiró de la lucha hasta Garibaldi, que había acudido desde Montevideo para asumir el mando de un batallón lombardo. Rodeado de quince mil austriacos, se refugió en Suiza. Los únicos que siguieron resistiendo fueron los venecianos). Las tropas de Radetzky ocuparon entonces Módena y Bolonia y Reggio Emilia, y se prepararon para cruzar los Apeninos e invadir Toscana. Para impedírselo, Leopoldo se plegó a firmar un tratado por el que se comprometía a no volver a atacar a Austria, Guerrazzi aprovechó la ocasión para exasperar el descontento popular, y Bartelloni para pasar a la acción. En Livorno se desencadenó un infierno y Giobatta se arrojó a él sin un titubeo. Se había inscrito en el Círculo del Pueblo, naturalmente. Los artículos de Marx y Engels se los sabía de memoria e izaba la bandera roja con muchas más ganas que la tricolor.

El infierno se desencadenó el 25 de agosto, y el 30 de septiembre en Florencia. Asaltos a las prisiones y a la Cámara de los Diputados, recién elegida, atropellos al grito de «¡Abajo los reaccionarios! ¡Abajo los Lorena!», enfrentamientos con el ejército. Como consecuencia, cayó el gobierno del conservador Cosimo Ridolfi, y en su lugar estaba ahora el moderado Gino Capponi. Pero en Florencia los revoltosos no mataron a nadie ni cometieron monstruosos actos vandálicos. ¡En Livorno, en cambio! Con la ayuda de Giobatta, destruyeron la estación de tren, hundieron barquichuelas, incendiaron oficinas. (Lo demuestra un informe de la policía en el que se habla de un «joven energúmeno con el rostro vendado). Destrozaron la Fortaleza Nueva, adueñándose de cinco mil fusiles, el cuartel de la *Guardia Civica*, donde se apropiaron de tres mil, el arsenal de Porta Murata, de donde se llevaron todas las municiones y los barriles de pólvora. Luego distribuyeron las armas entre todos los que las solicitaban, la ciudad enloqueció, Bartelloni no consiguió controlarla, y... Centinelas degollados. Gendarmes linchados. Funcionarios abatidos como faisanes en una cacería. Cortejos que arrastraban cadáveres atados a las sillas y putrefactos por el calor.... No consiguió controlar la situación ni siquiera Leonetto Cipriani, valiente oficial de Curtatone y Montanara, que al séptimo día cayó sobre la ciudad con un regimiento. Apenas llegó, fue capturado, perdió a los ciento dieciséis hombres, el regimiento se disolvió, con gran alegría por parte de la *Neue Rheinische Zeitung* que, en un artículo de Engels, calificó a Livorno «la única ciudad italiana en la que el pueblo se ha rebelado con el mismo heroísmo que en Milán». Las atrocidades continuaron hasta el 8 de septiembre. Es decir, hasta que Capponi nombró gobernador a Montanelli, que había regresado de la cárcel y ahora formaba parte del partido de los demócratas. Con todo, a inicios de octubre volvieron a producirse tumultos, esta vez acompañados del grito «¡La izquierda al poder! ¡Queremos la República! ¡Abajo los moderados!». Capponi dimitió, el perdido Leopoldo lo sustituyó por Montanelli, Montanelli llamó a Guerrazzi a su lado, el cargo de gobernador pasó a un amigo de ambos, Carlo Pigli: un cretino, perpetuamente borracho de ponche y de ron, llamado por esto *Carlo Ponce Rum.** Enardecida por los mítines diarios de Carlo Ponce Rum desde el balcón del Palacio Pretorio, la ciudad enloquecida cayó en una redoblada anarquía, y fue entonces cuando Giobatta perdió todo control. Se convirtió en un fascista rojo. Total, tenía todo el tiempo del mundo para hacerlo. No había retomado su trabajo en el taller de Demi porque el polvo del mármol se le podía filtrar a través de las vendas y agravar las heridas todavía abiertas, el vendaje de momia le permitía ir de inválido, es decir, de desocupado, así que podía pasarse los días haciendo lo que le viniera en gana. Tampoco le faltaban medios de subsistencia. Para pagar el alquiler de la vía San Carlo 15, contaba con el amor de Teresa; para comer, con los embutidos de Bartelloni; y para salir adelante, con los remiendos de Mariarosa. La infeliz Mariarosa que daba de mamar y cosía, cosía y lloraba...

—Maldita sea la patria. Maldito sea el pueblo. Maldito sea Marx. Maldito sea Mazzini. Maldito sea Garibaldi. Malditos sean todos. Y maldita sea yo, por haber encontrado aquel trapo en el fondo de la cesta que destapó la cloaca de la política y me echó a perder al marido.

* * *

El abuelo Augusto le echaba la culpa a Garibaldi. Al zarpar de Génova para ir a Palermo y prender allí la llama de la insurrección, junto a setenta y siete legionarios y Anita,** el 24 de octubre había hecho una parada en Livorno. Mejor dicho, en el puerto de Livorno. Para aprovisionarse de agua, sostienen algunos. Para congratularse con los artífices del infierno que había llevado a la izquierda al poder, sostienen otros. Para calibrar las oportunidades que tenía de ir a Florencia y pedirles a Montanelli y a Guerrazzi que le confiaran el mando del ejército toscano, sostiene un rumor custodiado en los

* Ponche y ron en italiano se dicen *ponce* y *rhum*. (*N. de la T.*)

** La mujer de Garibaldi. (*N. de la T.*)

archivos. Sea por el motivo que sea, los livorneses fueron informados de ello en el acto. Ondeando las banderas rojas, acudieron corriendo al barco, al grito de «¡Baja, ciudadano general, baja!», le pidieron que desembarcase y él, olvidándose de los sicilianos, desembarcó. Junto a Anita y a los setenta y siete legionarios se dejó conducir al Hotel de las Islas Británicas, en la vía Grande, donde Carlo Ponce Rum lo convenció de que arengase a las masas, y desde allí a la vía Borra: a casa del rico comerciante Carlo Notary, que quería ser su anfitrión. Ensalzado y protegido por dieciséis guardias de corp proporcionados por Bartelloni, se quedó una semana en Livorno. Y entre los dieciséis figuraba un joven con la cara vendada que no se separaba ni un segundo de él. «No, no voy a dormir». «No, no necesito descansar». Así que, una mañana fatal...

—¿Quién eres, joven, cómo te llamas?

—Cantini Giovanbattista, ciudadano general.

—¿Qué te ha pasado en la cara?

—El fuego de un cohete a la Congreve en Curtatone, ciudadano general.

—¡Por Dios!* ¡Estuviste en la batalla del 29 de mayo!

—Sí, ciudadano general.

—Bravo, por Dios, bravo. ¿Y estuviste también en los tumultos de hace quince días?

—Sí, ciudadano general. Y en la revuelta de agosto-septiembre.

—Bravo, por Dios, bravo. Eres un italiano ejemplar, Cantini Giovanbattista. Continúa así. No desfallezcas.

Luego le estrechó la mano, lo abrazó, y cada vez que narraba la escena el abuelo Augusto gruñía: «Culpa suya, culpa suya. Fue ese discurso lo que le jodió. De hecho, esos tipejos son los que siempre terminan jodiendo a todos los Giobatta de este mundo».

Quizá. En 1848 Garibaldi ya era un mito porque había combatido en las guerras de independencia de Brasil y Uruguay. Los revolucionarios toscanos lo adoraban, y aunque Montanelli lo consideraba un «peligroso aguafiestas», Guerrazzi un «vulgar

* En castellano en el original en todo el texto. (*N. de la T.*)

aventurero», una palabra suya bastaba para convertir a un ángel en un demonio. Pero esta teoría no tiene en cuenta las violencias cometidas por Giobatta sin necesidad de aquellas palabras de ánimo, «Continúa así. No desfallezcas», y yo no me siento capaz de achacarle al Héroe de Dos Mundos la responsabilidad de lo que hizo Giobatta en los siguientes meses. En un *crescendo* imparable, además, al ritmo de un ciclón que según avanza se va haciendo cada vez más grande y multiplica su furia... El 15 de noviembre, en Roma, fue asesinado Pellegrino Rossi: el primer ministro pontificio. A este asesinato le siguió la salvaje revuelta en la que cinco guardias suizos fueron asesinados y monseñor Palma, el secretario del Papa, recibió una bala en mitad del corazón. El Círculo del Pueblo pidió a sus adeptos que organizaran manifestaciones de júbilo, y allí estaba Giobatta, tocando las campanas en son de fiesta, modelando y luego colgando de los faroles de la vía Grande siete fantoches ahorcados. Uno, con los bigotes y el frac de Pellegrino Rossi; otro, con la sotana y el crucifijo de monseñor Palma; cinco, con los uniformes de la Guardia Suiza. El 24 de noviembre Pío IX huyó a Gaeta. En Toscana los moderados volvieron a gritar «¡Abajo los moderados!», y allí estaba Giobatta, irrumpiendo en sus casas. Pegándoles, dándoles bastonazos, purgándolos, igual que harían los fascistas con sus tataranietos un siglo después. El 1 de enero Pío IX promulgó desde Gaeta un documento en el que amenazaba con la excomunión a todo aquel que hablase de la república. En Livorno, el grito de «¡Abajo los moderados!» se transformó en el de «¡Muerte a los moderados!», y allí estaba Giobatta, organizando una expedición de castigo a Empoli: la ciudad del moderado Vincenzo Salvagnoli, patriota de una integridad total que en 1833 había estado en la cárcel con Guerrazzi, pero que ahora era culpable de haberlo criticado. Negándose a pagar el billete en el tren, subió a un vagón de primera clase con su banda de criminales y, al llegar a Empoli, empezó a incendiar tiendas. A apuñalar a los defensores de Salvagnoli, a aterrorizar a sus familiares... Y, sin embargo, en enero de 1849 las heridas ya se le habían curado, la cara vendada como la de una momia ya no alimentaba su rabia. ¿Qué era entonces lo que le pervertía? ¿El horrendo mapa de cicatrices que, en lugar de las vendas, le desfiguraba la cara? ¿Las enseñanzas robesperrianas de Bartelloni, los acicates marxistas de la *Neue Rheinische Zeitung*, un fallo de inteligencia? ¿O el veneno al que se refería el abuelo Augusto, es decir, el poder implacable que la autoridad de los mesías ejerce sobre los Giobatta de usar y tirar, de enviar derechos a la ruina? Entre los papeles amarillentos he encontrado una estampa de Mazzini, retratado durante el mitin que celebró el 8 de febrero desde el balcón de Carlo Ponce Rum, ¡y caray! Nos ofrece una imagen de Mazzini muy distinta a la del Mazzini fotografiado en la época en la que ya era un anciano encantador, con la mirada triste y la barba blanca, el rostro ablandado por los sinsabores y la fama santificada por las derrotas. Es un Mazzini de mirada fría, despiadada. Los rasgos son duros, ensombrecidos por los bigotazos a lo Stalin, y de su atractivo emana un halo imperioso que hipnotiza. Asusta. «Pobre de ti como me desobedezcas». Siempre entre esos mismos papeles he encontrado la opinión de un adversario pisano, ¡y caray! Dejando a un lado la animadversión, explica bastante bien ese retrato. «Hoy he escuchado al abogado Mazzini, principal causa de nuestros disgustos y nuestras desgracias, y debo reconocer que cuesta resistirse a la fascinación que ejerce. Es un orador que arrastra, un extraordinario demagogo. Tiene una voz que subyuga como el canto de las sirenas, sus gestos embrujan como las caricias de una amante enamorada, y si no llevo cuidado termino enfervorizado yo también. Yo también termino cumpliendo sus órdenes». Por otra parte, ¿no fue, acaso, después de aquel mitin, cuando Giobatta destrozó la inscripción del monumento a Leopoldo?

Su hermosa inscripción. La única inscripción que Demi le había encargado para una persona viva y no para la lápida de un cementerio, la preciosa inscripción que, la tarde de la fiesta con las banderas tricolores, Mariarosa le señalaba a aquel hormigueo de gente gritando: «¡La inscripción la ha grabado mi novio! ¡Veréis qué maravilla!». Incapaz de controlar al gobierno Montanelli-Guerrazzi y perseguido en vano por sus cartitas, «regrese, Alteza Serenísima, regrese, no nos deje solos», Leopoldo se había retirado a Siena. Y desde Siena, el 7 de febrero, huyó a Porto Santo Stefano:

la primera etapa de la huida que terminaría por llevarle a Gaeta, a vivir en el exilio junto al Papa. Montanelli y Guerrazzi se quedaron a merced de los exaltados que querían ocupar el Palacio Pitti y, el 8 de febrero, formaron un triunvirato con el republicano Mazzoni; ansioso por dirigir el cotarro, Mazzini se presentó inesperadamente, llegando a Livorno por mar, ¡y ríete tú de la visita de Garibaldi! El adversario pisano no dice cuáles fueron las órdenes que el mesías con voz de sirena y bigotazos a lo Stalin impartió desde el balcón de Carlo Ponce Rum, pero las crónicas oficiales registran que su vehemencia oratoria no respetó a nadie. Feroces invectivas contra Suiza a la que hizo culpable (con razón, entendámonos) de proporcionar mercenarios al enemigo y de expulsar a los exiliados del cantón alemán. Furibundos anatemas contra Pío IX, al que animó a que guillotinaran. Difamatorias acusaciones al bueno de Leopoldo, al que tildó de hipócrita, de corrupto, de ladrón que solía mezclarse con el pueblo para robarles la cartera, de delincuente capaz de las mayores atrocidades, incluida la de cometer estupro con su propia hija. Así que, tras darles una paliza a diez curas y a una docena de suizos, miles de facinerosos invadieron la Plaza del Voltone para derribar el monumento. «¡Rodeadlo con cuerdas! ¡Tirémoslo abajo!». Estaban tan firmemente decididos a derribarlo que, apiadado por las lágrimas y las súplicas de Demi, «*sor* Mazzini, deténgalos», Mazzini intervino. Pese a un gélido «señor Demi, es preciso entender la justa ira de los oprimidos», propuso que envolvieran la estatua con una sábana negra y que se pusiera encima un cartel intimidatorio. «Respetad la Obra del Artista». Tarea que, ante la inexistencia de sábanas de color negro, llevaron a cabo dos voluntarios robando una vela gris del museo de las naves corsarias. El problema fue que la vela gris no era lo bastante grande. Cubría la estatua, sí, pero dejaba a la vista el pedestal y, por lo tanto, la inscripción «LEOPOLDO II / CON SABIDURÍA Y SUMO CELO / TUTELÓ EL COMERCIO Y AMPLIÓ Y EMBELLECIÓ / ESTE EMPORIO / CONVIRTIÓ EN TIERRA FÉRTIL LOS PANTANOS / INSUFLÓ NUEVA VIDA A LOS PUEBLOS LA AGRICULTURA Y LA INDUSTRIA». La muchedumbre, aún enloquecida como una bestia salvaje, seguía dando gritos desaforados, chillaba, tendiendo los puños, «no queremos ver ese ditirambo dedicado a un cerdo que se beneficia a su hija y nos manga la cartera, no queremos verlo», y, de repente, una voz se elevó entre el griterío: «¡No lo veréis más! ¡Yo lo hice y yo lo destruiré!». Luego, Giobatta se subió a los escaloncillos del pedestal. Con voz categórica, pidió que le trajeran un mazo y un bote de pintura roja. A golpes de mazo, alisó las veintiséis palabras de su obra maestra, y, en el recuadro, con la pintura roja, escribió en grandes letras el epíteto con el que se había iniciado el linchamiento moral de Leopoldo. «HIPÓCRITA».

Al día siguiente, la Constituyente Romana proclamó la República. Mazzini se precipitó a Florencia para convencer a Montanelli y a Guerrazzi y a Mazzoni de que hicieran lo mismo, y cuando los tres le replicaron que eso era como decirles a los austriacos que intervinieran, pasó a mayores. Aprovechando un banquete ofrecido bajo los soportales de los Uffizzi a seiscientos livorneses con fusiles y banderas rojas, celebró otro mitin incendiario. Otro bombardeo a tapete. Esta vez no respetó ni a De Laugier. Al ingenuo De Laugier, que, con la vana esperanza de rechazar el ya inevitable ataque de Radetzky, se había situado en la frontera con su minúsculo ejército y había hecho un llamamiento en el que, aun confirmando su fidelidad al gran duque, animaba a la izquierda y a la derecha a que se unieran. «De derechas o de izquierdas, todos somos toscanos, y nuestro deber es defender juntos a nuestra patria». Con el megáfono en la mano, le gritó que era un traidor, un vendido, un cobarde a cuya cabeza había que poner precio. De Leopoldo, en cambio, volvió a asegurar que era un ratero, un desecho del patíbulo, un vicioso entregado a innombrables actividades; luego añadió que había llegado la hora de proclamar la República y le cedió el uso del megáfono al actor Gustavo Modena, que, en nombre del Pueblo Rey, la proclamó. Añadió, incluso, que iba a fusionarse con la de Roma, y el triunvirato se lo tomó a mal. Esa misma noche, Mazzoni dimitió; Montanelli declaró que las palabras del señor Modena expresaban un deseo, no una realidad, desde el momento en que tales decisiones eran competencia de la Asamblea Nacional y debían ser ratificadas por un referéndum; Guerrazzi acudió corriendo al Hotel Puerta Roja, donde Mazzini estaba alojado, y se peleó con él a muerte. Lo tildó de déspota, de cobarde que se escudaba detrás de los pobres, de inconsciente. Le escupió a la cara la famosa frase: «Tú has sido siempre la ruina de Italia». Pero a la mañana siguiente le pidió perdón; Montanelli puso precio a la cabeza de De Laugier (mil quinientos escudos) para contentarle; ambos permitieron que Carlo Ponce Rum proclamara la República Independiente de Livorno, y adiós Giobatta. Atraído por los mil quinientos escudos, durante una semana fue, incluso, a la caza del hombre con el que había compartido el horror de Curtatone y Montanara. Nadie era ya capaz de controlarlo. Ni siquiera su mentor, Bartelloni; ni siquiera su amigo, don Maggini. Y todavía menos Demi, que, ofendido por lo de la inscripción, le había retirado el saludo; todavía menos Mariarosa, que, neutralizada por la impotencia, se limitaba a repetirle: «Ya te has curado, vuelve a trabajar». (¿¡¿Trabajar?!? ¿Ahora que el poder estaba de su lado y que nada le impedía disfrutarlo a su placer?). Lo recuerdo tan bien... Aunque no me reconozca en esta fase de mis muchas vidas, aunque no quiera reconocerme en ella, no he olvidado quién era yo cuando era ese Giobatta del que me avergüenzo... En los últimos días de febrero, por ejemplo, el Círculo del Pueblo me asignó la Operación Árboles de la Libertad: una estupidez consistente en plantar los consabidos arbolitos delante de las iglesias, adornarlos con la bandera roja o el gorro frigio, y exigir a los transeúntes que le rindieran homenaje. Las mujeres, haciéndoles una reverencia. Los hombres, quitándose el sombrero. Así pasaba el tiempo, controlando que se respetase el ritual, y si alguien no lo cumplía, yo le castigaba. A las mujeres las obligaba a arrodillarse, a los hombres a lamer el tronco.

—¡Lámelo, maldito reaccionario, lámelo!

Luego llegó la primavera. La fatal primavera en la que los austriacos avanzaron sobre Livorno para aniquilarla, aplastarla como a una hormiga arrollada por las patas de mil elefantes. La trágica primavera en la que un hatajo de borrachos, excitados por las palabras del pedestal, derribaron la estatua de Demi. Y dejó, dejó de ser aquel Giobatta. Se reencontró a sí mismo. Pero a qué precio, a qué precio.

* * *

Tengo que volver a hundirme en el insensato caos llamado Historia, entrar de nuevo en las salas inmóviles y mudas, en donde el crujido de una página al pasar parece un cañonazo, para contarme cuál fue el precio. El 12 de marzo Carlos Alberto declaró otra vez la guerra a Austria. El 23 de marzo, en Novara, fue derrotado de nuevo. Ese mismo día abdicó a favor de su primogénito (Víctor Manuel II), que tuvo que doblegarse ante otro humillante armisticio, y Radetzky pudo doblar el número de tropas concentradas por Konstantin d'Aspre a lo largo de la frontera de Toscana. Una Toscana al que el estúpido precio puesto a la cabeza de De Laugier había privado hasta del minúsculo ejército gran ducal. Entonces, importándole un bledo el bochornoso papelón que hacía, Montanelli huyó a París. Al quedarse solo, Guerrazzi asumió plenos poderes, el título de Dictador, y buscó voluntarios. Mediante un furioso discurso que, extravagantemente, lanzó desde el púlpito del Duomo, los buscó sobre todo en la Livorno roja; «¡Irresponsables, idiotas! ¿¡¿Para qué cojones os sirven los árboles de la libertad?!? ¡Devolvedme, mejor, las armas que habéis robado en los cuarteles y en los arsenales! ¡Mandádmelas a Florencia con vuestros putos hijos, preparaos para combatir al enemigo que tenemos ya encima, imbéciles!». Y, tras despedirse de los arbolitos, de las prepotencias, de los «lame, lame», Giobatta se enroló. Partió con la compañía de veteranos reunidos por el mayor Giovanni Guarducci. Un militar serio, un héroe de Curtatone y Montanara. El problema fue que junto a aquellos voluntarios partieron hordas de desgraciados. Jóvenes descalzos y harapientos, pordioseros para los que la guerra contra Austria era un mero pretexto para viajar gratis y cobrar la paga, prófugos, evadidos de la cárcel, famosos maleantes. Además de ciento cincuenta bribones que se autodenominaban la Columna Infame y que, apenas descendieron del tren, empezaron a someter a la gente a todo tipo de vejaciones. Eran la hez de la chusma de allí abajo, dice Giuseppe Giusti en sus memorias. Con el fusil en bandolera y el estilete al cinto, requisaban carrozas, acosaban a las mujeres. O se instalaban en las posadas y bebían sin pagar, comían sin pagar. Pegaban a la gente, la provocaban con insultos o blasfemias que hubiesen puesto a prueba la paciencia de un santo. Y el 11 de abril Florencia se rebeló.

Ateniéndonos al relato del abuelo Augusto, fue Giobatta el que encendió la mecha. Escapándose de la custodia del mayor Guarducci, que, por prudencia, había acampado con sus hombres en la Fortaleza da Basso y le había prohibido que salieran de allí, que se mezclaran con la chusma, la noche del día 10 fue a cenar a la taberna de la Bella Gigia. Una taberna situada en la vía Borgognissanti a la que la Columna Infame acudía con especial agrado. Quizá asqueada por sus horrendas cicatrices, la Bella Gigia le sirvió la peor comida que tenía en la cocina y luego le presentó una cuenta de veinticinco liras, cifra con la que te dabas un banquete diario durante un mes en el mejor restaurante de la elegantísima vía Tornabuoni, lo que provocó una pelea (narices rotas y botellas de vino hechas añicos) que él concluyó regresando a la Fortaleza da Basso, pero que la Columna Infame continuó y extendió al resto de la ciudad, ya exasperada. ¿Pelea? Con el apoyo precioso de los demás desgraciados, aquella noche los ciento cincuenta hicieron más estragos que todos los que habían hecho hasta entonces. Robos, incendios, saqueos. Los más brutales invadieron, incluso, las casas de los temerarios que se habían atrevido a insultarlos desde la ventana o defender a la Bella Gigia, y violaron a sus mujeres. A sus hermanas, a sus hijas. «Deshonremos a sus mujeres. Dejémoslas preñadas de auténticos revolucionarios». Al amanecer, consecuentemente, las calles se llenaron de florentinos que gritaban «¡Basta!». Bien aleccionados por quien estaba decidido a volver a poner en el trono a Leopoldo, también gritaban «¡Abajo Guerrazzi!». «¡Abajo los comunistas!». «¡Queremos a *Canapone*! ¡Queremos al *Babbo*!». Y acto seguido, entraron en materia. Brutales a su vez, agredieron a los agresores que se defendieron en vano con los fusiles. En vano se dispersaron y buscaron refugio en los conventos y en las iglesias. Al grito de «atrápalo, es un livornés, atrápalo», los arrancaron hasta de los altares, de las sacristías, de los confesionarios, y cualquier objeto era bueno para acabar con ellos. Tenedores, ollas, tijeras. En la vía Gora les arrojaban gatos furiosos. «¡Hazle jirones, minino, déjale ciego!». En la vía de'Banchi, los cantos del empedrado. Arma de la que fue víctima el mismo Guerrazzi, que acudía al galope con dos destacamentos de policía. Los que le hirieron en la vía de'Banchi eran braceros y trabajadores, proletarios devotos del partido de los demócratas, y cuando se vio agredido por ellos Guerrazzi exclamó: «¿¡¿A mí?!?». «Sí, a ti, hijo de puta», le respondieron, tirándole una piedra que le hizo caerse del caballo, «y viva Leopoldo». Luego, desde la Puerta Romana y la Puerta de San Frediano, irrumpieron los campesinos de Chianti, enviados para rematar las represalias y armados de hoces, zapas y horcas. Una masacre que proporcionó a los Hermanos de la Misericordia docenas de cuerpos mutilados. Sólo se salvó la compañía de Guarducci, es decir, el grupo encerrado en la fortaleza a la que Giobatta había regresado tras iniciar la pelea, y los que consiguieron agregársele: coger el tren especial que, alrededor de la medianoche, se los llevó de allí a escondidas. A la mañana siguiente, Guerrazzi fue arrestado. Preludio al calvario que pasó encarcelado durante años. Carlo Ponce Rum se largó por piernas, los moderados regresaron al gobierno y, pese a la ausencia de Leopoldo, poco a poco se restableció el régimen de los Habsburgo-Lorena. Con una única excepción, Livorno. Condenada ya a la inevitable entrada de los austriacos.

Inevitable porque entre febrero y marzo Leopoldo, cada vez más perdido, le envió tres cartitas a Francisco José: el nuevo emperador de Austria, de dieciocho años, al que su padre, Fernando, había tenido que cederle el trono durante la revuelta de Viena. Una desde Siena, otra desde Porto Santo Stefano, la tercera desde Gaeta, y las tres para lloriquearle «ayúdame, queridísimo sobrino, ayúdame». Las tres para verse humillado por su despectivo silencio. Sin embargo, unos días antes de que los livorneses fueran expulsados de Florencia, el silencio se había roto. Aun a costa de preguntarle, despectivamente, que cómo había sido posible que un Habsburgo-Lorena se abandonase a «fatuas y ridículas quijotadas», renegase de su propio linaje, se olvidase de sus vínculos de sangre y de los tratados internacionales, le declarase la guerra «a su auténtica patria», Francisco José le prometió su ayuda. ¡Claro que iba a velar por los derechos de la familia sobre el feudo toscano! ¡Claro que iba a ocuparse del asunto enviando al ejército! Con gélido sarcasmo, le recordó también que las tropas del general D'Aspre no se habían acantonado en la frontera para jugar a los bolos, que estaban allí aguardando el momento oportuno, vamos, ¿y qué momento podía ser más oportuno que el que le brindó Livorno desde mediados de abril? Además del absurdo estatus de república independiente, es decir, separada del resto de Toscana, la ciudad vivía una situación tal de caos que, en comparación, la anarquía era ley y orden. Huelgas diarias, mítines diarios, manifestaciones diarias. Arsenales vacíos, fábricas cerradas, el puerto paralizado. Asaltos a los hornos sin pan, a las carnicerías sin carne, a las pescaderías sin pescado, y sin que nadie se atreviese a frenar el asunto y decir basta. Desde que Carlo Ponce Rum se había largado por piernas, mandaban todos y no mandaba nadie. El gobierno no existía y la ciudad estaba a merced del primero que se subiese al escenario para representar su propia locura. El inagotable Bartelloni, que, para mantener el fuego encendido, había vendido su tienda de embutidos para fundar la *Bandiera del Popolo* (Bandera del Pueblo), un minúsculo diario dirigido por el comunista Stefano Cipri y leído por todo aquel que conociese mínimamente el alfabeto. (El estilo de la *Bandiera del Popolo* era sencillísimo, y sólo costaba una cracia). El ingenuo de don Maggini que, para imitar a Bartelloni, había fundado los Círculos Parroquiales, extrañas congregaciones en las que en vez de paternóster y el avemaría se recitaban los viejos artículos de Carlos Marx. El *mazziniano* La Cecilia, eterno *factotum* del *Corriere livornese* que, para mantenerse en la cresta de la ola, publicaba unas mentiras como para ponerte los pelos de punta y atizaba el fuego más que Cipri. Dos nuevos imbéciles con sotana, el abad Zacchi y el padre Meloni, que, celosos de don Maggini, predicaban el Apocalipsis Proletario, es decir, el exterminio físico de los adversarios. E incluso Giobatta, que, envenenado por la represalia de los florentinos, actuaba como un tribuno y quería levantar horcas... En el Palacio Pretorio se había instalado, sí, una Junta Municipal presidida por Paolo Emilio Demi y por Giovanni Guarducci. Pero ninguno de los dos poseía la experiencia y energía necesarias para resolver una situación semejante y, el 30 de abril, Konstantin d'Aspre cruzó la frontera. Bajó a Pontremoli y, vía Carrara-Pietrasanta-Viareggio, la mañana del 5 de mayo cayó sobre Pisa.

Cayó con veinticinco mil hombres, en su mayoría croatas, mejor dicho, en su mayoría los croatas que, a la caída de Milán, había perpetrado los crímenes, y sesenta piezas de artillería, además de los consabidos miles de morteros y millares de cohetes a la Congreve. En Pisa instaló su cuartel general, con un bando anunció que estaba allí para restablecer el orden público y, tras cortar los hilos del telégrafo y bloquear el tráfico por tren y carreteras, convocó al arzobispo. Le conminó a que comunicara a los livorneses que estaban asediados: si no se rendían en el plazo de cinco días y volvían a formar parte del gran ducado, enviaría al ejército de Su Majestad el Emperador. Ultimátum al que Guarducci reaccionó ordenando excavar trincheras a toda prisa, levantar barricadas, construir galerías, prepararse para el combate. Bartelloni, aprovisionando a los defensores. Y fue entonces, sostenía el abuelo Augusto, cuando Giobatta se reencontró a sí mismo. ¿Entonces? ¿Fue realmente la llegada y el mensaje de D'Aspre lo que extinguió al Giobatta de las horcas o bien fue lo que ocurrió en las horas siguientes, cuando por su causa (o *también* por su causa) los borrachos derribaron la estatua de Demi, y Demi, destrozado de dolor, lo maldijo y luego enloqueció? Las pilas de cartas amarillentas, las crónicas de ambos episodios me autorizan a pensarlo así. Porque, según cuentan, muchos no se creyeron las palabras del arzobispo. «Pero qué asedio ni qué ocho cuartos, pero de qué austriacos habla, serán los *carciofi* (alcachofas) o los *infarinati* (enharinados)». (A los militares toscanos los llamaban los *infarinati* porque llevaban uniforme blanco; a los mercenarios de apoyo *carciofi* porque lo llevaban verde). Al atardecer, sin embargo, un cochero de punto que había conseguido cruzar los puestos de guardia a fuerza de escudos, llegó desde Pisa diciendo: «No os hagáis ilusiones. No son ni *carciofi* ni *infarinati*. La Plaza de los Milagros está que desborda de alemanes que hablan en alemán». Al cochero sí le creyeron y, en unos pocos minutos, las hosterías se despoblaron para parir a un cortejo de imbéciles decididos a reconquistar la Plaza de los Milagros, a liberarla del extranjero. «*Adelante, compañeros / somos jóvenes y sanos / y matar a los alemanes / miedo no nos da*». Cantando hasta desgañitarse, se dirigieron hacia la Puerta de San Marcos, la puerta que se abría hacia el camino de Pisa, y, justo al llegar al Voltone, se toparon con la estatua enfundada en la vela gris. Con el pedestal pintarrajeado por Giobatta. El pequeño cartel con el «Respetad la obra del artista», colgado demasiado arriba y ya medio borrado por las inclemencias del tiempo, apenas si se veía. En cambio, el inmenso «HIPÓCRITA» pintado de rojo, situado a la altura justa y todavía intacto, resplandecía como una llamarada. Así que, el cortejo se detuvo de golpe. El himno cesó, se transformó en un atronador coro de voces berreando: «Hipócrita, hipócrita, hipócrita». Luego, los más exaltados se armaron con antorchas, escalas, mazos. Con las antorchas prendieron fuego a la vela y al «Respetad la obra del artista», con las escalas treparon hasta la cúspide de la estatua, con los mazos empezaron a mutilarla. Una empresa que no les resultó precisamente fácil, porque a los pliegues de la irrompible clámide estaban unidas la pierna izquierda hasta el tobillo, la derecha hasta la rodilla, el brazo izquierdo hasta la muñeca, y el izquierdo estaba unido al busto desde la axila hasta el codo. Mutilaron las partes vulnerables. La mano izquierda, el cetro, el pie izquierdo, el antebrazo derecho, la mitad de la pierna derecha. Y como no podían romper la cabeza, era imposible decapitar la estatua, destruyeron paso por paso la cara. Fuera la barbilla, fuera la boca, fuera la nariz... Fuera las mejillas, fuera los ojos, fuera la frente ceñida de laurel... Luego redujeron a polvo los trozos arrancados, «si no Demi los vuelve a colocar», y remataron el esfuerzo colgando un segundo cartel.

«PENA ADECUADA AL HIPÓCRITA».

Demi se enteró a la mañana siguiente y, nada más saberlo, fue corriendo al Voltone. Confiaba en que el daño fuese superficial, pobre Demi, y mientras corría no dejaba de repetirse: «¡La arreglaré! ¡Repararé el daño! ¡Bastará con volver a colocar los pedazos que hayan arrancado!». Pero cuando se encontró delante de su criatura linchada y se dio cuenta de que los pedazos arrancados estaban reducidos a polvo, de su garganta salió un aullido inhumano y perdió la razón. Se retorcía por el suelo como un animal herido, afirman los papeles amarillentos. Se levantaba, volvía a tirarse, lloraba, se arrancaba los cabellos, y tan pronto señalando hacia el «HIPÓCRITA», como al cartel «PENA ADECUADA AL HIPÓCRITA», murmuraba cosas que nadie entendía. Discursos que para los presentes no tenían sentido alguno. «¡Maldito sea! ¡Ha sido él, él los ha traído hasta aquí, maldito sea! ¡Los ha llamado él, él les ha dado la idea, criminal! ¡Bárbaro! ¡Ingrato! ¡Hacerme esto a mí, a mí, que lo saqué de la mierda, lo arranqué del carro, le enseñé el oficio, le salvé! ¡A mí, que los saqué de la cárcel a él y a su mujer, a mí, que lo consideraba un hijo!». Era inútil preguntarle de quién hablaba, a quién se refería. Inútil decirle que se animara. Incapaz de oír cualquier pregunta, cualquier palabra de consuelo, cegado por el odio hacia el misterioso culpable, seguía señalando ya hacia el cartel, ya hacia el «HIPÓCRITA», y: «¡El mal anida en él! ¡Don Agostino hacía bien en pegarle! ¡Hizo bien al encerrarlo en la cámara mortuoria! Yo no le perdonaré jamás. ¡Jamás! ¡Jamás!». Luego empezó a delirar y se desmayó. Lo llevaron a su casa, lo metieron en la cama, en la que permaneció dos días, delirando, y al tercer día intentó suicidarse con un cincel. Al cuarto, víspera del ataque austriaco, se calmó. Murmuró un triste «que se vaya a tomar por culo, el pueblo» y, dejando atrás la Junta Municipal, el taller de la vía Borra, Italia, la lucha, subió a bordo de un vapor que se dirigía a Marsella. De Marsella fue a París, donde siguió torturando al prójimo durante meses con la historia de una bellísima estatua destruida por culpa de un marmolista ingrato. De París, a El Cairo, donde enloqueció ya del todo, se convirtió en un vagabundo que sobrevivía a base de limosnas, y nunca volvió a trabajar como escultor. Reapareció en Livorno en 1862, algunos meses después de la muerte de Giobatta, casi un año después de la muerte de Mariarosa, y apenas descendió al muelle empezó a gruñir: «¿¡¿Dónde está ese rufián de Cantini, ese bárbaro, ese maldito al que no perdonaré jamás?!?».

—Bajo tierra —le respondieron—. Su mujer también.

Se calló durante unos segundos y, luego, sin hacer caso de ese «su mujer también», se encogió de hombros despectivamente.

—No lo perdono, de todas formas.

Y, con esto, me preparo para abandonar a esa incómoda pareja de parias maltratados tanto en vida como ya difuntos. Me dispongo a despedirme de ellos, de esos peculiares tatarabuelos anidados en quién sabe qué rincón de mi Yo. Pero antes tengo que verlos (que verme) en el huracán que está a punto de marcar los últimos años de su breve existencia. Un huracán en el que se mueven como dos entes anónimos, insignificantes. Dos hojas sin importancia alguna, zarandeadas por el viento de la maldad humana y de la humana estupidez.

15

El viento empezó a soplar el 6 de mayo, cuando D'Aspre cerró también las carreteras que conducían a Florencia y al sur; para abandonar Livorno sólo quedaba el mar y los barcos que habían atracado por la noche empezaron a llenarse de fugitivos. Barcos franceses, ingleses, rusos, americanos, en los que, a precios escandalosos, se alquilaban camarotes, catres, literas. Se garantizaba el asilo político y, si pagabas el doble, la expatriación. Fue entonces cuando la situación empezó a precipitarse, y los imbéciles enfervorizados con la negativa que Guarducci había opuesto al ultimátum impidieron que se salvara lo salvable. El abad Zacchi y el padre Meloni, por ejemplo, se adueñaron de los Círculos Parroquiales. Los transformaron en unos caóticos Comités de Defensa cuyo lema era «Antes la muerte que la rendición», y el derrocado don Maggini asumió el mando al grito de «Lucharemos hasta el último cartucho». Sobre la «Bandera del Pueblo» Stefano Cipri grabó un enorme «Pobre del que desfallezca, pobre del que escape». En el *Corriere Livornese*, Giovanni La Cecilia lo superó con un orgulloso «No tenemos miedo, vamos a vencer». Y entre las víctimas de la demagogia la belicosidad alcanzó unos niveles tales que el honesto Bartelloni se indignó. Celebró un mitin en el que dijo: «Ciudadanos, el que no tenga miedo es un imbécil y el que crea que vamos a vencer, un tonto de remate. Aquí no se trata de vencer el miedo o de vencer, se trata de salvar el honor. Bajarse los pantalones ahora, cuando se ha rechazado el ultimátum, sería una vergüenza, el mayor de los deshonores. Por lo tanto, dejémonos de gilipolleces y preparémonos para resistir mientras podamos». Luego, el martes por la mañana, los cónsules de los distintos países fueron a

Pisa para pedirle a D'Aspre que no bombardeara las residencias de los extranjeros. Tanto Guarducci como Bartelloni se lo volvieron a pensar, enviaron a cinco delegados junto a los cónsules con el encargo de iniciar tratativas, y el martes por la tarde los cinco regresaron con la respuesta de D'Aspre. Nada de tratos. O le ofrecían la rendición incondicional o el 10 de mayo, a las 7 *ante meridiam*, él iniciaba el ataque. El miércoles por la mañana ambos decidieron aceptar el ultimátum, el obispo de Livorno, monseñor Gavi, subió de un salto a una carroza para ir corriendo a informar al enemigo, pero en la Puerta de San Marcos los secuaces de los imbéciles lo detuvieron. Le pegaron, lo secuestraron, y... Dejando a Demi a un lado, adivina quién fue el primero en salir por patas. Giovanni La Cecilia, el de «No tenemos miedo, vamos a vencer». Adivina quién fue el segundo. Stefano Cipri, el de «Pobre del que desfallezca, pobre del que escape». Adivina quiénes fueron el tercero y el cuarto. El abad Zacchi y el padre Meloni, los del «Antes la muerte que la rendición». Y, con ellos, casi todos los jerarcas y jerarcas de medio pelo de la república roja. Casi todos los paladines de la resistencia a toda costa. Los intelectuales, los periodistas. Los discípulos de Mazzini y de Garibaldi y de Marx. Para subir a bordo de los barcos que, a unos precios escandalosos, garantizaban el asilo político y la expatriación, a partir del domingo 6 de mayo se habían empezado a conseguir pasaportes. En algunos casos, hasta cartas credenciales y cerificados médicos. «El patriota Fulano de Tal está enfermo y precisa asistencia médica en el extranjero». Por otra parte, el miércoles se largaron por patas todos los que tenían bastante dinero como para subirse sobre algo que flotase. Al atardecer, las aguas del puerto estaban obturadas por un semicírculo de chalupas, barcas, barquichuelas, gabarras, tartanas. Una pequeña flota que, a cambio de tres escudos por cabeza, daba cobijo a media Livorno. En tierra, con los defensores, sólo se quedaron los pobres muy pobres. Entre éstos, Gasparo y Teresa, encerrados en la trampa de Salviano. Y, en la calle de San Carlos 15, es ocioso decirlo, Tommaso y Mariarosa. La infeliz Mariarosa que, con su niño en los brazos, salía cada dos por tres para ir en busca de Giobatta, que desde el sábado no se separaba de Bartelloni y que, desde la destrucción de la estatua, se había olvidado todavía más de su familia.

—¿Han visto a mi marido? No viene por casa desde hace cinco días, y yo ya no sé qué hacer, a qué santo encomendarme.

Los defensores eran seiscientos, dotados de un armamento irrisorio. Los consabidos fusiles de chispa, imprecisos y de carga muy lenta, los consabidos sables oxidados, las consabidas metrallas, además de dos viejos cañoncitos que daban en el blanco por combinación y dos patéticos cañones de los tiempos de Napoleón. Uno fijo en la plataforma de la Fortaleza Nueva, el otro móvil y llevado de un lado a otro, y ambos de escasa eficacia a causa del obturador defectuoso. Peor aún: a los veinticinco mil austriacos, dotados de sesenta piezas de artillería pesada, centenares de morteros, millares de cohetes, no podían oponerles, fuera de la ciudad, más que la Torre del Marzocco. Punto de apoyo situado sobre los escollos de la costa septentrional y en manos de ocho fusileros inexpertos. Dentro de la ciudad, sólo las fortificaciones que Guarducci había mandado levantar deprisa y corriendo, con frecuencia sin seguir criterio alguno. Las inútiles barricadas colocadas a la entrada de las calles principales, las inútiles trincheras excavadas en cualquier sitio, las inestables plataformas al abrigo de las murallas interiores. Además, la muralla construida en 1838 para incluir también los arrabales era muy larga. Desde un extremo al otro del puerto, cubría un arco de nueve kilómetros, y para proteger toda su extensión hubieran hecho falta diez mil hombres. Con seiscientos, apenas si se podían defender los puntos sobre los que D'Aspre concentraría el ataque. La Puerta del Mar, es decir, la Puerta situada al sur que conducía a las dársenas y al inicio de la vía Grande. La Puerta Maremmana (conocida también como Barrera Maremmana), es decir, la puerta situada al sudeste que conducía al barrio de San Jacopo in Acquaviva. La Puerta de San Leopoldo, es decir, la puerta situada al este que conducía al barrio de Salviano. La Puerta Florentina (conocida también como Barrera Florentina), es decir, la puerta situada a noroeste que conducía a Borgo Reale. Y la infausta Puerta de San Marcos, es decir, la puerta situada al norte, orientada hacia el ferrocarril y el camino Livorno-Pisa. Giobatta estaba en la Puerta de San Marcos, el santuario de Bartelloni, y fue allí donde lo encontró Mariarosa a eso de la medianoche, cuando salió a buscarlo por enésima vez con su niño entre los brazos. Un encuentro breve, frío, durante el cual él se limitó a darle algún que otro consejo, alguna que otra recomendación, y ella a responder con un triste «de acuerdo». ¿Triste? Corrijo. Impávida. Y añado: en las plazas de este planeta falta otro monumento. Un monumento no menos congruente, no menos justo, que el que deberíamos levantar en honor al Soldado Desilusionado, compañero y rival del Soldado Desconocido. El monumento a las Mariarosas. A las impávidas mujeres que las guerras las libran sin llevar fusiles, escapando bajo las bombas con sus niños en brazos. A las heroicas mujeres, a las épicas madres que vencen batallas luchando ellas solas contra el miedo y el dolor. A las mártires que, abandonadas a merced de ellas mismas, responden siempre: «De acuerdo». De acuerdo, de acuerdo...

—Llegarán mañana. El ultimátum dice que a las siete. En cualquier caso, nosotros los veremos llegar desde las plataformas y daremos inmediatamente la voz de aviso. En la ciudad os enteraréis por el sonido de las campanas.

—De acuerdo...

—Ten preparada una cesta con una frasca de agua, una manta, algo de comida y, en cuanto oigas las campanas, cógela. Ve corriendo al puerto con Tommaso.

—De acuerdo...

—No atacarán el puerto por los barcos extranjeros. Intenta subirte a una barca y, si no lo consigues, refúgiate a los pies de la estatua de los Cuatro Moros, quédate allí mientras dura el zafarrancho. Total, no durará mucho. No podemos resistir más de un día o dos.

—De acuerdo...

—Cuando entren no tendrán piedad. Regresa a casa. Enciérrate con llave y, pase lo que pase, no salgas. No empieces otra vez a buscarme.

—De acuerdo...

—Si no me matan, tendré que esconderme. Y es posible que deba permanecer escondido un mes o dos.

—De acuerdo...

* * *

Con puntualidad teutónica, D'Aspre se presentó a la siete en punto, y la primera que sonó fue la *martinella** del Palacio Pretorio. La misma que daba la alarma en la época de los piratas. A sus convulsos din-din les siguieron los hondos din-don de las enormes campanas del Duomo, los siniestros dun-dun de las campanas de San Sebastián y, desde ese momento, un desordenado repiqueteo se elevó desde todas las iglesias de la ciudad. «¡Don-don-don, don! ¡Don! ¡Don! ¡Don!». Desde la iglesia de San Benedicto, de San José, de San Juan, de San Pedro y San Pablo, de San Antonio, de los Ingleses, de los Holandeses, de los Coptos, de los Griegos, de los Armenios... Luego, sobre ese estruendo se superpuso un coro alucinante de gemidos, de sollozos, de gritos: «¡Los austriacos! ¡Han llegado los austriacos!». Una avalancha humana de criaturas cegadas por el pánico inundó las calles. Algunos para refugiarse en la catedral, la mayoría para ir hacia el puerto. Pobres de solemnidad que arrastraban víveres y enseres, desgraciadas que arrastraban hijos y cabras para tener leche, tullidos que avanzaban con muletas. «¡El mar, el mar! ¡Es mejor el mar!». Don Maggini también estaba entre ellos. Olvidado de aquel combativo «Lucharemos hasta el último cartucho», avanzaba a lo largo de la vía del Jardín, la calle paralela a la vía Grande, y sobre el tricornio de eclesiástico llevaba las insignias de capellán gran ducal. Sobre la sotana, un gran blasón de los Habsburgo-Lorena. En la mano, una bolsa llena de dinero. Los fondos de los Círculos Parroquiales. Avanzaba deprisa, ansioso por reunirse con el abad Zacchi y el padre Meloni, que lo aguardaban a bordo de un vapor francés, y poniendo mucho cuidado en mantener la cabeza gacha para que no lo reconocieran. En los Scali de la Pescadería, sin embargo, se concedió unos minutos de descanso para recobrar el aliento. Alzó la cabeza, dos jovenzuelos lo reconocieron, y: «¡Mira quién está aquí!». Luego se le tiraron encima, le arrancaron el blasón de los Habsburgo-Lorena, las insignias de capellán gran ducal. Le confiscaron la bolsa, la abrieron. Gritando «¡maldito ladrón, se largaba con el botín, estaba escapándose con el dinero del pueblo!»,

* Campana de guerra. (*N. de la T.*)

lo dejaron aturdido a fuerza de golpes y puñetazos. Lo arrojaron a una balsa que se había quedado en el canal, con ésta lo llevaron hasta la Fortaleza Vieja, y haciendo oídos sordos a sus gritos, «socorro, quieren matarme, socorro», lo descargaron delante de la entrada sur. La que se abría sobre la dársena contigua al mar. Se lo entregaron al carcelero Baroncelli, el guardián de la cárcel. El mismo que, en el atardecer del 9 de octubre de 1847, se lo había pasado en grande arrojando entre los ladrones y las prostitutas a una virginal pareja de recién casados, reos de haber quemado la bandera austriaca y de haber superpuesto al coro de *Macbeth* el Himno de Mameli.

—Aquí tiene usted a este ladrón digno de la horca, excelencia. Es un traidor, un gallina que, después de embaucar a los ingenuos como a los peces con el anzuelo, estaba a punto de largarse con el botín.

A la mortal acusación, éste reaccionó arrojando al reo a una celda de los sótanos.

—Ahora el pez eres tú, maldito cura. Y de mi sartén sólo vas a salir frito.

Mariarosa no estaba muy lejos de allí mientras ocurría todo esto. Nada más oír el din-din de la *martinella* había cogido a Tommaso y el cesto, se había dirigido corriendo hacia el puerto y, arrastrada por la avalancha humana, había acabado justo al borde de la dársena contigua al mar. A unos cuarenta metros del punto en el que se estaba efectuando la entrega. Pero los cañones ya estaban disparando contra las murallas, su mirada estaba atenta sólo a las columnas de humo que se elevaban desde las zonas afectadas, y no se fijó en la balsa que, procedente del canal, se detenía delante de la entrada sur de la Fortaleza Vieja para entregarle a Baroncelli la presa capturada en los Scali de la Pescadería. No vio al infortunado chivo expiatorio que descendía de la balsa, al desgraciado pez que se debatía en la red lanzada por los dos jovenzuelos. Aturdida por el estruendo provocado por las explosiones, por el pandemónium de los fugitivos, por el ruido ensordecedor de las campanas que, absurdamente, seguían tañendo, ni siquiera oyó los gritos de «socorro, quieren matarme, socorro». O quizá los oyó, pero no los escuchó.

Quizá vio, o entrevió, al desgraciado pez y no lo asoció a la imagen del arrogante sacerdote que había aceptado celebrar su boda, que había militado con los voluntarios de Curtatone y Montanara, predicado disturbios y revueltas, animado con tanto ardor a que se plantara resistencia. Y, dándole la espalda a la escena, al tétrico edificio que le recordaba los cinco días pasados en la cárcel con las prostitutas, se dirigió hacia el muelle en el que estaban ancladas las últimas barcas. Al llegar allí, una muralla humana, imposible de franquear, le impidió subir a bordo de la única que embarcaba gratis, y volvió sobre sus pasos. Bordeando la dársena izquierda, fue a buscar refugio sobre la escalinata del Monumento a los Cuatro Moros, con el cesto en la mano y Tommaso en su regazo, se recostó allí. Se quedó allí. Maldiciendo su destino de paria, supongo. Observando la confusión que aumentaba a cada minuto que pasaba, llorando, preguntándose si Giobatta estaría vivo o ileso... Lo estaba. En pie sobre las plataformas, disparaba, disparaba, intentaba detener con sus compañeros a aquellas hordas que nada más llegar se habían adueñado de la estación de tren, y sus balas nunca le alcanzaban. Alcanzaban a otros. A las nueve, la Puerta de San Marcos parecía un depósito de cadáveres y de moribundos. La Barrera Florentina, la Barrera Maremmana, la Puerta de San Leopoldo, la Puerta del Mar, lo mismo. No es casual que en los barrios que no se habían quedado desiertos los emisarios de Guarducci recorriesen las calles gritando: «¡Moveos, hatajo de pusilánimes, moveos! ¡Id en ayuda de los que están muriendo en la muralla, maldita sea! ¡Tened cojones, hatajo de cigarras, que sólo servís para hacer ruido!». En cuanto al punto de apoyo exterior, la Torre del Marzocco, silencio. A las siete y cuarenta y cinco, una lancha de guerra inglesa se había acercado a la escollera, treinta y seis marineros de Su Majestad la reina Victoria habían descendido para caer sobre los ochos fusileros y, en un perfecto italiano, les habían dicho: «Nuestro comandante nos ha enviado para deciros que si no dejáis de disparar contra los austriacos bombardea Livorno. La arrasa». Luego, haciéndose los ofendidos ante la réplica «vuestro comandante qué pinta en esto, con qué derecho mete las narices en los asuntos de los italianos», los habían desarmado y trasladado al bajel del canalla.

—Es el derecho de los más fuertes. A él le cae bien D'Aspre.

Pese al encarnizado ataque, a la escasez de fuerzas, al exceso de pérdidas, a los hospitales atestados de heridos, los defensores aguantaron hasta la caída de la noche: la hora a la que D'Aspre ordenó que cesara el fuego. (Lo ordenó de forma repentina, a lo largo de todo el perímetro de las murallas, nadie sabe por qué motivo. ¿Creía que ya había dejado bastante claros los términos del ultimátum? ¿Confiaba en que los defensores se rindiesen, quería evitar la masacre que ensució sus manos al día siguiente? Algunos historiadores sostienen esta última hipótesis, y añaden que Leopoldo le había suplicado que no se ensañara). Inmediatamente después empezó a llover a cántaros. Una tormenta sin precedentes se abatió sobre la ciudad. Las inútiles trincheras se convirtieron en depósitos de agua, las débiles barricadas se derrumbaron, las inestables plataformas cedieron, y todos abandonaron sus puestos. Se retiraron, dejando las puertas sin vigilancia. «Es mejor levar anclas, muchachos, secarnos un poco y echar una cabezada». Exhaustos, desmoralizados, convencidos de que Dios se había aliado con los austriacos, muchos regresaron junto a sus familias. «Yo abandono. Maldita sea la República y maldito el que nos metió la idea en la cabeza». El único que mantuvo encendida la llama del honor fue Bartelloni. El intachable Bartelloni, que tras reunir a los supervivientes de la Puerta de San Marcos, veintitrés hombres entre los que se encontraba Giobatta, los condujo al campanario de la cercana iglesia de San José, a aguardar un eventual ataque nocturno. Y esto me pone un nudo en la garganta. Porque la iglesia de San José estaba al lado de la escuela del Camposanto Viejo, de la cámara mortuoria en la que don Agostino había encerrado al inocente niño de doce años vestido de terciopelo celeste. En 1849 la escuela del Camposanto Viejo ya no funcionaba más, tampoco la cámara mortuoria. Pero el edificio aún seguía en pie y, rebuscando entre los papeles amarillentos, he descubierto que, al atardecer, un cohete a la Congreve abrasó el techo. Desde el campanario, por lo tanto, Giobatta podía ver perfectamente el siniestro lugar que, catorce años antes, le había teñido de muerte la mirada: las paredes que habían presenciado sus esfuerzos para rezar el *Confiteor*, las mesas de mármol desde las que los cadáveres, colocados absurdamente en aquella rígida posición de firmes, lo habían aterrorizado con su silencio y su inmovilidad, la ventana desde la que resbaló, cayéndose encima del fétido cadáver sobre el que se desmayó... Desde allí arriba podía ver más cosas, por otro lado. Otras etapas de su turbulento pasado y de su incierto presente. El arrabal de Salviano, la casa en la que había nacido y en la que Gasparo y Teresa vivían desde hacía un año como objetos olvidados, desechados. La Plaza del Voltone, la estatua destruida por su causa. La Fortaleza Nueva, el arsenal en el que un día de agosto había robado las armas e inaugurado la estación de la violencia. Y, en lontananza, la Fortaleza Vieja, en la que don Maggini languidecía aguardando a que lo ejecutaran, la rada con la pequeña flota que alojaba a media Livorno, el puerto con los barcos que mantenían a salvo a los cobardes y a los desleales, el Monumento de los Cuatro Moros bajo el que Mariarosa estaba sentada desde por la mañana, con Tommaso en su regazo. Empapada por la lluvia, extenuada de hambre y frío y miedo, tan derrotada como él, que, esa noche, se sentía el hombre más derrotado del mundo y, sin embargo, no estaba dispuesto a ceder. Que, tan hambriento, aterido de frío y asustado como ella, permanecía allí para redimirse. Aguardando un eventual ataque nocturno. (Oh, sí. Me siento orgullosa de ese Giobatta. Lo admiro).

A las cinco, cuando comprendió que el ataque iba a producirse a la luz del día, Bartelloni ordenó a los veintitrés que bajasen del campanario. Los condujo hasta la embocadura de la calle Augusta Ferdinanda, una de las calles que irradiaban desde el ensanche de la Puerta de San Marcos. Los colocó detrás de lo que quedaba de una barricada, les dijo: «Los recibiremos aquí. Disparadles mientras os quede munición. Luego arrojad el fusil y desapareced. Sobre todo tú, Cantini, porque con esa máscara de cicatrices te reconocería hasta un ciego». Guarducci, en cambio, llamó a los emisarios que habían ido a gritar «¡moveos, hatajo de pusilánimes, moveos!» y les dio una advertencia para que la difundieran por todos los barrios: «El enemigo entrará pronto en la ciudad. No salgáis de las casas y no disparéis desde los tejados o las ventanas. No provoquéis represalias». A las seis, una parte de los que habían levado anclas para secarse un poco y echar una cabezada reaparecieron en los puestos destrozados por la tormenta. A las seis y cuarto el bombardeo comenzó de nuevo y sobre algún que otro edificio ondeó la bandera blanca. Pero ya era demasiado tarde y a las siete los austriacos, alineados a lo largo de las zonas sur y suroeste de la muralla, rompieron la Barrera Maremmana. Irrumpieron en el arrabal de San Jacopo in Acquaviva, desde allí se desplegaron por Salviano y sorprendieron por la retaguardia a los defensores de la Puerta de San Leopoldo. A las ocho, los croatas, concentrados a lo largo de las zonas norte y noreste de la muralla, rompieron la Barrera Florentina e invadieron la zona que acababa en la iglesia de San José. Al mismo tiempo, abrieron una brecha en la Puerta de San Marcos, los macizos batientes se abrieron de par en par, y sobre la plataforma de la Fortaleza Nueva los artilleros del cañón de la época de Napoleón tuvieron apenas tiempo de disparar un último e inútil cañonazo. En la embocadura de la calle Augusta Ferdinanda los veintitrés hombres de Bartelloni no tuvieron siquiera tiempo de agotar la munición. Con el ímpetu de un río cuando se desborda, millares de uniformes blancos inundaron las calles dispuestas en radial. Y mientras Giobatta arrojaba el fusil, corría a refugiarse en el único escondrijo posible, la cámara mortuoria destechada, la masacre comenzó.

* * *

Una masacre digna del genocidio perpetrado en Milán en 1848, y quizá más virulenta. «He visto correr la sangre como si fuera agua, Excelencia. He visto a criaturas indefensas sacrificadas como si fueran bueyes en el matadero. Yo mismo fui agredido con tal furia que, de no haber pasado por allí un coronel amigo de nuestro país, mis sesos hubiesen terminado en la acera», le escribió al ministro de Asuntos Exteriores el vicecónsul inglés Henry Thompson. Y Pietro Martini, el cronista al que se deben las impagables *Crónicas livornesas*: «Los croatas no cogían prisioneros, y mataban hasta a quienes estaban desarmados. Por lo que no ayudaba en nada arrojar el fusil, rendirse, estar indefenso. Una quemadura en el dedo índice, un poco de hollín en la cara, un ligero olor a pólvora o un simple desgarrón en la camisa eran motivo suficiente para que te mataran en el acto. Con la pistola, la bayoneta, el sable. Por añadidura, saqueaban los almacenes y las tiendas, desvalijaban las villas, violaban a las mujeres, las torturaban para que confesaran dónde se ocultaban los defensores. "¿Dónde estar *briganta,* dónde? ¡Hablar, maldita puta, o yo cortar garganta tuya!"». En unos pocos minutos, en la Puerta de San Marcos mataron a tres docenas de sospechosos de pertenecer a la *Briganta*. En la Barrera Florentina a tres familias sospechosas de ser cómplices. Lo peor, sin embargo, ocurrió cuando el grueso de la tropa acampó en la Plaza de Armas. Sin hacer caso de la advertencia de Guarducci «no disparéis desde los tejados o las ventanas», nueve dementes, provistos de fusiles y guiados por un imbécil llamado Bordigheri, se habían escondido detrás de las persianas de una buhardilla desde la que se dominaba la parte este de la plaza, o sea, la catedral. «Hay que desquitarse, pasar al contraataque». Animado por el mismo deseo y la misma sordera, otro imbécil, éste llamado Bucalossi, se había escondido con una pistola detrás de la terracita de una casa que se asomaba sobre la parte oeste, o sea, el Palacio Pretorio. A la una de la tarde, Bucalossi, sabe Dios por qué, disparó un tiro al aire, Bordigheri pensó que era la señal para pasar al contraataque, las persianas de la buhardilla se abrieron de par en par, los fusiles empezaron a chisporrotear y, aunque nadie resultó muerto o herido...

Las primeras víctimas de la represalia fueron los listillos que, con la esperanza de granjearse el favor de los nuevos amos, daban vueltas alrededor de los campamentos saludando en alemán y quitándose el sombrero. «*Guten Morgen* ("Buenos días"). *Willkommen* ("Bienvenido"). *Ich Freund!* ("¡Yo, amigo!")». (Los eliminaron enseguida, a culatazos). Las segundas, los pobres desgraciados que se habían refugiado en la catedral. Los viejos, los enfermos que al no poder llegar hasta las barcas habían dejado su salvación en manos del Altísimo. (Catorce fueron degollados. Un par, en el altar mayor). Luego les tocó el turno a los que, sin saber nada del asunto, habían abandonado el puerto y, a través de la vía Grande o de la calle del Jardín, desembocaron en la plaza; luego a los que vivían en el centro; y, por último, a toda la ciudad. Tengo ante mí los informes redactados por los Hermanos de la Misericordia, los piadosos sepultureros que, sorteando mil obstáculos, se ocuparon de la recogida de cadáveres, y éstos demuestran que se trató de una auténtica cacería humana. Éste es el informe del viernes: «Esta noche las cuadrillas de nuestra Confraternidad han obtenido permiso para recuperar los cuerpos de algunos ciudadanos ajusticiados por los austriacos, abandonados en el lugar de la ejecución, y sin identificar a falta de documentos. Cinco en el Voltone, dieciséis en Borgo Reale, diecisiete en la vía Augusta Ferdinanda, tres en la Huerta de Mainardi, tres en la vía de las Anclas, uno en el quinto piso de la calle del Reloj 4, seis en la calle del Aceite, seis en las cuadras del gobernador...». Y éste, el del sábado: «Hoy han traído a nuestra capilla mortuoria los cuerpos de otros cuarenta y cuatro ciudadanos ajusticiados por los austriacos en su casa y por las calles, algunos desconocidos y otros identificados. Diez en el Voltone, seis en la calle del Gigante, siete en la plazoleta de la Comunidad, uno en la vía Giulia, cerca del café Bruni, uno en el tercer piso de la calle de los Burros, once en el parque de villa Vivoli, uno con el uniforme de la Guardia Cívica en la vía Tetrazzini, otro con sotana de sacerdote en la dársena contigua al mar, otro en el segundo piso de vía del Jardín 2...». El muerto de la vía del Jardín era Bucalossi, al que habían dejado seco en su ventana de un balazo en la frente. (Bordigheri y los nueve dementes, en cambio, no fueron apresados y se murieron de viejos en su cama). El muerto de la dársena contigua al mar era don Maggini. Lo mataron el viernes por la tarde, cuando la compañía encargada de ocupar la Fortaleza Vieja e izar la bandera austriaca llegó al mando de un teniente croata y con la lista de los rebeldes a los que había que eliminar. «Tengo aquí encerrado a un jefe de la república roja, a un célebre ladrón que se hace llamar don Maggini», dijo Baroncelli. El teniente miró la lista, comprobó que estaba su nombre, y respondió: «Traédmelo *hier*, "aquí"». Se lo llevaron. Medio desmayado, cubierto de heridas y cardenales por la paliza que le habían dado los dos jovenzuelos, y perfectamente consciente de lo que le aguardaba. «¡No! ¡No quiero morir así!», chillaba. «¡Quiero un proceso, quiero un sacerdote!». Para obtener un sacerdote, llegó un momento en el que se puso de rodillas. Se abrazó a las piernas del teniente. «*Bitte*, Excelencia Ilustrísima, *bitte*! *Ein Priester, ein Priester*!». Pero la Excelencia Ilustrísima lo rechazó de una patada que lo lanzó despedido hacia atrás, y ni siquiera se molestó en formar un pelotón de fusilamiento. Mientras yacía en el suelo, lo agujereó a balazos.

—*Keine Zeremonien für briganta* (Nada de ceremonias con los *briganta*). Ahora tirad a agua, *schnell* (rápido).

El nombre de Giobatta también figuraba en la lista de rebeldes que debían ser eliminados, e ignoro a qué santo se debe que consiguiera salvarse. De aquellos días el abuelo Augusto se limitaba a contar: «Se quedó cuarenta y ocho horas en la ex cámara mortuoria. Escondido debajo de una mesa de mármol, sin comer, sin beber, sin moverse. Luego salió a hurtadillas. Se lanzó por los campos de Salviano y, cruzando por una brecha que se abría en la muralla al noroeste, se escapó. Alcanzó los bosques de Montenero, vivió allí durante tres semanas como un animal. Durmiendo al pie de los árboles, comiendo lo que pillaba, sin saber qué había sido de su familia y de sus compañeros». A cambio, sé por qué no se salvó el que encabezaba la lista, es decir, Bartelloni, y cómo contribuyó (involuntariamente, se entiende) Mariarosa a su ejecución. Ya de vuelta en su casa, Mariarosa no siguió el consejo «enciérrate con llave y, pase lo que pase, no salgas. No empieces otra vez a buscarme». En la calle San Carlos la gente estaba gritando que en el centro había habido una carnicería, que las matanzas se estaban extendiendo al resto de la ciudad, que la ciudad era un lago de sangre, y el temor de que Giobatta estuviese entre las víctimas fue superior a ella, así que, al caer la noche, salió en su busca. Siempre con Tommaso en los brazos, fue a buscarlo entre los muertos. Lo buscó durante toda la noche, contaba el abuelo Augusto, y nada la detuvo. Nada. Ni siquiera los «¡alto!, ¿quién va?» de los centinelas que disparaban hasta a las sombras. Ni siquiera el ser perfectamente consciente del riesgo al que exponía al niño, a aquel pobre niño zarandeado de un lado a otro como si fuera un fardo. Ni siquiera el horror del espectáculo ofrecido por el lago de sangre. Apenas atisbaba un cadáver iba corriendo a mirarlo, a comprobar que no se trataba de Giobatta, y cuando se encontraba con varios cuerpos amontonados dejaba a Tommaso en la acera. Separaba los cuerpos, los examinaba uno por uno. Cuando un centinela disparaba, lanzaba un «*bitte*» y continuaba su camino, impertérrita. Lo buscó también durante todo el sábado. En un determinado momento, hasta en la cámara mortuoria de la Misericordia, donde se tropezó con el cadáver de don Maggini y sintió enfermar. El domingo por la tarde decidió que quizá era mejor buscarlo entre los vivos, y fue a la calle Campanella 16. Uno de los refugios clandestinos que Bartelloni empleaba en la época en la que era conocido como *Gatto*, el apodo que le habían dado por su mirada relampagueante y sus andares felinos. Oh, ninguna lógica habría hecho suponer que fuera a encontrarse allí a Bartelloni. Los austriacos estaban rastreándolo por todas partes desde el viernes, y ese día la cacería se había recrudecido por orden del propio D'Aspre, enfurecido por la noticia de que el cónsul americano había puesto a salvo a Guarducci, disfrazándolo de oficial de la Marina estadounidense y embarcándolo a bordo de un barco que había zarpado en el acto rumbo a Boston. Una cacería meticulosa, llevada a cabo calle por calle, livornés por livornés. «¿Ti conocer *Partellone, nix*? ¿Ti saber dónde vivir *Partellone*?». Y, sin embargo, se lo encontró. Arrojado el fusil, se había encerrado allí con su amargura, y muchos creen que de haberse quedado se habría salvado. Sólo los fieles tenían la dirección de la calle Campanella 16. Lo malo fue que al ver a Mariarosa destrozada por la ansiedad, llorosa, al oírla sollozar «Gatto, ayúdeme, Gatto, dígame al menos si está vivo o muerto», su amargura se recrudeció. Al recrudecerse, apagó los últimos rescoldos de combatividad, todo instinto de supervivencia y, tras contestarle «váyase, mujer, yo no puedo ya ni ayudarme a mí mismo», le cerró la puerta en las narices. Después de cerrarle la puerta, se bebió una botella entera de aguardiente, abandonó el refugio. Como un suicida ansioso por morirse, empezó a deambular por las calles más vigiladas por las tropas y, junto al Hospital Cívico, le detuvo una patrulla de mercenarios granducales. ¡Alto! ¿Dónde va? ¿Quién es usted?

—Soy Enrico Bartelloni, llamado el *Gatto* —respondió—. Y voy a donde me sale de los cojones.

Luego se dejó conducir al Palacio Pretorio, donde despertaron inmediatamente a D'Aspre, y entre los dos se desarrolló el siguiente intercambio de frases.

—¿¡¿De verdad eres Bartelloni?!?

—Lo soy. Y, como buen italiano, buen republicano, odio a los enemigos de mi patria. Sobre todo a ti, general.

—¿Eres consciente de lo que estás diciendo?

—Soy consciente, soy consciente.

—Estás cavando tu propia tumba, Bartelloni.

—Estoy haciendo lo correcto, general.

Lo fusilaron al día siguiente por la tarde, a las siete, en la escarpa oeste de la Fortaleza Vieja, la misma desde la que en el siglo XVIII disparaban salvas para saludar a los barcos extranjeros, y por deseo explícito de D'Aspre fue una ejecución perfectamente reglamentaria. Los testimonios del teniente toscano Jacomoli y del jefe de guardias Pratesi, que estuvieron presentes junto a tres oficiales austriacos, así lo demuestran. Llegó cuando todos estaban en posición de firmes, refieren ambos, escoltado por un piquete que le alumbraba el camino con antorchas y por una escuadra de tambores. Estaba en mangas de camisa, sin cadenas, y sonreía burlón. Sonriendo burlonamente se puso él mismo contra el muro, la espalda hacia el mar, y le preguntaron si quería un sacerdote. Oferta que rechazó casi con desprecio. «Yo no necesito intermediarios para ir al cielo». Entonces le leyeron la sentencia, una vez en alemán y otra en italiano. Los tambores redoblaron y un soldado se le acercó para vendarle los ojos. Pero él lo apartó y, desabrochándose la camisa, le mostró el grácil pecho al pelotón.

—¡Ánimo, pedazo de bobos! Apuntad al corazón.

Cayó mientras gritaba «Viva Italia», y no terminó de pronunciar la palabra Italia. Las balas (cuatro en el tórax, una en el ojo derecho, otra en mitad de la frente) lo fulminaron un segundo antes.

—Viva Ita...

El cadáver, sin embargo, fue arrojado a una fosa común. (El sepulcro que le erigieron diez años después no contiene su cuerpo). Tuvo el mismo enterramiento que en 1861 recibiría su discípulo, muerto por las privaciones, las humillaciones, el dolor. Y con esto he llegado al angustioso epílogo de la difícil existencia que viví a través de Mariarosa y Giobatta.

* * *

Angustioso, sí. Tan angustioso que me desagrada contarlo, recordar el derrumbe en el que me desintegré en los años que precedieron a su muerte. Esa doble, descarnada, prematura muerte mía. Lo resumiré rápidamente, pues. Con el desagrado derivado de la impaciencia por borrar una pesadilla que ha durado siglo y medio.

16

Giobatta regresó de los bosques de Montenero el 8 de junio, escondido en una carreta cargada de repollos que lo descargó en la Plaza de las Hierbas. No podría haber elegido un momento más peligroso para volver. A pesar de las súplicas de Leopoldo, de los mensajes diarios en los que le hacía hincapié en que no ocupara la ciudad, el 25 de mayo Konstantin d'Aspre se había instalado en Florencia. Esto había reforzado el yugo bajo el que estaba sometida Livorno, y las posibilidades de escapar a los castigos de la ley marcial, sobre todo para los tipos acostumbrados a rebelarse, se habían vuelto prácticamente nulas. Prohibido pasear por las calles en grupo e ir a las posadas, los mesones, los teatros. Prohibido tener huéspedes, reunirse en casa con amigos. Prohibido tener las persianas echadas a cualquier hora del día o de la noche, y prohibido que las iglesias estuviesen abiertas entre el atardecer y el alba. Prohibido poseer banderas tricolores. («El estandarte del gran ducado es el blanco y rojo de los Habsburgo-Lorena. A éste puede unirse, únicamente, la bandera amarilla y negra con el águila bicéfala del Imperio. Los que contravengan a esta norma serán ajusticiados *in loco* e ipso facto»). Y prohibido cantar canciones patrióticas, obviamente. Prohibido imprimir libros y periódicos, prohibido leer los viejos textos revolucionarios, prohibido expresar opiniones malintencionadas sobre la familia real, prohibido mirar de forma hostil a las tropas y prohibido, incluso, iniciar o participar en peleas privadas. (Un joven cocinero fue fusilado por haber defendido a su novia, con un cuchillo de cocina, de dos canallas que querían violarla). Además, junto al gobierno militar actuaba la policía urbana, a la que se le había asignado la misión de localizar a los reos de lesa majestad. A los miembros del Círculo del Pueblo y de los Círculos Parroquiales. A los liberales, a los republicanos, a los demócratas que se habían destacado con Montanelli, Guerrazzi y Carlo Ponce Rum. Además de a algunos veteranos de Curtatone y Montanara. Gracias a la consabida red de espías, un rufián apellidado Casastini los localizaba, y se les azotaba en público. El suplicio consistía en apalearles en las plantas de los pies, lo ejecutaba un verdugo del ejército austriaco, y se llevaba a cabo en presencia de cuatro funcionarios toscanos. Casastini, un magistrado, un notario, y un médico encargado del paciente. (Al condenado se le llamaba «paciente»).

Regresó y, nada más llegar, lo atraparon. ¡Nada más llegar! El 9 de junio, Radetzky, ya con ochenta y tres años, fue a Livorno para pasar revista a las tropas del presidio y asistir a una fiesta celebrada en su honor. Fiesta para la que se les permitió a los ciudadanos agolparse en las calles. La curiosidad por ver de cerca al personaje que, desde 1831, domaba al país, fue superior a él y Giobatta se mezcló entre la multitud; cuando vio, en vez de a un soldado aterrador, a un vejete incapaz de mantenerse en la silla, exclamó: «¿¡¿Pero a qué esperas para dejar las riendas, sucio espantapájaros, momia babosa?!?». Y un espía lo oyó. Le identificó, informó a Casastini, y encontrarlo fue fácil. ¿Quién no conocía a la mano derecha de Bartelloni, al obseso que en la época de la República Independiente obligaba a los livorneses a arrodillarse delante de los árboles de la libertad, a lamer su tronco? ¿Quién se había olvidado del energúmeno por culpa del cual habían demolido la estatua, en definitiva, de Cantini, del subversivo con la cara desfigurada? Esa misma noche fue arrestado. Mientras dormía con Mariarosa y el niño, irrumpieron en las tres habitacionzuchas de la calle San Carlos 15, y ni siquiera se molestaron en buscar banderas rojas o tricolores. No le dieron tiempo ni para ponerse los zapatos. «Contigo no hace falta encontrar el cuerpo del delito, y en el sitio al que te llevamos no te van a hacer falta los zapatos». Descalzo, lo condujeron al cuartel que los austriacos llamaban *Schläger*, es decir, el «Golpeadero», y el suplicio tuvo lugar a la mañana siguiente, en un patio atestado de gentuza, que, para complacer a los nuevos amos, le insultaba en alemán. «*Schmutzig!, Verbrecher!, Lump!*» («¡Guarro!, ¡Delincuente!, ¡Vago!»). Un suplicio de manual, ejecutado escrupulosamente y con toda seriedad. Lo extendieron boca abajo sobre un banco de medio metro de ancho y dos de largo, y para impedirle que se moviera le aseguraron el cuerpo a los flancos con un torno de hierro que se adaptaba a las distintas complexiones. Le obligaron a estirar los brazos sobre la cabeza y se los bloquearon atándole las muñecas al banco. Las piernas, en cambio, se las inmovilizaron a la altura de los tobillos con otro torno, de forma que se le quedaran los pies colgando. Luego el verdugo uniformado, un tal Pavelic de Zagreb, se adelantó con la fusta y empezó a azotárselos, contando los golpes. «*Ein... Zwei... Drei... Vier... Fünf... Sechs...*». Los azotes debían ser ochenta en total. Pero rara vez se aguantaba hasta los ochenta. Cada golpe era como una descarga eléctrica que iba derecha al cerebro, el dolor era tan insoportable que dejaba sin fuerzas hasta para gritar o gemir, por lo que era frecuente desmayarse antes, y el médico tenía que solicitar una pausa u ordenar que parasen. Giobatta se desmayó al cuadragésimo golpe, y el médico ordenó que parasen. Incluso ordenó, además, que se lo llevasen a su casa en camilla y que permaneciera un mes en la cama. Pero el tarso, el metatarso y el talón del pie izquierdo, el que había sufrido más, se habían roto sin remedio. Un mes después, cuando el «paciente» se levantó de la cama e intentó caminar se dio cuenta de que no podía ni siquiera apoyarlo. Y desde ese momento empezó a moverse con muletas. Hasta tal punto que muchos lo llamaban *Storpio* (Tullido).

—Ve donde el Storpio. Pregúntaselo al Storpio. El Storpio vive allí.

¿Fue esto lo que provocó su hundimiento, lo que le destrozó, lo que envenenó los últimos diez años de su vida? ¿O bien fue la trágica muerte de Bartelloni y de don Maggini, la derrota, la desilusión que había destrozado ya al tío Giovanni? En cualquiera de los dos casos, una cosa es cierta: el hombre de veintisiete años que el 10 de junio de 1849 salió en camilla del *Schläger* era un hombre acabado, rendido para siempre. Espiritualmente, una ruina humana. Un segundo Giovanni que no quería volver a oír hablar de patria y unidad e independencia, de libertad y justicia. Tras abandonar

Roma (donde la República había caído bajo los cañonazos de los franceses, que habían intervenido en los asuntos italianos para devolverle el trono a Pío IX), el 19 de julio Garibaldi pasó por Montepulciano camino de Venecia, que aún resistía, para ayudarla. Desde Montepulciano difundió un llamamiento con el que animaba a los toscanos a que le siguieran, y muchos le siguieron. Pero Giobatta negó con la cabeza y dijo: «No iría ni aunque pudiese caminar». Finalizado el exilio en Gaeta, el 24 de julio un atontolinado Leopoldo desembarcó en Viareggio. Desde allí regresó a Florencia y, apoyado por la presencia de los austriacos, volvió a firmar decretos con los títulos antes repudiados: príncipe imperial de Austria, príncipe real de Hungría y Bohemia, archiduque de Austria, etcétera. Decretos que legalizaban el estado de sitio y, por lo tanto, los abusos, los arrestos, los homicidios, anulaban la Cámara de los Diputados y la libertad de prensa, es decir, confirmaban su papel de vasallo de su sobrinito Francisco José. Pero Giobatta se encogió de hombros y dijo: «Me da igual». Haciéndole la pelota a D'Aspre igual que cincuenta años atrás se la hiciera a Napoleón, ese verano la abyección de la aristocracia florentina tocó fondo. Gentilhombres, o así llamados gentilhombres, que abrían al invasor sus palacios, sus casas de campo, sus palcos en el Teatro de la Pérgola, y le ofrecían banquetes suntuosos. Bailes dignos de un maharajá. (Se trataba de los tatarabuelos y bisabuelos, no se olvide, de los cobardes que en 1938 se vistieron de frac para recibir a Hitler cuando acudió a visitar Florencia con Mussolini). Gentildamas, o así llamadas gentildamas, que coqueteaban con el enemigo, flirteaban, fornicaban con él peor que prostitutas consumidas de hambre. (Se trataba de las tatarabuelas y bisabuelas, no se olvide, de las cretinas sin dignidad alguna que en 1938 se pusieron sus mejores joyas para ir corriendo al Teatro Comunale y gritarle a Hitler: «*Führer, mein Führer!*»). Y una gran parte del pueblo, de ese pueblo al que siempre se absuelve en nombre de su ignorancia, se cubrió de idéntica o de casi idéntica vergüenza, gritando: «¡Viva *Cecco Beppe,** que nos

* Diminutivos de Francesco Giuseppe, es decir, Francisco José. (*N. de la T.*)

ha devuelto al *Babbo*!». Pero una vez más Giobatta negó con la cabeza, una vez más se encogió de hombros, y dijo: «¿Y yo qué voy a hacerle?». Lo dijo también en 1850, cuando el gobierno de Livorno pasó al general Folliot de Crenneville: un hombrecillo vanidoso y cruel, hijo de un aristócrata parisino que se había refugiado en Viena huyendo de la guillotina, al que le gustaba arrancarles la barba y los bigotes a sus víctimas o romperles los dientes con la culata de la pistola. Lo dijo también en 1851, cuando los hermanos Stratford d'Albourough, tres jóvenes ingleses devotos de la causa italiana, fueron juzgados junto a cuarenta y siete livorneses por una corte marcial que pronunció treinta y ocho condenas a la horca. Y también en 1853, cuando terminó el añoso proceso a Montanelli y a Guerrazzi, al contumaz Montanelli lo condenaron a cadena perpetua y al detenido Guerrazzi a tres lustros de cárcel. Y luego, en 1856, cuando las tropas austriacas dejaron Toscana, dijo algo aún peor.

—¡Bah! Tanto si se quedan como si se van, para mí no cambia nada.

¿Un segundo Giovanni? No, en esta criatura apática y resignada no veo ni siquiera a un segundo Giovanni, que, lanzando imprecaciones contra los sueños y los ideales, desaparece en la nada. Veo sólo una sombra que arrastra con las muletas un cuerpo martirizado y un alma apagada, un cojo al que se le ha arrebatado hasta la consciencia del sufrimiento, y en cuya mirada vuelve a estancarse la muerte. De hecho, me quedo de piedra cuando leo en los registros lo que el abuelo Augusto siempre se olvidó de contarme: después de que le torturaran tuvo otros cinco hijos. El 8 de marzo de 1850 nació Assunta: muerta inmediatamente a causa de un ataque de tos. El 10 de mayo de 1851, Alfredo: sobrevivió. El 10 de diciembre de 1853, Ermenegilda: sobrevivió. El 21 de octubre de 1855, Egidio: muerto a los diez días de pulmonía. El 16 de septiembre de 1857, Giuseppe: asesinado a las tres semanas por la difteria. ¡Cinco, caray, cinco! ¿Pero de dónde se sacaba aquel Giobatta el vigor necesario para dejar encinta a su mujer? ¿Del único sentimiento que le quedaba, el amor hacia su esposa, y del instinto biológico que empuja a una ameba a escindirse, es decir, a procrear?

¿De la desesperada sexualidad de los parias que encuentran en el coito el consuelo a sus desgracias, la revancha sobre sus miserias, por lo que pobres enfermos indigentes producen sin parar a seres que, salvo que se produzca un milagro, serán a su vez otros pobres enfermos indigentes? Porque entonces ya era paupérrimo. Quizá tan pobre como Natale en la época en la que los Cantini de San Jacopo in Acquaviva vivían en el tugurio con el orinal sobre la mesa de la cocina. Y, sin duda, mucho más pobre que cuando no trabajaba porque su único oficio conocido era el de revolucionario, por lo que la familia salía adelante con los remiendos de Mariarosa, las limosnas de Teresa, los embutidos regalados por Bartelloni. Y no es que ahora no trabajase... Trabajaba, y cómo. En casa. Desaparecido Demi y con Demi, el taller de la calle Borra, tallaba alabastro. Un material que, al ser más blando que el mármol, no requiere arneses especiales ni esfuerzos excesivos. Esculpía estatuitas para vendérselas a los turistas. Procaces ninfas desnudas, Madonnas. Parejas de enamorados, cabezas de Dante Alighieri. O copias minúsculas de los Cuatro Moros y de la Torre de Pisa. Luego las metía dentro de un canasto, se ataba el canasto a la espalda, y se iba en busca de clientes al muelle o a la puerta de los hoteles. «¡Suvenires de Livorno, señores, suvenires! ¡Alabastro puro, señores, a una lira la pieza! ¡Ánimo, señores, compren, *bitte*! ¡*Please*, por favor,* *s'il vous plaît*!». Pero la ciudad estaba llena de rivales que, sin el impedimento de unas muletas, corrían detrás de los turistas y les vendían la misma mercancía. Y si no lo acompañaba Tommaso, que ya era un chicuelo de piernas rápidas y mente despierta, la respuesta era casi siempre una mueca grosera. «*Nein, gehen Sie weg, nein*! *I have already bought it, go away*!, *Je viens de l'acheter, ne m'emmerde pas*!» (Ya lo he comprado, no me toques los cojones, ¡largo!). Cojera aparte, ¿podía acaso dedicarse a un oficio más cómodo o más rentable? Para los reos de lesa majestad estaba entonces vigente una ley no escrita. La estúpida y pérfida ley que en el siglo siguiente se llamaría Depuración y que los fascistas aplicarían a los antifascistas, los antifascis-

---

* En castellano en el original. (*N. de la T.*)

tas o supuestos antifascistas a los fascistas: «En vista de que no te he matado, te quito el trabajo. Te prohíbo, te impido trabajar».

Mariarosa, en cambio, trabajaba de lavandera. Y cada vez que lo pienso se me pone un nudo en la garganta. Porque no he olvidado, no, los humillantes esfuerzos que hice cuando era Mariarosa y trabajaba como lavandera. No las he digerido, no, aquellas cestas de ropa mugrienta que llevaba hasta el lavadero de la calle del Lavadero. Aquellas sábanas malolientes, aquellas bragas y aquellos calzoncillos manchados de mierda, aquellos pañuelos llenos de mocos que restregaba enjabonaba aclaraba estiraba a media lira la cesta... ¿Coser? ¡Ay! Ya habían inventado la máquina de coser. En la Exposición Universal de París, en 1855, Isaac Singer había ganado el primer premio con una maravilla llamada Dorso de Tortuga [*The Turtle Back*] y su fábrica las producía en serie. Las exportaba hasta a Livorno, donde se exhibían en los escaparates de la vía Grande, con el precio puesto. Mil quinientas liras, es decir, trescientos escudos, lo que costaban dos bueyes. Pero si Dios me hubiese regalado una, la habría rechazado con un «no, gracias». Los trajes de las mujeres, mejor dicho, los trajes de las mujeres ricas, se habían convertido en unos ingenios infernales. Corsés sujetos por docenas de ballenas y cerrados por lazos que te estrujaban hasta reducir la circunferencia de la cintura a cuarenta centímetros. Mantones al sesgo, escotes drapeados. Forros sobre forros, volantes sobre volantes, faldas que parecían la cúpula de una catedral. Tan anchas, Jesús, tan exageradas, que por los bordes no medían nunca menos de siete metros y no conseguían sostenerse ni siquiera con una crinolina. Tenían que llevar debajo un armazón de círculos metálicos llamado *cage*, y todo eso requería una habilidad que yo no poseía, además de un taller lleno de ayudantas. Por lo tanto, ya no cosía. Remendaba, eso sí. Entre colada y colada, todavía remendaba. Pero los trapos de los miserables con remiendos hasta en el culo, no los encajes de los extranjeros que se alojaban en el Peverada. Para remendar se precisa pulso firme, y mis manos temblaban continuamente. Por culpa de la desnutrición, creo. (En aquella época ya no estaba gorda. A fuerza de privaciones había bajado a sesenta kilos, y la piel me colgaba y se me arrugaba sobre el cuerpo como la de los elefantes).

¿O quizá temblaba por la angustia, por la infelicidad en la que me consumía? Santo cielo, me había enamorado de un hombre guapísimo y ahora vivía junto a un lisiado con una máscara desfigurada en el lugar de la cara. Me había casado con una especie de león que en la guerra le hacía frente a hordas de austriacos, en la paz conducía a las masas al asalto de arsenales o evangelizaba a fuerza de golpes a todo aquel que pensase de forma distinta a la suya, y ahora vivía junto a una larva. Un fantasma que sólo sabía dejarme embarazada, obligarme a parir hijos que a él le traían sin cuidado. Y era inútil protestar, «Giobatta, no me toques; estoy cansada; no tengo ganas». (¿Quizá había dejado de amarle? Esa duda me asaltaba con frecuencia). Pero la angustia, la infelicidad, también procedían de la presencia de mi ex enemiga, Teresa. En 1853 Gasparo había entregado su alma a Dios, Teresa se había quedado sola, Giobatta me la había llevado a la calle San Carlos 15, donde había tenido enseguida un ataque de cataratas y... ¡En la oscuridad, la desdichada vivía en la oscuridad! Había que vestirla, desnudarla, darle de comer, sentarla en el orinal, limpiarla, y yo no dejaba de preguntarme: ¿cómo es posible que antes yo fuera tan alegre? ¿Cómo es posible que estuviese siempre riéndome, siempre cantando, que me sintiese tan feliz por estar en este mundo? Luego, sin pensar en qué sería de mis niños, rezaba: «Dios mío, llévanos pronto contigo, a mí, a él y a la ciega».

Deseo que, con exquisita amabilidad, el Omnipotente empezó a satisfacer en 1859. Porque, en el curso de unas pocas estaciones, los tres volaron al cielo.

* * *

Teresa voló al cielo, murió, al alba del 26 de abril de 1859. (El mismo día en el que estalló la segunda guerra de Independencia y Florencia se levantó en armas, expulsó para siempre a Leopoldo y a los Habsburgo-Lorena. El mismo año en el que los piamonteses, guiados por la nueva estrella, Camillo Benso conde de Cavour, y por el nuevo Saboya, Víctor Manuel II, y aliados con la Francia de Napoleón III, derrotaron a los austriacos en Magenta. Los obligaron a retirarse al Véneto y a firmar el armisticio de Villafranca, pero Napoleón III hizo trampas y, en un encuentro secreto con Francisco José, se apropió de Lombardía). Murió de un ataque de asma, la pobre Teresa, y tan rápido que apenas si tuvo tiempo de revelarle a Giobatta con quién lo había concebido. «No puedo irme sin confesarte la verdad, hijo. Tu padre no era tu padre. Tu padre era tu tío». Palabras que oyó Tommaso, ya de once años, y que se las referiría de viejo a su primogénito, es decir, al abuelo Augusto, y a las que Giobatta respondió con una salida conmovedora.

—Gracias, mamá. Eso me consuela.

Mariarosa murió en el otoño de 1860. (El mismo año en el que, para apropiarse de Lombardía y anexionarla a Piamonte, Cavour se plegó al chantaje y cedió a Francia Niza y Saboya. El mismo año en que también Toscana y Emilia y Las Marcas y Umbría eligieron la anexión y, a través de una serie de plebiscitos, se entregaron al heredero de Carlos Alberto, al que ya se tenía por el único capaz de unir el país. Y el año en el que Garibaldi desembarcó con sus mil Camisas Rojas en Marsala, liberó la Italia meridional, desbaratando a las ineptas tropas borbónicas, y en el fatal encuentro de Teano se la regaló a Víctor Manuel). En el caso de Mariarosa, digo «otoño de 1860» y punto porque la fecha de su muerte está tan incompleta como incierta es la de su nacimiento. El registro de defunciones no proporciona ni el mes ni el día. Con todo, sé que murió de tuberculosis, con poco más de treinta años. Y que al final parecía un esqueleto. Pesaba cuarenta kilos. Además, sé que murió con estilo, pronunciando un despectivo juicio sobre los Saboya y una sorprendente profecía acerca de su futuro, es decir, demostrando que su fervor político no se había extinguido. «Nos han dado por culo, Giobatta. En vez de la República, nos han colocado a los descendientes del *Re Tentenna*. Se necesitarán cien años para echarlos, a esos *forcaioli*».* Por último, sé que fue enterrada en el Cementerio de' Lupi y que, al no poderle comprar una lápida, Giobatta ador-

---

* Término acuñado por el periodista Vassallo, derivado de *forca*, «horca», con el que se designaba a los conservadores y moderados. (*N. de la T.*)

nó su tumba con un pequeño bloque de alabastro en el que grabó con letras minúsculas el siguiente epitafio: «Mariarosa Cantini / patriota / corazón intrépido y generoso / Inclinaos ante su memoria / vosotros que pasáis». Giobatta murió en 1861, el año en que una fiebre cerebral acabó con Cavour y en que Víctor Manuel II fue proclamado rey de Italia. Murió el 17 de noviembre, la víspera de su 38º cumpleaños, arrollado por una carroza de doble tiro. Aquel día no había salido. Llovía, hacía frío. Pero en la casa no había nada que comer, Ermenegilda y Alfredo lloraban «tengo hambre, papá, tengo hambre», y hacia el atardecer le dijo a Tommaso: «Quédate aquí con ellos. Yo voy a ver si vendo alguna Torre de Pisa, si me saco algún sueldo con el que comprar algo de cena». Luego llenó el canasto de estatuillas, se lo cargó sobre la espalda, y, agarrado a las muletas, dejó la calle San Carlos. Se dirigió hacia el Hotel Gran Bretaña. La carroza lo embistió en el cruce entre la calle de las Comedias y la calle San Sebastián. Después de pasarle por encima, el cochero siguió su camino, se perdió en la noche como si en vez de a un hombre hubiese aplastado un perro, y el cadáver se quedó allí toda la noche, empapándose del agua de la lluvia: el canasto todavía atado a la espalda, las muletas todavía bajo los brazos, y las estatuillas hechas añicos. Sólo al llegar el alba los barrenderos lo recogieron para descargarlo en la cámara mortuoria de la Misericordia, el local en el que lo encontró Tommaso al día siguiente, con un cartelito colgado del pie que le había destrozado el verdugo Pavelic de Zagreb. Un cartelito en el que habían escrito: «Identidad, desconocida. Edad aparente, cincuenta o sesenta. Oficio aparente, tallista de alabastro. Estado social aparente, miserable». Y no sirvió de nada que Tommaso se pusiese a llorar «es mi papá, por favor, entiérrenlo con mi mamá». Para abrir la tumba de Mariarosa había que pagar, así que lo sepultaron en el camposanto de la Confraternidad, dentro de una fosa común señalada con una cruz de madera y punto.

—¿Qué mas da un sitio u otro, chico? Y su nombre ya lo conoce Dios.

Tommaso tenía trece años y cuatro meses cuando se quedó huérfano. Alfredo, diez años y seis meses. Ermenegilda, casi ocho años. Al carecer de parientes, el municipio de Livorno los envió a un hospicio de Pisa, y fue en Pisa donde crecieron. En Pisa, Tommaso se hizo también marmolista y luego tallista de alabastro, se metió también en política, militando en el Partito d'Azione [Partido de Acción] de Mazzini y participando con Garibaldi en la tercera guerra de Independencia. En Pisa, además, se casó. En 1873, con Augusta Ciliegioli, de veintiún años, que lo dejó viudo en un abrir y cerrar de ojos. En 1875, con la hermana de ella, de dieciocho años: Zaira. Del segundo matrimonio nació el abuelo Augusto: ya puedo borrar la pesadilla que ha durado siglo y medio. Ya puedo devolver al silencio a esos dolorosos fantasmas de mí misma, y rastrearme en la vidas que viví en la otra rama de la familia. Comenzando por la fascinante bisabuela polaca y el aristocratísimo bisabuelo turinés cuya historia se desarrolla, al menos durante un cierto tiempo, sobre el telón de fondo de la riqueza, la elegancia y el lujo. Aleluya. ¡Aleluya, aleluya!

CUARTA PARTE

1

Mi primer nombre tenía que haber sido el de mi bisabuela paterna. Anastasìa. Así lo deseaba su hija, es decir, la abuela Giacoma, a pesar de que Anastasìa le infligió dos agravios imperdonables: abandonarla nada más nacer en un orfelinato de Cesena y, veinte años después, seducir a su futuro marido, es decir, al abuelo Antonio. «Qué le vamos a hacer. No lo hizo por maldad». Así lo deseaba el abuelo Antonio (Fallaci), que aún seguía enamorado de ella, a pesar de que hubiera transcurrido ya medio siglo, y que no lo ocultaba. «Pues sí, señor, sí. No se me va de la cabeza esa hechicera». Así lo deseaban mis padres, que sentían hacia Anastasìa una admiración incondicional y que, decididos a perpetuar su recuerdo a través de mí, sólo dudaban de si el acento había que ponerlo sobre la *a* o sobre la *i*. ¿Anastasia o Anastasìa? Sin embargo, cuando descubrieron el motivo por el que la abuela Giacoma la había perdonado, es decir, cuando el abuelo Antonio les reveló que la hechicera había muerto suicida, cambiaron de idea. Replegando velas hacia Proust me llamaron como a la duquesa de Guermantes, y Anastasia (sin acento) fue mi segundo nombre, seguido del de mi abuela materna. Oriana Anastasia Talide. Una pena. Siempre he lamentado no llamarme como la singular antepasada cuya historia no se parece a ninguna otra, la extraordinaria bisabuela a la sombra de cuya leyenda he vivido mi última vida.

Sé muchas cosas sobre Anastasìa. La abuela Giacoma y el abuelo Antonio hablaban con frecuencia de sus peripecias y extravagancias, de sus aventuras y peculiaridades, que ella les había confiado antes de suicidarse. Para empezar, sé que en vez de italiano hablaba francés. Que fumaba como un hombre, que bailaba el vals, que era muy inteligente y una feminista *avant la lettre*. Sé que su apellido era Ferrier, que había nacido del amor de una adolescente turinesa perteneciente a la iglesia valdense (de ahí que hablara francés, la lengua que hablaban todos los valdenses de Piamonte desde el siglo XVII) y de un joven polaco de Cracovia; que jamás conoció a su padre, muerto por los austriacos en la revolución de 1846, y que apenas si conoció a su madre, muerta de dolor al poco tiempo. Sé que en Turín vivía en la vía Lagrange, al cuidado de una tía, la *Tante* Jacqueline, y bajo la protección de Giuditta Sidoli, la amiga de Mazzini. Sé que con los hombres no se hacía la tímida y que a los dieciséis años tuvo un *flirt* con su coetáneo Edmondo De Amicis. A los diecisiete, un lío sin importancia con el jefe de policía que la había detenido durante una revuelta en contra del gobierno. A los dieciocho, la violenta pasión hacia el celebérrimo y ultra aristocrático personaje del que se quedó embarazada y del que en casa estaba prohibido hasta mencionar su nombre. «Silencio. Él no cuenta». (Pero sí que cuenta. Me guste o no, era mi bisabuelo. Y aunque no vaya a desvelar el secreto de su nombre, tan celosamente ocultado por mi familia, no puedo ignorar que entre mis cromosomas están también los suyos). Sé también que, tras abandonar el fruto de aquella pasión, es decir, a la abuela Giacoma, huyó a Nueva York, a donde llegó dos meses antes de que Lincoln fuera asesinado. Allí se unió a una caravana de pioneros que se dirigían hacia el Oeste y en cuya compañía, disparando contra los indios, atravesó las praderas de Misuri, Kansas, Colorado, y se quedó en Utah, donde estuvo a punto de casarse con un mormón que tenía ya seis mujeres. De Utah fue a Nevada, con idéntica desenvoltura se unió a un jugador de cartas y tahúr. De Nevada, a California, donde durante mucho tiempo dirigió un *saloon* (¿o un burdel?) de San Francisco. En definitiva, sé que quizá fue una madame. Por último, sé que regresó de América en 1879 y que ese año recogió a su hija, con la que vivió dos lustros, hasta que la abuela Giacoma se casó con el abuelo Antonio... De ella recuerdo también una fotografía (más tarde desaparecida en una mudanza), tomada a inicios del año 1864 en el estudio de Henri La Lieure de Turín. El retrato era el de una jovencita inolvidable, la imagen misma del encanto irresistible. Rostro bellísimo, con altos pómulos de eslava. La mirada fija; los ojos clarísimos, quizá de un color verde tenue o quizá celeste pálido. Nariz perfecta, labios carnosos y displicentes, cuerpo algo grueso de más pero perfectamente moldeado y estilizado por un elegantísimo traje negro. (Falda de volantes, corpiño cerrado por minúsculos botones, mangas hasta el codo, y escote trapezoidal). En la cabeza, un gran sombrero adornado de plumas negras, plumas de avestruz, y todo ello rematado por una cascada de largos cabellos dorados. Sobre el seno, una rosa amarilla. El mismo color de la sombrilla para protegerse del sol. El encanto, sin embargo, no emanaba de su belleza o de su elegancia. Emanaba de su mirada, de su gesto, de la pose que había elegido. Haciendo caso omiso de la etiqueta que imponía a las mujeres que sólo se retratasen sentadas, ella estaba de pie: los hombros muy derechos y las piernas ligeramente separadas. Y la sombrilla no la sostenía como solían hacerlo las señoras, es decir, con una sola mano y apoyando la punta en el suelo. La sujetaba horizontalmente, la mano derecha sobre el pomo, la izquierda sobre la punta, y la apretaba de una forma tan agresiva que, más que una sombrilla, parecía un fusil. «Tú intenta faltarme al respeto, que ya verás». En cuanto a la mirada, ¡Dios! De aquellos ojos fijos y clarísimos emanaba una arrogancia tal, un gesto tan desafiante y provocativo, que al observarlos sentía una especie de miedo y me olvidaba de que sólo estaba ante una imagen de mi paso a través del Tiempo.

Y, con todo, no tengo nada que me demuestre que Anastasìa existió y que yo soy su biznieta. A la abuela Giacoma la inscribieron como «hija de padre y madre desconocidos», y sobre Anastasìa no existe ni siquiera el documento que firmó para recuperarla en 1879, cuando regresó de América. (¿Quemado? En Cesena, durante la Segunda Guerra Mundial, muchos documentos de los archivos del orfelinato fueron quemados. Las tropas aliadas los usaban para encender las estufas, calentarse). Peor aún: ni siquiera existe prueba alguna de que su apellido fuese realmente Ferrier. En ese sentido, el único indicio lo proporciona la nota anónima encontrada en la bolsita multicolor que Anastasìa colgó del cuello de la recién nacida antes de abandonarla en el orfelinato. «*Elle est née à minuit. Je vous demande la courtoisie de l'appeler Jacqueline Ferrier*» [«Ha nacido a medianoche. Les ruego tengan la amabilidad de llamarla Jacqueline Ferrier»]. La bolsita se ha salvado de las llamas, la nota no; pero que el apellido que se le dio a la hija de «padre y madre desconocidos» fue Ferrieri (luego convertido, por el error de un escribano, en Ferreri) es un hecho. Y es un hecho que Ferrieri es la forma italiana de Ferrier, Giacoma la de Jacqueline, y que Jacqueline era el nombre de la *tante* que crio a Anastasìa en la vía Lagrange. Y es un hecho, además, que su madre se llamaba Marguerite Ferrier y que la parió a los diecisiete años, sin haber podido llegar a casarse con el joven polaco muerto por los austriacos. Lo contaba la abuela Giacoma, añadiendo perentoriamente que los Ferrier de Turín pertenecían a la comunidad valdense de Ville Sèche: un pueblo de Val Germanasca en Piamonte. Y, salvo que se trate de un caso de homonimia, en los registros de Ville Sèche, hoy Villasecca, he encontrado la confirmación. «Marguerite Ferrier, fille de Thomàs et de Judith Jahiers, nèe le 14 Mai 1829, le 24 du même mois a reçu le Saint Baptème». [Marguerite Ferrier, hija de Thomàs y de Judith Jahiers, nacida el 14 de mayo de 1829, el 24 del mismo mes ha recibido el Santo Bautismo]. El problema es que no me basta. Aunque haya probado la identidad de Marguerite me sigue quedando una laguna, me sigue faltando un eslabón de la cadena... Oh, lo he buscado: puedes creerme. Con testarudez, con desesperación. En Turín, en Cesena. En otros valles de la comunidad valdense, en América. Lo he buscado hasta en las listas de los emigrantes que desembarcaron en Nueva York en 1865, en las de los mormones que vivían en Salt Lake City, en las firmas de las madame que trabajaban en San Francisco. He hojeado y estudiado miles de páginas para dar con ese eslabón. Pero era como perseguir a una sombra o buscar una aguja en un pajar. Y leyendo lo que la Iglesia Católica hacía con los niños ilegítimos de las valdenses, meditando luego sobre la infancia de Anastasìa y sobre el detalle de que a Nueva York fue con un pasaporte falso, he terminado entendiendo el motivo. Su nacimiento nunca fue registrado, nunca se comunicó. Su existencia nunca fue legalizada por un sacerdote o un pastor o un empleado del ayuntamiento. Fantasma de carne y hueso, durante dieciocho años careció de un papel que certificase su existencia. Aquel pasaporte falso fue su primer documento y luego tuvo siempre identidades imaginarias, apellidos robados. En Cesena, por ejemplo, después de regresar de América, usaba el apellido Brighi: muy común en Romaña y, sobre todo, en esa ciudad. Pero la única Anastasìa Brighi que figura en los registros de Cesena es una ex colona nacida en 1799 y casada con un tal Amadori Giuseppe, domiciliada en la calle Carpineta y fallecida en 1887 con casi noventa años de edad.

Quizá el arcón de Caterina contenía alguna huella de su auténtica identidad. Quizá contenía alguna prueba tangible de sus identidades imaginarias y de sus increíbles aventuras. Alguna carta del celebérrimo y nobilísimo bisabuelo, el hacha de un siux, la licencia para regentar el *saloon* (¿o el burdel?) de San Francisco, la verdad sobre su relación con el abuelo Antonio. Recuerdo perfectamente el enorme sobre atado con un lazo verde y colocado encima de los recuerdos preciados de los Fallaci, de los Cantini, de los Launaro, unos días antes de que el arcón empezase a ir de un rincón a otro de Florencia huyendo de los bombardeos. Pero no abrí jamás aquel enorme sobre. Para reinventar su saga, por lo tanto, tengo que conformarme con el recuerdo de su fotografía y con las historias que oí contar al abuelo Antonio y a la abuela Giacoma. (Sonora y alegre la voz de él, queda y triste la de ella.) Algo que me dispongo a hacer a partir de los dos jóvenes y trágicos amantes que la engendraron, el tatarabuelo Stanislao y la tatarabuela Marguerite. Él, muerto a los veintiún años, a manos de los austriacos, y ella a los diecinueve: ahogada en un torrente de los Alpes Cotianos.

2

Mi memoria avanza a tientas entre una especie de neblina cuando regreso a la época en la que me llamaba Marguerite Ferrier, tenía dieciséis años, vivía en Turín y pertenecía a la Iglesia Evangélica Valdense. La Iglesia que, con anterioridad a Lutero, a Calvino, a los grandes reformadores, se había opuesto al catolicismo y rechazado al Papa, a los cardenales, a los obispos, a los curas, a la Virgen, a los santos, a las santas. Y, con ellos, la misa, la eucaristía, el purgatorio, el ayuno, la confesión. («Cristo está en el cielo, no en las catedrales, y para rezarle basta con la Biblia. La Virgen María era una mujer igual que las demás; la hostia consagrada no es más que un pedazo de pan; y lo del purgatorio, una mentira. Los viernes también se puede comer carne, los pecados se le confiesan al Señor y punto...»). De cómo era entonces, en el *Anno Domini* 1845, lo único que puedo decir es que no carecía de atractivo físico. Tampoco de falta de cabeza. Cuerpo grácil como el de un pajarillo, seductor a su manera. Rasgos delicados, grandes ojos lánguidos, cabellos largos y lisos, recogidos en una hermosa trenza de color castaño, y una indumentaria modesta, pero no exenta de gracia. Lo que es lo mismo, la ropa que imponía nuestra tradición. Sobre los hombros, una mantilla blanca con franjas: la *pèlerine vaudoise*. Sobre la falda, de color negro y hasta los pies, un delantal blanco también: el *tablier vaudoise*. En la cabeza, una cofia rígida, igualmente blanca, y adornada con lazos por detrás: la *coiffe vaudoise*. En las manos, mitones de hilo: los *mitaines vaudoises*. Y en mi pobre cerebro, el vacío de una cáscara vacía. Aunque sabía leer y escribir —entre los valdenses el analfabetismo era más infrecuente que en el resto de la población—, nunca había puesto los ojos sobre un periódico, una novela, un libro que no fuese la Biblia. (De haberlo hecho hubiese cometido un pecado mortal). Ignoraba, por lo tanto, todo cuanto ocurría fuera de los límites de mi pequeño mundo, no tenía ni la más mínima idea de lo que significaban las palabras «patria» o «libertad» o «justicia», y mis deseos eran de una banalidad desconcertante: casarme, traer al mundo a hijos temerosos de Dios, e ir al Cielo. De hecho, no me rebelaba jamás, no desobedecía jamás, y creía que era feliz. Pero recuerdo que un siglo después, cuando tenía diez años y una pariente valdense, llamada tía Febe, me llevaba a su capilla en Florencia, caía en profundas crisis de melancolía. Y no tanto porque la capilla fuese una enorme habitación desnuda, sin más adorno que los bancos, el crucifijo y un atril desde el que el pastor, vestido con toga, se dirigía a los fieles con el tono de un maestro de escuela, es decir, no tanto porque no hubiese velas encendidas ni oros ni estatuas ni frescos con ángeles ni un altar con el sacerdote vestido como un brujo o un rey de cuento, en definitiva, ninguna de las teatrales distracciones de la Iglesia Católica, sino porque sentía que me encontraba en un lugar en el que antiguamente había sufrido mucho. «Canta», me ordenaba cada cierto tiempo la tía Febe, tendiéndome el Libro de los Salmos y señalándome cuál era el que había pedido que cantásemos el hombre de la toga, y yo cantaba junto a los fieles. «*¡Sobre ti, Jesús, divino / cordero inmaculado, / deposito mi pasado / repleto de iniquidades!*». O: «*Ten piedad de este miserable / oh, Cristo Salvador, / que dilapidó en ofenderte / la vida, los bienes y su honor*». (O algo por el estilo). En vez de distraerme, eso me daba ganas de llorar: sentía la extraña consciencia de que estaba repitiendo una experiencia angustiosa, regresando a una época dolorosa y jamás olvidada de mí misma. A la época (ahora me doy cuenta) en la que era Marguerite Ferrier y llevaba el delantal valdense, la cofia valdense, los mitones valdenses, símbolo de mi herejía calvinista y causa intrínseca de mi infelicidad.

De acuerdo, en Piamonte los valdenses nunca habían tenido una vida fácil. Desde que llegaron allí, en el siglo XIII, huyendo de las matanzas con las que Inocencio III los estaba diezmando en el

Languedoc y en otras zonas de Francia y, sobre todo, desde que se habían sumado a la reforma de Calvino, el suyo había sido un calvario sin fin. Antes de que Manuel Filiberto les concediese el territorio a los pies de los Alpes Cotianos, es decir, los valles de Torre Pellice y de San Martino, los catolicísimos Saboya los habían perseguido por todos los medios que les proporcionaba la Inquisición: arrestos, torturas, hogueras en la plaza pública, la horca. Y más tarde, lo mismo. En 1655 Carlos Manuel II mató a tantos que fueron necesarias las amenazas de Cromwell para detenerlo; en 1686 Víctor Amadeo II exterminó a diecisiete mil y expulsó a los tres mil supervivientes, que sólo gracias a la intervención de los monarcas protestantes habían podido regresar, y en el siglo XVIII habían vivido en una especie de limbo asediado por los curas que metían en él sus parroquias. El único elemento de cohesión, la lengua que todos ellos hablaban en lugar del italiano: el francés. Sólo habían llevado una existencia como ciudadanos normales durante el periodo napoleónico, cuando se les concedió libertad de culto sin condiciones y muchos se trasladaron a Turín para convertirse en funcionarios del Estado. Con el Congreso de Viena, sin embargo, ese paréntesis de alivio se cerró y en 1845, el año en el que comienza la historia de Marguerite, las cosas iban tirando a mal. En 1845 reinaba el ambiguo Carlos Alberto, ¿recuerdas? Su ministro de Asuntos Exteriores era el despiadado conde Solaro, su padre espiritual el pérfido arzobispo Franzoni, y para la religión del Estado, es decir, la religión católica, los valdenses eran aún unos herejes. En los valles, el gobierno los trataba como a súbditos indeseados y en Turín como a huéspedes non gratos. Prohibido ir a la escuela primaria y a la universidad. (Para aprender a leer y escribir tenían que recurrir a familiares o a correligionarios. Para obtener una licenciatura, ir a Lausana o a Ginebra). Prohibido enterrar a sus muertos en el cementerio municipal, es decir, en tierra consagrada. (Para enterrarlos tenían que conformarse con un recinto designado para los suicidas y los ajusticiados, o llevarlos a los cementerios valdenses de los valles. Viaje por el que había que desembolsar una importante cantidad al erario). Prohibido acceder a empleos en el sector público, ejercer las profesiones de médico o abogado, expresar ideas o pretender derechos políticos. Desaconsejado ingresar en los hospitales donde el personal los sometía a todo tipo de vejaciones, por lo que en vez de curarse morían en un santiamén. Dado que la observancia de su culto sólo les estaba permitida dentro de los límites del territorio que les había concedido Manuel Filiberto, en Turín no contaban siquiera con un templo en el que celebrar los oficios dominicales. Para cantar juntos los salmos y leer juntos la Biblia tenían que ir, a escondidas, se entiende, a la Capilla de Prusia. Es decir, a la capilla que un Real Decreto de 1825 autorizaba a tener en los locales de la embajada de Prusia para los diplomáticos metodistas y anglicanos, y donde al pastor se le denominaba, prudentemente, capellán de las legaciones. En cuanto a contraer matrimonio con los católicos se consideraba un delito tanto en Turín como en los valles. Para casarse con un católico o una católica tenían que abjurar de su religión, lo que equivalía a romper todo lazo con su familia y su comunidad.

En cualquier caso, tanto en Turín como en los valles, la peor parte se la llevaban las mujeres. Porque si una valdense se quedaba embarazada fuera del matrimonio y la policía arzobispal se enteraba, los curas vigilaban de cerca su embarazo y, nada más producirse el parto, secuestraban al recién nacido. Lo arrancaban literalmente de los brazos de la madre, lo ingresaban en el Hospicio de los Catecúmenos en Pinerolo, y aquí lo educaban según la doctrina de la Iglesia Católica Apostólica Romana. Salvo que abjurase, la madre no volvía a verlo. Y era inútil buscar escapatorias. En 1828 François Gay, pastor de Villar Bobio, un pueblo de Val d'Angrona, había bautizado al hijo de una joven soltera: Anne Catalin. Fue denunciado inmediatamente a la autoridad judiciaria y el moderador, Pierre Bert, le escribió la siguiente carta al ministro del Interior, el conde Roger de Cholex. Resumo: «Permítame, señor ministro, que le exprese algunas observaciones. Como es sabido, toda relación carnal sostenida fuera del matrimonio es ilícita y está condenada por las leyes divinas y humanas incluso cuando no ocurre por maldad sino por ignorancia o por los estímulos con los que el caótico imperio de los sentidos doblega, desgraciadamente, a los más débiles. Es por esto por lo que una sabia policía controla a las mujeres encinta e intenta prevenir los infanticidios. Pero de la denuncia al pastor François Gay se deduce que todos los niños ilegítimos pertenecen a la Iglesia Católica Apostólica Romana, que ningún pastor protestante puede o debe bautizarlos y, honestamente, no entiendo sobre qué ley está basado este principio. En los treinta años que he pasado en los valles nunca he encontrado nada que lo justificase. Ésta es, pues, mi opinión sobre el asunto. Si la madre, por su propia voluntad, entrega al hijo al Hospicio, está claro que ella pierde todo derecho sobre el recién nacido y que nosotros no podemos bautizarlo. Pero si, guiada por el amor maternal o por algún otro buen motivo decide quedarse con él, no veo en qué forma pueda impedírsele que lo críe y a nosotros que lo bauticemos. Una joven que tiene el valor de quedarse con el fruto de su pecado cumple, además, un acto de penitencia, y arrebatarle a la fuerza al recién nacido es una crueldad. Con todo respeto, propongo, pues, que los hijos ilegítimos y no abandonados sean tratados igual que los legítimos y que puedan recibir nuestro bautismo». Roger de Cholez había dirigido su petición a Ferrari di Castelnuovo, abogado general de su majestad en el Real Senado de Piamonte, y Ferrari di Castelnuovo se la había denegado. Resumo: «*Monseigneur*, he examinado la carta con la que el moderador Pierre Bert pide que a la autora de un parto ilegítimo le sea permitido bautizar y educar al recién nacido en el seno de la iglesia reformada. La pretensión se basa en el concepto de que la madre puede educar a sus hijos en la religión que le parezca y le agrade. Error. Cualquiera sabe que una madre no tiene patria potestad. Los hijos nacidos fuera del matrimonio sólo obedecen al Soberano. Es el Soberano el que ejerce sobre ellos la autoridad paterna. Y, al profesar el Soberano la Religión católica y ser ésta la religión mayoritaria en el Estado del que estos hijos son súbditos, justa es que sea en ella en la que sean bautizados y educados...». Resultado: a Anne Catalin la despojaron para siempre de su criatura.

A Marie Barboux, viuda de Fontana, joven de veinticinco años natural de Torre Pellice, le ocurrió algo todavía peor. En la misma época, de hecho, Marie había traído al mundo a un niño ilegítimo. El párroco se dio cuenta, el obispo Charvaz intervino, el juez del tribunal de Pinerolo ordenó a los carabineros que lo secuestraran y condujeran al Hospicio de los Catecúmenos, pero ella, a través de un pasadizo secreto, consiguió escapar: llevarse a su hijo. De monte en monte, de valle en valle, unas veces escondiéndose con él en el bosque, otras pidiendo hospitalidad a los campesinos, durmiendo en sus establos y en sus pajares, consiguió esquivar durante semanas a sus perseguidores, que la seguían con una jauría de perros, y en un determinado momento su pastor le había enviado al juez una súplica que contenía una triquiñuela jurídica: «Excelencia, es cierto que los hijos ilegítimos de los valdenses deben reconocer sólo la patria potestad del Soberano y ser educados en la Religión del Estado. Sin embargo, el artículo 15 de las Patentes de Gracia redactadas en 1655 por Carlos Manuel II de Saboya establecen que durante la minoría de edad la prole no puede ser arrebatada a la madre, y la minoría de edad fijada por éstas es de doce años para los niños. Diez para las niñas. El hijo de la viuda de Fontana es más que menor de edad, dado que es un recién nacido, y yo le imploro, Excelencia. Por la ansiedad, los sufrimientos, el terror entre los que vive, la pobrecilla corre el riesgo de perder la razón. Pero, con todo, está decidida a resistir y debemos ayudarla». Entonces, perplejo, el juez había suspendido la caza y pasado la súplica al consabido Roger de Cholex. Éste se había vuelto a dirigir al Abogado General, el Abogado General había consultado esta vez el asunto con Su Majestad y su veredicto había repetido el parecer expresado sobre Anne Catalin. «El católico que está sinceramente convencido de que la salvación sólo proviene de la Santa Iglesia sacrifica de buen grado sus impulsos de ternura, sus pietismos, y, permaneciendo fiel al inescrutable juicio de Dios, no se permite a sí mismo interpretar las leyes o el Evangelio según sus propias pasiones. Que se capture a la rea...». Los carabineros volvieron, pues, a perseguirla con los perros. Siempre de monte en monte, de valle en valle, corrieron tras ella durante otras seis semanas. Al final, la sorprendieron en una cabaña de Conca del Pra y, para no separarse de su hijo, la rea abjuró. «Habiendo nacido de padre y madre calvinistas, y habiendo sido educada por éstos en la herejía de Calvino, herejía a la que siempre he obedecido, creyendo que el Purgatorio no existe, que el Bautismo y la Eucaristía constituyen los únicos sacramentos de la Iglesia, que se puede comer carne también los viernes, que la intercesión de los santos y de la Virgen no ayuda, que el Sumo Pontífice no es el Vicario de Cristo en la tierra, y estando ya segura de las verdades proporcionadas por la Iglesia Católica Apostólica Romana, así como de las falsedades propagadas por la secta valdense de Calvino, con corazón sincero y fe sincera, abjuro. Maldigo la susodicha herejía, juro que no volveré a tener contacto alguno con sus secuaces, mis familiares incluidos. Y si ocurriera (que Dios no lo quiera) que contraviniera a cuanto he prometido y jurado, desde este mismo día me someto a todas las penas que los Sagrados Cánones prevén para tales delitos, amen. *Praedicta abiurato pronunciata fuit a praefetio, de verbo ad verbum et lecturam mei infrascripti notarii...*». Lo malo fue que un mes después, consumido por las privaciones sufridas durante la huida, el niño murió.

—*Ta faute!* (¡Culpa tuya!).

Sobre las mujeres pesaba también el yugo de la rígida moral calvinista. Antes de la Reforma, las valdenses gozaban de un notable prestigio dentro de sus comunidades. Se les permitía incluso predicar, es decir, leer la Biblia y comentarla. Sin embargo, después de adherirse a la doctrina de Calvino las cosas cambiaron. Ojo con lucir trajes elegantes y joyas, ojo con peinarse con coquetería y acicalarse, ojo con prestar atención a tu belleza, ojo con saludar a un hombre con media sonrisa de más. (Acababas en la cárcel). Por otro lado, ¿no había sido precisamente Calvino el que había sostenido que una esposa debe ser casta, paciente, obediente, ahorrativa, amable, diligente, pero no guapa? ¿No había sido él el que había acuñado el término libertinaje, el que había dicho que el pecado más grave de este mundo es el adulterio, el que había prohibido todo tipo de frivolidad o diversión, el que veía en cualquier placer humano un acto de lujuria y una tentación de Satanás? Educadas, entristecidas durante siglos por estos principios, las valdenses no reencontraron su antigua libertad ni siquiera en el siglo XVIII, cuando las costumbres se relajaron en toda Europa. Y ahora, cuando volvía a estar en auge el concepto del recato, parecían más oprimidas que las católicas devotas de Charvaz. ¿Anne Catalin, Marie Barboux Fontana? Cabe preguntarse cómo y dónde encontraron la ocasión de desobedecer, de pecar. En la ciudad nunca las veías solas por la calle, en casa estaban sometidas a una estrecha vigilancia porque se las consideraba cómplices potenciales del diablo, tomaban siempre por esposo a un tipo elegido por la familia, preferentemente un primo o un compadre del pueblo del que eran originarias, y no podían estar junto a los hombres ni siquiera en las funciones religiosas que se celebraban en la Capilla de Prusia. Debían mantenerse en la zona opuesta a la de los hombres, en una especie de gineceo. Sobre todo si eran guapas, como Marguerite, y tenían un padre como Thomàs.

* * *

Veo a un individuo lúgubre, odioso, cuando intento ponerle cara a Thomàs. Rasgos inciertos y semiocultos por los enormes bigotes grises; las patillas grises, la barba blanca y lanuginosa, mejillas de una palidez cenicienta, labios malignos, mirada gélida y una expresión eternamente enojada. Figura esquelética, que el traje negro, con corbata negra y guantes negros y sombrero negro hace que parezca aún más esquelética. La abuela Giacoma, que sabía muchas cosas de él por Anastasìa, a la que se lo había contado todo la *Tante* Jacqueline, lo definía como «un híbrido entre un pescado frío y un perro rabioso». De joven, de hecho, se había unido al grupo disidente de los *momiers*, nombre que deriva del sustantivo *momie*, «momia», y que yo traduciría con la palabra Fósil o Apergaminado. Ciegamente fieles a la teología calvinista, es decir, a la creencia de la predestinación, y discípulos de Félix Neff, el predicador ginebrino que había fundado el Movimiento del Despertar, los *momiers* surgieron en 1825 para reconducir a la Iglesia Valdense a su primitivo rigor y, en cierto sentido, se parecían mucho a los *piagnoni* de Savonarola. No hacían otra cosa que amonestar, reprochar, poner en guardia contra el pecado. Condenaban toda búsqueda de la felicidad, pretendían que se prohibiesen incluso los entretenimientos más inocentes, y arremetían contra quienes los domingos bailaban la *bohémienne* o jugaban a las bochas o tiraban al blanco conocido como *toulas*. «Es una vergüenza que los domingos haya hermanos que emplean su tiempo en divertirse bailando o con las bochas o con el *toulas*. El día del Señor debe dedicarse al descanso y a la oración, no a los placeres mundanos». En 1840 la Mesa Valdense, es decir, el órgano administrativo de la Iglesia, consiguió librarse de ellos, pero en el ámbito familiar él continuaba cebándose y: «¡Recordad que el hacha de Dios pende siempre sobre vuestro cuello! ¡No olvidéis el pesado fardo de vuestras culpas! ¡Pensad en que os aguarda el fuego del Infierno!». O bien daba el latazo durante horas con el *Livre de Famille* (Libro de Familia), el librito que todo buen cabeza de familia debía tener en casa para repasar con la mujer y los hijos la historia de la Iglesia Valdense, los puntos más destacados de su doctrina, los himnos sagrados que había que entonar antes y después de las comidas. El himno para darle las gracias al Buen Dios por el trigo. El himno para darle las gracias por el cáñamo, o por las uvas, o las manzanas, o las nueces, las castañas, el heno, las verduras, la vendimia, la siega. Y, naturalmente, por la comida o la cena que se servía en la mesa.

«*Unissons-nous pour bénir notre Père / Dont la bonté ne nous laisse jamais / Ouvrant sa main Il verse sur la terre / Mille trésors qui comblent nos souhaits / C'est à toi, Père de toute grâce / Que nous devons chacun de nos repas...*».*

También daba el latazo con el orgullo que sentía por apellidarse Ferrier: un apellido que en el XVI había dado al célebre pastor Jérémie Ferrier, enemigo de los jesuitas y de Clemente VIII. Y qué más daba si Jérémie, para hacer carrera, hubía abjurado luego de sus principios y se había hecho amigo del cardenal Richelieu. Qué más daba si los Ferrier de los que descendía no precedían de Nîmes ni de lejos. Procedían de Abriès, un pueblo del valle de Queyras en la Alta Saboya. Hacia mediados del siglo XV se habían trasladado al valle de San Martino, a Ville Sèche-Villasecca, y habían sufrido lo mismo que habían sufrido sus correligionarios de los valles.

---

* «*Unámonos para bendecir a nuestro Padre / cuya bondad no nos abandona jamás / Abriendo su mano Él derrama sobre la tierra / mil tesoros que colman nuestros deseos / Es a ti, Padre de toda gracia / a quien nosotros debemos cada uno de nuestros alimentos...*». (*N. de la T.*)

En 1630, por ejemplo, la peste de la que habla Manzoni en *Los novios*. En 1686 las atrocidades de la soldadesca enviada por Víctor Amadeo II y luego el exilio forzado en Ginebra. En 1689, el regreso que volvió a recluirlos en el gueto de los valles; en 1789, la explosión de la Revolución Francesa; en 1798, la huida de los Saboya y la llegada de Napoleón. A diferencia de Jérémie, nunca destacaron por su fama o por talentos particulares o por hazañas personales, y su única peculiaridad radicaba en el hecho de que durante la primavera de 1801 un tal Thomàs Ferrier (en Villasecca a los varones los bautizaban Thomàs nueve de cada diez veces) emigró a Turín junto a su mujer, Suzanne, donde se convirtió en un funcionario del Estado y donde, ese mismo año, Suzanne parió a otro Thómas, es decir, a él: por este motivo vivió siempre en la capital y allí residía, en la calle Dora Grossa 5, en el 4º piso de una casa situada casi en la esquina con la Plaza Castello. Pero, sobre todo, daba el latazo con su mezquindad y su tacañería: quizá, sus defectos más graves. Era tan agarrado, contaba la abuela Giacoma, que guardaba las cerillas después de encenderlas. ¿Y sabes por qué se había casado con Judith? Porque, además de cien francos de oro, Judith aportaba como dote a su hermana de treinta y cinco años, es decir, a la *Tante* Jacqueline, que, con tal de salir de los valles y vivir en Turín, estaba dispuesta a trabajar para ellos de gobernanta y de pagarles dos mensualidades: una por la comida y otra por el alojamiento. Peor todavía: como no quería cargar con el peso económico de una prole numerosa y no sabía cómo evitar la concepción, después del nacimiento de Marguerite suspendió toda relación física con su mujer y ambos vivían en castidad. «A fin de cuentas, para nosotros, los calvinistas, el fin del matrimonio no es la procreación sino la compenetración de dos almas». Y, sin embargo, no era pobre. De sus fallecidos padres había heredado, además de la casa, una bonita cuenta en el banco. Trabajaba como contable en el Hotel Feder, un empleo que le proporcionaba un excelente sueldo, y, a escondidas, prestaba dinero a un interés del cuarenta por ciento. Actividad que creo lícito traducir por la palabra usura. No, no me gusta Thomàs. Lo detesto aún más que a Gerolamo, el padre de Montserrat. Y la idea de que por mis venas corra una brizna de su sangre me produce escalofríos.

Tampoco me gusta Judith. También veo a una criatura desagradable cuando intento ponerle cara. Rasgos desvaídos, mirada ceñuda, vil de carácter. Quizá estaba totalmente sometida por semejante marido, quizá tenía miedo y no se atrevía a imponer su voluntad. Pero por la forma en que le apoyó, mejor dicho, en que aprobó su comportamiento con Marguerite, contribuyendo así al calvario de su hija, deduzco que era una mujer malvada y que el amor maternal no tenía para ella significado alguno. Me gusta mucho, en compensación, la *Tante* Jacqueline: un personaje del que la abuela Giacoma hablaba maravillas. No era guapa, eso es cierto. Sobre la frente tenía un lunar violeta, sobre la nariz una gran verruga de la que brotaba un hirsuto pelo y, a consecuencia de una enfermedad infantil (¿poliomielitis?), tenía la pierna derecha más corta que la izquierda. En una palabra, caminaba cojeando. Por eso había querido dejar Villasecca, donde la llamaban *avorton*, «aborto», y donde nadie la había pedido jamás en matrimonio. Pero era buena, inteligente y tirando a culta. En la escuela del pueblo había estudiado con entusiasmo historia y geografía, italiano y aritmética; a escondidas, leía novelas francesas y se sabía de memoria *La cartuja de Parma*. Además, no era una fanática religiosa. No observaba la doctrina de Calvino de forma obtusa, como su cuñado, o con la obediencia ciega de su hermana. Y adoraba a Marguerite. Como la adoraba, la protegía, la mimaba, y, de no haber sido por ella, en 1845 no habría ocurrido nada. Anastasìa no hubiera sido concebida, no habría nacido jamás y, como consecuencia, no habría nacido jamás la abuela Giacoma. No habría nacido mi padre, no habría nacido yo... Hacia la ciudad en la que se mueven estos Yo experimento, sin embargo, sentimientos contrapuestos. Siempre ha existido una extraña relación entre Turín y yo, y cada vez que vuelvo a ella dichos sentimientos se avivan. Por un lado, me siento en casa. Reconozco casi con ternura las calles, los edificios, el pavimento por el que caminaba, las casas en las que vivía. Respiro casi con nostalgia ese aire que sabe a añoranza. Por otro lado, siento una especie de malestar y la misma melancolía que experimentaba en la capilla valdense de Florencia, cuando la tía Febe me mandaba que cantase salmos.

3

¡Ah, la Turín de cuando yo era Marguerite y estaba enamorada de mi guapo polaco de Cracovia! El mapa impreso en 1840 por los Hermanos Bousard, libreros de Sus Altezas Reales, me devuelve la imagen de una ciudad austera, severa, contenida. Una ciudad que no tiene nada que ver con las otras ciudades de mi pasado. Minúscula, además. Más simétrica que un tablero de ajedrez, cerrada por un cordón de calles tan derechas como un disparo de fusil e interrumpida sólo por alguna que otra plaza rectangular o cuadrada. Imposible encontrar una plaza redonda, un espacio sin ángulos, una calle curva u oblicua. Todos los detalles obedecen a una geometría rigurosa, las calles se alargan puntualmente paralelas o perpendiculares a sí mismas, lo único cóncavo que ves son los dos ríos que fluyen fuera del cordón, el Dora y el Po. Y un cuadro pintado en 1850 por Albert Payne, igual. Los edificios parecen todos de la misma forma y con la misma altura, en esa descorazonadora uniformidad no vislumbras más que cuatro o cinco cúpulas y seis o siete campanarios, y la ausencia de colorido es tal que, más que un conjunto urbano, te parece estar mirando una inmensa prisión o un estanque. Grises las casas, grises los palacios, los tejados, grises los parterres, grises los árboles alineados como soldados preparados para que les pasen revista. Gris el paisaje de las colinas que la coronan, gris el cielo que, en algunas zonas, ofrece retazos azules, pero de un azul neutralizado por grandes nubes cargadas de lluvia. Algo que me devuelve también la imagen de una ciudad casi extranjera, tan cercana a Francia y tan ajena a Italia que en ella ni siquiera se hablaba italiano. Se hablaba francés. Y no desde la época en la que Napoleón se anexionó el Piamonte, lo transformó en la República Cisalpina y luego en una sucursal de su Imperio. Desde siempre. Desde antes de que los ejércitos del Rey Sol descendiesen de los Alpes para reforzar su dominio y recordar a los Saboya que eran un linaje francés, un ex feudo francés. Piensa en Manuel Filiberto que, en 1568, intentó inútilmente introducir el italiano en el sistema judiciario; piensa en Vittorio Alfieri que, en 1776, fue a Toscana para «desafrancesarse». Después de la caída de Napoleón, sí, el restaurado Víctor Manuel I había impuesto una especie de bilingüismo. Las leyes y los decretos se redactaban en italiano y en francés. Sin embargo, desde Su Majestad y los cortesanos hasta los clérigos, desde los nobles y los burgueses hasta los tenderos, desde los militares y los policías hasta las prostitutas, todos seguían hablando en francés. Todos. Hasta Camillo Benso di Cavour, que cuando quería emplear el italiano pedía ayuda a alguien que lo dominase. «*On dit comme ça? Ça va bien comme ça?*» (¿Se dice así? ¿Está bien así?). El italiano sólo lo empleaban los literatos. Y, por lo general, sólo para escribir libros. No para conversar, discutir. En cuanto al pueblo, hablaba en piamontés: un dialecto fruto de la fusión de ambas lenguas, pero más parecido al francés que al italiano.

El mapa y el cuadro me devuelven, sobre todo, el recuerdo de un lugar en el que, aunque no fueras calvinista, aunque no tuvieras un padre como Thomàs y una madre como Judith, tenías pocos motivos para estar alegre. En aquella época Turín era una ciudad de provincias. Una capital del extrarradio, un lugar completamente distinto de la ciudad en la que se convirtió durante la segunda guerra de Independencia y en los primeros años de la Unificación. No es casual que los viajeros se detuvieran en ella el tiempo justo para cambiar los caballos y prepararse para el *grand tour*, es decir, para el recorrido Florencia, Roma, Nápoles, Venecia. Massimo d'Azeglio admitía que la ciudad le sofocaba, y su cuñada Costanza la definía «*monotone et ennuyese*». Monótona y aburrida. (¿Acaso no habían dicho lo mismo, tras sus breves estancias, Chateaubriand y Stendhal, Madame de Staël y George Sand, Liszt y Michelet y Balzac?). Pero, sobre todo, era el corazón de un reino aplastado por el poder de la Iglesia católica y de la monarquía saboyana, la cuna de un Estado envenenado por las idioteces de la burocracia y del militarismo, el producto de aquel al que el carbonario Giovanni Cantini había querido asesinar en Pisa de una cuchillada en la espalda o en la barriga. Porque del *Re Tentenna*, es decir, de Carlos Alberto, no se podía decir, desde luego, que fuese uno de esos tipos que mejoran al envejecer, igual que el vino. En 1845 parecía aún el regente débil e indeciso que en 1821 se había puesto del lado de los insurrectos y luego los había traicionado entregándoselos a su tío, Carlos Félix, mejor dicho, a los austriacos llamados por su tío Carlos Félix, dejando que los fusilasen o ahorcasen, aboliendo la Constitución recién concedida, renunciando a la regencia y huyendo a Florencia para refugiarse bajo las alas de su suegro, Fernando III. Y también el vanidoso heredero que en 1823 se había enrolado para combatir a los constitucionalistas españoles, que en 1824 había prometido bajo firma no cambiar nada cuando subiese al trono, que en 1831 subió a él para decepcionar a amigos y enemigos. También el despiadado monarca que en 1833 condenó al exilio a su capellán Vincenzo Gioberti, culpable de haber enviado una carta a la revista *La Giovine Italia*, y a la horca al teniente Efisio Tola, culpable de haber distribuido dos copias de la misma revista, que en 1834, es decir, el año de las fracasadas revueltas en Génova y en Saboya, había condenado a dieciocho personas, entre ellas a Garibaldi. No amaba a su pueblo. No se preocupaba ni siquiera de que fuera al colegio y de aliviar ligeramente su miseria. «Un monarca precisa súbditos fieles, no súbditos cultos o mimados», decía, y la cultura la consideraba una incitación al ateísmo o a la revolución. La caridad, un error que inducía al pueblo a la vagancia. De hecho, permitía que los jesuitas condenasen a los que daban limosnas y que Franzoni desencadenase toda su ira contra quienes leían libros: «La fiebre por la lectura es perniciosa para el orden público y para la moral de las clases bajas». Además, se había vuelto más hipócrita y meapilas que nunca. Se pasaba los días en la iglesia y las noches de putas. Pese al odio que sentía hacia Austria, país que amenazaba su estabilidad, admiraba en secreto la eficacia con la que Metternich mantenía a Italia en un puño, y había convertido Turín en algo que suscitaba los reproches de cualquier persona con sentido común: una ciudad a medio camino entre un monasterio y un cuartel.

¡Por todos los diablos! En Turín tenías encima a cinco tipos distintos de policía. La policía civil, que dependía del Ministerio del Interior; la militar, que dependía del Ministerio de la Guerra; la urbana, que dependía del Ayuntamiento; la arzobispal, que dependía de la Curia; y los carabineros, que dependían de él. Y, si hacemos caso a los cronistas de la época, los peores eran los carabineros. Sin embargo, la Curia era el hilo conductor de cada una de ellas, la verdadera alma de aquel monstruo de cinco cabezas, hasta tal punto que incluso los carabineros actuaban siguiendo directivas de los curas. En su nombre irrumpían en las casas, registraban, secuestraban, arrestaban, y para hacerlo no necesitaban encontrarte encima o escondido debajo de la alfombra un ejemplar de *La Giovine Italia*. Bastaba con que te descubriesen con una novela prohibida, o que te sorprendieran comiendo carne los viernes. «*Vous êtes en train de manger de la viande pendant la Carême: suivez-nous. Vous possédez un livre licencieux: venez avec nous*». («Está usted comiendo carne durante la Cuaresma: síganos. Posee usted un libro pecaminoso: acompáñenos»). Los otros esbirros, igual. Así que, pobre de ti si al paso de una procesión, un cortejo fúnebre, una cruz, un grupo de frailes, no te parabas y te arrojabas de rodillas. Pobre de ti si, al ver la carroza del arzobispo o del gobernador o de un miembro de la corte saboyana, no te quitabas el sombrero y esbozabas una reverencia. Como mínimo, te ganabas una multa de diez liras: el salario semanal de un trabajador. (Un motivo más por el que los valdenses lo tenían más difícil en Turín que en los valles). Por otra parte, la tiranía de la Iglesia, esposada con el Estado, no respetaba a nadie. En la Universidad eran los jesuitas quienes controlaban los textos y el pensamiento de estudiantes y profesores. Eran los párrocos quienes concedían el plácet necesario para asistir a clase o impartirla. Y en las academias militares, donde el hecho de que te faltase el dedo índice no te eximía del servicio militar, lo mismo. Basta con recordar que los cadetes tenían que asistir a misa todas las mañanas, a vísperas todas las tardes, además de recluirse una vez al año en un retiro espiritual. Y, como es lógico, no existía la libertad de prensa: cada libro, cada periódico, cada papel era sometido a la inspección de la censura eclesiástica y de la gubernamental. (En 1846, el terrible Franzoni prohibiría incluso la publicación de determinados discursos de Pío IX). Cómo es lógico, las palabras democracia y república se consideraban una blasfemia; cualquier alusión al progreso, un peligro; cualquier novedad, una amenaza. (Entre las novedades, el telégrafo y el tren: instrumentos del diablo desde el momento en que facilitaban el contacto con el mundo. En Toscana, si recuerdas, la línea Livorno-Pisa se había terminado e inaugurado en 1844. En Turín el primer tramo de la ferrovía a Génova no se abrió hasta 1848). Y esto no era todo. Porque en Turín, de forma más acusada que en cualquier otra parte de Italia, la sociedad estaba dividida en tres estamentos: aristocracia, burguesía, pueblo. Y era inútil acariciar la idea de pasar de una a otra. De la aristocracia (antiquísima y orgullosa, feudal) procedían todos los exponentes del poder: los ministros, los magistrados, los diplomáticos, los comandantes del ejército, los consejeros del rey. De la burguesía, todos los profesionales liberales: los médicos, los abogados, los ingenieros, los industriales, los mercaderes, los hombres de negocios. Del pueblo, todos los desgraciados consumidos por el agotamiento, los sacrificios, la miseria.

Y, con todo, había algo, en aquella Turín, que no existía en otras ciudades de mi pasado. Algo que la hacía especial y que aún hoy me encanta. Quizá, la extraña belleza de sus calles todas derechas, de sus edificios todos iguales, de sus árboles todos alineados. Quizá, la dignidad y el decoro que la redimían de su mediocridad, su tedio. Y los méritos de los ilustres personajes que, mal que bien, reconstruyeron Italia. Porque junto a los aristócratas obtusos y santurrones encontrabas también a aristócratas dignos de admiración o, en cualquier caso, de respeto. Tirando a orgullosos, sí, y por lo tanto poco dispuestos a ceder el paso, a ponerse al mismo nivel que las clases consideradas inferiores, obstinadamente monárquicos y, por lo tanto, decididos a seguir siendo el apoyo más firme de los Saboya, pero abiertos a las nuevas ideas y no carentes de méritos. Para empezar, el marqués Roberto d'Azeglio, marido de Costanza y hermano de Massimo. En 1821 Roberto se había unido a los carbonarios, había sido arrestado y luego condenado al exilio en Francia, algo que lo había convertido en una persona *non grata* a los ojos de la corte. Pero seguía actuando según el dictado de su conciencia. Junto a su mujer, había abierto una escuela nocturna en la que enseñaba a leer y escribir a los niños y a los adultos analfabetos, junto a la escuela, una obra de beneficencia, y, callandito, callandito, intentaba convencer al soberano para que liberase a los valdenses: para que les concediese los mismos derechos civiles que a los católicos. En cuanto a Massimo, en aquella época ejercía de «pintor que escribe» y residía casi siempre en Milán, en Roma o en Toscana. Su tributo eran sus novelas. En 1833 había publicado *Ettore Fieramosca*, en 1841 *Nicolò de'Lapi* y ahora estaba ultimando un libro sobre la heroica rebelión de Rímini: *Los últimos casos de Romaña*. El conde Cesare Balbo di Vinadio, primo de los d'Azeglio, además de amigo de Vincenzo Gioberti, para continuar, y el conde Cesare Alfieri di Sostegno, primo de Costanza, además de enemigo acérrimo del padre Bresciani, es decir, del cabecilla de los jesuitas. Después de las revoluciones del 21, el propio Balbo había pagado con el exilio su compromiso político como carbonario, pero tampoco él se había rendido y en 1844 había sacudido al país con un importante libro, *Las esperanzas de Italia*. En cuanto a Alfieri, en 1832 había renegado de su cargo en la corte (gentilhombre de cámara del príncipe de Carignano) y se había consagrado al estudio de la economía exclamando: «El futuro es del liberalismo». Camillo Benso, conde de Cavour, para concluir, y Giulia Colbert, marquesa de Barolo. El inteligentísimo Camillo, que, con su aspecto socarrón, no dejaba adivinar a nadie hasta dónde quería llegar, pero que ya entonces tenía clarísima su meta, y que alimentaba desde muchacho un profundo desprecio hacia las viejas ideas. «Si estallase una revolución como la francesa, ¿sabéis qué harían nuestros nobles, sostenidos por el orgullo por sus antepasados y no por su fiero valor? Os lo digo yo, qué harían: ahogarse en el mismo fango que intentan encubrir con sus medallas, sus lazos, sus bordados». La dulcísima Giulia, que, después de haber leído *Mis prisiones*, había acogido en su casa a Silvio Pellico y que, en vez de disfrutar de la vida, consagraba su tiempo y su patrimonio a los presos, a los enfermos, a las jóvenes huérfanas o descarriadas a las que educaba en su hermoso palacio. Junto a esta aristocracia, la burguesía capitaneada por Lorenzo Valerio: el industrial progresista que Balbo y los D'Azeglio y Alfieri habían admitido en su *entourage* (entorno) y al que en la corte consideraban una especie de Robespierre. (Había fundado una publicación mensual titulada *Letture Popolari* (Lecturas Populares). Y cuando Franzoni se la cerró consiguió imprimirla de nuevo con el título *Letture di Famiglia* (Lecturas de Familia), al que añadió el lema «La ignorancia es peor que la pobreza». Peor aún: costeándolas de su propio bolsillo, había abierto unas Estufas Públicas, bonitos locales a los que, en invierno, acudían los parias para resguardarse del frío, trabajar, comer un plato caliente). Junto a esta burguesía, un par de santos que se llamaban don Cottolengo y don Bosco, más un grupo de partidarios de Mazzini, no muy audaces, pero totalmente convencidos. Y, todos juntos, aquellos tibios rebeldes agitaban las aguas. Ponían la mosca detrás de la oreja de Carlos Alberto que, pese a sus defectos, no estaba ciego y que, una vez, se había dirigido al ministro de Justicia para decirle: «*Mon cher comte, j'ai peur qu'à un moment donné nous serons obligés de marcher avec le temps*» («Mi querido conde, me temo que en un determinado momento no nos quedará más remedio que caminar al paso de los tiempos»). (Profecía que se haría realidad en 1848, es decir, con la concesión del Estatuto).

Estuvieras de acuerdo o no, aquella Turín que Su Majestad había convertido en una ciudad a medio camino entre un monasterio y un cuartel tenía también algunas cualidades que no deben menospreciarse. La extremada limpieza del recinto urbano, por citar una. Imposible encontrarse con una acera degradada por la basura, con una calle deteriorada por el estiércol de los caballos, con una esquina sucia o un mal olor. Desde por la mañana temprano hasta el anochecer los barrenderos municipales barrían las calles, recogían el estiércol, lo enterraban fuera de las murallas junto a los otros desechos, y los habitantes actuaban con el mismo celo. Los turineses se preocupaban por mantener limpia su ciudad. Da igual a qué clase social perteneciesen. Luego estaba la elegancia que les caracterizaba. Nunca los veías con un atuendo desaliñado o vulgar, nunca con un traje descosido o excesivamente llamativo, nunca con un detalle de mal gusto. Hasta las prostitutas iban correctamente vestidas, y los hombres del pueblo llevaban siempre chaqueta y corbata, pantalones de tubo y zapatos de cuero. Las mujeres del pueblo, hasta sombrero, y los domingos bolsito y sombrilla. Por otra parte, en la iglesia no te dejaban entrar si ibas hecho un andrajoso o con un vestido excesivamente modesto, y en el teatro no te permitían pasar, ni siquiera al gallinero, si tu *toilette* no era la adecuada. En los jardines reales, que los Saboya abrían al público desde mayo hasta septiembre, lo mismo. Dos centinelas armados con fusil y un policía con pistola se encargaban de controlar al público. Luego, la buena educación. La amabilidad, la *politesse*. Los turineses eran extremadamente educados, tanto en sus maneras como en su forma de hablar. Muy corteses, muy devotos de las normas de urbanidad, incluso demasiado ceremoniosos. «*À votre disposition, Monsieur, Madame, je vous en prie. Vous servir est pour moi un honneur*» («A su disposición, señor, señora, por favor. Serviros es para mí un honor») «*A su'disposisiòn, Monsù, Madamin, per piasì. Servila a l'è dabùn un oner*». Consecuentemente, nunca blasfemaban, nunca decían palabrotas, si querían emitir un juicio duro contra ti recurrían a un inofensivo término milanés: *barabba*.* Luego, la excelente comida. Porque en Turín se comía de maravilla y se bebía todavía mejor. Vinos exquisitos, patés, trufas, delicatesen dignas de Brillat-Savarin. Y unos dulces refinadísimos: la repostería era superior a la *patîsserie* de París y el chocolate era el mejor del mundo. (¿Quiénes habían inventado, acaso, los *gianduiotti*, las praliné, las chocolatinas al crocanti, a la avellana, a las nueces, al pistacho, a la naranja, al coñac, al *maraschino*? ¿Quiénes habían perfeccionado los bizcochos y los caramelos, quiénes habían inventado el *bicerin*, es decir, la bebida a base de café, leche y cacao, a veces rociado con un chorrito de licor?). Por último, el hecho de que cualquiera podía vivir donde quisiera. Algo extraordinario, que casi

* «Pillo, tunante». De Barabba, «Barrabás», el malhechor al que indultaron en lugar de Jesucristo. (*N. de la T.*)

rozaba lo inverosímil, en una ciudad tan dividida por las discriminaciones clasistas. Pero cierto: dejando aparte el gueto judío, mantenido y defendido por sus propios habitantes para salvaguardar mejor sus propias leyes y costumbres, allí no existían zonas reservadas a un determinado grupo social o religioso. Es decir, barrios para los católicos y barrios para los valdenses, calles para la nobleza y calles para el pueblo, casas para los ricos y casas para los pobres. Todos vivían codo con codo. Salvo que se tratase de un palacio ocupado por una sola familia, más los criados, como el Palacio Cavour, los edificios albergaban a gente de todo tipo, aunque, eso sí, la mezcolanza estaba regulada por normas muy precisas. En el bajo, los tenderos con sus negocios o las familias del portero y del cochero que se ocupaba de las carrozas aparcadas en el patio. En el entresuelo, los criados. En el primer piso (aunque, con frecuencia, también en el segundo), el propietario, por lo general un aristócrata o un burgués linajudo. En el de arriba, el inquilino pudiente. En el de más arriba, dividido en dos apartamentos, los inquilinos de medio pelo. En el último piso, es decir, en la buhardilla, los inquilinos pobres. Con frecuencia, es cierto, los inquilinos pobres y los de medio pelo entraban por el patio y usaban las escaleras de servicio. El propietario y el inquilino pudiente pasaban por la entrada principal y usaban la escalera noble. En la mayoría de los casos, sin embargo, todos usaban la misma entrada y las mismas escaleras. Más aún: cualquier inquilino podía realquilar una de las habitaciones y hasta colgar el anuncio en el patio.

«*Au quatrième étage, chambre à sous-louer*». («Se realquila habitación en el cuarto piso»).

Si nos atenemos a la voz queda y triste, al relato de la abuela Giacoma, los Ferrier vivían en el cuarto piso de la calle Dora Grossa 5: casi haciendo esquina con la Plaza Castello, la plaza en la que se alza el Palacio Madama y a la que se asoma el Palacio Real, y a pocas manzanas de la Plaza San Carlo. Una buena zona, pues, y no olvidemos, además, que en 1845 la calle Dora Grossa era realmente hermosa. Tenía muchas iglesias, muchos edificios históricos, y se distinguía por su elegancia. Nada de tiendas de comestibles, por ejemplo. Nada de posadas o de locales de tres al cuarto. En vez de éstos, tiendas de orfebrería y célebres cafés, como el café des Alpes o el café Barone, que al mediodía se convertía en un restaurante al que acudían jueces y abogados. (Hoy la calle Dora Grossa se llama vía Garibaldi y, junto a los signos de la vulgaridad moderna, sobre ella pesan también las obscenas reconstrucciones debidas a las bombas de la Segunda Guerra Mundial). También era hermosa la casa situada en el número 5. Muros de piedra, balcones de hierro colado, portón ricamente tallado y, en el interior, una escalinata de mármol que el propietario, es decir, el marqués Cacherano d'Osasco, dejaba usar a todo el mundo. Ellos incluidos. Él no los trataba como a súbditos indeseados, huéspedes non gratos. Y la vecindad (en el segundo piso, un alto diplomático de la embajada francesa, según cuentan los archivos; en el tercero, el dueño de una pastelería y el director de una escuela de danza; en el cuarto, un relojero; en el último, una lavandera y un pintor fracasado), lo mismo. Siempre ateniéndonos al relato de la abuela Giacoma, la tolerancia de los otros inquilinos era tanta que si, un viernes, la cocinera contratada por horas cocinaba carne, se limitaban a susurrarle: «*Attention, bonne femme*, se nota el olor». Si Thomàs los ensordecía cantando salmos, no decían nada. El piso era grande: el doble del que ocupaba el relojero, que constaba de dos habitaciones. Se componía de una amplia sala de estar en la que, al atardecer, leían la Biblia y el *Livre de famille*, de la cocina, en la que antes de sentarse a la mesa rezaban oraciones para dar gracias por los alimentos, de un cuarto de baño con bañera de bronce, y de cuatro dormitorios. Uno para el matrimonio, otro para la *Tante* Jacqueline, otro para Marguerite y un cuarto que Thomàs realquilaba a los viajeros de paso. En especial, a los que tenían pinta de ocultar algo. Un pasaporte falso, una misión secreta, la necesidad tácita de que la policía no reparase en su presencia. El motivo de semejante preferencia, doblemente arriesgada en el caso de un hereje, es decir, de un individuo poco grato a la autoridad, radicaba en el hecho de que éstos pagaban sin protestar cifras exageradas. Por lo general, ochenta liras al mes o veinte liras a la semana, lo que costaba un buen hotel en el centro. A los polacos, los catolicísimos polacos, les pedía todavía más. Y era inútil que la *Tante* Jacqueline le gritase «*usurier, vous n'avez pas honte*» («usurero, no tiene vergüenza»). Respondía, inalterable, que el Buen Dios no prohíbe explotar a los enemigos y, contagiada por su avaricia, Judith le respaldaba. «*Nous avons besoin d'argent pour la dot de notre fille!*» («¡Necesitamos el dinero para la dote de nuestra hija!»). Fue así que, una tarde de mediados de agosto, la criada por horas introdujo en la sala de estar de los Ferrier a un guapo joven que hablaba francés con acento eslavo. Stanislaw Gurowski o Rogowski o Zakowski, mi tatarabuelo polaco.

—*Bonsoir Monsieur, Mesdames. C'est ici qu'on loue la chambre pour les étrangers?* (¿Es aquí dónde se alquila una habitación para los extranjeros?)

Guapo, sí. Alto y delgado, de una delgadez nervuda, barba y bigotes y cabellos rubios, de un rubio que recordaba al trigo maduro, mejillas hundidas, pómulos pronunciados (los pómulos de Anastasìa), ojos celestes, labios sensuales, además de una elegancia acompañada de una pizca de altanería. Al hacer la pregunta, dio un taconazo, esbozó una reverencia, y, mientras todo esto ocurría, sus ojos se encontraron con los de Marguerite, que le devolvió la mirada como si acabase de descubrir a su Príncipe Azul.

4

Digo Gurowski o Rogowski o Zakowski porque desconozco la grafía exacta. A los que ignoramos las lenguas del Este, esos apellidos llenos de W, de K, de Z, con tres o cuatro consonantes seguidas, con eufonías impronunciables, nos parecen todos iguales. Por otra parte, no tengo ni siquiera pruebas de que fuese uno de los tres. Si viajaba con documentación falsa podría ser, perfectamente, que su auténtico apellido fuese Pietkiewicz o Cymbryziekiewicz o Marzulewicz. El nombre, Wladislaw o Maksymilian o Leon. (Hipótesis que vuelve inútil y superflua cualquier investigación; además, en cualquier caso, para mí fue siempre el tatarabuelo Stanislao y punto). Gracias a la voz queda y triste sé, en compensación, lo poco que se necesita para entender la brevísima vida que viví a través de él y junto al célebre Edward Dembowski. Pertenecía a la nobleza media de Cracovia, contaba la abuela Giacoma, que había recibido la información de Anastasìa, a la cual se la había proporcionado a su vez la *Tante* Jacqueline. Su familia, compuesta por los padres y por cuatro hermanas, poseía una pequeña finca en Galitzia y vivía en la calle Florianska; entre sus criados se contaban un mayordomo y el cochero. Era un noble bastante rico, en una palabra. Alguien que podría haber llevado, perfectamente, una vida de lo más cómoda limitándose a ejercer de señorito. Y, sin embargo, ejercía de revolucionario, con responsabilidades de emisario, es decir, de agente secreto para la resistencia. Porque Polonia no se encontraba entonces en mejor situación que Italia. En 1772 Austria y Prusia y Rusia habían empezado a descuartizarla, a devorarla; en 1795, su nombre había desaparecido hasta de los mapas, y sólo durante el periodo napoleónico alguien creyó en que podía volver a aparecer en ellos. Con la batalla de Waterloo se perdió toda esperanza y, en 1815, el Congreso de Viena sancionó la repartición. La zona sur, es decir, Galitzia y Lodomira, fue adjudicada a Austria. La zona noroeste, es decir, Poznania, a Prusia. La zona noreste, es decir, el ex gran ducado de Varsovia, a Rusia. Y en la antigua ciudad de Cracovia, 390 millas cuadradas y 95.000 habitantes, se creó una república independiente que de independiente no tenía nada. La controlaban los denominados Soberanos Protectores, el zar de Rusia, el rey de Prusia, el emperador de Austria, y su existencia se debía a una simple estratagema ideada para evitar que cada uno de los tres la incorporase a su territorio. (El principal pretendiente era Austria. No es casual que Mazzini sostuviera que la cuestión polaca estaba directamente relacionada con la cuestión italiana, que los patriotas italianos y los polacos debían, por lo tanto, luchar juntos, y que en 1834 se incorporase a la resistencia fundando *La Giovine Polonia* [La Joven Polonia]: junto a La Joven Italia, el mayor punto de apoyo de La Joven Europa).

Si los padres de Stanislao compartían sus ideas, en una palabra, si habían sido ellos los que le inculcaron su patriotismo, era algo de lo que no hablaba la abuela Giacoma. En el relato transmitido por la *Tante* Jacqueline, los únicos detalles que hacían referencia a ellos eran que el padre se llamaba Piotr, Pedro, y la madre Natzka. El diminutivo de Anastasìa. En cualquier caso, me imagino que debió de oír hablar de la patria desde niño. Es decir, desde 1830, cuando los cadetes de la escuela militar de Varsovia prendieron la mecha de una revuelta que se convirtió en una auténtica guerra, que duró casi un año, y que perdieron. En 1831, de hecho, los rusos reconquistaron Varsovia, a lo que se siguió la instauración de un régimen todavía más opresivo que el anterior. Fusilamientos en masa, deportaciones a Siberia, supresión del ejército, prohibición de hablar polaco en los colegios, las universidades y los organismos oficiales, obligación de hablar y escribir en ruso. En cuanto a las zonas prusianas y austriacas, culpables de haber enviado voluntarios a los insurrectos, la vuelta de cuerda fue tremenda. Arrestos, procesos, expropiaciones. Miles de personas, en todas partes, emprendieron el camino del exilio. Los oficiales que habían luchado en la guerra, generales como Chlopicki y Mieroslawski y Charnowski, que la habían capitaneado. Literatos como Mickiewicz y Slowacki y Krasinski, que la habían cantado. Músicos como Chopin, historiadores como Lelewel, aristócratas como Su Alteza Czartoryski. La mayoría había emigrado a París. Otros a Suiza, a Bélgica, a Inglaterra, a Toscana, donde por aquella época vivía Aleksander Walewski, el hijo de Napoleón y de María Walewska. Pero muchos se habían refugiado en Cracovia, ciudad que, debido a su pseudoautonomía, se prestaba a convertirse en el centro de la resistencia. Y habían permanecido allí incluso cuando fue ocupada por los austriacos, desde el año 1836 al 1841. En 1838 Stanislao tenía ya catorce años. En 1841 tenía diecisiete y estudiaba Literatura (Europea) en el ateneo de Jagellónica, un nido de rebeldes que, junto a la dominación extranjera, se oponía al atraso feudal en que vivía Polonia: de un lado, la aristocracia que detentaba todos los privilegios de la riqueza; del otro, el pueblo analfabeto que se moría de hambre; y, en medio, nadie, salvo algún que otro artesano o algún hombre de negocios. Creo, por lo tanto, que fue durante esa época, cuando estudiaba en el ateneo de Jagellonica, cuando Stanislao se convirtió en un revolucionario y luego en un agente secreto. Algo que me conmueve, porque los agentes secretos eran unos revolucionarios muy especiales. Inteligentes y audaces. Heroicos. Disfrazados de campesinos, iban a las aldeas a sublevar a los siervos; vestidos de señores, iban al extranjero a llevar cartas secretas, en busca de fondos, a solicitar apoyos, a intentar que regresasen a la patria los exiliados todavía capaces de luchar, y no era infrecuente que acabasen en la horca, acusados de espionaje, o asesinados en la oscuridad. «*¿Conocéis a ese joven, a ese viejo, a ese vagabundo / a ese cíngaro, a ese habitante de Galitzia, a ese lituano que aparece y desaparece / que hoy trabaja como marinero en Danzig y mañana como mercader en Budapest / que hoy va a Poznan o a Wilno y mañana a Londres o a Estambul / que hoy está junto a un mendigo y mañana junto a un Papa, y / que en todas partes habla de insurrección?/ ¿Conocéis a ese hombre entregado totalmente a su ideal, al pueblo, a la justicia / a ese cabeza de turco que recorre el mundo renun-*

ciando a una esposa, a los hijos, al amor / a ese mártir cuyo pan cotidiano es el sufrimiento, aliñado de angustia, y cuyo último abrazo será el de una soga al cuello, el de la horca? / Es el agente Edward Dembowski / que mientras muere escucha las campanas de la libertad», canta el poeta Anczyc en una balada compuesta para que se nos ponga un nudo en la garganta.

Además, creo que fue a Turín enviado por Dembowski. Porque en Cracovia actuaban al menos tres partidos clandestinos. El conservador de Czartoryski, que desde su residencia de París, el famoso Hôtel Lambert, dirigía a los exiliados. El moderado de Lelewel, que en 1834 había sido expulsado de Francia, viviendo desde entonces en Bruselas, donde se ocupaba de las filas de La Joven Polonia; y el radical de Dembowski, es decir, la Sociedad Democrática Polaca. Pero excluyo que Stanislao estuviese con Czartoryski: un reaccionario irreductible, antiguo ministro de Exteriores en San Petersburgo, y por lo tanto un ex lacayo de los rusos, al que no se le acusaba falsamente de tener los ojos puestos en el trono que había quedado vacante tras la caída de Poniatowski. Con algunas reservas, excluyo también que estuviese con Lelewel, a esas alturas fustigado ya por todos debido a su acercamiento a Mazzini. (La Joven Polonia ya había perdido demasiado terreno tanto en la derecha como en la izquierda y el centro. A Mazzini lo consideraban un místico ajeno a la realidad, un general sin ejército, un fanático que no daba ni una, y Lelewel pagaba el pato). En cambio, a Dembowski, sobre todo por parte de sus coetáneos o de sus casi coetáneos, se le consideraba algo a medio camino entre un santo y un genio. En 1845 tenía sólo veintitrés años. Pero desde hacía cinco escribía unos libros de filosofía importantísimos, arrasaba entre los intelectuales, y aunque pertenecía, él también, a una familia aristócrata, no escatimaba esfuerzos. Había fundado en Varsovia, con su propio dinero, la publicación mensual *Przegtad Naukowy* (Revista Científica) que, con tan sólo unos pocos números, se había convertido en el órgano del pensamiento progresista y que, por un pelo, no le había costado que lo deportaran a Siberia. Huyendo de la orden de arresto, había llegado hasta Poznan, donde se había aliado con Walenty Stefanski, jefe de la Sociedad de los Plebeyos, es decir, de un partido más a la izquierda que la Sociedad Democrática, y con su amigo Kamienski el Rojo. Un cura que al grito de «¡Viva la Virgen!» sublevaba a los pobres en el campo. Expulsado de Poznan, había empezado a viajar por toda Europa, a luchar en la forma descrita en la balada de Anczyc. Luego se había trasladado a Galitzia, donde se rumoreaba que, desde hacía cierto tiempo, un estudiante que vivía en la calle Florianska lo sustituía en sus misiones como agente secreto. (¿Stanislaw Gurowski o Rogowski o Zakowski o Pietkiewicz, etcétera?). Bueno, en el verano de 1845 Stanislao tenía un excelente motivo para sustituirlo en sus tareas como agente. Durante la primavera, Stefanski y Kamienski habían anunciado que querían levantar a las masas campesinas en contra de los terratenientes y, para evitar que en vez de una guerra patriótica estallase una guerra civil, tanto los conservadores como los moderados y los radicales habían decidido promover una insurrección simultánea en las tres Polonias. Empujada por Dembowski, la Sociedad de los Plebeyos se había unido a ellos y, haciendo oídos sordos a los consejos de Mazzini, «no lo hagáis, es demasiado pronto, no estáis preparados», todos juntos habían fijado una fecha tan cercana que rozaba el suicidio. A finales de enero o a mediados de febrero de 1846. Peor: con los tumultos prematuros, las peleas internas, el caos que se derivaba de ello, la extraña unión había generado a muchos bocazas incapaces de mantener el secreto. «Estamos a punto de rebelarnos, estamos a punto de expulsar al invasor, a principios del año que viene se va a liar una buena». Puestas sobre aviso, Austria, Rusia y Prusia los aguardaban al acecho, pero la olla ya estaba a presión y los insurgentes no podían echarse para atrás a esas alturas. Menos aún el responsable de la extraña unión y, como consecuencia, Dembowski necesitaba ayuda desesperadamente. Necesitaba hombres, dinero, apoyos políticos y diplomáticos y militares...

¿De Turín? Pues sí, así es, sí. Si lees los documentos de la época, en particular los informes de las embajadas, comprendes que el modesto reino de los Saboya ofrecía a los revolucionarios polacos su única esperanza posible. Creían que apenas estallase la insurrección en Varsovia, en Cracovia y en Poznan, Véneto y Lombardía se sublevarían, Piamonte acudiría en su ayuda con su ejército, y

Austria se encontraría combatiendo en dos frentes. No es que les gustase Carlos Alberto, entendámonos. No movía un dedo por Polonia, a los pocos exiliados que había acogido los tenía sometidos a una vigilancia despiadada, y su absolutismo no se correspondía con los ideales de Dembowski o de Stefanski o del mismo Lelewel. Pero sentía una profunda antipatía por los rusos, no soportaba a los prusianos y, aunque se había casado con una Habsburgo-Lorena, la tenía tomada a muerte con los austriacos. (¿Acaso no habían sido los austriacos, llamados por su tío Carlos Félix, los que lo habían humillado, obligándole a abandonar la regencia en 1821?). Los odiaba hasta tal punto, él, un filofrancés educado en Francia, que en francés escribía conversaba pensaba, que no soportaba ni siquiera oír una sola palabra en alemán. «*C'est la langue barbare d'un peuple barbare*». («Es la lengua bárbara de un pueblo bárbaro»). Y de su mujer decía, bajo el mínimo pretexto: «*Elle ne connaît pas l'allemand. Elle est Florentine*». [«Ella no sabe alemán. Es florentina»]. Además poseía unas eficientes fuerzas armadas, capaces de hacerle frente a Radetzky, y, odios aparte, era el único soberano italiano que tenía un buen motivo para emplearlas en una guerra contra Austria. ¿No comprendías al vuelo que interviniendo en Véneto y Lombardía los Saboya podrían expandirse fuera de las fronteras de Piamonte, de Liguria y Cerdeña, además de asumir el mando del movimiento independentista-unitario, y colocarse al día siguiente la corona de Italia en la cabeza? Por si eso no bastase, en Turín vivían generosos liberales que estaban del lado de los oprimidos y que, pese a todo, no dejaban de calentar la cabeza a Su Majestad. Y sobre el hecho en concreto de que Stanislao estuviese allí para llevarles alguna carta, solicitar los apoyos que precisaban en Cracovia, Varsovia y Poznan, no tengo dudas. Cuando en mi familia se hablaba del tatarabuelo polaco, el discurso se deslizaba siempre sobre Silvio Pellico o Cesare Balbo o Roberto y Massimo d'Azeglio o Lorenzo Valerio. Algo que me llenaba de orgullo porque en el colegio se estudiaban *Mis prisiones,* de Silvio Pellico, y *Mis recuerdos,* de Massimo d'Azeglio. De Balbo, es cierto, no se leía nada, y a Valerio no lo mencionaban siquiera. Pero, con todo, mi padre tenía un libro del primero, titulado *Pensieri ed esempi* (Pensamientos y ejemplos), y del segundo, un número del periódico *Letture Popolari*. Por lo tanto, del fatídico viaje al que le debo un eslabón de la infinita cadena que me ha puesto en el mundo, sólo queda preguntarse por qué, con tantos turineses que alquilaban habitaciones a los viajeros de paso, el agente Gurowski o Rogowski o Zakowski fue a caer justo en la casa de un calvinista que odiaba a los catolicísimos polacos hasta el punto de despellejarlos. O, mejor, de un hombre que tenía una hija casi en edad casadera.

Pero pretender contestar a esta pregunta es como intentar entender por qué el 25 de agosto de 1773, en Florencia, un tal Masi, natural de Ponte a Rifredi, pasó justo por la Plaza de la Señoría. Por qué, con la historia de las estrellas que, en Virginia, caen sobre la cabeza de los campesinos, había hecho huir al grupo reclutado por Filippo Mazzei, por lo que Carlo aguardó en vano bajo la Loggia Lanzi. Por qué en vez de ir a América y casarse con una americana regresó a Vitigliano de Abajo y se casó con Caterina. Sería también como intentar entender por qué, con tantos barcos que partían desde Barcelona, Montserrat tuvo justo que embarcarse en el velero en el que Francesco trabajaba como contramaestre. O por qué Giovanni tuvo que acercarse a Lucca, a reunirse con los carbonarios, justo el mismo día en que su cuñada Teresa tenía que probar a una cliente un vestido con las mangas de pata de jamón. O por qué Mariarosa terminó justo en casa de Giobatta. Por qué, antes o después, todos mis otros antepasados, es decir, todos los otros eslabones de la infinita cadena, se habían encontrado o se encontrarían. Y con esto, heme de nuevo en la calle Dora Grossa, en la que el guapo jovenzuelo que hablaba francés con acento eslavo ha alquilado la «*chambre pour les étrangers*». Cien liras al mes, dado que según su pasaporte es polaco y, por lo tanto, católico, más un plus de diez liras a la semana por el *petit déjeuner* y las eventuales cenas que haga con la familia Ferrier, siempre, claro está, tras rezar los salmos propiciatorios. Pero éste no es el punto. El punto es que en el momento en el que sus ojos se han encontrado con los de Marguerite y ella le ha devuelto la mirada de la forma que ya hemos descrito, ha estallado algo que no tiene nada que ver con la insurrección polaca, ni con los rusos, los prusianos, los austriacos, los piamonteses, los valdenses, los Saboya, el Papa, Calvino, la libertad, la justicia, la patria. Ha estallado ese sentimiento misterioso, inexplicable, imprevisible, incontrolable, ciego y, con frecuencia, inoportuno, que llamamos Amor. En una fracción de segundo, se han enamorado, ¡por todos los santos!

* * *

«*Unissons-nous pour bénir notre Père dont la bonté ne nous laisse jamais...*» («Unámonos para bendecir al Padre cuya bondad no nos abandona nunca»). Mirada... «*Ouvrant sa main Il verse sur la terre mille trésors qui comblent nos souhaits...*» («Abriendo Su mano Él derrama sobre la tierra mil tesoros que cubren nuestros deseos»). Mirada... «*C'est à toi, Père de notre grâce que nous devons chacun de nos repas*» («Es a ti, Padre de nuestra gracia a quien debemos cada uno de nuestros alimentos»). Mirada...

Supongo que, al principio, fue así como expresaron el misterioso sentimiento, cuando se veían a la hora del *petit-déjeuner* y de la cena, o intercambiando un saludo cuando se cruzaban por el pasillo. «*Bonjour, Monsieur*». «*Bonsoir, Mademoiselle*». En aquellos tiempos los enamorados no actuaban con la brutal desenvoltura de hoy día. No se tomaban el uno al otro a la primera oportunidad, contra una pared o detrás de una puerta. Darse un beso era una audacia turbadora que implicaba un compromiso, el sexo una barrera preciosa, y el amor se sabía expresar aun sin rozarse siquiera. Además, no creo que un individuo como Stanislao y una jovencita como Marguerite hubiesen podido superar fácilmente los obstáculos existentes contra un idilio menos platónico. En el caso de ella, los obstáculos procedentes de la intransigencia de Thomàs y Judith, además de la tierna vigilancia de la *Tante* Jacqueline. En el caso de él, de la misión que había ido a cumplir y de las desilusiones que ésta le imponía. Los agentes secretos del Risorgimento eran gente seria: hacían frente a la misión que se les encomendaba con la escrupulosa disciplina de un soldado. Pero esto no era suficiente para llevarla a cabo con éxito, así que pienso que durante las primeras semanas el agente Gurowski o Rogowski o Zakowski tuvo cosas más importantes de las que ocuparse antes de seducir a la pequeña valdense. Soportar las desilusiones del viaje, por ejemplo. Lo veo día y noche en compañía de los exiliados residentes en Turín, casi todos oficiales del desaparecido ejército polaco, es decir, de individuos que sabían mucho de rebeliones armadas. En un sótano de la calle Porta Nuova, refieren los informes de la policía custodiados en el Archivo de Estado, vive el afinador de pianos Lev Ospeziewski, que en 1830, en Varsovia, era lugarteniente del Cuarto Regimiento de Infantería. En una buhardilla de la calle Po, vive el tapicero Karol Frozinski, que en 1831 combatió como voluntario en Cracovia, participando en la batalla de Ostroleka. En un mísero alojamiento de la calle Manuel Filiberto, viven Jósef Kiaruwski, Florian Popowski, Leon Dewnerowski: tres mozos de cuerda que, como oficiales de caballería, en la misma batalla mantuvieron a raya a las hordas de los cosacos. A escondidas de las cinco policías, a veces celebran asambleas para intercambiar noticias y soñar con venganzas o revanchas. Dembowski quiere que regresen a la patria para volverles a poner el fusil al hombro, aprovechar sus conocimientos militares. El problema es que están aquí desde hace dos lustros y que algunos han formado una familia, otros se han aburguesado. Se han resignado, plegado a la derrota, y no va a ser fácil convencerlos: traerlos de regreso.

Lo veo también en el Palacio Barolo, es decir, con Silvio Pellico, que en 1845 tiene cincuenta y seis años y es un símbolo venerado por todo el mundo. Una leyenda famosa hasta en América, un mito intocable al que los turistas rinden homenaje con el sombrero en la mano. El problema es que los héroes no duran para siempre. Si no mueren, se aburguesan como los exiliados. Después de escribir su famoso libro, el ex prisionero de Spielberg se ha transformado en un santurrón timorato y apagado, en un hombrecillo que sólo se siente acuciado por el deber de servir a la Iglesia y de ser digno de la marquesa Giulia. Hace dos años, por ejemplo, rompió su amistad con Vincenzo Gioberti, que, desde el exilio, le había dedicado su *Primacía moral y civil de los italianos*: en un artículo muy aplaudido por el arzobispo ha defendido a los jesuitas, a los que Gioberti quiere arrebatar el poder. «Querido Vincenzo, rechazo tu dedicatoria». Así que, recibe casi de mala gana, sólo por educación, al imberbe visitante que viene desde Cracovia para llevarle la carta de un subversivo. Dominando su desagrado, lo lleva a su habitación, un cuarto oscuro y espartano, estigmatizado por un austero reclinatorio, y aquí se cala las gafas. Lee apresuradamente aquello que preferiría ignorar. Luego, con una vocecita que parece el piar de un gorrión moribundo, comenta: «*Jeune homme, la politique ne m'interésse plus*» («Joven, ya no me interesa la política»). Stanislao se va con la cabeza gacha, derrotado. Lo veo también en la avenida San Maurizio, en casa de Lorenzo Valerio, que, a Dios gracias, se porta de una forma completamente distinta. Valerio tiene treinta y cinco años, una hermosa cabeza de león enfurecido y un valor equiparable a su fortaleza de espíritu. Por añadidura, es un industrial, el propietario de la sedería que le ha hecho rico, ha pasado mucho tiempo en los países eslavos. Conoce bien a los polacos, sabe incluso que están preparándose para desencadenar una nueva rebelión, y acoge al *jeune homme* con los brazos abiertos. Con unos atronadores y festivos «*venez, venez*», lo empuja hasta una habitación llena de luz, de volúmenes prohibidos, de periódicos sospechosos. Sobre la mesa, iluminada por dos lámparas de gas (nadie más cuenta aún con gas en Piamonte), tiene una calavera que muestra con una carcajada burlona: «Me gusta pensar que es la de Metternich. Pero si fuese la del zar, me gustaría igualmente». Él sí lee con atención, con entusiasmo, la carta de Dembowski, y después de leerla le dice que contribuirá a la causa con una importante suma de dinero. El dinero necesario para comprar armas en Estambul y, a través del mar Negro y de los bosques moldavos, introducirlas en Galitzia. A su nuevo protegido le dice también que le presentará a Cesare Balbo y a los hermanos D'Azeglio. A Massimo, en particular, que no piensa para nada como Pellico, que quiere dedicarse a la política y que tiene influencia sobre el soberano. Massimo no vive en Turín, ciudad que define «el lugar ideal para morirte a fuerza de bostezos». Con la excusa de escribir y pintar, en realidad para seguir de cerca los acontecimientos, está siempre ganduleando por toda Italia. Y ahora mismo se encuentra en Roma, Gregorio XVI tiene un pie en la tumba y pronto será elegido un nuevo Papa. Pero en septiembre regresará para restaurar unos cuadros del Palacio Real, verá a Carlos Alberto, y le comerá la oreja por enésima vez. Con el asunto de Polonia, de Véneto y Lombardía, de la guerra contra Austria. «*N'est ce pas?*». Así pues, lo veo también llevándo la carta a Cesare Balbo y preparándose para su encuentro con el precioso Massimo d'Azeglio. Encargos demasiado importantes, demasiado delicados, como para permitirse entablar una relación amorosa que vaya más allá de las miradas durante las cenas y los *petits déjeuners*. Y, sin embargo, esa fase platónica no duró mucho tiempo. Porque la «*chambre pour les étrangers*» estaba situada entre la habitación de Marguerite y la de la *Tante* Jacqueline, no junto a la de Thomàs y la de Judith. Porque la *Tante* Jacqueline tenía el corazón blando y el sueño profundo. Es decir, no se oponía al idilio de su sobrina, no la vigilaba en absoluto. Y porque a finales de octubre Marguerite ya había descubierto que estaba embarazada.

—*J'attends un enfant, mon amour*. (Estoy esperando un hijo, amor mío).

Me entran escalofríos cuando me lo cuento a mí misma. Y, junto a los escalofríos, siento una especie de rencor hacia Stanislao: eslabón indispensable en la infinita cadena, sí, ¡pero nada de cabeza de turco obligado a vivir sin afectos! ¡Nada de mártir cuyo último abrazo será el de una soga al cuello, el de la horca! ¿Quién es aquí la víctima, el guapo joven que morirá dentro de seis meses o la jovencita que parirá dentro de ocho o nueve meses? ¡Embarazada a los dieciséis años, Dios Santo! ¡Y soltera, protestante, tan expuesta a las iras de un padre cancerbero como a las de la Curia! ¿Las crisis de melancolía en las que caía de niña en la capilla valdense de Florencia no estarían acaso originadas, no por la desnuda sala, decorada sólo con la gran cruz y los bancos para los fieles, sino por el recuerdo de cuando me quedé embarazada a los dieciséis años, siendo soltera y protestante? De casarme con el responsable, ni pensarlo siquiera. Aunque no se hubiera tratado de un extranjero de paso, de un agente secreto que casi con toda seguridad viajaba con pasaporte falso, ningún sacerdote católico, ningún pastor protestante hubiera consentido en celebrar la boda entre un católico y una calvinista. Una hereje. Iba contra la ley. Era inadmisible, inconcebible, imposible. Para unos y para otros. Con respecto a ese punto hasta los liberales más liberales se mostraban intransigentes. Costanza d'Azeglio, la inteligentísima Costanza que condenaba la moda del miriñaque protestando «¡Ésta es la época del tren! ¡Tenemos que ser modernos!», no permitía y no permitiría jamás que su hijo Emanuele se casase con una protestante. El pobrecillo era diplomático, oficio que lo conducía a ciudades protestantes como Múnich, La Haya o Londres, en las que siempre se enamoraba puntualmente de una luterana o una anglicana o una metodista o una calvinista, y cuando le escribía a su madre: «*Maman je veux la marier*» («Mamá, quiero casarme con ella»), *Maman* se oponía. «*Mon cher fils, il me coûte de devoir contrarier tes idées*» («Querido hijo, me duele tener que contradecir tus ideas»). O bien: «*Mon cher fils, tu n'as pas rencontré celle qui t'est destinée*» («Mi querido hijo, todavía no has encontrada a aquella que te ha sido destinada»). Y en 1856: «*Que dans toute l'orbe catholique il n'y ait pas une femme qui te convienne, cela me semble bien fort*» («Me parece realmente grave que no hayas encontrado a una mujer que te convenga en todo el orbe católico»). De hecho, el dócil Emanuele no se casó jamás: esa rama de la familia D'Azeglio se extinguió con él. Y Thomàs era de la misma opinión que Costanza. En cuanto al aborto, ni pensarlo. En aquellos tiempos los abortos los practicaban, con métodos rudimentarios, rudimentarias comadronas que te mandaban a la tumba nueve de cada diez veces, y las mujeres preferían someterse al embarazo, quedarse luego con «el fruto del pecado» o abandonarlo en un orfelinato. Para una valdense, ya lo hemos visto, esto implicaba sufrir el calvario de Anne Catalin o de Marie Barboux viuda de Fontana. «O abjuras y aceptas educar a tu hijo dentro de la religión católica o te lo quitamos». Desde la tragedia de aquellas dos pobres mujeres no había cambiado ni una coma. Si acaso, se había intensificado la caza contra las pecadoras herejes y embarazadas: en Pinerolo el Hospicio de los Catecúmenos desbordaba de niños arrebatados a las madres adolescentes.

La frase «*J'attends un enfant, mon amour*» fue pronunciada por Marguerite la misma semana en la que Stanislao comprendió que su misión había fracasado. Si excluyes el dinero proporcionado por Valerio, ningún proyecto había progresado. Había fracasado el intento de enrolar a los exiliados residentes en Turín, y, sobre todo, el de los cinco ex oficiales que quería Dembowski. Quizá perplejos ante la juventud del interlocutor, pese a los días y las noches transcurridos discutiendo, tanto Ospeziewski como Frozinski como Kiaruwski como Popowski y Dewnerowski habían terminado negándose. «Tengo mujer, tengo hijos, y no tengo ganas de morir». Los ex insurrectos a los que había acudido después, lo mismo. «Estoy viejo, cansado, prefiero quedarme aquí». El encuentro con Cesare Balbo, el hombre que podía entender mejor que nadie hasta qué punto los acontecimientos ajenos a la realidad italiana podían influir en las luchas del Risorgimento, no había servido prácticamente para nada. Balbo, como todo un gran señor, había recibido amablemente al joven protegido por Valerio. Había analizado con simpatía la carta de Dembowski. Pero luego se había limitado a extraer la misma conclusión que ya le había comunicado al agente parisino del príncipe Czartoryski: «Para que Véneto y Lombardía se subleven es preciso que ocurra algo en Italia. Y para que nuestro soberano intervenga es preciso que otro lo haga antes que él». (Análisis exacto, por otra parte, si recordamos que en Milán y Venecia las revoluciones del 48 estallaron después de las revueltas de Palermo y de Nápoles, mejor dicho, a raíz de las esperanzas levantadas por Pío IX. Profecía impresionante, dado que Piamonte le declaró la guerra a Austria veinticuatro horas después que Toscana). En cuanto a Massimo d'Azeglio, regresó a Turín en octubre y se entrevistó con Carlos Alberto. Una entrevista en la que le transmitió las súplicas de los patriotas italianos y, aunque de forma indirecta, las de los polacos. «Majestad, están convencidos de que sin fuerzas armadas es inútil pasar a la acción; en Italia sólo hay fuerzas armadas en Piamonte, y ni siquiera éstas podrían intervenir si Europa mantiene el orden actual». Discurso al que Carlos Alberto respondió: «Haga saber a esos señores que por ahora deben permanecer quietos, no agitarse. *Pour le moment il n'y a rien à faire* (Por el momento no se puede hacer nada). Que estén seguros, sin embargo, de que si la ocasión se presenta, mi vida, la de mis hijos, mi ejército, mis riquezas, todo cuanto poseo, será puesto a disposición de la causa italiana». En una palabra, hermosos discursos a un lado, por ahora no existían intenciones bélicas. Y cuando Massimo d'Azeglio informó a los interesados, sobre el agente Gurowski o Rogowski o Zakowski cayó también esta ducha de agua fría.

—El rey está con ustedes pero, hoy por hoy, no pueden contar con su ayuda.

La consciencia de que había fracasado coincidió con su inmediato regreso a Polonia. La fecha elegida para la insurrección se acercaba a pasos agigantados, gracias al regalo de Valerio se podía solucionar, al menos, el problema de las armas, y, además de durar poco, los héroes siempre son egoístas. A los individuos en concreto y especialmente a la persona que les ama, la adolescente de dieciséis años a la que han dejado embarazada, por ejemplo, no les entregan nada de nada de sí mismos. Peor: implican a la persona que les ama en su sacrificio, la arrastran a su martirio y, con frecuencia, la destruyen. Sin piedad, sin remordimientos. No pueden permitirse sentir piedad, compréndelo. No pueden permitirse sentir remordimientos. Si lo piensas bien, no pueden permitirse ni siquiera sentir amor: la cadena de las cadenas, el freno de los frenos. (De hecho, no me siento capaz de jurar que el de Stanislao fuese verdadero amor. Quizá sólo se trató del deseo de amar en un lecho, del ansia de olvidarse de las preocupaciones y de gozar de la ingenua adolescente que lo miraba como si fuese el Príncipe Azul). Saber que Marguerite llevaba un niño en su vientre no lo apartó de sus planes, de sus deberes de héroe. No le hizo retrasar la fecha de regreso, no lo indujo a buscar una solución, ni siquiera lo empujó a hacerle frente a Thomàs: a padecer su ira y, en compensación, impedir el castigo de la pecadora. «Yo me he portado como un loco, *monsieur*, pero pobre de usted si la condena, si la maltrata». Se limitó a jurarle que un día se la llevaría junto a su hijo a Cracovia, donde los católicos podían casarse con las protestantes, y que allí vivirían felices en el palacete de la calle Florianska. Luego se la confió a la tía, «*soyez une mère pour elle*» (sea como una madre para ella), y abandonó la calle Dora Grossa 5 con estas palabras:

—Si es niño, ponle Piotr: Pedro. Si es niña, Natzka: Anastasìa. Son los nombres de mis padres. *Attends-moi, je reviendrai*. (Espérame, regresaré).

Pero no regresó jamás. Y lo que sigue es el relato de cómo murió. Se debe a la *Tante* Jacqueline, que, en 1849, lo supo por un polaco que había acudido a Italia para alistarse en el ejército piamontés y participar en la primera guerra de Independencia.

* * *

De Turín fue a Génova, donde embarcó en una nave rumbo a Estambul. Allí desembarcó a mediados de noviembre y compró las armas que debían ser transportadas a través del mar Negro y de los bosques moldavos. Empresa durísima y extenuante que llevó a cabo con algunos revolucionarios turcos, primero escondiendo las cajas de los fusiles y de las municiones en un barco mercante que se dirigía a Odessa, luego cargándolas a lomos de doce mulos, y que se convirtió en un auténtico calvario en Moldavia a causa de los cosacos que patrullaban los senderos. Llegó a Cracovia a principios del nuevo año, con el tiempo justo para asistir al encuentro que los tres comandantes de la ya inminente insurrección celebraron en la sacristía de la catedral. (Por parte de la Polonia austriaca, Edward Dembowski. Por la de la Polonia rusa, Bronislaw Dabrowski: el hijo del mismo Dabrowski que en el periodo napoleónico había fundado la Legión Polaca. Por la de la Polonia prusiana, Ludwik Mieroslawski: uno de los generales que, en 1831, tras la caída de Varsovia, se exiliaron a París con Czartoryski). Llegó también justo a tiempo de comprender que las cosas pintaban feas: mientras él viajaba con las armas que debían transportarse a Galitzia, la policía de Poznan había arrestado a Stefanski y a Kamienski, además de a tres tercios de los miembros de la Sociedad de los Plebeyos. Y esto constituía un drama porque Stefanski y Kamienski eran los únicos capaces de dirigir a los siervos, de hacerles partícipes de la lucha. Sin ellos, los insurrectos se arriesgaban a encontrarse de frente con las masas campesinas que achacaban a la nobleza, y no a los invasores, toda la culpa de sus miserias. Además, en Cracovia, excitados por la presencia de Dembowski, los estudiantes implicados en los preparativos habían perdido toda prudencia y en la ciudad todos lo sabían ya todo. Mejor que nadie, Klemens von Metternich, que no tardó en escribir al emperador: «Majestad, desde primeros de enero existe un negro movimiento revolucionario entre los jóvenes de las familias distinguidas de Cracovia. Los ciudadanos de bien no salen de casa por miedo a los atentados, las autoridades están atemorizadas ante las amenazas que se les hacen abiertamente y, según parece, la rebelión estallará en carnaval. Los jóvenes de las familias distinguidas han recibido la orden de estar preparados para el 18 de febrero. Le he encargado, pues, al general Collin, jefe de las fuerzas imperiales en Podgórze, la ciudad situada frente a Cracovia, que se preparen para entrar en la república independiente antes de que los desbordamientos invernales del río Vístula nos impidan desplazar a las tropas...». Y a su estado mayor le dijo: «Más que a Collin, hay que usar a los campesinos. Odian a muerte a los nobles, los amos, y arremeterán contra ellos con más furia que nuestros soldados. Esto costará al menos tres días de sangre, pero a cambio de tres días de sangre nos aseguraremos cien años de paz».

Por otra parte, no tardó en comprobarse que la insurrección estaba llamada al fracaso. El 14 de febrero, los prusianos hicieron prisionero a Mieroslawski que no aguantó el interrogatorio y «cantó» hasta el último detalle de la conjura. Todos los implicados tuvieron que rendirse, incluso en Varsovia la Sociedad Democrática anuló el plan establecido. Sin importarle ni poco ni mucho el pasado glorioso de su padre, Bronislaw Dabrowski se largó por patas, y del caos que se siguió surgió un grupo de partisanos que, para paliar el penoso papelón que habían hecho, cometieron un grave error: atacar a los rusos en la fortificadísima ciudad de Siedlce, donde fueron arrollados, encadenados y entregados a la corte marcial. (Su capitán, Pantaleon Potocki, fue ahorcado allí mismo, en Siedlce. Sus lugartenientes, Zarski y Kociszewski, en Varsovia. Cinco de los condenados a presidio morirían a los pocos meses en Siberia). Los únicos frentes en los que se siguió adelante con la rebelión que tendría que haberse producido simultáneamente en las tres Polonias fueron los de Galitzia y Cracovia, es decir, la zona al mando de Edward Dembowski. Y Demboswski no se echó para atrás, no. Puntualísimos, el 18 de febrero sus hombres asaltaron Pilsno y bloquearon a las tropas de Collin en Podgórze. Pero el consejo de Metternich, «Más que a

Collin, hay que usar a los campesinos», se había seguido puntualmente por los colaboracionistas, que, durante semanas, habían batido los pueblos predicando: «Prestad atención, majaderos. Los nobles quieren echar a los austriacos para duplicar vuestra esclavitud y aumentaros los impuestos». Armados de hoces y cuchillos y azadas, los ex discípulos de Stefanski rodearon a los insurrectos con carros tirados por bueyes, y fue inútil intentar hablar con ellos: explicarles los conceptos de justicia y de libertad, repetirles «luchamos por vosotros». Como respuesta, alzaron las hoces, los cuchillos, las azadas, y, uno tras uno, degollaron a ciento cuarenta y seis. Luego los mutilaron hasta dejarles irreconocibles: fuera la nariz, fuera los brazos, fuera las piernas, fuera el pene y los testículos. Los arrojaron dentro de los carros tirados por bueyes y se los llevaron al comisario de Tarnów, el barón Von Wallersten, que ordenó al coronel Benedek que les diera como recompensa 1.460 *gulden* de plata. Diez *gulden* por muerto. Peor aún: molesto ante tal cantidad de cadáveres, Benedek les dijo que no tenían por qué molestarse en arrastrar hasta allí los cadáveres enteros. Con la cabeza cortada bastaba, y por cada cabeza cortada les daría en el futuro la misma suma. Cuarenta y ocho horas después Collin envió a las tropas a Cracovia. Dos regimientos en equipo de guerra. Pero, quién sabe por qué, quizá por un enésimo e infernal cálculo de Metternich, sólo se quedó un día y una noche. Al alba del 21 de febrero reunió a los residentes extranjeros y a los funcionarios estatales, cruzó con ellos el Vístula, y dejó la ciudad en manos de los revolucionarios. A partir de aquello Dembowski, el genial pero inmaduro Dembowski, firmó su sentencia de muerte. Y la de Stanislao.

La firmó con el inepto gobierno que improvisó y confió a un oscuro abogado (Jan Tyssowski), que pretendió ser calificado en el acto como dictador y que, como tal, empezó enseguida a cometer abusos y hacer imbecilidades. La firmó con el llamamiento, tan incendiario como inútil, que dirigió a las otras dos Polonias, ya domadas por los rusos y los prusianos, y por los tanto insensibles a la retórica de las palabras. «¡Polacos, la hora de la rebelión ha llegado! Desde la tumba, las cenizas de nuestros padres claman venganza; desde la cuna, el llanto de nuestros recién nacidos piden la patria deseada por Dios! Somos veinte millones, hermanos. Combatamos unidos y ninguna fuerza nos aplastará». La firmó con el manifiesto que difundió para fijar los puntos de su idealista e ingenuo programa: abolición de las clases sociales y de la propiedad privada, entrega de la tierra al que la trabaja, perdón para los campesinos que en Galitzia habían cometido, y seguían cometiendo, asesinatos en masa. Que seguían degollando, cortando narices y brazos y piernas y, sobre todo, cabezas para vendérselas a Benedek. Llegados a ese punto, de hecho, ya no se limitaban a matar a los insurrectos que querían darles la tierra. Por diez *gulden* eliminaban a cualquiera que fuese bien vestido o que viajase en carroza o que viviese en una casa confortable y pareciese bien alimentado. Jóvenes, viejos, mujeres, niños. Lactantes incluidos. En muchos pueblos y ciudades pequeñas las calles estaban literalmente llenas de cuerpos mutilados y decapitados. En tan sólo una semana aquellos verdugos asesinaron a dos mil personas. En Dembic habían dejado vivos sólo a tres habitantes. Y esto no incluye las villas o los castillos (cuatrocientos) que, con la excusa de buscar armas, habían saqueado, derruido hasta los cimientos, incendiado, aunque contuvieran preciadas obras de arte. Frescos con siglos de antigüedad, cuadros dignos de un museo. Y, sin embargo, Dembowski les perdonaba. En un abrir y cerrar de ojos, *tout court*. Con la ceguera (o el sectarismo) de los idealistas que sólo ven los crímenes en un bando, y punto, por lo que están siempre dispuestos a condenar a quienes ejecutan las órdenes, pero nunca a quienes las cumplen, a los que mandan, pero nunca a quienes obedecen, no los consideraba unos verdugos sino criaturas inocentes. Meros instrumentos de los austriacos y, por lo tanto, hermanos a los que absolver, redimir. Para subrayar este convencimiento suyo, puso precio a la vida del barón Von Wallersten, multiplicando por mil el premio de diez *gulden* de plata. «Yo, el abajo firmante Edward Dembowski, pongo al precio de 10.000 *gulden* de oro la vida del comisario del Distrito de Tarnów y juro por mi honor pagar dicha suma, en dinero contante, al que me lo entregue vivo o muerto». Pero nadie se lo tomó en serio. A los ojos de los campesinos el malvado Von Wallersten era un benefactor, un amigo, y el 27 de febrero él decidió ir a su encuentro. Ponerse a la cabeza de un cortejo compuesto por mujeres pías, curas, individuos pacíficos, y salir con él de la ciudad. Ir a los campos de Galitzia, explicarles que estaban equivocados.

—Quiero a gente desarmada. Y pobre del que lance una pedrada o una amenaza.

Si nos atenemos al relato del polaco que en 1849 fue a Italia para tomar parte en la primera guerra de la Independencia y se lo contó todo a la *Tante* Jacqueline, Stanislao no dudó ni un instante en seguirle. Desde el día en que regresó a Cracovia había permanecido a su lado como un perro fiel, y como un perro fiel lo acompañó en su última locura. Junto a él, que ondeaba la bandera blanca y roja de Polonia, iba abriendo el cortejo. Quinientos corderos que llevaban consigo crucifijos, velas, custodias, imágenes de la Virgen mientras entonaban el avemaría. Junto a él, que los guiaba con la bandera, salió de la ciudad. Atravesó el puente, se dirigió hacia el pueblo más cercano. Y mientras lo veo avanzar con su cuerpo alto y nervudo, sus cabellos rubios, sus bigotes rubios, su elegancia acompañada de una pizca de altanería, me pregunto qué pensaba durante aquella marcha insensata. ¿En la patria, en la justicia, en la libertad, en los hermosos sueños que, si se alcanzan, son traicionados por la estupidez humana o la maldad, o en la pequeña valdense a la que se había llevado a la cama en la calle Dora Grossa 5, quiero pensar que por amor? ¿En la trampa de la palabra Pueblo, en la chusma que, según los idealistas, no tiene culpa de nada y que debe ser absuelta aunque degüelle o decapite por un tanto por cabeza, o en el hijo (o la hija) que la pequeña valdense llevaba en su seno? ¡Bah! Quizá debido a las pocas noticias que tengo sobre este tatarabuelo procedente de un país que no me es familiar, o quizá por el distanciamiento que experimento ahora hacia los héroes, no consigo penetrar en su alma. No consigo indagar en el recuerdo de lo que pensaba, lo que sentía, lo que era, cuando era Stanislao, mejor dicho, Stanislaw Gurowski o Rogowski o Zakowski. Y cada vez que intento recordar aquella muerte mía sólo rememoro la consciencia de haber vivido demasiado deprisa, de haber durado demasiado poco. De los otros, y del paisaje que me rodeaba, en cambio, recuerdo muchas cosas. El cielo gris, los árboles desnudos, el Vístula tan helado que parecía una interminable cinta de hielo. La llanura cubierta de nieve, el cortejo que caminaba a paso lentísimo entre la nieve, casi en fila india. Las voces que, detrás de mí, repetían monótonamente «Ave María, llena eres de gracia, el Señor es contigo, bendita tú eres entre todas las mujeres y bendito es el fruto de tu vientre, Jesús». Un niño que lloraba «mamá, quiero volver a casa, mamá», un viejo que gemía «tengo frío, hace frío», y, en el horizonte, algo o alguien que me aguardaba. ¿Los campesinos? Creían que eran los campesinos. Pero se trataba de dos escuadrones de húsares y de una compañía de infantería. Los austriacos a los que habían advertido. Los húsares muy erguidos sobre sus sillas de montar, y con el sable ya empuñado. Los soldados, agachados en la nieve y con el fusil ya apuntándonos. ¿Para atemorizarnos, para hacernos retroceder? «¡Avanzad, no os detengáis, así verán que estamos indefensos, desarmados!», gritó Dembowski. Continuamos caminando y, como él era el que encabezaba el cortejo, el más expuesto, el más fácil de distinguir, el primero en morir fue él. Le dispararon una bala al corazón, pobre Edward. Se quedó tieso junto a la bandera. El segundo fui yo, que, una vez recogida la bandera, continuaba la marcha, gritaba en su nombre: «¡Avanzad, no os detengáis!». Porque apenas los soldados dejaron de disparar y los caballos de los húsares cargaron sobre nosotros al galope, un teniente con el sable desenvainado cayó sobre mí y me cortó la cabeza de un tajo.

Un trofeo que, algunas horas después, recogió un tipo andrajoso, con los pies envueltos en harapos y aspecto hambriento. Y que, engañosamente, se lo entregó a Benedek, quien, sospechando la mentira, sólo le dio a cambio cinco *gulden* de cobre.

6

—*Je viens d'une famille honorable, moi!* (¡Yo vengo de una familia honrada!).

—*Oui, papà...*

—*Le mien aussi est un nom honorable!* (¡También el mío es un apellido honrado!).

—*Oui, maman...*

—*Et ce ne sera pas une dévergondée de ton espèce à nous déshonorer!* (¡Y no será una desvergonzada de tu calaña la que venga a deshonrarnos!).

—*Oui, papà... Oui, maman...*

Fue justo a finales de febrero, cuando Stanislao estaba a punto de morir o había muerto ya en la llanura cubierta de nieve en la que su cabeza fue recogida y vendida por cinco *gulden* de cobre, cuando los cónyuges Ferrier procesaron y condenaron a su hija. Hasta el cuarto mes, el embarazo de Marguerite había pasado desapercibido. Su vientre había crecido en correspondencia con su grácil cuerpo, es decir, de forma poco evidente, y para ocultar el leve abultamiento ya estaba *le tablier vaudois*. El delantal valdense.

Estaba *la pèlerin vaudoise*, el chal valdense, y la sagacidad de la *Tante* Jacqueline, que, no sabiendo a qué santo encomendarse, intentaba desviar las sospechas. «*Et bien, elle engraisse. Tant mieux*» («Y bien, está engordando. Mejor así»). Al quinto mes, sin embargo, el cuento de que estaba engordando ya no se sostuvo más. Judith comprendió la verdad y estalló el drama. ¿Drama? Alguien que vive en el siglo XXI, mejor dicho, en las ilimitadas y turbadoras licencias del siglo XXI, no puede imaginarse qué significaba en el siglo XIX (aunque también en el XX) que una mujer soltera se quedase embarazada, el nacimiento de lo que se llamaba un hijo ilegítimo. Significaba el pecado de los pecados, el escándalo de los escándalos, la vergüenza de las vergüenzas, el deshonor de los deshonores. La despreocupada ética del ilustrado XVIII y el desparpajo sexual de la época napoleónica habían cedido el paso a las hipocresías retrógradas de la Restauración, y ni siquiera las ideas innovadoras de los movimientos del Risorgimento habían conseguido, o iban a conseguir, hacer siquiera un arañazo en sus efectos. En aquella época triunfaba la moralidad puritana de la reina Victoria, cuyo camisón tenía una esportilla que se abría para cumplir con los deberes conyugales. La ropa interior femenina llegaba hasta los tobillos; en nombre del pudor, algunos les tapaban las patas a las mesas; otros cubrían la desnudez de las estatuas con hojas de parra. Y los hombres modernos podían dejarse fusilar en nombre de la libertad, nunca aceptar el ultraje de ese pecado. De ese escándalo, de ese deshonor. Así que, imaginémonos qué efecto produjo en unos padres calvinistas, es decir, pertenecientes a la Iglesia que, prácticamente, había inventado el puritanismo, y sobre todo en Thomàs: calvinista perteneciente a la secta de los Despertados, es decir, de los locos para los que hasta jugar a las bochas o bailar en corro era una falta que debía castigarse con el infierno.

—*Avec qui as-tu taché ton corps et ton âme, avec qui?* (¿Con quién has ensuciado tu cuerpo y tu alma, con quién?).

—*Avec personne, papà...* (Con nadie, papá).

—*¿¡¿Personne?!? Où est-il, l'infâme, où?* (¿¡¿Con nadie?!? ¿Dónde está él, el infame, dónde?).

—*Il n'est pas infâme, maman...* (No es un infame, mamá).

—*Tiens! Elle fait même l'avocat défenseur, l'effrontée!* (¡Escúchala! ¡Hasta hace de abogado defensor, la desvergonzada!).

—*Il faut chercher quelqu'un d'autre, alors!* (¡Hay que buscar a algún otro, entonces!).

—*Je ne comprends pas, maman... Je ne comprends pas, papá...* (No entiendo, mamá... No entiendo, papá...).

—*Tu ne comprends pas qu'il faut réparer?* (¿No entiendes que es necesario reparar?).

Como es lógico, las sospechas habían recaído inmediatamente sobre el guapo polaco que en octubre, fecha a la que se remontaba el inicio de su embarazo, dormía en «*la chambre pour les étrangers*». Y sabiendo de sobra que el matrimonio con un católico era imposible de celebrar, aunque el responsable se hubiese quedado en Turín, antes del proceso, Thomàs y Judith ya habían estudiado la forma de encontrar a un valdense dispuesto a quitarles el problema de encima casándose con ella. Una solución harto fácil, porque podían darle una dote sustanciosa para que se pagase un marido, porque en los registros de Torre Pellice no eran para nada infrecuentes los bautismos de niños nacidos a los pocos meses de la boda, y porque el cinismo no tiene patria ni religión. Unas horas antes habían redactado, incluso, una lista de candidatos que incluía a un primo imbécil y a un viejo soltero. Pero cuando tocaron ese tema, la mansa, la tímida, la dulce Marguerite se enfureció. ¿Convertirse en la mujer de otro? ¿Renunciar a su amor, a su Príncipe Azul que regresaría algún día para llevarla a Cracovia donde, junto a su niño, vivirían felices y contentos en el palacete de la calle Florianska? «*Jamais, jamais. Plutôt je me tue*» («Nunca, jamás. Antes me mato»). Así pues, el proceso concluyó y se emitió la sentencia. Una sentencia indignante no tanto por lo que atañe a Thomàs, individuo del que no cabía esperarse nada bueno, sino a Judith. Una esposa obediente, sí. Una cómplice cobarde, también. Pero, con todo, una madre. (¡Dios! ¿De verdad que en mis innumerables vidas he sido también Judith?). Las madres, por lo general, no echan de casa a los hijos, a una hija adolescente y encinta. Honor o no, secta de los Despertados o no, se ponen de su parte. La defienden, la protegen de quien sea. Del padre incluido. Ella, en cambio, se alineó hasta el fondo con Thomàs, y: «Tienes una semana para encontrar un techo, alejarte de esta casa y de esta familia. Para evitar que, para sobrevivir, pidas limosna o te prostituyas, arrojes más fango sobre el apellido Ferrier, recibirás una sustanciosa suma de dinero. Pero desde hoy mismo queremos olvidar que por tus venas corre nuestra sangre. Así que, pobre de ti si nos diriges la palabra, si nos pides siquiera un alfiler. Pobre de ti si te sientas a nuestra mesa, si te unes a nosotros para rezar. Y cuando te vayas, nada de intentar volver a vernos, de implicarnos de alguna forma con tu vergüenza. Con la deshonra de tu bastardo». Es aquí donde entra en escena la *Tante* Jacqueline. La buena, la fea *Tante* Jacqueline, a la que en Villasecca llamaban *avorton*, «aborto», porque tenía la pierna derecha más corta que la izquierda y sobre la frente un desagradable lunar violeta, sobre la nariz una gran verruga de la que brotaba un hirsuto pelo. La culta, la inteligente Jacqueline que había estudiado Historia y Geografía, leía a escondidas novelas francesas, se sabía a Stendhal de memoria. La rebelde, la libre *Tante* Jacqueline, que amaba a Marguerite mejor que una madre y que, al escuchar aquellas monstruosidades, se puso hecha una fiera. Arremetió contra su cuñado y su hermana, resolvió el problema.

—*Et moi je vous laisse avec elle, espèce de salauds. Nous irons ensemble.* (Y yo me voy con ella, especie de cerdos. Nos iremos juntas).

Se fueron cuando venció el ultimátum, cuando con los labios apretados y la mirada dirigida hacia otra parte Thomàs le entregó a su hija la sustanciosa suma de dinero, es decir, mil seiscientas liras. El equivalente a la dote que, en caso de haberse efectuado la boda reparadora, le habría entregado al primo imbécil o al viejo soltero, y lo suficiente como para no gravar excesivamente las finanzas de la tía. (Algo que le redime ligeramente, que atenúa su crueldad con unas gotas de civilización). Al amanecer del 8 de marzo se subieron a un coche de caballos conducido por el cochero de la Capilla Prusiana, un correligionario de confianza, y para la *Tante* Jacqueline la fecha de la partida coincidió con los primeros indicios de la muerte de Stanislao. El día anterior los periódicos turineses habían publicado que el 27 de febrero se había producido en Galitzia la matanza de un cortejo compuesto por criaturas indefensas y que, tras este suceso, el gobierno de Jan Tyssowski había huido y los austriacos habían entrado en Cracovia junto a los rusos. Aunque Stanislao había sido lo bastante precavido como para no revelar en casa sus ideas, todos habían comprendido que era un patriota, por lo que al leer aquellas noticias la *Tante* Jacqueline dedujo que era muy probable que él se contase entre las víctimas de la matanza. Si no había muerto, lo haría muy pronto en una cárcel polaca o en un campo de

Siberia, y en ambos casos Marguerite esperaría en vano el regreso de su Príncipe Azul. ¡Bueno! Ahora sí que hacía falta protegerla, impedir que el niño le fuese arrebatado y conducido al Hospicio de los Catecúmenos, pensó mientras abandonaban la ciudad. Luego, dando un gran suspiro, echó las cortinillas del coche que se dirigía hacia los Alpes cubiertos de nieve. La mejor solución hubiese sido instalar a la pobre Marguerite en Toscana o en Francia o en Inglaterra. Pero para salir de Piamonte hacía falta pasaporte, para obtener el pasaporte una menor de edad necesitaba la autorización paterna, y para qué mencionar siquiera ese tema. «Pobre de ti si nos pides algo, si nos implicas con tu vergüenza, con la deshonra de tu bastardo». Por lo tanto, el único refugio posible era el que había elegido y hacia el que la estaba llevando. Rodoretto, mejor dicho, Rodoret, un pueblecito perdido de los valles valdenses.

* * *

Los valles valdenses son tres, y hoy llevan el nombre de los ríos que los recorren: Val Pellice, Val Chisone, Val Germanasca. En el siglo pasado,* no. Llevaban los nombres con que se conocían desde el siglo XIII, es decir, desde que los seguidores de Valdo se instalaron allí huyendo de las persecuciones que sufrían en el Languedoc: Val Luserna, mejor dicho, Louserne; Val Perosa, mejor dicho, Perouse; Val San Martino, mejor dicho, Saint Martin. Este último conocido también como el Valle Oscuro o Vallée Sombre por las oscuras y angostas gargantas que lo caracterizan. (Las dobles denominaciones se deben al hecho de que en los valles vivían también muchos católicos; tanto es así que en todos los pueblos había una parroquia católica y una valdense, un cura católico y un pastor valdense, y los católicos hablaban italiano). Se encuentran al suroeste de Turín. Cubren una superficie de apenas ochenta mil hectáreas en forma de triángulo, cuya base roza Francia y la cúspide, Pinerolo. Forman parte de los Alpes Cotianos y cada uno de los tres encierra a su vez

* El siglo XIX, en todo el capítulo. (*N. de la T.*)

vallecillos recorridos por ríos menores o arroyos o torrentes que, al unirse al Pellice o al Chisone o al Germanasco, desembocan en el Po. Junto a los valles y los vallecillos, montañas que no es raro que superen los tres mil metros. Junto a las montañas, despeñaderos y barrancos y precipicios a cuyo fondo la luz sólo llega unos pocos minutos a mediodía. Si lo sobrevuelas, el paisaje parece un manto rugoso, un lugar inhóspito, y si vas en invierno, resulta deprimente. Asusta. En verano, en cambio, fascina. Ofrece espléndidos bosques de castaños y de alerces, de chopos y de abetos, de olmos entre los que pululan los íbices y los gamos y las ardillas. Regala dulces pastos de lavanda y verbena, prados de narcisos y violetas y anémonas, matorrales de frambuesas y arándanos. Y en el Valle Oscuro, pequeños lagos y límpidos estanques a los que en el siglo pasado acudían a bañarse las hadas. En Rodoretto, cuevas en las que vivían junto a los elfos y los gnomos. Porque en el siglo pasado el Valle Oscuro, en particular Rodoretto, era un reino de hadas y de brujas, te las encontrabas por todas partes, y pobre de ti si lo ponías en duda. Lo creas o no, las hadas y las brujas existen, y cómo. Un hada se reconoce por sus cabellos rubios como el oro, por su rostro pequeño y delicado, sus pies minúsculos y su cuerpo grácil. (Tan grácil que durante el embarazo, situación no imposible, dado que a las hadas les gustan los jóvenes guapos y se quedan encinta igual que las comunes mortales, no pesan mucho más que un miosotis). Una bruja se reconoce por la mancha violeta que le afea la frente, por la verruga que tiene sobre la nariz y por la pierna derecha más corta que la izquierda. Defectos que no la convierten, necesariamente, en una mala persona. Tanto es así que realizan prestigiosos encantamientos en beneficio de los seres humanos y que, con frecuencia, viajan en compañía de una sobrina.

Por qué motivo las hadas y las brujas sentían predilección por el Valle Oscuro y, en particular, por Rodoretto es algo que ignoro. Pensándolo bien, tampoco es que aquellos estanques fueran una cosa del otro mundo, y el único mérito de los pequeños lagos es que albergaban cangrejos de río y truchas: algo que no es del gusto de las hadas y las brujas. (Ambas se alimentan de frutas, flores, verduras, productos lácteos). Tampoco eran nada del otro mundo las cuevas. Estaban chorreantes de murciélagos, apestaban a moho, y su único atractivo consistía en la leyenda de los tesoros que los valdenses habían escondido allí cuando en 1686, es decir, el año de la gran persecución, fueron expulsados por los Saboya. (Cofres repletos de joyas y orzas llenas de monedas de plata que, según los cuentos de hadas que contaban los ancianos, fueron enterrados junto a las cartas de Valdo; pero sólo las hadas y las brujas sabían dónde). Además, allí arriba el buen tiempo duraba muy poco. Desde junio hasta agosto. Como mucho, desde mediados de mayo a mediados de septiembre. El invierno se comía casi toda la primavera, casi todo el otoño, y durante ocho o nueve meses llevaba consigo el fin del mundo. Una niebla tan densa que no podías adentrarte en ella porque te perdías con sólo dar unos pocos pasos y nadie volvía a encontrarte jamás. Violentos chaparrones que te anegaban, rayos que te fulminaban, tormentas que te mantenían encarcelado dentro de dos o tres metros de nieve, por lo que si no habías hecho acopio de víveres y leña te morías de hambre y frío. Temperaturas que descendían a quince grados bajo cero, por lo que la nieve se convertía en impenetrable hielo, avalanchas que arrollaban cuanto encontraban a su paso. Y una paz propia de un cementerio. Conscientes de que bastaba con un leve desplazamiento de aire, un ligero ruido, para provocar una avalancha, durante aquellos meses se evitaba hasta llamar a las puertas o clavar un clavo. Había que moverse muy despacio, a los niños se les prohibía reírse o dar gritos, la Biblia se leía en voz muy baja, los salmos se cantaban moviendo sólo los labios, el pastor renunciaba al rito dominical, el párroco no tocaba jamás las campanas. Se vivía en un letargo, en una palabra, en una especie de duermevela, y esto había convertido a los habitantes del Valle Oscuro en una raza aparte. En una comunidad taciturna, misántropa, llena de pesimismo o de resignación. «*L'om al ê na për süfrir, la donno cò*» («El hombre ha nacido para sufrir, la mujer también»). «*La vitto l'ê mëc uno tribulasioùn*» («La vida no es más que un tormento»). «*Qui meur à finì dë tribulà*» («El que muere, deja de sufrir»). «*Lo Monsiùr nën vol pâ gî de countënt sû quetto tero*» («El Señor no quiere que nadie esté alegre en esta tierra»). (La lengua que se hablaba en los valles era el patois. Una misteriosa mezcla de italiano, francés y occitano, es decir, el antiguo dialecto provenzal). En cuanto a Rodoret, ¡Dios Santo! «Es un pueblo mísero, sucio, asqueroso», son las palabras con las que en su libro de memorias el teólogo Amedeo Bert abre el capítulo sobre Rodoret, y, pese a la despiadada exageración, el juicio contiene gran parte de verdad. El refugio elegido por la *Tante* Jacqueline surgía en el vallecillo más alto y menos risueño de la región. Estaba a los pies del escarpado monte Apenna. Motivo por el que en invierno los quince grados bajo cero se convertían en veinte; los dos o tres metros de nieve, en cuatro o cinco; y con los primeros deshielos caían avalanchas todas las semanas. En marzo de 1844 había caído una sobre el presbiterio de Daniel Buffa, el pastor que vivía allí junto a su mujer y su hijo pequeño, y los cuerpos no se recuperaron hasta junio, en el fondo de la denominada garganta della Scalaccia. Se componía de unas pocas casuchas, construidas con piedras y techadas con rudimentarias láminas de pizarra, y carentes de letrinas. No tenía alcalde y contaba con trescientos habitantes. Casi siempre, pastores de ovejas analfabetos, simplones obsesionados con encontrarse con un hada o una bruja que les ayudase a encontrar el cofre repleto de joyas o la orza llena de monedas de plata. Por último, estaba tan aislado de los demás pueblos, era tan difícil llegar hasta él que no iba ni siquiera un perro. No iban ni el sombrerero, ni el sillero, ni el hojalatero, ni el afilador. Gente que llegaba a todas partes.

Al haber crecido en la capital del Valle Oscuro, es decir, Villasecca o Ville Sèche, la *Tante* Jacqueline conocía bien las desventajas de su elección. Pero también conocía igual de bien las ventajas. De aquellos trescientos habitantes, sólo unos cincuenta seguían el credo de la Santa Iglesia Romana, y el que se ocupaba de sus almas era un sacerdote que había mantenido buenas relaciones con Daniel Buffa. Un buen hombre al que la Curia tenía destinado en el «pueblo mísero, sucio, asqueroso» por su tolerancia hacia los herejes o, lo que es lo mismo, por castigo. Don Stefano Faure. Y no sólo eso: desde que la avalancha había acabado con la vida de Buffa, el que se ocupaba de las almas de los herejes era el pastor Michel Morel. Un joven de veintisiete años, inteligente y valiente, licenciado por Ginebra, que con su actitud desafiaba hasta al sínodo valdense. «Hemos nacido para desobedecer», «Las reglas deben infringirse», «No comer carne los viernes es bueno para la salud». Era un rebelde de tal calibre que el presbiterio que había terminado en el fondo de la garganta della Scalaccia lo había reconstruido cerca de la parroquia de Faure. Y digo, ¡lo bien que se llevaban entre ellos! Ambos hacían pública demostración de su amistad dejándose ver juntos, incluso llamándose por el nombre, «*mon cher Stephan*», «mi querido Michele», y si una joven soltera se quedaba embarazada, el primero fingía que no se había enterado. El segundo resolvía el problema ocultando a la pecadora y al fruto del pecado. Por si eso no fuese suficiente, los fieles de Morel pertenecían todos a cuatro clanes emparentados entre sí: el clan de los Tron, el clan de los Pons, el clan de los Pascal, el clan de los Jahier. Cada uno de ellos protegía al otro con uñas y dientes, y si un Tron o un Pons o un Pascal o un Jahier tenía problemas, la tribu en pleno levantaba en torno a él un muro de *omertà* que no hubieran logrado romper ni todo el ejército piamontés con toda la policía arzobispal: «*Ni a tort ni a razùn fai-te pâ butâ en prizoùn*» («Con culpa o sin ella, nunca te dejes arrojar a una prisión»). Por lo tanto, en los ocho días concedidos por Judith y Thomàs, la *Tante* Jacqueline había organizado hasta el más mínimo detalle. A través de Amedeo Bert, enemigo acérrimo de la secta de los Despertados y, en aquellos años, capellán de la Capilla de Prusia, había preguntado a Morel si en el vallecillo de Rodoret había alguna familia dispuesta (a cambio de una compensación económica, se entiende, digamos que quinientas liras anuales) a albergar en el más riguroso secreto a dos correligionarias, una tía y una sobrina que tenían que establecerse allí lo antes posible. La tía, una solterona madura. La sobrina, una viuda jovencísima y embarazada del hijo que le había dejado el desparecido marido. Como era de esperar, Morel había fingido que se tragaba el anzuelo y, tras una rápida encuesta entre los componentes de la tribu, había contestado que sí: había una familia dispuesta a acogerlas. La de Jacques y Jeanne Tron, unos simplones de alma cándida que vivían en una casa con tres dormitorios junto a sus respectivos padres y suegros, el viejo François y la vieja Suzanne. Un alojamiento perfecto, no ya porque garantizase la presencia de un par de nodrizas acostumbradas a mantener la boca cerrada, sino porque, además, la casa de los Tron no estaba muy lejos de la de los Pons, y Jeanne era una Pons. La casa de los Pons no distaba mucho de la de los Pascal, y la anciana Suzanne era una Pascal. La casa de los Pascal no distaba mucho de la de los Jahier, y una prima del anciano François se había casado con un Jahier. En caso de necesidad, la jovencísima viuda podía ser ocultada tanto por los unos como por los otros. Y eso sin contar con el detalle de que, siempre en caso de necesidad o de prudencia extrema, Jacques y Jeanne estaban dispuestos a inscribir al niño con el apellido Tron. En definitiva, a declarar que habían sido ellos quienes lo habían traído al mundo.

El viaje fue duro. No tan terrible como el que realizó María Isabel Felipa, en 1769, desde Madrid a Barcelona con Montserrat en su vientre, de acuerdo, pero duro. Para no exponerlas a las indiscreciones que hubiesen suscitado alquilando un coche con cochero, el pastor Morel fue a recogerlas con su calesa tirada por un solo caballo, y para alcanzar Rodoret con una calesa tirada por un solo caballo se necesitaban casi quince horas llenas de accidentes y disgustos. Desde Turín ibas a Pinerolo, la despiadada Pinerolo en la que los espías a sueldo del Hospicio de los Catecúmenos identificaban a las pecadoras con gran habilidad. Desde Pinerolo, a Saint Germain o San Germano, donde se empezaba a ascender y a resbalar sobre la nieve helada. Desde Saint Germain a Pomaret o Pomaretto, luego a Ville Sèche o Villasecca, donde la *Tante* Jacqueline corría el riesgo de ser reconocida. («¿Qué hace por los valles, Jacqueline? ¿Y esta rubita quién es? ¿Su sobrina Marguerite? ¡*Parbleu*, espera un hijo!»). De Ville Sèche a Perrier o Perrero, que, al ser un pueblo completamente católico, constituía una etapa tan peligrosa como la de Pinerolo. Y, tras dejar Perrier, había que tomar el espantoso camino conocido como vio di Mort, camino de la Muerte. Más que un camino, un sendero que ascendía por la montaña bordeando precipicios. Una empinadísima pista en la que incluso en la buena estación los pasajeros se veían obligados a descender del coche, descargar el equipaje, caminar cargando con él durante medio kilómetro, porque en caso contrario el coche volcaba y terminaba en el fondo del precipicio... Desdichadas mujeres. Se me encoge el corazón viendo a esas dos desdichadas mujeres, una coja y la otra embarazada, que al llegar al vio di Mort se bajan de la calesa del pastor Morel, descargan las maletas mientras él sujeta al terco caballo, y tropezando con las largas e incómodas faldas, hundiéndose en la nieve, resbalándose en el hielo, las arrastran consigo durante medio kilómetro. Están exhaustas, asustadas, ateridas de frío, y sin duda se preguntan si merece la pena imponerse semejante sacrificio con tal de no abjurar: de seguir siendo fieles a Calvino. Se sienten vencidas, aplastadas por la perfidia humana y la humana estupidez que las han llevado hasta allá arriba, y, sin duda, piensan que todas las Iglesias son la misma trampa. La misma mentira destinada a doblegarte, a usarte. Querrían volverse atrás, arrodillarse ante el obispo, rendirse. «*Praedicta abiurato pronunciata fuit a praefetio, de verbo ad verbum et lecturam mei infrascripti notarii...*». Pero en cuanto llegaron a Rodoret, una luz se encendió en medio de la oscuridad de su desdicha. Porque los Tron eran realmente unos simplones de alma cándida. Creían en las brujas y en las hadas mucho más que en el paraíso y el infierno, que en Valdo y en Calvino, y a Marguerite la tomaron por un hada. A la *Tante* Jacqueline, por una bruja que viajaba con un hada. Encinta de otra hada, por añadidura. *Boeundieu!* ¡Características físicas aparte, mira qué a gusto se habían acabado la leche caliente endulzada con miel! ¿Acaso no es verdad que la leche endulzada con miel se llama bebida de las hadas o vino de las brujas? *Boeundieu!* ¡Y fíjate en cómo se habían alarmado ante la idea de que alguien las hubiera visto llegar o con qué recelo, qué sospechas, miraban a los Pons, a los Pascal y a los Jahier! ¿Acaso no es verdad que a las hadas y a las brujas no les gusta que las vean los extraños, que por eso se esconden en las cuevas, con los elfos y los gnomos, y exigen de sus eventuales anfitriones el más estricto secreto? ¡Oh! Se imponía guardar el secreto con toda seriedad. Y alojarlas en la mejor habitación, servirlas, reverenciarlas, recordar que tanto las hadas como las brujas se irritan con facilidad. La más mínima indiscreción, la más mínima falta, son suficientes para enfadarlas, y si eso ocurre te abandonan. En un abrir y cerrar de ojos se van volando a través de la chimenea. Si, en cambio, las tratas con guantes de seda, respetas sus órdenes y deseos, se convierten en un miembro más de tu familia y te hacen objeto de un cúmulo de favores. Te mantienen el fuego encendido y el queso fresco, desvían los rayos y el viento, te curan cuando caes enfermo. Y, en algunos casos, te ayudan a encontrar los tesoros dejados por los antepasados en 1686.

No, no fue la compensación económica prometida y desembolsada por la *Tante* Jacqueline lo que frenó los cotilleos y les aseguró la hospitalidad de los Tron, además de la complicidad de los Pons y de los Pascal y de los Jahier. Fue la certeza de que habían acogido a un hada (encinta de otra hada, por añadidura) y a una bruja. Certeza que, en los meses siguientes, todo contribuyó a afirmar. El hecho de que don Stefano apenas se dejase ya ver, por ejemplo. *Boeundieu!* Antes de que las dos criaturas de cuento apareciesen de entre la nieve era frecuente encontrárselo en el territorio de los cuatro clanes. Detrás de la casa de los Jahier había un atajo que descendía hasta el fondo de la torrentera, y cuando iba a pescar truchas él solía pasar por allí. A veces, hasta se paraba para saludarte y remachar la amistad que le unía a su colega hereje. Ahora, en cambio, iba por la parte opuesta o pasaba de largo. Sólo en una ocasión se giró unos segundos para gritarle a Jeanne Tron la extraña frase «¡Enhorabuena, Jeanne, ya sé que está usted esperando un crío!», y de todos es sabido que las hadas tienen el poder mágico de mantener alejados a quienes, voluntaria o involuntariamente, pueden traerte problemas. Las brujas, el de inducirte a creer en cosas que no son reales. O el hecho de que, con la excusa del frío, Marguerite y la *Tante* Jacqueline no saliesen jamás; de que, con la excusa de que había que guardar silencio para no provocar avalanchas, no contestasen nunca cuando se les hacía una pregunta. «¿De qué cueva venís? ¿Qué elfos o gnomos conocéis?». Estaban siempre allí, calladas, calladas. La primera, bordando gorritos. La segunda, leyendo los libros que se había traído consigo. Y es de todos sabido que a las hadas les gusta bordar y a las brujas leer papeles misteriosos de los que sacan consejos o fórmulas de encantamiento, que las dos sufren mucho con el frío y que detestan hablar con los humanos. Por último, el hecho de que, por un estrambótico capricho debido al embarazo, Marguerite sólo quería comer platos preparados a base de flores, y de que, desde que había finalizado el invierno, la *Tante* Jacqueline se los preparaba con una habilidad de la que sólo son capaces las brujas. Sopitas de berros o de borraja, tortillitas de saúco o de espino blanco, ensaladitas de violetas y rosas y alhelíes, salsitas de prímulas o de lilas. Y de todos es sabido que las flores son el alimento preferido de las hadas: que se las comen más a gusto todavía que los arándanos y las frambuesas. Pero, sobre todo, estaba el hecho de que quien se las suministraba era el pastor Morel. ¡Sí, señores, Morel! No contento con haber convencido a don Stefano de que le ayudase a propagar el bulo de la próxima maternidad de Jeanne Tron, todos los días se presentaba con un bellísimo ramo de berros o de saúco o de rosas, etc. Con una gran sonrisa se lo tendía a Marguerite, y: «*Pour votre déjeuner. Per votre dîner*» («Para su comida. Para su cena»). *Boeundieu, boeundieu, boeundieu!* ¿Se habría enamorado secretamente de ella como consecuencia de algún hechizo de la bruja? Se lo preguntaban hasta los Tron. Se lo preguntaban hasta los Pons y los Pascal y los Jahier. Y, un siglo y medio después, me lo pregunto también yo.

De acuerdo: Morel era el que ya sabemos. Un tipo muy, muy especial. No es casual que doce años después tuviese el valor de ir a vivir entre los indios* de Uruguay y luego de Perú y, arriesgando el pellejo, fundar las dos primeras colonias valdenses de América Latina. No es casual que, veintidós años después, sus superiores lo reprobaran oficialmente por sus iniciativas y le obligaran a retirarse, a morir en la amargura. Pero las cosas que hizo por Marguerite son demasiado insólitas. Las imprudencias, las locuras que cometió para evitarle la tragedia que sufrieron Marie Fontana y Anne Catalin. Me explico: van más allá del comportamiento evangélico, del amor cristiano. Y con esto hemos llegado al momento del nacimiento de la bisabuela cuyo nombre debía haber sido mi primer nombre.

---

* En castellano en el original. (*N. de la T.*)

6

A las cuatro de la mañana del viernes 10 de julio de 1846 (fecha que he extraído del único documento sobre el que he podido poner las manos) Marguerite parió a la otra hada, y nadie tuvo tampoco duda alguna sobre el hecho de que se trataba de otra hada. «El fruto del pecado» que salió gritando de su vientre era la niña más extraña y encantadora que se había visto jamás en los valles. Tenía los ojos transparentes como los pequeños lagos de los glaciares, la piel blanca como la leche de vaca recién ordeñada, los cabellos de oro como el oro escondido en las cuevas. Olía a rosas, lirios, muguetes, a todas las flores de las que su madre se había alimentado, y ya era capaz de realizar sortilegios. Cuando las dos Tron, siguiendo la usanza, la fajaron desde el cuello hasta los pies para que no creciese con las piernas y la espalda torcidas, se liberó en un santiamén. Y cuando la fajaron de nuevo, atónitas, ella volvió a liberarse. Luego se quedó allí desnuda, mirándolas con un aire tal de desafío que Marguerite susurró: «*Elle ressemble à son père*» («Se parece a su padre»). La *Tante* Jacqueline exclamó: «*Je crois qu'elle nous donnera beaucoup de problèmes*» («Creo que nos dará muchos problemas»). El nacimiento desencadenó una gran fiesta. Olvidando toda prudencia, Jeanne y Jacques habían adornado toda la casa con lazos verdes y amarillos y rojos y violeta, símbolos de alegría para los habitantes del valle; la anciana Suzanne asó un cabrito, el anciano François descorchó seis botellas de vino. Tanto los Pons, como los Pascal y los Jahier llevaron de regalo quesos, mantequilla, requesón, y después de la comilona y el bebercio, cantaron el Salmo Octavo en el prado. «*C'est à Noè, ce digne patriarque / et conserva-*

teur du genre humain dans l'arque / que nous devons cer arbre précieux / dont nous taillons la grappe merveilleuse...» (Es a Noé, ese digno patriarca / y conservador del género humano en el arca / al que debemos este árbol precioso / del que cortamos el maravilloso racimo...). Acudió también el pastor Morel, no hace falta decirlo, y al oírlos cantar el Salmo Octavo en el prado sintió que se le doblaban las rodillas. *Parbleu!* Con ese escándalo cualquiera podría haberse dado cuenta de que algo había pasado y acudir corriendo, descubrir que la que había parido no era Jeanne, y la supuesta viuda no poseía papel alguno que atestiguase que había contraído matrimonio con el supuesto valdense fallecido. Si el asunto llegaba a oídos del obispo Charvaz, ni siquiera su estrecha amistad con don Stefano Faure evitaría que la criatura terminara en el Hospicio de los Catecúmenos. Se imponía salvar cuanto antes su alma, bautizarla en el credo de Valdo y de Calvino antes incluso de inscribirla bajo el nombre de unos falsos padres. Así que, tras echar a los Pons, a los Pascal y a los Jahier, aferró una jarra de agua. Desentendiéndose de la norma que exigía que el ritual se celebrase el domingo y en el templo, no en el domicilio propio, se encerró con los Tron y con la *Tante* Jacqueline en la habitación en la que Marguerite yacía, exhausta, junto a la cuna.

—¿Cómo quiere que se llame?

—Natzka, Anastasìa Ferrier... —respondió Marguerite.

—Bien. ¿Y quién quiere ser la madrina de Anastasìa Ferrier?

—Yo —respondió la *Tante* Jacqueline.

—¿Quién quiere ser el padrino?

—Yo —respondió el anciano François.

—Bien. Tomadla en brazos. Al presentar a esta niña ante nuestra Iglesia, la Iglesia Protestante Valdense, ¿os comprometéis a que sea educada en la doctrina que el Señor nos ha revelado a través de las Sagradas Escrituras del Antiguo y el Nuevo Testamento?

—Sí —respondió la *Tante* Jacqueline.

—Sí —respondió el anciano François.

—¿Os comprometéis, además, a instruirla en los mandamientos de nuestra Iglesia, la Iglesia Protestante Valdense, es decir, a amar al Señor con toda vuestra alma, a seguir el ejemplo de nuestro

Salvador Jesucristo, a rechazar las tentaciones y reprimir los malos deseos?

—Sí —respondió la *Tante* Jacqueline.

—Sí —respondió el anciano François.

Entonces Michel Morel metió los dedos en la jarra y derramó tres gotas de agua sobre la cabeza de la pequeña hada que lo examinaba irónica. (¿Rechazar las tentaciones, reprimir los malos deseos? ¿Estaba loco, el tipo ese? ¿Acaso no sabía que las tentaciones y los malos deseos son la sal de la vida?).

—Anastasìa Ferrier, yo te bautizo en el nombre del Padre, del Hijo y del Espíritu Santo. Y que Dios nos la depare buena.

Nueve días después, el lapso de tiempo necesario para asegurarse la total complicidad de todos y cada uno de los Pons y los Pascal y los Jahier, Anastasìa fue bautizada por segunda vez. Esta vez, como Jeanne Tron. (A los habitantes de los valles les gustaba que los confundieran con sus padres, y los casos de homonimia eran muy frecuentes. *Marie fille de Marie, Madelaine fille de Madelaine, Barthélemy fils de Barthélemy*.) El fraude tuvo lugar en el templo de Rodoret, en presencia de los cuatro clanes y sin impedimentos. Se deduce por la partida de nacimiento que, a fuerza de indagar rebuscar penar, encontré entre los amarillentos papeles, y que confirma que el domingo 19 de julio de 1846 Jacques Tron y Jeanne Pons, habitantes de las montañas de religión protestante y unidos en legítimo matrimonio, registraron con el nombre de Jeanne y el apellido Tron a su hija, nacida a las cuatro de la mañana del viernes 10 de julio. Redactado en la lengua oficial de las parroquias valdenses, el francés, el documento presenta en su parte inferior izquierda la incierta cruz de los analfabetos y junto a ésta las palabras: «Firma de Jacques Tron». En la parte inferior derecha, un autógrafo lleno de florituras: «Michel Morel, pastor». Al fraude, le siguió el descubrimiento del tesoro, es decir, la recompensa de la *Tante* Jacqueline, que, en un ataque de inspiración, colocó en la cueva llamada Antro de los Gnomos el collar de perlas, el brazalete de amatistas, el camafeo con el perfil de la *madama* real María Luisa, y le comunicó al anciano François: «Esta noche el viento me ha revelado que en el Antro de los Gnomos se encuentra un importante tesoro. Id a buscarlo. Lo encontraréis bajo una roca». El viejo François fue, buscó bajo las rocas, y *boeundieu!* Lo encontró de veras. Al descubrimiento del tesoro le siguió un magnífico agosto durante el cual la pequeña hada con dos nombres y dos madres y una madrina que, en la práctica, era como una tercera madre, confirmó su precocidad sacándole la lengua a todo aquel que la llamaba Jeanne. Luego comenzó a caer la nieve, el verano tocó a su fin, y sobre cómo transcurrieron los ocho meses de silencio no tengo datos. Pero sé que aquel invierno Marguerite empezó a manifestar los síntomas de la enfermedad que, aun de forma indirecta, acabó con ella. Cansancio perpetuo, debilidad. Falta de aliento, pérdidas de equilibrio, desmayos continuos. ¿Un defecto cardiaco? Se lo he preguntado a varios médicos y todos me han contestado que, casi con plena seguridad, tenía un defecto congénito en el corazón, una lesión en el atrio que le impedía al corazón irrigar los pulmones y, por lo tanto, oxigenar el cerebro con suficiente sangre. Un defecto que se manifiesta sólo en la edad adulta, que se agrava viviendo en lugares fríos y situados a más de mil quinientos metros, y que en su caso debió de recrudecerse por el embarazo, el parto, los sufrimientos. Pobre Marguerite. De repente, se llevaba la mano al pecho, murmuraba «*je ne peux pas respirer*» («no puedo respirar»), y perdía el equilibrio. Se desplomaba, desmayada. El cansancio y la debilidad le producían, además, somnolencia, insensibilidad, y se mostraba casi indiferente hacia la hermosa criatura a la que con tanto heroísmo había conseguido librar de las garras del obispo Charvaz. Distanciada. Nunca la acunaba, nunca le cantaba una nana, la dejaba con frecuencia al cuidado de las dos Tron, y sufría cuando le daba el pecho. «*Ce petit vampire qui me suce l'âme*» («Este pequeño vampiro que me chupa el alma»). O: «Basta, Natzka. *Ça suffit*» («Ya es suficiente»). Tampoco esperaba ya el regreso de Stanislao. Aunque no se había enterado de la matanza perpetrada por los austriacos en Galitzia, no dejaba de suspirar: «*Il est mort, je sens qu'il est mort*» («Está muerto, siento que ha muerto»). Lo único que la animaba era bajar a la torrentera en la que don Stefano pescaba truchas. «*C'est tellement beau*» («Es tan hermosa»). Durante la buena estación, y al invierno siguiente, lo mismo. Y lo que es peor, sin que nadie (Morel incluido) se alarmase. También las hadas se desmayan y tienen crisis de mal humor, ¿no? Hasta la bruja estaba de acuerdo.

—*Ça passe. Il ne faut pas s'inquiéter.* (Son cosas que pasan. No hay de qué preocuparse).

La *Tante* Jacqueline, de hecho, no se había dado cuenta de que la misteriosa enfermedad era grave. Creía que las alteraciones se derivaban del estado depresivo en el que caen algunas mujeres durante la lactancia, y había demasiadas cosas que la distraían de la sospecha de que éstas, en cambio, indicaban un riesgo mortal. El amor que, en cierto sentido, había transferido a Anastasìa, por ejemplo, la responsabilidad de criarla en aquella *baita** gélida y expuesta a las avalanchas. El miedo a que alguien las traicionase y a que algún otro alguien descubriese el fraude de la partida de nacimiento a nombre de Jeanne Tron hija de Jeanne Tron. La pasión por todo lo que ocurría fuera de los valles... Gracias a Pierre Bonjour, el pastor de Val Perosa, además de amigo suyo y cuñado de Amedeo Bert, el capellán de la Capilla de Prusia, Morel recibía los numerosos periódicos que ahora se publicaban en Turín. El *Mondo Illustrato*, las *Letture di Famiglia*, el *Risorgimento*, diario fundado y dirigido, con la contribución de Cesare Balbo, por la nueva estrella Camillo Benso di Cavour. Y con el *Risorgimento*, el combativo *Concordia* de Lorenzo Valerio, el democrático *Gazzetta del Popolo* de Giambattista Bottero, el moderado *Opinione* de Giacomo Durando. Después de leerlos se los pasaba a ella, y ella los devoraba. «*Mes journaux, mes journaux!*» («¡Mis periódicos, mis periódicos!»). Así pues, sabía todo lo que pasaba o había pasado fuera de los valles. Que con el aval de Rusia y Prusia en noviembre de 1846 la República Independiente de Cracovia había sido anexionada al Imperio Austrohúngaro, es decir, que había dejado de existir. Que ese mismo año la amnistía concedida por el nuevo Papa a los exiliados y presos políticos había provocado por todas partes un esperanzado jaleo. ¡Viva Pío IX! ¡Viva Pío IX! Que al año siguiente, es

* Cabaña típica de los Alpes. (*N. de la T.*)

decir, en octubre de 1847 el jaleo se había extendido por el reino de los Saboya donde junto a los «¡Viva Pío IX!» los piamonteses se habían puesto a gritar «¡Abajo los jesuitas!». «¡Abajo Franzoni! ¡Abajo Charvaz! ¡Acabemos con el poder que esos *barabba* tienen sobre los Saboya, con el poder que ejercen sobre los jueces y la policía, sobre los militares y los funcionarios!». Que en Asti y Alessandria el grito había sido reprimido con las bayonetas y que entonces Carlos Alberto había tenido que echar a un par de ministros, entre ellos al infame conde Solaro, para dar inicio a unas tímidas, pero significativas reformas, como las nuevas leyes municipales y provinciales, o como la magistratura de casación. Pero, sobre todo, gracias a Morel, que lo había sabido por Bonjour, al que se lo había contado Amedeo Bert, la *Tante* Jacqueline sabía que Roberto d'Azeglio se disponía a solucionar el problema de los valdenses. El de los judíos y el de los valdenses. Porque los que decían que el marido de Costanza y hermano de Massimo era un gran hombre, un tipo que hacía más por los oprimidos que todos los revolucionarios, llevaban razón. ¿Acaso no era él quien todos los veranos recorría los pueblos y hablaba con los pastores, con los sacerdotes, visitaba los colegios, consolaba a los ovejeros? ¿Y acaso no había sido él quien, con la excusa de inaugurar la iglesia de San Mauricio, había acompañado en 1844 a Su Majestad a Torre Pellice, una vez allí le había animado a despedir a su escolta de carabineros y a pronunciar la célebre frase: «*Je n'ai pas besoin de gardes au milieu des vaudois*» («No necesito guardias cuando estoy entre los valdenses»)? ¿No había sido él quien al oír el grito de «¡Abajo los jesuitas!» había dirigido una carta al clero en la que aseguraba que los no católicos tenían derecho a ser tratados igual que los demás ciudadanos, y le suplicaba que le ayudasen a obtener libertades civiles para ellos?

—*On va s'amuser* (Nos vamos a divertir) —repetía, sin ver los desmayos de Marguerite, la *Tante* Jacqueline.

Y no se equivocaba. El 15 de noviembre de 1847 Roberto d'Azeglio fue a ver a Amedeo Bert y le dijo que tenía buenos motivos para pensar que sus esfuerzos estaban a punto de llegar a buen puerto. Aunque Franzoni y Chervaz habían reaccionado ante la carta como se reacciona ante un insulto, es decir, la habían tildado de perniciosa, irreverente, blasfema, hasta sesenta eclesiásticos la habían considerado sacrosanta y estaban dispuestos a apoyarle en su lucha. «La libertad de los israelitas y de los protestantes es un acto de caridad y de civilización, por lo tanto, la Iglesia Católica Apostólica Romana no debe temerla». Palabras que habían hecho suyas todos los liberales y sobre las que Su Majestad empezaba a reflexionar. Inmediatamente después, junto a Cavour y a Balbo y a Valerio y a Alfieri di Sostegno, el gran hombre redactó una súplica que, además de su firma, llevaba la de sesenta y cinco eclesiásticos y la de quinientos treinta personajes turineses. La metió dentro de un sobre y, el 23 de diciembre, se la presentó a Carlos Alberto. Por último, el 27 de diciembre, Amedeo Bert fue invitado a asistir al simposio que, con la excusa de ensalzar las tímidas pero significativas reformas, los firmantes habían convocado en la Cámara de Comercio. Cuando Bert les dio las gracias, conmovido, seiscientos vasos se levantaron para saludarle con un brindis tan estruendoso que casi se rompen los cristales y las lámparas y los espejos: «¡Por la libertad de culto! ¡Por la libertad de los israelitas y los protestantes! ¡Por el auténtico progreso italiano!». Luego llegó el 48. El loco 48, el fatídico 48, «¡Quitaos el sombrero y abrid bien las orejas, ignorantes! ¡Vamos a hablar de 48!». El 5 de enero Carlos Alberto se encontró con los miembros de la Mesa Valdense, les dirigió la no menos célebre frase: «*Assurez mes regnicoles vaudois que je les aime comme les autres et que pour eux je ferai tout mon possible*» («Asegurad a mis súbditos valdenses que los amo como a los otros y que haré por ellos todo cuanto me sea posible»). Aunque fuera apretando los dientes, el 8 de febrero prometió conceder el estatuto que se decidió a promulgar el 4 de marzo. El 12 de febrero convocó a los ministros y, como en el estatuto la religión católica seguía estando definida como la religión oficial del Estado, dijo: «Encontradme la forma de contentar también a los valdenses». Se la encontraron. El 17 de febrero las Reales Licencias para la Emancipación de los Valdenses estaban listas. El 24 de febrero la *Gazzetta Piemontese* comunicó a sus lectores que, al día siguiente, publicaría el texto, ¡y Jesús! ¿Quién hubiera podido imaginarse que eso alegrase a tanta gente, que Franzoni y Charvaz tuvieran tantos enemigos? En la ciudad no había más de seiscientos valdenses. Si a éstos les sumabas un centenar de calvinistas suizos, unos cuarenta luteranos alemanes y holandeses, una treintena de hugonotes franceses, unos veinte anglicanos, la suma total de herejes que vivían en Turín y que, por lo tanto, podían alegrarse por el decreto ascendía a ochocientas personas. Pero fueron miles las que se arrojaron a las calles y a las plazas, ante la corte y el palacio de la familia d'Azzeglio, ante la casa de Amedeo Bert y las embajadas de Inglaterra, de Holanda, de Prusia, es decir, de los países protestantes. Miles las que renegaron de aquel obispo y aquel arzobispo alzando antorchas y velas, ondeando la prohibida bandera tricolor, llevando sobre la capa o la chaqueta el emblema saboyano, aclamando a los Saboya que, por fin, habían hecho algo justo.

«*Con el emblema azul en el pecho / con itálicos pálpitos en el corazón / como hijos de un padre adorado / Carlalberto nos postramos a tus pies / y gritando exultantes de amor / Viva el rey, viva el rey, viva el rey*».

La noticia llegó a los valles el 25 por la mañana. Los que la llevaron fueron dos correos a caballo, el licenciando en teología Jean Jacques Parander y el chocolatero Stefano Malan, a los que Amedeo Bert les había entregado una nota apresurada para el pastor Bonjour y los demás colegas. «*Mon cher beau-frère, mes chers confrères! je vois envoie un exprès pour que vous le sachiez très vite et pour que demain vous puissez allumer les feux sur nos montagnes...*» («¡Mi querido cuñado, mis queridos hermanos! Os envío una nota urgente para que os enteréis pronto y para que mañana podáis encender las hogueras sobre nuestras montañas...»). Encender hogueras para dar una buena noticia, celebrar un acontecimiento, era una antigua tradición. Pero buenas noticias los valdenses de los valles habían recibido más bien pocas, y desde hacía al menos dos siglos sólo encendían hogueras en su casa y para calentarse o cocinar. Así que Parander y Malan galoparon durante toda la noche. A rienda suelta, sin detenerse en ningún momento. Sin ceder ante el sueño que los aturdía, ante el frío que les atería. Exhaustos y congelados, al amanecer le entregaron la nota a Bonjour, que informó inmediatamente a las distintas parroquias, a los distintos pueblos. Y al atardecer las hogueras estaban encendidas en todas las montañas, en todas las alturas, en todas las colinas, en todos los collados. Cientos y cientos de hogueras que, al reflejarse sobre la nieve, brillaban como inmensos rubíes, como gigantescos topacios, según le contó Anastasìa a la abuela Giacoma, y que desgarraban la oscuridad como si fueran una esplendorosa aurora boreal. Anastasìa tenía diecinueve meses y quince días aquel 25 de febrero de 1848. Pese a sus artes mágicas, a su precocidad, era demasiado pequeña como para darse cuenta de lo que ocurría y almacenarlo en la memoria. Y, sin embargo, por lo que parece, eso fue exactamente lo que hizo. Y cuarenta años después, cuando ya era una mujer desilusionada que no se asombraba ante nada porque en su enloquecida vida había visto de todo, hablaba todavía de ello con emoción. Decía que ni las caravanas de pioneros dirigidas hacia el lejano oeste, ni las luchas contra los siux y los apaches, ni las praderas de Kansas, las rocas y los desiertos de Utah, los encantos y frivolidades de San Francisco la habían impresionado tanto como el espectáculo de aquellos rubíes, aquellos topacios, aquella aurora boreal hecha de leña ardiendo. Recordaba muchas otras cosas del inolvidable suceso. Al pastor Morel que, borracho de alegría, subía por la cresta de la montaña gritando en patois: «¡Sois libres, somos libreeesss! ¡Dad gracias al Señor, encended las hogueras!». A los Tron y a los Pons y a los Pascal y a los Jahier que corrían para coger haces de ramas, tueros, los troncos que usaban para calentarse y cocinar, y amontonarlos en pilas de una altura de uno o dos metros. «¡Da igual si nos quedamos sin leña, da igual!». Las llamaradas que se elevaban entre un crepitar de chispas, al anciano François que brindaba, a la anciana Suzanne que lloraba, a la *Tante* Jacqueline que reía y reía, a ella misma que, en brazos de Jeanne, farfullaba: «*Maman, les feux!*» («¡Mamá, los fuegos!»). Y a *maman* que, confusa, perdida, más confusa y perdida que nunca, miraba con aire de no entender qué estaba pasando.

—*Qu'est-ce que ça veut dire?* (¿Qué quiere decir esto?)

—*Ça veut dire qu'à la fonte des neiges tu rentreras à Turin, ma belle au bois dormant!* (¡Quiere decir que cuando se deshagan las nieves regresarás a Turín, mi bella durmiente del bosque!) —respondió la *Tante* Jacqueline.

Pero sobre esto se equivocaba.

* * *

Durante las semanas siguientes, preludio de la primera guerra de Independencia, pasó de todo, ¿recuerdas? Las barricadas de París, que acabaron con la monarquía de Luis Felipe y condujeron a la Segunda República; las revueltas de Viena, que provocaron la huida de Metternich; las de Berlín, que instauraron un régimen liberal o casi. En Italia, la insurrección de Palermo, las Cinco Jornadas de Milán, la expulsión de los austriacos de Venecia, la Constitución en el Reino de las Dos Sicilias, en los Estados Pontificios, en el ducado de Parma, en el gran ducado de Toscana en donde Pedro Leopoldo renegó de sus títulos y de la casa Habsburgo, es decir, se alineó contra su propia familia, y en Piamonte... En Piamonte se vieron unas jugadas espectaculares. El 12 de marzo fueron expulsados los jesuitas. El 4 de marzo Carlos Alberto promulgó el estatuto que había prometido el 8 de febrero. El 16 confió la presidencia del gobierno a Cesare Balbo; el 19 concentró en la frontera de Lombardía a su ejército, listo para atacar a Radetzky; el 23 le declaró la guerra a Austria y cruzó el Ticino. El 29 los judíos obtuvieron los derechos civiles que ya se habían concedido a los valdenses y, *dulcis in fundo*, los tumultos obligaron al arzobispo Franzoni a exiliarse en Suiza. Pero en el Valle Oscuro el acontecimiento memorable fue otro: el inesperado deshielo. Casi como si los cientos y cientos de hogueras hubiesen calentado el aire, puesto fin al invierno, el 31 de marzo la temperatura subió hasta los once grados. Y como había nevado mucho, sobre Rodoret cayó una cantidad inaudita de agua. La torrentera tan querida por Marguerite engrosó de forma increíble y la corriente se volvió tan impetuosa que don Stefano dejó de ir a pescar truchas, los riachuelos se desbordaron, el terreno de muchos pastizales se desmoronó, muchas carreteras cedieron, y salir de casa se convirtió en un riesgo tal que el pastor Morel le rogó a la *Tante* Jacqueline que pospusiese la fecha del regreso. «Es mejor esperar al verano». El problema fue que la *Tante* Jacqueline por fin se había tomado en serio los síntomas de la misteriosa enfermedad y, envalentonada por la nueva situación, por la tolerancia que ahora estaba de moda en Turín, quería regresar lo antes posible: caer por sorpresa en la calle Dora Grossa 5, poner a Thomàs y a Judith contra las cuerdas, y obligarlos a comerse su repudio. A readmitir en casa a su hija, a cuidarla. «Si se trata de algo grave no hay tiempo que perder, Michel, y yo sola no me basto. Para cuidarla los necesito a ellos dos». La partida se fijó, pues, el 15 de abril y, seguidas por las lágrimas de los Tron, de los Pons, de los Pascal, de los Jahier, ese día el hada y la bruja se subieron con la hadita a la misma calesa que en 1846 las había llevado hasta allí arriba. «*Au revoir, au revoir*». «No os olvidéis de nosotros.» «Cuidado en el vio di Mort». «Menos mal que no tenéis que cruzar la torrentera». ¿La torrentera? ¡Ah, la torrentera, su torrentera! Justo mientras Morel se disponía a fustigar al caballo, a comenzar el viaje, Marguerite bajó a tierra. Haciendo oídos sordos a las protestas, a las llamadas, se dirigió hacia el atajo.

—¡Marguerite, Marguerite! *Qu'est-ce que tu fais? Il y a le ravin au fond de ce sentier!* (¿Qué haces? ¡Al fondo de ese camino está la torrentera!).

—*Je le sais, Tante Jacqueline. Je vais lui dire adieu, le remercier.* (Lo sé, *Tante* Jacqueline. Voy a decirle adiós, a darle las gracias).

—¡Marguerite, Marguerite! *Arrêtez-vous! Ne m'obligez pas à lâcher les rênes et vous suivre!* (¡Deténgase! ¡No me obligue a dejar las riendas y seguirla!).

—*J'ai dix-neuf ans, Michel. Je peux bien me promener une minute toute seule.* (Tengo diecinueve años, Michel. Puedo caminar un minuto yo sola).

—¡Marguerite, Marguerite!

—*Maman, maman!*

—*Je reviens immédiatement, Natzka.* (Vuelvo enseguida, Natzka).

En cuanto se dieron cuenta de que no volvía, todos se precipitaron a buscarla. Los Tron, los Pons, los Pascal, los Jahier. Y la buscaron por todas partes. Entre los matojos, bajo los árboles, dentro de las charcas, entre las piedras. Pero no la encontraron y no les costó mucho comprender que, al llegar a la torrentera, tuvo uno de sus desmayos, cayó al agua, y fue arrastrada por la fuerza de la corriente. Con la esperanza de que hubiese recobrado pronto el sentido, de que se hubiese agarrado a alguna rama o algún saliente, recorrieron toda la orilla de la torrentera, luego la del torrente que lo originaba y que en Perrier se arrojaba al río Germanasca. Pero siguieron sin encontrarla, así que empezaron a buscarla en el Germanasca, ya sólo con la esperanza de recuperar al menos su cuerpo. Sondaron el cauce hasta los rápidos con los que el Germanasca se arroja en el Chisone. Guiados por Morel, Jacques Tron y el anciano François sondaron también el cauce del Chisone. Pero, pasado Pinerolo, el Chisone desemboca en el Po. Seiscientos cincuenta y dos kilómetros, Dios Santo. De Piamonte va a Lombardía, de Lombardía a Emilia, de Emilia al Véneto, y aquí se divide en cinco ríos con delta que, ramificándose en catorce estuarios, desembocan en el mar Adriático. ¿Cómo consigues encontrar en el Po el grácil cuerpo de un hada?

—Es inútil insistir —sollozó el pastor Morel después de Pinerolo—. *Il s'est envolé avec son âme au Paradis.* (Ha volado con su alma al Paraíso).

Luego regresó a Rodoret y fue entonces cuando la *Tante* Jacqueline se convirtió en la única madre de Anastasìa, mejor dicho, en su madre y su padre. Porque, superado el desgarro y tras rechazar las apasionadas súplicas de los Tron, «quédese con nosotros», «déjenos a la niña», decidió ir igualmente a Turín. Para criarla en Turín contrató a dos hermanas de Prarustin, Suzanne y Marianne Gardiol, con las que partió a mediados de junio. Cortó para siempre los lazos con el Valle Oscuro y con las ingenuas criaturas que le habían dado su propio nombre a Anastasìa.

—*Moi je ne veux la partager avec personne.* (No quiero compartirla con nadie).

Y por cierto: Thomàs y Judith no supieron jamás que Marguerite había volado en cuerpo y alma al Paraíso. Cuando Morel fue a comunicárselo se encontró con que en el cuarto piso de la calle Dora Grossa 5 ahora vivía un maestro de baile. En 1847, le dijo el relojero de la puerta de al lado, los cónyuges Ferrier se habían mudado al extranjero. ¿A qué país? ¡Ni idea! Según algunos, a Francia. Según otros, a Holanda. La dirección la conocía Dios.

7

La casa en la que Anastasìa pasó su infancia, es más, vivió hasta los dieciocho años con la *Tante* Jacqueline, existe aún. Y cada vez que me detengo ante allí me conmuevo, con los ojos empañados de lágrimas la veo salir por el macizo portón, ahora cerrado, siendo una niña luego una adolescente luego una joven. De niña, dándole la mano a dos muchachas con atuendo valdense. De adolescente, cogida del brazo de una señora mayor que cojea. De joven, caminando con desenvuelta rapidez y exhibiendo, casi con arrogancia, sus cabellos de oro, su atractivo de eslava y las crujientes sedas de los miriñaques con los que había sustituido la *jupe* valdense y el chal valdense, los audaces sombreritos que llevaba en lugar de la *coiffe* valdense, por lo que los hombres la miraban como gatos en celo y, con frecuencia, la seguían. «*Madamin... Mademoiselle...*». La guerra y los siglos han sido generosos con la casa. Fue construida en la época napoleónica y, sin embargo, parece que la hicieron ayer. Durante los bombardeos de 1943 cayeron sobre ella muchas bombas incendiarias, el interior se quemó, pero el exterior permaneció intacto. No se derrumbaron ni los balcones de hierro colado. Tiene cinco pisos. Se encuentra hacia la mitad de la vía Lagrange (en aquella época, la vía dei Conciliatori), en donde ocupaba el espacio señalado con el número 12 (en aquella época el 23), es decir, el tramo que hace esquina con la vía del Hospital y que está junto a la Plaza San Carlos, y hoy pertenece al Ayuntamiento de Turín. Aloja a los guardias urbanos de la sección centro, que, en vez del macizo portón, usan la fea puerta que se abre a la vía del Hospital. En el siglo pasado pertenecía, en cambio, al conde Ottavio Thaon de

Revel, uno de los firmantes del estatuto, ministro de Carlos Alberto, diputado y luego senador por los liberales de derechas, que había nacido allí y que ocupaba el segundo, el tercer y el cuarto piso. (En el bajo vivía su cochero; en el primero o entresuelo, la servidumbre; el quinto, es decir, el último, era de alquiler). Una zona excelente, así pues, un domicilio que confirma que las posibilidades económicas de la *Tante* Jacqueline eran más que buenas, y además en el corazón del barrio chic. No sólo estaba al lado de la Plaza San Carlos, distaba apenas dos manzanas de la Plaza Carignano y, por lo tanto, del Palacio Carignano, entonces sede del Parlamento. Apenas a cuatro manzanas de la Plaza Castello y, por lo tanto, del Palacio Madama, entonces sede del Senado, del Palacio de los Ministerios y del Palacio Real. Y sólo a una manzana de la residencia de Camillo Benso di Cavour, situada en el cruce entre la vía Lagrange con la vía del Arzobispado. No es casual que los relatos de la abuela Giacoma incluyesen siempre la anécdota de que Cavour, para ir al Parlamento o al Senado, recorría a pie la vía Lagrange y que, al pasar bajo las ventanas de Anastasìa levantaba la cabeza. Se quitaba el sombrero, se complacía en saludarla.

—*Bonjour, ma très belle!* (¡Buenos días, hermosa!).

—*Bonjour, Monsieur le comte.* (Buenos días, señor conde).

El piso de alquiler constaba de tres dormitorios, un comedor, un salón, la cocina y un baño con la bañera de cobre. Se accedía a él por las escaleras de servicio, es decir, por el patio en el que el cochero aparcaba los caballos y el coche, costaba alrededor de doscientas liras al mes, y el administrador de los Thaon de Revel lo alquilaba ya amueblado. Lámparas de gas incluidas. Para alquilarlo, además, no pedía el libro de familia, documentos que amenazasen con descubrir el fraude cometido en Rodoret con el falso registro. Le bastaba con que fueses una persona seria, educada y solvente, es decir, que pudieras pagar el alquiler. La *Tante* Jacqueline lo obtuvo, pues, sin problemas, y en el verano de 1848 se estableció allí con Anastasìa y las hermanas Gardiol, y cuando me pregunto si su llegada suscitó curiosidades me contesto que no. Casi con toda seguridad, el conde Ottavio ni se fijó en el pequeño gineceo que el administrador le había instalado en el quinto piso. Su familia, lo mismo. El 27 de abril se habían celebrado las primeras elecciones en el reino saboyano, el 8 de mayo se había inaugurado el primer Parlamento, el 18 de mayo el primer Senado. El 29 de mayo había sido la batalla de Curtatone y Montanara, el 30 Carlos Alberto había derrotado a los austriacos en Goito, el 31 se había adueñado de la fortaleza de Peschiera. En ese remolino de guerra, de política, de victorias, ¿qué le importaba a la familia Thaon de Revel que en el piso de arriba se hubiesen instalado una hermosa niña, una señora coja y dos criadas con atuendo valdense que, además, pasaban a la casa por la escalera de servicio? Peor aún: el 25 las tropas piamontesas fueron arrolladas en Custoza; con Radetzky pisándole los talones, iniciaron la retirada de la Lombardía liberada; el 4 de agosto Carlos Alberto abandonó Milán a su suerte, el 9 de agosto aceptó el armisticio de Salasco. A esto le siguió el desastroso 1849, y 1849 es el año en el que, denunciado el armisticio y entregado el mando supremo del ejército al general polaco Chrzanowsky, Carlos Alberto reemprendió la guerra pero fue inmediatamente derrotado en Novara: ¿recuerdas? El año en que abdicó, se exilió a Portugal, murió allí, y en el que Víctor Manuel II subió al trono con veintinueve años. Y también el año en el que Leopoldo de Lorena huyó a Gaeta, reuniéndose con Pío IX; en el que los austriacos ocuparon Florencia y aplastaron la heroica sublevación de Livorno; en el que se proclamó en Roma la República Romana, donde Mazzini constituyó el triunvirato, pero el nieto del Nappa, es decir, el nuevo presidente de la República Francesa, intervino para volver a darle la corona al Papa. Sus tropas asediaron la ciudad y a cañonazos, matando a miles de defensores, entre los que se contaba Goffredo Mameli, la conquistaron. Por último, el año en que, bombardeada por tierra, mar y aire (por aire desde globos aerostáticos), Venecia se rindió. Toda Italia se rindió; salvo en Piamonte, el yugo extranjero volvió a sojuzgarla, y entonces sí que el pequeño gineceo se convirtió, a los ojos del conde Ottavio y de su familia, en una entidad sin importancia alguna. ¿Por qué iban a fijarse en ellas, preguntarse si las insólitas inquilinas tenían los papeles en regla? Pagaban regularmente, no causaban molestia alguna, vivían con decoro y la señora coja no recibía jamás a nadie. Que yo sepa, aparte de Michel, que cada dos por tres aparecía con su calesa, durante la infancia de Anastasìa el único extraño que subió las escaleras del quinto piso fue el *capoccia** Gardiol, es decir, el padre de Marianne y Suzanne, las dos hermanas contratadas por la *Tante* Jacqueline, que en 1853 fue a buscarlas y se las volvió a llevar con él a Prarustin.

Tengo pocos datos acerca de los cuatro años que Anastasìa pasó en la vía Lagrange con las hermanas Gardiol: por ahora, unos personajes sin relieve alguno, pero que, más tarde, serán cruciales en su historia. De Suzanne, la abuela Giacoma no hablaba jamás. De Marianne sólo cuando hacía referencia a la época que Anastasìa pasó en Salt Lake City como prometida al mormón John Dalton: el hombre del que casi se convierte en su séptima esposa.

Y los archivos cuentan poco sobre ellas. Que Marianne había nacido en 1834 y Suzanne en 1830; que, por lo tanto, habían sido contratadas a los catorce y los dieciocho años; que pertenecían a un clan paupérrimo y que las dos pesaban cuarenta kilos y medían un metro y medio de altura. Que en 1850 el misionero protestante Lorenzo Snow visitó los valles para ganar prosélitos para la Iglesia de Jesucristo de los Santos del Último Día, es decir, para los mormones: una extravagante secta fundada en 1830 por un tal John Smith, enrocada con su «pontífice» Brigham Young en los territorios de Utah y entregada a la poligamia. Que, impulsado por el espejismo de América, es decir, por la esperanza de hacerse rico y tener muchas mujeres, el *capoccia* Gardiol fue uno de los ciento setenta y siete valdenses que abjuraron en el acto y abrazaron la nueva fe. Que por eso, en 1853, fue a recoger a sus hijas y que, no mucho tiempo después, Marianne emigró a Salt Lake City, donde se convirtió en la sexta señora Dalton... Nada, en definitiva, que afecte de cerca a Anastasìa y me ayude a observar esa fase de su infancia. (Para imaginármela, tengo que mirar un famoso cuadro de Monet. Ese que retrata a una niña encantadora, sentada a la mesa con una cuchara en la mano y rodeada por tres mujeres con-

---

* Cabeza de familia o jefe, amo de las familias de agricultores. De *capo*, «cabeza», pero también «jefe», «cabecilla». (*N. de la T.*)

sagradas a mimarla, malcriarla: su madre, la doncella y la nodriza ya seca). Sobre los años siguientes al adiós a las hermanas Gardiol, en cambio, sí sé algunas cosas. Por ejemplo, que en otoño del año 1853 Anastasìa fue inscrita en la escuela primaria valdense del padre Amedeo Bert, y que aquí comenzó a confirmar la rebeldía demostrada cuando realizó el sortilegio, apenas la habían parido, de liberarse de las fajas: de quedarse libre y desnuda dentro de la cuna. Las escuelas de Turín eran escuelas civilizadas. Nada de azotes, nada de fustas de nervio de buey, nada de horrores parecidos al horror que padeció Giobatta en Livorno. La normativa municipal prohibía los castigos corporales, y el único que estaba permitido consistía en el «pupitre del deshonor». Es decir, en dejar al alumno o alumna en un pupitre aislado, por lo general, colocado junto a la pizarra o al lado de la mesa del profesor. Pero tanto en las escuelas católicas como en las valdenses se reservaba un gran espacio a la religión. A las nueve de la mañana se rezaba la primera oración; a las doce, la segunda; a las cuatro, la tercera; y todas las tardes tenías que estudiarte durante una hora el catecismo y la historia sagrada. Además, la educación de las chicas incluía la enseñanza de las labores propias de las mujeres. Hacer punto, coser, bordar. Y, bueno, Anastasìa no podía ni ver lo de las labores. Las oraciones y la historia sagrada, menos. («*Ça m'ennui*» («Me aburre»), protestaba cuando la *Tante* Jacqueline intentaba que cantase un salmo). Por lo que a cada negativa terminaba en el pupitre del deshonor, hasta que llegó un momento en que se convirtió en su pupitre fijo. Nada más entrar en clase se sentaba directamente en él, y si se lo impedían se enfadaba.

—*C'est mon banc privé. Moi j'aime le dèshonneur*. (Es mi pupitre privado. A mí me gusta el deshonor).

Sé también que gracias al maestro Varisco, un exiliado véneto convertido al calvinismo que impartía las clases de italiano, allí aprendió por fin la lengua del país en el que había nacido. Lengua que no manejó nunca con soltura, que habló siempre bastante mal y con un fortísimo acento extranjero, lleno de *r* pronunciadas a la francesa. «*Buonasega, queguido señogg*». Y sé que gracias a él y a los maestros de escritura, lectura, aritmética, geografía, en el colegio descubrió a una especie desconocida, a la que hasta entonces sólo había entrevisto de lejos, por la calle. La especie a la que pertenecían unos misteriosos seres con barba y bigotes y pantalones, la especie masculina. Sé que al tratarlos se quedó fascinada por ellos y que, inmediatamente, empezó a seducirlos con sus artes de pequeña hechicera. Con su belleza, su descaro, su elegancia. (Jamás había consentido en vestir el atuendo tradicional. Si intentabas colocarle la *coiffe vaudoise* o *le tableau vaudoise* empezaba a gritar «*ça ne me plaît pas!*» («¡no me gusta!»), y la *Tante* Jacqueline tenía que vestirla a la moda. Atildadas chaquetillas, faldas cayendo sobre el miriñaque; bajo las faldas, los *pantalettes*, es decir los calzones de encaje largos hasta el tobillo; en los pies, escarpines con polainas. En la cabeza, graciosas *nizzarde* adornadas de lazos y flores). Pero, sobre todo, sé que en aquellos años descubrió que era una criatura carente de toda entidad jurídica. Una ciudadana que, ante la sociedad, nunca había nacido; un individuo cuya presencia ignoraba la ley, y ¡ojo! con revelársela. En Turín la *Tante* Jacqueline se había cuidado muy mucho de regularizar su papel de tutora, de inscribir a la huérfana. Al administrador de los Thaon de Revel se la presentó, simplemente, como una sobrina; en el colegio la matriculó con el nombre elegido por Marguerite para bautizarla, Anastasìa Ferrier; y, por otra parte, no existía el censo. En caso de duda, hubiera resultado muy difícil decidir si se trataba de un nombre legítimo o no. Sin embargo, sí que existía una prueba del nacimiento de aquella criatura carente de toda entidad jurídica. El papel custodiado en la iglesia valdense de Rodoret que la definía como Jeanne Tron, hija de Jacques Tron y de Jeanne Pons de Tron. El fraude que Jacques había suscrito con la cruz de los analfabetos, Michel Morel con su firma llena de florituras. Y esta prueba, imposible de eliminar porque en el reverso de la página se certificaba el bautismo de otros dos recién nacidos, constituía un delito de falsedad en documento público. Delito que no prescribía, que sólo dejaba de ser punible a la muerte del reo, y que de salir a la luz acarrearía serios problemas a los responsables. Junto a ellos, a la persona que se había apropiado de la supuesta Jeanne Tron. Que se la había llevado con ella y se la había quedado sin el permiso de un magistrado.

¿Sólo problemas? El Código Penal no dejaba lugar a dudas. «Quien en el ejercicio de su oficio comete un delito de falsedad en documento público con alteraciones o suplantaciones de persona será castigado a trabajos forzados temporalmente o de por vida», decía a cuenta del fraude cometido por Morel. «Quien con declaraciones engañosas o firmas mendaces ejecute un acto de falsedad pública será castigado a cinco años de cárcel o diez años de trabajos forzados», decía a cuento del cometido por los Tron. «Quien se apropie de un infante y altere u oculte su identidad será castigado con siete años de cárcel o diez de trabajos forzados», decía a cuento de los líos que la *Tante* Jacqueline había organizado. Pero el pastor Morel no se preocupaba por eso, los Tron no eran ni siquiera conscientes de que habían cometido un delito, y la *Tante* Jacqueline no pensaba o no quería pensar en ello. Dejando aparte a Anastasìa, había demasiadas cosas que la distraían de aquella especie de espada de Damocles suspendida sobre su cabeza. La metamorfosis de Turín, que con los liberales y Víctor Manuel II había dejado de ser una ciudad gris y tediosa, se había convertido casi de golpe en una capital moderna: experimentos con la luz eléctrica, líneas férreas que transportaban hasta Génova y Susa, cafés atestados de parroquianos que discutían sin miedo sobre cualquier tema, alegres fiestas de carnaval, y para los valdenses una gran templo levantado en la avenida del Rey. El ascenso al poder de Cavour, ahora primer ministro y tan poderoso que podía permitirse hasta el lujo de irritar al soberano. El redoblado placer de verlo salir del palacio situado en la esquina de la vía del Arzobispado con su sombrero de copa, sus quevedos, su sonrisilla irónica, y recorrer con paso lento la vía Lagrange. «*Bonjour ma très belle*», «*bonjour Monsieur le comte*». El drama de Italia, de nuevo bajo el yugo de los austriacos y los reaccionarios; las inútiles insurrecciones promovidas por Mazzini; los cadalsos en Milán y Mantua, donde los patriotas eran ahorcados de cinco en cinco o de diez en diez; los procesos de Florencia, donde Leopoldo había restablecido la pena de muerte y las tropas de Radetzky hacían sus correrías sin que nadie se lo impidiese. La cuestión de Oriente, la guerra de Crimea... En 1853, el zar había invadido Moldavia y Valaquia: los principados del Danubio que pertenecían al sultán de Constantinopla, o sea, a Turquía. Francia y Gran Bretaña se habían aliado con esta última, habían declarado la guerra a Rusia y luego habían ocupado la península ucraniana de Crimea y, para ganarse apoyos contra Austria (eterna aliada de Rusia), Cavour se había unido a ellas. En 1855 el pequeño reino saboyano entró también en guerra, quince mil piamonteses desembarcaron en Balaclava, ¿y cómo ignorar un hecho semejante? ¿Cómo no tener la cabeza ocupada con las noticias que los periódicos publicaban en letra de molde? El asedio de Sabastopol. La epidemia de cólera que inmediatamente después golpeó al cuerpo expedicionario, matando a mil trescientos soldados, entre ellos al general Alessandro Lamarmora. La heroica batalla de Cernaia. La victoria final. Y, en 1856, el Congreso de París: Cavour sentado junto a los representantes de las grandes potencias europeas para discutir de igual a igual los términos de la paz...

Pero luego llegó el verano de 1857, y el 4 de julio Víctor Manuel II hizo que entrara en vigor una ley que había aprobado en 1855, es decir, durante la guerra de Crimea. La ley relativa al censo, que, con objeto de contar el número de sus súbditos, de identificarlos, de catalogarlos, se llevaría a cabo la noche del 31 de diciembre de 1857 al 1 de enero de 1858.

* * *

El censo más minucioso, más meticuloso, extenso, que jamás se había concebido en Italia. Y la trampa más insidiosa, más amenazadora, letal, que la *Tante* Jacqueline hubiese podido nunca imaginar. Porque, durante los dos años que ella había estado entretenida con el asedio de Sebastopol y la batalla de Cernaia y el Congreso de París, el Ministerio del Interior había estudiado todos los mapas catastrales con los que, a falta de un censo, podían localizarse una morada o un domicilio. Con éstos, había elaborado la topografía exacta de cada centro urbano, cada pueblo, cada barrio, cada alquería, cada local habitado o habitable. Luego había impreso los volantes que debían ser distribuidos, y cuya entrega estaba pensada de tal forma que nadie hubiera podido escabullirse. Sobre todo en la disciplinada, organizada Turín. Expertos agentes, que en muchos casos conocían de antemano la identidad de los que vivían en tal residencia o tal edificio, se encargaron de llevarla a cabo. Escoltados por un guardia municipal o un funcionario de la policía, se presentaban con un registro en el que apuntaban quién había recibido el impreso y quién no, y fingir que no estabas en casa no servía de nada. Si la puerta estaba cerrada, volvían las veces que hiciera falta, hasta que se les abriera. O le preguntaban al propietario, ¿y qué haces cuando el propietario se llama Ottavio Thaon de Revel? ¿Le explicas que puedes tener problemas con la ley, que si respondes al censo te arriesgas a que se descubran el fraude cometido en 1846 y los líos subsiguientes? ¿Le suplicas que no cuente que vives en el quinto piso, le ruegas que te esconda en el sótano o detrás de las cortinas de su salón? Negarse a aceptar el impreso o no rellenarlo era, por otra parte, un acto punible con el arresto. Rellenarlo con informaciones inexactas o mendaces, un delito equiparable al de falsedad en acto público: en el indiscreto impreso se hacían preguntas muy precisas. El número de habitaciones ocupadas, el de las personas que componían el núcleo familiar, el de las personas que vivían en la casa en calidad de huéspedes o como criados domésticos. De cada una de ellas se pedía el nombre y el apellido, la edad, el lugar de nacimiento y de residencia, la religión que profesaba, la lengua que hablaba, su grado de alfabetización o de analfabetismo, las eventuales taras físicas (ciego o sordomudo) que tenía. Y de los huéspedes eventuales, los amigos que estaban en tu casa para celebrar la Nochevieja contigo, igual. «El presente impreso incluirá también a los forasteros que durante la noche del 31 de diciembre de 1857 al 1 de enero de 1858 se encuentren fortuitamente en esta casa», se especificaba en una nota a pie de página. En una palabra, era una tontería pensar que ibas a librarte yendo durante unas pocas horas a otra casa: la única forma de sustraerte a aquellas precisas preguntas era salir del reino saboyano. Pero para salir del reino saboyano se necesitaba pasaporte. Pedir el pasaporte implicaba dirigirse a la policía, someterse a un interrogatorio todavía más minucioso, pasar de Guatemala a Guatepeor. Cuando la *Tante* Jacqueline recibió el impreso se espabiló de golpe. Comprendió que el peligro de acabar en la cárcel o condenada a trabajos forzados había cobrado cuerpo y, presa del pánico, decidió advertir a Anastasìa: confesarle la verdad, comenzando por sus padres.

—*Il faut que je te parle, ma petite...* (Tengo que hablar contigo, mi pequeña...).

En 1857 Anastasìa tenía once años. Si el cerebro te funciona, a los once años entiendes un montón de cosas. El suyo funcionaba de maravilla, ya lo hemos visto, así que entendió hasta demasiadas. Con el valor que ya la distinguía, el instinto de supervivencia que ya la caracterizaba, fue ella, incluso, la que sugirió la única solución posible.

—*Veux-tu dire que le mien est un nom abusif, Tante Jacqueline, que je ne suis pas vraiment Anastasie Ferrier?* (¿Quieres decir que el mío es un nombre inconveniente, que no soy realmente Anastasìa Ferrier?).

—*Oui, ma petite...* (Sí, mi pequeña…).

—*Veux-tu dire que malgré ça je ne suis Jeanne Tron nos plus?* (¿Quieres decir que, pese a ello, tampoco soy Jeanne Tron?).

—*Oui, ma petite...*

—*Veux-tu dire que pour le monde je n'existe pas, je ne suis jamais née?* (¿Quieres decir que para el mundo yo no existo, no he nacido jamás?).

—*Oui, ma petite. Pourtant je dois t'enregistrer quand même...* (Sí, mi pequeña, sin embargo tengo que registrarte igual...).

—*Non. Tu ne dois pas, Tante Jacqueline. On ne peut pas enregistrer une personne qui n'est jamais née.* (No, no debes, *Tante* Jacqueline. No puedes registrar a una persona que jamás ha nacido).

—*Mais la loi...* (Pero la ley...).

—*Moi je m'en fiche de la loi, Tante Jacqueline.* (Me importa un bledo la ley, *Tante* Jacqueline).

—*Et le Bon Dieu...* (Y el Buen Dios...).

—*Moi je m'en fiche du Bon Dieu. Quelle espèce de Bon Dieu est un Dieu qui laisse tuer mon père et noyer ma mère, qui te fait pleurer et m'obligue à vivre en contumace?* (Me importa un bledo el Buen Dios. ¿Qué clase de Buen Dios es un Dios que permite que maten a mi padre y que mi madre se ahogue, que te hace llorar a ti y que a mí me obliga a vivir en rebeldía?).

—*Oh, ma petite!*

—*Écoute-moi, Tante Jacqueline* (Escúchame, *Tante* Jacqueline).

Concluido el censo, los escribanos del Ayuntamiento copiaron los datos de los 179.635 habitantes que, según los impresos, había en Turín en 1858. Los datos ocuparon veinticuatro volúmenes, que, encuadernados en rojo burdeos, quedaron custodiados en la caja fuerte del archivo municipal y que parecía que iban a durar siempre. Sin embargo, cuando fui a consultarlos sólo quedaban dieciséis. Faltan ocho, y entre los ocho que faltan figura el de la vía Lagrange. (¿Perdidos, perdido en alguna mudanza? ¿Convertidos, convertido en polvo? Convertido en polvo, creo. El papel de los dieciséis que quedan está en pésimo estado. Estaba hecho con un emplaste de celulosa que no resiste el paso del tiempo y se deshace con tal facilidad que cuando pasas las páginas se te desintegra entre los dedos). Por lo tanto, no tengo pruebas que demuestren que la *Tante* Jacqueline siguió el amargo consejo. Pero, dado que no acabó en chirona, que condenada a trabajos forzados tampoco, cabe suponer que lo siguió y que nadie se dio cuenta. Sé perfectamente, en cambio, que descubrir que era una huérfana parida a escondidas, una hija ilegítima carente de todo derecho civil, un ser clandestino al que el Código Penal le impedía demostrar su propia existencia provocó un auténtico terremoto en el alma de Anastasìa. Un trauma que fue más allá de su precoz rechazo de Dios. Porque fue ese fatal descubrimiento, y no su rebeldía congénita, lo que la descontroló y la condujo al camino en el que se encontró con el hombre, es decir, el bisabuelo del que no puedo hablar.

8

La primera imagen de esta Anastasìa es la de una adolescente encantadora que, con zapatillas de ballet y tutú, asiste a clases a la Escuela de Danza del Teatro Real y está ansiosa por lucirse encima de un escenario: el medio que ha elegido para salir del anonimato. No era fácil entrar en la Escuela de Danza del Teatro Real. En el curso preparatorio sólo eran admitidos diez nuevos alumnos al año, y para presentarse al examen de admisión era necesario poseer características muy especiales. Gracia de movimientos, una figura esbelta. Músculos sólidos, ni un átomo de grasa, una salud perfecta. Pantorrillas de hierro, tobillos de acero, pies arqueados. Y oído, dotes interpretativas, amor al arte, además de tener entre ocho y doce años, las niñas. El examen lo realizaban, con inmisericorde rigor, un médico, un cirujano, un violinista, un maestro de baile, uno de mimo, uno de francés (en las aulas se hablaba exclusivamente francés), y si suspendías no podías repetirlo. Tampoco fue fácil obtener el permiso de la *Tante* Jacqueline, una mujer de largas miras, sí, pero atada aún a ciertos prejuicios y oprimida por miedos más que justificados. El tutú, no hace falta decirlo, no es precisamente un hábito de novicias. El corpiño deja los hombros y los brazos al aire, la falda de tul deja que se transparenten los muslos y en los saltos, se levanta. Hace que se te vean hasta las bragas. Además, la danza se nutre de sensualidad, de patetismo, de sutil lascivia... Piensa en esos gestos dulces e insinuantes, en los movimientos casi onanistas de los solos, en los roces casi eróticos de los *pas-à-deux*. La pareja que, para que te resulte más fácil la pirueta, te toma de la cintura, para elevarte durante el vuelo del ángel te agarra debajo de las piernas, para mantenerte suspendida en el aire te sostiene por el pubis. Los meapilas consideraban a las bailarinas una especie de hembras desvergonzadas, el símbolo mismo del pecado. Todo aquel que iba buscando una aventura erótica se dirigía a ellas, y las del Teatro Real eran como un tarro de miel colocado en mitad de un enjambre de moscones. (Ya sabes, los moscones, los tábanos, los que no te dejan en paz hasta que te han picado, chupado). El teatro se alzaba enfrente del Teatro Madama, o sea, en la Plaza Castello. A la derecha, tenía el Ministerio del Interior; a la izquierda, la Academia Militar; y, a unos pocos metros, el Club de los Nobles. En los alrededores, los cafés preferidos de los magnates de la ciudad. La puerta, inevitablemente, estaba siempre llena de hombres con frac y uniforme. Diputados, senadores. Altos funcionarios, ministros. Oficialillos, generales, donjuanes envejecidos. Los más famélicos hasta cruzaban el umbral, con la excusa de presenciar los ensayos pasaban al foyer, ¿y cómo rechazar sus galanterías? A veces, se trataba de señores realmente importantes. Massimo d'Azeglio, por ejemplo, que para cortejar a las alumnas se llenaba los bolsillos de dulces. «*Un bonbon, mignonne?*» («¿Un caramelo, monina?»). Camillo Cavour, que, al estar soltero, no temía el escándalo y, en lugar de bombones, dispensaba afectuosos cachetes en el culo. «*Quel joli derrière!*» («¡Qué bonito trasero!»). Carlo Alfieri di Sostegno, que, como tenía una mujer muy fea, mendigaba consuelo. Urbano Ratazzi, que, como la tenía algo vivaracha de más, buscaba venganza. Y, desde Génova, donde era comandante de un regimiento de Caballería, el irresistible Ulrico di Aichelburg: héroe de la guerra de Crimea y autor de la célebre frase «La espada penetra en la funda si la funda se deja penetrar». Desde París, el guapísimo Costantino Nigra: gran cómplice de Cavour y amante de la emperatriz Eugenia. De la corte, Su Majestad Víctor Manuel II, que era un monarca totalmente accesible. Hablaba piamontés, es decir, el dialecto del pueblo. Paseaba él solo por la ciudad, se entretenía en hablar con cualquiera, y se llevaba a la cama a todas las súbditas que se le ponían a tiro. Rubias, morenas, gordas, delgadas. Nobles, burguesas, plebeyas. Con tutú y sin tutú. Pero la Escuela de Danza ofrecía la ventaja de que no se pedía partida de nacimiento u otros papeles indiscretos. Para certificar la edad y el nombre bastaba con la firma del padre o del familiar que te acompañaba, y ¿cuándo había conseguido negarle algo la *Tante* Jacqueline a su adorada sobrina? En marzo de 1858 Anastasìa ya había aprobado el examen y era alumna del preparatorio, que duraba tres años.

«*Je montrerai au monde que je suis née, que j'existe*» («Le demostraré al mundo que existo, que he nacido»).

Me emociona verla con tutú. Y me reconduce a los años que prepararon el fatal encuentro con el bisabuelo del que no puedo hablar, con el insigne tábano que trastornó totalmente su vida. Mi vida. («Estoy en el mundo por culpa de un tutú», decía, con cierta acritud, la abuela Giacoma). Porque de la época en que yo era Anastasìa de niña e iba a la escuela primaria del pastor Bert, no quería ponerme el atuendo valdense y me divertía ocupando el pupitre del deshonor recuerdo muy poco. De los meses que se siguieron al censo, nada. Pero de los años en que era alumna de la Real Escuela de Danza, de mi adolescencia, recuerdo en cambio detalles muy precisos. El aula en el último piso del teatro, demasiado fría en invierno y demasiado calurosa en verano; los odiosos espejos que reflejaban todos los errores. El profesor de danza, un ex bailarín irascible y mala persona que, pese a la prohibición de emplear castigos corporales, nos azotaba con el bastón para marcar el tiempo y, de paso, nos insultaba. Nos humillaba. «*Balourd!*» («¡Palurdo!»). «*Paresseuse!*» («¡Vaga!»). O controlaba nuestro peso dándonos crueles pellizcos en los bíceps. «*Qu'est-ce que c'est ce gras? Vous devez manger des légumes, des légumes, des légumes!*» («¿Qué es esta grasa? ¡Tenéis que comer verdura, verdura, verdura!»). La despiadada disciplina que imponía la escuela hasta para las mayores estupideces. Prohibido llegar con medio minuto de retraso, prohibido alterar el vestuario con lazos o pompones, prohibido ponerse pendientes o collares y prohibido hablar con los compañeros y compañeras de clase, prohibido reírse. El tedio de los ejercicios en la barra, es decir, de los *pliés*, y el sufrimiento de tener que hacerlos con el corpiño de ballenas. El cansancio de los ejercicios sin barra y delante del espejo, empezando por el ímprobo *en-dehors*. Cabeza erguida, espalda derecha, brazos elevados a la altura del pecho y haciendo un gesto como si estuvieras rodeando un canasto con ellos. Meter la tripa, apretar el trasero, las piernas juntas hasta el tobillo, los pies unidos por el talón y separados el uno del otro hasta formar un ángulo de noventa grados, y pobre de ti como pierdas el equilibrio. «*Mollasson! Qu'est-ce que tu as à la place des muscles! Du beurre?*» («¡Blandengue! ¿Qué tienes en lugar de músculos? ¿Mantequilla?»). La tortura del *écart*: el ejercicio que consiste en estirar los muslos hasta que toda la pierna apoya sobre el suelo, mientras todos los tendones parecen implorarte piedad. El suplicio del *grand-jeté*, el salto que das en el aire con las piernas totalmente abiertas y extendidas, y pobre de ti si doblas ligeramente las rodillas. «*Bête, bête!*» («¡Bestia!»). El sufrimiento de bailar sobre las puntas de los pies, de realizar, por ejemplo, un *arabesque*: la postura imposible por la que extiendes el cuerpo en sentido transversal, elevas una pierna por detrás hasta formar al menos noventa grados, y permaneces en vilo sobre la punta del pie de la otra, por lo que si tienes el dedo pulgar más corto que los otros (y yo lo tenía) se aplasta contra el refuerzo de las zapatillas. Se te desarticula todo el metatarso, y ¡no veas qué dolor! ¡Dios! ¿Quién hubiera dicho que bailar sobre las puntas de los pies fuera tan difícil y tan doloroso? Al principio se me llenaron los pies de ampollas, y con ampollas no puedes ni siquiera caminar. Cojeando, salía del aula y bajaba al vestíbulo, donde los moscones vestidos con frac me rodeaban en un círculo de miradas lujuriosas. Cojeando, embocaba el pórtico de la Plaza Castello, donde los moscones vestidos de uniforme me seguían, haciéndome proposiciones lascivas. Cojeando, recorría la vía de la Academia de las Ciencias, atravesaba la Plaza Carignano, regresaba a casa, donde la *Tante* Jacqueline me curaba y me masajeaba los pies, suspirando.

—*Mon petit soldat...* (Mi pequeño soldado...).

La segunda imagen, paralela a la primera y, sin embargo, muy distinta, es la de una adolescente pensativa que se sumerge en la lectura de los libros que, por dieciocho liras al semestre, la *Tante* Jacqueline toma en préstamo en la Biblioteca Ambulante de los hermanos Reycend en la vía Po. *La dama de las camelias* de Dumas hijo, por ejemplo. *Madame Bovary* de Flaubert, *Las flores del mal* de Baudelaire. Libros sobre los que una adolescente formal no debería ni posar la mirada. (¿¡¿Acaso no sabes quién es la Dama de las Camelias?!? ¡Una mantenida, *parbleau*! ¡Una puta de lujo que se vende al mejor postor, que dilapida el dinero en fiestas, que seduce a un buen chico, y a la que Dios castiga haciendo que se muera de tisis! ¿¡¿Y no sabes quién es madame Bovary?!? ¡Una desgraciada que le pone los cuernos al marido, que reniega de sus deberes de esposa y madre, que se aburre llevando una vida decente y que al final se suicida! No es casual que Flaubert haya terminado en los tribunales, y da gracias a que se ha salvado gracias a una triquiñuela legal. En cuanto a *Las flores del mal,* se trata de un libro de poemas tan escandalosos que no ha habido triquiñuelas legales que valgan. Baudelaire ha sido declarado culpable y condenado a pagar trescientos francos de multa). Como es lógico, esas novelas prohibidas y esos poemas escandalosos la *Tante* Jacqueline los toma en préstamo para ella, no para su sobrina. Se los lee de un tirón y por la noche los guarda debajo de la almohada. Pero Anastasìa se ha dado cuenta de que tiene el sueño duro y, apenas la oye roncar, los coge. Se los lleva hasta su habitación y, a la luz de la lámpara de gas, los lee, aprende de ellos cosas mucho más interesantes que el *écart* o el *gran-jeté* o el *arabesque*. Para empezar, que las relaciones entre los hombres y las mujeres se ven complicadas por un arduo problema llamado sexo. Que el sexo es el motivo por el que Massimo d'Azeglio se llena los bolsillos de caramelos, Cavour reparte azotitos en el trasero, y ella siente como una especie de hormigueo cuando nota las miradas lujuriosas o la siguen los oficiales. Que las mujeres tienen los mismos deseos que los hombres, la misma capacidad mental, las mismas necesidades físicas e intelectuales. Que, pese a ello, se las considera criaturas inferiores y viven con la soga al cuello. No pueden rebelarse contra la tiranía del padre o del marido, denunciar sus abusos. No pueden votar ni ocupar cargos públicos, derecho del que están excluidas por ley, como los presos, los locos y los analfabetos. No pueden matricularse en la Universidad, ser médicas o abogadas o ingenieras... Sólo pueden ejercer los oficios de maestra, ama de llaves, cantante, actriz, prostituta, criada, poetisa y novelista. (Estas últimas, de incógnito, a ser posible. Es decir, bajo un pseudónimo masculino, como las hermanas Emil y, Charlotte y Anne Brontë, que publicaron sus primeros libros bajo los nombres de Ellis y Currer y Acton Bell. O como Mary Ann Evans, que firma como George Eliot; como Aurore Dupin, que firma como George Sand). Lee también a George Sand. A la audaz George Sand que, no satisfecha con usar un pseudónimo masculino, viste como un hombre, con pantalones y chaqueta y corbata y sombrero de copa, fuma puros, se lleva a la cama al primero que le gusta, y una de cuyas infinitas conquistas es un músico polaco: Chopin. Lee también *Le Tour du Monde*: una revista que publica artículos de grandes viajeros y que, en todos los números, habla de un gran país en el que puedes inventarte la identidad que tú quieras, es decir, mandar a paseo el censo. Los Estados Unidos de América. Por último, se niega a ir al templo, a estudiar la Biblia, a cantar los Salmos, a tener relación alguna con el Padre Eterno. Y, provocando los celos de la *Tante* Jacqueline, va a ver con frecuencia a una señora con el pelo blanco y una sombrilla negra que vive en la vía Borgonuovo 12, la calle que está al final de la vía Lagrange. Giuditta Sidoli, la amada de Giuseppe Mazzini.

—*Où vas-tu, Anastasìa?* (¿Dónde vas Anastasìa?).

—*Chez madame Giudittà, Tante Jacqueline.* (A casa de *madame* Giuditta, *Tante* Jacqueline).

—*Où as-tu été, Anastasìa?* (¿Dónde has estado, Anastasìa?).

—*Chez madame Giudittà, Tante Jacqueline.* (En casa de *madame* Giuditta, *Tante* Jacqueline).

Se han conocido casualmente en la Plaza Castello, un día en que los moscones vestidos de frac estaban molestando a la nueva alumna de la Escuela Real con unos piropos exagerados, y la sombrilla negra cayó sobre la espalda del más inoportuno. «*N'avez-vous pas honte de molester une mineure, Monsieur?*» («¿No le da vergüenza molestar a una menor de edad, señor?»). Una mujer excepcional, Giuditta Sidoli. Un personaje que para destacar no necesitaba fumar puros y vestir pantalones, chaqueta, corbata, sombrero de copa. Patriota desde siempre e implicada en las luchas del Risorgimento; viuda desde 1828 del carbonario Giovanni Sidoli; encarcelada, perseguida, expulsada de reinos, ducados y gran ducados, en 1852 se estableció en Turín y no hace falta decir que está vigilada por la policía, que ésta irrumpe con frecuencia en su casa y husmea en sus papeles. Pero ella no se altera y, con seráfica calma, admite sus principios republicanos. Sin miedo, mantiene relaciones con el exiliado en Londres, el hombre al que estuvo unida en el pasado por una pasión irrefrenable. Le escribe, le manda *gianduiotti*,* le ve cada vez que él viene a la capital. (Y gracias a los pasaportes falsos, gracias a sus habilidades como conspirador, viene con frecuencia. Pregúntaselo a Cavour, que le odia pero que no quiere arrestarlo. «Lo convertiría en un mártir, le haría un favor»). Anastasìa se rinde ante su encanto, es más, se encariña con ella, y el afecto es correspondido, porque... En 1831 Giuditta, que entonces contaba veintisiete años, fue expulsada de su ciudad, Reggio Emilia. Junto a un grupo de republicanos romañolos, capitaneados por Luigi Amedeo Melegari, se refugió en Ginebra y luego en Marsella. Aquí conoció a Mazzini, que tenía entonces veintiséis años, y se convirtió en su amante, se quedó embarazada, y el 11 de agosto de 1832 parió a un niño, algo que sólo saben unos pocos íntimos. El 14 de agosto, el vicealcalde, Pierre Marius Massot, lo inscribió en el registro civil de Marsella como Joseph Démosthène Adolphe Aristide, hijo de padres desconocidos y, por lo tanto, sin apellidos. Los padres desconocidos se libraron muy pronto de él, dejándolo en manos de una pésima niñera de Montpellier. Diez meses después, cuando él partió para regresar a Ginebra y ella volvió clandestinamente a Italia, se lo entregaron al consejero municipal Démosthène Ollivier, padre del futuro presidente del Consejo francés, Émile Ollivier. Démosthène se lo volvió a llevar a Marsella y, a su vez, también él se libró del crío, dejándolo en manos de otra pésima niñera. El 21 de febrero de 1835 la pobre criatura murió a causa del cólera y de la falta de cuidados. Tendrán que pasar sesenta años para que Émile lo cuente todo en un libro: «Mazzini dejó en manos de mi padre la custodia del hijo que había tenido con una hermosa compatriota de Reggio, su compañera de exilio». Y tendrá que

* Chocolatina típica de la zona del Piamonte *(N. de la T.)*

pasar un siglo para que un discípulo de Gaetano Salvemini encuentre en los archivos de Marsella la partida de nacimiento y la de defunción, reconstruya a través de las cartas entre los dos amantes el drama del sórdido abandono e intente justificarlo. («Los dos estaban buscados, no podían casarse, tampoco reconocerlo o cuidarlo»). Pero la señora con el pelo blanco y la sombrilla negra sabe que la verdad no es ésa, que a ese hijo lo abandonaron para evitar el escándalo, para no empañar la aureola del apóstol con cilicio. Y correspondiendo al afecto de la huérfana, ocupándose de ella, siente como si se aliviaran los remordimientos que la corroen desde entonces.

Ocuparse de ella, sí. Sus respectivas casas, además, están muy cerca la una de la otra. Sales por la vía Lagrange 23, vas derecho hasta el final de la calle, luego giras a la izquierda, atraviesas la Plaza Bodoni, y ya estás en la vía Borgonuovo 12. Por tanto, la invita con frecuencia a su salón, en el que se discute de política y se habla en italiano. «¡Aquí nada de francés, señorita Ferrier!». Y donde, a la hora del té, se reúnen literatos de todo tipo, exiliados de todos los países, patriotas de todas las corrientes. Demócratas y conservadores, monárquicos y republicanos. En medio de ese gran cajón de sastre, Luigi Amedeo Melegari, ahora diputado de centro derecha y consejero de Cavour, que ahora piensa que la unidad de Italia es una quimera, pero que vendería su alma al diablo con tal de liberarla. O bien va a buscarla a la Real Escuela; arrebatándosela a los moscones, la lleva al Palacio Carignano, la hace asistir a las sesiones del parlamento. (Las entradas para pasar al recinto del público o a las tribunas para las señoras se las proporciona Melegari). La educa, en una palabra. Le enseña lo que la tía no le hubiera enseñado nunca, porque para los valdenses la patria ha sido siempre más una madrastra que una madre, y en determinados acontecimientos han participado siempre por reflejo. Si nos atenemos al relato de la abuela Giacoma, la adolescencia de Anastasìa floreció a la sombra de Giuditta Sidoli, no de la *Tante* Jacqueline.

9

Una adolescencia sin la que no se entiende a la joven de la leyenda, y en la que Anastasìa asistió a los acontecimientos más extraordinarios de su época. La segunda guerra de Independencia, para empezar. El 14 de enero, en París, el mazziniano Felice Orsini había intentado asesinar a Napoleón III. Junto a tres camaradas había lanzado una bomba contra su carruaje. El 13 de marzo había acabado en la guillotina con Giuseppe Andrea Pitti, natural de Lucca, pero antes de morir había escrito una noble carta en la que renegaba de su intentona y animaba al ex enemigo a apoyar la causa italiana. Con su habitual astucia, Cavour aprovechó la ocasión para llevar a cabo su plan de expulsar a los austriacos de Véneto y Lombardía, extender el reino saboyano hasta Romaña y Las Marcas, y en julio celebró un encuentro con el fallido muerto en Plombières. Le convenció para que declarara la guerra junto a Piamonte y, para recompensarle por el favor, le prometió a cambio Niza y Saboya. Se comprometió también a arreglar el matrimonio de Clotilde, la hija de dieciséis años del rey, con su primo Jerónimo Bonaparte. Un gordo de treinta y siete años al que apodaban *Plon-Plon*. Y, una vez escogido el *casus belli* (la insurrección de Massa y Carrara, aún ocupadas por las tropas austriacas) y firmado el secretísimo acuerdo, entre las dos capitales se inició una agitación que hubiese podido encanecer a un calvo. En diciembre, Napoleón III incluso revisó el texto del discurso con el que Víctor Manuel II le reveló sus intenciones a Austria. Escribió de su puño y letra la frase: «*Nous ne pouvons pas rester insensibles aux cris de douleur qui viennent jusqu'à nous de tant de points de l'Italie*» («Nosotros no podemos permanecer insensible a los gritos de dolor que nos llegan desde tantas partes de Italia»). Con algunos cambios imperceptibles, como la sustitución, por ejemplo, de «gritos» por «grito», el 10 de enero de 1859 Víctor Manuel II lo leyó en el acto de apertura de las Cámaras y...

¿Asistió y nada más? Anastasìa se quedó tan impresionada por aquellos acontecimientos que, en la última fase de su vida, recordaba aún ese día con un escalofrío. El ruido de la muchedumbre que, puesta sobre aviso por los periódicos y temiéndose algo grave, atesta la Plaza Castello. El profesor de danza que interrumpe inmediatamente los ejercicios en la barra y, arrastrando tras él a las alumnas, se asoma a la ventana. El rey que, entre el redoble de los tambores y el sonido de las trompetas, entra en el Palacio Madama. Ella que lo mira fascinada porque hoy no se parece en nada a ese maleducado al que le gusta irrumpir en el Teatro Real para acosar a las jovencitas con tutú. Viste el uniforme de gala de Caballería: chaqueta de paño color turquesa, pantalones azules, casco con penacho blanco. Tiene el amplio pecho cubierto de medallas y cruces, y sus pupilas disparan saetas de masculino espíritu combativo. Sus cómicos bigotazos negros parecen las alas desplegadas de un cuervo a punto de caer sobre las águilas de los Habsburgo. Y el ruido de los aplausos que, en un determinado momento, hace hervir a toda la plaza. La muchedumbre que llora de alegría, el profesor de danza que no deja de repetir, excitado, «*c'est la guerre, c'est la guerre*» («es la guerra, es la guerra»). Recordaba también el anuncio oficial de la alianza con Francia y el apresurado matrimonio de Clotilde y Plon Plon. El cortejo nupcial que, en la tarde del 30 de enero, pasa por debajo de la casa de Thaon de Revel; a la *Tante* Jacqueline, que, apiadada por la carita triste de la novia, exclama: «*Pauvre agneau, ils l'ont sacrifié sur l'autel de la patrie*» («¡Pobre cordero! ¡Lo han sacrificado en el altar de la patria!»). Inmediatamente después, los preparativos de una guerra deseada por todos menos por Mazzini, que, desde Londres, escribe furibundos comunicados y grita con voz de trueno: «¡La libertad no se conquista con ayuda de los extranjeros!». (Giuditta Sidoli, sin embargo, mueve la cabeza y replica: «*Pippo* se equivoca, esta vez se equivoca»). Los voluntarios que llegan a millares desde Lombardía, Véneto, Toscana, Emilia, el Reino de las Dos Sicilias, por lo que las posadas y las habitaciones de alquiler están a rebosar, el Ayuntamiento no sabe dónde instalarlos. El hermano de Felice Orsini, que llega desde Nueva York; Giuseppe Montanelli, que lo hace desde Le Havre y que, pese a su edad (se acerca a los cincuenta), consigue enrolarse como soldado raso. Giuseppe Garibaldi, que llega desde Caprera, la isla en la que se había recluido en un orgulloso autoexilio, y que nada más llegar al Hotel Feder se quita el poncho. Se pone el frac, va corriendo a ver a Víctor Manuel, obtiene el mando de los Cazadores de los Alpes. Y ella, que, en vez de ir a la Escuela de Danza, se aposta delante del hotel. (Eso, al menos, aseguraba la abuela Giacoma y yo la creo). Ella, que, haciendo oídos sordos a las protestas de la *Tante* Jacqueline y a las advertencias de *madame* Giuditta, camina sola por las calles llenas ahora también de moscones dispuestos a dar la vida por Italia, y que con sus graciosas *r* a la francesa canta: «*Vivan nuestgos soldados / vivan nuestgas bandegas / que valientes filas / llevan a luchag*». Ella, que, en la medianoche del 31 de marzo (la anécdota preferida de la abuela Giacoma), desciende del quinto piso de la vía Lagrange 23 y se agrega a los quinientos entusiastas reunidos alrededor del palacio Cavour para aclamar al presidente del Consejo, que acaba de regresar de París con la noticia de que las tropas francesas ya están en camino. Mientras grita: «¡*Bravo*, Cavour!», una pesada mano le tira de los rubios cabellos, un hombretón con gorro de obrero y la cara parcialmente oculta por una sucia bufanda le dice algo en dialecto; es el rey, que, camuflado, pasea entre sus súbditos para escucharles. Tomarles el pulso.

—*E il re no, bela tousa? E l'è nen brau chiel?* (¿Y el rey no, guapa? ¿Él no es *bravo*?).

—*Oui*, Majestad...

—¡Chisss! *Ma mi 't conosco, 't ses la citina valdeisa dël Regiu, parbleau!* (Pero si yo te conozco, ¡tú eres la pequeña valdense del Real!, *parbleau!*).

El 19 de abril Cavour recibió el ultimátum del emperador Francisco José: desarme inmediato, licenciamiento de los voluntarios, rechazo de la provocadora alianza. El 26 de abril contestó que no;

el 27 Massa y Carrara se rebelaron. Ante la sorpresa de muchos, el mismo día se rebeló Florencia y, abandonando el trono que los Habsburgo-Lorena habían ocupado durante ciento veintidós años, el bueno de Leopoldo se marchó. Despedido por dos filas de personas que en algunos casos le hacían una conmovida reverencia, en otros le sacaban despectivamente la lengua, abandonó para siempre la adorada ciudad que llamaba «mi patria» y el humilde taller de la vía Mayo en el que se quedaron sus herramientas de carpintero junto a una silla inacabada. Renunciando al papel que Toscana había detentado durante casi mil años y, con él, a cualquier proyecto de república, el gobierno provisional le pidió al hijo de Carlos Alberto que asumiese la dictadura, les regaló el ex gran ducado a los Saboya. El 29 de abril doscientos mil austriacos, al mando del feldmariscal Gyulai, un tipo que se parecía al difunto Radestzky lo que un pollo a un gavilán, cruzaron la frontera. Al mismo tiempo, los ciento veinte mil franceses, al mando del propio Napoleón III en persona, empezaron a bajar desde el Moncenisio para unirse a los cincuenta y seis mil italianos al mando del propio Víctor Manuel II en persona, y la guerra estalló. La breve guerra que en poco menos de un mes condujo a la victoria de Magenta, a la retirada de Gyulai, a la caída de Milán, donde Napoleón III y Víctor Manuel II entraron en carroza. («¡No deberían dedicármelo a mí, sino a Gyulai!», exclamó el segundo cuando supo que los milaneses querían erigirle un arco de triunfo...). La sangrienta guerra que el 23 de junio parió las masacres de Solferino y San Martino, las atroces batallas en las que los austriacos perdieron a veintitrés mil hombres, los franceses a doce mil, los italianos a cinco mil. Y que, sin decir nada a sus aliados, el ambiguo Napoleón III concluyó el 11 de julio, ofreciéndole a Austria el armisticio por el cual, en Villafranca, Francisco José le dio Lombardía para que se la cediese al reino saboyano, pero conservó el Véneto más las fortalezas de Mantua y Peschiera. Algo por lo que Cavour presentó su dimisión, indignado; sobre los muros de Turín apareció el retrato de Felice Orsini; y Giuditta Sidoli dijo: «Pippo no se equivocaba»... La fatídica guerra que, pese a aquella traición, llevó a la desintegración, en Italia central, de los estados que aún estaban bajo dominio extranjero, a los referéndum por los que en 1860 Toscana y Emilia y Parma y Plasencia y Módena y Reggio Emilia eligieron ser anexionadas a Piamonte. Por lo que Cavour volvió a dirigir el gobierno y, mientras Niza y Saboya pasaban a ser parte de Francia (la deuda contraída en Plombières), Garibaldi dio inicio a la increíble hazaña que, mal que bien, hizo realidad la quimera de unificar Italia. Con mil locos vestidos con camisas rojas y un par de locomotoras robadas bajo los mismos ojos de los carabineros, desembarcó en Sicilia. En nombre de Víctor Manuel II asumió el mando, liberó Palermo, formó un ejército de voluntarios que, gracias a los enrolamientos promovidos por el mazziniano Partido de Acción, en cinco meses contó con cincuenta mil hombres. Y, obstaculizado inútilmente por Cavour, que, además de un nuevo conflicto europeo, temía que se impusiese la anarquía, atravesó el estrecho de Mesina, irrumpió en Calabria y en Basilicata, tomó Nápoles y expulsó a los Borbones; entonces, poniendo magistralmente la zancadilla, Cavour envió sus tropas a Umbría y a Las Marcas. Treinta mil profesionales que, en menos que canta un gallo, arrollaron a las fuerzas mercenarias del Papa. Luego, deprisa y corriendo, ordenó que se celebrasen los referendos necesarios para anexionarse los ex Estados Pontificios, además del ex reino de los Borbones, y el 26 de octubre los dos ejércitos se encontraron en Teano. Garibaldi le entregó Italia del Sur a Víctor Manuel II, a quien, el 27 de febrero de 1861, aun sin el Véneto y sin Roma, el primer Parlamento nacional le proclamó rey de Italia.

—Pog favog, pídale dos pases al señog Melegagi y vamos a veglo, madame Giuditta.

Anastasìa tenía casi quince años y estaba terminando el tercer año en la Escuela de Danza, se preparaba para entrar en el Cuerpo de Baile del Real, cuando en una sala provisional del Palacio Carignano (construida a toda velocidad para hacer sitio a los trescientos sesenta diputados elegidos en las distintas regiones) vio cómo era proclamado rey de Italia el bigotudo cuarentón que, en la noche del 31 de marzo de 1859, se había dignado a decirle: «*Ma mi 't conosco, 't ses la citina valdeisa dël Regiu*». Es decir, cuando empezó a entender que en este mundo todo es posible y ojo con olvidarlo. Aquélla no fue la única lección impartida por los extraordinarios acontecimientos. En la misma sala, de hecho, asistió al feroz desaire que el 18 de abril le hizo Garibaldi a Cavour: empezó a entender que, héroes o no, los hombres son realmente injustos y que siempre acaban por desilusionarte. En 1861, Garibaldi odiaba ciegamente a Cavour. Lo odiaba porque había cedido Niza, su ciudad natal. Lo odiaba porque se había opuesto a su increíble hazaña y por aquella zancadilla magistral. Lo odiaba porque había rechazado su propuesta de quedarse en Nápoles con plenos poderes civiles y militares, es decir, lo había devuelto a su autoexilio de Caprera. Porque lo había obligado a disolver el cuerpo de cincuenta mil voluntarios, porque no los reconocía, no les daba siquiera algo de paga... Definía al actual gobierno como «una banda de pusilánimes, de cobardes, una asamblea de lacayos», y la sesión del 18 de abril le ofrecía una ocasión de oro para vengarse. Era la primera vez que entraba en el Palacio Carignano como diputado. Los garibaldinos habían llegado en masa y estaban allí desde por la mañana, y el recinto reservado al público estaba desbordante de gente. También lo estaban las tribunas de la prensa, de los ministros, de los diplomáticos, de las señoras. Con el histrionismo de un divo que sabe explotar sus tablas, llegó media hora tarde, con la acostumbrada camisa roja, el acostumbrado poncho gris, el acostumbrado pañuelo negro. Causando un gran alboroto, fue a sentarse en el sector de la extrema izquierda, pronunció él solo el juramento que los demás habían hecho a coro, luego pidió la palabra y el inicio del discurso fue patético. No le funcionaban las gafas, no conseguía leer las hojas donde traía las notas, cada dos por tres se le tropezaba la lengua, se liaba, se interrumpía. Pero de repente tiró las hojas, se quitó las gafas y, alzando el brazo contra Cavour, que desde el sector de la derecha lo observaba irónico, rugió: «Yo debería relatar los gloriosos prodigios realizados por el ejército meridional. Un ejército ofendido por la fría y maléfica mano de ese ministro que me ha convertido en un extranjero en mi propia patria, que ha vendido mi pueblo al enemigo, que fomentó y fomenta guerras fratricidas...». ¿Cómo no aprender de un episodio semejante? Cavour que se pone de pie de un salto, pálido y tembloroso, y que, señalándole a su vez con el índice, ruge: «¡Avergüéncese!». Los diputados de centro y de derecha que se desgañitan gritándole:

«¡Payaso, canalla, viejo idiota, héroe de mierda, te reto a duelo!». Los diputados de izquierda que se bajan de los escaños y se les acercan para insultarlos, «aristócratas de mierda, cobardes, cornudos», y amenazarles con el puño. Los garibaldinos que aplauden frenéticamente, los diputados franceses que le escupen encima, las señoras que se desmayan. El presidente de la Cámara, Ratazzi, que pide «orden, señores, orden» y sale huyendo. Una voz que se burla en toscano: «¡Tenía razón *Metternicche*!». Y Giuditta Sidoli, que, descompuesta, se enjuga una lágrima.

—Acaban de construir Italia y ya la están destruyendo.

Y luego presenció la muerte de Cavour, ocasionada, según algunos, por aquel trauma. Individuo pasional y violento también él, Cavour se había obligado a realizar un esfuerzo sobrehumano para controlarse y no arrojarse sobre el que acababa de denigrarle y emprenderla a bofetadas con él. Cuando regresó a casa se encontró mal, pese a que le practicaron varias sangrías no se repuso, y cinco semanas después no parecía el mismo. Trabajaba con desgana, comía poco y sin apetito, él, que presumía de ser un trabajador incansable y un epicúreo. No lograba dormir, se pasaba las noches leyendo o yendo de un lado al otro del estudio. Repetía, gruñendo: «No le perdonaré jamás», y ni siquiera se consolaba pensando que, concluida la trifulca, Nino Bixio, el garibaldino de los garibaldinos, había desautorizado al Héroe con un sermoncillo apologético. «No hay que tomarse lo que dice al pie de la letra. Garibaldi es un guerrero, no un maestro de oratoria». Fuese por lo que fuese, el sábado 1 de junio tuvo fiebre muy alta. Terminó en la cama y los médicos no consiguieron diagnosticar qué le pasaba. ¿Meningitis, tifus, malaria? En su ignorancia, continuaron curándolo a base de sangrías, y el lunes 3 de junio le subió la fiebre. Las noticias eran tan alarmantes que para no molestarlo con el ruido del trote de los caballos los coches dejaron de pasar por la vía Lagrange y la vía del Arzobispado; para escuchar cada hora los partes médicos, una silenciosa muchedumbre se instaló en los alrededores de su palacio. Entre la muchedumbre, Anastasìa, desesperada. Ese obeso señor que desde hacía años respondía a sus «*bonjour, Monsieur le comte*» quitándose el sombrero y exclamando: «*Bonjour, ma très belle*» siempre le había gustado, y le importaba un bledo que, por lealtad a Mazzini, Sidoli lo considerase un enemigo. El miércoles 5 de junio el misterioso mal se agravó. Por la mañana llegó un triste cortejo de frailes que tocaban la campanilla de los agonizantes y el padre Jacques, un monje de la cercana iglesia de la Virgen de los Ángeles, le impartió la extremaunción. Por la tarde llegó el rey, a pie, él solo. Estuvo diez minutos con él, el tiempo de despedirse, y mientras se iba Anastasìa se dio cuenta de que estaba llorando. Entonces se quedó allí toda la noche. A través de las ventanas, abiertas de par en par, escuchó su delirio, su voz, alta y sonora, gritando: «*Pas de siège!* (¡Nada de asedio!) *L'Empereur, l'Empereur! Ah, l'Italie!*, ¡Italia, Italia!...». Expiró al amanecer, murmurando la palabra «Italia», y entre los cinco mil turineses que ese día hicieron cola para desfilar delante del ataúd colocado en el pequeño estudio, estaba ella. El jueves 6 de junio de 1861 en Turín diluviaba. Hasta entrar en el pequeño estudio tenías que aguardar tu turno bajo una lluvia torrencial. Pero ella se puso igual en la cola y, al llegar al ataúd, se inclinó sobre Cavour, le besó en los labios.

—*Adieu, monsieur le comte.*

Hay cosas que no pasan en vano por un alma en flor. Para bien o para mal, dejan una huella, una marca. Pero, con todo, lo singular de aquella adolescencia no radica en los acontecimientos extraordinarios que la marcaron, en las excepcionales experiencias que la enriquecieron. Radica en una paradoja de la que aún no he hablado. Es ésta: pese al erotismo del tutú y el acoso de los moscones, pese a las novelas prohibidas y el control cada vez menor de la *Tante* Jacqueline, hasta los diecisiete años Anastasìa fue más casta que una monja casta. No tuvo ni siquiera un *flirt*, un amor platónico, y aquel beso a Cavour en los labios fue el primero que le dio a un hombre. En cuanto al segundo, se lo dio, no sé dónde, a aquel que al año siguiente inauguró la lista de sus infelicísimos amores. Su coetáneo Edmondo de Amicis, el noviete al que la abuela Giacoma mencionaba exclamando: «¡Ah, si se hubiese casado con él! Hoy podría decir el nombre de mi padre y presumir de ser la hija de un escritor famoso».

* * *

¿Tengo que mencionarlo yo también? Bueno, las cosas ocurrieron así. Con dudas sobre su talento literario y decidido a emprender la carrera militar, en el diciembre de 1862, a los dieciséis años, Edmondo de Amicis dejó su ciudad, Cuneo, y se trasladó a Turín. Se inscribió en el Instituto Candellero de la calle Saluzzo, un colegio que preparaba a los futuros cadetes para el examen que exigían las academias. En Turín se puso bajo la protección del republicano Vittorio Bersezio, amigo de Sidoli, por lo que conoció enseguida a Anastasìa y se enamoró de ella. Algo que no me extraña: casta o no, en 1862 Anastasìa ya no era una niña a la que mimar dándole caramelos. Pertenecía al Cuerpo de Baile del Real, todas las noches se exhibía sobre el escenario, y el continuo ejercicio físico, unido a la dieta escrupulosa y el culto al cuerpo que impone la danza, había reduplicado su belleza. Si acaso, habría que preguntarse qué vio ella, acostumbrada a las galanterías de hombres refinados y maduros, en el inmaduro colegial recién llegado de provincias. Qué le atrajo. ¿El encanto de la juventud, de la inexperiencia? ¿El misterioso atractivo que, con frecuencia, emana de las personas destinadas a ser célebres? ¿La piel fresca, los rizos negros? Una foto de De Amicis, tomada en 1863, nos sugiere la idea de un chico torpe y presumido al que le gusta adoptar poses de adulto. Sombrero flexible, bigotes ya bastante tupidos, y en la mano izquierda un gran puro. En la mano derecha, un bastón sobre el que se apoya con el aire de estar pensando «si te quiero, te tendré». En un perfil biográfico, sin embargo, Bersezio lo describe como tímido y desmañado. Su rostro liso denotaba una mansedumbre casi femenina y sus labios, el recato de una jovencita, afirma, y sus penetrantes ojos iluminaban una fisonomía que no podía dejar de interesar. Además, era alto y esbelto y tenía unos hermosos rizos negros.

Duró seis meses aquel amor, y, como es lógico, he buscado una confirmación del mismo en las memorias del personaje que a la abuela Giacoma le hubiera gustado que fuera su padre. Pero las páginas en las que De Amicis hace referencia a los asuntos sentimentales son la apoteosis de la reserva. Con todo cuidado, silencia los nombres de las mujeres a las que amó o hizo sufrir, pone mucho interés en no suministrar detalles, no levantar sospechas, y sobre la época turinesa sólo concede una única frase reveladora: «Luego me pareció que había vivido seis años en seis meses». Para reconstruir la historia tengo, pues, que recurrir al relato que escuchaba de niña, a la versión de Anastasìa. Y, si ésta es exacta, más que de un amor se trató de un idilio inofensivo al principio luego precario y al final nocivo. Al principio se veían todos los días. La vía Lagrange estaba a pocos pasos de la calle Saluzzo, así que a las cinco de la tarde, la hora de descanso, el ansioso enamorado ya estaba en casa de las Ferrier. Aquí se quedaba hasta las siete, es decir, la hora en que ella tenía que estar en el Real y él regresar al Candellero. O bien iban a pasear bajo los pórticos, a tomarse un *bicerin* en una salita del café Fiorio, y jamás sobrepasaban los estrechos límites de la caricia o el beso. Edmondo no era una amenaza para la virtud de su preciosa conquista. (¿El recato al que alude Bersezio? ¿La timidez que acompaña con frecuencia a los enamoramientos intensísimos?). En compensación, se intercambiaron muchas confidencias. Ella lo sabía todo de él y, salvo el drama del registro civil, del hecho de que Anastasìa no existía a ojos de la ley, él lo sabía todo de ella. Que llevaba consigo el estigma de ser ilegítima, que a su madre se la había llevado el agua de un torrente en crecida, que a su padre lo habían matado los austriacos a las afueras de Cracovia. También se intercambiaron unos detalles horrendos. En primavera, por ejemplo, él le dedicó una de las dos horrorosas poesías que compuso en honor de los polacos que el 27 de febrero habían hecho estallar otra revolución. Y no la conocida como *Oda alla Polonia* (Oda a Polonia), que es un poco mejor: la titulada *Italia e Polonia,* que es un auténtico bodrio: «*La trenza de oro en el seno abandonada / esculpe sobre el rostro íntimas congojas. / ¿Por qué languideces, bello ángel en la flor de la vida? / ¡Ánimo, recoge esos hermosos cabellos! / ¡Ánimo, no llores! ¿De qué sirve llorar? / Habla, ya sabes que los pobrecillos me gustan mucho...*». Pero ella, en vez de arrojarla al fuego, le juró que era una obra maestra y se la aprendió de memoria. Ciento diecinueve versos divididos en veintinueve cuartetos. Se querían, en una palabra. Por lo demás, no dejaban de decir que eran novios, que en cuanto fueran mayores de edad se casarían, y la cosa parecía que iba tan en serio que la *Tante* Jacqueline estaba inquieta: «*Ah, ma petite! Comment feras-tu pour te marier sans acte de naissance et les otres papiers?»* («¡Ah, mi pequeña! ¿Cómo vas a conseguir casarte sin partida de nacimiento y los demás papeles?»). En mayo, sin embargo, las visitas a la vía Lagrange empezaron a hacerse cada vez más infrecuentes. Los paseos bajo los pórticos, los *bicerin* en el Fiorio, los homenajes por escrito también. «Ayer no pude venir, tenía un *rendez vous* con Bersezio», «No, mañana tampoco vendré, me van a presentar al crítico de la *Gazzetta*». En junio, Anastasìa comprendió que detrás de Bersezio y del crítico de la *Gazzetta* se ocultaba la vanidosa inconstancia. Y, con ésta, una tal Giannina Milli: niña prodigio y poetisa repentista que improvisaba sonetos y epigramas sobre el escenario del Carignano. Por lo tanto, las relaciones se enfriaron. En julio, él se matriculó en la Academia Militar de Módena. Callandito, callandito, se fue de Turín, desapareció, y Anastasìa se enteró de que se había ido sin despedirse de ella siquiera por un comentario de Giuditta Sidoli.

—A saber si Edmondo ha hecho amigos en Módena.

¿Tengo que subrayarlo? No hay nada que hiera, envenene, enferme tanto como la desilusión. Porque la desilusión es siempre un dolor que deriva de una esperanza desvanecida, una derrota que brota siempre de la confianza traicionada, es decir, del cambio de chaqueta de alguien o de algo en lo que creíamos. También te sientes ofendido, ridículo, por lo que a veces buscas la venganza. Elección que puede proporcionar algo de alivio, admitámoslo, pero que rara vez va unida a la alegría y que con frecuencia resulta más costosa que el perdón. Bueno, fue la elección que hizo Anastasìa. Y para vengarse empezó a seducir al primero que se le ponía a tiro. El bailarín que la sostenía en las piruetas y los *arabesque*. El violinista con el que tachó al bailarín. El pianista con el que tachó al violinista. El teniente con el que tachó al pianista. El coronel con el que tachó al teniente. Desde agosto hasta enero, cinco chivos expiatorios. Sin entregarse a ellos, además. Disfrutando con dejarles hambrientos... En enero, en cambio, las cartas cambiaron y perdió la cabeza por aquel al que en la familia se conocía como el *Innominato* (Innombrable). El ilustre personaje del que no quiero, no puedo, no debo hablar. Mi bisabuelo secreto.

10

Sé quién era, lo sé. Tengo su retrato ante mí. Uno de sus muchos retratos. Y mientras lo observo le digo: «¿Es posible que una gota de mi sangre proceda de tu sangre? ¿Es posible que uno de mis cromosomas proceda de tus cromosomas? ¿Es posible que también tenga que agradecerte a ti el don de la existencia, haber nacido?». Es un extraño para mí. Un individuo que pertenece a los libros de Historia, no a mi pasado. No lo siento bajo mi piel, como a Luca y Apollonia, a Carlo y Caterina, a Francesco y Montserrat, a Giovanni y Teresa, a Mariarosa y Giobatta, a Marguerite y Stanislao, a Anastasìa. Esa parte de mi Yo se hunde en un pozo de oscuridad, yace silenciosa dentro de una amnesia total, y de la vida que viví a través de él no me queda recuerdo alguno. ¿Por qué? Quizá sea porque crecí ignorando quién era, sospechando apenas que se trataba de un hombre muy importante. Una especie de Gerolamo Grimaldi, el marqués y duque ministro del rey de España. Un impenetrable muro de silencio rodeaba su nombre. Un mutismo que, comparado con la reserva de De Amicis, parece verborrea, la *omertà* de la mafia una orgía de chismorreos, y ojo con hacer preguntas. «Calla, eso a ti no te importa, ésas no son cosas de niños». Una vez, es cierto, al tío Bruno se le escapó un detalle. Fue el día en que, vencido por el carácter férreo y autoritario de la abuela Giacoma, dijo entre dientes: «Mi madre se ha tragado la espada de su padre». Yo me estremecí de excitación. ¿¡¿La espada de quién?!? ¿De Garibaldi, de Nino Bixio, de Massimo d'Azeglio, de Ulrico di Aichelburg, del rey, de Alfonso Lamarmora, de otro general o estadista o héroe que iba con frecuencia al Real? Para identificar al culpable, me hice incluso una lista de italianos ilustres que, a mediados del siglo, hubieran usado o llevasen espada. Pero, excluyendo a Mazzini, que determinadas cosas prefería verlas en las manos de los demás, la habían usado o llevado todos. En la primera guerra de Independencia, en la segunda, en la tercera. En la guerra de Crimea, en la empresa de los *Mille* (Mil), en el desembarco en Puerta Pía. Y todos podían haberse enamorado de Anastasìa, ser el *Innominato*. Para establecer quién podía estar bajo sospecha y quién no, comencé hasta a separar los nombres de los que estaban en Turín en la primavera de 1864. Pero, excluyendo a Garibaldi, que en esa época estaba en Londres, en la primavera de 1864 en Turín estaban todos. O sea, que me rendí. Luego, cuando ya era una adulta y descubrir quién era el *Innominato* no me interesaba ya, la abuela Giacoma se rompió el fémur. Alguien me explicó que a los noventa años una rotura de fémur es mortal, así que fui a verla llorando, y el misterio se desvaneció. La abuela Giacoma era increíble. La vejez la había como deshuesado. Parecía un pajarito todo plumas y nada más. Pero la espada de su padre seguía manteniéndola firme, rígida. Al verme, abrió totalmente su único ojo (era tuerta desde joven, ahora no importa el motivo) y...

—¿A qué has venido?

—A verte, abuela, a desearte que te pongas mejor...

—Mentirosa. Has venido a preguntarme quién era tu bisabuelo.

—No, abuela, no...

—Sí, es sí. Y en vista de que me voy a morir muy pronto, voy a satisfacer tu curiosidad. Con una condición, sin embargo.

—Sí, abuela...

—Que no se lo digas jamás a nadie.

—Sí, abuela.

—A nadie. Júralo.

—Lo juro, abuela.

Por eso es por lo que no quiero, no puedo, no debo hablar de él. Porque estoy obligada a ignorarlo, a rechazarlo, a excluirlo de una historia que sin él me parece que se queda mutilada. Y es con miedo a traicionarme, a proporcionar algún indicio, algún detalle necesario pero peligroso, como me dispongo a relatar cómo se formó ese anillo de la cadena. Cómo fue que ese hombre por el que no siento nada, del que no recuerdo nada, engendró a la madre de mi padre. Contribuyó a mi paso en el Tiempo.

* * *

Anastasìa tenía diecisiete años y medio, casi treinta menos que él, cuando en febrero de 1864 él irrumpió en su vida. Coqueteaba con el quinto chivo expiatorio y en el escenario del Real interpretaba un papelito que hubiese resucitado a un muerto. De forma poco ortodoxa, en una palabra, estaba saliendo del anonimato. Nunca lo había hecho, hasta ese momento. Las bailarinas de conjunto no atraen las miradas de un muerto. Son todas iguales. Se mueven todas de la misma forma, es decir, sincronizadas y uniformemente, y su nombre no aparece en los carteles anunciadores. Pese al compromiso contraído consigo misma el día en que descubrió que no existía para la sociedad, que era como si jamás hubiese nacido, seguía siendo una más del montón. Y era inútil idear trucos para llamar la atención. Inútil peinarse de forma distinta, por ejemplo, o desobedecer las reglas llevando pendientes que, al brillar bajo las luces, hacen que la vista se fije en la cuarta por la derecha o la tercera por la izquierda. Igual de inútil era contar con que una solista se torciese el tobillo o le cediese un solo, le ofreciese la ocasión denominada *Notte delle stelle* (Noches de las estrellas). No era especialmente buena. Si la primera bailarina enfermaba, no la sustituían por ella. En carnaval, sin embargo, el Real había montado un nuevo ballet: *Cleopatra*. Y en el último acto, el acto en el que Cleopatra muere mordida por un áspid, Anastasìa hacía el papel de áspid. Un papelillo de nada, entendámonos, poco más que una figuración. Un paréntesis que duraba apenas un par de minutos y que no era como para que le otorgasen el título de primera bailarina. El áspid no tenía que insinuar siquiera un paso, permanecer sobre las puntas. Llegaba enrollado dentro de una cesta que los esclavos depositaban a los pies de Cleopatra y, una vez allí, se desenrollaba. Sin abandonar la cesta, se erguía, se estiraba hacia la víctima con las piernas juntas, y le daba un mordisco rapidísimo. Le inoculaba el veneno fatal. Lo que ocurrió fue que el coreógrafo se negó a que el áspid llevara tutú. Al grito de «¿Dónde se ha visto a una serpiente con tutú?», impuso la malla, atuendo que en una mujer se consideraba el símbolo mismo del impudor; sabe Dios cómo Anastasìa consiguió el papel, y si existía un cuerpo que podía permitirse lucirse en malla ése era el suyo. Delgado, flexible, algo andrógino. Además, los gestos del áspid tenían que ser ondulantes, turbadores, y ella los ejecutaba con una lascivia que cortaba el aliento. Al erguirse, levantaba los brazos sobre la cabeza, resaltando los pequeños senos, estiraba su vientre liso, endurecía las nalgas. Al estirarse, apretaba las piernas una contra la otra y, como un hombre, contraía el tronco dando ambiguas sacudidas que parecían la ondulación del coito. Luego se paraba de golpe. Plegando los brazos hacia atrás, se preparaba para morder, y el gesto era tan inesperado, tan animal y voraz que todo el teatro se estremecía. En otras palabras: durante esos dos minutos sólo se fijaban en ella. Y cuando volvía a hacerse una rosca dentro del cesto, estallaba una tormenta de aplausos.

—*Bravaaa!* ¡Guapa, *brava,* bis! ¡Bis, bis!

Irrumpió en su vida gracias a esto. En los salones de Turín no dejaba de hablarse de ese ballet, mejor dicho, del áspid, «ve a ver el áspid», «merece la pena verlo sólo por el áspid», y él terminó yendo. Con prismáticos. Oh, sí. Desde el instante mismo en que el cesto salió al escenario, los prismáticos no se bajaron ni un segundo. Más que un espectador en su palco, parecía Napoleón observando los movimientos del enemigo antes de saltar sobre él. De aniquilarlo. Y al día siguiente el áspid recibió un gran cesto de rosas. Entre las rosas, una nota sin firmar, pero provista de un escudo heráldico bajo el que estaba escrita la frase: «Envidio a Cleopatra». Al final del espectáculo, llegó también la invitación a cenar: la cortesía obligada en el ceremonial de la seducción. La llevó un serio cochero que se presentó haciendo una profunda reverencia, y Anastasìa subió a un carruaje que la condujo a las afueras de Turín, a una exquisita villa donde el mayordomo había preparado un *tête-à-tête* a base de trufas y caviar y champán, y donde él la recibió con un precioso broche de brillantes que ella aceptó. ¿Ligereza, curiosidad, vanidad, mejor dicho, incapacidad para resistirse a tales lisonjas? ¿Cinismo, deseo de rebajarse a sí misma, inextinguible sed de venganza para lavar la ofensa que le había infligido De Amicis? Fuese por el motivo que fuese, esa noche la *Tante* Jacqueline esperó en vano a que su desenvuelta sobrina regresase a casa. Y desde ese día, *madame* Giuditta esperó en vano a que su joven amiga se acercase a la calle Borgonuovo o le pidiese un pase para asistir a las sesiones del Parlamento: Anastasìa se convirtió en una especie de favorita al servicio de su señor y dueño. Nunca rechazaba las invitaciones para ir a su villa. Acudía a él cada vez que a él le apetecía. Por la mañana, por la tarde, por la noche, y siempre con el carruaje que ahora tan pronto la esperaba a la entrada del Real como en una plaza cercana como en la vía Legrange, es decir, bajo los ojos de la *Tante* Jacqueline, que estaba desesperada. «*Mais qui est-ce qui t'envoie ce carrosse, qui est-ce qui te couvre de cadeaux et de mystère?*» («¿Pero quién es ese que te envía un carruaje? ¿Quién es ese que te cubre de regalos y de misterio?») «*L'homme que j'aime*» («El hombre al que amo»). «*Tu l'aimes?*» («¿Lo amas?»). «*Oui, je l'aime*» («Sí, lo amo»). Según la abuela Giacoma, lo amaba de verdad. Por encima de la pasión, de la conveniencia. No le importaba que fuese exageradamente mayor que ella, que tuviese una esposa celosa y una prole numerosa. «*Sa famille ne me regarde pas, son âge me plaît, et de ses bijoux je m'en fiche*» («Su familia no es asunto mío, su edad me gusta, y sus regalos me importan un bledo»). De hecho, me pregunto si no vio en él, más que a un seductor, a un padre. Más que a un amante, al padre que nunca había conocido. Porque, además de la *Tante* Jacqueline, madres había tenido unas cuantas, ¿recuerdas? Jeanne Tron y las hermanas Marianne y Suzanne Gardiol, las niñeras y criadas contratadas después de las Gardiol, la misma Giuditta Sidoli. Pero padres, ni uno. El único que le había ofrecido una imagen paterna, en cierto sentido, había sido el pastor Morel... Me pregunto si a él le contó lo que no le había contado jamás a nadie, es decir, el fraude de Rodoret, los problemas jurídicos que iban anexos a su ilegitimidad. Y, por último, me pregunto si al arrojarse a aquel amor, quizá de tintes freudianos, pensó en que corría el riesgo de que le ocurriera lo mismo que le pasó a Marguerite con Stanislao. En 1864 la Iglesia católica ya no amenazaba con raptar a los bebés de las valdenses solteras. Pero un hijo ilegítimo seguía siendo una vergüenza, una desgracia: ¿cómo es posible que no lo pensase?

Se dio cuenta demasiado tarde de que estaba embarazada. Si tenemos en cuenta que la abuela Giacoma nació el 31 de diciembre, y que el periodo de gestación dura en los humanos de treinta y ocho a cuarenta y dos semanas, cuarenta en la mayoría de los casos, la concepción tuvo lugar a inicios de abril. (Según el *Regolo Ostetrico*, calendario basado en los meses lunares y no solares, entre el 2 y el 8). En mayo o, como mucho, en junio, debería haberse dado cuenta de que le había tocado correr la misma suerte que a Marguerite. En cambio, no se enteró. Lo contaba la abuela Giacoma, que en su deseo por descubrir todas las contrariedades a través de las que el Buen Dios la había traído a esta tierra, mejor dicho, a este valle de lágrimas, había obligado a Anastasìa a que le contase todos los detalles. Como muchas mujeres sometidas a un esfuerzo físico continuo y a una dieta rigurosa, decía, Anastasìa sufría amenorrea, es decir, no tenía el flujo regular. Tenía un ciclo menstrual anómalo, en una palabra. Anomalía que no afecta a la fertilidad pero que sí impide controlarla. Durante varios meses ignoró su estado y no le dio importancia alguna a los síntomas que lo delataban. Las náuseas, los conatos de vómito, las pérdidas de equilibrio. Los atribuyó a los extenuantes viajes en carroza, a los agotadores orgasmos en la villa, al esfuerzo de compaginar el trabajo con la dedicación a su amante, a la inquietud misma que, con frecuencia, perturba una relación clandestina. Convencida por aquella interpretación de los síntomas, no se alarmó siquiera por lo que le ocurrió a finales de julio: tuvo un fuerte mareo entre bastidores y el maestro le prohibió que participara en una escena de conjunto. A finales de julio su hermoso cuerpo no acusaba aún alteración alguna. Piernas aún delgadas, senos aún pequeños, vientre aún liso. En agosto, sin embargo, empezó a notar las piernas pesadas, los senos empezaron a hinchársele, el contorno del vientre a redondearse. Perseguida por el reproche «comes demasiado, estás engordando», tuvo que renunciar al papel del áspid y entendió por fin. Se lo confesó todo a la *Tante* Jacqueline, que, llorando «*toi aussi*» («tú también»), recurrió a los métodos empleados en el siglo XIX para provocar las contracciones uterinas y expulsar el feto. Infusiones de perejil y ruda, mezclas de trementina y calomel, píldoras de plomo, baños de agua hirviendo. Mientras, seguía luciéndose en tutú, que quede claro, apretándose cada vez más el corpiño con ballenas. Encerrada en aquella prensa y debilitada por aquellos mejunjes, aquellos baños de agua hirviendo, tenía miedo de salir a escena y cada *en-dehors* o *pirouette* o *arabesque* se convertía en una pesadilla. Cada salto, en un acto heroico. Pero ni el perejil ni la ruda ni la trementina ni el calomel ni el agua caliente sirvieron para nada, y a inicios de septiembre ocurrió algo terrible. Esta vez no fue entre bastidores: fue en el escenario, delante del público. Mientras ejecutaba un *pas de bourrée* resbaló y se desmayó. Hasta interrumpieron la función. Bajaron el telón. Y el escándalo fue mayúsculo. Porque el público entendió perfectamente el motivo del desmayo. Desde la platea se elevó un rumor de risitas crueles, en los palcos las señoras se intercambiaron miradas de pérfido entendimiento, y en el gallinero los más malévolos empezaron a imitar el llanto de los recién nacidos. «Buaaa, buaaa...». Al día siguiente, el director la llamó al despacho. La miró con desprecio, reparó en las redondeces que, junto al aumento de pecho, había conseguido ocultar durante dos meses, y le puso un gélido ultimátum. «El Real es un teatro respetable, señorita Ferrier, y no estoy dispuesto a tolerar ciertos incidentes. O acude a una partera que acabe con ese obsceno embarazo, algo para lo que le doy un plazo de veinticuatro horas, o me veré obligado a despedirla». El hecho es que ya era imposible acabar con el «obsceno embarazo». Tras concluir su examen, la partera negó tristemente con la cabeza.

—Demasiado tarde, belleza. Estás de seis meses y lo parirás en Navidad o Nochevieja. Si te lo sacase ahora, te mataría.

¿Y él? ¿Cuándo se dio cuenta él de que la había dejado embarazada? Mejor dicho, ¿cuándo se lo dijo Anastasìa? ¿Cuando ya no se pudo poner más la malla y tuvo que renunciar a su papel de áspid? ¿Cuando fallaron los remedios de la *Tante* Jacqueline, cuando la partera emitió su veredicto? ¿Y cómo reaccionó ante la noticia, cómo se comportó al recibirla? ¿Se asustó, maldijo, se preocupó, o se conmovió y se ofreció a asumir sus responsabilidades? La abuela Giacoma siempre pasaba volando sobre ese punto. Ni siquiera durante el encuentro del juramento me proporcionó detalles precisos. Con todo, me contó algo importante, de lo que deduzco que no se trataba de un mal hombre. El día en que comprendió que era demasiado tarde para abortar, me contó, Anastasìa hizo lo que jamás se había atrevido a hacer antes. Despidió el carruaje. Sin explicaciones. Y durante los días siguientes, lo mismo. Entonces, cubierto por un capote que le llegaba desde la cabeza hasta los pies, subió una noche hasta el último piso de la vía Lagrange 23. (Un acto de humildad y de valor por el que le admiro mucho). Con gesto despectivo, rechazó a la criada que, atemorizada ante aquella imponente figura sin rostro, intentaba cerrarle el paso, irrumpió en el salón. Se presentó ante la *Tante* Jacqueline, que casi sufrió un infarto por el estupor, y: «¿Dónde está? *Je vous en prie* (se lo ruego)». Estaba en su habitación. Desde que la habían despedido del Real, no salía casi nunca de allí. Se pasaba las horas en la cama, mirándose la tripa. Fue inútil llamarla. Apenas escuchó las palabras «*il est venu ici*» («él está aquí»), echó el cerrojo. Luego, a través de la puerta cerrada, dijo: «*Dis-lui de me ficher la paix. Je ne veux plus le voir, il ne doit plus me chercher*» («Dile que me deje en paz. No quiero verlo más, no debe buscarme»). Y él se fue con la cabeza gacha. No la buscó más. Se limitó a enviarle un cesto de rosas y un sobre con diez mil liras (según los parámetros del Instituto de Estadística, setenta millones actuales), una cifra desorbitada para aquella época, además de una nota por la que le comunicaba que le había encargado a un amigo que proveyese a sus necesidades y a las del niño. Que contactase con él. Éstos eran el nombre y el apellido y la dirección. (Extraña jugada de la Suerte o del Destino: eran el nombre y el apellido y la dirección del marqués florentino al que la abuela Giacoma conoció de adulta, cuando alquiló la casa en la que yo nací. «Mi madre vivía en Turín». «¿De veras? ¿Y cómo se llamaba?». «Anastasìa Ferrier»). Pero Anastasìa no lo hizo. Cogió las diez mil liras y punto. De haber contactado con él hubiera quedado ligada de por vida a una historia que ahora rechazaba. El amor había muerto. Aniquilado por la humillación de haberse desmayado sobre el escenario, supongo, de las risitas crueles y de los malévolos «buaaa...,

buaaa...» que, sin duda, llegaron hasta sus oídos mientras recobraba el sentido. Apagado por la angustia que la había consumido desde agosto en adelante, creo, y por la rabia que ahora la devoraba. La rabia por haber perdido el trabajo, el sueño por el que se había sacrificado desde adolescente. La rabia por encontrarse nuevamente desilusionada, y esta vez no por un jovenzuelo en busca de gloria, sino por un hombre maduro y respetable, por una especie de padre. La rabia por no poder tirar a la basura a aquel objeto de carne que, de forma inexorable, crecía y crecía y crecía dentro de su vientre. Ese intruso que la convertía en una mujer gorda e inflada y deforme. Ese parásito hacia el que no sentía interés alguno, ternura alguna, y con el que no sabía qué iba a hacer. Si quedarse con él o abandonarlo.

Tampoco sabía qué hacer consigo misma, por otra parte. Cómo resolver su futuro después de parir. ¿Convenciendo al director del Real para que volviera a admitirla, es decir, volviendo a bailar? ¿Buscándose a un nuevo amante que, pese a la presencia del «fruto del pecado», estuviese dispuesto a mantenerla, es decir, imitando a la Dama de las Camelias? ¿Atrapando a algún buen hombre que, pese al fraude de Rodoret, consiguiese casarse con ella, es decir, convirtiéndose en una Madame Bovary? ¿O abandonando Turín? Esta última solución era la más prudente, obviamente. Lo decía hasta la *Tante* Jacqueline, ya demasiado mayor como para protegerla como había protegido a su madre. «*Tu dois partir, ma petite. A quoi ça sert de rester avec moi?*» («Tienes que irte, mi pequeña. ¿De qué te sirve quedarte conmigo?»). También era la elección más lógica. En el reino unificado era posible desplazarse libremente, y con las diez mil liras más las joyas despreciadas podía establecerse donde quisiera: abandonar para siempre un mundo en el que el *Innominato* estaría siempre presionando con la fuerza de su prestigio y su poder. El problema radicaba en que fuera de Turín no conocía a nadie. Aparte de las sombras de su infancia, los Tron, los Pons, los Jahier, el pastor Morel que desde 1860 vivía en Uruguay, no tenía a nadie a quien pedirle ayuda lejos de casa. Y no se sentía con valor como para emprender un viaje sin una meta precisa que incluyese un nombre familiar, a una persona amiga. Además, le dolía dejar su ambiente. La ciudad en la que había crecido, a la que estaba acostumbrada, de la que le gustaba todo. El paisaje, la gracia, la urbanidad. Pero entonces en Turín sucedió algo. Sucedió a finales de septiembre, cuando los periódicos revelaron que Napoleón III había impuesto a Italia un tratado odioso. Un acuerdo por el cual el gobierno italiano se comprometía a soportar la presencia de las tropas francesas en el Estado Pontificio (ya reducido a Lacio) y trasladar la capital de Turín a Florencia. Indignados por la noticia, la noche del 21 los turineses acudieron corriendo a protestar a la Plaza San Carlos; la noche del 22, a la Plaza Castello, y, respaldada por los carabineros, la policía perpetró una inexplicable carnicería. En dos días, sesenta muertos y ciento cincuenta heridos graves. Niños, mujeres que pasaban por allí casualmente. Viejos que iban con bastón, arrapiezos que se habían unido a los manifestantes para divertirse. Estudiantes y artesanos que no habían cometido más exceso que gritar «¡gobierno canalla!», «¡gobierno *barabba*!» o tirar alguna pedrada. Y el edificio de los Tahon de Revel estaba situado en una esquina desde la que se veían ambas plazas. Desde las ventanas podían ver de soslayo, a noroeste la Plaza San Carlos, a noreste la vía de la Academia de las Ciencias, es decir, la breve y rectilínea prolongación de vía Lagrange que desembocaba en la Plaza Castello. Anastasìa lo vio, pues, todo o casi todo. A los carabineros que, formados bajo los pórticos, disparaban a ciegas sobre la muchedumbre indefensa. A los policías que, armados de dagas, partían cráneos, cortaban gargantas y brazos y piernas, perseguían a los que salían huyendo por las calles adyacentes. A las víctimas que gemían «piedad, socorro, piedad», los cadáveres que se amontonaban a lo largo de las aceras y alrededor del monumento de Carlos Alberto... Entre ellos, a algunos valdenses que agitaban la bandera tricolor, y entre estos valdenses a un panadero de Prarustin que, junto al pastor Morel, había dragado el río Germanasca buscando el cuerpo de Marguerite. Jean Costantin. Así que, de golpe, dejó de amar Turín. Sintió la intensa necesidad de abandonarla cuanto antes, de encaminarse cuanto antes hacia una meta precisa que incluyese un nombre familiar, a una persona amiga. Y, por una de esas consabidas jugadas de la Suerte o el Destino, en la ceremonia fúnebre que, ocho días después, se celebró en el templo valdense por Costantin, se reencontró con Suzanne Gardiol. Su nodriza ya seca, ¿recuerdas? Una de las dos hermanas que, en 1848, la *Tante* Jacqueline se había llevado con ella de Prarustin a la vía Lagrange y que, en 1853, el *capoccia* Gardiol había ido a buscar para convertirlas, junto al resto de la familia, a la fe mormona y llevarlas a América.

—¡Suzanne! ¿No me reconoces, Suzanne?

—*No, Mademoiselle. Qui êtes-vous, Mademoiselle?* («No, señorita. ¿Quién es usted, señorita?»).

—¡Anastasìa, Natzka! ¡Anastasìa Ferrier!

—¡Oh, Natzka! ¡Anastasìa, Natzka! ¡Se ha hecho usted una mujer guapísima! ¡Y hermosa, con buenas carnes!

Se cubrió mejor con el amplio chal que ocultaba su vientre aplastado por el corsé, cambió de tema.

—Tengo dieciocho años, Suzanne... ¿Pero qué haces en el templo, en Turín? ¿No te habías convertido a una secta americana y habías emigrado a Utah?

—Me faltó el valor, *Mademoiselle*.

—¿Y Marianne?

—Marianne sí se fue. Se convirtió y se fue. En 1856, con otras dos chicas de los valles. Ahora vive en un sitio que se llama Salt Lake City y es la esposa de un mormón.

—¡Ah!... ¿Y cómo se llama el mormón?

—John Dalton. Marianne es la señora Dalton.

—¿Puedes darme su dirección?

—¿Para qué, *Mademoiselle*? ¿Piensa ir allí?

—Quizá, Suzanne.

—¡Pero si están en guerra!

Estaban en guerra desde hacía tres años y medio. La atroz, la sangrienta guerra civil, conocida como guerra de Secesión, que, enfrentando literalmente a hermanos contra hermanos y devastando la parte más hermosa del país, había causado ya centenares de miles de muertos. (Cincuenta y cuatro mil sólo en la batalla de Gettysburg). Y ella lo sabía mejor que Suzanne: también en Italia los periódicos no dejaban de hablar de los sudistas y de los del Norte, de los confederados y de los unionistas, del presidente Lincoln, del general Lee, de Virginia, de Carolina, de Georgia, de Louisiana, de Alabama, de los negros a los que había que liberar, de la esclavitud que debía ser abolida, es decir, del motivo o del pretexto por el que había estallado la guerra. Sabía hasta que, en 1861, Lincoln había ofrecido el mando de su ejército a Garibaldi y que Garibaldi había contestado «no, gracias», que algunos italianos se habían unido a los del Norte, otros a los sudistas, que en esos momentos el enfrentamiento estaba llegando a la cúspide de la tragedia: en agosto el general Grant había impuesto el bloqueo a lo largo de toda las costa del Sur; en septiembre, el general Sherman había empezado a avanzar hacia Savannah y Charleston... Ya no se embarcaba nadie hacia América, de hecho. Sólo algún audaz se atrevía a cruzar el Atlántico para desembarcar en Boston o Nueva York, los puertos más seguros. Y aunque los combates no llegaban hasta la zona que debía recorrerse para llegar a Utah desde esas dos ciudades, nadie le habría aconsejado que emprendiera semejante viaje. A las palabras «¡Pero si están en guerra!» reaccionó, sin embargo, encogiéndose de hombros.

—Da igual. Ya acabará la guerra.

* * *

Naturalmente, para salir de Italia y entrar en América se necesitaba pasaporte y, sin partida de nacimiento y sin el *nihil obstat* de la policía, le era imposible obtenerlo. Y, naturalmente, para superar ese obstáculo tenía que hacerse con uno falso. Al día siguiente, pues, acudió a la única persona capaz de conseguírselo: Giuditta Sidoli. Todos sabían que su amigo Giuseppe Mazzini había usado toda su vida pasaportes falsos, que ella misma, durante su pasado de revolucionaria, había recurrido en varias ocasiones a salvoconductos a nombre de Pauline Gérard o Louise Parmentier o Marie Braun... Acudió a ella con el corazón acelerado. Durante muchos meses, demasiados, la había apartado de su vida, ignorado, y ahora temía ser rechazada o verse sometida a un interrogatorio lleno de preguntas indiscretas. «¿Quién ha sido el canalla? ¿Quién es el responsable?». Pero pocas mujeres hubieran estado tan dispuestas a entenderla como aquella austera señora de cabellos blancos. Aquella infelicísima madre que, treinta y dos años antes, había vivido el mismo drama; que, a causa de aquel drama, había perdido a su hijo; que, a causa de aquel hijo, sólo se vestía de negro. Y cuando Anastasìa se quitó el amplio chal, mostró su vientre apretado en vano por el corsé, una afectuosa mano lo rozó con ternura. Cuando en tono decidido dijo: «Necesito un pasaporte falso, un trozo de papel que me permita viajar», en vez de plantearle preguntas indiscretas, una voz conmovida le respondió:«De acuerdo, lo tendrás. Hablemos ahora del niño». Porque el problema no era el pasaporte, añadió. En Piamonte no, pero en su tierra, en Romaña, había muchos compañeros dispuestos a ayudarla en ese sentido. Republicanos, socialistas, anarquistas, tipos que conocían el arte de burlar a las autoridades, y más teniendo en cuenta que los pasaportes no llevaban entonces fotografía. El problema era el niño.

—¿El trozo de papel lo quieres sólo para ti o también para el niño?

—Sólo para mí, *madame* Giuditta.

—¿Estás segura?

—Estoy segura, *madame* Giuditta.

—Piensa que, luego, los remordimientos te destrozan. Si le ocurriese algo, si enfermase, si muriese...

—Ya lo he decidido, *madame* Giuditta. Después de parirlo quiero embarcarme hacia América, y a América no va una con un recién nacido entre los brazos.

Giuditta Sidoli comprendió que no iba a ser capaz de convencerla para que no hiciera lo mismo que había hecho ella, y sin preguntarle nada más empezó a examinar las dos opciones que ofrecía Romaña. Cesena o Forlì. Con el permiso del Ministerio del Interior, los pasaportes los expedían los alcaldes de las capitales de provincia. Para conseguir los impresos y rellenarlos con datos imaginarios, se precisaba a un tipo muy descarado. Para convencer al alcalde de que concediese el permiso sin los documentos que se requerían, a un tipo muy respetable. Y, en ese sentido, Forlì ofrecía a Aurelio Saffi: el gran amigo de Mazzini, el probo hombre que en 1849 había formado con él y con Armellini el triunvirato de la República Romana, que en 1861 había sido elegido diputado al Parlamento, que a principios de 1864, es decir, hacía unos pocos meses, había dimitido junto a un grupo de la izquierda, y que desde entonces era como un dios en su ciudad. Pero la cercana Cesena ofrecía a Eugenio Valzania: un generoso bribón que en 1860 había combatido junto a Garibaldi, en 1861 había sido procesado por «graves delitos de sangre», que ahora representaba al mazziniano Partido de Acción y que al que no detenía escrúpulo alguno si tenía que echar una mano. Junto a Valzania, también conocido como *Palanchino* porque, en honor a las víctimas polacas, vestía la chaqueta típica de Galitzia (de paño azul, corta, sin chaleco y con alamares en lugar de botones), Cesena contaba con el Hospicio del Santísimo Crucifijo: gestionado por la Iglesia católica, sí, pero un refugio excelente para las *Gravide Occulte* (Embarazadas Ocultas) (término empleado para designar a las solteras encinta) que podían parir allí en secreto o deshacerse del niño dejándolo en el Torno. El célebre (y benéfico, si te empeñas) Torno de los Expósitos que, desde hacía siete siglos, ofrecía una alternativa al infanticidio pero que, a cambio, favorecía el abandono. La trágica cuna que, protegida por un postigo, estaba en el exterior de las inclusas y que, girando sobre un perno, se llevaba a los niños no deseados al son de una campanilla. «Din, don...». «Buaaa...». Dejando a Saffi en la reserva, por si acaso Valzania no podía robar los impresos para el pasaporte, Sidoli eligió Cesena. Fue así que, a finales de noviembre, Anastasìa abandonó para siempre Turín, su mundo, el mundo del *Innominato*. Con su barriga de ocho meses, fue a resolver su drama a un lugar que distaba apenas unos pocos kilómetros del Adriático. El mar al que las aguas del Po habían arrojado el cuerpo de Marguerite.

11

Nada me impresiona tanto, en la saga de Anastasìa, como aquel traslado a Cesena. Aquel abandono, aquel torno que, al sonar la campanilla, gira sobre el perno y engulle a la abuela Giacoma. «Din, don». «Buaaa». Y nada me turba más que la Anastasìa que emerge de este episodio. Porque, de acuerdo: la maternidad no es una obligación, no es un deber, es una elección. De acuerdo: incluso un niño deseado es una carga, una molestia, una esclavitud y da miedo. De acuerdo: un hijo ilegítimo era entonces sinónimo de escándalo, de vergüenza, de sufrimiento, y ella no tenía ni siquiera un nombre que darle. ¿¡¿Pero cómo puede alguien desprenderse de una criatura que acaba de salir de tu vientre, de un ser tan frágil e indefenso, inerme, de alguien a quien has concebido sin su permiso, que es carne de tu carne?!? ¿Existe realmente el instinto maternal? ¿Es realmente una llamada a la que no puedes resistirte, un sentimiento que hunde sus inextirpables raíces en la naturaleza y que contiene en sí mismo al amor de los amores, al amor maternal? De acuerdo: en nombre del instinto maternal se realizan sacrificios increíbles, actos de sobrehumano heroísmo, crímenes desesperados. Las perras más fieles desgarran a mordiscos, las gatas más cariñosas se tiran a los ojos, las tímidas conejas atacan. Sin embargo, hay veces en que devoran a sus propios hijos. Y las mujeres los matan. Los destrozan, los descuartizan, los arrojan al retrete o al cubo de la basura. En el mejor de los casos, los venden al mejor postor o los regalan a una inclusa. Quizá el instinto maternal sea un mito, una patraña. Quizá sólo sea una hipótesis, una idea. O un estímulo biológico que no tiene nada que ver con el amor, un impulso errático que unas veces se manifiesta y otras no. El estímulo, el impulso de perpetuar la especie. En cualquier caso, sea cual sea la verdad, de una cosa estoy segura: de todos los Yo femeninos de mi pasado, de todas las innumerables vidas que viví antes de nacer con mi Yo actual, no conozco a ninguno que tuviese menos instintos maternales que Anastasìa. Que estuviese menos preparado para ejercer el papel de madre que Anastasìa. Tuvieron que pasar catorce años para que aquellos instintos florecieran, para que, de algún modo, saliese a la superficie aquel papel. Durante el embarazo, el parto, el sobreparto, no lo hicieron jamás. Y, con todo, no consigo condenarla, ponerla en la picota por ello. Y cada vez que intento entender quién era yo cuando era ella, o mejor, cuando me trasladé a Cesena y me desprendí de la abuela Giacoma, en lugar de desprecio siento una extraña indulgencia. Observo las fases de su egoísta elección casi con ternura.

El adiós a la *Tante* Jacqueline, por ejemplo. Al crecer se había distanciado un poco de ella, es cierto. Había preferido a Giuditta Sidoli, le había dado no pocos disgustos. Los derivados de su precoz ateísmo y del consiguiente rechazo a acudir al templo valdense, a estudiar la Biblia, a cantar los Salmos, en definitiva, a observar las reglas de la religión que durante siglos había sostenido a los Ferrier. Los que surgieron de su rebeldía, de sus caprichos amorosos, de su pasión por el *Innominato,* de su embarazo... Pobre vieja. Casi la mató el día en que regresó a casa diciendo: «Estoy embarazada». Y la noche en la que se encerró en su cuarto, rechazando al *Innominato,* igual. Sin pretenderlo, sin embargo. Con la inconsciencia de los jóvenes que vuelcan todo sobre los padres sin darse cuenta de que se están portando de forma ingrata o egoísta. Amaba a la *Tante* Jacqueline. A la etérea adolescente, a la inconsciente hada que la había traído al mundo, no. Ni siquiera la recordaba. En su memoria sólo quedaba un vago perfume de flores, una imagen confusa, una sombra idéntica a la sombra del padre al que jamás había conocido. En cambio, a la admirable mujer que la había arrebatado de las garras del arzobispo, a la dulcísima bruja que la había adoptado, criado, educado... De ella lo amaba todo, hasta la horrenda verruga sobre la nariz, la fea mancha violeta sobre la frente, la pierna coja, los achaques, los reproches «*toi aussi, toi aussi*» («tú también, tú también»). Fue un adiós desgarrador. Lento, además, larguísimo. Tres semanas, duró. Las tres semanas que Giuditta Sidoli necesitó para contactar con sus amigos romañolos, organizar el fraude del pasaporte, y durante las cuales una inconsolable *Tante* Jacqueline no dejó de hurgar en la herida. ¿Escribiría desde América? ¿Enviaría un telegrama desde Cesena? ¿Le diría si había sido niño o niña? ¡Oh, le disgustaba tanto que el hospicio fuese católico, que al niño fueran a bautizarlo por el rito católico! Sólo le consolaba pensar que allí iba a recibir un nombre y un apellido legales, una identidad jurídica, que no se vería obligado a esconderse como su madre. A veces se lo volvía a pensar, la amenazaba con ir con ella a Cesena y quedarse con el niño, y sólo se calmó unas horas antes de la partida. Resignada, hasta insistió en prepararla, vestirla para el viaje. Traje de terciopelo azul con la falda realzada por el miriñaque, capote de lana gris con los bordes bordados de felpilla, cofia adornada con muguetes de seda, paraguas con el mango de plata. «*Il faut que tu sois bien habillée. On respecte toujours une dame bien habillée.*» («Debes ir bien vestida. Siempre se respeta a una dama bien vestida»). También insistió en ponerle en el dedo un anillo que pareciera de casada, «*ainsi à Cesène ils te croient mariée*» («así en Cesena creerán que estás casada»), además de acompañarla a la estación. Pero cuando se encontraron allí, en medio de la gente que se despedía diciéndose «hasta la vuelta», las dos estallaron en lágrimas. Porque las dos sabían que en su caso no cabía el «hasta la vuelta», que no iban a volver a verse. (La *Tante* Jacqueline murió un año después. De un infarto. Anastasìa ya estaba entonces viviendo en Salt Lake City y recibió la noticia por Marianne, que lo supo por una carta de Suzanne. «Ayer estuve en los funerales de Madame Ferrier que la semana pasada acabó en el hospital con el corazón roto y ha muerto. Si ves a *Mademoiselle* dile que la han enterrado en el cementerio de Villasecca y que la criada se lo ha llevado todo»).

Luego, el viaje con el barrigón de ocho meses. En 1864 los trenes funcionaban bien. Después de la segunda guerra de la Independencia, el gobierno Cavour había extendido las líneas férreas hasta los ex Estados Pontificios, después de la unificación de Italia se había inaugurado la línea que llegaba a las ciudades situadas a lo largo de la costa del Adriático, y para ir de Turín a Cesena existía un tren excelente que salía a las 7.45. Vía Asti-Alessandria-Piacenza-Parma-Reggio, llegaba a Bolonia a las 14.40 de la tarde, aquí hacías trasbordo para coger el tren que, vía Imola-Faenza-Forlì-Cesena, llevaba a Rìmini, y llegabas al punto de destino a las seis de la tarde. También eran excelentes los vagones de primera clase, construidos siguiendo el modelo de las British Railways y, por lo tanto, muy cómodos. Muy elegantes. Los compartimentos estaban aislados, es decir, sólo eran accesibles por las puertas laterales, y estaban amueblados con cuatro mullidas butacas rojas con el apoyacabezas de encaje de Bruselas. Delante de cada butaca, una mesita con una jarra de agua fresca, vasos y una servilleta. Sobre la moqueta de estilo Aubusson, un brasero de agua hirviendo para mitigar el frío invernal y una bonita escupidera de cobre. En las paredes, unos elaborados paneles de caoba. En el techo, una pequeña lámpara con chupones. En las ventanillas, cortinas de muselina. Nada que ver, en definitiva, con el destartalado vagón de tercera clase en el que, en 1844, Giobatta y Mariarosa fueron a Pisa. Y paciencia si, en primera, el billete Turín-Cesena costaba cuarenta y seis liras y diez céntimos: según los parámetros de los que me he servido para calcular a cuánto ascendería hoy el regalo del *Innominato*, unas 322.000 liras actuales. Paciencia si, para evitar el acoso de los moscones y los robos de los carteristas, una mujer que viajaba sola tenía que sacar cuatro billetes, es decir, ocupar todo el compartimento. Gracias a las diez mil liras y a las joyas, Anastasìa pudo permitirse ese lujo, así que desde ese punto de vista, el viaje no tuvo problema alguno. Pero el dicho «mejor llorar en un palacio que en una choza» es una mentira. Una imbecilidad retórica. Y si me preguntas cuál fue el viaje más triste de mis innumerables vidas, de mi pasado más remoto, no te contestaría: el que hice cuando yo era Carlo y regresé a Panzano, caminando a pie, sintiéndome absolutamente derrotado por la inútil espera en la Plaza de la Señoría. No te contestaría: el que hice cuando era María Isabel Felipa y, en un carruaje escoltado por los soldados del duque Gerolamo Grimaldi, fui a Barcelona para vivir allí exiliada junto a Montserrat. No te contestaría: el que hice cuando era Francesco y regresé a Livorno en un barco de pesca para decirle a Montserrat «han muerto». No te contestaría siquiera: el que hice cuando era Marguerite y fui a Rodoret en la calesa del pastor Morel para esconderme junto a Anastasìa. Te contestaría: el que hice cuando era Anastasìa y fui a Cesena en un comodísimo y elegantísimo tren para conseguir un pasaporte y parir a un hijo no deseado. El hijo no deseado ya ocupaba mi cuerpo desde el estómago hasta la ingle. Me oprimía, me daba patadas, me perseguía con su presencia. «Aquí estoy, aquí estoy». Desde las ventanillas con cortinas de muselina se veían miles de cosas. Campos, bosques, ríos, ciudades. Panoramas nuevos. Pero yo no veía nada, no me interesaba nada. Y, pese a aquellos «aquí estoy, aquí estoy», me sentí inmensamente sola. Tan falta de alguien que me acompañase, tan excluida de todos, tan rechazada, que el único pensamiento que ocupaba mi mente era: «¿Qué va a ser de mí, que va a ser de mí?».

Por último, la ciudad en la que iba (íbamos) a permanecer hasta el parto y la conquista del pasaporte. Giuditta Sidoli le había explicado que Cesena era muy especial. Una ciudad que había participado con entusiasmo en las revueltas del año 1831 y en las del 1832, y luego en las insurrecciones que precedieron al 48. Que en 1849 se había adherido a la República Romana, que se había distinguido desde siempre por su sed de justicia social y su rechazo a la monarquía, que ahora mandaba en ella la izquierda y que la izquierda estaba librando nobilísimas batallas. La batalla para abolir la pena de muerte, para derogar la ley que establecía que la religión católica era la «religión del Estado», para obtener el sufragio universal, es decir, la extensión del derecho a voto a las mujeres, a los pobres, a los analfabetos. No era casual que *Pippo* (Mazzini) la considerase una de sus plazas fuertes. El centro más activo del Partido de Acción y de su nueva secta, la *Falange Sacra* (Falange Sagrada). Sin embargo, los heroísmos del Risorgimento le habían dejado una especie de complejo. El complejo del guerrero eterno, de la rebelión perpetua. No sabía actuar dentro de la legalidad, moverse dentro de los cauces de la normalidad, es decir, insertarse en el sistema parlamentario, y junto a las nobles batallas florecía una confusión que te dejaba sin aliento. Una intolerancia, una discordia capaces de suscitar las envidias de la Livorno de Carlo *Ponce Rum*. Asociaciones de tunantes a los que la Italia unida ya no les gustaba y que, sin pensar en cuánto dolor había costado, cuántas lágrimas, cuántos cadalsos, querían dividirla otra vez. Grupos de garibaldinos desocupados, o sea, ansiosos por emprenderla otra vez a golpes, que al grito de «¡Victoria o venganza!» se encarnizaban en las plazas. Escuadrones de barricadistas que la tenían tomada hasta contra Pippo y contra Garibaldi, a los que llamaban «los dos dictadores de la democracia». Congregaciones de fanáticos comunistas que agredían a todos los que no pensaban como ellos. Ricos aristócratas que apostaban a la carta de la bandera roja y que, para seguir en la cresta de la ola, quizá para ser elegidos diputados, frecuentaban las tabernas o incitaban a la pelea. Además de ramas marchitas de la Falange Sagrada: los feroces clanes de agitadores que, con la boca llena de palabras sacrosantas, «Dios, Pueblo, Fraternidad, etc.», te mandaban derecho al cementerio. La Banda del Revólver, la Banda del Puñal, la Banda del Trombone (el fusil de cañón corto en forma de trompeta). Te sentías como si estuvieras en el Oeste. Todos los meses moría alguien asesinado. Dieciocho homicidios al año. El último, el de un inofensivo brigadier que se estaba tomando un café con leche en el café Commercio. El brigadier Buonanimo. Y esto sin tener en cuenta a los listillos que, con el pretexto de conseguir dinero para la Causa, obligaban a la gente a pagarles «impuestos revolucionarios». O a los delincuentes comunes que para robarte el anillo eran capaces de cortarte el dedo. A la caída de la tarde, las calles se volvían tan inseguras que los mismos jefes de las distintas facciones iban protegidos por milicias privadas. ¡Oh, tenías que llevar mucho cuidado! Por la noche nunca debías salir sin que te acompañara Eugenio Valzania.

Giuditta Sidoli también le había dicho que durante el Renacimiento Cesena había sido una espléndida ciudad, que aún conservaba rastros de su antiguo esplendor, como la Biblioteca Malatestiana, y que contrarrestaba la confusión actual con atractivos nada despreciables. Buen clima, gracias a la cercanía del mar; buena comida, gracias a los embutidos y a la abundancia de pescado fresco;

buena oferta teatral, con espectáculos de danza dignos del Real. Y, homicidios a un lado, sus habitantes eran buena gente. Sinceros, generosos, hospitalarios. Que no se hiciese ilusiones, sin embargo. Esos atractivos no impedían que Cesena fuese ahora una ciudad de provincias. Dentro de las murallas contaba con siete mil quinientos habitantes, es decir, ni la vigésima parte de los que había en Turín, y se parecía a Turín tanto como un pollo a un cisne. Se daría cuenta sólo viendo cómo se saludaba la gente y cómo iba vestida. Nada de reverencias, nada de ceremonias ni de besamanos. Los habitantes de Cesena no estaban lo que se dice muy familiarizados con las normas de urbanidad, da gracias si cuando se encontraban contigo te decían «¡hola!» o te daban un palmetazo en la espalda. Nada de miriñaques, nada de sombreritos o sombrillas o peinados a la moda. Y nada de frac, nada de sombreros de copa o monóculos. Las mujeres vestían rudas faldas de fustán, corpiños campesinos, chales de basta lana. La cabeza se la cubrían con pañuelos anudados debajo de la barbilla, para peinarse se hacían un moño, y en el moño se colocaban un largo alfiler de hierro: el colmo de la elegancia y la mejor arma de defensa que existía. Los hombres llevaban unos ridículos pantalones de cuadros, zamarras como los campesinos, gorros parecidos a los de los bandidos, y el único que escapaba a la regla era Vanzania, con su chaqueta a la polaca. En cuanto al trato cotidiano, al diálogo, a las conversaciones, bueno: en Romaña no se hablaba ni francés ni auténtico italiano. Se empleaba una extraña mezcla de celta e itálico, así que si los entendía sería de oído. Asustada, había ido corriendo a la Biblioteca Ambulante de la vía Po. La misma en la que la *Tante* Jacqueline tomaba en préstamo libros prohibidos. Con la esperanza de encontrar informaciones menos catastróficas había hojeado un montón de periódicos y revistas y en la *Gazzetta di Bologna* había leído un artículo que era como para quedarte en el sitio. Cesena, decía, tenía una forma muy particular. La forma de un escorpión. Al norte, o sea, hacia Ravena, la cola con el aguijón. Al suroeste, o sea, hacia Florencia, la pinza derecha. Al sureste, o sea, hacia Rímini, la pinza izquierda. En el centro, o sea, en la zona de su antiguo esplendor, el tórax. Y esto producía rechazo, porque el escorpión es un animal malvado, que mata sólo por el placer de matar. A las arañas, por ejemplo, rara vez las ataca porque tenga hambre: tras inmovilizarlas con las pinzas y atravesarlas con el aguijón, las aplasta, las descuartiza, las desmenuza, pero luego se va sin comérselas. A los seres humanos, lo mismo. No los ataca para chuparles la sangre, alimentarse: les pica por el placer de inocularles su mortal veneno. Un líquido contra el que no existía antídoto en el XIX y que mataba a un niño o a un enfermo en unos treinta minutos. Pero lo peor no era eso, concluía el artículo. Lo peor era que cuando se encuentra ante una dificultad insuperable, cuando comprende que no tiene escapatoria, el escorpión se mata a sí mismo. Se clava el aguijón en el tórax, se inocula el veneno en su propio cuerpo. Y, mira tú por dónde, Cesena poseía un récord escalofriante: era la ciudad de Italia con el mayor índice de suicidios. En el segundo semestre de 1864 se habían quitado la vida trece personas. Dos, clavándose un cuchillo; dos, pegándose un tiro; tres, ahorcándose; y seis, ahogándose: el sistema más empleado. A veces, para ahogarse, se arrojaban al Adriático. Otras, al río Savio o al canal Verzaglia, las dos corrientes de agua que estaban fuera de la ciudad. A veces, las más, al canal que atravesaba la ciudad: el Rio Cesuola.

Descendió del tren con la mirada perdida. Las diez horas y cuarto de viaje la habían agotado, el trasbordo en Bolonia la había perturbado, y la imagen del escorpión, unida a la de los trece suicidas, había minado su seguridad. Pero esperándola estaba un simpático cíclope con la barba negra, la chaqueta a la polaca, la mirada torva y pacífica a la vez. Al vislumbrar a la bella dama con miriñaque y sombrero y paraguas comprendió en el acto que se trataba de la fugitiva encinta y fue a su encuentro con los brazos abiertos. «*Salve, 'a so' Valzanìa. Cla 'nn epa paura, sgnurèna. I amig 'ad Giuditta son mi amig, e i amig femni piô tant*» («Salve, yo soy Valzania. No tenga miedo, señorita. Los amigos de Giuditta son mis amigos, y los amigos mujeres, más»). Luego, con gesto solícito, cogió su equipaje, lo cargó sobre un carricoche tirado por un caballo blanco, el caballo a lomos del cual había combatido junto a Garibaldi, y la condujo hasta el alojamiento que ya le había alquilado. Una casucha en el número 5 de un callejón que estaba detrás del Hospicio del Santísimo Crucifijo, además de a pocos pasos del funesto canal Cesuola, y que se llamaba Contrada Madonna del Parto.

* * *

También existe todavía el callejón Madonna del Parto. El Hospicio del Santísimo Crucifijo, no: ya no existe. Lo derribaron en 1892, sobre las ruinas edificaron un asilo de ancianos y después de la Segunda Guerra Mundial se convirtió en sede de oficinas administrativas. Tampoco existe ya la calle a la que asomaba el hospicio: la vía Dandini. La topografía del centro ha cambiado sustancialmente, y con ella los nombres de las calles, por lo que en el lugar que ocupaba la antigua vía Dandini ahora surge una plaza feísima, y el nombre Dandini ha pasado a denominar a la vía que en el siglo pasado bordeaba el ala oeste del hospicio: la vía Fattiboni. El callejón Madonna del Prato, en cambio, está tan intacto como la vía Lagrange, y cuando lo miro siento escalofríos. Y no ya porque sea un callejón ciego, ni porque se encuentre justo en el corazón del escorpión, o porque hasta el mil setecientos las *gravide occulte* pariesen allí, a los niños no deseados los abandonasen allí, sino porque al final de su recorrido ofrecía dos alternativas escalofriantes. Si girabas a la derecha, terminabas en el Rio Cesuola, es decir, en el canal al que se arrojaban preferentemente los suicidas. Si girabas a la izquierda, te encontrabas enseguida en la vía Fattiboni. Y el torno estaba en la vía Fattiboni, es decir, en el ala oeste del hospicio. Un postigo curvo, de setenta centímetros por sesenta, con el letrero: «*In dolore pietas*. Colocar al niño aquí». Eso significa que, durante un mes, Anastasìa pasó por allí delante. Lo vio y lo volvió a ver, leyó y releyó el letrero. ¡Por todos los diablos! ¿Valzania no había caído en eso? ¿O había elegido la casucha del número 5 justo por lo cerca que estaba del torno?

No tengo recuerdos del mes que transcurrió, que transcurrí, en el callejón Madonna del Parto. Quizá por el sentimiento de culpa que todavía me aplasta, el mes de diciembre de 1864 ha desaparecido casi totalmente de mi memoria y cuando lo busco sólo encuentro una fría determinación redimida por una angustia secreta.

Su eco, el fantasma de una mujer joven ocupada en coser la bolsita que está ahora mismo ante mis ojos y que miro con un nudo en la garganta. Una especie de alforja minúscula, de once centímetros de largo y nueve de ancho, con forma trapezoidal y compuesta por trece franjas de pura seda. Dos verde oscuro, dos verde guisante, dos violeta, dos blancas y azules, dos rosa y marrón, tres amarillas y naranja, y en los bordes una larga cinta de un rojo chillón. Los colores con los que los valdenses adornaban las cunas de los recién nacidos y con los que, el 10 de julio de 1846, los Tron llenaron de lazos la *baita* de Rodoret. (Servirá para meter dentro la nota que, por lo general, se dejaba junto al hijo abandonado, para reconocerlo en caso de arrepentimiento. Está cosido con manos inexpertas, con amoroso esfuerzo: por eso veo también una angustia reprimida junto a la fría determinación. El anuncio del instinto maternal que, catorce años después, la empujará a regresar). Pero esa ausencia de recuerdos se ve compensada por los detalles que la abuela Giacoma me proporcionó la noche en la que me reveló el nombre del *Innominato*. Detalles que juraba conocer por la propia Anastasìa y que reconstruyen muy bien su, mi, estado de ánimo. La fecha prevista por la partera de Turín, «estás de seis meses y lo parirás en Navidad o Nochevieja», dijo la abuela Giacoma, me molestaba mucho por lo de la Navidad. ¿Quién tiene ánimos para abandonar a un recién nacido en el torno justo el día que simboliza la Natividad y que la festeja con la imagen del Niño Jesús, de los ángeles, los Reyes Magos, la estrella, el nacimiento? Así que, una mañana entré en la catedral y, olvidando que era atea, además de hereje, me arrodillé a los pies del altar mayor e imploré: «*Seigneur, si tu existes ne me laisse pas accoucher à Nöel*» («Señor, si existes, no me dejes parir en Navidad»). Le molestaba también que ella le diese patadas, se revolviese dentro de su vientre, y cada vez que lo hacía, gemía: «*C'est inutile. Je ne te veux pas et je ne te garderai pas*» («Es inútil. No te quiero y no voy a quedarme contigo»). Y luego dijo que durante ese mes no vio a nadie, salvo a Valzania, a su mujer y a la criada que acudía al mísero alojamiento. Salía muy raras veces y me pasaba la mayor parte del tiempo leyendo los periódicos. (Algo que me parece muy plausible porque el diciembre de 1864 estuvo lleno de grandes acontecimientos. Pío IX, ya perdido para cualquier causa, publicó la encíclica *Quanta cura* y el apéndice *Syllabus errorum*, en los que condenaba el racionalismo, el laicismo, el progreso científico, la libertad de pensamiento, de conciencia, de prensa, de investigación, además de a los católicos liberales. En Bolonia, quince ilustres académicos que se habían negado a jurar fidelidad a la monarquía fueron expulsados del Ateneo. En Turín explotaron los preparativos para trasladar la capital a Florencia. En Viena se empezó a contemplar la posibilidad de cederle el Véneto a Italia. En Londres se reunió la Internacional Socialista. Y en Cesena dos amantes se ahogaron en el canal). Sólo me alejaba de los periódicos para proyectar mi huida a América, todo menos fácil, y llena de incertidumbres. La guerra civil ya había dado un vuelco definitivo. Los confederados habían perdido la batalla de Spring Hill y la ciudad de Savannah, y con ellas la esperanza de ganar. Lincoln había sido reelegido, los nordistas se disponían a asediar Charleston, a desencadenar la ofensiva final, y las recíprocas masacres ya se estaban desarrollando muy lejos de las ciudades en las que yo tenía intención de desembarcar: Boston o Nueva York. Pero ir allí seguía siendo un problema, dado el escaso tráfico entonces existente entre los puertos mediterráneos y la costa Este. Tanto desde Italia como desde el sur de Francia y desde España partían sólo lentos veleros mercantes, para embarcar en un veloz barco a vapor había que ir a Le Havre o a Glasgow o a Liverpool, y esto me complicaba el viaje. Me lo ponía en la cuerda floja, por lo que la única certeza de que disponía era el pasaporte que Valzania había jurado que me entregaría antes del 1 de enero.

—*Stasì tranquèla. Aiò zà rubè e modul.* (Esté tranquila. Ya he robado los impresos).

Del parto y del abandono, en cambio, tengo muchos recuerdos. Para empezar, recuerdo que el Señor escuchó mi súplica, «*si tu existes ne me laisse pas accoucher à Nöel*», y que me ahorró que el feliz acontecimiento tuviese lugar en Navidad. Eligió la frívola fecha del 31 de diciembre, aquel año un sábado blanco de nieve. A cambio, también eligió hacerme sufrir más de lo necesario. Porque el parto fue dolorosísimo. Interminable. Empezó al alba, cuando rompí aguas, la criada fue corriendo a avisar a la mujer de Valzania, y pese a sus cuidados duró hasta la medianoche. Es decir, hasta el momento en que, asustadas por la excesiva tardanza, ambas se arrojaron sobre mi abdomen. A fuerza de empujar, presionar, torturarme, consiguieron dilatar el canal del parto, lancé un alarido que no parecía humano, y algo viscoso salió de entre mis piernas. Algo desagradable, sucio, que enseguida estalló en un llanto rabioso. Una especie de no. «No, no, nooo». Así es: parí justo a medianoche, mientras los habitantes de Cesena destapaban botellas de *albana** dulce y semiseco, brindaban por el Año Nuevo, soltaban las típicas imbecilidades. «Feliz Año Nuevo. Feliz 1865». «*L'è 'na burdèla*» («Es una niña»), informó, sin entusiasmo, la mujer de Valzania. Luego cortó el cordón umbilical, la lavó, me la puso al lado en la cama, y ¡*parbleau*! Era la niña más fea que había visto en mi vida. A causa de las torturas padecidas, supongo, de las purgas, los baños de agua hirviendo, las sangrías, los ayunos, los maltratos, los *arabesque* y los *pas-à-deux*, los esfuerzos físicos que imponía la danza, además del corsé apretado, sólo tenía bien formado el cráneo, no el resto del cuerpo, y la cabeza era tan desproporcionada que más que la cabeza de una recién nacida parecía la de una mujer. En cuanto a la cara, parecía la de una vieja. Seca, marchita, apergaminada. Y el tórax estaba tan esquelético como el tórax de un moribundo consumido por la tisis, las piernas eran tan cortas como las de un perro salchicha. Los brazos, en cambio, eran largos. Los dedos de las manitas, larguísimos. La rechacé, desconsolada. Ella reaccionó ante mi gesto abriendo de par en par dos ojos llenos de estupor, los ojos con los que la *Tante* Jacqueline se me quedaba mirando cuando le daba algún disgusto, y esto me turbó hasta tal punto que me levanté de la cama. Sin importarme el dolor y sin escuchar las protestas, «*s'n vnal intla ment, sa fasiv*» («¿pero qué le ha dado?, ¿qué hace?»), cogí un trozo de papel. Metí la pluma en el tintero, escribí la nota: «*Elle est née à minuit. Je vous demande la courtoisie de l'appeler Jacqueline Ferrier*». Luego la metí dentro del bolsi-

---

* Vino típico de Romaña que se hace con uva albilla. (*N. de la T.*)
albana

to multicolor que le colgué al cuello, la envolví en una manta, hice como un hatillo con ella. Me vestí y, siempre sin hacer caso de las protestas, «*duv andasiv, aspitì, aspitì*» («¿dónde va?, espere, espere»), salí de casa. Fui a dejarla en el torno.

—*Maintenant ou jamais plus.* (O ahora o nunca).

Fuera hacía mucho frío y la nieve se estaba volviendo hielo. Me arriesgaba a dar un resbalón. Además, la gente para darle la bienvenida al Año Nuevo tiraba las cosas viejas por la ventana, sillas desfondadas, ollas agujereadas, zapatos rotos, y nada más salir a la calle me cayó un zapato encima. No le dio al hatillo por los pelos. Pero ni siquiera esto me desanimó y, caminando con mucho cuidado, venciendo el cansancio, sin preocuparme por la sangre que goteaba de mi vientre, recorrí los pocos metros que me separaban de la vía Fattiboni. Alcancé el muro oeste del hospicio y, aunque la calle estaba sumida en la oscuridad (no tenían antorchas o farolas de gas porque los abandonos se producían al caer la noche y la oscuridad protegía el anonimato), reconocí en el acto el postigo curvo y el letrero «*In dolore pietas*. Colocar al niño aquí». Pero siempre lo había visto cerrado, y al abrirlo me dieron ganas de vomitar. El interior tenía la forma de una bandeja redonda, Dios mío. Parecía una bandeja a la espera de que depositaran comida en ella, y al poner allí a un pequeño ser humano te sentías como si estuvieras cometiendo un ritual caníbal. Pero la puse allí de todas formas. Después de quitarle la manta, la coloqué de forma que no se diese contra la pared cuando el cilindro diese la vuelta y, sorprendida, ella volvió la cabezota hacia mí. Por segunda vez abrió de par en par aquellos ojos llenos de estupor y de reproches, luego, como si quisiese detenerme, tendió una manita. Entonces, rápida, cerré. Toqué la campanilla para advertir al guarda y salí huyendo. Como una ladrona perseguida por los carabineros, regresé al callejón Madonna del Parto, donde la mujer de Valzania me volvió a meter en la cama, llorando. «*Pora sgnurèna, pora burdèla*» («Pobre señorita, pobre niña»). Yo no, yo no lloraba. Estaba agotada, exhausta, y sólo quería dormir. De hecho, me quedé dormida en cuanto apagaron la vela y no me desperté hasta diez horas después, cuando Valzania, fiel a su promesa, vino a entregarme el pasaporte. Un gran folio de filigrana, de cuarenta y un centímetros por veintiocho, en cuya parte superior campeaba el escudo saboyano, encuadrado por la capa de armiño, con la corona arriba del todo, y flanqueado por seis banderas tricolores con el asta de alabarda y por dos sarmientos de encina. Bajo el enfático adorno, el siguiente discurso: «En nombre de Víctor Manuel II rey de Italia, el Ministerio de Asuntos Exteriores suplica a las Autoridades Civiles y Militares de Su Majestad y de las Potencias Amigas o Aliadas que dejen pasar libremente a la señora Anastasìa Ferrier que, a través de Inglaterra, viaja a los Estados Unidos, así como que le presten asistencia en caso de necesidad. El presente pasaporte está expedido en Forlì, tiene un año de validez, y por delegación de Su Excelencia el Ministro lo firma el Jefe de la Policía de dicha capital de provincia». Luego, un garabato ilegible, o sea, la firma falsificada por Valzania, y a la izquierda, la mentirosa columna de los datos personales. «Mayor de edad. Estatura, 1 metro, 68. Cabellos, rubio oro. Cejas, claras. Ojos, celestes. Condición, acomodada. Lugar de nacimiento, Cesena. Domicilio, ídem.

* * *

El primer documento de mi vida, de su vida. La primera (y la única) prueba escrita de que también ella estaba en el mundo, de que existía. Así que lo aferró como un perro hambriento aferra un filete y se olvidó inmediatamente de la manita tendida, de los ojos llenos de reproches y de tristeza. Ahora era una mujer libre. Podía hacer lo que quisiera, ir donde quisiera, ser ella misma sin esconderse. Y con esto ya hemos llegado al viaje a América, a los catorce años de la leyenda.

12

En 1865 una señora sólo iba a América en un barco de vapor, un piróscafo. Sólo los pobres seguían embarcando en los frágiles barcos de madera de la época de Francesco y Montserrat, los viejos bergantines que empleaban en llegar a las costas del Nuevo Mundo el mismo tiempo que necesitó en 1773 el *Triumph* de Filippo Mazzei. Y los vapores eran sólidos edificios de hierro que no pesaban nunca menos de mil quinientas toneladas, veloces ciudades flotantes que empleaban diez o doce días en llegar a Nueva York o a Boston o a Filadelfia. Si para ahorrar carbón desplegaban las velas, algo que no era infrecuente y para lo que todos conservaban tres mástiles, de quince a dieciocho días. Bordeaban el mar Ártico, surcaban las corrientes de la península del Labrador, y, eso es cierto, todavía se hundían. Embestidos por los icebergs o arrollados por las tormentas, en la última década se habían hundido en los abismos marinos hasta siete vapores, con centenares de pasajeros, y sin que hubiera supervivientes. Pero el número de naufragios, a ojo de buen cubero, no era superior al de los actuales accidentes aéreos, y, además de breve, la travesía era comodísima. La guerra civil había reducido de manera drástica el número de viajeros; desde el año 1861 sólo emigraban unos pocos miles de alemanes y de irlandeses, el turismo se sostenía sobre unas pocas docenas de hombres de negocios o de diplomáticos o de aventureros, y para encontrar clientes las compañías ofrecían unas comodidades inimaginables. Agua corriente incluida. En primera clase, las de un hotel de lujo. Salones y salitas con paneles de jacaranda entallada o paredes forradas de espejos, las tapicerías de damasco o de terciopelo y las lámparas de cristal, en la mayoría de los casos. Camarotes con baño y decorados como habitaciones normales, salas para fumar o tocar el piano, bibliotecas llenas de libros y de revistas en varios idiomas. Y camareros a mansalva, vinos preciados, menús como para que te diera vueltas la cabeza. (Tengo uno que enumera seis tipos de sopa, siete de platos cocidos, ocho de asados, nueve de elaboradísimos entrantes y una lista interminable de postres). En unos recintos especiales estaban los pollos, las codornices, los corderos y los cerdos que se sacrificaban durante el trayecto, además de dos vacas para dar leche, y qué le vamos a hacer si eso producía malos olores. Dentro de unas rudimentarias neveras se guardaban los huevos, la mantequilla, las verduras, la fruta. En segunda clase, obviamente, el rancho no era tan bueno. Pero, con todo, el servicio seguía siendo excelente, digno de un hotel de alta categoría. Y en tercera, donde hasta mediados de siglo se moría uno literalmente de hambre, de suciedad, de abandono, se servían tres comidas diarias. Dormías sobre un colchón, tenías retretes y lavabos. Podías también acudir al médico-cirujano, y *dulcis in fundo*: tanto en primera como en segunda como en tercera, las mujeres ya no corrían el riesgo de que las violasen y se quedaran embarazadas. Hartos de pagar tasas por los hijos ilegítimos que, frecuentemente por obra de los oficiales, se concebían durante la travesía, en 1834 los neoyorquinos se habían dirigido al Congreso y éste había dictado una ley al respecto. «Todo aquel que con amenazas o violencia o halagos o promesas de matrimonio o abusos de autoridad cometa estupro con una pasajera deberá casarse con ella o pagar mil dólares de multa, además de cumplir un lustro de condena en la cárcel».

La tarifa variaba según los países y las compañías. Desde Inglaterra, a bordo de la Cunard Line, en primera clase pagabas treinta guineas, el equivalente a setecientas cincuenta liras. (Siempre con cálculos basados sobre los parámetros del Instituto de Estadística, cinco millones doscientas cincuenta mil liras actuales). En segunda, dieciséis guineas, el equivalente a cuatrocientas liras. (Dos millones ochocientas mil actuales). En tercera, seis guineas, el equivalente a ciento cincuenta liras. (Un millón cincuenta mil actuales). En la Inman Line, más espartana y sin segunda clase, pagabas en primera quince guineas, el equivalente a trescientas setenta y cinco liras. (Dos millones seiscientas veinticinco mil). En tercera, cuatro guineas, el equivalente a cien liras. (Setecientas mil). Desde Francia, un intermedio entre los precios de la Cunard y los de la Inman. Desde Italia, una bagatela. He encontrado un anuncio publicitario que ofrece un billete en primera clase por ciento cincuenta liras y uno en tercera por cien. El problema es que desde Italia no viajabas en vapor. En 1859 la compañía Transatlántica para la Navegación a Vapor había quebrado, la quiebra había provocado el declive de los aperos marítimos, y a los puertos italianos no iban ahora ni los piróscafos extranjeros. En dirección a Nueva York o Boston o Filadelfia (o Charleston o Nueva Orleans) zarpaban exclusivamente barcos de pocas toneladas, los lentos mercantes del pasado. Si no se quería languidecer durante tres o cuatro meses a bordo, había que embarcar en Le Havre o en Southampton o en Glasgow o, mejor, en Liverpool: la central del tráfico transoceánico. Y la solución implicaba muchas incomodidades, ya que a Le Havre llegabas por mar desde Marsella o bien, tras atravesar en diligencia el Moncenisio, cruzando Francia en tren. A Liverpool, desde Génova, con los barcos de la Mediterranean, es decir, de la sociedad inglesa que monopolizaba el recorrido mar de Irlanda-Tirreno. Más que barcos, barcazas provistas de chimeneas. Unos armatostes que, para recoger viajeros, hacían escala en Livorno, Nápoles, Mesina, Palermo, Gibraltar, a veces también en Lisboa, empleando hasta dieciséis o dieciocho días en llegar al mar de Irlanda. Y Anastasìa lo sabía: durante la espera en Cesena había estudiado a fondo los inconvenientes. Examinando los folletos de la Mediterranean se había enterado hasta de que los camarotes de primera clase no medían ni tres metros cuadrados (el espacio de los actuales coches-cama), que el baño consistía en una tina y una jarra de agua salada; el retrete, en un orinal cuyo contenido se arrojaba luego por el ojo de buey; y el servicio en unos pocos *stewards* que encendían o apagaban las velas. Y, sin embargo, no se había desanimado. Segura de que no iba a caer en el arrepentimiento, había elegido hacer escala en Livorno y se había buscado allí a otro ángel de la guarda. Giuseppe Pastacaldi, ex garibaldino y, por lo tanto, ex correligionario y amigo de Valzania, además de viajero avezado y vástago de una adinerada familia que exportaba a América productos alimenticios. A mediados de noviembre Valzania le había escrito, preguntándole qué barcos salían la primera semana de enero hacia Liverpool, cuáles hacia Nueva York, y...

El relato del abuelo Antonio, mejor dicho, la leyenda relatada por Anastasìa al abuelo Antonio, empieza aquí. Y, ateniéndonos a ese relato, la respuesta de Pastacaldi llegó el lunes 2 de enero por la tarde: a las treinta y seis horas de haber abandonado a la abuela Giacoma. El miércoles 4 zarpaba el *Alexandria*, informaba, que llegaría a Liverpool el 18 o el 19. Es decir, con tiempo suficiente como para embarcarse en el *África*: un vapor rapidísimo de la Cunard Line que zarpaba el 21 de enero, directo a Nueva York. Una ocasión única, una oportunidad que no podía desperdiciarse. Que *Mademoiselle* Ferrier fuese a Livorno lo antes posible. De golpe, resucitó del estado de pereza en el que se había concedido yacer para reprimir los secretos remordimientos. De golpe, recuperó su energía sobrehumana, su sangre fría, y ¡caray! Desde Cesena sólo había dos trenes que fuesen a Livorno: uno salía por la mañana y el otro a medianoche. El de por la mañana ya lo había perdido; el de por la noche suponía un viaje de once agotadoras horas con cuatro trasbordos, en Bolonia, en Pistoia, en Lucca y en Pisa. Para una recién parida, un esfuerzo como para acabar en el hospital o el cementerio. No en vano, la mujer de Valzania no quería dejarla partir, Valzania insistía en acompañarla. Pero ella se mantuvo impertérrita y, fresca como una rosa, partió a medianoche. Ella sola. Ella sola efectuó los cuatro trasbordos, ella sola descendió en las cuatro ciudades desconocidas, se presentó ante Pastacaldi, que cayó inmediatamente a sus pies, víctima de sus encantos, y en un solo día se lo arregló todo. La acompañó a ver al cónsul de Estados Unidos, que, fascinado él también, visó el pasaporte sin comprobar si era verdadero o falso. Le consiguió un camarote en el *África* y en el *Alessandria,* la ayudó a vender una parte de sus joyas, le cambió las liras italianas en divisa nordista y en una carta de crédito que debía presentar en el American Exchange. (De unos cuarenta mil dólares actuales. Después de los gastos del traslado a Cesena, la estancia durante un mes, el viaje a Livorno, los billetes, le quedaban nueve mil liras del dinero que le había regalado el *Innominato*. Y a tres liras el dólar, según el cambio de 1865, éstas se convirtieron en tres mil dólares, unos cuarenta mil de hoy en día). Pobre Pastacaldi. Ignorando su drama y aquella capacidad suya para vencer obstáculos con la que habría detenido a una manada de búfalos, es decir, tomándola por una jovencita débil e indefensa, que emigraba al Nuevo Mundo para huir de quién sabe qué amenazas o violencias, le resolvió hasta las dificultades de la llegada y el alojamiento en Nueva York. Porque la llegada a Nueva York no era un asunto fácil, le dijo. A lo largo de los muelles deambulaban turbas de malhechores, y si no te estaba esperando un amigo al pie de la escalera, te arriesgabas a que te quitaran hasta los zapatos. En su caso, tampoco le resultaría sencillo encontrar alojamiento. Muchos hoteles se negaban a admitir a jóvenes solas, y en muchos estaban expuestas a acosos de todo tipo. Pero que no se preocupase. Su difunto hermano, Michele, había vivido allí veinte años y aún se conservaba la casa. Una bonita *brownstone*, en el número 24 de Irving Place, en la que vivía la mujer amada por él, Louise Elisabeth Nesi, y su hijo de diecinueve años, John Derek: se acababa de librar de enrolarse en el ejército gracias a la sustitución (sí, también allí existía la sustitución) y ahora estudiaba Literatura en la Universidad de Nueva York. Derek estaría encantado de ir a recogerla al puerto, de protegerla de los malhechores. Louise, de acogerla en su casa. Bastaba con decírselo y, aunque la comunicación por cable estaba rota desde hacía años, se les podía enviar un telegrama vía Shannon. Todas las semanas partía de Shannon, Irlanda, un vapor exclusivamente postal que en unos siete días anclaba en Halifax, Canadá, y desde allí transmitirían el texto a Nueva York.

Al día siguiente se embarcó en el *Alessandria*, y del viaje Livorno-Nápoles-Mesina-Palermo-Gibraltar el abuelo Antonio contaba que hasta Gibraltar lo hizo presa de unos violentos ataques de fiebre, debidos a la subida láctea, molestia que no le impidió seducir al capitán igual que había seducido a Pastacaldi, o sea, en un abrir y cerrar de ojos. Según los registros del *Corriere Mercantile* (Correo Mercantil) el capitán se llamaba Ingram y, según el abuelo Antonio, era un misógino incurable. Un tipo que evitaba a las mujeres como si estuvieran apestadas. De hecho, cuando le informaron de que una pasajera se encontraba mal, su respuesta fue que se libraría de ella en la siguiente escala. «Que se las arregle ella sola, que vaya al hospital». Pero cuando fue a comprobar qué pasaba y, en el estrecho camarote, se encontró con Anastasìa, que, sacudida por los escalofríos, se secaba los senos empapados y doloridos, sus defensas se derrumbaron como un castillo de arena. La trasladó al único camarote espacioso que había a bordo, le curó los violentísimos ataques con compresas de agua fría, quinina, sangrías y, después de curarla se convirtió en su esclavo. Para que no perdiera el barco hacia América, a lo largo de las costas portuguesas, amenazadas por un fuerte temporal, prescindió de la escala en Lisboa. Y, forzando los motores, consumiendo una cantidad increíble de combustible, y pese a los vientos contrarios, consiguió llegar a Liverpool en fecha, es decir, la noche del 20 de enero. Aquí le ofreció una romántica cena de despedida, a la mañana siguiente la dejó embarcada en el *África*, le recomendó que cuidara de ella a su colega, William Ryrie, y si la hechicera sedujo a éste también, es algo que ignoro: de la travesía Liverpool-Nueva York el abuelo Antonio contaba poco. Pero creo que sí, desde Cesena en adelante su historia es una inexorable lista de conquistas, y siempre que intento imaginármela durante aquel viaje mi mente se detiene en una misma escena. La de un cuadro de la época, *The lady and the officer*, en el que se ve a una joven señora y a un guapo oficial que están cerca de la barandilla de popa. La joven señora viste un traje oscuro con miriñaque, lleva un gran sombrero, y es muy hermosa. Rasgos exquisitos, cuerpo perfecto. Apoyado sobre la baranda, el guapo oficial la mira fijamente y su rostro, visto de perfil, expresa una adoración que roza la locura. Ella, en cambio, mira fijamente hacia el mar. Su mirada quieta expresa una total indiferencia, casi como si estuviese acostumbrada a suscitar devociones de ese tipo y estuviese pensando en otra cosa. (¿En qué, en quién? ¿En la fea niña a la que ha abandonado en el torno? ¿En la vieja tía a la que ha abandonado en la vía Lagrange? ¿En el poderoso hombre al que amó y al que arrojó de su lado, quedándose, eso sí, con sus diez mil liras? ¿O en Irving Place y los Nesi, en Salt Lake City y Marianne Gardiol, en el futuro que la aguarda en el Nuevo Mundo y en el simple hecho de que no habla inglés?).

Dado el silencio que mi memoria opone a la tentativa de reconstruir con recuerdos los catorce años de la leyenda, no sé siquiera si se trató de un viaje fácil. Pero también en este caso creo que sí. La subida láctea no dura más que una semana, ella no se mareaba en el mar, y el *África* era realmente un buen barco. Grande, veloz, seguro. Pesaba 2.250 toneladas, lo que consentía el transporte de ciento cuarenta pasajeros en primera, más treinta en segunda y doscientos cincuenta en tercera. Tenía tres puentes, tres calderas, veinte hornos, quemaba setecientos sesenta quintales de carburante al día, con la ayuda del velamen podía mantener una velocidad de doce o trece nudos. Además, disponía de dos cañones para avisar de su presencia en los bancos de niebla y, en cuanto a lujos, competía con los más célebres rivales. Espléndidos camarotes que asomaban sobre el puente de cubierta, en el que no se escuchaba el estruendo de los motores y al que no llegaba el mal olor de los pollos y de los otros animales. Salones con las habituales exquisiteces, restaurantes con los habituales menús como para que te diera vueltas la cabeza y vajillas de plata de Charles Lewis Tiffany. Además de estancias calentadas durante el invierno con radiadores y un servicio en el que estaban incluidos el sastre, el zapatero, el barbero y un peluquero para señoras.

Zarpó al mediodía, con sol y disparando dos festivos cañonazos. (Figura en los libros de registro marítimos). Tras cruzar el canal de Saint George, se detuvo en el puerto de Queenstown, desde aquí navegó por mar abierto, y ningún iceberg o huracán o avería amargó la travesía, que concluyó en un tiempo récord. Diez días, veintiuna horas, veintinueve minutos. Entró en el puerto de Nueva York el martes 31 de enero, disparando otros dos festivos cañonazos, y para Anastasìa la llegada no fue un problema. En el país que predicaba la igualdad, sólo los viajeros de tercera clase tenían que pasar bajo las horcas caudinas de la Oficina de Inmigración: descender a la rotonda de Castle Garden, la central de los pobretones, ponerse en fila para ser interrogados, investigados, inspeccionados y, luego, someterse a humillantes revisiones para que los médicos certificasen que no tenían enfermedades infecciosas. La policía, que no fueses un criminal fugitivo. Después de la etapa de Castle Garden, el barco volvía a zarpar; embocaba el río Hudson, el largo río a lo largo del cual se alineaban los cuarenta y ocho muelles para transatlánticos. Echaba el ancla en uno de éstos, y un oficial de aduanas subía a bordo. Respetuosamente, les pedía a los viajeros de primera clase que se acomodaran en alguno de los salones con divanes con pespuntes; respetuosamente, y sin hacer preguntas indiscretas, examinaba sus pasaportes y sus equipajes; luego se despedía con una inclinación de cabeza. «*Welcome, Madam. Welcome, Sir*». Tampoco tuvo problemas en el desembarco propiamente dicho, por otra parte. El telegrama vía Shannon-Halifax había llegado con tiempo más que de sobra, después del telegrama había llegado una carta aclaratoria, y en el Liverpool Wharf (el muelle de los barcos procedentes de Liverpool) estaba esperándola un guapo joven con las orejas de soplillo. John Nesi, el hijo de Louise. Inmediatamente, subió a bordo, la buscó, la ayudó a bajar, la libró de los malhechores con enérgicos empujones, la acompañó a la salida de Canal Street y la ayudó a subir al carruaje. La llevó a Irving Place.

* * *

Me pregunto qué experimentaría mientras John la conducía a Irving Place, y al preguntármelo intento ver la ciudad en la que se disponía a vivir el prólogo de la leyenda. La Nueva York de 1865 era muy distinta a la actual. No contaba siquiera con los famosos puentes que ahora la unen a Brooklyn y a Nueva Jersey. Para atravesar el Hudson y el East River tenías que coger un *ferry-boat*. Y nada de rascacielos, obviamente. Nada de símbolos deslumbrantes, de luces centelleantes, de electricidad. Nada de Times Square, nada de Park Avenue, nada de Estatua de la Libertad. Los edificios no pasaban nunca de los seis o siete pisos, Edison todavía no había inventado la bombilla incandescente, así que las calles se iluminaban con farolas de gas, y en el lugar que hoy ocupa Times Square había un depósito de agua. En el lugar de Park Avenue, surgía el túnel de la línea férrea conocida como Harlem Line; en el lugar de la Estatua, un islote formado por los detritos que los barcos arrojaban al pasar. Pero ya era una metrópolis que infundía miedo y contaba con 800.000 habitantes. Muchos más que Filadelfia, que contaba con 540.000. Cuatro veces más que Boston y Chicago, que contaban casi con 200.000, dieciséis más que Richmond, la capital de la Confederación, que con la guerra había llegado a los 50.000 habitantes. Más que Washington, que contaba con apenas 80.000. Y la mitad que París, que contaba con un millón seiscientos mil; un tercio que Londres, que contaba con dos millones trescientos mil. Inútil rastrear las huellas de su heroico pasado, de la época en la que se llamaba Nueva Ámsterdam y los pioneros holandeses se la disputaban a los indios: hasta los cementerios del XVII habían sido demolidos para construir casas. También era una ciudad muy rica. El centro financiero del país, la madre de Wall Street, la sede de hasta noventa y un bancos a los que el dinero fluía como la lava de un volcán en erupción. Y muy sucia, muy violenta, muy peligrosa. La basura se acumulaba en sus calles durante semanas, formando montículos de hasta dos o tres metros de altura; nadie recogía el estiércol de los caballos y las heces de los perros, los residuos podridos por los que la gente enfermaba de sarna y de cólera y de tifus, y, pese al abolicionismo, en el puerto aún había contrabando de esclavos. Un pecadillo que la ley castigaba en vano con la horca y que los funcionarios corruptos fingían ignorar. No en vano, el año 1864 se había cerrado con un balance de cien mil delitos, entre homicidios, puñaladas, peleas, robos. Y no en vano los confederados la consideraban un pozo de hipocresía, un estercolero sin corazón, sin principios, sin moral, sin Dios.

En compensación, o quizá precisamente por esto, era la ciudad más despreocupada y alegre del Nuevo Mundo y, quizá, del mundo entero. Un parque de atracciones para adultos. Además de los noventa y un bancos, contaba con cuatrocientos sesenta burdeles, cincuenta y dos casas de placer, centenares y centenares de bares, de cervecerías, de fumaderos de opio. Además de piscinas públicas para los caballeros y para las damas (piscinas en las que te podías bañar desnudo), campos de tenis y de golf y de tiro al arco, pistas para patinar sobre ruedas y sobre hielo, dos hipódromos, un estadio para los partidos de polo, uno para los partidos de béisbol, un club marítimo para las competiciones de vela, y un número infinito de *dance houses*, es decir, de salas de baile. Tenía también decenas de teatros, entre ellos el Academy of Music, el Winter Garden y el Barnum's American Museum: el gigantesco circo en el que junto a los payasos y a los acróbatas y a los prestidigitadores, a los leones y los tigres y los elefantes, se exhibían horrores como los hermanos siameses, carneros con dos cabezas, el Esqueleto Viviente (un hombre extremadamente delgado) y miss Jane Campbell. Una chica que pesaba casi media tonelada y que se definía a sí misma como «La Mayor Montaña de Carne Jamás Vista con Forma de Mujer». Además, tenía docenas de hoteles a cuyo lado los barcos de lujo parecían tugurios infectos. Entre éstos, el Astor House, digno de un maharajá, en el que el pollo se cocinaba de dieciséis formas distintas y el champán corría a mares, o el modernísimo Fifth Avenue Hotel, en el que a los pisos superiores se llegaba con el Perpendicular Railway o Línea Férrea Perpendicular, en ascensor, vamos... Un ingenio desconocido en el resto del mundo. Si no te morías de hambre o de dolor, en Nueva York todo era una fuente de diversión. Todo. El enloquecido tráfico de Broadway, donde cientos de carruajes, carros, carricoches, calesas, se mezclaban con los tranvías tirados por seis caballos y los ómnibus: las cómicas diligencias conducidas por un cochero de punto que, sentado sobre el techo, se detenía a petición de los viajeros. (Para descender bastaba con tirar de la cuerda que colgaba de su pie izquierdo y gritar: «*Stop!*»). Las escandalosas tiendas de la Bowery, donde podías encontrar cualquier objeto o fármaco, incluido el Ungüento para Prolongar el Orgasmo. Las indiscretas audiencias del Tribunal Civil donde todos los años se discutían y concedían diez mil divorcios. La ordinariez de los Vanderbilt, de los Stewart, de los Pierpont Morgan, que en sus residencias de ricachones tenían orinales de oro y servidores vestidos con librea (una librea con la chaqueta de damasco, los calzones de raso, las calzas de seda, la camisa de encaje, y a veces hasta turbante). La audacia de las sufragistas que fumaban en público, hacían propaganda de los anticonceptivos y, si era preciso, abortaban en la

Maison de Madame Restell (clínica autorizada por el alcalde). De acuerdo: aunque se estuviese librando en el remoto Sur, la guerra había recortado un poco los excesos y había llevado consigo la inflación. En 1865 un abrigo podía costar en Nueva York hasta cincuenta dólares: el precio de un viaje trasatlántico en tercera. Con el alistamiento obligatorio y la sustitución, en vano rechazada por los pobres con el mayor tumulto jamás presenciado, también había llevado consigo muchos muertos. Con los muertos, el espectáculo de las mujeres vestidas de luto, de las madres y las viudas con velo negro. Pero no había cambiado las costumbres de la ciudad sin Dios, si acaso había redoblado su cinismo, ¿sabes por qué? Porque, gracias a los suministros al ejército, los ricos se habían hecho todavía más ricos, y porque los suministros se los vendían tanto a los nordistas como a los sudistas. A los sudistas, con los barcos que se dirigían a las Bahamas.

—*Business is business, my dear, and favours neutrality*. (Los negocios son los negocios, querido, y favorezco la neutralidad).

Italianos había pocos. En todo el continente, alrededor de quince o dieciséis mil. Hasta 1889 no empezarían a llegar en masa, y en aquella época emigraban preferentemente a Argentina o a Brasil, países en los que no tenían que competir con los grupos étnicos que estaban invadiendo América del Norte. Los irlandeses, los escoceses, los galeses, los holandeses, los alemanes, los escandinavos. En cuanto a los que habían llegado en el siglo XVII, es decir, en la época del *Mayflower*, habían desembarcado en Massachusetts. Allí habían adaptado al inglés sus apellidos (Ross por Rossi, Martin por Martini, Church por Chiesa, Ironcut por Tagliaferro) y allí se habían establecido, dejándose asimilar. Los que habían llegado en el XVIII, es decir, en la época de Filippo Mazzei, igual. Sus descendientes no sabían siquiera que la frase con la que abría la Constitución era suya, no de Jefferson, o que Manhattan la había descubierto Giovanni da Verrazzano y no Henry Hudson. Los que habían llegado en la primera mitad del XIX habían elegido Filadelfia o Baltimore o Nueva Orleans, por lo que en Nueva York había apenas tres mil. En su inmensa mayoría, parias despreciados por todos. Miserables que se deslomaban ejerciendo los oficios más humildes y que vivían con los esclavos liberados en Five Points: el sucio barrio en el que la delincuencia florecía como las ortigas en el campo y donde las calles tenían unos nombres como para ponerte los pelos de punta. Murderers' Alley o vía de los Asesinos. Thieves' Den o burgo de los Ladrones. Whores' Lane o callejón de las Putas. («*That's a shame!*», «¡Esto es una vergüenza!», había exclamado Lincoln durante una visita). La minoría que Anastasìa estaba a punto de conocer se enorgullecía, en cambio, de contar entre sus filas con individuos ricos y respetados. Personalidades que ejercían profesiones liberales y residían en las zonas señoriales, eruditos relacionados con la elite intelectual local, comerciantes que importaban obras de arte o mármol de Carrara o exquisiteces gastronómicas. Además de algunos exiliados llegados allí durante el Risorgimento. Los carbonarios a los que Metternich les había conmutado la pena de muerte por la cárcel y luego indultado con la condición de que se fuesen a América, es decir, lo más lejos posible; los patriotas obligados a escapar tras las derrotas del 48 y la caída de la República Romana; los tipos hartos de sacrificarse... En 1833, si recuerdas, había llegado Piero Maroncelli: el amigo de Silvio Pellico, el mártir al que un médico, esbirro de Spielberg, le amputó una pierna sin anestesia. En 1835 el intrépido conde Federico Confalonieri y en 1836 el discutido Felice Foresti, también ex reclusos de Spielberg. En 1837, doce lombardos condenados a la horca, rápidamente indultados y subidos a bordo de un carguero con destino a Nueva York. En 1846, el año de la muerte de Maroncelli, el mazziniano Francesco Secchi de Casali. En 1849, el general Giuseppe Avezzana y su lugarteniente, Giovanni Morosini. En 1850, ya lo sabemos, Garibaldi. En 1851, su joven médico, Giovanni Ceccarini; en 1853, el historiador Vincenzo Botta... Y aunque la mayoría había regresado para combatir, algunos se habían quedado. Botta daba clases en la Universidad de Nueva York (en la que estudiaba John Nesi) como profesor emérito; Ceccarini tenía una famosa clínica oftalmológica; Secchi di Casale dirigía el importante periódico *L'Eco d'Italia* (El Eco de Italia), y Morosini era banquero en Wall Street. A la colonia de ilustres personajes había que añadir los voluntarios que habían acudido al estallar la guerra civil. Justo en Nueva York, los italianos habían fundado las dos unidades conocidas como *Garibaldi Guard* e *Italian Legion*. La primera, constituida por garibaldinos y por una estrafalaria mezcolanza de franceses, ingleses, suizos, españoles, húngaros que alzaban la bandera del Norte con el letrero: «Vencer o morir». La segunda, por setecientos cincuenta cazadores de los Alpes que alzaban la bandera tricolor con el letrero «Dios y Pueblo». Uniéndose a la Legión Polaca y luego a la Legión Holandesa, es decir, organizando una Torre de Babel alucinante, había dado vida al 39º Infantry Regiment de los ejércitos nordistas, y qué se le va a hacer si en Nueva Orleans había ocurrido lo mismo. Si también allí los italianos habían constituido una *Garibaldi Guard* y una *Italian Legion* que, alzando la bandera tricolor y la de la Confederación (con las mismas inscripciones), estaban combatiendo junto a los ejércitos del Sur. Qué le vamos a hacer si por esto, o en gran medida por esto, el Héroe de los Dos Mundos le había dicho que no a Lincoln cuando éste le ofreció un alto mando en su ejército.

—Acepte, general, y su fama será mayor que la de Lafayette. Nuestros soldados estarán orgullosos de seguir al Washington italiano.

Intento también ver cómo era Irving Place en 1865, cuando el carruaje dejó a Anastasìa delante del número 24. Bueno, muy probablemente era una de las calles más agradables de Manhattan. Un oasis de buen gusto dentro de la cursilona grosería del parque de atracciones. Sólo estaba formada por *brownstones*: las casas de cuatro pisos, también llamadas casas victorianas o de piedra arenisca, que en aquella época se consideraban un símbolo de elegancia y comodidad. Se componía de seis manzanas que iban desde la 14ª a la 20ª, donde desembocaba en Gramercy Park: una graciosa plaza embellecida por un minúsculo parque rodeado de verjas y cerrado por puertas de las que sólo tenían llave los residentes. Siempre te encontrabas con personas de reconocido prestigio: intelectuales, diplomáticos y artistas. Y en las calles vecinas, lo mismo. En la 19ª vivía Edwin Thomas Booth: el celebérrimo actor shakesperiano, hermano de los menos admirados Junius Brutus jr. y John Wilkes (sí: el hombre que en abril asesinaría a Lincoln), con los que tres meses antes había representando *Julio César* en el

Winter Garden. En la 17ª, Winslow Homer: el incomparable dibujante al que se debían las ilustraciones de la revista *Harper's Weekly*, en concreto las de la guerra civil. En la 10ª, Henry Theodore Tuckerman: ilustre literato, amigo de los italianos, y cuyo ensayo *America and Her Commentators* había sido definido como «la obra de un genio». En la 20ª, Hermann Melville: el autor de *Moby Dick*. (*Moby Dick* se había publicado en 1851; los críticos la habían despellejado con su ferocidad habitual. El público la había ignorado y un incendio había acabado con los ejemplares sin vender. Melville, por el disgusto, había caído en una profunda depresión que le impedía escribir. Su fama seguía intacta gracias a sus otros libros). La *brownstone* del número 24 estaba en la manzana comprendida entre la 15ª y la 16ª. Michele Pastacaldi la había comprado en 1842 cuando había llegado a Nueva York, con apenas veintitrés años, para fundar una sucursal de la compañía que Giuseppe dirigía en Livorno, y hasta 1862 (año en que murió de un infarto) había vivido allí, alojando generosamente a exiliados y a conocidos. A Felice Foresti, por ejemplo, que se había quedado casi tres lustros. A Avezzana, Ceccarini, Garibaldi, antes de trasladarse a Staten Island, a casa de Antonio Meucci, y a Louise. Louise era una alemana de Hamburgo, infelizmente casada con el toscano Augusto Nesi: también él perteneciente a una rica familia livornesa, también él comerciante en productos alimenticios, y también él llegado a América en 1842. Al no poderse divorciar de un marido con nacionalidad italiana, lo había abandonado acompañada de sus hijos, Elvira y John, y el generoso Michele les había ofrecido asilo. Del asilo había surgido el afecto, del afecto el amor, y del amor el testamento que, para confirmar el relato del abuelo Antonio, encontré en el Index de la Surrogate's Court de Nueva York. «Yo, Michele Pastacaldi, en pleno uso de mis facultades mentales y de mi memoria, nombro heredera de mis bienes a Louise Elisabeth Nesi, esposa de Augusto Nesi del condado de Nueva York. Dejando al margen de cualquier control o pretensiones por parte del susodicho cónyuge, le dejo la suma de cinco mil dólares y la casa situada en el número 24 de Irving Place con todo lo que contiene. Mobiliario, objetos de plata, vajillas, cuadros, libros, vinos...».

La casa en el número 24 ya no existe. A principios del siglo XIX fue demolida, junto al resto de la manzana, y en ese lugar surge hoy un edificio moderno que ocupa también el espacio de las casas número 28 y número 26. Pero sé qué aspecto tenía. Medía once metros de altura y ocho de ancho, tenía una exquisita fachada cubierta de hiedra, y once ventanas tanto en la parte delantera como en la trasera. Dos en la planta baja, tres en el segundo piso, tres en el tercero, tres en el cuarto. La puerta se abría en lo alto de esa breve escalinata, tan característica de las *brownstones*, y nada más entrar te encontrabas en un vestíbulo y un amplio salón que asomaban a un pequeño jardín verde de árboles y lleno de pájaros. A la izquierda del vestíbulo, la cocina, al lado del comedor y unida al sótano en el que se guardaban los vinos y la leña. A la derecha, pegadas a la pared, las escaleras que conducían a los pisos superiores. Cada piso estaba formado por un pasillo y dos habitaciones: una asomada a la calle y otra al jardín. Las habitaciones eran muy numerosas, gracias a las tres ventanas y los techos altos, y estaban provistas de pequeñas chimeneas que en invierno estaban siempre encendidas. Las escaleras recibían la luz de una vidriera multicolor... También sé que Anastasìa hizo allí una entrada triunfal, y no me cuesta ningún trabajo imaginármela con los Nesi. Ellos también creían que estaba en América huyendo de violencias, amenazas, y Louise era muy buena. Un corazón de oro. La alojó en la antigua habitación de la primogénita, Elvira, que estaba casada con un tal Peter Krug y, por tanto, vivía en otro lado, y la trató como a una hija. En cuanto a John, tenía el corazón de mantequilla. Para resistirse a Anastasìa hacía falta tenerlo de hierro, y durante el trayecto desde el Liverpool Wharf a Irving Place se había enamorado de ella tan perdida como inevitablemente. La servía, la reverenciaba, la trataba como a una reina. Tampoco me cuesta ningún trabajo imaginarme el éxito inmediato que tuvo entre los respetables personajes de la colonia italiana y entre sus famosos vecinos. Nada más llegar conoció a Henry Tuckerman, antiguo amigo de Michele Pastacaldi, y el incauto se quedó tan prendado de ella que, para verla con frecuencia, asumió la responsabilidad de enseñarle inglés. Después de Tuckerman, Melville, que, derretido a su vez, asumió la de enseñarle las maravillas y los horrores de la ciudad sin Dios. Después de Melville, Edwin Booth, al que le dio todavía más fuerte que a los otros dos y que, para cortejarla, la invitaba siempre al Winter Garden: el teatro en el que aquel invierno estaba interpretando... Pero, sobre todo, no me cuesta ningún trabajo imaginarme la rapidez con la que en aquella ciudad sin Dios se olvidó de la fea niña a la que había colocado en el torno del Santísimo Crucifijo. Y con ella, Cesena, Turín, el Real, la vía Lagrange, al *Innominato*, a Giuditta Sidoli, a la *Tante* Jacqueline. Porque Louise Nesi y John y los vecinos famosos y los respetables personajes de la colonia italiana no eran los únicos que la distraían de los remordimientos secretos, de los recuerdos, de la nostalgia. También estaba la guerra. La terrible, la fratricida, la suicida guerra que se estaba librando, sí, muy lejos de allí, pero de la que oía hablar todos los días. Desangrados por las batallas perdidas y las epidemias, diezmados por las deserciones, armados con unos pocos fusiles que disparaban un solo tiro a la vez y casi siempre sin comida, sin caballos, sin uniformes, sin calzado, los sudistas ya no contaban más que con unos cien mil hombres cuyo heroísmo no servía para nada. Bien alimentados y equipados con excelentes uniformes, excelente calzado, con treinta y cinco mil caballos y cañones de tiro rápido, fusiles que disparaban siete tiros a la vez, los nordistas contaban con novecientos ochenta mil hombres y avanzaban por todas partes al grito de «*kill, kill, kill*». Mata, mata, mata....

Por otra parte, ¿quién hubiera podido mantenerse al margen? Cada dos por tres, ocurría algo que relegaba al olvido todos tus problemas personales. El 17 de febrero Charleston se había rendido. El mismo día, Sherman había conquistado e incendiado Columbia: la capital de Carolina del Sur, de la que, en 1861, había partido la idea de la secesión. El 22 de febrero se había tomado Wilmington: el único puerto que seguía en manos de Robert Lee. El 19 de marzo, Bentonville: el único nudo ferroviario que aún funcionaba. Y el 2 de abril cayó Petesburg, el último baluarte de los confederados. El 3 de abril Ulysses Grant marchó sobre Richmond, su capital, y el 4 en Irving Place también se oyó el grito: «*Richmond is ours!*» («¡Richmond es nuestra!»). El 10 se oyó otro: «*The rebels surrendered!*

(«¡Los rebeldes se han rendido!»). Luego, el 15 de abril, Louise la despertó y le tendió en silencio un periódico orlado de negro y ocupado por un gigantesco titular: «LINCOLN ASSASSINATED». Esas dos palabras llenaban toda la página, y por todo reportaje se leía una breve y desolada frase: «Estamos a punto de cerrar la edición y no tenemos ni fuerzas para comentar nada ni detalles que ofrecer». Al día siguiente, sin embargo, había detalles a mansalva, y ¡caray! ¡Lo había asesinado John Wilkes Booth, el hermano de Junius y de Edwin! En el Ford's Theater de Washington, en el palco presidencial, es decir, el que asomaba sobre el escenario. Gracias a su fama había conseguido entrar sin que nadie lo detuviera, después de haberle disparado un tiro en la nuca había saltado al escenario, en medio de los actores paralizados por el pánico; se había roto una pierna, pese a ello había conseguido gritar «*sic semper tyrannis*» y huir. Ahora estaban buscándolo en Virginia, donde le habían visto entrar a caballo, y mientras tanto estaban buscando a sus cómplices. Ofrecían recompensas de cien mil dólares; habían encarcelado a Junius, que se encontraba en Filadelfia y no tenía nada que ver con el asunto; estaban interrogando a Edwin, que se encontraba en Boston y tenía todavía menos que ver... Los días siguientes presenció también el drama de Edwin, que, de regreso de Boston, se había encerrado en su *brownstone* de la 19ª y sólo salía cuando ya era noche cerrada para tomar un poco de aire: sentarse sobre un banco de Gramercy Park o caminar por Irving Place, donde se le oía llorar desesperadamente. «*Oh God! Help us, help us!*» («¡Oh, Dios! ¡Ayúdanos, ayúdanos!»). Con el drama de Edwin, los increíbles honores que, olvidándose de su cinismo, los neoyorquinos le tributaron a Lincoln. Una vez acabados los funerales en Washington, el cuerpo embalsamado fue colocado en el tren que, vía Baltimore-Harrisburg-Filadelfia-Nueva York-Albany-Buffalo-Cleveland-Chicago, lo llevaría hasta Springfield, Illinois, su ciudad natal. A Nueva York llegó la mañana del lunes 24 de abril, con el Central Railroad Ferry-Boat, el trasbordador que conectaba con el tren de Nueva Jersey, y ¡ni punto de comparación con las exequias de Cavour! ¡Ni punto de comparación con los cinco mil turineses puestos en fila para darle su adiós a Cavour! De cada ventana colgaba un pendón negro, en todos los edificios se erguía una bandera a media asta, todos los lugares públicos estaban cerrados, y a lo largo del recorrido del cortejo se condensaba un millón de personas. Más de las que vivían en todo Manhattan. Delante del ataúd descubierto y expuesto en la Governor Room del City Hall desfilaron alrededor de cuatrocientas mil.

Lo confirman las fotografías tomadas en la plaza atestada de gente a la espera de rendirle homenaje, y entre ellas hay una que no me canso de mirar porque... Es una instantánea que muestra, en primer plano, a un guapo joven y a una bellísima muchacha. El guapo joven luce sombrero de copa y *stiffelius*, el abrigo de los ricos, y tiene las orejas de soplillo además de la lánguida mirada de los enamorados sin esperanza. ¿John Nesi? La bellísima muchacha viste una amplia falda con miriñaque y un suave chal que deja adivinar una figura perfecta. Lleva un insolente sombrerito con flores, que, más que cubrirle la cabeza, se la descubre, dejando ver sus lisos cabellos de oro, y tiene los pómulos muy altos. Como las eslavas. Sus ojos son muy claros. De hada. Su mirada es firme, dura. De bruja. ¿Anastasìa? Creo que sí. Se parece demasiado a la hechicera del retrato perdido en la mudanza.

* * *

Sin recordar ya siquiera Utah, Salt Lake City, a Marianne Gardiol, se quedó buena parte del verano en Nueva York. Y no me consta que en esos meses hiciese nada especial, salvo asistir como mera espectadora a los actos siguientes a la muerte de Lincoln. (La última semana de abril, la muerte de John Wilkes Booth, encontrado en un granero de Virginia e, inexplicablemente, muerto por un disparo de fusil del sargento Thomas *Boston* Corbett del 16º de Caballería. En mayo y junio, el proceso a los once cómplices apresados. A inicios de julio, el ahorcamiento de los cuatro condenados a muerte, entre ellos Mary Surratt, la posadera a la que, pese a las recomendaciones de la propia corte marcial, el nuevo presidente, Johnson, se negó a conmutarle la pena de muerte por la cárcel). La hospitalidad de los Nesi y el dinero depositado en el American Exchange le permitían vivir sin trabajar, y la idea de volver a bailar ni siquiera se le pasaba por la cabeza: exhibiéndose de nuevo sobre un escenario corría el riesgo de que alguien la reconociera, la identificara con el áspid que se desmayó en Turín con el teatro lleno y que había entrado en América con pasaporte falso. Mejor permanecer en la sombra. No me consta tampoco que su necesidad de esconderse y de olvidar se viese turbada por malas noticias o por la curiosidad ajena. En la ciudad sin Dios nadie le preguntaba nada y en Italia nadie, salvo Giuseppe Pastacaldi, sabía dónde escribirle. La *Tante* Jacqueline y Giuditta Sidoli incluidas. A mediados de julio, sin embargo, ocurrió algo inesperado. Llegó una carta de Valzania en la que, tras explicar que había obtenido la dirección por Pastacaldi, le decía mediante perífrasis que llevara cuidado, en Forlì se habían dado cuenta de que faltaba un impreso, y la policía estaba investigando en los consulados. Si el cónsul de Livorno se daba cuenta de que el número era el mismo que el del pasaporte visado a nombre de *Mademoiselle* Ferrier, ésta podría recibir una citación y ser arrestada u obligada a regresar a la patria. Casi al mismo tiempo, llegó a la ciudad un periodista turinés. Secchi de Casali, el director del *Eco d'Italia*, se lo presentó y... «¡Anastasìa Ferrier! ¡La bailarina del Real, la adorable criatura que en *Cleopatra* interpretaba el papel del áspid! ¡Ah, qué placer! ¡Qué honor! Llevo un año preguntándome qué habría sido de usted. Me gustaría hacerle una entrevista».

John y Louise no querían que se fuese. Cuando se lo dijo, Louise estalló en lágrimas, «¿por qué?, en nombre de Dios, ¿por qué?», y John se arrojó a sus pies de rodillas. «No me deje, se lo ruego. Cásese conmigo. Yo la amo y si se casa conmigo se convertirá en ciudadana americana. Sea el que sea el peligro que la amenaza, ya no tendrá nada que temer». Pero ella se mantuvo inamovible y, rompiéndoles el corazón a ambos, a la semana siguiente se fue. Derecha a Salt Lake City. A Utah, al Lejano Oeste.

13

El inmenso y semidespoblado territorio llamado *Far West*, Lejano Oeste, y que se extendía desde el Misisipi hasta el Pacífico, no era sólo la meta de los buscadores de oro y de plata, de los aventureros, de los bandidos, de los pobres sin esperanza. Era la salvación para cualquiera que tuviera algo que esconder. Y, si tenías algo de lo que esconderte, ningún lugar del Oeste ofrecía un refugio más seguro que Utah: el paraíso situado entre Nevada y California, la espléndida patria de las Montañas Rocosas y del lago Salado. Como el limítrofe Colorado y el cercano Nuevo México, Utah no era todavía un Estado de la Unión. Era un «territorio», es decir, un pedazo de América que todavía no se había anexionado a los Estados Unidos, íntegramente ocupado por los seguidores de la Iglesia de los Santos del Último Día: la extravagante secta (¿recuerdas?) que predicaba y observaba la poligamia. En una palabra, de los mormones. Para no renunciar a lo de las mujeres, éstos rechazaban las leyes de la Unión, también en los asuntos jurídicos se guiaban por sus propias normas, y sólo obedecían a su «Papa» y gobernador Brigham Young: el astuto embaucador que en 1846, a la muerte del profeta John Smith, había guiado y conducido a los quince mil Santos del grupo inicial. Cansado de sus desobediencias y decidido a acabar con una práctica tan ilegítima como aborrecida en el resto del país, en 1857 el presidente Pierce había enviado allí a un verdadero gobernador y a tres magistrados de verdad. A continuación, a 2.500 soldados. Pero ante el primer caso, Young había ordenado ignorar a los intrusos y continuar celebrando los procesos en los tribunales de su Iglesia. «El gobernador soy yo y pobre del que se me oponga». En el segundo, había respondido atacando con sus milicias, es decir, desencadenando una guerra civil *ante litteram*. Tanto los cuatro funcionarios como los dos mil quinientos soldados regresaron a Washington con cajas destempladas, y desde entonces el gobierno federal no ejercía autoridad alguna en ese territorio. Anastasìa sabía todo esto perfectamente, porque después del encuentro con Suzanne, en Turín, había acudido a la biblioteca para entender mejor dónde había acabado Marianne. También sabía que la poligamia de los mormones no se limitaba a las cuatro mujeres de los musulmanes y que el estatus de Marianne, la sexta señora Dalton, no era excepcional. Brigham Young tenía veintisiete esposas. (Abundancia a la que iban adjuntos cincuenta y seis hijos). Su lugarteniente, Heber Kimball, cuarenta y tres. (Abundancia a la que iban adjuntos sesenta y cinco hijos). Y, dado que ninguno se conformaba con dos o tres, la ventaja de escapar al arresto o a la repatriación estaba envenenada por el riesgo de acabar convirtiéndose en la enésima consorte de algún santo.

Ir allí era una hazaña infernal. Un reto que, con frecuencia, te costaba la vida; para afrontarlo debías poseer unas cantidades inusuales de valor, dureza, estoicismo. Capacidad para soportar sin un parpadeo el hambre, la sed, el miedo, además del cansancio inhumano del viaje. Si salías desde la costa atlántica, desde Nueva York, por ejemplo, tenías que atravesar en tren todo el Este y el Medio Oeste hasta Misuri, mejor dicho, hasta St. Joseph: la ciudad en la que, en 1865, terminaba el ferrocarril. Luego dirigirte en diligencia o en una caravana de carromatos hacia las Montañas Rocosas, y entre Misuri y las Montañas Rocosas se extendían las Grandes Llanuras: despobladas, desiertas, sin ciudades ni carreteras. En lugar de ciudades, los fuertes que el gobierno federal había levantado para, al menos teóricamente, controlar la región. (Más que de fuertes propiamente dichos, se trataba de recintos protegidos apenas por un murete y con una dotación de escasos soldados). En lugar de carreteras, los *trails*. Es decir, las rutas que los pioneros de los años cuarenta y cincuenta habían trazado, más o menos, con los caballos y las diligencias y las caravanas de carromatos tiradas por bueyes, los famosos *wagoons*, para alcanzar Nevada y California. El Oregon Trail, el Mormon Trail, el Overland Trail, el Poney Express Trail. Pero, sobre todo, en las Grandes Llanuras tenías que enfrentarte a los indios. A los apaches, los sioux, los arapahoes o arapahos, los comanches, los lakota, los cheyennes. Con sus inflexibles jefes, Nube Roja, Toro Sentado, Caldera Negra, Oso Delgado, Antílope Negro... Gente que, además de matarte, te arrancaba la cabellera. Porque al estallar la guerra civil los soldados profesionales de los fuertes habían sido sustituidos por voluntarios carentes de experiencia militar, y los indios se habían aprovechado de ello intensificando la rebelión contra los intrusos. Contra los rostros pálidos que los habían expulsado del Este y que, no satisfechos con esto, avanzaban cada vez más hacia el Oeste, que les robaban las tierras, que les embaucaban con tratados escritos en una lengua misteriosa, que los emborrachaban con el agua de fuego, es decir, el whisky, que los encerraban o pretendían encerrarlos en áreas denominadas reservas. Poco después el padre de los blancos, Lincoln, había anunciado la construcción del ferrocarril que llegaría hasta el Pacífico atravesando sus tierras; el caballo de hierro, es decir, el tren, profanaría también aquellas regiones, desviaría las manadas de búfalos y bisontes, ocuparía otros territorios, y su rabia había explotado. Con su rabia, una lucha llena de matanzas recíprocas y de cabelleras cortadas. En 1862, por ejemplo, los sioux habían caído sobre el campamento de New Ulm y habían matado, cortándoles después la cabellera, a cuatrocientos colonos, doscientos de ellos mujeres y niños. El gobierno había capturado entonces a cuatrocientos guerreros y treinta y ocho habían sido ahorcados en la ejecución pública más espectacular que se había visto nunca en América. En 1863 Lincoln había invitado a la Casa Blanca a ocho jefes, entre ellos a Caldera Negra y Oso Delgado. Les dirigió un lindo discursito para decirles que debían resignarse, dedicarse a la agricultura, les regaló una bandera americana y una medalla con su efigie, y les terminó convenciendo para que cedieran todas las tierras de los cheyennes, salvo la minúscula zona de Sand Creek en el río Colorado. Entonces Toro Sentado perdió la cabeza y con sus lakota se lanzó contra otro campamento de trescientos colonos, en Killdeer, los mató a todos, les arrancó la cabellera, y el 29 de noviembre de 1864 los rostros pálidos volvieron a vengarse. En Sand Creek.

En el verano de 1865 el peligro de cruzar las Grandes Llanuras tenía su origen, precisamente, en la matanza de Sand Creek: la más reciente y la más vergonzosa, la más vil de las que se había ensuciado América hasta ahora. Asustado por la represalia de Toro Sentado, dos meses antes Caldera Negra se había presentado ante el gobernador de Colorado, John Evans, para devolverle a cuatro rehenes, en señal de paz, y para recordarle que él estaba en Sand Creek con permiso del Padre de los rostros pálidos, el señor Lincoln. Después del encuentro, Evans comentó: «Ya... ¿Pero qué hago con el 3º Regimiento? Sus hombres han sido adiestrados para matar indios y tienen que matarlos». Luego mandó llamar al coronel John Chivington, comandante del regimiento, y: «Haga usted su trabajo». El coronel Chivington eligió la fecha del 29 de noviembre porque ese día todos los guerreros de Sand Creek estaban en el Fuerte Weld discutiendo otro pacto con John Evans. En el poblado sólo se encontraban veintiocho ancianos, treinta y cinco mujeres y cuarenta y dos niños. (Siete de ellos, recién nacidos). Juntó a setecientos cincuenta hombres, armados hasta los dientes, y les dijo: «*Nits breed lice. Kill them all*» («De los huevos de piojo nacen piojos. Matadlos a todos»). Bueno, al verlos llegar los ancianos alzaron la bandera americana que les había regalado Lincoln. No quedó nadie con vida. Nadie. Y después de la matanza sus cuerpos fueron mutilados, decapitados, escalpados. (Sus cabelleras se exhibieron en el teatro de Denver: al precio de un dólar la entrada, podías verlas todavía). Algo que Anastasìa también sabía perfectamente porque lo había leído en el *Harper's Weekly* y en otros periódicos de Nueva York. De los indios sabía, además, que no eran mejores que Chivington y su regimiento, que arrancaban cabelleras con muchas más ganas que los rostros pálidos: en ese arte, unos meros aprendices suyos y unos melindrosos. Poseer muchas cabelleras constituía para un indio la prueba de su valor y en ello cifraba sus esperanzas de convertirse en jefe de la tribu. No en vano aprendían a arrancarlas en la adolescencia, y cualquier jovenzuelo apache o comanche o sioux podía explicarte que se trata de una operación sencillísima. Basta con tener un cuchillo bien afilado, hacer una incisión a todo lo largo de la parte superior del cráneo, la testuz, agarrar un mechón de pelo y tirar. El cuero cabelludo sale solo. Además, también sabía que las cabelleras más apreciadas eran las que se parecían a la suya: cabellos muy largos y rubios, y que para que te la arrancaran no siempre te mataban antes. En Omaha, Nebraska, vivía un tal William Thompson que, a cambio de unas pocas monedas, se quitaba la peluca y te enseñaba su cráneo sin cabellera: recuerdo de un comanche que, en un arranque de generosidad, se había conformado con arrancársela sin asesinarlo. Por último, también sabía que los indios atacaban preferentemente las *stage-coaches*, es decir, las diligencias, mejor que las caravanas, porque estas últimas se defendían mejor. Estaban formadas por docenas y docenas de carromatos, por centenares de personas, y había al menos un rifle por carro. Cuando sufrían un ataque, los carromatos se disponían en círculo, y los colonos se defendían disparando desde allí, desde un ángulo de trescientos sesenta grados. Las diligencias, en cambio, transportaban a poca gente, doce como mucho, más el cochero y el ayudante, que era el único que iba armado. Viajaban aisladas y cuando eran atacadas, lo único que podían hacer era correr mientras el ayudante disparaba. No en vano, en vista de que la matanza de Sand Creek había reduplicado los ataques, se recomendaba a los pasajeros que llevasen consigo un revólver y cantidad suficiente de munición.

La diligencia para Salt Lake City se cogía en Misuri: en St. Joseph o en Independence o en Saint Louis. En 1865 era la única alternativa a las caravanas de *wagoons* y funcionaba desde 1857: el año en el que un antiguo cochero, llamado John Butterfield, propietario de una línea de diligencias en el Este, había fundado la Overland Mail Stage-Coach. Es decir, la compañía que atravesaba las praderas o llanuras, luego las Montañas Rocosas, Utah, y llevaba el correo desde Misuri a California. Y, con el correo, a cualquiera que estuviese dispuesto a pagar diez centavos por milla. Es decir, 150 dólares para ir a Salt Lake City y 200 para llegar hasta San Francisco o Los Ángeles, más el precio de la comida (un dólar y medio por comida) y la prohibición de llevar equipaje que pesase más de 25 libras, es decir, 10 kilos. Las diligencias eran exactamente iguales a las que se ven en los *westerns*. Un coche de caballos con tres ventanillas a cada lado, tirado por tres parejas de caballos capaces de cubrir una distancia de cinco millas, es decir, ocho kilómetros, por hora. Los caballos se cambiaban cada diez millas, y la diligencia se paraba dos o tres veces al día para que los pasajeros comiesen. La primera parada duraba apenas seis o siete minutos; la segunda, apenas media hora. Y como el cochero conducía también de noche, para llegar a Salt Lake City empleabas alrededor de dos semanas. (Si los indios u otros incidentes lo permitían, claro está). Conducirla era extenuante, debido al pésimo estado de los caminos, de las seis bridas, del látigo larguísimo y muy pesado. Por la noche, el esfuerzo se agravaba por la oscuridad, apenas mitigada por dos faroles de aceite colocados en las repisas laterales. De hecho, cada veinticuatro horas el cochero, agotado por el cansancio y la tensión, tenía que ser sustituido por un colega. (El ayudante con el rifle, no. Ése sólo era sustituido cada cinco días). Viajar en ella era una tortura a causa del traqueteo continuo, del polvo que entraba por las ventanillas, del poco espacio. En el interior sólo había tres asientos, con capacidad para tres personas, a veces cuatro. El asiento de en medio no tenía respaldo, así que si te tocaba ése tenías que hacer todo el viaje agarrado a las cinchas que colgaban del techo. Además, las ventanillas no tenían cristales. Con frecuencia, ni siquiera cortinas. Y eso sin contar con los inconvenientes que iban anexos al riesgo de morir a manos de los indios o acabar sin cabellera. El hecho de no dormir en una cama durante dos o tres semanas, de no lavarte nunca, de no poder hacer tus necesidades más que en las paradas. Por no hablar de los patanes con los que se viajaba y para los que Butterfield había redactado un inútil manual de buenas costumbres: «Prohibido escupir en contra del viento. Prohibido tocarse o rascarse los genitales. Prohibido molestar a las señoras, apoyarse en ellas o toquetearlas. Prohibido usar el revólver o el cuchillo con los viajeros, en vez de con los indios». En cuanto a los trenes, bueno: la carrera hacia el Lejano Oeste o *Far West* había multiplicado el número de los que se dirigían al Medio Oeste, y durante la guerra civil la línea férrea de los federales se había desarrollado tanto que se había convertido en la causa principal de la victoria nordista. Los trenes también se habían vuelto rápidos, y qué más da si no ofrecían la posibilidad de viajar en primera o en segunda clase. Sólo había una única clase, con los asientos de madera. La incomodidad se veía compensada por la existencia de cómodos servicios, de plataformas exteriores a las que podías salir para tomar el aire, y de galantes revisores que protegían a las mujeres. Pero tenían un defecto descorazonador: en vez de formar una línea continua a lo largo de los distintos estados, se fragmentaban en tramos separados los unos de los otros. Cada estado se había construido su propio ferrocarril, con sus estaciones propias y sus propios anchos de raíl. A veces, de cuatro pies y diez pulgares; a veces de cuatro pies y ocho pulgares y medio; a veces, de cinco pies. Cada dos por tres tenías que bajarte e ir en coche de caballos hasta la estación siguiente. Lo que alargaba el trayecto de una forma horrorosa.

¿Hace falta decir que Anastasìa también sabía esto? Durante la semana que precedió a su huida de Nueva York se lo había estudiado todo. Recogió todos los datos, sopesó todas las dificultades y, basándose en ello, organizó su viaje con el cuidado, mejor, con el distanciamiento con el que un estratega planea una difícil batalla. El primer problema que resolvió fue el de las cabelleras. En cuanto se enteró de que a los indios les gustaban las cabelleras rubias, decidió que la mejor defensa era no tener pelo. Es decir, cortárselo al cero antes de subir a la diligencia y comprarse una peluca para tapar su futura calvicie. Negra, no hace falta decirlo, y poco tentadora. El segundo fue el del revólver para defenderse en caso de ataque. Apenas leyó que la Overland Mail Stage-Coach recomendaba a los pasajeros que fueran armados, se compró una Smith & Wesson con cargador para siete balas y una buena reserva de municiones, además de un puñal que hubiese provocado la envidia de todo Five Points: el barrio de los criminales. Alarmada ante la noticia de los cincuenta y seis hijos de Brigham Young y los sesenta y cinco de su lugarteniente Heber Kimball, hizo acopio de las píldoras de Madame Restell: el remedio que circulaba entonces para evitar los embarazos. Luego se ocupó del resto. Del dinero depositado en el American Exchange, por ejemplo. Lo convirtió en billetes de banco o monedas de plata o calderilla, y para reducir al máximo el peligro de que se lo robaran, se confeccionó un cinturón con dos bolsitas que iban escondidas dentro de la ropa interior. Por último, preparó el equipaje que no debía exceder de las veinticinco libras y que obligaba, por lo tanto, a prescindir de todo cuanto fuera superfluo: los miriñaques, los sombreritos, las sombrillas, los vestidos de cola, los zapatos de tacón. En su lugar, una maleta pequeña, dos o tres faldas que le llegaban hasta el tobillo, un par de corpiños, una manta de lana para protegerse del frío nocturno, y un traje completo de hombre. Pantalones, chaqueta, camisa y botas. Y nada de volvérselo a pensar, nada de dudas, nada de complejos de culpa hacia sus dos ingenuos amigos que seguían sin entender nada y que le preguntaban en vano que a dónde iba. Lo demuestra la descarnada y gélida cartita que les dejó al amanecer del día en que, silenciosamente, abandonó para siempre el número 24 de Irving Place, y que, según el abuelo Antonio, decía más o menos esto: «Queridísima Louise y queridísimo John, mi corazón está desbordante de gratitud, pero detesto las despedidas y prefiero irme de puntillas. No os preocupéis por mí. Hacerle frente a lo desconocido me divierte, me da renovados vigores, y no tengo miedo. Un afectuoso abrazo de vuestra Anastasìa, que os ama lo que puede, cuanto puede. P. D. En mi habitación está el equipaje con el que llegué. Ya no lo necesito. Tiradlo. Pertenece al pasado y el pasado siempre es un engorro entre los pies».

* * *

Tengo ante mi vista el mapa de los ferrocarriles que en 1865 cubrían el recorrido Nueva York-Misuri, que llegaban hasta St. Joseph. Puedo, por lo tanto, reconstruir el precipitado viaje que, en una semana, la condujo a las Grandes Llanuras mientras se aleja de Irving Place con su pequeña maleta y su Smith & Wesson y sus dólares escondidos dentro de su ropa interior, se dirige hacia el Hudson, llega en ferri a la estación de Jersey City. Y, según lo reconstruyo, preguntarme si estaba hecha de carne y hueso o de hierro. Porque en Jersey City cogió, sin duda, el Hudson River Line, el tren que en vez de pasar por el Sur, perderse en la miríada de raíles de cinco pies o cuatro pies y diez pulgares o cuatro pies y ocho pulgares de ancho, pasaba por el Norte y llevaba hasta Albany. En una palabra, el que hacía el recorrido más simple y más rápido. Pero también aquí los raíles tenían un ancho distinto, y en Albany tenías que cambiar para coger la New York Central Line, o sea, el tren que, girando hacia el oeste, llevaba a Syracusa luego a Rochester y luego a Buffalo. En Buffalo tuvo que cambiar de nuevo y tomar la State Line, o sea, el tren que bordeando el lago Erie llevaba a Erie, Pennsylvania. En Erie tuvo que cambiar por tercera vez y tomar la Cleveland Painesville Ashtabula Line, o sea, la línea que bordeando el lago llevaba a Cleveland, Ohio. En Cleveland tuvo que cambiar por cuarta vez para tomar la Michigan and Southern Line, es decir, el tren que, separándose del lago y luego volviendo a ascender hasta uno de sus extremos, conducía a Toledo, Ohio. En Toledo tuvo que cambiar por quinta vez para tomar la Toledo Western Line, o sea, el tren que llegaba a St. Joseph atravesando tres estados y haciendo catorce paradas: nueve en Illinois y dos en Misuri. Sin detenerse nunca en una ciudad, sin dormir nunca sobre un colchón, no lo olvidemos. Sin darse cuenta de por dónde iba, sin ver nada salvo el monótono paisaje que huía de su vista a través de la ventanilla, y en el paisaje a las habituales mujeres vestidas de luto, a los habituales jóvenes mutilados por la guerra. Y a esto añádele el asiento de madera, las molestias de la clase única, la curiosidad y la charla del revisor, que, para matar el tiempo, la acosa a preguntas y le cuenta historias truculentas.

—*I see from your ticket that you are going to St. Joseph* (Veo por su billete que se dirige usted a St. Joseph).

—*Yes.*

—*And from there to the prairies, I guess* (Y desde allí, a las Llanuras, me imagino).

—*Yes.*

—Con la diligencia, a lo largo de la Overland Trail.

—*Yes.*

—*All alone?* (¿Sola?).

—*Yes.*

—*With those long and blond and beautiful hair?* (¿Con esos bonitos cabellos rubios y largos?).

—*Yes.*

—*Aren't you afraid?* (¿No tiene miedo?).

—No.

—*Well, you should because...*

Pues debería tenerlo, porque una mujer, allí, no se arriesga sólo a perder la cabellera. Se arriesga a que la rapten. ¿No ha oído hablar del caso de la señora Lucinda Eubanks? ¿No? Pues es reciente, los periódicos hablaron de ello. El 11 de junio del año pasado la señora Lucinda Eubanks, bella, de veinticuatro años, originaria de Pennsylvania, fue raptada por los cheyennes en su granja en el Blue River. El río que está en la frontera entre Kansas y Colorado. Y junto a ella a su hijito de pocos meses, a su hijita de tres años, a su sobrinito de seis y a su sobrina de dieciséis: Laura Roper. Bueno, pues a miss Laura Roper se la llevó un salvaje a lomos de su caballo. Al sobrinito y a la hija de tres años, igual. Mrs. Eubanks, en cambio, fue arrastrada junto su hijito de pocos meses hasta un campamento del Territorio Indio y su raptor se la regaló a su jefe, Doble Cara, que la convirtió en su mujer, mejor dicho, su esclava. Trabajos humillantes, bastonazos, golpes. Luego Doble Cara se la vendió a Pie Negro, un sioux que estaba en el territorio de Nuevo México. Y fue peor, porque las *squaws*, es decir, las mujeres de ese campamento eran celosas. Le pegaban todavía más y no le daban de comer. Luego, en otoño, Pie Negro se la revendió a otro cheyenne, llamado Oso Bruno, que además de pegarle se divertía enseñándole las cabelleras todavía ensangrentadas de los pioneros o amenazándola con quemar vivo a su hijito, y esto duró hasta que los soldados de Fort Kearny la liberaron y le contaron qué le había sucedido a los demás. No sabiendo qué hacer con ellos, los cheyennes habían entregado a la niña y al sobrinito al mayor Wynkoop de Fort Laramie, pero ambos habían muerto allí al poco tiempo a causa de los maltratos sufridos. La niña, a mediados de octubre; el niño, a finales de diciembre. A Laura Roper, en cambio, la habían matado las *squaws*, porque, ¡ojo!, había que llevar más cuidado con las *squaws* que con los guerreros. Por lo general, eran ellas, no los guerreros, las que te torturaban una vez capturada. Para torturarte te arrancaban las uñas, te cortaban la nariz y las orejas, te sacaban los ojos y, por último, te prendían fuego en el vientre: te asaban lentamente. Para no terminar en las garras de las *squaws*, hacía unas semanas, la pasajera de una diligencia alcanzada por los apaches, la señora Snyder, se había disparado un tiro al corazón y se había matado. Y la historia no acababa aquí. Porque pasadas las Grandes Llanuras, justo donde empiezan las Montañas Rocosas y la ruta pasa entre gargantas que se prestan a los ataques, te encontrabas también con los *outlaws*. Los fuera de la ley, que, por lo general, preferían asaltar bancos, pero que a veces se conformaban con las diligencias, y que con la cara tapada por un pañuelo te caían encima y te robaban todo. Veteranos de la guerra civil, muchas veces, desesperados que no sabían reintegrarse y volver a la normalidad, o que de tanto competir con los indios se habían acostumbrado a esa vida. ¿Sabía cómo llamaban a la Overland Trail? *The Route of All Evils*. La Ruta de Todos los Diablos.

—*My dear, after St. Joseph it begins the end of civilization*. (Querida mía, después de St. Joseph empieza el final de la civilización).

Pese a aquellos discursos y la semana de tren, el asiento de madera, llegó como una rosa a St. Joseph. Se alojó en el Hotel Charles, el mejor de la ciudad, permaneció allí dos días, aguardando la diligencia que pasaba tres veces a la semana, y sobre esos dos días el abuelo Antonio proporcionaba detalles impagables. El primero, que en el Charles cambió de identidad. En los hoteles americanos no te pedían la documentación, para darte una habitación les bastaba con que firmaras en el registro, así que en vez de como Anastasìa Ferrier firmó como Eva Demboska: falsa identidad a la que recurriría muchas veces en el Oeste, añadiendo que era polaca y que había nacido en Cracovia. El segundo, que allí conoció a James Butler Hickock, llamado *Wild Bill*, o sea, *Bill el Salvaje*: un famoso pistolero, entonces sobre los veintiocho años, que en 1865 era sheriff en Kansas pero que también perseguía a los forajidos de Misuri. («¿A cuántos hombres blancos ha matado?», le preguntó algunos años después el periodista Henry Stanley. Y él: «Al menos a cien. Lo juro sobre la Biblia»). Naturalmente, Wild Bill se enamoró de ella en el acto, para expresarle su amor le enseñó a disparar, y ella, en agradecimiento, inauguró las píldoras de Madame Restell. Rompió, en otras palabras, el régimen de castidad en el que vivía desde que se enteró de que estaba embarazada. El tercero, que en St. Joseph llevó a la práctica la idea que se le había ocurrido en Nueva York: se cortó los largos y rubios cabellos, se rapó la cabeza al cero y se puso la peluca que había adquirido en la *coiffeur pour dames* del Fifth Avenue Hotel. Sobre los veintiún días que empleó en alcanzar Salt Lake City, en cambio, el abuelo Antonio sólo proporcionaba un dato: que era la única mujer que iba en la diligencia. Y, como es lógico, la extraordinaria proeza que realizó para salvar la vida. Pero para reconstruirlos dispongo de los horarios y de las etapas del Overland Stage, las crónicas de la época, los relatos de los viajeros que iban en diligencia al Oeste, además de los *westerns* y el recuerdo de cuanto observé el verano en que fui a buscarla (buscarme) por allí... Aquellas llanuras interminables y vacías en las que no llueve jamás, en las que sólo crecen matojos de salvia o hierbajos y en las que, aún hoy, no puede cultivarse nada. No se puede ni criar ganado, así que con lo único que te encuentras es con mosquitos, víboras, serpientes, lagartijas, cuervos y, de vez en cuando, con un perro salvaje o un coyote. Esa estepa incolora y desolada, sobre la que se pierde la vista sin que vislumbres siquiera una colina, una duna, un relieve cualquiera que interrumpa su uniformidad, y que a lo largo del South Platte (un río de veinte centímetros de altura) se convierte en un interminable pantano por el que te arriesgas a ser engullido, como si fueran arenas movedizas. Una vez recorridos mil doscientos kilómetros, es decir, cuando acaban las llanuras, el escenario cambia, es cierto. Aparecen las Montañas Rocosas, la carretera empieza a ascender, y encuentras vegetación. Árboles, bosques. Y con ellos, antílopes, corzos, ciervos, paisajes que cortan el aliento. Sin embargo, más allá de las Montañas Rocosas, mejor dicho, en la Gran Cuenca Divisoria que separa las dos cadenas de las Montañas Rocosas, el desierto comienza de nuevo para convertirse esta vez en un inmenso estanque de sal (los restos del mar que había allí en el Pleistoceno) y la pesadilla se repite. Una pesadilla hecha de silencio, de monotonía, de melancolía, de soledad....

—*All on board and the soldiers on the roof!* (¡Todos a bordo y los soldados en el techo!).

La diligencia partió a las ocho de la mañana, lo dice el horario de 1865, con diez voluntarios encaramados en el techo y armados con fusiles de repetición. (Los trabajos de la Union Pacific habían comenzado ya desde hacía algún tiempo, en julio desde la cercana Omaha se alargaban ya dos franjas de raíles, y, ciegos de rabia, los indios atacaban a un ritmo creciente. En algunos casos los bandidos les imitaban, así que para los recorridos especialmente amenazados el gobierno federal facilitaba una escolta). Partió con el número habitual de viajeros y con numerosas sacas de correo colocadas entre los asientos. Tras cruzar el río Misuri, embocó el sendero que, a través del ángulo noroeste de Kansas, conducía a Fort Kearny en Nebraska, luego a Julesburg en Colorado, luego a Fort Laramie en Wyoming, desde allí a South Pass, luego a Fort Bridger y luego a Salt Lake City, y seguramente durante el primer tramo Anastasìa disfrutó. Los seis caballos que, a ocho kilómetros por hora, corrían por las llanuras interminables y vacías, la alejaban cada vez más del riesgo de ser descubierta y arrestada. Procesada o repatriada. El cochero que con la mano izquierda apretaba las doce riendas y que, sabe Dios cómo, conseguía controlar a todos y cada uno de los caballos mientras volteaba con la mano derecha un látigo larguísimo y, según lo volteaba, daba unos gritos gloriosos. «*Haiah, haiah, gooo!*» (¡Arre, arre, vamos!). El ayudante que, sentado junto a él, empuñaba el rifle, escrutaba el horizonte y, según lo escrutaba, iba informando a los voluntarios que estaban en el techo. «*Something there!*» (¡Hay algo por allí!). Los compañeros de viaje, ocho individuos toscos y taciturnos, que masticaban tabaco sin parar y, según lo masticaban, la miraban fijamente como diciéndole: «¿Quién eres, guapa morena, quién eres?». El placer de ser la única mujer, la diversión de llevar peluca, qué importaba si a cada traqueteo o a cada salto ésta amenazaba con caerse, dejando al descubierto su cabeza rapada al cero. El orgullo mismo de haber seducido a Bill el Salvaje, de haber aprendido a disparar, de sentirse capaz de hacer frente a los indios. Pero después del primer tramo comprendió que el problema no eran sólo los indios. Era el sol, que desde el alba hasta el amanecer incendiaba la zona. El bochorno, el sudor que hacía que se te quedase la ropa pegada y que, poco a poco, transformaba la peluca en un casco de hierro encolado al cráneo. Era el polvo, que irrumpía por las ventanillas sin cristales y te cegaba los ojos, te cortaba la respiración, te sofocaba. O el lodo del South Platte que, levantado por las ruedas, te saltaba a la cara, la convertía en una máscara de suciedad líquida. Era el correo colocado entre los asientos y la forzada inmovilidad que te hinchaba los pies, te entumecía el cuerpo, te obnubilaba la cabeza, ya de por sí atontada por la continua necesidad de andar e ir al baño y lavarte. (Para cambiar los caballos la diligencia sólo se detenía seis o siete minutos. En esos seis o siete minutos sólo te daba tiempo a estirar un poco las piernas, así que para satisfacer del todo tus necesidades no contabas más que con las dos o tres paradas diarias que se efectuaban para comer, en unos tugurios en los que el retrete consistía en un agujero al aire libre. El baño, en una pileta de agua sucia más un trozo de jabón y un trapo asqueroso para secarse. La comida y la cena, en el consabido plato de carne seca con judías o en el *son of a bitch stew*. El estofado «hijo de puta», una asquerosidad a base de riñones y sesos y lengua y tripas de bisonte. Para beber, un mejunje vomitivo consistente en una mezcla de té y café, y todo ello por el precio de un dólar y medio. Lo que costaba comer en un buen restaurante en Nueva York). Por último, el hecho de que la diligencia viajaba también de noche, que de noche el calor despiadado daba paso a un frío cruel, que el frío te impidiese dormir. Y junto a esto, un espectáculo con el que no contaba. Los esqueletos, aún atravesados por las flechas, que yacían entre los matojos de salvia y los túmulos marcados con una cruz sin nombre que había con frecuencia a los bordes del camino.

—*Driver, conductor, sir...*

—*Yes. Graves left by the caravans, miss Demboska. Bones of poor wretches killed by the Indians.* (Sí. Tumbas dejadas por las caravanas. Huesos de pobres desgraciados asesinados por los indios).

Llegaron a Fort Kearny (un fortín defendido por dos compañías que acababan de ser diezmadas en un reciente ataque de los cheyennes, y que más que un fortín era un tosco edificio rodeado por una débil empalizada) después de tres días de viaje y de recorrer cuatrocientos ochenta kilómetros, sin haber sido atacados. Allí los diez voluntarios fueron sustituidos por diez soldados a las órdenes de un teniente de caballería. Con ellos salieron hacia Julesburg, Colorado, y durante esta etapa floreció un idilio que el abuelo Antonio resumía así: «Fue a causa de los bisontes. A mitad de camino, una manada de bisontes irrumpió en la ruta, en estampida, amenazando con arrollarlos a todos, y para ponerla a salvo el teniente la subió a su silla. Se la llevó de allí al galope, ¿me explico?, y para mantenerse sobre el caballo tenían que ir abrazados. En un momento dado, se les escapó un beso, y el asunto duró hasta que a él lo mataron los sioux». A Julesburg llegaron después de dos días de viaje y de recorrer doscientos setenta kilómetros. De nuevo, sin haber sido atacados. Julesburg era un pueblo que había surgido a raíz de la fiebre del oro. Se componía de un centenar de casas, de un hotel, de la oficina del sheriff, de la oficina de correos. La Overland Stage hacía allí una parada bastante larga, así que Eva Demboska tuvo tiempo de avisar a Marianne. De enviarle un telegrama que, para no dejarle huellas al sheriff, firmó con el nombre que le daban cariñosamente las hermanas Gardiol: Bebè. «On my way to Utah. Arriving soon. Mum's the word. Bebè. (Camino de Utah. Llegaré pronto. No puedo decir nada más. Bebè»). Tuvo incluso tiempo de cambiarse de ropa, de ponerse el traje de hombre que llevaba en la maleta junto a las botas. Sabia decisión, porque a partir de Julesburg el cochero tomó la ruta que, dejando atrás el South Platte, volvía a entrar en Nebraska, continuaba por el North Plate, conducía hasta Fort Laramie, en Wyoming, y la etapa fue muy dura a causa de los pantanos, en los que te hundías como si fuesen arenas movedizas. Una rueda se quedó atascada por el fango, se rompió, y tardaron toda una tarde en repararla. Llegaron a Fort Laramie después de tres días y de recorrer cuatrocientos cincuenta kilómetros. Siempre sin sufrir ataques, pero en el tramo final, a los bordes del camino, vieron unas curiosas tiendas en forma de cono y, junto a ellas, a unos guapos jóvenes con el pelo recogido en trenzas iguales a las trenzas de las mujeres, a mujeres de aspecto triste que llevaban a los niños atados a la espalda, como una mochila, a ancianos de rostro serio con una especie de corona de plumas multicolores en la cabeza. (Se trataba de un campamento de *crows*, cuervos. Indios que se llevaban bien con los rostros pálidos, a los que les daban informaciones y les proporcionaban guías, combatiendo con frecuencia junto a ellos, por lo que eran definidos como traidores). Fort Laramie era un fuerte muy especial. Se componía de sólidos edificios de piedra, tenía una guarnición de seiscientos soldados, además de varios cañones, y hacía años que no sufría ataques. Pero también era la última avanzadilla que ofrecía una cierta seguridad. Y cuando uno de los cinco pasajeros, aludiendo al incruento viaje que estaban haciendo hasta ahora, exclamó: «Para mí, que eso de los malvados indios es una patraña», el comandante lo mandó callar en el acto.

—*Don't delude yourself, the worst is to come* (No se haga ilusiones. Lo peor está por llegar).

Porque, añadió, estaban a punto de entrar justo ahora en territorio enemigo. Pasado Fort Laramie, el terreno estaba lleno de colinas, valles, montañas, gargantas en donde las emboscadas y los asaltos eran más fáciles de llevar a cabo que en las llanuras. Y allí estaban los guerreros de Nube Roja, de Tatanka Iyotonka, o sea de Toro Sentado, de Oso Gris, de Cuchillo Afilado, de Cincha de Nutria, que además de flechas y hachas usaban fusiles. Estaban los sioux, en una palabra, los arapahoes, los cheyennes, los comanches, que, unidos en una estrecha alianza, vivían sólo para vengar la matanza de Sand Creek y luchar contra el avance del ferrocarril. «Hagamos un pacto», les había enviado a decir en julio el gobernador de Wyoming, «yo os autorizo a dejar la reserva, a cazar, y vosotros me dejáis construir en paz la vía férrea». Pero Nube Roja, el jefe supremo de los sioux, había contestado: «Nosotros no necesitamos vuestro permiso. Estamos en nuestra casa y saldremos de esas cárceles que vosotros llamáis reservas cuando nos parezca, iremos a cazar cuando nos parezca. Nosotros no queremos vuestros caminos de hierro para vuestro caballo de hierro y vuestros pactos son siempre mentiras, engaños de sanguijuelas codiciosas y prepotentes. Así que, la guerra continúa, y si queréis llegar a viejos volved al lugar en el que habéis nacido». Al mismo tiempo, Toro Sentado, el jefe de la tribu unkpapa de los sioux lakota, había atacado tres fortines situados en el Bozeman Trail que defendían a los pioneros que se dirigían hacia Montana, matando a un montón de soldados. Cuchillo Afilado, el jefe de los cheyennes, había diezmado a dos caravanas en el Oregon Trail. Cincha de Nutria, el jefe de los comanches, había asesinado a una familia entera de colonos que vivía en el riachuelo Azul. Al padre, a la madre, a los dos hijos. El niño tenía seis años, la niña cuatro. Para dejar claro que ya no se podía pasar por las rutas, Caldera Negra, el jefe de los arapahoes, había intensificado las expediciones de castigo contra las diligencias. Sus guerreros, formando pequeños grupos, caían sobre ti cuando menos te lo esperabas, y ojo con infravalorarlos. No le tenían miedo a nada, aquellos salvajes. A nada.

* * *

La amenaza se materializó a los cien kilómetros de Fort Laramie, en el valle que conducía a Fort Casper y luego a la Montañas Rocosas. Veintiséis sombras a caballo, en fila sobre la cresta de una de las colinas que ondulaban aquel paisaje repentinamente cambiado, y en cada sombra la silueta de un hombre a caballo que llevaba un fusil o un arco acompañado por el carcaj de flechas. Inmóviles como estatuas, sin embargo: casi como si sólo estuvieran mirando o como si no tuvieran la más mínima intención de asaltar un carruaje que sólo transportaba a un puñado de sanguijuelas. De hecho, el ayudante se limitó a señalarlos con el dedo: «*Up, there*» («Allí arriba»). El teniente, a movilizar a los diez soldados apostados en el techo. «*On guard*» («En guardia»). El cochero, a hacer estallar el largo látigo con más fuerza. «*Haiah go! Haiah go!*». Y, pese a todo lo que habían oído contar, los pasajeros no se pusieron más nerviosos de lo normal. Por otra parte, al atardecer las sombras se diluyeron, y Anastasìa permaneció con su Smith & Wesson en la mano durante toda la noche sólo por cautela. Se negó a hacer caso al teniente que le repetía: «*Try to sleep, miss Demboska. It was a false alarm*» («Intente dormir, miss Demboska. Ha sido una falsa alarma»). Lo malo era que ésa era la estrategia de los arapahoes: dejarse ver a lo lejos, asustar, desaparecer, esperar a que el miedo desapareciese, reaparecer y atacar. El ataque se produjo al alba. Inesperado, feroz. Y puedo reconstruirlo con exactitud gracias al relato que el abuelo Antonio proporcionaba para hacerse perdonar su discutida pasión, para demostrar que había amado a una mujer excepcional. Brotaron de las rocas detrás de las que se habían escondido la noche anterior, decía. Un inesperado avance de cuerpos semidesnudos, de cabellos al viento, de rostros tatuados con rayas de pintura roja o amarilla o verde. (*Arapaho* significa «tatuado»). Los guiaba un guerrero que lucía sobre la cabeza dos cuernos de bisonte, un collar de cabelleras al cuello (¿Caldera Negra en persona?), y montaban a pelo. A veces, hasta sin tocar siquiera las bridas porque tenían las manos ocupadas con los fusiles o los arcos. Dando extraños aullidos, se lanzaron en persecución de la diligencia que en vano les respondió con un crepitar de disparos, en vano redobló su velocidad, y no tardaron en alcanzarla. Comenzaron a atacarla siguiendo el método «golpea y huye». *Hit and run.* Según la alcanzaban, la rodeaban, disparaban sus flechas o descargaban los fusiles, e intentaban detenerla; luego, sin preocuparse por sus propias pérdidas, se alejaban. Iban a esconderse de nuevo, a recobrar el aliento, y apenas descansaban, volvían a la carga. Empezaban de nuevo como desde el principio. El «golpea y huye» duró toda la mañana y causó una matanza. En el segundo asalto murieron dos soldados. En el tercero, tres. En el cuarto, murió el ayudante. En el quinto, un pasajero. En el sexto, el teniente, que recibió un flechazo en el pecho y sólo tuvo tiempo de murmurar: «Miss Demboska, Eva...». Mientras, los otros soldados fueron cayendo heridos y como el cochero no podía dejar las riendas para ponerse a disparar, los únicos que siguieron combatiendo fueron Anastasìa, con su Smith & Wesson, y los pasajeros supervivientes. Al séptimo asalto, sin embargo, los arapahoes consiguieron neutralizar al cochero. Bloquear a los caballos. Ella también se rindió, y entonces ocurrió lo que tenía que ocurrir. Estaba furibunda, echaba espuma por la boca como un potro cuando le echan el lazo. Sobre todo por el teniente. Furibunda, se acercó al guerrero con los cuernos de búfalo y el collar de cabelleras, con un gesto seco se quitó la peluca y, enseñándole el cráneo más liso que un huevo, se la arrojó a la cara.

—*Put this one too on your neck, ugly son of a bitch!* (¡Ponte ésta también al cuello, feo hijo de puta!).

Pobre Caldera Negra o quien fuese, concluía el abuelo Antonio. Nunca había visto a un ser humano que se arrancase él solo la cabellera y que al hacerlo no perdiese siquiera una gota de sangre, no dejase escapar ni siquiera una queja. Presa del pánico, huyó abandonando el precioso trofeo, y sus guerreros hicieron lo mismo. Fue así como miss Demboska pudo llegar hasta Salt Lake City. Reencontrarse con Marianne, comprometerse con su marido.

* * *

¿Verdadero? ¿Falso? El instinto me dice que debo creérmelo. Siempre me lo he creído. Igual que me creo las otras dos proezas con las que él enriquecía la epopeya de la peluca: que miss Demboska obligó al cochero a retroceder para recoger el cuerpo del teniente, y el encuentro a tiros con unos bandidos que, cerca de Fort Bridger, zanjó a disparos de Smith & Wesson. Sin realizar proezas, por otra parte, no se llegaba hasta Salt Lake City. Porque el viaje que hacías, según bajabas de las Montañas Rocosas, para ir de Wyoming a Utah era una maravilla, sí. Aquellos bosques llenos de abetos, de castaños, de pinos, de arces, y repletos de corzos, ciervos, alces, zorros, osos. Aquellos picos nevados, aquellos glaciares brillantes y azules, aquellos cañones de una profundidad de mil o dos mil metros en cuyo fondo encontrabas fósiles de dinosaurios. Aquellos valles rosados e interrumpidos por rocas ciclópeas, con forma de torres y de castillos, aquellos paisajes que parecían ilustrar el Génesis. Pero también era un calvario que sólo aguantaba gente como ella. En los bosques, la ruta ascendía por unos caminos tan escarpados que a veces ni siquiera los mulos (esta parte del viaje se hacía con mulos) conseguían recorrerlos y, en vez de avanzar, retrocedían, volcando la diligencia. En las montañas se bordeaban precipicios terroríficos, simas que en algunos puntos pasabas rozando unos pocos centímetros, por lo que te arriesgabas a caer. En los cañones ibas metido en gargantas estrechísimas, en pozos de oscuridad en los que avanzabas con gran esfuerzo, imaginándote que iban a volver a caer sobre ti otros indios, otros bandidos. En los valles se atravesaban ríos y riachuelos que había que cruzar sobre débiles balsas o metiéndote en ellos con el agua hasta el cuello. Y al dejar atrás Fort Bridger, había que pasar sobre una interminable extensión de agujas, tan sumamente duras que agujereaban los cascos de los mulos y las llantas de las ruedas, por lo que ojo con caminar sobre ellas. El Desierto de Sal. El calvario duró una semana y, si quisiera, podría contármelo hasta el último detalle hasta llegar al momento en el que entró en Salt Lake City, a donde Marianne, que ya había recibido el telegrama, había acudido corriendo, con el celo de una perra fiel, y donde todos los días, como una perra fiel, iba a esperar la llegada de la diligencia. Pero ahora tengo prisa por verla en la ciudad en la que vivió la aventura más desconcertante de su paréntesis americano, y la última suya que conozco.

14

La conozco y, sin embargo, no me lo explico. Porque no me explico cómo pudo ella, tan rebelde e inteligente, tan orgullosa, aceptar una sociedad basada en la poligamia. No me explico cómo pudo ella, atea y víctima desde la infancia de los fanatismos religiosos, de los abusos de poder del clero, tolerar los de una teocracia más negra que la que afligía los valles valdenses y el Piamonte de Carlos Alberto. De acuerdo, en Utah estaba Marianne. Y había sido Marianne la que la había impulsado a partir hacia América. De acuerdo, quedándose en Nueva York o en cualquier otra ciudad de América corría un riesgo excesivo. Y para huir de eventuales interrogatorios acerca de su pasaporte tenía que establecerse en un lugar que no respetase las leyes federales. Pero sabía que Marianne se había convertido a la fe mormona y que en Salt Lake City era la sexta señora Dalton, es decir, la mujer de un polígamo. Sabía que los mormones de Utah tenían más mujeres que los musulmanes, que para ellos las mujeres no contaban para nada, y que los principios constitucionales todavía menos. Desde hacía tres décadas ese problema se consideraba una espina en el corazón de la democracia norteamericana, una vergüenza similar a la esclavitud, y excluyo que no hubiera oído hablar de ello en Turín o en Nueva York. Excluyo que antes de emprender el infernal viaje no se hubiese estudiado a fondo la historia de la increíble secta a la que pretendía pedir refugio.

¿Qué historia? Voy a intentar resumirla. En 1823 un tal Joseph Smith, un campesino de Vermont, de dieciocho años, recibió (lo afirman las Sagradas Escrituras) la visita de un ángel enviado por el Señor. Y, por cuenta del Señor, éste le había revelado la existencia de treinta tablillas que, grabadas siglos atrás por un santo hombre llamado Mormon, yacían dentro de una caja enterrada cerca del lago Ontario. «Explican el Reino de Dios, Joseph. Están escritas en egipcio-*yiddish* y para descifrarlas la caja contiene también un par de gafas milagrosas. Ve, búscalas y cambia el destino del Universo». Joseph las encontró, descifró, tradujo al inglés, y el resultado de ese esfuerzo fue el nacimiento, en 1830, de *The Book of Mormon* o Biblia de los Mormones. Una mezcla absurda de judaísmo, islamismo, panteísmo, socialismo, Antiguo Testamento, cristianismo, además de toscas supersticiones e insensateces varias, con la que al año siguiente Joseph fundó la Iglesia de Jesucristo de los Santos del Último Día, añadiendo un enésimo culto a los ya numerosos cultos que, importados de Europa o inventados *in loco*, prometían la vida eterna. (Bautistas, anabaptistas, presbiterianos, metodistas. Luteranos, calvinistas, episcopalianos, congregacionistas. Cuáqueros, *amish*, católicos, hebreos, greco-ortodoxos. Testigos de Jehová, Hijos de Satanás, Discípulos de Belcebú...). Una Iglesia de tipo protestante, se entiende. Regida por sacerdotes y obispos vestidos de seglar, sin votos de castidad, y guiada por Doce Apóstoles con mujer y prole. Entre éstos, los tres que habían ayudado a Joseph a realizar la hazaña y con los que Anastasìa tuvo que vérselas: el cristalero John Brigham Young, también conocido como el León; el tendero Heber Kimball; el maestro de escuela Orson Pratt. Y en vano les habían contestado los envidiosos que lo de las treinta tablillas (que nadie había visto jamás) era una patraña como lo del egipcio-*yiddish* y lo de las gafas milagrosas. El nuevo profeta, un imbécil manipulado por una pandilla de charlatanes en busca de poder y dinero. Su Biblia, un plagio de un manuscrito robado al novelista Sam Spaulding. En un abrir y cerrar de ojos, Joseph consiguió reunir a un millar de seguidores, es decir, de Santos, instituyó una milicia secreta, la Compañía de los Ángeles Exterminadores, y los arrastró con él hasta el Medio Oeste. En busca de la Nueva Jerusalén. Al principio fueron a Kirtland, Ohio, donde los mil seguidores se convirtieron en dos mil y, a despecho de los Ángeles Exterminadores, en 1833 le cubrieron de alquitrán, le emplumaron y lo expulsaron. Luego fueron a Independence, Misuri, donde los dos mil se convirtieron en cuatro mil y, siempre a despecho de los Ángeles Exterminadores, fue expulsado en 1838. Luego a Nauvoo, Illinois, donde los cuatro mil se convirtieron en ocho mil y, el 12 de julio de 1843, recibió una segunda visita del ángel. Esta vez descendió del cielo para echarle en cara el escaso número de Santos con que contaba y revelarle que la poligamia constituía el eje esencial del mormonismo. «¡Joseph! Sois demasiado pocos, Joseph, y la culpa es de la monogamia. Tenéis que casaros con varias mujeres y dejarlas embarazadas, Joseph. Has de saber que en el Jardín de Edén Adán tenía muchas mujeres. No sólo a Eva». Así que, haciendo oídos sordos a las protestas de Emma, su legítima esposa, se casó inmediatamente con otras cinco. Los Doce Apóstoles y los varios obispos, con otras tantas o más. A escondidas de la gran masa de fieles, sin embargo, que aún no estaban preparados para acoger la buena nueva, incluso rechazando con indignación las insinuaciones de quienes sospechaban qué estaban haciendo. «Calumnias difundidas por los paganos. Nosotros no cometeríamos jamás semejante iniquidad». El problema fue que, gracias a la declaración de catorce concubinas, hartas de ser humilladas, al año siguiente el periódico *Expositor* lo había descubierto todo. Al grito de «mentirosos, hipócritas, viciosos», algunos Santos habían abandonado la Iglesia, para vengar el doble ultraje los Ángeles Exterminadores habían quemado el periódico y liquidado a los rebeldes, Joseph había acabado en la cárcel, una muchedumbre embrutecida lo había asesinado allí, y ya se sabe: los mártires ganan siempre. Cerradas las discordias, extinguidas las apostasías, los siete mil le pasaron el liderazgo a Brigham Young, el *León*.

—Hermanos, hermanas, yo os encontraré la Nueva Jerusalén. La nueva patria del sueño. Y pobre del que nos la toque.

Bueno, esperó tres años antes de empezar a buscarla, el León. El nuevo Moisés. En cualquier caso, en 1847, cuando los siete mil se habían convertido en once mil, emprendió el viaje con una escolta de ciento veinte hombres armados y se encaminó hacia la deshabitada tierra de los uta: una tribu de indios que se habían quedado en la edad de piedra, que se alimentaban golosamente de saltamontes (muy abundantes en la zona) y básicamente inofensivos. Atravesando las Montañas Rocosas y luego el desierto de estalagmitas, llegó a la llanura que rodea el lago Salado, a la espléndida altiplanicie que lo domina, plantó allí los palos con los que, en aquella época, se decía «este sitio es mío», y a mediados de otoño comenzó el Éxodo. Con carros tirados por bueyes, con tartanas arrastradas a mano. Con niños, viejos, cojos, mujeres encinta. Y con poquísima comida, poquísimas mantas, ningún médico, nada de medicinas. Sin ni siquiera un guía que les indicara el camino. De hecho, fueron ellos los que trazaron el Mormon Trail, la ruta madre de todas las rutas, y muchos murieron. Muchos. De hambre, de agotamiento, de frío. De cólera, de tifus, de ignorancia. A manos de los apaches, de los comanches, de los arapahoes, de los sioux. En el lodo de las llanuras, en el agua de los ríos en plena crecida, en la nieve de los escarpados senderos, en los cañones. Pero la esperanza de alcanzar el paraíso produce estoicismo, la fe, cuando va unida a la gilipollez, capacita para cualquier heroísmo, y en primavera los supervivientes (alrededor de diez mil) llegaron a la patria del sueño. Una región inmensa, capaz de albergar a millones de personas. Un imperio que, además de la tierra de los uta, incluía parte de la actual Arizona, de la actual California, de los actuales Colorado y Idaho y Wyoming, y del que se adueñaron sin que nadie se lo impidiera. (Los uta, menos que nadie). Erigieron la Nueva Jerusalén, es decir, Salt Lake City, construyeron otras ciudades o pueblos o granjas. Cultivaron la tierra, la regaron, combatieron contra los saltamontes. Y amasaron mujeres, mujeres, mujeres. Engendraron hijos, hijos, hijos. Tal y como lo deseaba Brigham Young, ya jefe supremo y gobernador. Más se multiplicaban, más se expandían y más poderoso se volvía él. El dueño absoluto de sus vidas, su soberano. También se iba volviendo cada vez más ambicioso, más ávido de llenar lo antes posible aquel imperio infinito, más codicioso. ¿Acaso no fue durante aquellos años cuando tuvo la idea de reclutar seguidores entre los pobres de Europa, de arrancarlos, sirviéndose de misioneros políglotas, de las viejas religiones, de seducirlos con el espejismo de la rica América? «Venid, venid. Allí todos somos señores, todos somos propietarios. Casas, fincas, pastos. Leña, carbón, sal. ¡Lagos, océanos de sal!». (En Europa la sal costaba una fortuna, ¿recuerdas?). Fue durante aquellos años cuando rebuscó entre los parias escoceses, galeses, irlandeses, holandeses, noruegos, suecos, daneses, alemanes, piamonteses, mejor dicho, valdenses. A las Marianne Gardiol, a las infelices que, con la esperanza de llevar una vida acomodada, se convertían al extraño culto. Con el dinero que les prestaba el Fondo Perpetuo del rey (y pobre de ti si luego no se lo devolvías), iban corriendo a Liverpool, se embarcaban en los lentísimos barcos y al desembarcar descubrían que la rica América era el vía crucis del Mormon Trail, pero atraídos por el espejismo seguían adelante, desafiando a la muerte tiraban de las tartanas hasta Salt Lake City. Sin saber lo de la poligamia, además. Porque de eso los misioneros no hablaban jamás.

Acabamos de llegar al quid del asunto.

Apoyados por un manifiesto aparecido en 1848, «basta con las calumnias, basta con las acusaciones infamantes», las denegaciones habían cesado el 29 de agosto de 1853. O lo que es lo mismo, cuando la revista mormona de Liverpool, *The Millennium Star*, publicó un deshilvanado artículo titulado «Celestial connubio» y subtitulado «Revelación sobre el orden patriarcal del matrimonio, o sea, sobre la pluralidad de las esposas, revelada a Joseph Smith el 13 de julio de 1843 en Nauwoo». Al mismo tiempo, los teólogos de Salt Lake City les habían explicado a los paganos los motivos por los que la poligamia era lícita, es más, constituía un deber, una condición sine qua non que Dios le ponía a todo aquel que quisiera ir al paraíso. «Garantiza la descendencia y la paz de los sentidos, ¿no? Acaba con el adulterio, la prostitución, el infanticidio, el celibato, en definitiva, protege a la familia, ¿no? Por eso nuestros padres la practicaban con los ojos cerrados. ¡Vamos! Relean el Antiguo Testamento, señores. Abraham tenía cuatro mujeres, Isaac y Jacob, igual. El rey David tuvo ochocientas, el rey Salomón, mil. Relean también el Nuevo Testamento, o sea, el caso de Jesucristo, y no hagan ni caso de las cháchara de nuestros enemigos. ¿Quién se casó en Caná el día en que el agua se transformó en vino? ¡Jesucristo, señores, Jesucristo! ¡Con Marta y con Miriam, diablos! ¿Y acaso María Magdalena no era su tercera mujer? Al Nazareno le gustaban las mujeres. Quién sabe cuántas más hubiese tenido si no lo hubieran crucificado». Habían incluso admitido que, sin llegar a los excesos de David y Salomón, los Santos respetables tomaban más esposas que Jesucristo y Abraham e Isaac y Jacob. El apóstol Heber Kimball, por ejemplo, tenía cuarenta y tres. Brigham Young, veintisiete. Mary Ann Angell; su hermana Jemina; Lucy Decker; su hermana Clarissa; Lucy Bigelow; su hermana Mary Jane; Tessy Young (una sobrina); su prima Elizabeth. Y Diana Chase, Martha Bowker, Harriet Barney, Eliza Burgess, Eliza Snow, Suzanne Snively, Margaret Alley, Ellen Rockwood, Emily Partridge, Zina Huntington, Mary Van Cott, Julia Hampton, Augusta Cobb... Tanto es así que no conseguía ni recordar sus nombres. Igual que Kimball, las llamaba Number One, Number Two, Number Three, Number Four. A los cincuenta y seis hijos, igual. Sin que ellas se rebelasen, que esto quede claro, porque las mujeres mormonas pensaban exactamente lo mismo que los hombres sobre este asunto. La sospecha de que el ángel hubiese contado una trola no se les pasaba siquiera por la cabeza. Entonces, definiendo la poligamia como «una barbarie idéntica a la esclavitud», el país se levantó. En 1855 el presidente Pierce envió a tres jueces, y él los expulsó. «Los Estados Unidos no tienen nada que ver con nosotros. Aquí mando yo». En 1857 el presidente Buchanan había enviado al ejército, tres mil soldados de infantería y dos mil de caballería a las órdenes de un general decidido a domar la rebelión, y él los había mantenido a raya incendiando sus fortines y envenenando sus pozos. Bajo las mismísimas narices del general, los Ángeles Exterminadores habían incluso matado a los ciento treinta y cuatro pioneros que componían una caravana que estaba atravesando Utah camino de California, la famosa matanza de Mountain Meadow, y en 1859 el gobierno se vio obligado a suscribir un armisticio humillante. Luego estalló la guerra civil. Pese al Anti-Bigamy Act, el decreto mediante el cual Lincoln confirmó en 1862 la ilegalidad de la bigamia, el problema quedó arrinconado. Finalizada la guerra, no se exhumó y ahora nada impedía a Marianne ser la sexta esposa de John Dalton: el anciano colono que la había llevado al altar tres meses después de casarse con su quinta mujer, Letizia Williams, con la que, a su vez, había contraído matrimonio a los dos meses de casarse con la cuarta, Ann Casbourne, con la que se había casado a los ocho meses de su boda con la tercera, Lydia Knight, con la que se había casado a los trece meses de la boda con la segunda, Ada Miller, viuda de Hodgkinton, con la que se había desposado a los veintiocho años de la boda con la primera, Rebecca Crammer. (Y qué le vamos a hacer si el matrimonio con la viuda Hodgkinton duró poco a causa del señor Hodgkinton, dado por muerto, pero vivito y coleando en California). Nada impedía a John Dalton casarse con una séptima mujer, es decir, añadir a su harén a la bella extranjera que le había enviado un telegrama a Marianne: «Camino de Utah. Llegaré pronto. No puedo decir nada más. Bebè».

No lo entiendo, no, no lo entiendo. A menos que la orgullosa, la rebelde, la cínica Anastasìa no incubase un secreto masoquismo. Una necesidad inconsciente de castigarse por haber abandonado a la abuela Giacoma. O una sed oculta en el subconsciente de rehacer una familia, de conseguir al padre que no había conocido y que, quizá, había buscado en vano el año anterior en un hombre treinta años mayor que ella. Dos hipótesis que el abuelo Antonio sugería, añadiendo con una sonrisa de éxtasis: «Y no olvidemos que era una persona capaz de cometer cualquier insensatez, cualquier locura. Una persona que quería experimentarlo todo, una aventurera con galones».

* * *

El encuentro con Marianne se produjo con mucho retraso. Tanto que bajo la peluca negra ya le estaba creciendo un imperceptible manto de hilos de oro. Y, como es lógico, le llevó su tiempo reconocer a su amada niñera de Turín en aquel pobre gusano agotado por los embarazos e idiotizado por el lavado de cerebro con el que los Santos habían acabado completamente con su ya de por sí escasa inteligencia. Como es lógico, a Marianne también le llevó su tiempo comprender que aquella excéntrica joven, con las botas cubiertas de barro y una Smith & Wesson al cinto, era la adorada niñita a la que había dejado de ver en 1853. Pero la acogió con los brazos abiertos, convencida de que estaba allí para llevar a la práctica la

Palabra de Mormon en el seno de la familia Dalton. Luego la llevó a que conociera a Lydia y a Rebecca, las esposas que mister Dalton tenía en Salt Lake City, y durante el trayecto no paró de tranquilizarla. Qué buena idea que había tenido. Tanto si se quedaba en Salt Lake City como si se establecía en Rockville, es decir, en la granja agrícola en la que mister Dalton vivía con ella, con Ann y con Letizia, sería feliz con ellas. Nada de celos, nada de envidias, nada de antagonismos: las señoras Dalton se llevaban de maravilla entre ellas. Se llamaban *sister*, «hermana», y como hermanas criaban a los niños y compartían la cama del cónyuge...

—Porque él no tiene favoritas, Bebè. Trata a todas sus mujeres de la misma forma.

—¿Ah, sí?

—Sí. El lunes duerme conmigo, el martes con *sister* Ann, el miércoles con *sister* Letizia. El jueves otra vez conmigo, el viernes otra vez con *sister* Ann, el sábado otra vez con *sister* Letizia, el domingo descansa...

—¿Y cuando está aquí?

—Cuando está aquí duerme una noche con *sister* Lydia y otra noche con *sister* Rebecca, Bebè.

Lydia y Rebecca también la acogieron con los brazos abiertos. Eran dos viejecitas con aspecto humillado y siempre vestidas de negro. Rebecca tenía setenta años: seis más que John, de sesenta y cuatro; cuarenta más que Ann y Marianne, de treinta; cuarenta y cinco más que Letizia, de veinticinco. Y Lydia tenía casi sesenta, pero los llevaba peor si cabe que Rebecca. Ignoradas por todos, incluso por sus hijos, ya adultos, relegadas a una soledad que sólo aliviaban las escasas visitas del marido y, por lo tanto, ansiosas de tener compañía, la recibieron como si fuera un don caído del cielo. La alojaron en la habitación que había pertenecido a la presunta viuda Hodgkinton. La relavaron, le dieron de comer, la cubrieron de mimos al igual que Marianne. Así que, Bebè se acurrucó entre sus brazos como un recién nacido en la cuna. Le parecía que había regresado al pequeño gineceo de la vía Legrange, decía el abuelo Antonio. A los hermosos tiempos en que tenía tres mamás y Marianne le ponía la comida en la boca, en el lugar de Lydia estaba

Suzanne, y en el lugar de Rebecca, la *Tante* Jacqueline. Salt Lake City la conquistó, en una palabra. Borró, incluso, la añoranza de Nueva York, de Irving Place, de los Nesi. Qué importaba si fuera de la cuna la realidad agredía cada dos pasos. Con las residencias de Brigham Young, por ejemplo. La *Bee House* o Casa de las Abejas, donde el muy canalla tenía a sus mujeres jóvenes y a los críos; la *White House* o Casa Blanca, donde relegaba a las que ya estaban maduritas y, por tanto, excluidas de los coitos conyugales. La *Lion House*, donde custodiaba a la favorita de turno, es decir, a Amelia Foldom: una bostoniana que tenía cincuenta años menos que él. O con las ocurrencias de los Apóstoles, que habían colocado a sus harenes en villitas contiguas pero independientes las unas de las otras. Cada villita, una mujer cuyo nombre estaba encima de la puerta: «Lucy», «Clarissa», «Joan», «Abigail». Y con el espectáculo que ofrecían las pobrecillas cuando iban a misa los domingos, todas en fila india detrás del marido, como si fueran ocas detrás del dueño... Y qué importaba, porque, asilo jurídico y tres mamás aparte, aquel mundo de hombres saciados le ofrecía una libertad que no había saboreado jamás. La libertad de quien ignora la llamada de los sentidos y del amor. Allí, nada de aventuras carnales o románticas. Nada de idilios, nada de tentaciones, nada de pasiones. La gente se casaba y ya está. Por principios sociales y religiosos, con la finalidad de procrear: no por amor o siguiendo la llamada de los sentidos. Ni siquiera se practicaba el adulterio: un pecado que el divorcio y la poligamia habían convertido en algo realmente inútil, pero que, en cualquier caso, estaba castigado con la excomunión, un año de cárcel y quinientos dólares de multa. Y la belleza no importaba. Es más, la consideraban una amenaza, un anzuelo que favorecía el vicio. Podía, por lo tanto, permitirse el lujo de no seducir a nadie, y se lo concedió. Ya no le importaba ser guapa. Ya no se ponía la peluca, con alegre despreocupación exhibía su imperceptible manto de hilos de oro, su cráneo todavía casi calvo.

—*Je m'en fiche. I don't care.* (Me trae sin cuidado).

El problema es que los vetos, los moralismos, no apagan los deseos. Si acaso los encienden, los exasperan, y sin peluca ella estaba igual de guapa. El cráneo rapado resaltaba sus altos pómulos, su perfecto perfil, su cuello largo y delgado. Le confería un encanto especial, un atractivo a la que ni siquiera un hombre satisfecho y respetuoso de las normas hubiese podido sustraerse. Pasadas dos semanas el señor Dalton fue a recoger a Marianne y... Un tipo que no estaba nada mal, el tal señor Dalton. Se deduce por la desenfocada fotografía que he encontrado en los archivos de Salt Lake City, ésos en los que los Santos del Último Día custodian los documentos y los datos genealógicos de sus antepasados. Rostro enérgico y reforzado por unos poblados bigotes a cepillo, además de por una solemne barba a lo Moisés. Mirada penetrante, estatura imponente, aspecto sano, y algo que, si no me equivoco, recuerda al *Innominato*. (La actitud masculina y segura, quizá. La boca severa y, al mismo tiempo, sensual). Los datos genealógicos aseguran que también era una persona íntegra y un individuo con mucho carácter: aunque sentía debilidad por el tabaco y el whisky, desde que se había convertido al credo de Mormon sólo bebía agua fría y jamás se encendía un puro o una pipa. Además, quería mucho a Rebecca: durante veintiocho años fue su única esposa, ¿recuerdas?, y era seis años mayor que él. Pero, he aquí el quid, las mujeres jóvenes le gustaban mucho. Y llevaba mucho tiempo sin casarse con ninguna. Así que, cuando vio a la huésped a cuyo atractivo ni siquiera un hombre satisfecho y respetuoso de las normas hubiese podido sustraerse, concluyó que necesitaba una mujer nueva en Salt Lake City. Le encargó a Marianne que le hiciera de casamentera, y adiós a la libertad de quien ignora la llamada de los sentidos y del amor. El diálogo que se sigue no es fruto de mis suposiciones. Lo contaba el abuelo Antonio, al que se lo había contado la propia Anastasìa.

—Tienes que bautizarte lo antes posible, Bebè.

—¿Por qué, Marianne?

—Porque mi marido quiere casarse contigo, Bebè. Necesita una mujer nueva en Salt Lake City, y te ha elegido a ti.

Silencio.

—Es un buen hombre, Bebè. El marido ideal. No te pega nunca, no te traiciona jamás, y a sus sesenta y cuatro años no tiene un solo diente con caries ni una sola cana.

Silencio.

—Por otro lado, una mujer tiene que casarse, ¿no? Si no se casa, no va al cielo.

Silencio.

—Acéptalo, Bebè. Mañana regreso con él a Rockville, y ¡me gustaría tanto dejarte comprometida!

Silencio de nuevo, y luego...

—De acuerdo, Marianne.

El compromiso tuvo lugar en presencia de Lydia y de Rebecca, es decir, se celebró como una pequeña fiesta familiar, y la boda se fijó para finales de octubre, en la *House of Endowment* o Casa de los Ritos: el lugar en el que el profeta oficiaba también los divorcios. (A diez dólares, estos últimos. Cantidad que se embolsaba para «pequeños gastos personales»). El bautismo tuvo lugar en septiembre, en el Jordan River, y por desgracia no tengo pruebas de ello. En los archivos de Salt Lake City no las he encontrado. Al abuelo Antonio, sin embargo, Anastasìa le decía con frecuencia que su ateísmo había sido refrendado por tres bautismos. Dos según el rito valdense y otro según el rito mormón. ¿Es posible que mintiese? Le contaba también que vivió el tiempo de espera antes de la boda sin incertidumbres, totalmente decidida a convertirse en la séptima señora Dalton y preparándose convenientemente para dar el gran paso. Conociendo hasta el último de los alucinantes detalles. (¿Sólo alucinantes? A la primera mujer le tocaba acompañar a la esposa hasta el altar y, le apeteciese o no, entregársela al futuro cónyuge. A la Casa de los Ritos debía acudir, pues, junto a Rebecca, al lado de Rebecca tenía que vivir toda la ceremonia, y escucha esto. En el umbral tenían que ponerse las dos el traje de novia: una túnica de lino blanco, similar a la del esposo. Siguiéndole, tenían que llegar hasta una habitación en la que Brigham Young esperaba aposentado sobre un trono forrado de rojo y donde a las otras mujeres se les permitía asistir en calidad de testigos. Aquí tenían que arrodillarse los tres, John por un lado, ellas dos por otro, y Brigham Young debía preguntarle a Rebecca: «¿Estás dispuesta a autorizar esta unión y a conceder a esta mujer a tu marido como su legítima consorte por los siglos de los siglos?». La pobre Rebecca habría contestado que sí, y Brigham Young habría replicado: «Demuéstralo poniendo tu mano derecha sobre la mano izquierda de tu marido». Ella se la habría puesto en el acto y entonces Brigham Young le habría preguntado a John si quería casarse con Anastasìa y a Anastasìa si quería casarse con John...). Rebecca intentó disuadirla. Era una mujer inteligente, Rebecca. Dentro de su resignación, de su humillación, se daba cuenta perfectamente de que la fascinante extranjera estaba a punto de abandonarse a un capricho o a una locura, y: «No te lo digo por mí, niña. Yo ya me he visto suplantada por un montón de mujeres, y eso ya no me hace sufrir. Lo digo por ti: cambia de idea. Rezo a diario para que entres en razón, para que algo te impida arrodillarte ante el altar». Intentaba disuadirla también Lydia, una mujer tosca pero no tonta. «¡Escucha a una que ha caído en la trampa, a una que sabe de lo que habla! ¡Huye, niña, huye!». Hasta le sugirió el lugar al que podía huir: Virginia City, en el antiguo Nevada. Y todos los días le hablaba de aquella ciudad que había surgido de la nada, por dos mineros que iban en busca de oro y que, en cambio, descubrieron una inmensa veta de plata. ¡Oh, era un sitio extraordinario!, le decía. Tan rico que hasta las calles brillaban como si fueran de plata. De polvo de plata. Se montaba con espuelas de plata a lomos de sillas de plata; los caballos tenían las herraduras de plata, y las puertas se abrían girando pomos de plata. Además, era un lugar sin leyes, sin reglas, sin iglesias, sin religión: ése era el quid. Un lugar en el que la gente no le temía ni a Dios ni al diablo y hacía lo que le venía en gana. Jugaba a los dados y a las cartas, fumaba, bailaba, se emborrachaba, se divertía a placer. Pero, sobre todo, era un lugar en el que las mujeres no se casaban con un marido que ya tenía varias mujeres, mejor dicho, que ya tenía muchas mujeres. Porque, monogamia aparte, allí había poquísimas mujeres. Tan pocas que cuando aparecía alguna era acogida como si fuera un don tan raro como precioso, una reina, una diosa. Aunque fuera vieja o fea o una prostituta. Eran más importantes que los hombres, en una palabra. Podían mandar, fumar, bailar, jugar a los dados o a las cartas, emborracharse, divertirse, tanto o más que los hombres. Y si les apetecía casarse, se casaban; si no les apetecía, no se casaban... Pero el hecho es que ella no la escuchaba. Como mucho, sonreía «*don't worry, don't worry*».

Pero entonces ocurrió ese algo que Rebecca deseaba que ocurriese. Y la futura señora Dalton cambió realmente de idea. Se escapó de verdad.

* * *

Ocurrió en la víspera de la boda. Y la que le brindó el pretexto, mejor dicho, el motivo fue precisamente la estúpida de Marianne, que había reaparecido junto al marido para disfrutar del épico acontecimiento. Era de noche. Abatidas como soldados que han perdido la batalla, Lydia y Rebecca estaban sentadas en una esquina, intercambiándose suspiros de consternación. Más orgulloso que un gallo que está a punto de añadir una pollita al gallinero, el señor Dalton se comía con los ojos a su prometida cuyos rubios cabellos, mientras tanto, habían crecido algunos centímetros y formaban un casquete aún más atractivo que la cabeza rapada. Impenetrable como una sibila que no le revela a nadie la clave de sus enigmas y de su alma, Anastasìa le daba vueltas al anillo que, apenas dijera «sí», Rebecca le entregaría heroicamente. Y, feliz como una gallina que acaba de poner un huevo, Marianne cacareaba imbecilidades. «*What a joy* (qué alegría), mañana mi Bebè se convertirá en nuestra hermana». Sin embargo, de repente se calló, muy seria, y exhaló una especie de gemido.

—*When I think*, ¡cuando pienso que la *Tante* Jacqueline no lo sabrá jamás!

El anillo se cayó produciendo un ligero ruido. ¡Din! El atractivo casquete pareció electrizarse. ¿Jamás? ¿Qué significaba *jamás*? Hacía ocho meses que no tenía noticias de la *Tante* Jacqueline. Fiel a su consejo de no dejar huellas, «no digas dónde vas, no des direcciones, a mí incluida», después de dejar Cesena se había cuidado muy mucho de proporcionarle detalles: de establecer una forma, si acaso indirecta, de correspondencia. Sólo le había enviado tres concisas notitas para tranquilizarla. Una desde Liverpool: «*Je m'embarque aujourd'hui, la mer est calme et le bateau confortable*» («Me embarco hoy, el mar está en calma y el barco es confortable»). Otra, desde Nueva York: «*Je suis arrivée, j'habite dans une maison exquise, et cette ville me plaît»* («Ya he llegado, vivo en una casa exquisita y esta ciudad me gusta»). Otra, desde St. Joseph: «*Je suis de nouveau en voyage, je m'amuse, sois tranquile»* («Estoy otra vez de viaje, me estoy divirtiendo, estate tranquila»). Desde Salt Lake City, sin embargo, nada. Y a los amigos que podían contarle qué estaba pasando en la vía Lagrange, menos que nada. Ni siquiera unas líneas a Giuditta Sidoli, que le había solucionado el drama del parto y del abandono, del pasaporte y de la huida a América. Ni siquiera una línea a Valzania, que había cargado con la responsabilidad de solucionarle esos dramas con tanta generosidad y que luego le había advertido del problema surgido con los impresos robados en Forlì. Así que, de la dulce anciana con la pierna coja y la verruga sobre la nariz, de la única persona que la había amado y a la que ella había amado sin reservas, ignoraba hasta si estaba viva o muerta. Pero ahora ese *jamás* le planteaba un atroz interrogante y, al planteárselo, le inspiraba un miedo cargado de negros presagios.

—¿Qué significa *jamás*, Marianne?

Como respuesta, un denso silencio; luego, un confuso balbuceo.

—Significa... bueno... significa... ¿No te lo he dicho, Bebè?

—¿Dicho qué, Marianne?

—Cielos, he olvidado... he olvidado...

—¿Olvidado qué, Marianne?

—Informarte de que en Rockville he recibido... recibido...

—¿Recibido qué, Marianne?

—Una carta de Suzanne en la que me decía... me decía...

—¿Te decía el qué, Marianne?

—Que en julio había estado... había estado...

—¿Había estado dónde, Marianne?

—En los funerales por la *Tante* Jacqueline, Bebè.

Recobró la cordura de golpe. Y esa misma noche se fue. Sin decirle ni media palabra al señor Dalton, sin aclararle que no se iba a convertir en la séptima señora Dalton. Oh, no era fácil dejar el Utah de Brighan Young. Cuando te habías convertido a la Iglesia de los Santos del Último Día necesitabas su autorización para salir del territorio. En cuanto a irse la víspera de tu propia boda era prácticamente imposible. Las pobres infelices que lo habían intentado habían sido siempre atrapadas y vueltas a entregar al amo. Pero el hecho es que aquella noche por Salt Lake City pasaba una diligencia en dirección a Virginia City, y, a despecho de las normas, el novio se había ido a dormir con Marianne. Mientras dormía, Lydia y Rebecca ayudaron a su protegida a largarse, y cuando él se despertó Anastasìa ya había cruzado la frontera. *Haiah, haiah, gooo!*

¿Para refugiarse dónde, esta vez? ¿Para abandonarse a qué aventuras, inventarse qué identidad? Bueno, fue el inicio de aquellos misteriosos trece años de los que ella no quería hablar o de los que hablaba de mala gana. Por lo general, a través de vagas alusiones y de avaros asentimientos. Casi como si sufriese recordándolos o como si se avergonzase. Pese a ello, y aunque sea haciendo una síntesis, tengo que reconstruirlos de todas formas. Porque en esos trece años está la exégesis de los acontecimientos que concluirán su saga. El regreso a Italia, la recuperación de la abuela Giacoma, la relación amorosa con el abuelo Antonio, y la muerte que, cansada de todo, se regaló a sí misma.

15

Virginia City no existe en la actualidad. Hace más de un siglo el yacimiento de plata se agotó, sus habitantes la abandonaron, el tiempo la fue desintegrando poco a poco, y hoy es una *ghost town*. Una ciudad fantasma, una ilusión al servicio de los turistas que acuden allí los veranos en busca del *Far West*. Con la esperanza de reencontrar esa fase de mí misma, de mi pasado lejano, un día acudí allí también yo. Y no encontré nada, salvo a Anastasìa, que, sentada en una mesa de juego, dirigía una partida de faro y controlaba a una turba de exaltados. «*Behave as gentlemen, messieurs*» («Compórtense como caballeros, señores»). Vestía un traje de tafetán azul, con miriñaque y muy escotado. Espalda y brazos al aire. En las orejas y al cuello y en las muñecas llevaba preciadas joyas, quizá las mismas que le regaló en Turín el *Innominato*, y en el anular izquierdo lucía una gran diamante. La reconocí gracias a sus cabellos rubios y aún algo cortos, a las pupilas claras como el agua, a los pómulos altos, y a su habitual aspecto desafiante. Me acerqué a ella y, casi sin despegar los labios, murmuré: «Háblame, ayúdame a recordar quién era yo cuando era tú y estaba aquí». Pero ella fingió que no me había oído y, apenas se encontraron nuestras miradas, me dio la espalda. Se desvaneció.

No existe y las estampas de la época nos devuelven una imagen muy distinta de la *ghost town* reconstruida, mejor dicho, inventada para uso de los turistas. Más que una ciudad, era una especie de poblacho compuesto por tres largas calles y modestos edificios de madera o de ladrillos. Un pueblo parecido a los que salen en los *western*, con la oficina del sheriff y el *saloon* y el pequeño banco que asaltan los bandidos, vamos, además de encerrado dentro de un embudo de montañas. (Surgía en la pendiente del monte en el que habían encontrado la veta de plata, el Mount Davison, y éste estaba dominado por todas partes por picos altísimos). En 1865, desde el punto de vista estético, tenía poco que ofrecer. Había surgido hacía sólo cinco años atrás, en sustitución de las tiendas y los barracones del campamento improvisado por los mineros, y había crecido a la buena de Dios. Sin más finalidad que la de ofrecer alojamiento a las hordas que llegaban hasta allí en busca de fortuna. Especuladores, jugadores, mineros desengañados de la fiebre del oro en California. Delincuentes, prostitutas, pobretones o aventureros de todo tipo y procedentes de todos los países. (Americanos, indios, mexicanos, chinos, europeos. No es casual que en aquellos años hubiese acumulado hasta veinte mil habitantes). Pero también era como Lydia la había descrito. Porque en 1860 aquella veta había producido en el acto una ganancia de un millón de dólares, ¿te imaginas? En 1861, había producido dos; en 1862, siete; en 1863, doce; en 1864, dieciocho. Y la amalgama que extraían contenía también un cinco por ciento de oro. Pavimentadas con las rocas descartadas o explanadas con residuos de polvo, las calles brillaban realmente como si fueran de oro y plata. La plata era realmente el material con el que se fabricaban los pomos de las puertas, los cascos de los caballos, las espuelas de las botas, los adornos de las sillas de montar. También se usaba para pagar las mercancías o para dar propinas, ya en pepitas ya en pequeños lingotes. De hecho, allí nadie quería dinero en papel, los *green backs*, es decir, los billetes de banco te los tiraban a la cara, y si los cambiabas en el banco te daban sólo la mitad de su valor. Mejor aún: se trataba realmente de un lugar en el que la gente no le temía ni a Dios ni al diablo y hacía lo que le venía en gana. Para empezar, bebiendo y jugando. En Virgina City sólo había una iglesia, y doscientas casas de juego. Ciento diez *saloons* en los que, naturalmente, se servían licores y había mesas de juego. Para jugar al faro, al póquer, al *blak-jack*, al *chuck a luck*, es decir, a los dados. Jugaban todos. Buenos y malos, ricos y pobres, los jóvenes y las mujeres. El juego era una fiebre que atacaba a todos los que iban a la ciudad. Una epidemia que no respetaba a nadie. Ni siquiera a quien no había tocado jamás un mazo de cartas o un par de dados. Y todos se lo jugaban todo. La paga semanal, las acciones de las minas, los dientes de oro, las botas, los pantalones, la camisa que llevaban encima, la vida. En cuanto a la bebida, ¡Jesús! En Virginia City los locales destinados sólo a beber ni se contaban. Las Vegas de hoy en día palidece a su lado. En 1859 los primeros mineros habían atravesado la Sierra Nevada con cajas y cajas de botellas de whisky, de brandy, de ron, de ginebra, de vodka, de ajenjo. Ahora el alcohol era la mercancía que se importaba en Nevada y nadie sabía cuántos bares, posadas, cervecerías había en la ciudad. Sólo en la C Street, la calle principal, existían ciento cuarenta y dos. Los italianos, los españoles y los franceses preferían el coñac. Los alemanes, la cerveza. Los mexicanos, el ron y el tequila. Los ingleses y los americanos, el whisky. También consumían muchos cócteles. El *woshoe drink*, por ejemplo: una mezcla letal de whisky, brandy, ajenjo y julepe, que con treinta gotas te dejaba tumbado. El *Minnie kiss*, o sea, el «beso de Minnie»: un veneno a base de ron, sherry y cerveza, que producía el mismo efecto. Y el *total destruction* o «destrucción total», cuyos efectos se describían de la siguiente forma: «Primero te quedas muy pálido, luego muy colorado y después horizontal. En el suelo adquieres una expresión muy sonriente, muy beatífica, y te quedas dormido en el acto. Al despertarte, te duele la cabeza y te parece tener el estómago lleno de avispas, mariposas, salsa de pimienta y vitriolo. Pero merece la pena».

Con la misma intensidad se disparaba, se asesinaba. «Las primeras veintiséis tumbas del cementerio de Virginia City estaban ocupadas por hombres asesinados», escribe en *Roughing it* Mark Twain, durante tres años reportero del periódico local *Territorial Enterprise*. Y no olvidemos que se refiere al año 1861: con posterioridad, las muertes por asesinato se volvieron tan frecuentes que ya no eran noticia. Todos tenían pistola o fusil, objetos que se vendían junto a los picos y las palas o en las tiendas de productos alimenticios, y para aclarar distintos puntos de vista o resolver discusiones se recurría al duelo. Pero no a ese tipo de duelo que debe seguir las normas del Manual de Conducta impuesto por el Código de Honor, o sea, una ceremonia que incluye el desafío por escrito, la presencia de dos testigos además de la de un cirujano y su ayudante, cargar meticulosamente las pistolas, «preparados, señores; empiezo a contar; disparen cuando diga "tres". ¡Un solo disparo, señores!». No, eran duelos como los que se ven en los *western*: se resolvían directamente en el *saloon* o en la calle. ¡Bang, bang, bang! En 1846 se había aprobado una ley, la Anti-Dueling Law, que establecía que era delito desafiar a duelo, además de aceptar el desafío, y por la que te podían acusar de homicidio si el rival resultaba muerto, pero en la práctica nunca entró en vigor. Se seguía enviando tranquilamente a la gente al cementerio. Por lo general, en la B Street, con un Colt con capacidad para cinco balas que se disparaba a ciegas, sin preocuparse por los espectadores, por lo que siempre morían tres o cuatro personas entre el público; en cierta ocasión, murieron ocho más los duelistas. Para matar a alguien, por otra parte, no necesitabas tener un motivo serio. La dieta a base de alcohol aflojaba el dedo en el gatillo, y en 1865 un abogado llamado Bill Bryan había liquidado a un minero que se estaba tomando tranquilamente una cerveza, sin molestar a nadie, «*just because I felt like killing somebody*». «Sólo porque tenía ganas de matar a alguien». También disparaban las mujeres. Tanto las autoridades como los periódicos les aconsejaban que fueran siempre armadas, y si mataban a alguien los jueces no las condenaban jamás. Con frecuencia, ni siquiera las juzgaban. «No es un crimen matar a un impresentable que te dice una ordinariez y, si además te toca el culo, estás incluso en tu derecho». En 1865 una prostituta llamada Juanita Sánchez fue llevada triunfalmente a hombros por haber asesinado a su ex amante, Jack Butler, que, bromeando, le había apuntado con su revólver. En cuanto a la justicia, era una palabra vacía de significado. Los testigos de cargo eran eliminados o expulsados de la ciudad. Los jueces y los jurados se compraban, al igual que al sheriff, los juicios los ganaban quienes tenían más dinero que ofrecerles, y aunque no les pagases no podías contar mucho con ellos. Siempre estaban borrachos. Si no estaban borrachos, eran idiotas. Si no eran idiotas, eran totalmente analfabetos. Se confundían entre los términos «incendio» e «incesto», y nueve de cada diez veces el veredicto era *Not Guilty*, «No culpable». Como consecuencia, los crímenes eran más abundantes que los saltamontes en Utah, y Nueva York a su lado parecía un colegio de monjas Esclavas de María. En ese mismo año 1865, fueron juzgados y absueltos dos acusados por asesinato, dos por batirse a duelo, cinco por intento de homicidio, cinco por apuñalamiento. Y los hurtos, los robos, los timos no se contaban siquiera. «Si permanezco aquí seis meses —escribe en su diario un honrado viajero—, me convierto en delincuente yo también». Y el sacerdote de la única iglesia existente en la ciudad: «Ayer ayudé a un feligrés a limpiar su alma de pecados. A la pregunta de si había matado a alguien, contestó: sólo dos o tres veces. A la pregunta de si había cometido fraudes, contestó: sólo diez o veinte veces. Y a la pregunta de si había robado, contestó: todos los días, ¿es que está mal?».

Pero el punto en el que Lydia se había atenido más a la verdad era el tocante a las mujeres. Virginia City era realmente el paraíso de las mujeres, sobre todo de las solteras. Porque los mineros, los especuladores, los timadores, los jugadores, los aventureros llegados durante los primerísimos años no se habían llevado con ellos, obviamente, a sus mujeres o a sus hijas o a sus hermanas o a sus amantes. Al principio, la falta de mujeres era tan angustiosa que cuando se detenía una diligencia para cambiar los caballos todos iban corriendo para ver si en ella viajaba alguna mujer. Y si iba alguna, empezaban a gritar: «*Yes, yes! There is. Oh, God! That's so good for the eyes!*» («¡Sí, sí! Hay una. ¡Oh, Dios! ¡Le hace tanto bien a la vista!»). En cierta ocasión, la mujer de un californiano se quedó tan asustada ante aquello que, en vez de bajar para lavarse y comer, se quedó acurrucada en el fondo de la diligencia y echó las cortinillas. Entonces un grupo de mineros le ofreció al marido doscientos dólares para que la convenciese para que descorriera las cortinillas y se asomara unos minutos. Él la convenció, y al ver aquel rostro femenino una docena de ellos se desmayó. En 1860 las cosas habían mejorado: había una mujer por cada ciento setenta hombres. (En su mayoría, prostitutas, no hace falta decirlo, o *entraîneuses* o *hurdy-gurdy girls*. Las «chicas-organillo» que, por veinticinco dólares la vuelta, es decir, un montón de dólares por un baile completo, animaban a bailar a los clientes en el *saloon*). En 1861 el porcentaje había ascendido a veinte por cada ciento setenta, en 1863 a cuarenta, en 1865 a cincuenta. Pero la relación seguía siendo insuficiente y a una soltera le bastaba con bajar de la diligencia para encontrar marido. Aunque fuese fea, como había dicho Lydia, o fea o coja o estuviese ya hecha un asco. Lo demuestran los certificados de matrimonio con la foto de los esposos: junto al joven guapo y saludable, casi siempre aparece una matrona que podría ser su madre. Y no hace falta decir que allí divorciarse resultaba tan fácil como casarse. La verdadera ganga, con todo, consistía en otra cosa: en el respeto que sentían los hombres hacia cualquier criatura que tuviese un par de pechos y llevase faldas. De hecho, me quedé muy sorprendida cuando leí que se te permitía disparar sobre el primero que te soltase una ordinariez o te tocase el culo. Todos los libros de historia confirman que estas cosas no pasaban en Virginia City, y que entre los innumerables crímenes que cometían sus habitantes no figuraba el acoso sexual ni la violencia de género. «Nunca he sabido de un varón que le falte al respeto a una mujer», añade el viajero que había asegurado «si permanezco aquí seis meses, me convierto en delincuente yo también». Para empezar, no se decía «mujer». Se decía *lady*, «señora». (Costumbre todavía bastante difundida en el Oeste y en el Medio Oeste). Luego, todos se quitaban galantemente el sombrero cuando se cruzaban con una señora. Siempre. Por último, a las señoras se las protegía. Siempre. Se les ofrecía el brazo, se les llevaban los paquetes, se las ayudaba a cruzar la calle. Siempre. Y pobre del que les lanzaba una mirada simplemente poco educada. «*Apologize or I blow up your brain*» («Pide perdón o te salto la tapa de los sesos»). Siempre. Con todas. También con las *hurdy-gurdy girls*, las *entraîneuses*, las prostitutas. En una palabra, eran realmente las reinas. Se les perdonaba todo. En el teatro, por ejemplo, podías patear la actuación de un hombre. La de una mujer, jamás. Aunque no supiese ni cantar ni actuar ni bailar. Es más. En esos casos, se volvían aún más generosos y la aplaudían, le arrojaban pepitas y saquitos de oro y plata a los pies. «*Fine!*» (¡*Brava*, bis!). Además, admiraban locamente a las mujeres valientes, independientes, indomables, y sentían auténtica pasión hacia las que hablaban con un fuerte acento francés, es decir, redondeando las *r*. Una característica, si recuerdas, de Anastasìa de toda la vida. No puedo imaginarme un sitio más adecuado para ella. Y me consuela que al hablar de sus primeros años en Virginia City fuese menos vaga, menos tacaña, en definitiva, hablase de ellos con menos desagrado y menos reparo. El relato que sigue, la síntesis de ese periodo, se basa en cuanto le confesó al abuelo Antonio.

—Sabes que...

Llegó después de cuatro días de viaje en diligencia. Lo que duraba, vía Ogden y el desierto de Nevada, el trayecto desde Salt Lake City. Con el nombre de Amanda Gautier (el Gautier tomado en préstamo, sin duda, de la protagonista de *La dama de las camelias*), se alojó en el elegantísimo International Hotel, y al día siguiente le robaron todo su capital. O sea, los dos mil dólares que había escondido con tanto cuidado. Nada más despertarse, de hecho, salió para depositarlos en un banco. Y mientras caminaba por la C Street fue asaltada por un ladrón que, con un cortés «*sorry, madam*» («disculpe, señora»), le arrancó la bolsa de las manos. Cogida por sorpresa, no tuvo siquiera tiempo de reaccionar, de empuñar la Smith & Wesson con la que había disparado contra los indios y contra los fuera de la ley de las Montañas Rocosas. Eso la enfureció y para no vender las joyas del *Innominato*, la única riqueza que le quedaba, esa misma noche encontró trabajo en el café de París: el centro de las *hurdy-gurdy girls*. Las chicas-organillo, las *entraîneuses* que por veinticinco centavos sacaban a los clientes a bailar el vals o la polka. Tras conseguir una subida salarial de setenta y cinco centavos más la propina, «lo toma o lo deja», permaneció allí hasta que se consiguió unas ajustadísimas mallas y, llevando consigo una enorme cesta, se presentó ante el empresario del Golden Terrace: probablemente, el *saloon* más célebre y lujoso de la ciudad. Lámparas de cristal, escupideras de plata, espejos venecianos, además de una inmensa barra de bar de caoba con incrustaciones de marfil y un escenario lo bastante grande como para salir a caballo. En 1863, saliendo a caballo, había triunfado, vestida sólo con una ligera camisola, la actriz y cantante Adah Menken: la precursora del *striptease*. No es que fuese una belleza, entendámonos. Tenía una cara graciosa y senos florecientes, pero era gordinflona de caderas y las piernas las tenía demasiado cortas, demasiado rechonchas. (Se deduce por las fotografías). Por si eso no bastase, hablaba con acento alemán. No francés. Con todo, cuando cantaba o interpretaba o cabalgaba vestida sólo con la ligera camisola, el entusiasmo llegaba hasta las estrellas. Para expresarle debidamente su admiración, una vez le habían arrojado un lingote valorado en mil dólares, y desde que se había ido a San Francisco el Golden Terrace no encontraba a nadie que se le pudiese comparar. «*Are you French?*» (¿Eres francesa?), le preguntó el empresario, examinando con ojos de entendedor a la fascinante criatura que se le había presentado con una enorme cesta en la mano. «*Oui, monsieug*». «*Can you sing?*» («¿Sabes cantar?»). «*No, monsieug*». «*Can you ride?*» («¿Sabes cabalgar?»). «*No, monsieug. But I can do something better, monsieur*» («No, señor, pero puedo hacer algo mejor»). Luego, se quitó el vestido con miriñaque, los calzones, el corsé, los botines. Se quedó en mallas, entró en la cesta, e hizo el número del áspid. Aquel áspid que había sido el origen de todos sus males. Lo llamó *The Snake's Dance*, «La Danza de la Serpiente». Y con él acabó con todas las añoranzas por Adah Menken. Su cuerpo era aún el cuerpo que dejaba en éxtasis al público del Real, el embarazo y el parto no la habían estropeado en absoluto. Y, comparadas con sus largas piernas, las de Adah Menken eran dos salchichas. Además, había conseguido encontrar un par de zapatillas de ballet. Cuando salía de la cesta se lucía sobre las puntas, hacía sus *pas-à-deux*, sus *arabesques*, sus *jetés*, y con ella sí que los mineros se volvieron locos de entusiasmo. A ella sí que le arrojaban bolsitas con polvo de oro y plata, pepitas, lingotes. En unas pocas semanas, recuperó todo el dinero perdido en la C Street, es más, lo multiplicó, y durante los siguientes meses recibió treinta proposiciones de matrimonio, además de un número sin precisar de serenatas.

—*Oh, thank you, Amanda! You are a kiss on the eyes and the rest!* (¡Oh, gracias, Amanda! ¡Eres un beso sobre los ojos y el resto!...).

Cómo fue su vida sentimental durante la época de la *Snake's Dance* es algo que ignoro. Probablemente, gracias a las píldoras de Madame Restell, muy intensa. A la aventura con Bill el Salvaje le había seguido un periodo de castidad que no interrumpió ni siquiera el *flirt* con el teniente asesinado por los indios, y supongo que le hubiese resultado muy arduo resistirse a tamaño éxito. El abuelo Antonio, por otra parte, aludía con frecuencia a la «briosa soltería» que oponía a las proposiciones matrimoniales. En compensación, sé cuánto duró la época de la *Snake's Dance*: hasta el día en que se casó con el treintañero Napoleon Le Roi. Jugador, tahúr, donjuán con clase, perdidamente enamorado de ella y que la apartó de sus exhibiciones en mallas sobre el escenario. «*Either me either snake*» («O la serpiente o yo»). También sé por qué ella aceptó el ultimátum y renunció a la «briosa soltería»: porque era un tipo irresistible. Guapo, simpático, espabilado, *bon vivant*. Tenía unos maravillosos ojos celestes, unos maravillosos bigotes negros, unos maravillosos hombros de luchador y medía un metro noventa. Sólo vestía trajes refinados y camisas de seda que mandaba lavar en Hong Kong. Sólo llevaba sombreros de fieltro finísimo o de paja florentina, sólo calzaba botas de piel finísima, y en el chaleco lucía una pesada cadena de oro con un precioso reloj que había pertenecido a Philippe d'Orleans. En el anular izquierdo, un diamante gordo como una cereza. Además, sólo bebía champán, nada de *Minnie kiss* o de *total destruction*; se hacía traer las ostras vivas desde San Francisco, y poseía diez Colts con sus iniciales grabadas y coronadas por un inverosímil escudo de nobleza. Su nombre, no hace falta decirlo, era tan falso como el de Amanda Gautier, y sobre él corrían rumores muy poco lisonjeros. Que a los dieciocho años había huido de Marsella, su ciudad natal, para escapar a la venganza de tres tipos a los que les había quitado la cartera y a la mujer. Que había desembarcado de un vapor en Nueva York, donde había sido contrabandista de esclavos cubanos. Que en la guerra civil había combatido durante dos años en el ejército sudista, que luego había desertado para hacer negocios con los nordistas. Que había llegado a Nevada huyendo de los agentes federales que lo acusaban de haber cometido fraude contra el gobierno. Que en Virginia City hacía trampas a la banca y a los demás jugadores, con dados trucados y con ases guardados en el bolsillo o en la manga de la chaqueta. *Chuck a luck, poker, black jack*. Anastasìa lo conoció en la primavera de 1866 en el Silver Terrace, y se enamoró perdidamente a su vez. Algo que no le había ocurrido jamás, si recuerdas, desde su relación con el *Innominato*. Las bodas, celebradas ante un juez borracho de whisky, se desarrollaron con la única condición de no traer hijos al mundo. Y fueron muy apresuradas. «*Do you want him?*» («¿Le quieres?»). «*Yes!*» «*Do you want her?*» («¿La quieres?»). «*Yes!*» «*It's done, one dollar*» («Hecho, un dólar»). Detalle sobre el que el abuelo Antonio insistía mucho y que no se creía nadie de la familia. (Pero en el Oeste eso era frecuente. En la mayoría de los casos, el juez no se preocupaba siquiera por conocer la identidad de los esposos). La luna de miel tuvo lugar en el International Hotel, y fue entonces cuando Napoleon instruyó a Amanda en el arte de hacer trampas jugando a las cartas. Hazaña muy complicada para una mujer, porque no podía esconderse los ases en los bolsillos del chaleco o en las mangas de la chaqueta: y más en los *saloons*, donde vestía trajes que se prestaban muy mal a ciertos trucos. (Hombros y brazos al aire, corpiño liso y ajustado). Pero ella aprendió a esconderlos en el escote o debajo de las ligas, a cogerlos de allí con una destreza asombrosa, y en un abrir y cerrar de ojos formaron una pareja formidable. La mejor pareja de tahúres que jamás asoló Nevada. También eran muy felices juntos. Carruaje tirado por cuatro caballos y conducido por un cochero con librea. Mansión (una villa con jardín) sobre la colina. Guardarropas dignos de lord Brummel y de la condesa de Castiglione, además de un amor como para que te diera vueltas la cabeza. «Sí, se llevaban realmente bien», suspiraba el abuelo Antonio, siempre celoso de los amantes que le habían precedido. Pero duró muy poco. Una trágica noche de otoño, Napoleon se dejó sorprender mientras sacaba del chaleco un as de corazones, y ¡bang! Un tal Joe the Speedy o Joe el Rápido, apodo que debía a la velocidad con la que apretaba el gatillo de su Remington, lo dejó tieso. Madame Le Roi se convirtió en viuda y...

Siempre ateniéndonos a las alusiones y a los hechos admitidos, en este caso todo menos vagas y tacañas, esto fue lo que ocurrió luego. Joe el Rápido fue arrestado y juzgado, pero lejos de acabar en la horca fue absuelto por un jurado corrompido por diez lingotes de plata. Una vez absuelto, empezó a decir por ahí que Napoleon no valía nada, que no sabía ni siquiera hacer trampas, y Anastasìa lo desafió a duelo. Pero a un duelo de verdad, ojo, en presencia de un cirujano y de su ayudante. Un desafío auténtico, que se atuviese al

Manual de Conducta impuesto por el Código de Honor que en Virginia City no respetaba nadie. «*Sir!* Le conmino a rendirme cuentas de los graves insultos con los que cubrís de lodo la memoria de mi esposo, por vos vilmente asesinado. Tenga la amabilidad de indicarme el día y el lugar que más os agrade, además de compraros una parcela en el cementerio». Joe el Rápido respondió, burlonamente, que él no se batía a duelo con mujeres, así que ella se vistió de hombre. Se tapó la cara, se recogió los cabellos, de nuevo largos, dentro de una gorra, se puso al cinto uno de los Colt con las iniciales grabadas y coronadas por un inverosímil escudo de nobleza, y fue en busca del incauto, al que encontró al amanecer en un sórdido bar. Elevando la voz con un timbre masculino y decidido, le provocó sin motivo aparente. «*Get outside and face me, if you have the guts. One single shot*» («Sal fuera y hazme frente, si tienes valor para ello. Un solo tiro»). Creyendo que se trataba de un jovenzuelo inexperto y borracho, Joe el Rápido salió. Y juntos alcanzaron B Street: la calle en la que con el fusil o la pistola se resolvían las divergencias, se aclaraban los conflictos entre distintos puntos de vista. Aquí se situaron a una distancia de cincuenta pasos el uno del otro y, los ojos clavados en los ojos del contrario, las piernas arqueadas, la mano extendida hacia el arma, aún guardada en la funda, se prepararon para desenfundar. Justo como en las películas del Oeste. En las aceras se agolpaba un gran gentío, decía el abuelo Antonio. De cada taberna, cada garito, cada posada, los curiosos habían salido para disfrutar del espectáculo y, como es lógico, todos esperaban que Joe el Rápido liquidase a su rival en un abrir y cerrar de ojos. En cambio, un segundo antes de que apuntase con su Remington, el jovenzuelo apuntó su Colt y le disparó un tiro en mitad de la frente. En otras palabras, lo mandó derechito al otro mundo. Luego se acercó al cadáver, se descubrió la cara, dejó que le cayeran sus largos cabellos, y: «Lo único que siento es que ha muerto sin saber quién soy». La llevaron a hombros. «¡Viva Amanda! ¡Hurra por Amanda!». Las víctimas de los ases escondidos en el escote o debajo de las ligas se unieron al coro, el *sheriff* prescindió de arrestarla y el juez de encausarla por desobedecer a la Anti-Dueling Law. «*She shot en self defence*» («Ha disparado en defensa propia»). Volvieron a inundarla con serenatas y proposiciones de matrimonio. Entre las proposiciones, las de dos magnates de las minas. Pero ella las rechazó todas: «*Sorry*, pero no volveré a casarme». Peor: para vivir plenamente su viudedad, renunció a la mansión sobre la colina, al carruaje tirado por cuatro caballos y conducido por un cochero con librea. Sólo conservó el guardarropa digno de la condesa de Castiglione y con éste empezó a hacer trampas ella sola. «*I can do it*» (Puedo hacerlo). Luego, apenas se dio cuenta de que ella sola no iba a conseguir embolsarse lo mismo que se embolsaba con el maestro, cambió de oficio. Se convirtió en *crupier*, mejor dicho, en *dealer*, en las mesas de faro. Para desplumar a nuevas víctimas, se entiende.

En el Oeste estaban muy de moda las mujeres-*dealer*, las señoras-*crupier*. Sobre todo cuando eran guapas, elegantes, y tenían personalidad y acento francés: aseguraban el éxito de un garito o un *saloon*. En cuanto al faro, o faraón, era el juego preferido de los mineros. Más que de un juego, se trataba de un rudo sistema de apuestas. Una especie de ruleta primitiva que no requería de los participantes ni inteligencia ni memoria ni estilo. Se jugaba a la buena de Dios, arremolinados alrededor de una mesa dividida a lo largo por una raya que la separaba en dos partes llamadas *right side* y *left side*. Lado derecho y lado izquierdo. Las apuestas se colocaban sobre la mesa, y el *dealer*, de pie delante de la raya, extraía de un doble mazo dos cartas tapadas, las descubría, colocaba una en el lado derecho y otra en el izquierdo, y si era más alta la del lado derecho ganaban los que habían apostado al lado derecho. La banca pagaba proporcionalmente a la apuesta y se quedaba con las del lado izquierdo. Si era más alta la del lado izquierdo, ganaba el que había apostado al lado izquierdo. La banca pagaba de la misma forma y se quedaba con el dinero del *right side*. Si ambas cartas eran iguales, perdían ambos lados y la banca se quedaba con todo. Con un *dealer* honrado había bastantes probabilidades de ganar. Con un *dealer* poco honrado, es decir, con la discípula de Napoleon Le Roi, las posibilidades eran nulas. La gran habilidad del *dealer* poco honrado no consistía sólo en poner la carta más alta en el lado de las apuestas más bajas: consistía también en sacar con frecuencia dos cartas iguales. Pero, en ambos casos, para lograrlo, tenía que escoger lo que extraía del doble mazo, y en esa diablura ella era insuperable. ¿Sabes por qué? Porque, además de distraer a los pobres mineros con su *r* a la francesa, su elegancia, su belleza, se despellejaba las yemas del índice y del dedo medio. Al despellejárselas, se le volvían sensibilísimas y podía reconocer al tacto los números, las figuras, los palos. «Un tres, un cinco, un siete». «Un as, una sota, un rey, una reina». «Corazones, picas, tréboles...». No se equivocaba jamás. ¡Jamás! Gracias a las yemas de sus dedos, la banca ganaba siempre. No era casual que los garitos y los *saloons* se la disputasen a base de doblarle el sueldo y el porcentaje sobre las ganancias, y cada dos por tres cambiaba de domicilio de trabajo. Había empezado en el Silver Terrace, del Silver Terrace pasó muy pronto al Golden Terrace. Del Golden Terrace, al Paradise Corner. Del Paradise Corner al Opera House. Del Opera House al Palace de Julia Bulette, una criolla que se había hecho riquísima gracias a un burdel en el que los clientes se gastaban hasta mil dólares por noche. Con Julia Bulette llegó a llevarse hasta un cuarenta por ciento sobre las ganancias, y a finales del año 1867 había acumulado un capital tan sustancioso que, de quererlo, podría haberle comprado el burdel. Pero la pobrecilla murió estrangulada por un minero que, furioso por las pérdidas que le había causado su *dealer*, le robó también las joyas. La discípula de Napoleon Le Roi entendió que había llegado una vez más la hora de cambiar de aires y, a principios de 1868, volvió a subirse a una diligencia. Fue a San Francisco, donde vivió hasta el año 1878, la década que el abuelo Antonio definía como «la fase del Gran Misterio», y... Pero al llegar aquí, es preciso aclarar un punto muy importante.

Veintiún años antes, San Francisco no existía. Era un pequeño pueblo de California (entonces perteneciente a México), cuyas únicas ventajas consistían en ofrecer un clima paradisíaco, tanto en invierno como en verano, en estar situado sobre una espléndida bahía y, por lo tanto, en poseer un puerto natural. Sólo vivían allí doscientos indios* aterrorizados por un alcalde** que creía encon-

* En castellano en el original. (*N. de la T.*)
** En castellano en el original. (*N. de la T.*)

trarse en una isla, cincuenta frailes franciscanos de una misión fundada en 1776, y los marinos del fortín que el gobierno de Washington había instalado en junio de 1846, enviando al *Portsmouth*: una corbeta que ha pasado a la historia. Se llamaba Yerba Buena,* nombre debido a los matojos de menta que crecían a lo largo de la costa y de los que emanaba un intenso perfume, y sólo en 1847 el alcalde decidió rebautizarla como San Francisco. Hasta 1849, es decir, hasta la época de la fiebre del oro, no se transformó en un centro urbano. O, mejor, en un campamento de cabañas y de tiendas construido para la chusma (filibusteros, desechos de la sociedad, ex presidiarios, hampones), catapultada por los barcos procedentes de Australia, de Sudamérica, de Asia, de Europa, de Estados Unidos, de cualquier lugar del mundo en el que hubiese hombres jóvenes y fuertes y deseosos de hacer fortuna. Cuarenta mil en apenas unos pocos meses, caray. Todos sobre los veinte o los treinta años, cuarenta como máximo. Sin mujeres, sin familia, y en muchos casos los mismos que, en 1859, es decir, durante la fiebre de la plata, habían atravesado la Sierra Nevada para caer sobre las minas de Comstock. Con dos lustros de anticipación, en definitiva, San Francisco había surgido con el mismo tipo de habitantes y de la misma forma en que surgió después Virginia City. Pero con una diferencia importante. A Virginia City las mujeres llegaron mucho después y para presentarse como reinas con las que casarse, a las que respetar, adorar: ¿recuerdas? A San Francisco, en cambio, llegaron enseguida y para venderse en los lupanares, en las casas de placer. Procedentes de Francia, donde la nueva República había instaurado una lotería por la que las meretrices se ganaban un viaje a bordo de los vapores que se dirigían a California. Compradas en China, donde, por quince o treinta dólares por cabeza, los padres se las cedían a los mercaderes de sexo. Raptadas en Chile, Brasil, Perú, donde no costaban nada. O reclutadas en las ciudades más allá del Misuri o del Misisipi: Nueva York, Nueva Orleans, Boston, Chicago. A oleadas. Esclavas o voluntarias, aficionadas o profesionales, constituían una rea-

* En castellano en el original. (*N. de la T.*)

lidad mucho más compacta que el matrimonio. Una normalidad que se expresaba también a través del uso de términos que en otras partes se silenciaban o se pronunciaban en voz baja, pero que allí aparecían escritos en los periódicos o se decían en voz alta. *Whores, harlots, courtesans, magdalenes.* Putas, rameras, cortesanas, zorras. Además de *lovely ladies* o *filles de joie* o *girls in full bloom.* Señoras adorables o hijas de la alegría o muchachas en flor. Peor: esta normalidad no se había interrumpido ni siquiera cuando se acabó la fiebre del oro. En 1868 San Francisco era la ciudad más importante del 31º Estado, es decir, de California: una metrópolis de ciento cincuenta mil habitantes gobernados por las leyes federales y estatales, además de fieles a la moral victoriana. Y, sin embargo, la prostitución seguía siendo su característica principal, su marca de fábrica. «Si Virginia City es la capital de los garitos, los divorcios, las peleas a tiros, San Francisco es la patria de las putas», escribe un periodista de la época. «Oh, sí: también hay algunas mujeres virtuosas. Pero pocas. Realmente pocas».

Fin del punto que debía aclarar e inicio de una conclusión que me parte el corazón.

16

«No sé siquiera si en San Francisco se presentó con el nombre de Amanda Gautier o con el de Amanda Le Roi, si se volvió a casar o si con los amantes tuvo suficiente, si cambió de oficio o siguió despellejándose las yemas del pulgar y del dedo medio», decía, enfadado, el abuelo Antonio. «No había forma de que abriera la boca sobre aquella maldita década, sólo un vez rompió ligeramente el silencio. La vez en la que le pregunté dónde había aprendido a fumar. Cuando nos conocimos, fumaba un cigarro detrás de otro. En cadena. "Aprendí en San Francisco —me dijo—, me enseñó la condesa de la casa". Entonces le pregunté qué condesa, qué casa, y ante mi estupor se permitió un paréntesis de locuacidad. Nada más llegar, me dijo, había ido a un hotel muy *à la page*. Y allí había conocido a una condesa muy conocida por su pasado de jugadora. Una condesa francesa, creo, la condesa Dumont, que fumaba como una condenada y a la que los malévolos llamaban *Madame Moustache*. Señora Mostachos. Entre ellas surgió una gran simpatía, y la condesa dio una gran fiesta, en la espléndida casa que poseía en el barro residencial, para festejar el vigésimo segundo cumpleaños de Anastasìa. Una mansión con amplios salones y hasta ocho dormitorios para los huéspedes, llena de criados y decorada de forma exquisita. Cortinajes de damasco, cortinas de encaje, alfombras orientales. Lámparas de gas, candelabros de plata, flores siempre frescas, piano de cola y arpa de pedal. Luego, la condesa se fue. Al irse, le dejó la mansión, con todo lo que contenía, criados incluidos, y ella se instaló allí para llevar una vida con clase. Bailes y cenas a los que invitaba a banqueros, millonarios, políticos en la cresta de la ola, amigas cuya belleza y elegancia eran casi comparables a la suya. Menús preparados por famosos chefs, veladas en las que el champán corría a mares y el caviar se consumía por kilos. Conversaciones brillantes, joyas, perfumes. No en vano la llamaban Madame, pronunciando la *e* a la francesa. Al llegar aquí, sin embargo, interrumpió su relato y nunca conseguí saber cómo se costeaba semejantes lujos. ¿Acumuló un considerable patrimonio en Virginia City? ¿En San Francisco se convirtió en la mantenida de un ricachón? Misterio, te repito, misterio».

¿Misterio? Quizá mi conclusión sea una infamia. Una inicua y difamante infamia. Quizá llegue el día en que me arrepienta por ello, me maldiga a mí misma, le pida (me pida) perdón. Aquella vida mía no fue una vida normal, por lo tanto, no tengo derecho a juzgarla por los parámetros del moralismo. De las virtudes de los hipócritas y de los mediocres. Pero, a diferencia del abuelo Antonio, demasiado ingenuo y demasiado enamorado como para atar los cabos tras oír ciertas confidencias, me temo que yo sí he entendido lo que él no entendía. Y me lo temo porque el breve relato levanta una triste sospecha, y porque la triste sospecha está corroborada por detalles muy precisos. Éstos son. En San Francisco la palabra «madame» (con la *e* pronunciada a la francesa) no significaba «señora», «mujer respetable». Significaba «dueña de un *parlor house*». Y el término *parlor house* no significaba lo que parece si traduces literalmente los dos términos que lo componen: casa-salón. Significaba casa de placer, prostíbulo de lujo. Además, una *parlor house* tenía justo las características de la mansión que le cedió la condesa francesa. Ese tipo de cortinajes, ese tipo de cortinas, ese tipo de alfombras. Esas mismas lámparas, esos mismos candelabros, esas mismas flores siempre frescas, ese mismo piano de cola, esa misma arpa de pedal. Y, en la planta baja, los salones para recibir a los «huéspedes»; en el piso de arriba, los dormitorios para entretenerlos. En ambos casos, con clase. Cuando hablamos de una *parlor house*, en efecto, no estamos hablando de un sórdido burdel lleno de putas de tres al cuarto que, por cinco centavos y en cinco minutos, satisfacen las necesidades de los puteros. Hablamos de una especie de sofisticadísimo club en el que un reducido grupo de profesionales, expertas en el arte de lisonjear consolar fascinar, te deleitan con todo tipo de placeres. Sexo, elegancia, conversación. Música, bebidas, menús refinados. En cuanto a las madames, leyendo las crónicas del Oeste, he descubierto que se trataba de un tipo de pecadoras muy especial. Para empezar, no se prostituían jamás. Tenían un marido o un amante al que le eran rigurosamente fieles y, con frecuencia, vivían incluso en un régimen de inflexible castidad. Luego, eran casi siempre jóvenes y guapas. Tanto es así que solían triunfar en torno a los veinte años y que hacia los treinta se retiraban. Por último, tenían que ser también muy inteligentes, tener tanta clase como una auténtica señora, manejar el dinero con el criterio de un *business man*, un hombre de negocios, y dirigir la empresa con el talento de un diplomático. Por ejemplo, cultivando las relaciones mundanas, a través de aquellas cenas a base de caviar y champán, de las veladas y las fiestas que costaban una fortuna y que, cuanto más costaban, más extendían su fama. O seleccionando a la clientela, a la que obviamente controlaban y guiaban. Me explico: si se presentaba un patán con los bolsillos llenos de dinero, no le echaban de allí. Se lo entregaban a un criado que le hacía darse un baño, le peinaba, le afeitaba, lo vestía como a un caballero, y le impartía un cursillo acelerado de buenas maneras. Nada de tacos, nada de escupir, nada de meterse el dedo en la nariz, nada de piropos groseros y azotitos en público en el trasero. (*«Here vulgarities are not admitted»*, Aquí no están permitidas las vulgaridades, informaba un cartel colocado en la entrada). Pero, sobre todo, leyendo esas crónicas he descubierto quién era la condesa, mejor dicho, la presunta condesa a la que los malévolos llamaban *Madame Moustache*. Era Irene McCready, alias Eleonore Dumont: la pionera de las *parlor house* de San Francisco.

Lo cuentan hasta los historiadores de la prostitución, ¡ay! En 1849, afirman, desembarcó en San Francisco una morenita llamada Irene McCready. De unos veintitrés o veinticuatro años, muy despierta y muy atractiva. Venía de Nueva Orleans, donde había ganado un montón de dinero con el juego. Viajaba junto a su amante, el garitero James McCabe, y hacía ostentación de una costumbre entonces inusual entre las mujeres: se fumaba todo lo que se le pusiese a tiro. Puros, cigarritos, pipas. Fumando, alquiló una casa recién construida en Washington Street. Una casa de dos pisos. En el segundo piso, con muchos dormitorios. La decoró con suntuoso buen gusto, luego llevó allí a siete bellezas francesas, más un piano de cola y un arpa de pedal. Mandó imprimir unas cincuenta invitaciones y se las envió a los hombres más reconocidos o pudientes de la ciudad. Entre ellos, el alcalde, el jefe de policía, el presidente del tribunal y varios banqueros. Firmadas: «Condesa Eleonore Dumont», las invitaciones informaban de la próxima inauguración de la Parisian Maison, es decir, de su *parlor house*, y el que no sabía qué era una *parlor house* lo entendía nada más llegar. ¡Nada que ver con los lupanares del puerto, con los sórdidos burdeles en los que te conformabas con echar un polvo rápido con putas de cinco centavos! Allí todo parecía exquisito y perfecto, incluida la propietaria, que, con traje de noche, recibía del brazo de James McCabe. También llevaban traje de noche las siete bellezas francesas, y una tocaba el piano de cola. Otra, el arpa de pedal. Las otras gorjeaban dulces romanzas o conversaban con tal vivacidad, tanta agudeza que el alcalde exclamó: «Condesa, me siento como si estuviera entre jóvenes de la alta sociedad». Elogio al que ella contestó orgullosamente: «*Sir*, la única diferencia entre mis jóvenes y las de la alta sociedad es que las mías son más bellas, más cultas, más ingeniosas y más chic». La cena resultó perfecta, un menú ligero y vinos a la temperatura adecuada, y, como era de esperar, los invitados subieron gratis al segundo piso. (Un trabajo extra del que se abstuvo la condesa. «*Please, forgive me. I only sleep with my lover*». Por favor, discúlpenme. Yo sólo duermo con mi amante). Al día siguiente, el negocio empezó a funcionar con normalidad. Precio, doce onzas de oro, es decir, doscientos dólares (bebidas alcohólicas aparte), la noche. El éxito fue inmediato y duró hasta que, traicionada por McCabe, además de ofendida por la competencia de una tal Belle Core, que la imitaba, Irene McCready alias Eleonore Dumont se retiró. Con el arpa de pedal y el piano de cola, se trasladó a Virginia City, luego a Montana, volvió al negocio del juego. En 1867, sin embargo, reapareció. Con el arpa de pedal y el piano de cola. Adquirió una casa de tres pisos en Kearny Street, la decoró como la primera, contrató a ocho nuevas bellezas francesas y reabrió la Parisian Maison. El problema era que ya tenía cerca de cuarenta años y que en el labio superior le había salido una fea pelusilla que no se depilaba. Un cliente hostil la rebautizó como *Madame Moustache*, y, perseguida por el cruel apodo, en 1869 se fue, cediéndole la Parisian Maison a una joven amiga. Se retiró a Sacramento, donde, el 19 de septiembre de 1879, los periódicos publicaron la siguiente noticia, pronto reproducida en la prensa de San Francisco: «Ayer fue encontrado en la calle el cuerpo de Eleonore Dumont, de cincuenta años, a una milla de la ciudad. En la mano derecha estrechaba una frasca de veneno vacía y el procurador del distrito cree que el fallecimiento se ha debido a un suicidio». Oh, sí. Mis sospechas, mis temores, mis dudas, escondían en realidad una dolorosa certeza y la única pregunta es si Anastasìa llegó a enterarse de aquel suicidio. Si en los diez años siguientes éste influyó o no en su vida y, más tarde, en su elección de regalarse a sí misma una muerte prematura. Pero la respuesta se hunde en la oscuridad, ya que se fue de San Francisco, de América, un año antes de que Irene McCready alias Eleonore Dumont se suicidase, y en cualquier caso la duda que me asalta ahora es otra.

El año en que se fue tenía treinta y dos años. Y aún era bellísima. Quizá más hermosa que cuando el *Innominato* perdió la cabeza por ella. Sus rasgos se habían vuelto más intensos, su cuerpo se había vuelto más escultural, y de su encanto emanaba un atractivo nuevo. El atractivo de las mujeres que han visto muchas cosas y han entendido demasiadas, que observan el bien y el mal con indulgente o irónico distanciamiento, y que para seducir a los hombres ya no necesitan un físico esplendoroso o ir vestidas a la moda. (Esfuerzo que seguía haciendo, de todas formas. Pasado de moda el miriñaque, ahora vestía faldas que fajaban las caderas y resaltaban la parte trasera con un alambicado lazo o un gran nudo de tela sobre el trasero. El denominado *pouf* o *coulisson*. Llevaba unos increíbles sombreros adornados con velos y plumas, calzaba botines con un tacón de seis o siete centímetros. Lucía exquisitas sombrillas de encaje, exquisitos bolsitos con el cierre de oro o plata, y nada de Smith & Wesson. Nada de Colt, nada de ropas masculinas). También era rica. Mucho más rica que cuando llegó. Además de la mansión poseía acciones de la Central Pacific y de la Union Pacific, los dos tramos del ferrocarril transcontinental, y esto le permitía extravagancias como tener palco fijo en el Teatro de la Ópera. Por último, se había convertido en una mujer poderosa a su manera. Un estatus que le debía, supongo, al privilegio de tener una clientela respetable y, por lo tanto, susceptible de ser chantajeada. Y San Francisco le gustaba. En 1878 era la perla de California, de todo el Oeste. La llamaban el París del Pacífico y las aventureras de su clase se establecían allí sin que nadie las molestase. Podría haber seguido viviendo allí perfectamente. Envejecer, concluir su paso por el Tiempo. ¿Por qué prefirió irse, regresar a la pequeña ciudad de provincias en la que había sufrido el mayor trauma de su vida, es decir, a Cesena? ¿Qué resorte la empujó a tomar semejante decisión? ¿Un amante molesto, un protector peligroso? ¿Un revés económico, un lío legal? ¿O la aparición de un repentino desagrado por ejercer un oficio que, si mi tesis es válida, si mi certeza está justificada, le proporcionaba tanto dinero como vergüenza? Todas estas hipótesis tienen su sentido, es obvio. Pero yo creo que el motivo de esa enésima fuga fue la fea niña a la que había abandonado en el torno del Santísimo Crucifijo, es decir, la irresistible llamada de la maternidad siempre rechazada o sofocada bajo las capas de la rebeldía. No volvió a quedarse embarazada después de parir a la abuela Giacoma. («Nunca. Jamás. He conseguido evitarlo siempre. Lo juro», le confió al abuelo Antonio, y es otro detalle precioso). Nunca había conocido el amor de una criatura o hacia una criatura que fuese carne de su carne. Y con la llamada de la maternidad no se bromea. A veces no existe, de acuerdo, y su ausencia se revela con crímenes monstruosos: recién nacidos torturados, asesinados, arrojados a la basura, canalladas que ninguna pena sería suficiente como para castigar. A veces, está silenciada y el silencio se manifiesta con la falta de cuidados, con el abandono. En cuanto el silencio cesa, sin embargo, irrumpe un estruendo ensordecedor. Un terremoto realmente capaz de mover montañas, de desviar el curso de los ríos, cambiar la topografía de los océanos. Y entonces todo es posible. Todo. Hasta que alguien como Anastasìa renuncie a San Francisco para regresar a Cesena.

Esta vez partió en tren, cargada de baúles y directa a Nueva York. El ferrocarril transcontinental se había terminado en 1869 y constituía el orgullo de Estados Unidos. El viaje desde San Francisco a Nueva York duraba sólo una semana, y nada de continuos cambios de estación. Nada de asientos de madera, nada de clase única. Si eras rico hasta lo hacías en unos cómodos coches-cama que parecían habitaciones de hoteles lujosos. Amplias camas de madera tallada o de brillante cobre, colchones mullidos, baños, salitas, un servicio impecable. Como es lógico, ella viajó en coche-cama y desde la ventanilla volvió a ver los mismos paisajes que había atravesado, diecinueve años atrás, en una incómoda diligencia. Los desiertos interminables, las inmensas llanuras, las montañas imposibles de cruzar, los valles, las gargantas en las que los apaches y los arapahoes y los comanches y los sioux seguían defendiendo en vano sus territorios profanados por los rostros pálidos, es decir, por el cinismo del progreso y la estupidez de sus intérpretes. Dando vueltas victoriosamente sobre aquellos raíles que, durante esos años, habían extendido parias llegados de todas partes del mundo a cambio de unos pocos dólares a la semana, con frecuencia pagando con su vida, el tren pasó también por Salt Lake City, donde Rebecca se había extinguido nada más ayudarla a huir, y donde Lydia aún se estaba preguntando qué habría sido de la prometida de su esposo. (Marianne no había vuelto a poner los pies en la ciudad. Vivía ya totalmente esclavizada por el señor Dalton, que, herido en su orgullo, no se había vuelto a casar y que vegetaba y procreaba en Rockville). Pasó también por la ruta en la que el teniente atravesado por la flecha de los indios había exhalado su último suspiro susurrándole: «*Mis Demboska, I love you*», y donde, quitándose la peluca, puso en fuga a los indios. Pasó también por St. Joseph, donde, en dos días de violenta pasión, Bill el Salvaje le había enseñado a disparar y donde, para que no le arrancaran la cabellera, se había cortado el pelo al cero. Y me pregunto qué pensaba, qué sentía mientras recorría a la inversa las etapas de su época legendaria. Pero tampoco tengo datos acerca de esto, tampoco acerca de esto contiene recuerdos mi memoria genética. Cuando intento buscarlos, sólo encuentro la imagen de una mujer intensamente seductora que, sentada en la butaca del coche-cama, fuma un cigarrillo tras otro y, con mirada enigmática, fija la vista fuera de la ventanilla. En Nueva York (he aquí algo que sí contaba) se alojó en el Fifth Avenue Hotel y sólo se preocupó de transferir a Cesena el dinero que llevaba consigo, veinte mil dólares, el equivalente a cien mil liras, y, concluida la operación, se encerró en su habitación. Permaneció allí veinticuatro horas, sin buscar a nadie. Ni siquiera se acercó a Irving Place, cruzó el umbral de la casa en la que había sido acogida con tanta generosidad, volvió a abrazar a Louise y a John Nesi, les pidió perdón. (¿Le faltó el valor? Quizá sí. El valor es una cosa extraña. Puede aflorar cuando tienes que combatir contra los indios o desafiar a duelo a Joe el Rápido y desvanecerse cuando tienes que pedir perdón). Para no encontrarse con caras conocidas evitó hasta comer en público. Pasadas aquellas veinticuatro horas, emergió de su clausura, mandó colocar los baúles en un carruaje y, oculta bajo un gran sombrero de ala ancha, se dirigió hacia los muelles del Hudson River. Con un pasaporte americano a nombre de Anastasìa Le Roi se embarcó en un vapor en dirección a Génova. Cruzó de nuevo el Atlántico, regresó a Italia sin decirle nada a nadie.

* * *

Mientras tanto, habían sucedido muchas cosas en Italia. Cosas que ella ignoraba o de las que apenas si se había enterado, leyendo de vez en cuando algún periódico que hablaba de Europa. En 1866, después de un pacto secreto con Prusia, había estallado la tercera guerra de Independencia y los italianos habían sido derrotados de nuevo por los austriacos en Custoza. (Luego lo fueron en Lissa, en el Adriático). Al mismo tiempo, sin embargo, había estallado también la guerra entre Austria y Prusia. Prusia ganó, y los austriacos tuvieron que renunciar al Véneto, que, con un referéndum, decidió reintegrarse en la madre patria. Acontecimiento que le había dado la vuelta a las relaciones entre ex oprimidos y ex opresores: en 1873 Víctor Manuel II fue en visita oficial a Viena, donde Francisco José lo acogió con los brazos abiertos; en 1875, Francisco José le devolvió la visita de cortesía y fue a Venecia, donde Víctor Manuel II lo acogió con comidas de gala y bailes y aplausos. «Los conflictos del pasado han sido enterrados». (Así funciona el mundo, queridos. El muerto, al hoyo. Y paz para los vivos). Siempre tras uno de esos pasos equívocos de la Historia que, cada dos por tres, transforma a los enemigos en amigos, a los amigos en enemigos, también había regresado a la madre patria el último trozo de tierra que quedaba en manos de los extranjeros, y la capital ya no estaba en Florencia, estaba en Roma. En 1867 los patriotas romanos se habían sublevado. Garibaldi había acudido en su ayuda y en Mentana había sido derrotado por los franceses de Napoleón III (protector de Pío IX, ¿recuerdas?), que, con los fusiles *chassepot* de retrocarga, habían vencido a sus voluntarios armados con los viejos mosquetones. En 1879, sin embargo, Napoleón III había retirado el contingente y había entrado en liza contra Prusia. Hecho prisionero en Sedán, perdió tanto la guerra como el trono; al desaparecer él, el gobierno italiano decidió ocupar Roma, y las tropas del general Cardona irrumpieron en ella con un par de cañonazos, obligando al Papa a contentarse con un territorio de medio kilómetro cuadrado. (Acontecimiento del que surgió la amnistía gracias a la cual Giuseppe Mazzini, que un mes antes había llegado desde Londres, había sido apresado en Palermo y encarcelado en Gaeta, no tuvo que volver a exiliarse).

En cuanto a la política interna, ¡Dios Santo! Si estabas ayuno de noticias, como ella, no entendías nada de nada. Sociedades obreras bien organizadas, huelgas masivas para obtener aumentos salariales y disminución de horas laborables, peleas a muerte entre camaradas o casi camaradas, es decir, entre los seguidores de los dos nuevos Mesías, Marx y Bakunin. En 1871, la nuevamente republicana Francia había reprimido con sangre el intento revolucionario de la Comuna de París. (Treinta mil cadáveres en tan sólo ocho semanas). Horrorizado por tales excesos, Mazzini se había separado de la Internacional, que, en cambio, los aplaudía. El grueso de sus discípulos se había unido a los socialistas de Marx o a los anarquistas de Bakunin; estos últimos, guiados por Carlo Cafiero, se habían convertido en mayoría y, no obstante la represión policial, todo se había teñido de rojo. En 1876 la izquierda había alcanzado el poder con Agostino Depretis. Por lo demás, y dejando ya al margen la política, el resto del país también estaba irreconocible. Fábricas modernas, industrias siderúrgicas y mecánicas. Obras de alta ingeniería, desarrollo tecnológico. En 1871 se había abierto al tráfico el túnel del Fréjus, la montaña de los Alpes occidentales que antes tenías que atravesar por carretera para ir de Piamonte a Saboya. En 1872 se habían iniciado las obras del túnel del Gotardo, el pico de los Alpes Leponcios por el que ibas al interior de Suiza. En 1876 había sido inaugurado el ómnibus, es decir, el tranvía tirado por caballos, vehículo que permitía el transporte de veinticuatro pasajeros sentados. En 1877 un helicóptero a vapor, construido por Enrico Forlanini (el futuro padre del hidroavión) se había elevado hasta trece metros durante veintiún segundos. Y en el mismo año habían tenido lugar los primeros experimentos positivos con la luz eléctrica, la maravilla con la que se pensaba sustituir las lámparas de gas, además de las primeras pruebas del asombroso artilugio inventado por Antonio Meucci e impunemente copiado por Alexander Bell: el teléfono. (Entonces llamado «Telégrafo Parlante»). Siempre en Milán, entre los bomberos de Palacio Marino y los conductores de tranvía de Puerta Venecia se había desarrollado un diálogo histórico: «¿Oiga? ¿Nos oís de verdad?». «¡Sí, maldita sea! ¡Es como si estuvieseis aquí al lado!». Por último, además de la *Tante* Jacqueline, habían muerto muchas personas ligadas, directa o indirectamente, al pasado de Anastasìa. En 1871, la dulce amiga que la había aconsejado parir en Cesena y que, a través de Valzania, la había ayudado a huir a América: Giuditta Sidoli. En 1872, Giuseppe Mazzini. En 1873, Nino Bixio y Urbano Ratazzi y Gabrio Casati. A inicios de 1878, Víctor Manuel II y, *dulcis* o mejor *amarus in fundo*, el *Innominato*. Sí, el *Innominato*. Había muerto repentinamente, en uno de sus hermosos palacios, sin haber vuelto a saber nada del áspid, de la orgullosa joven por la que perdió la cabeza en 1864. Y sin preocuparse por haber engendrado en ella a una hija que, a los ojos del mundo, iba a ser siempre la hija de nadie, pero que se le parecía como una gota de agua se parece a otra gota. (Detalle que no amenazaba para nada el futuro de su legítima consorte y de sus legítimos descendientes, entendámonos. En esa época no estaba permitido hacer averiguaciones sobre la paternidad. Lo prohibía el artículo 189 del Código Civil).

En cuanto a la gota de agua, estaba a punto de cumplir catorce años y vivía en Longiano: un bonito pueblo que había surgido en el siglo XIII en el feudo de los Malatesta, enrocado sobre una colina, desde el que disfrutabas de uno de los paisajes más encantadores de toda Romaña, y distante unas pocas millas de Cesena. Sin sospechar que la mitad de su sangre era azul, se deslomaba desde por la mañana hasta por la noche y, aunque en su versión italiana, llevaba el nombre y apellido indicados en la nota con la que la habían abandonado en el torno. «*Je vous demande la courtoisie de l'appeler Jacqueline Ferrier*». Entre los papeles del Santísimo Crucifijo, de hecho, hay uno que decía: «En el día de hoy, 1 de enero de 1865. Hoy, yo, don Giuseppe Biondi, he bautizado a una niña de padre desconocido y madre desconocida que la noche pasada fue abandonada en nuestro hospicio. Por deseo de la persona que la abandonó la he llamado Giacoma Ferrieri». Y, en ese sentido, había tenido suerte. No era raro que a los bebés que acababan en el torno se les impusiera apellidos crueles: Castrado, Desgraciado, Execrable. Desconocido, Imprudente. Cornudo, Bastardo, Bastardito. A las chicas, incluso nombres absurdos o pensados para que les tomaran el pelo: Salomè, Cleopatra, Verecunda, Caya, Sempronia... Por lo demás, sin embargo, suerte había tenido poca. Lo demuestra el Registro en el que están anotadas sus idas y venidas y lo que ella misma me contó el fatídico día en el que rompió el secreto acerca de mi bisabuelo. En los hospicios, me contó, la leche materna escaseaba. Las nodrizas preferían dárselo a los vástagos de las señoras para las que dar el pecho era una molestia, y a los expósitos se les alimentaba con leche de cabra o de vaca o de burra no esterilizada e incluso agriada. Por ello, durante sus primeras cuarenta y ocho horas de vida casi murió de disentería. Casi muerta, el 4 de enero fue entregada al carpintero Federico De Carli y a su mujer, Adelaide, que acababa de parir a su tercer hijo y que, por lo tanto, podía alimentarla con leche materna; los De Carli se la llevaron a Longiano, donde vivían, en la calle Santa María 25. Aquí la curaron y se la quedaron diez años. «Por criar, fuera del hospicio, a un niño recogido, te sacabas hasta dos liras y media al mes, ¿entiendes? Por cuidarlo una vez destetado, dos liras más, además de un guardarropa anual que incluía los zapatos y una eventual recompensa en trigo o harina. Por la tutela hasta la edad de la pubertad, otra lira, más el derecho a emplearlo o emplearla en los trabajos domésticos». En Longiano fue al colegio. Aprendió a leer y a escribir, qué importa ahora si eso sólo le sirvió para aprenderse los dogmas de la Iglesia Católica. Qué importa si Federico y Adelaide, católicos muy observantes, no dejaban de traer niños al mundo que ella debía lavar, acunar, llevar en brazos. Ambos la querían bien y, de haber podido, se hubiera quedado con aquella familia para siempre. El problema fue que, al cabo de los diez años, el Santísimo Crucifijo se la llevó de allí y se la entregó a una pareja de ancianos colonos que, al no tener hijos, estaban dispuestos a adoptarla. Los sesentones Gaetano y Luigia Raggi, también de Longiano. En vez de adoptarla, la pusieron a roturar la tierra, a cuidar de las ovejas, a limpiar los establos, y este calvario duró dieciocho meses. Hasta que el sacerdote que controlaba las adopciones la recogió y la devolvió, indignado, al hospicio. Peor: tres semanas después el hospicio se la entregó a un tal Polini. Un solterón de Cesena que buscaba a una criada. Con la humildad de una criada ella lo aguantó hasta que, en marzo de 1878, se escapó llorando y...

—¿Por qué te escapaste llorando, abuela? —le pregunté al llegar a ese punto.

Me fulminó con su único ojo y, en romañolo, la lengua a la que recurría cada vez que se enfadaba, me contestó con tres palabras.

—*Làssia perd, làssia* (Olvídalo).

Luego el ojo se apaciguó un poco.

—Federico y Adelaide, no. En ese sentido, ellos eran amables. *I num 'mnevan mai e i num me mncheva mai as respect* (No me pegaban nunca y nunca me faltaban al respeto).

Ahora vivía en Longiano, de nuevo con los De Carli, que, apiadados, habían vuelto a llevarla con ellos para que fuera la niñera del sexto hijo, Vincenzo, y de la séptima, Olinda. Vivía como una ferviente católica y todo contribuía a que eso fuera así. El celo religioso de la familia. La presencia de un santuario, mejor dicho, de un

Cristo que llevaba el mismo nombre que el hospicio, Santísimo Crucifijo, y que los habitantes de Longiano veneraban porque en 1493 una ternera destinada a la mesa de los frailes se había arrodillado sobre las patas delante de la imagen sagrada y, en vez de acabar asada o cocida, se murió de vieja en un establo repleto de exvotos. Y, sobre todo, la casa de la calle Santa María 25. Los De Carli vivían, de hecho, junto a una minúscula iglesia erigida tres siglos antes para custodiar otro objeto sensacional: el icono de la Virgen que, en 1506, había derramado una docena de lágrimas y que era conocida por eso como Madonna de las Lágrimas. Esto le permitía acudir a misa todos los días y, todos los días, confesarse, comulgar, rezar una *Salve Regina* a los pies de aquella que, según el párroco, había obrado el milagro de arrebatarla de las garras de los Raggi y de las insidias de Polini. La Madonna de las Lágrimas le gustaba muchísimo. Tenía dos hermosos y gordos mofletes, llevaba un bonito vestido carmesí punteado de estrellas, con el brazo derecho sostenía a un hermoso muñecote, probablemente el Niño Jesús, y de su triste rostro emanaba una dulzura tan intensa que los *Salve Regina* concluían siempre con un suspiro.

—¡Ah, si mi madre se pareciese a ella!

Algo que su madre, que había nacido sin identidad jurídica justo a causa de los Santos y de las Vírgenes, y que había crecido sin creer en Dios, no podía imaginarse siquiera. Al regresar a Italia, por otra parte, Anastasìa no sabía siquiera si la fea niña abandonada en el torno había sobrevivido y si, en caso de ser así, iba a conseguir encontrarla y obtener su perdón. Pero cada fibra de su cuerpo le decía que estaba viva, que la iba a encontrar, que obtendría su perdón. Y, con esta certeza, apenas llegó a Génova se subió a un tren con destino a Cesena. Con el ansia por llegar lo antes posible, por vencer lo antes posible la última batalla, se olvidó hasta de acercarse a Turín: de buscar la tumba de la *Tante* Jacqueline y la de Giuditta Sidoli, de depositar una flor sobre ellas.

17

Siento escalofríos mientras con sus baúles y su certeza, con su fascinante sombrero de ala ancha y su provocativo traje con *coulisson*, desciende de nuevo en la estación de Cesena: la ciudad que tiene la forma de un escorpión, el animal que se mata a sí mismo, y que rivaliza con París en número de suicidios. Siento escalofríos porque la semana pasada un hombre se ha arrojado bajo el tren que venía de Bolonia y otro se arrojó al Savio, el río que discurre fuera de las murallas y que desemboca en el Adriático, a poca distancia del punto en el que acabó el cadáver de Marguerite. Ayer se ahogó una vieja dentro del Cesuola, el canal que atraviesa el centro histórico y que, pasando debajo de las murallas, se une al Savio. Esta mañana, una joven ha hecho lo mismo, saltando desde el *Sciacquador ad Palazz*, el lavadero público que está en la parroquia de San Agustín, y un testigo ha referido: «Tenía una sonrisa de felicidad». El semanario *Satana* (Satanás), órgano de la izquierda de Cesena, ha salido además con un artículo que, básicamente, redime el suicidio. «Matarse, regresar al seno de la Gran Madre —dice— puede ser un acto de locura o de cobardía, sí, pero también un gesto de valor y una elección impuesta por la necesidad. En el caso de una persona consciente y responsable de sus actos, de hecho, el instinto de supervivencia sólo cede ante la convicción de que la vida es un mal. La muerte, un bien». La tragedia que estallará dentro de once años ya está en el aire, en otras palabras. Y, sin embargo, ella no lo advierte, no la prevé. Es todavía la impávida mujer que fue a América, atravesó las Grandes Llanuras, disparó a los indios, se comprometió con un polígamo, se casó con un tahúr, desafió a duelo al asesino de éste, se convirtió en jugadora y madame de una *parlor house*. Con paso resuelto, sale pues de la pequeña estación en la que esta vez no estaba esperándola nadie, y se sube a un carruaje. Se hace llevar al Leon d'Oro: el hotel situado en la esquina de la plaza que, en 1864, se llamaba Plaza Mayor y que ahora se llama Plaza Víctor Manuel II. Con gesto seguro, entra y, enseñando un pasaporte a nombre de Anastasìa Le Roi, ciudadana americana residente en San Francisco, toma una habitación que cuesta tres liras al día, es decir, más dinero del que le pagaba al mes el hospicio a los De Carli para que criasen a la expósita envenenada con leche agria. Una habitación de lujo, se entiende. Las amplias ventanas se abren sobre la plaza, los muebles y las cortinas son dignos de la Parisian Maison, y los armarios tienen capacidad suficiente como para guardar en ellos el increíble guardarropa que dos camareras están sacando de los baúles exclamando: «*Ac maraveja, signora!*» («¡Qué maravilla, señora!»). Se cambia rápidamente y, seguida por miradas famélicas de deseo, susurros de éxtasis, sale del hotel. Va, a juzgarse a sí misma, a los lugares que una gélida noche de invierno fueron testigo de su egoísmo. El callejón de Madonna del Parto, la casa en la que parió a la intrusa y de la que salió para deshacerse de ella mientras la gente brindaba por el Año Nuevo y tiraba las cosas viejas por la ventana. La vía Fattiboni, el muro que nunca estaba iluminado, la esportilla con el letrero «*In dolore pietas*. Colocar al niño aquí». Todavía está el torno. En casi toda Italia lo han prohibido. En Cesena no. Así que, se detiene a mirarlo y, sin absolverse, vuelve a mirar esa especie de bandeja giratoria, aquella pequeña mano extendida, aquellos ojos llenos de estupor. Sin perdonarse, vuelve a oír el «buaaa, buaaa» y el «din, don» de la campanilla que avisa al guarda. Luego se da la vuelta, decidida. Emboca la calle Dandini y se dirige hacia la casa de Eugenio Valzania. Nada le asegura que va a encontrarlo, obvio, y según se acerca teme que también él esté ya bajo tierra. Pero, en cambio, es el bigotudo *Palanchino* en persona el que sale a su encuentro, el que se la queda mirando durante unos segundos como si tuviese a un fantasma delante de él, el que, de repente, estalla en un grito incrédulo y jubiloso.

—*Cum vegna un colp!* (¡Que me dé algo!).

Luego la abraza, la lleva hasta el salón, la asaeta a preguntas. Dónde ha estado todos estos años, qué ha hecho, con quién se ha casado. Por qué no le contestó nunca a la carta por la que le informaba de que en Forlì habían descubierto la desaparición de los impresos, por qué desapareció en la nada, por qué ha vuelto...

—Porque quiero recuperarla, Eugenio.

—¿¡¿A quién?!? ¿¡¿*La burdèla*?!! (¿¡¿A la niña?!?). ¿Y cómo?

—No lo sé, pero quiero recuperarla.

—*La po' ser morta...* (Puede estar muerta...).

—Está viva, Eugenio. Lo siento. Y por las buenas o por las malas, usted me va a ayudar a recuperarla.

No se lo podría haber dicho a alguien más adecuado. Si en Cesena necesitas algo especial o ilícito, sólo tienes que dirigirte a Valzania: ¿recuerdas? Además, la época de los héroes y de los hombres de una pieza se acabó con el Risorgimento: también aquí, ahora, impera la ley del Oeste. También aquí mandan los violentos, los prepotentes, los intrigantes, los astutos. Y nadie lo demuestra mejor que este extraño revolucionario que, a despecho de sus nobles sueños, se reparte entre Dios y el diablo. Este extravagante factótum que, navegando entre mazzinianos y garibaldinos, radicales y moderados, anarquistas y socialistas, domina desde hace diez años la izquierda de Cesena y, al mismo tiempo, se las arregla para fornicar con los antiguos tiranos. En 1866 participó en la tercera guerra de Independencia: cierto. En 1867 combatió en Mentana y en ambos casos se cubrió de gloria. Pero al regreso usó cínicamente esa gloria para satisfacer sus intereses personales, sus ambiciones personales, y se portó como un delincuente. Incluso fue él quien ordenó, cuentan, que se ejecutasen los crímenes por los que los escuadrones rojos eliminaron a tres compañeros honestos, es decir, incómodos. Al viejo Giuseppe Comandini, el ex líder de la Banda del Revólver, que, desilusionado de la política, había abierto un taller de zapatero y que, a causa de sus críticas, fue degollado mientras le ponía suela a unos zapatos. Al joven Pietro Nori, suboficial en Mentana, que, igualmente desilusionado, se había opuesto a ese asesinato y que por ese motivo fue literalmente descuartizado. Al fiel Giuseppe Martini, que se negó a ir a Mentana para no hacerle un favor a la monarquía y que, acusado de traidor, fue atravesado por diecinueve puñaladas. A despecho de sus nobles sueños, durante esa época se hizo rico. ¿Sabes cómo? Comprando a bajo precio los bienes de la Iglesia que el gobierno había requisado. Gracias a esa adquisición ahora posee inmuebles por valor de 128.734 liras y sesenta hectáreas de campo que, junto a los productos agrícolas, le aseguran el voto de los campesinos. Figura en la lista de las personas respetables más pudientes y, por si eso no bastase, preside el Banco Popular. Es un personaje poderoso, en una palabra, uno de los amos de la ciudad. Por último, también es el hombre que en 1862 acogió con los brazos abiertos a una joven de dieciocho años, encinta y desesperada, le proporcionó alojamiento y una comadrona, le consiguió un pasaporte falso, la puso en contacto con los Pastacaldi. Sabe perfectamente que la mujer en la que se ha convertido aquella joven de dieciocho años tiene el valor de un tigre y la firmeza del pedernal, que no la detienen los escrúpulos, que para recuperar a su hija estaría dispuesta a matar. Sin vacilar, pues, le contesta que sí: la ayudará a conseguirlo, por las buenas o por las malas. El problema es que la señora Le Roi, ciudadana americana residente en San Francisco, no puede demostrar que la parió. Esa nota en francés no es suficiente, el testimonio de la comadrona tampoco. Y en la superintendencia del hospicio está ahora un hueso duro de roer: el marqués Ludovico Ceccaroni, que siente un odio incurable hacia el presidente del Banco Popular. Y en la dirección, un hueso todavía más duro: el ultracatólico Ferrante Zamboni, que profesa hacia el reglamento un culto casi obsesivo. Así pues, es preciso actuar con cautela y astucia. No tener prisa y, en caso de que la niña esté realmente viva, fingir que creen en la posibilidad de recuperarla por medios legales. Estrategia que llevarán a cabo a través de la carta de un abogado que, con esa excusa, consiga descubrir cómo se llama, dónde vive, quién la tiene en acogida. Mientras tanto, ella debe mantenerse alejada del Santísimo Crucifijo.

—¿Alejada...?

—Alejada, alejada. No es usted el tipo de madre por el que dos meapilas estarían dispuestos a hacerme un favor. ¡Por Dios, aunque se disfrazase de monja se notaría en el acto que tiene usted el alma tan negra como la mía!

—Estoy de acuerdo, Eugenio.

La carta partió un par de días después, dirigida a Ferrante Zamboni, y decía: «Distinguido Señor Director, en calidad de abogado me permito molestar a Su Ilustrísima Señoría con un asunto harto delicado. La noche de 1 de enero de 1865, en el torno de ese Respetable Hospicio fue abandonada una criatura de sexo femenino entre cuyos pañales fue colocada una nota, escrita en lengua francesa, en la que se indicaba la hora del nacimiento, las veinticuatro del 31 de diciembre, y se rogaba que la llamaran Giacoma Ferrier. Por cuenta de su madre, que por ahora prefiere permanecer en el anonimato pero que, obviamente, está dispuesta a revelar su identidad, le suplico a Su Ilustrísima Señoría me informe de si tal expósita sigue con vida y de si fue bautizada con el nombre y apellidos que se pidió. Suplico asimismo a Su Ilustrísima Señoría que tenga la amabilidad de proporcionarme los datos relativos a su domicilio y a las personas encargadas de su custodia. Con la instintiva certeza de que está viva, la angustiada madre desea recuperarla y cumplir con los deberes que, por un cúmulo de trágicas circunstancias, se ha visto obligada a eludir hasta hoy. Subrayo que la susodicha madre goza de una privilegiada situación económica. Satisfacer su sueño sólo le reportará, pues, ventajas a la niña, le asegurará un futuro opulento y feliz». La respuesta llegó a la semana siguiente y decía: «Distinguido Señor Abogado, según los Registros del Santísimo Crucifijo es efectivamente cierto que, en las primeras horas del 1 de enero de 1865, fue abandonada una criatura de sexo femenino en el torno de la pía institución. Tal criatura está viva, corresponde al Número 208 del libro secreto, y está bajo nuestra tutela. En caso de que contraiga matrimonio por la Iglesia, y con un ciudadano de nuestro agrado, recibirá, además, una dote de ciento cincuenta liras. Éstas son las informaciones que el Reglamento me autoriza a darle. Como hombre de leyes, debería saber por otra parte que está prohibido desvelar a los extraños el nombre y apellido de un ilegítimo menor de edad, el nombre y apellido de los responsables de su custodia, y la dirección de los mismos. Debería también saber que la restitución al padre o madre que lo abandonó sólo es posible si éste o ésta muestra un certificado de depósito, extendido en su día por el hospicio, o bien una señal que demuestre de forma inequívoca el gesto del abandono mismo. Me refiero a la mitad de una medalla o de una moneda o de un billete de banco o de una imagen sagrada o de cualquier otro objeto cuya otra mitad haya sido encontrada junto a la criatura. Y en el caso de la Expósita Número 208 el Registro no menciona ni el certificado de depósito ni la señal. Usted habla, sí, de una nota redactada en francés que proporcionaba la hora del nacimiento y sugería un cierto nombre y un cierto apellido. Pero ésta no consta y, de hacerlo, al estar entera y, supongo, sin firma, no tendría valor de prueba. Distinguido abogado: la angustiada madre de la que subraya su privilegiada situación económica, no sus virtudes morales y sus creencias religiosas y católicas, podría haber llegado, casualmente o a cambio de algo, a conocimiento de la existencia de dicha niña y querer servirse de ella con el fin de conseguirse una descendencia no suya. Concluyo señalándole que la tutela del Santísimo Crucifijo cesará el 31 de diciembre de 1879, cuando la niña alcance sus quince años de vida y que será depositada por nosotros en manos de personas de total confianza. Es decir, en un núcleo familiar de indiscutibles virtudes morales y que profese la fe cristiana católica. Atributos que, a nuestro parecer, cuentan más que la riqueza».

—¡Maldito bastardo, no me equivocaba al decirle que se mantuviera alejada de esos meapilas! —rugió Valzania al leer la frase final. Luego lanzó a una jauría de sabuesos dispuestos a todo, y a las dos semanas éstos regresaron con los datos que Zambroni no quería proporcionar. También llevaron una noticia que Anastasìa no se esperaba y un consejo con el que Valzania estuvo de acuerdo. Los De Carli, dijeron, no tenían deseo alguno de renunciar a Giacoma Ferrier. Y Giacoma Ferrier no tenía deseo alguno de renunciar a los De Carli. Les quería mucho, y también quería mucho a sus hijos. «Son mis padres adoptivos, mis hermanos y mis hermanas, no me pidáis que me separe de ellos». Por otra parte, los De Carli eran el núcleo familiar de indiscutibles virtudes morales que profesaba la fe cristiana católica en el que, el 31 de diciembre de 1879, es decir, cuando cumpliese los quince años, el hospicio pretendía colocar a la Expósita Número 208. ¿Merecía la pena combatir, luchar contra el destino? La infeliz madre haría mejor en regresar a California y poner paz en su alma. O bien contentarse con verla y punto. Total, para verla sólo tenía que acercarse a Longiano y dirigirse a la iglesita contigua a la casa de la calle Santa María 25. *Pora burdèla,* pobre chiquilla, no se cansaba nunca de susurrar oraciones y plegarias. A la hora de misa y a la de las vísperas siempre te la encontrabas allí.

* * *

Se acercó un domingo de finales de noviembre, sin decírselo a nadie, y poniendo mucho cuidado en pasar desapercibida. Nada de sombreros fascinantes, nada de *coulisson* provocativos. Nada de sombrillas de encaje, nada de perfumes, y en la calle Santa María nada de carruajes. Se acercó a la hora de las vísperas, es decir, ya casi de noche, resignada a seguir el consejo y presa de un miedo que jamás había experimentado en su existencia ajena al miedo. Con las piernas temblorosas, cruzó el umbral de la minúscula iglesia, se sentó en el banco de la última fila. La fila que está junto a la puerta. Con ojos inquietos escrutó la penumbra apenas iluminada por los cirios y las velas, buscó a la hija de la que ignoraba hasta de qué color tenía los cabellos. Y no vio a nadie. El párroco todavía no había tocado las campanas de la tarde y los bancos estaban vacíos. También estaban vacíos el confesionario, el presbiterio, el altar sobre el que destacaba la imagen de una Madonna triste, envuelta en un manto carmesí y adornado con estrellas. Eso le proporcionó un extraño alivio, casi la sensación de que el peligro había pasado, y durante algunos minutos se quedó allí saboreando la esperanza de haber hecho el viaje en vano. En un determinado momento, sin embargo, se dio cuenta de que no estaba sola. Miró de nuevo a la luz del resplandor de los cirios y las velas, y sí: había alguien más, a unos treinta metros de distancia, es decir, en el primer banco. Una ancianita, no, era una jovencita que, de rodillas y con los ojos vueltos hacia la triste Madonna, rezaba. El extraño alivio desapareció. El miedo salió de nuevo a la superficie, golpeándole el corazón y unido al deseo irresistible de mirarle la cara. Detrás de ella sólo podía verle la nuca y la espalda, compréndelo. La nuca, cubierta por una pañoleta marrón y la espalda embutida en un mantón de campesina. Y, sin embargo, la sospecha de que se trataba de Giacoma le ponía un nudo en la garganta, la dejaba sin aliento. Hizo un gesto como para levantarse. Se arrepintió, volvió a sentarse, y mientras se volvía a sentar la jovencita terminó de rezar. Abandonó el banco, le dio la espalda a la imagen, empezó a avanzar hacia la puerta. Y entonces la sospecha se convirtió en una certeza absoluta. Porque bajo la pañoleta marrón y el mantón de campesina estaba la copia exacta del *Innominato*. Los mismos ojos, Dios Santo. La misma nariz, la misma boca, la misma fisonomía. Y la misma expresión severa, la misma austera dignidad. Una dignidad que ni siquiera conseguían borrar los pobres vestidos y los zapatos rotos. Se puso de pie de un salto, pálida. Venciendo el impulso de ir corriendo a su encuentro, de gritarle: «Soy tu madre, quiéreme, ven conmigo», siguió mirándola fijamente. Y Giacoma se dio cuenta. Al llegar a su lado se detuvo y la miró fijamente a su vez, perpleja. «Me pregunté quién sería —contaba cuando la animabas a hablar de aquel episodio— y por qué se habría puesto en pie de un salto, por qué me estaba mirando con tanta insistencia. También me pregunté si no la conocería de algo, y durante unos segundos me pareció que ya nos habíamos visto. Quién sabe dónde, quién sabe en qué circunstancias. Luego sentí un gran frío. El frío del invierno, de la nieve. Recordé un objeto que daba vueltas, una campanilla que sonaba y pensé: ¿¡¿Jesús, no será mi madre?!? Pero enseguida me dije que no. Era demasiado bella. Demasiado rubia, demasiado alta, demasiado elegante, demasiado diferente a mí. Además, a mi madre yo me la imaginaba idéntica a la Madonna de las Lágrimas, con los mofletes regordetes y la cara más dulce que un higo maduro. Sus mejillas, en cambio, estaban hundidas, su rostro era más áspero que un limón. Y, rechazada esa idea, aguardé a que me dijera algo. No abrió la boca, así que seguí avanzando. Salí de la iglesia, regresé a casa. Con la cabeza muy confusa, sin embargo, con muchas dudas. De hecho, Adelaide exclamó: "¿Qué te ha pasado? Estás pálida como una muerta. ¡Se diría que has visto al diablo!"».

El diablo, en cambio, regresó a Cesena con las ideas muy claras. El encuentro le había devuelto su sangre fría, su falta de escrúpulos, y nada más dejar Longiano ya se había quitado de encima toda resignación. ¿Contentarse con haberle visto la cara?, le dijo a Valzania, ¿volver a California y poner paz en su alma? Jamás. Le importaba un bledo que Giacoma quisiese a los De Carli y que los De Carli la quisiesen a ella, que soñase con quedarse con ellos y que ellos soñasen con quedarse con ella: en cuanto el Santísimo Crucifijo dejase de tener la custodia, la recuperaría. ¿Cómo? Comprando el amor o el presunto amor de sus rivales, obvio. ¿Acaso olvidaba que todo tiene un precio, que nadie se resiste al dinero? Si era así, le iba a refrescar la memoria muy pronto. Porque pensaba comprarlos, a esos pseudopadres adoptivos. Les pagaría, retribuiría, para convencerles de que soltasen a su hija. Y a un precio mucho más alto que las dos liras al mes que les daba el hospicio. Quinientas liras, ¿de acuerdo? El equivalente a veinte años y diez meses de custodia, *pardon*, de amor. No, mil. El equivalente a cuarenta y un años y ocho meses. O dos mil, tres mil, todo lo que poseía. Total, dinero era lo que tenía, y en abundancia. Valzania se enfadó. La acusó de ser una cínica, una sinvergüenza, una ingrata. Aprovechándose de lo que sabía de sus aventuras en América, la atacó con un discurso feroz. ¿No le daba vergüenza exponerle semejante plan?, rugió, ¿aprovecharse de esa forma de la pobreza y la generosidad ajenas? ¿Dónde estaba *Mademoiselle* Ferrier cuando los De Carli le salvaban la vida a la niña abandonada en el torno, cuando Adelaide la alimentaba y la curaba con su leche? Coqueteando con los pasajeros del lujoso barco que la llevaba a Nueva York, ahí era donde estaba. ¡Disfrutando en Irving Place, dejándose cortejar por los personajes importantes de la metrópolis, siguiendo el cortejo fúnebre de Lincoln! ¿Dónde estaba ella cuando Adelaide le enseñaba a hablar y a dar los primeros pasos? Viajando en diligencia, ahí era donde estaba. ¡Seduciendo a los oficiales de la escolta, disparándole a los indios de las praderas, comprometiéndose con los polígamos de Salt Lake City! ¿Dónde estaba cuando Adelaide la mandaba al colegio, se preocupaba por que aprendiese a leer y a escribir? Divirtiéndose en el Oeste, ahí era donde estaba. ¡Exhibiéndose en mallas delante de los bandidos que buscaban plata, enriqueciéndose con el juego, comiendo caviar y bebiendo champán con su marido el tahúr! ¿De verdad creía que basta con haber parido a un hijo para decir «es mío, es mía»? Un hijo no pertenece a quien lo engendra para regalárselo al torno. ¡Pertenece al que lo cuida, le da de comer, lo lava, le duerme, lo consuela, le enseña a hablar, a caminar, a crecer! Le explicó también que el discurso ya no era tanto por los De Carli, como por la propia Giacoma. Si los De Carli aceptaban la oferta, Giacoma sufriría: recibiría un enésimo trauma, una enésima cruz. Pero sus argumentos sólo sirvieron para exasperar la pelea, enfadarla. Que pensase en sus culpas y se ahorrase el esfuerzo de soltar charlas moralistas, le contestó. Si existía en el mundo un tipo que no tenía derecho a hacerlo, ése era Valzania. Y si Valzania no quería ayudarla, en paz. Sabría cómo ayudarse a sí misma. Aun a costa de presentarse ante esos benefactores con un Colt en la mano y meterles por la boca esas quinientas o mil o dos mil liras. Por lo cual, y pese a un negro presentimiento, él se rindió.

—De acuerdo, *sgnurèna*. Hablaré con el abogado y esperemos no arrepentirnos. Hay algo que no funciona en toda esta historia. No me gustaría que un día la llevase de cabeza al Cesuola.

18

Los tratos llevados a cabo por el abogado duraron todo el invierno, toda la primavera. Y no sé en qué empleó el tiempo Anastasìa mientras duró aquella larga espera. Lo único seguro (lo contaba el abuelo Antonio) es que en enero de 1879 hizo lo que, obsesionada por la búsqueda de Giacoma, no había hecho aún: ocuparse de los veinte mil dólares transferidos desde Nueva York. En divisa italiana, cien mil liras, es decir, medio millar de millones de hoy. Diez mil liras las depositó en el Banco Popular que presidía Valzania. Gesto al que estaba obligada por gratitud hacia su amigo. Cuarenta mil, en el Credito Mobiliare: un sólido banco fundado por importantes terratenientes toscanos y por exponentes del mundo financiero piamontés-lombardo. Y cincuenta mil los invirtió en doscientas acciones de la Cesena Sulphur Company. Mientras ella estaba en Virginia City, de hecho, en la zona de Cesena se había desatado la fiebre del azufre: mineral del que, gracias a las azufreras sicilianas, Italia era el primer productor de Europa, y que en Romaña era muy abundante, sobre todo a lo largo del curso del río Savio. En las montañas de los Apeninos se habían descubierto nuevos yacimientos, los campesinos habían empezado también a excavar, impulsados por una fiebre semejante a la de los buscadores de oro y, en un clima que recordaba a un Oeste en miniatura, habían surgidos compañías nacionales e internacionales que especulaban con el producto como antes se especulaba con la agricultura. Entre éstas estaba la Cesena Sulphur Company: una sociedad inglesa, con sede en Londres, que se había constituido en 1871 con un capital de 350.000 libras esterlinas, es decir, casi nueve millones de liras, repartidas en treinta y cinco mil acciones valoradas en diez libras esterlinas. La controlaba Francesco Kossuth, hijo del viejo patriota húngaro Lajos Kossuth, que desde la década de los sesenta vivía exiliado en Turín, y, naturalmente, invertir la mitad de tu dinero en una sola empresa implicaba correr un riesgo considerable. Pero Kossuth les pagaba a los accionistas unos dividendos del diez por ciento, que, sobre doscientas acciones, producía una renta anual de cinco mil liras, o sea, de 416 liras al mes, exentas de impuestos, y Anastasìa no lo dudó.

—Quiero que mi hija viva como una princesa y que lleve al casarse una rica dote.

El resto es una serie de puntos interrogativos. ¿Se quedó en Cesena todo el tiempo, alojada en el Leon d'Oro, o se dedicó a vagabundear por Italia, dado que no la conocía? ¿Continuó dándole la espalda a Turín, al pasado que quería enterrar, o fue allí y depositó por fin un ramo de flores en la tumba de la *Tante* Jacqueline, en la de Giuditta Sidoli, quizá en la del *Innominato*? ¿Se limitó a tratar a Valzania o hizo nuevos amigos, se dejó ver en algún salón, lució sus fabulosas *toilettes* en el *ridotto* del Teatro Municipal? (En 1879 en el Teatro Municipal se representaban espectáculos muy aplaudidos. Óperas de Verdi y de Donizetti, ballets como el *Pas-à-deux* a la húngara). ¿Fue por segunda vez a Longiano, volvió a ver sin ser vista a la jovencita con la pañoleta marrón y el mantón de campesina y los zapatos rotos, o se cuidó muy mucho de volver a poner allí los pies? No lo sé, repito. No sé siquiera qué papel tuvo en los tratos llevados a cabo por el abogado y cuál fue la táctica que éste empleó para convencer a los De Carli, cuál fue la suma que les ofreció. ¿Quinientas liras, mil? Sé, sin embargo, que en cuanto se les ofreció la suma se volvieron locos por embolsársela cuanto antes, y que lo hicieron antes del fatídico 31 de diciembre. Los registros demuestran, de hecho, que el 28 de julio de 1879 a Giacoma ya la habían aparcado en el Santísimo Crucifijo, y ella misma lo contaba de vieja, explicando cómo lo habían hecho. «Ocurrió el 27 de julio. Después de cenar, recuerdo. De repente, mandaron fuera a los niños y se encerraron conmigo en la cocina. Federico estaba muy serio, Adelaide muy mohína. Se intercambiaron una mirada de entendimiento, se aclararon la garganta y... A los dos les hubiera encantado tenerme con ellos toda la vida, farfulló Adelaide. No en vano le habían dicho al señor Zamboni que, cuando dejase de estar bajo la custodia del hospicio, querían que me quedara allí. Lo malo es que el hombre propone y Dios dispone: desde que Dios les había enviado a la octava hija, a Cecilia, en esa casa ya no había sitio para mí. Me quedé de piedra. Cecilia había nacido en marzo y dormía en la cuna. Angelo, el primogénito, estaba a punto de casarse y se iba a mudar a la colina de enfrente. Ernesta, la tercera, estaba a punto de meterse a monja y ya vivía en el convento. Sitio había, en una palabra. Y, apenas recobré el aliento, se lo dije a gritos. Pero Federico movió la cabeza. No se referían al espacio, suspiró. Se referían a los gastos. El párroco les había aclarado ese mismo día que, al dejar de estar bajo la tutela del hospicio, ya no iban a percibir las dos liras mensuales y, desaparecidas las dos liras, ¿quién iba a pagar mi manutención, etc.? Giacoma, el 31 tienes que dejarnos. Te lo decimos ahora para que te vayas haciendo a la idea. Permanecí en silencio durante unos minutos, destrozada. Lo único que deseaba era morirme. Luego me recobré. Loca de rabia, les repliqué que no quería esperar hasta el 31 de diciembre, que quería irme ahora mismo, y él cogió la pelota al vuelo. Mejor así, gruñó. Mañana te vuelvo a llevar a Cesena. En cuanto a Adelaide, ¡oh! Aunque había estallado en un llanto incontenible y no dejaba de gemir «maldito dinero, maldito dinero», no dijo ni media palabra para intentar retenerme. Partí al alba, en el carro, y sin despedirme de nadie. Ni siquiera de la Madonna de las Lágrimas, ni siquiera de los niños. Llegué al Santísimo Crucifijo en menos que canta un gallo, y la gobernanta, Piera Colombani, pareció muy sorprendida. En tono irónico le dijo a Federico: "Llega usted con cinco meses y dos días de anticipación, buen hombre. ¿Ha ganado la loto?"».

Sé también que, llegados a ese punto, el abogado se ganó la complicidad de la Colombani, y que ésta fue la ejecutora de la genial intriga que Valzania había urdido mientras tanto. Es decir, pasar por encima de Zamboni y permitir a Madame Le Roi que pasara ratos con la huérfana aparcada en el hospicio, prepararse y prepararla para la confesión «soy tu madre». Paralelamente, encontrar un núcleo familiar de «indiscutibles virtudes morales y en el que se profesase la fe cristiana católica», en otras palabras, a alguien que se prestase a hacer de hombre de paja, y con esta cobertura entregarle a su hija el 31 de diciembre. Lo sé gracias a otra confidencia de la abuela Giacoma. La que describe su segundo encuentro con Anastasìa. «Detestaba, odiaba estar en el hospicio. Me parecía estar en una cárcel. El portón estaba siempre cerrado a cal y canto, en las ventanas había rejas, y sólo se podía salir los domingos, guiadas, mejor dicho, formadas en pelotón por la Colombani. Media hora, una, como mucho. Para estirar las piernas. Además, había que llevar uniforme. Chaqueta y falda de lana o de algodón, color verde, cofia amarilla, distintivo con las palabras "Santísimo Crucifijo". Había que plegarse a una disciplina militar y tejer cáñamo o bordar sábanas y toallas, trabajos que yo no sabía hacer. ¡Ah, cuánto echaba de menos la calle Santa María 25! Con frecuencia, echaba de menos hasta a Federico y Adelaide. Lloraba a todas horas y era inútil que la Colombani intentase consolarme. Me decía que no me lo tomara tan a pecho, que las cosas malas a veces traen algo bueno, que pronto me daría cuenta de que los De Carli, en el fondo, me habían hecho un favor. Luego, una mañana de mediados de agosto, me llevó a un aparte en la capilla. Tras advertirme, como preámbulo, que lo que iba a decirme debía mantenerse en secreto para no suscitar envidias, me reveló que una señora muy rica había solicitado mis servicios como señorita de compañía. ¡Señorita de compañía! Dios Santo, el noventa y nueve por ciento de las veces a las expósitas a punto de cumplir los quince años las contrataban como fregonas o criadas o niñeras: ¿me daba cuenta de la suerte que tenía? Las señoritas de compañía no tienen que deslomarse. Tienen que hacer compañía y nada más. Además, van bien vestidas, llevan guantes, viven en casas lujosas, y se mueven en el gran mundo. No la creí. ¿¡¿Por qué iba a elegirme a mí, y a escondidas, una rica señora como dama de compañía?!? Yo no era una dama. Yo era una pobretona paleta e ignorante. Del gran mundo no sabía nada, y la Colombani seguro que había entendido mal. Por la tarde, sin embargo, irrumpió en el taller. Rápido, corre a ponerte un uniforme limpio y a peinarte, baja a mi despacho y, chitón, no digas nada. La rica señora está aquí. Obedecí de mala gana. Preguntándome quién sería, bajé al despacho, y ¡Jesús!: era la señora a la que había visto en la iglesia de Longiano. Pero esa tarde parecía pensativa, casi preocupada. Y estaba más guapa, más elegante que nunca. Vestía un traje de encaje color marfil, que se ajustaba a su cuerpo esbelto como una segunda piel, desde el busto a las caderas, y que estaba adornado por detrás con una cola de casi medio metro, ¡imagínate! En la cabeza llevaba un tocado formado por una golondrina de seda, con la cola derecha y las alas desplegadas. Colgado del cuello, un camafeo gigantesco. En las orejas, dos perlas con brillantes. Y exhalaba un intenso perfume de gardenias. Retrocedí, sintiéndome perdida, confusa. Confusa, esbocé una reverencia, y entonces ella sonrió. "Nosot*r*as ya nos hemos visto, que*r*ida, nos conocimos en noviemb*r*e", gorjeó con una voz acariciadora y un fuerte acento extranjero. Un acento que redoblaba las "r", las redondeaba. Luego hizo un gesto como para acercarse a mí, abrazarme, pero yo se lo impedí. Le di la espalda. Me escapé. Aquel perfume me había hecho volver a sentir el frío, entiéndelo, me había hecho recordar aquel objeto que daba vueltas y la campanilla que sonaba. Me había vuelto hostil hacia ella, su enemiga».

También sé lo que ocurrió durante la intriga, y lo que ocurrió me llena de asombro. Porque no era fácil conquistar a aquella niña herida y hostil. A aquella enemiga que cuando te miraba, cuando te olía, sentía que habías sido tú la que la habías abandonado. La que la habías dejado en el torno. Era una empresa temeraria, al límite de lo imposible. Y, como tal, exigía un trabajo, mejor dicho, un estilo de seducción al que la Gran Hechicera no estaba acostumbrada. Esta vez no se trataba de ejercer su poder de seducción sobre alguna de las infinitas víctimas (masculinas y femeninas) a las que desde niña había hechizado embrujado rendido a sus necesidades o a sus fines. No se trataba de seducir a los Pons, los Tron, al pastor Morel, a Suzanne y Marianne Gardiol, o a Giuditta Sidoli. Mucho menos se trataba de seducir a un alumno imberbe del colegio Candellero, a un bailarín o un violinista del Real, al capitán de un barco, a Elisabeth Nesi y al ingenuo Derek. O a Bill el Salvaje y al oficial que escoltaba la diligencia, a *sister* Rebecca y a *sister* Lydia, al viejo John Dalton y al fascinante Napoleon Le Roi. Sin contar a la condesa Dumont, alias *Madame Moustache*, a los mineros de Virginia City, los banqueros de San Francisco y al mismo Valzania. Esta vez se trataba de seducir a su propia hija. A una hija, además, que se parecía al *Innominato* en los rasgos, pero que en el orgullo, la obstinación, la rebeldía, era igual que ella. «Al día siguiente apareció con una caja de caramelos —contaba la abuela Giacoma—. Antes de que tuviese tiempo de reaccionar, me la puso en las manos, me abrazó, me dijo que se llamaba Anastasìa y que, lo quisiera yo o no, desde ese día sus visitas iban a convertirse en una costumbre. Siempre venía por la tarde, cuando Zamboni no estaba en el Santísimo Crucifijo, y siempre precedida por el "chitón, no digas nada" de la Colombani, que no dejaba de advertirme que guardara el secreto. Siempre vestida con elegancia, además, siempre oliendo a gardenias y siempre armada de caramelos. No hablaba casi nunca de ella. Después de tres semanas sólo sabía que se alojaba en el Leon d'Oro, que era viuda, que vivía sola, y que por eso tenía necesidad de una persona que le hiciese compañía. En cambio, hablaba mucho de mí. Me halagaba, me cortejaba. Decía que mis ojos dejaban transparentar algo muy especial y que no veía el momento de arrancarme de aquel hospicio, de ofrecerme una existencia feliz. Yo ponía mucho cuidado en no dejarme engatusar. Seguía sin fiarme, sin entender por qué me había elegido, y, confiando en que se desanimase, intentaba resultarle antipática por todos los medios. Le contestaba con monosílabos o, como mucho, con gélidos "sí, señora", "no, señora". No le daba las gracias por los caramelos, a veces ni los probaba, me tapaba la nariz para darle a entender que su perfume me desagradaba. Pero cuanto más la rechazaba, más la ofendía, más humilde y comprensiva parecía ella. Y con su voz acariciadora, su acento extranjero y lleno de erres redobladas, a la cuarta semana me dijo que me equivocaba tratándola mal. Y que me equivocaba porque teníamos las dos una cosa en común: ambas éramos ilegítimas y no teníamos madre. Ella no había conocido a su padre y había perdido a su madre a los dos años. Me dijo también que había crecido con una tía que se llamaba Jacqueline, un nombre que se traduce al italiano como Giacoma, Giacomina, y que me había elegido por eso. De golpe, todo cambió y su perfume empezó a gustarme. Aquellos encuentros clandestinos comenzaron a seducirme. De hecho, si pasaban dos días sin que viniera, me ponía nerviosa. Me preguntaba si habría renunciado a la idea de la señorita de compañía, si habría encontrado a otra, si se habría ido, y buscaba el olor de gardenias en mí misma o en el pasillo que conducía desde el portón hasta el despacho de la Colombani. Me enamoré de ella, en una palabra. Hasta tal punto que dejé de imaginarme a mi madre con las mejillas regordetas y la cara dulce de la Madonna de las Lágrimas. Empecé a imaginármela con las mejillas hundidas y el rostro áspero, con su perfume de gardenias y su *charme*, sus colas de medio metro y sus golondrinas en el sombrero. Hasta que una tarde de octubre se lo confesé. Y ella, palideciendo, gritó: "¡Yo soy tu madre, amor mío, soy yo!". Luego se desmayó y la Colombani tuvo que acudir corriendo con un frasco de sales».

Por último, sé lo que ocurrió después, y lo que ocurrió después me hace sentir una admiración inmensa hacia Valzania. Porque para el otoño tenía que haber encontrado al hombre de paja, o sea, el «núcleo familiar de indiscutibles virtudes morales y que profese la religión cristiana católica» que necesitaban para reclamar a la Expósita Número 208. Y adivina a quién eligió: a aquella Anastasia, devota de Santa Anastasia, que el 31 de diciembre de 1864 había ayudado a la *sgnurèna* a parir. Me lo confirman los registros del Ayuntamiento, que, con una apostilla a lápiz y con pésima caligrafía, es decir, escrita por un intruso y no por un empleado municipal, hacen constar que, en los años ochenta, Giacoma Ferreri (sin la *i* de Ferrieri) es *huésped* de Anastasia Cantoni, de casada Bianchi: nacida en Cesena en 1831, residente en la ciudad junto a su marido y un hijo, en la calle Verzaglia 1, junto al Lavadùr, y perteneciente a la parroquia de San Agustín. Así es: con esta obra maestra, es decir, con el retoque del apellido y la complicidad de una mujer que también se llamaba Anastasia y que, además, sabía toda la verdad, se ultimó la genial intriga. Un mes antes de lo previsto, no se olvide, y de forma no acorde con las reglas. Según registros del hospicio, la casi quinceañera Giacoma Ferrieri (aquí aún figura la *i*) salió de allí el 31 de noviembre de 1879. Pero no dicen a quién le fue entregada, con quién se fue a vivir. ¿Con Anastasia Cantoni de Bianchi o con Anastasìa Ferrier viuda de Le Roi? En cualquier caso, la misteriosa señora que olía a gardenias se la llevó con ella ese mismo día. Y ese mismo día la condujo a la casa, mejor dicho, al apartamento que, una vez dejado el Leon d'Oro, había alquilado en el tercer piso del Palacio Almerici, un edificio (ahora demolido) situado entre la calle Dandini y la Biblioteca Malatestiana, es decir, en la zona noble. Ocho habitaciones bien acondicionadas de las que la abuela Giacoma recordaba muchos detalles, incluso siendo ya vieja. El salón con lámparas de gas y los divanes de terciopelo amarillo, las consolas de mármol, los cuadros en las paredes tapizadas con un papel estampado con florecitas azules. El comedor con servilletas de encaje, jarras de cristal, vajilla de porcelana. El pequeño estudio con estanterías llenas de libros y entre los libros una novela rusa traducida al francés en la que un tal Tolstoi contaba la historia de una señora que termina arrojándose debajo de un tren: *Ana Karenina*. Los dos dormitorios que sólo tenían un inconveniente, estar muy distantes el uno del otro, en los extremos opuestos del pasillo. El dormitorio de Anastasìa, con una cama tan grande que toda la familia De Carli habría podido dormir allí; con unos espejos tan altos que casi llegaban al techo; y una caja fuerte en la que se guardaban todos los objetos valiosos. Las joyas, las acciones de la Cesena Sulphur Company, los estados de cuentas del Banco Popular y del Credito Mobiliare, una pistola cargada y con la culata de nácar. El suyo, con la cama con dosel, cortinas de tul, un armario que desbordaba de vestidos, y una maravillosa muñeca de *biscuit*. «Además, teníamos tres criadas», añadía con su único ojo todavía lleno de estupor. «¡Tres, he dicho, tres! Una camarera, una cocinera y una mujer que se ocupaba de la limpieza. Dios, qué paraíso. Yo no sabía lo que era que te atendieran tres criadas, compréndelo. No sabía lo que era vivir sin deslomarte. Sin lavar la ropa ni fregar el suelo, sin remendar y sin planchar, sin cuidar de las ovejas o de los niños...».

* * *

Así pues, se la llevó al paraíso y durante tres años le dio todo lo que una madre de su clase podía darle a una hija por la que quería ser perdonada. No volvió a enviarla al colegio, eso no. No la animó a que se leyera los libros alineados en las estanterías del pequeño estudio. No le enseñó ni siquiera los idiomas que ella sabía. (La abuela Giacoma no hablaba ni inglés ni francés. No estaba muy familiarizada con los libros. Y, dejando al margen su inteligencia, tenía una cultura de quinto de primaria). Además, no le permitió que la llamara «mamá». «Llámame Anastasìa, así no levantamos sospechas». Tampoco le reveló el nombre de su padre. (Para oírlo, la abuela Giacoma tuvo que esperar hasta la víspera de su boda con el abuelo Antonio). A cambio, le devolvió su infancia perdida y le regaló una adolescencia totalmente despreocupada. Le enseñó a disfrutar del ocio, a pasear, a conversar, a reírse, a divertirse. Sí, también a divertirse, aunque Cesena ofreciese pocos lugares donde hacerlo... Aquella periférica y violenta ciudad de provincias no se parecía en nada a San Francisco o a Nueva York, lo único que se hacía allí era discutir de política. La pequeña capital del suicidio, en la que te asesinaban por cualquier bobada, no se distinguía precisamente por su alegría y su *dolce vita*. De hecho, se quedó allí sólo por el fraude que concedía la custodia de la Expósita Número 208 a Anastasia Cantini con domicilio en la calle Verzaglia 1, y vivía en ella muy contra su voluntad. Pero a media hora de tren estaba Rímini, centro turístico y balneario entre los más chic y mundanos de Europa, y Rímini sí ofrecía diversiones a raudales. El fastuoso Hotel Kursaal, en el que todas las noches se celebraban bailes y danzabas los valses de Johann Strauss, *El Danubio azul* o *Sangre vienesa*. El casino, en el que jugabas a la ruleta, al faro y al *black-jack* como en Virginia City. El hipódromo, donde disfrutabas de las carreras de caballos y hacías unas apuestas tan elevadas que era como para volverte loco. El polígono, donde te entretenías con el tiro al plato o al pichón; el politeama; los conciertos. Y, desde junio a septiembre, el Lido. Las excursiones en barca, la playa, el placer de exhibirse con los primeros trajes de baño. Las señoras, con unas amplias faldas que les llegaban hasta las pantorrillas y blusas anchas y gorros de tela encerada. Las jovencitas, con pantaloncitos o falditas que les llegaban hasta las rodillas y camisolas con pliegues y gorros a la turca. (Los colores preferidos, el negro y el turquesa con rayas rojas. Desaconsejado, e incluso denostado, el blanco, porque bastaba con que te cayesen encima unas gotas de agua para que se trasparentasen los pezones y el pubis.) En cuanto a las *toilettes* que te ponías para cenar, pobre de ti si no incluían collares de perlas o adornos de brillantes: el complemento indispensable de unos menús que como entrantes sugerían caviar. Rímini rivalizaba con Montecarlo y Biarritz. No era casual que los periódicos socialistas la tuvieran marcada con letras de fuego: «Allí se come, se bebe, se baila, se dilapidan fortunas, y no se piensa en la miseria en la que languidecen los trabajadores». Así pues, se la llevaba allí en verano y en invierno, y qué se le iba a hacer si una botella de champán costaba diez liras, es decir, la paga semanal de un obrero. Qué se le iba a hacer si los caballos y la ruleta despertaban demasiado su gusto por las apuestas, es decir, aligeraban demasiado su bolsito. Vivir con aquella hija que no podía llamarla «mamá» pero que, poco a poco, se estaba convirtiendo en una mujer, una cómplice, una amiga, la compensaba por todo. Hasta por la castidad que se había impuesto a sí misma al regresar a Italia. Nada de hombres, nada de amantes, nada de aventuras sentimentales.

—Sólo te quiero a ti, el resto no cuenta.

Los años que vieron a Giacoma con quince, dieciséis, diecisiete años fueron muy intensos. 1880 se abrió con el recurso de apelación y la absolución de los catorce miembros de la Internacional (entre ellos, Anna Kuliscioff) condenados por el atentado a Humberto I, y en mayo el ingeniero veronés Alessandro Cruto resolvió el problema que Thomas Edison había encontrado en el funcionamiento de la lámpara incandescente, que, al pasar por ella la corriente eléctrica, se quemaba. Usando delgadísimos hilos de platino que resistían altísimas temperaturas, incrustados de carbono y tratándolos con etileno, consiguió que fuera duradera. Pero Anastasìa no se interesó por ello o no se enteró siquiera. En septiembre, Garibaldi dimitió como diputado y se retiró para siempre a Caprera, donde, anulado su matrimonio con la condesita Raimondi, se casó con la nodriza de sus hijos, Francesca Armosino. Y, al dimitir, envió a los periódicos la tremenda carta sobre la que los italianos siempre se olvidaron de reflexionar o de echarse a llorar al leerla: «Era otra Italia con la que yo soñaba. No ésta, miserable dentro y humillada fuera». Pero Anastasìa no se interesó por ello o no se enteró siquiera. 1881 se abrió con el *Ballo Excelsior*, el celebérrimo espectáculo que, anunciando ingenuamente la victoria de la Civilización sobre el Oscurantismo, además de la futura fraternidad entre los pueblos, exaltaba la historia del Progreso, en eterna lucha contra el Retroceso, y en febrero, en Roma, tuvo lugar el Comité de los Comités. Es decir, la asamblea de los demócratas que pedían el sufragio universal, es decir, que las mujeres tuvieran derecho a voto. En julio, Carlo Lorenzini, alias *Collodi*, comenzó a publicar por entregas *Las aventuras de Pinocho* y, en agosto, Andrea Costa fundó en Rímini el Partido Socialista Revolucionario: partido que, pese a su nombre, abandonaba los principios de las barricadas. En octubre, Humberto I fue a Viena para consolidar las relaciones con Austria y Alemania, es decir, para preparar la Triple Alianza. Acontecimiento que reforzó el *irredentismo*, es decir, el movimiento que luchaba para que las ciudades de Trento y Trieste, todavía en manos de Austria, le fueran devueltas a Italia. Su joven jefe, Guglielmo Oberdan, fue incluso a Cesena para pedir ayuda a los republicanos capitaneados por Valzania. Pero Anastasìa no se interesó por ello o no se enteró siquiera. En febrero, la Sociedad General de Teléfonos publicó la lista de los primeros cien abonados: acontecimiento que encendió el entusiasmo de todos los que se habían tomado en serio las promesas del *Ballo Excelsior* e ignoraban el robo del que había sido objeto en Nueva York su auténtico inventor, Antonio Meucci. ¡Imagínate, hablarse a kilómetros y kilómetros de distancia! ¡Conversar desde tu casa con alguien que está en la suya, y sólo con acercar los labios a un embudo, sólo manteniendo junto al oído otro embudo! ¡Dios, qué siglo tan maravilloso se estaba viviendo! Primero, el vapor, los barcos sin velas, el telégrafo, el tren. Luego, la máquina de coser, los globos aerostáticos, las lámparas de gas, el anuncio de la lámpara eléctrica. ¡Y ahora el teléfono! ¿A dónde nos iba a terminar llevando el progreso? ¿¡¿A la luna?!? Pero Anastasìa no se interesó por ello o no se enteró siquiera. En marzo, el anarquista Amilcare Cipriani, héroe de la segunda guerra de Independencia, de la expedición de los Mil, de la insurrección griega contra los turcos, de la Comuna de París, fugado meses atrás del penal francés de Nueva Caledonia y que había regresado incautamente a Italia, donde se esperaba que iba a ser acogido con los brazos abiertos, fue condenado por la *Corte d'Assise** de Ancona a veinticinco años de trabajos forzados. Y el país se levantó, indignado. Incluso en Cesena tuvieron lugar violentas manifestaciones al grito de «¡Viva Cipriani! ¡Viva Cipriani!». Pero Anastasìa no se interesó por ello o no se enteró siquiera. En mayo, se firmó la Triple Alianza, y las esperanzas de recuperar Trento y Trieste se desvanecieron. En junio, Garibaldi murió en Caprera y también en Cesena cerraron todas las tiendas, todas las escuelas, todos los teatros, todos los locales públicos. Pero Anastasìa no se interesó por ello o no se enteró siquiera.

Con la embriaguez de la maternidad, con su furiosa necesidad de obtener el perdón de Giacoma devolviéndole la infancia perdida, durante esos años sólo se interesó por los beneficios exentos de impuestos que obtenía de la Sulphur Company. Beneficios indispensables para mantener el apartamento en el cuarto piso del Palacio Almerici y las tres criadas, para viajar con regularidad a Venecia y a Rímini, para dilapidar el dinero en los grandes hoteles y en las carreras de caballos y en la ruleta. En 1878, cuando invirtió la mitad de su capital en las doscientas acciones que arrojaban un beneficio de cinco mil liras anuales, las minas alrededor de Cesena producían treinta mil toneladas de bruto al año. El azufre romañolo se pagaba a 175 liras la tonelada y soportaba bien la pesada carga de los aranceles (once liras la tonelada), además de la competencia del azufre siciliano, que se consideraba mejor, y del azufre americano, que costaba poco. En 1879, sin embargo, los yacimientos habían resultado más pequeños y estaban a mayor profundidad de lo que se esperaba, y, pese a que las excavaciones llegaron hasta los ciento ochenta metros de profundidad, la producción disminuyó en un tercio. A principios de 1880 el precio del bruto bajó, pues, de 175 liras a 135 liras la tonelada, los dividendos de la Sulphur Company pasaron del 10 por ciento al 8 por ciento. Las cinco mil liras anuales se convirtieron en cuatro mil y Anastasìa acusó el golpe con estilo. «*Ça passe, it happens,* estas cosas pasan».

---

* Tribunal que sentencia con arreglo al veredicto del jurado. (*N. de la T.*)

A principios de 1881 el precio bajó de 135 liras la tonelada a 119 liras, los dividendos de la Sulphur Company pasaron del 8 por ciento al 7 por ciento, las cuatro mil liras se convirtieron en tres mil quinientas, y de nuevo Anastasìa acusó el golpe con estilo. «*Ça passe, it happens*, estas cosas pasan». A principios de 1882 las 119 liras bajaron a 105 liras la tonelada, los dividendos de la Sulphur Company pasaron al 6 por ciento, las tres mil quinientas liras se convirtieron en tres mil, y esta vez se asustó. Asustada, decidió vender las malditas acciones, además de retirar el dinero depositado en el Credito Mobiliare y en el Banco Popular, conseguir un pasaporte falso para Giacoma y, desafiando el fraude por el que la custodia de la Expósita Número 208 se le había concedido a Anastasia Cantoni domiciliada en la calle Verzaglia, largarse a Francia. O regresar a América. Luego, en primavera, se lo volvió a pensar. Y no lo hizo. ¿Porque el riesgo formaba ya demasiada parte de sus costumbres, porque el azar pertenecía demasiado a su naturaleza de jugadora? Quizá. Cesena ya era su mesa de juego. La Sulphur Company su póquer, su faro, su *black jack*. Y un auténtico jugador, una auténtica jugadora, no abandona la mesa de juego en la que está perdiendo. Permanece allí pegado, arriesgando, tentando a la suerte, confiando en que ésta vuelva a sonreírle. Pero yo estoy convencida de que no lo hizo porque en su destino, en mi destino, estaba escrito que no lo hiciese. Porque (ella lo ignoraba, obviamente) esa primavera había llegado a Cesena el hombre elegido por el destino para desencadenar la intriga amorosa a tres que a Giacoma iba a costarle el ojo izquierdo y a ella morir prematuramente.

* * *

El hombre elegido por el destino se llamaba Anton Maria Ambrogio Fallaci. Descendía de Carlo y Caterina, estaba emparentado por vía directa con los Launaro, por vía indirecta con los Cantini. Vestía el uniforme de los guardias de aduana.* Antes de vestir ese unifor-

---

* *Guardie di Finanza* en el original, es decir, «guardias de Finanzas o de Hacienda». Como se explica más adelante, el cuerpo de aduaneros o guardas

me había vestido la sotana de los seminaristas. (Tras lo que permaneció más virgen que la Virgen María). Y el 27 de abril iba a cumplir los veintiún años. Cuatro más que Giacoma, que ahora tenía diecisiete, quince menos que Anastasìa, que ahora tenía treinta y seis.

Sí, estoy a punto de llegar a la última parte de la vida que viví cuando era Anastasìa. Pero para llegar a ella debo dar un brusco paso atrás. Salir de Cesena y volver al extravagante niño de doce años al que un otoño de hace muchas vidas dejamos en Candialle: la finca situada debajo de San Eufrosino de Arriba: ¿recuerdas?* Corría el año 1873. Don Fabbri, el párroco de Panzano, se quejaba «no entiendo a este chico. A veces me parece un ángel y otras un diablo». Para recuperar al ángel le había buscado un Puesto de Gracia en el Pequeño Seminario de Pisa, que admitía gratis a los alumnos pobres, y en la familia todos esperaban que se convirtiese en sacerdote. Quizá en Papa o, al menos, cardenal. Sólo el tío Luca, ¿recuerdas?, pensaba de otra forma. «Pero qué Papa ni qué cardenal, ése no llega ni a clérigo». Con todo, Amabile Launaro, la tía viuda del lutier enano y jorobado, fue a recogerlo para acompañarlo a Pisa y... Ya hemos llegado al brusco paso hacia atrás. Lo reconstruyo sobre los detalles que me proporcionó el abuelo Antonio, para más exactitud Anton Maria Ambrogio, cuando le preguntaba qué le ocurrió después de dejar Candialle.

---

de aduana, su equivalente en España, dependía del Ministerio del Ejército y, al vigilar el contrabando de los productos sobre los que el Estado ejercía el monopolio, protegían la Hacienda pública. (*N. de la T.*)

* Ver Notas del editor.

19

Había ocurrido lo peor, contaba. Oh, al principio le había gustado todo, entendámonos. El trayecto en la diligencia que iba desde Panzano a la estación del tren, para empezar, y la parada en Florencia. ¿Quién se habría podido imaginar un viaje en diligencia, quién conocer Florencia? «Quiero enseñarte la ciudad a la que mi padre llegó a pie, ahora hace cien años, para unirse al grupo del señor Mazzei e irse a Virginia, pero la cosa le salió mal, y entonces se casó con mi madre y nacimos nosotros», le había dicho la tía apenas llegaron. Con esa intención se habían puesto a caminar por las calles del centro, y ¡Jesús!, iglesias que parecían palacios, palacios que parecían castillos reales, un río tan grande que los barcos navegaban por él. Puentes, campanarios, cúpulas que te dejaban sin aliento, y ¡unas estatuas! ¿Quién se habría podido imaginar unas estatuas así? En la Plaza de la Señoría, el lugar del fallido encuentro con el señor Mazzei, había unas cuarenta, y te quedabas corto contando. Unas al aire libre, otras a cubierto, dentro de la Loggia Lanzi. Y casi todas sin nada que les cubriera el cuerpo, salvo una hoja de parra. Las mujeres, ni eso. Las náyades que estaban alrededor de la Fuente de Neptuno, por ejemplo. Las sabinas del Rapto de las sabinas. Eso te permitía descubrir cómo estaban hechas las señoras desnudas, ¿entiendes?, examinarlas con un incómodo desasosiego en el bajo vientre. ¡Dios, qué piernas! ¡Qué culos, qué caderas, qué pechos! Con los pezones derechos, redondos... De hecho, se había preguntado: «¿Y si el tío Luca tuviera razón? ¿Y si fuera verdad que sin las mujeres no se puede vivir?». Luego, el tren. En la estación se habían subido al tren, y ¡Jesús! ¿Quién se habría podido imaginar el tren, quién hubiera podido pensar que el tren viajaba a esa velocidad? ¡Dos horas escasas desde Florencia a Pisa, dos horas escasas! Luego, Pisa. El gran río de nuevo, y los puentes, las iglesias, los palacios, los campanarios, etc. Y, además, la Torre Inclinada. ¡Ah, la Torre Inclinada! Como se me caiga encima, me aplasta, pensabas. Y eso te excitaba tanto como las estatuas de las señoras desnudas. Luego, la casa de la tía Amabile. Un edificio de ladrillos rojos, muebles abrillantados, butacas, lámparas de gas, y un antiguo laúd con los entallados de nácar. El laúd que la madre del difunto marido, una maravillosa española, hija del duque Gerolamo Grimaldi y a la que, por tanto, llamaban *La Duchessa* [La Duquesa], tocaba en el manicomio en el que había muerto, loca de dolor por la muerte de sus cuatro hijos, ahogados en un naufragio delante del golfo de Lyon. Por último, lo *struscio*. Es decir, el paseo por las calles que bordeaban el río, donde admirabas a las hermosas señoras con sombrero y escote amplio y *coulisson* y, dado lo estrecho de las aceras, pasabas rozándolas.

Al principio le había gustado hasta el seminario. Bueno: al principio, le había producido una cierta angustia. Un pellizco en el estómago. Muros grises, habitaciones oscuras, sombras mudas, y mudos pasillos a lo largo de los cuales tus pasos retumbaban como si fueran cañonazos; y a cada cañonazo se abría una puerta, se asomaba alguien con el dedo sobre los labios y: «¡Chisss! ¡Silencio! ¡Chisss!». Ni que estuvieras en un hospital o en el cementerio. Sin embargo, lo habían puesto enseguida en la habitación de los alumnos del primer año, y ¡Dios, qué maravilla! Porque en Candialle él era el único varón de la nueva generación. Antes que él habían nacido Annunziata y Assunta, después de él Palmira y Giulia y Viola. El tío Luca y su mujer Adele habían tenido un chico y una chica, el chico había muerto, la chica vivía, y seamos sinceros: un chico se encuentra a disgusto con cinco hermanas y una prima. Tiene que dormir solo, jugar solo, estudiar solo, aguantar sus desplantes. Se siente excluido o vive envidiando a los que tienen al menos un hermano o un primo con el que subirse a los árboles, defenderse, hacer cosas que a las niñas no les interesan. Y aquella habitación le ofrecía hasta trece sustitutos de hermanos o primos. Todos más o menos de su edad. Y eso sin contar a los cuarenta y seis que estaban en las otras habitaciones o en los dormitorios individuales, es decir, en las celdas reservadas a los seminaristas del cuarto y del quinto año. También le gustó ponerse la sotana. Una pequeña sotana de su tamaño, de un bonito color morado, con los bordes y los botones y los ojales de rojo fuego. En Candialle estaba muy preocupado por lo de tener que llevar sotana. El tío Luca no dejaba de tomarle el pelo y de repetirle «la sotana es cosa de mujeres y, por lo tanto peligrosa. Cuidado con el culo, tú atento a salvar tu culo». Una vez había añadido explicaciones, y ¡Dios, qué discurso más alarmante! Punto número uno, le había dicho, la sotana favorece la sodomía. Punto número dos, la sodomía es el amor entre hombres, o sea, lo que hacen los perros entre ellos cuando no tienen una perra. Punto número tres, el amor entre hombres es una asquerosidad. Punto número cuatro, esa asquerosidad afecta, sobre todo, a las partes antes mencionadas. Hasta la tía Amabile, por otra parte, se había expresado en contra de la sotana. «Para mí, no es de hombres. Los hombres llevan pantalones. Te estará mal». Así que, se la había puesto con un cierto temblor y refunfuñando: «Qué pena que no pueda mirarme en un espejo». Porque los espejos, sabes, vuelven vanidosos, y en el seminario los únicos que había eran para afeitarse: una especie de legañas de pocos centímetros, colocadas arriba, sobre el lavabo. Pero luego había pasado por delante de una puerta con cristales, y¡ Jesús!, le quedaba realmente bien. Le daba un aire digno, sobrio, solemne. Además, no es cierto que los hombres lleven siempre pantalones. Lo había aprendido en la enciclopedia. En China eran las mujeres las que llevaban pantalones, y los hombres llevaban sotana. En Escocia llevaban una faldita, y en los países árabes una túnica hasta los pies, como el Nazareno. En cuanto a esa asquerosidad de la que hablaba el tío Luca, seguro que era una calumnia. El sacerdocio exige castidad, ¿no? De todas formas, lo que más le había gustado era ser atendido y respetado por los sirvientes. ¡Jesús, Jesús! ¿¡¿Quién hubiera podido imaginarse que allí hubiera sirvientes y que a él, a un mocoso de doce años, a un campesino hijo de campesinos acostumbrados a deslomarse, fueran a atenderle y respetarle los sirvientes?!? Le llamaban «señor», imagínate. Le limpiaban los zapatos, le calentaban la cama con el brasero, se la hacían, le cambiaban las sábanas. Además, le vestían, le empolvaban, le peinaban con el peine de muchas púas muy finas, es decir, el que se usaba para buscar piojos. Y si protestaba: «Yo no tengo piojos, no los he tenido nunca», le replicaban: «Con su venia, señor. Tenga la amabilidad de perdonarme, señor. Me lo ordena el Reglamento».

El Reglamento... Que el seminario no era el País de Jauja, pese a los sirvientes y el éxito de la sotana y la compañía de chicos de su edad, lo había entendido cuando se aprendió de memoria el Reglamento, al que a la llegada sólo le había echado un vistazo distraído. Prohibiciones absurdas, ordenanzas extrañas, pretensiones inexplicables. Por ejemplo: «Los seminaristas deberán dormir con los brazos fuera de la manta. Bajo ningún motivo podrán tenerlos debajo, junto al cuerpo, y serán vigilados mientras duerman para que dicha norma sea respetada». ¿Qué hay de malo en tener los brazos junto al cuerpo? A pesar del brasero, con los brazos fuera de la manta en noviembre te helabas. Una noche desobedeció a la norma y: «¡Despierte, despierte! ¿Qué está pasando aquí? ¿Qué está haciendo?». O: «Al ir a los lavabos a lavarse o a hacer una necesidad natural, los seminaristas deben prestar mucha atención en no entrar cuando haya alguien y en no olvidar poner en la puerta una señal que indique que el lugar está ocupado». ¿Qué hay de malo en lavarse o en orinar con dos o tres más? ¡Los chicos no tienen pechos y caderas como las náyades y las sabinas de la Plaza de la Señoría! O: «La ablución completa se hace en la tina y con la camisa puesta». ¿Qué hay de malo en bañarse desnudos? ¿Y cómo consigue uno enjabonarse o aclararse con la camisa puesta? ¡Santo Dios! La palabra más repetida en el Reglamento era «prohibido». «Prohibido usar el Tú y el Vosotros. Incluso al hablar entre ellos, los seminaristas lo harán de Usted. Prohibido asomarse a la ventana, curiosear qué pasa en la calle, prohibido cruzar el portón si no se va acompañado. Prohibido detenerse en los pasillos o en la puerta de las habitaciones, que, por otra parte, permanecerán siempre cerradas. Prohibido intercambiar gestos de entendimiento o notas o sonrisas tanto con los alumnos de la propia clase como con los de las demás. Prohibido tomarse confianzas, tocarse, poner la mano sobre la espalda de un compañero. Prohibido apartarse con alguien o estrechar amistades íntimas: algo que, en principio, puede parecer inocente pero que, a la larga, puede dar lugar a desviaciones. Prohibido conseguir del exterior libros o periódicos y, tanto en el aula como en la biblioteca como en la habitación, leer volúmenes no aprobados *in scriptis* por el Ilustrísimo y Excelentísimo Rector. Prohibido escribir o recibir cartas, incluidas las de los ayos y los padres, que el Ilustrísimo y Excelentísimo Rector no haya inspeccionado y censurado previamente...». Y el golpe de gracia: «Las infracciones serán castigadas con severidad. La lista de los castigos incluye permanecer a pan y agua, estar en ayunas y arrodillado sobre el suelo del refectorio mientras los otros comen, el silencio total. Y, en los casos en que sea reincidente o haya cometido una falta especialmente grave, el reo será expulsado *ad aeternum*. Su nombre se borrará de los registros y todo papel que pueda recordarlo será quemado. Las redacciones escolares incluidas. Firmado: fray Paolo Micallef de la Orden Eremitana de San Agustín, por la gracia de Dios y de la Santa Sede arzobispo de Pisa, consultor de la Santa Inquisición, prelado de Su Santidad, asistente del Solio Pontificio, Rector del Pequeño Seminario, el cual delega en los prefectos y los viceprefectos la tarea de vigilar que las normas arriba establecidas sean observadas».

Los prefectos y los viceprefectos. Eran seminaristas escogidos entre los mejores alumnos del cuarto y del quinto año. Modelos de conducta ejemplar, de indiscutible pureza, de fe inquebrantable. Ejemplos de celo, disciplina, obediencia absoluta. Junto a la tarea de vigilar, tenían también la de reprender, examinar, referir, castigar, y ¡Jesús!, ¡qué cancerberos!, ¡qué buitres, qué fieras! No te perdían de vista ni un solo instante. Te seguían a todas partes, te espiaban en todo momento. Con tal pertinacia que te preguntabas de dónde sacaban tiempo para estudiar, rezar, ir al lavabo, descansar, y se daban cuenta de todo. Lo oían todo, nada se les escapaba. Si por un casual no descifraban un gesto, un susurro, caían sobre ti y: «¿Qué está usted haciendo, qué ha dicho? ¿A quién le estaba hablando, a quién señalaba?». Rebuscaban entre tu ropa y durante el recreo te prohibían correr, saltar, gritar, reírte. Durante el paseo de los domingos te ponían en fila como a los soldados. Cada línea de la fila estaba formada por una pareja de chavales que se resultasen antipáticos el uno al otro. «Así no hablan». Cada pareja, mantenida a una distancia de dos metros de la de delante y de la de detrás. «Así no familiarizan entre ustedes». Y te obligaban a caminar con la cabeza agachada. Pobre de ti si la levantabas para mirar hacia el cielo, hacia las casas, el tráfico, la gente. Pobre de ti si mirabas de reojo a una figura de mujer o si estirabas el cuello para oír el parloteo femenino. «¿¡¿Qué mira de reojo, qué mira?!?». «¿¡¿Qué escucha, qué está escuchando?!?». Porque lo que al principio le había gustado tanto, estar rodeado de niños y no de niñas, empezó muy pronto a gustarle bastante menos. El alivio se convirtió en el descubrimiento de que en el seminario los chicos son como las chicas: falsos, malvados y aburridos. La alegría, en la confirmación de que el tío Luca tenía razón. Sin las mujeres no se puede vivir. No se puede vivir sin ver nunca a una mujer, sin oír jamás una voz femenina. Y en su caso, el asunto iba más allá del desasosiego en el bajo vientre. A veces, echaba de menos hasta los gritos de su madre. Los desaires de Annunziata, Assunta, Palmira, Giulia, Viola, sus hermanas. Los mansos gimoteos de su prima Irene. Allí dentro no se veían mujeres jamás, no se escuchaban jamás sus voces. Estaban en alguna parte, él lo sabía. Tres cocineras, tres lavanderas, seis fregonas, dos planchadoras, dos costureras remendonas. Pero no se distinguía ni su sombra, quizá entraban y salían por una puerta especial, y no captaba jamás un rumor que delatase su presencia. Sólo unos días después de su llegada había escuchado a una que cantaba un *stornello*: «*Flor, florecita, el amor es bello / yo te quiero...*»*. Pero al canto le siguió un grito de horror y luego un silencio de tumba, y el milagro no había vuelto a producirse. El paseo de los domingos era, pues, el único momento en que tenía la esperanza de colmar ese vacío, de reencontrar imágenes y sonidos perdidos, de recordar que en el mundo no existen sólo los hombres. Y esos modelos de conducta ejemplar, pureza inmaculada, etc., se la aguaban

---

* *Fiorin, fiorello, l'amore è bello / io voglio te...*

con sus: «¿¡¿Qué mira de reojo, qué mira?!?». «¿¡¿Qué escucha, qué está escuchando?!?». Por lo demás, tampoco es que te encontrases con muchas figuras femeninas fuera. El trayecto excluía rigurosamente las calles con mucha gente, las orillas del Arno, el *struscio* contra las señoras con sombreritos de plumas y escote amplio y *coulisson*. El día de la Inmaculada Concepción habían pasado por equivocación por el *sottoborgo*, es decir, el barrio de las prostitutas, y ¡Jesús, Jesús, Jesús! Una de aquellas pobres desgraciadas se había asomado a la ventana y se había puesto a gritar: «¡Hermosos, subid aquí, que al paraíso os llevo yo!», fray Paolo se había enterado, y faltó poco para que no acabaran todos en la hoguera.

En cuanto a fray Paolo, bueno. Si no lo conocías, te parecía un tipo de unos cincuenta y cinco años, inofensivo y bonachón. Mejillas arreboladas, labios carnosos, mandíbulas anchas, de comilón goloso. Doble papada y barrigón de mujer encinta. (Retrato confirmado por el cuadro al óleo que está en el Capítulo de la Primacial de Pisa y por el busto de granito que adorna el pórtico contiguo). Despreciaba los lujos. En vez de la vestimenta episcopal, llevaba saya; en vez de en el arzobispado, vivía en el seminario. Rechazaba los honores, predicaba la abstinencia, y cuando lo veías en la capilla, absorto en la plegaria, parecía un San Francisco gordo. Por lo tanto, dos veces más misericordioso, más indulgente. Pero era él quien elegía a los prefectos y a los viceprefectos, él quien a través de ellos perseguía y torturaba con el Reglamento. Era él quien hacía todavía más duras las normas y, por ejemplo, ordenaba dormir con los brazos fuera de la manta, bañarse con la camisa puesta, caminar por las calles sin alzar la vista hacia el cielo, sin mirar las casas y el tráfico y a la gente. Como buen seguidor de San Agustín, creía en el pecado original, en la maldad innata del hombre, en que la culpa no se extingue ni siquiera con el perdón y en que, cuanto más la castigas, más alegras a Dios. Quién sabe debido a qué desviaciones de su psique, a causa de qué vejaciones sufridas en los conventos de los agustinos, desde los siete años disfrutaba sufriendo y haciendo sufrir, y daba igual que detrás de su celo religioso se ocultasen montañas de hipocresía. Esa comunidad de menores de edad, asustados e indefensos, le servía perfectamente para ejercer sobre ellos su sadismo y su masoquismo. Se acoplaba maravillosamente a su talento de déspota y de tocapelotas. Con la excusa de educarte, de enseñarte disciplina, no te dejaba en paz ni siquiera durante la comida y la cena. Desde la mesa en la que se sentaba junto al padre espiritual y el camarlengo y los académicos, en el plato sólo algunas nueces y una patata cocida, dominaba todo el refectorio, es decir, todas las mesas de sus sesenta víctimas, y si descubría a una saboreando la comida o comiendo con apetito, la señalaba con el índice: «¡Avergüénzate! ¡Se come para vivir, no se vive para comer! Cada vez que uno se llena el estómago, se deja en ayunas al espíritu». (Y era inútil preguntarse de dónde salían sus orondas mejillas, su barrigón de mujer encinta. ¿De los semiayunos de los que hacía gala, con las nueces y la patata cocida, o de las codornices que, según las lenguas maliciosas, se zampaba en el secreto de su celda?). Además, en la comida y la cena imponía la lectura pública del martirologio, así que tenías que comer escuchando los nauseabundos detalles de los martirios infligidos a los cristianos durante el curso de los siglos. Las penas de los pobres desgraciados a los que habían cegado, desollado, mutilado, descuartizado. Como para cortarle la digestión a cualquiera. También estaba encima de ti cuando estudiabas. Interrumpiendo al profesor, la explicación, aparecía en el aula, se subía a la cátedra y: «*In malevolam animam non intrabit Sapientia nec habitabit in corpore subdito desideriis!*» («¡La sabiduría no entrará en un alma malvada, no habitará en un cuerpo esclavo de los deseos!»). Pausa. «¡Y si alguno de vosotros está aquí para instruirse a costa del seminario, no para emprender el camino del sacerdocio, Dios lo arrojará a las fauces de Lucifer por usurpador y disipador de los bienes eclesiásticos!». Como si todo eso no fuera suficiente, se había atribuido el papel de confesor: por lo general, éste correspondía al padre espiritual. Esto le permitía escrutar dentro de la mente y el alma de todos y cada uno de los seminaristas, conocer sus dudas y debilidades, sus pensamientos más íntimos, y luego aprovecharse de ello. Un auténtico Torquemada, en una palabra. No era casual que muchos le odiaran en Pisa. Entre esos muchos, los mismos beaturrones que en 1871, cuando llegó para tomar posesión de la archidiócesis y del seminario, lo acogieron con entusiasmo. Y entre los beaturrones, una buena parte del clero. Sobre todo, el canónigo Palmiro Billeri, que le acusaba de inmoral y que, basándose en esta acusación, solicitaba que fuese investigado, mejor aún, que le procesaran. Es una pena que no sepamos de qué acto inmoral se trataba. ¿Le atraerían los chicos? ¿Los acosaría entre plegaria y plegaria? Tras su muerte, el canónigo Billeri fue obligado a pedir excusas, además de a hacerse agustino. Pero, aunque algunos afirman que se trataba sólo de calumnias y fue absuelto, la Iglesia mantiene aún un riguroso secreto sobre la infamante sospecha.

—Es mejor extender un velo piadoso, entregar el episodio al olvido.

Y, sin embargo, el rebelde biznieto de Caterina la Grande se había plegado como un junco recién arrancado a aquel calvario, soportando abusos y vejaciones con el heroísmo de los mártires cuyas historias le cortaban la digestión en la mesa. ¿Por timidez, por cobardía, por amor a Jesucristo? Se lo pregunté con frecuencia, cuando ya era un viejo come-curas, un anticlerical tan furibundo que me resultaba imposible creer que de joven vivió en un seminario. Y todas las veces me contestó que sí, que fue por una mezcla de las tres cosas, pero que, sobre todo, fue por cálculo. Es decir, por miedo a perder la Gran Oportunidad, por el deseo de no ser campesino, por el espejismo de colmar el abismo social que dividía a su familia desde la época del tío Eufrosino y el tío Domenico. (Los dos Fallaci que llevaban sombrero de copa, ¿recuerdas? Los adinerados hermanos a los que Pietro y Lorenzo y Donato les debían la finca, más tarde arruinada por el oídio y el precio del azufre). Ellos sólo tenían hijos ricos y con éxito. Carlo júnior, es decir, el octavo hijo de Eufrosino era un famoso magistrado de Florencia, por ejemplo. Vestía la toga de juez, lanzando unas miradas gélidas y haciendo temblar unos larguísimos bigotes en forma de antena, casi veinte centímetros de bigotes, condenaba a la gente. Luego, dándose muchos aires, se refería a sus parientes campesinos de Candialle diciendo: «Son un hatajo de idiotas cerrados de mollera. Nunca aprenderán nada». ¿Nada? En el seminario de fray Paolo se aprendían muchas cosas, y qué se le iba a hacer si algunas eran una castaña. Análisis sintáctico y gramatical, verbos deponentes y defectivos, *consecutio temporum*, sintaxis, liturgia, retórica, prosodia... Otras eran más interesantes, y cuando las estudiabas la inteligencia se abría como una flor. Historia griega y romana, literatura antigua, esfera o geografía astronómica... ¡Ah!, qué maravilla aprender que alrededor del sol giran siete planetas, que el más grande de ellos, o sea, Júpiter, tiene dieciséis lunas, que Saturno tiene diez y que además está rodeado por un anillo de colores, que la Vía Láctea, es decir, la galaxia a la que pertenece nuestro sistema solar consta de millones y millones de más soles y planetas, que el universo contiene millones y millones de galaxias, que la Tierra, por lo tanto, no es más que una miguita de pan entre millones de miguitas. Un grano de arena dentro de una playa infinita. ¡Ah, qué divertido era aprender qué era Atenas y qué era Esparta, qué era Roma. Quién era Homero, quién era Aquiles, quién era Ulises. Quién era Sócrates, quién era Platón, quién era Pericles. Quiénes eran Rómulo y Remo, Cincinato y Julio César, Augusto y Cicerón, Séneca y Nerón, Horacio y Virgilio! Y, además, allí no te enseñaban sólo a ser pacientes. También te enseñaban buenas maneras. A hablar, a estornudar, a moverte, a lavarte los dientes y las uñas. A no hurgarte en las narices ni en los oídos, a no escupir sobre las alfombras o sobre el suelo, a no comer con las manos... En Candialle se comía siempre con las manos, y da gracias si se usaba la cuchara para tomarse la sopa. Allí, en cambio, se comía usando los cubiertos, y sin olvidar lo que Melchiorre Gioia dice en su *Galateo*:* el tenedor se sujeta siempre con la mano derecha, con el índice extendido sobre el mango, y no se empuña como si fuera un sable o una lanza. Y la cosa no acababa aquí. Porque, finalizado el primer año escolar, en el verano de 1874, había ido de vacaciones a la colonia diocesana de Migliarino. Y allí había descubierto el mar. ¡El mar! ¡Santos del

* Libro que enseña normas de conducta, cómo ha de desarrollarse el buen trato social, etc. El primer *Galateo* fue obra de Giovanni della Casa y estaba dedicado al obispo Galeazzo de Nola («Galateo» procede de «Galeazzo»). La obra de Melchiorre Gioia (1767-1829) se titula, de hecho, *Nuevo Galateo*. (*N. de la T.*)

Paraíso, quién se habría podido imaginar el mar? ¿Quién hubiera dicho que es más grande que el cielo y más furioso que el viento, más salado que la sal? En la orilla del mar te embriagabas de viento y de sal. Le estabas agradecido a fray Paolo, y qué se le iba a hacer si el Reglamento prohibía desnudarse, tirarse de cabeza, nadar. Qué se le iba a hacer si sólo te permitía quitarte los zapatos, por lo que si te descubrías las piernas hasta la pantorrilla los prefectos y los viceprefectos gritaban escandalizados.

—¡Bájate la sotana, bájate la sotana, impúdico!

Al año siguiente, en cambio, lo mandaron a casa durante las vacaciones. Regresó a Candialle con su bonita sotana con los bordes y los botones y los ojales de color fuego, y ¡qué éxito! Bueno, como era de esperar, el tío Luca le tomó el pelo cuando lo vio vestido así. Empezó a reírse, volvió a decir lo de mucho cuidado con el culo, a hablar de mujeres, etcétera. Pero el resto de la familia y todo Panzano... Su padre no cabía en sí de orgullo. Su madre lloraba de alegría. Los abuelos gimoteaban: «Parece ya un cardenal». Sus hermanas lo trataban casi con deferencia, don Fabbri daba saltos de alegría, los vecinos de Panzano le llamaban «don Antonio». Le hablaban de usted y, a veces, hasta querían que les bendijese: «¡Por caridad, don Antonio, por caridad!». Oh, pasó un mes extraordinario en Candialle. Respetando absolutamente las normas, es obvio. O sea, vistiendo siempre el hábito talar, evitando los textos incluidos en el *Index Librorum Prohibitorum*. Asistiendo a misa a diario, observando a diario las prácticas de la Piedad. Examen de conciencia, visita al Santísimo Sacramento, el rezo del rosario, los oficios de la Virgen. En una palabra, manteniendo una conducta irreprochable y recordando que las vacaciones constituyen un grave riesgo para la pureza de un seminarista. Nunca había infringido las normas porque respetarlas ya no le costaba ningún trabajo. Ni siquiera notaba ya ese incómodo desasosiego en el bajo vientre. Fenómeno que, pese a las Sagradas Escrituras y las clases de mitología, le había dejado en paz incluso en el tercer año. No obstante... ¡Leías cada cosa, en la Sagradas Escrituras! Que si el rey David perdió de tal forma la cabeza por Betsabé, que, con tal de poseerla, planeó la muerte del marido de ésta, Urías. Que si

Abraham, en Egipto, le cedió su mujer a Faraón, la sustituyó por su hermana, y: «Acomódese, Majestad». Que si Judith, para eliminar a Holofernes, se portó exactamente igual que las prostitutas del *sottoborgo* de Pisa. ¿Y en la mitología? Piensa en Zeus que, cada dos por tres, bajaba del Olimpo para acosar a las chicas y que tan pronto se transformaba en toro y seducía a la pobre Europa en el prado, como se transformaba en cisne y seducía a la pobre Leda mientras estaba en un lago, o en nube de oro y seducía a la pobre Dánae en su cama... En el cuarto año, lo mismo. Tanto es así que en el cuarto año lo sacaron de la habitación en la que siempre había alguien que comentaba los pecados de Zeus, de Judith, de Abraham, de David, de Betsabé, y lo alojaron en una celda para él solo. Minúscula, de acuerdo. Dos metros por tres. Y tan desnuda, ¡Jesús!, tan desnuda que no hubieras podido esconder allí ni un alfiler. Todo el mobiliario consistía en una pequeña cama, una mesita, una silla, un perchero, un estante, un orinal y una vela que el prefecto o el viceprefecto apagaban a las nueve de la noche. También era minúscula la ventana, y estaba tan alta que no llegabas a ella ni siquiera subiéndote a la silla. Pero tanta sobriedad favorecía la concentración necesaria para aprender, convertirte en alguien, ser como tu pariente con toga de juez, y le evitaba tener pensamientos impúdicos. De hecho, en 1876 estaba deseando cumplir dieciséis años y estudiar metafísica: preámbulo del curso de teología que, a los dieciocho años, le permitiría ordenarse como sacerdote y ser clérigo. Nada lo turbaba y se sentía capaz de hacer frente a cualquier texto peligroso. Hasta al Cantar de los Cantares. Es decir, el poema de Salomón, el cántico que ilustra, quizá algo explícitamente de más, el amor carnal y que por eso sólo se lee en el último año.

El problema fue que, justo ese verano, el tío Gaetanino, todavía párroco en Siena, enfermó gravemente y, cuando estaba a punto de pasar a mejor vida, escribió a fray Paolo expresándole el deseo de despedirse de su sobrino seminarista. Dado lo irreprochable de su conducta, fray Paolo lo dejó ir sin acompañantes y...

* * *

Todo ocurrió por eso. Y él ya había presentido que ese viaje a Siena le iba a resultar fatídico. Tanto en el tren, como en la habitación en la que le aguardaba el moribundo, no había dejado de repetirse, angustiado, «qué querrá, Jesús, qué querrá», y adivina qué es lo que quería: entregarle el arcón heredado de su madre Caterina. El arcón de Ildebranda. «Contiene los recuerdos preciados de la familia, Antonio, y quiero irme con la certeza de que los he dejado en buenas manos. Aquí tienes la llave y el acta notarial que te convierte en su dueño. Pero no lo abras antes de ser sacerdote, ¿entendido?». Casi se desmaya. Porque sabía de sobra que Caterina la Grande había sido una atea. Una descreída que sólo rezó una vez en su vida, cuando su primogénita Teresa entró en coma a causa de la difteria. Una bribona que al morir rechazó el «*Ego te absolvo*» de su hijo sacerdote y que, mientras lo rechazaba, rugió: «Ni se te ocurra, chaval. No he hecho nada que debáis perdonarme ni tu Dios ni tú». También sabía que la antepasada Ildebranda había sido una hereje a la que, en 1569, quemó viva la Inquisición junto a otras cuatro herejes culpables de haber estrechado alianza con el diablo y de haber embrujado a dieciocho niños inocentes. Y era inútil que el tío Luca gritase: «Pero qué niños embrujados ni qué... ¡La quemaron por haber asado una pata de cordero en Cuaresma, esos asesinos!». La Inquisición no te enviaba a la hoguera sólo por una pata de cordero. Con toda seguridad, ese arcón no contenía ostensorios, reliquias de santos, y hubiese preferido no quedárselo.

Pero se lo quedó. Lo arrastró hasta Pisa, y no hace falta decir el esfuerzo que le supuso viajar con un objeto de ese tamaño. Cargarlo en el tren, cambiar de línea en Empoli, porque desde Siena no había tren directo a Pisa. Descargarlo, volverlo a cargar, descargarlo de nuevo, con los mozos que protestaban: «¿Qué lleva guardado aquí, un tesoro, curita?». En Pisa lo llevó al único sitio posible: la casa de la tía Amabile. Lo colocó en la habitación que la tía Amabile seguía teniendo guardada para él, por si acaso. «Si cambias de idea, si te expulsan...». Y, en vez de regresar inmediatamente al seminario, esa noche se quedó allí. Observándolo, preguntándose por qué no podía abrirlo hasta que le ordenaran sacerdote. ¿Encerraría un antiguo maleficio, dados sus precedentes, un oscuro sortilegio que sólo podría exorcizar siendo ya cura? Mientras tanto, el arcón lo miraba, lo miraba. Y, al mirarlo, parecía susurrarle: «Ábreme, soy tuyo». Y él era un adolescente de quince años, ¡narices!, no un adulto. De repente, metió la llave en la cerradura, lo abrió. Inspeccionó su interior a la luz de la lámpara de gas, y menos mal: dentro no había nada diabólico. Contenía realmente los recuerdos preciados de la familia, mejor dicho, de la bisabuela. Para empezar, un abecedario. Y una cartilla de cuentas. Su cartilla, sin duda. Un texto de medicina redactado por el doctor Barbette, un médico del siglo XVII. El texto con el que había intentado salvar a Teresa, sin duda. Una funda de almohada bordada, sobre la que había escrito con su pluma de ave una frase maravillosa: «Yo me llamo Caterina Zani. Soy una campesina y la mujer de un campesino que se llama Carlo Fallaci. En siete meses he aprendido a leer y escribir y pronto aprenderé también los números para hacer cuentas. San Eufrosino de Arriba, a ocho de abril de mil setecientos ochenta y seis». Junto a la funda de almohada, unos quevedos. Junto a los quevedos, una carta escrita medio en italiano y medio en francés, llena de faltas de sintaxis, y firmada por Antoine. El medio primo que fue soldado en el ejército de Napoleón y murió de frío durante la retirada de Rusia, por el que a él le llamaban Antonio. Junto a la carta, una veintena de libros entre los que sólo uno estaba incluido en el *Index Librorum Prohibitorum* y, por lo tanto, no podía ni tocarse: el *Decamerón* de Boccaccio. Los otros estaban permitidos, o eso parecía. La *Divina Comedia*, el *Orlando Furioso*, la *Jerusalén Liberada*, *Mis prisiones* de Silvio Pellico, por ejemplo. Y, entre ellos, uno sin tapas, de apenas diez centímetros de ancho y dieciocho de largo, compuesto en unos caracteres tan pequeños que para leerlo cómodamente hubiese hecho falta una lupa. Por curiosidad, empezó a hojearlo, se detuvo en una página cualquiera, y: «Sabes que después de haber concertado nuestro matrimonio y, encontrándote con las monjas en el claustro de Argenteuil, fui a visitarte en secreto cierto día. Y sabes lo que allí mi incontrolada incontinencia hizo contigo en el lugar mismo del refectorio, no teniendo otro lugar donde retirarnos. Sabes, repito, lo desvergonzado de esta acción, tratándose de un lugar tan santo y dedicado a la Santísima Virgen»,* decía. «¿Para qué quieres que recuerde las primeras fornicaciones y desvergonzadas impurezas que precedieron al matrimonio? [...] Sabes también que cuando estabas encinta te llevé a mi propia casa, disfrazada con el hábito de monja y que con tal simulación te burlaste irreverentemente de la vida religiosa que ahora profesas. [...] Tú sabes a qué bajeza arrastró mi desenfrenada concupiscencia a nuestros cuerpos. Ni el simple pudor, ni la reverencia debida a Dios fueron capaces de apartarme del cieno de la lascivia [...] Con golpes y amenazas intenté forzar muchas veces tu consentimiento —pues eras por naturaleza más débil— aun cuando tú no querías y te resistías con todas tus fuerzas [...] Tanto era el fuego de la pasión que me unía a ti que antepuse a Dios y a mí mismo todas aquellas miserables y obscenosísimas pasiones [...] Así pues [...] quedé disminuido en esa parte de mi cuerpo que es el asiento de la lujuria y la única fuente de todos esos deseos. [...] Sólo de esta forma [...] ya no me mancharía ningún contagio de impureza carnal».

Lo cerró, los ojos desorbitados e incrédulos, la cabeza dándoles vueltas, el corazón latiéndole como un tambor. Luego, con las manos temblándole convulsamente, volvió a abrirlo, se detuvo en otra página cualquiera y: «Dios sabe que nunca busqué en ti nada más que a ti mismo. Te quería simplemente a ti, no a tus cosas. No esperaba los beneficios del matrimonio, ni dote alguna. Finalmente, nunca busqué satisfacer mis caprichos y deseos, sino —como tú sabes— los tuyos. El nombre de esposa parece ser más santo y más vinculante, pero para mí la palabra más dulce es la de amiga y, si no te molesta, la de concubina o meretriz. [...] Prefería el amor al matrimonio y la libertad al vínculo conyugal. Dios me es testigo de que, si Augusto —emperador del mundo entero— quisiera honrarme con la posesión, de por vida, de toda la tierra, sería para mí más honroso y preferiría ser llamada tu ramera, que su emperatriz».**

* «Carta 5. Abelardo a Eloísa», *Cartas de Abelardo y Eloísa*, traducción de Pedro R. Santidrián y Manuela Astruga, Alianza Editorial, Madrid, 2002.
** «Carta 2. Eloísa a Abelardo», *op. cit.*

Y en otra parte: «Aquellos placeres [...] me fueron tan dulces que ni me desagradan ni pueden borrarse de mi memoria. Adonde quiera que miro siempre se presentan ante mis ojos con sus vanos deseos. Ni siquiera en sueños dejan de ofrecerme sus fantasías. Durante la misma celebración de la misa —cuando la oración ha de ser más pura— de tal manera acosan mi desdichadísima alma, que giro más en torno a esas torpezas que a la oración. Debería gemir por los pecados cometidos y, sin embargo, suspiro por lo que perdí. Y no sólo lo que hice, sino que también estáis fijos en mi mente tú y los lugares y el tiempo en que lo hice, hasta el punto de hacerlo todo contigo, sin poder quitaros de encima, ni siquiera durante el sueño. [...] ¡Desdichada de mí! [...] Los hombres dicen que soy casta porque no saben lo hipócrita que soy. Consideran una virtud la pureza de la carne, si bien dicha virtud no pertenece al cuerpo, sino al alma. [...] Dios sabe que, en todas las ocasiones de mi vida, temí ofenderte más a ti que a Él y que quise agradarte más a ti que a Él. Fue tu amor, no el de Dios, el que me mandó tomar el hábito religioso. [...] Mi simulación te engañó a ti y a otros muchos durante mucho tiempo, llevándote a confundir religión con hipocresía...».* Luego, como un disparo de fusil que estalla en un campo de rosas rojas, una poesía tierna y airada al mismo tiempo: «*Sacros volúmenes, intérpretes severos / de una moral que entristece el alma / con negros dogmas y tétricos misterios / id lejos de mi / Vosotros no me ofrecéis más que bienes lejanos / promesas de alegrías celestiales, de hoscos temores / Y vuestros relámpagos de ciega fe / afianzar no pueden a mi espíritu que invoca / besos y caricias, voluptuosidades desvanecidas / Era la hora en la que astro del día declina / para regalarnos la noche / Un pacífico viento, una fresca aura / llegaba, juguetona, de fronda en fronda / y mi mano estrechaba fuertemente la tuya / Lleno de ardor me levanté del lecho / y con pie tembloroso / tú seguías mis pasos / Tu virtud ya a punto de flaquear / acercaste tu boca a la mía / Tomaste el deseo que era*

* «Carta 4. Eloísa a Abelardo», *op. cit.*

tu deseo / Abandonaste toda defensa, todo pudor / y en los transportes repetidos, multiplicados...».

Entonces, turbado más que nunca, buscó la cubierta para saber de qué libro se trataba. En vez de la cubierta, encontró el frontispicio, medio roto, que decía: «Cartas de Abelardo y Eloísa, libremente traducidas del latín con el arte del egregio caballero Andrea Metrà. Texto enriquecido con el conocido poema escrito por el inglés Alexander Pope, *Elegía a la memoria de una mujer desgraciada*, y traducido por el ilustre abad Pio Conti. Como añadido, anónimas poesías francesas sobre el mismo argumento y traducidas por el eximio poeta, miembro de la Arcadia, Eusebio Mallerba. Prólogo del señor Giuseppe Martini, que lo ha impreso a sus expensas en Venecia, en 1812, en la tipografía Molinari». (Puedo reproducir el frontispicio palabra por palabra porque ese libro lo tengo yo. Antes de que el arcón saltase por los aires, lo robé. Y, al robarlo, lo salvé).

20

Pobre abuelo Antonio. Su voz se volvía débil cuando hablaba de aquella noche dramática. El descubrimiento del amor y del erotismo a través de la tragedia de un fraile y de una monja que añoraban o se echaban en cara sus antiguos coitos. A los quince años no sabía quiénes eran Abelardo y Eloísa. En el seminario nunca le habían hablado de ellos y, sin duda, el célebre Epistolario dormía guardado a buen recaudo en las estanterías a las que se accedía exclusivamente con el permiso *in scriptis* de fray Paolo. Leyendo el prólogo del señor Martini, descubrió que Abelardo fue un importante personaje de la Edad Media, un filósofo y teólogo que daba clases en las mejores universidades, que escribía obras fundamentales, además de componer espléndidas baladas que cantaba él mismo, y que, gracias a su deslumbrante atractivo físico, le gustaba mucho al sexo débil. Eloísa, su alumna y sobrina del canónigo Fulberto, fue una de las mujeres más extraordinarias de su época. Bellísima, inteligentísima, con unos conocimientos extraordinarios de latín, griego y hebreo. Dejándose la vista sobre los diminutos caracteres elegidos por el señor Martini, se enteró de que en 1117, Eloísa, con apenas dieciséis años, y Abelardo, de casi cuarenta y entonces en la cúspide de su gloria, se enamoraron apasionadamente. Que no tardaron en concebir un hijo, que para tapar el escándalo se casaron, pero que, pese a ello, Fulberto, como venganza, castró al culpable, con lo que adiós coitos. Los dos infelices ingresaron cada uno en un monasterio, se separaron para siempre. En 1134 empezaron a escribirse y, gracias a unas diez cartas (desde hacía siete siglos, la obra maestra más manipulada y plagiada de la historia), habían entrado en la leyenda. No lo sabía, no. Y al enterarse, el incómodo desasosiego en el bajo vientre reapareció. Mil veces más intenso que cuando miraba las estatuas de las náyades y de las sabinas desnudas. Desde el bajo vientre le subió hasta el corazón, donde desató una tempestad de emociones que incluían el sentirse identificado con Eloísa, la consciencia de que estaba reproduciendo su hipocresía. Desde el corazón, al cerebro, donde desencadenó un vendaval de dudas y de preguntas angustiosas. Si una persona excepcional como Eloísa no había conseguido rechazar la llamada de los sentidos, si un tipo inteligente y maduro como Abelardo no había conseguido dominar la fuerza de los deseos, ¿¡¿cómo iba a arreglárselas él, que era un desgraciado cualquiera, un jovencito imberbe?!? ¿Qué hacer para no continuar con el engaño, con la hipocresía? ¿Infligirse la herida que, humillando y mutilando la carne, cura el alma, vamos, cortarse la polla? Ni loco. ¿Renunciar a la idea de hacerse sacerdote, al espejismo de ser igual al Fallaci con toga de juez, y volver a zapar en el campo? Jamás. ¿Plegarse a las exigencias del celibato, es decir, aceptar la moral que entristece el alma con negros dogmas y tétricos misterios y que dona glorias celestiales a quienes tienen necesidad de placeres terrenales?

Estuvo pensando en ello hasta el alba. Luego decidió continuar con el engaño, proseguir su camino. Pero cuando llegó el momento de cerrar el arcón, de entregarle la llave a la tía Amabile, que protestaba: «Estás pálido, qué te pasa», cometió un error peor que la imprudencia cometida al abrirlo. Se dejó vencer por la tentación de leer todas las cartas y el poema de Pope y las otras poesías. Se guardó el librito en el bolsillo de la sotana y regresó con él al seminario, se presentó ante fray Paolo que exigía que se le informara después de cada permiso. Sí, Reverendísimo Padre, el tío se estaba muriendo y quería exhortarle a que siguiera el recto camino de la piedad y de la humildad. No, Reverendísimo Padre, no había ocurrido nada de especial durante el adiós, y no había infringido las reglas de ninguna forma. Ni una palabra sobre el arcón, sobre su encuentro con Abelardo y Eloísa, sobre la noche que había pasado en casa de su tía. Y no hace falta decir que mentir le costó las penas del infierno. Llevar encima el librito, igual. Le deformaba el bolsillo, lo abultaba.

Así que, mientras informaba, no paraba de preguntarse: «¿¡¿Y si lo nota?!?». Se preguntaba también dónde iba a esconderlo, ya que en la celda no podías esconder ni un alfiler. ¿Entre los textos escolares que se alineaban en la estantería? Imposible. Los prefectos y los viceprefectos los inspeccionaban a diario. ¿Entre la ropa o dentro del colchón? Tampoco. Los buitres inspeccionaban también allí y el colchón lo pinchaban con una aguja de hacer punto. ¿Detrás del perchero? Menos. Lo movían. Nada más entrar, sin embargo, sus ojos se detuvieron en un ladrillo que estaba suelto, en una esquina del suelo. Haciendo palanca con las uñas lo levantó, y ¡Jesús!, allí había sitio de sobra como para ocultar un objeto de diez centímetros de largo y dieciocho de ancho. Una especie de cofre secreto. El quinto año, pues, lo inauguró con el ladrillo que se alzaba y se bajaba como la tapa de un cofre. Los prefectos y los viceprefectos no se dieron cuenta y, antes de que llegase la primavera, se había leído todo el epistolario y el resto de la obra. Con especial entusiasmo, las poesías que atizaban el fuego de su problema y lo incitaban a la rebelión. «*Cielos, ¿es acaso pecado / anteponer un beso a mis votos? / Si lo es, yo te digo, oh Señor / que amo semejante pecado*». Favorecido por la soledad del dormitorio individual, ya no dormía con los brazos fuera de la colcha. Ya no se sentía un ser perverso, digno de ser condenado, y por las noches perseguía a una imagen femenina a la que llamaba Eloísa. «Pero no la Eloísa adolescente por la que Abelardo perdió la cabeza», aclaraba de viejo. «Una Eloísa adulta. Una dama muy hermosa, muy vivida, muy segura de sí misma. Una diosa que se mueve por el mundo como si éste le perteneciese y que no se parecía a ninguna mujer de las que yo conocía. Una Anastasìa, ¿me explico?». Durante esos meses, además, había crecido mucho. Su cuerpo se había estirado, robustecido. Su cara redonda se había afinado de forma muy atractiva. Su voz se había vuelto grave, pastosa, y tanto en la barbilla como encima del labio superior le había salido una pelusilla que tenía que afeitarse. No es casual que fray Paolo no le perdiera de vista y que en el confesionario le hiciese preguntas de este tipo: «¿Nota algún deseo, hijo? ¿Le roza alguna torpe fantasía?». Los prefectos y los viceprefectos le atormentaban mucho más que antes. Le espiaban con más ahínco, inspeccionaban su cuarto con más frecuencia, y el miedo a que descubriesen su cofre le obsesionaba. Nada más llegar a la celda, levantaba el ladrillo para cerciorarse de que el precioso librito estaba todavía ahí, y a veces se preguntaba si no debería librarse ya de él. Tirarlo. Así llegó a la noche del 26 de abril de 1877, víspera de sus cumpleaños y una fecha que siempre le produjo un escalofrío de terror. Porque esa noche no encontró el precioso librito. En su lugar, había un papelito con una palabra escrita es mayúsculas, INGRATO, y una cantinela malévola que procedía del pasillo.

—*Libera nos a malo, libera nos a malo...* (Libéranos del mal, libéranos del mal...). Amén.

Casi se desmaya, obviamente. Se quedó mirando fijamente el cofre vacío y el papelito como si fuera un imbécil que acabase de recibir un martillazo en la cabeza. Y durante toda la noche estuvo esperando a que la puerta, cerrada desde el exterior, se abriese de par en par, a que alguien viniese a por él para llevarlo ante el Ilustrísimo Señor Rector. Pero no fue nadie, a la cantinela le siguió un silencio sepulcral, y lo más cruel fue que durante tres días nadie le dijo nada. Los maestros y los compañeros de clase se portaron con él con la educación habitual, los prefectos y los viceprefectos se limitaron a tratarle con cortés frialdad. Rostros impenetrables, monosílabos por toda respuesta. Miradas desviadas, y ni siquiera un reproche. Ni media palabra de censura, ni la más leve insinuación a la falta cometida. Inútil intentar acercarse a alguien, esbozar una sonrisa, o, aunque fuera de mala fe, mendigar explicaciones. «¿Hay algo que no va bien, señor prefecto?». «Probablemente». «¿Está enfadado conmigo, señor viceprefecto?». «Es posible». En casos similares (él no lo sabía) el sistema de fray Paolo consistía en iniciar el proceso levantando un muro de ostracismo entre el reo y los guardianes. Así el reo se ponía nervioso, sufría, se torturaba haciendo conjeturas, y quizá acariciaba esperanzas infundadas. ¡Quién sabe! Lo mismo Abelardo y Eloísa no están en el *Index Librorum Prohibitorum*. Alexander Pope, tampoco. Las poesías traducidas por el eximio miembro de la Arcadia Eusebio Mallerba, tampoco. Quizá ese texto esté sólo desaconsejado, desaprobado, y el Ilustrísimo Señor Rector sólo está disgustado. A través de ellos intenta expresarme su pena, y yo tengo que tener paciencia. Aguantar, esperar a que me perdone. Transcurridos los tres días, fray Paolo pasó a la fase siguiente del proceso. Adivina cómo y cuándo y dónde. En el refectorio, es decir, el lugar en el que comían todos juntos, y destinado por eso a los castigos en público. A la hora de la cena, o sea, cuando estabas más indefenso, más relajado, y con un paternóster precedido de un discursito cruel. Después del *Gratia agimus tibi Domine* ordenó a los sesenta seminaristas que permanecieran en pie con las manos juntas, y: «Entre vosotros hay una manzana podrida, una oveja negra que debe ser castigada. No pronunciaré su nombre, no revelaré la naturaleza de su culpa. Envenenaría al sano, ensuciaría al puro. En compensación, le pediré que rece con nosotros para desinfectar esta mesa contaminada con su presencia. *Pater noster qui es in caelis, sanctificetur nomen tuum. Adveniat regnum tuum, fiat voluntas tua sicut in caelo et in terra, panem nostrum cotidianum da nobis hodie. Dimitte nobis debita nostra sicut nos dimittimus debitorbus nostris, et ne nos inducas in tentationem, sed libera nos a malo. Libera nos a malo! Libera nos a malo! Libera nos a malo!*». Sí, lo gritó cuatro veces, el «*Libera nos a malo!*» con el que ya le había herido con la malévola cantinela. Y un coro poderoso, un cuádruple trueno, se había unido a la súplica. La manzana podrida, la oveja negra, no. No había tenido siquiera fuerzas para mover los labios, para probar luego la comida, y muchos se habían dado cuenta de ello. Con la típica maldad de los cobardes, habían empezado a darse codazos, a intercambiar risitas por lo bajo, susurros. «¡Es él, es él!». «Sí, tiene que ser él». «¿Qué habrá hecho?». «Un asunto feo, un asunto feo». Por la noche, obviamente, no hizo otra cosa más que dar vueltas, inquieto. Desesperándose, preguntándose qué iba a pasar al día siguiente. Bueno, ocurrió lo peor. Porque al día siguiente era domingo. El menú, tanto de la comida como de la cena, incluía pollo y ternera asados, patatas crujientes, tarta, vino dulce. Por la tarde iban de paseo, ¿recuerdas?, y por la mañana al Duomo a cantar cantos gregorianos. Distracción que les permitía disfrutar del aire fresco, de la Plaza de los Milagros, de la Torre Inclinada. Y mientras salía, un prefecto le bloqueó el paso.

—No, usted no.

—Pero... ¡La misa, señor prefecto!

—Usted se queda en la celda.

A la hora de la comida, lo mismo.

—No, usted no.

—Pero... ¡La comida, señor prefecto!

—Le llevaremos algo a la celda.

A la hora del paseo de por la tarde, igual. «No, usted no». Y antes de la cena, el golpe final.

—Venga conmigo. El Reverendo Padre le espera en su despacho.

Le siguió con el entusiasmo de un prisionero que se dirige al patíbulo, contaba de viejo. Un paso adelante y dos hacia atrás. Temblando de pies a cabeza, cruzó el umbral del sanctasanctórum en el que no había estado jamás porque sólo se accedía a él por circunstancias nefastas o accidentales, y ¡Jesús!, ¡qué orgía de sadismo! En la pared, frente a él, había una cruz tan gigantesca que llegaba desde el suelo hasta el techo, y sobre la cruz estaba el Cristo más trágico que había visto jamás. El cuerpo esquelético, los ojos desorbitados, la boca contraída en un espasmo de dolor, regueros de sangre que brotaban de la cabeza ceñida por una corona de espinas, de las palmas clavadas a la cruz, de la herida del costado. Y cada reguero, pintado de barniz rojo, por lo que desde lejos parecía sangre de verdad. A la derecha del crucifijo, un cuadro con el motivo de San Sebastián desnudo y atravesado por las flechas. Un par en el estómago, un par en los hombros, un par en las caderas, un par en la ingle. Puedes imaginarte con qué horripilantes efectos, qué escalofríos de espanto. A la izquierda, otro cuadro con el arcángel Gabriel fulminando a Lucifer. El arcángel, disfrutando de una salud excelente. Y guapísimo, contentísimo, elegantísimo. Cabellera al viento, una cota de malla que le marcaba maliciosamente los pectorales, tan hinchados como los pechos de una mujer, faldita que, maliciosamente, dejaba al descubierto los muslos perfectos, y un no sé qué de femenino en sus rasgos ambiguos. De hecho, parecía una jovencita disfrazada de guerrero. Con un pie aplastaba los genitales del enemigo, que, tan desnudo como San

Sebastián y, por lo tanto, igual de inerme, se retorcía de dolor. Con una saeta de fuego le atravesaba el vientre, lo que producía una cierta perplejidad acerca de la misericordia de las criaturas celestiales. Sobre el escritorio atestado de papeles se veía, en cambio, la estatuilla de un mártir cuya anatomía había corrido la misma suerte que Abelardo, además de un segundo crucifijo con pedestal que custodiaba, dentro del pedestal, un dedo momificado. Y detrás del escritorio, fray Paolo. Aposentado en un sillón, inmóvil, más gordo que nunca, y cubierto de joyas como una reina en el trono. Sobre el sayal negro de los agustinos llevaba una maciza cadena de oro, y de ésta colgaba una tercera cruz, formada por nueve rubíes gigantescos engarzados en brillantes. En la mano izquierda, una amatista aún más gigantesca: el anillo de arzobispo; en la derecha, un zafiro gordo como una nuez. ¡Jesús! ¿Quien hubiera dicho que en la secreta intimidad del sanctasanctórum aquel predicador de la modestia, la templanza, la humildad, se adornase con piedras preciosas, igual que una reina en el trono? Distraído por la sorpresa, el estupor, no se dio cuenta de que entre los papeles del escritorio sobresalía el cuerpo del delito. Pero, de repente, fray Paolo salió de su inmovilidad. Lo aferró y, con voz gélida, leyó el fragmento en el que Eloísa cuenta que durante la misa, «cuando la oración ha de ser más pura», los seductores fantasmas de las pasadas embriagueces se apoderan de su alma. «Debería gemir por los pecados cometidos y, sin embargo, suspiro por lo que perdí. Y no sólo lo que hice, sino que también estáis fijos en mi mente tú y los lugares y el tiempo en que lo hice, hasta el punto de hacerlo todo contigo, sin poder quitaros de encima, ni siquiera durante el sueño». Con el mismo tono de voz leyó los primeros versos de la *Elegía a la memoria de una mujer desgraciada*, el poema de Alexander Pope. «En las oscuras soledades y las lúgubres celdas / donde la celestial meditación tiene cobijo / y la melancolía de la plegaria se estanca / el tumulto que corre por mis venas de monja...». Luego se paró de golpe, tiró el libro al suelo con violencia, y la voz gélida se convirtió en el gruñido de un perro rabioso.

—¿¡¿Qué es esta inmundicia?!? ¿¡¿De dónde ha salido, por qué impías intrigas la ha traído a este seminario?!? ¿¡¿A quién se la ha enseñado, quiénes más la han visto?!? ¡Hable, responda, hable! ¡Confiese, es una orden, confiese!

¿Confesar, hablar, contestar? No podría haberlo hecho aun de haberlo querido. Sus cuerdas vocales no emitían sonido alguno, su inteligencia había enmudecido, su mente sólo contenía terror. Así que, se quedó allí, soportando paralizado aquel diluvio de ira, y en un determinado momento hizo algo de lo que se avergonzaba en su vejez. Empezó a llorar. «Siempre he sido de pocas lágrimas. Hasta de niño lloraba poco. Y, sin embargo, esa noche derramé muchas. Sin sollozos, en silencio. Notaba cómo me resbalaban por las mejillas, cómo caían sobre la sotana, como piedrecitas en el agua, y me deshacía en ellas de tal forma que pensé que iba a licuarme. Dios, qué vergüenza». Entonces, fray Paolo dejó de ladrar. Se volvió melifluo, afectuoso, y dio inicio a una filípica tan ambigua como para reverdecer la advertencia del tío Luca. «Cuidado con el culo, tú atento a salvar tu culo». ¡Ah, qué disgusto, qué desilusión! ¡Y pensar que a él le recordaba con frecuencia al arcángel San Gabriel! Miraba ese cuadro, esos bonitos rasgos que le recordaban a sus rasgos, esa bonita sonrisa que le recordaba a su sonrisa, y pensaba: quizá un día dirija él el Pequeño Seminario. Quizá llegará realmente a convertirse en Papa o en cardenal. Con todo, y aunque el pecado no se pueda borrar, es posible remediarlo. Basta con arrepentirse, cumplir las tres penitencias que ahora iba a enumerarle, y luego ponerse bajo su paternal guía.

—Durante una semana observará usted la disciplina del silencio. No hablará con nadie, nadie hablará con usted, y hasta las oraciones las rezará mentalmente. ¿Entendido? Haga un gesto para indicar que ha entendido.

Gesto para indicar que había entendido.

—Además, estará a pan y agua. Alimentos que consumirá en su alojamiento. Y no saldrá de su alojamiento más que para salir al lavabo, ir al aula a estudiar y a la capilla a rezar. ¿Entendido?

Gesto para indicar que había entendido.

—Ello no obstante, a la hora de la cena irá al refectorio. Y en vez de sentarse a la mesa, comer, se arrodillará en el centro de la habitación donde, siempre en silencio, le pedirá perdón a Dios. ¿Entendido?

Gesto para indicar que había entendido.

Oh, la disciplina del silencio era tremenda. Imagínate, no podías hablarle ni al sirviente, no le hablaba ni el sirviente. Y el muy víbora se aprovechaba. Con la excusa de peinarle, le arrancaba los cabellos. Los prefectos y los viceprefectos se comunicaban con él por gestos. Tanto los profesores como los otros seminaristas se portaban como si no existiese, y su único consuelo era escuchar las conversaciones de los demás. Las oraciones de los demás, las clases. También era tremendo estar a pan y agua. ¡Un hambre! Al día siguiente ya no se tenía en pie, y soñaba con un pollo asado con más fuerza que un detenido sueña con escapar. Pero el castigo más cruel, más humillante, era permanecer de rodillas en el centro del refectorio mientras los otros comían. Y no tanto por el olor de la comida que te entraba por las narices, te abría el apetito, te exasperaba el hambre, sino por la malicia con la que aquellos gusanos disfrutaban del espectáculo. Era como estar en la picota en la plaza pública, con la traílla de hierro y las manos atadas detrás de la espalda, con el populacho escupiéndote encima y tirándote huevos podridos. En lugar de escupitajos, risitas. En lugar de huevos podridos, guiños. En lugar del populacho, los gusanos. Los futuros sacerdotes. Los futuros representantes de la cristiandad, de la piedad, de la caridad. Los futuros maestros de la política que, en nombre del Bien, jode a la gente, decía de viejo. (Luego, añadía amargamente: «Fíjate en los líderes que prometen el paraíso en la tierra. Sólo les falta la sotana, parecen curas. Tienen cara de curas, su mismo carácter, emplean el mismo tono persuasivo o amenazador, y lo copian todo de la Iglesia. El culto a los textos sagrados, la explotación de los mártires, la organización. La pretensión de que todo el mundo se pliegue a su ideología, a sus dogmas, las técnicas de persuasión y de adoctrinamiento. La arrogancia, la astucia, la mala fe, o sea, el cinismo. El desprecio por los adversarios, la sed de poder, la tiranía con el que lo detentan apenas lo alcanzan...». Y yo estoy de acuerdo). Así que, las primeras noches sufría, sufría, y, arrodillado, pensaba: «¿Pedir perdón a Dios? ¿Por qué? ¿Porque he leído un libro que habla de sexo? ¡Nacemos gracias al sexo! Si fuese por ellos y por su castidad o presunta castidad, todos célibes o todos maricones, no nacería ni un ser humano más. ¿Arrepentirme de qué, por qué? No he hecho nada malo». Y quería morirse. La cuarta noche, en cambio, el sufrimiento se transformó en odio. La quinta, en rebelión. Y empezó a fantasear con las «incontroladas incontinencias» y las «desvergonzadas impurezas» que el recién casado Abelardo había realizado en el monasterio de Argenteuil, justo en el refectorio. Se imaginó que hacía lo mismo allí, delante de fray Paolo y del camarlengo y del padre espiritual y de los gusanos. Y adivina con quién. Con la dama con la que fantaseaba de noche y a la que llamaba Eloísa. Ésa tan guapa, tan segura de sí misma, tan vivida. La diosa que se movía por el mundo como si éste le perteneciese y que no se parecía a ninguna mujer de las que él conocía. Sí, había sido ella la que le había quitado las ganas de morirse. Y también la que le había sugerido la forma de vengarse, de reencontrarse a sí mismo. Porque al domingo siguiente, el día en que finalizaban las Tres Penitencias, decidió firmar su propia condena. A costa de destrozarles el corazón a los abuelos y a los padres, a costa de no colmar nunca el abismo social que lo separaba del pariente con toga de juez, no se convertiría en sacerdote, quizá en Papa o al menos en cardenal. Y al diablo con la cultura, la historia, la literatura, la metafísica, la astronomía, la filosofía, la teología. Al diablo con las buenas maneras, el *Galateo* de Melchiorre Gioia, el mar. Con el estómago más vacío que una cáscara vacía, corrió a la cocina. Entre los gritos de las cocineras, «no, señor, por favor, no», agarró un pollo asado y una botella de vino dulce. «¡Chisss! ¡La boca cerrada! ¡Chisss!». El vino dulce se lo echó al gaznate antes de devorar el pollo. Así que, cuando el prefecto se presentó para llevarlo al refectorio, ponerlo de rodillas por última vez, lo recibió completamente borracho. «¡Fuera de aquí, basura, fuera! Y ni se te ocurra apagar la vela esta noche, como lo hagas te la meto por el culo, aunque sepa que así te hago un favor». Luego, sin hacer caso de los alaridos, «socorro, se ha vuelto loco, socorro», se parapetó dentro de la celda. Se sentó a la mesa y, plagiando los versos del anónimo poeta francés traducido por el eximio miembro de la Arcadia Eusebio Mallerba, escribió la blasfema poesía que yo robé en 1944, mejor dicho, salvé junto al librito.

«Hambre, silencio, ganas de morirte / lágrimas, ruegos, súplicas angustiosas / a un Dios sordo que calla y no escucha / Humillaciones, amenazas, castigos / por culpas jamás cometidas, impurezas inexistentes / Cristo, es un infierno vuestro paraíso / es una mentira vuestra caridad / es ignorancia pura vuestra gran sabiduría / y no tenéis nada que enseñarme / Así que, os abandono, asesinos del pensamiento / eunucos de cuerpo y mente / me libero del yugo y me voy / en busca de aquella a la que llamo Eloísa».

Extinguidos los alaridos, finalizado el asedio de los gusanos que habían acudido al «socorro, se ha vuelto loco, socorro», la puso incluso fuera de la puerta. Luego se fue a dormir, a que se le pasase la moña, y al amanecer fray Paolo volvió a convocarle en su despacho. Esta vez, sin la cadena de oro. Sin los nueve gigantescos rubíes y la amatista todavía más grande y el zafiro gordo como una nuez, y con una inesperada tristeza en los ojos. Una inesperada dulzura en la voz. Casi con un aire de indulgencia que contenía respeto. Y, en la mano, la poesía.

—¿Es suya, hijo?

—Sí, Reverendísimo Padre.

—Estaba ebrio de alcohol, ¿verdad?

—Sí, Reverendísimo Padre.

—No la ha escrito usted, entonces. La ha escrito Satanás, ¿no es cierto, hijo?

—No. La he escrito yo, Reverendísimo Padre.

—¿Eso quiere decir que no se arrepiente?

—No. Es mi carta de dimisión, Reverendísimo Padre.

Se siguió una pausa. Tan larga, Jesús, tan larga, que llegó un momento en que temió que fuera a perdonarle. En cambio, se cerró de golpe con una condena.

—Aquí no estamos en una empresa o en un ministerio, hijo, aquí no se dimite. Usted está expulsado. Hoy mismo me ocuparé de avisar a su familia y de quemar todos los papeles que hagan referencia a usted. La solicitud que nos envió para pedir el Puesto de Gracia, por ejemplo, el *affidavit* del párroco, la copia de su partida de bautismo, sus exámenes. Ordenaré también que su nombre desaparezca de todos los registros, todas las listas, todos los archivos de los seminaristas presentes y pasados. Es la regla, ¿comprende?, y no debe quedar rastro alguno de usted. Nada que lo recuerde.

—Sí, Reverendísimo Padre.

—Sus objetos personales, en cambio, le serán devueltos. Para empezar, aquí tiene su indecente libro y su «carta de dimisión». No esté demasiado orgulloso. La métrica es correcta, pero la inspiración poética es escasa.

—Sí, Reverendísimo Padre.

—Y ahora, adiós. Entréguele al camarlengo la sotana y el resto de la indumentaria. Calzas y ropa interior incluidas. La regla es recíproca y del seminario, entiéndalo, no puede llevarse ni una mota de polvo. Hecho esto, póngase las ropas con las que llegó, y vaya en busca de su Eloísa. Que Dios tenga piedad de ambos, si es que llegan a encontrarse.

Más que una maldad, eso fue un anatema. Y diez años después se daría cuenta. En cuanto a ponerse la ropa con la que había llegado, a los doce años... Menos mal que la tía Amabile tuvo la buena idea de ir a recogerlo con un par de zapatos y un traje de su difunto cónyuge. Un poco pequeños, los zapatos. Un poco estrecho, el traje, y con los pantalones que no le cubrían ni la pantorrilla. Las medidas de un enano. Pero le bastaba para salir de allí, ir al mercado de la ropa usada, conseguir algo mejor, y volver a Candialle con el arcón

21

Sí, a Candialle. «Quédate conmigo y disfruta de un poco de libertad. Diviértete, busca de verdad a tu Eloísa», le había dicho la tía Amabile, siempre tan inteligente. Para convencerlo se había hasta ofrecido a ayudarle a proseguir los estudios, matricularlo en la Facultad de Derecho y encaminarlo hacia la carrera del pariente con la toga de juez. «Tengo algo de dinero ahorrado, Antonio. No se lo digas a tus padres, pero mi Michele no me dejó en la miseria. Y en la Facultad de Derecho de Pisa hay unos profesores estupendos. Tipos que en el 48, cuando tenían tu edad, estaban combatiendo contra los austriacos en Curtatone y Montanara. Te encontrarás bien allí. Te convertirás tú también en un famoso juez, harás que se muera de envidia ese presumido con los bigotes de punta». Y, en principio, el plan le había apetecido. Pero después de una semana viendo a las hermosas señoras haciendo lo *struscio* por las orillas del Arno, había cambiado de idea. Regresó con el arcón a Candialle, donde les partió el corazón a todos menos a don Fabbri, que descansaba desde 1875 en el cementerio de San Leolino, y al tío Luca, que, cuando lo vio sin sotana, explotó en un grito de alivio. «¡Te has salvado, te has salvado!». El corazón del abuelo, para empezar, que murió durante el invierno lloriqueando: «He sufrido muchos disgustos en esta vida, pero el que me ha dado mi nieto ha sido el peor de todos». El de la abuela, que perdió la cabeza tras aquello. «Lo has matado tú, maldito asesino». El de su padre, que había caído en un alarmante estado de apatía y no probaba bocado. «No puedo, tengo el estómago encogido, no puedo». El de su madre, que había enfermado de hipocondría y no dejaba de gemir: «En esta casa no sale nada a derechas».

Perdió también el reconquistado respeto de sus hermanas y el de los habitantes de Panzano, que, suprimido el usted y, con el usted, las peticiones de que les bendijera, le habían encasquetado un apodo infame: el *Spretato* (El que ha colgado los hábitos). Y a su Eloísa, no hace falta decirlo, no la había buscado. En vez de buscarla, había vuelto a vivir como un campesino, y pobre del que le insinuara que con su cultura podía convertirse en maestro de escuela o preceptor o escribiente. Ahora sentía un rechazo hacia la cultura rayano en el hastío. Por ejemplo: nada ni nadie le impedía leer ahora la otra piedra de escándalo: el *Decamerón* de Boccaccio. Y, sin embargo, éste dormía en el arcón que, sin suscitar las antiguas envidias («pero qué tesoros ni qué gaitas, no hay nada, no vale nada»), se cubría de polvo en la buhardilla. En cuanto al fatídico libro que le había sido devuelto junto a la poesía, no quería ni siquiera mirarlo, y da gracias a que lo hubiese vuelto a colocar (junto a la poesía) donde lo había encontrado, es decir, bajo los recuerdos preciados de Caterina la Grande. En compensación, disfrutaba zapando, escardando, agotándose, sudando. Y, aunque fuera con un cierto distanciamiento, iba a misa todos los domingos. Rezaba el rosario todas las noches.

—¿Por qué, abuelo, por qué?—le pregunté un día.

—Porque existe una cosa que se llama remordimiento —me contestó.

Luego me explicó lo que le había ocurrido durante la semana que se pasó mirando a las hermosas señoras en las orillas del Arno.

Había reflexionado sobre el adiós a fray Paolo, vuelto a ver la inesperada tristeza que empañaba sus ojos, vuelto a oír la inesperada dulzura que suavizaba su voz. Y, sin experimentar rencor alguno por el toque de perfidia y por el anatema final «que Dios tenga piedad de ambos, si es que llegan a encontrarse», se había preguntado si había hecho bien en hacer lo que había hecho. Es decir, en vengarse con la poesía blasfema. Dios, una cosa es asaltar la Bastilla y llevarse el pollo asado con la botella de vino dulce, reivindicar el sacrosanto derecho y el sacrosanto deber de rebelarse contra la tiranía. Una cosa es enseñarle los dientes a un esbirro y amenazarle con meterle la vela por el culo aunque sepas que así vas a hacerle un favor. Y otra cosa es levantar guillotinas, cortarle la cabeza al enemigo y ponerla en una pica, ondearla por las calles de París. A fray Paolo le había cortado la cabeza con aquellos trece versos colocados fuera de la puerta. La había puesto en una pica y la había ondeado por las calles de París. Pobre hombre, él también. Seguro que de joven él también había sido castigado vejado humillado en algún refectorio. Expuesto al escarnio, a los escupitajos y a los huevos podridos de los gusanos, por haber deseado lo que Abelardo y Eloísa habían tenido. Y, quizá, de un modo u otro, aún lo deseaba. Por eso tenía en su despacho esos cuadros de mártires desnudos, ese ambiguo arcángel Gabriel, que, con su cabellera al viento y sus rasgos femeninos y sus pectorales hinchados como los pechos de una mujer, parecía una jovencita disfrazada de guerrero. Por eso le tenía tanto miedo al sexo y obligaba a los seminaristas a bañarse con la camisa puesta, a dormir con los brazos fuera de la manta, a no desnudarse en la playa, a no leer libros que hablaran del amor y del erotismo. Pero la culpa no era suya. Era de tipos como San Agustín, que, antes de arremeter contra el pecado, los había cometido todos. Era de la Iglesia, de las Iglesias, de las teologías, de las ideologías inventadas por los tocapelotas que la Historia despacha como grandes genios y benefactores de la humanidad. Los apóstoles, los profetas, los mesías de todo credo y de toda confesión religiosa o política. Los frígidos pensadores que, con sus piedras filosofales, sus abstracciones, sus masturbaciones mentales, explotan nuestra necesidad de darle un sentido a la vida y, en vez de alimentar la inteligencia, abonan la estupidez. Abonándola, crían a hordas de ovejas desobedientes o fanáticas, de hienas a las que usar como justicieras contra los transgresores. Y eso transformaba a fray Paolo, el carnicero, en una víctima. O, al menos, en una cándida cabeza de turco que, al haber llevado la cruz, se creía con derecho a pasarla, a imponérsela a otros. Sí, se había equivocado al vengarse de aquella manera, se había dicho. Debería haberse limitado a irse sin más. Quizá hasta dejando una nota dando las gracias. Porque de él no había recibido sólo cosas malas. En el seminario le habían instruido, educado, pulido, desbastado. Le habían enseñado lo que los ricos aprenden en los colegios y en los ateneos, allí había descubierto que el conocimiento es una alegría; la disciplina, una virtud; el sacrificio, la prez de los fuertes. Le habían enseñado a no sentirse un pobre destripa-terrones de Candialle, a comer con cubiertos, a no escupir en el suelo, a no hurgarse la nariz, y hasta a disfrutar del estremecimiento de que te atiendan camareros. Esa nota dejada debajo del ladrillo, el papel con el reproche INGRATO, contenía, pues, una buena dosis de verdad. Y ahora tenía que pagar el precio. Regresar a su pequeño cosmos de campesino que se mata a trabajar y suda y va a misa y reza el rosario en un murmullo, redimirse, expiar su culpa.

—¿Y tu Eloísa, abuelo? ¿Dejar de buscar a tu Eloísa también formaba parte de la penitencia? —hice un inciso al llegar ahí.

—Oh, sí —me contestó—. Pero ella era más fuerte que el remordimiento. La veía por todas partes, me perseguía fuera donde fuera. No me concedía un segundo de paz.

—¿Y las chicas de Panzano, abuelo...?

—Oh, ni las miraba siquiera. No podían sustituirla, y mirarlas me parecía que era como ofenderlas.

Dieciséis años, diecisiete, dieciocho, diecinueve, veinte. Sin salir jamás de aquel pueblecito inculto en el que le llamaban el Spretato. Sin alejarse jamás de aquellos campos, de aquella familia obtusa y meapilas que no tenía nada que decirle y a la que él no tenía nada que decir, por lo que, dejando al tío Luca aparte, no tenía a nadie con quien mantener una conversación y maduraba en el silencio. El mismo silencio que en el seminario le pesaba tanto. Sin interesarse por lo que ocurría fuera del pequeño cosmos, sin cultivar su cultura, o sea, abrir un libro o coger una pluma. Trabajar como maestro de escuela o preceptor o escribiente. Y sin olvidar jamás a su Eloísa, sin mirar jamás a una chica. Esto era lo que más preocupaba al tío Luca, que no mirase jamás a una chica. De hecho, al mínimo pretexto, le preguntaba: «No te habrán desgraciado, ¿no? ¿No te habrás vuelto maricón?». Era inútil contestarle no, tío Luca, no. «Nadie me ha tocado nada, me gustan las mujeres». El tío Luca insistía con sus sospechas y un día, él estaba a punto de cumplir los veinte años, exclamó: «Este asunto te lo resuelvo yo. Y no con una puta de por aquí, en un pajar. Con una profesional de la ciudad, en un burdel». Luego: «Mañana te llevo a Florencia a que te desteten. Todo por mi cuenta, ¿eh? Será mi regalo de cumpleaños». Hemos llegado a un punto crucial: podría haber rechazado el regalo. Podría haber replicado: «Ni se te ocurra, tío Luca, yo en un burdel no entro». Y, sin embargo, aceptó. «Entiéndelo, me dolía verlo tan preocupado. Tan confuso. Además, confiaba en que la profesional me librase de ella. Ya no aguantaba más viviendo con su fantasma. Poco a poco aquella imagen se había transformado en una obsesión y me decía a mí mismo: ya soy un hombre hecho y derecho, no puedo seguir viéndola como cuando era un adolescente. Esto es una psicosis, una enfermedad nerviosa, y tengo que curarme». Así pues, antes de que saliese el sol ya estaba en pie. Se lavó de arriba a abajo, se afeitó con todo cuidado, se puso el traje de los domingos, el que se ponía para ir a misa, y se subió con el tío Luca en la diligencia. Se dejó conducir a Florencia, más exactamente al Borgo Allegri, al último piso de una casa con las persianas echadas y diez prostitutas a las órdenes de la *sora* Cleofe. La dueña. Era un viernes, contaba. Los viernes, la *sora* Cleofe atraía, sobre todo, a los campesinos que iban a vender hortalizas al mercado de la Plaza de Santa Croce, la plaza cercana a Borgo Allegri. Para atraerlos bajaba las tarifas, de una lira y media a una lira, les ofrecía un café, hasta les dejaba un periódico para que se entretuvieran mientras esperaban su turno. Él sabía que destetarse, es decir, perder la virginidad en un sitio así era degradante, que comprar a una mujer como quien se compra un filete es indigno. No es casual que mientras subía por las escaleras sintiese náuseas. Pero, al mismo tiempo, se notaba decidido, casi como si se estuviese dirigiendo al hospital para curarse, para sanar de su enfermedad, y entró con paso resuelto junto al tío Luca, se sentó en el vestíbulo donde los clientes aguardaban el grito: «¡El siguiente!». Con tranquilidad, confianza, se tomó su café y cogió el periódico, aguardó a oír aquel grito. Su turno. Hasta que le tocó a él ser el siguiente. Descuidadamente, se metió el periódico en el bolsillo y siguió al tío Luca hasta el cuartucho de mala muerte de la *sora* Cleofe, una sucia *befana** de

* La *Befana* es una bruja del folclore popular. En Navidad deja caramelos a los niños. (*N. de la T.*)

modales untuosos, y entre los dos se desarrolló un diálogo como para taparse los oídos. «*Sora* Cleofe, no estoy aquí por mí. He venido por mi sobrino, que hoy se estrena». «Es un honor, señor mío, un honor. ¿Y para usted ni siquiera un revolcón rapidito?». «No, *sora* Cleofe. Hoy le toca a él y quiero un trabajito fino». «Así será, señor mío. Siempre y cuando pague por adelantado. Cinco liras, si es tan amable». «¿¡¿Cinco liras?!? ¿¡¿Y la rebaja, el descuento de los viernes?!?». «No vale para los estrenos, señor mío. Para ésos se precisa mercancía de primera calidad. ¡Y la mercancía de primera calidad hay que pagarla!».

La resolución, la confianza se desvanecieron de golpe. Incómodo a más no poder, susurró: «Vayámonos, tío Luca, vayámonos». Pero no lo consiguió; una vez guardado el dinero en el bolsillo, la *sora* Cleofe lo empujó hacia el salón para dejarlo en manos de la mercancía de primera calidad, y... Verás, cuando pasaba por el *sottoborgo*, es decir, el barrio de las prostitutas de Pisa, había intentado imaginarse varias veces cómo sería el salón en el que se desarrollaba la entrega o la elección. Y siempre se había imaginado un sitio muy atrayente, lleno de jóvenes bellísimas y elegantísimas. Éste, por el contrario, era un sitio como para envidiar a Abelardo por estar castrado. Un matadero que, en vez de bueyes o corderos a la espera de ser sacrificados o ya sacrificados y desollados, tenía alineadas a putas desnudas o cubiertas apenas por un chal transparente. O sólo con las medias, sólo con las ligas, con el pubis y los pechos y los traseros a la vista, como en un muestrario. Gordas, además, obesas. La obesidad formaba parte de los gustos estéticos en una época afligida por el hambre y la tisis. Sólo había una que parecía distinta. Estaba vestida desde la cabeza a los pies, era joven, tan esbelta como las náyades de la Plaza de la Señoría. Labios graciosos, ojos lánguidos, rizos negros. Y mientras las putas canturreaban «qué rubito más guapo, está para comérselo», la *sora* Cleofe se lo confió precisamente a ella. Junto a una buena recomendación, además. «Romilda, éste es un cliente de cinco liras. Hoy se estrena. Que sea un servicio como para tirar cohetes». Entonces, con una gran sonrisa y haciendo oídos sordos a los comentarios de las otra putas, «¡qué suerte la tuya!, ¡siempre te llevas lo mejor, maldita zorra!», Romilda lo condujo a una habitacioncita todavía más desnuda que su celda del seminario. Colchón, perchero, jarra de agua, bidé. Aliviado y excitado por el recuerdo de las náyades, se dijo: «El hospital es asqueroso pero quizá ella sea el médico adecuado. Quizá me cure». Sin embargo, apenas se cerró la puerta, reapareció el fantasma de Eloísa. Imperioso, lleno de realeza y más angustioso que una reprimenda. Con el fantasma, el horror de haber comprado a una mujer como quien se compra un filete. Con el horror, lo que, pese a todo, le habían inculcado en el seminario. El rechazo de la carne, del sexo. La carne entendida como algo sórdido, sucio, obsceno, de lo que debes avergonzarte y que hay que mantener siempre tapado. Aunque te mueras de calor. Aunque estés en la orilla del mar y cada fibra de tu cuerpo te pida que te quites la ropa y te tires de cabeza el agua, que sientas cómo te acarician las olas. El sexo entendido como pecado, mejor dicho, como el pecado de los pecados, como una culpa más grave que matar o traicionar. Y no olvides que fue Eva la que comió la manzana, la que condenó para siempre al género humano. No olvides que la Virgen María es virgen, que su hijo fue concebido con el Espíritu Santo, no con el hombre que la fecundó. El sexo es la base de todos los vicios, de todos los excesos, ensucia hasta la procreación y debe ser rechazado. Castigado como el arcángel Gabriel castiga a Lucifer aplastándole los genitales con un pie y atravesándole el corazón con una flecha de fuego. Y con ese rechazo, añado yo, la caballerosidad que había en él. El buen gusto, el pudor. El romanticismo que le hacía soñar con una mujer a la que no conocía, más aún, amarla, amar a una imagen que sólo era el fruto de su imaginación. Las virtudes, en suma, que lo adornaban también de viejo y por las que yo le quería tanto. Las que le hacían tan simpático, tan único. «Sabes, luego no he sido precisamente un santo. Pero nunca he cometido vulgaridades, cosas de mal gusto. Y no he vuelto a poner los pies en un burdel. Jamás».

Se escapó. Dejando a Romilda completamente desconcertada y mortificada, salió de allí antes de haberse quitado siquiera el sombrero. Desafiando las carcajadas burlonas y las obscenidades de las putas, «rubito, guapo, prueba conmigo», «inténtalo con alguien con un poco más de chicha», reapareció en el matadero. Se presentó ante el tío Luca y: «Lo siento, tío Luca. No puedo. No debo. No quiero». Luego, perseguido por el pobrecillo, que no dejaba de gritarle: «¡Vuelve aquí, imbécil, que he pagado!», bajó las escaleras y alcanzó la Plaza de Santa Croce. Con el ímpetu de un animal que busca un sitio en el que refugiarse, irrumpió en una lechería, donde, para calmarse, se bebió cuatro vasos de leche, y no hace falta que te cuente qué escena se produjo a la vuelta. Qué catarata de insultos y reproches. «Gilipollas, acojonado, cobarde. ¡Bonito papel me has hecho hacer, bonito papel! ¡Se lo van a contar hasta a los perros, hasta los perros lo van a saber! ¡El hazmerreír de Florencia, eso voy a ser! ¿¡¿Pero qué tienes en las venas, sangre u horchata?!? Y eso sin contar con las cinco liras. ¡Cinco liras! ¡Lo que valen diez frascas de aceite, el jornal de tres obreros juntos! ¡Y pensar que para regalarte un buen estreno yo no me he permitido ni un revolcón! Me he quedado allí peor que Tántalo muriéndose de hambre y sed. Para eso, más me hubiera valido buscarte a una cualquiera en Greve o en Panzano, darle media lira, y encerrarte en un pajar. ¿¡¿Pajar?!? ¡Lo que sabrás tú de pajas! ¡A mí no me la das, gusano! ¡A ti te han dado por culo, y cómo, tú te has vuelto maricón perdido! ¡Maricón, sí, maricón! ¡Eres un maricóoonnn!». Él permanecía en silencio. Ni siquiera intentaba defenderse. Sólo pensaba en la forma de huir también de Candialle. Porque mientras se bebía aquellos vasos de leche había reflexionado y llegado a la conclusión de que en el burdel de la *sora* Cleofe había ocurrido algo realmente importante. Algo que le había obligado a hacer las cuentas de su pasado y obtener como resultado que en esos cinco años de renuncia, de exilio, de letargo, había desperdiciado su juventud más de lo que había entristecido su infancia con los cuatro años de seminario. Se había dado cuenta, en una palabra, de que su vida había llegado a un punto en que tenía que darle un vuelco. Un vuelco que le permitiese recuperar el tiempo perdido y, quizá, ponerse a buscar en serio a su Eloísa. ¿Dónde, sin embargo, por qué caminos? No tenía a nadie a quien pedirle ayuda o consejo, ahora que su único amigo, el tío Luca, lo despreciaba y creía que era realmente un maricón. La tía Amabile había muerto, sus padres estaban ya chochos perdidos, sus hermanas le odiaban abiertamente y su inteligencia se había anquilosado. Su cultura, volatizado. Ya sólo sabía trabajar como campesino y da gracias si se acordaba de la *consecutio temporum*, de algo de las Sagradas Escrituras, de astronomía, del *Galateo* de Melchiorre Gioia, o sea, de las buenas maneras. Y, con todo, tenía que irse. A cualquier costa, por el medio que fuese. Incluido el más banal, el más mediocre, el más inadecuado. Y con estos pensamientos volvió a casa, se sentó sobre el arcón y se puso a mirar fijamente hacia la ventana. Tras la ventana, el bosque que subía hasta San Eufrosino de Arriba, hasta el oratorio, hasta la colina más allá de la cual estaba el mundo. El futuro y, quizá, Eloísa, el amor, el sexo y la libertad. Luego, cansado de machacarse a sí mismo, se levantó. Se quitó la chaqueta, al quitársela se dio cuenta de que, al oír el grito de «¡el siguiente!», se había guardado descuidadamente en el bolsillo el periódico que estaba leyendo, mejor dicho, fingiendo leer. Con un gesto automático, lo tiró y, al tirarlo, su vista se fijó en una noticia titulada «Real Decreto».

«Según lo dispuesto por la Ley Número 149 aprobada el 8 de abril del presente año 1881 por el Senado y la Cámara de los Diputados, Su Majestad Humberto I ha publicado un decreto en virtud del cual el Cuerpo de los Guardias de Aduana pasa a ser Cuerpo de los Guardias de Hacienda —decía—. Dicho Cuerpo tendrá la misión de impedir y reprimir y denunciar el contrabando, vigilar que se paguen los aranceles, mantener la seguridad del orden público y, aunque dependa del Ministerio de Hacienda, formará parte de las fuerzas armadas del Estado. El Ministerio del Ejército proveerá, de hecho, en el plazo de un año, a formarlo por compañías y batallones sometidos a la disciplina militar y con los derechos, los honores y recompensas de los Cuerpos que pertenecen al Ejército. Hecho que nos alegra en cuanto los guardias de Aduana y de Hacienda se han distinguido siempre en los hechos gloriosos de nuestro país. Basta con recordar su contribución al Risorgimento, es decir, a las guerras combatidas por la unidad de Italia, y concretamente en la campaña llevada a cabo por Garibaldi para liberar el Sur de Italia de los extranjeros». Y más adelante: «En el Cuerpo de los Guardias de Hacienda el contrato es por cinco años y, dada la duración, dispensa de cumplir el servicio militar a aquellos que se presenten antes de que sean llamados a filas. Es renovable y garantiza un sueldo mínimo de 750 liras anuales, el equivalente a dos liras diarias. El enrolamiento es voluntario, tendrá lugar en las capitales de provincia, y se procederá a él tras verificar que el candidato posee los requisitos necesarios. El aspirante debe ser fuerte, es decir, estar capacitado para soportar los esfuerzos y sacrificios que exige el servicio, así como los peligros que éste comporta. Por ejemplo, las largas marchas por la montaña y los encuentros con arma de fuego. Debe tener una altura no inferior al metro y cincuenta y cuatro, un perímetro torácico no inferior a los 80 centímetros, certificado de penales, y una edad inferior a los treinta y seis años. También serán admitidos los menores de edad, es decir, los ciudadanos que no hayan cumplido los veintiún años, siempre y cuando cuenten con el consentimiento de su familia».

* * *

Le costó mucho tiempo obtener el consentimiento. Cuando anunció «quiero enrolarme en los Guardias de Hacienda», su madre se desmayó y su padre empezó a protestar y refunfuñar. «¡Ahora quieres convertirte en un jenízaro! ¡Maltratar y matar a la gente!». Las hermanas, a mofarse de él. «¡Esbirro, sicario, esbirro!». El único que no se opuso fue el tío Luca, es más, se alegró hasta tal punto que le perdonó, o casi, las cinco liras gastadas inútilmente. «Buena idea. Quién sabe, lo mismo el uniforme te lleva otra vez por el camino justo». Y para presentarse en su distrito, el distrito de Florencia, tuvo que esperar a que el Ministerio del Ejército organizase los Cursos para Alumnos en las ciudades elegidas para los Depósitos de Adiestramiento: Génova, Nápoles, Mesina, Venecia. Es decir, al 1 de enero de 1882. Los exámenes, en cambio, fueron muy fáciles. Los requisitos necesarios los cumplía sobradamente. Medía un metro y sesenta y cinco de altura, ochenta y cinco centímetros de perímetro torácico, tenía certificado de penales y, aunque enmohecida, su cultura era muy superior a la de los candidatos normales. «¿Dónde ha estudiado?», le preguntó en tono elogioso el presidente del tribunal. «En el Pequeño Seminario de Pisa, Ilustrísima». «Se nota». Era una pena que los documentos quemados por fray Paolo le impidiesen probarlo. (El problema lo afligió durante toda su vida). También le había resultado fácil jurar fidelidad a los Saboya. «Yo, Anton Maria Ambrogio Fallaci, hijo de Ferdinando y de Caterina Poli, juro ser fiel a Su Majestad Humberto I y a sus reales sucesores, servir lealmente al Estatuto, ejercer mi cargo de guarda de aduana por el bien inseparable del Rey y de la Patria». En aquella época, monarquía y república eran lo mismo para él. Sin complejos de culpa, pues, regresó a Candialle, pasó las dos últimas semanas con aquellos familiares que se sentían aún súbditos de los Habsburgo-Lorena. Su padre, que aún gemía cuando recordaba la expulsión y las lágrimas de Leopoldo II, «adiós, señores, adiós», y el tío Luca, que sentía una antipatía especial hacia Humberto I.

—Si llego a saber que para vestir el uniforme tenías que jurarle fidelidad a ese hijo de puta, te hubiera dicho que no lo pensaras siquiera.

Durante dos semanas lo asignaron al Depósito de Venecia. Y salió hacia Venecia, desde Florencia, a las siete del 16 de enero, junto a una docena de gilipollas que se creían que iban a la guerra, en el tren que, vía Pistoia-Bolonia-Ferrara-Padua-Mestre, llegaba a la estación de Santa Lucía a las seis de la tarde. Diez horas de viaje, y ¡qué aventura! Después de Mestre, se iniciaba el tramo de ferrocarril que los austriacos habían construido sobre el mar para unir la ciudad al continente, y más que en un tren le pareció encontrarse a bordo de un barco. De hecho, se preguntó si no tendrían razón en Candialle por añorar a los Habsburgo y odiar a los Saboya, que no habían construido una mierda. Lo que más le impresionó, de todas formas, fue la llegada. Porque, aunque supiese un montón de cosas de Venecia, que tenía ciento sesenta canales y trescientos sesenta y nueve puentes, que era la ciudad natal de Casanova, un tipo al que le gustaban mucho las Romilde, ignoraba que la estación de Santa Lucía se encontraba justo en el Gran Canal. Y cuando los dos subrigadieres enviados a recibir al grupo los llevaron hasta la salida, los embarcaron en el *vaporetto* que los llevaría hasta la Giudecca, es decir, la isla en la que estaba el cuartel, hubiese querido gritar de alegría. Con el aliento entrecortado, recorrió aquel camino de agua que, en vez de las consabidas orillas, lamía antiguos palacios e iglesias maravillosas y que, poco a poco, se ramificaba en callejones de agua contenidos, a su vez, por los muros de las casas. Aquel camino líquido por el que, en vez de carrozas y caballos, transitaban balsas y góndolas, las famosas góndolas de las que tanto había oído hablar y sobre las que tanto había soñado en ir junto a Eloísa. En enero, a las seis de la tarde ya era casi de noche. Pero delante de las iglesias y de los palacios había grandes faroles encendidos, las ventanas estaban bien iluminadas, las mismas góndolas llevaban fanales y, con aquella claridad, podías disfrutar igualmente de aquellas maravillas. Luego, desgraciadamente, las maravillas se acabaron. Al llegar a la desembocadura del Gran Canal, el *vaporetto* entró en otro canal, tan ancho que parecía un lago, el canal de la Giudecca, y en vez de girar a la izquierda, es decir, dirigirse hacia la Plaza de San Marcos, dio una gran curva a la derecha. Los entregó al cuartel y... Oh, no tardó en darse cuenta de que el cuartel era una segunda prisión. Un seminario que sólo se diferenciaba del Pequeño Seminario en la ausencia de sirvientes y en que se podía dormir con los brazos debajo de las mantas, lavarse sin la camisa puesta, sentarse a la mesa sin rezar el *Gratias agimus tibi Domine*. Pero la disciplina era igual de despiadada. Igual de duros el Reglamento, la cerrazón mental, la tiranía. Y en lugar de fray Paolo, un mierda de capitán que daba gritos como un obseso, te regañaba por cualquier bobada, por cualquier bobada te mandaba al calabozo. En lugar de los prefectos y los viceprefectos, los brigadieres y los subrigadieres, que, no satisfechos con espiar todos tus gestos, te tuteaban pero exigían que les hablaras de usted. En lugar de los paternóster y las avemarías, las normas sobre los aranceles de consumo y los privados. En lugar de la sotana, el uniforme. Chaqueta verde oscuro, cerrada por seis botones dorados y con los ribetes amarillos en las mangas y en el cuello. Pantalones grises, de tubo. Gorra de visera con el emblema de los Saboya y, para las horas de permiso, sombrero hongo. También con el emblema de los Saboya y, además, guarnecido por una escarapela tricolor de la que salía una interminable pluma de cuervo. En lugar del crucifijo, el fusil y la cartuchera y el sable con bayoneta.

Se puso el uniforme con la misma desenvoltura con la que a los doce años se puso la sotana, contaba de viejo. Quitando el sombrero hongo, que no le gustaba por la forma que tenía y por la interminable pluma de cuervo, se sintió a gusto con él. Empuñó el fusil y la bayoneta, objetos tan extraños para él como un globo aerostático y un par de guantes de boxeo, con la misma naturalidad con que le había hecho frente a todos los cambios de su vida. Y comprender que el cuartel era una segunda cárcel, un seminario, no le asustó ni siquiera un poco. ¿Acaso no había estado ya en un seminario? ¿Acaso no seguía siendo en el fondo un seminarista? Aunque entre disparar y rezar exista una cierta diferencia y el estruendo del polígono de tiro se parezca poco al silencio de la capilla, todo lo demás coincidía. Y al reencontrarse con fray Paolo, con los prefectos y los viceprefectos, con el yugo de la disciplina que te inserta en el engranaje del sistema como si fueras una ruedecilla del reloj, se encontró a sus anchas. Más que un recluta, un veterano que repite gestos y ceremoniales ya conocidos. Seis horas de clase y ¡Viva el Rey! *Ora pro nobis*. Seis horas de instrucción, de «de frente; derecha; izquierda; alto; presenten armas; apunten; desenvainen el sable» y ¡Viva el Rey! *Ora pro nobis*. Seis horas para comer, para el aseo personal, limpiar las armas, y descansar y ¡Viva el Rey! *Ora pro nobis*. Seis horas para dormir y ¡Viva Italia! Amén. Pero hubo algo que sí que le extrañó, es más, le pilló totalmente por sorpresa. El hecho de que, aunque fuera por motivos muy diferentes a los de los curas, en el cuartel también se consideraba que el sexo y las mujeres era un enemigo contra el que había que luchar, mejor dicho, al que había que eliminar. Porque allí no se temía al pecado, pero sí al mal francés. Eufemismo con el que se designaban las enfermedades venéreas, muy frecuentes en el XIX y más en los puertos de mar, donde estaban siempre emboscadas a causa de las prostitutas, que servían a los marineros, habituales de los prostíbulos más infectos. La castidad de los cadetes, por lo general, jovenzuelos ingenuos e inexpertos, se protegía, pues, con unos escrúpulos dignos del seminario. Prohibido mantener contactos con el exterior, prohibido recibir visitas de presuntas primas o novias, y, lo que era peor, nada de salidas individuales durante los permisos. Sólo podían salir una horilla, en grupo y escoltados por los brigadieres y los subrigadieres, cada tres días (el miércoles y el domingo). Sin abandonar la Giudecca, se entiende, y sólo para pasear. Únicamente los que se distinguían por su excelencia como alumnos y por una seriedad a prueba de bomba, obtenían el «permiso-premio», es decir, permiso para salir solo, pasar él solo toda una tarde por Venecia. Y nadie protestaba por ello, ésa era la cuestión. Nadie se quejaba o se enfadaba, «necesito a una mujer». Pensándolo bien, ése era el detalle más sorprendente: ¿cómo era posible que todos aceptasen semejante sacrificio sin decir esta boca es mía?, ¿sería posible que el miedo a contraer el mal francés los volviera a todos más castos que a los seminaristas, para los que el sexo era una ofensa al Señor? ¿Los militares no tenían fama de ser unos gallitos, unos donjuanes? ¿No era por eso por lo que el tío Luca lo había animado a vestir el uniforme? ¿Cómo hubiera reaccionado el pobre hombre de descubrir que su sobrino le había jurado fidelidad a Humberto I sólo para acabar entre unos a los que no se les levantaba? Para estar seguro de ello, hasta hizo una especie de encuesta. «Perdona, una pregunta... ¿A ti no se te...?». «No, no, a Dios gracias». «Oye, ¿y a ti no...?». «No, no, estoy relajado». También él lo estaba, por otra parte. A la semana de estar en el cuartel, Eloísa había desaparecido y a él se le habían extinguido las ganas de buscarla.

Oh, de buenas a primeras fue un alivio. La psicosis se ha acabado, se dijo. Me he curado y a su debido tiempo podré hacerle frente a todas las *sore* Cleofi y a todas las Romilde del mundo, quitarme esa espina. Pero el alivio no tardó en verse sustituido por la añoranza. Aquel fantasma había vivido junto a él cinco años, qué diablos. Era su mujer, su amiga, su amante, y, con ganas de buscarla o sin ellas, la echaba de menos. Así pues, empezó a analizar el fenómeno. Se dio cuenta de que la relajación se producía, sobre todo, por la mañana, después de tomarse el café con leche, o por la noche, después de la sopa, y al darse cuenta de ello recordó lo que se decía en Toscana cuando alguien era excesivamente mujeriego. «Ése necesita que le den bromuro». Recordó, en definitiva, que el bromuro relaja, atenúa o incluso elimina los deseos sexuales y, repitiendo el *exploit* de Pisa, fue corriendo a la cocina. Le preguntó al cocinero: «No nos estaréis poniendo bromuro en el café con leche y en la sopa, ¿no?». «*Xè par el vostro ben, giovanotto! Si no, a forza de star a digiun, diventè tutti recion*» («¡Es por vuestro bien, jovencito! Si no, a fuerza de estar en ayunas, os volveríais todos maricones»), respondió el cocinero. Y esto había cambiado la situación. Eliminado el café con leche, eliminada la sopa, Eloísa reapareció con más fuerza que nunca. Y, con Eloísa, las ganas, mejor dicho, la desesperada necesidad de buscarla. Para buscarla se convirtió en el mejor alumno de la Giudecca, se ganó el permiso-premio, es decir, el permiso para salir sin acompañamiento, pasarse una tarde entera él solo en Venecia, y ¡Dios, cómo la buscó! Con el sombrero hongo con la interminable pluma de cuervo en la cabeza, con la bayoneta al cinto, con un vendaval en el bajo vientre que no hubiera conseguido aplacar ni una tonelada de bromuro, la buscó como un perro hambriento. Por las *calle,** por las iglesias, por los museos. A lo largo de los ciento sesenta canales, encima de los trescientos sesenta y nueve puentes, por cualquier sitio al que le llevaran las piernas y el ansia que le devoraba. Viéndole, cualquiera hubiera pensado que estaba admirando los encantos de la ciudad, la Plaza de San Marcos o el Palacio del Dux o un cuadro o un escorzo. Pero, en cambio, la estaba buscando a ella, y apenas vislumbraba a una dama muy hermosa, muy elegante, muy segura de sí misma, la seguía. Sin que le importaran su torpeza, su inexperiencia, se le acercaba. Incluso sufrió tres incidentes a causa de aquella torpeza, aquella inexperiencia. El primero, con una alemana que creyó que estaba sola y, en cambio, iba acompañada por su marido, por lo que el marido casi la emprende a puñetazos con él. «*Was wollen Sie? Belästigen Sie etwa meine Frau?!?*» («¿Qué pretende usted? ¿¡¿Acaso está importunando a mi mujer?!?»). El segundo, con una inglesa que se paró de golpe y le dio con la sombrilla en el hongo. «*Stop following me! I have enough of you and your ridicolous hat!*» («¡Deje de seguirme! ¡Ya me ha hartado usted y

---

* «Calle» en dialecto veneciano. (*N. de la T.*)

de su ridículo sombrero!»). El tercero, con una prostituta veneciana que le guiñó un ojo y: «*Bel soldà, quanto vustu pagar?*» («Guapo soldado, ¿cuánto quieres pagar?»). Y ninguna de las tres, en realidad, era Eloísa. Luego, en la Plaza de San Marcos, vio a una que sí podía ser realmente Eloísa. Porque aunque el velo del sombrero ocultaba su bello y anguloso rostro e impedía observar sus rasgos detenidamente, se le parecía de una forma impresionante. Y porque se movía como si el mundo le perteneciese. El corazón le dio un vuelco, un vuelco que no le había dado con ninguna otra, y avanzó un paso hacia ella. Pero a su lado iba una especie de novicia, fea y seria, y eso le intimidó. En vez de acercarse, se detuvo hasta que ambas desaparecieron entre el gentío. Una hora después volvió a verla, mejor dicho, a verlas. En la Riva degli Schiavoni, acompañadas por un mozo de cuerda que llevaba las maletas, y a punto de coger el *vaporetto* que conducía a la estación de Santa Lucía. Esta vez no se dejó intimidar por la muchachota fea y seria, y se acercó. Pero no fue lo bastante rápido como para subirse él también al *vaporetto*, y justo cuando estaba a punto de alcanzarlo éste zarpó del embarcadero. Del fantasma que por fin se había metamorfoseado en una criatura viva sólo quedó el rastro de un intenso perfume de gardenias.

Entonces se resignó. Se sentó sobre las escalinatas de la basílica y empleó el resto de la tarde en pensar en lo estúpido e infeliz que era. Pronto cumpliría veintiún años, una edad en la que uno puede votar y formar una familia, y seguía siendo tan virgen como la Virgen María. Para quitarse esa espina había acabado en un seminario donde no podía uno tomarse un café con leche o una sopa sin ingerir kilos de bromuro. Por buscar a Eloísa se había ganado un golpe en el sombrero, además de dos furiosas regañinas en dos misteriosos idiomas, y que le abordara una meretriz que podía contagiarle el mal francés. Y cuando creía haberla encontrado, la había dejado escapar. Seguramente, a esas horas estaría viajando en algún tren, quién sabe con qué rumbo, así que... ¿Y si su destino era volverse a encontrar, amarse? Tenía que acabar pronto el periodo de instrucción. Empezar otra vez a buscarla.

* * *

El periodo de instrucción duraba seis meses. Cuatro, si tenías el servicio militar cumplido. Tres, si eras un alumno realmente excepcional. Es decir, si no cometías ni una sola infracción, si conocías las normas sobre aranceles y aduanas mejor que un juez, si disparabas mejor que Búfalo Bill. Bueno, él lo acabó en menos de dos meses y medio. (Lo confirman las Notas Personales que he encontrado en los Archivos Históricos de la Guardia de Aduanas). El 1 de abril de 1882 lo incorporaron al servicio activo y le destinaron (parece increíble, ya lo sé) al cuerpo de Cesena.

Cesena era un destino importante. Allí se encontraba el puesto de mando que debería estar en la capital de provincia, Forlì, y se luchaba contra el contrabando de sal, que, en esa zona de la costa adriática, era muy intenso debido a la proximidad de las salinas de Cervia en las que, a despecho del monopolio del Estado, se robaba la sal para venderla en Dalmacia a bajo precio. Además, se vigilaban cincuenta y dos despachos de tabaco, también monopolio del Estado, dos fábricas de cerveza, dos de *grappa*, dos de agua gaseosa, además de seis salas de juego y veinticuatro molinos. Estos últimos, objeto del contrabando de harina, que se robaba para venderla en Croacia. Pero, gracias a la típica ceguera de los gobernantes italianos, el destacamento se componía sólo de un mariscal,* un subrigadier, un soldado escogido y tres guardias, y no contaba siquiera con un cuartel digno de ese nombre. El exiguo grupo se alojaba en una casucha en la esquina de la calle Virgili. La que hacía esquina con la Plaza Bufalini, la plaza en la que se alzaba, en la zona norte, la Biblioteca Malatestiana y, en la zona sur, el Ridotto de los Aristócratas, además del Palacio Almerici. El palacio en el que Anastasìa vivía con Giacoma. Llegó el 2 de abril, contaba, presa de la absurda esperanza de volver a encontrar a su Eloísa, y el mariscal le cobró afecto enseguida. En vez de gravosas misiones de vigilancia, le encomendó trabajos de escribiente; en vez de alojarlo en la habitación de los tres guardias, le asignó un cuarto sólo para él. Una ha-

* *Maresciallo*. En Italia era también un grado superior de los suboficiales. (*N. de la T.*)

bitación tan minúscula como la celda del Pequeño Seminario, pero cuya ventana asomaba sobre la Plaza Bufalini, por lo que, aunque fuera en escorzo, se veía el Palacio Almerici. «Así disfrutas de la vista. En el cuarto piso vive la mujer más bella de Cesena». Oh, de buenas a primeras, no le dio importancia. Sin embargo, un mes después, al asomarse al balcón, le pareció entrever a una dama que se parecía a la de Venecia. Al pasar junto al Palacio Almerici, oler su perfume de gardenias. Al día siguiente sacó el tema a relucir, con falsa indiferencia le preguntó al mariscal quién era «la mujer más bella de Cesena», y éste le contestó: «Una extranjera, según parece. Americana o francesa. Una tarde la saludé y ella me respondió "*Good morning, monsieur*"». «¿Y el marido?». «Es viuda. Vive con la muchacha que va siempre con ella. Su secretaria, quizá, o su señorita de compañía». Durante las horas de permiso fue corriendo a buscarla. Y, desde ese momento, apostarse delante del palacio del que le llegaba un perfume de gardenias se convirtió para él en un rito cotidiano, en una obsesión, y...

Miro la fotografía que, con motivo de su veintiún cumpleaños (por lo tanto, por esos días) se hizo en el estudio del estimadísimo *cavalier* Casalboni, en la calle Dandini 5. Una fotografía coloreada en la que está retratado de pie, delante de un falso paisaje de verdes montañas, con la mano derecha colocada sobre el respaldo de la silla, la izquierda sujetando el sable colocado de través, las piernas encabalgadas, el uniforme que ya conocemos. Chaqueta verde oscuro, cerrada por seis botones dorados y con los ribetes amarillos en las mangas y en el cuello, pantalones grises, de tubo, y, en vez del aborrecido sombrero hongo con la pluma de cuervo, una airosa gorra con visera. Es un joven realmente guapo. Su cuerpo, muy bien proporcionado, tiene una innata elegancia (cosa extraña, tratándose de un campesino) y su rostro posee un encanto especial. Frente alta, nariz perfecta. Mejillas armoniosas, mandíbula decidida. Boca dulce, mirada intensa. Y, con todo, lo que llama la atención no es su atractivo. Es la inocencia, la pureza que se transparenta de esos rasgos. Una pureza casi angelical, concentrada en el alma, es decir, totalmente independiente del hecho de que fuera aún tan virgen como la Virgen María. Una inocencia casi infantil, enraizada en el pensamiento e inexplicable si piensas en todas las duras pruebas a las que había estado sometido. La maldad de fray Paolo, el burdel de la *sora* Cleofe, el cuartel con bromuro. ¿Fue esto lo que sedujo a la gran seductora, a la experta hechicera que le llevaba quince años y que, saturada de sexo, se había liberado de los hombres, no quería a ninguno desde que dejó San Francisco? ¿O bien fue el sediento deseo de acabar con un estado de castidad que no se avenía con su carácter, que ya se le estaba haciendo pesado, y, al mismo tiempo, el ansia de retener una juventud que ya se le escapaba, que el veinteañero Antonio podía devolverle? No lo sé, no lo recuerdo. De la vida que viví cuando era Anastasìa mis cromosomas sólo conservan dos fragmentos de memoria: el desgarro de la noche en la que parí a mi niña no deseada, la abandoné en el torno del Santísimo Crucifijo, y el alivio de la noche en que me regalé a mí misma la muerte. El descanso. Pero incluso teniendo en cuenta ese sediento deseo, creo que la hipótesis más acertada es la primera. La llamada de la inocencia, de la pureza que se transparentaba de esos rasgos. El impulso de robársela, de contagiarse de ella, de usarla para redimir un pasado que de repente me parecía culpable e impuro. Es decir, para pedirle perdón a las demasiadas criaturas de las que me había servido demasiadas veces. La *Tante* Jacqueline, Giuditta Sidoli, el mismo *Innominato*. El mismo Valzania, Giuseppe Pastacaldi, Louise Nesi y su hijo Derek. El mismo Bill el Salvaje, el teniente al que mataron los indios, John Dalton, Marianne y Lydia y Rebecca. El mismo Napoleon Le Roi, los militares de Virginia City, la condesa Dumont, los banqueros de San Francisco. Y ahora los De Carli, los buenos De Carli comprados por unas pocas liras. Anastasia Cantoni, la homónima Anastasia a la que el fraude jurídico había dado la custodia de mi hija. Además de mi hija. La enésima víctima de mi encanto y el chivo expiatorio de mi ligereza, de mi egoísmo, de mi cinismo.

Lo creo por un libro que, de viejo, el abuelo Antonio guardaba en el arcón y pobre de ti como se lo tocases. «Me lo envió ella antes de suicidarse, como una nota de adiós». Bueno, antes de que el arcón saltase por los aires, lo toqué. Lo leí. Era *Julia o La nueva Eloísa*: la novela epistolar que Jean Jacques Rousseau escribió reproduciendo la historia de Abelardo y Eloísa, adaptándola a dos amantes del siglo XVIII. Y en la última carta de Julia-Eloísa a Edouard-Abelardo había unas líneas subrayadas. Las recuerdo tan bien que no me ha costando ningún trabajo localizarlas. ¿Qué líneas? Aquí están: «Han pasado casi seis años desde el día en que os conocí. Erais joven, bien hecho, amable, y otros jóvenes me habían parecido más guapos y mejor hechos que vos. Pero ninguno de ellos me había hecho sentir la más mínima emoción. Y apenas vi vuestro rostro, mi corazón os perteneció. Porque en él descubrí las semblanzas del alma de la que tenía necesidad».

22

Sí, ya ha concluido el brusco paso hacia atrás. Ya he llegado a la última parte de la vida que viví cuando era Anastasìa. Y debería experimentar alivio ante la idea de que estoy a punto de contarla, de concluirla. Notar la sensación de ligereza, de liberación que, con frecuencia, se siente al final de un largo camino, es decir, de un largo esfuerzo. Y, sin embargo, no la noto. Porque esta última parte prepara su (mi) suicidio, y ese suicidio me es más amargo que todas las muertes trágicas o injustas que me tocaron en suerte en las otras vidas. La muerte que tuve cuando era Montserrat y el frío del invierno me mató, me transformó en una estatua de hielo mientras tocaba el laúd en el huerto de un manicomio, por ejemplo. O cuando era Giobatta y la carroza tirada por cuatro caballos me embistió, me aplastó, mientras me dirigía a vender estatuillas de alabastro arrastrándome con mis muletas. Cuando era Stanislao y el oficial austriaco me decapitó con el sable mientras yo guiaba al cortejo sobre la llanura cubierta de nieve, me dejó allí junto a la cabeza que vendieron por cinco *gulden* de cobre... Peor todavía. Lo que sigue no es una leyenda reelaborada, reinventada. Es la simple verdad, la escueta realidad. La verdad que descubrí hace medio siglo, cuando me enteré de por qué la abuela Giacoma tenía sólo un ojo. La realidad en torno a la cual quise escribir una novela que no escribí por miedo a tomarme unas libertades crueles. Hoy ese miedo ya no existe. Lo he eliminado al entender que Anastasìa y Giacoma y Antonio forman parte de mí, son instantes de mi Yo, y que, por lo tanto, puedo escribir sobre el lío amoroso en que se vieron envueltos (me vi envuelta) lo que me parezca. Pero en su lugar, hoy está el recuerdo de un dolor desgarrador. El dolor de tres criaturas que aún sufren dentro de mis cromosomas. Reavivarlo me turba demasiado, me hiere. Por ello, voy a contar sólo lo indispensable de la triste historia que podría haber sido una novela independiente. Helo aquí.

Por increíble que parezca, durante cuatro meses la obsesión de Antonio sólo se manifestó a través de su insensata costumbre de permanecer apostado delante del Palacio Almerici. Con la esperanza de que se produjese un encuentro, cumplía con aquel ritual casi todos los días, durante las horas de permiso, entre las siete de la tarde y las once y media de la noche, y paciencia si tenía que contentarse con el perfume de gardenias y nada más. También delante del Palacio Almerici la veía siempre acompañada de la fea y seria jovencita que en la Plaza de San Marcos le había frenado, intimidado. Y no se atrevía ni a intentar acercarse. Aunque parezca igual de increíble, durante esos cuatro meses Anastasìa no lo miró jamás a la cara y, al principio, no le concedió mayor importancia a su presencia. Luego se asustó. ¿Y si se trataba de un esbirro encargado de vigilarla, quizá de arrestarla? ¿Y si alguien había descubierto el fraude urdido con Anastasia Cantoni para entregarle a la Expósita Número 208 a Anastasìa Le Roi? ¿Y si habían identificado a la Anastasìa Ferrier del pasaporte falso en Madame Le Roi? Aquellos temores no la abandonaron ni siquiera cuando Valzania la tranquilizó. «Esté tranquila, *sgnurèna*. Estoy seguro de que se trata de un galanteador que se ha enamorado de usted, y aquí mando yo. Y mientras mande yo, nadie le tocará a usted un pelo». Por la calle se ponía detrás de Giacoma como si fuese un escudo. En la casa miraba desde las ventanas para ver si estaba o no. Y si estaba había veces en que no salía para esquivarlo. «Así no nos lo encontramos y no me arriesgo a perder la paciencia y darle de bofetadas». Sin embargo, la tarde del 26 de agosto tuvo lugar en Cesena un acto que contó con la presencia de Antonio, que por una vez renunció a su ritual, del que ella no quiso privarse y al que Giacoma no quiso acudir. En el aula magna del Liceo Monti, un liceo situado a pocos pasos del Palacio Almerigi, el Comité Romañolo de la Energía Eléctrica presentó un experimento para demostrar las ventajas de esta última sobre la iluminación a gas. (Sistema que, además de ennegrecer los techos y las paredes y las tapicerías de humo, provocaba incendios y daba una luz muy débil). Dieciséis bombillas incandescentes, cada una de 22 centímetros por 14 y una intensidad de setenta amperios, fueron conectadas a una batería con el interruptor de palanca. Y para darle mayor dramatismo al instante en que éstas fuesen encendidas, el *preside* o director del liceo ordenó que se apagasen los aparatos a gas y que se encendieran sólo cuatro velas. Dos junto al panel en el que estaban enroscadas las dieciséis bombillas y dos junto a la batería. El recinto en el que estaba el público se quedó, pues, inmerso en una oscuridad que no te permitía distinguir ni a la persona que tenías al lado, por lo que Anastasìa no vio al esbirro al que quería dar de bofetadas. Antonio tampoco vio a la bella señora que por fin estaba sola. A cambio, captó su perfume, con el corazón acelerado se dirigió hacia el punto del que procedía, y cuando el aula se iluminó con una luz deslumbrante (hasta 1.120 amperios) ella se lo encontró al lado. Le miró a la cara y, para entender lo que ocurrió en su psique, no tengo más remedio que recurrir a las palabras de *Julia o La nueva Eloísa*. Porque fue ella, decía el abuelo Antonio, la que rompió el silencio con sus encantadores erres redondeadas. Y sin presentarse o preguntarle quién era. Casi como si intercambiarse los nombres fuese una salida de tono o una vulgaridad.

—Buenas noches, *monsieur*.

—Buenas noches, *madame*...

—Se detiene con frecuencia bajo mis ventanas, *monsieur*.

—Sí, *madame*...

—¿Para cortejarme o para arrestarme, *monsieur*?

—¡Oh, *madame*!

—¿Cuántos años tiene, *monsieur*?

—Veintiuno, *madame*.

—Podría ser su madre, *monsieur*.

—¡Oh, *madame*!

—Escólteme hasta la puerta de casa, por favor, *monsieur*.

Se intercambiaron sus nombres en el breve tramo que separaba el Liceo Monti del Palacio Almerici y, mientras caminaban no se dijeron nada más. Él no conseguía articular palabra y ella parecía perpleja, arrepentida de haberle pedido que la acompañara. Al llegar a la puerta, sin embargo, tuvo una especie de inspiración repentina.

—Suba, *monsieur*. Quiero saber quién es usted.

Eran las diez pasadas cuando entraron en la casa. Giacoma ya estaba durmiendo, las criadas también. Sin preocuparse por eso, le llevó al salón, le sirvió un licor, y quizá fue el licor lo que le soltó la lengua. Le hizo recuperar la voz. Le contó quién era. ¡Oh, digo si se lo contó! Con el ímpetu de un torrente, el arrojo de un pájaro joven que sale de la jaula y, gorjeando, se lanza al cielo que hasta ahora ha visto sólo desde los barrotes de su soledad, le contó todo lo que le dio tiempo a contarle en el poco tiempo que le quedaba antes de volver al cuartel. Le habló de Candialle, de sus padres, del tío Luca, del oficio de campesino. Le habló de fray Paolo, de los prefectos, de los viceprefectos, de la sotana, de la vida de un seminarista. Le habló de Abelardo y Eloísa. De la Eloísa que se había inventado y que tenía su belleza, su elegancia, su seguridad. Le dijo, en definitiva, que Eloísa era ella. Que por ella había sido expulsado del seminario, que por ella había vuelto a ser un campesino y había renunciado a ser como su pariente con la toga de juez, que por ella había escapado del burdel de la *sora* Cleofe y había acabado en el cuartel en el que te calmaban a base de bromuro. Que a causa de ella jamás había tocado a una mujer. Por último, le dijo que ya la había entrevisto en Venecia, le confesó que desde hacía cuatro meses seguía su perfume como un perro hambriento sigue el olor de la comida, pero que su hambre no era un hambre sensual, o sólo sensual, sino el hambre del que se busca a sí mismo a través de otra criatura... Ella le escuchaba incrédula, a ratos divertida, a ratos emocionada, a ratos sonriendo con encantadora ironía, a ratos demostrando un asombro lleno de respeto, sintiéndose halagada en cualquier caso. Pese a todos los hombres con los que había estado, nunca le había ocurrido que uno volcase sobre ella tal lava de pasión. De inocencia y pasión, pureza y pasión. Y quizá llegó un momento en el que intuyó que, si no lo rechazaba, esa pasión se convertiría en una trampa mortal. Pero en vez de rechazarlo, salvarse, se le entregó.

—Hasta pronto, Antonio. Mañana por la noche le espero a la hora de la cena, con Giacoma —le dijo cuando se despidieron. Luego—: Giacoma es mi hija. Y mi hija es un secreto. Se lo confieso para darle las gracias por haber entrado en mi vida.

Como es lógico, él se tomó aquellas palabras por lo que eran y por lo que querían ser: un regalo que sellaba el milagro de su encuentro. Y también por esto dejó el Palacio Almerici sintiéndose el hombre más feliz del mundo, decía de viejo, el más envidiable, el más afortunado. «No iba caminando por la calle. Iba volando. Y en mi habitación, luego, no paraba de repetirme: ¿me ha pasado de verdad? ¿De verdad he entrado en su vida?». Pero al ver a Giacoma, al día siguiente, se quedó de piedra. «No me la esperaba, entiéndelo. Quizá porque creía que iba a encontrarme con una niña pequeña, una muñequita que tuviese sus mismos rasgos. En cambio, me encontré con una joven que se parecía a ella tanto como el invierno se parece al verano. Una morenita torpe, gordota, inútilmente bien vestida y bien peinada, que respondió a mi inclinación con un monosílabo seco y hostil. *"Piasèr"* (Encantada). Reconocí a la novicia fea y seria a causa de la cual nunca me había atrevido a tantear un encuentro, y noté una especie de desasosiego. Un mal presagio. Poco a poco me recobré, obviamente. Esa noche Anastasìa hubiese resucitado a un muerto. Vestía un traje negro que se ajustaba a su cuerpo como una segunda piel. Con aquel rostro anguloso, aquellas pupilas más claras que el agua, aquella voz acariciadora y arrastrada ejercía una fascinación casi diabólica. Y cuando en la mesa comenzó a hablar de su infancia, de su adolescencia, me olvidé totalmente de la hija. Era una conversadora exquisita, ¿sabes? Transformaba en un cuento de hadas todo lo que contaba». El cuento de la bruja y el hada que, para que a ella no la secuestre la Iglesia Católica, van a esconderse al Valle Oscuro, supongo. El cuento de los fuegos que se encienden en los montes y las colinas para anunciar a los valdenses que son libres. *Maman les feux, maman les feux*. Y del pequeño gineceo de la vía Legrange; de la Escuela de Danza del Real; de Cavour, que, al pasar por las mañanas por la vía Legrange, se quitaba el sombrero para contestar a su saludo. *Bonjour, Monsieur le comte. Bonjour, ma très belle*. De su Majestad

Víctor Manuel II, que en la calle le tira de sus rubios cabellos y exclama: «*Ma mi 't conosso, 't ses la citina veldeisa dël Regiu*». De Garibaldi, que responde a su entusiasmo abrazándola más de lo debido. De Giuditta Sidoli, que la lleva al Parlamento y protege su *flirt* con su coetáneo Edmondo De Amicis. Giacoma, por el contrario, callaba... ¿Qué cuentos de hadas iba a contar ella? ¿¡¿Los de la Expósita Número 208 que le rezaba en Longiano a la Madonna de las Lágrimas y que pasó de ser la niñera de los De Carli a la pastora de los Raggi y la fregona de Polini?!? Oscurecida, eclipsada por su irresistible madre, comía y bebía. Mientras comía mantenía la cabeza agachada y no enseñaba lo único bonito que tenía. Los ojos. (Profundos, oscuros, inteligentes: ¿recuerdas?) No salió de su mutismo nada más que cuando el huésped, recordando las buenas maneras aprendidas en el seminario, se dignó en concederle un segundo de atención y le preguntó si conocía ya la historia del *flirt* con De Amicis, entonces un famoso periodista que viajaba por el mundo y publicaba libros sobre sus viajes.

—*A' so gnas tot* (Yo lo sé todo) —dijo con el fuerte dialecto que empleaba para expresar molestia o rabia u hostilidad—. *Anca cuma a' so nasuda. Anastasìa l'am dis tot* (También cómo he nacido. Anastasìa me lo cuenta todo).

Y siguió comiendo con la cabeza agachada; el huésped pensó: «Jesús, parece una de mis hermanas». Anastasìa pensó: «*Mon Dieu*, no me ha llamado ni siquiera mamá, *mon Dieu*». Y ninguno de los dos pensó que estaba celosa. Enamorada y celosa. Lo digo porque un día, cincuenta años después, hablé con ella de eso.

—Abuela —le pregunté—, ¿cuándo te enamoraste del abuelo?

—Enseguida —contestó—. La primera vez que vino a casa.

—¿Y cuándo te diste cuenta de que el abuelo estaba enamorado de Anastasìa y Anastasìa del abuelo?

—Esa misma noche —respondió—. Se hubiera dado cuenta cualquiera.

—¿Y qué sentiste, abuela?

—Un gran dolor, una enorme rabia —respondió, mirándome fijamente con su único ojo bañado de lágrimas.

—¿Y odiaste a Anastasìa?

—¡Oh, no! Nunca odié a Anastasìa. Nunca. Siempre la quise. Siempre. No se podía odiar a Anastasìa. No se podía evitar quererla.

También lo hablé con él.

—Abuelo —le pregunté— ¿cuándo te diste cuenta de que la abuela estaba enamorada de ti y celosa de Anastasìa?

—Cuando ya era demasiado tarde —respondió.

—¿Y Anastasìa cuándo se dio cuenta?

—Cuando me di cuenta yo —respondió.

—¿¡¿Es eso posible, abuelo?!?

—Lo es. Giacoma era impenetrable —respondió—. Y para Anastasìa no era una joven en edad de echarse novio. Era una niña, ¿entiendes?, la niña a la que había abandonado en el torno.

—¿Y para ti?

—Para mí era como una hermana. La hermana que se añadió a mis cinco hermanas.

Luego me explicó los motivos por los que el equívoco duró tanto tiempo. La forma en la que se formó aquel fatídico triángulo.

«Nos veíamos todas las noches, sí. Salvo que el mariscal me enviase a inspeccionar las salinas de Cervia o a arrestar a algún contrabandista, en mis horas libres iba corriendo al Palacio Almerici y me quedaba con mi Eloísa hasta la hora de regresar al cuartel. Pero Giacoma estaba siempre con nosotros. Formaba parte de un acuerdo tácito e inviolable que tenía que estar siempre con nosotros. Que no había que excluirla, descuidarla. Ella, por otra parte, no nos dejaba ni a sol ni a sombra. Si nos quedábamos en casa hablando, contándonos nuestras vidas, nunca decía: "Tengo sueño, me voy a dormir". Si íbamos al teatro o a pasear, nunca decía: "Yo no voy". Y qué se le iba a hacer si seguía portándose con la hostil frialdad de la primera vez. Después de la salida: *"A' so gnas tot. Anca cuma a' so nasuda"*, Anastasìa me contó la historia del abandono y yo atribuía aquella frialdad a un pasado infeliz. "Pobre Giacoma, ha sufrido demasiado, hay que comprenderla". Hasta era cariñoso con ella, en cierto sentido la quería, y hasta que no ocurrió lo que tenía que ocurrir no le di motivos para que sintiera celos de mi amistad con su madre.»

—¿¡¿Amistad, abuelo?!?

—Amistad. Hasta que no ocurrió lo que tenía que ocurrir, Anastasìa y yo nunca sobrepasamos los límites de la amistad. Si quieres, de un cauto idilio. No nos dimos ni siquiera un beso, no nos hicimos ni una caricia, créeme. Los únicos paréntesis de intimidad nos los concedíamos a distancia. Apenas volvía al cuartel, de hecho, me iba a la ventana de mi habitación. La ventana que asomaba sobre la Plaza Bufalini. Hacia la medianoche ella se asomaba a la de su dormitorio y... Sabes, había unos cien metros de distancia entre nosotros. Y los faroles de la plaza apenas si iluminaban. A la luz de las llamas de gas no distinguía más que una sombra. Pero a mí me parecía tocar aquella sombra. Me parecía que la estrechaba entre mis brazos, que olía su perfume.

—¿Y Giacoma?

—Oh, a veces también se asomaba Giacoma. Y sentía como si sus ojos se me clavasen como cuchillos.

* * *

La casta amistad duró casi un año. El cauto idilio que estaba en el punto de mira de aquellos ojos que se clavaban como cuchillos. Maniatado por un respetuoso pudor, una contención de joven Werther, durante casi un año el ex seminarista reprimió la llamada que había encendido su obstinada pasión. La llamada de los sentidos. Y hechizada por aquel pudor, por aquel amor tan distinto a todos los amores que había conocido hasta ahora, la gran hechicera se plegó. Y, sin embargo, esto no debilitó su relación. No la estancó. Al contrario, la robusteció, la cimentó. Porque la espera les dio tiempo a acostumbrarse a las dificultades que la amenazaban. La diferencia de edad, la presencia de Giacoma, el inevitable asombro y los cotilleos de quienes los veían siempre juntos. Y porque ambos llenaron el largo preludio con algo más que las agradables veladas en el Palacio Almerici o en el teatro o paseando.

—Abuelo, ¿es verdad que en esa época te volviste republicano?

—Es verdad.

—Abuelo, ¿es verdad que en esa época Anastasìa se volvió una sufragista?

—Es verdad.

No entraba dentro de la naturaleza de Anastasìa cultivar o hacer gala de un compromiso político. Pese al magisterio de Giuditta Sidoli, tanto de adolescente como de adulta siempre había observado los acontecimientos que cambian o desgarran el mundo con egoísta desinterés o con la curiosidad pasajera que se le presta a un hecho insólito. Víctor Manuel II que pronuncia el discurso sobre «el grito de dolor», las tropas franco-piamontesas que desfilan por las calles de Turín pasa salir al encuentro de las tropas del Imperio Austrohúngaro. Garibaldi que, furioso por la pérdida de Niza, insulta a Cavour en el Parlamento; Cavour que yace muerto en el catafalco instalado en su estudio; la policía que, en la Plaza Castello, dispara contra los manifestantes. Los descuartiza a golpe de espada, perpetra una matanza. Y, en América, la guerra entre nordistas y sudistas había sido para ella el espectáculo de la muchedumbre que en la Quinta Avenida gritaba: *Richmond is ours!* (¡Richmond es nuestra!). El asesinato de Lincoln, el del funeral neoyorquino al que asistió con Derek Nesi. Los ataques de los indios, un desafío que vivió con el cráneo rasurado y la peluca y la Smith & Wesson. La poligamia de los mormones, una aventura personal que no la indujo siquiera a reflexionar sobre la esclavitud de las mujeres. Y a su regreso a Italia, la embriaguez de la maternidad la había absorbido de tal forma que ni siquiera Valzania había conseguido implicarla en los asuntos de la fogosa Romaña. ¿Recuerdas? En cuanto a Antonio, los acontecimientos que cambian o desgarran el mundo nunca habían estado en el centro de sus pensamientos. En el seminario no se hablaba de ellos y en Candialle, sólo de pasada. Sus padres se limitaban a añorar al gran duque Leopoldo, el tío Luca a odiar a los Saboya que habían ocupado su lugar, y para entrar en el Cuerpo de Guardias de Aduana él había jurado fidelidad a Humberto I: ¿recuerdas? Al alistarse se había incluso negado a sí mismo el expresar sus propias ideas, ya que a los militares no se les permitía participar en la política o interesarse por ella. Pero en esa época ambos salieron del cascarón. Y cuando en septiembre de 1882 los revolucionarios de Cesena organizaron una manifestación para protestar contra la reforma electoral que, una vez más, les negaba el voto a las mujeres, Madame Le Roi fue una de las pocas mujeres que se atrevió a participar en ella gritando: «¡Avergonzaos! ¡Es una vergüenza!». («¿De verdad, abuelo?». «¡Oh, sí! Y era una delicia verla desfilar con su sombrero con velo, su boa de plumas de avestruz, su traje de cola, y oírla gritar con sus erres redondeadas «avergonzaos, es una vergüenza»). Y cuando en octubre fueron las elecciones, por sufragio ampliado, el aduanero Anton Maria Ambrogio Fallaci votó a la lista republicana de Aurelio Saffi. Juntos se adhirieron también al movimiento que, a golpe de bombas, luchaba para que se restituyese a la madre patria las provincias que seguían en manos de los austriacos. El movimiento *irredentista*. Y cuando en diciembre los austriacos condenaron a la horca a Guglielmo Oberdan y, sin que Humberto I moviese un dedo, lo ahorcaron en Trieste, él se negó a ponerse la gorra con el emblema de los Saboya. Con la cabeza descubierta, arrestó a dos contrabandistas y terminó a la sombra con ellos. Cuando en enero las insurrecciones arrollaron el país, ella se unió a los insurrectos tirando huevos podridos contra los retratos de sus majestades. «¡Viva Oberdan! ¡Viva Trieste libre! ¡Muerte a Francisco José! ¡Abajo Humberto!». («¿Y Giacoma, abuelo?». «No, Giacoma, no»).

El problema fue que su compromiso político los volvió todavía más insensibles al drama de Giacoma. En enero había cumplido dieciocho años. Era ya una mujer hecha y derecha. Y la fotografía que el *cavalier* Casalboni le sacó por su cumpleaños, una fotografía en la que se parece tanto al *Innominato* que no puedo describirla demasiado, me lo confirma. Caderas anchas, generosas, de mujer preparada para concebir hijos. Pechos llenos, exuberantes, de mujer lista para amamantarlos. Y su sonrisa amarga es la sonrisa de quien oculta una pena que la quema, su mirada triste es la mirada de quien sufre un dolor lacerante... Por si todo esto no bastase, la metamorfosis alejó a Anastasìa de su mesa de juego. Es decir, del problema del excesivo dinero que había invertído en la Cesena Sulphur Company. A principios de 1882, ¿recuerdas?, el precio del azufre procedente de Cesena había descendido a 105 liras la tonelada, y la compañía había rebajado los dividendos al 6 por ciento. Las ganancias anuales de Anastasìa, que ya habían pasado de cinco mil liras anuales a cuatro mil y luego a tres mil quinientas, descendieron a tres mil. No es casual que esta vez sí que se asustase y que estuviese a punto de venderlo todo, de conseguir un pasaporte falso para Giacoma y de largarse a París o regresar a América. Bueno, a principios de 1883 el precio descendió de 105 liras a 85 liras la tonelada. Del 6 por ciento la Cesena Sulphur Company bajó los dividendos al 5 por ciento. Las tres mil liras se redujeron a dos mil quinientas y, pese a la intervención del Banco Geisser, un banco piamontés que prestaba fondos a las empresas en peligro de quiebra, estaba claro que muy pronto las acciones de la Sulphur Company iban a ser invendibles. Pero en vez de librarse de ellas, intentando al menos sacar algo de dinero, ella ignoró el asunto. Reaccionó, en definitiva, como un jugador que ya no tiene ganas de seguir con las cartas en la mano y que, antes de saber siquiera si ha perdido la partida, las arroja sobre el tapete. Se aleja de la mesa de juego, y va a gastarse en otra parte el dinero que le queda. (En su caso, el dinero depositado en el Credito Mobiliare y en el Banco Popular de Valzania). Peor aún: con inconsciente masoquismo, en la enésima caída vio una señal del destino que la unía a su joven Abelardo. ¿No había sido el precio del azufre lo que había retrasado que se sulfatasen en San Eufrosino de Arriba los viñedos atacados por el oídio? ¿No había sido el azufre lo que había arruinado a la familia de Antonio y le había hecho perder la tierra de sus antepasados? Luego llegó el verano. Antonio tuvo dos semanas de vacaciones, Anastasìa se lo llevó a Rímini, junto a Giacoma, donde cogió tres habitaciones en el habitual Hotel Kursaal. Tres habitaciones en tres pisos distintos. Favorecido por esto, supongo, lo que tenía que ocurrir, ocurrió. Y esta vez fue Giacoma la que no se dio cuenta a tiempo, la que no se enteró a tiempo de que su madre y su Antonio se habían convertido en amantes.

Pero ahora sí que la novela nunca escrita se hace real y que su verdad me quema. Ahora sí que tengo que resumirla rápidamente, reducirla a lo indispensable, devolver esas tres vidas mías al olvido.

23

No se dio cuenta a tiempo porque quien ama ciegamente confía en que la persona amada corresponda a su amor. Con esta esperanza vive, espera, se ilusiona. No ve lo que debería ver, es víctima de malentendidos con frecuencia crueles, y en Rímini ella fue víctima de un malentendido especialmente cruel. De un equívoco rayano en lo atroz. Cuando lo que debía ocurrir, ocurrió, Antonio, de hecho, cometió una grave imprudencia. La implicó en la felicidad que le embriagaba y, quizá para conjurar el peligro de eventuales sospechas, la trató más afectuosamente que nunca. «Qué guapa está usted hoy, Giacoma, cuánto la favorece ese vestido». «No se quede ahí sola, Giacoma, siéntese a mi lado». «Cuidado con los escalones, Giacoma, cójase de mi brazo». Le regaló hasta un ramo de flores y un gatito de pocos meses que se había encontrado en el jardín del Kursaal. Un gato que le gustaba a Anastasìa. «No, Anastasìa, no, es de Giacoma. Lo he recogido para Giacoma». Y una mañana cometió el error más grave de todos. En un arrebato de entusiasmo, le dio un beso. Un beso en la mejilla, entendámonos. Inocente. El problema es que a Giacoma nunca la había besado un hombre. No sabía distinguir entre un beso inocente y un beso de verdad. En su ansia por sentirse amada por aquel al que amaba se creyó, o quiso creerse, que Antonio se había enamorado repentinamente de ella y, cegada por la ilusión, no vio lo que tendría que haber visto. Las caricias furtivas, las prisas excesivas, las miradas que delataban la plenitud de su relación, y la insistencia en retirarse antes de lo necesario por las noches. En el Hotel Kursaal, sobre todo, nadie se retiraba temprano. Después de cenar se iba a bailar, al café concierto, al casino.

Apenas llegaban a los postres, en cambio, ellos dos reprimían un bostezo. «Qué sueño, Giacoma. Vamos a dormir, Giacoma».

—¿Y tú qué hacías, abuela?

—Yo obedecía, me metía en mi habitación, con el gato. A fantasear, a pedirle a Dios que me concediese la gracia de un segundo beso.

—¿Y Dios te concedió esa gracia?

—No. Pero la idea de que pasasen las noches juntos ni se me cruzó por la cabeza.

No entendió que se habían hecho amantes ni siquiera cuando regresaron a Cesena. Porque en Cesena los dos se volvieron muy cautos, prescindieron de aquellas miradas, de aquellas caricias. Y porque en un rebrote de pudor, de un pudor debido esta vez, supongo, a su presencia o quizá al miedo de exhibir una relación incomprensible para los demás, en Cesena encontraron enseguida un refugio secreto. Una mansarda situada en un antiguo palacio, detrás del Teatro Municipal, el Palacio Braschi, y compuesta por dos habitaciones a las que se accedía por una puerta de servicio. Una puertecita que daba al callejón del Paiunculo. («Lo encontré yo, yo lo alquilé —decía él con orgullo— y hasta el último día fue nuestro nido de amor»). Aquí se encontraban con frecuencia, obviamente en las horas en las que Antonio tenía permiso, y para justificar sus ausencias Anastasìa recurría al Círculo Republicano. «Giacoma, voy a una reunión en el Círculo Republicano». «Giacoma, tengo una asamblea en el Círculo Republicano». El Círculo Republicano era una coartada perfecta. Estaba en la calle Dandini y para ir del Palacio Almerici al Palacio Brachi había que pasar por la calle Dandini. Además, las reuniones tenían lugar a las horas en las que Antonio tenía permiso. Entre las seis de la tarde y la medianoche.

—¿Y tú no ibas, abuela?

—No. La política no me interesaba. Yo me quedaba en casa, con el gato.

—¿Y no te parecía raro que Anastasìa fuese justo cuando el abuelo no iba al Palacio Almerici?

—No. Era demasiado tonta. Estaba demasiado convencida de que ahora era a mí a quien él quería.

—¿Y qué hacías en casa, con el gato?

—Leía los libros de De Amicis. Me regodeaba en mi felicidad, bordaba sobre las sábanas y las toallas de mi ajuar la G de Giacoma y la F de Ferrieri, que era también la F de su apellido, soñaba con el día en que me pidiese que fuera su mujer.

—¿Su mujer? ¿A pesar de que el segundo beso aún no había llegado y seguía sin llegar?

—Sí. Me metí en la cabeza que el beso de Rímini había sido algo excepcional, una audacia que hasta que fuéramos novios no podía repetirse. En mis tiempos, un caballero no besaba a una chica si no era, al menos, su prometida. Y una chica no movía un dedo para pedirlo.

—¿Y cuánto tiempo duró esa ilusión?

—Dos años y medio.

—¿¡¿Dos años y medio?!?

—Dos años y medio. Hasta que descubrí que lo del Círculo Republicano era una excusa. Y que se veían en el Palacio Braschi.

Que el Círculo Republicano era una excusa lo descubrió, de hecho, a finales de 1885: la tarde en la que no sé quién fue al Palacio Almerici para informar a Anastasìa de que las acciones de la Sulphur Company amenazaban con bajar hasta un tres por ciento, por lo que sería sensato deshacerse de ellas, venderlas sin perder tiempo, y no la encontró. Alarmada, fue corriendo a la calle Dandini y: «*No, qua l'a gnè*» («No, aquí no está»). «¡Pero si ha dicho que venía al Círculo!». «*Busie. Fandonie*» («Mentiras. Patrañas»). «¡Pero si siempre viene aquí!».«*L'an ven piô. Iè secul cl'an ven*» («Ya no viene más, hace siglos que no viene»). Volvió a casa con la cabeza ardiéndole. ¿Siglos, patrañas? ¿A dónde iba, entonces? ¿Qué secreto escondía? ¿Una timba clandestina? ¿Habría vuelto a enviciarse con el juego? ¿Una relación erótica, un amante? Sí, seguro que iba a una timba clandestina. O que tenía un amante. Un señor casado, un personaje que debía evitar el escándalo. Luego, repentinamente, la sospecha que durante dos años y medio no la había rozado siquiera, ascendió hasta la superficie de su consciencia. ¡Virgen Santa! Anastasìa siempre salía entre las seis y la medianoche. Entre esas horas era cuando los republicanos se reunían en la calle Dandini, sí, pero también eran las horas en las que Antonio no estaba en el cuartel. Y las ausencias de Anastasìa, ahora se daba cuenta, coincidían siempre con las de Antonio. ¿Sería Antonio su amante? No. Imposible, no. Ahora Antonio la quería a ella, el encaprichamiento con Anastasìa ya se le había pasado. ¿Pasado? ¿Qué motivos tenía para creer que se le había pasado? ¿El beso de Rímini, que le hubiese regalado un gato? No había pasado nada después de aquel beso, después de aquel regalo. Ni una palabra ni una insinuación ni una mirada por las que pudiese deducir que realmente la quería, que quería casarse con ella. Quizá se había equivocado. Quizá, en su ingenuidad, se había construido un montón de castillos en el aire, se había metido en la cabeza que era real lo que no existía siquiera y, mientras se pasaba las horas leyendo a De Amicis y bordando F, ellos dos se encontraban en alguna *garçonnière*. ¿Quizá? Tenía que estar segura. Tenía que saber si Anastasìa mentía para acudir a encontrarse con él o para ir a una timba clandestina. Y para saberlo tenía que seguirla, espiarla. Y para espiarla tenía que silenciar lo que acababa de descubrir. No decirle que en el Círculo Republicano le habían dicho: «*Qua l'a gnè. L'an ven piô. Iè secul cl'an ven*». «Oh, no fue fácil», contaba ya en su vejez, con su único ojo bañado en lágrimas. «¡Seguir a tu propia madre, Dios Santo! Investigarla, espiarla peor que los esbirros. Me latía el corazón, me temblaban las piernas por la vergüenza y, en el fondo de mi alma, me despreciaba a mí misma». Pero la necesidad de conocer la verdad era más fuerte que el autodesprecio, la vergüenza, y, amparándose en la oscuridad, esa noche fue detrás de ella. Manteniéndose a distancia, la siguió a lo largo del recorrido que la llevaba desde casa hasta el piso de alquiler. La Plaza Bufalini, la contrada Almerici, la calle Dandini, donde, pasado el Círculo Republicano, flanqueabas el Duomo y te metías bajo los pórticos del Santísimo Crucifijo. La calle Dandini de nuevo, luego la contrada Braschi, donde, bordeando el Palacio Braschi pasabas delante de la puerta principal y, al llegar a la esquina, desembocabas en el callejón del Paiuncolo. El callejón que siempre estaba desierto y al que daba la puerta de servicio. La puerta por la que, de haber sido más afortunada, la habría visto entrar a ella sola y se habría convencido de que allí había una timba clandestina. Para ir allí, de hecho, Antonio escogía otro recorrido. En el callejón del Paiuncolo torcía por la parte opuesta, por la contrada Verdoni, más breve, y llegaba antes que Anastasìa. Esta vez, en cambio, llegaron al mismo tiempo. Ajenos a los dos ojos que se clavaban como cuchillos, se dieron un beso muy distinto del que ella había recibido, un beso en la boca. Juntos cruzaron la puerta y...

—¿Y tú, abuela?

—Yo me quedé allí, mirándoles fijamente, como si me hubiera vuelto de piedra.

—¿Y luego?

—Luego regresé a casa. Con muchas ganas de morirme.

También con mucho esfuerzo. Por la calles no conseguía caminar, no se tenía en pie. Al llegar a las escaleras no conseguía subirlas, se tambaleaba en cada escalón. Y apenas llegó a casa se desinfló como un globo pinchado. Le empezaron a castañetear los dientes, comenzó a repetir «tengo frío, tengo frío» y, al poco, empezó a temblar de una forma tan convulsa que las criadas se asustaron. Diciendo «*a si malèda, avi la fevra*» («estás mala, tienes fiebre»), la llevaron en brazos a la cama, donde la fiebre se volvió violentísima. «¡Echad al gato! ¡Ahogadlo, tiradlo por la ventana! ¡Descosed las iniciales, quemad las sábanas con la F! ¿¡¿Timba?!? ¿¡¿Menuda timba?!? ¡A Longiano, a Longiano! ¡Llevadme a Longiano!». Mientras tanto, desvariaba, gesticulaba, daba patadas. O lloraba y, apenas se quedaba ya sin lágrimas, caía en un sopor. En un oscuro sueño del que emergía con aspecto de no saber dónde estaba, entre quiénes se encontraba. No reconoció ni siquiera a Anastasìa, cuando ésta reapareció hacia la medianoche, con el feliz aspecto de quien siente que ha estado en el paraíso. «¿Quién es usted? —exclamó—. ¿Qué quiere? ¡No me toque, no la conozco!». Entonces, desesperada, Anastasìa mandó llamar al profesor Robusto Mori: médico del hospital civil, especialista en enfermedades infecciosas y conocido por sus investigaciones sobre los ataques febriles. No en vano los estudiaba con el nuevo instrumento inventado por el inglés Thomas Clifford y denominado termómetro. Una amplia ampolla que en la parte inferior contenía un líquido plateado, el mercurio, y que en el exterior tenía señalados los números correspondientes a los grados centígrados de la temperatura humana: 35, 36, 37, 39, 40, 41, 42. El profesor Mori llegó mientras Giacoma yacía en su oscuro sueño, el rostro aún cubierto de lágrimas y la respiración dificultosa. Con aire perplejo le tomó el pulso, le puso bajo el brazo la amplia ampolla en la que el líquido plateado ascendió enseguida hasta el número 40. Le auscultó el aparato respiratorio, la reconoció desde la cabeza a los pies, examinó todo lo que había que examinar y, al final, movió la cabeza. «No es pulmonía ni meningitis ni difteria ni ninguna otra enfermedad infecciosa, *madame*. Según mi criterio, se trata de una congestión cerebral debida a un fuerte trauma psicológico. Un grave disgusto, por ejemplo. Una herida del alma. Y el alma está en manos de Dios, no de los médicos. Yo sólo puedo prescribirle compresas de hielo y baños con una esponja empapada en agua helada para que le baje la temperatura, *madame*». El problema era que el hielo sólo podía conseguirse en la fábrica de hielo, el Mulèn de Zas, y de noche el Mulèn de Zas estaba cerrado. La esponja la rechazaba, hasta inmersa en su oscuro sueño, y la fiebre no tardó en aumentarle. El delirio explotó de nuevo. Un delirio lúcido, esta vez. Tan lúcido que cabría preguntarse si no se trató de una farsa involuntaria, una venganza inconsciente urdida en el subconsciente para romperle el corazón a Anastasìa. Para castigarla. Porque esta vez Giacoma no desvarió. No gritó, no se abandonó a discursos sin sentido o inconexos. Aunque seguía sin reconocer a su madre y llamándola «señora», se expresó como si hubiera vuelto en sí. Razonablemente, con calma. Casi como si le estuviese haciendo confidencias a una amiga. «Los he visto, señora, los he visto. En el Círculo me habían dicho *"iè secul cl'an ven"*, además caí en la cuenta de que cuando ella no estaba, él tampoco, la seguí... Yo esperaba verla entrar en una timba, señora. Ella tiene el vicio del juego, ¿sabe?, y en Cesena no hay casino. Pero él apareció desde la contrada Verdoni, corrieron el uno al encuentro del otro, se abrazaron, entraron juntos en el Palacio Braschi... Son amantes, señora. Yo creía que me había escogido a mí. Estaba haciéndome el ajuar, bordaba la F. Y, en cambio, son amantes, señora...». O bien: «Me gustaría no haber nacido, señora. Fue un error traerme al mundo. Un error más grave que dejarme en el torno. Ahora me siento más sola que antes, más estúpida, más fea. No me cure, señora. Déjeme morir, señora...». Sólo se calmó al alba, cuando empezó a sudar y, empapada de sudor, cayó en un letargo que, poco a poco, apagó la fiebre. Y al apagarla borró de su mente todo lo que había dicho durante el delirio y...

—Abuela, ¿qué pasó cuando te despertaste?

—Reconocí a Anastasìa, recordé lo ocurrido hasta el momento en el que regresé a casa deseando morirme, no lo que había pasado a continuación, y me sentí perdida. La miré sin saber si aún la amaba o si la odiaba, y para ganar tiempo le pregunté que por qué estaba empapada de sudor. Ella me acarició y respondió: «Has tenido una fiebre muy alta, amor mío».

—¿No te dijo que habías hablado durante el delirio?

—No. Que hablé durante el delirio lo supe muchos años después, por el abuelo. Sin embargo, con aire como de querer empezar una conversación, ella me dijo que según el médico la fiebre la había provocado un fuerte trauma, un grave disgusto, y yo, alarmada, interrumpí protestando: «Qué trauma, ni qué disgusto, ni qué... Habré cogido frío».

—¿Y ella?

—Se enjugó una lágrima a escondidas, luego murmuró: «Sí, eso mismo pienso yo». Y esto selló un entendimiento tácito, una especie de acuerdo basado en el mutuo silencio. Es decir, en el hecho de que yo fingiese no saber y ella fingiese no saber que yo sabía. Era la única solución aceptable, ¿me explico? La única salida para las dos.

—¿Y luego?

—Luego vino el profesor Mori, que, sorprendido por encontrarme sin rastro de fiebre, exclamó: «Las enfermedades del alma son realmente un misterio», e intentó hacerme preguntas sobre el trauma. Sobre el disgusto. Ante mi respuesta «qué trauma, ni qué disgusto, ni qué... Habré cogido frío», se enfadó y le dijo a Anastasìa que debería llevarme a París. En París estaba un joven y prometedor médico de Viena, un tal Sigmund Freud, que investigaba las enfermedades del alma, es más, las curaba hipnotizándote y sacándote todos tus secretos. Discurso al que Anastasìa reaccionó con acritud. «profesor, todos tenemos derecho a tener nuestros secretos. Si la muchacha afirma que ha cogido frío, habrá sido eso. Que el joven y prometedor médico de Viena se hipnotice a sí mismo».

—¿Y luego?

—Luego vino Valzania. Llamado por ella, creo. Me hizo una caricia, con aspecto angustiado susurró: «Tenemos que hablar», y se retiró con ella al estudio; no sé de qué hablaron, pero en un determinado momento escuché su vozarrón, rugiendo: «*Dài un tai* (da un corte), *sgnurènaa*!», y su hermosa voz que, llena de erres, decía como cantando: «Voy a da*r*lo, Eugenio, voy a da*r*lo...».

—¿Y luego?

—Luego, hacia las siete, vino el abuelo. Y al oír sus pasos en el corredor sentí de nuevo unas enormes ganas de morirme. Porque tenía miedo de que entrase en la habitación para preguntarme por el ataque de fiebre o tonterías de ese tipo. Sin embargo, no entró. Ella lo condujo a él también al estudio. Estuvieron allí una hora que a mí me pareció que duró cien años, luego volvió a mi habitación y me dijo: «Está aquí Antonio, que mañana se va a Forlì. Lo han trasladado a Forlì. ¿Quieres despedirte de él?». Me puse colorada y respondí: «Da igual, gracias. Despídete de él por mí». Poco después, no, cien años después escuché sus pasos en el corredor. Después de sus pasos, el ruido de la puerta de casa al cerrarse, el crujido de una cola de seda que se acercaba. Y ella volvió a ponerse en mi cabezal. Se inclinó sobre mí, me besó en la frente y, aclarándose la garganta, dijo: «Se ha ido, mi amor».

—Abuelo... ¿Qué pasó en el estudio, abuelo?

—Lo que sucede cuando explota una bomba y en un instante desintegra un tesoro que parecía indestructible, eterno. Lo reduce a cenizas, y tú te quedas allí, alelado, mirando las cenizas y repitiéndote: «No. No puede ser, no. Estaba aquí, existía. Parecía indestructible, eterno, y ahora ya no está. No existe ya...». Yo no me lo esperaba, entiéndelo. La noche anterior nos habíamos despedido diciéndonos: «Hasta mañana. Nos vemos en casa hacia la hora de la cena», «hasta mañana». Así que, me pilló por sorpresa, tan indefenso como a un niño que va a recoger flores a un campo minado. No advertí ni siquiera el frío distanciamiento con el que me recibió. Mejor dicho, lo noté, pero no le di importancia. Pensé que se debía a los problemas habituales con la Sulphur Company. En esos días el Banco Geisser le había retirado todos los apoyos a la Sulphur Company, y eso con frecuencia la ponía de malhumor. Tampoco me extrañó que en vez de conducirme al comedor lo hiciese al estudio: el sanctasanctórum al que sólo se retiraba para leer o hacer las cuentas. Sólo sospeché que algo iba mal cuando cerró con llave y se quedó a solas conmigo, con un gesto seco me invitó a acomodarme en una butaca y, casi como si quisiera establecer entre nosotros la mayor distancia posible, se sentó en el escritorio. Apoyó los brazos sobre él, los cruzó, dejó que la iluminara el resplandor de la lámpara de gas. Estaba muy pálida, muy tensa. Su bello rostro anguloso parecía chupado, casi como si se hubiera quedado sin mejillas, y en sus ojos había un no sé qué de hosco, emanaba de ellos una dureza que me era desconocida. Cómo decirte, era la mirada de alguien que apunta el revólver para hacer blanco y dispararte. «Debo hablarle, Antonio», pronunció con voz firme, casi hostil. Y yo me sobresalté con aquel «hablar*le*» porque nos tuteábamos desde hacía dos años. «Debo causarle un dolor —añadió— debo explicarle por qué no podemos seguir amándonos». Luego, mientras el mundo se derrumbaba, y yo la miraba fijamente, incapaz de moverme, de articular sonido, me lo explicó. Dijo que Giacoma estaba enamorada de mí, que la noche anterior nos había visto juntos, que a causa de ello había sufrido una congestión cerebral, un ataque de fiebre que casi la mata. Dijo que mientras deliraba se lo había contado todo, que ahora, sin embargo, no recordaba habérselo contado todo y que esto nos permitía cortar nuestra relación sin humillarla. Asegurando que a mí me habían trasladado a Forlì, por ejemplo, que me iba mañana mismo y que había venido a despedirme... Mentira que estaba dispuesta a creerse, estaba segura, para salvar su orgullo. Por último, dijo que de ahora en adelante no debía ni acercarme al Palacio Almerici. Ni dar vueltas por la Plaza Bufalini, ni siquiera asomarme a la ventana de mi cuarto. Y me pidió que lo jurase.

—¿Y tú lo juraste?

—Sí. No era una súplica o un consejo o una sugerencia. Era una orden. Categórica, sin apelación posible. Y, según lo que me dictaba mi conciencia, necesaria. Justa.

—¿Y luego?

—Luego me preguntó si me sentía con ánimos como para despedirme de Giacoma, decirle que me habían trasladado a Forlì, etc. Sin esperar a mi respuesta, fue a ver si ella quería despedirse de mí, y cuando regresó diciendo que no quería verme me sentí aliviado.

—¿Y luego?

—Luego me devolvió la llave del Palacio Braschi. Dulcificó la mirada, dulcificó la voz, y me dijo que yo había sido el amor más bello de su vida. El más puro, el más honesto, el más bueno. Pero en el fondo prefería que acabase hoy y así: ningún amor dura para siempre. Todos los amores se gastan, se extinguen. Y, con el tiempo, el nuestro también se hubiera gastado, extinguido: no debíamos olvidar que ella tenía casi cuarenta años y yo apenas veinticuatro. Pronto formaría una familia, elegiría a una buena chica de mi edad... Con estas palabras me acompañó a la puerta y yo no intenté ni siquiera abrazarla por última vez o protestar diciendo que se equivocaba: que mi amor duraría eternamente y que al diablo con las buenas chicas de mi edad. No lo intenté porque en esos momentos era yo el que tenía un ataque de fiebre. Porque ahora era yo el que tenía ganas de morirme. Crucé el umbral a ciegas, llorando como un Abelardo castrado bajé las escaleras y... El resto ya te lo sabes, ¿¡¿nooo?!?

* * *

Me lo sé, sí. Me lo sé. El resto es un sufrimiento que aquellas tres vidas mías le han transmitido a mi vida como una enfermedad. Es una orgía de dolor que todavía hoy envenena el recuerdo de cuando yo era Antonia, era Giacoma, era Anastasìa. Incapaz de respetar el juramento de no acercarse siquiera al Palacio Almerici, no asomarse siquiera a la ventana de su alojamiento y no pudiendo dejar Cesena antes de 1887, es decir, antes de que venciese su contrato por cinco años, intentó que le trasladaran realmente a Forlì o a otro sitio. Declarando que no existían motivos para aceptar su solicitud, el mando superior se opuso, y, entonces, probó suerte con la carta de Eritrea. Favorecido por la masacre de Dankali, donde en 1884 el explorador Gustavo Bianchi había sido asesinado por los indígenas junto a todos sus compañeros, y apoyado por el nuevo canciller alemán, Otto Bismarck, además de por el gobierno de Londres, que presionaba a través del embajador en Londres, Costantino Nigra, en 1885 había comenzado el expansionismo italiano en África. En enero, cuatro compañías de *bersaglieri* y una batería de artilleros habían zarpado rumbo al mar Rojo y, sin encontrar resistencia, habían desembarcado en Massawa: en esa época, se la disputaban los turcos y los egipcios. En febrero, una segunda y, luego, una tercera expedición habían ocupado toda la zona costera hasta Assab; en diciembre Massawa había sido anexionada oficialmente al reino de Italia, por lo que había surgido la necesidad de instalar oficinas de aduana y a principios de 1886 el Ministerio del Ejército había hecho público un concurso para los guardias de aduana. Pero las solicitudes llegaron a miles, y los puestos disponibles eran sólo dieciocho; Antonio no fue uno de los preseleccionados y esto le arrojó a un estado de desánimo tal que toda su disciplina de ex seminarista desapareció. Descuidos, desobediencias. Permisos abusivos, violaciones de las consignas. El registro individual señala en 1886 una serie de llamadas, amonestaciones, reprimendas y hasta diez días de arresto en el cuartel. (Castigo debido a una fechoría de la que en la familia sólo se hablaba en voz baja y que por poco no le cuesta ser acusado de intento de homicidio. Una noche, en vez de darle el alto a un contrabandista de las salinas para intimidarle, abrió fuego contra él, dándole de refilón). En cuanto a Giacoma, ya prisionera de la farsa «yo sé que tú sabes que yo sé y que finjo no saberlo; tú sabes que yo sé que tú sabes y que finges no saberlo», permaneció en estado de *shock* dos meses. Durante dos meses yació presa de la enfermedad del alma que el profesor Mori quería curarle mediante la hipnosis, mejor dicho, mediante el joven y prometedor médico de Viena. No salía ya de casa. Con frecuencia no se alejaba ni siquiera de su habitación, de su cama. No hablaba más, no bordaba más, no se interesaba por nada. Como mucho, se entretenía con el gato, al que misteriosamente había vuelto a aceptar, es más, a querer. O leía. Por ejemplo, la colección de historias que, con notable éxito, el ex noviete de su madre, De Amicis, había publicado con el título de *Corazón*. Luego, un buen día, salió de su letargo. Aunque con su habitual autocontrol, volvió a hablar, a bordar, a salir, y Anastasìa...

Me he preguntado con frecuencia quién me resultó más difícil ser después de la ruptura del triángulo, si Antonio, Giacoma o Anastasìa. Y siempre he llegado a la misma conclusión: Anastasìa. Porque fue a ella, a esa parte de mí, a la que le tocó el peor papel. Fue a ella, a esa parte de mí, a la que le tocó ocuparse de Giacoma: curarla en lugar del doctor Freud, sufrir su inconfesado rencor, reconquistar su perdón. Fue a ella, a esa parte de mí, a la que le tocó mantener alejado a Antonio: rechazar sus desgarradoras notas, impedirle que recorriera los cien metros que separaban el cuartel del Palacio Almerici, obligarlo a aceptar su papel de Abelardo castrado. Y porque esto contribuyó de manera decisiva a la ruina financiera que en 1886 acabó con el grueso del capital acumulado en San Francisco y transferido a Italia. En el curso de unos pocos meses, lo reemplazó por la escualidez de una pobreza nunca conocida y jamás imaginada. Justo a causa del doble esfuerzo, curar a su hija y alejar a su amante, Anastasìa no vio el peligro en el que chapoteaba el dinero que se había salvado del desastre de la Cesena Sulphur Company: la cuenta que con las cuarenta mil liras (gracias a los intereses, cuarenta y siete mil) había abierto siete años antes en el Credito Mobiliare. En enero de 1886 los periódicos no decían nada bueno del Credito Mobiliare. Contraviniendo las reglas de su propio estatuto, decían, el banco había invertido los depósitos de los clientes en extraños negocios inmobiliarios. Los había prestado a oscuras sociedades que, protegidas por políticos corruptos, se embolsaban los presupuestos estatales destinados a ampliar los alrededores de Roma y Nápoles, a construir allí casas y oficinas. Descubierto el fraude, el gobierno les había quitado el dinero. De golpe, las sociedades quebraron, y el balance del Credito Mobiliare rozaba ahora el déficit. No en vano, el Parlamento quería crear una comisión para valorar el alcance del daño e intentar remediarlo. Bueno, la comisión se creó en febrero. Pero Anastasìa no le prestó atención. Estaba demasiado ocupada en mimar a Giacoma, que le hablaba de nuevo. En marzo, se evaluó el alcance del daño. Pero Anastasìa ni siquiera escuchó a Valzania que le gritaba: «Cierre enseguida esa cuenta *sgnurèna*, recupere su dinero». Estaba demasiado ocupada rehuyendo a Antonio, que le enviaba esas notas desgarradoras. En abril, se remedió el daño ordenando congelar el capital corroído por el déficit. Los depósitos de los clientes fueron bloqueados, confiscados en la práctica, y Anastasìa no consiguió sacar ni un céntimo. Sus cuarenta y siete mil liras se desvanecieron como una bocanada de humo. Inmediatamente después, el precio del azufre de Cesena bajó hasta las cincuenta liras el quintal, el Banco Geisser dejó de sostener a la Sulphur Company, y la renta de las acciones bajó al uno y medio por ciento. En su caso, 750 liras al año, es decir, 62 liras al mes. El salario de un obrero mal pagado. Aparte de algunas joyas y de un poco de dinero en efectivo, del grueso patrimonio no le quedaron más que las diez mil liras (once mil seiscientas, gracias a los intereses) del Banco Popular. Y la ruina se desencadenó, inexorable, con un progresivo adiós al tenor de vida que estaba habituada a llevar. En mayo renunció a renovar su vestuario, rito con el que saludaba la llegada del verano, además de al perfume de gardenias y a los cosméticos. En junio dejó de comprar los alimentos exquisitos y los vinos caros que siempre habían dado lucimiento a sus comidas y a sus cenas. En julio, renunció a una criada. En agosto, a otra y, en septiembre, a la tercera. En octubre comprendió que ya no podía mantener el bonito apartamento decorado del Palacio Almerici, le pidió a Valzania que le buscase un alojamiento barato y él se lo encontró. ¿Sabes dónde? En la calle Verzaglia. En la casa de Anastasia Cantoni viuda de Bianchi, la homónima a la que el fraude jurídico le había entregado oficialmente la custodia de la Expósita Número 208...

Era una casa muy pequeña. Planta baja y primer piso. También era muy modesta. No tenía siquiera agua corriente. Para tener agua tenías que ir a cogerla a la fuente del Lavadùr, el lavadero público que estaba encima de un puente del Rio Cesuola. La viuda Bianchi ocupaba el primer piso junto a su hijo soltero, Luisìn, Luigino (Luisito). Un sombrerero de treinta años. La planta baja (dormitorio, salón o presunto salón, cocina) la alquilaba por treinta liras al mes. Y paciencia si el mobiliario se reducía a una sola cama, un armario, una cómoda, una mesa, alguna que otra silla y una butaca. Paciencia si la única luz era la que entraba por dos ventanucos, si las paredes estaban llenas de moho por la humedad, si el baño consistía en un retrete situado en el patio. Con su habitual valor, Anastasìa dijo que por ese precio no se podía pretender encontrar nada mejor y se estableció enseguida, junto a Giacoma y el gato. A escondidas, eso sí. Los vecinos, de hecho, sólo se enteraron de que se había mudado a la semana siguiente, cuando en el portón del Palacio Almerici apareció el letrero: «Se alquila amplio y lujoso apartamento en el cuarto piso». Y fue por aquel entonces cuando Antonio alcanzó la cúspide de su desgarramiento. Fue entonces cuando disparó sobre el contrabandista, acabó en la cárcel, corrió el riesgo de que le acusaran de intento de homicidio y decidió no renovar el contrato. Fue entonces cuando se puso a esperar a que llegara el 31 de diciembre, el día en que vencía el contrato, por lo que el 1 de enero de 1887 se quitó el uniforme. Regresó a Mercatale Val di Pesa, junto a su madre y su hermana Viola y el arcón de Ildebranda. No sabía qué otra cosa hacer, a qué otro sitio ir, decía de viejo. Y con el dinero ahorrado durante esos cinco años, tres mil liras, abrió una librería que, naturalmente, no tuvo el más mínimo éxito. ¿Quién va a comprar libros en el campo? Para recuperarse, abrió una taberna que sí tuvo mucho éxito pero que lo anuló. Le entristeció y extinguió para siempre su sueño de ser un igual para el pariente con la toga de juez. Aquel Carlo Fallaci con los bigotes de veinte centímetros de largo cuya fotografía conservo. Extinguió también sus curiosidades intelectuales y su sed de amor. Sirviendo vinos, dejó a un lado incluso su compromiso político y durante meses se abandonó a una gris existencia de Abelardo castrado. Luego, ésta se acabó también. Se despertaron los deseos de su cuerpo, conoció a otras mujeres. Siempre sin ceder a las pasiones y a los sentimientos, sin embargo, y ojo con hablarle de matrimonio. «Yo no me casaré jamás». No es casual que los palurdos le llamasen el *Zitello* (Soltero, Solterón), y que los más malintencionados insinuasen: «¿Pero al Zitello las mujeres le gustan de verdad o va con ellas para disimular?». Tortura que duró dos años, es decir, hasta que a la oficina de correos de Mercatale llegó una carta que decía: «*Mon amour*, le escribo a la única dirección que tengo y preguntándome si llegará a recibir este papel. Si lo recibe, si en este tiempo no se ha casado, no me ha olvidado, me ama aún, venga inmediatamente. Ha ocurrido una gran desgracia, le necesito. Eloísa. Posdata: vivo en la calle Verzaglia, en casa de la viuda Bianchi y, con frecuencia, me gustaría arrojarme al Cesuola».

24

Hemos llegado al epílogo. Estoy a punto de devolver al silencio a ese Yo infernal, al Yo que tuve cuando era Anastasìa. E, impaciente por hacerlo, despliego una vez más el mapa de la ciudad que tenía forma de escorpión, del animal que se mata a sí mismo. Con desasosiego, busco el Rio Cesuola, el canal preferido de los suicidas, hoy oculto bajo el cemento; me sobresalto al descubrir que la mitad de su recorrido fluía en paralelo a la calle Verzaglia. Lamía incluso la parte trasera de las casas situadas en el lado oeste de la calle. La casa de la viuda Bianchi, no, ésa no la rozaba. Estaba situada en el lado este. Pero se encontraba justo enfrente del *voltùn*, es decir, de la corredera que, a través de uno de los edificios bañados por el Cesuola, llevaba hasta el puente del Lavadùr, y el Lavadùr era un lugar traicionero. Un lugar maldito. Y lo era porque allí el cauce se ensanchaba y, al mismo tiempo, se inclinaba, descendía, y el Cesuola se volvía otro. De ser un modesto canal de cinco metros de ancho, prácticamente seco en verano y en invierno con una profundidad de alrededor de ochenta centímetros, pasaba a ser un torrente de ocho metros de ancho y con una profundidad, en verano, de casi metro y medio. En invierno, con las lluvias, de tres o cuatro metros. De hecho, en invierno y con las lluvias, inundaba los sótanos, inundaba los bajos. O crecía de una forma espantosa, se transformaba en un torbellino de agua que llegaba hasta los pretiles, y bastaba con asomarte desde la barandilla para que te barriera con la furia de una riada. No es casual que, en 1842, se hubiera llevado por delante a dos lavanderas que se habían asomado para recuperar una cesta de ropa. O sea, que si en invierno te querías suicidar ahogándote no tenías que molestarte en saltar a las aguas del Savio. El río que fluía fuera de las murallas de la ciudad. Mucho menos, en llegar hasta el Adriático, que distaba más de quince kilómetros desde Cesena. Ibas al Lavadùr y saltabas el pretil. Por lo demás, algunos lo saltaban también en verano, cuando apenas había profundidad pero la altura desde la arcada garantizaba una muerte instantánea. Desde aquel puente parecía emanar algo que te animaba a tirarte. Que te llamaba como el canto de las sirenas. Un canto dulcísimo para quienes estaban cansados de vivir. Una nana a la que no podías resistirte. Ven, descansa, ven. No luches más, no aguantes más. Cierra los ojos y tírate. Tírate, tírate.

¿Fue esto lo que la llevó a concluir la posdata con las palabras «con frecuencia me gustaría arrojarme al Cesuola»? No lo sé, no lo sé. Pero me resulta difícil creer que se suicidase porque había decepcionado a Giacoma y expulsado a Antonio de su vida, porque el Credito Mobiliare y la Sulphur Company la hubiesen arruinado, porque se viese obligada a vivir en una casucha de la calle Verzaglia y a privarse de los placeres que otorga el dinero. Las criadas, la cocina exquisita, los vinos caros, el vestuario renovado, el perfume de gardenias. No era propio de su carácter rendirse ante los disgustos, los reveses económicos, las desgracias. Desde niña se había entrenado para hacerles frente. Piensa en lo que debió de ser vivir sin una identidad jurídica, siempre con el miedo a que, al realizar un censo, se descubriese que al no notificar tu nacimiento y tu verdadero nombre la *Tante* Jacqueline había cometido un delito que se castigaba con la cárcel. Piensa en el suplicio de bailar encinta y con mallas en el escenario del Real, donde una noche te desmayaste entre las carcajadas de los crueles espectadores, entre sus irónicos «buaaa, buaaa». Piensa en la amargura de parir a una hija no deseada, de salir a la calle nevada para llevarla al hospicio, de dejarla en el torno mientras todos festejan la llegada del Año Nuevo. Piensa en la angustia de subirte a un barco con pasaporte falso y los pechos doloridos y goteando leche. Y en la huida de Nueva York, de la buena de Louise Nesi y del bueno de Derek, que te quieren pero a los que no tienes más remedio que abandonar dejándoles una ingrata nota de despedida. Y en la accidentada travesía de las Grandes

Llanuras, con los indios que persiguen la diligencia para arrancarte la cabellera, y en el escuálido paréntesis de Salt Lake City, donde el viejo polígamo te quiere para que seas su séptima esclava; y en la dura experiencia de Virginia City, donde te quedas sin dinero y tienes que ponerte a hacer de *hurdy gurdy girl* para los mineros borrachos. Y en el asesinato de tu marido, en el duelo para vengarlo, en los años, ciertamente no inocentes, de San Francisco. Sucesos que afrontó con la sangre fría de un pistolero o la vehemencia de un búfalo, empezando de nuevo una y otra vez, es decir, sin rendirse. Sin desanimarse, sin desear jamás la muerte, es más, odiándola. ¿Odiándola? Nada me autoriza a pensar que en aquella época la odiase. Quizá no la odiaba en absoluto. Quizá ya entonces la consideraba una amiga, una cómplice, una compañera de viaje a la que se le puede pedir ayuda. «Basta de luchar, basta de aguantar, socorro». Y quizá era en ese viejo entendimiento, en esa vieja amistad, en donde estaba la clave de su compleja personalidad. ¿O me equivoco? No lo sé, no lo sé. Sea como fuere, en la calle Verzaglia la negra depresión que el profesor Mori quería que curara el joven y prometedor médico de Viena golpeó a Anastasìa. Se trasvasó de Giacoma a Anastasìa, como un virus que pasa del enfermo al enfermero invirtiendo la situación: el enfermo se cura y el enfermero muere. En 1887 Giacoma estaba totalmente curada y se portaba como si la terrible noche no hubiera ocurrido jamás, como si nunca hubiera conocido a Antonio, como si nunca hubiese vivido en el Palacio Almerici. De hecho, era ella la que llevaba la casa, la que sustituía a las criadas, la que resolvía los problemas cotidianos. Era ella la que ejercía el papel de cabeza de familia. Para ganar algo de dinero, impedir que los ahorros que les quedaban se acabasen demasiado pronto, había hasta vuelto a bordar. Encajes, puntillas, dentellones. Iniciales que ahora bordaba en los ajuares de las clientes, pobre Giacoma. Y, además, ya quería otra vez al gato. Cuando saltaba a su regazo no lo echaba nunca, y al verla tan serena nadie se hubiera podido imaginar que durante meses había dormido el oscuro sueño de una larva. Anastasìa, en cambio...

En la calle Verzaglia se volvió otra persona. Una mujer que lo único que tenía en común con la Anastasìa de la leyenda era la belleza. (Esa belleza que, quién sabe por qué fenómeno genético, biológico, no marchitaban ni los disgustos ni los sufrimientos ni la edad). O, mejor, se volvió el fantasma de sí misma. Una larva, esta vez, que no tenía ningunas ganas de despertarse. Porque, aunque estuviera herido, su corazón latía. Aunque fuera insuficiente, su cuenta en el Banco Popular existía. Y cuarenta años son pocos para alzar la bandera blanca. De haberlo querido, habría podido acometer la hazaña de empezar otra vez de nuevo. En cambio, se entregó sin resistencia a su enfermedad del alma, casi como si el canto de las sirenas hubiese sacado a la superficie una verdad oculta o reprimida. El cansancio de vivir. Se volvió apagada, taciturna. Ella, que siempre había sido una conversadora exquisita, un animado ministril. Se encerraba con frecuencia en largos silencios, o bien sólo abría la boca para hablar de su madre, de Marguerite, y de la forma en la que había muerto. Se volvió perezosa, apática. Ella, que siempre había sido un torbellino de alegría, de vivacidad. Imitando a la Giacoma del oscuro sueño, se pasaba tardes enteras leyendo el mismo libro. Una novela de Tolstoi, en su caso, la historia de una mujer que se arroja bajo un tren. *Ana Karenina*. Y en vez de buscar un trabajo, salvar la cuenta que enflaquecía en el Banco Popular, empezó a dilapidar sus ahorros en las salitas del Círculo Republicano. Porque en el Círculo Republicano se jugaba. Dados, póquer, tresillo, ruleta. Iba allí tanto como en la época de su compromiso político, y perdía jugando. Ella, que siempre había sido una experta con los dados y las cartas y la ruleta. Una profesional, una tramposa. ¿Ya no hacía trampas, jugaba con el objetivo de perder? Según la abuela Giacoma, sí. «Cada vez que perdía estaba contenta, excitada. Y era inútil decirle: "Mamá, para ganar cinco liras yo tengo que bordar diez iniciales"». También empezó a deshacerse de los objetos que le eran queridos. Las últimas joyas del *Innominato*, las bolsitas con el cierre de oro, las sombrillas con el mango de marfil. Se los vendía a un usurero de la calle Orefici (Orfebres) que se llamaba el Hebreo y que se los compraba por una miseria. Por una miseria vendió también la Smith & Wesson con la culata de nácar, y no hace falta decir que luego se arrepintió. «*Quel erreur!* (¡Qué error!) La pistola me hace falta». Un cansancio de vivir, pues, cuya única finalidad era ya la muerte. Un proceso de autodestrucción que aún no había llegado a su objetivo natural, la muerte, porque amaba a Giacoma. Matarse hubiera sido como abandonarla de nuevo, restituirla al torno. Pero en su subconsciente intentaba superar ese obstáculo formado de amor: «Tienes que casarte, Giacoma. Pronto tendrás veintitrés años. Debes formar una familia propia, no depender de mí. ¿Qué harías, dónde irías, si acabase bajo las ruedas de un tren o en el Cesuola?». El problema es que Giacoma no lo entendía. En secreto, seguía enamorada de Antonio, no quería casarse con nadie, y respondía a ese preocupante discurso encogiéndose de hombros. «¡Pero de qué tren hablas, mamá, de qué Cesuola! Nosotras dos envejeceremos juntas». Así llegaron al año 1888, al día en que ocurrió la desgracia.

Era un día de finales de octubre. Devorada por las pérdidas en el juego, en octubre la cuenta del Banco Popular había quedado reducida a menos de quinientas liras y, para no agotarla del todo, Giacoma bordaba sin parar. Una vez aviada la casa, y tras proveerse de agua en la fuente del Lavadùr, se ponía a trabajar con sus agujas y sus tijeras y sus hilos y no paraba ni para dejar descansar un rato la vista. Su único entretenimiento, el gato, que de tanto en tanto saltaba sobre sus rodillas para recibir una caricia. Minino, aquí; minino, allá. Cuando ocurrió estaba bordando. Mejor dicho, cortando un hilo. De repente, el gato saltó sobre sus rodillas para recibir una caricia; cogida por sorpresa, ella dio un respingo, al dar el respingo levantó las tijeras, y un alarido desgarrador estremeció la calle Verzaglia. Un alarido al que se siguió un sollozo largo, entrecortado. «Me he quedado ciega, me he quedado ciega...». Anastasìa se la encontró caminando a tientas con el rostro inundado de sangre y de líquido gelatinoso. Sangre y líquido gelatinoso que brotaban del ojo izquierdo, el ojo en el que se habían hincado las tijeras. Gritando a su vez, le apartó las manos de la cara, vio lo que le había pasado. Sollozando a su vez, «te has quedado ciega, te has quedado ciega», la llevó al hospital del profesor Mori. Y cuando la tuvo delante, el profesor Mori meneó la cabeza. La córnea se había roto, dijo. El globo ocular se estaba vaciando del iris, del cristalino, del humor vítreo. Pronto se quedaría atrofiado, apagado, y: «Los ojos no vuelven a crecer como los cabellos, mi querida joven. Yo sólo puedo administrarle un poco de morfina para paliar el dolor, taparle este desastre con una venda y ponerle en el futuro un ojo de cristal». Luego la ingresó en la zona de cirugía donde, atontada por la morfina, inmóvil en una cama, permaneció mes y medio llorando: «Mamá, no quiero que me pongan un ojo de cristal». Regresó a casa hacia mediados de noviembre, sin quitarse nunca la venda porque le daba vergüenza que se viera lo que había debajo y porque la luz le irritaba la herida apenas cicatrizada. Tanto la luz del sol como la de la lámpara de gas. Como mucho, soportaba la débil llama de una vela y el leve resplandor que se filtraba por las persianas cerradas. Anastasìa ya no pudo más. Oh, que ya no podía más lo había experimentado al día siguiente de la desgracia, cuando ahogó al gato y, mientras lo ahogaba, le gritaba: «Qué suerte la tuya, te envidio». Pero a mediados de diciembre se recrudeció. Su cansancio de vivir se transformó en una intensa urgencia por morirse, por superar el obstáculo que le impedía morirse, y le escribió a Antonio la carta de la que ya he hablado. Se la escribió con una finalidad muy concreta: saber si, mientras tanto, se había casado y, en caso de no haberlo hecho, imponerle que se casase con Giacoma. Ahora necesitaba casarse con un hombre muy especial. Con un joven inteligente, bueno, capaz de ser para ella como un hermano. No sólo un marido, también un hermano.

La carta llegó a Mercatale Val di Pesa a primeros de enero, y cayó sobre Antonio como una piedra dentro de un estanque. «Mi vida se había convertido en un lago de agua estancada —contaba de viejo— en un pantano en el que no se movía nada. Me pasaba los días en la odiada taberna; si se terciaba, me llevaba a la cama a una puta o iba a Florencia a la casa de la *sora* Cleofe, que ahora tenía un burdel un poco menos asqueroso, y no me abría a nadie. Ni siquiera a mi madre y a mi hermana Viola, con las que compartía la casa, mucho menos a Annunziata, la hermana que se había casado con el mercero o a Assunta, la hermana que se había casado con el carnicero. La única persona con la que estaba a gusto era con el tío Luca, que ahora trabajaba como bracero en San Eufrosino de Abajo, la finca contigua a San Eufrosino de Arriba, y que venía a verme todos los domingos. Para tomarse un trago, despotricar contra Humberto I y el entonces jefe de gobierno, Francesco Crispi, o bien para criticar mi soltería. El tío Luca sí sabía de mi amor hacia Anastasìa. Se lo había contado yo, en un ataque de soledad, y cuando tocaba ese tema se enfadaba más que cuando enumeraba los fallos de Crispi o de Su Majestad. Tienes que olvidarla, gritaba. ¡Tienes que quitártela de la cabeza y del corazón, a esa bruja que te dobla casi la edad, a esa Circe de pasado oscuro! Tienes veintisiete años, por Dios, y en vez de traer hijos al mundo con una buena chica te pasas el día holgazaneando y pensando en las musarañas. Pero yo no le escuchaba. No podía olvidarla, no quería quitármela de la cabeza y del corazón. La idea de traer al mundo a hijos que no fueran suyos me repugnaba y cada vez que estaba con otra pensaba en ella. Me preguntaba dónde estaría, qué haría ahora. También me lo preguntaba pensando en Giacoma, por otra parte. Porque hacia Giacoma sentía una especie de remordimiento, casi un complejo de culpabilidad. En cierto sentido, echaba de menos a las dos y no sabía dónde estaban, qué hacían... No tenía noticias de ellas desde hacía dos años, ¿sabes? No me había enterado siquiera de que la quiebra del Credito Mobiliare y de la Sulphur Company las había dejado en la ruina. Por lo tanto, cuando llegó la carta y vi que estaba firmada por Eloísa sentí que me desmayaba. Cuando la leí se me doblaron las rodillas. Partí en el acto. Jamás he hecho un viaje que me pareciera tan largo. Hasta el run-run del tren me repetía las mismas palabras. Ha ocurrido una gran desgracia, run-run. Me gustaría arrojarme al Cesuola, run-run. En Cesena salté inmediatamente a un carruaje, me precipité hacia la calle Verzaglia. Sin creérmelo del todo, me acerqué a aquella casucha que se parecía al Palacio Almerici tanto como una choza a un palacio real, tiré de la campanilla, la puerta se abrió, ella apareció en el quicio... Seguía igual de hermosa, sí. Aquel rostro, aquel cuerpo, aquellos cabellos rubios. No aparentaba los cuarenta y dos años que tenía. Pero parecía una Cenicienta. Mal vestida, despeinada. Y ya no olía a perfume de gardenias». Lo miró como un prisionero encadenado mira al que va a devolverle la libertad, contaba. «¡Ha venido!», exclamó dando un suspiro lleno de alivio. Luego, en vez de invitarle a que cruzase el umbral, se llevó el índice a los labios y: «¡Chisss! Espere aquí». Se dirigió a una habitación que estaba medio a oscuras, murmuró «tengo que salir un rato, Giacoma», se puso un abrigo, salió. Se apoyó contra la pared externa de la casucha y: «No se ha casado, entonces...». «No», respondió él sordamente. «¿No tiene tampoco novia, una mujer fija?». «No». «¿Y me ama todavía?». «Sí». «Entonces voy a contárselo todo». Lo llevó a un café, se lo contó todo y, al llegar al suceso terrible, a la desgracia de Giacoma, sentenció: «Quiero que se case con Giacoma, amor mío». «¿¡¿Con Giacoma?!?», respondió él, casi gritando. «Con Giacoma, con Giacoma», repitió ella en tono firme, irrebatible. «Para no volverla a abandonar, para no dejarla otra vez en el torno, sólo puedo hacer una cosa y es confiársela a usted». Y él no intentó entender si detrás de la sibilina explicación se escondía un motivo ajeno al ansia por colocar a una hija fea y tuerta. «Estaba demasiado asombrado, demasiado atontado, me había pillado demasiado por sorpresa. Del estanque había pasado a un océano agitado por una tormenta, compréndelo. Y sin defenderme, sin hablar, me quedé allí escuchándola».

La escuchó y, en el mismo tono, es más, como si no tuviera la más mínima duda acerca de lo que iba a contestarle, Anastasìa le informó de que no podía darle a Giacoma ni una lira de dote. Las últimas quinientas se las había jugado al póquer. Le recordó que Giacoma era ilegítima, que en sus documentos siempre aparecería el desagradable NN, es decir el *nullum nomen*: hija de nadie. Y, cogiéndole por sorpresa, añadiendo más asombro al asombro, le reveló el nombre de su ultra aristócrata y ultra poderoso padre. Nombre que, llegados a ese punto, él tenía el derecho y el deber de conocer, subrayó, pero que constituía un secreto inviolable y que la propia Giacoma no conocía aún. Por último, le pidió que jurase que se casaría con ella dentro de un mes. Y como no había nada que ella no pudiese pedirle o, mejor, imponerle, como sentía hacia su hija esa especie de remordimiento y de complejo de culpabilidad, como los hijos de su hija serían casi como los suyos, él se lo juró. Tras jurarlo, fue corriendo a informar a Giacoma, que contaba así el Extraordinario Acontecimiento: «Irrumpió en la habitación él solo. Cerró la puerta tras él y en la oscuridad iluminada tan sólo por la vela distinguí únicamente una sombra con pantalones, no lo reconocí. Luego sí lo reconocí y grité: "¿Qué quiere? ¿Qué hace aquí? No necesito su compasión, váyase". Él se arrodilló junto a la butaca en la que yo lamentaba la desgracia de haber nacido y, con mucha dulzura, me quitó la venda que cubría mi ojo izquierdo. Mi ojo ciego. Más que un ojo, ya, un costurón blanquecino. Una castaña seca colocada despectivamente en la órbita. Lo examinó en silencio, y luego dijo: "Me gustaría darle uno de los míos. Así sería la única persona en el mundo con un ojo negro y otro celeste". Esto me hizo reír y, mientras me reía, dijo: "No nos alarguemos, Giacoma. He venido para casarme con usted y, tan seguro como que hay Dios, dentro de un mes será usted mi mujer". "¿¡¿Su mujer?!? ¡Pero usted no me quiere!", protesté. "La querré", respondió con tono decidido. "¿Aunque tenga un solo ojo?", grité. "Aunque tenga un ojo solo. El que le queda me gusta", contestó en un tono todavía más decidido. Entonces concluí "de acuerdo", fijamos la fecha de la boda para el mes siguiente, y él regresó a Mercatale. Yo salí de aquella habitación en penumbra. Fui corriendo a por los documentos necesarios para solicitar los papeles, luego al Santísimo Crucifijo a pedir las ciento cincuenta liras que daba la institución a las expósitas que iban a casarse, y a por el horario de trenes a Venecia. Porque la primera noche quería pasarla en Venecia, ¿me explico? Sabía que su historia había empezado en Venecia y sentía la necesidad de exorcizar el fantasma de Eloísa».

—¿Y Anastasìa?

—Dijo: «Excelente idea. Partid en cuanto hayáis firmado en el registro».

—¿Pero después de eso qué dijo?

—Algo que entonces no entendí, desgraciadamente.

—¿El qué?

—«Gracias, mi amor. Gracias».

Se casaron el miércoles 13 de febrero por la mañana, en la iglesia de San Agustín, y la fotografía que sacaron para inmortalizar el momento retrata a un ángel vestido con traje gris que, con gesto fraternal, rodea los hombros de una novia vestida con ropa de viaje. La novia más fea y más radiante que se haya visto nunca. Su cuerpo está embutido en un pesado traje sastre que le da un aspecto torpe, desaliñado; la frente está ceñida por una cerúlea guirlanda de flores de azahar que, además de desentonar totalmente con el traje sastre, hace más pesado aún su rostro rollizo, y el ojo, ya sin venda, parecía realmente una castaña seca colocada despectivamente en la órbita. Pero el ojo sano parece un diamante que centellea al sol. Una fuente de luz. La boca exhala una sonrisa que parece un vendaval de alegría, y las manos cruzadas sobre el regazo parecen proteger un vientre ya colmo de hijos. Se casaron en presencia de Anastasìa, que ese día se había vuelto a poner el traje con cola y *coulisson*, el sombrero de plumas, el perfume. Y fue Anastasìa la que llevó a Giacoma hasta al altar. La llevó con el mismo gesto de desenvoltura con el que una mujer mormona le entrega una nueva esposa a su propio marido, ¿recuerdas?, y al verlas avanzar juntas todos se quedaron de piedra. Pese a las flores de azahar nadie sabía quién de las dos era la novia, y don Giovanni Lucchi, el párroco, se enfadó. «*Ac raz ad scherz l'è quest? Chiela cla sgrasìda?*» («¿Qué clase de broma es ésta? ¿Quién es esa desgraciada?»). Pero la desgraciada ni se alteró. Siguió avanzando junto a aquella hija que a los ojos del mundo no era su hija y, al llegar al altar, se la entregó a Antonio. «Se la confío», dijo al ponerle en la mano el anillo nupcial. (En esa época sólo las mujeres llevaban anillo de boda). La ceremonia fue rápida y don Lucchi la ofició en latín, con dos testigos pagados.

—*Antoni Maria Ambrosi, vis accipere hic praesentem Jacobam in tuam legitimam uxorem juxta ritum Sanctae Matris Ecclesiae?*

—*Volo* (Quiero).

—*Jacoba, vis accipere hic praesentem Antoni Maria Ambrosi in tuum legitimum sponsum juxta ritum Sanctae Matris Ecclesiae?*

—*Volo* (Quiero).

—*In nomine Patris et Filii et Spiritus Sancti ego vos conjungo in matrimonium atque benedico anulum hunc...*

También empleó el latín en el registro de la parroquia. Registro en el que el apellido Ferrieri aparece sin una *i*, o sea, equivocadamente convertido en Ferreri. «*Tribus proclamationibus praemis-*

sis nulloque detecto canonico impedimento, ex licentia huius Curiae Episcopalis atque adstantibus testibus Fredericus Urbini et Elisabeth Pasini, ego infrascriptus Joannes Lucchi curio hodie in matrimonium conjunxi Antonium Mariam Ambrosium quandam Ferdinandi ex Mercatale vulgo Archidiocesis Florentiae et Jacoban Ferreri ex hoc brephotrophio atque in hac paroecia degentem...». Luego los echó a rociadas de agua bendita y, siempre acompañados por Anastasìa, los recién casados fueron al Ayuntamiento, donde, en presencia de otros dos testigos pagados, un tal Paglierini y una tal Battistini, celebraron la boda civil. Ceremonia que se vio perturbada por la noticia de que Valzania había sufrido un infarto y estaba a punto de morirse. Y agravada, además, por el hecho de que en el registro del Ayuntamiento el error de don Lucchi fue reconfirmado. «A las horas 10.40 del día de hoy, 13 de febrero de 1889, en presencia del conde Fabbri y del *cavalier* Mario Edoardo, asesor delegado del alcalde y vestido con traje oficial, comparecen: 1) Fallaci Antonio, de veintisiete años, en activo, hijo del fallecido Ferdinando y de Caterina Poli, residente en Mercatale; 2) Ferreri Giacoma, de veinticuatro años, ama de casa, hija de padre desconocido y de madre desconocida...». Para no invalidar la doble boda, la pobre Giacoma no tuvo, pues, más remedio que firmar Ferreri, es decir, renunciar al único indicio de su parentesco con Madame Le Roi, nacida Ferrier. (No hace falta decir que debajo de la segunda *e* se adivina una tímida *i*). Luego no se sirvió siquiera un refresco, no hubo un brindis con un «¡Vivan los novios!». Impaciente por dejarlos, por acudir junto a su amigo agonizante, los llevó deprisa y corriendo al estudio de fotografía de Casalboni y de ahí a la calle Verzaglia a recoger las maletas. Desde la calle Verzaglia a la estación, donde el tren hacia Venecia estaba a punto de salir. «Pero qué brindis ni qué refresco... Ya comeréis y beberéis en el tren. Subid, venga, subid». Subieron mientras por toda la ciudad se escuchaba el eco de un grito: «*L'è mort! Valzania l'è mort!*» («¡Ha muerto! ¡Valzania ha muerto!»). Y el tren se puso en marcha. Para despedirse de ella, que ahora los miraba como una Ana Karenina a punto de tirarse a las vías, no les quedó tiempo nada más que para asomarse a la ventanilla y gritar: «¡Pararemos aquí a la vuelta! ¡Nos vemos aquí a la vuelta!». Pero a la vuelta no pararon en Cesena. Una vez exorcizado el fantasma de Eloísa, fueron directamente a Florencia y desde allí a Mercatale, y no volvieron jamás a verla.

—¿Nunca más, abuelo, nunca más?

—Nunca más.

—Y cuándo supisteis que...

—Dos meses después. A mediados de abril la abuela le escribió para decirle que estaba embarazada. No recibió respuesta, y esto la alarmó. Fui corriendo a Cesena, no la encontré y... Al principio la viuda Bianchi no quería hablar. No hacía sino repetir de forma inconexa: «No la busque, por caridad. No esparza la voz, no llame la atención de la policía. Total, nadie se ha dado cuenta, nadie sospecha nada, yo no le he dicho nada a nadie». Luego habló.

—¿Y qué dijo?

—Dijo lo que yo debería haber entendido cuando en la estación nos miró como una Ana Karenina a punto de arrojarse a las vías. Dijo que la noche del 17 de febrero la vio salir de casa y lanzarse hacia la corredera que conducía al puente del Lavadùr. Dijo que, escamada, fue corriendo detrás de ella, gritándole: «*Sgnùra duc andiv? Sgnùra farmiv!*» («¿Dónde va, señora? ¡Señora, deténgase!»). Pero que ella no le contestó y que al llegar al puente se arrojó dentro del Cesuola.

* * *

El abuelo Antonio no contaba más. Y la abuela Giacoma tampoco. «¡Silencio! ¡No quiero hablar de ello!». Pero yo recuerdo igual aquella muerte mía. La muerte que me regalé a mí misma cuando era Anastasìa. No en vano sueño con ella, me veo a mí misma en sueños y... Era un domingo por la noche, la noche del 17 de febrero de 1889. Cesena estaba cubierta de nieve, como en la Nochevieja en la que nació mi hija no deseada, y un poco por la nieve, un poco por las lluvias que habían caído en enero, el Cesuola llevaba mucha agua. Amenazaba con desbordarse. El viernes, un hombre y una mujer habían aprovechado la oportunidad para concederse el eterno descanso, y hoy la *Voce del Buonsenso* (Voz del Buen Sentido), el semanario católico, había publicado un artículo furibundo. «¡Basta con los suicidios, basta! ¿Qué insana pestilencia infecta a nuestra ciudad? La vida es un don divino, privarse de ella es de ingratos, y los que se matan van al infierno». A lo lejos, se oye el ruido de una pelea, la viuda Bianchi me llama desde la ventana, y yo acabo de regresar del funeral por Valzania. Una *kermesse* de nueve mil personas, doscientas cincuenta banderas, quince grupos de música, entre bandas y fanfarrias, además de las charlatanerías habituales. Las habituales mentiras sobre la patria y el pueblo y el progreso. Han empleado cinco días en organizar el espectáculo alrededor del cadáver que en las próximas elecciones les dará nuevos votos a los republicanos. Durante cinco días he esperado para acompañar al cementerio al último amigo que me quedaba, y la espera no me ha hecho, desde luego, cambiar de idea. Sentada en la butaca del miserable salón, escucho el canto de las sirenas, el borboteo de las aguas que, en el tramo paralelo a la calle Verzaglia, rozan los bajos de los edificios y, presa de una especie de felicidad, me dispongo a hacer lo que debería haber hecho inmediatamente después de que se fueran Giacoma y Antonio. Pero no pienso en ellos mientras me preparo. Giacoma está en buenas manos. Mi deuda, en lo que a ella se refiere, está saldada. Por amor a mí, Antonio la amará y poco a poco ambos estarán en paz. «Estaba loca. No nos dimos cuenta, estaba loca». (¿No es así cómo, la *Voce del Buonsenso* aparte, se liquida el sacrosanto derecho a irse por voluntad propia? Nunca hay alguien que diga: «Estaba cansado, estaba cansada. Había sufrido demasiado». O: «Ya no le gustaba vivir»). No pienso ni siquiera en el pasado. El pasado ha desaparecido de mi mente junto al futuro, y de la nada sólo emerge el recuerdo de la grácil hada que se alimentaba de flores. La imagen de la graciosa desconocida que me parió, que se resbaló y cayó a un torrente de Rodoret, que fue de río en río hasta llegar al mismo mar en el que muy pronto acabaré yo también. Así que, pensando en ella y en la extraña coincidencia que nos tenía reservado el destino, me levanto de la butaca, sin pensar en el frío, salgo a la calle Verzaglia. Sin oír una voz que grita: «*Sgnùra duc andiv? Sgnùra farmiv!*», voy a la corredera que conduce al puente del Lavadùr y... No es cierto que me arrojé. El canal llevaba tanta agua que me bastó con subirme al pretil. Las aguas me arrastraron inmediatamente hasta debajo del túnel que pasa a lo largo de cien metros por debajo de los cimientos de las casas, luego por el tramo de trescientos metros que recorre antes de cruzar las murallas de la ciudad, luego por el que recorría hasta unirse al río Savio, y aquí mis recuerdos se acaban. Todo se vuelve oscuro y no puedo decir nada de lo que ocurrió a lo largo de los treinta y dos kilómetros que llevaban hasta el mar en el que, cuarenta años antes, había acabado Marguerite. Pero sé que jamás se encontró mi cuerpo. De Anastasìa Ferrier, leyenda que vivió sin una partida de nacimiento, no existe tampoco un certificado de defunción.

Edoardo Perazzi
Mi tía Oriana

Mi tía Oriana siempre tuvo la idea, desde adolescente, de escribir la historia de su familia; sentía devoción por sus padres y por el amadísimo tío Bruno, hermano mayor de su padre, el intelectual de la familia, gran pluma, fundador de periódicos. Un retrato de Bruno Fallaci está contenido en *La rabia y el orgullo* (2001): «Un gran periodista. Detestaba a los periodistas, cuando trabajaba para los periódicos siempre me regañaba por ser periodista y no escritora, y sólo me perdonó cuando fui corresponsal de guerra. Pero era un gran periodista. También era un gran director, un verdadero maestro, y al enumerar las reglas del periodismo decía con voz de trueno: "¡Ante todo, no aburrir al lector!"».

El carácter de Oriana se forjó durante el periodo de la resistencia, en la que sus padres tomaron parte activa y que ella vivió de adolescente. Su padre, Edoardo, mi abuelo, era uno de los jefes de la resistencia en Florencia y toda la familia le apoyaba: mi abuela Tosca hacía frente con valor a todos los avatares que caían como tejas sobre ella y sus hijas. Ayudaron a los partisanos, socorrieron a pilotos aliados; Edoardo era un tipo fogoso, un toscano de pura cepa, y no ocultaba su antifascismo; era inevitable que la familia sufriese por ello. Es sobradamente conocido el episodio de cuando Edoardo, que dirigía una importante célula florentina, fue descubierto por los fascistas después de una acción en la que fueron arrojadas armas con paracaídas sobre el monte Giove y luego ocultadas en una cueva. Le apresó la banda de Mario Carità, un feroz torturador, jefe de una milicia *repubblichina**

* Perteneciente a la república fascista de Salò. (*N. de la T.*)

con base en Florencia; el abuelo fue conducido a Villa Triste, la sede de la policía secreta, donde fue torturado salvajemente. A los pocos días, permitieron que su mujer, Tosca, y sus dos hijas mayores, Oriana y Neera, lo visitasen en el locutorio: no lo reconocieron de lo hinchada que tenía la cara [por la paliza recibida], se le habían caído todos los dientes.

Este episodio ayuda a entender cómo se forjó la personalidad de Oriana. Vivir bajo los bombardeos no era, desde luego, un juego para ella, todavía una niña; fue siempre consciente de lo que hacía y de los riesgos que estaba corriendo. Fue ella la que le contó a la familia, y la que quiso que se transmitiera, la forma en que actuó su madre, Tosca, cuando fue a ver a Mario Carità para pedirle que liberase a su marido. Es una historia que recuerdo haber oído siempre, desde que era un niño. Se encuentra también en *La rabia y el orgullo*: «Usted no tiene idea de quién era mi madre. No tiene idea de lo que le enseñó a sus hijas [...] Cuando mi padre fue arrestado por los nazi-fascistas, en la primavera de 1944, nadie sabía dónde estaba. La prensa de Florencia sólo decía que lo habían arrestado porque era un criminal que se había vendido a los enemigos. (Léase: a los anglo-americanos). Pero mi madre dijo: "Yo lo encontraré". Lo buscó de cárcel en cárcel, luego en Villa Triste, el centro de torturas, y hasta consiguió introducirse en el despacho del Jefe. Un tal Mario Carità. Éste admitió que sí, que mi padre era su prisionero, y añadió en tono sarcástico: "Señora, ya puede ir vistiéndose de luto. Mañana, a las 6, su marido será fusilado en el Parterre. Nosotros no perdemos el tiempo con juicios". Sabe, siempre me he preguntado cómo habría reaccionado yo en su lugar. Y la respuesta siempre ha sido: no lo sé. Pero sé cómo reaccionó mi madre. Es algo conocido. Permaneció inmóvil durante unos instantes. Fulminada. Luego, lentamente, levantó el brazo derecho. Apuntó el dedo índice contra Mario Carità y con voz firme, tuteándole como si fuese un criado suyo, sentenció: "Mario Carità, mañana, a las 6, haré lo que has dicho. Me vestiré de luto. Pero si has nacido del vientre de una mujer, aconséjale a tu madre que haga lo mismo. Porque tu hora te llegará muy pronto». En cuanto a lo que ocurrió después, bueno: se lo cuento otro día"». (Segunda Parte, cap. 5)

En toda su producción literaria Oriana cultivó siempre un aspecto autobiográfico, aunque no fuera de forma explícita, como es el caso de *Carta a un niño que no llegó a nacer*. Pero su ambición era contar la historia de cómo se había llegado hasta ella, lo que la llevó a concebir la saga de la familia. Las fases de elaboración de la novela arrancan de su trabajo de investigación sobre el siglo XX: cuando Oriana se dio cuenta de que el tío Bruno empezaba a estar mal, recogió en primer lugar su testimonio. Luego, después de la publicación de *Inshallah* (1990), se metió de lleno en el proyecto, empezó a investigar y a trabajar en él ininterrumpidamente, casi con obsesión, y le dio un importante acelerón cuando descubrió que ella también estaba enferma.

En esa época tenía muchos proyectos entre manos; estaba ultimando la revisión de *Entrevista con la Historia*, quería escribir una Introducción a *Inshallah* para subrayar las conexiones de la novela con la actualidad, pero lo aparcó todo para volver a su trabajo de investigación. Sé que no logró encontrar nada sobre Ildebranda, la antepasada que murió en la hoguera por hereje. El primero sobre el que sí encontró datos fue sobre Carlo Fallaci, nacido a mediados del siglo XVIII; luego encontró documentos acerca de su mujer, Caterina Zani. A partir de ese momento trabajó sin descanso. La investigación fue siempre la base de su trabajo como escritora, pero para la redacción de esta novela la llevó hasta los límites, dedicándole años y años, recogiendo material por todo el mundo, en las ciudades de origen de sus antepasados, en las bibliotecas, hablando con los expertos, yendo a librerías de viejo, consiguiendo ejemplares raros, consultando archivos con textos del XVIII y del XIX, comprobando las fechas de nacimiento y muerte allí donde estaban disponibles. Si al final de la novela hubiese añadido una bibliografía que recogiese todos los textos consultados, habría llenado páginas y más páginas. Lo describe, por otra parte, en el «Prólogo» de la novela: «Se desencadenó entonces otra búsqueda: la de las fechas, los lugares, las confirmaciones. Afanosa, frenética. No podía ser de otra forma: me apremiaba el futuro que se me escapaba de entre los dedos, la necesidad de darme prisa, el temor a dejar un trabajo a medias. Y, como una hormiga enloquecida por la urgencia de acumular comida, corrí a revolver entre los archivos, los catastros, los conjuntos de relieves topográficos o *cabrei*, los *Status Animarum*. [...] El trabajo de investigación se convirtió, pues, en una saga que debía ser escrita, en un cuento fantástico que debía reconstruirse con la imaginación. Sí, fue entonces cuando la realidad comenzó a deslizarse hacia el terreno de la imaginación y la verdad se unió, primero, a lo inventable y, luego, a lo inventado: el uno, complemento del otro, en una simbiosis tan espontánea como imposible de escindir. Y todos aquellos abuelos, abuelas, bisabuelos, bisabuelas, tatarabuelos, tatarabuelas, antepasados y antepasadas, en una palabra, todos aquellos padres míos, se convirtieron en mis hijos. Porque ahora era yo la que los estaba pariendo a ellos, mejor dicho, devolviéndolos a la vida que ellos me habían dado». (Prólogo).

Una investigación cada vez más meticulosa que le permitía transformar la verdad histórica en realidad novelesca: «... las historias crecieron con tanto vigor que llegó un momento en el que me resultó imposible establecer si seguían perteneciendo a las dos voces [las de sus padres] o si se habían transformado en el fruto de mi imaginación». Y, más adelante, en la Cuarta Parte, cuando habla del legendario viaje de Anastasìa por el Lejano Oeste: «¿Verdadero? ¿Falso? El instinto me dice que debo creérmelo». (Cuarta Parte, capítulo 13).

Mientras tanto, Oriana seguía escribiendo: entre Nueva York y Toscana, sentada frente a su Olivetti, llenaba páginas y páginas, las releía, corregía, volvía a escribir, colocaba las páginas definitivas en las carpetas de color crema, cogía apuntes, memorizaba detalles sobre éste o aquel personaje. Y el original crecía. Siempre lo llevaba con ella. Fuese donde fuese. Viajaba con el original metido en su bolsa de piel de imitación marrón oscuro, de la que no se separaba jamás. Mientras escribía era perfectamente consciente de su enfermedad, y esto la hacía sentirse más cercana a los personajes de los que hablaba e implicarse aún más en la búsqueda de sus orígenes; hay un pasaje de la novela, en la Segunda Parte, cuando se habla de la madre de Montserrat, [que es muy significativo al respecto]: «Una antecámara del más allá, si quieres. Un intervalo o un limbo en el que la Muerte, ya en camino, avanza en ralentí, por lo que mientras la esperas y observas cómo viene hacia ti poco a poco tienes todo el tiempo del mundo para hacer dos cosas. Apreciar la vida, es decir, darte cuenta de lo hermosa que es hasta cuando es horrible, y reflexionar sobre ti mismo y sobre los demás: sopesar el presente, el pasado, lo poco que te queda del futuro. Sé de qué me hablo. Quizá María Isabel Felipa no se dio cuenta de que la vida es hermosa hasta cuando es horrible: admitirlo requiere una suerte de gratitud de la que ella carecía. La gratitud hacia nuestros padres y abuelos y bisabuelos y tatarabuelos, en resumen, hacia quienes nos han dado la oportunidad de vivir esta aventura extraordinaria y tremenda que se llama Existencia». (Segunda Parte, capítulo 7). Y volverá sobre este punto al narrar la muerte de Francesco Launaro, acaecida el 17 de enero de 1816: «El despiadado mal que había acabado con María Isabel Felipa, que, a través de sus genes y los de Montserrat acabaría con tanta gente en la familia y que, antes o después, también acabará conmigo». (Segunda Parte, capítulo 16).

Luego, como se lee en la «Nota a los lectores» publicada en *La rabia y el orgullo*, el atentado contra las Torres Gemelas del 11 de septiembre interrumpió su trabajo; en esa época Oriana estaba revisando la Cuarta Parte, estaba ya enferma, pero sintió que era urgente entender qué estaba pasando en el mundo y escribir sobre ello. La publicación de *La rabia y el orgullo*, su traducción a diversos idiomas, el éxito y luego el debate a escala mundial, la publicación de *La fuerza de la razón* (2004) y de *Oriana Fallaci se entrevista a sí misma. El Apocalipsis* (2004), prolongaron el paréntesis en la redacción de la novela.

En su intento por narrar su Yo a través de todos sus antepasados («Por qué había nacido, por qué había vivido, y quién o qué había plasmado el mosaico de personas que, desde un lejano día de verano, constituía mi Yo». Prólogo), le hubiese gustado llegar, al menos, hasta 1944, a la liberación de Florencia por los aliados. Conservo una nota suya, autógrafa, en la que escribe lo siguiente sobre sí misma: «Quería llegar hasta nuestros días, pero luego prefirió interrumpirlo en el momento de la llegada de su juventud, y esto es lo que dejó».

Esto explica la referencia constante en la novela al arcón, dejado en herencia por Ildebranda, en el que durante cinco generaciones se fueron guardando los objetos pertenecientes a los diversos personajes; se dice que el arcón fue destruido durante un bombardeo sobre Florencia en 1944, episodio que se anticipa varias veces a lo largo de la narración, pero que no se llega a relatar.

Entre los numerosos personajes, uno de sus preferidos era Anastasìa, sin duda, la que le resultaba más simpática, y que protagoniza la Cuarta Parte. *Un sombrero lleno de cerezas* se cierra en 1889, con la boda de Antonio Fallaci y Giacoma Ferrier, los abuelos de Oriana, los padres de su padre, Edoardo. Son ellos los que conducen a veces la acción («Sonora y alegre la voz de él, queda y triste la de ella». Cuarta Parte, capítulo 2), y los que, al ser mis bisabuelos, formaron también parte de mi infancia a través de las fotografías que había en casa.

Encuentro también una correspondencia [autobiográfica] en las reflexiones que hace Oriana sobre la muerte de sus personajes en la novela, como en el caso de Giobatta: «Yo odio la Muerte. La aborrezco más que al sufrimiento, más que a la maldad, a la estupidez, a todo lo que estropea el milagro y la alegría de haber nacido. Me repugna mirarla, tocarla, olerla, y no la entiendo. Quiero decir: no sé resignarme a que sea inevitable, a su legitimidad, a su lógica. No sé rendirme ante el hecho de que para vivir sea preciso morir, que vivir y morir sean dos aspectos de la misma realidad, el uno necesario para el otro, el uno consecuencia del otro. No sé plegarme ante la idea de que la Vida sea un camino hacia la Muerte y nacer una condena a muerte. Y, sin embargo, la acepto». (Tercera Parte, capítulo 7) y en la conclusión de *Oriana Fallaci se entrevista a sí misma. El Apocalipsis* (2004): *¿Le da miedo la muerte?* [...] A fuerza de convivir con ella, de sentirla a mi alrededor y en mí misma, he llevado a maduración una extraña complicidad con ella. Y la idea de morirme no me da miedo. *¿En serio?* En serio. No le miento [...]. Se lo confieso serenamente: en lugar de miedo siento una especie de melancolía, una especie de desagrado que ofusca hasta mi sentido del humor. Me desagrada morir, sí [...]. El hecho es que, aunque la conozco bien, no entiendo la Muerte. Sólo entiendo que forma parte de la Vida y que sin ese desperdicio que llamo Muerte no existiría la Vida». (Segunda Parte, capítulo 1).

Cuando mi tía Oriana se dio cuenta de que la enfermedad se había agravado, en julio de 2006, me llamó por teléfono y me pidió que fuese a verla a Nueva York. Me entregó el texto, en la versión que le pasé luego al editor, con sus precisas indicaciones acerca de cómo quería que se publicase póstumamente: corregir los errores producidos al pasar el original a máquina; tener en cuenta todas las correcciones a mano, sobre todo en la Cuarta Parte, que ella no había tenido tiempo de volver a copiar a máquina, como había hecho en el Prólogo y en las tres primeras partes; titular la novela *Un sombrero lleno de cerezas* (*Un cappello pieno di ciliege*), así, tal y como está escrito por su propia mano en la carpeta que contenía el original, con el subtítulo *Una saga* (había barajado también otro título, *I passaggi nel Tempo*, haciendo referencia a otra de las ideas que recorren el libro, y estuvo dudando hasta el último momento por cuál decidirse, como ya le había ocurrido con *Inshiallah*, título por el que se decantó a tan sólo un mes de la publicación del libro, titulado hasta ese momento *Il terzo camion*); escoger una cubierta puramente gráfica, con caracteres simples pero impactantes.

Sus indicaciones se han seguido, y la novela se ha publicado tal y como ella quería.

Milán, julio de 2008.

Nota del editor

El primer libro de Oriana Fallaci publicado por la editorial Rizzoli fue *Il sesso inutile. Viaggio intorno alla donna* (*El sexo inútil. Viaje alrededor de la mujer*), en 1961; la obra ampliaba y desarrollaba una investigación sobre la condición femenina realizada en Oriente para *L'Europeo*. No fue su primer libro: en 1958 había publicado en la editorial Longanesi *I 7 peccati di Hollywood* (Los 7 pecados de Hollywood), sobre los escándalos del mundo del cine. Desde ese momento, Rizzoli se convirtió en la editorial histórica de Oriana Fallaci, con los reportajes que la hicieron famosa en todo el mundo, sus corresponsalías desde los frentes de guerra, sus entrevistas a los grandes personajes de la tierra, pero también sus novelas, obras de enorme éxito tanto en Italia como en el extranjero. En 1962 publica *Penelope alla guerra* (*Penélope en la guerra*), historia de una mujer joven en Nueva York, obra a la que le sigue la recopilación de retratos *Gli antipatici* (*Los antipáticos*). En 1965, *Se il sole muore* (*Si el sol muere*), crónica de los preparativos para la conquista de la Luna; y en 1969, su dramático testimonio sobre la guerra de Vietnam, *Niente e così sia* (*Nada y así sea*). Del relato de las experiencias de los primeros astronautas americanos surge, en 1970, *Quel giorno sulla Luna* (*Aquel día sobre la Luna*), seguido de la recopilación de sus famosas entrevistas para *L'Europeo*, *Intervista con la Storia* (*Entrevista con la Historia*), en 1974. Al año siguiente, el intenso relato de la experiencia de una maternidad frustrada, *Lettera a un bambino mai nato* (*Carta a un niño que no* *llegó a nacer*)* la convierte en un referente para los lectores de todo el mundo. A esta obra le seguirá la memorable *Un uomo* (*Un hombre*), en 1979, dedicado a Alekos Panagulis, héroe de la resistencia griega [contra la dictadura de los coroneles] y el gran amor de su vida. La historia de la misión italiana en el Líbano, en la época de la guerra civil, inspira una novela épica e intensa, *Insciallah* (*Inshallah*), publicada en 1990.

Todos sus libros son *best-seller* y *long-seller* internacionales. En Italia, tras la ediciones en pasta dura, Rizzoli publica ediciones en rústica en [la colección] BUR, en diversas ediciones y con diferentes portadas. Con posterioridad, publica sus principales títulos en una colección independiente, que se caracteriza por [las cubiertas o portadas] con el fondo dorado y caracteres muy llamativos. La propia autora sigue atentamente el proceso de elección de la línea gráfica, del tipo de papel y del de paginación. En 1993 Oriana Fallaci graba con su propia voz el audio-libro, en cuatro cintas, *Carta a un niño que no llegó a nacer*.

Luego se da un periodo de silencio, interrumpido por las pocas entrevistas que concede para hablar de su enfermedad.

Mientras afronta el tratamiento, Oriana Fallaci se entrega a la redacción, así como a las investigaciones necesarias para la misma, de la que considera la novela de su vida, una obra que ella misma subtitula «Una saga», como se deduce por la reproducción de la página 825. La realidad histórica se convierte en leyenda en una narración que la lleva a recorrer, de generación en generación, las diversas ramas de su familia, tanto por el lado paterno como por el materno, partiendo de acontecimientos que se remontan a la mitad del siglo XVIII. (El árbol genealógico reconstruido sobre la base del relato de la autora, y reproducido en las guardas del libro, muestra las relaciones que unen a los numerosos personajes). Sólo habla de este nuevo trabajo con algunas personas de su más estricta confianza, a las que les deja incluso leer algunas partes del texto. Lo inte-

---

* Traducido y publicado también con el título de *Carta a un niño que nunca nació*. (*N. de la T.*)

rrumpe el 11 de septiembre de 2001, cuando se produce el atentado contra las Torres Gemelas, y ella, entonces en su casa de Nueva York, vive en directo el Apocalipsis. A finales de septiembre se publica en el *Corriere della Sera* el largo artículo «La rabia y el orgullo», y en diciembre Rizzoli publica el libro [del mismo título], revisión y ampliación del texto original. Traducido muy pronto a numerosos idiomas, provoca un debate internacional sin precedentes, que impulsa a la autora a publicar en 2004 *La forza della ragione* (*La fuerza de la razón*) y *Oriana Fallaci intervista sé stessa. L'Apocalisse* (*Oriana Fallaci se entrevista a sí misma. El Apocalipsis*). Son años de violentos ataques y de fuertes presiones; la autora es denunciada y juzgada por sus ideas en Francia e Italia; mientras, aumenta la difusión de sus libros y se crea, gracias también a internet, una comunidad de lectores y de personas que la apoyan en todo el planeta. El empeño en defenderse y hacer valer sus razones, también con nuevos artículos, declaraciones y conferencias, continúa manteniéndola alejada de su nueva novela, pero, sobre todo, le impide seguir de forma constante el tratamiento. La enfermedad se agrava, Oriana Fallaci regresa a Italia y muere en Florencia el 15 de septiembre de 2006.

Al año de su muerte, se inaugura una exposición de fotografías, en Milán, Roma y Florencia, en recuerdo de la gran escritora, y Rizzoli publica un catálogo conmemorativo, *Oriana Fallaci. Intervista con la Storia* (Oriana Fallaci. Entrevista con la Historia), a cargo de Alessandro Cannavò, Alessandro Nicosia, Edoardo Perazzi. Prosiguiendo el «diálogo con una autora de excepción, una autora fiel que se ha entregado apasionadamente, hasta el agotamiento, al editor, al aumento del prestigio de sus títulos, de sus colecciones, de su misión editorial», como escribe Piergaetano Merchetti en una nota introductoria del catálogo, Rizzoli publica póstumamente, siguiendo la voluntad de la autora, *Un cappello pieno di ciliege* (*Un sombrero lleno de cerezas*), su legado y su testamento literario, en prueba de la confianza y de la lealtad que Oriana Fallaci le manifestó a la editorial a lo largo de los años.

El texto

El original a máquina que Oriana Fallaci le ha entregado, con sus indicaciones de cara a la publicación, a su sobrino Edoardo Perazzi, su heredero testamentario, está constituido por: Prólogo (pp. 1-8); Primera Parte (pp. 9-115); Segunda Parte (pp. 116-223); Tercera Parte (pp. 224-373); Cuarta Parte (pp. 1-275). La numeración se efectuó a mano, por la propia autora, en todas las páginas del original, y recomienza de nuevo, desde la página 1 en la Cuarta Parte. Cada parte está subdividida en capítulos que la autora ha numerado al pasar a máquina el original y separado por espacios en blanco (tal y como se han reproducido en la obra impresa).

Oriana Fallaci pasó personalmente el texto a máquina, como hizo con todas sus obras; la máquina de escribir utilizada fue una Olivetti Letra 32. Su método de trabajo fue el habitual en ella: una primera redacción a máquina, seguida de relecturas y correcciones, a pluma, sobre el papel, tachando el término o la frase que debía sustituirse con un rotulador negro o un *tipp-ex*, y reescribiendo en el espacio en blanco situado sobre la línea tachada o sobre el barniz blanco una vez seco; cuando las correcciones precisaban mucho espacio o no quedaban suficientemente claras a mano, la autora las pasaba a máquina en un nuevo papel o, si era necesario, reescribía toda la página. Algunas páginas del original mecanografiado presentan fragmentos escritos en otro papel y pegados con cinta adhesiva transparente; en estos casos, la parte sustituida se ha cortado y, por lo tanto, eliminado.

El original a máquina entregado por Edoardo Perazzi al editor es una versión que debe considerarse definitiva desde la página 1 a la 373, las correspondientes al Prólogo, la Primera Parte, la Segunda Parte, la Tercera Parte: el original presenta pocas tachaduras y las modificaciones a mano son mínimas. La Cuarta Parte, que, como hemos dicho, la autora volvió a numerar desde la página 1 y que concluye en la 275, no tiene incorporadas las correcciones mecanografiadas; éstas están, pues, hechas a mano por la autora, en el mismo folio o en uno aparte (tres páginas completas escritas a mano, una de las cuales se reproduce en la página 831); esta parte incluye también algunos apuntes a mano, escritos por Oriana Fallaci sobre *post-it* de colores. Se trata de recordatorios acerca de lugares, circunstancias o personajes que precisaban una revisión o de indicaciones acerca de un matiz o un personaje sobre el que había que profundizar. En la página 832 se ofrecen algunos ejemplos de estos recordatorios anotados sobre *post-it*, muy significativos del método de trabajo seguido por la autora: «decir pasaporte ilegal, no falso» (con respecto al pasaporte de Anastasìa, definido como «falso» en el texto entregado a la imprenta); «la diligencia era una cosa de ricos o de *middle class* ¡¡¡porque costaba de 150 a 200 dólares!!!»; «entre las reglas no saltar del carruaje si los caballos se desbocaban por culpa de una manada de búfalos u otra cosa»; «decir que las mujeres rara vez viajaban solas: alguna que iba a reunirse con su marido, oficial en un fuerte; alguna prostituta que iba a buscar trabajo en un *saloon*»; «la totalidad del trayecto de la Overland Stage: 2.700 millas, 25 días, 150 dólares por persona o 10c. la milla, velocidad de 120 millas cada 24 horas»; «8 millas hora, pero en los puntos rocosos o fangosos, 2 o 3 millas hora»; «los primeros *stage-coach* en 1858»; «los *trail* seguían, por lo general, un río, no son carreteras sino pistas trazadas por las caravanas y marcadas por los carruajes»; «los *stage-coach* se ponen de moda con la fiebre del oro (1849)»; (apuntes relativos al viaje de Anastasìa al Lejano Oeste).

La fecha de redacción del texto mecanografiado está comprendida entre los años 1991 y 2001. Lo prueba la equivalencia en liras que hace la escritora de las cantidades mencionadas en diversas partes del libro y que ella misma equipara a un valor de «hoy»: siguiendo las tablas proporcionadas por el ISTAT se ha podido fechar ese «hoy» al que hace referencia entre 1996 y 1998.

Pero es la propia Oriana Fallaci la que explica a sus lectores el origen y el destino de la novela, como se lee en la «Nota a los lectores» de *La rabia y el orgullo*: «La víspera de la catástrofe [11 de septiembre de 2001] yo tenía la cabeza puesta en algo completamente distinto: estaba trabajando en la novela que llamo "mi hijo". Una novela muy densa y muy exigente que no he abandonado jamás en estos años, a la que, como mucho, he dejado dormir algunos meses para seguir un tratamiento en el hospital o para llevar a cabo en archivos y bibliotecas las investigaciones sobre las que está construida. Un hijo muy difícil, muy exigente, cuya gestación ha durado gran parte de mi vida adulta, cuyo parto ha comenzado gracias a la enfermedad que me matará, y cuyo primer llanto se oirá no sé cuándo. Quizá cuando ya esté muerta. (¿Por qué no? Las obras póstumas tiene la exquisita ventaja de que te ahorran enterarte de las imbecilidades o las maldades de quienes, sin saber escribir ni concebir siquiera una novela, pretenden juzgar, mejor dicho, destrozar a quien las concibe y escribe). Aquel 11 de septiembre yo estaba pensando en mi hijo, así que, superado el trauma, me dije: "Tengo que olvidar lo que ha ocurrido y lo que ocurre. Tengo que ocuparme de él y punto. En caso contrario, tendré un aborto". Así pues, apretando los dientes, me senté ante mi escritorio. Retomé la página del día anterior, intenté que mi cabeza volviera a ocuparse de mis personajes. Criaturas de un mundo lejano, de una época en la que los aviones y los rascacielos no existían. Pero duró poco. El hedor de la muerte entraba por las ventanas...».

Criterios para la edición española

Para la edición española se ha procurado respetar al máximo el criterio editorial de la edición italiana. Por consiguiente, se ha puesto especial énfasis en la reproducción de la riqueza lingüística y estilística de la autora y en la profusión de referencias idiomáticas diversas. Del mismo modo, las escasas inexactitudes que puedan apreciarse en el texto obedecen al respeto a la voz de la autora.

Páginas reproducidas del original mecanografiado

En el apartado siguiente se reproducen algunas páginas del manuscrito mecanografiado; son visibles las numerosas anotaciones a mano de la autora, las correcciones de determinados términos y de periodos enteros (sólo hay tres páginas completamente reescritas a mano), las notas en los *post-it*. La letra clara y las precisión de las correcciones demuestran el cuidado y la atención con que Oriana Fallaci redactó, releyó y corrigió el texto.

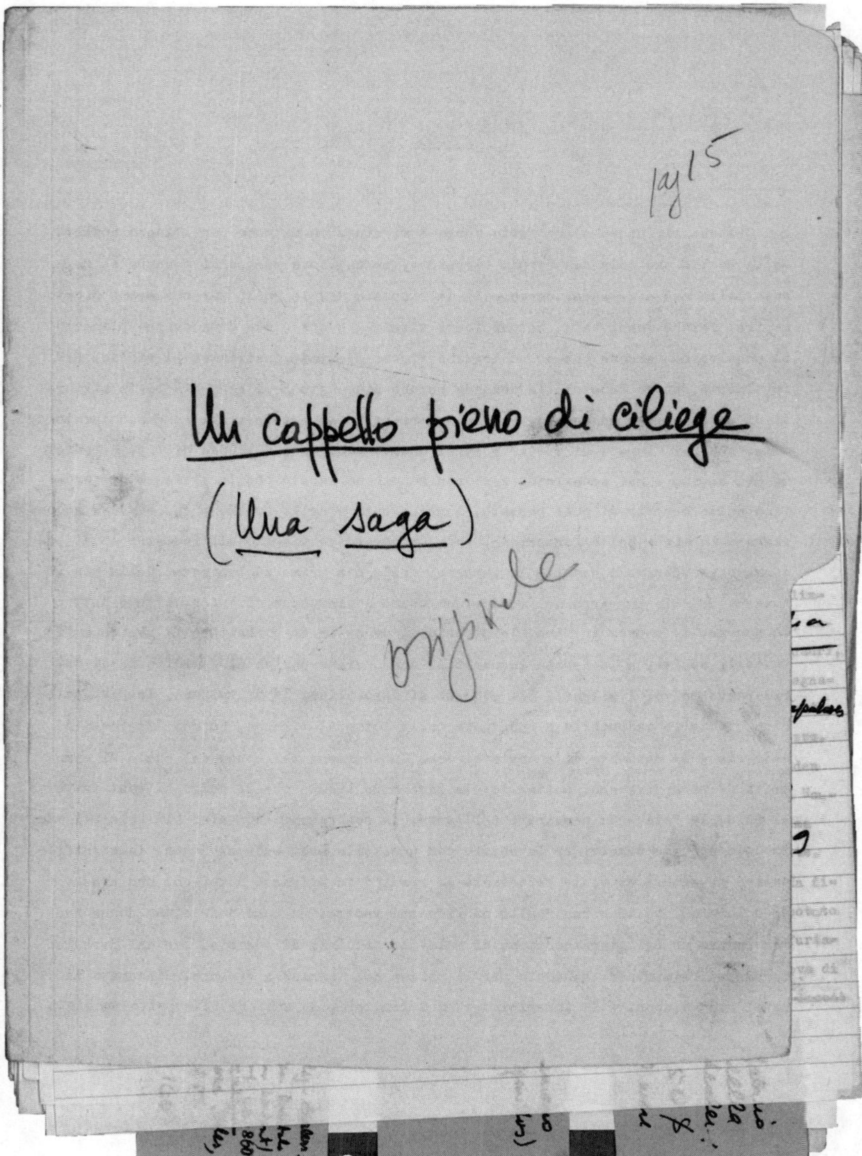

Cubierta o portada de la carpeta en la que estaba guardada la Primera Parte del original mecanografiado, con el título y el subtítulo escritos a mano por Oriana Fallaci.

1

PROLOGO

Ora che il futuro s'era fatto corto e mi sfuggiva di mano con l'inesorabilità della sabbia che cola dentro una clessidra, mi capitava spesso di pensare al passato della mia esistenza: cercare lì le risposte con le quali sarebbe ~~stato~~ giusto morire. Perché fossi nata, perchè fossi vissuta, e chi o che cosa avesse plasmato il mosaico di persone che da un lontano giorno d'estate costituiva il mio io. Naturalmente sapevo bene che la domanda perchè-sono-nato se l'eran già posta miliardi di esseri umani ed invano, che la sua risposta apparteneva all'enigma chiamato Vita, che per fingere di trovarla avrei dovuto ricorrere all'idea di Dio. Espediente mai capito e mai accettato. Però non meno bene sapevo che le altre si nascondevano nella memoria di quel passato, negli eventi e nelle creature che avevano accompagnato il ciclo della formazione, e in un ossessivo viaggio all'indietro lo disotterravo: riesumavo i suoni e le immagini della mia prima adolescenza, della mia infanzia, del mio ingresso nel mondo. Una prima adolescenza di cui ricordavo tutto: la guerra, la paura, la fame, lo strazio, l'orgoglio di combattere il nemico a fianco degli adulti, e le ferite inguaribili che n'erano derivate. Un'infanzia di cui ricordavo molto: i silenzi, gli eccessi di disciplina, le privazioni, le peripezie d'una famiglia indomabile e impegnata nella lotta al tiranno, quindi l'assenza d'allegria e la mancanza di spensieratezza. Un ingresso nel mondo del quale mi sembrava di ricordare ogni dettaglio: la luce abbagliante che di colpo si sostituiva al buio, la fatica di respirare nell'aria, la sorpresa di non star più sola nel mio sacco d'acqua e condivider lo spazio con una folla sconosciuta. Nonché la significativa avventura di venir battezzata ai piedi d'un affresco dove, con uno spasmo di dolore sul volto e una foglia di fico sul ventre, un uomo nudo e una donna nuda lasciavano un bel giardino pieno di mele: la cacciata di Adamo ed Eva dal Paradiso Terrestre, dipinta da Masaccio per la chiesa del Carmine a Firenze. Riesumavo in ugual modo i suoni e le immagini dei miei genitori, da anni sepolti sotto un'aiola

La primera página del Prólogo, tal y como aparece en el original de Oriana Fallaci, escrito en una máquina de escribir Olivetti Letra 32.

PARTE PRIMA

Portadilla de la Primera Parte.

9

- 1 -

Nel 1773, quando Pietro Leopoldo d'Asburgo Lorena era granduca di Toscana e
sua sorella Maria Antonietta regina di Francia, corsi il rischio più atroce che pos=
sa capitare a chi ama la vita e pur di viverla é pronto a subirne tutte le catastro=
fiche conseguenze: il rischio di non nascere. Naturalmente l'avevo già corso numero=
se volte, per milioni di anni e ogni volta che un mio arcavolo si sceglieva un'arca=
vola o viceversa, ma quell'anno fui proprio sul punto di pagare con la mia pelle il
principio biologico che dice: "Ciascuno di noi nasce dall'uovo nel quale si sono uni=
ti i cromosomi del padre e della madre, a loro volta nati da uova nelle quali s'era=
no uniti i cromosomi dei loro genitori. Se cambia il padre o la madre, dunque, cam=
bia l'unione dei cromosomi e l'individuo che avrebbe potuto nascere non nasce più.
Al suo posto ne nasce un altro e la progenie che ne deriva é diversa dalla progenie
che avrebbe potuto essere". In che modo accadde? Semplice. Filippo Mazzei faceva il
commerciante di vini a Londra e frequentava Benjamin Franklin, lì come rappresentan=
te della Pennsylvania, da cui aveva comprato due delle sue celebri stufe per la reg=
gia di palazzo Pitti. Attraverso Franklin era entrato in contatto con Thomas Jeffer=
son che conosceva l'italiano e sapeva tutto sulla Toscana, e nei primi mesi del 1773
ricevette da lui una proposta formulata press'a poco così: "Caro Filippo, secondo me
il Chianti é un modello di agricoltura da imitare in Virginia. Perchè non si trasfe=
risce qui e vi crea un'azienda agricola per la produzione del vino e dell'olio? La
terra non manca. Costa poco, é fertile, e credo adatta a coltivarvi la vite e l'uli=
vo. Però i nostri coloni non hanno dimestichezza con queste piante e non sanno nulla
sull'olio e sul vino. Se viene, si porti dietro una decina di contadini toscani."
Mazzei trovò l'idea irresistibile, incoraggiato da Franklin lasciò Londra, rientrò
a Firenze dove all'inizio dell'estate prese ad organizzare il viaggio, e per sceglie=
re i dieci contadini si rivolse all'ente ecclesiastico presso il quale aveva studia=
to medicina: il Regio Spedale di Santa Maria Nuova che a Panzano possedeva una gros=

La primera página de la Primera Parte.

10

sa fattoria. Il Regio Spedale delegò la faccenda ad alcuni preti della zona fra cui don Pietro Luzzi, e il candidato di don Luzzi fu un bel biondino dagli occhi azzurri e il cervello vispo che sapeva leggere e scrivere: Carlo Fallaci, futuro bisnonno del mio nonno paterno.

Carlo aveva vent'anni, a quel tempo. Era il secondogenito del mezzadro che nel podere denominato Vitigliano di Sotto lavorava per i Da Verrazzano, gli eredi del Giovanni cui si deve la scoperta del fiume Hudson e della baia di New York, e veniva considerato la pecora nera della famiglia. Più che una famiglia, una setta di irriducibili terziari francescani cioé di probi caratterizzati da una cupa spiritualità e da un sistema di vita tragicamente monastico. Penitenze, astinenze, digiuni, crocifissi. Frusta a sei corde e tre nodi per corda onde flagellarsi meglio. Preghiere a colpi di dodici Pater e dodici Ave da dire al mattino, a mezzogiorno, al tramonto, la sera, più un Gloria o un Requiem Aeternam ad ogni suonar di campane e un Rosario prima d'addormentarsi. Castità coniugale, insomma rari e sbrigativi amplessi riservati solo alla procreazione. Ripudio di qualsiasi piacere, qualsiasi gioia, qualsiasi divertimento o lazzo o risata. Nonché cieca obbedienza a un frate detto Padre Visitatore che allo scader del mese gli piombava in casa per controllare se praticassero l'umiltà, la carità, la frugalità, la pazienza, l'amore per gli animali predicato da San Francesco. O verificare se portassero il cilicio, se indossassero abiti dimessi e color cenere completati dal cingolo, se rifiutassero le cattive compagnie, i discorsi indecenti, le canzonacce, i balli, le veglie, le fiere, la carne proibita il mercoledì e il venerdì e il sabato e gli altri giorni stabiliti, infine se eseguissero le opera di misericordia imposte dalle bolle papali. Ad esempio convertire i traviati, segnalare i miscredenti, denunciare i confratelli rei di qualche fallo ma restii ad accusarsi. E guai a chi sgarrava. Dopo un triplice ammonimento finiva espulso col seguente anatema: "Che Dio ti maledica, ti maledica, ti maledica". Tutte regole alle quali Luca e Apollonia si piegavano come un soldato si piega alla disciplina militare: sorretti da una fede sincera e convinti che non esistesse altra via per guadagnarsi il Paradiso o almeno il Purgatorio. Infatti a cinquant'anni Luca sembrava un vegliardo, la sua barba lunga fino a metà stomaco era già bianca, a qua=

La segunda página de la Primera Parte.

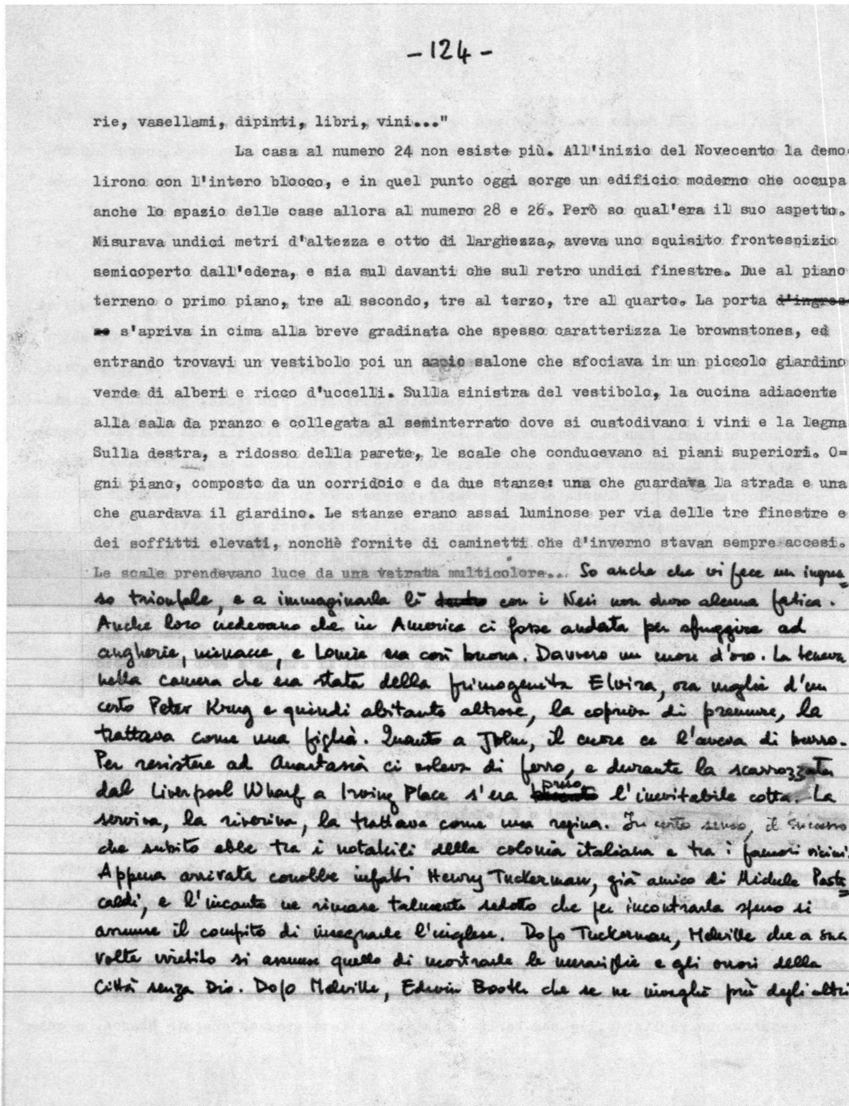

-124-

rie, vasellami, dipinti, libri, vini..."

La casa al numero 24 non esiste più. All'inizio del Novecento la demolirono con l'intero blocco, e in quel punto oggi sorge un edificio moderno che occupa anche lo spazio delle case allora al numero 28 e 26. Però so qual'era il suo aspetto. Misurava undici metri d'altezza e otto di larghezza, aveva uno squisito frontespizio semicoperto dall'edera, e sia sul davanti che sul retro undici finestre. Due al piano terreno o primo piano, tre al secondo, tre al terzo, tre al quarto. La porta ~~d'ingresso~~ s'apriva in cima alla breve gradinata che spesso caratterizza le brownstones, ed entrando trovavi un vestibolo poi un ampio salone che sfociava in un piccolo giardino verde di alberi e ricco d'uccelli. Sulla sinistra del vestibolo, la cucina adiacente alla sala da pranzo e collegata al seminterrato dove si custodivano i vini e la legna. Sulla destra, a ridosso della parete, le scale che conducevano ai piani superiori. Ogni piano, composto da un corridoio e da due stanze: una che guardava la strada e una che guardava il giardino. Le stanze erano assai luminose per via delle tre finestre e dei soffitti elevati, nonchè fornite di caminetti che d'inverno stavan sempre accesi. Le scale prendevano luce da una vetrata multicolore... So anche che vi fece un ingresso trionfale, e a immaginarla lì ~~dentro~~ con i Nesi non duro alcuna fatica. Anche loro credevano che in America ci fosse andata per sfuggire ad angherie, minacce, e Louise era così buona. Davvero un cuore d'oro. La teneva nella camera che era stata della primogenita Elvira, ora moglie d'un certo Peter Krug e quindi abitante altrove, la copriva di premure, la trattava come una figlia. Quanto a John, il cuore ce l'aveva di burro. Per resistere ad Anastasia ci voleva di ferro, e durante la scarrozzata dal Liverpool Wharf a Irving Place s'era preso l'inevitabile cotta. La serviva, la riveriva, la trattava come una regina. In certo senso, il successo che subito ebbe tra i notabili della colonia italiana e tra i famosi vicini. Appena arrivata conobbe infatti Henry Tuckerman, già amico di Michele Pastacaldi, e l'incauto ne rimase talmente sedotto che per incontrarla spesso si assunse il compito di insegnarle l'inglese. Dopo Tuckerman, Melville che a sua volta invitato si assunse quello di mostrarle le meraviglie e gli orrori della Città senza Dio. Dopo Melville, Edwin Booth che se ne invaghì più degli altri

Una página de la novela (Cuarta Parte), reescrita a mano por la autora y pegada con cinta adhesiva transparente sobre una página ya existente, escrita a máquina.

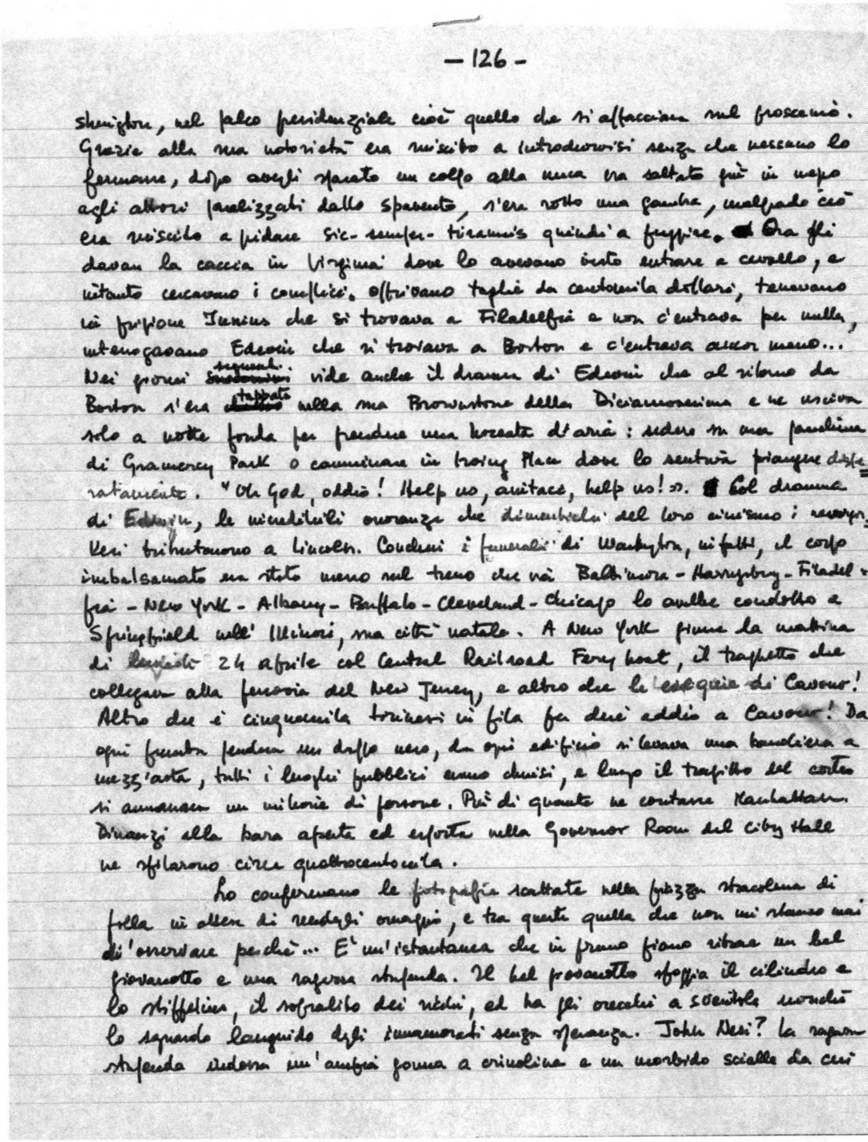

— 126 —

shington, nel palco presidenziale cioè quello che si affacciava sul proscenio. Grazie alla sua notorietà era riuscito a introdurvisi senza che nessuno lo fermasse, dopo avergli sparato un colpo alla nuca era saltato giù in mezzo agli attori paralizzati dallo spavento, s'era rotto una gamba, malgrado ciò era riuscito a gridare Sic-semper-tirannis quindi a fuggire. Ora gli davan la caccia in Virginia dove lo avevano visto entrare a cavallo, e intanto cercavano i complici. Offrivano taglie da centomila dollari, tenevano in prigione Junius che si trovava a Filadelfia e non c'entrava per nulla, interrogavano Edwin che si trovava a Boston e c'entrava ancor meno... Nei giorni ~~[illegible]~~ seguenti vide anche il dramma di Edwin che al ritorno da Boston s'era ~~[illegible]~~ tappato nella sua Brownstone della Diciannovesima e ne usciva solo a notte fonda per prendere una boccata d'aria: sedersi su una panchina di Gramercy Park o camminare in Irving Place dove lo sentivi piangere disperatamente. «Oh God, oddio! Help us, aiutaci, help us!». Col dramma di Edwin, le incredibili onoranze che dimenticando il loro cinismo i newyorkesi tributarono a Lincoln. Conclusi i funerali di Washington, infatti, il corpo imbalsamato era stato messo sul treno che via Baltimora-Harrysburg-Filadelfia-New York-Albany-Buffalo-Cleveland-Chicago lo avrebbe condotto a Springfield nell'Illinois, sua città natale. A New York giunse la mattina di ~~[illegible]~~ 24 aprile col Central Railroad Ferry boat, il traghetto che collegava alla ferrovia del New Jersey, e altro che le esequie di Cavour! Altro che i cinquemila torinesi in fila per dire addio a Cavour! Da ogni finestra pendeva un drappo nero, da ogni edificio si levava una bandiera a mezz'asta, tutti i luoghi pubblici erano chiusi, e lungo il tragitto del corteo si ammassava un milione di persone. Più di quante ne contava Manhattan. Dinanzi alla bara aperta ed esposta nella Governor Room del City Hall ne sfilarono circa quattrocentomila.

Lo confermano le fotografie scattate nella piazza stracolma di folla in attesa di rendergli omaggio, e tra queste quella che non mi stanco mai di osservare perché... E' un'istantanea che in primo piano ritrae un bel giovanotto e una ragazza stupenda. Il bel giovanotto sfoggia il cilindro e lo stiffelius, il soprabito dei ricchi, ed ha gli orecchi a sventola nonché lo sguardo languido degli innamorati senza speranza. John Nesi? La ragazza stupenda indossa un'ampia gonna a crinolina e un morbido scialle da cui

Una de las tres páginas del texto (Cuarta Parte) reescritas totalmente a mano.

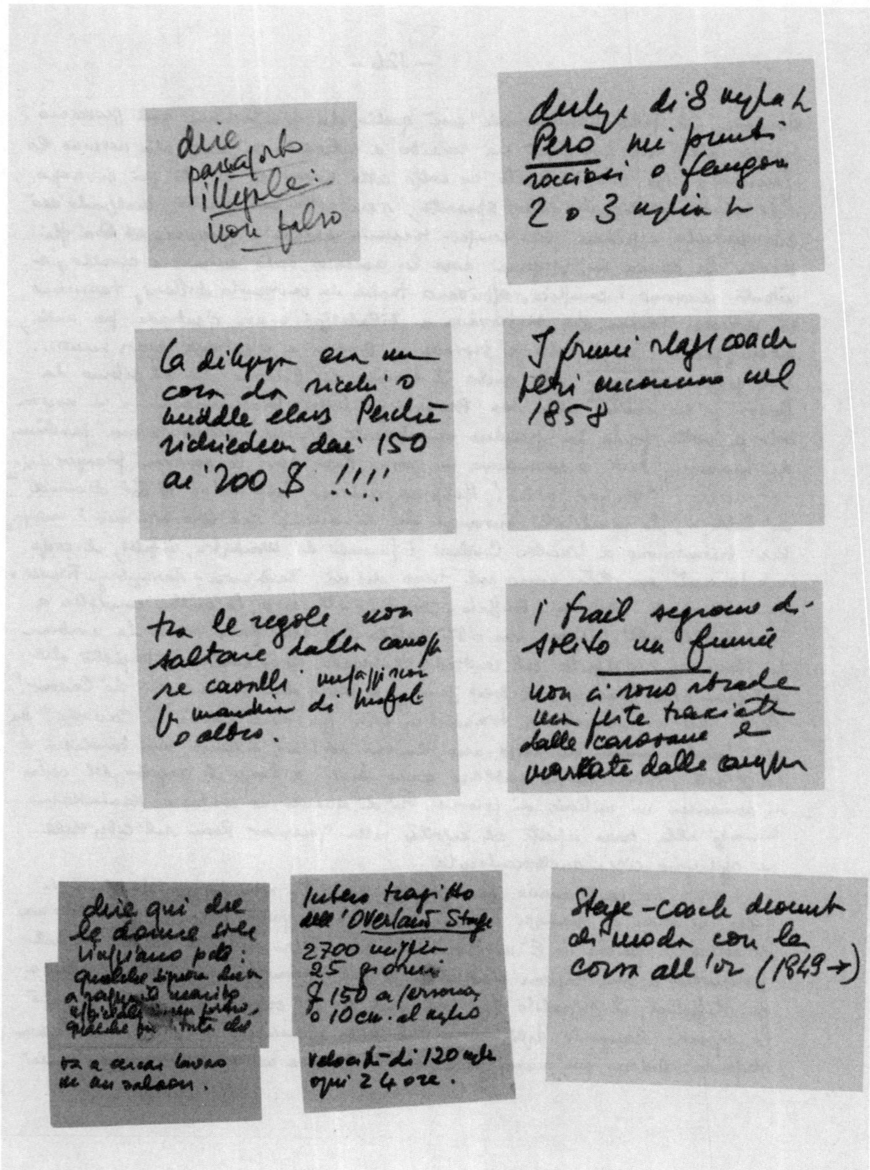

Una página de post-it *con notas relativas al viaje al Oeste americano (transcritas en página 818).*

presto finirò anch'io. Sicchè pensando a lei e alla strana coincidenza riservataci dal destino mi alzo dalla poltrona, incurante del freddo esco in via Verzaglia. Sorda a una voce che strilla sgnura-duc-andiv, sgnura farmiv, imbocco il passaggio che conduce al ponte del Lavadur, e... Non è vero che mi buttai. L'acqua era tanto alta che per esser ghermita dal gorgo mi bastò scavalcare la spalletta. Subito le acque mi trascinarono dentro il tombel che per cento metri passava sotto le fondamenta delle case, poi nel tratto che per trecento metri percorreva prima di oltrepassare le mura delle città, poi in quello che faceva per unirsi al fiume Savio, e qui il ricordo si spenge. Tutto diventa buio e non posso dir nulla di ciò che accadde lungo i trentadue chilometri che portavano al mare nel quale quarant'anni prima era finita Marguerite. Però so che non venni mai ritrovata. Di ~~me, fantasma~~ Anastasia Ferrier, leggenda vissuto senza un certificato di nascita, non esiste nemmeno un certificato di morte.

La última página del original mecanografiado.

Este libro se terminó de imprimir
en el mes de octubre
de 2009

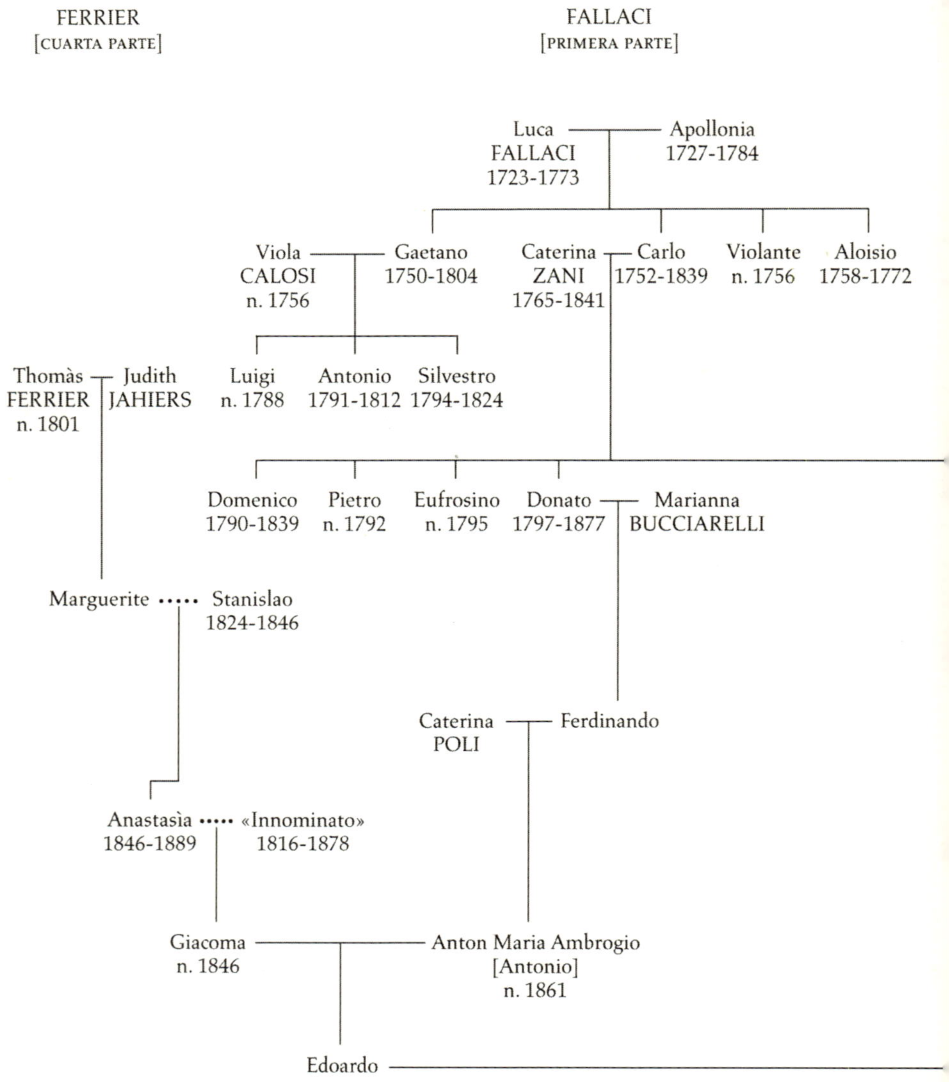

Árbol genealógico de los principales personajes de la novela que ilustra la descendencia directa hasta la autora. Las fechas de nacimiento y muerte se han tomado del texto de la novela. Las líneas de puntos indican los lazos extraconyugales. Los números 1 y 2, si se trata de primeras o de segundas nupcias.